Martin Haberer

# Ulmers großer Taschenatlas
# Garten- und Zimmerpflanzen

1200 Pflanzenporträts für Haus, Garten und Terrasse

1220 Farbfotos
13 Schwarzweiß-Zeichnungen

Ulmer

# Inhalt

# Vorwort

1205 Pflanzenporträts bietet Ihnen dieses kleine, umfangreiche Buch: 320 Gehölze und 312 Stauden für Garten- und Landschaft, 222 Sommerblumen, Kübelpflanzen und Schnittblumen sowie 352 Pflanzen für Wohnraum und Wintergarten. Diese Pflanzen werden ihnen auf 1220 Farbfotos vorgestellt und kurz, aber präzise, beschrieben. Dabei stehen die botanischen Merkmale und die Verwendungseigenschaften einer Pflanze gleichermaßen im Mittelpunkt.

Die Beschreibungen helfen Ihnen, Ihre Pflanzen in Haus und Garten besser zu pflegen, die Bedürfnisse zu erkennen und standortgerecht neue Pflanzen einzukaufen. Informationen rund um die Pflanzenporträts geben weitere wichtige Hinweise zum Umgang mit der Pflanzengruppe. Auf ähnliche und interessante Sorten einer Art wird hingewiesen. Die Pflanzenbeschreibungen sind nach dem wissenschaftlichen Namen sortiert. Das sollte Sie nicht irritieren, diese Vorgehensweise entspricht den gärtnerischen Gepflogenheiten. Suchen Sie über den deutschen Pflanzennamen nach einer Art, so schlagen Sie im Register den Namen nach. Dort werden alle deutschen Namen, die im Buch in Erscheinung treten, aufgelistet. Ebenfalls können Sie in begrenztem Maße über veraltete, nicht mehr gebräuchliche wissenschaftliche Namen in der Synonymliste suchen.

Ich wünsche Ihnen mit diesem Buch viel Freude an Ihren Pflanzen in Haus und Garten.

Nürtingen, Herbst 2005
Martin Haberer

# Gehölze für Garten und Landschaft

# Einführung

Die Gewächse in diesem Werk sind in alphabetischer Reihenfolge nach Gattungen und Arten geordnet. Aus praktischen Erwägungen wurden in diesem Band die Nadelgehölze einschließlich Ginkgo gesondert behandelt.

In der gärtnerischen Praxis ist der Gebrauch der botanischen Namen üblich. Daneben sind auch die gebräuchlichen deutschen Namen aufgeführt. Die Familienzugehörigkeit ist jeweils angegeben. Für die wichtigen Aspekte der Unterscheidungsmerkmale wurde eine Anzahl von besonderen Zeichen entwickelt, die in einem speziellen Datenblock zusammengefasst wurden.

## Systematische Übersicht

Die wissenschaftliche Benennung der Pflanzen mit mindestens zwei Namen, also Gattungs- und Artnamen (binäre Nomenklatur), geht auf den schwedischen Naturforscher Carl von Linné zurück, der 1753 sein Werk über die Klasssifizierung des Pflanzenreiches veröffentlichte. Seine Arbeiten sind heute noch Grundlagen für die Systematik.

Demnach wird das Pflanzenreich in 17 Abteilungen gegliedert. In diesem Farbatlas sind davon nur Pflanzen aus folgenden gärtnerisch wichtigen Abteilungen aufgeführt:

16. Abteilung: *Gymnospermae,* Nacktsamer, (dazu zählen die Koniferen)
17. Abteilung: *Angiospermae,* Bedecktsamer.

Jede Abteilung ist weiterhin gegliedert in Klassen, Ordnungen und Familien. Innerhalb der Familie erfolgt die Gliederung nach Gattungen, Arten, Unterarten und Sorten. Die Sorten entstanden durch Züchtung oder Auslese in der Kultur. Die Sortennamen werden in einfache Anführungszeichen gesetzt, z.B. 'Dania'.

Weitere in diesem Buch verwendete Abkürzungen und Zeichen:
subsp: *Subspecies* = Unterart mit von der Art abweichenden Merkmalen
var.: *Varietät* = Varietät mit abweichenden Merkmalen
Syn: *Synonym* = überholter Nebenname
×: Kreuzung zweier nah verwandter Gattungen oder Arten

Höhe/Breite in Metern
Blatt- bzw. Nadellänge/Breite in cm
Immergrüne Nadeln oder Blätter
Wintergrüne Nadeln oder Blätter
Sommergrüne Nadeln oder Blätter
Blütezeit (Monate in römischen Ziffern)
Nadelanzahl pro Kurztrieb
Winterschutz erforderlich
Giftige Pflanze

## Gehölze im Überblick

Bäume und Sträucher bilden das Gerüst jeder Pflanzung – sei es im Garten oder in der freien Landschaft. Sie bilden verholzende Triebe oder Stämme und können viele Jahre alt werden. Darunter sind viele Arten, die als Nutzpflanzen Verwendung finden.

**Nadelgehölze** sind entwicklungsgeschichtlich wesentlich älter als Laubgehölze. Sie sind den Nacktsamern, den *Gymnospermae,* zuzuordnen. Ihre Blüten sind in der Regel unscheinbar. Die weiblichen Blütenanlagen haben eine einfache Bauweise, sind also ungeschützt. Die männlichen Pollen werden meist in eigenen Anlagen auf der gleichen Pflanze (einhäusig), oder auf einer anderen Pflanze (zweihäusig) in großen Mengen gebildet. Sie werden vom Wind weit verbreitet, man spricht hier von Windblütlern. Als die Nadel-

*Cydonia oblonga,* siehe Seite 81.

bäume die Erde beherrschten, gab es noch keine Insekten. Auffällige Blütenfarben waren also zum Anlocken überflüssig.

Die Früchte der Koniferen (Zapfenträger) sind auffälliger, meist handelt es sich um Zapfen, zwischen deren Schuppen die Samenanlagen liegen. Diese Samen sind geflügelt, können also auch vom Wind verbreitet werden. Größere Samen werden auch von Tieren geschätzt, die dabei zur Verbreitung beitragen. (Zirbel-Kiefer, Pinie u.a.). Eine Besonderheit sind die Früchte der Wacholder – hier sind einige Fruchtschuppen zusammengewachsen, sie bilden die Beerenzapfen.

Die Eiben gehören wegen ihrer besonderen Früchte zwar zu den Nacktsamern, aber nicht zu den Koniferen. Ihre Früchte bestehen aus einem farbigen Samenmantel (Arillus), der essbar ist und zur Anlockung von Vögeln dient. Der eigentliche Samenkern ist darunter verborgen und steckt in einer harten Schale. Die Vögel verzehren die Früchte, können aber die Schalen nicht knacken. Der eigentliche Same wird wieder ausgeschieden und weit verbreitet.

Dass diese Methoden der Bestäubung und Samenverbreitung auch heute noch erfolgreich sind, beweisen die riesigen Vorkommen der Nadelbäume.

Wegen ihrer Anspruchslosigkeit an Boden und Klima sind sie in höheren Berglagen, aber auch im hohen Norden anzutreffen, wo es kalt ist. Andererseits sind sie auch in trockenen und wärmeren Gebieten (Mittelmeerraum usw.) verbreitet. Nadelgehölze haben meist immergrüne Assimilationsorgane, die zu Nadeln oder Schuppen reduziert sind. Durch ihre geringe Größe, aber auch durch Wachsschichten und versenkte Spaltöffnungen wurde die Verdunstung auf ein Minimum reduziert. Aus diesem Grund sind sie in der Lage, Trockenheit und Hitze sowie auch Kälte zu ertragen.

Hohe **Nadelbäume** sind nur für größere Gärten, Parkanlagen oder für die freie Landschaft geeignet, sie werden im Garten in wenigen Jahren zu groß. Dafür kommen eher die klein bleibenden Arten und Sorten in Betracht. Viele sind für Vorgärten und zur Grabbepflanzung hervorragend verwendbar.

Die **Laubgehölze** gehören zu den Bedecktsamern, den *Angiospermae*. Deren weibliche Blütenanlagen sind im Fruchtknoten verborgen – also geschützt vor Witterungseinflüssen. Der männliche Pollen wird in besonderen Blütenanlagen oder in der gleichen Blüte (Zwitterblüte) erzeugt und muss durch den Wind oder durch Insekten auf die weiblichen Narben gelangen. Die Blüten der Windblütler haben eine einfache Bauweise (Ahorne, Sanddorn) und sind unscheinbar. Sie erzeugen daher eine Menge Pollen. Die auffälligeren Blüten der Insektenblütler dienen zur Anlockung. Neben Farben werden auch Düfte und Nektar zu diesem Zweck eingesetzt. Besondere Mechanismen sollen die Selbstbestäubung verhindern oder erschweren.

Die Pollenbildung ist weitaus geringer, die Bestäubung ist aber genauso erfolgreich. Im Laufe der Jahrmillionen haben sich immer raffiniertere Blütenformen gebildet und die Bestäuber haben sich darauf eingestellt. Pflanze und Tiere sind dadurch voneinander abhängig geworden. Aus den Tropen sind ganz besondere Blütenformen bekannt. Dort treten auch Fledermäuse, Mäuse, Schmetterlinge usw. als Bestäuber auf.

Die Früchte der Laubgehölze sind unterschiedlich ausgebildet. Als Verbreiter treten Wind (Birke, Ahorn) und viele Tiere auf, die Beeren verzehren (z.B. Vögel). Das Fruchtfleisch wird verdaut, die Samen aber an anderer Stelle wieder ausgeschieden. Dort keimt der Same weit entfernt von der Mutterpflanze und hat hier meist günstigere Entwicklungschancen.

**Heimische Laubbäume** sind seit vielen Jahrhunderten an das jeweilige Klima angepasste Gewächse und sind am geeigneten Standort anspruchslos. Sie gehören vorwiegend in die freie Landschaft. Die Blüten sind meist wenig auffällig, doch bei manchen Arten findet man im Herbst eine schöne Färbung des Laubes.

**Fremdländische Laubbäume** sind Arten aus aller Welt, die in unseren Gärten und Parks anzutreffen sind. Häufig sind sie anspruchsvoll an Klima und Standort. Manche Arten und Sorten fallen durch besonderen Wuchs oder farbige Blätter auf. Die Färbung kann ganzjährig oder nur beim Austrieb im Frühling, besonders aber im Herbst, beobachtet werden.

**Herbstfärbung**
Wenn die Tage kürzer werden, und die Temperaturen sinken, ist dies für viele Gehölze das Signal, die Blätter abzuwerfen und dadurch die Verdunstung zu verringern. Alle verwertbaren Stoffe werden abgebaut und eingelagert. Zunächst wird das Blattgrün abgezogen. Die bis dahin vom Chlorophyll überlagerten Farbstoffe kommen nun für kurze Zeit zur Wirkung. Je nach Vorkommen von Karotin, Anthocyan oder Xanthophyll ist die Färbung der Blätter orange, rot oder gelb. Nach einigen Tagen werden auch diese Farbstoffe abgebaut und die braunen Blätter fallen zu Boden.

**Sträucher** bilden keine Stämme, sondern entwickeln viele Triebe aus der Basis.

**Heimische Sträucher** sind in der Natur am Waldrand oder in der Feldhecke zu finden und bieten vielen Tieren Schutz und Nahrung. Ihre Wurzeln können den Boden befestigen und dadurch Erosionen verhindern. Dies ist besonders in Hanglagen oder an Flussufern wichtig. In den Bergen dienen einige Arten als Lawinenschutz.

Gewächse für Schattenlagen zeichnen sich häufig durch breite Blätter aus, während in der Sonne und an trockenen Standorten die Blätter kleiner sind. Einen wirksamen Verdunstungsschutz bieten weiterhin die Ausbildung von Dornen, Stacheln oder dickerer Blätter.

Die prächtigen **Blütensträucher** stammen aus aller Welt, vorwiegend aus den gemäßigten Zonen und blühen besonders reich, je nach Art im Frühling, Sommer oder sogar im Winter. Einige Arten benötigen einen hohen Pflegeaufwand und Winterschutz. Sie sind ausschließlich für Gärten und Parks geeignet.

**Immergrüne Laubgehölze** sind vorwiegend in Gebieten mit wintermildem Klima und hoher Luftfeuchtigkeit zu Hause. Sie behalten ihre Blätter viele Jahre lang, können aber in Mitteleuropa bei Trockenheit im Sommer und Winter leiden. Man pflanzt sie daher vorwiegend im Schatten auf humosen Böden.

**Halbsträucher** sind Arten, deren Triebe nur an der Basis verholzen, die krautigen Triebspitzen können daher im Winter leiden. Sie müssen im Frühling stark zurückgeschnitten werden. Unsere Beetrosen gehören in diese Gruppe.

**Flächendeckende Gehölze** werden heute in großer Zahl verwendet. Viele von ihnen sind immergrün und sehen daher ganzjährig ordentlich aus. Sie beschatten und festigen den Boden und lassen Wildkräutern wenig Entwicklungsmöglichkeiten. Viele Arten vereinfachen die Bodenpflege.

**Schling- und Kletterpflanzen** haben eine besondere Beachtung verdient. Die meisten sind Waldpflanzen, die an größeren Gehölzen hinaufklettern, bis sie genügend Licht erhalten, das für die Bildung von farbenprächtigen Blüten und Früchten ausreicht. Je nach Klettertechnik können die Pflanzen vertikale Flächen mit oder ohne Gerüst begrünen.

*Taxus baccata*, im Park von Powis Castle.
Siehe auch Seite 32.

# Nadelgehölze von A bis Z

## Abies alba
Weiß-Tanne
Pinaceae, Kieferngewächse

**Heimat:** Mittel- und Südeuropa.

**Wuchs:** Breit pyramidal, Seitenäste waagerecht abstehend.

Ältere Bäume mit Storchennestkrone. Borke grau, glatt, schuppig.

**Blatt:** Nadeln dunkelgrün, stumpf, kammförmig gescheitelt, 3 cm lang, unterseits mit zwei weißen Längsstreifen und scheibchenförmiger Basis.

**Blüte:** Einhäusig, männliche Kätzchen gelb, weibliche Blüten zäpfchenförmig, grün; IV–V.

**Frucht:** Fruchtzapfen 10–14 cm lang, aufrecht stehend, nach der Reife zerfallend.

**Standort:** Tiefgründige Böden, hohe Luftfeuchtigkeit, Halbschatten.

**Verwendung:** Nur in Parks, im Einzelstand oder als Waldbaum. Wichtig als Bindegrün.

**Sonstiges:** Auf verschiedene Pilze und Schädlinge achten, rauchgefährdet.

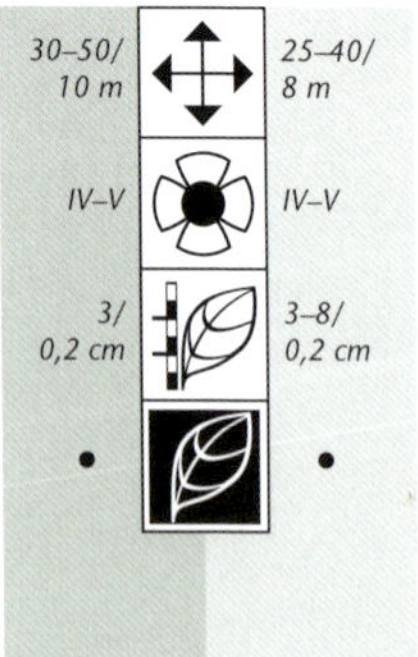


## Abies concolor
Kolorado-Tanne, Grau-Tanne
Pinaceae, Kieferngewächse

**Heimat:** Westliches Nordamerika.

**Wuchs:** Breit aufrecht, kegelförmig. Borke hellgrau mit Harzbeulen.

**Blatt:** Nadeln blaugrün, bis 7 cm lang, leicht gebogen.

**Blüte:** Einhäusig. Unscheinbar, ♂ rot, ♀ grün; IV–V.

**Frucht:** Zapfen braun, aufrecht, 8–15 cm lang, zerfällt am Baum.

**Standort:** Trockenheit vertragend, sonnig.

**Verwendung:** Für größere Gärten und Parkanlagen in Einzelstellung.

**Weitere Sorten und Arten:** 'Compacta', Zwergform bis 2 m Höhe. *A. concolor* var. *lowiana*, blauere Nadeln.

**Sonstiges:** Frosthart.

## Abies koreana
Koreanische Tanne, Korea-Tanne
Pinaceae, Kieferngewächse

**Heimat:** Korea.
**Wuchs:** Schwach, pyramidenförmig. Borke grau, rau.
**Blatt:** Nadeln dunkelgrün, bürstenförmig angeordnet, 1–2 cm lang.
**Blüte:** Einhäusig. Unscheinbar, ♂ gelb, ♀ violett; IV–V.
**Frucht:** Viele aufrechte Zapfen, in der Jugend violett, 5–7 cm.
**Standort:** Halbschatten, humose, saure Böden.
**Verwendung:** Einzelstellung, für kleinere Gärten.
**Sorten:** 'Horstmanns Silberlocke', unterseits silbrige Nadeln.
**Sonstiges:** Als Veredlung schwächer wachsend, trägt aber früher Zapfen.

| Abies koreana | Abies nordmanniana |
|---|---|
| 10/ 3–4 m | 25–40/ 6 m |
| IV–V | IV–V |
| 1–2/ 0,1–0,2 cm | 2–3,5/ 0,2 cm |
| • | • |

## Abies nordmanniana
Nordmanns-Tanne
Pinaceae, Kieferngewächse

**Heimat:** Kaukasus, Kleinasien.
**Wuchs:** Großer Baum, rasch wachsend, 25–30 m, in der Heimat auch bis 60 m. Borke schwarzgrau, plattig ablösend.
**Blatt:** Nadeln dunkelgrün, dicht stehend, glänzend, 2–4,5 cm lang.
**Blüte:** Unscheinbar, ♂ rot, ♀ gelbgrün; IV–V.
**Frucht:** Aufrechte, braune Zapfen, bis 15 cm.
**Standort:** Halbschatten
**Verwendung:** Parkbaum
**Sonstiges:** Wird als Weihnachtsbaum in speziellen Kulturen angebaut.

## Abies procera
(Syn. Abies nobilis)
Edel-Tanne
Pinaceae, Kieferngewächse

**Heimat:** Westliches Nordamerika.
**Wuchs:** Schlank, kegelförmig, in Amerika bis 60 m, bei uns nur 20 m hoch. Borke braun, oft mit Harzbeulen versehen.
**Blatt:** Nadeln bläulich grün, dicht stehend, bis 3,5 cm lang, nach oben gebogen.
**Blüte:** Einhäusig. Männliche Blüten auffällig rot gefärbt, IV–V.
**Frucht:** Zapfen bis zu 8 cm dick, aufrecht, purpurbraun, bis 25 cm lang.
**Standort:** Kalkfreie, humose Böden in sonniger Lage.
**Verwendung:** Einzelstand in größeren Gärten und Parks.
**Sorten:** 'Glauca', blausilbrige Nadeln, wichtig für die Adventsbinderei (Bild).

## Araucaria araucana
Chilenische Araukarie, Andentanne
Araucariaceae, Araukariengewächse

**Heimat:** Chile, Südwest-Argentinien.
**Wuchs:** Aufrecht, Krone erst kegelförmig, später schirmförmig. Graue Schuppenborke. In Chile bis 35 m hoch.
**Blatt:** Dreieckig, steif, stechend mit dachziegelartiger Überlappung.
**Blüte:** Zweihäusig, männliche Blüten braun, 2–12 cm lang, weibliche Blüten kugelig, gelbgrün, V.
**Frucht:** Kugelig, bis 20 cm groß.
**Standort:** Sonnige, geschützte Lagen in humosem Boden.
**Verwendung:** Einzelstand in Parks, in der Jugend frostfrei überwintern.
**Arten:** Weitere Arten nur als Kübelpflanzen.
**Sonstiges:** Benötigt unbedingt Winterschutz.

## Cedrus atlantica

Atlas-Zeder

Pinaceae, Kieferngewächse

**Heimat:** Algerien, Marokko (Atlasgebirge).

**Wuchs:** Breit aufrecht mit pyramidaler Krone, im Alter schirmförmig. Borke grau und rau.

**Blatt:** Bläulich grüne Nadeln in Büscheln an Kurztrieben zu 40–50.

**Blüte:** Einhäusig. Männliche Blüten zylindrisch, gelbbraun, 5 cm, weibliche Blüten grünrot; IX.

**Frucht:** Zapfen rotbraun, eiförmig, 5–7 cm, zerfällt nach der Reife am Baum.

**Standort:** Nährstoffreiche, durchlässige Kalkböden in sonniger Lage.

**Verwendung:** Einzelstand in Parks in geschützter Lage.

**Sorten:** 'Glauca', wichtigste und härteste Form mit blauen Nadeln (Bild). 'Glauca Pendula', blaue Hängeform, eindrucksvoll im Alter.

**Sonstiges:** Benötigt Winterschutz.

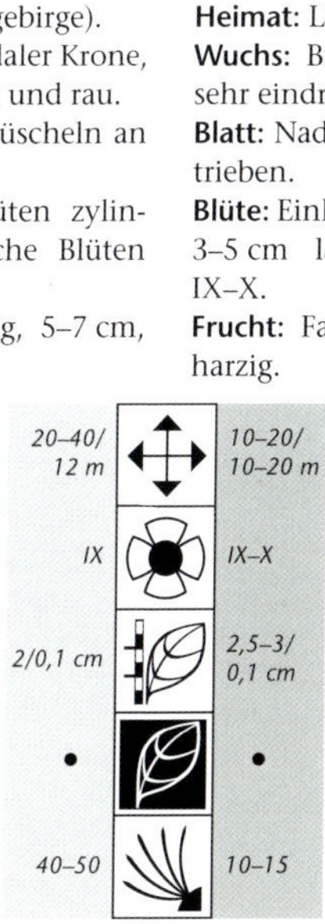


## Cedrus libani

Libanon-Zeder

Pinaceae, Kieferngewächse

**Heimat:** Libanon, Syrien, Südtürkei.

**Wuchs:** Breit kegelförmiger Baum, im Alter sehr eindrucksvoll. Borke grau, rau.

**Blatt:** Nadeln dunkelgrün, zu 10–15 an Kurztrieben.

**Blüte:** Einhäusig. Männliche Blüten blassgelb, 3–5 cm lang, weibliche Blüten grünlich; IX–X.

**Frucht:** Fassförmiger Zapfen, 7–10 cm lang, harzig.

**Standort:** Sonnig bis halbschattige Lagen , humose Böden.

**Verwendung:** Einzelstand in größeren Gärten und Parks.

**Weitere Sorten und Arten:** 'Sargentii', Zwergform bis 1,5 m hoch. *C. libani* subsp. *stenocoma* mit säulenförmigem Wuchs, besonders winterhart. *C. deodara* mit grün bis blaugrün gefärbten Nadeln. Gipfeltrieb überhängend. Winterschutz.

**Sonstiges:** Winterschutz erforderlich.

## Chamaecyparis lawsoniana
Lawsons Scheinzypresse
Cupressaceae, Zypressengewächse

**Heimat:** Westliche USA.
**Wuchs:** Schmal kegelförmiger Baum, Spitzen überhängend. Borke violettbraun, Stamm glatt. Äste abstehend.
**Blatt:** Schuppenförmig, dachziegelartig überlappend.
**Blüte:** Einhäusig. Männliche Blüten karminrot, weibliche Blüten unscheinbar, IV.
**Frucht:** Kugelige Zäpfchen, bis 1 cm dick, braun.
**Standort:** Humusreiche Böden im Halbschatten.
**Verwendung:** Einzelstellung, Hecke (auch geschnitten), für Gärten und Parks.
**Sorten:** 'Alumii', dichte, blaugrüne Säule, 8–10 m. 'Lane', kegelförmig, gelb, 5–6 m.
**Sonstiges:** Für nicht zu trockene Standorte.

| | | |
|---|---|---|
| 20–50/ 5 m | | 20–30/ 5 m |
| IV | | IV–V |
| 0,3/ 0,5 cm | | 0,6/ 0,4 cm |
| • | | • |
| | | |

## Chamaecyparis nootkatensis
Nutka-Scheinzypresse
Cupressaceae, Zypressengewächse

**Heimat:** Westliches Nordamerika von Alaska bis Kalifornien.
**Wuchs:** Hoher, kegelförmiger Baum. Zweige hängend. Borke braungrau, löst sich in dünnen Platten ab.
**Blatt:** Schuppenförmig, stachelspitzig, blaugrün, Duft unangenehm.
**Blüte:** Einhäusig, männliche Blüten gelb, weibliche Blüten bläulich, IV–V.
**Frucht:** Kugeliges Zäpfchen mit Höckern, 1 cm.
**Standort:** Luftfeuchte Standorte in humosen Böden und halbschattiger Lage.
**Verwendung:** Einzelstand in Parkanlagen, auch für Hecken.
**Sorten:** 'Pendula', besonders auffällige Sorte mit hängendem Wuchs (Bild).

## Chamaecyparis obtusa

Feuer-Scheinzypresse,
Hinoki-Scheinzypresse
Cupressaceae, Zypressengewächse

**Heimat:** Japan, Taiwan.
**Wuchs:** Hoher, breit kegelförmiger Baum, Äste abstehend. Borke rotbraun, gefurcht.
**Blatt:** Schuppig, dunkelgrün, vorne einwärts gekrümmt.
**Blüte:** Einhäusig. Unscheinbar, gelbgrün, IV.
**Frucht:** Zapfen kugelig, 1 cm.
**Standort:** Humose, saure Böden in geschützter Lage.
**Verwendung:** Halbschatten in Einzelstellung.
**Sorten:** 'Nana Gracilis', Muschel-Scheinzypresse, 2 m, kegelförmig (Bild).
**Sonstiges:** Muschelförmige Triebe, langsamer Wuchs.

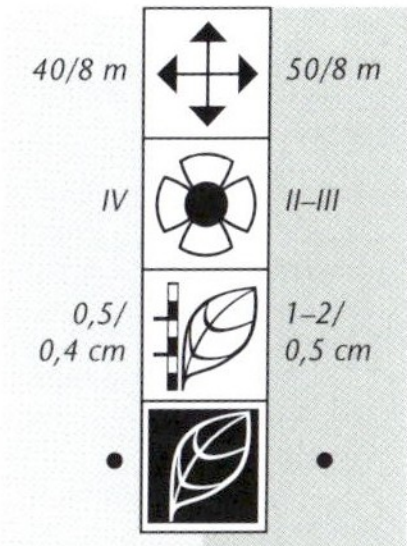


## Cryptomeria japonica

Sicheltanne
Taxodiaceae, Sumpfzypressengewächse

**Heimat:** Japan, China.
**Wuchs:** Schmal kegelförmiger, hoher Baum, Zweige hängend. Borke rotbraun, löst sich in langen Streifen.
**Blatt:** Pfriemlich, sichelartig gekrümt, grün.
**Blüte:** Einhäusig, männliche Blüten gelblich, 6 mm, weibliche Blüten kugelig, II–III.
**Frucht:** Kugeliger Zapfen, 2–3 cm lang, braune Schuppen mit Dornen.
**Standort:** Saure, humose Böden mit ausreichender Feuchtigkeit, Halbschatten.
**Verwendung:** Einzelstellung in Parkanlagen.
**Sorten:** 'Vilmoriniana', Zwergform, 1 m, breit kugelig.
**Sonstiges:** Geschützte Plätze erforderlich.

## × Cupressocyparis leylandii

Leylandzypresse
Cupressaceae, Zypressengewächse

**Heimat:** Kreuzung aus *Cupressus macrocarpa* × *Chamaecyparis nootkatensis*.
**Wuchs:** Rasch wachsender, säulenförmiger Baum, in der Heimat bis 50 m. Borke dunkel rotbraun mit Längsfurchen.
**Blatt:** Flache Schuppenblätter.
**Blüte:** Unauffällig, gelb; IX.
**Frucht:** Kleine Zapfen, 2 cm, braunviolett.
**Standort:** Sonnig-halbschattige, nährstoffreiche Gartenböden.
**Verwendung:** Hohe Schnitthecken, Sichtschutz, Gruppen in Parkanlagen.
**Sorten:** 'Leighton Green', gelblich grün, lockere Säule.
**Sonstiges:** Für wintermilde Gebiete.

## Ginkgo biloba

Ginkgo, Silberaprikose
Ginkgoaceae, Gingkogewächse

**Heimat:** Südost-China.
**Wuchs:** Sommergrüner Baum mit breit aufrechter Krone, auffällige Kurztriebe. Borke grau, längsrissig und gefurcht.
**Blatt:** Fächerförmig mit parallelen Adern, oft in der Mitte gespalten, Herbstfärbung gelb.
**Blüte:** Zweihäusig, männliche Blüten kätzchenförmig, 5 cm, gelblich; weibliche Blüten unscheinbar; IV. In Büscheln an den Kurztrieben.
**Frucht:** Grün, später gelb, saftig fleischig, 2 cm, Duft nach Buttersäure, Kern verholzt.
**Standort:** Sonnig bis halbschattig, normale Gartenböden.
**Verwendung:** Guter Straßenbaum, nur männliche Exemplare verwenden, Parks, Gärten.
**Sorten:** 'Pendula', Hängeform.
**Sonstiges:** Der Ginkgo ist ein prähistorisches Relikt. Dieser Nacktsamer ist viel älter als die Koniferen.

## Juniperus chinensis
Chinesischer Wacholder
Cupressaceae, Zypressengewächse

**Heimat:** Japan, China, Mongolei.
**Wuchs:** Kegelförmiger Wuchs. Äste aufsteigend bis waagerecht. Borke graubraun, längsrissig.
**Blatt:** Schuppen- und Nadelblätter, blaugrün.
**Blüte:** Unscheinbar, meist zweihäusig, männliche Blüten gelblich; III.
**Frucht:** Blau bereifter Beerenzapfen, 0,5 cm groß.
**Standort:** Sonnig, trocken, in durchlässigen Gartenböden.
**Verwendung:** Stadtklimafest, für Haus-, Heide- und Steingärten.
**Sorten:** 'Blaauw', trichterförmiger Wuchs, bis 2,5 m, graugrün (Bild). 'Hetzii', breit und blau, 4 m. 'Old Gold', bronzegelb, 1,2 m hoch, 3 m breit.
**Sonstiges:** Viele verschiedene Wuchsformen und Farben.

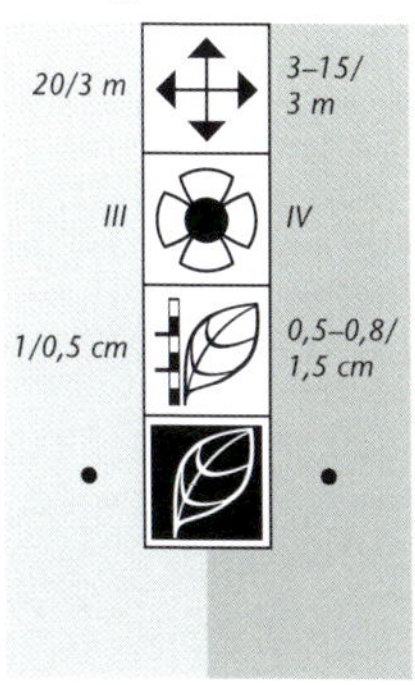


## Juniperus communis
Gewöhnlicher Wacholder
Cupressaceae, Zypressengewächse

**Heimat:** Europa, Asien, Amerika und Nordafrika.
**Wuchs:** Vielgestaltiger Strauch oder Baum. Borke rötlich braun, längsstreifig, dünn.
**Blatt:** Stechende Nadeln grauweiß, bis 2 cm.
**Blüte:** Zweihäusig, unscheinbar gelblich, IV.
**Frucht:** Schwarzblau bereifte Beerenzapfen, 0,6 cm, reift im 2. oder 3. Jahr.
**Standort:** Sonnige, trockene, aber magere Böden. Kommt auf Kalk und im Moor vor.
**Verwendung:** Für Heide- und Steingärten in sonnigen Lagen.
**Weitere Sorten und Arten:** 'Hibernica', Irischer Säulen-Wacholder, schmale Säulenform, 5 m. *J. communis* subsp. *alpina,* Zwerg-Wacholder mit niederliegendem Wuchs, heimisch. *J. sabina* kriechender bis aufrechter Wuchs; zur Flächenbefestigung; heimisch; giftig!
**Sonstiges:** Anspruchslos, Früchte verwertbar.

## Juniperus communis 'Hornibrookii'
Teppich-Wacholder
Cupressaceae, Zypressengewächse

**Heimat:** Cultivar.
**Wuchs:** Flach ausgebreitet, mattenförmig, 0,2–0,3 m hoch, aber 2–3 m breit.
**Blatt:** Nadeln graugrün, spitz, stechend, 5 mm lang.
**Blüte:** Zweihäusig, unscheinbar; IV–V.
**Frucht:** Schwarze, runde Beerenzapfen, selten zu sehen.
**Standort:** Durchlässige, arme Böden in voller Sonne.
**Verwendung:** Heide- und Steingärten, Bodendecker.
**Sorte:** *J. communis* 'Repanda', ähnlich, aber mit weichen Nadeln.
**Sonstiges:** Anspruchslos, winterhart.

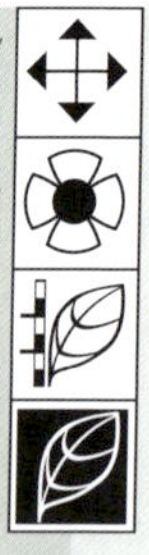

| | | |
|---|---|---|
| 0,2–0,6/ 2–3 m | | 0,3/ 1,5–2 m |
| IV–V | | IV |
| 0,5 cm | | 0,5/ 0,5 cm |
| • | | • |

## Juniperus horizontalis
Kriech-Wacholder
Cupressaceae, Zypressengewächse

**Heimat:** Nordamerika bis Alaska.
**Wuchs:** Niederliegend, teppichbildender, weithin kriechender Strauch. Zahlreiche, kurze Triebe. Borke graubraun.
**Blatt:** Schuppig, nicht stechend, blaugrün.
**Blüte:** Zweihäusig, unscheinbar, gelblich; IV.
**Frucht:** Blau bereifter Beerenzapfen, 0,5 cm.
**Standort:** Humose, durchlässige Böden in sonniger Lage.
**Verwendung:** Wichtiger Flächenbegrüner für Böschungen, Mauerkronen, Gräber.
**Sorten:** 'Glauca', wertvollste Sorte mit stahlblauer Färbung (Bild).
**Sonstiges:** Anspruchslos.

## Juniperus squamata

Schuppen-Wacholder
Cupressaceae, Zypressengewächse

**Heimat:** Himalaja, China, Taiwan.
**Wuchs:** Niederliegender Strauch. Borke rostbraun, löst sich in Schuppen ab.
**Blatt:** Nadelförmig, dicht stehend, grau-weiß, stechend.
**Blüte:** Unscheinbar, zweihäusig; IV.
**Frucht:** Rotbraun, elliptisch, 6–8 mm, reift im 2. Jahr.
**Standort:** Sonnig und trocken.
**Verwendung:** Stein- und Heidegärten. Zwergsorten für Friedhof und Grab.
**Sorten:** 'Meyeri', 4 m, weiß-blau. 'Blue Carpet', blau, ganz flach, 15 cm. 'Blue Star', 40 cm (Bild).
**Sonstiges:** Vielseitig verwendbare Sorten, viele mit Zwergwuchs.

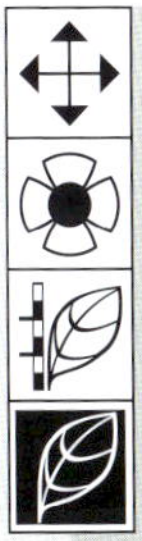

## Juniperus virginiana

Virginischer Wacholder, Rotzeder
Cupressaceae, Zypressengewächse

**Heimat:** Nordamerika.
**Wuchs:** Bis 30 m hoher Baum mit schmaler Krone, Äste abstehend. Borke rötlich braun, geht in Streifen ab.
**Blatt:** Schuppenförmig zugespitzt, blaugrün.
**Blüte:** Ein- oder zweihäusig, unscheinbar; IV.
**Frucht:** Kugelig bis oval, blau bereift, 6 mm. Werden zahlreich gebildet.
**Standort:** Sonnige Plätze in durchlässigen, mageren Böden.
**Verwendung:** Stein- und Heidegärten, Parkanlagen.
**Sorten:** 'Canaertii' (Bild), schlank säulenförmig, dunkelgrün. 5–10 m hoch. 'Burkii', breit aufrecht, blaugrün, 3 m.
**Sonstiges:** Das Holz wird zur Herstellung von Bleistiften verwendet.

## Larix decidua

Europäische Lärche
Pinaceae, Kieferngewächse

**Heimat:** Mittel- und Nordeuropäische Gebirge (Alpen, Karpaten).
**Wuchs:** Kegelförmige, schlanke Krone, waagerecht ausgebreitete Äste. Zweige hängen senkrecht herab. Junge Triebe gelblich. Borke grau- bis rotbraun, tiefrissig.
**Blatt:** Nadeln hellgrün, 3 cm lang, zu 30–40 in Büscheln, gelbe Herbstfärbung.
**Blüte:** Einhäusig, männliche Blüten gelb, weibliche Blüten zapfenförmig, rot, III–IV.
**Frucht:** Braune Zapfen bis 4 cm lang, Schuppen am Rand nicht umgerollt.
**Standort:** Lehmige Kalkböden in voller Sonne, Gebirgsbaum.
**Verwendung:** Einzeln oder in Gruppen in Gärten und Parks
**Sorten:** 'Pendula', bis zu 10 m hohe Hängeform.
**Sonstiges:** Nadeln fallen im Herbst ab.

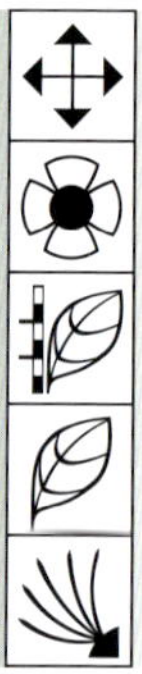

| Larix decidua | | Larix kaempferi |
|---|---|---|
| 35/15 m | | 30/15 m |
| III–IV | | II–IV |
| 3/0,1 cm | | 4/0,1 cm |
| • | | • |
| 30–40 | | 40–50 |

## Larix kaempferi

Japanische Lärche
Pinaceae, Kieferngewächse

**Heimat:** Japan.
**Wuchs:** Kegelförmige Krone, Äste waagerecht und bogig ansteigend, Triebe rötlich. Borke rotbraun, tief gefurcht.
**Blatt:** Nadeln 2–4 cm lang, bläulich grün, zu 40–50 in Büscheln an den Kurztrieben, goldgelbe Herbstfärbung.
**Blüte:** Einhäusig, männliche Blüten gelb, weibliche Blüten im Vorfrühling rot mit grün; II–IV.
**Frucht:** Zapfen bis 4 cm lang, eirund, Zapfenschuppen nach außen umgebogen.
**Standort:** Humose Böden in voller Sonne.
**Verwendung:** Einzeln oder in Gruppen in Gärten und Parks, auch als Schnitthecke.
**Sorten:** 'Blue Ball', breitkugeliger Busch. 'Wolterdingen', Zwergform.
**Sonstiges:** Nadeln fallen im Herbst ab.

## Metasequoia glyptostroboides

Urweltmammutbaum, Chinesisches Rotholz
Taxodiaceae, Sumpfzypressengewächse

**Heimat:** China (Provinzen Sichuan, Hubei).
**Wuchs:** Kegelförmige Krone, Stamm am Grund verbreitert. Wächst etwa 1 m pro Jahr. Borke fuchsrot bis graubraun, faserig, am Stamm tiefe Einbuchtungen.
**Blatt:** An Kurztrieben Nadeln hellgrün, kammförmig gescheitelt, Herbstlaub kupfern.
**Blüte:** Einhäusig, männliche Blüten an hängenden Blütenständen, weibliche Blüten endständig, gelbgrün; IV–V.
**Frucht:** Kugeliger, lang gestielter Zapfen, 2,5 cm, braun.
**Standort:** Humose Standorte im Halbschatten. Verträgt auch Überschwemmungen.
**Verwendung:** In Gärten und Parkanlagen im Einzelstand.
**Sonstiges:** Die Art wurde erst 1941 entdeckt, 1948 erfolgten die ersten Anzuchten in Europa.

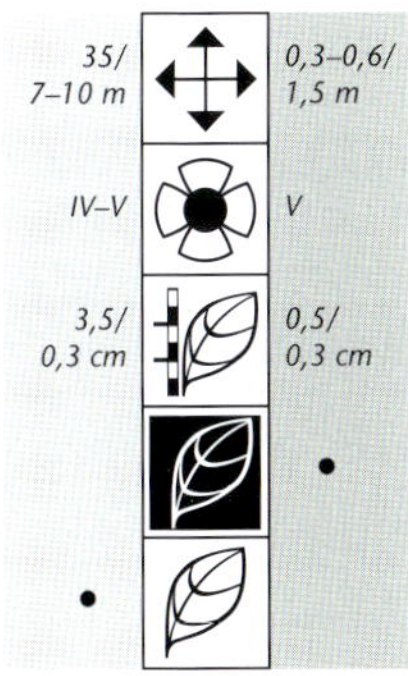


## Microbiota decussata

Zwerglebensbaum
Cupressaceae, Zypressengewächse

**Heimat:** Südostsibirien.
**Wuchs:** Niederliegender, dicht verzweigter Strauch.
**Blatt:** Schuppenförmig, 2–5 mm lang, gelbgrün, im Winter bronzerot.
**Blüte:** Einhäusig, unscheinbar, gelblich.
**Frucht:** Zäpfchen endständig, kugelig bis 6 mm dick, enthält nur 1 Samen.
**Standort:** Durchlässige, humose Böden in Sonne und Schatten.
**Verwendung:** Größere Steingärten, Böschungen, auch für Tröge.
**Sonstiges:** Braucht viel Platz.

## Picea abies
Gewöhnliche Fichte, Rot-Fichte
Pinaceae, Kieferngewächse

**Heimat:** Nord-, Mittel- und Südosteuropa.
**Wuchs:** Hoher Baum mit spitz kegelförmiger Krone, Äste meist abwärts gerichtet. Borke rotbraun, in dünnen Schuppen abblätternd.
**Blatt:** Nadeln dunkelgrün, 2 cm, spitzig, vierkantig, nur mit „Fähnchen" ablösbar.
**Blüte:** Einhäusig, männliche Blüten gelb; weibliche Blüten zapfenförmig, rot, IV–V.
**Frucht:** Zylindrischer Zapfen braun, 10–16 cm lang, 4 cm breit, hängend, fällt bei Reife ganz ab. Samen geflügelt.
**Standort:** Lehmig humose, durchlässige Böden in halbschattiger Lage.
**Verwendung:** Waldbaum, Lieferant von Bauholz und Weihnachtsbäumen.
**Sorten:** Sehr zahlreich, z.B.: 'Inversa', Hängeform. 'Columnaris', Säulenform.
**Sonstiges:** Empfindlich gegen Bodenverdichtungen, Nadeln versauern den Boden!

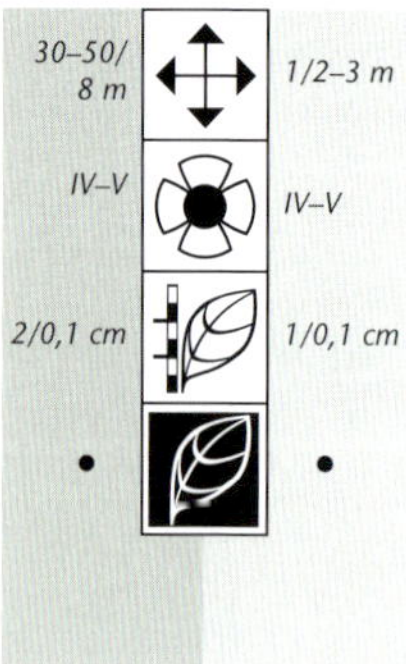


## Picea abies 'Nidiformis'
Nest-Fichte
Pinaceae, Kieferngewächse

**Heimat:** Züchtung, um 1904 bei Hamburg entdeckt.
**Wuchs:** Halbkugelig, abgeflacht, in der Mitte eingesenkt. Es wird kein Mitteltrieb gebildet, die Äste stehen schräg nach außen.
**Blatt:** Nadeln hellgrün, 7–10 mm lang, gescheitelt an hellbraunen Trieben.
**Blüte:** Einhäusig, männliche Blüten gelb; weibliche Blüten zapfenförmig, rot; IV–V.
**Standort:** Frische, humose Gartenböden in voller Sonne.
**Verwendung:** Einzeln für Steingärten, Gräber, Tröge.
**Sorten:** Noch kleiner werden 'Little Gem', 40 cm. 'Echiniformis', Igel-Fichte, 30 cm; besticht durch runde, geschlossene, unregelmäßig wachsende Form.

## Picea breweriana

Mähnen-Fichte, Siskiyou-Fichte
Pinaceae, Kieferngewächse

**Heimat:** Südwestliche USA.
**Wuchs:** Breit aufrechter Baum, Äste waagerecht abstehend. Borke graubraun, rau, Zweige bis 2 m herabhängend.
**Blatt:** Nadeln blaugrün, 2–3 cm, stumpf.
**Blüte:** Einhäusig, männliche Blüten purpurn, weibliche Blüten rot; V.
**Frucht:** Zapfen jung purpurrot, später braun, 8–10 cm lang.
**Standort:** Humose Gartenböden bei ausreichender Feuchtigkeit, sonnig.
**Verwendung:** Solitär in Gärten und Parkanlagen; nur größere Exemplare pflanzen, da die Schönheit im Alter zunimmt.
**Sonstiges:** Einmalig schöner Baum.

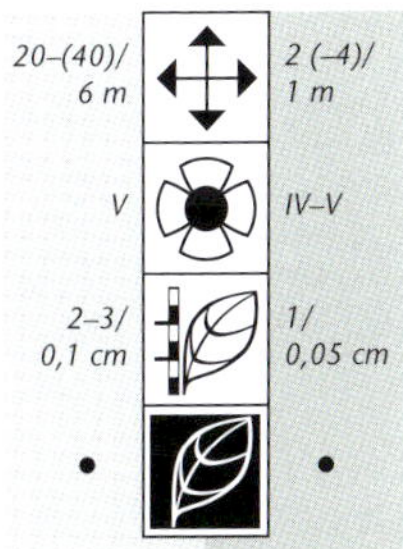


## Picea glauca 'Conica'

Zuckerhut-Fichte
Pinaceae, Kieferngewächse

**Heimat:** Die Weiß-Fichte, *Picea glauca,* stammt aus dem östlichen Nordamerika. 1904 wurde an einer Pflanze als Mutation die Zuckerhut-Fichte entdeckt.
**Wuchs:** Streng kegelförmig, bis 4 m Höhe.
**Blatt:** Nadeln hellgrün, weich, 1 cm.
**Blüte:** Einhäusig, männliche Blüten gelb; weibliche Blüten zapfenförmig, rot; IV–V.
**Standort:** Durchlässige, humose Böden in sonnigen Lagen.
**Verwendung:** Einzeln oder in Gruppen in Gärten und Parks.
**Sorten:** 'Echiniformis', Kissen-Fichte, 50 cm. 'Laurin', Zwergzuckerhut, 60 cm.
**Sonstiges:** Auf Spinnmilben achten.

## Picea omorika
Serbische Fichte
Pinaceae, Kieferngewächse

**Heimat:** Jugoslawien, im Tara-Gebirge des Drina-Gebietes.
**Wuchs:** Schmale, kegelförmige Krone. Kulturpflanzen werden breiter. Borke dunkelbraun, Äste kurz, fast waagerecht gebogen.
**Blatt:** Nadeln dunkelgrün, unterseits blauweiß, 2 cm lang.
**Blüte:** Einhäusig, männliche Blüten gelb; weibliche Blüten zapfenförmig, rot; V.
**Frucht:** Zapfen 5–6 cm lang, 1 cm dick.
**Standort:** Tiefgründige, durchlässige und mineralreiche Böden. Sonnige Lage.
**Verwendung:** Einzeln, Gruppen oder Hecken, sogar für Schnitthecken geeignet.
**Sorten:** 'Nana' bis 3 m hoch, dichter.
**Sonstiges:** Keine Staunässe, wird dann braun und stirbt ab. Abhilfe durch Dränage und magnesiumhaltige Düngergaben.

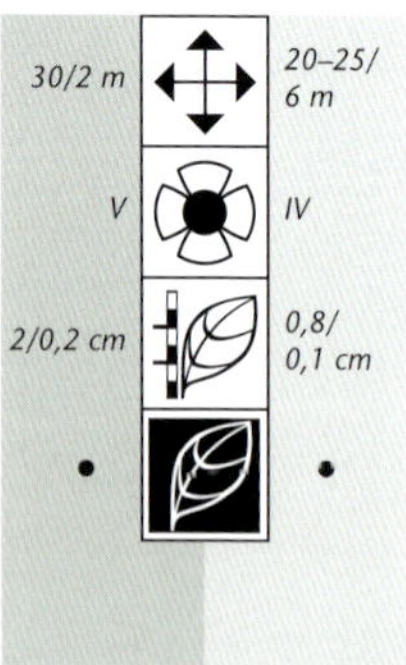


## Picea orientalis
Kaukasus-Fichte
Pinaceae, Kieferngewächse

**Heimat:** Kaukasus, Kleinasien.
**Wuchs:** Schmal kegelförmig mit dichter Krone. In der Heimat 40–60 m. Borke dunkelbraun, dünn, schuppig.
**Blatt:** Nadeln kurz und dicht stehend, dunkelgrün, glänzend.
**Blüte:** Einhäusig, männliche Blüten rot, weibliche Blüten rotviolett; IV.
**Frucht:** Braune, sehr schmale Zapfen, 5–8 cm lang.
**Standort:** Sonnige bis halbschattige Lagen auf durchlässigen Böden.
**Verwendung:** Einzelstand in Gärten und Parks.
**Sorten:** 'Aurea', Gelbe Orient-Fichte, im Austrieb gelb, 15 m.
**Sonstiges:** Auffällige Art.

## Picea pungens
Blau-Fichte, Stech-Fichte
Pinaceae, Kieferngewächse

**Heimat:** Mittlerer Westen der USA.
**Wuchs:** Breit kegelförmige Krone; dichte, waagerecht ausgebreitete Äste; bis 50 m. Borke braun, dick, rauschuppig.
**Blatt:** Nadeln spitz, mattgrün bis silbergrau.
**Blüte:** Einhäusig, männliche Blüten rötlich, weibliche Blüten grün; IV–V.
**Frucht:** Zapfen hellbraun, 7–11 cm lang, mit Harztropfen, Zapfenschuppen gewellt.
**Standort:** Normaler Gartenboden, auch in trockenen Lagen, sonnig.
**Verwendung:** Einzelstand, besonders die blauen Gartensorten.
**Sorten:** 'Glauca', Sämling. 'Koster', veredelte Blau-Fichte, silberblau (Bild).
**Sonstiges:** Veredelte Pflanzen müssen in der Baumschule aufgebunden werden; auf Sitkalaus-Befall achten.

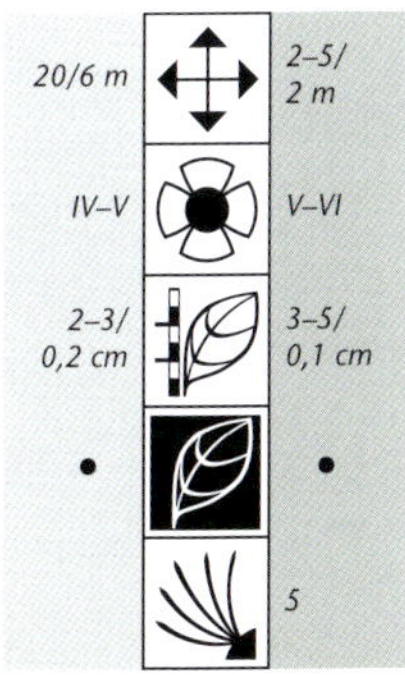


## Pinus aristata
Grannen-Kiefer
Pinaceae, Kieferngewächse

**Heimat:** USA, südliche Rocky Mountains.
**Wuchs:** Aufrechter Baum bis 15 m, bei uns mehr buschig wachsend. Borke rostbraun, im Alter gefurcht.
**Blatt:** Nadeln zu 5, dunkelgrün mit weißen Harzflocken.
**Blüte:** Einhäusig, männliche Blüten gelb; weibliche Blüten rot, auffällig; V–VI.
**Frucht:** Zapfen zylindrisch, 6–8 cm, braungrau, Schuppen mit grannenförmigem Dorn.
**Standort:** Vollsonnige und trockene Lagen, in der Natur in den Bergen vorkommend.
**Verwendung:** Einzelstand in Gärten und Parks, auch für Kübel geeignet.
**Sonstiges:** Nahe verwandt mit *P. longaeva* von den White Mountains, wo über 4000 Jahre alte Exemplare vorkommen. Hat keine Harzflocken.

## Pinus cembra
Zirbel-Kiefer
Pinaceae, Kieferngewächse

**Heimat:** Hochgebirge Mitteleuropas (Berglagen der Zentralalpen).
**Wuchs:** Hoch wachsender Baum mit pyramidaler Krone. Äste ansteigend. Borke rotbraun bis grausilbrig, längsrissig.
**Blatt:** Nadeln zu 5, an den Zweigenden pinselartig gehäuft, blaugrün, 6–12 cm.
**Blüte:** Einhäusig, männliche Blüten rötlich; weibliche Blüten gelb; V–VI
**Frucht:** Eiförmige Zapfen, 6–8 cm, braun, reif im 3. Jahr, Zirbelnüsse essbar.
**Standort:** Sonnige Lagen und humose Böden.
**Verwendung:** Einzelstand in Gärten und Parks, möglichst auf sauren Böden.
**Sorten:** 'Globe', kompakte Zwergform, 2 m.
**Sonstiges:** Nadeln vergilben in kalkhaltigen Böden.

## Pinus mugo
Krummholz-Kiefer, Berg-Kiefer, Latsche
Pinaceae, Kieferngewächse

**Heimat:** Kalkalpen bis zum Balkan, Apennin.
**Wuchs:** Niederliegend, Äste knieförmig gebogen, aufstrebend. Borke graubraun, rau.
**Blatt:** Nadeln zu 2, sichelförmig gebogen, oft waagerecht abstehend, grün.
**Blüte:** Einhäusig, männliche Blüten gelb, auffällig; weibliche Blüten grünrot; IV.
**Frucht:** Zapfen kegelförmig, braun, hängend oder abstehend, 3–7 cm lang.
**Standort:** Kalkgebiete in sonnigen und halbschattigen Lagen.
**Verwendung:** Gärten und Parkanlagen, hoher Platzbedarf. Weniger Platz brauchen: *P. mugo* subsp. *mugo,* Ostalpen, nur 2–3 m. *P. m.* subsp. *pumilio*, nur 150 cm.
**Sorten:** 'Mops', 100 cm. 'Gnom', 1,50 m. Für Heide-, Stein und Dachgärten, Gräber. Hecken.

| Pinus cembra | | Pinus mugo |
|---|---|---|
| 10–25/ 5 m | | 2–5/4 m |
| V–VI | | VI–VII |
| 5–10/ 0,1 cm | | 3–4/ 0,1 cm |
| • | | • |
| 5 | | 2 |

## Pinus nigra
Schwarz-Kiefer
Pinaceae, Kieferngewächse

**Heimat:** Europa, in verschiedenen Sippen.
**Wuchs:** Krone erst kegel-, später schirmförmig. Äste waagerecht abstehend. Borke schwarzbraun, tiefrissig.
**Blatt:** Nadeln zu 2, dunkelgrün, 8–16 cm lang.
**Blüte:** Einhäusig, männliche Blüten gelb, weibliche Blüten klein und grün; V.
**Frucht:** Zapfen braun, 4–9 cm lang.
**Standort:** Warme Lagen, kalkreiche Böden in voller Sonne.
**Verwendung:** Einzeln oder in Gruppen in Parks und im Forst.
**Sorten/Arten:** 'Pygmaea', Zwergform, kugeliger Wuchs. *P. nigra* subsp. *nigra,* Österreichische Schwarz-Kiefer, Südeuropa (Bild).
**Sonstiges:** Wärmeliebend, Sippen aus dem Mittelmeergebiet brauchen Winterschutz.

| Pinus nigra | Pinus parviflora |
|---|---|
| 40/ 8–15 m | 8–12/ 5 m |
| V | V |
| 8–16/ 0,2 cm | 5–7/0,1 cm |
| • | • |
| 2 | 5 |

## Pinus parviflora
Mädchen-Kiefer
Pinaceae, Kieferngewächse

**Heimat:** Japan.
**Wuchs:** Hoher Baum, erst kegelförmig, später ausladend. Borke schwarzgrau, kleinschuppig.
**Blatt:** Nadeln zu 5, bläulich grün, gekrümmt, an den Zweigenden gehäuft, 5–7 cm.
**Blüte:** Einhäusig, männliche Blüten purpurn, weibliche Blüten rötlich; V.
**Frucht:** Waagerecht abstehend, eiförmig, 5–10 cm lang, braunrot.
**Standort:** Sonnige Lagen in humosen Böden.
**Verwendung:** Einzelstand in Parks. Für Gärten eher die Sorten geeignet.
**Sorten:** 'Glauca', 5–9 m, blauweiße, gebogene Nadeln, wichtigste Form (Bild).
**Sonstiges:** Nadeln vergilben bei stark alkalischen Böden.

## Pinus pumila
Ostasiatische Zwerg-Kiefer
Pinaceae, Kieferngewächse

**Heimat:** Sibirien bis Japan.
**Wuchs:** Strauchförmig, niederliegend, die Enden aufstrebend. Vieltriebig. Borke graubraun.
**Blatt:** Nadeln zu 5, dunkel blaugrün, 5–10 cm lang.
**Blüte:** Einhäusig, männliche Blüten rot, sehr auffällig; IV–V.
**Frucht:** Junge Zapfen purpur, später dunkelbraun, 4 cm.
**Standort:** Sonnig, auf sauren, durchlässigen Böden (in den Bergen bis zur Schneegrenze).
**Verwendung:** Für Gärten und Parks, Steingärten.
**Sorten:** 'Glauca', Blaue Kriech-Kiefer, 1,50 m, blaugraue Nadeln, wichtigste Sorte.
**Sonstiges:** Schöner Kontrast zur Blütezeit, Kostbarkeit.

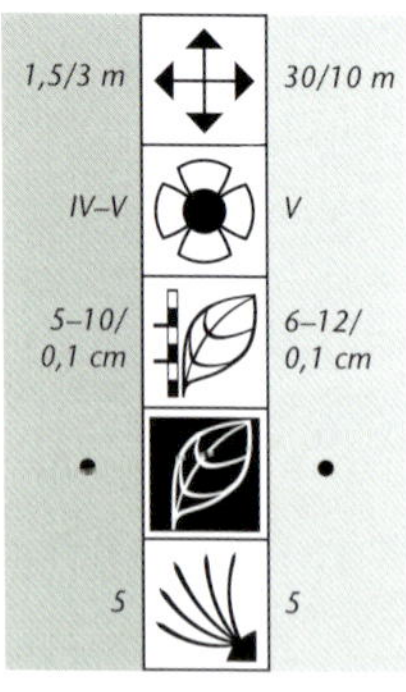


## Pinus strobus
Weymouths-Kiefer, Strobe
Pinaceae, Kieferngewächse

**Heimat:** Östliches Nordamerika.
**Wuchs:** Hoher Baum bis 30 m, in der Heimat bis 70 m, Krone locker kegelförmig. Äste ansteigend. Borke erst graubraun und glatt, später dunkelbraun, tief gefurcht.
**Blatt:** Nadeln zu 5, blaugrün, 8–12 cm lang, weich, in Büscheln stehend.
**Blüte:** Männliche Blüten gelb, weibliche Blüten rötlich; V.
**Frucht:** Zapfen gestielt, 10–20 cm lang, stark harzig.
**Standort:** Sonnige Plätze in durchlässigen, humosen Gartenböden.
**Verwendung:** Einzeln in großen Gärten und Parks.
**Sorten:** 'Radiata', schwächer wachsend, 3–5 m (Bild).
**Sonstiges:** Auf Blasenrost achten, daher den Zwischenwirt *Ribes* (Johannisbeere) fernhalten. Holz ist sehr brüchig.

## Pinus sylvestris
Föhre, Wald-Kiefer,
Gewöhnliche Kiefer
Pinaceae, Kieferngewächse

**Heimat:** Europa bis Sibirien und Kleinasien.
**Wuchs:** Aufrecht, Krone erst kegel-, später schirmförmig. Borke rotbraun, fein geschuppt, später dick und längsgefurcht.
**Blatt:** Nadeln zu 2, blau- bis graugrün, gedreht, 3–7 cm lang.
**Blüte:** Einhäusig, männliche Blüten gelb, weibliche Blüten rotbraun; V–VI.
**Frucht:** Gestielte Zapfen, hängend, oval kegelförmig, graubraun, 3–8 cm.
**Standort:** Nährstoff- und kalkarme Böden in voller Sonne. Verträgt Hitze und Kälte, aber auch Trockenheit und feuchte Moorböden.
**Verwendung:** Parkanlagen, Forst; Sorten für Hausgärten.
**Sorten:** 'Watereri', Silber-Kiefer mit eirundlichem Wuchs, 4 m (Bild).
**Sonstiges:** Besonders anspruchslos.

| Pinus sylvestris | | Pinus wallichiana |
|---|---|---|
| 30/ 8–12 m | | 15–25/ 10 m |
| V–VI | | V |
| 3–7/ 0,2 cm | | 12–20/ 0,1 cm |
| • | | • |
| 2 | | 5 |

## Pinus wallichiana
Tränen-Kiefer
Pinaceae, Kieferngewächse

**Heimat:** Himalaja.
**Wuchs:** Hoher Baum (30–50 m) mit lockerer, breit kegelförmiger Krone. Äste waagerecht. Borke grau bis schwarzbraun, längsrissig, feinschuppig.
**Blatt:** Nadeln zu 5, weich, blaugrün, 15–20 cm lang, bogig überhängend.
**Blüte:** Männliche Blüten rot, weibliche Zapfen hellbraun, 15–25 cm lang; V.
**Standort:** Auf nährstoff- und kalkarmen Böden in sonnigen Lagen. Winterschutz.
**Verwendung:** Geschützte Lagen in großen Gärten und Parkanlagen.
**Sorten:** 'Densa', dichter und schmaler Wuchs.
**Sonstiges:** In der Jugend vor kalten Winden schützen.

## Pseudotsuga menziesii
Douglasie
Pinaceae, Kieferngewächse

**Heimat:** Westliches Nordamerika.

**Wuchs:** Schlanke, kegelförmige Krone, in der Heimat bis 100 m hoch. Borke graubraun, gefurcht, junge Triebe mit Harzbeulen.

**Blatt:** Nadeln nach Zitrone duftend, weich, frischgrün, 3–4 cm lang.

**Blüte:** Männliche Blüten gelb, weibliche Zäpfchen rot; IV–V.

**Frucht:** Zapfen braun, bis 10 cm lang, mit dreizackigen Deckschuppen.

**Standort:** Durchlässige, tiefgründige, mäßig saure Böden in freier Lage.

**Verwendung:** Park- und Forstbaum mit raschem Wuchs.

**Sorten/Arten:** 'Elegans', blaugrüne Nadeln, schwächer im Wuchs (Bild). *P. menziesii* var. *glauca*, waagerecht ausgebreitete Zweige, graugrün.

**Sonstiges:** Wichtigster Bauholzlieferant in Amerika. Auf Wollläuse achten.

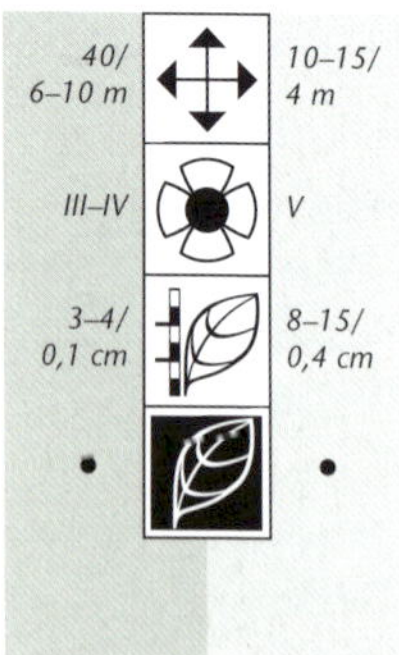


## Sciadopitys verticillata
Schirmtanne
Sciadopityaceae, Schirmtannengewächse

**Heimat:** Japan.

**Wuchs:** Schmal kegelförmiger, hoher Baum, Astquirle waagerecht abstehend. Borke glatt, graubraun, später abfasernd.

**Blatt:** Doppelnadeln 8–15 cm lang, glänzend dunkelgrün, an Triebenden gehäuft.

**Blüte:** Einhäusig, männliche Blüten gelb, weibliche Blüten bräunlich; V.

**Frucht:** Zapfen aufrecht, eilänglich, 7–12 cm lang, braunrote Deckschuppen.

**Standort:** Sandig humose, nährstoffreiche Böden im Halbschatten.

**Verwendung:** Einzelstellung, gut zu *Rhododendron*.

**Sonstiges:** Leidet in kalkreichen Böden.

## Sequoiadendron giganteum

Mammutbaum

Taxodiaceae, Sumpfzypressengewächse

**Heimat:** USA: Kalifornien, zwischen 1400 und 2500 m Höhe ü. d. M.

**Wuchs:** Mächtige Bäume mit kegelförmiger Krone, bis 85 m Höhe bekannt. Borke dick, schwammig, rotbraun, stark gefurcht.

**Blatt:** Nadeln pfriemförmig, bläulich grün, 1,2 cm lang.

**Blüte:** Einhäusig, männliche Blüten blassgelb, weibliche Blüten grün; IV–V.

**Frucht:** Eiförmiger, brauner Zapfen, 4–8 cm lang.

**Standort:** Tiefgründige, humose Böden in geschützter Lage.

**Verwendung:** Parkanlagen, möglichst im Weinbauklima.

**Verwandte Art:** *Sequoia sempervirens,* Küsten-Mammutbaum, Winterschutz erforderlich.

**Sonstiges:** Besonders rascher Wuchs.

| | | |
|---|---|---|
| *50/10 m* | | *20–40/ 6–10 m* |
| *IV–V* | | *III–IV* |
| *1,2/ 0,3 cm* | | *2/0,2 cm* |
| • | | |
| | | • |

## Taxodium distichum

Sumpfzypresse

Taxodiaceae, Sumpfzypressengewächse

**Heimat:** Südliches Nordamerika.

**Wuchs:** Stamm durchgehend mit kegelförmiger Krone, im Wasser Atemwurzeln. Borke rotbraun, löst sich in schmalen Streifen ab.

**Blatt:** Frischgrüne Nadeln an Kurz- und Langtrieben, 1–2 cm lang, Herbstfärbung!

**Blüte:** Einhäusig, männliche Blüten an gelben Kätzchen; weibliche Blüten grün; III–IV.

**Frucht:** Zapfen braun, kugelig, 2 cm groß.

**Standort:** Feuchte und sogar nasse Plätze, gedeiht auch in humosen Böden.

**Verwendung:** Einzeln in Parks, an und in Teichen. Dort Bildung von Wurzelknien.

**Sonstiges:** Chloroseerscheinungen in kalkhaltigen Böden. Im Winter kahl.

## Taxus baccata

Gewöhnliche Eibe
Taxaceae, Eibengewächse

**Heimat:** Nordafrika, Europa bis Vorderasien.
**Wuchs:** Großstrauch bis baumförmig, erst kegelförmige, später breitrunde Krone. Borke rotbraun, abfasernd.
**Blatt:** Nadeln dunkelgrün, flach, 1–3,5 cm lang, unterseits hellgrün.
**Blüte:** Zweihäusig, männliche Blüten gelblich, weibliche Blüten grün, unscheinbar; III.
**Frucht:** Grüne Samen sind von ungiftigem roten Samenmantel (Arillus) umschlossen, 1 cm.
**Standort:** Saure, humose Böden im Halbschatten und Schatten.
**Verwendung:** Einzeln oder in Gruppen in Parks und Gärten, auch als Schnitthecke.
**Sorten:** 'Fastigiata', Säulen-Eibe, 3–5 m. 'Repandens', Kissen-Eibe, 50 cm, 2 m breit.
**Sonstiges:** Nie an Kinderspielplätzen verwenden, ganze Pflanze ist stark giftig!

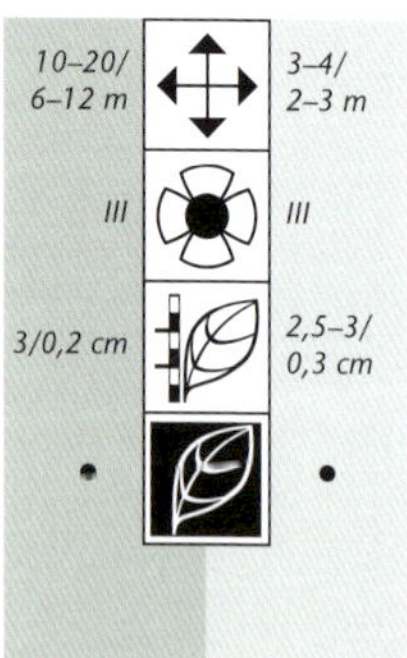


## Taxus × media

Becher-Eibe
Taxaceae, Eibengewächse

**Heimat:** Kreuzung zwischen *T. baccata* × *T. cuspidata*.
**Wuchs:** Breit säulenförmig, oben oft breiter als an der Basis. Borke rotbraun.
**Blatt:** Nadeln 2,5–3 cm lang, dunkelgrün, senkrecht vom Trieb abstehend.
**Blüte:** Zweihäusig, unscheinbar; III.
**Frucht:** Grüne Samen sind von rotem Arillus umgeben, 1 cm groß.
**Standort:** Durchlässige, humose Böden im Halbschatten.
**Verwendung:** Für Schnitthecken geeignet, sonst einzeln oder in Gruppen in Gärten.
**Sorten:** 'Hicksii', wichtigste Sorte, reich fruchtend. 'Strait Hedge', Schnitthecke.
**Sonstiges:** Alle Teile mit Ausnahme des Arillus sind giftig!

## Thuja occidentalis
Abendländischer Lebensbaum
Cupressaceae, Zypressengewächse

**Heimat:** Nordamerika.
**Wuchs:** Baum mit kegelförmiger Krone, Gipfeltriebe immer aufrecht stehend. Borke braunrot, längsrissig, löst sich in dünnen Streifen ab.
**Blatt:** Schuppenblätter mattgrün, im Winter bräunlich, Duft aromatisch.
**Blüte:** Einhäusig, Blüten unscheinbar; IV–V.
**Frucht:** Längliche Zapfenfrüchte, 8–12 mm lang, hellbraun.
**Standort:** Nährstoffreiche, auch feuchtere Plätze in voller Sonne und Schatten.
**Verwendung:** Hohe Schnitthecken, Einzelstellung in Gärten und Parks. Nicht für Kinderspielplätze, da ganze Pflanze giftig!
**Sorten:** 'Smaragd', frischgrün und säulenförmig, ideale Heckenpflanze.
**Sonstiges:** Auf Pilzkrankheiten achten.

| Thuja occidentalis | | Tsuga canadensis |
|---|---|---|
| 20/5 m | Wuchs | 15–20/ 5–10 m |
| IV–V | Blüte | V |
| 0,5/ 0,5 cm | Blatt | 1,5–2/ 0,2 cm |
| • | immergrün | • |

## Tsuga canadensis
Hemlocktannne
Pinaceae, Kieferngewächse

**Heimat:** Nordöstliche USA: Appalachen.
**Wuchs:** Aufrecht, locker, breit kegelförmige Krone, Gipfeltrieb überhängend. Borke grau bis rotbraun, längsrissig. Äste waagerecht abstehend.
**Blatt:** Nadeln 8–18 mm lang, oberseits eine Reihe kurzer Nadeln, unterseits weiß.
**Blüte:** Einhäusig, männliche Blüten gelb, weibliche grün, unscheinbar; V.
**Frucht:** Kleine, braune, eiförmige Zäpfchen, 1,5–2 cm lang.
**Standort:** Durchlässige, saure, humose Böden im Halbschatten.
**Verwendung:** Einzeln oder in Gruppen. Als geschnittene Hecke möglich, aber zu schade.
**Sorten:** 'Nana', bis 1 m hoch. 'Pendula', 4–5 m hohe Hängeform.
**Sonstiges:** Verträgt keine windigen Lagen, ebenso keine Trockenheit.

# Laubgehölze von A bis Z

## Acer campestre
Feld-Ahorn
Aceraceae, Ahorngewächse

**Heimat:** Europa, Kleinasien.
**Wuchs:** Breit aufrecht, oft mehrstämmig, Krone rundlich. Borke graubraun, feine Längsrisse. Triebe oft mit Korkleisten.
**Blatt:** 3- bis 5-lappig, gegenständig angeordnet, bis 10 cm.
**Blüte:** Grün in Trauben; V.
**Frucht:** Geflügelt, paarweise angeordnet, braun, 3 cm lang. Spaltfrucht.
**Standort:** Warme, kalkhaltige Böden, Trockenheit vertragend.
**Verwendung:** Felder, Waldrand, Hecken (auch geschnitten), Gärten, Parks, Straßenrand.
**Sorten:** 'Elsrijk', ovale Krone, guter Straßenbaum.
**Sonstiges:** Gelbes Herbstlaub.

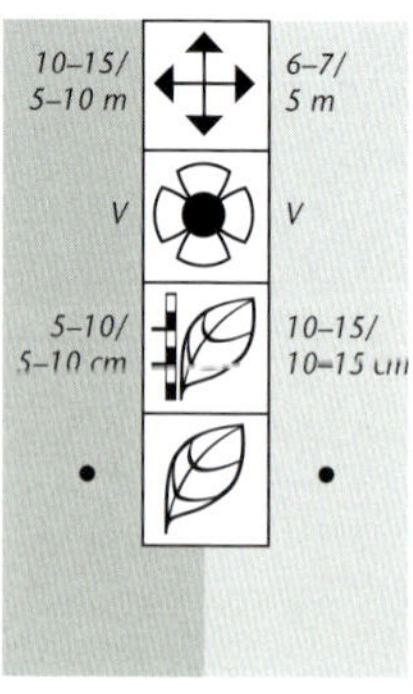


## Acer japonicum
Japanischer Ahorn
Aceraceae, Ahorngewächse

**Heimat:** Bergwälder Japans.
**Wuchs:** Breiter Großstrauch.
**Blatt:** Hellgrün, fiederschnittig mit 7–11 Lappen, 10–15 cm lang, rotes Herbstlaub.
**Blüte:** Rotgelb, wenig auffällig; V.
**Frucht:** Geflügelt und behaart. Spaltfrucht.
**Standort:** Humose, kalkarme Böden im Halbschatten.
**Verwendung:** Einzelstellung für Vorgärten und an Terrassen.
**Sorten:** 'Aconitifolium', leuchtend rotes Herbstlaub (Bild). 'Aureum', gelbe, im Herbst orangefarbene Blätter, empfindlich.
**Sonstiges:** Geschützte Lagen.

## Acer monspessulanum
Französischer Ahorn
Aceraceae, Ahorngewächse

**Heimat:** Südeuropa, Westasien, Mittelmeergebiet.
**Wuchs:** Sparriger, hoher Baum. Borke dunkel, flach längsrissig gefeldert.
**Blatt:** Dreilappig, derb ledrig, 3–6 cm breit, gelbes Herbstlaub.
**Blüte:** Gelbliche Trugdolden, überhängend; V.
**Frucht:** Flügelfrüchte parallel, hellbraun.
**Standort:** Trocken und warme Plätze auf Kalk.
**Verwendung:** Gärten und Parks in sonnigen Lagen.
**Sonstiges:** Ideal im Weinbauklima.

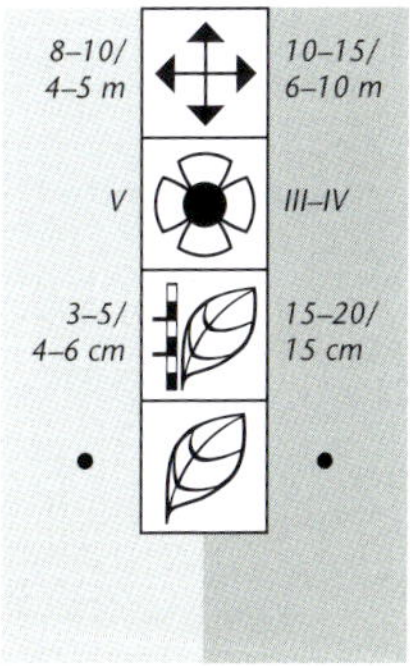


## Acer negundo
Eschen-Ahorn
Aceraceae, Ahorngewächse

**Heimat:** Östliches und mittleres Amerika.
**Wuchs:** Rasch wachsend, oft mehrstämmig, Holz brüchig. Borke grau, längsrissig.
**Blatt:** 5- bis 9-zählig gefiedert, gelbe Herbstfärbung, Jungtriebe bereift.
**Blüte:** 2-häusig hängende Trugdolden vor dem Blattaustrieb, männliche Blüte rosa; III–IV.
**Frucht:** Flügel einwärts gekrümmt, in dichten Büscheln. Spaltfrucht.
**Standort:** Sonnig-halbschattig, humose, leicht feuchte Böden.
**Verwendung:** Einzelstellung in größeren Gärten und Parks in Wassernähe.
**Sorten:** 'Aureo-Variegatum', gelb-grünes Laub. 'Flamingo', Blätter grünweiß, Austrieb rosa. 'Odessanum', ganzjährig gelbes Laub, schwächerer Wuchs.
**Sonstiges:** Bruchgefährdet, daher kein Straßenbaum. Wunden vor Pilzbefall schützen.

## Acer palmatum
Fächer-Ahorn
Aceraceae, Ahorngewächse

**Heimat:** Japan und Korea.
**Wuchs:** Breitbuschig, bei uns 5–8 m hoch, viele Sorten nur bis 2 m.
**Blatt:** Fächerförmig, grün, 5- bis 11-lappig, tief eingeschnitten, 5–10 cm breit. Im Herbst leuchtend rote Färbung.
**Blüte:** Traube, unscheinbar, rot und weiß; V–VI.
**Frucht:** Spaltfrucht, 1–2 cm lang, braun, geflügelt.
**Standort:** Tiefgründige, humose Gartenböden, leichter Schatten.
**Verwendung:** Unbedingt einzeln pflanzen.
**Sorten:** Sehr viele Sorten bekannt. 'Atropurpureum', Blätter trübrot, im Herbst leuchtender, 5- bis 11-lappig. 'Dissectum', Blätter grün, fein geschlitzt, 2–3 m. 'Dissectum Ornatum', fein geschnittene, rote Blätter, 1–2 m.
**Sonstiges:** Vermehrung durch Aussaat, die Sorten durch Veredlung.

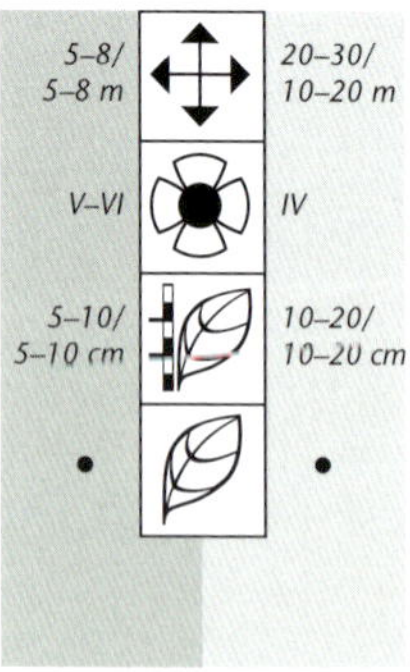


## Acer platanoides
Spitz-Ahorn
Aceraceae, Ahorngewächse

**Heimat:** Europa, Kleinasien bis Kaukasus.
**Wuchs:** Rundlich eiförmige Krone, gerader Stamm. Borke längsrissig, Zweige mit rotbraunen, gegenständig angeordneten Knospen.
**Blatt:** Spitz, 5- bis 7-lappig, bis 20 cm groß, glänzend grün, Herbstlaub orange, Blattstiel mit weißem Milchsaft.
**Blüte:** Gelbgrün in aufrechten Doldentrauben vor dem Laubaustrieb; IV.
**Frucht:** Fast waagerecht geflügelt, braun, hängen in Büscheln zusammen.
**Standort:** Eher trockene Böden mit mäßigem Kalkgehalt in voller Sonne.
**Verwendung:** Wald, Waldrand, guter Straßenbaum.
**Sorten:** 'Cleveland', 'Emerald Queen', kompakter als die Art, für Straßenränder. 'Drummondii', weißer Blattrand. 'Faassen's Black', schwarzrotes Laub, nicht vergrünend.
**Sonstiges:** Schäden durch Rußtaupilze und Teerfleckenpilze.

## Acer platanoides 'Globosum'

Kugel-Spitz-Ahorn
Aceraceae, Ahorngewächse

**Heimat:** Cultivar.

**Wuchs:** Kugelige Krone, 5–7 m hoch, 5 m breit, meist als Hochstamm veredelt. Borke längsrissig, Zweige mit rotbraunen, gegenständig angeordneten Knospen.

**Blatt:** Spitz, 5- bis 7-lappig, bis 18 cm groß, glänzend grün, Herbstlaub orange, Blattstiel mit weißem Milchsaft.

**Blüte:** Gelbgrün in aufrechten Doldentrauben vor dem Laubaustrieb; IV.

**Frucht:** Spaltfrucht, fast waagerecht geflügelt, braun, hängen in Büscheln zusammen.

**Standort:** Eher trockene Böden in voller Sonne.

**Verwendung:** Guter Straßenbaum, an Parkplätzen, im Einzelstand.

**Sonstiges:** Benötigt keinen Schnitt.

## Acer pseudoplatanus

Berg-Ahorn
Aceraceae, Ahorngewächse

**Heimat:** Europa und Kleinasien.

**Wuchs:** Breite Kronenbildung, er kann bis 400 Jahre alt werden. Stamm gerade mit abblätternder Schuppenborke. Grüne Knospenschuppen.

**Blatt:** 5-lappig, mattgrün, gelbe Herbstfärbung.

**Blüte:** Nach dem Laubaustrieb in hängenden, gelbgrünen Trauben; V–VI.

**Frucht:** Geflügelt, stumpfwinkelig gespreizt.

**Standort:** Sonnige bis halbschattige Lagen der Bergwälder (Schluchtwälder). Liebt daher kühle und frische Böden.

**Verwendung:** Nicht ideal für das Stadtklima, besser für Parks und die freie Landschaft.

**Sorten:** 'Atropurpureum', rote Blattunterseite.

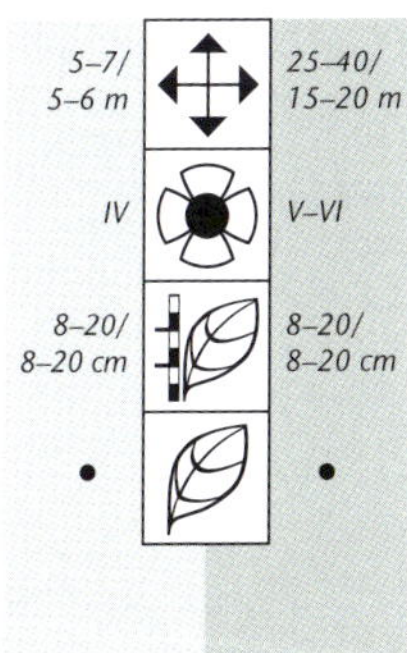

## Acer rubrum
Rot-Ahorn
Aceraceae, Ahorngewächse

**Heimat:** Östliches Nordamerika.
**Wuchs:** Rasch wachsender Baum mit lockerer Krone. Borke im Alter plattig, grau.
**Blatt:** 3- bis 5-lappig, 6–10 cm lang, mit orangeroter Herbstfärbung.
**Blüte:** Leuchtend rot, herabhängende Stiele, auffällig; III–IV.
**Frucht:** Geflügelt, in Büscheln.
**Standort:** Guter Wuchs in sauren, humosen Böden in voller Sonne.
**Verwendung:** Einzelstellung in Parks und größeren Gärten, großartige Wirkung im Herbst.
**Sorten:** 'Red Sunset', mittelgroßer Baum mit besonders leuchtender Herbstfärbung.
**Sonstiges:** Empfindlich gegen Hitze.

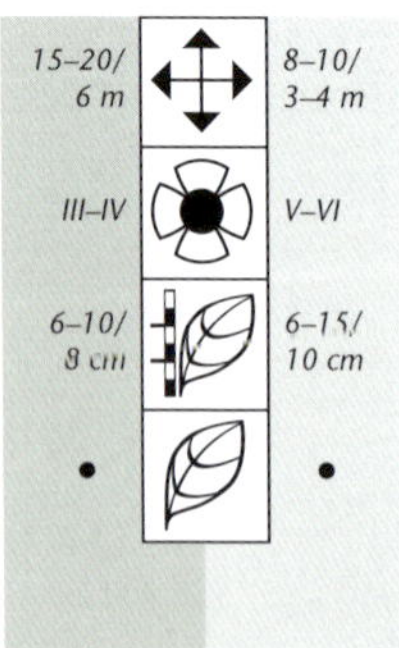


## Acer rufinerve
Rotnerviger Ahorn, Rostbart-Ahorn
Aceraceae, Ahorngewächse

**Heimat:** Japan.
**Wuchs:** Breitkroniger, oft mehrstämmiger Strauch bis Baum, Triebe grün, weiß gestreift, Jungtriebe weißlich bereift.
**Blatt:** 3-lappig, 6–15 cm breit, bläulich grün, im Herbst orangerot, gegenständig angeordnet, Adern rostbraun behaart.
**Blüte:** Gelbgrün, in aufrechten, rostrot behaarten Trauben; V.
**Frucht:** Flügelfrüchte paarig, stumpfwinkelig gespreizt, anfangs behaart.
**Standort:** Humose, leicht saure Böden in sonniger Lage.
**Verwendung:** Einzeln in Hausgärten und Parks.
**Sonstiges:** Standort sollte nicht austrocknen.

## Acer saccharinum
Silber-Ahorn
Aceraceae, Ahorngewächse

**Heimat:** Nordamerika.
**Wuchs:** Aufrechter bis schiefer Stamm, Krone hoch gwölbt, bei uns bis 25 m. Borke grau, glatt, oft mit vielen Stammaustrieben. Zweige überhängend.
**Blatt:** Hellgrün, bis 15 cm lang, tief 5-lappig geschlitzt, im Herbst goldgelb.
**Blüte:** Klein, männliche Blüten grüngelb, weibliche Blüten gelbrot; II–III.
**Frucht:** Geflügelt, sichelförmig gebogen, oft nur ein Same voll entwickelt.
**Standort:** Tiefgründige Böden in feuchter Lage.
**Verwendung:** Wegen Astbruch kein idealer Straßenbaum, besser für Parks in Einzelstellung.
**Sorten:** 'Wieri', stärker geschlitzte Form mit dünnen, überhängenden Zweigen.

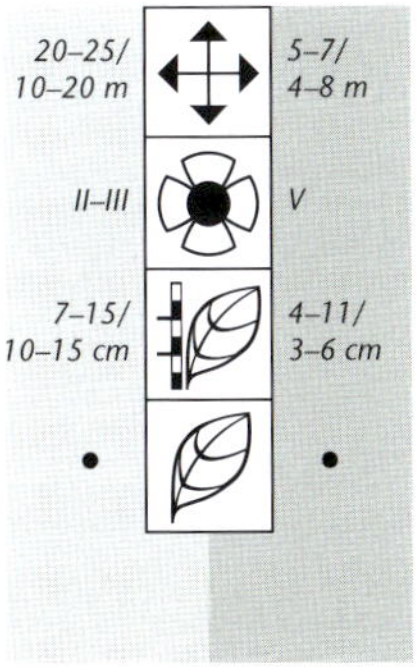


## Acer tataricum subsp. ginnala (Syn. A. ginnala)
Feuer-Ahorn
Aceraceae, Ahorngewächse

**Heimat:** Ostasien, vorwiegend Japan, China.
**Wuchs:** Mehrstämmiger Kleinbaum, breit aufrecht. Borke grau, glatt.
**Blatt:** 3-lappig mit großem Mittellappen, 6–8 cm, rote Herbstfärbung.
**Blüte:** Gelblich weiß in dichten Rispen; V.
**Frucht:** Spaltfrucht, grünrot, später braun.
**Standort:** Sonnige bis halbschattige Lagen, lehmig humose Böden.
**Verwendung:** Im Einzelstand für kleine Gärten und Parks.
**Sorten:** Ähnlich ist *A. tataricum* mit etwas breiteren Blättern, Wuchs stärker.
**Sonstiges:** Leidet in kalten Lagen.

## Actinidia arguta
Scharfzähniger Strahlengriffel
Actinidiaceae, Strahlengriffelgewächse

**Heimat:** China, Korea, Japan.
**Wuchs:** Windender Strauch. Triebe graubraun und glatt mit weißem, gefächertem Mark.
**Blatt:** Dunkelgrün, oval, 8–15 cm lang, zugespitzt. Gegenständige Blattanordnung. Gelbes Herbstlaub.
**Blüte:** Weiß, 2-häusig, männliche Blüten zahlreich in Doppeltrauben, 2 cm groß, 5-zählig mit roten Staubblättern, weibliche Blüten duftend; VI.
**Frucht:** Grüngelbe Beeren bis 3 cm lang, essbar, vitaminreich.
**Standort:** Humose, nährstoffreiche Böden in warmer Lage.
**Verwendung:** Für Pergolen und stabile Klettergerüste.
**Sorten:** 'Weiki', Weihenstephaner Kiwi, winterharte, ertragreiche Sorte. 'Jenny', neue, einhäusige Kiwi-Sorte.

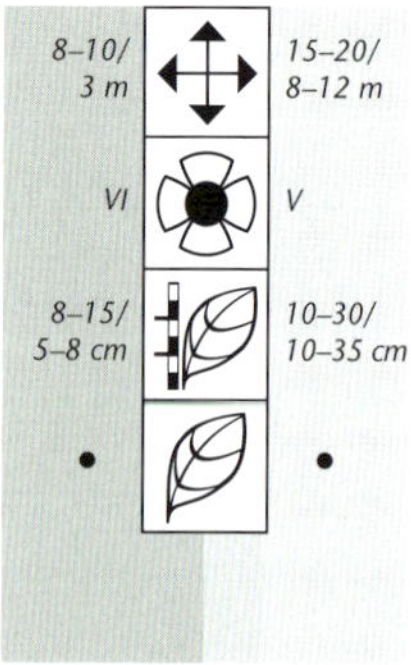


## Aesculus × carnea
Fleischfarbene Rosskastanie
Hippocastanaceae, Rosskastaniengewächse

**Heimat:** Züchtung: *Aesculus hippocastanum* × *Aesculus pavia*.
**Wuchs:** Hoher Baum mit breiter Krone, glatte Knospen. Borke rotbraun, rau.
**Blatt:** Bis 30 cm groß, mit 5 handförmig angeordneten Blättern. Im Herbst gelb.
**Blüte:** Hellrot an aufrechten Rispen; V.
**Frucht:** Kapsel, selten zu sehen, aber mit glatter Fruchtschale.
**Standort:** Normale Gartenböden in freier Lage.
**Verwendung:** Nur für größere Gärten und Parkanlagen sowie für breite Alleen.
**Sorten:** 'Briotii', Scharlach-Rosskastanie, nur 12 m hoch, aber mit roten Blüten.
**Sonstiges:** Frosthart und industriefest.

## Aesculus hippocastanum
Rosskastanie
Hippocastanaceae, Rosskastaniengewächse

**Heimat:** Bulgarien, Griechenland, Albanien.
**Wuchs:** Aufrecht, breitkronig. Borke braun, wulstig, hellbraune, dicke Triebe mit klebrigen, gegenständig angeordneten Knospen.
**Blatt:** 7-fingerig, Blättchen bis 25 cm lang, gelbe Herbstfärbung.
**Blüte:** Weiß, mit gelben und rosafarbenen Flecken an aufrechten Rispen; IV–V.
**Frucht:** 1–2 runde, braune Früchte in stacheliger Kapsel, Wildfutter.
**Standort:** Nährstoffreiche, durchlässige Böden in voller Sonne.
**Verwendung:** Guter Parkbaum, wegen reicher Fruchtbildung und brüchigem Holz nicht als Straßenbaum geeignet.
**Sorten:** 'Baumannii', weiße, gefüllte Blüten, keine Früchte.

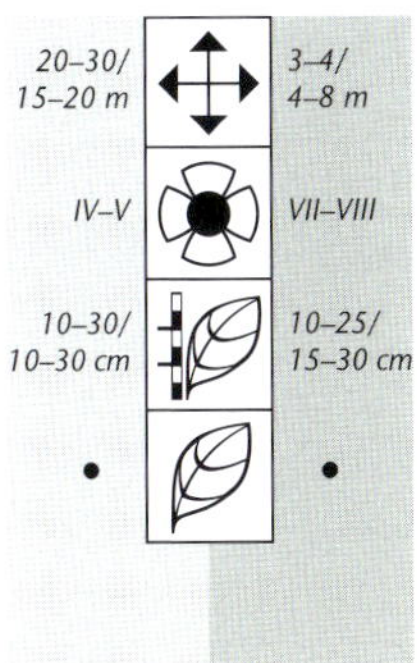


## Aesculus parviflora
Strauch-Rosskastanie
Hippocastanaceae, Rosskastaniengewächse

**Heimat:** Nordamerika, USA.
**Wuchs:** Ausläufer treibender Strauch bis 4 m Höhe, Büsche bis 8 m breit.
**Blatt:** Handförmig, 5- bis 7-teilig, Blättchen 8–20 cm lang, im Herbst goldgelb.
**Blüte:** Weiße, schlanke Blüten an bis zu 30 cm langen, aufrechten Blütenrispen; VII–VIII.
**Frucht:** Kapsel. Selten zu sehende braunrote Früchte in dünner Schale.
**Standort:** Gut im Halbschatten und Schatten in humosen, auch frischen Böden.
**Verwendung:** Auf großen Rasenflächen in Parkanlagen und größeren Gärten.
**Sonstiges:** Viele Ausläufer bildender, aber herrlicher Strauch für Waldrandpartien.

## Ailanthus altissima

Götterbaum
Simaroubaceae, Bittereschengewächse

**Heimat:** China.
**Wuchs:** Großbaum mit lockerer Krone. Rotbraune, samtige Triebe.
**Blatt:** Sommergrün, 30–60 cm lang, wechselständig angeordnet mit vielen, unpaarig gefiederten Blättchen. Einzelblättchen 7–12 cm lang, mit 1–2 Zähnen.
**Blüte:** Grünlich weiß, kleine Blüten in dichten Rispen; VI–VII.
**Frucht:** Geflügelte Nüsschen bis 5 cm lang.
**Standort:** Wärmeliebende, aber sonst völlig anspruchslose Art.
**Verwendung:** Park- und Stadtbaum, stellt sich oft auf verwilderten Grundstücken ein.
**Sorten:** 'Erythrocarpa', mit rot gefärbten Früchten.
**Sonstiges:** Ausbreitung durch Samen und Bodentriebe.

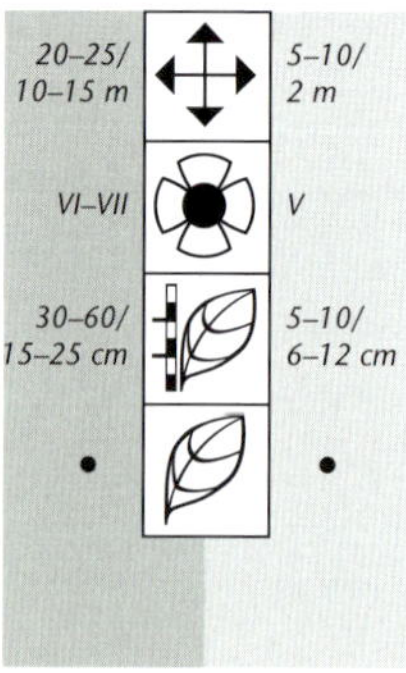


## Akebia quinata

Fingerblättrige Akebie, Klettergurke
Lardizabalaceae, Fingerfruchtgewächse

**Heimat:** China und Japan.
**Wuchs:** Mittelstark wachsender Schlinger, bis 10 m Höhe erreichend.
**Blatt:** Fünfteilige, wechselständig angeordnete, gestielte Blättchen.
**Blüte:** Duftende, violettbraune Blütchen, einhäusig in Trauben. Weibliche Blüten 2–3 cm groß, die männlichen kleiner und heller gefärbt; V.
**Frucht:** Gurkenähnliche Balgfrucht, bis 10 cm lange Frucht, wird aber sehr selten ausgebildet.
**Standort:** Tiefgründiger Boden in geschützter, halbschattiger Lage.
**Verwendung:** Begrünung von Klettergerüsten und kleinen Bäumen.
**Arten:** *Akebia trifoliata* fällt durch dreiblättiges Laub auf.

## Alnus glutinosa
Schwarz-Erle
Betulaceae, Birkengewächse

**Heimat:** Europa bis Nordasien.
**Wuchs:** Aufrecht mit kegelförmiger Krone und waagerecht abstehenden Seitenästen. Borke flachschuppig, schwarzbraun, Holz verfärbt sich im Anschnitt orangerot.
**Blatt:** Knospen oft klebrig, wechselständig, Blätter breit eiförmig, ohne Spitze, fallen im Herbst grün ab.
**Blüte:** Kätzchen. Einhäusig, männliche Blüten bräunlich gelb, weibliche Blüten nur 4 mm groß, rote Narben; III–IV.
**Frucht:** Zäpfchen schwarzbraun, bis 18 mm lang.
**Standort:** Feuchte Lagen und Rohböden.
**Verwendung:** Freie Landschaft, besonders am Ufer, aber auch für viele andere Bereiche.
**Sorte:** 'Laciniata', geschlitzt.
**Sonstiges:** Ideale Pionierpflanze, lässt sich auch gut auf den Stock setzen. Wurzeln sammeln Stickstoff.

| Alnus glutinosa | Alnus incana |
|---|---|
| *10–25/ 8–12 m* | *10–20/ 5–10 m* |
| *III–IV* | *III–IV* |
| *4–10/ 3–8 cm* | *5–10/ 3–7 cm* |
| • | • |

## Alnus incana
Grau-Erle, Weiß-Erle
Betulaceae, Birkengewächse

**Heimat:** Europäische Gebirge, Alpenvorland.
**Wuchs:** Kegelförmige Krone mit aufstrebenden Seitenästen. Borke grauweiß, glatt, Triebe graufilzig, aber nicht klebrig.
**Blatt:** Wechselständig, eiförmig zugespitzt, unterseits weißgrau, keine Herbstfärbung.
**Blüte:** Einhäusig, männliche Kätzchen gelblich braun, weibliche Blüten zäpfchenförmig; rötlich; III–IV.
**Frucht:** Schwarzgraue Zäpfchen, halten lange am Zweig.
**Standort:** Feuchte, nährstoffarme Standorte, Kalk verträglich.
**Verwendung:** Gutes Pioniergehölz für die freie Landschaft.
**Weitere Arten und Sorten:** 'Aurea', Gold-Erle, Triebe und Blätter gelblich. *A. viridis*, heimischer vieltriebiger Strauch. Bis 3 m hoch wachsend. Scharf gesägter Blattrand.
**Sonstiges:** Auf Erlenblattkäfer achten.

## Amelanchier laevis
Kahle Felsenbirne
Rosaceae, Rosengewächse

**Heimat:** Östliches Nordamerika.
**Wuchs:** Breit aufrechter Strauch bis 8 m, in der Heimat baumförmig bis 12 m. Zweige fast waagerecht abstehend, Rinde graubraun, längsrissig.
**Blatt:** Bläulich grün, glatt, wechselständig angeordnet, eiförmig, bis 10 cm lang, kurz zugespitzt, scharlachrote Herbstfärbung.
**Blüte:** Weiß, 2–3 cm groß, in lockeren, bis 12-blütigen, hängenden Trauben; IV–V.
**Frucht:** Rote, später schwarzrote Beere ab August, süß, saftig, essbar.
**Standort:** Kalkreiche Böden in voller Sonne.
**Verwendung:** Einzeln oder in Gruppen in Gärten und Parks. Wird oft verwechselt.
**Sorten:** 'Ballerina', Blüten und Früchte größer als bei der Art.
**Sonstiges:** Einer der besten Blütensträucher, Früchte auch für Marmelade nutzbar.

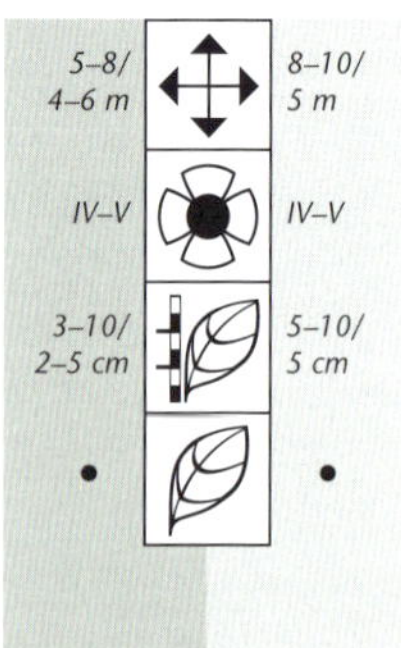


## Amelanchier lamarckii
Kupfer-Felsenbirne
Rosaceae, Rosengewächse

**Heimat:** Östliches Nordamerika, in NW-Deutschland eingebürgert.
**Wuchs:** Breit aufrechter Strauch oder Baum, mehrstämmig.
**Blatt:** Elliptisch, 5–10 cm lang, kupferroter Austrieb, orangerote Herbstfärbung.
**Blüte:** Weiße Blüten in lockeren Trauben; IV–V.
**Frucht:** Blauschwarze, bis 1 cm dicke, saftige Beerenfrüchte, wohlschmeckend.
**Standort:** Durchlässige, humose Böden in voller Sonne.
**Verwendung:** Einzeln oder in Gruppen in Gärten und Parks.
**Sonstiges:** Besonders häufig verwendete Art.

## Amelanchier ovalis,
Gemeine Felsenbirne
Rosengewächse
Rosaceae, Rosengewächse

**Heimat:** Heimische Art aus den Südalpen, kommt bis Kleinasien vor.
**Wuchs:** Breit aufrechter Strauch, viele Bodentriebe, weißfilziger Austrieb.
**Blatt:** Rundlich eiförmig, 3–5 cm lang, unterseits weißwollig.
**Blüte:** Weiße Blüten in Trauben; IV–V. Blütenstiele filzig.
**Frucht:** Beere bis 1 cm groß, blau bereift, essbar.
**Standort:** Kalkreiche Standorte in voller Sonne.
**Verwendung:** Freie Landschaft, Gärten.
**Sonstiges:** Wird selten angeboten.

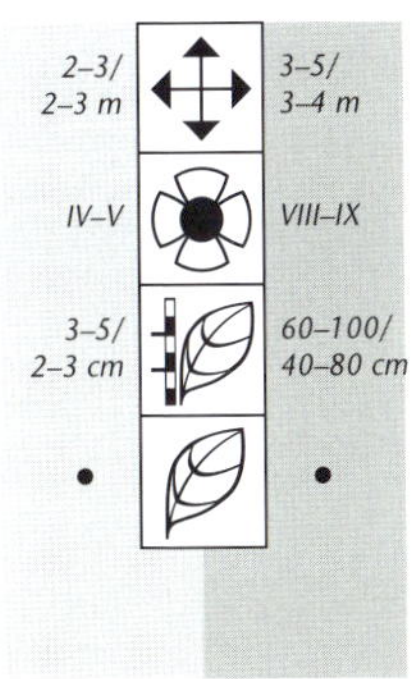


## Aralia elata
(Syn. Aralia mandshurica)
Japanischer Angelikabaum
Araliaceae, Araliengewächse

**Heimat:** Japan, Korea.
**Wuchs:** Steif aufrecht, wenig verzweigt, 3–5 m hoch, stark bestachelte Triebe, bildet viele Ausläufer.
**Blatt:** Bis 1 m lang, doppelt gefiedert, an den Knoten immer bewehrt. Einzelblättchen 8–12 cm lang, eiförmig. Herbstfärbung gelblich.
**Blüte:** Klein, weiß, in 30–40 cm breiten Blütenständen, Rispe; VIII–IX.
**Frucht:** Rundliche, schwarze, beerenartige Steinfrucht, 3 mm.
**Standort:** Nährstoffreiche und durchlässige Böden in sonniger Lage.
**Verwendung:** Einzelstellung in Gärten und Parks.
**Sorten:** 'Variegata', weiß gerandete Blätter.
**Sonstiges:** Bildet Ausläufer. Frostgefährdet in extrem kalten Wintern.

## Arctostaphylos uva-ursi

Echte Bärentraube,
Immergrüne Bärentraube
Ericaceae, Heidekrautgewächse

**Heimat:** Zirkumpolar: von Europa bis Amerika.

**Wuchs:** Flacher Teppichbildner, Zwergstrauch.

**Blatt:** Immergrün, derb ledrig, glänzend, 1–3 cm lang.

**Blüte:** Krugförmig, weiß, an endständigen, überhängenden Trauben; IV–V.

**Frucht:** Rote, beerenartige Steinfrucht erbsengroß.

**Standort:** Sonnig bis halbschattig, auf Urgesteinsböden.

**Verwendung:** Mattenbildner im Heidegarten und Steingarten. Bodendecker.

**Sonstiges:** Schöner Bodendecker, eine Pflanze deckt 1 $m^2$ ab.

**Arten:** *A. alpina,* Kalkalpen, sommergrün, rote Herbstfärbung.

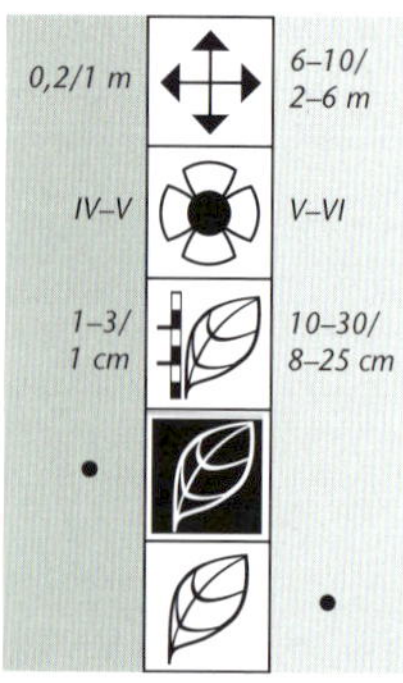


## Aristolochia macrophylla

Amerikanische Pfeifenwinde
Aristolochiaceae, Osterluzeigewächse

**Heimat:** Östliche USA.

**Wuchs:** Mächtiger Schlinger, bis 10 m windend.

**Blatt:** Dunkelgrün, herzförmig, bis 30 cm groß. Herbstfärbung gelbgrün.

**Blüte:** Außen purpurbraun, innen gelbgrün, pfeifenförmig, meist vom Laub verdeckt; V–VI.

**Frucht:** Grüne, zur Reife braune, 6-fächerige Kapsel, 6–8 cm lang.

**Standort:** Kräftige, lehmig humose Böden im Halbschatten und Schatten.

**Verwendung:** Zur Berankung von Lauben und Gerüsten.

**Sonstiges:** Guter Sichtschutz im Sommer. Vermehrung durch Stecklinge und Ableger.

**Arten:** *A. tomentosa,* Blüten gelb, Blätter behaart, Wuchs schwächer.

## Aronia melanocarpa
Kahle Apfelbeere
Rosaceae, Rosengewächse

**Heimat:** Östliche USA.
**Wuchs:** Niedriger Strauch, schwache Ausläuferbildung.
**Blatt:** Breit elliptisch, 3–9 cm lang, glänzend, kahl, im Herbst rot.
**Blüte:** Weiß in Doldenrispen, 2 cm breit; V–VI.
**Frucht:** Schwarze Apfelfrucht, essbar, 6–8 mm groß.
**Standort:** Normale, humose Gartenböden in sonniger Lage.
**Verwendung:** Abpflanzungen, Sichtschutz.
**Sorten:** 'Viking', reichtragend, wirtschaftlich verwertbar.
**Sonstiges:** Anspruchslos, schöne Herbstfärbung.

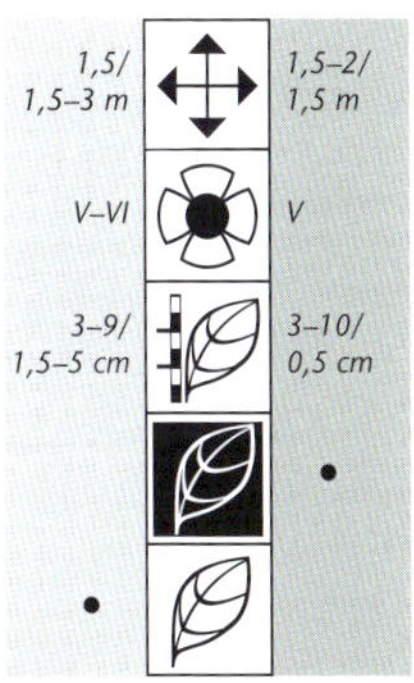


## Berberis gagnepainii var. lanceifolia
Lanzen-Berberitze
Berberidaceae, Berberitzengewächse

**Heimat:** Zentral-China (Hupeh).
**Wuchs:** Breiter, immergrüner Strauch mit vielen Basistrieben, locker überhängend. An den hellen Trieben dreiteilige Blattdornen. Holz und Wurzeln gelb.
**Blatt:** Lanzettlich, 3–10 cm, stachelig gezähnt, unterseits heller, wechselständig.
**Blüte:** Gelb, 1 cm breit, in Büscheln; V.
**Frucht:** Blauschwarze, bereifte Beeren, eiförmig, 1 cm lang, leicht giftig.
**Standort:** Gute, humose Gartenböden in allen Lagen, besonders im Halbschatten.
**Verwendung:** Für Abpflanzungen in Gärten und Parks, auch Einzelstellung.

## Berberis julianae
Julianes Berberitze
Berberidaceae, Berberitzengewächse

**Heimat:** Zentral-China (Hupeh).
**Wuchs:** Dichtbuschiger Strauch, viele Bodentriebe. Jungtriebe gelblich mit dreiteiligen Blattdornen.
**Blatt:** Immergrün, am Rand stachelig gezähnt, bis 10 cm lang und 2,5 cm breit
**Blüte:** Gelb, 1 cm breit, in Büscheln; IV–VI.
**Frucht:** Blauschwarze, bereifte Beeren, 6–8 mm lang, leicht giftig.
**Standort:** Gute Gartenböden im Halbschatten.
**Verwendung:** Für Gärten und Parks, auch in Einzelstellung und als Hecke.
**Sonstiges:** Blätter im Austrieb und gelegentlich im Herbst rot.

| Berberis julianae | | Berberis thunbergii |
|---|---|---|
| 3–4/ 2–3 m | | 2/ 2,5 m |
| IV–VI | | V–VI |
| 5–10/ 1–2,5 cm | | 1–4/ 1–2 cm |
| • | | |
| | | • |

## Berberis thunbergii
Thunbergs Berberitze
Berberidaceae, Berberitzengewächse

**Heimat:** Japan.
**Wuchs:** Breit aufrechter Strauch, dicht verzweigt. Triebe bedornt.
**Blatt:** Spatelförmig, 1–2 cm lang, frischgrün; im Herbst orangerot.
**Blüte:** Gelb, 1 cm, zu 3–5 in kurzen Dolden; V–VI.
**Frucht:** Rote, 8 mm lange Beere, leicht giftig.
**Standort:** Sonnige, trockene Plätze.
**Verwendung:** In Gruppen oder Hecken (auch geschnitten) in Gärten und Parks.
**Sorten:** 'Atropurpurea', rotes Laub. 'Atropurpurea Nana', rot, aber 100 cm hoch.
**Sonstiges:** Anspruchslose Art.

## Berberis verruculosa
Warzige Berberitze
Berberidaceae, Berberitzengewächse

**Heimat:** Zentral-China (Kansu).
**Wuchs:** Breit aufrechter, dichter Strauch, Triebe überhängend mit Warzen, dreiteiligen Dornen.
**Blatt:** Glänzend grün, bestachelt, unterseits blaugrau, im Winter rot, 1,5–2,5 cm.
**Blüte:** Goldgelb, 12 mm, 1–2 zusammen; V.
**Frucht:** Blauschwarze, bereifte Beere, leicht giftig.
**Standort:** Volle Sonne und Halbschatten in normalen Gartenböden.
**Verwendung:** Als frei wachsende oder geschnittene Hecke, auch einzeln, für Gefäße.
**Arten:** *B. candidula,* nur bis 1 m hoch, viele Ausläufer, Blattunterseiten schneeweiß.
**Sonstiges:** Anspruchslose Arten.

| | | |
|---|---|---|
| 1–1,5/ 1–1,5 m | | 0,5–1/ 0,6 m |
| V–VI | | V–VI |
| 1,5–2,5/ 0,8 cm | | 1,5/ 1,5 cm |
| • | | |
| | | • |

## Betula nana
Zwerg-Birke
Betulaceae, Birkengewächse

**Heimat:** Nördliches Europa, östlich bis Sibirien.
**Wuchs:** Breit wachsender Zwergstrauch mit feinen Trieben.
**Blatt:** Rundlich, 5–15 mm, dunkelgrün, im Herbst gelb.
**Blüte:** Einhäusig. Blüten als aufrechte, unscheinbare Kätzchen, 0, 8 mm lang; V–VI.
**Frucht:** Kätzchen braun, aufrecht, 1 cm lang. Nussfrucht.
**Standort:** Saure, humose Böden im Halbschatten.
**Verwendung:** In Moor- und Heidegärten.
**Sonstiges:** Als Seltenheit in süddeutschen Mooren.

## Betula nigra
Schwarz-Birke
Betulaceae, Birkengewächse

**Heimat:** Südöstliche USA.
**Wuchs:** Mächtiger Baum, oft mehrstämmig, rundliche Krone. Borke rotbraun, später schwarzgrau, bleibt in Fetzen hängen.
**Blatt:** Rhombisch eiförmig, dunkelgrün, unterseits heller, 8 cm, goldgelb; X.
**Blüte:** Einhäusig. Gelbe Kätzchen, walzenförmig; V–VI.
**Frucht:** Kätzchen 3–4 cm lang. Nussfrucht.
**Standort:** Feuchte, sumpfige Tallagen in der Heimat, im Garten auch trockenere, humose Standorte.
**Verwendung:** Einzelstellung an Seen und Teichen in Parkanlagen und größeren Gärten.
**Sonstiges:** Schöner Kontrast durch dunkle, gerollte Borke und hellere Rinde.

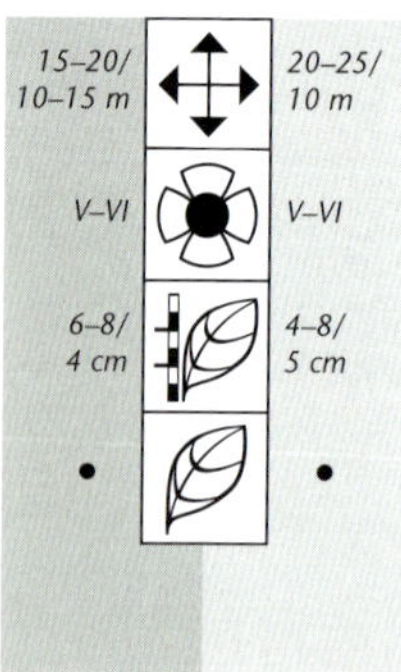


## Betula papyrifera
Papier-Birke
Betulaceae, Birkengewächse

**Heimat:** Nördliches Nordamerika bis Alaska.
**Wuchs:** Aufrecht, oft mehrstämmig, Krone breit und locker. Borke blendend weiß, löst sich in Streifen ab, darunter kupferrot.
**Blatt:** Wechselständig, eiförmig zugespitzt, Basis abgerundet, 10 cm. Blattrand doppelt gesägt, gelbe Herbstfärbung.
**Blüte:** Einhäusig. Männliche Kätzchen gelb, oft zu dritt zusammen, 6–8 cm lang; V–VI.
**Frucht:** Kätzchen nur 3–5 cm lang. Nussfrucht.
**Standort:** Durchlässige Gartenböden in voller Sonne, feuchtigkeitsliebend.
**Verwendung:** Größere Anlagen und Parks im Einzelstand.

## Betula pendula

Hänge-Birke, Sand-Birke, Warzen-Birke, Weiß-Birke
Betulaceae, Birkengewächse

**Heimat:** Europa, Kleinasien.
**Wuchs:** Meist schlank aufrecht, auch strauchig, im Alter hängend. Borke weiß mit schwarzen Wülsten, rau und rissig, Triebe warzig, dünne Zweige. Dünne Borke rollt sich waagerecht ab (Ringelborke).
**Blatt:** Rautenförmig bis dreieckig, 4–7 cm lang, keilförmige Basis, frischgrün, goldgelbe Färbung im Herbst.
**Blüte:** Einhäusig. Männliche Kätzchen gelb; III–IV.
**Frucht:** Walzenförmige Kätzchen, 2–3 cm lang, Samen klein und geflügelt (Nussfrucht).
**Standort:** Sonnige trockene Lagen, verträgt fast alle Bodenarten.
**Verwendung:** Einzelstand, Alleen in Parks und größeren Gärten, Flachwurzler.
**Sorten:** 'Dalecarlica', geschlitzt.
**Sonstiges:** Nicht mit anderen Flachwurzlern zusammen verwenden.

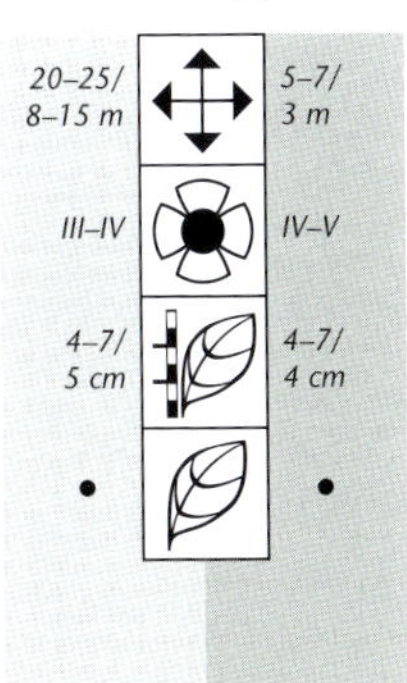


## Betula pendula 'Youngii'

Trauer-Birke
Betulaceae, Birkengewächse

**Heimat:** Züchtung.
**Wuchs:** Auf Hochstämme von *B. pendula* veredelt, dann alle Triebe stark herabhängend, Kleinbaum, schirmförmige Krone. Borke weiß.
**Blatt:** Dreieckig, 4–7 cm lang, im Herbst gelb.
**Blüte:** Einhäusig. Männliche Kätzchen gelb; IV–V.
**Frucht:** Kätzchenartiger Fruchtstand. Nussfrucht.
**Standort:** Humose und sandige Böden, sonnig bis halbschattig.
**Verwendung:** Einzelstellung, Friedhöfe.
**Sorten:** 'Tristis', ähnlich, aber mit durchgehendem Stamm, hängende Triebe.
**Sonstiges:** Wird veredelt; Unterlage kann durchtreiben, muss daher entfernt werden.

## Betula pubescens
Moor-Birke
Betulaceae, Birkengewächse

**Heimat:** Nordeuropa, Alpen, Vorderasien.
**Wuchs:** Hoher Baum mit aufstrebenden Ästen, ansteigende oder waagerechte Zweige. Krone eiförmig. Im Norden auch nur strauchig. Borke grauweiß, sich waagerecht abrollend. Triebe flaumig behaart.
**Blatt:** Breit eiförmig, 4–6 cm lang, dunkelgrün, Basis gerundet, Herbstfarbe gelb.
**Blüte:** Männliche Kätzchen goldgelb, 2–3 cm; Nussfrucht; IV–V.
**Frucht:** Weibliche Kätzchen 2–2,5 cm lang, enthalten viele geflügelte Nüsschen.
**Standort:** Feuchte, moorige Böden, Uferbereiche. Sonnig und kühl.
**Verwendung:** Freie Landschaft, Torfmoor-Renaturierung.
**Unterart:** *B. pubescens* subsp. *tortuosa,* die arktische Dreh-Birke, ist bestandsbildend in Skandinavien und Island, wird 3–8 m hoch (Bild).

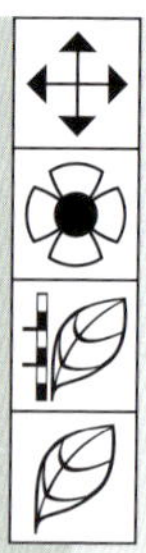

| Betula pubescens | | Betula utilis |
|---|---|---|
| *10–30/ 5 m* | | *15–20/ 6–10 m* |
| *IV–V* | | *V–VI* |
| *4–6/ 4–5cm* | | *5–8/ 5 cm* |
| • | | • |

## Betula utilis
Himalaja-Birke
Betulaceae, Birkengewächse

**Heimat:** Himalaja, Hochlagen von Nepal und China.
**Wuchs:** Bis 20 m hoher Baum, Krone breit oval. Borke rahmweiß, dünn, abrollend, Triebe braun bis rotbraun, behaart.
**Blatt:** Eiförmig zugespitzt, 5–8 cm lang, Basis rund, im Herbst goldgelb.
**Blüte:** Männliche Kätzchen zylindrisch, 5 cm lang; V–VI.
**Frucht:** Kätzchen 4 cm lang mit Nussfrüchten.
**Standort:** Gartenböden in voller Sonne.
**Verwendung:** Einzeln in Gärten und Parks.
**Sorten:** 'Doorenbos', ähnlich mit eiförmiger Krone.
**Sonstiges:** Auffällig durch die weiße Stammfärbung.

## Buddleja alternifolia

Schmalblättriger Sommerflieder
Buddlejaceae, Sommerfliedergewächse

**Heimat:** West-China.
**Wuchs:** Breitbuschiger Strauch mit lang überhängenden, hellen Trieben, leicht überhängend.
**Blatt:** Wechselständig, schmal lanzettlich, 3–9 cm lang, unterseits silbrig, oberseits stumpf dunkelgrün.
**Blüte:** In dichten, achselständigen Büscheln, entlang der vorjährigen Zweige, hellviolette Röhrenblüten, Duft; VI.
**Frucht:** Kapseln 4 mm lang.
**Standort:** Sonnig und warm.
**Verwendung:** Prachtvoller Blütenstrauch. Auf Mauern und Böschungen, wo die Hängegestalt zur Wirkung kommt.
**Sonstiges:** Radikalschnitt wird nicht vertragen, nur auslichten.

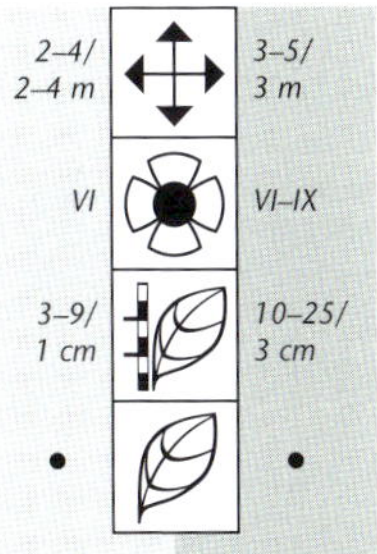


## Buddleja davidii

Sommerflieder, Schmetterlingstrauch
Buddlejaceae, Sommerfliedergewächse

**Heimat:** China, weltweit verwildert.
**Wuchs:** Stark wachsender, hoher Strauch.
**Blatt:** Gegenständig, eilanzettlich, 5–10 cm lang, unterseits weißfilzig.
**Blüte:** Stark duftende Röhrenblüten an bis 30 cm langen Rispen, am Ende diesjähriger, aufrechter oder geneigter Triebe; VI–IX.
**Frucht:** Kapseln 6–8 mm lang, bleiben lange am Strauch.
**Standort:** Sonnige und warme, geschützte Lagen. Durchlässige, nährstoffreiche Böden.
**Verwendung:** Einzelstellung im Hausgarten und in öffentlichen Anlagen.
**Sorten:** 'Empire Blue', violettblau. 'Peace', weiß. 'Royal Red', purpurrot.
**Sonstiges:** Jährlicher, starker Rückschnitt im März. Blüten ziehen Schmetterlinge an.

## Buxus sempervirens
Gewöhnlicher Buchsbaum
Buxaceae, Buchsbaumgewächse

**Heimat:** Europa, Asien.
**Wuchs:** Breit aufrechter Strauch, auch als Kleinbaum möglich.
**Blatt:** Immergrün, gegenständig, oft gewölbt, eiförmig, 3 cm lang und ledrig.
**Blüte:** Gelblich grün in den Blattachseln, unscheinbar; IV–V.
**Frucht:** 3-klappige Kapsel, 7–8 mm, enthält schwarze Samen.
**Standort:** Sonnige, warme Plätze auf kalkreichen Böden.
**Verwendung:** In Gruppen oder als Solitär, vielfach als Heckenpflanze.
**Sorten:** 'Suffruticosa', der „Einfassungsbuchs", wird nur 1 m hoch.
**Sonstiges:** Ganz anspruchslose Heckenpflanze.

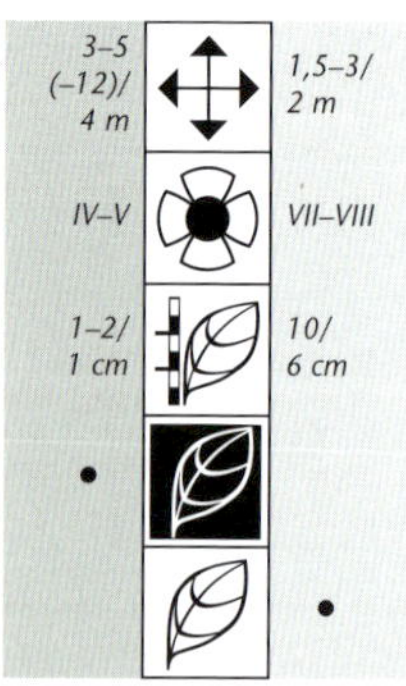


## Callicarpa bodinieri var. giraldii
Schönfrucht
Verbenaceae, Eisenkrautgewächse

**Heimat:** Zentral- und West-China.
**Wuchs:** Dichter Busch, 2 m hoch, graue Triebe mit gegenständigen Knospen.
**Blatt:** Dunkelgrün, elliptisch, bis 10 cm lang, gelbliche Herbstfärbung.
**Blüte:** Dichte Trugdolden in den Blattachseln, lilarosa, 1 cm groß; VII–VIII.
**Frucht:** Kugelige, lilafarbene beerenartige Steinfrüchte, 3–4 mm groß.
**Standort:** Humose, leicht saure Böden in geschützter Lage.
**Verwendung:** Hausgarten, Park, Zweige zum Vasenschnitt. Einzeln, zum besseren Fruchtsansatz in Gruppen pflanzen.
**Sorten:** 'Profusion', reich fruchtend.

## Calluna vulgaris
Besenheide
Ericaceae, Heidekrautgewächse

**Heimat:** Europa, Sibirien und Kleinasien.
**Wuchs:** Flach wachsender, aber bis 60 cm hoher Zwergstrauch.
**Blatt:** Immergrüne Nadelblätter, kreuzweise Anordnung, 1–3 mm lang, Graugrün, oder je nach Sorte gelblich oder kupferfarben,
**Blüte:** Violettrosa oder weiß, vierteilig, von einem geschlossenen Kelch umgeben, 2–3 mm groß, in Doppeltrauben; VI–IX.
**Frucht:** Rundliche Kapseln, 1,5 mm groß.
**Standort:** Nährstoffarme (sandige), saure Böden in sonniger Lage.
**Verwendung:** In größerer Anzahl für Heide- und Steingärten, Gräber, Gefäße. Bodendecker.
**Sorten:** 'C.W. Nix', lilarot, 50 cm. 'Hammondii', weiß, 50 cm. 'H.E. Beale', rosa gefüllt, 50 cm hoch.
**Sonstiges:** Rückschnitt nach der Blüte.

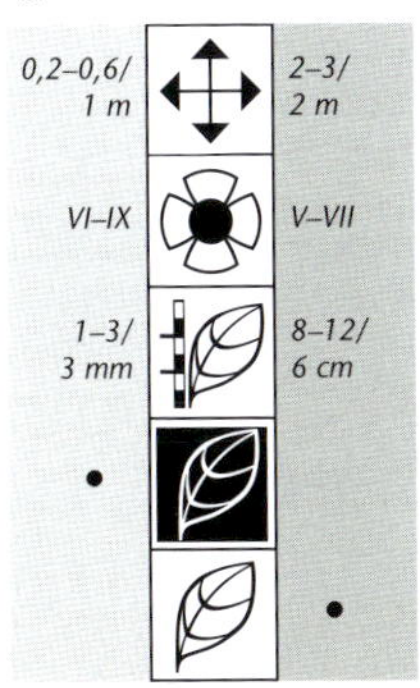


## Calycanthus floridus
Echter Gewürzstrauch
Calycanthaceae, Gewürzstrauchgewächse

**Heimat:** Südöstliches Nordamerika.
**Wuchs:** Breitbuschiger Strauch mit aromatisch duftender Rinde.
**Blatt:** Gegenständig, ganzrandig, Eiförmig elliptisch, 8–12 cm lang, grün, unterseits graugrün, im Herbst goldgelb.
**Blüte:** Dunkles Rotbraun, 4–5 cm, intensiv duftend; V–VII.
**Frucht:** Selten, braun, etwa 7 cm lang, birnenförmig, braune, große, behaarte Samen, Nüsschen.
**Standort:** Humose, leicht saure Böden in voller Sonne.
**Verwendung:** Einzelstellung, Gehölzrand für Gärten und Parks.
**Sonstiges:** Kann in strengen Wintern leiden, daher nur für geschützte Lagen.

## Campsis radicans
Amerikanische Klettertrompete
Bignoniaceae, Trompetenbaumgewächse

**Heimat:** Nordamerika.
**Wuchs:** Klettert mit Haftwurzeln bis 10 m hoch, hellbraune Triebe.
**Blatt:** Gegenständig, unpaarig gefiedert, bis 35 cm lang. Einzelblättchen bis 10 cm lang, eiförmig zugespitzt, gelbliche Herbstfärbung.
**Blüte:** Orangerote Trichterblüte bis 8 cm lang; VII–IX.
**Frucht:** Ledrige Kapseln, bis 10 cm lang, selten.
**Standort:** Nährstoffreiche, lehmig humose Böden, sonnige, warme, geschützte Lagen.
**Verwendung:** Größere Lauben und Pergolen. An Wänden mit Klettergerüst verwenden.
**Sorten:** 'Flava', gelb (Bild).
**Sonstiges:** Jährlicher Rückschnitt.

## Caragana arborescens
Erbsenstrauch
Fabaceae, Hülsenfrüchtler

**Heimat:** Sibirien, Mandschurei.
**Wuchs:** Straff aufrechter Strauch, Rinde olivgrün.
**Blatt:** Wechselständig, paarig gefiedert, 8–12 cm lang, Einzelblättchen bis 2 cm.
**Blüte:** Hellgelb, 2 cm; V–VII.
**Frucht:** Grüne, später braune Hülse, 4–5 cm lang.
**Standort:** Arme Böden in sonniger Lage, anspruchslos.
**Verwendung:** Wind- und Sichtschutz in Parks. Niedrige Sorten auch für Tröge und Dächer.
**Sorten/Arten:** 'Pendula', Hängeform, auf Hochstamm veredelt. Die Art *C. pygmaea*, 70 cm hoch.
**Sonstiges:** Besonders anspruchslose Gewächse.

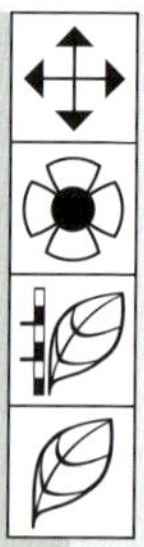

| | | |
|---|---|---|
| 8–10/ 2 m | | 5–6/ 2 m |
| VII–IX | | V–VII |
| 15–25/ 10 cm | | 5–15/ 3–6 cm |
| • | | • |

## Carpinus betulus
Hainbuche, Weißbuche
Betulaceae, Birkengewächse

**Heimat:** Europa bis zum Kaukasus.
**Wuchs:** Großer Baum, oft mehrstämmig, Drehwuchs, Krone breit eiförmig. Borke grau, glatt, mit netzartigem Muster.
**Blatt:** Elliptisch zugespitzt, Rand doppelt gesägt, dunkelgrün, im Herbst goldgelb. Bleiben oft braun den ganzen Winter hängen, Knospen wechselständig.
**Blüte:** Einhäusig, männliche Kätzchen gelb, weibliche Blüten unscheinbar; V–VI.
**Frucht:** Nussfrüchte an dreilappigem Hochblatt, geflügelt. Fruchtstand ährenartig.
**Standort:** Anspruchslos, für viele Bodenarten und Zwecke.
**Verwendung:** Einzeln, Gruppe, Hecke, Schnitthecke; für Landschaft, Gärten, Parks.
**Sorten:** 'Columnaris', breite Säule. 'Fastigiata', Säulen-Hainbuche.
**Sonstiges:** Besonders wichtige heimische Baumart, Holz elastisch.

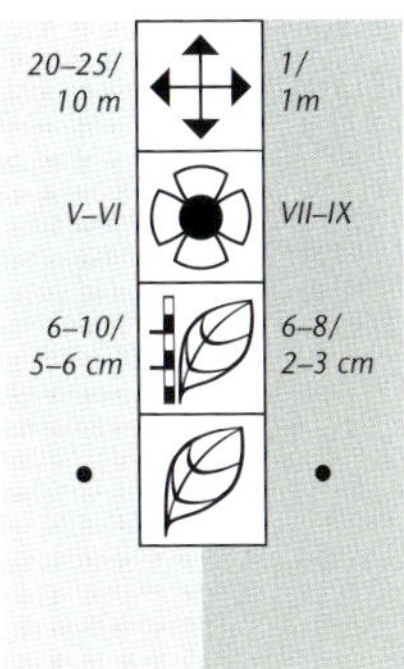


## Caryopteris × clandonensis
Bartblume
Verbenaceae, Eisenkrautgewächse

**Heimat:** Züchtung aus *C. incana* × *C. mongholica,* Ostasien.
**Wuchs:** Breiter Busch, Halbstrauch mit vielen feinen Trieben.
**Blatt:** Gegenständig, eilanzettlich, gezähnt, unterseits graufilzig.
**Blüte:** In Blattachseln der diesjährigen Triebe im Spätsommer, tiefblau mit langen Staubgefäßen, bis zu 20 Stück in Trugdolden; VII–IX.
**Frucht:** Klausenfrüchte. Pergamentartige Fruchthülle enthält winzige Samen.
**Standort:** Sonnige Plätze in geschützter Lage, magere Böden, auch trocken.
**Verwendung:** Stein- und Heidegärten, Winterschutz notwendig.
**Sorten:** 'Heavenly Blue', dunkleres Blau.
**Sonstiges:** Scharfer Rückschnitt im Frühling.

## Castanea sativa
Esskastanie, Marone
Fagaceae, Buchengewächse

**Heimat:** Westeuropa bis zum Kaukasus.
**Wuchs:** Bis 30 m hoher Baum, Krone breit und schirmförmig, bis 500 Jahre alt. Borke dunkelbraun, tiefrissig, Stamm oft drehwüchsig, Knospen wechselständig.
**Blatt:** Länglich lanzettlich, gezähnt, dunkelgrün, im Herbst gelb.
**Blüte:** Einhäusig, männliche Ähren weißgelb, 15 cm lang, weibliche grünlich; V–VII.
**Frucht:** Sehr stacheliger Fruchtbecher, grün bis braun, darin 2 braune Nüsse (Maronen).
**Standort:** Tiefgründige, auch saure Böden in warmen und sonnigen Lagen.
**Verwendung:** Waldbaum bis 900 m Höhe, Einzelstellung in Parks, Weinbauklima.
**Sonstiges:** Prächtiger Parkbaum, wegen Pfahlwurzel nur jung verpflanzbar.

| Castanea sativa | | Catalpa bignonioides |
|---|---|---|
| 25–30/ 20 m | | 16–18/ 8 m |
| V–VII | | V–VII |
| 15–20/ 6–8 cm | | 25/ 20 cm |
| • | | • |

## Catalpa bignonioides
Gewöhnlicher Trompetenbaum
Bignoniaceae, Trompetenbaumgewächse

**Heimat:** Südöstliche USA.
**Wuchs:** Stamm aufrecht bis schief, breite Krone, Holz brüchig. Borke dunkelgrau, rissig, Triebe olivbraun mit 3 quirlständigen Knospen.
**Blatt:** Weichhaarig, herzförmig, grün, bis 25 cm lang, im Herbst grüngelb.
**Blüte:** Weiß, bis 5 cm lang, an endständiger, bis 30 cm langer Rispe; V–VII. Einzelblüte fast glockig, mit gelben und rotvioletten Schlundflecken.
**Frucht:** Kapselfrucht graubraun, bis 30 cm lang, 1 cm breit, viele haarige Samen.
**Standort:** Nährstoffreiche, sandige Lehmböden, warme Lage.
**Verwendung:** Einzelstand, für größere Gärten und Parks.
**Sorten:** 'Nana', Krone klein, meist als Hochstamm veredelt, Stadtklimafest.

## Celastrus orbiculatus
Rundblättriger Baumwürger
Celastraceae, Baumwürgergewächse

**Heimat:** Ostasien.
**Wuchs:** Stark wachsender Schlinger, Triebe hellgrau bis schwarz.
**Blatt:** Wechselständig, rundlich, sommergrün, im Herbst gelb.
**Blüte:** Zweihäusig, unauffällig grün in achselständigen Trugdolden; VI.
**Frucht:** Erbsengroß, 0,8 cm dick, orangegelb, Arillus rot, giftig, Kapsel.
**Standort:** Durchlässige Gartenböden in Sonne und Halbschatten.
**Verwendung:** Begrünung von Pergolen und älteren Bäumen. Selten Befall durch Schädlinge.
**Sonstiges:** Vermehrung durch Aussaat, Wurzelschnittlinge von zwittrigen Pflanzen. Fruchtzweige für Schnitt. Pflanze in allen Teilen giftig.

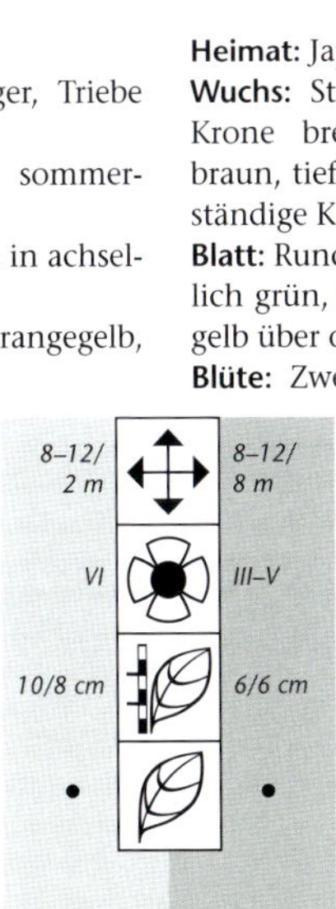


## Cercidiphyllum japonicum
Katsurabaum, Kuchenbaum
Cercidiphyllaceae, Kuchenbaumgewächse

**Heimat:** Japan.
**Wuchs:** Streng aufrecht, oft mehrstämmig, Krone breit kegelförmig. Borke schwarzbraun, tief gefurcht, Zweige rotbraun, gegenständige Knospen.
**Blatt:** Rundlich nierenförmig, unterseits bläulich grün, im Herbst großartige Färbung von gelb über orange bis tief violettrot.
**Blüte:** Zweihäusig, unscheinbar; männliche Blüten gelb, weibliche mit roten Narben; III–V.
**Frucht:** Balgfrucht, 2 cm lang, enthält viele feine Samen.
**Standort:** Kalkarme, humose Böden in voller Sonne, nie trocken.
**Verwendung:** Einzelstellung in Gärten und Parks.
**Sorten:** 'Pendulum', Hängeform.

## Cercis siliquastrum

Judasbaum
Caesalpiniaceae, Caesalpiniengewächse

**Heimat:** Südeuropa.
**Wuchs:** Strauch, in der Heimat bis 10 m hoher Baum, schirmförmige Krone. Borke schwarzgrau, längsrissig.
**Blatt:** Wechselständig, fast kreisrund, herzförmig an der Basis, Unterseite blaugrün, Herbstfärbung gelb.
**Blüte:** Rosa, 2 cm, in Büscheln an Zweigen und am Stamm (Kauliflorie); IV–V.
**Frucht:** Grüne, später braune, flache Hülse, 10 cm lang.
**Standort:** Warme, sonnige Plätze in durchlässigen, humosen Böden.
**Verwendung:** Einzelstellung in Gärten und Parks, anfangs Winterschutz.
**Arten:** *C. canadensis,* härter als *C. siliquastrum,* aber weniger bekannt.
**Sonstiges:** Nur für geschützte Lagen.

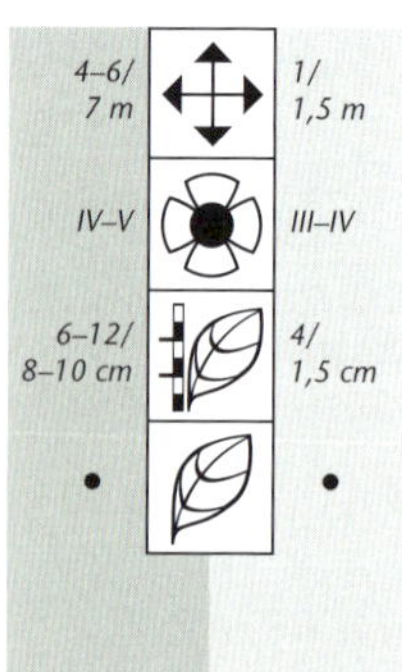


## Chaenomeles japonica

Japanische Scheinquitte
Rosaceae, Rosengewächse

**Heimat:** Japan, am Vulkan Fudschijama zwischen 500 und 900 m Höhe.
**Wuchs:** Strauch, breit aufrecht, sparrige Dorntriebe. Viele Bodentriebe.
**Blatt:** Wechselständig, glänzend grün, breit eiförmig, bis 4 cm, Nebenblätter.
**Blüte:** Ziegelrot, schalenförmig, 3 cm, 3–4 in Büscheln; III–IV.
**Frucht:** Gelbgrüne Apfelfrüchte, 4–5 cm, duften aromatisch, für Gelees.
**Standort:** Kalkhaltige Böden in voller Sonne.
**Verwendung:** Niedere, frei wachsende Hecke oder einzeln im Garten.
**Arten:** *C. × superba (C. japonica × C. speciosa)* mit vielen Sorten.
**Sonstiges:** Feuerbrandgefahr, Vogelschutzgehölz.

## Chaenomeles speciosa
Chinesische Scheinquitte
Rosaceae, Rosengewächse

**Heimat:** China.

**Wuchs:** Aufrecht, dichtbuschig, viele Bodentriebe, dornig.

**Blatt:** Wechselständig, eiförmig, 3–8 cm, glänzend, Nebenblätter bis 4 cm.

**Blüte:** Schalenform, 3–4 cm, je nach Sorte rot bis rosa und weiß, immer an älteren Trieben.

**Frucht:** Gelbe Quittenfrüchte, bis 5 cm, verwertbar als Gelee.

**Standort:** Gartenböden, auch magere, in voller Sonne.

**Verwendung:** Einzelstellung in Garten und Park, auch als frei wachsende Hecke.

**Sorten:** Meist aus Kreuzungen mit *C. japonica* entstanden: 'Etna', rot. 'Nicoline', scharlachrot, groß. 'Nivalis', weiß.

**Sonstiges:** Unterpflanzungen durch Stauden nicht möglich.

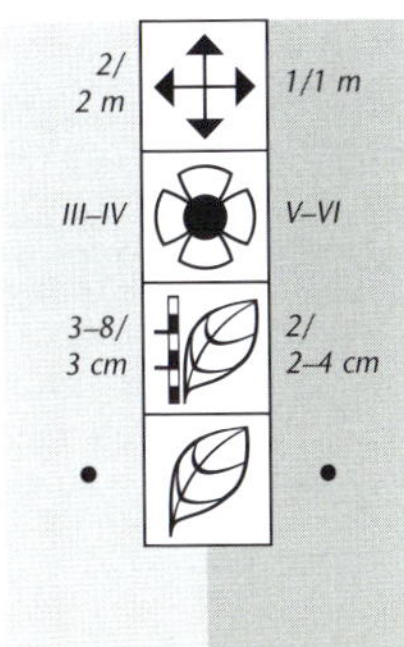


## Chamaecytisus purpureus
(Syn. Cytisus purpureus)
Purpur-Zwergginster
Fabaceae, Hülsenfrüchtler

**Heimat:** Südeuropa, Balkan.

**Wuchs:** Lockerer Kleinstrauch, Triebe überhängend, unterirdische Sprosse bildend. Zweige graugrün.

**Blatt:** 3-zählig, dunkelgrün, verkehrt eiförmig, wechselständig, 1,5–2 cm lang.

**Blüte:** Violett, 2–2,5 cm lang, zu 1–3 entlang der vorjährigen Triebe; V–VI.

**Frucht:** Hülse 1,5–2,5 cm lang, kahl, giftig.

**Standort:** Durchlässige Böden in voller Sonne.

**Verwendung:** Einzeln oder in Gruppen für Böschungen, größere Steingärten, Gefäße.

**Sonstiges:** Anspruchslos, nicht an Kinderspielplätze pflanzen, wuchert!

## Chamaespartium sagittale
(Syn. Genista sagittalis)
Flügel-Ginster
Fabaceae, Hülsenfrüchtler

**Heimat:** Süd- und Mitteleuropa.
**Wuchs:** Breit wachsender Zwergstrauch, aufgerichtete Triebe, geflügelt.
**Blatt:** Einfach, lanzettlich, grün, unterseits behaart.
**Blüte:** Goldgelb, 1 cm groß, in kurzen, endständigen Trauben; V–VI.
**Frucht:** Hülse, 2 cm lang, behaart, erst grün, später braun, giftige, braune Samen.
**Standort:** Sonnig, nährstoffarme Böden, leicht sauer bis schwach alkalisch.
**Verwendung:** Als Bodendecker in Stein- und Heidegärten, Vorgarten, Dachgärten, Gefäße.
**Sonstiges:** Unempfindlich gegen Trockenheit, Flügel dienen auch der Photosynthese. Giftig.

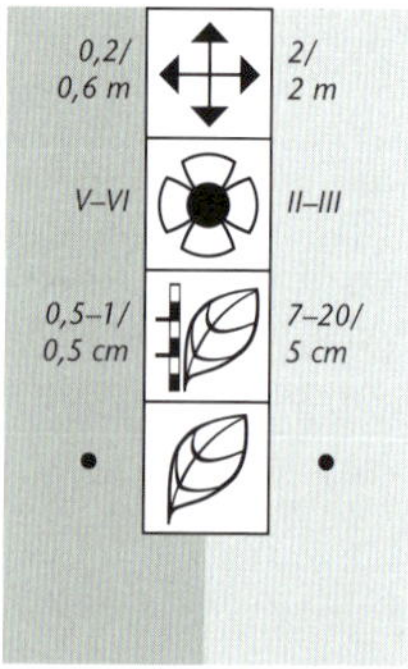


## Chimonanthus praecox
Chinesische Winterblüte
Calycanthaceae, Gewürzstrauchgewächse

**Heimat:** China.
**Wuchs:** Breiter Strauch bis 2 m, graugrüne Triebe.
**Blatt:** Elliptisch eiförmig, 7–20 cm lang, gegenständig, im Herbst gelblich.
**Blüte:** Hängend, blassgelb, innen violett, 2 cm, im Vorfrühling, duftend; II–III.
**Frucht:** Nüsschen 1,5 cm lang in einer ledrigen Hülle, 5 cm lang.
**Standort:** Warme Plätze in humosen Böden, leidet in strengen Wintern.
**Verwendung:** Geschützte Standorte im Hausgarten und Park.
**Sonstiges:** Nach Frostschaden Rückschnitt erforderlich. Nur für Liebhaber. Winterschutz notwendig.

## Chionanthus virginicus

Virginischer Schneeflockenstrauch
Oleaceae, Ölbaumgewächse

**Heimat:** Südöstliche USA.
**Wuchs:** Aufrechter, breitbuschiger Strauch bis 3 m, in der Heimat auch als Baum.
**Blatt:** Eilänglich zugespitzt, 8–20 cm lang, Basis keilig, glänzend, Herbstfärbung.
**Blüte:** Zweihäusig. Weiße Blütchen in lockeren Rispen, duftend; V–VI
**Frucht:** Bis 2 cm große, blauschwarze Steinfrüchte mit Steinkern, werden selten ausgebildet.
**Standort:** Humose, schwach saure Gartenböden in voller Sonne.
**Verwendung:** Einzeln in Hausgärten und Parks.
**Sonstiges:** Männliche Pflanzen mit dichteren Blütenrispen. Winterschutz erforderlich.

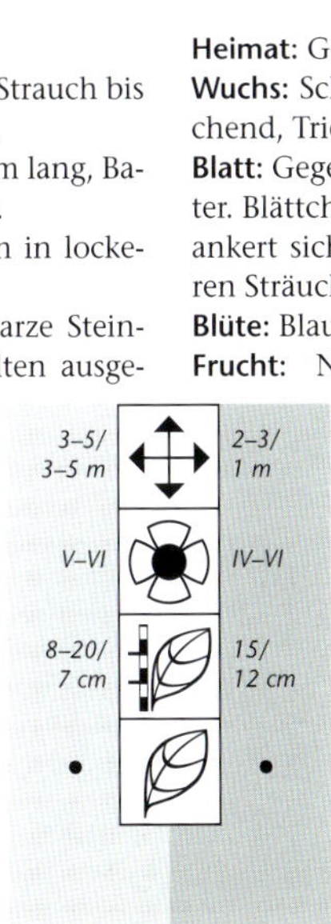


## Clematis alpina

Alpen-Waldrebe
Ranunculaceae, Hahnenfußgewächse

**Heimat:** Gebirge Europas bis Nordostasien.
**Wuchs:** Schwach kletternd bis 3 m oder kriechend, Triebe dünn, kahl.
**Blatt:** Gegenständig, doppelt dreizählige Blätter. Blättchen eilanzettlich bis 5 cm lang, verankert sich mit langen Blattstielen an anderen Sträuchern (Blattstielranker).
**Blüte:** Blau, nickend, 4 Tepalen; IV–VI.
**Frucht:** Nüsschen mit federigen Fruchthaaren.
**Standort:** Kalkreiche, durchlässige Böden im Halbschatten.
**Verwendung:** Steingärten; in Sträuchern und auch in Zwergkoniferen klettern lassen.
**Ähnliche Art:** *C. macropetala*, violette Blüten, halb gefüllt.
**Sonstiges:** Alle Clematis brauchen einen beschatteten Fuß, nie an Südwände pflanzen!

## Clematis × jackmanii

Jackman's Waldrebe
Ranunculaceae, Hahnenfuß-
gewächse

**Heimat:** Züchtung aus aus *C. lanuginosa* × *C. viticella*.
**Wuchs:** 3–4 m hoch kletternd, Blattstielranker.
**Blatt:** Dreizählig, 10–12 cm lang, oberseits dunkelgrün, unten heller.
**Blüte:** Violett bis tief rotblau, 10–12 cm breit, zahlreich, Tepalen 4–6, flach; VII–X.
**Frucht:** Nüsschen mit langem, federigen Griffel.
**Standort:** Durchlässige, humose Böden im Halbschatten, Fuß beschattet.
**Verwendung:** Pergolen, Klettergerüste an Wänden und Mauern.
**Sorten:** 'Superba', dunklere Blüten und breitere Tepalen.
**Sonstiges:** Für West- und Ostwände.

| Clematis × jackmanii | | Clematis montana |
|---|---|---|
| 3–4/ 1 m | (Wuchs) | 6–8/ 5–8 m |
| VII–X | (Blüte) | V–VI |
| 10–20/ 10–20 cm | (Blatt) | 10/ 10 cm |
| • | (Laub) | • |

## Clematis montana

Berg-Waldrebe
Ranunculaceae, Hahnenfuß-
gewächse

**Heimat:** Zentral- und West-China, Himalaja.
**Wuchs:** Stark wachsend, bis 8 m hoch kletternd, Triebe rotbraun. Blattstielranker.
**Blatt:** Dreiteilig, bis 8 cm langer Blattstiel, Einzelblatt lanzettlich, 10 cm lang.
**Blüte:** Weiß, bis 5 cm groß, Tepalen 4, lang gestielt in Büscheln, reich blühend; V–VI.
**Frucht:** Nüsschen mit federigen Griffeln.
**Standort:** Durchlässsige, humose Böden im Halbschatten, beschatteter Fuß.
**Verwendung:** Pergolen, Zäune, Masten, Wände mit Kletterhilfe oder in Gehölzen.
**Sorten:** 'Rubens', Blatt violett im Austrieb, Blüten rosa (Bild). 'Tetrarose', dunkelrosa, bis 8 cm breit, reich blühend.
**Sonstiges:** Besonders dankbarer Blüher.

## Clematis tangutica

Mongolische Waldrebe, Gold-Waldrebe
Ranunculaceae, Hahnenfußgewächse

**Heimat:** Mongolei, Nordwest-China.
**Wuchs:** Bis 4 m hoch kletternd, Triebe dunkelgrün, anfangs behaart. Blattstielranker
**Blatt:** Blätter hellgrün, gegenständig, unpaarig gefiedert, Blättchen länglich lanzettlich, bis 8 cm lang, unterseits bläulich grün; V–VI.
**Blüte:** Goldgelb, glockenförmig, 4 cm lang, Tepalen 4, an bis 15 cm langem Stiel.
**Frucht:** Nüsschen an silbrig federigen Grannen, lange haftend.
**Standort:** Durchlässige, humose Böden im Halbschatten. Beschatteter Fuß.
**Verwendung:** Pergolen, Klettergerüste, Kleinbäume.
**Sonstiges:** Durch Blüten und Früchte zierend.

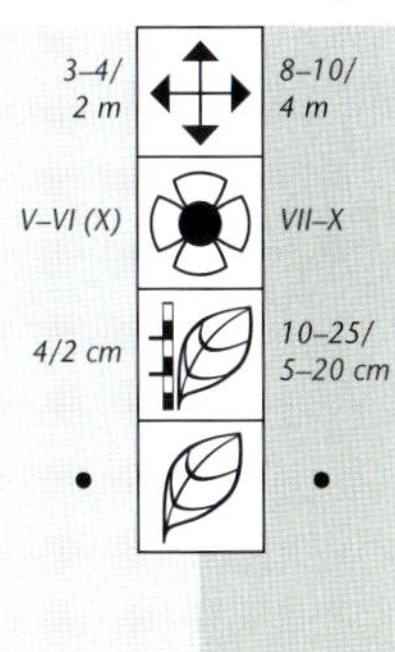


## Clematis vitalba

Gewöhnliche Waldrebe
Ranunculaceae, Hahnenfußgewächse

**Heimat:** Europa bis Kleinasien.
**Wuchs:** Stark wachsender Kletterer bis 10 m, Triebe kantig gerieft. Blattstielranker.
**Blatt:** Unpaarig gefiedert, meist 5 Blättchen, eiförmig, 5–8 cm.
**Blüte:** Klein, weiß, 2 cm breit, an achsel- und endständigen Rispen, 4 Tepalen; VII–X.
**Frucht:** Nüsschen mit kurzem, behaarten Griffel, lang zierend.
**Standort:** Kalkböden im Halbschatten.
**Verwendung:** Feldgehölz, auch in Parkanlagen, Bäume als Gerüst.
**Sonstiges:** Als Veredlungsunterlage wichtig.

## Clematis viticella

Italienische Waldrebe
Ranunculaceae, Hahnenfußgewächse

**Heimat:** Südeuropa bis Westasien.
**Wuchs:** Kriechend, auch kletternd bis 4 m, rotbraune Triebe. Blattstielranker.
**Blatt:** Zierlich, doppelt gefiedert, 12 cm lang, Einzelblättchen 2–4 cm lang.
**Blüte:** Violettrosa, 4 Tepalen, in den Blattachseln, 3–5 cm groß; VII–IX.
**Frucht:** Nüsschen mit kahlem Griffel.
**Standort:** Lehmig humoser Gartenboden im Halbschatten.
**Verwendung:** Klettert an kleineren Gehölzen hoch, Rückschnitt möglich.
**Sorten:** 'Kermesina', weinrot, großblütig.
**Sonstiges:** Besonders reichblütig.

| Clematis viticella | | Clematis-Sorten |
|---|---|---|
| 3–4/ 2 m | | 3–4/ 2 m |
| VII–IX | | VI–IX |
| 12/7 cm | | 10/7 cm |
| • | | • |

## Clematis-Sorten

Großblumige Waldreben
Ranunculaceae, Hahnenfußgewächse

**Heimat:** Kreuzungen seit 1835 entstanden.
**Wuchs:** Sortenbedingt, Blattstielranker.
**Blatt:** Sommergrün, dreizählig, gefiedert.
**Blüte:** Großblumig, je nach Sorte weiß, rosa, rot oder blau, auch gefüllt; VI–IX.
**Frucht:** Nüsschen mit federigen Griffeln.
**Standort:** Humose, durchlässige, tiefgründige, kalkhaltige Böden.
**Verwendung:** Pergolen und Rankgerüste an Mauern, beschatteter Fuß.
**Sorten:** 'Lasurstern', lavendelblau, 10–20 cm, VI. 'Nelly Moser', lilarosa mit rotem Streifen, 15–20 cm, VI (Bild). 'Ville de Lyon', karminrot, 15 cm, VI–X.
**Sonstiges:** Vertrocknungsgefahr durch Welkepilze (vorbeugende Fungizidbehandlung) oder Wassermangel im Hochsommer (2–3-mal wöchentlich gießen).

## Colutea arborescens
Blasenstrauch
Fabaceae, Hülsenfrüchtler

**Heimat:** Südeuropa, Nordafrika.
**Wuchs:** Strauch, Rinde graubraun, abfasernd.
**Blatt:** Wechselständig, unpaarig gefiedert, bis 15 cm lang; 9–13 Blättchen bis 3 cm lang.
**Blüte:** Gelb, 2 cm lang, zu 6–8 in Trauben; V–X.
**Frucht:** Hülse blasig vergrößert, bis 8 cm lang, grün-rötlich.
**Standort:** Sonnige, auch trockene Plätze, kalkreiche Böden. Wärmeliebend.
**Verwendung:** Anspruchsloses Wildgehölz für Parkanlagen und Siedlungen.
**Sonstiges:** Zur Fruchtreife auffällig.

| Colutea arborescens | Cornus alba |
|---|---|
| 2–4/ 2–3 m | 3–4/ 3 m |
| V | V–VI |
| 15/5 cm | 14–18/ 5–10 cm |
| • | • |

## Cornus alba
Weißer Hartriegel, Tatarischer Hartriegel
Cornaceae, Hartriegelgewächse

**Heimat:** Osteuropa, Sibirien bis Korea.
**Wuchs:** Aufrechter Strauch, Triebe rot, breit ausladend.
**Blatt:** Eiförmig elliptisch, 4–8 cm lang, zugespitzt, grün, unterseits bläulich, im Herbst gelb bis rötlich.
**Blüte:** Rahmweiß in Trugdolden, 3–5 cm groß, Einzelblüte 6–8 mm, 4-zählig; V–VI.
**Frucht:** Weiße bis bläuliche Steinfrüchte, 8 mm groß.
**Standort:** Sonnig bis halbschattige, normale Gartenböden, anspruchslos.
**Verwendung:** Abpflanzungen in Gärten und Parks, Wind- und Sichtschutz.
**Sorten:** 'Sibirica', leuchtend rote Triebe im Winter (Bild). 'Spaethii', Blatt gelb gerandet.
**Sonstiges:** Anspruchslose Gewächse.

## Cornus controversa
Pagoden-Hartriegel
Cornaceae, Hartriegelgewächse

**Heimat:** Japan, China.
**Wuchs:** Kleinbaum mit waagerecht in Etagen abstehenden Ästen. Triebe braun, bereift.
**Blatt:** Breit elliptisch, zugespitzt, 7–12 cm lang, unten bläulich grün, im Herbst gelborange, wechselständig angeordnet.
**Blüte:** Weiß, 1,3 cm breit, in flachen Trugdolden, 10–15 cm breit; V–VI.
**Frucht:** Blauschwarze Beeren, 6 mm dick.
**Standort:** Humose, neutrale, frische bis feuchte Böden in halbschattiger Lage.
**Verwendung:** Nur im Einzelstand in Gärten und Parks, malerisch in Innenhöfen.
**Sorten:** 'Variegata', Blätter weiß gerandet, anspruchsvoller als die Art.
**Sonstiges:** Gegen Trockenheit empfindlich.

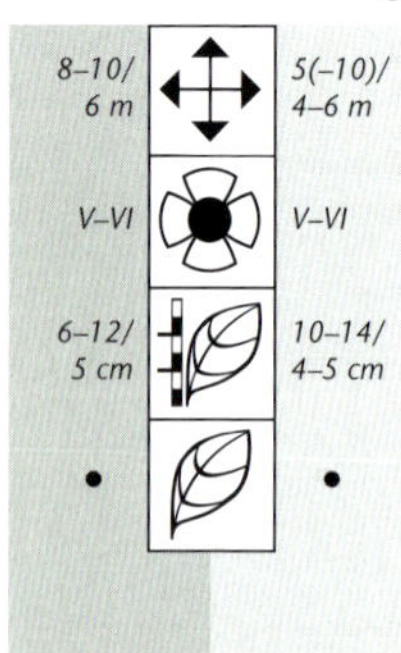


## Cornus florida
Blumen-Hartriegel
Cornaceae, Hartriegelgewächse

**Heimat:** Östliche USA.
**Wuchs:** Breit aufrechter Strauch bis 5 m Höhe, in der Heimat als Kleinbaum bis 10 m.
**Blatt:** Gegenständig, dunkelgrün, eiförmig, unterseits weißlich, bis 14 cm lang. Im Herbst scharlachrote Färbung. Knospen weißlich bereift.
**Blüte:** Unscheinbar gelbgrün, an endständigen Blütenköpfen. Diese sind von flachen, sternartigen Hochblättern umgeben, vierteilig, weiß bis rosa; V–VI.
**Frucht:** Steinfrucht. Eiförmig, rot, 1 cm, selten.
**Standort:** Humose, leicht saure Böden in Sonne und im Halbschatten. Feuchtigkeit liebend.
**Verwendung:** Einzelstellung in Gärten und Parks.
**Sorten:** 'Cloud Nine', weiße Brakteen. 'Rubra', rote Brakteen.
**Sonstiges:** Anspruchsvoller, auffälliger Strauch.

## Cornus kousa
Japanischer Blumen-Hartriegel
Cornaceae, Hartriegelgewächse

**Heimat:** Japan, Korea.
**Wuchs:** Strauch oder kleiner Baum bis 7 m, Krone schirmförmig. Borke braunrot, Triebe grün.
**Blatt:** Gegenständig, elliptisch zugespitzt, bis 7 cm lang, unterseits bläulich grün, scharlachrote Herbstfärbung.
**Blüte:** Weißgelbe Blütenköpfe, unscheinbar, aber durch die 4 weißen, spitzen Hochblätter auffällig; V–VI.
**Frucht:** Erdbeerartige Scheinfrucht, rosa, 2 cm, gestielt.
**Standort:** Saure, humose Böden im Halbschatten bei genügend Feuchtigkeit.
**Verwendung:** Einzelstand in Gärten und Parks.
**Varietät:** *C. kousa* var. *chinensis*, kommt aus China, wird höher, hat auch größere Hochblätter.

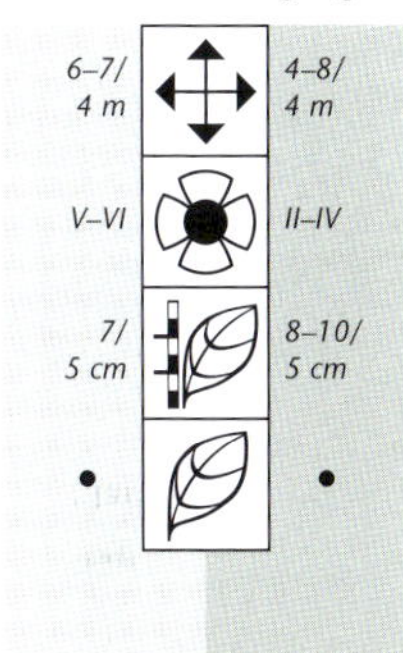


## Cornus mas
Kornelkirsche
Cornaceae, Hartriegelgewächse

**Heimat:** Süd- und Mitteleuropa bis zum Kaukasus.
**Wuchs:** Strauch bis 4 m, selten baumförmig bis 8 m, sparrig verzweigt. Borke dunkel graubraun, längsrissig, auch schuppig abblätternd. Hartes Holz.
**Blatt:** Gegenständig, eiförmig zugespitzt, bis 10 cm lang, glänzend grün, im Herbst rotbraun. Blattknospen schlank, Blütenknospen kugelig.
**Blüte:** Gelb, in dichten Dolden; II–IV.
**Frucht:** Rote Steinfrüchte 2 cm lang, bei Vollreife essbar, säuerlich. Großer Steinkern.
**Standort:** Kalkhaltige, tiefgründige Böden in vollsonniger Lage.
**Verwendung:** Windschutz, Vogelnährgehölz, Bienenweide, Hecke, Vasenschnitt.
**Sorten/Arten:** 'Jolico', größere Früchte. *C. officinalis* aus China ist ähnlich wie *C. mas*.
**Sonstiges:** Anspruchslos.

## Cornus nuttallii
Nuttalls Blumen-Hartriegel
Cornaceae, Hartriegelgewächse

**Heimat:** Westliches Nordamerika.
**Wuchs:** Breit aufrechter Strauch bis 6 m, in der Heimat bis 25 m hoher Baum.
**Blatt:** Eiförmig elliptisch zugespitzt, 8–12 cm lang, Herbstlaub scharlachrot.
**Blüte:** Unscheinbar, in kleinen, halbkugeligen Köpfchen; IV–V. Weiße Hochblätter, meist 6, 4–6 cm lang, zieren noch länger; IV–V.
**Frucht:** Elliptisch, rot, 1 cm.
**Standort:** Humose, tiefgründige Böden, frisch bis feucht, sonnige Lage.
**Verwendung:** Im Einzelstand in Gärten und Parks.
**Sorten:** 'Eddie's White Wonder', besonders reich blühende Sorte. (Bild)
**Sonstiges:** Prächtiger Strauch für geschützte Lagen.

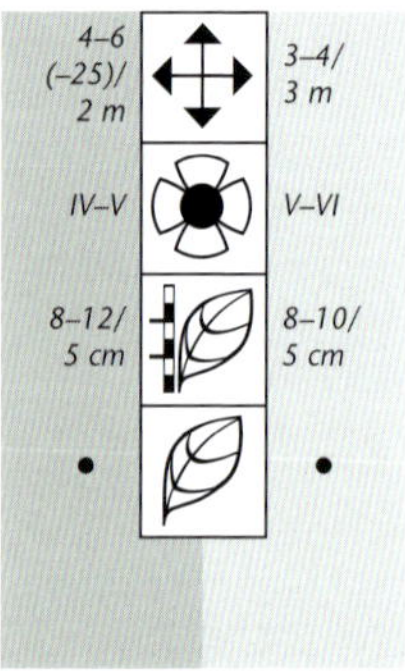


## Cornus sanguinea
Roter Hartriegel
Cornaceae, Hartriegelgewächse

**Heimat:** Europa, Kurdistan.
**Wuchs:** Breit aufrecht, bildet viele Ausläufer und Stockausschläge. Triebe grün-braun, sonnenseitig braunrot, Knospen gegenständig.
**Blatt:** Dunkelgrün, eiförmig zugespitzt, 10 cm lang, rote Herbstfärbung.
**Blüte:** Weiß, sternförmig, 4-zipfelig, 5 mm groß, in breiten Trugdolden; V–VI.
**Frucht:** Schwarzblaue Steinfrüchte, weiß punktiert, bis 8 mm groß.
**Standort:** Anspruchslos an Klima und Boden, für alle Lagen.
**Verwendung:** Unterpflanzung für höhere Gehölze, Bodenbefestiger, Windschutz.

## Cornus sericea 'Flaviramea'
(Syn. C. stolonifera)
Gelber Hartriegel
Cornaceae, Hartriegelgewächse

**Heimat:** Die Art stammt aus Nordamerika.
**Wuchs:** Breit aufrecht, bildet viele Bodentriebe. Triebe grün, aber im Winter auffällig gelb leuchtend. Knospen gegenständig.
**Blatt:** Hellgrün, eilänglich bis 8 cm.
**Blüte:** Gelblich weiß, in 3–5 cm breiten Trugdolden; V–VI.
**Frucht:** Weiße, kugelige Steinfrüchte, 8 mm dick.
**Standort:** Anspruchslos an Klima und Boden, halbschattig.
**Verwendung:** Unterpflanzung unter höheren Gehölzen, Wind- und Sichtschutz.
**Sorten:** 'Kelsey', nur 75 cm hoch, rötliche Triebe, für Flächenpflanzungen.

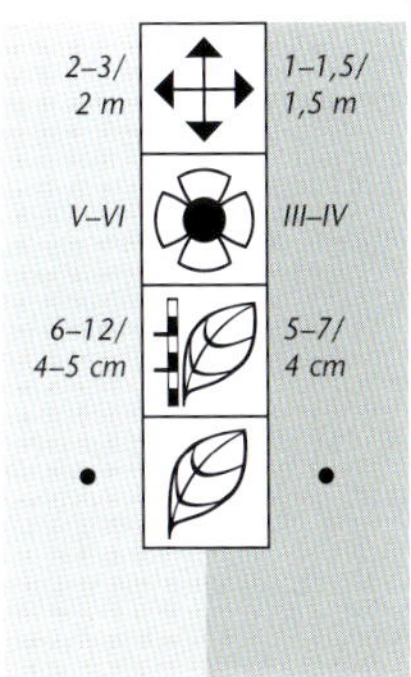


## Corylopsis pauciflora
Armblütige Scheinhasel
Hamamelidaceae, Zaubernussgewächse

**Heimat:** Japan.
**Wuchs:** Breitbuschiger, feintriebiger Kleinstrauch, 1–1,5 m hoch, braune Triebe.
**Blatt:** Wechselständig, eiförmig zugespitzt, bis 7 cm lang, unterseits blaugrün, im Herbst gelb.
**Blüte:** Primelgelbe Blütenglöckchen zu 2–3 in Ähren, hellere Tragblätter; III–IV.
**Frucht:** Kapselfrüchte mit 2 Fächern, selten.
**Standort:** Humose, saure Böden in halbschattiger Lage und ausreichend Feuchtigkeit.
**Verwendung:** Einzeln oder in kleinen Gruppen zu niederen Koniferen und Azaleen.
**Weitere Art:** *C. spicata* wird im Alter durch Bodentriebe ein breiter Busch, ist in allen Teilen größer als die zierliche *C. pauciflora.*
**Sonstiges:** Besonders dankbarer Frühblüher für geschützte Lagen.

## Corylus avellana
Gewöhnliche Hasel
Betulaceae, Birkengewächse

**Heimat:** Europa bis zum Kaukasus.
**Wuchs:** Großstrauch, mehrstämmig. Im Alter schirmförmig. Borke braun-grau mit feiner Zeichnung, Triebe drüsig behaart.
**Blatt:** Weich behaart, eirund zugespitzt, 6–10 cm lang, wechselständig, im Herbst gelb-braun gefärbt.
**Blüte:** Einhäusig, männliche Kätzchen gelb, 8–10 cm lang, stäuben ab II–III; weibliche Blüten unscheinbar, rote Narben bis 5 mm.
**Frucht:** Essbare Nussfrüchte 1,5 cm lang, braun, Fruchtbecher geschlitzt.
**Standort:** Nährstoffreiche Gartenböden, lehmig humos.
**Verwendung:** Windschutz, Feldhecke, guter Bodenbefestiger, für Gärten und Parks.
**Arten/Sorten:** Großfrüchtige Sorten verwenden; 'Heterophylla' mit geschlitztem Laub. *C. maxima* 'Purpurea'; Blatt gleichmäßig tief schwarzrot, 8–12 cm lang, zugespitzt.

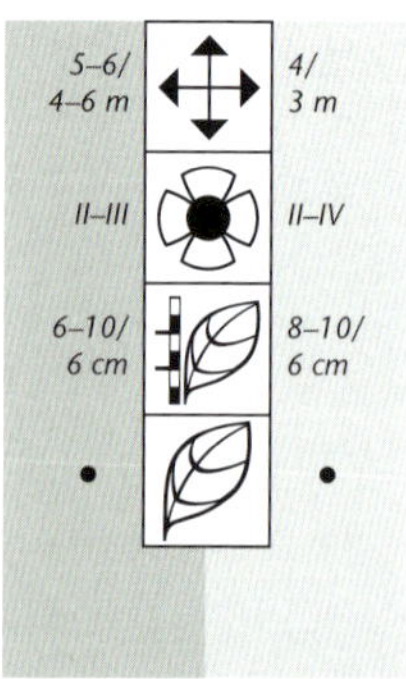


## Corylus avellana 'Contorta'
Korkenzieher-Hasel
Betulaceae, Birkengewächse

**Heimat:** Züchtung.
**Wuchs:** Triebe korkenzieherartig gedreht, langsam wachsend.
**Blatt:** Kraus, gelegentlich eingerollt, 8–10 cm lang, weichhaarig, im Herbst gelblich.
**Blüte:** Einhäusig, männliche Kätzchen gelb, 8–10 cm lang, stäuben ab II–IV. Weibliche Blüten unscheinbar, rote Narben bis 5 mm lang
**Frucht:** Essbare Nussfrüchte 1,5 cm lang, braun, von geschlitztem Fruchtbecher umhüllt.
**Standort:** Gute Gartenböden in sonniger Lage.
**Verwendung:** Einzelstellung in Gärten und Parks.
**Sonstiges:** Im Winter auffällige Pflanze. Für Floristik unentbehrlich.

## Corylus colurna
Baum-Hasel
Betulaceae, Birkengewächse

**Heimat:** Südosteuropa, Kleinasien, Kaukasus, Himalaja.
**Wuchs:** Straff aufrechter Baum mit kegelförmiger Krone, Äste waagerecht abstehend. Borke grauweiß, korkig und rau.
**Blatt:** Breit eiförmig, bis 12 cm lang, unterseits hell graugrün, im Herbst gelbbraun.
**Blüte:** Einhäusig, männliche Kätzchen bis zu 12 cm lang, graugelb; II–III.
**Frucht:** Auffällig, die essbaren Nüsse sitzen zu mehreren in kugeligem Fruchtstand und sind von einer drüsigen, tief geschlitzten Fruchthülle umgeben.
**Standort:** Tiefgründiger Lehmboden in voller Sonne, industriefest, frosthart.
**Verwendung:** Für Innenstädte als Straßenbaum, einzeln, für Alleen, auch als Schnitthecke.

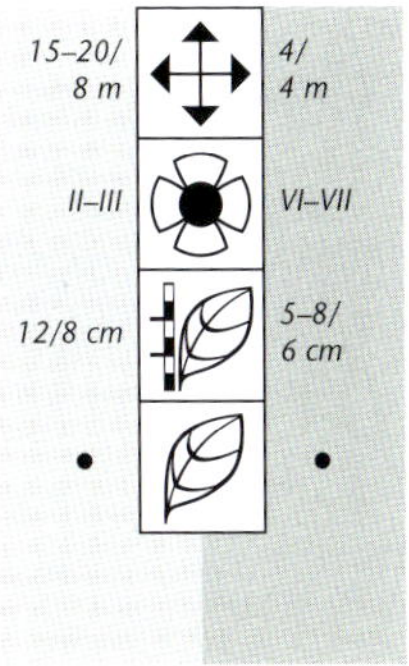


## Cotinus coggygria
Perückenstrauch
Anacardiaceae, Sumachgewächse

**Heimat:** Südeuropa bis Zentral-China.
**Wuchs:** Breitbuschiger Strauch. Borke grauschwarz, Rinde der jüngeren Triebe hellbraun bis olivgrün, kein Milchsaft.
**Blatt:** Oval bis verkehrt eiförmig, 5–8 cm lang, wechselständig, bläulich bereift. Im Herbst orange gefärbt.
**Blüte:** Unscheinbar gelbgrün, an 20 cm langen , endständigen Rispen; VI–VII.
**Frucht:** Kleine Steinfrucht, 5 mm groß.
**Standort:** Sonnige, warme Plätze in kalkreichen Böden.
**Verwendung:** Geschützte Lagen im Hausgarten – z.B. Terrasse –, Solitär.
**Sorten:** 'Royal Purple', dauerhaft dunkelrot gefärbt, Herbstlaub orangeviolett (Bild).

## Cotoneaster adpressus

Spalier-Zwergmispel
Rosaceae, Rosengewächse

**Heimat:** West-China.
**Wuchs:** Zwergstrauch, niederliegend, 25 cm hoch, unregelmäßige Flächen bildend. Triebe mit dichten Internodien, fischgrätartig, Knospen wechselständig.
**Blatt:** Eiförmig, gewellter Rand, 1 cm lang, tiefgrün, im Herbst rotbraun.
**Blüte:** Hellrosa, zu 1–2, klein; V–VI.
**Frucht:** Rote, beerenartige Apfelfrucht, 7 mm groß, eilänglich.
**Standort:** Normale, durchlässige Gartenböden in sonniger Lage.
**Verwendung:** Böschungen, Steingärten, Gräber und Tröge.
**Sorten:** 'Little Gem', kleines Kissen von 15 cm Höhe und 40 cm Breite.

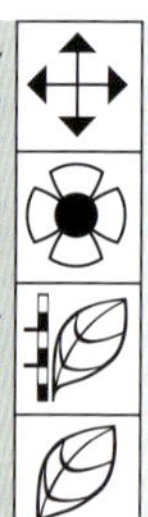

| C. adpressus | C. bullatus |
|---|---|
| 0,25/ 0,5–1 m | 3–5/ 2 m |
| V–VI | V–VI |
| 1–1,5/ 0,5 cm | 4–8/ 5 cm |
| • | • |

## Cotoneaster bullatus

Runzelige Zwergmispel
Rosaceae, Rosengewächse

**Heimat:** West-China.
**Wuchs:** Locker und breit überhängender Strauch, 2–3 m hoch.
**Blatt:** Elliptisch eiförmig, zugespitzt, 4–8 cm, oberseits dunkelgrün, runzelig, unterseits graugrün behaart, im Herbst rot, wechselständig.
**Blüte:** Weiß, rötlich angehaucht, zu 10–30 in 5 cm breiten Trugdolden; V–VI.
**Frucht:** Kugelige, beerenartige Apfelfrucht, hellrot, 8 mm breit.
**Standort:** Gute Gartenböden in sonniger Lage.
**Verwendung:** Zierstrauch in Einzelstellung oder in Gruppen, lockere Hecke.
**Sonstiges:** Gefährdet durch Feuerbrand.

## Cotoneaster dammeri
Teppich-Zwergmispel
Rosaceae, Rosengewächse

**Heimat:** West-China.
**Wuchs:** Niederliegender, immergrüner Spalierstrauch, Triebe wurzelnd, 25 cm hoch.
**Blatt:** Wechselständig, eiförmig, bis 3 cm lang, glänzend grün.
**Blüte:** Weiß, Trugdolden meist einzeln in Blattachseln, 1 cm groß; V–VI.
**Frucht:** Kugelige, beerenartige Apfelfrucht, rot, erbsengroß, lange haltend.
**Standort:** Kräftige Gartenböden in Sonne und Halbschatten, anspruchslos.
**Verwendung:** Flächenpflanzungen aller Art, für Gräber, Steingärten, Böschungen, Tröge und Balkone, wo sie weit herabhängen können.
**Sorten:** 'Holsteins Resi', resistent gegen Feuerbrand. 'Major', größere Blätter.
**Sonstiges:** Bei Gefäßen und Dachgärten auf Dickmaulrüssler achten. Auf Feuerbrand achten.

| | | |
|---|---|---|
| 0,25/ 2 m | | 0,15/ 0,5 m |
| V–VI | | V–VI |
| 3/ 1,5 cm | | 0,8/ 0,6 cm |
| • | | • |

## Cotoneaster dammeri 'Streib's Findling'
Zwergmispel
Rosaceae, Rosengewächse

**Heimat:** Züchtung.
**Wuchs:** Sehr langsam wachsend. Triebe liegen dem Boden an.
**Blatt:** Immergrün, eirundlich, 6–8 mm lang, dunkelgrün.
**Blüte:** Weiß, Trugdolden, fünfzählige Blüten, etwa 8 mm groß; V–VI.
**Frucht:** Kugelige, beerenartige Apfelfrucht, erbsengroß.
**Standort:** Durchlässige Gartenböden in voller Sonne und Halbschatten.
**Verwendung:** Für kleinere Flächen in Steingärten, Gräbern, Tröge und Mauern.
**Sonstiges:** Auf Feuerbrand achten.

## Cotoneaster divaricatus
Sparrige Zwergmispel
Rosaceae, Rosengewächse

**Heimat:** China.
**Wuchs:** Breit aufrecht, sparrige Triebe.
**Blatt:** Elliptisch, bis 2 cm lang, glänzend dunkelgrün, im Herbst scharlachrot.
**Blüte:** Rosa, Trugdolde zu 2–4, Blüten klein, fünfzählig; V–VI.
**Frucht:** Elliptische Apfelfrucht, 1 cm lang, rot, mit 2 Steinkernen.
**Standort:** Sonnige bis halbschattige Plätze in normalen Gartenböden, anspruchslos.
**Verwendung:** Einzeln oder in Gruppen, auch als breite, ungeschnittene Hecke.
**Sonstiges:** Besonders auffallend im Herbst durch Blätter und Früchte. Durch Feuerbrand gefährdet.

| | | |
|---|---|---|
| 2/ 2 m | | 0,5–1,5/ 2 m |
| V–VI | | V–VI |
| 2/ 1 cm | | 1/ 1 cm |
| • | | • |

## Cotoneaster horizontalis
Fächer-Zwergmispel
Rosaceae, Rosengewächse

**Heimat:** West-China.
**Wuchs:** Sommergrüner, aufstrebender Strauch. Zweige fisch-grätähnlich gestellt, enge Internodien.
**Blatt:** Fast kreisrund, 1 cm groß, leicht zugespitzt, glänzend grün, im Herbst rot.
**Blüte:** Rosa, zu 1–2, öffnen sich nur halb; V–VI.
**Frucht:** Beerenartige Apfelfrucht, hellrot, kugelig bis 6 mm, lange haftend.
**Standort:** Sonnige Plätze in lehmigem Gartenboden.
**Verwendung:** Einzelstand in größeren Steingärten, vor Mauern und Häusern, Böschungen.
**Sorten:** 'Robusta', stark wachsend, Blätter 2 cm. 'Saxatilis', sehr schwach wachsend, in allen Teilen kleiner. Alle mit herrlicher Herbstfärbung.

## Cotoneaster salicifolius
Weidenblättrige Zwergmispel
Rosaceae, Rosengewächse

**Heimat:** Südwest-China.
**Wuchs:** Aufrechter Strauch mit überhängenden Trieben, 2–3 m, in China bis 6 m.
**Blatt:** Elliptisch lanzettlich, 4–8 cm lang, beiderseits spitz, oberseits dunkelgrün, unterseits filzig behaart, immergrün.
**Blüte:** Weiß, zu vielen in 3–4 cm breiten Trugdolden; VI. Duft unangenehm.
**Frucht:** Rote, beerenartige Apfelfrüchte, 4–6 mm groß, werden reichlich gebildet.
**Standort:** Lehmig humose Böden im Halbschatten.
**Verwendung:** Einzelstand in Vorgärten, Kübeln in Gärten.
**Sorten/Arten:** 'Gnom', Matten bildend. 'Herbstfeuer', liegend, breitblättrig. 'Parkteppich', 30–50 cm hoch, guter Flächendecker. 'Pendulus', aufgebundene Hängeform. *C. salicifolius* var. *floccosus* hat schmalere Blätter.
**Sonstiges:** Feuerbrandgefährdet.

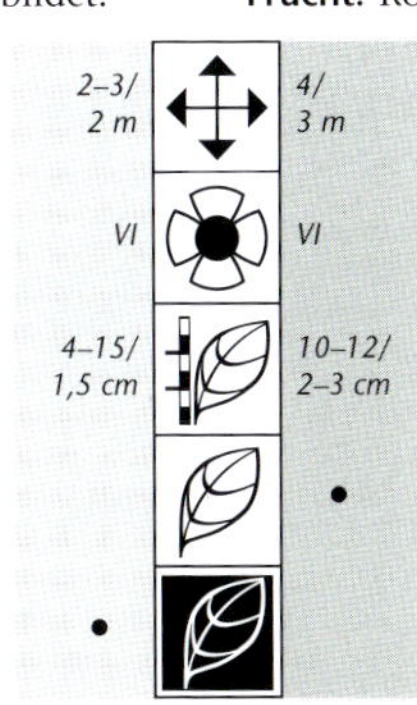


## Cotoneaster × watereri
Hohe Zwergmispel
Rosaceae, Rosengewächse

**Heimat:** Kreuzungen aus verschiedenen in China beheimateten Arten.
**Wuchs:** Hoch wachsende, meist immergrüne Sträucher mit überhängenden Trieben, 4 m.
**Blatt:** Elliptisch, beidseitig zugespitzt, bis 12 cm lang, oberseits dunkelgrün, unterseits hell bläulich grün.
**Blüte:** Weiß, fünfzählig, in dichten Doldentrauben; VI.
**Frucht:** Rot, erbsengroße, beerenartige Apfelfrüchte, nur kurze Zeit haltbar (Vogelfraß).
**Standort:** Nährstoffreiche, tiefgründige Gartenböden im Halbschatten.
**Verwendung:** Einzelstand in größeren Gärten und Parks.
**Sorten:** 'Cornubia', 4 m hoch, etwas steif, für milde Lagen.
**Sonstiges:** Gefahr durch Feuerbrand.

## Crataegus laevigata
Zweigriffliger Weißdorn
Rosaceae, Rosengewächse

**Heimat:** Europa, Nordafrika.
**Wuchs:** Heimischer Dornstrauch oder Kleinbaum, Dornen 2,5 cm lang.
**Blatt:** Verkehrt eiförmig, 3–5 cm lang, 3- bis 5-lappig, Basis keilförmig, grün.
**Blüte:** Weiß, fünfzählig, 1,5 cm breit, zu 5–10 in Trugdolden; V–VI.
**Frucht:** Rote, elliptische Apfelfrucht, 1 cm lang, enthält mindestens 2 Steinkerne.
**Standort:** Vorwiegend trockene Böden in voller Sonne.
**Verwendung:** Anspruchsloses Wildgehölz, für die freie Landschaft, Vogelschutz.
**Weitere Arten und Sorten:** 'Paul's Scarlet', Rotdorn, gefüllte, karmesinrote Blüten, als Stamm veredelt. *C. monogyna*, Eingriffiger Weißdorn.
**Sonstiges:** Gefahr durch Feuerbrand.

| | | |
|---|---|---|
| 8–10/ 4 m | | 5–6/ 3 m |
| V–VI | | V |
| 3–5/ 4 cm | | 5–12/ 3–4 cm |
| • | | • |

## Crataegus lavallei 'Carrierei'
Lederblättriger Weißdorn
Rosaceae, Rosengewächse

**Heimat:** Züchtung aus (*C. crus-galli* × *C. pubescens* f. *stipulacea*).
**Wuchs:** Großstrauch bis Kleinbaum, straffer, sparriger Wuchs, helle Triebe.
**Blatt:** Dunkelgrün, ledrig glänzend, länglich elliptisch bis 20 cm lang, Basis keilartig, haftet bis zum Winter.
**Blüte:** Weiß, 2 cm groß, in vielblütigen Trugdolden; V.
**Frucht:** Orangerote Apfelfrucht, 2 cm groß, lange im Winter zierend.
**Standort:** Durchlässige, kalkhaltige Gartenböden, Trockenheit vertragend, sonnig.
**Verwendung:** Kleinbaum für Stadtklima (als Hochstamm veredelt), Gärten und Parks.
**Sonstiges:** Frosthart, wenige Dornen.

## Crataegus persimilis 'MacLeod' (Syn. C. × prunifolia)
Pflaumenblättriger Weißdorn
Rosaceae, Rosengewächse

**Heimat:** Ungewiss.
**Wuchs:** Großer, sparriger Strauch oder Kleinbaum, Dornen bis 4 cm.
**Blatt:** Verkehrt eiförmig, bis 8 cm lang, dunkelgrün, im Herbst gelb bis rot.
**Blüte:** Weiß, 1,8 cm breit, zu vielen in Trugdolden; V–VI.
**Frucht:** Kugelige Apfelfrüchte, 1,5 cm dick, scharlachrot.
**Standort:** Sonnig bis halbschattige Lagen in guten Gartenböden.
**Verwendung:** Einzelstellung in Gärten und Parks, auch als Dornhecke verwendbar.
**Sonstiges:** Frosthart, stadtklimafest.

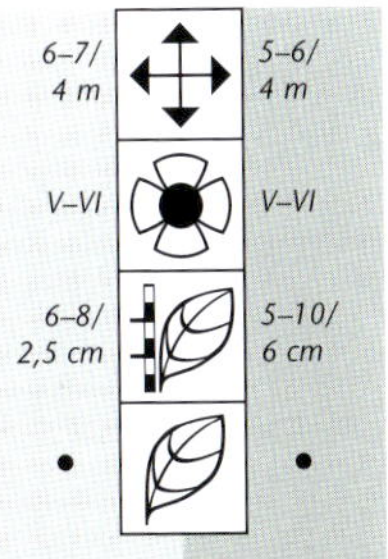


## Cydonia oblonga
Echte Quitte
Rosaceae, Rosengewächse

**Heimat:** Vorderasien.
**Wuchs:** Breitkroniger Baum oder Strauch bis 6 m hoch, filzig behaarte Triebe.
**Blatt:** Eiförmig, 5–10 cm lang, oberseits stumpf grün, unterseits graufilzig.
**Blüte:** Weiß-rosa, 4–5 cm breit, einzeln; V–VI.
**Frucht:** Große, gelbe Apfelfrucht, länglich oder rund, 4–12 cm lang. Wirtschaftlich verwertbar zu Gelee und Marmelade.
**Standort:** Warme, geschützte Standorte auf kalkhaltigen Böden.
**Verwendung:** Als Fruchtbaum einzeln in Hausgärten oder Parks.
**Sorten:** Mehrere Sorten im Angebot, sind ertragreicher als die Art.
**Sonstiges:** Wichtig als schwach wachsende Unterlage für Birnbäume.

## Cytisus × praecox
Elfenbeinginster
Fabaceae, Hülsenfrüchtler

**Heimat:** Züchtung aus *C. multiflorus* × *C. purgans.*

**Wuchs:** Vieltriebiger Strauch, dünne Triebe bogig überhängend.

**Blatt:** Einfach, lanzettlich 1–2 cm lang, hellgrün.

**Blüte:** Schwefelgelb, 1 cm lang, entlang der graugrünen Triebe; IV–V.

**Frucht:** Wenig auffällige Hülsen, giftig!

**Standort:** Leichte, sandige Böden in voller Sonne, kalkfrei.

**Verwendung:** Einzelstellung im Hausgarten, Stein- und Heidegarten.

**Weitere Art:** *Cytisus × kewensis,* Zwerg-Elfenbeinginster, nur 30 cm hoch, dankbar.

**Sorten:** 'Hollandia', rubinrot mit gelbem Rand. 'Zitronenregen', dunkles zitronengelb.

**Sonstiges:** Nicht an Kinderspielplätze pflanzen. Absolut winterhart

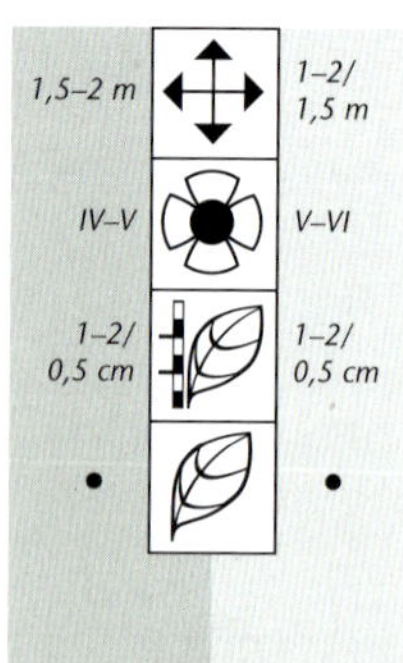


## Cytisus scoparius
Besenginster
Fabaceae, Hülsenfrüchtler

**Heimat:** Europa.

**Wuchs:** Breitbuschiger, vieltriebiger Strauch, grüne Triebe kantig.

**Blatt:** Dreizählige, eilanzettliche Blättchen 1–2 cm lang, seidenhaarig.

**Blüte:** Goldgelb, zu 1–2, achselständig entlang der dünnen Triebe; V–VI.

**Frucht:** Grüne Hülsen, 4–5 cm lang, am Rand bewimpert, Samen besonders giftig!

**Standort:** Saure, durchlässige Böden in voller Sonne.

**Verwendung:** Rohböden, Heidegärten, Straßenbegleitgrün.

**Sorten:** Meist mehrfarbig: 'Firefly', Fahne gelb, Flügel rot. 'Luna', gelb.

**Sonstiges:** Rückschnitt vermeiden, Verpflanzung nur mit Ballen.

## Daphne × burkwoodii 'Somerset'

Burkwoods Seidelbast
Thymelaeaceae, Spatzenzungengewächse

**Heimat:** Züchtung aus *D. caucasica* × *D. cneorum.*
**Wuchs:** Aufrechter, dichtbuschiger Strauch.
**Blatt:** Dunkelgrün, eilanzettlich, bis 4 cm lang, im Herbst gelb.
**Blüte:** In der Knospe rosa, geöffnet weißlich, an endständigen Dolden, V–VI, duftend.
**Frucht:** Nicht bekannt.
**Standort:** Durchlässige, humose Gartenböden in sonniger Lage.
**Verwendung:** Einzeln in Vorgärten, Steingärten, kleinere Gartenräume.
**Sonstiges:** Ist giftig, aber wegen fehlender Fruchtbildung eher zu empfehlen als *Daphne mezereum.*

## Daphne cneorum

Rosmarin-Seidelbast
Thymelaeaceae, Spatzenzungengewächse

**Heimat:** Kalkberge in Mittel- und Südeuropa.
**Wuchs:** Immergrüner Zwergstrauch, Matten bildend.
**Blatt:** Spatelförmig, 2 cm lang, dunkelgrün, unterseits bläulich, immergrün.
**Blüte:** Dunkelrosa Röhrenblüten, an den Triebenden gehäuft zu köpfchenartigen Dolden; IV–VI, duftend.
**Frucht:** Gelbbraun, 2–3 mm lang, wenig auffällig. Wird von Ameisen verschleppt, Steinfrucht.
**Standort:** Durchlässsige, kalkhaltige Böden in voller Sonne.
**Verwendung:** Steingartenjuwel, erfüllt zur Blütezeit den ganzen Garten mit Nelkenduft.
**Sorten:** 'Major', großblumiger, aber nicht so ausdauernd wie die Art. Wird in 10–12 Jahren über 1 m breit.
**Sonstiges:** Ganze Pflanze giftig.

| | |
|---|---|
| 1/1 m | 0,3/1m |
| V–VI | IV–VI |
| 3–4/ 0,4–1 cm | 2/ 0,5 cm |
| • | |
| | • |

## Daphne mezereum

Gewöhnlicher Seidelbast,
Kellerhals
Thymelaeaceae, Spatzenzungengewächse

**Heimat:** Europa, Kaukasus, Kleinasien bis Sibirien.
**Wuchs:** Breit aufrechter Strauch, braungraue Rinde.
**Blatt:** Länglich lanzettlich, bis zu 7 cm lang, unterseits bläulich grün.
**Blüte:** Röhrenblüte mit 4 Blütenzipfeln, 1 cm groß, rosa oder rot in Büscheln; II–IV.
**Frucht:** Leuchtend rote, beerenartige Steinfrüchte, 8 mm groß, fleischig, sehr giftig. Schon 10–12 Früchte können zum Tode führen!
**Standort:** Kalkhumusboden am Waldrand.
**Verwendung:** Einzeln im Stein- und Frühlingsgarten. Geschützte Wildpflanze.
**Sorten:** 'Alba', Blüten weiß, Früchte gelb. 'Rubra Select', rot.
**Sonstiges:** Nicht für Kinderspielplätze geeignet.

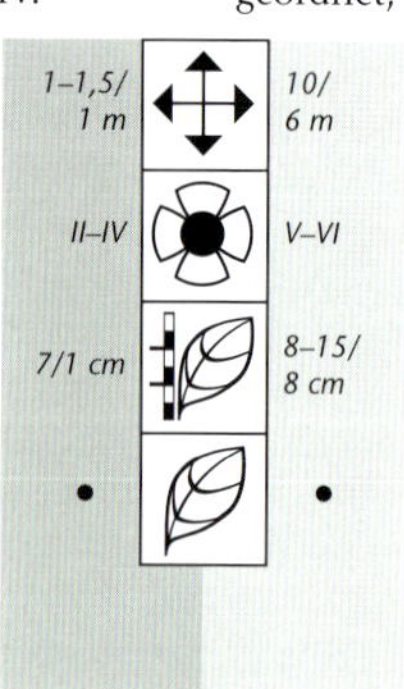


## Davidia involucrata

Taubenbaum
Davidiaceae, Taubenbaumgewächse

**Heimat:** West-China.
**Wuchs:** Aufrechter Baum, 6–10(–15) m Höhe und schirmförmige Krone. Borke graubraun, abblätternd, Triebe dick und kahl, Winterknospen rotbraun.
**Blatt:** Wechselständig, breit eiförmig, 8–15 cm lang, Basis herzförmig, grün.
**Blüte:** Lang gestielt, Staubbeutel kugelig angeordnet, purpurn, umgeben von 2 gegenständig angeordneten, weißen Hochblättern, bis 16 cm lang; V.
**Frucht:** Kugelige Steinfrucht an langem Stiel hängend.
**Standort:** Nährstoffreiche Humusböden in sonniger, warmer Lage.
**Verwendung:** Solitärbaum in größeren Gärten und Parks.
**Sonstiges:** Zur Blütezeit besonders auffällig, im Jugendstadium frostgefährdet.

## Decaisnea fargesii

Blauschote, Blaugurke
Lardizabalaceae, Fingerfruchtgewächse

**Heimat:** West-China.
**Wuchs:** Steif aufrechter Strauch, Triebe dick, grau, große Winterknospen.
**Blatt:** Bis 60 cm lang, unpaarig gefiedert, bläulich grün mit gelber Herbstfärbung. Einzelblatt spitz eiförmig, bis 12 cm lang.
**Blüte:** Grünlich gelb, 3 cm, glockig, in langen, hängenden Trauben; V–VI.
**Frucht:** Auffällige, kobaltblaue, weiß bereifte, walzenförmige Balgfrüchte, 10 cm.
**Standort:** Warme, geschützte Lagen im Weinbauklima, humose Böden.
**Verwendung:** Einzelstand im Garten oder Park.
**Sonstiges:** In der Jugend frostgefährdet, dann Winterschutz erforderlich.

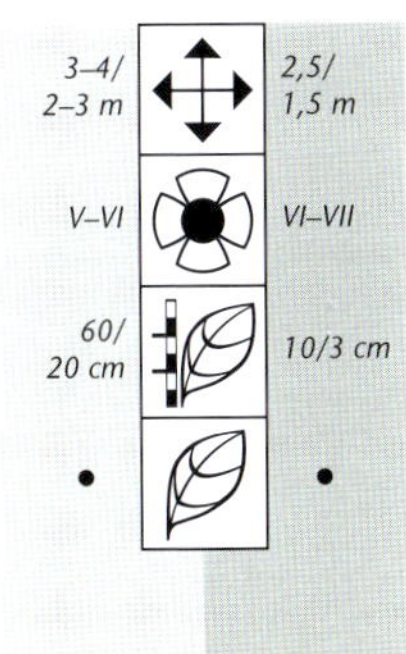


## Deutzia scabra

Raue Deutzie
Hydrangeaceae, Hortensiengewächse

**Heimat:** Japan.
**Wuchs:** Straff aufrechter Strauch, Triebe hohl.
**Blatt:** Länglich lanzettlich bis 10 cm, Basis gerundet, stumpfgrün, rau.
**Blüte:** Reinweiß, 2 cm groß, in breiten, lockeren Rispen; VI–VII.
**Frucht:** Kapsel.
**Standort:** Normale, tiefgründige Gartenböden, sonnig bis halbschattig.
**Verwendung:** Einzeln oder gruppenweise in Gärten und Parks.
**Weitere Arten und Sorten:** 'Candidissima', reinweiß gefüllt. 'Plena', außen rosa gefüllt. *D. gracilis*, überhängender Zwergstrauch, 60–80 cm hoch, Blüte weiß; V–VI.
**Sonstiges:** Anspruchsloser Blütenstrauch.

## Elaeagnus angustifolia
Schmalblättrige Ölweide
Elaeagnaceae, Ölweidengewächse

**Heimat:** Mittelasien.
**Wuchs:** Strauch oder Kleinbaum, breitkronig. Borke graubraun, dünn, Äste überhängend, Triebe oft bedornt.
**Blatt:** Schmal lanzettlich, 4–8 cm lang, spitz, Basis keilförmig, mattgrün, unterseits grau behaart, wechselständig angeordnet.
**Blüte:** Kleine, gelbe Glöckchen, außen silbrig, zu 2–3, 1 cm lang; V–VI.
**Frucht:** Gelbliche Steinfrüchte, bis 1,5 cm lang, essbar.
**Standort:** Warme, durchlässige, kalkhaltige Böden, Trockenheit vertragend, sonnig.
**Verwendung:** Einzeln oder in Gruppen in landschaftlichen Pflanzungen und Parks.
**Arten:** *E. multiflora* wächst ähnlich, aber nur 3 m hoch; braunrote, saure Früchte.
**Sonstiges:** Anspruchslos, verträgt Stadtklima.

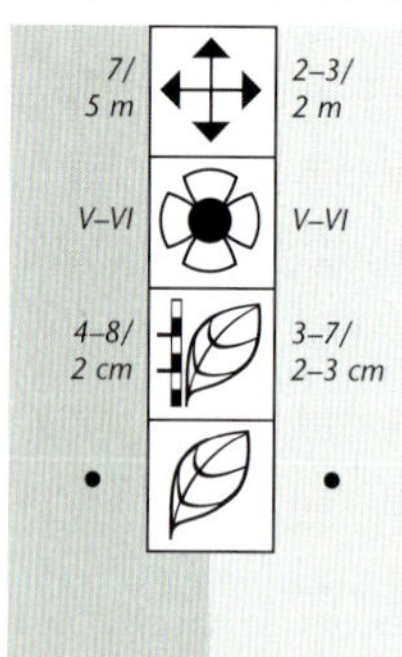


## Enkianthus campanulatus
Prachtglocke
Ericaceae, Heidekrautgewächse

**Heimat:** Japan.
**Wuchs:** Aufrechter Strauch mit etagenförmiger Verzweigung.
**Blatt:** Grün, elliptisch, 3–7 cm lang, im Herbst rotgelb, wechselständig.
**Blüte:** Rötlich-weiße Glöckchen in hängenden Trugdolden; V–VI.
**Frucht:** Elliptische Kapseln 5–8 mm lang, kantige Samen.
**Standort:** Sandig humose, saure Böden im Halbschatten.
**Verwendung:** Einzeln zu Rhododendren unter lichten Bäumen.
**Sonstiges:** Empfindlich gegen Kalkböden und Bodenverdichtung, Blütengehölz.

## Erica carnea
Schnee-Heide
Ericaceae, Heidekrautgewächse

**Heimat:** Kalkalpen Europas.
**Wuchs:** Zwergstrauch, 30–40 cm hohe Matten bildend, breit wachsend, dünntriebig.
**Blatt:** Nadelartig, immergrün, 4–8 mm lang, zu 3–4 in Wirteln.
**Blüte:** Im Herbst vorgebildet, glockig, 4–5 mm groß, rosa, nickend, 4-teiliger Kelch, braune Staubgefäße aus der Blüte herausragend; I–IV.
**Frucht:** Unscheinbare, 4-klappige Kapseln mit sehr feinen Samen.
**Standort:** Humose Gartenböden in voller Sonne, in der Natur zusammen mit Kiefern.
**Verwendung:** Flächig für Böschungen, Stein- und Heidegärten, Gräber, Gefäße.
**Sorten:** 'Myretoun Ruby', weinrot. 'Spingwood', weiß. 'Vivellii', rote Blätter und Blüten. 'Winter Beauty', rosa (Bild).
**Sonstiges:** Rückschnitt nach der Blüte.

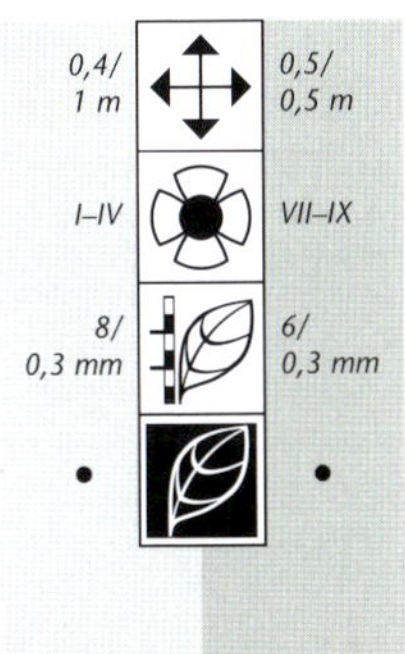


## Erica tetralix
Glocken-Heide
Ericaceae, Heidekrautgewächse

**Heimat:** Nord- und West-Europa.
**Wuchs:** Niederliegend-aufrecht, 20–50 cm, Triebe graufilzig behaart.
**Blatt:** Nadelförmig linealisch, 3–6 mm lang, zu 4 in Wirteln, graugrün, immergrün.
**Blüte:** Blassrosa bis weiße bauchige Glöckchen, zu mehreren in endständigen köpfchenartigen Doldentrauben, 7 mm lang; VII–IX.
**Frucht:** Unscheinbare Kapseln.
**Standort:** Saure und feuchte Böden in Sonne und Halbschatten.
**Verwendung:** In Heide- und Moorgärten.
**Sorten:** 'Hookstone Pink', 35 cm, leuchtend rosa. 'Alba', weiß (Bild).
**Sonstiges:** Nur anspruchslos in feuchten Moorböden, Rückschnitt nach der Blüte.

## Euonymus alatus
Flügel-Spindelstrauch
Celastraceae, Spindelbaumgewächse

**Heimat:** Ostasien.
**Wuchs:** Sparrig aufrecht, Triebe mit 4 breiten Korkleisten.
**Blatt:** Elliptisch bis eiförmig, 3–5 cm lang, beidseitig zugespitzt, grün, im Herbst leuchtend dunkelrot, gegenständig.
**Blüte:** Grünlich gelb, 4-zählig, in Trauben, unscheinbar; V–VI.
**Frucht:** Eiförmige Kapsel, orangefarbene Fruchthülle mit Samen, selten ausgebildet, Kapsel. Giftig.
**Standort:** Humose Gartenböden im Halbschatten.
**Verwendung:** Einzelstellung in Vorgärten, Heide- und Steingärten, Parkanlagen.
**Sonstiges:** Herrliche Herbstfärbung.

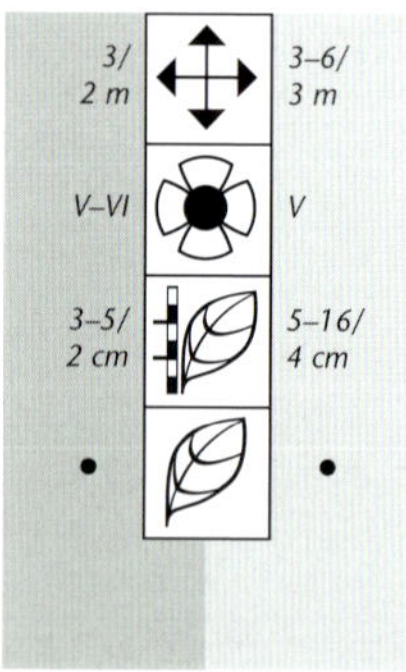


## Euonymus europaeus
Gewöhnliches Pfaffenhütchen
Celastraceae, Spindelbaumgewächse

**Heimat:** Europa bis West-Sibirien.
**Wuchs:** Aufrechter Strauch bis 3 m Höhe, bei guten Standortbedingungen bis 6 m hoch wachsend. Triebe vierkantig, grün.
**Blatt:** Länglich eiförmig, 5–8 cm lang, beidseitig zugespitzt, grün, im Herbst karminrot.
**Blüte:** Unscheinbar grün, an langen Stielen, duftet unangenehm, Trugdolde; V.
**Frucht:** 4-klappige Kapsel, rote Fruchthüllen enthalten orangefarbene, giftige Samen.
**Standort:** Kalkliebend, nährstoffreiche Böden in Sonne und Halbschatten.
**Verwendung:** Vogelnährgehölz in Feldhecken, Gärten und Parks.
**Sorten:** 'Red Cascade', zahlreiche Früchte, rosa Fruchtblätter.
**Sonstiges:** Nicht an Kinderspielplätze pflanzen. Wird von Gepinstmotten und Blattläusen befallen.

## Euonymus fortunei
Kletternder Spindelstrauch
Celastraceae, Spindelbaumgewächse

**Heimat:** China, Japan.
**Wuchs:** Kriechender oder kletternder Strauch mit Haftwurzeln, Triebe grün.
**Blatt:** Gegenständig, eiförmig elliptisch, 2–6 cm lang, dunkelgrün, immergrün.
**Blüte:** Grünlich weiß, 5 mm, unauffällig, in dichten Trugdolden; VI.
**Frucht:** Kapsel weiß, innen orange, nur bei wenigen Sorten zu finden. Giftig.
**Standort:** Normale, durchlässige Gartenböden im Halbschatten.
**Verwendung:** Als Flächendecker und schwach wachsender Kletterer unter Gehölzen.
**Sorten:** 'Coloratus', rotes Herbstlaub. 'Emerald'n Gold', Blätter goldgelb gerandet. 'Vegetus', breitbuschig, dunkelgrüne Blätter, fruchtet reichlich (Bild).
**Sonstiges:** Vielseitig verwendbare Sorten.

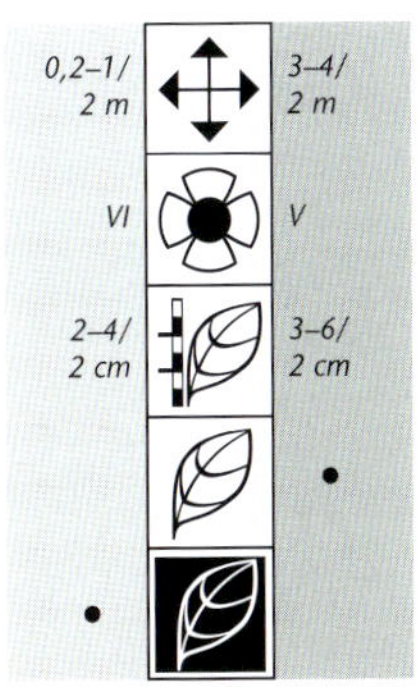


## Exochorda racemosa
Chinesische Radspiere
Rosaceae, Rosengewächse

**Heimat:** Ost-China.
**Wuchs:** Breit aufrecht, 3–4 m hoch, mit überhängenden, rotbraunen Trieben.
**Blatt:** Wechselständig, länglich eiförmig, 3–6 cm, hellgrün, unterseits dunkler.
**Blüte:** Weiß, 4 cm breit, zu 6–10 in Trauben; V.
**Frucht:** Braune, holzige Kapseln, lange am Strauch haftend, 1 cm groß.
**Standort:** Sandig humose, mehr saure Böden in voller Sonne.
**Verwendung:** Einzelstellung in Hausgärten und Parks.
**Arten:** *E.* × *macrantha* 'The Bride', 2 m hoch, überhängend, großblütig (Bild).
**Sonstiges:** Wertvoller Blütenstrauch für kalkarme Böden.

## Fagus sylvatica
Rot-Buche
Fagaceae, Buchengewächse

**Heimat:** Europa bis zur Krim.
**Wuchs:** Breitkroniger, mächtiger Baum, an der Baumgrenze strauchig. Borke weißgrau, glatt, gerader Stamm, Knospen wechselständig, spindelförmig.
**Blatt:** Hellgrün, eiförmig, Rand gewellt und bewimpert, Herbstfärbung goldbraun.
**Blüte:** Einhäusig, männliche Kätzchen in lang gestielten Büscheln, weibliche Blüten unauffällig; IV–V.
**Frucht:** 3-kantige Nuss in 4-klappigem, verholztem Fruchtbecher.
**Standort:** Nährstoffreiche, meist kalkhaltige Böden in sonnigen und halbschattigen Lagen.
**Verwendung:** Wichtigster Waldbaum Mitteleuropas, für Schnitthecken, in Gärten und Parks.
**Sorten:** 'Atropunicea', rotes Laub. 'Pendula', Hänge-Buche.
**Sonstiges:** Sehr empfindlich gegen Einschüttung und plötzlicher Freistellung.

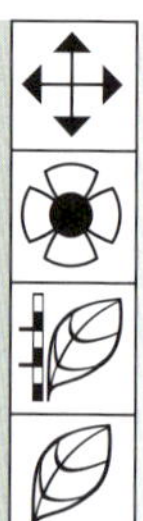

| | | |
|---|---|---|
| 30/ 20 m | | 15–20/ 10–15 m |
| IV–V | | IV–V |
| 5–10/ 5 cm | | 6–8/ 5 cm |
| • | | • |

## Fagus sylvatica 'Pendula'
Hänge-Buche
Fagaceae, Buchengewächse

**Heimat:** Züchtung.
**Wuchs:** Baumförmig, aufrechter Stamm, hängender Gipfeltrieb, Seitenäste und Zweige hängen bis zum Boden herab. Graue, glatte Borke.
**Blatt:** Wechselständig, eiförmig zugespitzt, grün, 5–10 cm lang, im Herbst goldbraun, Blattrand gewimpert.
**Blüte:** Einhäusig, unscheinbar, männliche Blüten in hängenden Köpfchen; IV–V.
**Frucht:** 4-klappige Fruchtbecher mit kantigen Nüsschen, essbar.
**Standort:** Humose, durchlässige Gartenböden in sonniger Lage.
**Verwendung:** Nur im Einzelstand in Parks und großen Gärten, hoher Platzbedarf.
**Sorten:** 'Purpurea Pendula', schwarzrotes Laub, 8–10 m hoch.
**Sonstiges:** Wirft viel Schatten, kaum Unterpflanzung möglich.

## Fallopia baldschuanica

(Syn. F. aubertii,
Polygonum aubertii)
Chinesischer Knöterich, Schling-Flügelknöterich
Polygonaceae, Knöterichgewächse

**Heimat:** West-China, Tibet.

**Wuchs:** Mächtiger Schlinger, graubraune Triebe.

**Blatt:** Frischgrün, wechselständig, breit spießförmig, bis 9 cm lang,

**Blüte:** Weiß, klein, in langen, rauhaarigen Rispen im Herbst; VII–X.

**Frucht:** 3-kantiges Nüsschen, von der Blütenhülle umschlossen.

**Standort:** Anspruchslos, für alle Bodenarten in Sonnen- und Schattenlagen.

**Verwendung:** Rasche Begrünung von Böschungen, Masten, Gebäuden, älteren Bäumen.

**Sonstiges:** Wächst in einem Jahr 5 m hoch.

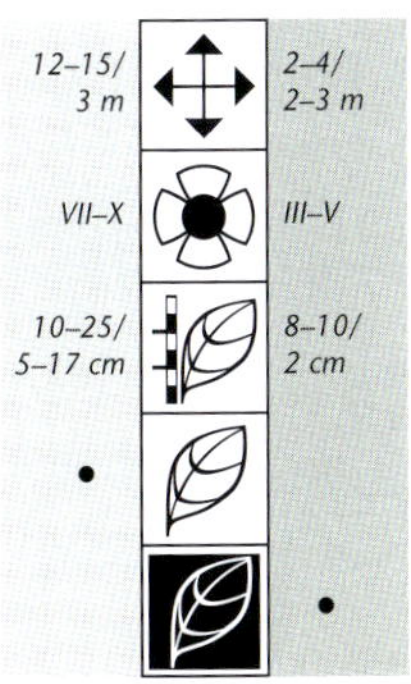


## Fargesia murielae

(Syn. Thamnocalamus spathaceus,
Fargesia spathacea)
Schirm-Bambus
Poaceae, Süßgräser

**Heimat:** Zentral-China.

**Wuchs:** Straff aufrecht, im Alter mit überhängenden Trieben. Ausbreitung durch Ausläufer. Triebe: Einjährig unverzweigt, steif, im folgenden Jahr Bildung von Seitentrieben. Gelb, unter den kahlen Blattscheiden weißlich bereift.

**Blatt:** Lanzettlich zugespitzt, blaugrün, bis 10 cm lang.

**Blüte:** Sehr selten, gelb, die ganze Pflanze stirbt nach der Blüte ab; III–V.

**Frucht:** Grün-braun, selten.

**Standort:** Frische bis feuchte Lagen in Sonne und Halbschatten.

**Verwendung:** Sichtschutz, in großen Gärten und Parks.

**Sorten:** 'Simba', niedriger, frosthärter als die Art. 'Eisenach', äußerst winterhart.

**Sonstiges:** Neue Sämlingssorten ausdauernder.

## Forsythia × intermedia
Forsythie, Goldglöckchen
Oleaceae, Ölbaumgewächse

**Heimat:** Züchtungen (*F. suspensa* × *F. viridissima*).
**Wuchs:** Aufrecht, reich verzweigt, breitbuschig, ältere Triebe grau, junge hellbraun mit vielen Lentizellen, Knospen gegenständig.
**Blatt:** Grün, eilanzettlich, 6–10 cm lang, beidseitig zugespitzt.
**Blüte:** Goldgelb, 3–4 cm breit, vierteilig, an der ganzen Länge der Triebe; III–IV.
**Frucht:** Kapsel zweiklappig, verholzt.
**Standort:** Nährstoffreiche Gartenböden.
**Verwendung:** Einzeln oder gruppenweise in Gärten und Parks, Hecke (auch geschnitten).
**Sorten:** 'Beatrix Farrand', gelb, Blüten 6 cm groß. 'Lynwood', goldgelb, reich blühend. 'Spectabilis', dunkelgelb, wichtige Treibsorte.
**Sonstiges:** Frei von Schädlingen, im Alter viröse Wucherungen möglich, daher auslichten.

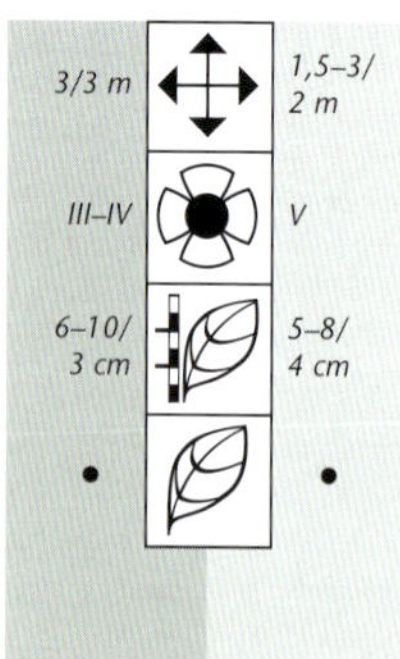


## Fothergilla major
Großer Federbuschstrauch
Hamamelidaceae, Zaubernussgewächse

**Heimat:** Südosten der USA, Alabama.
**Wuchs:** Breitbuschig, halbkugelig, Triebe hellgrau filzig.
**Blatt:** Wechselständig, dunkelgrün, unterseits blaugrün, eiförmig, im Herbst orange.
**Blüte:** Weiße, bürstenförmige Blütenähren, an den Triebenden gehäuft; V.
**Frucht:** Braune Kapselfrüchte, unauffällig, 1,5 cm lang.
**Standort:** Humose, kalkfreie Böden in halbschattigen Lagen.
**Verwendung:** Einzelstellung im Hausgarten, Frühlingsecken im Stein- und Vorgarten.
**Sonstiges:** Einmalige Herbstfärbung.

## Frangula alnus
(Syn. Rhamnus frangula)
Faulbaum, Pulverholzbaum
Rhamnaceae, Kreuzdorngewächse

**Heimat:** Europa bis Asien.
**Wuchs:** Breiter, aufrechter Strauch, graubraune Rinde, viele Lentizellen.
**Blatt:** Wechselständig, eiförmig bis 7 cm lang, grün, unterseits heller.
**Blüte:** Grün-weiß, zwittrig, fünfzählig, in gestielten Büscheln in den Blattachseln; V–VII.
**Frucht:** Steinfrucht, erbsengroß, rot bis schwarz, giftig.
**Standort:** Feuchte und moorige Böden im Halbschatten und Schatten.
**Verwendung:** Pioniergehölz für Moor und Uferrand.
**Sonstiges:** Früher war Holzkohle zur Beimischung von Schwarzpulver gebräuchlich, daher stammt der Name „Pulverholz".

## Fraxinus excelsior
Gewöhnliche Esche
Oleaceae, Ölbaumgewächse

**Heimat:** Europa bis Kleinasien.
**Wuchs:** Aufrechter, breitkroniger Baum. Borke grau, feinrissig, Holz langfaserig, wertvoll. Triebe graugrün, Knospen schwarz.
**Blatt:** Gegenständig, bis 25 cm lang, unpaarig gefiedert, mit 7–11 Einzelblättchen, diese 4–10 cm lang, breit lanzettlich, im Herbst grüngelb.
**Blüte:** Unauffällig, vor dem Austrieb, in achselständigen, rötlich grünen Rispen; IV.
**Frucht:** Braune, länglich geflügelte Nüsschen, 3–5 cm lang, in Büscheln hängend.
**Standort:** Frische, nährstoffreiche Böden.
**Verwendung:** Guter Bodenfestiger an Bächen und Flüssen, Waldrand, Parkanlagen.
**Sorten:** 'Nana', kleinkronig, auf Hochstamm veredelt, 2 m breit. 'Pendula', Hängeform.
**Sonstiges:** Triebe gabelig verzweigt, Holz für Werkzeugstiele.

| Frangula alnus | | Fraxinus excelsior |
|---|---|---|
| 4–5/ 3 m | Wuchs | 35/ 10 m |
| V–VII | Blüte | IV |
| 7/3 cm | Blatt | 25–40/ 12–20 cm |
| • | Laub | • |

## Fraxinus ornus
Blumen-Esche, Manna-Esche
Oleaceae, Ölbaumgewächse

**Heimat:** Südliches Mitteleuropa, Mittelmeergebiet bis Kleinasien.
**Wuchs:** Breiter Strauch oder Baum, breit pyramidale Krone. Borke dunkelgrau, Triebe mit graubraunen Knospenschuppen, gegenständig.
**Blatt:** Unpaarig gefiedert, bis 22 cm lang, mit 5–7 Einzelblättchen, 5–10 cm lang.
**Blüte:** Endständige, cremeweiße Blütenrispen, 10 cm lang, reich blühend; V–VI.
**Frucht:** Geflügelte Nüsschen, 2,5–4,5 cm lang, braun.
**Standort:** Kalkhaltige Böden in sonniger, warmer Lage.
**Verwendung:** Einzeln oder in Gruppen für Gärten und Parks, Straßenbaum, auch für Innenstädte.
**Sonstiges:** Prächtiger Blütenbaum.

| Fraxinus ornus | | Gaultheria mucronata |
|---|---|---|
| 8–10 6 m | ✥ | 0,5–1/ 0,5 m |
| V–VI | ✿ | V–VI |
| 22/ 15 cm | Blatt | 2/ 0,5 cm |
| • | Blatt | |
| | Blatt (immergrün) | • |

## Gaultheria mucronata
(Syn. Pernettya mucronata)
Torfmyrte
Ericaceae, Heidekrautgewächse

**Heimat:** Süd-Chile.
**Wuchs:** Breit aufrechter, dicht verzweigter, immergrüner Strauch, viele Ausläufer.
**Blatt:** Wechselständig, ledrig, dunkelgrün, eiförmig, bis 2 cm lang, stachelspitz.
**Blüte:** Weiß, 5 mm groß, end- oder achselständig, zweihäusig; V–VI.
**Frucht:** Bis 12 mm große, kugelige Beerenfrüchte, je nach Sorte weiß, rot oder violett.
**Standort:** Saure, kalkfreie, feuchte Humusböden im Halbschatten.
**Verwendung:** Für Hecken und Gruppen im Moorbeet.
**Sorten:** 'Alba', weiß. 'Bells Seedling', rot. 'Rosea', rosa Früchte.
**Sonstiges:** Kümmert in Kalkböden.

## Gaultheria procumbens

Niederliegende Scheinbeere, Rebhuhnbeere
Ericaceae, Heidekrautgewächse

**Heimat:** Östliches Nordamerika.
**Wuchs:** Niederliegender Zwergstrauch, bis 15 cm hoch, unterirdische Ausläufer.
**Blatt:** Ledrig, Eiförmig elliptisch, bis 5 cm lang, immergrün, im Herbst rötlich.
**Blüte:** Hellrosa Blütenglöckchen, einzeln an den Triebenden, 4–7 mm; VI–VIII.
**Frucht:** Leuchtend rote Kapsel, 6–8 mm, lange haftend.
**Standort:** Kalkfreie, sandig humose Böden im Halbschatten.
**Verwendung:** Prächtiger Bodendecker für Heide- und Steingärten, Grab, Moorbeet.
**Weitere Art:** *G. shallon,* 80 cm, breites Laub, als Bindegrün unter „Salal“ bekannt.
**Sonstiges:** Dichter Wuchs in kalkfreien Böden.

## Genista lydia

Lydischer Ginster
Fabaceae, Hülsenfrüchtler

**Heimat:** Ost-Balkan, Anatolien.
**Wuchs:** Breit wachsender Zwergstrauch, 50 cm hoch, Zweige nach unten gekrümmt.
**Blatt:** Wechselständig, linealisch, spitz, 5–10 mm, grün, Triebe vierkantig.
**Blüte:** Goldgelb, zu mehreren in dichtblütigen Trauben; V–VI.
**Frucht:** Flache Hülsen, 2,5 cm lang, giftig!
**Standort:** Sonnige Lagen, kalkliebend, trockenheitsverträglich.
**Verwendung:** Für Stein- und Heidegärten, Vorgarten, Gräber, Tröge, Dachgärten. Einzeln oder in Gruppen.
**Sonstiges:** Dankbarer Kleinstrauch für warme Lagen.

| | | |
|---|---|---|
| *0,15/ 0,5 m* | | *0,5/ 0,6 m* |
| *VI–VIII* | | *V–VI* |
| *5/3 cm* | | *1/0,3 cm* |
| | | • |
| • | | |

## Gleditsia triacanthos
Gleditschie, Lederhülsenbaum
Caesalpiniaceae, Caesalpiniengewächse

**Heimat:** Nordamerika.
**Wuchs:** 15–20(–40) m hoher Baum mit lockerer, schirmförmiger Krone. Borke braungrau, längsrissig, mit vielen rotbraunen, 10 cm langen, dreiteiligen Dornen.
**Blatt:** Gefiedert, bis 25 cm lang, wechselständig, hellgrüne Einzelblättchen bis 3 cm lang, eiförmig, goldgelbe Färbung im Herbst.
**Blüte:** Gelbgrün, wenig auffällig, in 5–7 cm langen Trauben; VI–VII.
**Frucht:** Braunrote Hülsen bis 40 cm lang, 3 cm breit, gedreht.
**Standort:** Sonnige bis halbschattige Lagen in durchlässigen, neutralen Böden.
**Verwendung:** In großen Gärten und Parks, Straßenbegleitgrün.
**Sorten/Arten:** 'Sunburst', Blätter goldgelb, später grün. *G. triacanthos* var. *inermis,* dornenlos.
**Sonstiges:** Windbruchgefährdet.

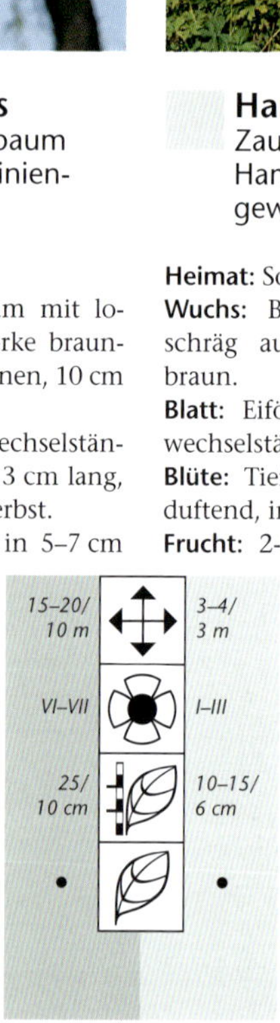


## Hamamelis × intermedia
Zaubernuss
Hamamelidaceae, Zaubernussgewächse

**Heimat:** Sorte aus *H. japonica* × *H. mollis.*
**Wuchs:** Breit aufrechter Strauch, 3–4 m, schräg aufsteigende Zweige, Triebe graubraun.
**Blatt:** Eiförmig zugespitzt, 10–15 cm lang, wechselständig, Herbstfärbung gelb bis rot.
**Blüte:** Tiefgelb, 2–3 cm, gewellt, vierzählig, duftend, in Köpfchen; I–III.
**Frucht:** 2-klappige, verholzte Kapsel mit 2 schwarzen Samen.
**Standort:** Durchlässiger Boden, leicht sauer, im Halbschatten.
**Verwendung:** Einzelstand im Vorgarten oder Terrasse.
**Weitere Arten und Sorten:** 'Feuerzauber', rotorange (Bild). 'Jelena', gelb. 'Orange Beauty', orange. *H. japonica.*
**Sonstiges:** Auffällige Winterblüher. Veredlungen auf *H. japonica.*

## Hamamelis mollis
Chinesische Zaubernuss
Hamamelidaceae, Zaubernuss-gewächse

**Heimat:** China.
**Wuchs:** Breit ausladender Strauch, Triebe weich behaart, wechselständig.
**Blatt:** Oberseits graugrün, unten weich behaart, 8–12 cm lang, goldgelb im Herbst.
**Blüte:** Kronblätter gelb, innen rötlich, 2 cm lang, gerade, in Köpfchen; I–III.
**Frucht:** 2-klappige Kapsel, verholzt, 2 cm lang, Samen werden fortgeschleudert.
**Standort:** Humose, leicht saure Böden im Halbschatten.
**Verwendung:** Einzelstand im Vorgarten, Parkgehölz.
**Sorten:** 'Pallida', großblumig, gelb, duftend.
**Sonstiges:** Veredlungen auf *H. virginiana.*

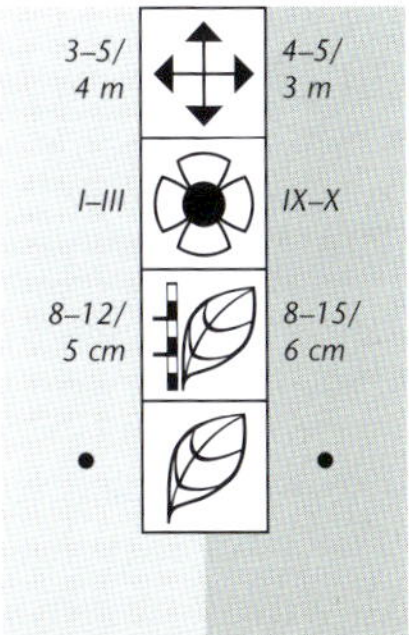


## Hamamelis virginiana
Virginische Zaubernuss
Hamamelidaceae, Zaubernuss-gewächse

**Heimat:** Östliches Nordamerika.
**Wuchs:** Aufrechter ausladender Strauch.
**Blatt:** Elliptisch, 8–15 cm lang, beidseitig keilig zugespitzt, im Herbst gelb.
**Blüte:** Kronblätter hellgelb und 1,5 cm lang, streng duftend, in Köpfchen; X–IX.
**Frucht:** 2-klappige Kapsel, verholzt.
**Standort:** Humose, frische Böden im Halbschatten.
**Verwendung:** Solitärgehölz für größere Gärten und Parks.
**Sonstiges:** Rinde für kosmetische Zwecke (Cremes u.a.). Veredlungsunterlage für viele Arten. Die Blüten werden oft vom gelben Herbstlaub verdeckt.

## Hebe ochracea

Strauchveronika
Scrophulariaceae, Braunwurzgewächse

**Heimat:** Neuseeland.
**Wuchs:** Kleinstrauch bis zu 50 cm hoch und 70 cm breit, Triebe olivgrün.
**Blatt:** Schuppenförmig, 2 mm lang, goldbraun, immergrün.
**Blüte:** Weiß, wenig auffällig, zu 4–8 in Büscheln an den Zweigenden; VII.
**Frucht:** Eiförmige, unscheinbare Kapseln bis 1 cm lang.
**Standort:** Sandig humose Böden in sonniger Lage.
**Verwendung:** Stein- und Heidegarten.
**Sonstiges:** Fremdartig wirkend, Erscheinungsbild erinnert an Koniferen.

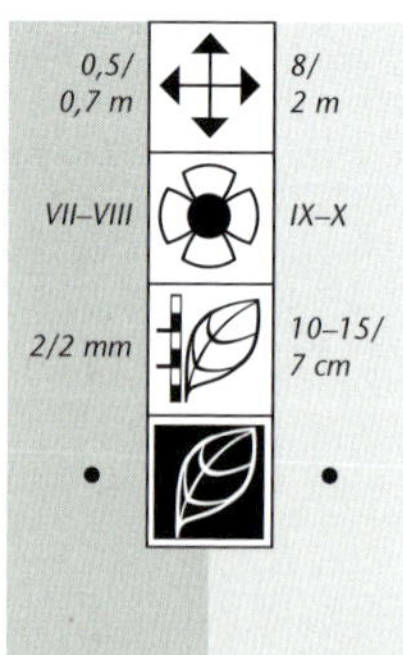


## Hedera colchica

Kolchischer Efeu
Araliaceae, Araliengewächse

**Heimat:** Kaukasus, Nord-Anatolien.
**Wuchs:** Kriechend oder kletternd. Haftwurzeln an den Trieben.
**Blatt:** Breit eiförmig, 10–15 cm lang, beiderseits keilig, dunkelgrün, immergrün.
**Blüte:** Klein, grünlich gelb, in einfachen Dolden im Herbst; IX–X.
**Frucht:** Kugelige, beerenartige Steinfrüchte, reifen im Frühling, giftig, schwarz.
**Standort:** Humose, nähstoffreiche Böden im Halbschatten und Schatten.
**Verwendung:** Dichter Bodendecker und Kletterpflanze für Schattenlagen.
**Sorten:** 'Dentata Variegata', Blattrand weiß, für geschützte Lagen.
**Sonstiges:** Leidet in strengen Wintern.

## Hedera helix
Gewöhnlicher Efeu
Araliaceae, Araliengewächse

**Heimat:** Europa, Mittelmeergebiete bis zum Kaukasus.
**Wuchs:** Immergrüner Bodendecker und starker Kletterer. Haftwurzeln.
**Blatt:** Variabel, dunkelgrün, 3- bis 5-lappig, im Alter eiförmig zugespitzt, 4–10 cm lang.
**Blüte:** Gelbgrün, in Dolden im Herbst an älteren Trieben; IX–X.
**Frucht:** Kugelige, beerenartige Steinfrüchte, schwarz, giftig, reifen im Frühling.
**Standort:** Kräftige, humose, kalkhaltige Böden im Schatten.
**Verwendung:** Sehr guter Bodendecker, zur Begrünung von vertikalen Flächen aller Art.
**Sorten:** Rund 500 Sorten, z.B. 'Goldherz' (Bild), grün, gelbe Mitte. 'Wingertsberg', grün, im Winter rötlich.
**Sonstiges:** Wichtige Pflanze für die Grabgestaltung.

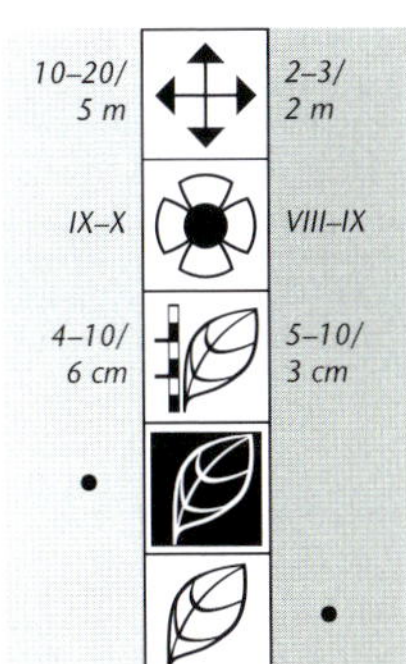


## Hibiscus syriacus
Strauch-Eibisch
Malvaceae, Malvengewächse

**Heimat:** China und Indien.
**Wuchs:** Aufrechter Strauch, graue Triebe, wechselständige Knospen.
**Blatt:** 3-lappig, 5–10 cm lang, grob gezähnt, sommergrün, gelbes Herbstlaub.
**Blüte:** Trichterförmig, 10 cm groß, violett, im Sommer; VIII–IX.
**Frucht:** Kapsel 5-klappig, 2–3 cm lang, eiförmig, enthält viele feine Samen.
**Standort:** Nährstoffreiche, humose Gartenböden in voller Sonne.
**Verwendung:** Einzeln oder in Gruppen in Gärten und Parks.
**Sorten:** 'Coelestis', blauviolett. 'Totus Albus', reinweiß. 'Woodbridge', rubinrot. 'Russian Violet' (Bild). Gefüllte Blüten faulen bei Nässe rasch.
**Sonstiges:** Samenvermehrung, besser durch Veredlung. Schlecht verpflanzbar.

## Hippophaë rhamnoides
Gewöhnlicher Sanddorn
Elaeagnaceae, Ölweidengewächse

**Heimat:** Europa bis Zentralasien.
**Wuchs:** Strauch bis Kleinbaum mit lockerer Krone, silbriger Stamm. Triebe mit silbrigen Haaren und dornige Kurztriebe.
**Blatt:** Wechselständig, schmal lanzettlich, graugrün, unten silbrig, 5–8 cm lang.
**Blüte:** Unscheinbar, gelblich, 2-häusig, in kurzen Trauben; III–IV.
**Frucht:** Orangerote beerenartige Steinfrucht, 8 mm groß, saftig, enthält viel Vitamin C, Nutzpflanze.
**Standort:** Durchlässige Böden, auch im Sand und auf Kalkböden in voller Sonne.
**Verwendung:** Heimisches Fruchtgehölz für Böschungen, Landschaftsgehölz.
**Sorten:** 'Dorana', weibliche Sorte mit größeren Früchten.
**Sonstiges:** Bildet längere Ausläufer, besonders im Sand.

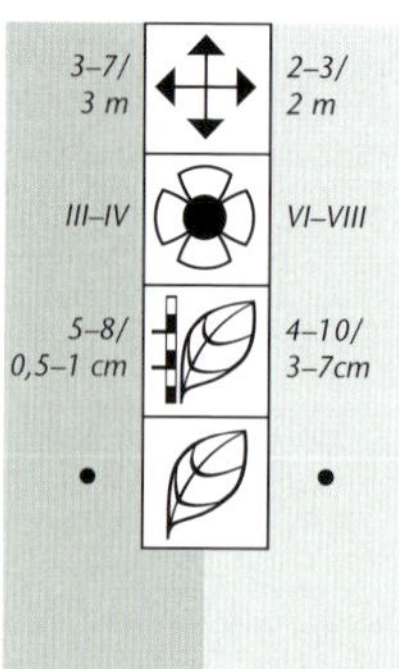


## Holodiscus discolor
Wald-Schaumspiere
Rosaceae, Rosengewächse

**Heimat:** Westliches Nordamerika.
**Wuchs:** Aufrechter Strauch mit überhängenden Trieben, 2–2,5 m hoch.
**Blatt:** Eiförmig, 4–10 cm lang, fiederig gelappt, unterseits graugrün behaart.
**Blüte:** Gelblich weiß, in 10–20 cm langen, überhängenden Rispen; VI–VIII.
**Frucht:** Unscheinbare, braune Nüsschen.
**Standort:** Normale, humusreiche Gartenböden in sonnigen und schattigen Lagen.
**Verwendung:** Einzeln oder in kleinen Gruppen in Gärten und Parks.
**Varietät:** *H. discolor* var. *ariifolius,* wird meist statt der Art verwendet.
**Sonstiges:** Wenig bekannter Blütenstrauch, aber sehr attraktiv.

## Hydrangea anomala subsp. **petiolaris**

Kletter-Hortensie
Hydrangeaceae, Hortensiengewächse

**Heimat:** Japan, Taiwan, Korea.
**Wuchs:** Strauch bis 8 m, in der Heimat bis 20 m hoch kletternd, Triebe braun, steif, waagerecht verzweigt, mit Haftwurzeln. Gegenständige, große Knospen.
**Blatt:** Dunkelgrün, eiförmig zugespitzt, bis 15 cm lang, goldgelbes Herbstlaub.
**Blüte:** Weiß, in bis zu 20 cm breiten Trugdolden, Randblüten steril, 4–zählig, 3 cm; VII.
**Frucht:** Unscheinbare Kapsel, bei uns sehr selten, erscheinen aus den inneren fertilen Blütchen.
**Standort:** Tiefgründige, humose Gartenböden im Schatten und Halbschatten.
**Verwendung:** Begrünung von Mauern, älteren Bäumen, für Innenhöfe,
**Sonstiges:** Wächst langsam.

## Hydrangea aspera subsp. **sargentiana**

Samt-Hortensie
Hydrangeaceae, Hortensiengewächse

**Heimat:** China (Hupeh).
**Wuchs:** Wenig verzweigter Strauch, samtig behaarte Triebe.
**Blatt:** Eiförmig bis lanzettlich, 7–30 cm lang, zugespitzt, unterseits dicht grau behaart, gegenständig angeordnet.
**Blüte:** Flache Trugdolden 10–15 cm breit, außen weiße sterile Blüten, auffällig; VII–VIII.
**Standort:** Humose, saure, durchlässige Böden im Halbschatten und Schatten.
**Verwendung:** Einzeln oder in Gruppen in geschützter Lage in Hausgärten und Parks.
**Sonstiges:** Auffälliger Blütenstrauch für milde Klimagebiete.

| | | |
|---|---|---|
| *8 (–20)/ 5 m* | | *2–3/ 2 m* |
| *VII* | | *VII–VIII* |
| *10/ 8 cm* | | *7–30/ 5 cm* |
| • | | • |

## Hydrangea paniculata

Rispen-Hortensie
Hydrangeaceae, Hortensiengewächse

**Heimat:** Japan, südöstliches China.
**Wuchs:** Aufrechter Strauch, in Japan auch Kleinbaum bis 10 m.
**Blatt:** Elliptisch bis eiförmig, 5–15 cm lang, zugespitzt, Basis keilig, mattgrün.
**Blüte:** In kegelförmigen, 15–20 cm langen Rispen, weiß, später altrosa, 3 cm breit; VII–IX.
**Frucht:** Unscheinbare Kapseln, braun.
**Standort:** Humose, leicht saure Böden im Halbschatten.
**Verwendung:** Einzeln oder in Gruppen im Hausgarten.
**Sorten:** 'Grandiflora', große Blüten bis in den Winter zierend, dann braun werdend.
**Sonstiges:** Dankbarer Blütenstrauch.

| Hydrangea paniculata | | Idesia polycarpa |
|---|---|---|
| 2(–10)/ 2 m | | 10–15/ 4 m |
| VII–IX | | V–VI |
| 5–15/ 5 cm | | 15–25/ 7 cm |
| • | | • |

## Idesia polycarpa

Orangenkirsche
Flacourtiaceae, Flacourtiengewächse

**Heimat:** Japan, China, Korea, Taiwan.
**Wuchs:** Bis 15 m hoher Baum mit regelmäßigen Astquirlen; glatte, graue Rinde.
**Blatt:** Wechselständig, herz- bis eiförmig, 15–25 cm, zugespitzt, unterseits blaugrün.
**Blüte:** 2-häusig, grünlich gelb, in hängenden Rispen, 20 cm lang. Männliche Einzelblüte 1,5 cm breit; V–VI.
**Frucht:** Rundliche, orangerote Beere, 8 mm groß, Samen zahlreich.
**Standort:** Lehmig humose Böden in voller Sonne, wärmeliebend.
**Verwendung:** Einzeln in größeren Gärten und Parks.
**Sonstiges:** Früchte bleiben im Herbst lange hängen.

## Ilex aquifolium

Gewöhnliche Stechpalme
Aquifoliaceae, Stechpalmengewächse

**Heimat:** Nordafrika, Europa bis China.
**Wuchs:** Breiter Strauch bis Kleinbaum, 10–12 m hoch, breitbuschig bis aufrecht. Borke hellgrau, glatt, jüngere Triebe grün mit wechselständigen Knospen.
**Blatt:** Immergrün, eiförmig bis lanzettlich, derb ledrig, am Rand gezähnt, bis 10 cm.
**Blüte:** 2-häusig, kleine, weiße Blüten in den Blattachseln, in Büscheln; V–VI.
**Frucht:** Steinfrüchte rot, kugelig, 1 cm groß, giftig!
**Standort:** Humose Böden im Schatten, gut in wintermildem Klima.
**Verwendung:** Einzeln oder als Hecke in Gärten und Parks.
**Sorten:** 'Alaska', 3–4 m. 'I.C. van Tol', fast stachelloses Laub, 5 m.
**Sonstiges:** Im Winter Schutz vor Sonne und Wind, auf Blatt-Minierfliege achten.

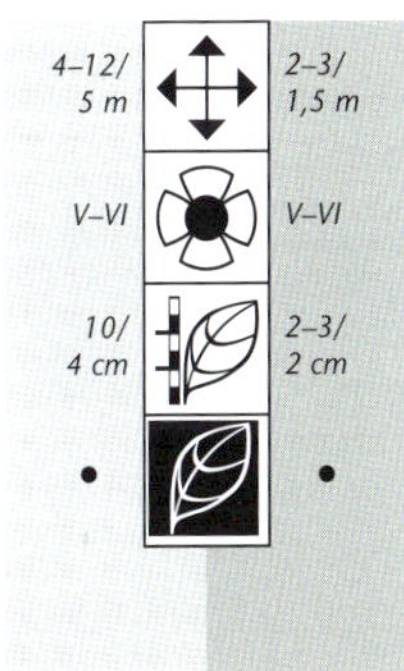


## Ilex crenata

Japanische Stechpalme
Aquifoliaceae, Stechpalmengewächse

**Heimat:** Japan.
**Wuchs:** Immergrüner Busch, 2–3 m hoch, breit wachsend.
**Blatt:** Elliptisch bis länglich lanzettlich, 2–3 cm lang, Blattbasis keilig, dunkelgrün.
**Blüte:** Weiß, vierzählig, zweihäusig, weibliche Blüten in kleinen Büscheln; V–VI.
**Frucht:** Glänzend schwarze, kugelige Steinfrucht, 6 mm groß.
**Standort:** Humose, leicht saure Böden im Halbschatten bei hoher Luftfeuchtigkeit.
**Verwendung:** Einzeln, auch als kleine Hecke im Garten und Park.
**Sorten:** 'Convexa', gebogene Blättchen. 'Stokes', niedrig.
**Sonstiges:** Geschützte, luftfeuchte Lagen.

## Ilex × meserveae
Stechpalme
Aquifoliaceae, Stechpalmengewächse

**Heimat:** Züchtungen aus *Ilex aquifolium* × *Ilex rugosa*.
**Wuchs:** Buschig aufrecht, 2–3 m hoch, Triebe violettbraun.
**Blatt:** Dunkelgrün, breit eiförmig, 3–4 cm lang, am Rand stachelig gezähnt.
**Blüte:** Rosa-weiß, in Büscheln; V–VI.
**Frucht:** Kugelige, glänzend rote Steinfrucht, 5–7 mm dick, giftig.
**Standort:** Humusreiche, saure Böden im Halbschatten.
**Verwendung:** Einzeln oder in Gruppen unter Bäumen.
**Sorten:** 'Blue Princess', weiblich. 'Blue Prince', männlich, guter Pollenspender.
**Sonstiges:** Vermehrung durch Stecklinge und Samen.

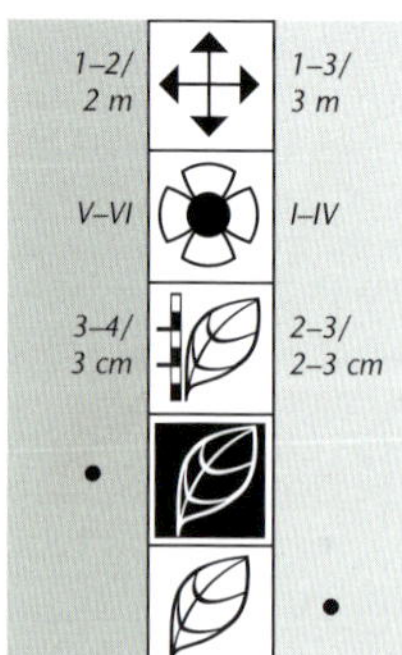


## Jasminum nudiflorum
Winter-Jasmin
Oleaceae, Ölbaumgewächse

**Heimat:** West-China.
**Wuchs:** Überhängender Busch mit vierkantigen, grünen Trieben bis 1 m, als Spalierstrauch an Gerüsten gezogen bis 3 m hoch, Spreizklimmer.
**Blatt:** Gegenständig angeordnet, 3-zählig, 2–3 cm lang, dunkelgrün.
**Blüte:** Im Herbst vorgebildet, achselständig, goldgelb, röhrig, 2,5 cm lang, duftet nicht.
**Frucht:** Unscheinbare, schwarze Beeren, selten.
**Standort:** Durchlässige Gartenböden, sonnig bis halbschattig.
**Verwendung:** Auf Mauern und Böschungen, an Wänden als Winterblüher.
**Sonstiges:** Blüht in milden Wintern schon ab November. Stecklingsvermehrung einfach.

## Juglans regia
Echte Walnuss
Juglandaceae, Walnussgewächse

**Heimat:** Südeuropa, Balkan, Vorderasien.
**Wuchs:** Breitkroniger Baum. Gefächertes Mark. Borke graubraun, lange glatt bleibend.
**Blatt:** 20–50 cm lang, unpaarig gefiedert, Blättchen 5–9, elliptisch zugespitzt, 6–12 cm lang, dunkelgrün, glatt, im Herbst gelb-braun.
**Blüte:** Einhäusig, männliche Blüten grün, in bis 10 cm langen Kätzchen, weibliche Blüten zu 2–5, endständig, federig.
**Frucht:** Kugelig, 4–6 cm lang, grün, dünnschalig, Steinkern runzelig, Nussfrucht essbar.
**Standort:** Tiefgründige, kalkreiche Böden in warmer, sonniger Lage. Weinbauklima.
**Verwendung:** Einzeln oder in kleinen Gruppen im Park, Dorf, Landschaft. Nutzbaum.
**Sorten:** Veredelte, dünnschalige Sorten verwenden.
**Sonstiges:** Spätfrostgefährdet.

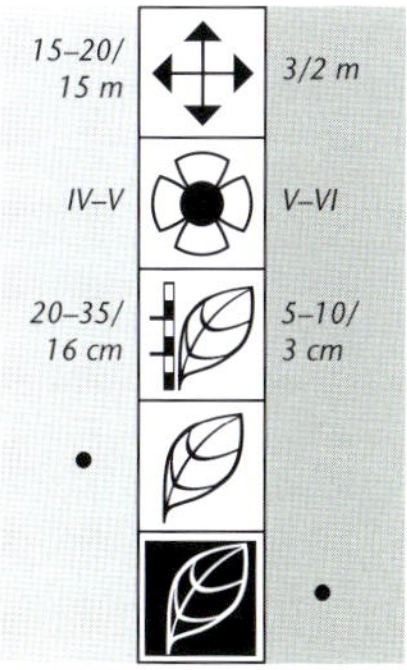


## Kalmia latifolia
Breitblättrige Lorbeerrose, Berglorbeer
Ericaceae, Heidekrautgewächse

**Heimat:** Östliche USA.
**Wuchs:** Breit aufrechter Strauch, in USA Kleinbaum bis 10 m Höhe.
**Blatt:** Wechselständig, elliptisch lanzettlich, 5–10 cm, beidseitig zugespitzt, immergrün, ledrig, unterseits hellgrün.
**Blüte:** Schüsselförmige, rosa Blüten in Trugdolden, 2,5 cm breit; V–VI.
**Frucht:** Braune Kapseln, 5 mm groß, wenig auffallend.
**Standort:** Frisch bis feuchte, humose, saure Böden im Halbschatten.
**Verwendung:** Einzelstellung im Heidegarten, zusammen mit Rhododendron.
**Weitere Arten:** *K. angustifolia,* schmalblättrig, bis 1 m hoch.
**Sonstiges:** Schönes, immergrünes Solitärgehölz, aber in allen Teilen giftig.

## Kerria japonica
Kerrie, Ranunkelstrauch
Rosaceae, Rosengewächse

**Heimat:** Zentral-China.
**Wuchs:** Breit aufrecht wachsender Strauch, 2 m, viele Wurzelausläufer, Triebe hellgrün, im Alter braun, überhängend, kurzlebig, daher jährlicher Auslichtungsschnitt.
**Blatt:** Wechselständig, hellgrün, 5–6 cm lang, am Rand doppelt gesägt.
**Blüte:** Goldgelb, schalenförmig bis 3 cm groß, fünfzählig, entlang der Zweige; IV–V.
**Frucht:** Schwarzbraune 5 mm große Nüsschen, selten zu sehen.
**Standort:** Auf allen Gartenböden in sonniger und halbschattiger Lage.
**Verwendung:** Herrlicher Blütenstrauch für Gehölzgruppen oder unter Blütenbäumen.
**Sorten:** 'Pleniflora', dicht gefüllte, ranunkelartige Blüten.
**Sonstiges:** Ausbreitung durch in den Boden eingelassene Folien begrenzen.

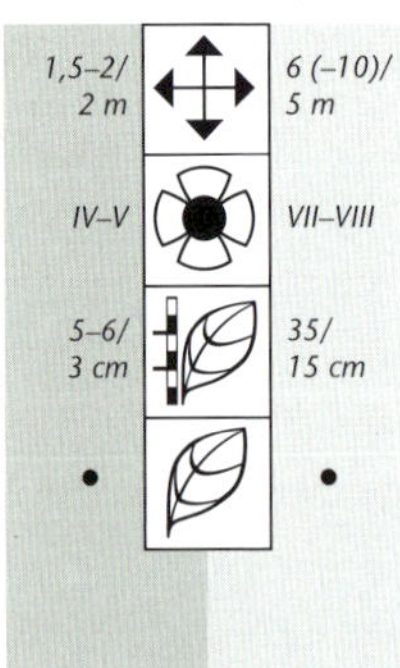


## Koelreuteria paniculata
Rispiger Blasenbaum
Sapindaceae, Seifenbaumgewächse

**Heimat:** China, Korea, Japan.
**Wuchs:** Bis 6(–10) m hoher, breitkroniger Baum, braungraue, feinrissige Rinde.
**Blatt:** Unpaarig gefiedert bis 35 cm lang, dunkelgrün mit gelbem Herbstlaub. Einzelblättchen eiförmig länglich, gesägt und gelappt, 3–8 cm lang.
**Blüte:** Gelb, 1 cm groß, zu vielen in 30 cm langer Rispe über dem Laub; VII–VIII.
**Frucht:** Papierartig aufgeblasene Kapsel, 5 cm, grün-braun, mit schwarzen Samen.
**Standort:** Warme, sonnige Lagen auf allen guten Gartenböden.
**Verwendung:** Einzeln in Gärten und Parks. Geschützte Pflanzplätze.
**Sonstiges:** Auffällig durch die sommerliche Blüte.

## Kolkwitzia amabilis
Kolkwitzie
Caprifoliaceae, Geißblattgewächse

**Heimat:** Zentral-China.
**Wuchs:** Breit aufrechter Strauch, überhängende Triebe, graubraun, mit abblätternder Rinde. Bildet viele Triebe aus der Basis. Gegenständig.
**Blatt:** Spitz eiförmig, 5–7 cm lang, schwach behaart, braunrote Herbstfärbung.
**Blüte:** Hellrosa Blüten, 2 cm, paarweise in Trugdolden, reich blühend; V–VI.
**Frucht:** Borstig behaarte Fruchtkapseln und sternförmige, rote Kelchblättchen bleiben lange am Strauch hängen.
**Standort:** Durchlässige Gartenböden in voller Sonne.
**Verwendung:** Einzeln oder in Gruppen, auch als frei wachsende Hecke in Gärten und Parks.
**Sonstiges:** Prächtiger, reich blühender Strauch. Keine Krankheiten oder Schädlinge, mäßiger Auslichtungsschnitt im Winter.

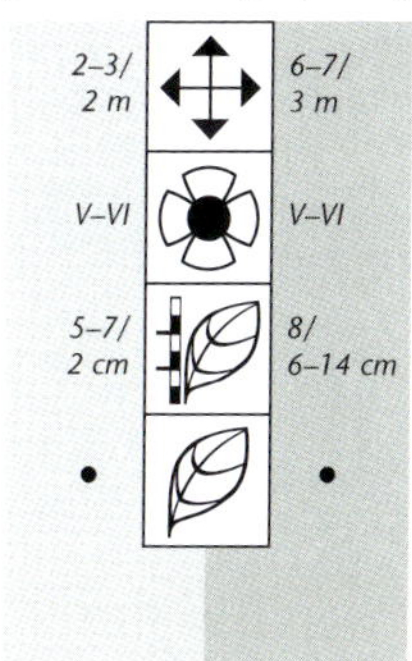


## Laburnum anagyroides
Gewöhnlicher Goldregen
Fabaceae, Hülsenfrüchtler

**Heimat:** Südeuropa.
**Wuchs:** Mehrstämmiger Kleinbaum, bis 7 m hoch, trichterförmige Krone, überhängend. Rinde grün, glatt. Triebe anfangs seidig behaart, Knospen wechselständig.
**Blatt:** Dunkelgrün, 3-teilig, bis 8 cm lang, elliptisch zugespitzt, gestielt, unterseits seidig behaart.
**Blüte:** Goldgelb, 2 cm, an bis zu 20 cm langen, hängenden Trauben; V–VI.
**Frucht:** Flache Hülsen, 8 cm lang. Die braunen, linsenförmigen Samen sind stark giftig.
**Standort:** Durchlässige, kalkhaltige Böden in voller Sonne.
**Verwendung:** Gärten und Parks in Einzelstellung, nie an Kinderspielplätzen.
**Weitere Art:** *L. alpinum*, Alpen-Goldregen, kahle, ungestielte Blätter.
**Sonstiges:** Pflanze ist in allen Teilen giftig.

## Laburnum × watereri 'Vossii'

Goldregen 'Vossii'
Fabaceae, Hülsenfrüchtler

**Heimat:** Züchtung aus *L. alpinum* × *L. anagyroides*.

**Wuchs:** Stark wachsender Kleinbaum mit schmaler Krone.

**Blatt:** 3-teilig, grün, unterseits heller, kahl, 3–7 cm lang.

**Blüte:** Gelb, duftend, in bis zu 50 cm langen Trauben hängend; V–VI.

**Frucht:** Seidenhaarige Hülsen, selten, Samen schwarzbraun, giftig.

**Standort:** Durchlässige, kalkhaltige Böden in voller Sonne.

**Verwendung:** Einzelstellung in Gärten und Parks, nicht an Kinderspielplätzen.

**Sonstiges:** Reich blühend, aber giftig. Wird veredelt. Blüht etwas später als der Gewöhnliche Goldregen. Pflanze ist in allen Teilen giftig.

| | | |
|---|---|---|
| 7/ 3 m | | 0,2–0,6/ 0,4 m |
| V–VI | | VII–VIII |
| 8/ 6–14 cm | | 2–6/ 0,4 cm |
| • | | |
| | | • |

## Lavandula angustifolia

Echter Lavendel
Lamiaceae, Lippenblütler

**Heimat:** Südeuropa.

**Wuchs:** Zwergstrauch, reich verzweigt, aufrecht, immergrün.

**Blatt:** Kreuzweise gegenständig, linealisch lanzettlich, 2–6 cm lang, grau-grün.

**Blüte:** Blauviolette Blüten, 1 cm, an lang gestielten Scheinähren im Sommer; VII–VIII.

**Frucht:** Kleine Nüsschen in köpfchenartigen Fruchtständen.

**Standort:** Lockere, sandige Böden in voller Sonne, wärmeliebend.

**Verwendung:** In Stein- und Rosengärten, auch als Schnitthecke für Einfassungen.

**Sorten:** 'Hidcote', großblütig, dunkelviolett. 'Munstead', breit wachsend.

**Sonstiges:** Geschützte Plätze. Rückschnitt nach der Blüte (Abschnitte für Duftkissen). Wichtige Nutzpflanze für die Kosmetik (Seifen, Duftwasser etc.).

## Lespedeza thunbergii
Thunbergs Buschklee
Fabaceae, Hülsenfrüchtler

**Heimat:** Nord-China, Japan.
**Wuchs:** Kleiner Strauch bis 1,5 m hoch und breit, Triebe stark überhängend.
**Blatt:** Wechselständig, 3-teilig, dunkelgrün, zugespitzt, 3–5 cm lang.
**Blüte:** Purpurrosa, 1,2 cm lang, in 8–20 cm langen, hängenden Trauben am Ende der diesjährigen Triebe; IX–X.
**Frucht:** Flache Hülsen, selten.
**Standort:** Im Weinbauklima an sonnigen Plätzen in durchlässigen Böden.
**Verwendung:** Auf Mauerkronen, in Kübeln, muss herabhängen können. Winterschutz.
**Sonstiges:** Rückschnitt im Frühling empfehlenswert.

## Ligustrum obtusifolium var. regelianum
Stumpfblättriger Liguster
Oleaceae, Ölbaumgewächse

**Heimat:** Japan.
**Wuchs:** Breit wachsend, 1–1,5 m hoch und breit, Zweige waagerecht abstehend.
**Blatt:** Elliptisch, 2–6 cm lang, beidseitig zugespitzt, gegenständig, grün.
**Blüte:** Weiße Röhrenblüten in nickenden Rispen; VI–VII.
**Frucht:** Rundliche, schwarze Beerenfrüchte, 6 mm groß, schwach giftig.
**Standort:** Normale, tiefgründige Gartenböden in voller Sonne.
**Verwendung:** Einzeln oder in Gruppen, auch als Heckenpflanze für Gärten.
**Sonstiges:** Reichblütig.

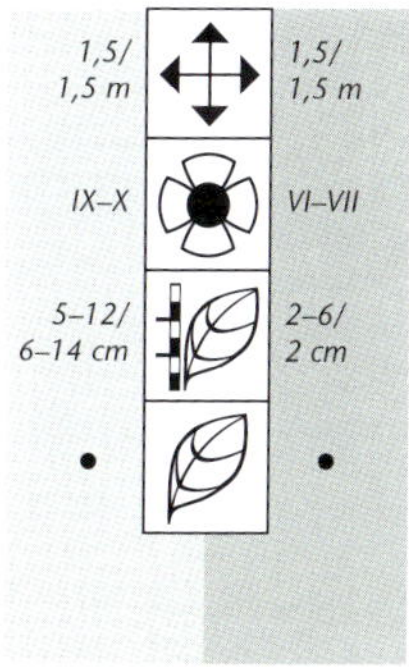

## Ligustrum vulgare

Gewöhnlicher Liguster, Rainweide
Oleaceae, Ölbaumgewächse

**Heimat:** Nordafrika, von Europa bis Kleinasien.

**Wuchs:** Hoher, reich verzweigter Strauch, graue Triebe, viele Lentizellen.

**Blatt:** Gegenständig, glänzend dunkelgrün, eiförmig lanzettlich, bis 8 cm lang.

**Blüte:** Weiße, duftende Röhrenblüten in dichten Rispen, Einzelblüte 4-zipfelig, 6 mm breit; VI–VII.

**Frucht:** Beerenfrüchte kugelig, schwarz, 8 mm groß, giftig.

**Standort:** Anspruchslos, für alle Böden und Lagen, verträgt auch starken Rückschnitt.

**Verwendung:** Hervorragende Heckenpflanze, für Böschungen und Feldhecken.

**Sorten:** 'Atrovirens', größere Blätter, wintergrün. 'Lodense', 50 cm hoch, für Dächer und Einfassungen, kleine Blätter im Herbst bronzebraun.

**Sonstiges:** Besonders anspruchsloser Bodenfestiger.

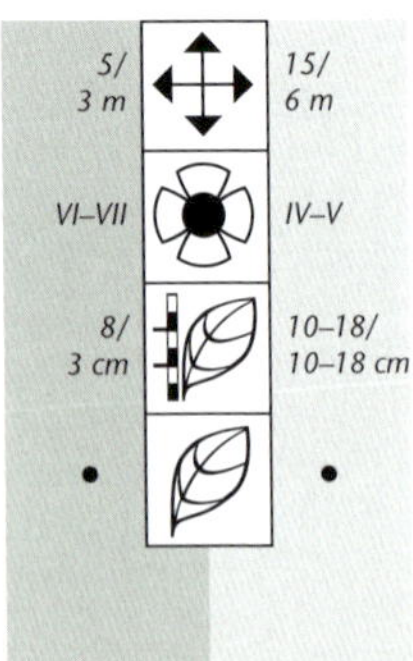


## Liquidambar styraciflua

Amerikanischer Amberbaum
Hamamelidaceae, Zaubernussgewächse

**Heimat:** Südöstliche USA, Mittelamerika.

**Wuchs:** Hoher Baum bis 15(–45) m mit zuerst kegelförmiger Krone, später breiter. Borke dunkelgrau, tief gefurcht, Triebe mit unregelmäßigen Korkleisten.

**Blatt:** 5-lappig, 10–18 cm lang und breit, grün, im Herbst von gelb bis violett. Wechselständige Anordnung (Unterschied zu Ahornen).

**Blüte:** Einhäusig, männliche Blüten gelb, weibliche in kugeligen Köpfchen, hängend; IV–V.

**Frucht:** Geschnäbelte, verholzte Kapseln in hängendem Köpfchen, 2–3 cm dick.

**Standort:** Nährstoffreiche, sandig humose, leicht saure Böden in sonniger Lage.

**Verwendung:** Solitärgehölz in Gärten und Parks.

**Sonstiges:** Großartige Herbstfärbung.

## Liriodendron tulipifera
Amerikanischer Tulpenbaum
Magnoliaceae, Magnoliengewächse

**Heimat:** Östliches Nordamerika.

**Wuchs:** Großer Baum mit breiter Krone. Borke graubraun, gefurcht, Knospen wechselständig, entenschnabelförmig.

**Blatt:** Wechselständig, fast viereckig, Mittelachse gestutzt, Basis abgerundet, 8–15 cm lang und breit, oberseits frischgrün, unterseits bläulich grün, im Herbst goldgelb.

**Blüte:** Tulpenförmig, 4–5 cm groß, grünlich gelb, innen orange; V–VI.

**Frucht:** Zapfenartige, 6–8 cm lange Sammelfrucht, aus geflügelten Nüsschen bestehend.

**Standort:** Frisch feuchte, humose Böden in sonniger Lage, wärmeliebend.

**Verwendung:** Solitär für größere Gärten und Parks. Winterschutz: Jungpflanzen bis 1 m Höhe!

**Sorten:** 'Fastigiata', schlank.

**Sonstiges:** Wird meist auf *L. chinense* veredelt, mit tiefer eingeschnittenem Laub.

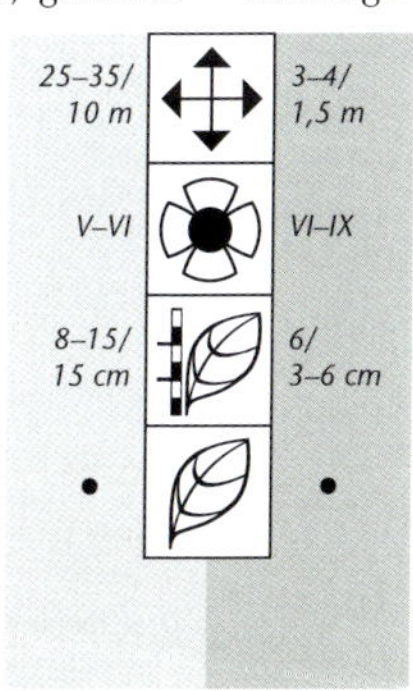


## Lonicera × heckrottii
Feuer-Geißblatt
Caprifoliaceae, Geißblattgewächse

**Heimat:** Züchtung aus *L. americana* × *L. sempervirens.*

**Wuchs:** Schwach windender Strauch bis 4 m Höhe, Zweige hohl, kahl, braunrot.

**Blatt:** Gegenständig, länglich elliptisch, bis 6 cm lang, unterseits bläulich grün.

**Blüte:** Rot, innen gelb, duftend, 4–5 cm lang, röhrig lippig, in Quirlen; VI–IX.

**Frucht:** Rote, erbsengroße Beeren, giftig, halten lange.

**Standort:** Feuchtere, nährstoffreiche Böden im Halbschatten.

**Verwendung:** Kleinere Gerüste, Pergolen, Zäune, nie an Kinderspielplätze.

**Sorten:** 'Goldflame', Blüten dunkler.

**Sonstiges:** Blüten und Früchte oft gleichzeitig.

## Lonicera henryi

Henrys Geißblatt, Immergrünes Geißblatt
Caprifoliaceae, Geißblattgewächse

**Heimat:** West-China.

**Wuchs:** Stark wachsender Schlinger, Zweige hohl, behaart.

**Blatt:** Immergrün, gegenständig, länglich lanzettlich zugespitzt, 4–9 cm lang.

**Blüte:** Trübrot, paarig angeordnet, 2 cm lang, röhrig 2–lippig; VI–VII.

**Frucht:** Schwarze, blau bereifte Beere, 6 mm groß, giftig.

**Standort:** Nährstoffreiche, humose Böden im Halbschatten und Schatten.

**Verwendung:** Lauben, Pergolen, Zäune, für ganzjährigen Sichtschutz.

## Lonicera maackii

Maacks Heckenkirsche, Schirm-Heckenkirsche
Caprifoliaceae, Geißblattgewächse

**Heimat:** Ostasien: Korea, Japan, Mandschurei.

**Wuchs:** Breit aufrechter Strauch, schirmförmige Krone, Triebe hohl.

**Blatt:** Gegenständig, eiförmig lanzettlich, zugespitzt, 6–8 cm lang, mattgrün, im Herbst gelbgrün.

**Blüte:** Weiß, später gelb, 2 cm lang, röhrig, tief eingeschnitten, paarig angeordnet, V–VI.

**Frucht:** Rote Beeren, 4 mm, kugelig, bleiben lange am Strauch, giftig.

**Standort:** Tiefgründige, humose Böden in vorwiegend sonniger Lage.

**Verwendung:** Einzeln in Gärten und Parks, herrlicher Fruchtstrauch.

| Lonicera henryi | | Lonicera maackii |
|---|---|---|
| 4–6/ 3 m | | 4–6/ 4 m |
| VI–VII | | V–VI |
| 4–9/ 3–4 cm | | 6–8/ 2–3 cm |
| • | | |
| | | • |

## Lonicera pileata

Immergrüne Kriech-Heckenkirsche
Caprifoliaceae, Geißblattgewächse

**Heimat:** Mittel- und West-China.
**Wuchs:** Ausgebreiteter, bis 80 cm hoher, immergrüner Strauch, Triebe mit Mark.
**Blatt:** 2-zeilig stehend, länglich lanzettlich, 2–3 cm lang, dunkelgrün.
**Blüte:** Blassgelb, 7–8 mm, röhrig lippig, duftend, paarig angeordnet; V.
**Frucht:** Kugelige, lilafarbene Beere, 6 mm, giftig.
**Standort:** Humose Böden im Halbschatten.
**Verwendung:** Flächendecker, unter Gehölzen, Straßenbegleitgrün, niedrige Hecken, Kübel.
**Ähnliche Art:** *L. nitida,* bis 1,5 m hoch, meist wird die niedrige Sorte 'Elegant' verwendet.
**Sonstiges:** Bedingt frosthart, Rückschnitt möglich.

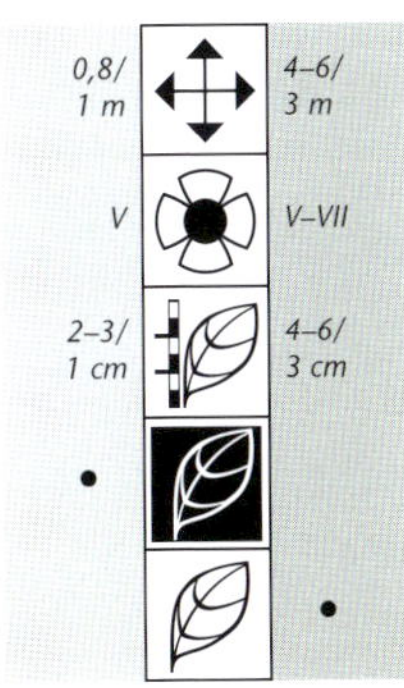


## Lonicera periclymenum

Wald-Geißblatt
Caprifoliaceae, Geißblattgewächse

**Heimat:** Europa, Nordwesten Afrikas.
**Wuchs:** Stark schlingend, 4–6 m hoch, Triebe hohl.
**Blatt:** Eiförmig elliptisch, 4–6 cm lang, unterseits blaugrün, anfangs behaart.
**Blüte:** Gelblich weiß, stark duftend, 4–5 cm lang, röhrig, Krone 2-lippig; V–VII.
**Frucht:** Rote, kugelige Beere, 8 mm dick, giftig.
**Standort:** Humose, kalkfreie, durchlässige Böden im Halbschatten.
**Verwendung:** Pergolen, Klettergerüste in wintermilden Lagen.
**Weitere Arten und Sorten:** 'Belgica', strauchiger Wuchs, Blüten blassviolett. *L. caprifolium,* bis 10 cm großes Blatt, etwas größere blüten.
**Sonstiges:** Weinbau- oder Seeklima.

## Lonicera tatarica
Tataren-Heckenkirsche
Caprifoliaceae, Geißblattgewächse

**Heimat:** Nördliches Europa bis Asien.
**Wuchs:** Breit aufrecht, Triebe hohl.
**Blatt:** Eiförmig lanzettlich, 3–6 cm lang, zugespitzt, unterseits bläulich grün.
**Blüte:** Weiß-rot, 2 cm lang, paarweise achselständig, 2-lippig; V–VI.
**Frucht:** Hellrote, kugelige Beeren, giftig.
**Standort:** Anspruchslos, für alle normalen Gartenböden in sonniger Lage.
**Verwendung:** Wind- und Sichtschutz in Parks, Unterpflanzungen, die Sorten auch einzeln.
**Sorten:** 'Arnold's Red', dunkelrot (Bild).

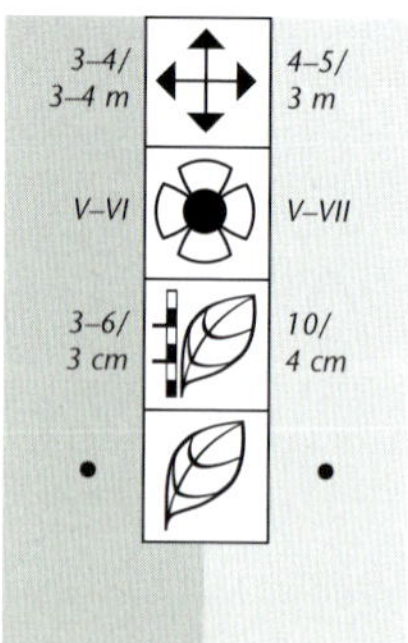


## Lonicera × tellmanniana
Gold-Geißblatt
Caprifoliaceae, Geißblattgewächse

**Heimat:** Züchtung aus *L. sempervirens* × *L. tragophylla.*
**Wuchs:** Stark wachsender Schlinger, olivbraune Triebe kahl und hohl.
**Blatt:** Tiefgrün, elliptisch zugespitzt, bis 10 cm lang, unterseits weißlich bereift, oberstes Blattpaar zu einer Scheibe verwachsen.
**Blüte:** Orangegelb, 5 cm lang, röhrenförmig, Krone 2-lippig, in endständigen Quirlen; V–VII.
**Frucht:** Rote Beeren in endständigen Trauben, giftig.
**Standort:** Humose Gartenböden im Halbschatten.
**Verwendung:** Für Pergolen und Zäune.
**Sonstiges:** Reich blühender Schlinger, remontiert.

## Lonicera xylosteum
Rote Heckenkirsche
Caprifoliaceae, Geißblattgewächse

**Heimat:** Mitteleuropa, Kaukasus.
**Wuchs:** Breit aufrechter, sparrig verzweigter Strauch, Zweige hohl, hellgrau.
**Blatt:** Breit elliptisch, 3–6 cm lang, stumpf, leicht behaart, mattgrün.
**Blüte:** Gelblich weiß, 1–1,5 cm lang, paarig in den Blattachseln, kurzröhrig; V–VI.
**Frucht:** Glänzend rote Beeren, 5–7 mm groß, giftig.
**Standort:** Waldrand, humose Böden im Halbschatten, schwach sauer.
**Verwendung:** Landschaftsgehölz, Sichtschutz in städtischen Anlagen, anspruchslos.
**Sonstiges:** Laub wird von der Minierfliege geschädigt.

## Lycium barbarum
Gewöhnlicher Bocksdorn
Solanaceae, Nachtschattengewächse

**Heimat:** China, Süd- und Mitteleuropa (nach Einbürgerung verwildert).
**Wuchs:** Strauch mit langen, überhängenden, dornig bewehrten Zweigen, auch Spreizklimmer.
**Blatt:** Länglich lanzettlich, 3–10 cm lang, graugrün, zugespitzt, wechselständig.
**Blüte:** Violett, 1 cm lang, 1- bis 4-zählig, trichterförmige Krone; VI–IX.
**Frucht:** Elliptische, rote Beere, 1–2 cm lang, giftig.
**Standort:** Anspruchslos, sonnig und trockenheitsliebend, salzverträglich.
**Verwendung:** Sonnige Böschungen, Halden, Straßenbegleitgrün.
**Sonstiges:** Für pflegeextensive Standorte, kein Partner zu Stauden.

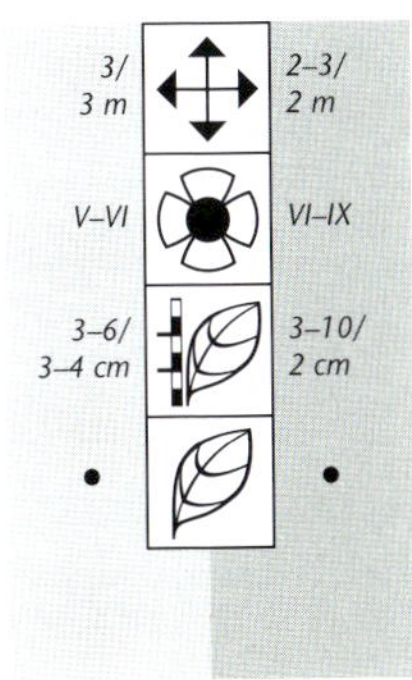

## Magnolia kobus
Kobushi-Magnolie
Magnoliaceae, Magnoliengewächse

**Heimat:** Japan.
**Wuchs:** Großstrauch oder Kleinbaum, aufstrebend, Triebe kahl, grau.
**Blatt:** Verkehrt eiförmig, 6–12 cm lang, zugespitzt, Basis keilförmig, dunkelgrün.
**Blüte:** Weiß, duftend, 10 cm breit, mit 6–8 Petalen, sternförmig; IV–V.
**Frucht:** Walzenförmige, zapfenartige Früchte, 7–10 cm, mit roten Samen.
**Standort:** Humose, leicht saure Böden im Halbschatten.
**Verwendung:** Einzeln im Hausgarten oder Park.
**Sonstiges:** Vollblüte erst nach dem 10. Standjahr.

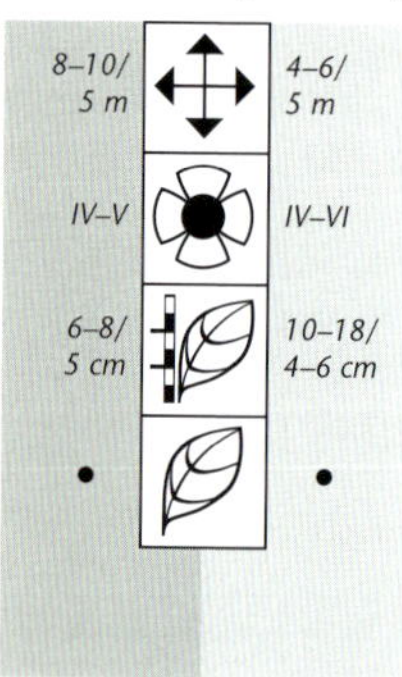


## Magnolia × soulangiana
Tulpen-Magnolie
Magnoliaceae, Magnoliengewächse

**Heimat:** Züchtung aus *M. denudata* × *M. liliiflora* (China).
**Wuchs:** Breit ausladender Großstrauch oder Kleinbaum, Rinde silbergrau. Triebe mit wechselständigen, pelzig behaarten Knospen.
**Blatt:** Grün, verkehrt eiförmig, bis 18 cm lang und 9 cm breit, unterseits behaart.
**Blüte:** Vor dem Laubaustrieb, aufrecht, tulpenförmig, bis 18 cm groß, rosa-weiß; IV–VI.
**Frucht:** Zapfenartige Früchte, werden selten ausgebildet.
**Standort:** Humose, kalkarme Gartenböden in geschützten, sonnigen Lagen.
**Verwendung:** Solitärgehölz für größere Gärten und Parks.
**Sorten:** 'Alexandrina', zartrosa, früh. 'Lennei' innen weiß, außen purpurrot.
**Sonstiges:** Spätfrostgefährdet.

## Magnolia stellata

Stern-Magnolie
Magnoliaceae, Magnoliengewächse

**Heimat:** Japan.
**Wuchs:** Breit kugeliger Busch, langsam wachsend, dicht behaart.
**Blatt:** Wechselständig, schmal elliptisch, bis 10 cm lang, grün, im Herbst braun.
**Blüte:** Weiß, 8–10 cm groß, duftend, mit 12–18 schmalen Petalen; III–IV.
**Frucht:** Zapfenförmig, 5 cm lang, enthält wenige, erbsengroße, rote Samen.
**Standort:** Humose, durchlässige Gartenböden in sonnigen Lagen, geschützter Stand.
**Verwendung:** Einzeln in Vorgärten, an der Terrasse.
**Weitere Sorten und Arten:** 'Rubra', Blüten purpurrosa. *M. × loebneri (M. kobus × M. stellata)* wächst etwas stärker, frühe Blüte.
**Sonstiges:** Blüht schon als junge Pflanze reichlich, langsamer Wuchs.

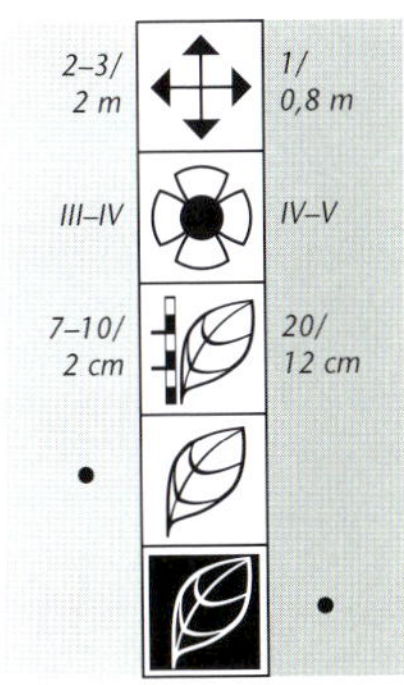


## Mahonia aquifolium

Gewöhnliche Mahonie
Berberidaceae, Berberitzengewächse

**Heimat:** Westliches Nordamerika.
**Wuchs:** Aufrecht, durch Wurzeltriebe breitbuschig, Holz innen gelb.
**Blatt:** Wechselständig, immergrün, bis 20 cm lang, unpaarig gefiedert, 5- bis 11-zählig, Einzelblättchen 4–8 cm lang, unterseits heller, am Blattrand mit Stachelzähnen.
**Blüte:** Gelb, 1 cm groß, in aufrechten, dichten Trauben, end- oder achselständig; IV–V.
**Frucht:** Blaubereifte, längliche Beeren, 1 cm lang.
**Standort:** Kräftige, lehmig humose Gartenböden in voller Sonne und Halbschatten.
**Verwendung:** In Gruppen, einzeln, oder als Heckenpflanze, auch geschnitten. Kranzbinderei.
**Sorten:** 'Apollo', frosthärter, im Winter rötliche Blattfärbung.
**Sonstiges:** Auf Mehltau achten.

## Mahonia bealei
Beals Mahonie
Berberidaceae, Berberitzengewächse

**Heimat:** China
**Wuchs:** Dicktriebiger, 2 m hoher Strauch, sparrig, wenig verzweigt.
**Blatt:** 30–40 cm lang, unpaarig gefiedert, 9–15 Einzelblättchen, 5–12 cm lang, am Rand mit 5 dornartigen Zähnen, unterseits gelblich, immergrün.
**Blüte:** Zartgelb, duftend, 1 cm groß, in langen, meist hängenden Trauben; II–V.
**Frucht:** Bläulich schwarze, bereifte, längliche Beeren, 1 cm.
**Standort:** Humose, tiefgründige Böden im Schatten, geschützt, wintermildes Klima.
**Verwendung:** Einzeln oder in Gruppen unter Bäumen, gut zu Rhododendren.
**Ähnliche Art:** *M. japonica*, Japan, schmalere und spitzigere Einzelblättchen.
**Sonstiges:** Empfindlich gegen Barfröste und austrocknende Winde.

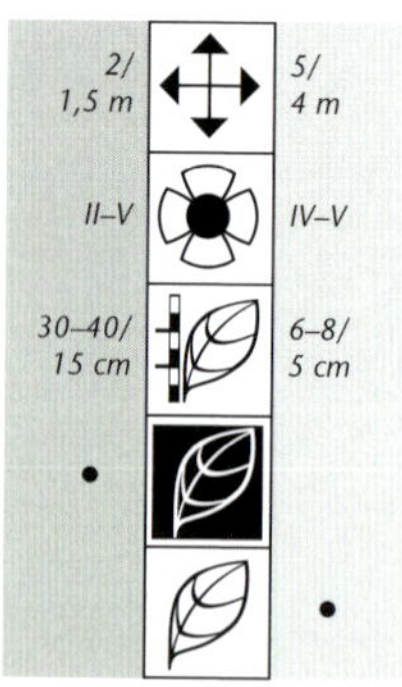


## Malus floribunda
Vielblütiger Apfel
Rosaceae, Rosengewächse

**Heimat:** Japan
**Wuchs:** Kleinkroniger Baum, 5(–10) m, weit abstehende Zweige, vieltriebig.
**Blatt:** Wechselständig, dunkelgrün, eiförmig zugespitzt, 6–8 cm, unten behaart.
**Blüte:** Knospen karminrot, geöffnet 2–3 cm groß, rosa, später weiß in wenig blütigen Trugdolden; IV–V.
**Frucht:** Klein, gelb, erbsengroße Apfelfrüchte.
**Standort:** Lehmige, nährstoffreiche Gartenböden in sonniger Lage.
**Verwendung:** Einzeln oder in Gruppen in Gärten und Parks, auch als Formhecke.
**Sonstiges:** Dichter Wuchs, schnittverträglich. Auch starker Rückschnitt.

## Malus × moerlandsii
Zierapfel
Rosaceae, Rosengewächse

**Heimat:** Züchtung aus *M. purpurea* 'Lemoinei' × *M. toringo.*
**Wuchs:** Breitkroniger Kleinbaum bis 7 m Höhe.
**Blatt:** Eiförmig, 7–11 cm lang, Austrieb kupferfarben, später bronzegrün.
**Blüte:** Weinrot, 4 cm breit, schalenförmig; V.
**Frucht:** Kugelige Apfelfrüchte, 1,5 cm, rotviolett.
**Standort:** Lehmige, nährstoffreiche Gartenböden in sonniger Lage.
**Verwendung:** In Einzelstellung in Gärten und Parks.
**Weitere Arten und Sorten:** 'Nicoline', weinrot, großblütig (Bild). 'Profusion', karminrot. *M. sylvestris*, heimisch, strauch- bis baumförmig, gelbgrüne Apfelfrüchte.
**Sonstiges:** Auffällig durch die rote Belaubung,

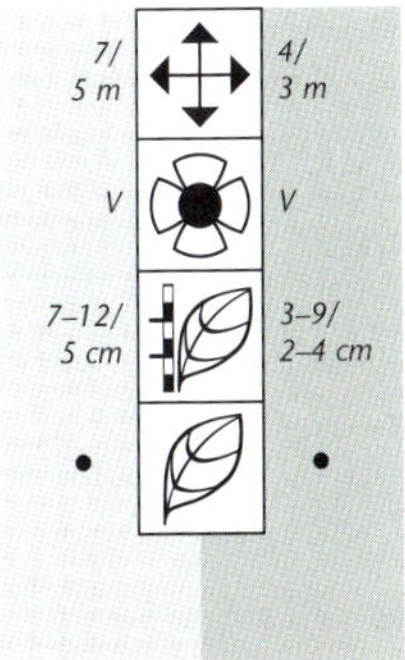


## Malus sieboldii
Zierapfel
Rosaceae, Rosengewächse

**Heimat:** Züchtung aus *M. baccata* var. *mandshurica* × *M. toringo.*
**Wuchs:** Kleinbaum mit kegelförmiger Krone, 4 m, junge Triebe leicht behaart.
**Blatt:** Eiförmig, 3–9 cm lang, zugespitzt, leicht behaart.
**Blüte:** Rosa Knospen, aufgeblüht weiß, 3 cm breit, Stiele behaart; V.
**Frucht:** Kugelige Apfelfrucht, orangerot, 1 cm dick, langstielig.
**Standort:** Lehmige, nährstoffreiche Gartenböden in sonniger Lage.
**Verwendung:** Einzelstellung in Gärten und Parks.
**Sorten:** 'Professor Sprenger', schöner Blütenbaum, viele orangerote Früchte. 'Wintergold', goldgelbe Früchte.
**Sonstiges:** Viele weitere Sorten bekannt.

## Mespilus germanica
Echte Mispel
Rosaceae, Rosengewächse

**Heimat:** Südosteuropa, Vorderasien.
**Wuchs:** Großstrauch, selten Kleinbaum, Triebe leicht behaart, ohne Drüsen.
**Blatt:** Wechselständig, länglich oval, 8–12 cm lang, dunkelgrün, unten filzig.
**Blüte:** Weiße Schalenblüte, 4–5 cm breit, einzeln, endständig; V–VI.
**Frucht:** Braune Apfelfrucht, 3–4 cm groß.
**Standort:** Warme, sonnige Plätze, kalkhaltige Böden.
**Verwendung:** Einzeln als Fruchtstrauch im Weinbauklima.
**Sonstiges:** Erst nach Frosteinwirkung sind die Früchte teigig und essbar.

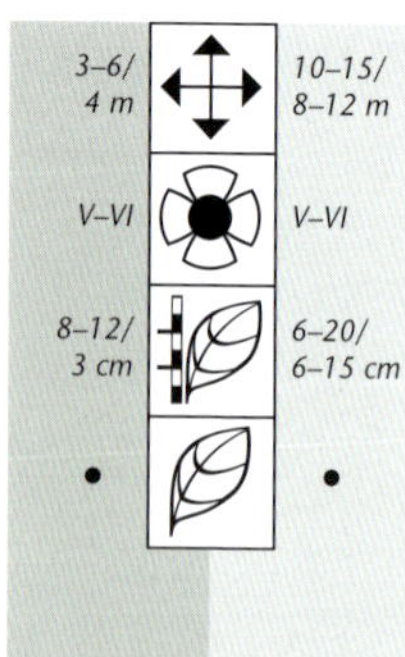


## Morus alba
Weißer Maulbeerbaum
Moraceae, Maulbeerbaumgewächse

**Heimat:** Ostasien, im Mittelmeerraum eingebürgert.
**Wuchs:** Hoher Baum, rundliche Krone, graue Rinde.
**Blatt:** Breit eiförmig, 6–12 cm lang, zugespitzt, oft verschiedenartig gelappt, hellgrün, im Herbst goldgelb, rasch abfallend, wechselständig angeordnet.
**Blüte:** Hellgrün, unscheinbare, zylindrische Köpfchen; V–VI.
**Frucht:** Weiße Sammelfrucht mit brombeerartigen Steinfrüchten, 2–3 cm lang, süßlich, essbar.
**Standort:** Nährstoffreiche Böden in voller Sonne, Weinbauklima.
**Verwendung:** Einzeln in Gärten und Parks an geschützten Plätzen.
**Weitere Art:** *Morus nigra,* Schwarzer Maulbeerbaum, Frucht schwarzrot, Mittelmeerklima.
**Sonstiges:** Blätter dienen als Futter für Seidenraupen.

## Nothofagus antarctica
Scheinbuche, Südbuche
Fagaceae, Buchengewächse

**Heimat:** Chile.
**Wuchs:** Straff aufrechter Großstrauch oder Baum, oft mehrstämmig, 6(–15) m, in der Heimat bis 35 m, Krone breit, Zweige fächerartig, Knospen wechselständig. Borke dunkel graubraun, helle Lentizellen, im Alter waagerecht, strichförmig.
**Blatt:** Eiförmig, 2–3 cm lang, am Rande gewellt, goldgelbes Herbstlaub.
**Blüte:** Einhäusig, grün, kaum auffallend; V.
**Frucht:** Nüsschen, zu dritt in kleinen Fruchtbechern, ähnlich den Buchenfrüchten.
**Standort:** Durchlässige, lehm- und kalkhaltige Böden in voller Sonne.
**Verwendung:** Einzeln oder in Gruppen in größeren Gärten und Parkanlagen.
**Sonstiges:** Nicht für Dachgärten wegen Ausläuferbildung, herrlicher Solitärbaum.

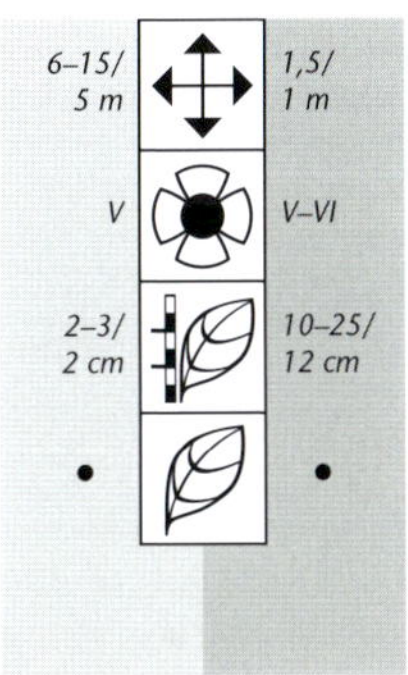


## Paeonia-Suffruticosa-Gruppe
Strauch-Päonie
Paeoniaceae, Pfingstrosengewächse

**Heimat:** Bhutan, Nordwest-China, Tibet.
**Wuchs:** Kleinstrauch, aufrecht, mit dicken Trieben, kahl.
**Blatt:** Doppelt 3-zählig gefiedert, 10–25 cm breit, unten bläulich grün.
**Blüte:** Einzeln, aufrecht, 10–25 cm breit, weiß, rosa, violett, je nach Sorte; V–VI.
**Frucht:** 5-klappige Balgfrucht, braun, behaart, mit schwarzen Samen.
**Standort:** Nährstoffreiche, humos saure Böden in voller Sonne, vor Spätfrösten schützen.
**Verwendung:** Einzeln in Haus- und Vorgärten, vor Mauern, zu Stauden.
**Sorten:** 'Reine Elisabeth', rosa gefüllt. 'Thunderbolt', dunkelrot (Bild).
**Sonstiges:** Winterschutz empfehlenswert.

## Parrotia persica

Eisenholz, Parrotie
Hamamelidaceae, Zaubernussgewächse

**Heimat:** Nord-Iran.

**Wuchs:** Breit aufrechter Strauch bis Kleinbaum, mehrstämmig. Borke grau, glatt, schuppig abblätternd, Triebe oliv, Knospen schwarz, filzig.

**Blatt:** Wechselständig, elliptisch, 6–14 cm lang, 3–8 cm breit, dunkelgrün, im Herbst orange.

**Blüte:** Endständige Köpfchen, rote Staubbeutel. Blütezeit vor dem Austrieb; III–IV.

**Frucht:** 4-klappige, gehörnte, filzige Kapsel, 1 cm lang, hellbraune Samen.

**Standort:** Durchlässige Gartenböden in voller Sonne.

**Verwendung:** Einzelstellung an besonderen Plätzen, Wegen, Terrassen.

**Sonstiges:** Frosthart, wärmeliebend, stadtklimafest, nicht krankheitsanfällig

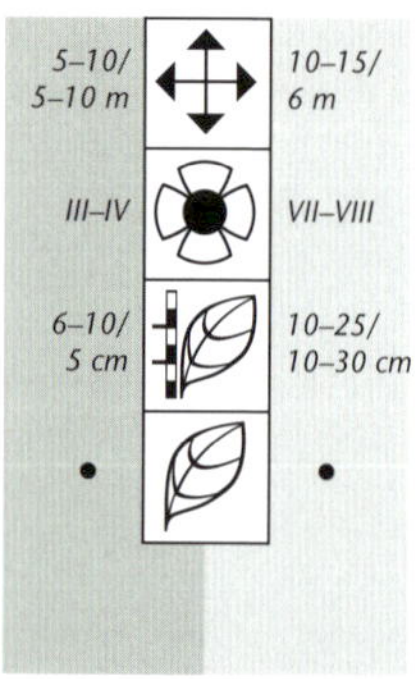


## Parthenocissus quinquefolia

Gewöhnliche Jungfernrebe
Vitaceae, Weinrebengewächse

**Heimat:** Östliche USA.

**Wuchs:** Stark wachsender Kletterer, mit Haftscheiben.

**Blatt:** Dunkelgrün, 5-teilig gelappt, 10–25 cm groß, wechselständig, unterseits bläulich bereift, im Herbst scharlachrot.

**Blüte:** Unscheinbar, weiß bis grünlich weiß, an Rispen im Sommer; VII–VIII.

**Frucht:** Schwarze Beerenfrüchte 5–7 mm groß.

**Standort:** Durchlässige, kalkhaltige Gartenböden in voller Sonne.

**Verwendung:** Klettert in Bäumen, an Mauern, Pergolen usw. Varietät: *P. quinquefolia* var. *engelmannii,* Ranken mit Haftscheiben, wichtiger Selbstklimmer. Häufiger in Kultur als die Art, vielseitigere Verwendung.

## Parthenocissus tricuspidata
Dreilappige Jungfernrebe
Vitaceae, Weinrebengewächse

**Heimat:** Japan, Korea, China.
**Wuchs:** Stark wachsender Selbstklimmer mit Haftscheiben.
**Blatt:** Lang gestielt, 3-spitzig, 10–20 cm, glänzend grün, im Herbst scharlachrot. Die dachziegelartige Überlappung der Blätter bildet einen dichten Pelz.
**Blüte:** Gelblich grün, unscheinbar, in Trugdolden, achselständig, zwittrig; VI–VII.
**Frucht:** Blauschwarze Beere, 5–8 mm groß.
**Standort:** Tiefgründige Böden in allen Lagen, auch im Schatten.
**Verwendung:** Für Pergolen, Mauern aller Art, rasch kletternd, auch ohne Gerüst.
**Sorten:** 'Veitchii', wichtigste Sorte, wird auf *P. quinquefolia* veredelt.
**Sonstiges:** Nach dem Laubfall ist auch das Zweiggerüst eine Zierde. Sonne kann im Winter die Mauern erwärmen. Im Sommer werden die Wände beschattet.

| Parthenocissus tricuspidata | | Paulownia tomentosa |
|---|---|---|
| 8–15/ 8 m | Wuchs | 10–15/ 5–7 m |
| VI–VII | Blüte | IV–V |
| 8–15/ 8–15 cm | Blatt | 15–30/ 10–20 cm |
| • | Laub | • |

## Paulownia tomentosa
Chinesischer Blauglockenbaum
Scrophulariaceae, Braunwurzgewächse

**Heimat:** China.
**Wuchs:** Rundkroniger Baum, steife, dicke Triebe, gegenständige Knospen. Borke hellbraun, später dunkler, einjährige Triebe bis 3 m lang, dicht behaart.
**Blatt:** Breit eiförmig, 15–30 cm groß, behaart, langstielig, Basis herzförmig.
**Blüte:** Violettblau, trichterförmig, 5–6 cm lang, in 25 cm langen, aufrechten Rispen; IV–V.
**Frucht:** Eiförmige, braune Kapseln, 3–4 cm lang, 2-klappig, viele kleine Samen.
**Standort:** Durchlässige, humose Böden in voller Sonne, wärmeliebend.
**Verwendung:** Solitärbaum in wintermilden Gebieten.
**Sonstiges:** Auffälliger Blütenbaum, Vorfrühlingsblüher, in der Jugend Winterschutz.

## Perovskia abrotanoides
Fiederschnittige Perowskie
Lamiaceae, Lippenblütler

**Heimat:** Mittel- bis West-Asien, Afghanistan, Himalaja.
**Wuchs:** Vieltriebiger Halbstrauch bis 1 m, Zweige silbrig behaart, aromatisch duftend.
**Blatt:** Gegenständig, fiederschnittig, 4–6 cm lang, graugrün.
**Blüte:** Violettblau, zu 4–6 in Ähren, Blütenstand 30–40 cm lang, Sommerblüher; VII–X.
**Frucht:** Unscheinbar, 4 Nüsschen in weißfilzigem Kelch.
**Standort:** Trockene Böden in vollsonniger Lage, Winterschutz.
**Verwendung:** In Gruppen in Steppenbereichen, zu Strauchrosen und Steingärten.
**Ähnliche Art:** *P. atriplicifolia.*
**Sonstiges:** Kann in strengen Wintern zurückfrieren, dann Rückschnitt.

## Philadelphus coronarius
Falscher Jasmin,
Gewöhnlicher Pfeifenstrauch
Hydrangeaceae, Hortensiengewächse

**Heimat:** Südeuropa.
**Wuchs:** Straff aufrechter Strauch, Triebe braun und kahl, verborgene Knospen, Zweige mit weißem Mark.
**Blatt:** Eiförmig zugespitzt, 4–10 cm lang, dunkelgrün, gegenständig angeordnet.
**Blüte:** Rahmweiß in endständigen Trauben, 3 cm breit, vierzählig, stark duftend; V–VI.
**Frucht:** 4-klappige Kapsel, 5–10 mm, braun.
**Standort:** Tiefgründige, humose, kalkreiche Gartenböden in sonnigen Lagen.
**Verwendung:** Einzeln, in Gruppen oder als Blütenhecke.
**Sorten:** 'Zeyheri', reich blühend. Viele weitere Gartensorten, auch mit gefüllten Blüten.
**Sonstiges:** Dichtfilziges Wurzelwerk, vor der Blüte düngen und wässern.

## Philadelphus × lemoinei

Niedriger Pfeifenstrauch
Hydrangeaceae, Hortensiengewächse

**Heimat:** Züchtung aus *P. coronarius* × *P. microphyllus*.
**Wuchs:** Breitbuschig, niedrig, leicht überhängend, Triebe braun, abblätternd, mit weißem Mark gefüllt, Knospen gegenständig.
**Blatt:** Schmal eiförmig, zugespitzt, 3–4 cm lang, Rand gezähnt, grün.
**Blüte:** Weiß, duftend, einfach oder gefüllt, in endständigen Trauben je nach Sorte; VI–VII.
**Frucht:** Unscheinbare, braune Kapsel.
**Standort:** Gute Gartenböden in voller Sonne.
**Verwendung:** Einzeln, in Gruppen, gute Blütenhecke, für Vorgärten und Steingärten.
**Sorten:** 'Dame Blanche', schwach gefüllt. 'Erectus', aufrecht, weiß.
**Sonstiges:** Herrlicher Blütenstrauch.

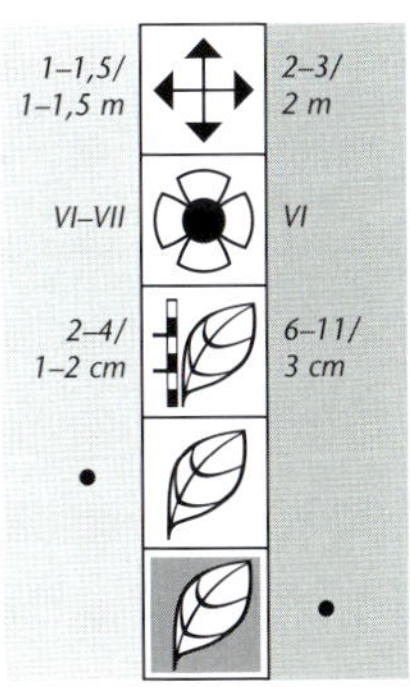


## Photinia davidiana

(Syn. Stranvaesia davidiana)
Lorbeermispel, Stranvesie
Rosaceae, Rosengewächse

**Heimat:** West-China.
**Wuchs:** Breit aufrechter, wintergrüner Strauch, sparrig verzweigt.
**Blatt:** Länglich lanzettlich, 6–11 cm lang, zugespitzt, ledrig, glänzend grün, im Herbst vielfach rot, im Frühling abfallend.
**Blüte:** Weiß, in flachen Trugdolden, 6–8 cm breit; VI.
**Frucht:** Rote Apfelfrüchte, 6–8 mm dick, kugelig.
**Standort:** Nährstoffreiche, schwach saure Gartenböden in sonniger Lage.
**Verwendung:** Einzeln in Gärten, zu Staudenpflanzungen.
**Sonstiges:** Gefahr durch Feuerbrand.

## Phyllostachys nigra
Schwarzer Bambus
Poaceae, Süßgräser

**Heimat:** China.
**Wuchs:** Horstartig, leicht überhängend, 3–5 m hoch, Halme im ersten Jahr olivgrün, im zweiten Jahr schwarz gepunktet. Ausgereifte Halme sind glänzend schwarz gefärbt.
**Blatt:** Oberseits dunkelgrün, unterseits graugrün, 6–8 cm lang, linealisch, sehr dünn. Teilweise wintergrün.
**Blüten:** Wenigblütige, sitzende Ähren.
**Standort:** Vollsonnig, gute Gartenböden in geschützten Lagen.
**Verwendung:** Im Einzelstand oder in Gruppen vor Gebäuden, in Parkanlagen.
**Sonstiges:** Bildet kurze Ausläufer, vor kalten Ostwinden und Wintersonne schützen.

## Pieris floribunda
Vielblütige Lavendelheide
Ericaceae, Heidekrautgewächse

**Heimat:** Östliche USA.
**Wuchs:** Immergrüner, dichtbuschiger Strauch, dicht verzweigt. Ältere Pflanzen haben einen lockeren Habitus. Langsam wachsend.
**Blatt:** Elliptisch, zugespitzt, 3–8 cm lang, unterseits bräunlich.
**Blüte:** Weiß, krugförmig an aufrechten Rispen, 6–12 cm lang; IV–V.
**Frucht:** Runde Kapseln, 5–6 mm lang.
**Standort:** Saure bis neutrale, nicht zu nährstoffreiche Humusböden im Halbschatten und Schatten.
**Verwendung:** Einzeln im Moorbeet, gut zu Rhododendren, auch unter Bäumen.

## Pieris japonica

Japanische Lavendelheide
Ericaceae, Heidekrautgewächse

**Heimat:** Japan.
**Wuchs:** Immergrüner, breiter Busch, unregelmäßige Aststellung.
**Blatt:** Länglich lanzettlich, glänzend, 3–8 cm lang, zugespitzt, wechselständig. An den Triebenden gehäuft, Austrieb rosa bis kupferrot, giftig.
**Blüte:** Im Herbst vorgebildet, hängende Blütenrispen 12–15 cm lang, Einzelblüte eiförmig, weiß oder rosa, 1 cm groß; III–V.
**Frucht:** Braune Kapselfrucht, 5–6 mm groß, enhält viele feine Samen.
**Standort:** Kalkfreie, humose Böden im Schatten, etwa unter Nadelbäumen.
**Verwendung:** Frühlingsecke im Moorbeet, zu Rhododendren. Nicht für Kinderspielplätze.
**Sorten:** 'Daisen', rosa. 'Forest Flame', Austrieb rot (Bild).
**Sonstiges:** Ganze Pflanze ist giftig!

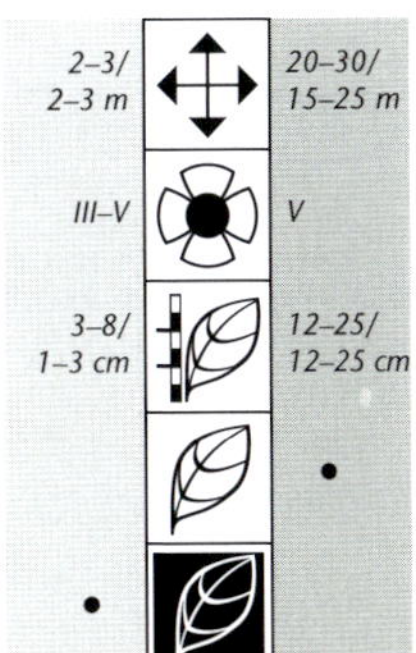


## Platanus × hispanica

(Syn. P. × acerifolia, P. × hybrida)
Platane
Platanaceae, Platanengewächse

**Heimat:** Züchtung *(P. occidentalis × P. orientalis).*
**Wuchs:** Breitkroniger, mächtiger Baum, starke Astbildung, die äußeren hängen leicht. Borke gelbbraun bis grau, löst sich in großen Platten ab, Triebe filzig behaart.
**Blatt:** 12–25 cm lang und breit, 3- bis 5-lappig, wechselständig, mattgrün, unten filzig. Blattstiel am Ende verdickt, umhüllt nächstjährige Knospe, 3–10 cm lang.
**Blüte:** In kugeligen Köpfchen, weibliche grün, männliche rötlich, langstielig, 2 cm; V.
**Frucht:** Hängende Kugel, langstielig, 3 cm groß, borstig, enthält viele Nüsschen.
**Standort:** Stadtklimaverträglich, also warme und trockene Böden.
**Verwendung:** Einzeln, Alleen in der Stadt, Straßenbaum, sehr anspruchslos.
**Sonstiges:** Behaarung der Blätter kann Schleimhäute reizen.

## Populus alba

Silber-Pappel
Salicaceae, Weidengewächse

**Heimat:** Europa bis Mittelasien.
**Wuchs:** Rasch wachsender Baum, rundliche Krone. Schösslinge am Stamm. Borke glatt, graugrün, später schwarzborkig, viele korkige Lentizellen, filzige Triebe.
**Blatt:** Wechselständig, unterseits graufilzig, an Langtrieben 6–12 cm lang, 5-lappig, an Kurztrieben eiförmig, stumpf gezähnt.
**Blüte:** 2-häusig, männliche Kätzchen rot, weibliche grün, 5–8 cm lang; III–IV.
**Frucht:** Samen mit silbrigem Haarschopf in 2-klappigen Kapseln.
**Standort:** Feuchte, humose Plätze, am Rand von Flüssen und Seen.
**Verwendung:** Für Ufer-, Halden- und Dünenbegrünung.
**Sorten:** 'Nivea', vegetativ vermehrte Jugendform, Blattunterseite schneeweiß filzig.
**Sonstiges:** Anfällig für Schädlinge und Krankheiten.

| Populus alba | | Populus × canadensis |
|---|---|---|
| 25–35/ 20 m | (Größe) | 25–35/ 15–20 m |
| III–IV | (Blüte) | III–IV |
| 6–12/ 6–12 cm | (Blattgröße) | 7–10/ 7–10 cm |
| • | (Blatt) | • |

## Populus × canadensis

Kanada-Pappel, Bastard Schwarz-Pappel
Salicaceae, Weidengewächse

**Heimat:** Züchtungen aus *P. deltoides* × *P. nigra*.
**Wuchs:** Breit aufrecht, rasch wachsend, Winterknospen klebrig. Borke graugrün, Stamm dick und walzenförmig, Triebe gelbgrün, kantig.
**Blatt:** Grün, dreieckig, bis 10 cm lang und breit, unterseits hellgrün, gelb im Herbst.
**Blüte:** 2-häusig, männliche Blüten in hängenden, bräunlichen Kätzchen; III–IV.
**Frucht:** Nur bei weiblichen Bäumen, Kätzchen hängend, Samen mit weißem Pappus.
**Standort:** Feuchte, humose Plätze, auch am Rand von Flüssen und Seen, sonnig.
**Verwendung:** In Parkanlagen und zur Aufforstung feuchter Geländepartien.
**Sorten:** 'Gelrica', männliche Pflanze, stark wachsend. 'Robusta', säulenförmig, männliche Pflanze.

## Populus nigra 'Italica'

Säulen-Pappel, Pyramiden-Pappel
Salicaceae, Weidengewächse

**Heimat:** Züchtung.
**Wuchs:** Auffällige Säulenform, bis 30 m hoch, straff aufrechter Wuchs, anliegende Seitentriebe, Holz brüchig. Triebe gelbgrün, kantig. Borke grau-schwarz, mit vielen Furchen und Wülsten.
**Blatt:** Dreieckig, 4–8 cm lang und breit, grün, Stiel etwas abgeflacht, gelb im Oktober.
**Blüte:** Nur männliche Form, Kätzchen hängend, rötlich, bis 4–6 cm lang; III–IV.
**Standort:** Tiefgründige, nährstoffreiche und feuchte Böden.
**Verwendung:** Im Auenbereich, Parks, Alleen, kein idealer Straßenbaum, brüchiges Holz!
**Sonstiges:** Flachwurzler, kann Beläge anheben.

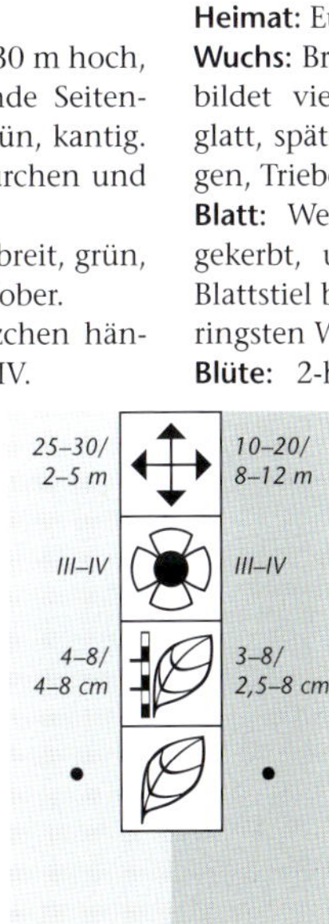


## Populus tremula

Zitter-Pappel, Espe
Salicaceae, Weidengewächse

**Heimat:** Europa bis Sibirien.
**Wuchs:** Breitkroniger Baum, rasch wachsend, bildet viele Bodentriebe. Borke grün-grau, glatt, später rissig, rautenförmige Verkorkungen, Triebe gelbbraun.
**Blatt:** Wechselständig, kreisrund, Blattrand gekerbt, unten grünblau, im Herbst gelb. Blattstiel bis 8 cm lang, flach, daher beim geringsten Windhauch „zitternd".
**Blüte:** 2-häusig, männliche Kätzchen rot, weibliche grün, 8–10 cm lang; III–IV.
**Frucht:** Kapsel, Samen mit Pappus, an 12 cm langen Kätzchen.
**Standort:** Kommt an Waldrändern, Hecken und Schutthalden auf allen Böden vor.
**Verwendung:** Ideales Pioniergehölz für Rohböden und Schutzpflanzungen.
**Ähnlich Art:** *Populus × canescens,* Grau-Pappel, mit länglicheren Blättern.

## Potentilla fruticosa
Gewöhnlicher Fingerstrauch
Rosaceae, Rosengewächse

**Heimat:** Nördliche Halbkugel: Europa, Asien, Amerika.
**Wuchs:** Breitbuschiger, vieltriebiger Kleinstrauch, braune Rinde.
**Blatt:** Wechselständig, 3– bis 7–zählig gefingert oder gefiedert, 2–4 cm lang, behaart.
**Blüte:** Meist goldgelb, 2–3 cm große Schalenblüte; VI–X.
**Frucht:** Trockene, einzeln abfallende Nüsschen, braune Kapseln.
**Standort:** Geringe Ansprüche an Boden, trockene, auch sandige Böden in voller Sonne.
**Verwendung:** Einzeln, in Gruppen oder ungeschnittene, niedere Hecken und Einfassungen.
**Sorten:** 'Abbotswood', weiß. 'Arbuscula', goldgelb. 'Red Robin', rot.
**Sonstiges:** Schnittverträglich, gesunder Dauerblüher.

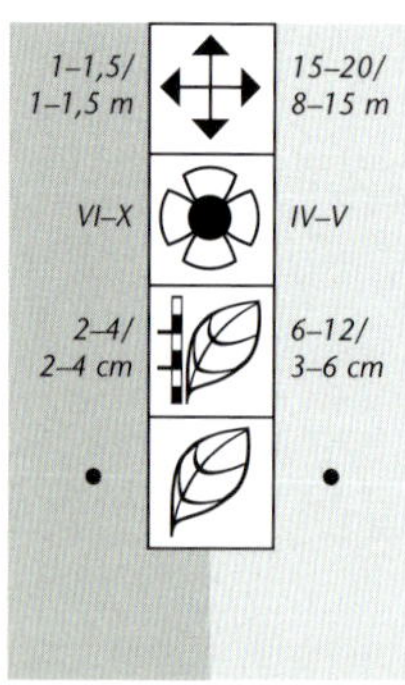


## Prunus avium
Süß-Kirsche, Vogel-Kirsche
Rosaceae, Rosengewächse

**Heimat:** Europa, Westasien bis zum Kaukasus.
**Wuchs:** Breit pyramidale Krone, bis 20 m hoch. Borke glatt, braunrot, glänzend, löst sich in waagerechten Streifen ab, Lentizellen.
**Blatt:** Länglich oval, zugespitzt, 6–12 cm, gezähnter Rand, im Herbst orangerot. Wechselständige, eiförmige Knospen, Blattstiel mit 2 Nektardrüsen.
**Blüte:** Weiß, lang gestielt, breit krugförmig in Dolden; IV–V.
**Frucht:** Kugelige Steinfrüchte, essbar, saftig, 1 cm, Fruchtsorten bis 2,5 cm dick.
**Standort:** Nährstoff- und kalkreiche Böden in sonniger Lage.
**Verwendung:** Prächtiger Blüten- und Fruchtbaum, einzeln oder in Gruppen
**Sorten:** 'Plena', gefüllte Blüten, für Straßen- und Plätze, keine Fruchtbildung (Bild).
**Sonstiges:** Wichtige Veredlungsunterlage für Fruchtsorten. Holz wertvoll für Möbelindustrie

## Prunus cerasifera 'Nigra'
Blut-Pflaume
Rosaceae, Rosengewächse

**Heimat:** Sorte aus europäischer Wildart.
**Wuchs:** Großstrauch oder Kleinbaum, oft mehrstämmig, ausladende Krone, 5–7 m.
**Blatt:** Elliptisch bis verkehrt eiförmig, 4–6 cm lang, spitz, schwarzrot.
**Blüte:** Blassrosa Schalenblüten, 1,5 cm breit; IV.
**Frucht:** Rundliche Steinfrüchte, 3 cm breit, rot, essbar.
**Standort:** Tiefgründige, kalkreiche Böden in voller Sonne.
**Verwendung:** Einzelstellung in größeren Gärten und Parks.
**Weitere Arten:** *P. × cistena,* Zwerg Blut-Pflaume, nur 2–3 m hoher Strauch, weiße Blüten (Bild).
**Sonstiges:** Interessante Laubfarbe, die nicht verblasst.

| | | |
|---|---|---|
| *5–7/ 3–5 m* | | *1,5–2/ 2–3 m* |
| *IV* | | *IV–V, IX* |
| *4–12/ 2–6 cm* | | *5–12/ 2–5 cm* |
| • | | |
| | | • |

## Prunus laurocerasus
Lorbeer-Kirsche, Kirschlorbeer
Rosaceae, Rosengewächse

**Heimat:** Ost-Balkan, Vorderasien, Kaukasus.
**Wuchs:** Immergrüner, breiter Strauch, Rinde grau.
**Blatt:** Wechselständig, breit lanzettlich, zugespitzt, derb ledrig, glatt, bis 12 cm lang.
**Blüte:** Weiß, 5-zählig, über 1 cm groß, duftend, in aufrechten, bis 12 cm langen Blütentrauben. Nachblüte im Herbst; IV–V, IX.
**Frucht:** Kugelige Steinfrüchte, 8 cm groß, schwarzrot, blausäurehaltiger, giftiger Kern.
**Standort:** Lehmig humose Gartenböden im Halbschatten und Schatten.
**Verwendung:** Gruppenweise oder als Hecken, wichtig für die Kranzbinderei.
**Sorten:** 'Mischeana' und 'Zabeliana', breit wachsend, 1–1,5 m hoch, 3–4 m breit. 'Otto Luyken', aufrecht, 0,8–1,5 m hoch, 2–4 m breit, schmales Laub (Bild).
**Sonstiges:** Giftpflanze.

## Prunus padus

Gewöhnliche Trauben-Kirsche
Rosaceae, Rosengewächse

**Heimat:** Europa bis Asien.

**Wuchs:** Strauch- bis baumförmig, 10–15 m hoch, schlank. Knospen dunkel, spitz. Borke grauschwarz, helle Lentizellen, duftet unangenehm nach Bittermandeln.

**Blatt:** Verkehrt eiförmig, 6–12 cm lang, zugespitzt, runzelig, stumpfgrün, unterseits blaugrün. Am Blattstiel 2 Nektardrüsen.

**Blüte:** Weiß, 1–2 cm breit, in 10–20 cm langen, hängenden Trauben; IV–V.

**Frucht:** Steinfrüchte glänzend schwarz, erbsengroß, bitter, nicht giftig.

**Standort:** Frischer bis feuchter Boden in Sonne und Halbschatten.

**Verwendung:** Einzeln oder in Gruppen an Bach- und Seeufern, Parks.

**Ähnliche Art:** *P. serotina,* Späte Traubenkirsche aus USA, glänzendes, gelbes Herbstlaub.

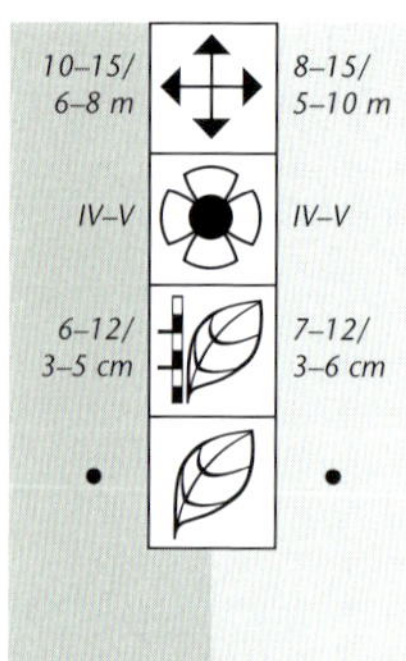


## Prunus sargentii

Berg-Kirsche, Ostasiatische Wild-Kirsche
Rosaceae, Rosengewächse

**Heimat:** Japan, Korea, Sachalin.

**Wuchs:** Breit ausladende Krone, bis 15 m hoch, oft mehrstämmig. Borke rötlich braun, glatt, mit vielen Lentizellen, wechselständige Knospen.

**Blatt:** Elliptisch zugespitzt, dunkelgrün, unterseits bläulich, Austrieb bronzefarben, 6–12 cm lang, scharlachrote Herbstfärbung, am Blattstiel 2 Nektardrüsen.

**Blüte:** Zartrosa, zu 2–4 in sitzenden Dolden, 4 cm groß; IV–V.

**Frucht:** Kleine, 10 mm rote Steinfrüchte im Herbst.

**Standort:** In kräftigen, lehmig humosen Gartenböden.

**Verwendung:** Einzeln oder in Gruppen in Hausgärten und Parks.

**Sorten:** 'Accolade', *(P. sargentii × P. subhirtella),* Kleinbaum, Blüten rosa, halbgefüllt.

## Prunus serrulata 'Kanzan'
Japanische Blüten-Kirsche,
Grannen-Kirsche
Rosaceae, Rosengewächse

**Heimat:** Züchtung aus Japan.
**Wuchs:** Breit aufrecht, steif, 7–10 m hoch, Krone trichterförmig, im Alter überhängend. Borke dunkel kastanienbraun, glatt, viele Lentizellen. Triebe graubraun.
**Blatt:** Breit eiförmig, zugespitzt, 8–14 cm lang, wechselständig angeordnet. Austrieb bronzefarben, im Herbst gelb-orange.
**Blüte:** Dunkelrosa, gefüllt, in hängenden Doldentrauben vor dem Blattaustrieb; IV–V.
**Frucht:** Keine Fruchtbildung.
**Standort:** Kalkhaltige, lehmige Gartenböden in voller Sonne.
**Verwendung:** Einzelstand oder als Allee, für Parks und Hausgärten. Benötigt viel Platz.
**Sorten:** 'Amanogawa', Säulen-Kirsche, hellrosa. 'Kiku-Shidare-Sakura', Hänge-Kirsche.
**Sonstiges:** Gefahr von Gummifluss bei spätem Schnitt. Veredlung auf *P. avium.*

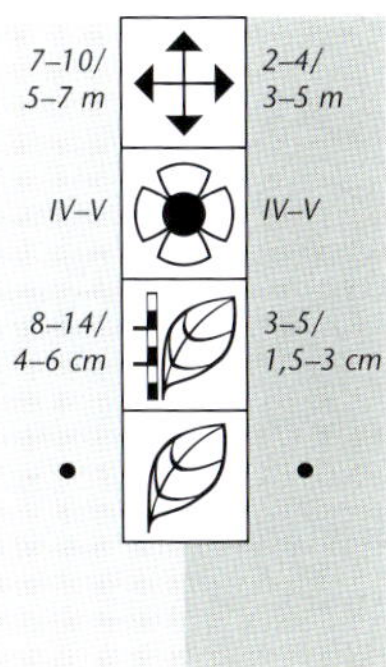


## Prunus spinosa
Schwarzdorn, Schlehe
Rosaceae, Rosengewächse

**Heimat:** Europa, Vorderasien, Kaukasus, Nordafrika.
**Wuchs:** Breite, dichte Büsche, Zweige bedornt, schwarzbraun.
**Blatt:** Elliptisch, nur 3–5 cm groß, grün, im Herbst gelb, wechselständig.
**Blüte:** Weiß, 5-zählig, 1–2 cm groß, vor dem Laubaustrieb; IV–V.
**Frucht:** Blau bereifte Steinfrucht, bis 1,5 cm groß, kugelig, säuerlich, erst nach Frosteinwirkung geniessbar, wird zur Likörbereitung verwendet.
**Standort:** Magere, durchlässige Böden aller Art, sonnige Lagen.
**Verwendung:** Frei wachsende, undurchdringliche Hecke, Wind- und Vogelschutz.
**Sonstiges:** Sehr anspruchslos, besonders auf Kalkböden.

## Prunus subhirtella
Higan-Kirsche, Japanische Blüten-Kirsche
Rosaceae, Rosengewächse

**Heimat:** Japan, nur aus Kultur bekannt.
**Wuchs:** Zierlicher, kleinkroniger Baum, oft nur strauchig wachsend.
**Blatt:** Bis 9 cm lang, eiförmig zugespitzt, grün, im Herbst gelbbraun, Knospen wechselständig, am Blattstiel 2 Nebenblättchen.
**Blüte:** Hellrosa, 3 cm groß, vor dem Austrieb; III–IV.
**Frucht:** Kleine Steinfrüchte, kugelig, schwarz, 8 mm groß.
**Standort:** Lehmig humose Gartenböden in voller Sonne.
**Verwendung:** Einzeln oder in Gruppen, für kleinere Gärten.
**Sorten:** 'Autumnalis', bis 5 m hoch, Blütenbeginn im Herbst, Hauptblüte im April (Bild). 'Fukubana', rosa, halbgefüllt. 'Pendula Rubra', rosa gefüllte Hängeform.
**Sonstiges:** Herbstfärbung.

| Prunus subhirtella | | Prunus triloba |
|---|---|---|
| *4–6/ 4–6 m* | Wuchs | *1,5–3/ 1,5–2 m* |
| *III–IV* | Blüte | *III–IV* |
| *5–9/ 2–3 cm* | Blatt | *4–9/ 2,5–5 cm* |
| • | Herbstfärbung | • |

## Prunus triloba
Mandelbäumchen
Rosaceae, Rosengewächse

**Heimat:** China.
**Wuchs:** Breit aufrecht, dichtbuschig, mit steifen Trieben, Zweige rotbraun.
**Blatt:** Elliptisch, zugespitzt, schwach dreilappig, 4–9 cm lang. Am Blattstiel kleine Nebenblättchen.
**Blüte:** Rosettenförmig, rosa gefüllt, 3–4 cm groß, erscheinen über die gesamte Länge der vorjährigen Triebe; III–IV.
**Frucht:** Steinfrucht, selten.
**Standort:** Kräftige, tiefgründige Gartenböden in sonnigen Lagen.
**Verwendung:** Einzeln in Vorgärten, Hausgärten und Parks, Treibgehölz, Schnittstrauch.
**Sonstiges:** Verblühte Triebe sofort nach der Blüte stark zurückschneiden, ebenso auf Austriebe der Unterlage achten.

## Pterocarya fraxinifolia
Kaukasische Flügelnuss
Juglandaceae, Walnussgewächse

**Heimat:** Kaukasus bis Nord-Iran.
**Wuchs:** Hoher, meist vielstämmiger Baum, waagerechte Zweige. Borke schwarzgrau, tief gefurcht, Triebe mit gekammertem Mark. Bildet viele Ausläufer.
**Blatt:** Gefiedert, 20–40 cm lang, wechselständig, mit 11–21 Blättchen, diese länglich lanzettlich, 8–16 cm lang, dunkelgün, im Herbst gelblich.
**Blüte:** Einhäusig, unscheinbar, grün, in hängenden Kätzchen; IV–V.
**Frucht:** Einsamige, geflügelte Nüsschen, bis 2 cm breit, an bis 40 cm langen Ähren.
**Standort:** Tiefgründige, humose, feuchte bis nasse Böden, Halbschatten.
**Verwendung:** Für Uferbereiche von Teichen, Parkbaum.
**Sonstiges:** Verträgt Stadtklima, ist windfest und widerstandsfähig gegen Schädlinge und Krankheiten, empfindlich gegen Spätfröste.

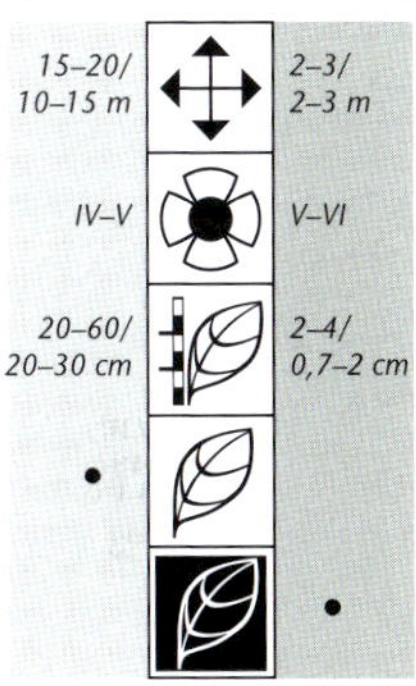


## Pyracantha coccinea
Mittelmeer-Feuerdorn
Rosaceae, Rosengewächse

**Heimat:** Südeuropa, Südwestasien.
**Wuchs:** Breit aufrecht, sparrig verzweigt, bis 3 m hoher, undurchdringlicher Großstrauch. Grauschwarze Triebe mit steifen Dornen, wechselständig.
**Blatt:** Elliptisch, zugespitzt, 2–4 cm lang, glänzend grün, immergrün.
**Blüte:** Weiß, 8 mm breit, in vielblütigen Doldenrispen; V–VI.
**Frucht:** Apfelfrüchte, meist orange, 5–6 mm groß, lang haftend.
**Standort:** Durchlässige, humose Gartenböden im Halbschatten.
**Verwendung:** Einzeln, in Gruppen oder als frei wachsende Fruchthecke in Gärten und Parks.
**Sorten:** 'Bad Zwischenahn', orange. 'Orange Glow', orange. 'Soleil d'Or', gelb (Bild).
**Sonstiges:** Feuerbrand gefährdet, frostempfindlich.

## Pyrus calleryana
Chinesische Birne
Rosaceae, Rosengewächse

**Heimat:** Zentral- und Süd-China.
**Wuchs:** Kleiner Baum, bedornte Kurztriebe.
**Blatt:** Breit eiförmig, zugespitzt, 4–8 cm lang, dunkelgrün, Herbstlaub orange.
**Blüte:** Weiß, 2,5 cm breit, fünfzählig, in kahlen Trugdolden; V.
**Frucht:** Kugelige, längliche Apfelfrucht, braun punktiert, ungeniessbar.
**Standort:** Anspruchslos, auf trockenen bis frischen Böden in sonniger Lage.
**Verwendung:** Einzeln oder in Gruppen in Anlagen und Parks.
**Sorten:** 'Chanticleer', schmal kegelförmige Krone, guter Straßenbaum (Bild).

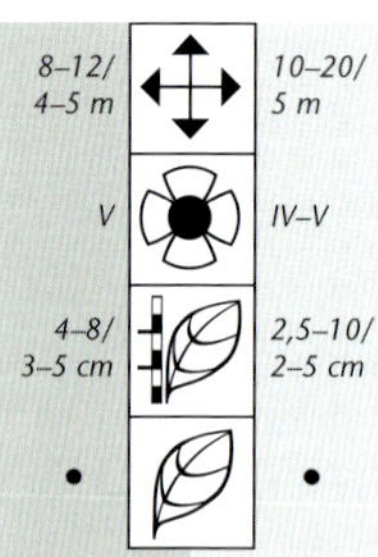


## Pyrus communis
Garten-Birnbaum, Kultur-Birne, Holz-Birne
Rosaceae, Rosengewächse

**Heimat:** Europa bis Westasien.
**Wuchs:** Breit kegelförmiger Baum, mit schwach bedornten Trieben. Borke graubraun, kleinschuppig.
**Blatt:** Breit eiförmig, 2,5–10 cm lang, kurz zugespitzt, dunkelgrün glänzend, unterseits Bläulich grün, im Herbst orangegelb.
**Blüte:** Weiß, 3 cm breit, fünfzählig, zu 3–9 Stück in Doldentrauben; IV–V.
**Frucht:** Apfelfrucht, rundlich bis eiförmig, gelb oder braun, 2,5–5 cm groß, kaum geniessbar.
**Standort:** In Feldhecken und an Waldrändern der Landschaft, für durchlässige Böden und warme Standorte.
**Verwendung:** Freie Landschaft oder Parks.
**Sonstiges:** Ursprung unserer Kultur-Birnen.

## Quercus frainetto
Ungarische Eiche
Fagaceae, Buchengewächse

**Heimat:** Südeuropa bis Kleinasien.
**Wuchs:** Breitkroniger, hoher Baum, steife Triebe. Borke hellgrau, tief gefurcht.
**Blatt:** Verkehrt eiförmig, 8–20 cm lang, jederseits mit je 6–10 kurzen Lappen, grün. Wechselständig.
**Blüte:** Unscheinbar, männliche Kätzchen gelbgrün; IV–VI.
**Frucht:** Nuss länglich elliptisch, bis 2,5 cm lang, zu mehreren, sitzend.
**Standort:** Trocken und warme Plätze in normalen Gartenböden.
**Verwendung:** Einzeln in großen Gartenanlagen und Parks.
**Sonstiges:** Wärmeliebender Baum ohne auffällige Herbstfärbung.

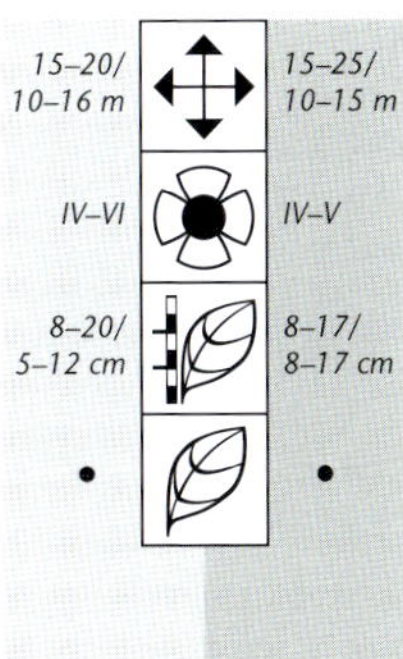


## Quercus palustris
Sumpf-Eiche
Fagaceae, Buchengewächse

**Heimat:** Östliches Nordamerika.
**Wuchs:** Hoher Baum, Stamm durchgehend, breit kegelförmige Krone. Borke glatt mit silbrigen Längsstreifen, später rau. Äste waagerecht bis hängend.
**Blatt:** Verkehrt eiförmig, 8–17 cm lang, jederseits mit 2–4 spitzigen Lappen, glänzend grün, im Herbst rot. Wechselständig.
**Blüte:** Unscheinbar, gelbgrün; IV–V.
**Frucht:** Nuss 1–1,5 cm breit, in schüsselförmigem Becher.
**Standort:** Für feuchte Plätze, humose Böden im Halbschatten.
**Verwendung:** An Teichen und Bächen in Parks.
**Sonstiges:** Leidet an trockenen Plätzen.

## Quercus petraea
Trauben-Eiche
Fagaceae, Buchengewächse

**Heimat:** Europa.
**Wuchs:** Breiter, rundkroniger Baum bis 20(–40) m, Stamm durchgehend. Borke erst glatt und grau, später längsrissig gerippt. Triebe olivbraun.
**Blatt:** Wechselständig, 8–14 cm lang, länglich eiförmig, regelmäßig gelappt, Blattgrund keilig, Blattstiel über 1 cm lang, grün, im Herbst braun.
**Blüte:** Einhäusig, männliche Kätzchen gelbgrün, lang, weibliche unscheinbar; V–VI.
**Frucht:** Nuss mit sitzendem Fruchtbecher.
**Standort:** Trocken bis frische, vorwiegend saure Böden in voller Sonne.
**Verwendung:** Forstbaum, für Parks und größere Anlagen.
**Sorten:** 'Columna', säulenförmig. 'Pendula', hängende Äste.
**Sonstiges:** Sehr gutes Furnier- und Bauholz, kein Mehltaubefall.

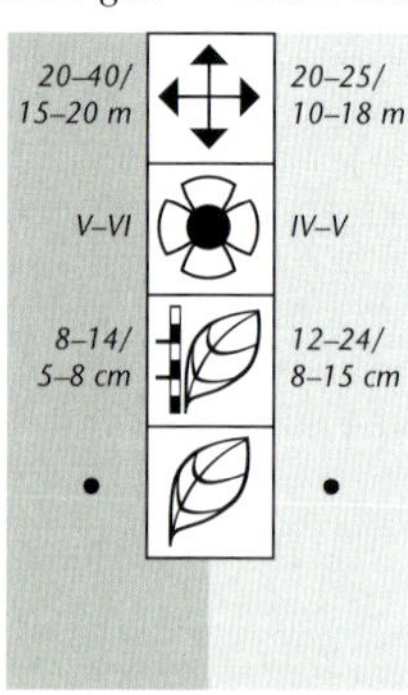


## Quercus robur
Stiel-Eiche
Fagaceae, Buchengewächse

**Heimat:** Europa bis zum Kaukasus.
**Wuchs:** Baum, breit gewölbte Krone, Stamm meist kurz, dick und walzenförmig, geht nicht bis zum Gipfel durch. Borke dick, dunkelgrau, tief gefurcht.
**Blatt:** Wechselständig, am Triebende gehäuft, bis 24 cm lang, verkehrt eiförmig, regelmäßig gelappt, im Herbst braun. Blattbasis geöhrt, Stiel bis 1 cm lang.
**Blüte:** Einhäusig, männliche Kätzchen gelbgrün, IV–V.
**Frucht:** Mehrere Nüsse an langem Stiel.
**Standort:** Durchlässige Lehmböden, kalkhold, sonnige Lagen.
**Verwendung:** Einzeln in Parkanlagen, Forstbaum.
**Sorten:** 'Fastigiata', Säulen-Eiche.
**Sonstiges:** Pflanzung im Frühling, auf Mehltau achten.

## Quercus rubra
Rot-Eiche
Fagaceae, Buchengewächse

**Heimat:** Östliches Nordamerika.
**Wuchs:** Rasch wachsender, breitkroniger Baum bis 40 m (USA). Bei uns in 180 Jahren 20 m hoch und über 15 m breit. Borke grau, glatt, später rau, flach gefurcht.
**Blatt:** Wechselständig, verkehrt eiförmig, 12–22 cm lang, jederseits mit 3–5 gezähnten Lappen, Blattgrund keilig, stumpfgrün, im Herbst leuchtend orange bis rot.
**Blüte:** Vor dem Austrieb, hängende, männliche Kätzchen, gelbgrün, sonst unauffällig; IV–V.
**Frucht:** Fast kugelige Nuss, 2–3 cm lang, flacher Fruchtbecher.
**Standort:** Kräftige, kalkhaltige, auch sandige Böden in voller Sonne.
**Verwendung:** Einzeln in großen Gärten, Parkanlagen, Forst.
**Weitere Art:** *Q. coccinea*, 25 m hoch, Herbstfärbung.
**Sonstiges:** Industriefest.

| Quercus rubra | Rhamnus catharticus |
|---|---|
| 20–25/ 10–18 m | 3–6/ 3–6 m |
| IV–V | V–VI |
| 12–24/ 8–15 cm | 3–8/ 2–5 cm |
| • | • |

## Rhamnus catharticus
Echter Kreuzdorn
Rhamnaceae, Kreuzdorngewächse

**Heimat:** Mitteleuropa.
**Wuchs:** Sparriger Strauch, 3–6 m hoch, graubraune Zweige, dornige Kurztriebe.
**Blatt:** Gegenständig, eiförmig, 3–8 cm lang, tiefgrün, im Herbt gelbgrün.
**Blüte:** Gelblich grün, 1 mm breit, zu 2–8 in achselständigen Büscheln; V–VI.
**Frucht:** Kugelige, schwarze Steinfrucht, 6–8 mm, giftig.
**Standort:** Trockene, alkalische Böden in voller Sonne und Halbschatten.
**Verwendung:** Sicht- und Vogelschutzgehölz, für Hecken in der Feldflur.
**Sonstiges:** Anspruchsloser, heimischer Strauch.

## Rhododendron catawbiense
Catawba-Rhododendron
Ericaceae, Heidekrautgewächse

**Heimat:** Östliches Nordamerika.
**Wuchs:** Breitbuschiger Strauch, immergrün, dicht verzweigt.
**Blatt:** Elliptisch bis länglich, 6–12 cm lang, zugespitzt, glänzend grün.
**Blüte:** Violett, trichterförmig, 5–6 cm groß, zu 15–20 in dichtem Blütenstand; V–VI.
**Frucht:** 5-teilige, braune, verholzte Kapsel.
**Standort:** Saure, lehmig humose Böden im Halbschatten.
**Verwendung:** Einzeln, in Gruppen oder als frei wachsende, dichte Blütenhecke.
**Sorten:** 'Grandiflorum', lila, großblumig, gut winterhart. 'Cunningham's White', weiß, hart. 'Humboldt', hellpurpur, rote Zeichnung, hart. 'Queen Mary', rot.
**Sonstiges:** Schäden durch Dickmaulrüssler und Welkepilze möglich. Giftig.

| | |
|---|---|
| 3,5–6/ 2,5–4 m | 1–1,2/ 1,6– 1,8 m |
| V–VI | V |
| 6–12/ 5 cm | 12–18/ 3–6 cm |
| • | • |

## Rhododendron degronianum subsp. yakushimanum
Yakushima-Rhododendron
Ericaceae, Heidekrautgewächse

**Heimat:** Japan, Insel Yakushima.
**Wuchs:** Immergrüner, dichter, breiterer als höherer, kissenförmiger Strauch.
**Blatt:** Schmal elliptisch, 12–18 cm lang, am Rand stark eingerollt, oberseits dunkelgrün, unterseits weiß- bis gelbbraun filzig.
**Blüte:** Röhrig glockig, 6–8 cm breit, rosa, später weiß, 5–10 in Doldentrauben; V.
**Frucht:** 5-teilige Kapsel, filzig behaart.
**Standort:** Saure, humose Böden im Halbschatten.
**Verwendung:** Einzeln oder in Gruppen, in Silikat-Steingärten, Vorgärten und Parks.
**Sorten:** 'Anuschka', bis 0,8 m, rosa bis weiß. 'Astrid', 1–1,5 m hoch, reinrot.
**Sonstiges:** Reich blühende, dicht wachsende Blütengehölze. Liebhaberpflanzen.

## Rhododendron forrestii Repens-Gruppe

Zwerg-Rhododendron
Ericaceae, Heidekrautgewächse

**Heimat:** Züchtung aus *R. forrestii* var. *repens*, China und Tibet.
**Wuchs:** Breitbuschiger, immergrüner Strauch, dicht.
**Blatt:** Elliptisch, dunkelgrün, 4–8 cm lang.
**Blüte:** Dunkelrot, 6–7 cm große Trichterblüten, dichte Doldentraube; IV.
**Frucht:** 5-teilige Kapsel, unscheinbar.
**Standort:** Humose, saure, nährstoffreiche Gartenböden im Halbschatten.
**Verwendung:** Vorgärten, Gräber, Schalen und Steingärten.
**Sorten:** 'Baden-Baden', scharlachrot, 1 m hoch. 'Frühlingszauber', leuchtend rot, 0,6 m hoch, aber breiter. 'Scarlet Wonder', scharlachrot, 0,6 m, alle winterhart.
**Sonstiges:** Viele Züchtungen durch Dietrich Hobbie.

| R. forrestii Repens-Gruppe | | R. hirsutum |
|---|---|---|
| 0,6–0,8/ 1–1,5 m | Höhe/Breite | 0,7–1/ 0,7–1 m |
| V | Blüte | VI–VII |
| 4–8/ 2–3 cm | Blatt | 1–3/ 0,3–2 cm |
| • | immergrün | • |

## Rhododendron hirsutum

Bewimperte Alpenrose
Ericaceae, Heidekrautgewächse

**Heimat:** Europa, mittlere und östliche Alpen.
**Wuchs:** Breiter, immergrüner Strauch.
**Blatt:** Elliptisch lanzettlich, 1–3 cm lang, frischgrün, am Rand bewimpert.
**Blüte:** Hell purpurn, zu 3–10 an den Triebenden, breit röhrenförmige Einzelblüten, Ende Juni bis Anfang Juli.
**Frucht:** 5-teilige, verholzte Kapseln.
**Standort:** Humose, leicht saure Böden in Sonne und Halbschatten.
**Verwendung:** Einzeln oder in Gruppen in Hausgärten und Steingärten.
**Weitere Art:** *R. ferrugineum*, Rostblättrige Alpenrose, blüht später, meidet Kalkböden, ebenfalls heimisch, Blätter unterseits rostbraun.
**Sonstiges:** Schöner Blütenstrauch für naturnahe Gartenpartien.

## Rhododendron molle subsp. **japonicum**

Japanische Azalee
Ericaceae, Heidekrautgewächse

**Heimat:** Japan.
**Wuchs:** Breit aufrecht wachsender Strauch, sparrig verzweigt, Triebe braun.
**Blatt:** Länglich lanzettlich, sommergrün, bis 10 cm lang, Unterseite bläulich grün, im Herbst gelb bis rot, giftig.
**Blüte:** Trichterförmig, 6–8 cm breit, mit 5 Kronlappen, in Büscheln an den Triebenden; V. Farben je nach Sorte gelb, rosa oder orange.
**Frucht:** 5-teilige Kapsel, braun.
**Standort:** Humose, leicht saure, durchlässige Böden, sonnige und halbschattige Lagen.
**Verwendung:** Einzeln oder in Gruppen für Vorgärten, Hausgärten, Parks.
**Sorten:** Viele Hybriden mit anderen Arten, unzählige Sorten.
**Sonstiges:** Unentbehrliches Blütengehölz.

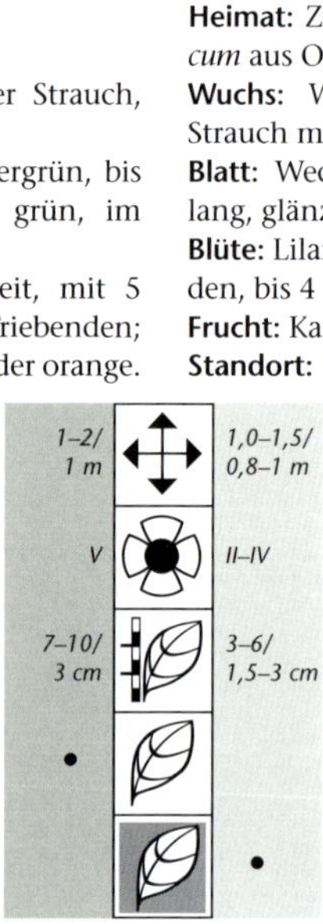


## Rhododendron × **praecox**

Vorfrühlings-Alpenrose
Ericaceae, Heidekrautgewächse

**Heimat:** Züchtung aus *R. ciliatum* × *R. dauricum* aus Ostasien.
**Wuchs:** Wintergrüner, aufrechter, lockerer Strauch mit graubraunen Trieben.
**Blatt:** Wechselständig, eiförmig, bis 3–6 cm lang, glänzend, teilweise gelb im Herbst.
**Blüte:** Lilarosa Trichterblüten an den Triebenden, bis 4 cm breit; II–IV.
**Frucht:** Kaum auffällige Kapseln.
**Standort:** Humose, saure Böden im Halbschatten an geschützten Plätzen.
**Verwendung:** Vorfrühlingsecke im Garten an der Terrasse, mit *Corylopsis* und zierlichen Blumenzwiebeln. Spätfrostgefährdet.
**Sonstiges:** Bei Frostgefahr Schutz vor Morgensonne.

## Rhododendron williamsianum
Williams-Rhododendron
Ericaceae, Heidekrautgewächse

**Heimat:** Die Art stammt aus China (Provinz Sichuan).
**Wuchs:** Breit kugeliger Strauch, immergrün, drüsige Triebe.
**Blatt:** Eiförmig bis rundlich, 4–6 cm lang, frischgrün, unterseits weißgrün.
**Blüte:** Breit glockig, nickend, 3–4 cm breit, rosa; IV.
**Frucht:** Fünfteilige, drüsige Kapsel.
**Standort:** Humose, saure, nährstoffreiche Gartenböden im Halbschatten.
**Verwendung:** In Gärten und Parks, einzeln oder in Gruppen, unter lichten Bäumen.
**Sorten:** Zahlreiche Sorten, u.a. 'Gartenbaudirektor Glocker', 1,5 m, rosa.
**Sonstiges:** Austrieb nach der Blüte auffällig rosa.

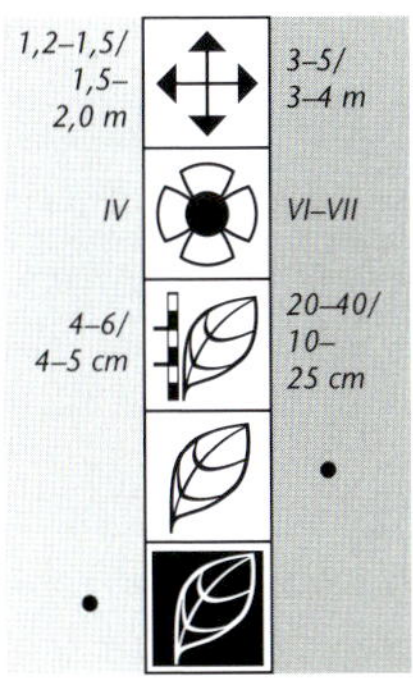


## Rhus hirta (Syn. R. typhina)
Essigbaum, Kolben-Sumach
Anacardiaceae, Sumachgewächse

**Heimat:** Östliches Nordamerika.
**Wuchs:** Breit, straff aufrecht wachsender Strauch, oft mehrstämmig, graubraune Rinde, Jungtriebe samtig behaart, treibt viele Wurzelausläufer, brüchiges Holz.
**Blatt:** Unpaarig gefiedert, bis 50 cm lang, Einzelblättchen 5–12 cm lang, hellgrün, im Herbst orange bis scharlachrot, Knospen wechselständig.
**Blüte:** Grünlich weiß in dichten, endständigen Rispen, 15–20 cm lang, zweihäusig; VI–VII.
**Frucht:** Steinfrucht. Scharlachrote, kolbenartige Fruchtstände, zieren jahrelang.
**Standort:** Normaler Gartenboden in sonniger Lage.
**Verwendung:** Im Einzelstand im Garten und Park.
**Sorten:** 'Dissecta', 3 m hoch und breit, geschlitzte, farnartige Blätter.
**Sonstiges:** Kann durch Ausläufer lästig werden.

## Ribes alpinum

Alpen-Johannisbeere
Grossulariaceae, Stachelbeergewächse

**Heimat:** Europa, Kaukasus.

**Wuchs:** Straff aufrechter Kleinstrauch, später ausgebreitet, helle Triebe.

**Blatt:** Rundlich bis eiförmig, 3- bis 5-lappig, 2,5–5 cm breit, mattgrün, im Herbst gelb.

**Blüte:** Gelblich grün, unscheinbar, an aufrechten Trauben, 2-häusig; IV–V.

**Frucht:** Glänzende, rote Beeren, 5 mm dick, fade schmeckend.

**Standort:** Humose, nährstoffreiche Böden im Schatten und Halbschatten.

**Verwendung:** Unterwuchs von höheren Bäumen, Hecke, auch geschnitten, Vogelnährgehölz.

**Sorten:** 'Schmidt', männliche Auslese, straffer Wuchs, für Hecken.

**Sonstiges:** Besondes anspruchslos.

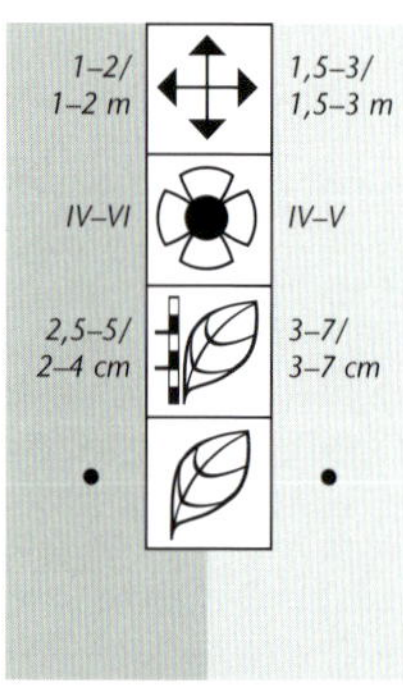


## Ribes aureum

Gold-Johannisbeere
Grossulariaceae, Stachelbeergewächse

**Heimat:** Westliches Nordamerika.

**Wuchs:** Straff aufrechter bis überhängender Strauch.

**Blatt:** Rundlich gelappt, Basis herzförmig, 3–5 cm breit, 3–5 Lappen, wechselständig, frischgrün glänzend, im Herbst rotviolett.

**Blüte:** Goldgelb, in lockeren Trauben, duftend, Einzelblüte röhrig; IV–V.

**Frucht:** Beeren 6–8 mm dick, tief violettbraun.

**Standort:** Anspruchslos, auch Trockenheit vertragend, vollsonnige Lage.

**Verwendung:** Straßenbegleitgrün, für Unterpflanzungen, an Böschungen.

**Sonstiges:** Lange Triebe als Veredlungsunterlage für Johannisbeer-Stämmchen.

## Ribes sanguineum
Blut-Johannisbeere
Grossulariaceae, Stachelbeergewächse

**Heimat:** Westliches Nordamerika.
**Wuchs:** Breit aufrechter, Strauch, ältere Zweige rotbraun.
**Blatt:** Rundlich, 5–10 cm breit, 3- bis 5-lappig, Basis herzförmig, oberseits runzelig.
**Blüte:** In hängenden Trauben, bis 8 cm lang, Einzelblüte röhrig glockig, rosarot; IV–V.
**Frucht:** Schwarze, blau bereifte, längliche Beere, 7–9 mm lang.
**Standort:** Nährstoffreiche Gartenböden in sonnigen Lagen.
**Verwendung:** Hausgärten, Parkanlagen, im Einzelstand oder in Gruppen.
**Sorten:** 'King Edward VII', rot, reich blühend, gedrungen.
**Sonstiges:** Prächtiges Blütengehölz, gut zu Spiersträuchern.

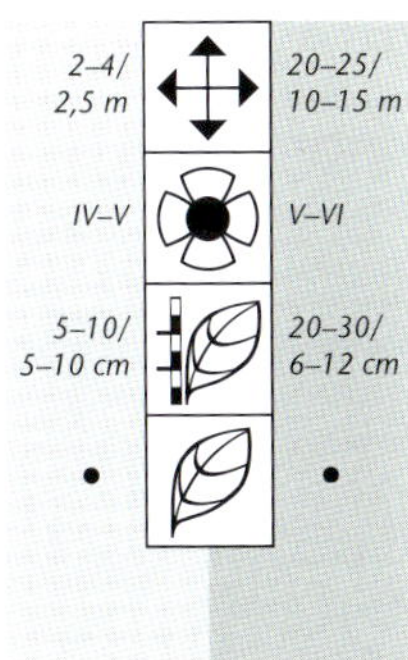


## Robinia pseudoacacia
Gewöhnliche Scheinakazie, Robinie
Fabaceae, Hülsenfrüchtler

**Heimat:** Nordamerika.
**Wuchs:** Aufrechter Baum, lockere schirmförmige Krone, Holz widerstandsfähig. Borke braungrau, tiefrissig, Stamm oft wulstig gedreht, Zweige olivgrün mit paarig angordneten Blattdornen neben der Knospe.
**Blatt:** Mattgrün, bis 30 cm lang, unpaarig gefiedert, wechselständig angeordnet. Einzelblättchen bis 6,0 cm lang, im Herbst gelb.
**Blüte:** Weiß, 2–3 cm lang, duftend, an 10–20 cm langen Blütentrauben; V–VI.
**Frucht:** Braun, 5–8 cm lange Fruchthülsen, Samen giftig!
**Standort:** Verträgt selbst magerste Böden in voller Sonne.
**Verwendung:** Parkbaum, Bodenfestiger, gute Bienenweide.
**Sorten:** 'Frisia', goldgelbes Laub. 'Inermis', dornenlos. 'Umbraculifera', Kugel-Robinie.
**Sonstiges:** Bildet viele Ausläufer und Wurzeltriebe.

## Rosa canina

Hunds-Rose
Rosaceae, Rosengewächse

**Heimat:** Europa.
**Wuchs:** Hoher, überhängender Strauch, Triebe grünbraun mit Stacheln.
**Blatt:** Unpaarig gefiedert, 5- bis 7-zählig, 8–12 cm lang, Blättchen 5–8 cm lang, eiförmig.
**Blüte:** Bis 5 cm breite Schalenblüten, rosa, fünfzählig, duftend; V–VI.
**Frucht:** Rote Hagebutte (Sammelfrucht), länglich kugelig, bis 3 cm, für Marmelade und Tee-Herstellung.
**Standort:** Durchlässige, kalkhaltige Böden in voller Sonne.
**Verwendung:** Feldhecke, Gehölzrand, Böschungen in freier Landschaft.
**Sorten:** 'Kiese', blutrot, 2 m hoch (Bild).
**Sonstiges:** Veredlungsunterlage für Beetrosen und als Stammbildner bei Hochstammrosen.

## Rosa gallica

Essig-Rose, Gallische Rose
Rosaceae, Rosengewächse

**Heimat:** Süd- und Mitteleuropa.
**Wuchs:** Aufrecht, gedrungen. Kriechende Ausläufer. Zweige stumpfgrün, Stacheln verschieden groß, gerade oder gekrümmt, auch Stachelborsten.
**Blatt:** Unpaarig gefiedert, 6–12 cm lang, ledrig, Blättchen oval, 2–6 cm lang, oben rau.
**Blüte:** Leuchtend hell- bis dunkelrot, 4–6 cm breit, einzeln, an drüsigen Stielen; VI–VII.
**Frucht:** Hagebutte ziegelrot, rundlich, 1,5 cm lang, drüsig borstig.
**Standort:** Magere und nährstoffreiche Kalkböden in sonniger Lage.
**Verwendung:** Einzeln in größeren Anlagen und Parks.
**Sorten:** 'Versicolor', Blüten weiß-rosa gestreift und gescheckt (Bild).
**Sonstiges:** Stammpflanze vieler Gartenrosen.

| Rosa canina | | Rosa gallica |
|---|---|---|
| 2–3/ 2–3 m | | 1/ 1,5 m |
| V–VI | | VI–VII |
| 8–12/ 5–8 cm | | 8–12/ 7 cm |
| • | | • |

## Rosa-Gartenrosen Bodendeckerrosen

Rosaceae, Rosengewächse

**Heimat:** Züchtungen.
**Wuchs:** Flach ausgebreitet mit bogigen, später niederliegenden Trieben.
**Blatt:** Unpaarig gefiedert, glänzend dunkelgrün, derb, 6–10 cm lang.
**Blüte:** Schalenförmig, 2 cm, je nach Sorte in Rosa, Rot oder Weiß in vielblütigen Rispen an den Triebenden; VI–IX.
**Standort:** Lehmig humose Böden in Sonne und Halbschatten.
**Verwendung:** Flächig (1 Pflanze/$m^2$), an Böschungen, Verkehrsinseln, im Hausgarten.
**Sorten:** 'Immensee', rosa. 'Weiße Immensee', kleine, weiße Blüten (Bild).
**Sonstiges:** Pflegeleicht.

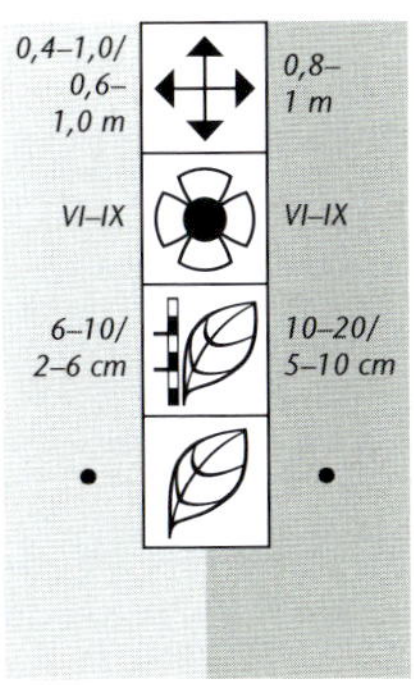

## Rosa-Gartenrosen Edelrosen, Teehybriden

Rosaceae, Rosengewächse

**Heimat:** Züchtungen.
**Wuchs:** Aufrecht, breitbuschig, ältere Triebe braun, viele Stacheln.
**Blatt:** Unpaarig gefiedert, 5- bis 7-zählig, Blättchen eiförmig, 4–8 cm lang, glänzend.
**Blüte:** Meist gefüllt, einzeln am Triebende, wohlgeformte Knospen, geschützt durch 5 grüne Kelchblätter. Farben je nach Sorte unterschiedlich, weiß bis schwarzrot; VI–IX.
**Frucht:** Rot bis orangerote Hagebutten, enthalten viele harte Samen.
**Standort:** Nährstoffreiche, lehmig humose Gartenböden in voller Sonne.
**Verwendung:** Besondere Rosenbeete, Schnittpflanze.
**Sorten:** 'Escapade', rosa. 'Gloria Dei', goldgelb, gesund (Bild). Viele Sorten (siehe Spezialkataloge).
**Sonstiges:** Auf Krankheiten und Schädlinge achten, sehr anspruchsvoll. Okulation auf *Rosa canina*.

## Rosa-Gartenrosen
## Beetrosen
Rosaceae, Rosengewächse

**Heimat:** Züchtung.
**Wuchs:** Je nach Sorte strauchförmig, buschig bis gedrungen.
**Blüte:** Viele Sorten in Rot, Rosa, Weiß und Gelb, meist gefüllt und remontierend.
**Polyantha-Hybriden:** Mehrblumige Doldenrispen mit eher einfachen bis halbgefüllten Blüten. **Sorten:** 'Lampion', blutrot, einfach, 0,5 m. 'Marlena', dunkelrot, gefüllt, 35 cm.
**Floribunda-Rosen:** Edelrosenförmige Blüten. **Sorten:** 'Edelweiß', cremeweiß, gefüllt, 40 cm. 'Friesia', gelb, gefüllt, 70 cm (Bild). 'Pußta', blutrot, 60 cm.
**Floribunda-Grandiflora-Rosen:** Besonders großblumig: 'Duftwolke', rot gefüllt, 60 cm.
**Standort:** Nährstoffreiche, lehmig humose Gartenböden in voller Sonne.
**Verwendung:** Rosenbeete, aber auch zu niederen Stauden und Gräsern im Hausgarten.
**Sonstiges:** Hoher Pflegeaufwand.

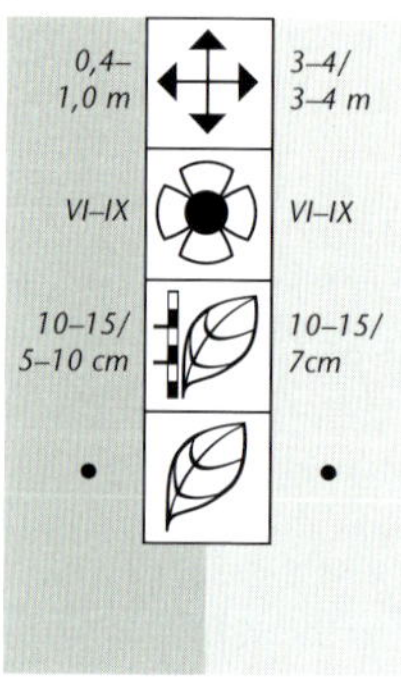

## Rosa-Gartenrosen
## Kletterrosen
Rosaceae, Rosengewächse

**Heimat:** Züchtung.
**Wuchs:** Aufrecht, stark überhängend bis kletternd.
**Blüte:** Einfach bis gefüllt, unterschiedliche Farben, je nach Sorte. Meist remontierend; VI–IX.
**Frucht:** Orangerote Hagebutten (Sammelfrucht), 2–4 cm.
**Standort:** Nährstoffreiche Gartenböden in voller Sonne bis Halbschatten.
**Verwendung:** Braucht als Spreizklimmer eine Rankhilfe, z.B. Pergolen, Gerüste, Rosenbögen.
**Sorten:** 'Sympathie', scharlachrot, gefüllt, reich blühend, remontiert (Bild).
**Sonstiges:** In vielen Farben erhältlich, siehe Spezialkataloge.

## Rosa-Gartenrosen Strauchrosen

Rosaceae, Rosengewächse

**Heimat:** Züchtung.
**Wuchs:** Straff aufrecht bis überneigend, je nach Sorte, Triebe stark bestachelt.
**Blatt:** Unpaarig gefiedert, glänzend grün, 15 cm lang.
**Blüte:** Je nach Sorte weiß, gelb, rosa oder rot, einfach bis gefüllt; VI–X. Es gibt einmalblühende und remontierende Sorten.
**Frucht:** Auffällige Hagebutten von 2–4 cm, orangerot.
**Standort:** Nährstoffreiche Gartenböden in voller Sonne.
**Verwendung:** Einzeln oder in Gruppen in Hausgärten und Parks.
**Sorten:** 'Lichtkönigin Lucia', zitronengelb, locker gefüllt, 8–10 cm breit (Bild).
**Sonstiges:** Herrliche Blütensträucher, einmalblühende oder remontierende Sorten, letztere mit einer Nachblüte im Spätsommer.

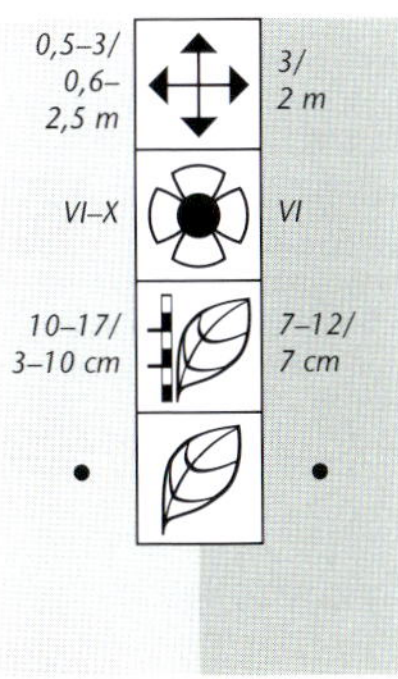

## Rosa moyesii

Mandarin-Rose
Rosaceae, Rosengewächse

**Heimat:** China.
**Wuchs:** Hoher, stark wachsender, lockerer Strauch, Stacheln gerade.
**Blatt:** Unpaarig gefiedert, 7–12 cm lang, Blättchen 7–13, eiförmig, 1–4 cm lang, grün.
**Blüte:** Weinrote Schalenblüte, am Ende der Kurztriebe, 5–7 cm breit; VI.
**Frucht:** Hagebutten flaschenförmig, 5–7 cm lang, orangerot, drüsig behaart.
**Standort:** Nährstoffreiche Gartenböden in voller Sonne.
**Verwendung:** Einzeln oder in kleinen Gruppen in Gärten und Parks.
**Sonstiges:** Vogelnährgehölz. Einmalblühend.

## Rosa multiflora
Vielblütige Rose
Rosaceae, Rosengewächse

**Heimat:** Japan und Korea.
**Wuchs:** Dichter Busch, Triebe überneigend, kaum bestachelt.
**Blatt:** Unpaarig gefiedert, 5–12 cm lang, 7–9 Blättchen, elliptisch, 2–6 cm lang, oberseits glänzend grün, unten matt, Nebenblätter kammförmig geschlitzt.
**Blüte:** Weiß, zahlreich in kegelförmigen Rispen, 2 cm breit, duftend; VI–VII.
**Frucht:** Hagebutten (Sammelfrucht) klein, oval, 5 mm lang, orange, werden reichlich gebildet.
**Standort:** Normale Gartenböden in voller Sonne und Schatten.
**Verwendung:** Parks, Straßenbegleitgrün, Hecken.
**Sonstiges:** Anspruchsloses Vogelnähr- und Windschutzgehölz.

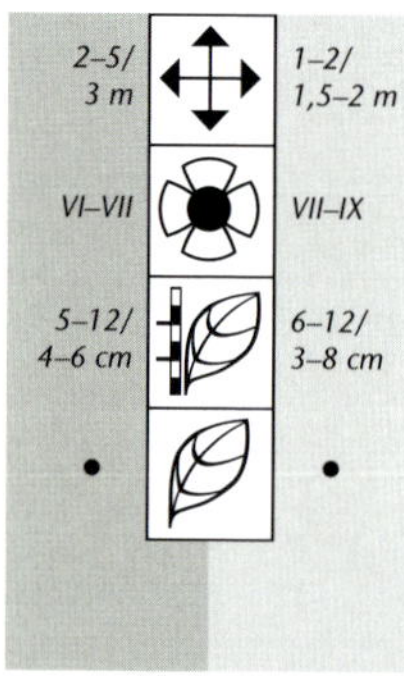

## Rosa rugosa
Kartoffel-Rose
Rosaceae, Rosengewächse

**Heimat:** Ostasien.
**Wuchs:** Straff aufrechter, dicktriebiger Strauch, viele Ausläufer bildend. Triebe mit Stacheln und Stachelborsten.
**Blatt:** Unpaarig gefiedert, 6–12 cm lang, 5–9 Einzelblättchen, 2–5 cm lang, runzelig, elliptisch, glänzend grün, unterseits graugrün, im Herbst orangerot.
**Blüte:** Einzeln, 6–9 cm breit, purpur oder rosa, duftend, remontiert; VII–IX.
**Frucht:** Große Hagebutten (Sammelfrucht), flach rundlich, bis 2,5 cm breit, hellrot, verwertbar.
**Standort:** Anspruchslos, für alle durchlässigen Böden in voller Sonne und Halbschatten.
**Verwendung:** Niedrige Hecken, einzeln oder flächig, Böschungen, Straßenbegleitgrün.
**Sorten:** 'Alba', weiße Blüten, gelbe Früchte. Viele großblumige Sorten.
**Sonstiges:** Salztolerant.

## Rosa spinosissima
(Syn. R. pimpinellifolia)
Bibernell-Rose
Rosaceae, Rosengewächse

**Heimat:** Europa, Westasien, Nordafrika.
**Wuchs:** Aufrechter Strauch, viele Ausläufer, Zweige mit Stachelborsten.
**Blatt:** Unpaarig gefiedert, 4–6 cm lang, 7–9 Einzelblättchen, 1–3 cm lang, rund, grün.
**Blüte:** Einzeln, weiß bis blassgelb, 6–8 cm breit, zahlreich, Kelch borstig; V–VI.
**Frucht:** Rundliche Hagebutte (Sammelfrucht), schwarzbraun, 1–1,5 cm dick.
**Standort:** Sandige, nährstoffarme Böden in voller Sonne.
**Verwendung:** Dünenbefestigung, Heidegärten, freie Landschaft.
**Sorten:** 'Frühlingsgold', goldgelb, 2–3 m. 'Frühlingszauber', hellrot, 2 m.
**Sonstiges:** Einmalblühende, schöne Strauchrose, bildet viele Ausläufer!

| Rosa spinosissima | | Rosa xanthina fo. hugonis |
|---|---|---|
| 0,5–1,5/ 1 m | Wuchs | 1,5–1,8/ 2,5 m |
| V–VI | Blüte | V–VI |
| 4–10/ 3–6 cm | Blatt | 5–10/ 2–4 cm |
| • | Laub | • |

## Rosa xanthina fo. hugonis
Goldgelbe Rose, Chinesische Gold-Rose
Rosaceae, Rosengewächse

**Heimat:** China.
**Wuchs:** Breit wachsender, überhängender Strauch bis 2,5 m, Zweige braun, viele Borsten.
**Blatt:** Wechselständig, unpaarig gefiedert bis 10 cm lang, Einzelblättchen eiförmig, 1–2 cm lang, fein gesägt, unterseits bläulich grün.
**Blüte:** Gelb, schalenförmig, bis 5 cm breit, reich und früh blühend; V–VI.
**Frucht:** Kugelige Hagebutte, bis 1,5 cm groß, braunschwarz.
**Standort:** Tiefgründige, lehmig humose Gartenböden in voller Sonne.
**Verwendung:** Einzeln oder in Gruppen in Gärten und Parks.
**Sonstiges:** Blüht besonders früh.

## Rubus fruticosus
Brombeere
Rosaceae, Rosengewächse

**Heimat:** Europa, Asien.
**Wuchs:** Überhängend oder kletternd, 1–3 m hoch, bis 3 m breit, Triebe stark bestachelt, grün, 5-kantig, dick, bewurzeln sich bei Bodenberührung. Spreizklimmer.
**Blatt:** Wechselständig, 3- bis 5-zählig, 5–10 cm lang, oberseits dunkelgrün, unterseits weißlich, an Blattadern und Stielen bestachelt.
**Blüte:** Weiß bis rosa, 2 cm breit, in vielen, endständigen Rispen; VI–VIII.
**Frucht:** Schwarze Steinfrüchtchen zu einer Sammelfrucht vereint, 10–20 mm groß, essbar, wohlschmeckend, von August-September am vorjährigen Holz.
**Standort:** Nährstoffreiche Gartenböden in sonnigen Lagen.
**Verwendung:** Undurchdringlicher Böschungsbegrüner, am Waldrand, Vogelschutzgehölz.
**Sorten:** 'Thedodor Reimers', Fruchtsorte mit großen, wohlschmeckenden Früchten.

| | | |
|---|---|---|
| 1–3/ 1–3 m | | 2–4/ 1 m |
| VI–VIII | | VI |
| 10–20/ 8–15 cm | | 10–15/ 10–15 cm |
| • | | |
| | | • |

## Rubus henryi
Kletter-Himbeere
Rosaceae, Rosengewächse

**Heimat:** Zentral-China.
**Wuchs:** Bis 2–4 m hoch kletternder Spreizklimmer; dünne, filzige Triebe bestachelt.
**Blatt:** Tief 3-lappig, 10–15 cm lang, glänzend, immergrün, unterseits weißfilzig.
**Blüte:** Rosa bis Rot, 2 cm breit, end- oder achselständig, drüsig behaart, in Trauben, nicht sehr zahlreich; VI.
**Frucht:** Schwarz, glänzend, 10–15 mm dick.
**Standort:** Humose, nährstoffreiche Böden im Halbschatten und Schatten.
**Verwendung:** Begrünung von Bäumen, an Pergolen und Klettergerüsten.
**Sonstiges:** Auffälliger Blattschmuck.

## Salix alba
Silber-Weide
Salicaceae, Weidengewächse

**Heimat:** Europa, Asien.
**Wuchs:** Hoher Baum, oft breitkronig, Stämme häufig schief. Borke grauweiß bis dunkelgrau, rissig. Triebe elastisch, rotbraun bis gelb.
**Blatt:** Lanzettlich, 6–12 cm, unterseits weißlich, wechselständig.
**Blüte:** 2-häusig, männliche Kätzchen gelb, weibliche grün; IV–V.
**Frucht:** Samen in 2-klappigen Kapseln mit seidigem Haarschopf (Pappus).
**Standort:** Feuchte, grundwassernahe Plätze.
**Verwendung:** Am Teich- und Bachrand, zur Uferbefestigung, Parkbaum, oft als Kopfweide gezogen, Pioniergehölz.
**Sorten:** 'Liempde', kegelförmige Krone. 'Tristis', Trauer-Weide, 15–20 m hoch.
**Sonstiges:** Hoher Wasserbedarf.

| Salix alba | | Salix caprea |
|---|---|---|
| *15–25/ 8–15 m* | Höhe/Breite | *5–10/ 5–8 m* |
| *IV–V* | Blüte | *III–IV* |
| *6–12/ 1,5–2,5 cm* | Blatt | *4–12/ 2–5 cm* |
| • | | • |

## Salix caprea
Sal-Weide
Salicaceae, Weidengewächse

**Heimat:** Europa bis Nordostasien.
**Wuchs:** Strauch bis Kleinbaum, vielstämmig. Triebe grau bis rotbraun. Knospen wechselständig, Blütenknospen dicker, von nur einer Schuppe geschützt.
**Blatt:** Grün, eiförmig zugespitzt, bis 12 cm lang, unterseits graufilzig, 2 Nebenblätter.
**Blüte:** 2-häusig, männliche Kätzchen bis 2–5 cm lang, silbrig, gelbe Staubgefäße. Weibliche Kätzchen 2–5 cm, goldgelb; III–IV, Bestäubung durch Insekten.
**Frucht:** Viele Kapseln, 5–6 cm lang, Samen mit Fruchthaaren.
**Standort:** Für fast alle Böden und Lagen. Anspruchslos.
**Verwendung:** Landschaft, Gärten und Parks. Schnittpflanze.
**Sorten:** 'Mas', männliche Auslese, größere Kätzchen als die Art. 'Pendula', Hängeform, 2 m.

## Salix hastata 'Wehrhahnii'
Spieß-Weide
Salicaceae, Weidengewächse

**Heimat:** Arktisches und subarktisches Europa und Nordamerika, Gebirge Mittel- und Südeuropas. Männliche Form der europäischen *S. hastata.*

**Wuchs:** Dicht verzweigter Kleinstrauch, aufrechte Triebe.

**Blatt:** Eiförmig, 2–4 cm lang, unterseits bläulich grün, wechselständig.

**Blüte:** Kätzchen an 5 mm langen Stielen. Silbrige, später gelbe Kätzchen, zahlreich vor dem Laub, 3–5 cm lang; IV–V.

**Standort:** Durchlässige, auch steinige Gartenböden in sonniger Lage.

**Verwendung:** Einzeln im Steingarten oder Vorgarten.

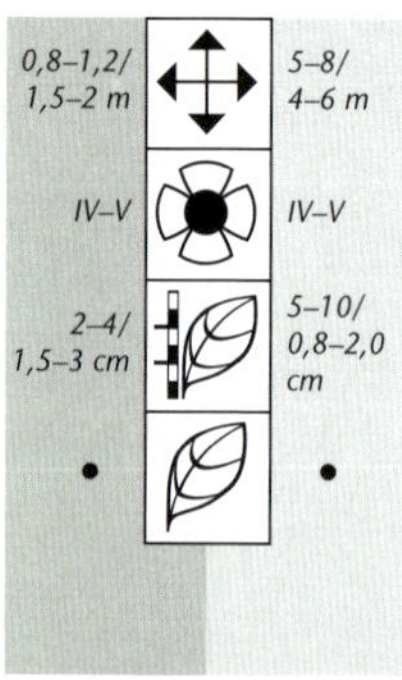


## Salix matsudana 'Tortuosa'
Korkenzieher-Weide
Salicaceae, Weidengewächse

**Heimat:** Züchtung, die Art stammt aus Ostasien.

**Wuchs:** Kleinbaum oder Großstrauch mit spiralig gewundenen Ästen.

**Blatt:** Wechselständig, länglich lanzettlich, 5–10 cm lang, verdreht, mattgrün, im Herbst gelblich grün.

**Blüte:** Unscheinbar, grauweiße Kätzchen, vor dem Laubaustrieb; IV–V.

**Standort:** Nährstoffreiche, frisch feuchte Gartenböden in Sonne und Halbschatten.

**Verwendung:** Einzeln in großen Gärten und Parks, Triebe sind beliebtes Beiwerk in der Floristik.

**Sonstiges:** Auffälliges Ziergehölz.

## Sambucus nigra
Schwarzer Holunder
Caprifoliaceae, Geißblattgewächse

**Heimat:** Nordafrika, Europa bis Sibirien.
**Wuchs:** Breiter Strauch bis 5 m, auch baumartig bis 10 m Höhe, breit ausladende Krone. Borke hellgrau, tiefrissig, Triebe dick, hellgrau, viele Lentizellen, weißes Mark.
**Blatt:** Gegenständig, unpaarig gefiedert, mattgrün, 10–30 cm lang, Einzelblättchen 3- bis 5-zählig, eiförmig bis elliptisch, 5–10 cm lang, zugespitzt, Duft unangenehm.
**Blüte:** Rahmweiß in flachen Doldenrispen, 10–15 cm breit, stark duftend; VI–VII.
**Frucht:** Steinfrucht. Rote bis schwarze Beere, 4–5 mm groß, innen mit Steinkernchen, essbar.
**Standort:** Stickstoffreiche, kalkhaltige Böden aller Lagen.
**Verwendung:** Einzeln oder in Gruppen in der Landschaft, Windschutz, Fruchtgehölz.
**Sorten:** 'Marginata', Blätter mit goldgelbem Rand. Fruchtsorten .
**Sonstiges:** Grüne Pflanzenteile sind giftig.

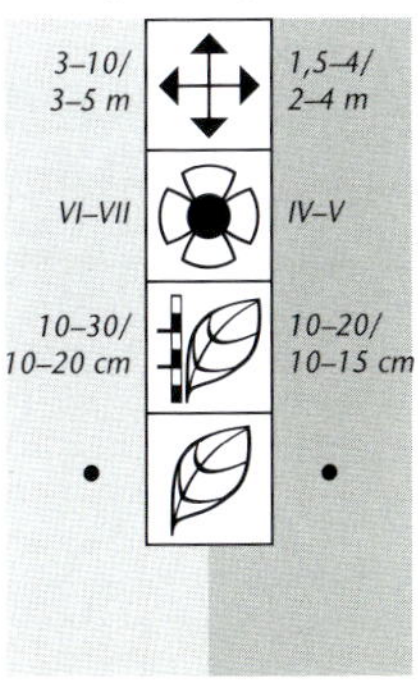


## Sambucus racemosa
Roter Holunder, Trauben-Holunder
Caprifoliaceae, Geißblattgewächse

**Heimat:** Europa, Kleinasien bis Nord-China.
**Wuchs:** Breit aufrecht, überhängende Zweige. Triebe und Mark braun. Knospen groß, kugelig, gegenständig angeordnet.
**Blatt:** Unpaarig gefiedert, 10–20 cm lang, 5 lanzettliche Einzelblätter, 4–8 cm lang.
**Blüte:** Hellgelb, vor dem Blattaustrieb, Blüte röhrig, 4 mm, in radförmiger Rispe; IV–V.
**Frucht:** Rote Beeren, 4–5 mm dick, mit giftigen, kantigen Steinfrüchten.
**Standort:** Humose, durchlässige Böden in Sonne und Schatten; bis 1400 m ü.d.M.
**Verwendung:** Unterholz, einzeln auch in Parks und in der Landschaft.
**Sonstiges:** Früchte zur Saftgewinnung verwertbar, Samen sind aber giftig.

## Skimmia japonica
Japanische Skimmie
Rutaceae, Rautengewächse

**Heimat:** Japan.
**Wuchs:** Breiter, immergrüner Kleinstrauch.
**Blatt:** Elliptisch, 8–12 cm lang, hellgrün, lederartig verdickt, wechselständig.
**Blüte:** 2-häusig, 2–8 mm, weiß, in 5–10 cm langen Rispen am Triebende; IV–V.
**Frucht:** Kugelige, längliche, 8 mm lange Steinfrüchte, leuchtend rot.
**Standort:** Durchlässige, humose, saure Böden im Schatten.
**Verwendung:** Einzeln, im Moorbeet zu Rhododendren.
**Sorten:** 'Rubella', männliche Form, daher keine Früchte, aber reiche Blüte.
**Sonstiges:** Versagt in Kalkböden.

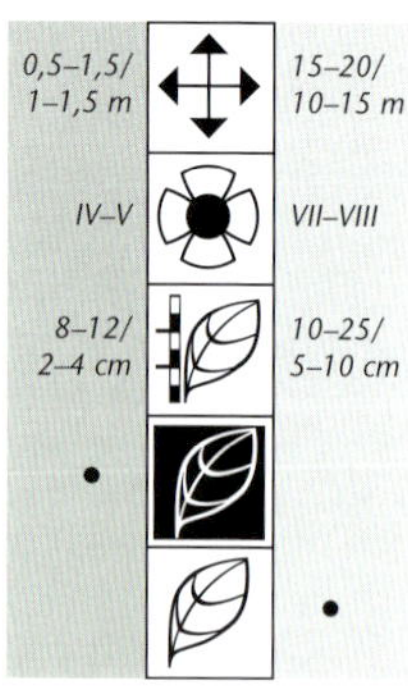


## Sophora japonica
Japanischer Schnurbaum
Fabaceae, Hülsenfrüchtler

**Heimat:** China, Korea.
**Wuchs:** Rundkroniger Baum, 15–20 m hoch, Zweige glänzend dunkelgrün.
**Blatt:** Unpaarig gefiedert, 10–25 cm lang, Einzelblättchen 2–5 cm lang, eiförmig zugespitzt, hellgrün, im Herbst gelbgrün, wechselständig angeordnet.
**Blüte:** Gelblich weiß, schmetterlingsförmig an endständigen, 20–25 cm langen Rispen; VII–VIII.
**Frucht:** Grüne Hülsen, perlschnurartig eingeschnürt, 5–8 cm lang, grün, hängend.
**Standort:** Normale bis trockene, leicht alkalische Böden in voller Sonne.
**Verwendung:** Einzeln in großen Gärten und Parkanlagen.
**Sorten:** 'Pendula', malerisch gebogene, hängende Äste, als Hochstamm veredelt.
**Sonstiges:** Gute Bienenweide.

## Sorbaria sorbifolia
Sibirische Fiederspiere
Rosaceae, Rosengewächse

**Heimat:** Ostasien.
**Wuchs:** Bis 2 m hoher, breit wachsender Strauch, viele Bodentriebe, wuchernd.
**Blatt:** Wechselständig, unpaarig gefiedert, bis 25 cm lang, Einzelblatt 5–10 cm lang, zugespitzt, im Herbst gelbgrün.
**Blüte:** Weiße Blütchen in 10–35 cm langen Rispen; VI–VII.
**Frucht:** Balgfrucht, 5 mm lang, wenig auffällig.
**Standort:** Anspruchslos, normale bis trockene Gartenböden in voller Sonne.
**Verwendung:** Einzeln oder in Gruppen in Gärten und Parks.
**Sonstiges:** Bildet mächtige Dickichte.

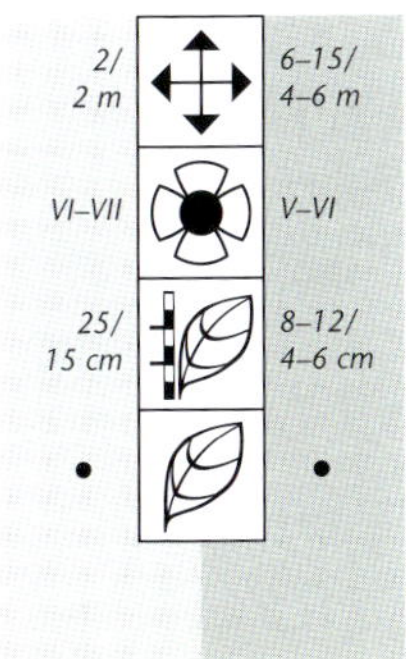


## Sorbus aria
Gewöhnliche Mehlbeere
Rosaceae, Rosengewächse

**Heimat:** Europa, Nordafrika, Kleinasien.
**Wuchs:** Großstrauch, mehrstämmig, bis 15 m Höhe, breit eiförmige Krone. Borke grausilbrig und glatt, später dunkler, aufgerissen. Triebe rotbraun, Knospen groß, behaart, wechselständig angeordnet.
**Blatt:** Breit eiförmig, 8–12 cm lang, unterseits weißfilzig, im Herbst gelb-orange.
**Blüte:** Weiß, 2 cm groß, in 5–8 cm breiten Doldenrispe; V–VI.
**Frucht:** Längliche Apfelfrüchte, 1–1,5 cm, orangerot, fade.
**Standort:** Kalkböden in voller Sonne, verträgt Trockenheit.
**Verwendung:** Einzeln oder in Gruppen als Schutzpflanzung, an Böschungen, in Parks.
**Sorten:** 'Magnifica', eiförmige Krone, Blätter groß und weißfilzig, schmaler als die Art (Bild).
**Sonstiges:** Wertvolles Wildgehölz. Durch Feuerbrand gefährdet.

## Sorbus aucuparia
Gewöhnliche Eberesche,
Vogelbeere
Rosaceae, Rosengewächse

**Heimat:** Europa über Kleinasien bis Sibirien.
**Wuchs:** Strauch- oder baumförmig, oft mehrstämmig, lockere Krone. Triebe grau, rutenförmig, Knospen wechselständig, seidig behaart. Borke grausilbrig.
**Blatt:** Grün, unpaarig gefiedert, 8–15 cm lang, Blättchen 2,5–6 cm, eiförmig, gesägt. Herbstfärbung gelb bis orange.
**Blüte:** Weiß, 1 cm breit, in flachen, 10–15 cm breiten Rispe; V–VI.
**Frucht:** Kugelige Apfelfrüchte, 8–10 mm groß, korallenrot.
**Standort:** Mischwälder, Heide und Moorgebiete, auf sauren bis neutralen Böden, sonnig.
**Verwendung:** Einzeln oder in Gruppen als Pioniergehölz.
**Sorten:** 'Edulis', Mährische Eberesche, mit größeren, verwertbaren Früchten (Saft, Marmelade); (Bild).
**Sonstiges:** Durch Feuerbrand gefährdet.

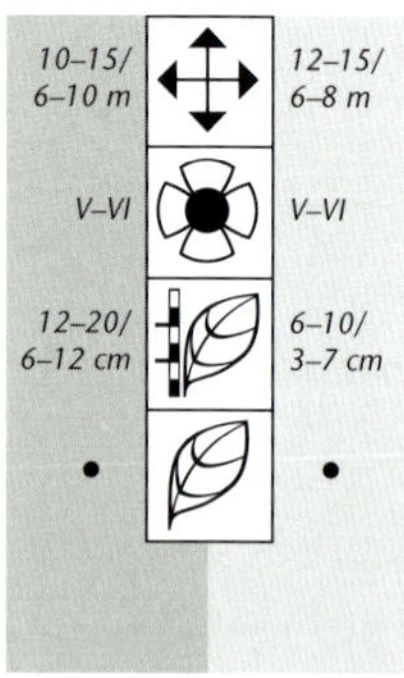


## Sorbus intermedia
Schwedische Mehlbeere,
Oxelbeere
Rosaceae, Rosengewächse

**Heimat:** Nordeuropa.
**Wuchs:** Bis 15 m hoher Baum, Krone kugelig, Stamm hellgrau, junge Triebe filzig.
**Blatt:** Wechselständig, eiförmig, 6–10 cm lang, Rand gelappt, unterseits graugrün.
**Blüte:** Weiß, 1 cm breit, in 8–10 cm breiten Doldenrispe; V–VI.
**Frucht:** Kugelige Apfelfrüchte, 1 cm groß, orangerot.
**Standort:** Anspruchslos, kann Kälte vertragen, neutrale Böden in voller Sonne.
**Verwendung:** Sichtschutzhecken, Straßenbaum, Landschaftsgehölz.
**Sonstiges:** Durch Feuerbrand gefährdet.

## Sorbus torminalis
Elsbeere
Rosaceae, Rosengewächse

**Heimat:** Europa, Vorderasien, Nordafrika.
**Wuchs:** Baum mit geradem Stamm und breit rundlicher Krone. Borke graubraun, längsrissig geschuppt, Triebe rotbraun, Knospen eiförmig, gelbgrün.
**Blatt:** Wechselständig, breit eiförmig, 10 cm lang, mit 3 bis 4 eckigen Lappen, dunkelgrün, im Herbst orangerot bis lederbraun.
**Blüte:** Weiß, 1–2 cm groß, in lockeren, filzig behaarten Doldenrispen; V–VI.
**Frucht:** Apfelfrucht, eiförmig, bräunlich punktiert, 1–1,5 cm groß, essbar.
**Standort:** Warme Hänge auf kalkreichen Trockenhängen und Waldrändern.
**Verwendung:** Wildfruchtgehölz für Vogelschutz, Gärten, an Landstraßen.
**Sonstiges:** Durch Feuerbrand gefährdet.

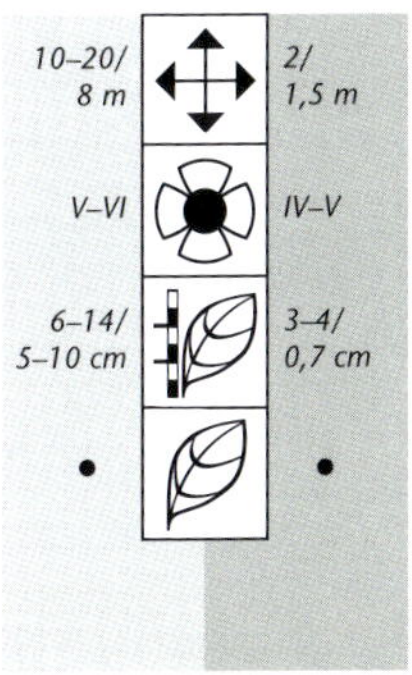


## Spiraea × arguta
Braut-Spierstrauch
Rosaceae, Rosengewächse

**Heimat:** Züchtung aus *S. × multiflora × S. thunbergii.*
**Wuchs:** Breitbuschig, bis 2 m hohe, überhängende Zweige. Triebe hell bis dunkelbraun.
**Blatt:** Wechselständig, hellgrün, schmal lanzettlich, bis 4 cm lang.
**Blüte:** Reinweiß, 8 mm breit, in kleinen Trugdolden entlang der ganzen Triebe, reich blühend; IV–V.
**Standort:** Tiefgründige, nährstoffreiche Gartenböden in voller Sonne.
**Verwendung:** Einzeln, in Gruppen oder als frei wachsende Hecke in Gärten und Parks.
**Arten:** *S. × cinerea* 'Grefsheim' ist ähnlich, aber graulaubiger und blüht eine Woche eher. *S. thunbergii* ist in allen Teilen zierlicher, blüht schon Anfang April.
**Sonstiges:** Unentbehrliche Frühlingsblüher.

## Spiraea japonica
Japanischer Spierstrauch
Rosaceae, Rosengewächse

**Heimat:** Ostasien.

**Wuchs:** Steif aufrechter Kleinstrauch von 1–1,5 m Höhe, vieltriebig.

**Blatt:** Eiförmig, zugespitzt, 2–8 cm lang, unterseits graugrün, wechselständige Anordnung.

**Blüte:** Bis 10 mm breit, in 5–10 cm breiten, endständigen Doldentrauben, rosa; VI–IX.

**Frucht:** Kleine Balgfrüchte, spreizend, braun.

**Standort:** Alle kultivierten Gartenböden in Sonne und Halbschatten.

**Verwendung:** Einzeln, in Gruppen oder als frei wachsende Hecke in Gärten und Parks.

**Sorten:** 'Anthony Waterer', bis 0,8 m, Blätter oft gelb gestreift, karminrot. 'Little Princess', 0,3–0,6 m hoch, bis 0,8 m breit, hellrosa.

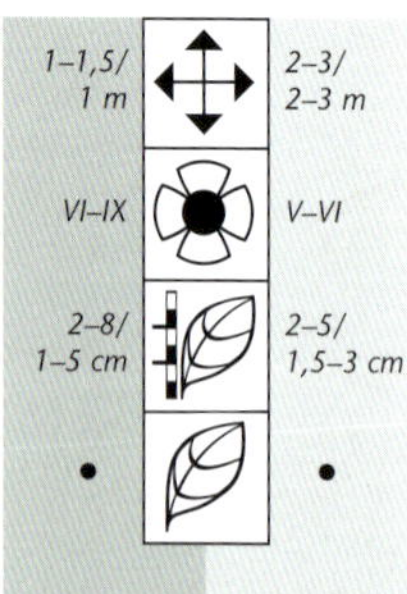


## Spiraea × vanhouttei
Belgischer Spierstrauch, Pracht-Spiere
Rosaceae, Rosengewächse

**Heimat:** Züchtung aus *S. cantoniensis* × *S. trilobata*.

**Wuchs:** Dicht verzweigter Strauch, Triebe überhängend, braun.

**Blatt:** Rhombisch eiförmig, 2–4 cm lang, Basis keilig, 3- bis 5-lappig, unten bläulich grün. Herbstfärbung gelb-orange, wechselständige Anordnung.

**Blüte:** Weiß, 10 mm breit, in flachen, vielblütigen Doldentrauben an Kurztrieben; V–VI.

**Frucht:** Kleine Balgfrüchte, wenig auffallend.

**Standort:** Nährstoffreiche, durchlässige Gartenböden in sonnigen Lagen.

**Verwendung:** Einzeln, in Gruppen oder als Hecke in Gärten und Parks.

**Sonstiges:** In allen Teilen größer als *S.* × *arguta*.

## Stephanandra incisa
Kranzspiere
Rosaceae, Rosengewächse

**Heimat:** Korea, Japan.
**Wuchs:** Breitbuschiger Strauch mit überhängenden Trieben.
**Blatt:** 3-lappig mit längerem Mittellappen, 2–6 cm lang, im Herbst rotbraun.
**Blüte:** Grünlichweiß, bis 10 mm breit, in lockeren, endständigen Rispen; VI–VII.
**Frucht:** Kleine, unscheinbare Balgfrüchte.
**Standort:** Nährstoffreiche, durchlässige Gartenböden in voller Sonne.
**Verwendung:** Einzeln oder in Gruppen in Gärten und Parks, anspruchslos.
**Sorten:** 'Crispa', nur 50–80 cm hoch, aber 0,8–1,5 m breit, mit bogenförmigen Trieben (Bild).
**Sonstiges:** Ein anspruchsloser Bodendecker für halbschattige Lagen.

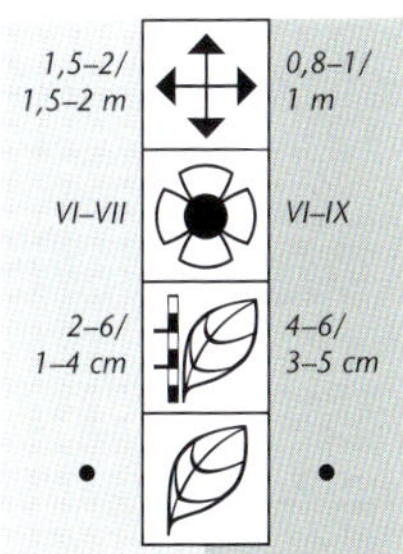

## Symphoricarpos albus
Gewöhnliche Schneebeere
Caprifoliaceae, Geißblattgewächse

**Heimat:** Nordamerika: Von Alaska bis Kalifornien.
**Wuchs:** Durch viele Ausläufer dichter, leicht überhängender Strauch.
**Blatt:** Gegenständig angeordnet, eirundlich, 4–6 cm lang, bläulich grün, behaart.
**Blüte:** Rosa-weiße Glöckchen, bis 10 mm lang, an Achseln und Triebenden in Ähren; ab VI–IX.
**Frucht:** Kugelige, beerenartige Steinfrucht, 1–1,5 cm, schneeweiß, giftig.
**Standort:** Völlig anspruchslos an Boden, Klima und Standort.
**Verwendung:** Für Grünstreifen, Böschungen an Straßen und in Parks.
**Weitere Arten:** *S. albus* var. *laevigatus*, 1,5–2 m hoch, sonst wie die Art, aber Blättchen kahl. Häufig in Kultur.
**Sonstiges:** Nicht an Kinderspielplätze!

## Symphoricarpos × chenaultii 'Hancock'

Bastard-Korallenbeere
Caprifoliaceae, Geißblattgewächse

**Heimat:** Züchtung aus *S. microphyllus* × *S. orbiculatus*.
**Wuchs:** Dichtbuschig verzweigter, vieltriebiger Kleinstrauch, niederliegend, breiter. Bildet unruhige, begehbare Flächen.
**Blatt:** Eirund, unterseits bläulich grün, 1–3 cm lang, gegenständig.
**Blüte:** Rosa trichterförmige Glöckchen in kurzen, endständigen Ähren; VI–VII.
**Frucht:** Rote, kugelige Steinfrucht, giftig!
**Standort:** Anspruchslos, für fast alle Böden und Lagen.
**Verwendung:** Als Flächendecker für öffentliche Anlagen in der Stadt.
**Sonstiges:** Kann scharfen Rückschnitt vertragen, Bewurzelung der bodennahen Triebe.

## Syringa × chinensis

Chinesischer Flieder
Oleaceae, Ölbaumgewächse

**Heimat:** Züchtung aus *S.* × *persica* × *S. vulgaris*.
**Wuchs:** Breitbuschiger Strauch, 3–5 m hoch, Zweige dünn, locker überhängend.
**Blatt:** Eilanzettlich, 4–8 cm lang, zugespitzt, dunkelgrün, gegenständig.
**Blüte:** Röhrenblüten purpurlila, süßlich duftend, in Rispen meist an den Triebenden; V.
**Frucht:** 2-fächrige Kapsel, braun.
**Standort:** Nährstoffreiche Gartenböden in voller Sonne, wärmeliebend.
**Verwendung:** Einzeln oder in Gruppen im Hausgarten und im öffentlichen Grün.
**Sorten:** 'Saugeana', dunklere Blüte.
**Sonstiges:** Anspruchsloser Blütenstrauch.

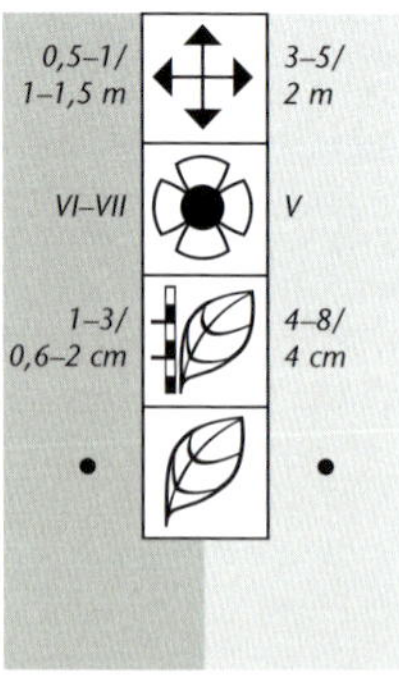

## Syringa meyeri
Meyers Flieder
Oleaceae, Ölbaumgewächse

**Heimat:** Nord-China.
**Wuchs:** Dichtbuschiger Strauch, viele Triebe aus der Basis.
**Blatt:** Elliptisch eiförmig, gegenständig, 2–4 cm lang, grün, unten heller.
**Blüte:** Violette, schmale Röhrenblüte in bis 10 cm langen Rispen, duftend; VI.
**Frucht:** 2-fächrige Kapsel, braun, unscheinbar.
**Standort:** Nährstoffreiche Böden in sonniger Lage.
**Verwendung:** Einzeln im Vorgarten und Steingarten.
**Sorten:** 'Palibin', noch niedriger im Wuchs, Knospe rot, geöffnete Blüte weißrosa (Bild).

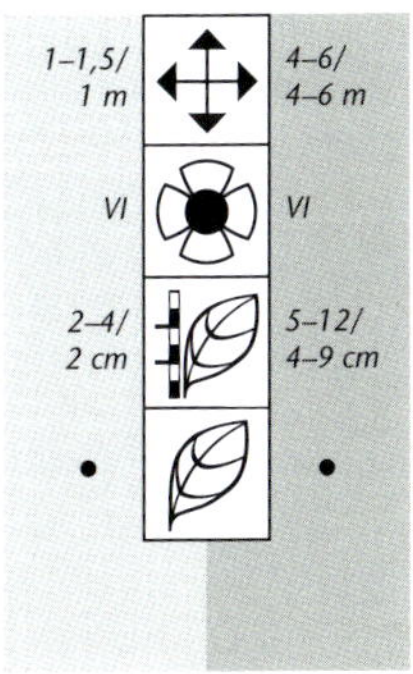

## Syringa vulgaris
Gewöhnlicher Flieder
Oleaceae, Ölbaumgewächse

**Heimat:** Südosteuropa.
**Wuchs:** Aufrechter Großstrauch, vieltriebig, gabelig verzweigt, Knospen gegenständig. Graue, kahle Triebe. Borke graubraun, rissig, abblätternd.
**Blatt:** Breit eiförmig, zugespitzt, dunkelgrün, glattrandig, 5–12 cm lang.
**Blüte:** 4-zipflige Röhrenblüte, lila, in dichten, 10–15 cm langen Rispen; V–VI.
**Frucht:** 2-fächrige Kapsel, hält lange am Strauch (Entfernen ist sinnvoll).
**Standort:** Nährstoffreiche Gartenböden in voller Sonne.
**Verwendung:** Einzeln oder in Gruppen in Gärten und Parks.
**Sorten:** 'Andenken an Ludwig Späth', violettrot. 'Mme. Lemoine', weiß, gefüllt.
**Sonstiges:** Zusätzliche Düngung und Wässerung im Frühsommer günstig. Schnittpflanze. Auch zur Treiberei.

## Tamarix parviflora
Kleinblütige Tamariske
Tamaricaceae, Tamarisken-
gewächse

**Heimat:** Südosteuropa.
**Wuchs:** Strauch oder Baum mit stark überhängenden Zweigen, lockere Krone. Triebe dunkel violettbraun.
**Blatt:** Schuppenförmig, wechselständig, sich dachziegelig überdeckend, klein.
**Blüte:** Rosa, vierzählig, in 3–4 cm langen Trauben, am vorjährigen Holz; V–VI.
**Frucht:** Kleine Kapsel, 3–7 mm groß, unscheinbar.
**Standort:** Durchlässige, trockene Plätze in voller Sonne.
**Verwendung:** Einzelstellung in Vorgärten, an der Terrasse und in Parkanlagen.
**Sonstiges:** Salzresistent, trockenheitsliebend.

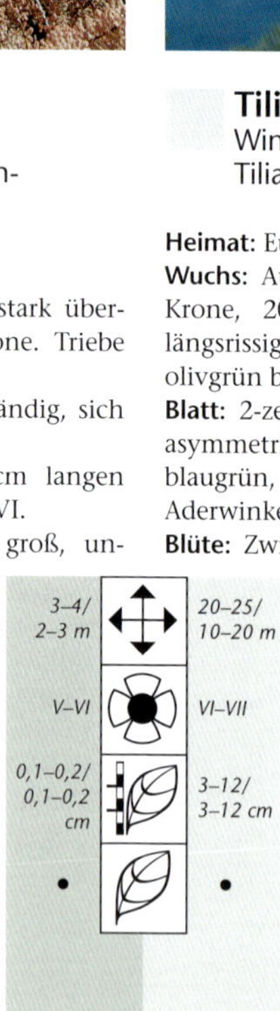

## Tilia cordata
Winter-Linde
Tiliaceae, Lindengewächse

**Heimat:** Europa, Vorderasien bis Sibirien.
**Wuchs:** Aufrechter Baum mit kegelförmiger Krone, 20–30 m hoch. Borke graubraun, längsrissig, Stamm dick und knorrig, Triebe olivgrün bis rotbraun.
**Blatt:** 2-zeilig angeordnet, breit herzförmig, asymmetrisch, 3–12 cm lang, grün, unterseits blaugrün, bräunliche Haarbüschel in den Aderwinkeln, Herbst gelb.
**Blüte:** Zwittrig, hellgelb, duftend, je 7–9 in Trugdolden an einem Tragblatt; VI–VII.
**Frucht:** Nussfrucht filzig, erbsengroß.
**Standort:** Frische, tiefgründige Böden, schwach sauer bis neutral, sonnig bis halbschattig.
**Verwendung:** Alleebaum für Parks, Schnitthecke.
**Sorten:** 'Greenspire', schwächerer Wuchs, dichte Krone.
**Sonstiges:** Auf Spinnmilben achten. Kein idealer Baum für das trockene Stadtklima.

## Tilia platyphyllos
Sommer-Linde
Tiliaceae, Lindengewächse

**Heimat:** Nord- und Südeuropa.
**Wuchs:** Bis 40 m hoher Baum, breit eiförmige Krone, stark verzweigt. Borke grau, glatt, glänzend, später längsrissig. Triebe olivgrün, flaumig behaart.
**Blatt:** Wechselständig, bis 15 cm lang, breit herzförmig, unterseits weiße Bärtchen in den Aderwinkeln, gelbes Herbstlaub.
**Blüte:** Hellgelbe Zwitterblüten, zu 2–5 in hängenden Trugdolden; VI–VII.
**Frucht:** Filzige Nussfrucht, deutlich 5-kantig, 8–18 mm groß, verholzte Schale.
**Standort:** Tiefgründige, nährstoffreiche Lehmböden im Halbschatten, liebt Feuchtigkeit.
**Verwendung:** Einzeln, in Gruppen oder Alleen, in Parks.
**Sorten:** 'Pallida', Auslese aus *Tilia × vulgaris (T. cordata × T. platyphyllos)*.
**Sonstiges:** Anspruchsvolle Baumart, nicht für die Stadt.

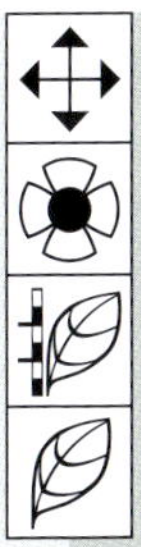

| Tilia platyphyllos | | Tilia tomentosa |
|---|---|---|
| 30–40/ 15–25 m | Wuchs | 20–30/ 15–20 m |
| VI–VII | Blüte | VII–VIII |
| 7–15/ 7–12 cm | Blatt | 11–16/ 7–12 cm |
| • | | • |

## Tilia tomentosa
Silber-Linde
Tiliaceae, Lindengewächse

**Heimat:** Balkan, Kleinasien.
**Wuchs:** Hoher Baum, breit kegelförmige Krone, Äste aufstrebend, Jungtriebe graufilzig.
**Blatt:** Wechselständig, eiförmig zugespitzt, Basis herzförmig, 11–16 cm lang, oberseits dunkelgrün, unterseits weißfilzig, im Herbst gelbgrün.
**Blüte:** Weißgelb, stark duftend, zu 5–10 in hängenden Trugdolden, Hochblätter flaumig behaart; VII–VIII.
**Frucht:** Filzige Nussfrucht, eiförmig, gerippt, 10 mm lang.
**Standort:** Verträgt trockene Böden in sonniger Lage, stadtklimafest.
**Verwendung:** Einzeln, in Gruppen oder Alleen in Städten, am Straßenrand, Parks.
**Sonstiges:** Wärmeliebender Baum.

## Ulmus glabra

Berg-Ulme
Ulmaceae, Ulmengewächse

**Heimat:** Europa, Vorderasien.
**Wuchs:** Mächtiger Baum bis 40 m Höhe, Krone ausladend, Stamm gerade. Borke grau, glatt, im Alter längsrissig, Triebe olivgrün bis rotbraun.
**Blatt:** Wechselständig, breit eiförmig, zugespitzt oder 3-spitzig, 8–12 cm lang, Basis asymmetrisch, oberseits rau behaart, mattgrün, im Herbst gelb.
**Blüte:** In Büscheln, Staubblätter dunkelrot, Narben rosa; III–IV.
**Frucht:** Geflügelte Nussfrüchte, 2–2,5 cm lang, breit elliptisch, in Büscheln.
**Standort:** Kalkhaltige, nährstoffreiche, frische bis feuchte Böden.
**Verwendung:** Landschaftsgehölz, einzeln in grundwassernahen Auwäldern, Parks.
**Sorten:** Wenig anfällig gegen das Ulmensterben (Pilzkrankheit) sind 'Dodoens', 'Lobel', 'Recerta'. 'Pendula', Hängeform 3–5 m hoch.

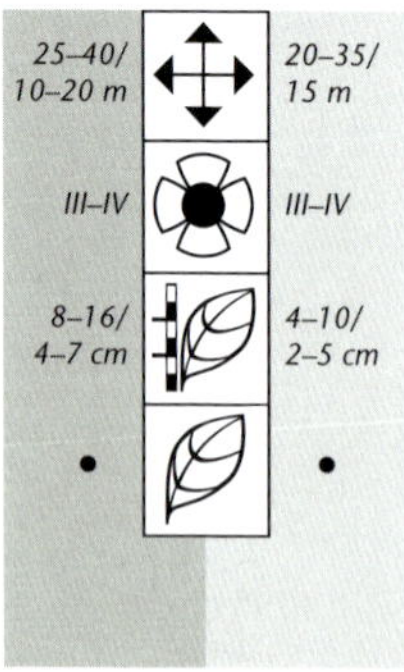


## Ulmus minor

(Syn. U. campestris)
Feld-Ulme
Ulmaceae, Ulmengewächse

**Heimat:** Europa, Kleinasien, Iran, Nordafrika.
**Wuchs:** Aufrechter Baum, breit gewölbte Krone, viele Ausläufer am Stamm. Borke graubraun, tiefgefurcht, Triebe dünn, rotbraun.
**Blatt:** 2-zeilig angeordnet, eiförmig zugespitzt, asymmetrisch, bis 10 cm lang, grün, im Herbst gelb.
**Blüte:** Violettbraun mit weißen Narben, in Büscheln, wenig auffällig; III–IV.
**Frucht:** Geflügelte Nussfrüchte in dichten Büscheln, erst grün, später hellbraun.
**Standort:** Feuchte Auwälder, nährstoffreiche, kalkhaltige Böden im Halbschatten, verträgt trockene, warme Lagen.
**Verwendung:** Landschaftsgehölz, für Parks im Einzelstand.
**Weitere Art:** *U. minor* var. *suberosa*, Kork-Feld-Ulme, Korkleisten.
**Sonstiges:** Wird vom Ulmensplintkäfer befallen!

## Ulmus × hollandica 'Wredei'

Holländische Ulme, Bastard-Ulme
Ulmaceae, Ulmengewächse

**Heimat:** Züchtung.

**Wuchs:** Erst schmal aufrecht, später breiter, 4–5(–8) m hoch, säulenförmig.

**Blatt:** Im Austrieb leuchtend gelb, später grüngelb, breit eiförmig, 6–8 cm lang, Blattrand stark gewellt.

**Blüte:** In Büscheln meist zu 4. Staubblätter sind länger als die Blütenhülle. Staubblätter dunkelviolett, Narbe rosa; III–IV.

**Frucht:** Geflügelte Nussfrucht. Eiförmig bis verkehrt eiförmig, etwa 2 cm lang. Samen liegt oberhalb der Mitte.

**Standort:** Nährstoffreiche, frische schwach saure bis leicht alkalische Böden in sonnigen und halbschattigen Lagen.

**Verwendung:** Einzeln in Gärten und Parks.

**Sonstiges:** Frosthart. Bei zu trockenem Standort und starker Sonneneinstrahlung kommt es zu Laubverbrennungen.

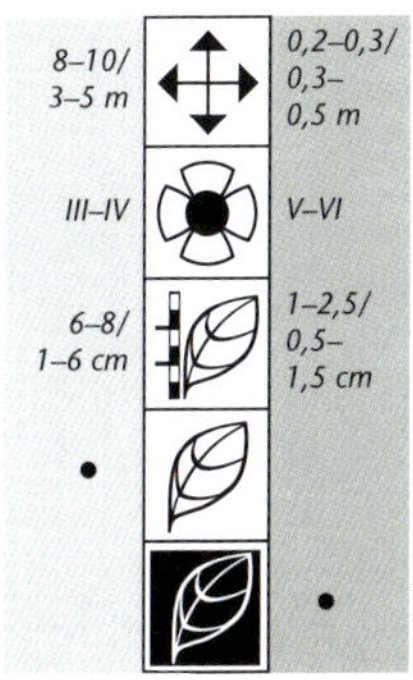


## Vaccinium vitis-idaea

Kronsbeere, Preiselbeere
Ericaceae, Heidekrautgewächse

**Heimat:** Europa, Asien, Amerika.

**Wuchs:** Immergrüner Zwergstrauch, unterirdische Ausläufer bildend.

**Blatt:** Eiförmig, glänzend grün, lederartig, 1–2,5 cm lang, wechselständig, immergrün.

**Blüte:** Weiße Glöckchen in hängenden Trauben, 1 cm groß; V–VI.

**Frucht:** Rot glänzende, kugelige Beere, 6–8 mm, säuerlich, essbar.

**Standort:** Saure, nährstoffarme Humusböden im Schatten.

**Verwendung:** Bodendecker und Fruchtstrauch im Moorbeet. Früchte für Marmelade.

**Weitere Sorten und Arten:** 'Koralle', größere Beeren als die Art. *V. corymbosum,* Kulturheidelbeere, mit blauen Beeren, über 1 m hoch, sommergrün. *V. myrtillus,* heimische Heidelbeere, blaue Früchte.

**Sonstiges:** Nur für saure Böden.

## Viburnum × burkwoodii
Burkwoods Schneeball,
Wintergrüner Schneeball
Caprifoliaceae, Geißblattgewächse

**Heimat:** Züchtung aus *V. carlesii* × *V. utile*.
**Wuchs:** Reich verzweigter, kugeliger Busch, Triebe braunfilzig.
**Blatt:** Gegenständig, eiförmig, bis 7 cm lang, oberseits glänzend grün, unterseits graugrün filzig, im Herbst oft orangerot, wintergrün.
**Blüte:** Hellrosa Röhrenblüten, 1 cm breit, innen weiß, in dichten Blütenbällen, stark duftend; III–IV. Nachblüte im Herbst.
**Frucht:** Schwarze Steinfrucht, länglich oval, 1 cm lang, giftig.
**Standort:** Nährstoffreiche, humose Gartenböden in voller Sonne.
**Verwendung:** Einzeln in Hausgärten und Parks.
**Weitere Art:** *V.* × *pragense,* Prager Schneeball, nur 2–3 m hoch, für kleinere Gärten.
**Sonstiges:** Herrlicher Blüten- und Duftstrauch.

| | | |
|---|---|---|
| 1,5–2/ 1,5 m | | 2–3/ 2–3 m |
| III–IV + IX | | III, XI–IV |
| 5–7/ 5 cm | | 4–10/ 2,5–4 cm |
| • | | |
| | | • |

## Viburnum farreri
(Syn. V. fragrans)
Duftender Schneeball
Caprifoliaceae, Geißblattgewächse

**Heimat:** Nord-China.
**Wuchs:** Straff aufrechter, Strauch, sparrig verzweigt, Triebe rotbraun.
**Blatt:** Sommergrün, gegenständig angeordnet, länglich elliptisch, 4–10 cm lang, Blattgrund keilig, auffällige Aderung und gesägter Blattrand, im Herbst braun.
**Blüte:** Hellrosa Röhrenblüten, 1–2 cm lang, in dichten Rispen; auffälliger Duft nach Vanille, ab XI–IV, Hauptblüte III.
**Frucht:** Erst rote, später schwarze Steinfrüchte, 1 cm lang, selten.
**Standort:** Frische, tiefgründige Gartenböden in sonnigen und halbschattigen Lagen.
**Verwendung:** Einzeln in Hausgärten und Parks.
**Sorte:** *V. bodnantense* 'Dawn', ähnlich, aber in allen Teilen stärker, hellrote Blüten.
**Sonstiges:** Auffälliger Vorfrühlingsblüher und Duftstrauch.

## Viburnum lantana
Wolliger Schneeball
Caprifoliaceae, Geißblattgewächse

**Heimat:** Europa bis zum Kaukasus.

**Wuchs:** Breit aufrechter, 3–4 m hoher Strauch, Triebe graufilzig, später graubraun. Knospen graufilzig, ungeschützt, nackt, gegenständig angeordnet.

**Blatt:** Eiförmig, zugespitzt, hellgrün, unterseits graufilzig, 8–14 cm lang.

**Blüte:** Im Herbst vorgebildet, weiß, 10 mm, in breiten Trugdolden, 6–10 cm breit; V–VI.

**Frucht:** Eilängliche Steinfrucht, erst grün-rot, später schwarz, bis 8 mm lang, giftig.

**Standort:** Kalkhaltige, trockene Böden in sonnigen Lagen.

**Verwendung:** Wind- und Sichtschutz, Böschungsbefestiger an warmen Gehölzrändern.

**Sonstiges:** Anspruchsloser Wildstrauch. Bei feuchtem Standort Blattlausbefall. Unterlage für viele edle Schneeball-Arten.

| Viburnum lantana | Viburnum opulus |
|---|---|
| 3–4/ 2–4 m | 3–4/ 2–4 m |
| V–VI | V–VI |
| 8–14/ 5–8 cm | 8–12/ 6–10 cm |
| • | • |

## Viburnum opulus
Gewöhnlicher Schneeball
Caprifoliaceae, Geißblattgewächse

**Heimat:** Europa bis Nordasien.

**Wuchs:** Breit aufrechter Strauch bis 4 m Höhe. Triebe graubraun, Knospen rot.

**Blatt:** Gegenständig, breit eiförmig, 8–12 cm lang, 3- bis 5-lappig, ahornähnlich, grün, unten heller, im Herbst leuchtend rot. Blattstiel mit Nektardrüsen.

**Blüte:** Weiß, in bis 8–10 cm breiten Trugdolden, fertile Innenblüten sind von einem Kranz steriler Außenblüten umgeben, 1 cm breit; V–VI.

**Frucht:** Steinfrucht, rot, kugelig, 10 mm dick, giftig. Fruchtschmuck bleibt lange erhalten.

**Standort:** Feuchte, tiefgründige Humusböden, in Kalkböden, bevorzugt im Schatten.

**Verwendung:** Unter Bäumen am Waldrand, für Gehölzgruppen in feuchteren Zonen.

**Sorten:** 'Roseum', bekannter Schneeball, runde Blütenbälle.

**Sonstiges:** Auch Blattkäfer-Lochfraß.

## Viburnum plicatum fo. tomentosum

Japanischer Schneeball
Caprifoliaceae, Geißblattgewächse

**Heimat:** Japan, nur aus Kultur bekannt.
**Wuchs:** Breiter Strauch mit waagerecht ausgebreiteten Ästen.
**Blatt:** Breit eiförmig, 4–10 cm lang, gegenständig, im Herbst dunkel weinrot.
**Blüte:** Flache Trugdolden, 6–10 cm breit, mit winzigen fertilen Innen- und reinweißen Außenblüten, 3–4 cm breit, steril; V–VI.
**Frucht:** Erst rote, später schwarze Steinfrüchte, 6–8 mm lang, giftig.
**Standort:** Leicht saure, humose Gartenböden in voller Sonne.
**Verwendung:** Einzeln oder in kleinen Gruppen in Gärten und Parks.
**Sorten:** 'Mariesii', niedrig, äußerst flach wachsend, reich blühend.
**Sonstiges:** Zur Blüte- und Fruchtzeit, sowie im Herbst eindrucksvoll.

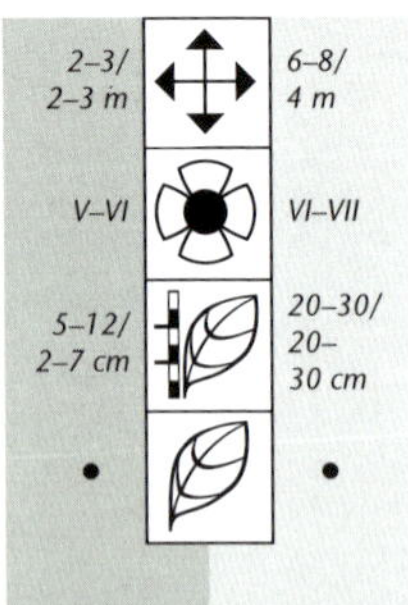


## Vitis coignetiae

Rostrote Rebe
Vitaceae, Weinrebengewächse

**Heimat:** Japan, Korea, Sachalin.
**Wuchs:** Stark wachsender Kletterstrauch bis 6–8 m hoch, Ranker.
**Blatt:** Rundlich eiförmig, 20–30 cm breit, herzförmig, 3- bis 5-lappig, mattgrün, unten rostrot behaart, besonders an den Adern, im Herbst orangerot, wechselständig.
**Blüte:** In schmalen, rostrot filzigen Rispen; VI–VII.
**Frucht:** Bereifte Beeren, schwarzrot, kugelig, 0,8–10 mm groß.
**Standort:** Warme Plätze in tiefgründigen Böden, in Bäumen und Sträuchern kletternd.
**Verwendung:** Zur Begrünung von Wänden, Mauern und Klettergerüsten, sowie von Bäumen.
**Sonstiges:** Robuster, rasch wachsender Kletterer.

## Weigela florida
Liebliche Weigelie
Caprifoliaceae, Geißblattgewächse

**Heimat:** Ostasien.
**Wuchs:** Breit aufrecht, überhängende Triebe, 2–3 m hoch, Triebe hellbraun, Lentizellen, gegenständige Knospen.
**Blatt:** Eiförmig zugespitzt, behaart, 4–11 cm lang, mattgrün.
**Blüte:** Becherförmig, 3–4 cm lang, 5-teilige Kronblätter, rosa, an endständigen Trugdolden; V–VI.
**Frucht:** 2-klappige, geschnäbelte Kapsel, 20–30 mm lang, braun.
**Standort:** Nährstoffreiche, tiefgründige Gartenböden in voller Sonne.
**Verwendung:** Einzeln oder in Gruppen in Hausgärten und öffentlichen Anlagen.
**Sorten:** Viele Sorten, z.B.: 'Bristol Ruby', karminrot (Bild). 'Eva Rathke', rot.
**Sonstiges:** Wenige Sorten lieben saure Böden ('Eva Rathke').

| Weigela florida | | Wisteria sinensis |
|---|---|---|
| *2–3/ 2–3 m* | Wuchs | *8–10/ 5 m* |
| *V–VI* | Blüte | *IV–V* |
| *4–11/ 2–5 cm* | Blatt | *20–30/ 10– 20 cm* |
| • | Laub | • |

## Wisteria sinensis
Chinesischer Blauregen, Glyzine
Fabaceae, Hülsenfrüchtler

**Heimat:** China.
**Wuchs:** Rasch wachsender, linkswindender Schlinger, Triebe graugrün, kann im Alter sogar mächtige Stämme bilden.
**Blatt:** Wechselständig, unpaarig gefiedert, 20–30 cm lang, gelbgrün, im Herbst gelb gefärbt. Blättchen eiförmig zugespitzt, 2–10 cm lang.
**Blüte:** Blauviolett, 1–2 cm groß, an 15–30 cm langen Blütentrauben; IV–VI.
**Frucht:** Graue, 100–150 mm lange Hülsen mit 1–3 giftigen Samen, hängend, selten.
**Standort:** Nährstoffreiche, sandig humose Böden in voller Sonne.
**Verwendung:** Stabile Klettergerüste an Wänden und Pergolen, benötigt viel Platz.
**Sorten:** 'Alba', weiß.

# Vermehrung

von Andreas Bärtels

## Nadelgehölze

### Abies

Aussaat im November–Dezember oder nach den Spätfrösten ab Mitte Mai, Samen vor der Aussaat im Frühjahr 2 bis 4 Wochen bei Temperaturen von 2 bis 5 °C stratifizieren.
Vermehrung der Sorten durch seitliches Anplatten im Februar–März bei Temperaturen von 14 bis 18 °C unter Folientunnel im Haus, meist auf *Abies alba*.
Vermehrung der Zwergformen durch Stecklinge im Spätsommer mit ausgereiften Trieben oder im Frühjahr, wenn die Knospen gerade zu schwellen beginnen.

### Araucaria araucana

Aussaat unter Glas bei Temperaturen von 20 bis 22 °C, Samen einzeln in Töpfe oder Multiplatten waagerecht auslegen oder mit der Spitze schräg nach unten stecken.

### Cedrus

Aussaat Anfang Mai, in der Regel unter Glas. Samen vorher 6 bis 12 Stunden vorkeimen oder 1 bis 2 Monate kalt stratifizieren.
Vermehrung der Sorten durch seitliches Anplatten, in der Regel im Oktober im Haus unter Folientunneln.

### Chamaecyparis

Samen in der Darre trocknen, trocken aufbewahren und ab März unter Glas aussäen, die feinen Samen nur dünn bedecken. Samen von *Chamaecyparis nootkatensis* vor der Aussaat jeweils 1 Monat bei Temperaturen von 20 bis 30 °C warm und anschließend bei 4 °C kalt stratifizieren.
Vermehrung der meisten Sorten durch Stecklinge von Mitte September bis Mitte November oder im Februar–März bei einer Bodentemperatur von maximal 16 °C. Schwer durch Stecklinge zu vermehrende Sorten werden von Dezember bis April oder im August–September durch seitliches Anplatten unter Glas veredelt, oft auf zweijährige Sämlinge von *Chamaecyparis lawsoniana*.

### Cryptomeria japonica

Aussaat im März–April, in der Regel unter Glas, Samen vorher 12 bis 24 Stunden in kaltem Wasser vorkeimen.
Vermehrung der Sorten durch Stecklinge im September–Oktober oder durch Veredlungen im Winter.

### × Cupressocyparis leylandii

Stecklinge im September oder im Februar–März bei Bodentemperaturen von maximal 15 bis 18 °C. Stecklinge an der Basis seitlich verwunden und 4 bis 12 Stunden in eine Wuchsstofflösung stellen.

### Ginkgo biloba

Aussaat mit importiertem Saatgut im April unter Glas, nicht selten einzeln in Töpfe oder Multiplatten. Samen vorher 4 Wochen kalt stratifizieren oder 24 Stunden lang vorkeimen.

### Juniperus

Aussaat im Herbst unmittelbar nach der Ernte oder im Frühjahr nach einer sofort einsetzenden Kaltstratifikation.
Vermehrung der Sorten durch Stecklinge von Ende Juli bis September, möglichst von jungen Mutterpflanzen, bei Bodentemperaturen von maximal 16 °C.
Bei einigen Sorten von *Juniperus* × *pfitzeriana, J. scopulorum* und *J. virginiana* sind Veredlungen im Spätsommer notwendig.

### Larix

Aussaat im Herbst oder nach einer einmonatigen Kaltstratifikation Ende April bis Anfang Mai auf Freilandbeete.

Bei Hybriden, Zwerg- und Hängeformen Veredlungen im Winter unter Glas auf getopfte Unterlagen von *Larix kaempferi* oder *L. decidua*.

## Metasequoia glyptostroboides

Aussaat im Februar–März unter Glas nach einer einmonatigen Kaltstratifikaton.
Vermehrung der Sorten durch Stecklinge von Langtrieben etwa Mitte Juni bei beginnender Verholzung an der Triebbasis.

## Microbiota decussata

Stecklinge im September–Oktober oder im Februar von ausgereiften Triebspitzen.

## Picea

Aussaat im März–April auf Freilandbeete, Samen vorher 4 bis 6 Wochen kalt stratifizieren.
Vermehrung der zwergwüchsigen Sorten meist durch Stecklinge von August bis Oktober oder von Februar bis April bei Bodentemperaturen von 12 bis 15 °C, verarbeitet werden diesjährige Triebe mit einem Ansatz von zweijährigem Holz.
Bei starkwüchsigen Sorten Veredlungen durch seitliches Anplatten, vorwiegend im August, meist auf getopfte Unterlagen von *Picea abies*.

## Pinus

Aussaat im März–April auf Freilandbeete, Samen vorher, in Abhängigkeit von der Art und der Frische des Saatgutes, 1 bis 4 Monate kalt stratifizieren.
Vermehrung der Sorten durch seitliches Anplatten von Januar bis März auf getopfte Unterlagen verschiedener Arten, die optimale Bodentemperatur liegt bei 13 bis 14 °C.

## Pseudotsuga menziesii

Aussaat in der Regel im Frühjahr auf Freilandbeete in geschützten Lagen, Samen vorher 24 Stunden wässern und die noch feuchten Samen bei 2 °C etwa 4 Wochen lagern.
Vermehrung der Sorten durch seitliches Anplatten im Winter unter Glas.

## Sciadopitys verticillata

Aussaat im Frühjahr unter Glas, Samen vorher entweder 3 Monate bei 17 bis 20 °C warm oder bei 1 bis 10 °C kalt stratifizieren.
Vermehrung der Sorten durch Stecklinge im Juli–August oder im Februar–März.

## Sequoiadendron giganteum

Aussaat im März–April unter Glas, Samen vorher etwa 10 Wochen bei 4 °C stratifizieren.
Vermehrung der Sorten durch Stecklinge Mitte September oder durch Veredlungen im Winter.

## Taxodium distichum

Aussaat im März–April, meist unter Glas, Samen vorher 2 bis 3 Monate bei 3 °C stratifizieren.

## Taxus baccata

Aussaat nach einer 12- bis 18-monatigen Stratifikation im Herbst oder im März–April im Freiland, unter Glas oder Freiland-Tunnel.
Vermehrung der Hybriden und Sorten meist durch Stecklinge von Februar bis April oder von Oktober bis Dezember.
Durch seitliches Anplatten werden vorwiegend *Taxus baccata* 'Dovastoniana'-Formen vermehrt.

## Thuja occidentalis

Aussaat meist im April–Mai auf Freilandbeete, Samen vorher 4 bis 6 Wochen bei 4 °C stratifizieren.
Vermehrung der Sorten durch Stecklinge, möglichst von jungen Mutterpflanzen, im September–Oktober bei Bodentemperaturen unter 18 °C.

## Thujopsis dolabrata

Aussaat im März–April, in der Regel unter Glas.
Vermehrung der Sorten durch Stecklinge von Spitzentrieben junger Mutterpflanzen im September–Oktober.

## Tsuga canadensis

Aussaat im März–April auf schattierte Freilandbeete, Samen vorher 1 bis 4 Monate bei 1 bis 5 °C stratifizieren.
Die Vermehrung der Sorten erfolgt durch Stecklinge von September–November oder im Februar–März bei Bodentemperaturen von 12–15 °C.

# Laubgehölze

## Acer

Aussaat im Freiland, bei *Acer campestre* und *Acer negundo* unmittelbar nach der Ernte, bei anderen Arten im September–Oktober oder im März–April nach 4 bis 6 Monaten Stratifikation bei 3 bis 5 °C.
Vermehrung der Sorten durch Okulation im Freiland von Juni–August in Kronenhöhe auf Unterlagen der jeweiligen Art oder durch Handveredlungen im Sommer oder Winter.
Vermehrung der Sorten von Fächer-Ahornen (*Acer japonicum, Acer palmatum*) durch seitliches Anplatten im Juli–August oder im Februar–März auf getopfte Unterlagen von *Acer palmatum* im Gewächshaus unter Folienabdeckung.

## Actinidia arguta

Aussaat im Herbst oder nach einer Kaltstratifikation im Frühjahr unter Glas.
Möglich ist auch eine Vermehrung durch Steckholz oder Stecklinge.

## Aesculus

Aussaat im Freiland im Herbst oder nach einer feucht-kühlen Lagerung bei 5 °C in Foliensäcken im Frühjahr. Samen mit dem Nabel nach unten in Rillen legen.
Vermehrung der Sorten durch Okulation im zeitigen Frühjahr in einen Kreuzschnitt oder seitliches Anplatten mit entblätterten Triebspitzen im Juli–August.
Vermehrung von *Aesculus parviflora* ist auch durch Wurzelschnittlinge und Anhäufeln möglich.

## Ailanthus altissima

Aussaat im Herbst oder nach 3 bis 4 Monaten Stratifikation bei 3 bis 5 °C im Frühjahr.

## Akebia quinata

Samen nach der Ernte sofort auswaschen, im Herbst oder nach 3 bis 4 Monaten Stratifikation im Frühjahr unter Glas aussäen.

## Alnus

Samen ausklengen, luftig und trocken lagern, im März im Freiland ausäen, nur dünn bedecken.

Vermehrung der Sorten durch Reiserveredlungen im Winter unter Glas.

## Amelanchier

Früchte vor der Vollreife ernten, Samen auswaschen, 3 bis 4 Monate bei 2 bis 3 °C stratifizieren, im März–April im Freiland aussäen.
Vermehrung von *Amelanchier laevis* und großfrüchtigen Sorten durch Okulation im Sommer oder durch Reiserveredlungen im Winter.

## Aralia elata

Samen sofort auswaschen, trocknen lassen, im November–Dezember stratifizieren. Im März–April des übernächsten Jahres aussäen.

## Arctostaphylos uva-ursi

Aussaat im Herbst oder Frühjahr in Handkisten unter Glas in ein Substrat mit einem pH-Wert von 4,0 bis 4,5.
Vermehrung der Sorten durch Stecklinge von Dezember bis Februar.

## Aristolochia macrophylla

Aussaat nach trockener Lagerung im Frühjahr bei Bodenwärme unter Glas.

## Aronia melanocarpa

Samen vor der Reife im Juni–Juli ernten, unmittelbar nach dem Auswaschen aussäen oder im Frühjahr nach 3 bis 4 Monaten Kaltstratifikation.

## Berberis

Samen nach der Fruchternte sofort auswaschen, 4 bis 6 Monate stratifizieren, im März–April im Freiland aussäen.
Vermehrung von immergrünen Sorten durch Kopf- und Teilstecklinge von ausgereiften Trieben im September–Oktober bei einer Bodenwärme von 16 bis 17 °C.
Vermehrung von sommergrünen Sorten durch krautige Stecklinge im Juli–August, sie bewurzeln sich auch ohne Bodenheizung unter Folienzelten.

## Betula

Aussaat bald nach der Ernte oder nach luftig-trockener Lagerung bei etwa 16 °C im Freiland, Samen nur dünn bedecken.

Vermehrung der Sorten durch Winterhandveredlung mit ein- bis zweijährigen Zweigen auf getopfte Unterlagen von *Betula pendula* unter Glas.

### Buddleja

Krautige Stecklinge von Juli bis Oktober oder im März–April von überwinterten Jungpflanzen.

### Buxus sempervirens

Aussaat in der Regel nicht üblich, deshalb Vermehrung durch Stecklinge von ausgereiften Trieben im Spätsommer unter Folie oder auch im Spätherbst im temperierten Gewächshaus.

### Callicarpa bodinieri var. giraldii

Stecklinge im Juli–August, eine seitliche basale Verwundung, Bodenheizung und Wuchsstoffe sind notwendig.

### Calluna vulgaris

Zweige kurz vor der Samenreife abschneiden und in dünner Schicht auf ein Substrat aus Heideerde, Torf und Sand mit einem pH-Wert von 4,0 bis 4,5 auslegen, die Samen fallen aus und keimen.
Vermehrung der Sorten durch Stecklinge, in der Regel im Juli–August bei Bodenwärme unter Glas.

### Calycanthus floridus

Aussaat im Spätherbst oder über Winter stratifizieren und im Frühjahr unter Glas bei Bodenwärme aussäen.

### Campsis radicans

Wurzelschnittlinge im Herbst ernten, in Handkisten auslegen und im Gewächshaus aufstellen.

### Caragana arborescens

Aussaat nach trockener Lagerung mit unbehandeltem oder vorgequollenem Saatgut im Mai unter Glas.

### Carpinus betulus

Aussaat im Herbst noch vor der Vollreife oder nach 4 bis 6 Monaten Stratifikation bei beginnender Keimung im Februar–März.

Vermehrung der Sorten durch seitliches Anplatten auf getopfte Unterlagen im August–September unter Glas.

### Caryopteris × clandonensis

Kopfstecklinge von Freilandpflanzen im August–September oder früher von angetriebenen Mutterpflanzen.

### Castanea sativa

Das Saatgut über den Winter in Foliensäcken bei 2 bis 3 °C lagern, dann im Frühjahr mit der flachen Seite nach unten in 5 cm tiefe Rillen legen.

### Catalpa bignonioides

Aussaat nach trockener Lagerung im Februar–März bei leichter Bodenwärme unter Glas.
Vermehrung der Sorten durch Handveredlung auf den Wurzelhals von *Catalpa bignonioides*. Reiser mit scharfem Messer nur flach anschneiden.

### Celastrus orbiculatus

Die Samen von ihrem Arillus befreien, noch im Herbst oder nach 3 Monaten Kaltstratifikation im Frühjahr aussäen.
Bei Formen mit definiertem Geschlecht Vermehrung durch Wurzelschnittlinge.

### Cercidiphyllum japonicum

Aussaat nach trockener Lagerung in Handkisten unter Glas, die optimale Keimtemperatur liegt bei 21 bis 25 °C.
Vermehrung der Sorten durch Handveredlungen im Februar–März unter Glas.

### Cercis siliquastrum

Aussaat im Frühjahr unter Glas, die hartschaligen Samen vorher in Ritzmaschinen bearbeiten oder vorquellen lassen.

### Chaenomeles

Früchte nach der Ernte zerkleinern, dann die Samen auswaschen und sofort oder nach 2 bis 3 Monaten Stratifikation im Freiland aussäen.
Vermehrung der Sorten durch krautige Stecklinge im Mai–Juni unter Sprühnebel und bei Bodentemperaturen von 15 bis 16 °C.

## Chamaecytisus purpureus
Ausaat nach trockener Lagerung mit unbehandeltem oder vorgequollenem Saatgut im Frühjahr im Freiland.

## Chamaespartium sagittale
Ausaat nach trockener Lagerung mit unbehandeltem oder vorgequollenem Saatgut im Frühjahr im Freiland.

## Chimonanthus praecox
Aussaat im Frühjahr unter Glas, Samen vorher jeweils 3 Monate warm und kalt stratifizieren.

## Cistus laurifolius
Aussaat im Frühjahr unter Glas.

## Clematis
Samen von den langen Griffeln befreien, trocken lagern und im März–April im Freiland aussäen.

Vermehrung der Sorten in der Regel durch Winterhandveredlungen im Januar–Februar, bei der Reiser von angetriebenen Mutterpflanzen mit einem Blattpaar durch seitliches Anplatten auf Wurzelstücke von *Clematis vitalba* verwendet werden.

Stecklinge mit einem Blattpaar von angetriebenen Mutterpflanzen im März, von Freilandpflanzen im Juni bei Bodentemperaturen von 15–20 °C.

## Colutea arborescens
Aussaat nach trockener Lagerung mit unbehandeltem oder vorgequollenem Saatgut im Frühjahr im Freiland.

## Cornus
Früchte nach der Ernte 2 Wochen in Haufen anrotten lassen, die Samen auswaschen und im Herbst oder nach einer Stratifikation im Frühjahr im Freiland aussäen.

Vermehrung der Sorten von *Cornus alba, Cornus sanguinea* und *Cornus sericea* durch Steckholz von kräftigen, einjährigen Zweigen Ende Januar im Kalthaus, ab März–April auf Freilandbeete.

Stecklinge von angetriebenen Mutterpflanzen im Mai–Juni, von Freilandpflanzen 4–6 Wochen nach dem Austrieb.

## Corylopsis
Fruchtkapseln vor der Vollreife ernten, Samen sofort aussäen oder vorher 5 Monate warm und 3 Monate kalt stratifizieren.

## Corylus
Die Aussaat erfolgt im Freiland, entweder im Oktober–November oder im März nach 2 bis 6 Monaten Stratifikation bei etwa 4 °C.

Vermehrung von Ziergehölz-Sorten im Winter durch Handveredlungen auf *Corylus avellana*, die Veredlungen topfen und bei etwa 16 °C unter Folientunnel im Haus aufstellen.

Vermehrung der Fruchtsorten und *Corylus maxima* 'Purpurea' durch Absenker, Ableger und Abrisse, gelegentlich auch durch Steckholz unter Glas bei einer Bodentemperatur von 20 °C.

## Cotinus coggygria
Samen von den fedrigen Griffeln befreien, 5 bis 7 Monate stratifizieren, im März–April im Freiland aussäen.

## Cotoneaster
Früchte vor der Vollreife ernten, zerkleinern, die Samen auswaschen und gleich oder nach einer sofort eingeleiteten Stratifikation im Frühjahr ausäen.

Vermehrung der Sorten immergrüner Arten durch Kopf- und Teilstecklinge von leicht verholzten Trieben im August–September.

Vermehrung der Sorten sommergrüner Arten durch krautige Stecklinge im August–September.

Vermehrung von *Cotoneaster salicifolius* und *Cotoneaster × watereri* in der Regel durch Handveredlungen im Februar–März unter Glas, meist auf *Cotoneaster bullatus*, fertige Veredlungen eintopfen.

## Crataegus
Früchte anrotten lassen, Samen auswaschen und gleich stratifizieren, im kommenden Frühjahr oder erst im Herbst aussäen.

Vermehrung von *Crataegus × lavallei* und *Crataegus persimilis* 'MacLeod' durch Okulation im Sommer oder Reiserveredlungen im Winter im Freiland auf *Crataegus laevigata* oder *Crataegus monogyna*.

## Cydonia oblonga
Früchte anrotten lassen, Samen auswaschen, gleich aussäen oder 1 bis 2 Wochen warm, anschließend 4 Monate kalt stratifizieren.

## Cytisus
Aussaat nach trockener Lagerung oder mit vorbehandeltem Saatgut (vorquellen oder anritzen) im Mai im Freiland.
Vermehrung von *Cytisus × praecox* und *Cytisus scoparius*-Hybriden durch Stecklinge im März–April mit vorjährigen Zweigen oder im Juli–August mit krautigen Trieben ohne Wuchsstoffanwendung.

## Daphne
Früchte im Juni–Juli ernten, Samen sofort aussäen, Handelssaatgut 2 bis 3 Monate warm und 4 Monate kalt stratifizieren, im Frühjahr aussäen.
Vermehrung von immergrünen und zwergwüchsigen Arten durch ausgereifte Stecklinge im August–September von virusfreien Mutterpflanzen.

## Davidia involucrata
Samen 3 bis 5 Monate warm stratifizieren und bei beginnender Keimung unter Glas aussäen oder weitere 3 bis 4 Monate kalt stratifizieren.

## Decaisnea fargesii
Samen auswaschen, gleich unter Glas aussäen oder bis zum Frühjahr stratifizieren.

## Deutzia
Aussaat nach trockener Lagerung im Frühjahr in Handkisten. In der Regel aber durch krautige Kopf- und Teilstecklinge im Juli–August, direkt in Multiplatten stecken und unter Glas überwintern. 10 bis 20 cm lange Steckhölzer an der Basis seitlich verwunden, mit Fungiziden behandeln und im Frühjahr im Freiland stecken.

## Elaeagnus angustifolia
Aussaat im Freiland im November oder im Frühjahr nach 4 Monaten Warm- und 2 bis 4 Monaten Kaltstratifikation.
Vermehrung immergrüner Hybriden und Sorten durch Stecklinge im Juni–August, notwendig sind eine seitliche basale Verwundung, Wuchsstoff und Bodenheizung.

## Enkianthus campanulatus
Aussaat nach trockener Lagerung im Frühjahr in Handkisten unter Glas oder durch halbreife Stecklinge.

## Erica
Aussaat wie bei *Calluna* oder Sorten durch Stecklinge von Juni bis August mit einjährigen Trieben oder vorjährigen Triebbüscheln.

## Euonymus
Aussaat im Oktober–November nach einer kurzen Warmstratifikation oder im März–April nach einer Kaltstratifikation.
Vermehrung von *Euonymus fortunei*-Sorten durch Stecklinge von Juni bis November im Haus oder unter Freiland-Folientunnel.

## Exochorda racemosa
Aussaat im Frühjahr im Freiland oder unter Glas, Samen vorher 1 bis 2 Monate kalt stratifizieren.

## Fagus sylvatica
Aussaat im April im Freiland, Samen vorher 2 bis 3 Monate luftig lagern, danach bis zur Aussaat in durchlöcherten Folienbeuteln bei –10 °C lagern.
Vermehrung der Sorten durch Handveredlung im Februar–März auf getopfte oder eingemooste, zwei- bis dreijährige Sämlinge bei Bodentemperaturen von 15 °C.

## Fallopia baldschuanica
Im Winter vorjährige Zweige zu 25 cm langen Steckhölzern verarbeiten, diese im Frühjahr direkt in Töpfe stecken.

## Fargesia murielae
Teilung bei beginnender Rhizombildung im Frühsommer, Weiterkultur der Teilpflanzen im Freiland oder in Containern.

## Forsythia × intermedia
Im Winter vorjährige Zweige zu Steckhölzern schneiden. Die oberen Enden werden in Baumwachs getaucht und im Frühjahr im Freiland gesteckt.

## Fothergilla major

Früchte vor der Vollreife ernten, Samen vor der Aussaat im Freiland oder unter Glas 12 Monate warm-kalt stratifizieren.
Eine Vermehrung ist auch durch Stecklinge im Mai–Juni möglich.

## Frangula alnus

Samen auswaschen, sofort bei 4 bis 8 °C stratifizieren, im Frühjahr aussäen. Handelssaatgut vorher warm stratifizieren.

## Fraxinus

Aussaat im Freiland im Oktober oder im März–April nach einer mehrmonatigen Warm-Kalt-Stratifikation.
Vermehrung der Sorten durch Freilandokulation im Sommer oder Reiserveredlungen im Winter im Freiland oder unter Glas als Handveredlungen.

## Gaultheria

Aussaat ab Ende Januar unter Glas bei hoher Luftfeuchtigkeit und einer Lufttemperatur von 18–20 °C.
Vermehrung von *Gaultheria mucronata* (= *Pernettya mucronata*) in der Regel durch Stecklinge im November–Dezember mit ausgreiften Trieben, Stecklinge an der Basis seitlich verwunden, nicht mit Wuchsstoffen behandeln.

## Genista lydia

Aussaat Ende März–Anfang April unter Glas. Saatgut vorher 3 Monate bei 4 bis 5 °C stratifizieren oder mit heißem Wasser behandeln.

## Gleditsia triacanthos

Aussaat im April–Mai unter Glas, ab Mai im Freiland. Die Samen vorher in Ritzmaschinen behandeln und anschließend vorquellen lassen.
Vermehrung der Sorten durch Pfropfen hinter die Rinde oder andere Reiserveredlungen im Freiland oder als Winterhandveredlungen.

## Hamamelis

Ausaat im März unter Glas oder Folie. Saatgut vorher 3 Monate warm und 5 Monate kalt stratifizieren.
Vermehrung von *Hamamelis* × *intermedia* durch Veredlung im Juli–August oder im Februar–März im Haus unter Folientunnel auf getopfte oder eingemooste Unterlagen.

## Hebe ochraceae

Stecklinge im August–September mit weitgehend verholzten Trieben.

## Hedera

Samen nach der Fruchternte im Februar bis April vom Fruchtfleisch befreien und sofort auf Freilandbeete aussäen.
Eine Vermehrung der Sorten ist ganzjährig durch Kopf- und Teilstecklinge möglich.

## Hibiscus syriacus

Winterhandveredlungen auf ein- bis zweijährige Sämlinge der Art, Veredlungen anschließend eintopfen und unter Glas kultivieren.

## Hippophae rhamnoides

Samen anrotten lassen, auswaschen, nach 2 bis 3 Monaten Stratifikation nicht vor April–Mai aussäen, optimale Keimtemperatur 18 bis 20 °C.

## Holodiscus discolor

Aussaat im November–Dezember in Handkisten im Kalthaus, die Samen nur dünn bedecken.

## Hydrangea

Vermehrung von *Hydrangea anomala* subsp. *petiolaris* durch Kopf- und Teilstecklinge im April–Mai von vorgetriebenen, im Mai–Juni von Freilandpflanzen.
Vermehrung von *Hydrangea aspera* subsp *sargentiana* durch Stecklinge im März–April von vorgetriebenen Mutterpflanzen oder von Mai bis September von Freilandpflanzen.
Vermehrung von *Hydrangea paniculata* 'Grandiflora' durch Steckholz, dieses an der Basis seitlich verwunden, unter Freiland-Folientunnel oder unter Folientunnel im Haus stecken.

## Hypericum calycinum

Kopf- und Teilstecklinge im Februar–März von angetriebenen, von Juni bis September von Freilandpflanzen.

## Idesia polycarpa
Aussaat unter Glas, im Herbst ohne Vorbehandlung, im Frühjahr nach einer Stratifikation.

## Ilex
Samen von *Ilex aquifolium* nach der Ernte 8 bis 12 Monate bei wechselnden Temperaturen warm stratifizieren, im Herbst oder Frühjahr aussäen.
Vermehrung der Sorten, auch die von *Ilex* × *meserveae*, durch Stecklinge im August oder bei Bodenwärme von November bis Februar. Stecklinge an der Basis seitlich verwunden.
Vermehrung von *Ilex crenata*-Sorten durch Stecklinge im Juli–August, möglichst von jungen Mutterpflanzen, an der Basis seitlich verwunden und mit Wuchsstoff behandeln.

## Jasminum nudiflorum
Steckholz von zweijährigen Zweigen 15 bis 20 cm lang schneiden, bis zum Stecken im Frühjahr im Kühlhaus lagern.

## Juglans
Nüsse bei 0 bis 4 °C stratifizieren, im Frühjahr in 10 cm tiefe Rillen waagerecht auf eine der beiden Nahtseiten legen.
Vermehrung der Fruchtsorten durch ein maschinelles Veredlungsverfahren oder durch Plattenokulation im Freiland.

## Kalmia latifolia
Nach der Ernte im Oktober–November in Handkisten aussäen, diese bei –2 bis –4 °C im Kühlhaus und ab Februar im Haus aufstellen.

## Kerria japonica
Kopf- und Teilstecklinge von krautigen Trieben von Juni bis September oder Ausläufer aufnehmen und weiterkultivieren.

## Koelreuteria paniculata
Aussaat unmittelbar nach der Ernte im Herbst oder im Frühjahr nach einer dreimonatigen Stratifikation bei etwa 4 °C.

## Kolkwitzia amabilis
Krautige Stecklinge im Mai–Juni, an der Basis seitlich verwunden und mit Wuchsstoff behandeln.

## Laburnum
Die Aussaat erfolgt nach trockener Lagerung mit vorgequollenem Saatgut im Mai im Freiland.
Vermehrung von *Laburnum* × *watereri* 'Vossii' durch Steckholz oder Handveredlungen im Februar–März oder Okulation im Sommer auf *Laburnum anagyroides*.

## Lavandula angustifolia
Krautige Stecklinge im Mai von unter Glas kultivierten Jungpflanzen, später auch von Freilandpflanzen.

## Lespedeza thunbergii
Aussaat im Frühjahr unter Glas, Saatgut vorher 8 bis 15 Minuten mit heißem Wasser behandeln.

## Ligustrum
Samen auswaschen und gleich oder nach 2 bis 3 Monaten Stratifikation im Frühjahr im Freiland aussäen.
Sorten können durch Steckholz vermehrt werden. Starke Zweige auf Längen von etwa 30 cm schneiden, das Steckholz dann bis zum Stecken Ende April in einem Kühlhaus lagern.

## Liquidambar styraciflua
Aussaat im März unter Glas. Die Samen werden vorher 3 Monate bei 2 bis 4 °C stratifiziert.

## Liriodendron tulipifera
Samen gleich nach der Ernte bis zur Aussaat im April unter Glas in geschlossenen Behältern bei 2 bis 5 °C lagern.

## Lonicera
Früchte anrotten lassen, Samen auswaschen und gleich oder nach 2 bis 3 Monaten Stratifikation im Freiland aussäen.
Vermehrung von sommergrünen, kletternden Arten durch Kopf- und Teilstecklinge im April–Mai von angetriebenen Mutterpflanzen.
Vermehrung von kleinblättrigen, immergrünen Arten durch Stecklinge im April–Mai von angetriebenen Mutterpflanzen, im Juni–Juli von Freilandpflanzen.

## Lycium barbarum

Samen aus den fleischigen Beeren auswaschen und sofort aussäen oder bis zur Aussaat im Frühjahr stratifizieren.

## Magnolia

Samen nach der Ernte vom Arillus befreien, bei 4 °C stratifizieren. Im Frühjahr unter Glas bei 20 °C aussäen.
Vermehrung von Hybriden und Sorten durch Reiserveredlungen im Winter im temperierten Haus unter Glas oder Folie, auf eingewurzelte Unterlagen von *Magnolia kobus*.

## Mahonia

Früchte im Frühsommer ernten, die Samen auswaschen und gleich aussäen oder bis zur beginnenden Keimung stratifizieren.
Vermehrung der Sorten durch Stecklinge mit einem langen basalen Schnitt im August–September.

## Malus

Saatgut bis zum November–Dezember luftig und trocken lagern, dann bei 2 bis 4 °C bis zur Aussaat im Frühjahr stratifizieren.
Vermehrung der Sorten und Hybriden durch Okulationen im Sommer und Reiserveredlungen (im Freiland und als Winterhandveredlungen), meist auf Sämlingsunterlagen.

## Mespilus germanica

Aussaat im Frühjahr mit stratifiziertem Saatgut.
Vermehrung von großfrüchtigen Sorten durch Okulation im Sommer oder Reiserveredlungen im Winter auf *Crataegus monogyna* oder *C. laevigata*.

## Morus alba

Früchte ernten, dann für 24 Stunden in Wasser legen, zerquetschen und die Samen auswaschen. Samen vor der Aussaat im Frühjahr 1 bis 3 Monate bei 1 bis 5 °C stratifizieren.

## Nothofagus antarctica

Aussaat mit importiertem Saatgut im Frühjahr unter Glas oder krautige Stecklinge im Juni–Juli in Multiplatten stecken, bewurzelte Stecklinge unter Glas überwintern.

## Pachysandra terminalis

Stecklinge mit halbreifen Triebspitzen von Juli bis September, optimale Bodentemperatur ist 12 bis 15 °C.

## Paeonia suffruticosa-Sorten

Veredlungen unter Glas durch stumpfe Geißfußschnitte im August–September auf Wurzelstücke von *Paeonia lactiflora*.

## Parrotia persica

Saatgut vor Aussaat im Frühjar unter Glas 5 Monate warm und 3 Monate kalt stratifizieren.

## Parthenocissus

Aussaat im März–April, in der Regel unter Glas, Samen vorher 1 bis 2 Monate bei 5 °C stratifizieren.
Steckholz von kräftigen Zweigen an der Basis verwunden und im Februar–März im Freiland oder unter Folientunnel im Kalthaus stecken.
Vermehrung von *Parthenocissus tricuspidata* 'Veitchii' durch Handveredlungen im Januar–Februar auf bewurzeltes Steckholz von *P. quinquefolia*, Veredlungen in Kisten einschlagen, unter Glas aufstellen.

## Philadelphus

Aussaat mit unbehandeltem Saatgut im Frühjahr unter Glas, in der Regel aber durch Steckholz, dieses an der Basis verwunden, 11 bis 24 Stunden in eine Wuchsstofflösung stellen und auf Freilandbeete oder in Töpfe stecken.

## Phyllostachys nigra

Im Winter oder zeitigen Frühjahr Rhizome in Teilstücke mit 2 Augen schneiden, in Container stecken, diese frostfrei aufstellen.

## Pieris japonica

Ausaat im Winter in ein Substrat mit einem pH-Wert von 4 bis 4,5. Die Handkisten unter Glas bei hoher Luftfeuchtigkeit aufstellen.
Vermehrung von Sorten durch Stecklinge, ab April von unter Glas kultivierten, ab Ende Juni von Freilandpflanzen.

## Platanus × hispanica

Steckholz mit einem Ansatz von zweijährigem Holz schneiden, vor dem Stecken im Frühjahr mit Wuchsstoff behandeln.

## Populus

Bei *Populus tremula*, gelegentlich auch bei *P. alba* und *P. canescens* Aussaat unmittelbar nach der Samenreife im Mai–Juni unter flachen, etwa 0,5 m hohen Freilandtunnel.
Vermehrung der Sorten durch Reiserveredlung im Frühjahr im Freiland oder im Winter auf bewurzelte Unterlagen von *Populus × canadensis*. Steckholz im Februar–März schneiden und sofort auf Freilandbeete stecken.

## Potentilla fruticosa

Kopf- und Teilstecklinge von Juni bis August von gesunden Mutterpflanzen, Überwinterung der bewurzelten Stecklinge im Kalthaus.

## Prunus

Nach der Ernte Samen vom Fruchtfleisch befreien und bis zur Aussaat im Frühjahr im Freiland stratifizieren.
Vermehrung von Obstarten und Sorten sommergrüner Zierarten durch Freiland-Okulationen im Sommer, Reiserveredlungen im Freiland oder Handveredlungen im Winter auf Unterlagen von *Prunus avium*, *Prunus* 'Colt' oder *Prunus cerasifera*-Sorten.
Vermehrung von *Prunus triloba* durch Kopf- und Teilstecklinge von jungen, angetriebenen Mutterpflanzen im März, von Freilandpflanzen im Juni–Juli.
Vermehrung der Sorten immergrüner Arten durch Kopf- und Teilstecklinge, an der Basis seitlich verwunden, mit Wuchsstoff behandeln und von August bis November stecken.
Vermehrung von *Prunus cerasifera*-Sorten und anderer Pflaumenunterlagen durch Abrisse oder Steckholz.

## Pterocarya fraxinifolia

Aussaat unmittelbar nach der Ernte im November–Dezember oder im Frühjahr nach 3 Monaten Kaltstratifikation unter Glas.

## Pyrus

Aussaat von Handelssaatgut im Frühjahr im Freiland, Saatgut vorher 6 bis 10 Wochen bei 3 bis 4 °C stratifizieren.
Vermehrung von Obstarten und Zierformen durch Freiland-Okulation im Sommer, Reiserveredlung im Freien und Winterhandveredlungen.

## Quercus

Aussaat im Herbst oder nach einer feuchtkühlen Lagerung im April–Mai auf Freilandbeete in 5 bis 6 cm tiefe Rillen.
Vermehrung der Sorten durch Handveredlungen im Winter oder im August mit Reisern von zweijährigen Zweigen auf getopfte Unterlagen von *Quercus robur*.

## Rhamnus catharticus

Samen nach der Fruchternte auswaschen, sofort bei 4 bis 8 °C stratifizieren, im Frühjahr im Freiland aussäen.

## Rhododendron

Aussaat im Frühjahr in Handkisten unter Glas in ein Substrat mit einem pH-Wert von 4,0 bis 4,5, Saatgut nach der Ernte kühl, trocken und luftig lagern.
Vermehrung von sommergrünen Sorten durch sehr weiche Stecklinge im Mai–Juni, am besten von angetriebenen Mutterpflanzen, Stecklinge an der Basis seitlich verwunden.
Vermehrung der Sorten von *Rhododendron degronianum* subsp. *yakuhimanum* und großblumigen Hybriden häufig durch Veredlung im Oktober–November auf bewurzelte oder unbewurzelte Stecklinge von *Rhododendron* 'Cunningham's White' oder *Rhododendron* INKARHO-Sorten.
Vermehrung von Sorten der *Rhododendron forrestii* Repens-Gruppe und von *R. williamsianum* in der Regel durch krautige Stecklinge im Juni–Juli oder mit ausgereiften Trieben im Oktober–November.

## Rhus thypina

Aussaat im Frühjahr auf Freilandbeete, Samen vorher mit kochendem Wasser übergießen.
Vermehrung der Sorten durch Wurzelschnittlinge, dazu im Herbst Wurzeln in 10 bis 15 cm lange Stücke schneiden, in Handkisten stecken und im temperierten Haus aufstellen.

## Ribes

Früchte zur Vollreife ernten, mazerisieren und die Samen auswaschen, im Herbst oder nach 3 bis 6 Monaten Stratifikation im Frühjahr aussäen.

Sorten können durch Steckholz vermehrt werden. Dazu Starktriebe zu Steckholz verarbeiten und bis zum Stecken im Frühjahr kühl lagern.

## Robinia pseudoacacia

Aussaat im Frühjahr auf Freilandbeete, vorher die hartschaligen Samen in Ritzmaschinen bearbeiten oder vorquellen.
Vermehrung der Sorten durch Reiserveredlung im Frühjahr im Freiland in Bodennähe oder im Winter als Handveredlungen auf getopfte oder wurzelnackte Unterlagen.

## Rosa

Vor der Aussaat im Frühjahr auf Freilandbeete das Saatgut 12 Wochen warm und 10 Wochen kalt stratifizieren.
Vermehrung von Gartenrosen durch Okulation im Sommer im Freiland auf den Wurzelhals einjähriger Sämlinge verschiedener *Rosa canina*-Sorten.
Vermehrung von *Rosa multiflora* und *R. rugosa* durch Steckholz, ab Januar unter Folientunnel, ab März im Freiland stecken.

## Rubus

Samen auswaschen, sofort stratifizieren, im Frühjahr auf Freilandbeete aussäen.
Vermehrung von Fruchtsorten durch Ausläufer oder Wurzelschnittlinge, dazu etwa 5 mm dicke Wurzeln in Stücke schneiden, in Kisten stecken und im Kalthaus aufstellen.

## Salix

Aussaat unmittelbar nach der Ernte im Mai–Juni wie bei *Populus*.
Vermehrung von starkwüchigen Sorten durch Steckholz. Dieses im Winter schneiden, im Kühlhaus lagern, im Frühjahr auf Freilandbeete stecken, vorher 24 Stunden wässern.
Vermehrung von Zwergweiden und kleinblättrige Sorten durch Kopf- und Teilstecklinge mit leicht verholzten Trieben im Juli–August; sie werden an der Basis seitlich verwundet.
Vermehrung von Hängeformen von *Salix caprea* durch Winterhandveredlungen in Kronenhöhe auf *Salix vinimalis* oder *S. × sericea*-Sorten.

## Sambucus

Früchte bei Vollreife ernten, das gereinigte Saatgut sofort einer Warm-Kalt-Stratifikation unterziehen, im März–April aussäen.
Vermehrung von Zier- und Fruchtsorten durch Steckholz von Starktrieben.

## Skimmia japonica

Aussaat im Herbst oder im Frühjahr unter Glas, Samen vorher trocken und kühl lagern.
Stecklinge von ausgereiften Triebspitzen von Juli bis September in Multiplatten stecken.

## Sophora japonica

Handelssaatgut in Ritzmaschinen behandeln oder vor der Aussaat unter Glas oder nach den Spätfrösten im Freiland 8 Stunden in lauwarmem Wasser einweichen.

## Sorbaria sorbifolia

Aussaat im Frühjahr im Freiland oder unter Glas, Samen vorher trocken und kühl lagern.
Möglich ist auch eine Vermehrung durch Wurzelschnittlinge.

## Sorbus

Aussaat unmittelbar nach der Ernte oder März–April im Freiland, frisches Saatgut 3 bis 4 Monate bei 1 °C stratifizieren, bei höheren Temperaturen ist eine längere Stratifikationszeit notwendig.
Vermehrung der Sorten durch Okulation im Sommer in Bodennähe, Reiserveredlung im Frühjahr im Freiland oder Handveredlungen im Winter.

## Spiraea

Aussaaten werden nur selten praktiziert.
Stecklinge von angetriebenen Mutterpflanzen bewurzeln sich besser als solche von Freilandpflanzen.
Vermehrung von starkwüchsigen Sorten durch Steckholz, dieses im Frühwinter schneiden, kühl lagern und im Frühjahr im Freiland stecken.

## Stephanandra incisa

Krautige Kopf- und Teilstecklinge im Juni–Juli, seitliche Verwundung und Anwendung von Wuchsstoffen sind nicht notwendig.

## Symphoricarpos

Aussaat im Freiland, entweder im Herbst oder im Frühjahr. Wenn Aussaat im Frühjahr, dann vorher 3 bis 4 Monate warm und 4 bis 6 Monate kalt stratifizieren.

Vermehrung der Sorten durch Steckholz oder Stecklinge von Juni bis September mit krautigen Trieben.

## Syringa

Saatgut jeweils 2 Monate warm und kalt stratifizieren, im März–April im Freiland oder unter Folientunnel aussäen.

Vermehrung von *Syringa × chinensis* durch Steckholz, dieses an der Basis seitlich verwunden, mit Wuchsstoff behandeln, im Frühjahr im Freiland stecken.

Die Vermehrung der Sorten von *Syringa vulgaris* erfolgt vorwiegend durch Okulation im Sommer oder durch Handveredlungen im Winter.

## Tamarix parviflora

Steckholz an der Basis seitlich verwunden, mit Wuchsstoff behandeln, unter Freilandtunnel oder Tunnel unter Glas stecken.

## Tilia

Saatgut vor der Vollreife ernten, sofort bei 4 °C stratifizieren, im Frühjahr das zuvor gebeizte Saatgut im Freiland ausäen.

Vermehrung von *Tilia*-Hybriden durch Okulation etwa Mitte Juli in Bodennähe auf *Tilia cordata*. Möglich sind auch Reiserveredlungen im Freiland und Winterhandveredlungen.

Vermehrung von *Tilia tomentosa* und *Tilia*-Hybriden oft auch durch Absenken zweijähriger Zweige.

## Ulmus

Aussaat unmittelbar nach der Samenreife im Mai–Juni, die Keimung erfolgt noch im gleichen Jahr.

Vermehrung der Sorten und Hybriden durch Reiserveredlungen im Frühjahr im Freiland oder als Handveredlungen, meist auf *Ulmus glabra*. Möglich ist auch die Vermehrung durch Stecklinge und Steckholz von jungen Mutterpflanzen.

## Vaccinium

Früchte reif ernten, mazerisieren, die Samen auswaschen, bei Zimmertemperaturen trocken und bis zur Aussaat im März–April unter Glas kühl lagern.

Vermehrung der Sorten von *Vaccinium corymbosum* durch Steckholz, dieses ab März im Kalthaus oder unter Freiland-Folientunnel stecken.

## Viburnum

Früchte vor der Vollreife ernten, Samen auswaschen, trocknen, bei 1–3 °C in einer luftdichten Verpackung aufbewahren und nach einer Warm-Kalt-Stratifikation im Frühjahr auf Freilandbeete aussäen.

Vermehrung von *Viburnum-opulus*-Sorten auch durch Steckholz oder Absenker möglich.

Vermehrung von *Viburnum × burkwoodii* und *V. plicatum* durch Kopulation oder seitliches Anplatten im August unter Glas, meist auf *Viburnum opulus*.

## Vinca

In der Regel durch Teilstecklinge von Juni bis September.

## Vitis coignetiae

Aussaat unmittelbar nach der Ernte oder im Frühjahr nach einer Stratifikation bei 1 bis 5 °C.

## Weigela florida

Aussaat im Frühjahr unter Glas, Saatgut bis dahin bei Zimmertemperaturen lagern.

Vermehrung der Sorten durch Steckholz, dieses vor dem Stecken im Frühjahr auf Freilandbeete mit Wuchsstoff behandeln.

## Wisteria

In der Regel Handveredlungen im Januar–Februar auf 10 cm lange Wurzelstücke der Art. Veredlungen im Haus unter Folientunnel bei 10 bis 12 °C Bodenwärme aufstellen.

# Stauden für Garten und Landschaft

# Einführung

Die Gewächse in diesem Werk sind in alphabetischer Reihenfolge nach Gattungen und Arten geordnet.

In der gärtnerischen Praxis ist der Gebrauch der botanischen Namen üblich. Daneben sind auch die gebräuchlichen deutschen Namen aufgeführt. Die Familienzugehörigkeit ist jeweils angegeben. Für die wichtigen Aspekten der Unterscheidungsmerkmale wurde eine Anzahl von besonderen Zeichen entwickelt, die in einem speziellen Datenblock zusammengefasst wurden.

## Systematische Übersicht

Die wissenschaftliche Benennung der Pflanzen mit mindestens zwei Namen, also Gattungs- und Artnamen (binäre Nomenklatur), geht auf den schwedischen Naturforscher Carl von Linné zurück, der im Jahre 1753 sein wichtigstes Werk über die Klasssifizierung des Pflanzenreiches veröffentlichte. Seine Arbeiten bilden heute noch die Grundlagen der Pflanzensystematik.

Demnach wird das Pflanzenreich in 17 Abteilungen gegliedert. In diesem Farbatlas sind davon nur Pflanzen aus folgenden gärtnerisch wichtigen Abteilungen aufgeführt:

15. Abteilung: *Pteridophyta,* Farnpflanzen. Sie vermehren sich generativ durch Sporen.

17. Abteilung: *Angiospermae,* Bedecktsamer. Diese gliedern sich in Einkeimblättrige (wie Gräser, Orchideen u.a.) und Zweikeimblättrige (wie Korbblütler u.v.a.).

Jede Abteilung ist weiterhin gegliedert in Klassen, Ordnungen und Familien. Innerhalb der Familie erfolgt die Gliederung nach Gattungen, Arten, Unterarten und Sorten. Die Sorten entstanden durch Züchtung oder Auslese in der Kultur. Die Sortennamen werden in einfache Anführungszeichen gesetzt, z.B. 'Dania'.

## Symbole und Abkürzungen

**Abkürzungen**

Weitere in diesem Buch verwendete Abkürzungen und Zeichen:

subsp.: *Subspecies* = Unterart mit von der Art abweichenden Merkmalen
var.: *Varietät* = Varietät mit abweichenden Merkmalen
Syn: *Synonym* = überholter Nebenname
×: Kreuzung zweier, nah verwandter Gattungen oder Arten

**Verwendete Symbole:**

Wuchshöhe/Blütenhöhe zur Blütezeit in Zentimetern
Blütezeit (Monate in römischen Ziffern)
Wichtige Pflanzeneigenschaften:
- S Wichtige Schnittpflanze
- D Bienenweide
- Li Liebhaberstaude
- *** Ausgezeichnete Beetstaude
- ** Vorzügliche Beetstaude
- * Wertvolle Beetstaude
- w Wertvolle Wildstaude
- w̲ Besonders wertvolle Wildstaude

Winterschutz erforderlich
Giftige Pflanze
Geselligkeit
Stückzahl pro Quadratmeter

## Stauden im Überblick

Unter Stauden versteht man krautige, aber mehrjährige Gewächse. Viele überwintern oberirdisch, andere besitzen unterirdische Speicherorgane wie Rhizome (Erdsprosse), Zwiebeln oder Knollen.

Die meisten Stauden haben einen „dienenden“ Wuchscharakter, sie benötigen meist einen Hintergrund mit Gehölzen, wenn sie optimal zur Wirkung kommen sollen.



*Draba aizoides.*

**Beetstauden** benötigen offene Böden in meist sonniger Lage und einen hohen Pflegeaufwand. Im Garten verwendet man sie meist auf besonderen Beeten oder Rabatten in nährstoffreichen Gartenböden. Beetstauden blühen meist im Sommer und fallen durch prächtige Blüten auf, die sich vielfach zum Schnitt eignen. Durch intensive Züchtungsarbeit sind viele Sorten entstanden, welche die Ausgangsart in vieler Hinsicht übertreffen.

**Wildstauden** gibt es dagegen für alle möglichen Pflanzplätze. Sie sind züchterisch wenig bearbeitet und am geeigneten Standort anspruchslos. Manche Arten können sich stark ausbreiten, entweder durch Ausläufer oder durch Versamung.

**Stauden für Sonnenlagen** haben verschiedene Einrichtungen zum Verdunstungsschutz entwickelt. Dazu zählen Dornen, Stacheln, Behaarung, Sukkulenz sowie Reduzierung und Graufärbung der Blätter. Aus diesem Grund sind sie in der Lage, Trockenheit und Hitze sowie auch Kälte zu ertragen.

**Schattenstauden** zeichnen sich häufig durch breite, dunkelgrüne Blätter aus. Unter Gehölzen oder im Schatten von Gebäuden können sie noch gut gedeihen und blühen.

**Immergrüne Stauden** sind vorwiegend in Gebieten mit wintermildem Klima und hoher Luftfeuchtigkeit zu Hause. Sie behalten ihre Blätter viele Jahre lang, können aber in Mitteleuropa bei Trockenheit im Sommer und Winter leiden. Man pflanzt sie daher meist in den Schatten, in humose Böden.

**Farne** gedeihen in humosen Böden des Gartens am besten in Schattenlagen. Sie besitzen keine Blüten, sind aber durch ihre Gestalt außerordentlich reizvoll. Ihre Vermehrung erfolgt durch winzig kleine Sporen, die entweder auf der Blattunterseite oder an speziellen Sporenblättern gebildet werden. Auch Ausläuferbildung ist bei einigen Arten möglich.

**Gräser** sind vielfältig verwendbar. Die meisten Arten bevorzugen sonnige und warme Standorte. Ihre Blüten- und Fruchtstände sind zierend, im Garten und auch in der Vase. Viele eignen sich als Trockenblumen. Im Garten sollte man sie erst im Vorfrühling abschneiden, damit die Fruchtstände auch bei Schnee und Raureif reizvoll sind.

**Sumpf- und Wasserpflanzen** benötigen einen besonderen Standort. Ein Feuchtbiotop im Garten kann viel Freude bereiten. Man sollte es an einem sonnigen Platz anlegen. Bald stellen sich auch Tiere ein, die sich hier wohl fühlen. Viele Pflanzen aus dieser Gruppe begeistern durch ihre schöne Blüte.

**Zwiebel- und Knollengewächse** haben unterirdische Speicherorgane, mit denen sie ungünstige Jahreszeiten überdauern können. Die Blüten erscheinen je nach Art im Frühling oder im Herbst vor den Blättern. Viele Arten sind als Schnittpflanze unentbehrlich, andere gehören auf Rabatten und Beete, die zierlichen Arten in den Steingarten.

Die meisten Stauden gehören zu den **Bedecktsamern, den *Angiospermae*.** Deren weibliche Blütenanlagen sind im Fruchtknoten verborgen, also geschützt vor Witterungseinflüssen. Der männliche Pollen wird in besonderen Blütenanlagen oder in der gleichen Blüte (Zwitterblüte) erzeugt und muss durch den Wind oder durch Insekten auf die weiblichen Narben gelangen.

Die Blüten der Windblütler haben eine einfache Bauweise (Gräser) und sind unscheinbar. Sie erzeugen eine Menge Pollen. Die auffälligeren Blüten der Insektenblütler dienen zur Anlockung. Neben Farben werden auch Düfte und Nektar zur Anlockung eingesetzt. Besondere Mechanismen sollen die Selbstbestäubung verhindern oder erschweren.

Die Pollenbildung ist weitaus geringer, die Bestäubung ist aber genauso erfolgreich. Im Laufe der Jahrmillionen haben sich immer raffiniertere Blütenformen gebildet und die Bestäuber haben sich darauf eingestellt. Pflanze und Tiere sind dadurch voneinander abhängig geworden. Aus den Tropen sind ganz besondere Blütenformen bekannt. Dort treten auch Fledermäuse, Mäuse, Schmetterlinge usw. als Bestäuber auf.

Die Früchte der Stauden sind unterschiedlich ausgebildet. Zur Verbreitung tragen Wind (Korbblütler, Gräser) und viele Tiere bei, die Beeren verzehren (z.B. Vögel). Das Fruchtfleisch wird verdaut, die Samen aber an anderer Stelle wieder ausgeschieden. Dort keimt der Samen. Er hat hier meist günstigere Entwicklungschancen.
Heimische Stauden sind seit vielen Jahrhunderten an das jeweilige Klima angepasst. Am natürlichen Standort in der freien Landschaft sollten sie keinesfalls ausgegraben werden. Viele von ihnen stehen unter strengem Schutz.
Fremdländische Stauden sind Arten aus aller Welt, die in unseren Gärten und Parks anzutreffen sind. Häufig sind sie anspruchsvoll an Klima und Standort. Manche Arten und Sorten fallen durch besonderen Wuchs oder farbige Blätter auf. Die Färbung kann ganzjährig oder nur beim Austrieb im Frühling, besonders aber im Herbst, beobachtet werden.
Die herbstliche Färbung der Stauden ist weitaus nicht so spektakulär wie bei vielen Gehölzen. Dennoch bietet der Herbst bei manchen Arten als Überraschung eine schöne Laubfärbung. Wenn die Tage kürzer werden und die Temperaturen abnehmen, ist dies für viele Stauden das Signal, die Blätter abzuwerfen und dadurch die Verdunstung zu verringern. Alle verwertbaren Stoffe werden abgebaut und eingelagert. Zunächst wird das Blattgrün abgezogen. Die bis dahin vom Chlorophyll überlagerten Farbstoffe kommen nun für kurze Zeit zur Wirkung. Je nach Vorkommen von Karotin, Anthocyan oder Xanthophyll ist die Färbung der Blätter orange, rot oder gelb. Nach einigen Tagen werden auch diese Farbstoffe abgebaut und die braunen Blätter fallen zu Boden, wo sie wieder zu Humus abgebaut werden.
Die prächtigen Blütenstauden stammen aus aller Welt, vorwiegend aus den gemäßigten Zonen. Je nach Art blühen sie besonders reich im Frühling, Sommer oder sogar im Winter. Einige Arten benötigen einen hohen Pflegeaufwand und Winterschutz. Sie sind ausschließlich für Gärten und Parks geeignet.
Halbsträucher sind Arten, deren Triebe nur an der Basis verholzen, die krautigen Triebspitzen können daher im Winter leiden. Sie müssen im Frühling stark zurückgeschnitten werden. Einige Arten (*Thymus, Pachysandra*) gehören eigentlich zu diese Gruppe, haben aber meist im Staudensortiment ihren festen Platz.

Flächendeckende Stauden werden heute in großer Zahl verwendet. Viele darunter sind immergrün und sehen daher ganzjährig attraktiv aus. Sie beschatten und festigen den Boden und lassen Wildkräutern wenige Entwicklungsmöglichkeiten. Viele Arten vereinfachen die Pflege.
Schling- und Kletterstauden sind selten, verdienen aber eine besondere Beachtung. Die meisten sind Waldpflanzen, die an größeren Gehölzen hinaufklettern, bis sie genügend Licht erhalten, das für die Bildung von Blüten und Früchten ausreicht. Je nach Klettertechnik können die Pflanzen vertikale Flächen mit oder ohne Gerüst begrünen.

**Die Geselligkeit nach Hansen und Müssel** beschreibt die Art der Pflanzung. Die römischen Ziffern geben eine Empfehlung darüber ab, ob eine Stauden-Art in kleinen Tuffs oder eher flächig verwendet werden sollte. Es werden folgende Geselligkeitsstufen unterschieden.

I. in kleinen Tuffs
II. in kleinen Tuffs von 3 bis 10 Pflanzen
III. in größeren Gruppen von 10 bis 20 Pflanzen
IV. in größeren Kolonien, ausgesprochen flächig
V. vorwiegend flächig

Wird gegen die Empfehlungen der Geselligkeitsstufen doch eine flächige Pflanzung angestrebt, so kann unter dem Stichwort **Pflanzen je Quadratmeter** die Stückzahl pro Quadratmeter ermittelt werden. Oft sind die Stückzahlangaben weit gefasst. Die niedrigere Zahl gibt dabei den Pflanzenbedarf an, wenn eine langlebige Pflanzung geplant ist. Der höhere Wert beschreibt den Pflanzenbedarf für eine sich schnell schließende Bodendecke. Bereits nach einem Jahr soll diese Pflanzung den Boden vollständig beschatten. Aus der Stückzahlangabe lässt sich auch der Pflanzabstand ermitteln.

# Gartenstauden von A bis Z

## Acaena buchananii
Blaugrünes Stachelnüsschen
Rosaceae, Rosengewächse

**Heimat:** Neuseeland.
**Wuchsform:** Dichter Teppichbildner, nur 5 cm hoch. Triebe bis 50 cm lang, wurzelbildend.
**Blatt:** Wechselständig, unpaarig gefiedert, 3–5 cm lang, Einzelblatt eiförmig, gezähnt, 1–2 cm lang, silbergrau, wintergrün.
**Blüte:** Unscheinbare, gestielte Köpfchen über dem Laub, gelblich, VI–VII.
**Frucht:** Köpfchen, 1,5–2 cm groß, Kelchstacheln mit Widerhaken, rotbraun.
**Standort:** Warme, durchlässige Böden in voller Sonne, Trockenheit vertragend.
**Lebensbereiche:** FS,2,so: Felssteppe, frisch, sonnig; auch für Matten und Freiflächen.
**Verwendung:** Guter Flächendecker für Böschungen, Steingärten, Gräber.
**Vermehrung:** Abtrennen der bewurzelten Bodentriebe, Stecklinge im Sommer.
**Hinweis:** Schutz vor strengem Frost.

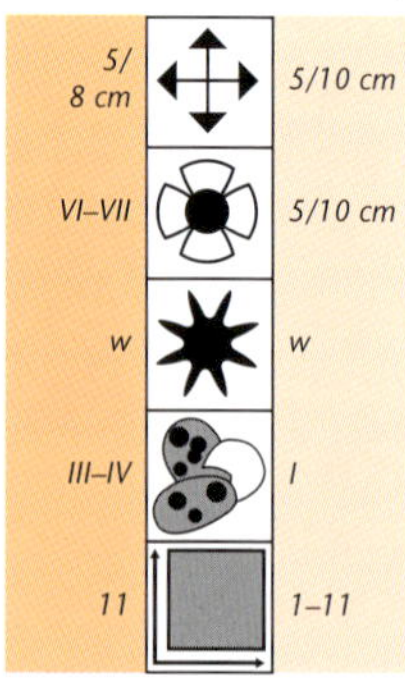


## Acaena microphylla
Kleinblättriges Stachelnüsschen
Rosaceae, Rosengewächse

**Heimat:** Neuseeland.
**Wuchsform:** Dichter Flächenbildner, 5–10 cm hoch, Triebe kriechend, bewurzeln sich.
**Blatt:** Wechselständig, unpaarig gefiedert, 6–7 cm lang, Einzelblatt eiförmig, gezähnt, 2–3 cm lang, braunrot, wintergrün.
**Blüte:** Gestielte Köpfchen über dem Laub, rotbraun, VII–VIII.
**Fruchtstand/Frucht:** Leuchtend rot, 2–3 cm breite Köpfchen mit Kelchstacheln.
**Standort:** Warme, durchlässige Böden in voller Sonne, nässeempfindlich.
**Lebensbereiche:** FS,2,so: Felssteppe; frisch; sonnig. Matten.
**Verwendung:** Guter Flächendecker für Böschungen, Steingärten, Freiflächen. Gräber.
**Vermehrung:** Abtrennen der Bodentriebe, Sommer-Stecklinge.
**Sorte:** 'Kupferteppich', zierlicher, braunrotes Laub, dicht.
**Hinweis:** Schutz vor strengem Frost.

## Acantholimon glumaceum
Igelpolster
Plumbaginaceae, Bleiwurzgewächse

**Heimat:** Armenien, Nordiran, Kaukasus.
**Wuchsform:** Grünes Polster mit schmalblättrigen Rosetten, wenig stechend, 20–30 cm hoch, aber viel breiter werdend.
**Blatt:** Schmal, grasartig, in Rosetten stehend, grünlich.
**Blüte:** In Scheinähren über dem Polster, Schaft samthaarig, rosa, VI–VII.
**Fruchtstand/Frucht:** Blütenkelche pergamentartig, lange zierend.
**Standort:** Durchlässige, trockene Böden in voller Sonne für wintermilde Lagen.
**Lebensbereiche:** MK,2,so: Mauerkronen, frisch, sonnig; auch für Steinfugen.
**Verwendung:** Einzeln für größere Steingärten, Felssteppen.
**Vermehrung:** Stecklinge und Abrisslinge im Sommer und Samen (schwierige Methode!).
**Hinweis:** Im Frühling pflanzen.

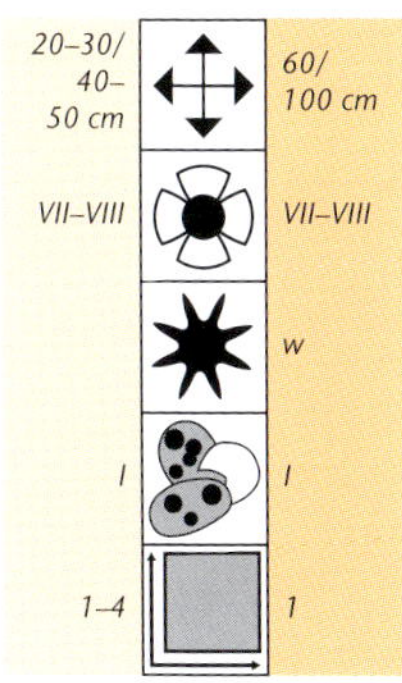


## Acanthus hungaricus
Akanthus, Bärenklau
Acanthaceae, Bärenklaugewächse

**Heimat:** SO-Europa.
**Wuchsform:** Breitbuschig , aufrecht.
**Blatt:** Kreuzgegenständig, fiederteilig, ornamental, frischgrün.
**Blüte:** Aufrechte Blütentrauben mit rosafarbenen Hochblättern, Blüte weiß, VII–VIII.
**Frucht:** Kapsel 2–3 cm lang, schleudert bei Reife flache Samen meterweit.
**Standort:** Durchlässige Böden in voller Sonne, keine Staunässe.
**Lebensbereiche:** Fr,2,so: Freifläche, frisch, sonnig; auch Felssteppe und Gehölzrand.
**Verwendung:** Einzeln auf Rabatten, Böschungen, Freiflächen.
**Vermehrung:** Aussaat nach der Ernte oder im Frühling, häufig Selbstaussaat.
**Ähnliche Art:** *A. spinosus,* nur 40 cm hoch, dornig.
**Besonderes:** Blätter dienten als Vorbilder für korinthische Kapitelle.
**Hinweis:** Winterschutz sinnvoll.

## Achillea filipendulina

Gold-Garbe, Hohe Schaf-Garbe
Asteraceae, Asterngewächse

**Heimat:** Kaukasus bis Kleinasien.
**Wuchsform:** Horstbildend, aufrechte Blütenstiele, bis 120 cm.
**Blatt:** Wechselständig, graugrün gefiedert, bis 15 cm lang, duftend.
**Blüte:** Flache Scheindolden am Triebende, goldgelb, VI–IX.
**Fruchtstand/Frucht:** Scheindolde, Frucht unscheinbar, Samen klein.
**Standort:** Nährstoffreiche, auch trockene Böden in voller Sonne.
**Lebensbereiche:** Fr,2,so: Freifläche, frisch, sonnig.
**Verwendung:** Rabatten. Schnittpflanze. Trockenbinderei.
**Vermehrung:** Teilung und Aussaat im Frühling.
**Sorte:** 'Parker', goldgelb, 120 cm. 'Coronation Gold' (Abb.)
**Ähnliche Art:** *A. clypeolata,* goldgelb, graulaubig, bis 60 cm hoch, Steingarten.
**Hinweis:** Nachblüte, wenn Rückschnitt erfolgte.

| | | |
|---|---|---|
| *30/ 120 cm* | | *20/70 cm* |
| *VI–IX* | | *VI–VIII* |
| ***; S* | | **; S* |
| *I* | | *I* |
| *4–6* | | *4–6* |

## Achillea millefolium 'Cerise Queen'

Rote Schaf-Garbe
Asteraceae, Asterngewächse

**Heimat:** Gartenform der in Europa heimischen Schafgarbe.
**Wuchsform:** Lockerhorstig, rasenbildend, aufrechte Blütentriebe beblättert.
**Blatt:** Wechselständig, fiederschnittig, dunkelgrün, duftend.
**Blüte:** Flache Scheindolde am Triebende, kirschrot, VI–VIII.
**Frucht:** Unscheinbar.
**Standort:** Auf nährstoffreichen, durchlässigen Böden in voller Sonne.
**Lebensbereiche:** B,2,so: Beet, frisch, sonnig; auch für Freiflächen.
**Verwendung:** Rabatten, Schnitt.
**Vermehrung:** Teilung im Frühling oder nach der Blüte.
**Ähnliche Sorte:** 'Sammetriese', samtrot, 80 cm hoch, spätblühend.
**Hinweis:** Breitet sich durch kurze Ausläufer aus.

## Achillea ptarmica 'Schneeball'

Bertrams-Garbe
Asteraceae, Asterngewächse

**Heimat:** Gärtnerische Ausleseform, Art: Europa bis W-Asien.
**Wuchsform:** Breitbuschig, ausläuferbildend.
**Blatt:** Wechselständig, lanzettlich, am Rand scharf gesägt.
**Blüte:** Gefüllte Blütenköpfe in Trugdolden am Triebende, weiß, VII–IX.
**Fruchtstand/Frucht:** Trugdolde, Frucht unscheinbar, Samen klein.
**Standort:** Sonnige bis halbschattige Plätze, nährstoffreiche, frische Böden. Kalkarme Standorte.
**Lebensbereiche:** Fr,3,so: Freifläche, sonnig, feucht; auch am sumpfigen Wasserrand.
**Verwendung:** Rabatten an wassernahen Plätzen. Schnittpflanze.
**Vermehrung:** Teilung, Abtrennen der kurzen Ausläufer im Frühling.
**Ähnliche Sorte:** 'Unschuld', neuere Sorte.

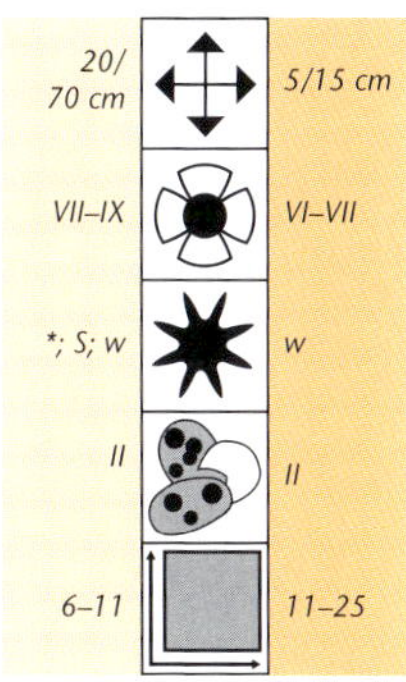


## Achillea tomentosa

Teppich-Garbe
Asteraceae, Asterngewächse

**Heimat:** SW-Europa bis W-Asien.
**Wuchsform:** Mattenartig bis polsterbildend.
**Blatt:** Wechselständig, graufilzig, fiederschnittig, 3- bis 7-teilig.
**Blüte:** In lockeren Trugdolden; goldgelb, VI–VII.
**Fruchtstand/Frucht:** Trugdolde, Frucht unscheinbar, Samen klein.
**Standort:** Sonnige, warme Plätze, durchlässige Böden.
**Lebensbereiche:** FS,1–2,so: Felssteppe; trocken bis frisch, sonnig; auch Steinanlagen.
**Verwendung:** Steingärten, Schotterflächen, Tröge.
**Vermehrung:** Teilung im Frühling.
**Hinweis:** Alle 2 Jahre teilen, sonst vergreist die Pflanze.

## Aconitum carmichaelii 'Arendsii'

Herbst-Eisenhut
Ranunculaceae, Hahnenfuß-gewächse

**Heimat:** Gartenform. Die Art stammt aus Mittelchina.
**Wuchsform:** Horstartig, aufrecht.
**Blatt:** Wechselständig, tief handförmig geteilt, glänzend dunkelgrün.
**Blüte:** Helmförmig, in Trauben, violettblau, IX–X.
**Frucht:** Balgfrucht.
**Standort:** Halbschattig auf nährstoffreichen Böden, frisch bis feucht.
**Lebensbereiche:** B,2, so–hs: Beet; frisch, sonnig bis halbschattig; auch Gehölzrand.
**Verwendung:** Rabatten, vor Gehölzen im lichten Schatten. Schnittpflanze.
**Vermehrung:** Teilung des knolligen Wurzelstocks im Frühling oder Herbst.
**Hinweis:** Giftige Pflanze.

| A. carmichaelii 'Arendsii' | | A. lycoctonum subsp. vulparia |
|---|---|---|
| 80/ 130 cm | | 80/ 100 cm |
| IX–X | | VII–VIII |
| **; *; S | | w |
| I | | I |
| 6 | | 6 |

## Aconitum lycoctonum subsp. vulparia

Fuchs-Eisenhut
Ranunculaceae, Hahnenfuß-gewächse

**Heimat:** W-Europa.
**Wuchsform:** Aufrecht, locker.
**Blatt:** 5- bis 9-teilig gelappt.
**Blüte:** In lockeren Trauben, Blüte helmartig, hellgelb, VII–VIII.
**Frucht:** Balgfrucht.
**Standort:** Lockere Bergwälder, nährstoffreiche und frische Böden, Waldrand.
**Lebensbereiche:** GR;2,hs–sch: Gehölzrand; frisch; halbschattig bis schattig.
**Verwendung:** Halbschattige Lagen, Wildstaudenpflanzungen, Gehölzränder.
**Vermehrung:** Aussaat XII bis III.
**Ähnliche Art:** *A. anthora* aus den Pyrenäen, Alpen bis Kaukasus, 80 cm.
**Hinweis:** Besonders giftige Pflanze.

## Aconitum napellus

Blauer Eisenhut
Ranunculaceae, Hahnenfußgewächse

**Heimat:** Mitteleuropa, nördlich bis Schweden, Alpen.
**Wuchsform:** Aufrecht, breitbuschig, horstig.
**Blatt:** Wechselständig, fiederartig geschlitzte Blätter, dunkelgrün.
**Blüte:** Helmartig, in lockeren Rispen, variiert stark, intensiv blau, VII–VIII.
**Frucht:** Balgfrucht.
**Standort:** Halbschattige Bergwälder, nährstoffreiche Plätze in Almnähe.
**Lebensbereiche:** GR,2–3,abs: Gehölzrand, frisch–feucht, absonnig; auch Freiflächen.
**Verwendung:** Naturnahe Wildstaudenpflanzungen im Halbschatten.
**Vermehrung:** Aussaat im Winter; Teilung im Herbst oder Frühling.
**Sorte:** 'Gletschereis', weiß, 120 cm, 'Bressingham Spire', blau, 90 cm.
**Hinweis:** Giftige Pflanze.

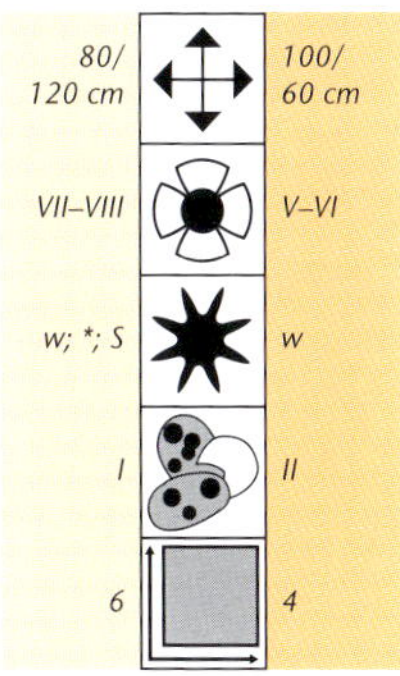


## Acorus calamus

Kalmus
Acoraceae, Kalmusgewächse

**Heimat:** Europa, Amerika, Asien.
**Wuchsform:** Locker, Verbreitung durch weit verzweigte, kriechende Rhizome.
**Blatt:** Wechselständig, schwertförmig, oft mit gewelltem Blattrand, 100 cm.
**Blüte:** Unscheinbarer Kolben, grünlichgelb, 10–20 cm lang; V–VI.
**Fruchtstand/Frucht:** Kolben mit wenigen Beeren. Selten Samenbildung.
**Standort:** Wasserrand, Sumpf bis 30 cm Wassertiefe.
**Lebensbereiche:** WR,5,so–hs: Wasserrand; flaches Wasser; sonnig bis halbschattig.
**Verwendung:** Größere Wasseranlagen auf nährstoffreichen, lehmigen Böden, Ufer. Heilpflanze.
**Vermehrung:** Teilung und Aussaat (Samenbildung in unseren Breitengraden selten).
**Sorte:** 'Variegatus' mit weißbunten Blättern.
**Ähnliche Art:** *A. gramineus*.

## Actaea pachypoda
Weißfrüchtiges Christophskraut
Ranunculaceae, Hahnenfußgewächse

**Heimat:** Östliches N-Amerika.
**Wuchsform:** Aufrechte, buschige Horste bildend.
**Blatt:** Wechselständig, 5-teilig gefiedert, waagerecht abstehend.
**Blüte:** Locker, wenig auffällige Blütentrauben, weißlich, V–VI.
**Fruchtstand/Frucht:** Weiße Beeren an roten Stielen, auffällig ab Juli bis September.
**Standort:** Durchlässige, humose Böden im Halbschatten, luftfeucht.
**Lebensbereiche:** G,2,hs: Gehölz, frisch, halbschattig; auch für den Gehölzrand.
**Verwendung:** Gehölzlichtungen, am Rand von Sträuchern, zu Rhododendron.
**Vermehrung:** Aussaat im Frühling.
**Ähnliche Art:** *A. erythrocarpa,* Europa bis Asien. Früchte rot oder weiß.

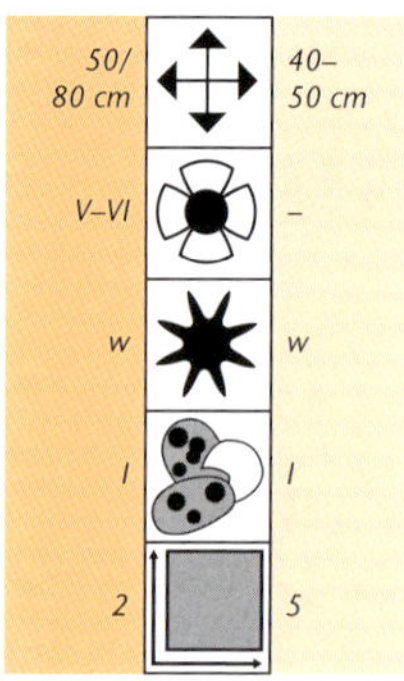


## Adiantum pedatum
Hufeisenfarn, Pfauenradfarn
Adiantaceae, Pfauenradfarngewächse

**Heimat:** N-Amerika, O-Asien.
**Wuchsform:** Lockerbuschig, aufrecht, hufeisenförmige Fächer in zwei waagerechte Äste gegabelt, Stiele schwarz.
**Blatt:** Fiederblättchen, 2 cm lang, oval, hellgrün, im Herbst goldgelb.
**Standort:** Lockere, saure Humusböden im lichten Schatten unter Gehölzen. Hohe Luftfeuchtigkeit.
**Lebensbereiche:** G,2–3,hs–sch: Gehölz; frisch bis feucht; halbschattig bis schattig; GR.
**Verwendung:** Unter älteren, gut eingewurzelten Bäumen.
**Vermehrung:** Durch Sporen und Teilung (langsame Methode!).
**Sorte:** 'Imbricatum', Krauser Pfauenradfarn, 20 cm hoch, Steingärten (Bild).

## Adonis amurensis
Amur-Adonisröschen
Ranunculaceae, Hahnenfußgewächse

**Heimat:** Mandschurei, Japan.
**Wuchsform:** Aufrecht, buschig. Zieht nach der Blüte ein.
**Blatt:** Wechselständig, fein gefiedert, mattgrün.
**Blüte:** Goldgelb im Vorfrühling, II–III.
**Frucht:** Balgfrucht, bei uns selten ausgebildet.
**Standort:** Kühl, humos, unter Laubgehölzen im lichten Schatten, sauer.
**Lebensbereiche:** GR,2,abs: Gehölzrand; frisch; absonnig; auch für Steinanlagen.
**Verwendung:** Zu Magnolien oder Zierkirschen, Rhododendron. Bienenweide.
**Vermehrung:** Aussaat sofort nach der Ernte, lange Keimdauer. Teilung.
**Ähnliche Art:** *A. vernalis,* heimisches Adonisröschen, 20 cm, auf Kalkböden, IV. **Giftige Pflanze. Geschützte Wildpflanze.**

| Adonis amurensis | | Aethionema grandiflorum |
|---|---|---|
| *20/ 30 cm* | | *15–20/ 25 cm* |
| *I–III* | | *IV–VI* |
| *D; Li* | | *w* |
| *II* | | *II* |
| *8–11* | | *11–25* |

## Aethionema grandiflorum
Steintäschel
Brassicaceae, Kohlgewächse

**Heimat:** Anatolien bis Iran.
**Wuchsform:** Breitbuschiger Halbstrauch, vieltriebig.
**Blatt:** Wechselständig, länglich-linealisch, blaubereift, 2–3 cm lang, wintergrün.
**Blüte:** Kreuzblütchen in endständigen Trauben; hellrosa; IV–VI.
**Frucht:** Schötchen.
**Standort:** Durchlässige Kalkböden in sonniger Lage.
**Lebensbereiche:** FS,1–2,so: Felssteppe; trocken bis frisch; sonnig. Auch für Steinfugen.
**Verwendung:** Steingarten, Trockenmauern, Felssteppe, Trog.
**Vermehrung:** Durch Samen.
**Ähnliche Art:** *A. armenum* 'Warley Rose', 15 cm, rosa, Stecklingsvermehrung.
**Hinweis:** Nur mit Topfballen pflanzen.

## Ajuga reptans
Kriechender Günsel
Lamiaceae, Taubnesselgewächse

**Heimat:** Europa, N-Afrika bis Iran.
**Wuchsform:** Oberirdische Ausläufer, Flächendecker.
**Blatt:** Gegenständig, spatelförmig, mattgrün, wintergrün.
**Blüte:** 2-lippig, in dichten, aufrechten Scheinähren, blau, V–VI.
**Frucht:** Unauffällig, kleine Nüsschen werden von Ameisen verbreitet.
**Standort:** Frische bis feuchte Plätze im Halbschatten. Verträgt keine trockenen Standorte.
**Lebensbereiche:** GR,2–3,so–abs: Gehölzrand; frisch bis feucht; sonnig bis absonnig. Auch für absonnige Freiflächen.
**Verwendung:** Als Flächendecker unter Gehölzen, Teichrand.
**Vermehrung:** Teilung, Abtrennen der Rosetten sowie Aussaat.
**Sorte:** 'Atropurpurea', Purpurgünsel, Laub kupferbraun, w (Bild).

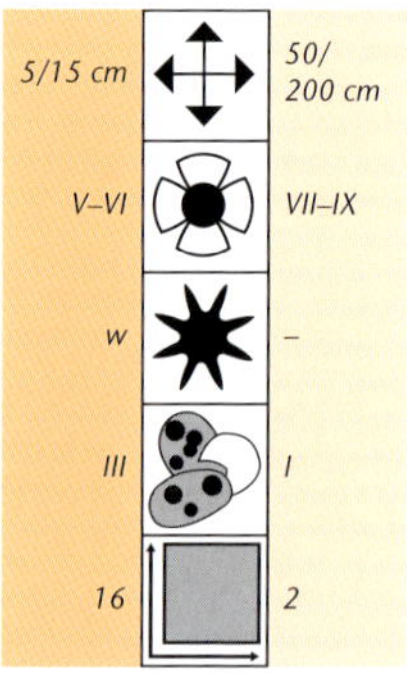


## Alcea rosea
Chinesische Stockrose
Malvaceae, Malvengewächse

**Heimat:** Gartenform, die Art stammt aus SW-Asien.
**Wuchsform:** Aufrecht, bis 2 m hoch, zweijährig.
**Blatt:** Wechselständig, groß, rund-herzförmig, mattgrün, rau.
**Blüte:** 6–8 cm groß, gefüllt, achsel- oder endständig, rosa, rot, gelb, weiß, VII–IX.
**Frucht:** Spaltfrucht.
**Standort:** Sonnige, durchlässige, nährstoffreiche Böden.
**Lebensbereiche:** B,2,so: Beet; frisch; sonnig.
**Verwendung:** Rabatten, vor Südwänden und Mauern.
**Vermehrung:** Aussaat im Frühling.
**Sorte:** Viele Farbsorten, z.B. 'Rosa'.
**Ähnliche Art:** *A. ficifolia,* Feigenblättrige Stockrose, geschlitztes Laub.
**Hinweis:** Rückschnitt nach der Blüte erforderlich.

## Alchemilla mollis
Weicher Frauenmantel
Rosaceae, Rosengewächse

**Heimat:** Karpaten, Kaukasus.
**Wuchsform:** Breitbuschig, horstig, leicht überliegend.
**Blatt:** Wechselständig, bis 15 cm groß, 9- bis 11-lappig, weich behaart.
**Blüte:** Kleine Einzelblüten in Knäueln gehäuft, zartgelb, V–VII.
**Frucht:** Unscheinbar.
**Standort:** Sonnig bis halbschattig, frische bis feuchte Böden, lehmig.
**Lebensbereiche:** Fr,2–3,so–abs: Freifläche; frisch bis feucht; sonnig bis absonnig, Gehölzrand.
**Verwendung:** Rabatten, zu Beetstauden oder in Wiesenflächen. Schnittpflanze.
**Vermehrung:** Aussaat und Teilung.
**Ähnliche Art:** *A. erythropoda*, Zwerg-Frauenmantel, 10 cm hoch.
**Hinweis:** Rückschnitt nach der Blüte unterbindet Selbstaussaat.

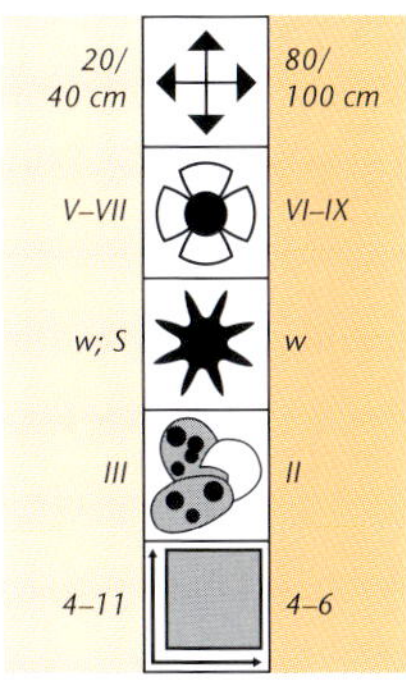


## Alisma plantago-aquatica
Froschlöffel
Alismataceae, Froschlöffelgewächse

**Heimat:** Afrika, Europa bis Asien.
**Wuchsform:** Horstartige Sumpfpflanze mit knolligem Wurzelstock.
**Blatt:** Wechselständig, breit-elliptisch, langgestielt bis 80 cm Länge.
**Blüte:** Klein; an hoher, reich verzweigter, quirliger Rispe, weiß, VI–IX.
**Frucht:** Unscheinbare Nüsschen.
**Standort:** Heimische Sumpfpflanze in sonnigen bis halbschattigen Lagen.
**Lebensbereiche:** WR,5,so–hs: Wasserrand; flaches Wasser; sonnig bis halbschattig.
**Verwendung:** Teichrand, bis 30 cm Wassertiefe, nährstoffreiche Gewässer.
**Vermehrung:** Aussaat im Frühling.
**Hinweis:** Fruchtstände nach der Blüte entfernen, um Selbstaussaat zu verhindern.

## Allium christophii
Sternkugel-Lauch
Alliaceae, Lauchgewächse

**Heimat:** Kleinasien, Iran.
**Wuchsform:** Eintriebige Zwiebelpflanze mit kugeligem Blütenstand.
**Blatt:** Riemenförmig, bis 45 cm lang, blaugrün.
**Blüte:** Sternblüten bis 25 cm breit; kugelige, zusammengesetzte Dolde, rosafarben, VI–VII.
**Fruchtstand:** Dekorative, zusammengesetzte Dolde.
**Standort:** Nährstoffreiche, durchlässige Böden in voller Sonne.
**Lebensbereiche:** FS,1,so: Felssteppe; trocken; sonnig. Auch Freiflächen, Steinanlagen.
**Verwendung:** Rabatten, sonnige Freiflächen. Schnittpflanze. Trockenbinderei.
**Vermehrung:** Aussaat im Frühling; Brutzwiebeln.
**Hinweis:** Blätter vergilben früh, daher zwischen andere Stauden pflanzen.

| Allium christophii | | Allium flavum |
|---|---|---|
| 45/ 50 cm | Wuchs | 15/ 20–40 cm |
| VI–VII | Blüte | VI–VIII |
| w; S | | w; D |
| II | | II |
| 6–11 | | 25 |

## Allium flavum
Schwefel-Lauch,
Gelber Hänge-Lauch
Alliaceae, Lauchgewächse

**Heimat:** Mittelmeergebiete bis W-Asien.
**Wuchsform:** Eintriebige Zwiebelpflanze.
**Blatt:** Bogig überhängend, schmal, hechtblau.
**Blüte:** Zusammengesetzte Dolde, hängende, endständigen Einzelblüten, gelb, VI–VIII.
**Fruchtstand:** Zusammengesetzte Dolde, auffällige Tragblätter.
**Standort:** Sonnige Freiflächen in durchlässigen, mageren, auch trockenen Böden.
**Lebensbereiche:** FS,1,so: Felssteppe; trocken, sonnig. Auch Steppenheide, Steinanlagen.
**Verwendung:** Magere, sonnige Plätze, auch für Dachgärten. Bienenweide.
**Vermehrung:** Aussaat, Brutzwiebeln.
**Unterart:** *A. f.* var. *minus*, ähnlich, aber nur 10 cm hoch.

## Allium giganteum
Riesen-Lauch
Alliaceae, Lauchgewächse

**Heimat:** Mittelasien, Himalaja.
**Wuchsform:** Eintriebige Zwiebelpflanze bis 150 m hoch.
**Blatt:** Breit-lanzettlich, bis 30 cm, graugrün.
**Blüte:** Dichte zusammengesetzte Dolde, 10–12 cm breit, Blüten rosa, VI–VII.
**Fruchtstand:** Dekorative zusammengesetzte Dolde.
**Standort:** Durchlässige Böden in voller Sonne.
**Lebensbereiche:** Fr,1,so,–b: Freifläche; trocken; sonnig; beetstaudenähnlich.
**Verwendung:** Beete. Auffällige Staude. Schnittpflanze.
**Vermehrung:** Aussaat.
**Ähnliche Art:** *A. stipitatum,* Blütenkugel bis 90 cm hoch, rosa. 'Purple Sensation', bis 90 cm hoch, rotviolette Blütenkugeln.

| | | |
|---|---|---|
| *30/ 100–150 cm* | | *15/ 20 cm* |
| *VI–VII* | | *IV–V* |
| **; w; S* | | *w; D* |
| *I* | | *II* |
| *6–15* | | *11–25* |

## Allium karataviense
Blauzungen-Lauch
Alliaceae, Lauchgewächse

**Heimat:** Turkestan.
**Wuchsform:** Eintriebige Zwiebelpflanze mit 2 breiten Blättern.
**Blatt:** Gegenständig, bis 6 cm breit und 25 cm lang, gebogen, blaugrün.
**Blüte:** Zusammengesetzte Dolde bis 12 cm breit und 20 cm hoch, silbrigrosa, IV–V.
**Fruchtstand:** Kugelig; zusammengesetzte Dolde.
**Standort:** Volle Sonne, für nährstoffarme Böden.
**Lebensbereiche:** FS,1,so: Felssteppe, trocken; sonnig. Auch für Steinanlagen.
**Verwendung:** Steingärten, Kalk-Schotterbeete. Bienenweide.
**Vermehrung:** Samen und Brutzwiebeln.
**Sorte:** 'Album', weiße Blüten.
**Ähnliche Art:** *A. akaka* mit schmaleren Blättern, selten.

## Allium moly
Pyrenäen-Gold-Lauch
Alliaceae, Lauchgewächse

**Heimat:** Pyrenäen, Spanien, Mittelmergebiet.
**Wuchsform:** Aufrecht bis bogig überhängend.
**Blatt:** Breit-lanzettlich, matt blaugrün.
**Blüte:** Zusammengestzte Dolde. Langstielig, leuchtend goldgelb, mit wenigen Einzelblüten, V–VI.
**Fruchtstand:** Zusammengesetzte Dolde.
**Standort:** Nährstoffarme Böden in voller Sonne.
**Lebensbereiche:** FS,1,so–abs: Felssteppe; trocken; sonnig bis absonnig.
**Verwendung:** Steinanlagen und Freiflächen in voller Sonne. Dachbegrünung.
**Vermehrung:** Aussaat und Brutzwiebeln sowie Teilung der Zwiebelhorste.
**Hinweis:** Anspruchslose, sehr schöne Art.

| Allium moly | | Allium oreophilum |
|---|---|---|
| 15/ 20 cm | | 8/15 cm |
| V–VI | | VI–VII |
| w | | w |
| III | | II |
| 25–100 | | 45 |

## Allium oreophilum
Rosen-Lauch
(Syn.: A. ostrowskianum)
Alliaceae, Lauchgewächse

**Heimat:** O-Türkei, Kaukasus.
**Wuchsform:** Eintriebige Zwiebelpflanze.
**Blatt:** 2–3 cm breit, graugrün.
**Blüte:** In lockerer, zusammengesetzter Dolde, leuchtend rosa, VI–VII.
**Fruchtstand:** Zusammengesetzte Dolde, Stiele 15 cm lang.
**Standort:** Sonnige Bereiche in mageren Böden.
**Lebensbereiche:** FS,1,so: Felssteppe; trocken; sonnig. Auch für Steinanlagen.
**Verwendung:** Steingarten, Freiflächen.
**Vermehrung:** Aussaat, Brutzwiebeln.
**Sorte:** 'Zwanenburg', dunkelrosa.

## Anaphalis margaritacea
Silberimmortelle, Perlkörbchen
Asteraceae, Asterngewächse

**Heimat:** Nördliches N-Amerika, Japan.
**Wuchsform:** Breit aufrecht, Verbreitung durch kriechende Rhizome.
**Blatt:** Schmal-lanzettlich, 7–12 cm lang, unterseits weißwollig.
**Blüte:** In lockeren Köpfchen, weiß, VII–IX.
**Frucht:** Pergamentartig, weiß.
**Standort:** Durchlässige Böden in voller Sonne.
**Lebensbereiche:** Fr,2,so: Freifläche; frisch; sonnig. Auch Felssteppe.
**Verwendung:** In größerer Zahl in lockeren Böden. Trockenbinderei
**Vermehrung:** Teilung, Abtrennung der Ausläufer, Aussaat.
**Sorte:** 'Neuschnee', 40–50 cm hoch.
**Ähnliche Art:** *A. triplinervis,* 20–40 cm hoch, nicht wuchernd.

| Anaphalis margaritacea | Androsace sarmentosa |
|---|---|
| 30/40–60 cm | 3/10 cm |
| VII–IX | IV–V |
| w; S | w |
| II | I |
| 11 | 11–25 |

## Androsace sarmentosa
Himalaja-Mannsschild
Primulaceae, Primelgewächse

**Heimat:** W-China, Himalaja.
**Wuchs:** Rosetten an langen Stolonen, dadurch lockere Matten bildend.
**Blatt:** Elliptisch, 2–3 cm lang, wintergrün.
**Blüte:** Blüten in Dolden, 10 cm hoch, rosafarben, IV–V.
**Fruchtstand/Frucht:** Doldig. Samen werden bei uns selten ausgebildet.
**Standort:** Im Halbschatten, Boden leicht sauer.
**Lebensbereiche:** A,2,abs: Alpinum; frisch; absonnig. Auch Felssteppe, Steinanlagen.
**Verwendung:** Durchlässige Böden im Steingarten.
**Vermehrung:** Rosettenstecklinge, Aussaat im Frühling.
**Sorte:** 'Salmon', dunkelrosa.
**Ähnliche Art:** *A. primuloides,* ist wohl identisch mit *A. sarmentosa.*
**Hinweis:** Lange, drahtartige Ausläufer.

## Anemone blanda

Strahlen-Anemone
Ranunculaceae, Hahnenfußgewächse

**Heimat:** SO-Europa, Kleinasien, Kaukasus.
**Wuchsform:** Zarte Stiele erscheinen aus einem knolligen Wurzelstock. Horstig. Zieht nach der Blüte ein
**Blatt:** Handförmig geteilt, mattgrün, kahl.
**Blüte:** Einfach, vielstrahlig, 3–4 cm, dunkelblau, III–IV.
**Fruchtstand/Frucht:** Kugeliger Fruchtstand mit Nüsschen.
**Standort:** Kalkhaltige Humusböden im Halbschatten.
**Lebensbereiche:** GR,1–2,so–hs: Gehölzrand; trocken bis frisch; sonnig bis halbschattig. Auch für Gehölze und Steinanlagen.
**Verwendung:** Unter Sträuchern im Frühlingsgarten und Steingarten.
**Vermehrung:** Aussaat und Teilung der Knollen im Frühling.
**Sorte:** 'Radar', violett mit weißer Mitte; 'White Splendour', weiß (Bild).

| Anemone blanda | Anemone-Japonica-Gruppe |
|---|---|
| 10/10–15 cm | 60/80 cm |
| III–IV | IX–X |
| w | S; D |
| II | I |
| 16 | 4–6 |

## Anemone-Japonica-Gruppe

Japanische Herbst-Anemone
Ranunculaceae, Hahnenfußgewächse

**Heimat:** Japan. Züchtungen.
**Wuchsform:** Buschig, Ausläufer bildend, 60–80 cm hoch.
**Blatt:** 3-teilig gelappt, leicht behaart.
**Blüte:** Schalenförmig, weiß (auch rosa und rot), IX–X.
**Frucht:** Nüsschen mit weißem Pappus.
**Standort:** Humusreiche Böden im Halbschatten.
**Lebensbereiche:** GR,2,hs,–b: Gehölzrand; frisch; halbschattig; beetstaudenähnlich.
**Verwendung:** Vor und zwischen Gehölzen, aber auch für Freiflächen und Beete.
**Vermehrung:** Teilung und Wurzelschnittlinge (im Winter).
**Sorte:** 'Honorine Jobert', ***, weiß, 'Prinz Heinrich', *, rot, halbgefüllt (Bild).
**Hinweis:** Treibt erst spät aus, daher gut mit Blumenzwiebeln.

## Anemone nemorosa
Buschwindröschen
Ranunculaceae, Hahnenfußgewächse

**Heimat:** Europa bis Asien.
**Wuchsform:** Buschig, bildet stabförmige Rhizome. Zieht nach der Blüte ein.
**Blatt:** 3-teilig, lang gestielt, 15 cm hoch.
**Blüte:** Schalenförmig, weiß, am Abend und bei Regen geschlossen, III–IV.
**Fruchtstand/Frucht:** Kugeliger Fruchtstand mit Nüsschen.
**Standort:** Lichte Laubwälder mit humosen Böden.
**Lebensbereiche:** G,2,hs: Gehölz; frisch; halbschattig. Auch Gehölzrand.
**Verwendung:** Unterpflanzung unter Gehölzen in reifen Böden
**Vermehrung:** Teilung der Rhizome, Aussaat langwierig.
**Sorte:** 'Alba Plena', weiß gefüllte Blüten, 'Blue Bonnet', blau.
**Hinweis:** Giftige Pflanze.

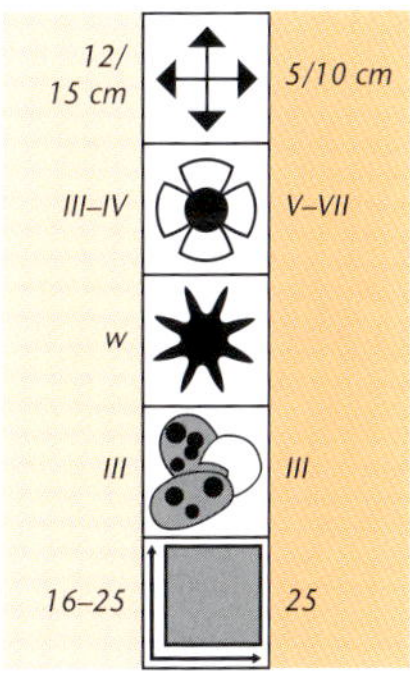


## Antennaria dioica
Katzenpfötchen
Asteraceae, Asterngewächse

**Heimat:** Eurasien: nördliche, subarktische Zone.
**Wuchsform:** Über dem Boden kriechend, Matten bildend.
**Blatt:** Spatelförmige Rosettenblätter, graufilzig.
**Blüte:** Zweihäusig. In Köpfchen, Blütenstängel beblättert, weiß bis rosa, V–VII.
**Frucht:** Kleine Samen mit Haarkranz.
**Standort:** Durchlässige, sandige Böden in voller Sonne.
**Lebensbereiche:** H,1,so: Heide; trocken; sonnig. Auch für Matten und Steinanlagen.
**Verwendung:** Mattenbildner auf kalkarmen, leichten Böden.
**Vermehrung:** Teilung im Frühling, Aussaat.
**Sorte:** 'Rubra', rot, besonders wertvolle Sorte (w).

## Anthemis tinctoria
Färber-Kamille
Asteraceae, Asterngewächse

**Heimat:** Europa.
**Wuchsform:** Breitbuschig, horstig.
**Blatt:** Fiederteilig, oberseits grün, unten weißfilzig.
**Blüte:** Blütenteller, goldgelb, VII–IX.
**Fruchtstand:** Körbchen.
**Standort:** Sonnig, trocken, kalkreiche, nährstoffarme Böden.
**Lebensbereiche:** Fr,1,so: Freifläche; trocken; sonnig. Auch für den Gehölzrand.
**Verwendung:** Sonnige Flächen in geschützter Lage. Dachbegrünung. Duftpflanze. Schnittpflanze. Bienenweide.
**Vermehrung:** Risslinge im Frühling.
**Sorte:** 'Grallagh Gold', *, goldorange; 60–90 cm hoch (Bild).

| Anthemis tinctoria | Anthericum liliago |
|---|---|
| 15/30–60 cm | 30/50 cm |
| VII–IX | V–VI |
| D; S | w; S; D |
| I | I |
| 4 | 6–11 |

## Anthericum liliago
Astlose Graslilie
Anthericaceae, Grasliliengewächse

**Heimat:** Heimische Art, auch in Russland und S-Europa.
**Wuchsform:** Lockerhorstig, bis 50 cm Höhe.
**Blatt:** Linealisch, grün.
**Blüte:** Ähriger Blütenstand, weiße Trichterblüten, V–VI.
**Fruchtstand:** Kugelig.
**Standort:** Trockene, sonnige Hänge auf kalkreichen Böden.
**Lebensbereiche:** Fr,1,so: Freifläche; trocken; sonnig. Auch Gehölzrand und Steinanlagen.
**Verwendung:** Extensive Dachbegrünung. Schnittpflanze. Bienenweide.
**Vermehrung:** Aussaat, Teilung im Frühling.
**Sorte:** 'Grandiflora', größere Blüten.
**Ähnliche Art:** *A. ramosum,* Ästige Graslilie, VI–VIII.

## Aponogeton distachyos
Wasserähre
Aponogetonaceae,
Wasserährengewächse

**Heimat:** S-Afrika.
**Wuchsform:** Wasserpflanze mit Schwimmblättern, lockerhorstig.
**Blatt:** Lineal-lanzettlich, schwimmend.
**Blüte:** Gabeliger Blütenstand, weiße Ähre, lange Blütezeit von VI–X.
**Frucht:** Unscheinbar.
**Standort:** Stehende Gewässer, nährstoffreiche Böden, warme Lage. Teich darf nicht komplett zufrieren.
**Lebensbereiche:** W,6,so: Wasser; Schwimmblattpflanzen; sonnig.
**Verwendung:** Teiche in geschützter Lage.
**Vermehrung:** Teilung im Frühling.

| Aponogeton distachyos | | Aquilegia vulgaris |
|---|---|---|
| *0/ 20 cm* | | *25/40–60 cm* |
| *VI–X* | | *V–VI* |
| | | |
| *II* | | *II* |
| *4–16* | | *11* |

## Aquilegia vulgaris
Gewöhnliche Akelei
Ranunculaceae, Hahnenfußgewächse

**Heimat:** Europa, von N-Afrika bis zum Kaukasus.
**Wuchsform:** Horstig, aufrecht. Wurzeln rübenförmig.
**Blatt:** Doppelt 3-zählig, blaugrün.
**Blüte:** In endständigen Rispen, gespornt, dunkelblau, V–VI.
**Frucht:** Mehrteilige Balgfrucht. Samen schwarz.
**Standort:** Halbschattige Plätze in kalkhaltigen Böden.
**Lebensbereiche:** GR,1–2,so–hs: Gehölzrand; trocken bis frisch, sonnig bis halbschattig.
**Verwendung:** Unter Gehölzen, Wildstaudenpflanzungen.
**Vermehrung:** Aussaat im Frühling.
**Sorte:** Viele, auch langspornige Sorten zum Schnitt.
**Hinweis:** Giftige Pflanze.

## Arabis caucasica
Gänsekresse
Brassicaceae, Kohlgewächse

**Heimat:** SO-Europa bis Mittelasien
**Wuchsform:** Polsterbildend, rasig, flach.
**Blatt:** Spatelig, 6–8 cm lang, graugrün.
**Blüte:** Große Blütentraube, weiß, manche Sorten auch rosa, III–IV.
**Frucht:** Schötchen, 3–4 cm lang.
**Standort:** Durchlässige Böden in meist sonniger Lage.
**Lebensbereiche:** M,2,so–hs: Matten, frisch; sonnig bis halbschattig; auch Steinanlagen.
**Verwendung:** Steingärten, Mauerkronen, in Fugen der Trockenmauern, Einfassungen. Bienenweide.
**Vermehrung:** Aussaat im Frühling, Stecklinge der Rosetten im Winter möglich.
**Sorte:** 'Plena', weiß gefüllt (Bild), Schnittpflanze.
**Hinweis:** Anspruchslos.

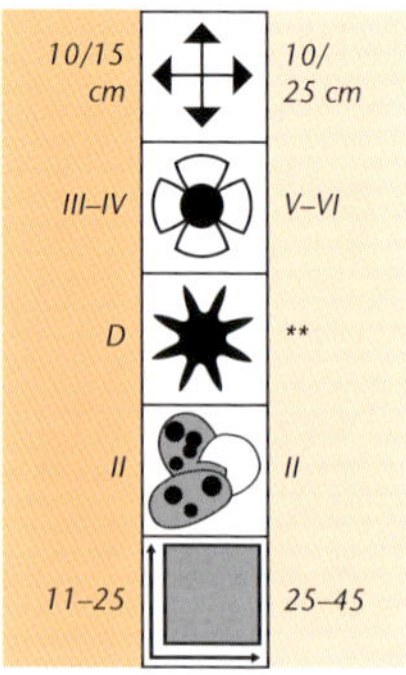


## Armeria maritima
Grasnelke
Plumbaginaceae, Bleiwurzgewächse

**Heimat:** Europa: Zirkumpolar.
**Wuchsform:** Polster mit langer Pfahlwurzel.
**Blatt:** Grasartig, bis 5 cm lang, dunkelgrün, wintergrün.
**Blüte:** Blütenköpfchen langstielig, rosa, V–VI.
**Fruchtstand:** Mit trockenhäutigem Hochblatt.
**Standort:** Meernahe Sandböden in voller Sonne. Sehr anspruchslos.
**Lebensbereiche:** FS,1,so: Felssteppe; trocken; sonnig; auch Steinanlagen.
**Verwendung:** Flächig, in kleinen Tuffs, Steingärten, Dachgärten.
**Vermehrung:** Aussaat im Frühling, Abrisslinge mit Wurzelansatz nach der Blüte.
**Sorte:** 'Alba', weiß; 'Düsseldorfer Stolz', **, rot (Bild); 'Vesuv', Laub dunkel, im Winter fast schwarz, Blüte rot.
**Hinweis:** Toleriert Salzböden.

## Artemisia schmidtiana
Silberraute
Asteraceae, Asterngewächse

**Heimat:** Japan, Sachalin.
**Wuchsform:** Kissenförmig.
**Blatt:** Fächerförmig eingeschnitten, silbrig.
**Blüte:** Weiß im Sommer, VIII.
**Fruchtstand:** Einzelblüten köpfchenartig, klein, in Rispen.
**Standort:** Sonnig, trocken. Auf gut dränierten Böden.
**Lebensbereiche:** M,1–2, so: Matten; trocken bis frisch; sonnig; auch Steinanlagen.
**Verwendung:** Bodendecker für sonnige Lagen in durchlässigen Böden.
**Vermehrung:** Teilung im Frühling.
**Sorte:** 'Nana', Zwerg-Silberraute, bleibt noch niedriger, blüht selten (Bild).

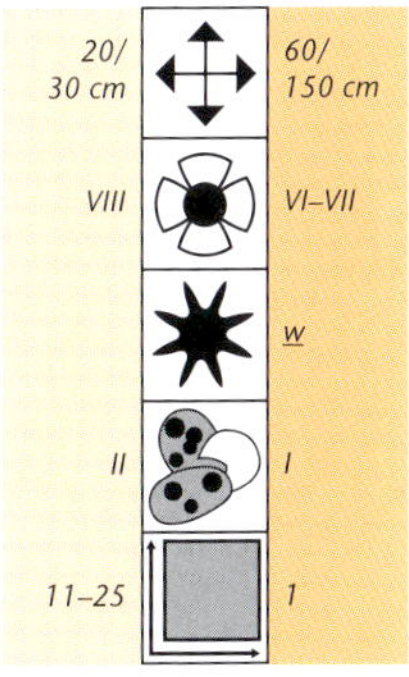


## Aruncus dioicus
Wald-Geißbart
Rosaceae, Rosengewächse

**Heimat:** Europa bis Sibirien, N-Amerika.
**Wuchsform:** Dichtbuschig, horstig.
**Blatt:** Doppelt 3- bis 5-fach gefiedert.
**Blüte:** In 50 cm langen Rispen, zweihäusig, weiß, VI–VII.
**Frucht:** Unscheinbar.
**Standort:** Waldrand, Halbschatten, gerne in Bachnähe.
**Lebensbereiche:** GR,2,hs–sch: Gehölzrand; frisch; halbschattig bis schattig.
**Verwendung:** Einzeln in größeren, naturnahen Gärten und Parks.
**Vermehrung:** Teilung schwierig, Aussaat im Frühling.
**Sorte:** 'Kneiffii', Laub geschlitzt.
**Hinweis:** Besonders langlebige Art.

## Asarum europaeum

Haselwurz
Aristolochiaceae, Osterluzeigewächse

**Heimat:** Altai, Europa bis Sibirien.
**Wuchsform:** Kriechend, mattenartig.
**Blatt:** Nierenförmig, immergrün, Unterseite im Winter oft rötlich.
**Blüte:** Glockenförmig, unter dem Laub verborgen, grünbraun, III–V.
**Frucht:** Kapsel braun.
**Standort:** Humus der Kalkbuchenwälder im Schatten.
**Lebensbereiche:** G,2,hs: Gehölz; frisch; halbschattig.
**Verwendung:** Unter Gehölzen in humosen Böden als Flächendecker.
**Vermehrung:** Teilung, Aussaat.
**Hinweis:** Nicht tief pflanzen. Anlaufphase nach der Pflanzung.

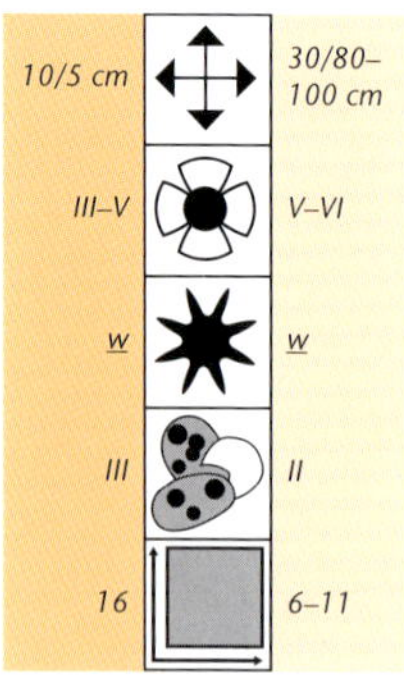

## Asphodeline lutea

Junkerlilie
Asphodelaceae, Junkerliliengewächse

**Heimat:** Mittelmeergebiet.
**Wuchsform:** Horstig, aufrecht.
**Blatt:** Lineallanzettlich, 30 cm lang, grau–blaugrün, wintergrün.
**Blüte:** Dichte Blütentraube, 80 cm hoch, gelb, V–VI.
**Frucht:** Kugelig, mit 3-kantigem, schwarzen Samen.
**Standort:** Warm, vollsonnig, für geschützte Lagen; durchlässige Kalkböden.
**Lebensbereiche:** FS,1,so: Felssteppe; trocken; sonnig; auch für Freiflächen.
**Verwendung:** Sonnige Böschungen; Kiesflächen, Steinterrassen.
**Vermehrung:** Aussaat und Teilung.
**Hinweis:** **Winterschutz** vorteilhaft.

## Asplenium scolopendrium 'Crispa'

(Syn.: Phyllitis scolopendrium)
Wellen-Hirschzungenfarn
Aspleniaceae, Streifenfarngewächse

**Heimat:** Züchtung.
**Wuchsform:** Horstig, aufrecht bis leicht überhängend.
**Blatt:** Länglich-lanzettlich, ungeteilt, Blattränder gewellt, wintergrün. Sori auf der Blattunterseite in länglichen Streifen angeordnet, braun.
**Standort:** Humusreiche Kalkböden in schattigen Lagen.
**Lebensbereiche:** G,2–3,hs–sch: Gehölz; frisch bis feucht; halbschattig bis schattig; auch für Steinfugen und Steinanlagen.
**Verwendung:** Bachränder, Steingärten, zwischen Gehölzen.
**Vermehrung:** Teilung und Sporen, die von Juli bis Oktober reifen. Sorten werden durch Blattstielstecklinge vermehrt.

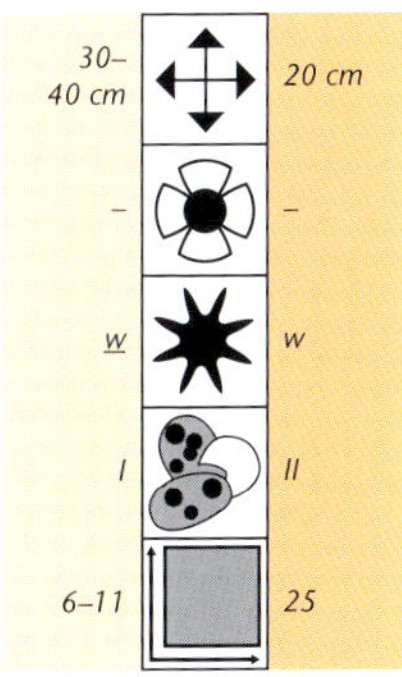


## Asplenium trichomanes

Braunstieliger Streifenfarn
Aspleniaceae, Streifenfarngewächse

**Heimat:** Weltweit; heimisch.
**Wuchsform:** Lockerhorstig, auch bogig überhängend.
**Blatt:** Gefiedert, mattgrün, Stiel dunkel, wintergrün.
**Standort:** Absonnige Steinfugen von Felsen, meist auf Kalk.
**Lebens-bereiche:** SF,2,hs: Steinanlagen; frisch; absonnig; auch Steinanlagen.
**Verwendung:** Für Steingärten, Tröge und Mauern im Halbschatten.
**Vermehrung:** Teilung und Sporen.
**Sorte:** 'Incisum', Gesägte Steinfeder. Blättchen tief eingeschnitten.
**Hinweis:** Oft mit der Mauerraute (*A. ruta-muraria*) anzutreffen.

## Aster alpinus
Alpen-Aster
Asteraceae, Asterngewächse

**Heimat:** Alpen bis Sibirien, Pyrenäen.
**Wuchsform:** Lockerhorstig, polsterbildend.
**Blatt:** Spatelig, 6–8 cm lang, ganzrandig.
**Blüte:** Hellviolett mit gelber Scheibe, V–VI.
**Fruchtstand/Frucht:** Körbchen; Samen mit Pappus.
**Standort:** Durchlässige, kalkhaltige Böden, nachrutschender Schutt günstig.
**Lebensbereiche:** FS,1–2; so: Felssteppe; trocken bis frisch; sonnig. Matten, Steinanlagen.
**Verwendung:** In kleinen Gruppen im Steingarten. Schalenbepflanzung.
**Vermehrung:** Teilung nach der Blüte oft notwendig. Aussaat.
**Sorte:** 'Albus', weiß; 'Dunkle Schöne', dunkelviolett.
**Hinweis:** Wurzelhals immer wieder mit Erde bedecken. Anspruchslos, aber nur in leichten, durchlässigen Böden.

| Aster alpinus | Aster amellus |
|---|---|
| *5/15–20 cm* | *30/ 60 cm* |
| *V–VI* | *VIII–IX* |
| *–* | *S; D* |
| *II* | *II* |
| *16–45* | *6* |

## Aster amellus
Berg-Aster
Asteraceae, Asterngewächse

**Heimat:** Südliches Mitteleuropa bis Armenien und Sibirien.
**Wuchsform:** Horstig, aufrecht, am Grund verholzend.
**Blatt:** Breit-lanzettlich, rauhaarig, 4–6 cm lang.
**Blüte:** Blütenstand verzweigt, blauviolett mit gelber Scheibe, VIII–IX.
**Fruchtstand/Frucht:** Körbchen; Samen mit Pappus.
**Standort:** Sonnige Hänge auf Kalkböden.
**Lebensbereiche:** FR,1–2,so: Freifläche; trocken bis frisch; sonnig; auch Steppenheide.
**Verwendung:** Wildstaudenpflanzungen auf durchlässigen Böden in sonniger Lage.
**Vermehrung:** Stecklinge im April bis Mai; Aussaat möglich.
**Sorte:** 'Kobold', *, violett, 40 cm; 'Veilchenkönigin', ***, dunkelviolett, 55 cm (Bild).

## Aster dumosus
Kissen-Aster
Asteraceae, Asterngewächse

**Heimat:** N-Amerika.
**Wuchsform:** Aufrecht, kissenartig, aber mit kriechendem Wurzelstock.
**Blatt:** Lineal-lanzettlich, ganzrandig, grün, 34 cm lang.
**Blüte:** Körbchenblüten in doldigem Blütenstand, lila mit gelber Scheibe, VIII–X.
**Fruchtstand/Frucht:** Körbchen; Samen mit Pappus.
**Standort:** Sonnige Plätze im Staudengarten.
**Lebensbereiche:** Fr,2,so: Freifläche; frisch; sonnig. Verschiedene Sorten können dem Lebensbereich Beet zugeordnet werden.
**Verwendung:** In Wildstaudenpflanzungen in Gruppen, Rabatten, Einfassungen.
**Vermehrung:** Triebrisslinge im Frühling, Teilung.
**Sorte:** 'Herbstgruß vom Bresserhof' (Bild), ***, violettrosa, 40 cm; 'Prof. Anton Kippenberg', ***, lavendelblau, 40 cm; 'Schneekissen', *, weiß, 30 cm.

| Aster dumosus | Aster novae-angliae |
|---|---|
| 10/20–40 cm | 60/100–180 cm |
| VIII–X | IX–X |
| – | **; *;D |
| II | I |
| 11 | 1 |

## Aster novae-angliae
Raublatt-Aster
Asteraceae, Asterngewächse

**Heimat:** N-Amerika.
**Wuchsform:** Aufrecht, horstig, Stiele beblättert, kurze Ausläufer.
**Blatt:** Rau behaart, lanzettlich, bis 5 cm lang.
**Blüte:** Blütenköpfe 2,5–4 cm groß, Scheibenblüten gelb, Zungenblüten weiß, rosa, rot oder blau, rollen sich abends ein, Blütenstand verzweigt, IX–X.
**Fruchtstand/Frucht:** Körbchen; Samen mit Pappus.
**Standort:** Tiefgründige, nährstoffreiche Böden, sonnig.
**Lebensbereiche:** Fr,2,so: Freifläche; frisch; sonnig.
**Verwendung:** Wichtige Leitstaude in Staudenbeeten und Rabatten. Bienenweide.
**Vermehrung:** Teilung.
**Sorte:** 'Alma Pötschke', 100 cm, lachsrosa; 'Herbstschnee', **, 130 cm, weiß; 'Rubinschatz', **, 130 cm, rot; 'Rudelsburg', **, 120 cm, lachsrosa (Bild).

## Aster novi-belgii
Glattblatt-Aster
Asteraceae, Asterngewächse

**Heimat:** N-Amerika.
**Wuchsform:** aufrecht, horstig, dicht–buschig, ausläuferbildend.
**Blatt:** Glatt, lanzettlich, dunkelgrün, 4–5 cm.
**Blüte:** Köpfchen in lockeren Doldenrispen, Scheibenblüten gelb, Zungenblüten blau, rosa, rot oder weiß, IX–X.
**Fruchtstand/Frucht:** Körbchen; Samen mit Pappus.
**Standort:** Durchlässige, kräftige Gartenböden in voller Sonne.
**Lebensbereiche:** Fr,2,so: Freifläche, frisch, sonnig.
**Verwendung:** Einzeln oder in Gruppen auf Rabatten. Schnittpflanze.
**Vermehrung:** Teilung im Herbst oder Frühling.
**Sorte:** 'Crimson Brocade', *, 100 cm, rot; 'Dauerblau' (Bild), ***, 140 cm, dunkelblau; 'Fellowship'*, 100 cm, rosa; 'Weißes Wunder', 120 cm, weiß.
**Hinweis:** Anfällig gegen Mehltau.

| Aster novi-belgii | Astilbe × arendsii |
|---|---|
| 50/100–150 cm | 30/60–100 cm |
| IX–X | VII–IX |
| S | S |
| I | II |
| 1,5 | 4–6 |

## Astilbe × arendsii
Prachtspiere
Saxifragaceae, Steinbrechgewächse

**Heimat:** Züchtung aus ostasiatischen Arten.
**Wuchsform:** Breitbuschig, horstig.
**Blatt:** Dreifach 3-teilig, lang gestielt, dunkelgrün, Austrieb rotbraun.
**Blüte:** Rispen straff oder locker, je nach Sorte, viele Farbtöne weiß, rot, violett, VII–IX.
**Frucht:** Klein, unscheinbar.
**Standort:** Durchlässige, humose (saure) Böden im Halbschatten. Höhere Luftfeuchtigkeit.
**Lebensbereiche:** B,2,so–hs: Beet; frisch; sonnig bis halbschattig; auch Gehölzrand.
**Verwendung:** Vor und zwischen Gehölzen, z.B. Rhododendron. Flächig. Schnittpflanze.
**Vermehrung:** Teilung des Wurzelstocks im Frühling.
**Sorte:** 'Cattleya', ***, 100 cm, locker, rosa; 'Deutschland', 50 cm, weiß; 'Fanal', *, 60 cm, dunkelrot; 'Obergärtner Jürgens', **, 60 cm, karmin (Bild).

## Astilbe chinensis var. **pumila**

Chinesische Zwerg-Prachtspiere
Saxifragaceae, Steinbrech-gewächse

**Heimat:** Tibet, N-China.
**Wuchsform:** Buschig, ausläuferbildend, niedrig.
**Blatt:** Dreifach 3-zählig, schwach behaart.
**Blüte:** Aufrechte, steife Rispen, violettrosa, VIII–IX.
**Frucht:** Unscheinbar.
**Standort:** Kräftige, humose Böden, verträgt auch sonnige Lagen.
**Lebensbereiche:** GR,2,so–hs: Gehölzrand; frisch; sonnig bis halbschattig; auch Gehölz.
**Verwendung:** Flächige Pflanzungen vor Gehölzen. Auch für Gräber und Steingärten.
**Vermehrung:** Teilung im Frühling.

| | | |
|---|---|---|
| 10/15–25 cm | | 15–30 cm |
| VIII–IX | | V–VI |
| w | | w |
| III | | II |
| 6–11 | | 4–11 |

## Astragalus angustifolius

Schmalblättriger Tragant
Fabaceae, Schmetterlingsblütler

**Heimat:** Balkan, Kreta, Kleinasien.
**Wuchsform:** Polsterbildend, flach, bis 1 m breit. Bewehrte Triebe.
**Blatt:** Gefiedert, bis 4 mm lang, silbergrau.
**Blüte:** Weiß, V–VI.
**Frucht:** Hülse.
**Standort:** Durchlässige Böden in voller Sonne.
**Lebensbereiche:** FS,1,so: Felssteppe; trocken; sonnig; auch Steinfugen und Steinanlagen.
**Verwendung:** Für Steingärten aller Art, vorwiegend auf Kalk.
**Vermehrung:** Risslinge im Herbst, vorher Polster einsanden.
**Hinweis:** Nur mit Topfballen verpflanzbar. Dornenstrauch.

## Astrantia major
Große Sterndolde
Apiaceae, Selleriegewächse

**Heimat:** Mittel- bis O-Europa.
**Wuchsform:** Buschig, horstbildend.
**Blatt:** Handförmig, 5-teilig, Stängel beblättert.
**Blüte:** Weiß bis rötlich; auffällige Hüllblättchen, VI–VIII.
**Frucht:** Klein, unscheinbar.
**Standort:** Humose Böden im Halbschatten, Bergwiesen.
**Lebensbereiche:** GR,2,hs: Gehölzrand; frisch; halbschattig. Auch Freifläche.
**Verwendung:** Vor und zwischen Gehölzen. Schnittpflanze. Bienenweide. Heilpflanze.
**Vermehrung:** Teilung im Frühling.
**Sorte:** 'Ruby Wedding', dunkelrot, wertvolle Neuheit.

| Astrantia major | | Athyrium filix-femina |
|---|---|---|
| 20/40–50 cm | | 50–90 cm |
| VI–VIII | | – |
| w; D; S | | w |
| II | | I-II |
| 6–11 | | 1,5–2,5 |

## Athyrium filix-femina
Frauenfarn
Woodsiaceae, Wimpernfarngewächse

**Heimat:** Nördliche Halbkugel, S-Amerika.
**Wuchsform:** Horstig, Wedel bogig überhängend.
**Blatt:** Doppelt bis 3-fach gefiedert, hellgrün.
**Standort:** Wälder, auf humosen, durchlässigen, kalkarmen Böden.
**Lebensbereiche:** G,2,so–sch: Gehölz; frisch; sonnig bis schattig; auch Gehölzrand.
**Verwendung:** Unter Gehölzen, im Einzelstand oder in kleinen Trupps.
**Vermehrung:** Teilung im Frühling; Sporenreife VII–VIII.
**Sorte:** 'Bornholmiense', 25 cm; 'Cristatum', gegabelt; 'Rotstiel' (Bild).

## Aubrieta-Sorten

Blaukissen
Brassicaceae, Kohlgewächse

**Heimat:** Züchtungen der Blaukissenarten aus dem Mittelmeerraum.
**Wuchsform:** Polsterbildend.
**Blatt:** Spatelförmig, am Ende gezähnt, graugrün, immergrün, 2–3 cm lang.
**Blüte:** 4-zählig, auch gefüllt, blau, violett oder rot, bis 1,5 cm groß, IV–V.
**Frucht:** Kleine Schoten.
**Standort:** Sonnige Lagen in durchlässigen Böden, in Verbindung mit Steinen.
**Lebensbereiche:** MK,2,so: Mauerkronen; frisch; sonnig; auch für Steinanlagen.
**Verwendung:** Auf Mauern und in Mauerfugen, Steingärten, Terrassenbeeten. Ideale Fugenpflanze für Kalksteinmauern, Geröllhänge und Tröge.
**Vermehrung:** Stecklinge der Rosetten im Herbst, auch Aussaat im Vorfrühling.
**Sorte:** 'Dr. Mules', *, blauviolett (Bild); 'Red Carpet', *, rot; 'Tauricola', *, blau.

| Aubrieta-Sorten | Symbol | Aurinia saxatilis |
| --- | --- | --- |
| 8–10 cm | Wuchs | 20/ 30 cm |
| V–V | Blüte | IV–V |
| * | Stern | D |
| I | Samen | I |
| 11 | Fläche | 6–11 |

## Aurinia saxatilis

(Syn.: Alyssum saxatile)
Felsen-Steinkraut
Brassicaceae, Kohlgewächse

**Heimat:** Mittelmeergebiete, Zentralasien.
**Wuchsform:** Breit, kissenförmig bis 30 cm hoch.
**Blatt:** Rosettig, lanzettlich, graugrün.
**Blüte:** Kreuzblütchen in rispigen Trauben, goldgelb, Duft nach Honig, IV–V.
**Frucht:** Schötchen mit kleinen, flachen Samen.
**Standort:** Warm, sonnig, auf mageren Kalkböden.
**Lebensbereiche:** FS,1,so: Felssteppe; trocken; sonnig. Auch Steinanlagen, Steinfugen.
**Verwendung:** Steingärten, Geröllbeete, Trockenmauern.
**Vermehrung:** Aussaat. Gefüllte Sorten durch Stecklinge.
**Sorte:** 'Citrinum', w, Blüten zitronengelb; 'Plenum', Li, gefüllte Blüten (Bild).
**Hinweis:** Verbreitet sich durch Selbstaussaat an geeigneten Standorten.

## Azorella trifurcata
Andenpolster
Apiaceae, Selleriegewächse

**Heimat:** S-Anden, Magellangebiet.
**Wuchsform:** Polster, Flächenbildner.
**Blatt:** Fein geschlitzt, steife Rosetten bildend, glänzend dunkelgrün.
**Blüte:** Unscheinbar, gelblichgrün, V–VI.
**Frucht:** Unscheinbar.
**Standort:** Sonnige bis halbschattige Flächen in durchlässigen Böden.
**Lebensbereiche:** FS,1–2,so–hs: Felssteppe; trocken bis frisch; sonnig bis halbschattig; auch für Matten und Steinanlagen.
**Verwendung:** Als Flächenbildner für Steingärten, Gräber, Gefäße.
**Vermehrung:** Rosettenstecklinge vom Frühherbst bis Winter, Risslinge.
**Hinweis:** Leichter Winterschutz in strengen Wintern. Fäulnisgefahr bei Nässe.

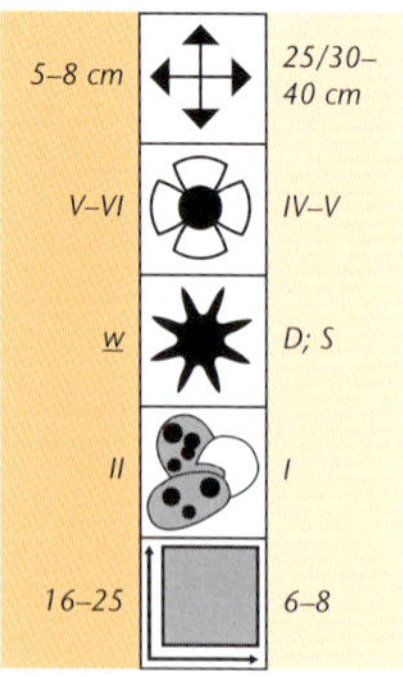


## Bergenia-Sorten
Bergenie
Saxifragaceae, Steinbrechgewächse

**Heimat:** Züchtung. Arten aus O-Asien.
**Wuchsform:** Ausgebreitet, kriechender Wurzelstock.
**Blatt:** Breitflächig, bis 30 cm lang, gestielt, glänzend immergrün.
**Blüte:** In Trugdolden, Einzelblüte glockig, rosa, rot oder weiß, IV–V.
**Frucht:** Kapsel gespalten.
**Standort:** Völlig anspruchslos.
**Lebensbereiche:** GR,2,so–hs: Gehölzrand; frisch; sonnig bis halbschattig; auch für Steinanlagen und Freiflächen.
**Verwendung:** Einzeln oder flächig, in kleinen Tuffs, im Halbschatten optimal. Schnittpflanze. Blattschmuck. Bienenweide.
**Vermehrung:** Teilung im Frühling.
**Sorte:** 'Admiral', **, 40 cm, rot (Bild); 'Silberlicht', **, 40 cm, weiß.

## Bistorta affinis

(Syn.: Polygonum affine)
Teppich-Knöterich
Polygonaceae, Knöterichgewächse

**Heimat:** Nepal.
**Wuchsform:** Mattenbildend, kriechend.
**Blatt:** Lanzettlich, ganzrandig, grün.
**Blüte:** Aufrechte Ähre mit rosafarbenen Blütchen, VII–IX.
**Fruchtstand/Frucht:** Ähren, unscheinbar.
**Standort:** Matten in durchlässigen Böden in voller Sonne. Im Schatten blüharm.
**Lebensbereiche:** Fr,2–3,so–abs: Freifläche; frisch bis feucht; sonnig bis absonnig. Gehölzrand.
**Verwendung:** Als dichte Bodendecker für größere Flächen. Zur Grabbepflanzung.
**Vermehrung:** Teilung im Frühling.
**Sorte:** 'Superbum', w, rosa, reich blühend; 'Donald Lowndes', Li, korallenrosa.
**Hinweis:** Kann schwächere Partner verdrängen.

| Bistorta affinis | Blechnum spicant |
|---|---|
| 5/10–25 cm | 20–30/25–50 cm |
| VII–IX | – |
| | w |
| III–IV | II |
| 6–11 | 6–11 |

## Blechnum spicant

Wald-Rippenfarn
Blechnaceae, Rippenfarngewächse

**Heimat:** Heimisch auf der nördlichen Halbkugel.
**Wuchsform:** Flach ausgebreitet, lockerhorstig.
**Blatt:** Gefiedert, sterile Wedel breit-lanzettlich, 20–30 cm lang, immergrün.
**Blüte:** Fertile Sporenwedel (Sporophylle) sommergrün, steif aufrecht, bis über 50 cm lang. Mit vielen braunen Sporangien besetzt.
**Standort:** Saure Humusböden im Schattenbereich in mehr feuchten Lagen. Rohhumusböden.
**Lebensbereiche:** G,2–3,hs–sch: Gehölz; frisch bis feucht; halbschattig bis schattig; auch für den Gehölzrand.
**Verwendung:** Vor und unter kalkarm liebenden Gehölzen (z.B. Rhododendron); an Bachläufen
**Vermehrung:** Teilung im Frühling, Sporenvermehrung.

## Briza media

Mittleres Zittergras,
Herz-Zittergras
Poaceae, Süßgräser

**Heimat:** Asien, Mittel- und S-Europa.
**Wuchsform:** Aufrecht, lockerhorstig.
**Blatt:** Linealisch, zugespitzt.
**Blüte:** Grüne, herzförmige Ährchen an lockeren Blütenrispen, V–VIII.
**Fruchtstand:** Hellbraun, herzförmig. Karyopse.
**Standort:** Magerwiesen in sonniger Lage in humosen Böden.
**Lebensbereiche:** SH,1–2,so: Steppenheide; trocken bis frisch; sonnig; auch Matten.
**Verwendung:** Wildstaudenpflanzungen. Extensive Dachbegrünung. Schnittpflanze. Trockenbinderei.
**Vermehrung:** Aussaat im Frühling, Teilung.

| Briza media | | Brunnera macrophylla |
|---|---|---|
| 20/ 40 cm | | 25/ 40 cm |
| V–VIII | | IV–V |
| w; S | | w |
| II | | I–II |
| 6–11 | | 6–11 |

## Brunnera macrophylla

Kaukasus-Vergissmeinnicht
Boraginaceae, Raublattgewächse

**Heimat:** W-Kaukasus.
**Wuchsform:** Buschig, horstbildend.
**Blatt:** Breit-herzförmig, bis 25 cm lang und 15 cm breit, rauhaarig.
**Blüte:** Blau, in lockeren Trauben über dem Laub, IV–V.
**Frucht:** Grüne Nüsschen.
**Standort:** Lehmig-humose Böden in sonniger bis halbschattiger Lage.
**Lebensbereiche:** GR,2,so–hs: Gehölzrand; frisch; sonnig bis halbschattig.
**Verwendung:** Vor und zwischen Gehölzen in kleinen Trupps. Blattschmuck.
**Vermehrung:** Aussaat und Teilung im Frühling. Wurzelschnittlinge im Winter.
**Sorte:** 'Blaukuppel', gedrungener Wuchs.
**Besonderheit:** Wurzeln auffällig schwarz gefärbt.
**Hinweils:** Als Flächendecker nicht ideal, da nur sommergrün. Selbstaussaat möglich.

## Buglossoides purpureocaeruleum

(Syn.: Lithospermum purpureocaeruleum)
Steinsame
Boraginaceae, Raublattgewächse

**Heimat:** Kleinasien, Mittel- und S-Europa.
**Wuchsform:** Niederliegend, bildet bogenförmige, beblätterte Ausläufer, rhizombildend.
**Blatt:** Lanzettlich, 2–3 cm lang, grün, grün behaart.
**Blüte:** In einer Wickeltraube, in der Knospe rot, geöffnet enzianblau, V–VI.
**Frucht:** Weißes, hartes Nüsschen
**Standort:** Warme Gehölzränder der Kalkbuchenwälder.
**Lebensbereiche:** GR,1,so–hs: Gehölzrand, trocken, sonnig bis halbschattig; auch Felssteppe und Gehölz.
**Verwendung:** Als guter Flächendecker für wärmere Lagen. Dachbegrünung. Bienenweide.
**Vermehrung:** Abtrennen der Ausläufer, halbweiche Stecklinge im Sommer.

| Buglossoides purpureocaeruleum | Butomus umbellatus |
|---|---|
| 20–30/ 30 cm | 60–80/ 80–120 cm |
| V–VI | VI–VIII |
| w; D | w |
| III | I |
| 6–11 | 4–6 |

## Butomus umbellatus

Blumenbinse, Schwanenblume
Butomaceae, Schwanenblumengewächse

**Heimat:** Asien, Europa, N-Afrika.
**Wuchsform:** Aufrecht, lockerhorstig. Rhizome schwach kriechend.
**Blatt:** Linealisch, bis 80 cm lang, aber nur 1 cm breit, grün.
**Blüte:** 6-teilig, in doldigem Blütenstand, rosa, VI–VIII.
**Frucht:** Unscheinbare Nüsschen.
**Standort:** In bis zu 50 cm tiefem Wasser in Gräben, Teichen und Sümpfen.
**Lebensbereiche:** WR,5,so: Wasserrand; flaches Wasser; sonnig.
**Verwendung:** Für größere Wasserbecken und Teiche.
**Vermehrung:** Aussaat sofort nach der Ernte in Moorerde, Töpfe halb ins Wasser stellen. Teilung im Frühling.

## Calamagrostis × acutiflora 'Karl Foerster'

Garten-Reitgras
Poaceae, Süßgräser

**Heimat:** Züchtung.
**Wuchsform:** Horstig, macht keine Ausläufer wie die Wildpflanze.
**Blatt:** Linealisch, grün, im Herbst gelb. Früher Austrieb.
**Blüte:** Rispe weitgefächert, an langen Halmen im VI–VII.
**Fruchtstand/Frucht:** Rispe, unscheinbare Karyopse.
**Standort:** In Staudenbeeten in nährstoffreiche Böden.
**Lebensbereiche:** Fr,2,so: Freifläche; frisch; sonnig; auch trockener.
**Verwendung:** Einzelstand in Beeten und Wildstaudenpflanzungen. Schnittpflanze. Wertvoller Fruchschmuck.
**Vermehrung:** Teilung im Frühling.

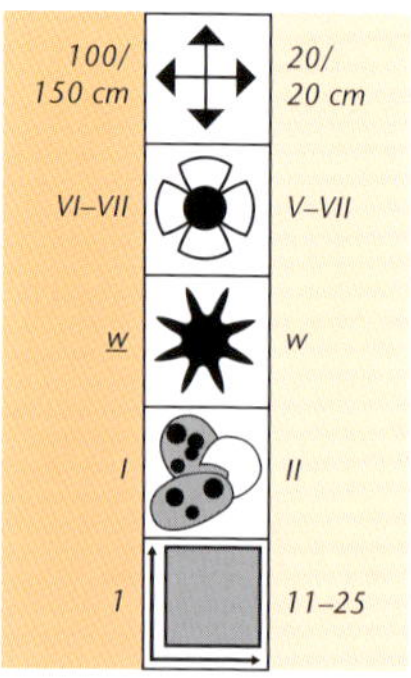


## Calla palustris

Sumpf-Kalla, Schlangenwurz
Araceae, Aronstabgewächse

**Heimat:** Europa.
**Wuchsform:** Niederliegend, kriechend durch Rhizome.
**Blatt:** Rundlich-herzförmig, gestielt, bis 20 cm lang.
**Blüte:** Blütenkolben, umgeben von weißem Hochblatt (Spatha), 6–8 cm lang, gelb, V–VII.
**Fruchtstand/Frucht:** Kolben, Beeren zur Reife rot.
**Standort:** Sumpf; saure Böden, flache Gewässer.
**Lebensbereiche:** WR, 4–5,so–hs: Wasserrand; sumpfig bis Flachwasser, sonnig bis halbschattig.
**Verwendung:** Teichränder und Sumpfbeete, auch Behälter.
**Vermehrung:** Teilung der Rhizome im Vorfrühling und Aussaat, beides schwierig.
**Hinweis:** Giftige Pflanze. **Geschützte Wildpflanze.**

## Caltha palustris
Sumpf-Dotterblume
Ranunculaceae, Hahnenfuß-gewächse

**Heimat:** Europa, Kleinasien, N-Amerika.
**Wuchsform:** Horstige Sumpfpflanze mit kräftigem Wurzelstock.
**Blatt:** Gestielt, rund bis herzförmig, 5–8 cm breit, glänzendgrün.
**Blüte:** Goldgelbe Blütenschalen am Ende verzweigter Stiele, III–V.
**Frucht:** Balgfrucht, Samen glänzend.
**Standort:** Feuchte Plätze aller Art, Teich- und Bachränder.
**Lebensbereiche:** WR,4,so–hs: Wasserrand; sumpfig; sonnig bis halbschattig; auch für Freiflächen und Gehölzränder.
**Verwendung:** Dauerfeuchte Stellen in nährstoffreichen Böden, Teichrand.
**Vermehrung:** Teilung im Frühling; Aussaat sofort nach der Ernte, Töpfe müssen feucht sein!
**Sorte:** 'Multiplex' gefüllte Blüten, Li.

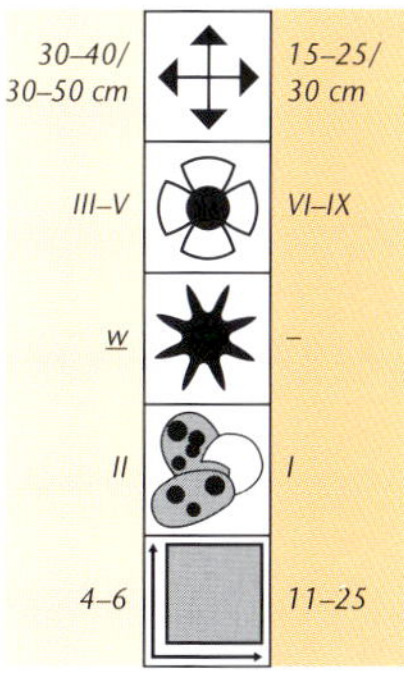


## Campanula carpatica
Karpaten-Glockenblume
Campanulaceae, Glockenblumen-gewächse

**Heimat:** Karpaten.
**Wuchsform:** Polsterbildend, lockerhorstig.
**Blatt:** Oval-eiförmig, Blattrand gezähnt, hellgrün.
**Blüte:** Schalenblüten, 3–4 cm groß, violettblau, VI–IX.
**Frucht:** Kapsel mit vielen feinen Samen.
**Standort:** Kalkfelsen in meist sonniger Lage.
**Lebensbereiche:** FS,2,so: Felssteppe; frisch; sonnig; auch für Steinanlagen.
**Verwendung:** Steingärten, Rabatten, Geröllbeete.
**Vermehrung:** Teilung auch nach der Blüte; Aussaat im Frühling.
**Sorte:** 'Blaue Clips', **, blau; 'Weiße Clips', **, weiß; beide Sorten bilden sortenechten Samen aus; 'Karpatenkrone', **, hellblau. Alle Sorten sollten vegetativ vermehrt werden.
**Hinweis:** Vor Schnecken schützen.

## Campanula cochleariifolia
Zwerg-Glockenblume
Campanulaceae, Glockenblumengewächse

**Heimat:** Alpen.
**Wuchsform:** Mattenartig, kriechend, ausläuferbildend.
**Blatt:** Klein, rundlich, gezähnt.
**Blüte:** Glöckchen, 2 cm groß, nickend, hellblau (oder weiß), VI–VIII.
**Frucht:** Transparente Kapsel mit feinen Samen.
**Standort:** Geröllhalden, auch in Felsspalten.
**Lebensbereiche:** SF,2,so–hs: Steinfugen; frisch; sonnig bis halbschattig; auch Felssteppe und Steinanlagen.
**Verwendung:** Steingartenpflanze, die mit ihren Ausläufern Steinfugen durchdringt.
**Vermehrung:** Aussaat im Vorfrühling, Teilung des Wurzelgeflechts.
**Sorte:** 'Alba', w, weiß; 'Warleyense', Li, hellblau gefüllt.
**Hinweis:** Vor Schnecken schützen.

| Campanula cochleariifolia | Campanula glomerata |
|---|---|
| 5/15 cm | 15/60 cm |
| VI–VIII | VII–VIII |
| w | w; S |
| II | II |
| 11–25 | 11 |

## Campanula glomerata
Knäuel-Glockenblume
Campanulaceae, Glockenblumengewächse

**Heimat:** Europa, Kaukasus, Kleinasien, Mittelasien.
**Wuchsform:** Dichtbuschig, ausläuferbildend.
**Blatt:** Breitlanzettlich, rau, sitzend.
**Blüte:** End- und achselständig, in dichten Schöpfen, dunkelviolett VII–VIII.
**Frucht:** Kapsel.
**Standort:** Sonnige Wiesenhänge in Kalkgebieten.
**Lebensbereiche:** Fr,1–2,so: Freifläche; trocken bis frisch; sonnig, auch Gehölzrand.
**Verwendung:** Wildstaudenpflanzungen, Schalen, Schnittpflanze.
**Vermehrung:** Teilung der Sorten im Frühling. Aussaat im Vorfrühling.
**Sorte:** 'Alba', weiß; 'Acaulis', w, 15–20 cm (Bild); 'Superba', w, dunkelviolett.
**Hinweis:** Auch Zwergsorten werden gehandelt.

## Campanula persicifolia
Pfirsichblättrige Glockenblume
Campanulaceae, Glockenblumengewächse

**Heimat:** Europa, Balkan bis Sibirien.
**Wuchsform:** Aufrecht, locker, bogig überhängend, treibt Ausläufer.
**Blatt:** Schmal, glänzendgrün, Stängel beblättert.
**Blüte:** Breitglockig, groß, leuchtend blau, VI–VII.
**Frucht:** Kapsel.
**Standort:** Wiesenhänge, lichte Haine kalkreicher Böden.
**Lebensbereiche:** GR,1,so: Gehölzrand; trocken; sonnig; auch Gehölz und Freifläche.
**Verwendung:** Wildstaudenpflanzungen, Rabatten. Schnittpflanze (langstielig). Bienenweide.
**Vermehrung:** Teilung nach der Blüte.
**Sorte:** 'Grandiflora Alba', weiß; 'Telham Beauty', große, blaue Blüten.

| Campanula persicifolia | | Campanula portenschlagiana |
|---|---|---|
| 30/60–100 cm | | 5/8–15 cm |
| VI–VII | | VI–VII |
| w; S; D | | w |
| II | | I |
| 11–16 | | 11–25 |

## Campanula portenschlagiana
Dalmatiner Glockenblume
Campanulaceae, Glockenblumengewächse

**Heimat:** Dalmatien.
**Wuchsform:** Polsterförmig, kurze, unterirdische Ausläufer bildend. Kriecht langsam.
**Blatt:** Rundlich, gezähnt.
**Blüte:** Glockig, blauviolett, breitzipfelig, VI–VII, IX.
**Frucht:** Kleine Kapsel.
**Standort:** Steinige Hänge, Felsen in Sonne und Halbschatten.
**Lebensbereiche:** ST,1–2,so–abs: Steinanlagen; trocken bis frisch; sonnig bis absonnig; auch für Mauerkronen und Steinfugen.
**Verwendung:** Beste Steingartenpflanze, auch für Rabatten und Wegeinfassungen.
**Vermehrung:** Teilung nach der Blüte, Stecklinge ganzjährig.
**Sorte:** 'Birch', w, lichtblau; 'Major', lila.

## Campanula poscharskyana
Hängepolster-Glockenblume
Campanulaceae, Glockenblumengewächse

**Heimat:** Dalmatien (bei Dubrovnik).
**Wuchsform:** Niederliegend, rasig, bildet oberirdische, lange Ausläufer.
**Blatt:** Rundlich-herzförmig, am Rand gezähnt.
**Blüte:** Sternförmig, hellblau, VI–VIII.
**Frucht:** Kleine Kapsel.
**Standort:** Durchlässige Kalkböden in Sonne und Halbschatten.
**Lebensbereiche:** St,1–2,so–hs: Steinanlagen; trocken bis frisch; sonnig bis halbschattig.
**Verwendung:** Staudenbeete, Steingärten, auch zur Dachbegrünung. Bienenweide.
**Vermehrung:** Teilung nach der Blüte; Aussaat im Vorfrühling.
**Sorte:** 'Blauranke', w, violettblau, 20 cm, auch für Balkonkästen (Bild).
**Hinweis:** Langtriebe nach der Blüte entfernen.

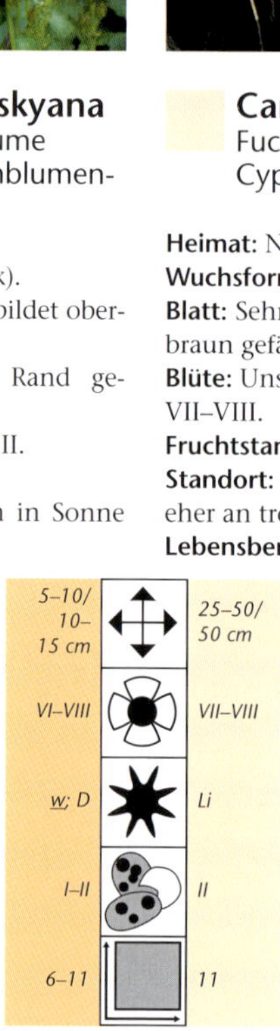


## Carex buchananii
Fuchsrote Segge
Cyperaceae, Zyperngrasgewächse

**Heimat:** Neuseeland.
**Wuchsform:** Aufrecht-überhängend, horstig.
**Blatt:** Sehr schmal, eingerollt, ganzjährig rotbraun gefärbt.
**Blüte:** Unscheinbare Ähren braun, 4 cm lang, VII–VIII.
**Fruchtstand/Frucht:** Ähren mit Karyopse.
**Standort:** In der Heimat an Bächen, bei uns eher an trockeneren Plätzen.
**Lebensbereiche:** Fr,2–3,so: Freifläche; frisch bis feucht; sonnig. Felssteppe.
**Verwendung:** In sauren Böden mit *Acaena* und *Hebe* oder Heidearten.
**Vermehrung:** Teilung und Aussaat im Frühling.
**Hinweis:** Leichter **Winterschutz** vorteilhaft.

## Carex grayi

Morgenstern-Segge
Cyperaceae, Zyperngrasgewächse

**Heimat:** Atlantisches N-Amerika.
**Wuchsform:** Aufrecht, horstig.
**Blatt:** Schmal, bandförmig, im Herbst gelblich.
**Blüte:** Unscheinbare Köpfchen, VII–VIII.
**Fruchtstand:** Auffällige Köpfchen in Form einer Stachelkeule.
**Standort:** Im Frühling feuchte Wiesen in sonniger Lage.
**Lebensbereiche:** Fr,3,so–hs: Freifläche; feucht; sonnig bis halbschattig; auch Wasserrand.
**Verwendung:** Wasserrand, Schnitt, Trockensträuße.
**Vermehrung:** Teilung, Aussaat im Frühling.
**Hinweis:** Versamt sich an zusagenden Plätzen.

## Carex morrowii 'Variegata'

Gestreifte Japan-Segge
Cyperaceae, Zyperngrasgewächse

**Heimat:** Züchtung.
**Wuchsform:** Horstig, bogig überhängend.
**Blatt:** Schmal, grün-weiß gestreift, immergrün.
**Blüte:** Gelbe Ähren, IV–V.
**Fruchtstand/Frucht:** Ähre, Karypose hellbraun.
**Standort:** Saure Böden im Halbschatten, unter Gehölzen.
**Lebensbereiche:** G,2,hs: Gehölz, frisch, halbschattig, auch Gehölzrand.
**Verwendung:** Auch in größerer Anzahl unter und vor Gehölzen.
**Vermehrung:** Teilung im Frühling.
**Weiter Art:** *C. hachijoensis* 'Evergold', gelb-weiß-grün gestreifte Blätter.

| Carex grayi | Carex morrowii 'Variegata' |
|---|---|
| 30–40/ 50– 75 cm | 30/ 30 cm |
| VII–VIII | IV–V |
| w | w; |
| II | II |
| 16 | 11 |

## Carlina acaulis subsp. simplex

Hohe Silberdistel
Asteraceae, Asterngewächse

**Heimat:** Europa.
**Wuchsform:** Horstig, aufrechter Blütenstand aus einer Blattrosette entspringend.
**Blatt:** Fiederspaltig, bedornt.
**Blüte:** Blütenkopf braun, 12 cm groß, mit silbrigen Hüllblättern, die sich bei Regen schließen, bei Sonne wieder weit öffnen, VII–IX.
**Fruchtstand:** Blütenkorb, Samen mit Pappus.
**Standort:** Kalkreiche Magerwiesen auf durchlässigen Böden, vollsonnig.
**Lebensbereiche:** SH,1–2,so: Steppenheide; trocken bis frisch; sonnig; auch Felssteppe und Steinanlagen.
**Verwendung:** Schnittpflanze, Trockenblume, Steingärten.
**Vermehrung:** Aussaat im Vorfrühling.
**Sorte:** 'Bronce', bronzefarbene Blattrosetten.
**Hinweis: Geschützte Wildpflanze.**

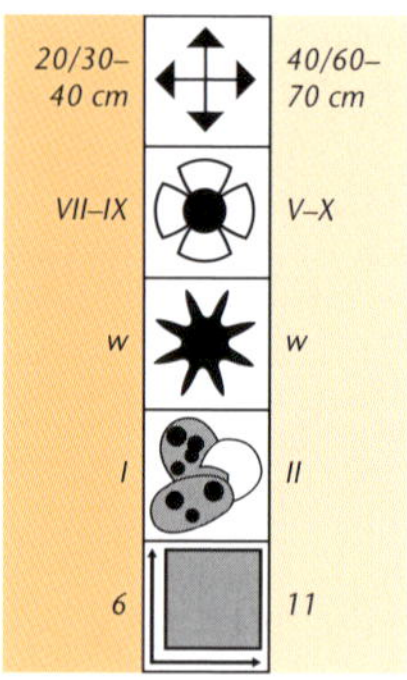


## Centranthus ruber

Spornblume
Valerianaceae, Baldriangewächse

**Heimat:** Mittelmeergebiet, S-Deutschland.
**Wuchsform:** Aufrecht, horstig.
**Blatt:** Breit eiförmig, gegenständig angeordnet, blaugrün.
**Blüte:** Langspornig, end- und achselständig in Trugdolden, dunkelrosarot V–X.
**Fruchtstand:** Trugdolde; Samen mit fallschirmartigem Pappus.
**Standort:** Trockene, warme Plätze, in alten Gemäuern und Kalkfelsen, sonnig.
**Lebensbereiche:** FS,1,so: Felssteppe; trocken, sonnig; auch Steinfugen, Freiflächen.
**Verwendung:** Für Beete, Mauerkronen, Kiesflächen. Schnittpflanze. Heilpflanze.
**Vermehrung:** Aussaat im Frühling, sät sich reichlich selbst aus.
**Sorte:** 'Albiflorus', w, weiß, 'Coccineus', w, rot (Bild).
**Hinweis:** Verblühtes laufend entfernen. Sehr anspruchslos, aber wärmeliebend.

## Ceratophyllum demersum

Raues Hornblatt
Ceratophyllaceae, Hornblattgewächse

**Heimat:** Weltweite Verbreitung, Kosmopolit.
**Wuchsform:** Flach, liegend, schwimmende Triebe im Wasser bilden kaum Wurzeln. Wassertiefe: –30 bis –60 cm bis –200 cm Tiefe.
**Blatt:** Blattquirle hornartig, bis zu 2 cm lang, doppelt gegabelt.
**Blüte:** Unscheinbar, grünlich, werden unter Wasser bestäubt, VI–IX.
**Fruchtstand/Frucht:** Unscheinbar.
**Standort:** Stehende oder schwach fließende Gewässer. Warme, nährstoffreiche Standorte.
**Lebensbereiche:** W,8,so–hs: Wasser, freischwimmend, sonnig bis halbschattig.
**Verwendung:** Auch für kleine Teiche und Wasserbecken als Sauerstofflieferant.
**Vermehrung:** Teilung der Sprosse ganzjährig möglich.

| Ceratophyllum demersum | | Ceratostigma plumbaginoides |
|---|---|---|
| 30–60 cm bis 200 cm | | 20–25/ 30 cm |
| VI–IX | | VIII–X |
| w | | w |
| III | | III |
| 4 | | 16 |

## Ceratostigma plumbaginoides

Bleiwurz
Plumbaginaceae, Bleiwurzgewächse

**Heimat:** China.
**Wuchsform:** Buschig, Wurzelausläufer bildend.
**Blatt:** Verkehrt-eiförmig, glatt, grün, im Herbst braunrot.
**Blüte:** 5-teilige Sternblüten, azurblau, VIII–X.
**Fruchtstand/Frucht:** Nussfrucht.
**Standort:** Warme, sonnige Lagen in Steingärten. Kalkhaltige, gut dränierte Böden.
**Lebensbereiche:** FS,1,so: Felssteppe; trocken, sonnig; auch für Freiflächen.
**Verwendung:** Bodendecker mit später Blüte und Herbstfärbung.
**Vermehrung:** Teilung im Frühling.

## Chiastophyllum oppositifolium

Goldtröpfchen
Crassulaceae, Dickblattgewächse

**Heimat:** W-Kaukasus.
**Wuchsform:** Blattrosetten, überhängende Blütentriebe, kriechend.
**Blatt:** Rundlich, fleischig, am Rand gekerbt.
**Blüte:** Nickende Blütenrispen, goldgelb, VI–VII.
**Frucht:** Kleine Kapsel mit sehr feinen Samen.
**Standort:** Absonnige Plätze im Steingarten.
**Lebensbereiche:** SF,2,abs: Seinfugen; frisch; absonnig, auch Matten und Mauerkronen.
**Verwendung:** Bodendecker für kalkarme Standorte, Grabstätten und kleinere Flächen.
**Vermehrung:** Teilung und Aussaat im Vorfrühling.

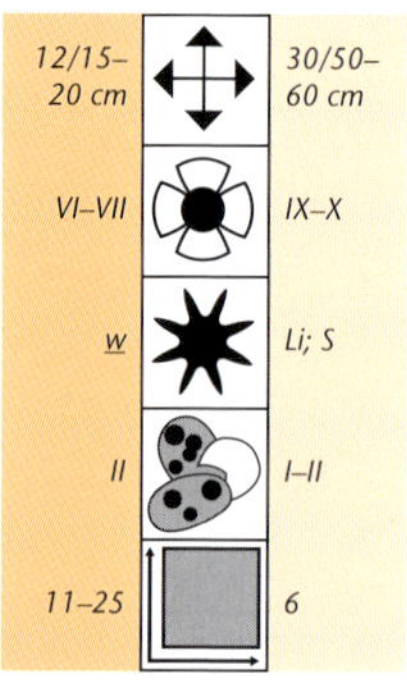


## Chrysanthemum × grandiflorum

(Syn.: Chrysanthemum indicum)
Garten-Chrysantheme
Asteraceae, Asterngewächse

**Heimat:** Züchtung.
**Wuchsform:** Aufrecht, horstig, dichtbuschig. Stängel beblättert und verzweigt.
**Blatt:** Eiförmig, gelappt, mattgrün.
**Blüte:** Körbchen, einfach oder gefüllt. Je nach Sorte weiß, gelb, orange, rot, IX–X.
**Fruchtstand:** Körbchen, Samen klein.
**Standort:** Nährstoffreiche Böden in voller Sonne.
**Lebensbereiche:** B,2,so: Beet; frisch; sonnig.
**Verwendung:** Spätblühende Beetstaude. Schnittpflanze.
**Vermehrung:** Kopfstecklinge nach der Blüte; Teilung im Vorfrühling.
**Sorte:** Unzählige Sorten in vielen Farben und Füllungsgraden. 'Clara Curtis', **, rosa.
**Hinweis:** Einige Sorten sind bedingt winterhart. Auf Spinnmilben und Minierfliegen achten.

## Chrysanthemum weyrichii
(Syn.: Chrysanthemum weyrichii)
Chrysantheme
Asteraceae, Asterngewächse

**Heimat:** Japan, Kamtschatka.
**Wuchsform:** Aufrecht, horstig, dichtbuschig. Stängel beblättert und verzweigt.
**Blatt:** Eiförmig, mehrfach gezähnt, mattgrün.
**Blüte:** Rosa, VI–VII.
**Fruchtstand:** Körbchen, Samen klein.
**Standort:** Nährstoffreiche Böden in voller Sonne.
**Lebensbereiche:** Fr,1–2,so: Freifläche; trocken bis frisch; sonnig; auch Steinanlagen.
**Verwendung:** Für Steingärten als Sommerblüher, in kleinen Gruppen. Schnittpflanze.
**Vermehrung:** Kopfstecklinge nach der Blüte, Teilung im Vorfrühling.

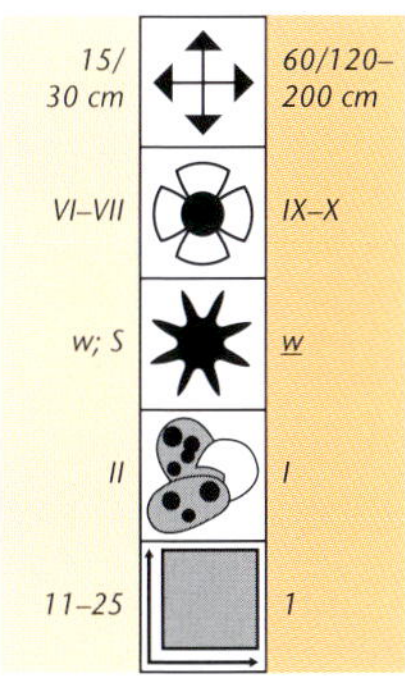

## Cimicifuga ramosa
September-Silberkerze
Ranunculaceae, Hahnenfußgewächse

**Heimat:** Kamtschatka.
**Wuchsform:** Horstig, straff aufrecht, Blütenkerzen aufrecht.
**Blatt:** 3-teilig gefiedert, kurz gestielt, grob gesägt.
**Blüte:** Blütentrauben bis 40 cm lang, weiß, IX–X.
**Frucht:** Kleine Balgfrucht, unauffällig.
**Standort:** Schattige Partien in sauren, humosen Böden.
**Lebensbereiche:** GR,2,abs–hs: Gehölz; frisch, absonnig bis halbschattig.
**Verwendung:** Solitärstaude für kalkarme Böden im Schattenbereich.
**Vermehrung:** Teilung im Vorfrühling und Aussaat nach der Samenreife.
**Hinweis:** Dezenter Fruchtschmuck, erzielt bei Raureif seine Wirkung.

## Colchicum autumnale
Herbst-Zeitlose
Colchicaceae, Zeitlosengewächse

**Heimat:** Europa.
**Wuchsform:** Aufrecht, horstbildende Zwiebelpflanze.
**Blatt:** Zungenförmig, erscheint im Frühling, glänzendgrün.
**Blüte:** Trichterförmig, violettrosa, erscheint im Herbst, X.
**Frucht:** 3-teilige Kapsel im Frühling, 3–4 cm, erst grün, dann braun.
**Standort:** Nährstoffreiche Auwiesen, Sonne.
**Lebensbereiche:** Fr,2–3,so: Freifläche, frisch bis feucht, sonnig; auch Gehölzrand.
**Verwendung:** In kleinen Gruppen in tiefgründigen Böden, die Gartensorten auf Beeten und Steingärten.
**Vermehrung:** Teilung alter Horste im Sommer, Aussaat sofort nach der Ernte.
**Sorte:** 'Lilac Wonder', fliederfarben; 'Water Lily', rosa gefüllt (Bild).
**Hinweis:** Giftige Pflanze.

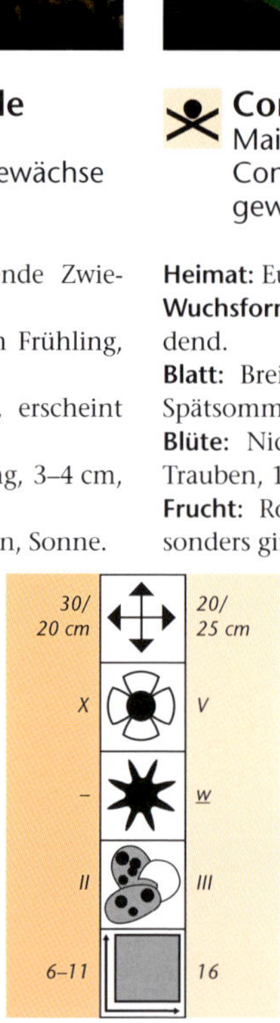


## Convallaria majalis
Maiglöckchen
Convallariaceae, Maiglöckchengewächse

**Heimat:** Europa, Kaukasus, W-Asien.
**Wuchsform:** Aufrecht, locker, Rhizome bildend.
**Blatt:** Breit-lanzettlich, bis 15 cm lang, im Spätsommer gelbbraun, zieht ein.
**Blüte:** Nickende Glöckchen an aufrechten Trauben, 1 cm groß, weiß, V.
**Frucht:** Rote Beeren erscheinen selten, besonders giftig.
**Standort:** Kalkbuchenwälder im Halbschatten, bevorzugt Lehmböden.
**Lebensbereiche:** G,2,hs: Gehölz; frisch; halbschattig; auch Gehölzrand.
**Verwendung:** Als Flächendecker unter Gehölzen aller Art, verdrängende Wirkung.
**Vermehrung:** Teilung der Rhizome im Sommer.
**Sorte:** 'Grandiflora', w, größere Blüten. Schnittpflanze.
**Hinweis:** Giftige Pflanze.

## Coreopsis grandiflora
Großblütiges Mädchenauge
Asteraceae, Asterngewächse

**Heimat:** USA.
**Wuchsform:** Locker aufrecht, horstbildend.
**Blatt:** Frischgrün, lanzettlich, fiederschnittig, bis 15 cm lang.
**Blüte:** Goldgelbe Körbchenblüten einzeln an langen Stielen, bis 10 cm groß, VII–X.
**Fruchtstand/Frucht:** Geflügelte Samen im Körbchen.
**Standort:** Humose, nährstoffreiche Böden in voller Sonne.
**Lebensbereiche:** B,2,so: Beet; frisch; sonnig.
**Verwendung:** Wichtige, langblühende Beetstauden. Schnittpflanze.
**Vermehrung:** Teilung nach der Blüte, Aussaat im Frühling.
**Sorte:** 'Badengold', *, goldgelb, 80 cm (steril); 'Early Sunrise', goldgelb gefüllt, 60 cm (Bild); 'Tetragold', goldgelb, großblütig, 80 cm.
**Hinweis:** Rückschnitt im Herbst beugt der Auswinterung vor.

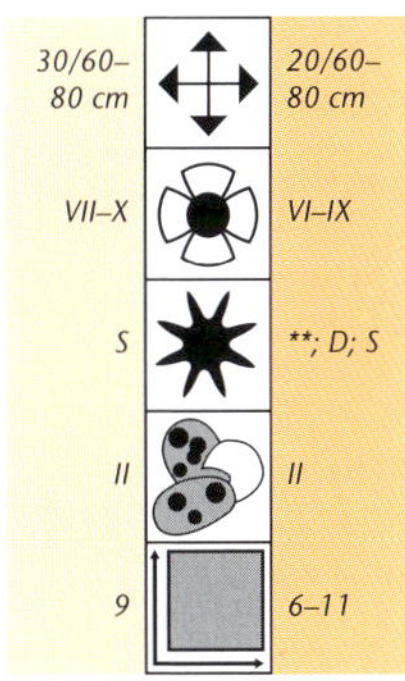


## Coreopsis verticillata
Netzblattstern, Mädchenauge
Asteraceae, Asterngewächse

**Heimat:** USA.
**Wuchsform:** Dichtbuschig, bildet dünne, gelbe Rhizome.
**Blatt:** Nadelartig wirkend, hellgrün.
**Blüte:** Körbchenblüten, 4–5 cm breit, leuchtend gelb, VI–IX.
**Fruchtstand:** Körbchen mit flachen Samen.
**Standort:** Durchlässige Böden in voller Sonne.
**Lebensbereiche:** Fr,2,so, –b: Freifläche; frisch; sonnig; beetstaudenähnlich.
**Verwendung:** Für Beete und Rabatten, auch in Wildstaudenpflanzungen.
**Vermehrung:** Teilung im Frühling.
**Sorte:** 'Grandiflora', **; goldgelb, 60–80 cm; 'Moonbeam', ***, 40 cm, zitronengelb; 'Zagreb', **, gelb, 30 cm (Bild).
**Hinweis:** Gelegentliche Teilung fördert den Wuchs.

## Cortaderia selloana

Pampasgras

Poaceae, Süßgräser

**Heimat:** Argentinien.
**Wuchsform:** Aufrecht, Blätter überhängend, horstbildend.
**Blatt:** Schmal, mattgrün, 1 m lang, an den Rändern scharf gezähnt. In milden Wintern immergrün! Rückschnitt im April.
**Blüte:** Fedrige Rispe, zweihäusig, silbrige Wedel bis 60 cm lang, IX.
**Fruchtstand:** Weibliche Wedel sind schöner und haltbarer, Samen winzig.
**Standort:** Vollsonnig in warmen Lagen, nährstoffreich.
**Lebensbereiche:** FR,2,so,–b: Freifläche; frisch; sonnig; beetstaudenähnlich.
**Verwendung:** Einzeln im großen Garten, Parks. Schnittpflanze. Trockenbinderei.
**Vermehrung:** Teilung im April.
**Sorte:** 'Pumila', Li, 100 cm; 'Sunningdale Silver', **, 200 cm.
**Hinweis:** Im Spätherbst Blattschöpfe einbinden, Laubdecke 20 cm hoch.

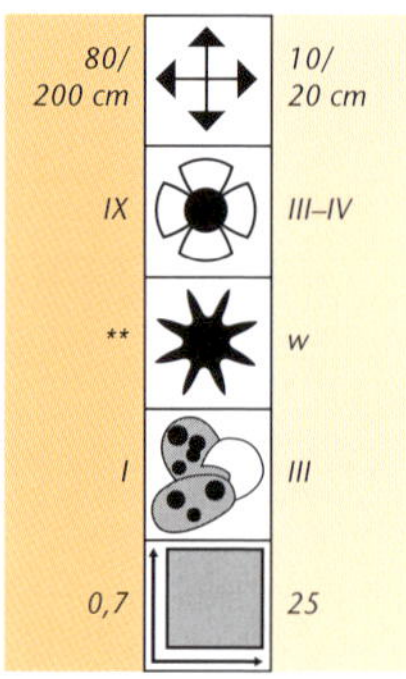


## Corydalis cava

Hohler Lerchensporn

Fumariaceae, Erdrauchgewächse

**Heimat:** Europa.
**Wuchsform:** Dichtbuschige Knollenpflanze. Zieht nach der Blüte ein. Knolle hohl.
**Blatt:** Doppelt 3-teilig, bläulich grün.
**Blüte:** Blütentrauben mit gespornten Blüten, rosa oder weiß, III–IV.
**Frucht:** Schwarze Samen, werden von Ameisen verbreitet.
**Standort:** Waldränder von humusreichen Kalkbuchenwäldern.
**Lebensbereiche:** G,2,hs: Gehölz; frisch; halbschattig; auch Gehölzrand.
**Verwendung:** Unterwuchs unter Gehölzen aller Art. Guter Partner für spät austreibende Stauden, z.B. Japanische Herbst-Anemone. Heilpflanze.
**Vermehrung:** Aussaat V–VI.
**Hinweis:** Giftige Pflanze. An geeigneten Standorten, starke Verbreitung durch Selbstaussaat.

## Cotula squalida
Laugenblume, Fiederpolster
Asteraceae, Asterngewächse

**Heimat:** Neuseeland.
**Wuchsform:** Teppichbildend durch oberirdische Ausläufer.
**Blatt:** Tief fiederschnittig, wollig behaart, 3–4 cm lang, bräunlichgrün.
**Blüte:** Gelbgrüne, gestielte Köpfchen, VII–VIII.
**Fruchtstand:** Köpfchen mit feinen Samen.
**Standort:** Feuchte Flächen von der Küste bis 1300 m Höhe.
**Lebensbereiche:** M,2,so–hs: Matten; frisch; sonnig bis halbschattig; auch Felssteppe.
**Verwendung:** Als dichter Bodendecker für humose, auch saure Böden, Steingarten und Grabstätten. Als Moosersatz zwischen Trittplatten.
**Vermehrung:** Teilung, ganzjährig.
**Hinweis:** Bei längerer Trockenheit wässern.

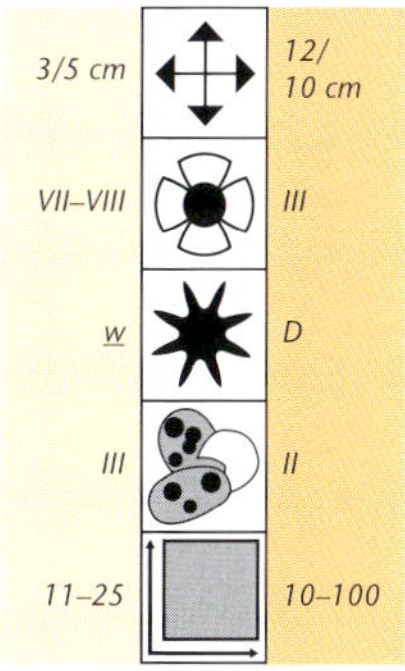


## Crocus chrysanthus
Balkan-Krokus
Iridaceae, Schwertliliengewächse

**Heimat:** SO-Europa, Kleinasien.
**Wuchsform:** Aufrecht, horstige Knollenpflanze.
**Blatt:** Grasartig, linealisch; erscheint nach der Blüte.
**Blüte:** Hellorange-gelb, rundliche Trichterblüten, III.
**Frucht:** Häutige Kapsel mit hellbraunen Samen.
**Standort:** Bergwiesen in sonniger Lage.
**Lebensbereiche:** Fr,1–2,so: Freifläche; trocken bis frisch; sonnig; auch Steinanlagen.
**Verwendung:** In Gruppen zwischen niederen Vorfrühlingsstauden. Bienenweide.
**Vermehrung:** Durch Brutknöllchen oder Aussaat.
**Sorte:** 'Blue Peter', dunkelblau, 'Eyecatcher', violett mit weiß; 'Sunkist', buttergelb. Alle Sorten mit gelbem Schlundfleck. 'Saturnus' gelb, braune Streifen.

## Crocus speciosus
Herbst-Pracht-Krokus
Iridaceae, Schwertliliengewächse

**Heimat:** Kaukasus, Kleinasien, Krim, Iran.
**Wuchsform:** Aufrecht, horstige Knollenpflanze.
**Blatt:** Grasartig, linealisch; erscheint nach der Blüte im Herbst, zieht erst im Mai ein.
**Blüte:** Trichterblüte, blau orangerote Narben IX–X.
**Frucht:** Häutige Kapsel mit hellbraunen Samen.
**Standort:** Bergwiesen in sonnigen Lagen.
**Lebensbereiche:** Fr,1–2,so: Freifläche; trocken bis frisch; sonnig; auch Steinanlagen.
**Verwendung:** In Gruppen zwischen niederen Stauden.
**Vermehrung:** Durch Brutknöllchen oder Aussaat nach der Samenreife im Frühling.
**Sorte:** 'Albus', weiß; 'Oxonian', violettblau.
**Hinweis:** Lässt sich gut in Töpfen treiben.

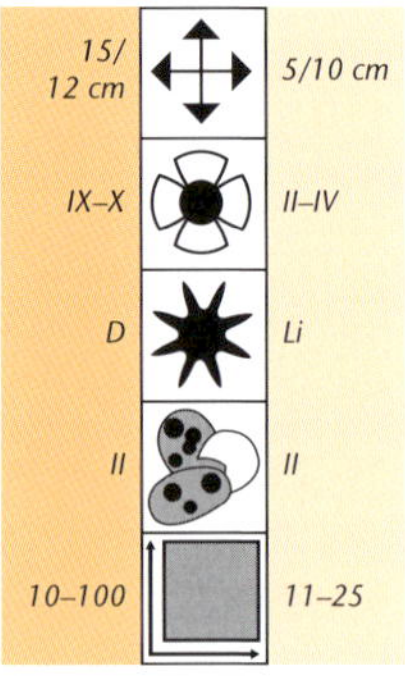


## Cyclamen coum
Frühlings-Alpenveilchen
Primulaceae, Primelgewächse

**Heimat:** SO-Europa, Kleinasien bis Israel.
**Wuchsform:** Ausgebreitet, aus abgeflachter Knolle entwickeln sich Blätter und Blüten.
**Blatt:** Nierenförmig, 5 cm breit, dunkelgrün.
**Blüte:** Meist 1-blütig, hell-dunkelrosa, auch weiß, 2 cm groß, mit roten Flecken am Grund, II–IV, auch schon ab XII.
**Frucht:** Kugelig, 1 cm groß, enthält große Samen.
**Standort:** Humose Böden unter Gehölzen im Halbschatten.
**Lebensbereiche:** G,1–2,hs: Gehölz; trocken bis frisch; halbschattig; Gehölzrand und Steinanlagen.
**Verwendung:** Einzeln oder in kleinen Gruppen unter Vorfrühlingssträuchern.
**Vermehrung:** Aussaat sofort nach der Ernte.
**Sorte:** 'Album', weiß.
**Hinweis: Geschützte Wildpflanze.** Nur Pflanzen gärtnerischer Herkunft dürfen gehandelt werden.

## Cypripedium calceolus
Frauenschuh
Orchidaceae, Orchideengewächse

**Heimat:** Mittel- und O-Europa, Kaukasus, Sibirien.
**Wuchsform:** Aufrecht, horstbildend, Rhizomartige Wurzel.
**Blatt:** Elliptisch, längsgestreift, Triebe 3- bis 5-blättrig.
**Blüte:** 1- bis 2-blütig, pantoffelförmig, rotbraun mit gelbem Schuh. V–VI.
**Frucht:** Längliche Kapsel mit staubfeinen Samen (ohne Nährgewebe).
**Standort:** Kalkbuchenwälder, halbschattige Plätze in humosen Böden.
**Lebensbereiche:** G,2,hs: Gehölz; frisch; halbschattig.
**Verwendung:** Für Natur- und Steingärten an bevorzugter Lage.
**Vermehrung:** Teilung im Frühling. Aussaat in Speziallabors.
**Hinweis: Geschützte Wildpflanze.** Nur Pflanzen gärtnerischer Herkunft dürfen gehandelt werden.

| Cypripedium calceolus | | Dactylorhiza maculata |
|---|---|---|
| 40 cm |  | 50–60 cm |
| V–VI |  | V–VIII |
| – |  | – |
| I | 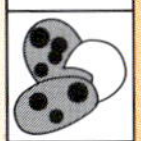 | I |
| 6 |  | 6 |

## Dactylorhiza maculata
Geflecktes Knabenkraut, Fingerwurz
Orchidaceae, Orchideengewächse

**Heimat:** Europa, Mittelmeergebiet.
**Wuchsform:** Aufrecht, horstbildend. Knollen handförmig geteilt.
**Blatt:** Lanzettlich, grün, Blütenstiel mit Tragblättern.
**Blüte:** 3-teilig, in langer Ähre zusammenstehend, blassviolett bis weiß, V–VIII.
**Frucht:** Längliche Kapsel, enthält viele, staubfeine Samen.
**Standort:** Saure Böden in sonniger Lage, feuchte Moorwiesen.
**Lebensbereiche:** Fr,2–3,so: Freifläche; frisch bis feucht; sonnig.
**Verwendung:** In humusreichen Natur- und Steingärten.
**Vermehrung:** Teilung bei alten Horsten im Frühling, Aussaat in Speziallabors.
**Hinweis: Geschützte Wildpflanze.** Nur Pflanzen gärtnerischer Herkunft dürfen gehandelt werden.

## Darmera peltata
(Syn.: Peltiphyllum peltatum)
Schildblatt
Saxifragaceae, Steinbrechgewächse

**Heimat:** USA.
**Wuchsform:** Aufrecht, Verbreitung durch dicke Rhizome.
**Blatt:** Langstielig, schildförmig, 30–60 cm Durchmesser, im Herbst rot.
**Blüte:** In vielblumiger Trugdolde, rosa, vor den Blättern, IV–V. Vor Spätfrösten schützen.
**Frucht:** Zweispaltige Kapsel, viele feine Samen.
**Standort:** An Bachrändern oft ganze Flächen bedeckend. Nährstoffreiche Böden.
**Lebensbereiche:** WR,4–5,so–hs: Wasserrand; sumpfig bis flaches Wasser, sonnig-halbschattig; auch Freifläche.
**Verwendung:** An feuchten Teichrändern, einzeln oder in Gruppen.
**Vermehrung:** Teilung der Rhizome im Vorfrühling.

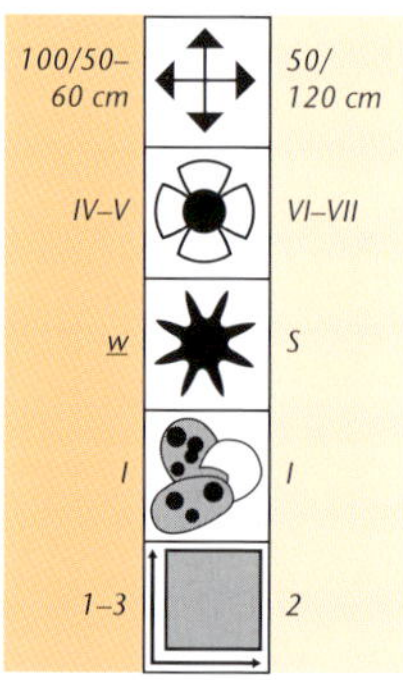


## Delphinium-Belladonna-Gruppe
Garten-Rittersporn
Ranunculaceae, Hahnenfußgewächse

**Heimat:** Züchtung.
**Wuchsform:** Aufrecht, horstbildend, Stängel beblättert und verzweigt.
**Blatt:** 3-zählig bis handförmig, tief eingeschnitten, frischgrün.
**Blüte:** Verzweigte Rispe. Je nach Sorte hell- bis dunkelblau, VI–VII und IX.
**Frucht:** Balgfrucht.
**Standort:** Staudenbeete, Rabatten, sonnige Böden.
**Lebensbereiche:** B,2,so: Beet; frisch, sonnig; auch Freifläche.
**Verwendung:** Einzeln oder in kleinen Gruppen auf Beeten.
**Vermehrung:** Teilung des Wurzelstocks im Vorfrühling, Stecklinge im April, mit Wurzelansatz.
**Sorte:** 'Atlantis', 130 cm, violett mit weiß; 'Vökerfrieden', ***, 100 cm, azurblau (Bild).
**Hinweis:** standfest.

## Delphinium-Elatum-Gruppe

Garten-Rittersporn
Ranunculaceae, Hahnenfußgewächse

**Heimat:** Züchtung.
**Wuchsform:** Aufrecht, horstbildend, Stängel beblättert, unverzweigt.
**Blatt:** 3-zählig bis handförmig, tief eingeschnitten, frischgrün.
**Blüte:** Je nach Sorte hell- bis dunkelblau, violett, weiß,VI–VII und IX.
**Frucht:** Balgfrucht.
**Standort:** Staudenbeete, Rabatten in voller Sonne in kräftigen Böden.
**Lebensbereiche:** B,2,so: Beet; frisch, sonnig.
**Verwendung:** Einzeln oder in kleinen Gruppen auf Beeten. Schnittpflanze.
**Vermehrung:** Teilung des Wurzelstocks im Vorfrühling; Stecklinge mit Wurzelansatz, IV.
**Sorte:** 'Azurriese', 170 cm, azurblau; 'Berghimmel', *, 180 cm (Bild), hellblau; 'Sommernachtstraum', ***, 130 cm, dunkelblau.
**Hinweis:** Mehltauanfällig.

| | |
|---|---|
| 50/ 180 cm | 60/ 100 cm |
| VI–VII | VI–VII |
| S | w |
| I | II–III |
| 2 | 2–6 |

## Deschampsia cespitosa

Rasen-Schmiele
Poaceae, Süßgräser

**Heimat:** Asien, Europa, N-Amerika.
**Wuchsform:** Zierlich, horstig, aufrecht, bogig überhängend.
**Blatt:** Schmal-linealisch, wintergrün, im Herbst gelblich.
**Blüte:** Zierliche Rispe, etagenförmig, VI–VII.
**Fruchtstand/Frucht:** Rispe. Karyopse, winzige Grassamen.
**Standort:** Waldlichtungen und feuchte, kalkarme Plätze.
**Lebensbereiche:** GR,2–3,so–abs: Gehölzrand; frisch bis feucht; sonnig bis halbschattig; auch für Freiflächen.
**Verwendung:** Vor und zu Gehölzen, einzeln oder in Gruppen in niederen Wildstaudenpflanzungen. Trockensträuße.
**Vermehrung:** Teilung im Vorfrühling.
**Sorte:** 'Bronzeschleier', w, goldbraun; 'Tauträger', w, lockere Rispen.
**Hinweis:** Auf Rostpilze achten.

## Dianthus deltoides
Heide-Nelke
Caryophyllaceae, Nelkengewächse

**Heimat:** Asien, Europa.
**Wuchsform:** Lockerrasig, kriechend, Blütenstiele aufrecht.
**Blatt:** Lanzettlich, gegenständig, bis 2 cm lang, mattgrün.
**Blüte:** Einfach, dunkelrosa, Stiele 1-blütig, VI–VIII.
**Frucht:** Kelchförmige Kapsel.
**Standort:** Magere, saure Heideflächen in voller Sonne.
**Lebensbereiche:** H,1,so: Heide; trocken; sonnig; auch Gehölzrand.
**Verwendung:** In kleinen Gruppen oder Flächen für saure Böden. Dachbegrünung.
**Vermehrung:** Aussaat im Frühling.
**Sorte:** 'Albus', weiß, Li; 'Brillant', rot, Li; 'Leuchtfunk', rot, braunlaubig.
**Hinweis:** Reich blühende Staude.

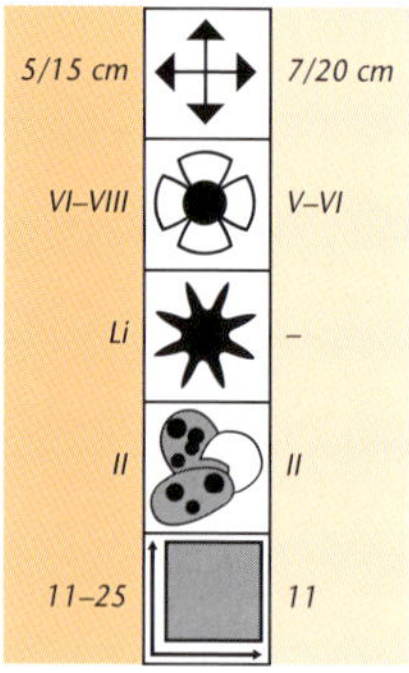


## Dianthus gratianopolitanus
Pfingst-Nelke
Caryophyllaceae, Nelkengewächse

**Heimat:** Europa, östlich bis zur Ukraine.
**Wuchsform:** Polsterbildend.
**Blatt:** Lineal-lanzettlich, graugrün, immergrün.
**Blüte:** Einfach, 1-blütig, rosa, V–VI.
**Frucht:** Kelchförmige Kapsel.
**Standort:** Felsen und Felssteppen in sonniger Lage.
**Lebensbereiche:** FS,1–2,so: Felssteppe; trocken bis frisch; sonnig; auch Steinanlagen.
**Verwendung:** Auf und in Trockenmauern, Steingärten, in voller Sonne. Extensive Dachbegrünung. Duftpflanze.
**Vermehrung:** Teilung und Aussaat im Frühling.
**Sorte:** 'Blaureif', zartrosa, Polster stahlblau; 'Glut', glutrot.
**Hinweis:** Oft dichte Polster bildend.

## Dianthus plumarius

Feder-Nelke
Caryophyllaceae, Nelkengewächse

**Heimat:** Östliches Mitteleuropa.
**Wuchsform:** Niederliegend bis aufrecht, dichtrasiges Polster.
**Blatt:** Linealisch-lanzettlich, bis 5 cm lang, blaugrün.
**Blüte:** Radiär einfach oder gefüllt, federig zerschlitzt, stark duftend, weiß, VI–VII.
**Frucht:** Kelchförmige Kapsel.
**Standort:** Durchlässige Gartenböden, alkalisch.
**Lebensbereiche:** FS,2,so: Felssteppe, frisch, sonnig; auch Steinanlagen.
**Verwendung:** Einfassungen, Steingärten, Schnittpflanze.
**Vermehrung:** Teilung der Polster im Frühling.
**Sorte:** 'Heidi', *, dunkelrot, gefüllt (Bild); 'Maischnee', *, weiß gefüllt. Sorten in vielen Farben und Formen.

| Dianthus plumarius | | Dicentra formosa |
|---|---|---|
| 20/ 30 cm | | 5/35 cm |
| VI–VII | | VI–XIII |
| S | | w |
| II | | II |
| 8 | | 11–25 |

## Dicentra formosa

Zwerg-Herzblume
Fumariaceae, Erdrauchgewächse

**Heimat:** Westliche USA.
**Wuchsform:** Dichtbuschig, weit kriechende Rhizome.
**Blatt:** 3-teilig zusammengesetzt, hellgrün, unterseits bläulich.
**Blüte:** Herzförmig, violettrosa, VI–XIII.
**Frucht:** Unscheinbar.
**Standort:** Humus- und nährstoffreiche Böden im Halbschatten.
**Lebensbereiche:** GR,2,so–hs: Gehölzrand; frisch; sonnig bis halbschattig. Auch Steinfugen und Steinanlagen.
**Verwendung:** Vor und unter säureliebenden Gehölzen.
**Vermehrung:** Teilung im Vorfrühling.
**Sorte:** 'Bountiful', Li, rosarot; 'Langtrees', w, weiß; 'Luxuriant', w, rot.
**Hinweis:** Attraktiv in Verbindung mit Farnen.

## Dicentra spectabilis

Herzblume, Tränendes Herz
Fumariaceae, Erdrauchgewächse

**Heimat:** China, Korea, Mandschurei.
**Wuchsform:** Horstig, bogig überhängend, fleischige, brüchige Wurzeln.
**Blatt:** Doppelt 3-teilig zusammengesetzt, graugrün.
**Blüte:** Herzförmig, an waagerechten Trauben, 3 cm groß, hellrosa, IV–V.
**Frucht:** Unscheinbar. Bildet keine Samen aus.
**Standort:** Humusreiche Böden im Halbschatten.
**Lebensbereiche:** GR,2,so–hs,–b: Gehölzrand; frisch; sonnig bis halbschattig, beetstaudenähnlich; auch für Beete.
**Verwendung:** Vor und unter säureliebenden Gehölzen. In Verbindung mit Farnen und Frühlingsstauden.
**Vermehrung:** Teilung im Vorfrühling.
**Sorte:** 'Alba', **, weiß.

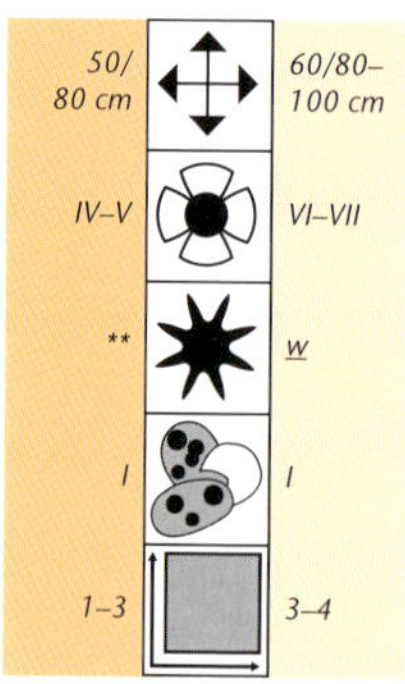


## Dictamnus albus

Diptam, Brennender Busch
Rutaceae, Rautengewächse

**Heimat:** S- und Mitteleuropa, bis O-Asien
**Wuchsform:** Dichtbuschig, horstig.
**Blatt:** Gefiedert, dunkelgrün.
**Blüte:** In endständigen Trauben, rosa, VI–VII.
**Frucht:** 5-teilige Kapsel; große, schwarze Samen werden bei Reife weit herausgeschleudert. Samen vorher ernten!
**Standort:** Felsige Hänge von Kalkbuchenwäldern, wärmeliebend.
**Lebensbereiche:** SH,1,so: Steppenheide; trocken; sonnig; Gehölzrand und Felssteppe.
**Verwendung:** Einzeln oder in kleinen Gruppen in Wildstaudenpflanzungen.
**Vermehrung:** Aussaat sofort nach der Reife (Lichtkeimer).
**Sorte:** 'Albiflorus', weiß.
**Besonderes:** Pflanze enthält ätherische Öle, die entzündbar sind.
**Hinweis: Geschützte Wildpflanze.**

## Digitalis ferruginea

Rostfarbiger Fingerhut
Scrophulariaceae, Braunwurzgewächse

**Heimat:** S-Europa bis Kleinasien.
**Wuchsform:** Straff aufrecht, horstig.
**Blatt:** Lineal-lanzettlich, dunkelgrün, wintergrün.
**Blüte:** Gelbe, braun geaderte Rachenblüten in endständiger Traube, VII–VIII.
**Frucht:** Kapsel.
**Standort:** Durchlässige, warme Böden, schwach sauer bis neutral.
**Lebensbereiche:** GR,1–2,so–hs: Gehölzrand; trocken bis frisch; sonnig bis halbschattig.
**Verwendung:** Sonnige Plätze in Wildstaudenpflanzungen vor und zu Gehölzen.
**Vermehrung:** Aussaat im Vorfrühling.
**Sorte:** 'Gigantea', großblumiger als die Art.
**Weitere Art:** *Digitalis purpurea,* Roter Fingerhut, große, rote Blüten; für saure Böden im Halbschatten. Heilpflanze.

| Digitalis ferruginea | | Doronicum orientale |
|---|---|---|
| 30/100–150 cm | | 15/35–40 cm |
| VII–VIII | | IV–V |
| w | | – |
| I | | II |
| 4–11 | | 11 |

## Doronicum orientale

Gemswurz
Asteraceae, Asterngewächse

**Heimat:** SO-Europa bis zum Kaukasus.
**Wuchsform:** Aufrecht, lockerhorstig.
**Blatt:** Herzförmig, am Rand gekerbt, hellgrün.
**Blüte:** Meist 1-blütiges Körbchen, leuchtend gelb, IV–V.
**Fruchtstand/Frucht:** Körbchen, Samen mit Pappus.
**Standort:** Durchlässige, humose Böden in sonnigen Lagen.
**Lebensbereiche:** GR,2,so–hs: Gehölzrand; frisch; sonnig bis halbschattig.
**Verwendung:** In Wildstaudenpflanzungen und zum Schnitt.
**Vermehrung:** Teilung nach der Blüte.
**Sorte:** 'Magnificum', *, goldgelb; 'Riedels Goldkranz', *, goldgelb. Gefüllte Sorten bekannt: z.B. 'Gerhard', hellgelb.
**Hinweis:** Zu hohe Feuchtigkeit fördert Pilzbefall.

## Draba bruniifolia
Olymp-Hungerblümchen
Brassicaceae, Kohlgewächse

**Heimat:** Griechenland, Kleinasien
**Wuchsform:** Polster.
**Blatt:** Winzig und nadelartig, moosartige Rasen bildend, grün.
**Blüte:** Einzelblütchen in kurz gestielten Köpfchen, goldgelb, IV.
**Frucht:** Flaches Schötchen.
**Standort:** Geröllhänge und Felsspalten in sonniger Lage.
**Lebensbereiche:** FS,1,so: Felssteppe; trocken; sonnig; auch Steinfugen und Steinanlagen.
**Verwendung:** Durchlässige Böden in Steingärten und Felsspalten. Bienenweide.
**Vermehrung:** Aussaat im Winter, Vorfrühling.
**Hinweis:** Beste Art für das Alpinum.

| Draba bruniifolia | Dryas octopetala |
|---|---|
| 3/5–7 cm | 5–8/10–15 cm |
| IV | V–VI |
| w; D | w |
| II | II |
| 25–50 | 11–25 |

## Dryas octopetala
Silberwurz
Rosaceae, Rosengewächse

**Heimat:** Alpine und polare Gebiete Europas, Asiens, N-Amerikas.
**Wuchsform:** Teppichbildner durch kriechende Sprosse.
**Blatt:** Oval, am Rand gekerbt, bis 4 cm lang, glänzend grün.
**Blüte:** Schalenförmig, meist mit 8 Kronblättern, weiß, V–VI.
**Frucht:** Samenschöpfe grausilbrig, Windverbreitung.
**Standort:** Pionierstaude kalkreicher, durchlässiger Geröllflächen, sonnig. Im Gebirge bis 2500 m ü.d.M vorkommend.
**Lebensbereiche:** FS,2,so: Felssteppe; frisch; sonnig. Auch Matten, Mauerkronen, Alpinum.
**Verwendung:** Flächendecker für magere, humusarme Flächen, Dachbegrünung.
**Vermehrung:** Abtrennen bewurzelter Triebe, Aussaat nach der Samenreife.

## Dryopteris affinis

(Syn.: Dryopteris borreri)
Goldschuppenfarn
Dryopteridaceae, Wurmfarngewächse

**Heimat:** Europa, Türkei.
**Wuchsform:** Aufrecht bis bogig, horstbildend.
**Blatt:** 2-fach gefiedert, im Austrieb goldgelb, wintergrün.
**Standort:** Lichte Bergwälder, humusreiche Plätze im Halbschatten.
**Lebensbereiche:** G,2–3,hs: Gehölz; frisch bis feucht; halbschattig. Auch Gehölzrand.
**Verwendung:** Im Schatten höherer Gehölze auf sauren, humosen Böden. In Einzelstellung zwischen Bodendeckern.
**Vermehrung:** Sporen keimen auf sterilem, feuchtem Torf.
**Sorte:** 'Cristata', Li, Königs-Goldschuppenfarn. Fiederenden gegabelt.

| Dryopteris affinis | | Dryopteris filix-mas |
|---|---|---|
| 50–100 cm | | 50–90 (bis 140) cm |
| – | | – |
| w | | w |
| I–II | | I |
| 1–2 | | 0,5–1 |

## Dryopteris filix-mas

Wurmfarn
Dryopteridaceae, Wurmfarngewächse

**Heimat:** Europa, Asien, Afrika, N-Amerika.
**Wuchsform:** Aufrecht-bogig, horstig.
**Blatt:** 1-fach gefiedert, dunkelgrün, im Austrieb hellgrün, gelb im Herbst.
**Standort:** Lichte Laubwälder, humusreiche Plätze im Halbschatten.
**Lebensbereiche:** G,2,so–hs: Gehölz; frisch; sonnig bis halbschattig. Auch Gehölzrand.
**Verwendung:** Im Schatten höherer Gehölze auf humosen Böden.
**Vermehrung:** Sporen keimen auf sterilem, feuchtem Torf.
**Sorte:** 'Crispa', Krauser Wurmfarn. Fiederenden kraus, 40–50 cm hoch.
**Besonderes:** Wurde früher wegen seiner Giftwirkung gegen Bandwürmer eingesetzt.

## Duchesnea indica
Scheinerdbeere
Rosaceae, Rosengewächse

**Heimat:** China, Indien, Japan.
**Wuchsform:** Flach kriechend, lange Ausläufer bildend.
**Blatt:** 3-teilig, Blattrand gezähnt, dunkelgrün.
**Blüte:** 1-blütig, leuchtend gelb, 1,5–2 cm, V–VII.
**Frucht:** Rote Sammelfrucht, kugelig, geschmacklos.
**Standort:** Schattige Wälder und Berghänge, humoser Boden.
**Lebensbereiche:** GR,2,so–hs: Gehölzrand; frisch; sonnig bis halbschattig.
**Verwendung:** Als Bodendecker für kleinere Flächen, Ampelpflanze.
**Vermehrung:** Abtrennen der bewurzelten Ausläufer.

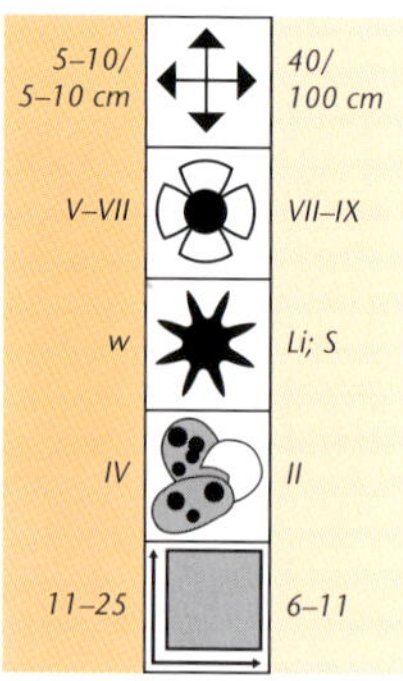


## Echinacea purpurea
Roter Sonnenhut
Asteraceae, Asterngewächse

**Heimat:** USA.
**Wuchsform:** Straff aufrecht, horstig.
**Blatt:** Verkehrt-eiförmig, Blattrand gesägt, dunkelgrün.
**Blüte:** Blütenköpfe einzeln, Scheibe gewölbt, Strahlenblüte weinrot, VII–IX.
**Fruchtstand/Frucht:** Körbchen, Samen länglich.
**Standort:** Lichte Wälder und Prärien.
**Lebensbereiche:** Fr,2,so: Freifläche; frisch; sonnig.
**Verwendung:** Einzeln oder in Gruppen auf sonnigen Rabatten. Schnittpflanze. Heilpflanze.
**Vermehrung:** Teilung im Frühling, Wurzelschnittlinge im Winter.
**Sorte:** 'The King', karminrot, gute Schnittsorte.

## Echinops ritro
Kugeldistel
Asteraceae, Asterngewächse

**Heimat:** S- und O-Europa, Russland.
**Wuchsform:** Aufrecht, steif, horstig.
**Blatt:** Doppelt fiederspaltig, bedornt, graugrün, unterseits graufilzig.
**Blüte:** Kugelige Blütenköpfe, 2–4 cm dick, stahlblau, VII–IX.
**Fruchtstand/Frucht:** Kugeliges Körbchen, Samen länglich.
**Standort:** Magerste Böden in voller Sonne.
**Lebensbereiche:** Fr, 1,so,–b: Freifläche; trocken; sonnig; beetstaudenähnlich.
**Verwendung:** In durchlässigen, steinigen Böden in voller Sonne. Schnittpflanze (Trockenschnitt). Trockenbinderei.
**Vermehrung:** Aussaat im Frühling, Wurzelschnittlinge im Winter, Teilung.
**Sorte:** 'Veitchs Blue', ***, leuchtend violettblau, gut zum Schnitt.
**Hinweis:** Sehr anspruchslos.

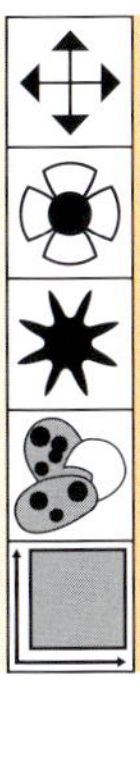

| Echinops ritro | Epimedium grandiflorum |
|---|---|
| 50/ 100 cm | 15–20/ 20–30 cm |
| VII–IX | IV–V |
| *; S | – |
| I | II |
| 2–3 | 11 |

## Epimedium grandiflorum
Großblumige Elfenblume
Berberidaceae, Sauerdorngewächse

**Heimat:** Japan, Mandschurei.
**Wuchsform:** Buschig, lockerhorstig.
**Blatt:** Doppelt 3-teilig, Blättchen eiförmig, zugespitzt, 2 cm lang, Rand gezähnt, sommergrün, im Austrieb bronzefarben.
**Blüte:** In einfacher Traube, 2–4 cm groß, lang gespornt, weiß, IV–V.
**Frucht:** Wird selten gebildet.
**Standort:** Humoser, durchlässiger, schwach saurer Boden im Halbschatten.
**Lebensbereiche:** G,2,hs: Gehölz; frisch; halbschattig. Auch Gehölzrand.
**Verwendung:** Wichtiger Bodendecker unter Gehölzen. Wertvoll durch reiche Blüte und dichten Wuchs
**Vermehrung:** Teilung im Vorfrühling; Rhizomteilung ab Herbst.
**Sorte:** 'Lilafee', Li, rotviolett (Bild); 'Rose Queen', Li, dunkelrosa.

## **Epimedium pinnatum** subsp. **colchicum**

Schwarzmeer-Elfenblume
Berberidaceae, Sauerdorngewächse

**Heimat:** Transkaukasien, Georgien.
**Wuchsform:** Buschig, lockerhorstig, ausläuferbildend.
**Blatt:** 3- bis 5-teilig, Blättchen herz-eiförmig, zugespitzt, 3–4 cm lang, Rand wenig gezähnt, wintergrün, erfrieren erst ab –10° C.
**Blüte:** In einfacher Traube, 1,5 cm groß, gespornt, gelb, IV–V.
**Frucht:** Wird selten gebildet.
**Standort:** Humoser, durchlässiger, schwach saurer Boden im Halbschatten.
**Lebensbereiche:** G,2,hs: Gehölz; frisch; halbschattig. Auch Gehölzrand.
**Verwendung:** Wichtiger Bodendecker unter Gehölzen, Grabstätten. Wertvoll durch reiche Blüte und dichten Wuchs.
**Vermehrung:** Teilung im Vorfrühling; Rhizomteilung ab Herbst.

| Epimedium pinnatum subsp. colchicum | | Epimedium × versicolor 'Sulphureum' |
|---|---|---|
| 20/25–40 cm | ✥ | 20–30/25–35 cm |
| IV–V | (Blüte) | IV–V |
| w | ✷ | w |
| III | (Boden) | II–III |
| 11 | (Zone) | 11 |

## **Epimedium × versicolor 'Sulphureum'**

Gelbe Elfenblume
Berberidaceae, Sauerdorngewächse

**Heimat:** Züchtung.
**Wuchsform:** Buschig, lockerhorstig, ausläuferbildend.
**Blatt:** Doppelt 3-teilig, Blättchen eiförmig, zugespitzt, 3 cm lang, Rand gezähnt, wintergrün, im Austrieb rotfarben.
**Blüte:** In einfacher Traube, 2 cm groß, kurz gespornt, hellgelb, IV–V.
**Frucht:** Wird selten gebildet.
**Standort:** Humoser, durchlässiger, schwach saurer Boden im Halbschatten.
**Lebensbereiche:** G,2,hs: Gehölz; frisch; halbschattig. Auch Gehölzrand.
**Verwendung:** Wichtiger Bodendecker unter Gehölzen. Blattschmuck. Wertvoll durch reiche Blüte und dichten Wuchs.
**Vermehrung:** Teilung im Vorfrühling; Rhizomteilung ab Herbst.

## Eranthis hyemalis
Winterling
Ranunculaceae, Hahnenfuß-gewächse

**Heimat:** S-Europa.
**Wuchsform:** Knolliger Wurzelstock, Stängel mit rosettenförmiger Hochblatthülle. Zieht nach der Fruchtreife ein.
**Blatt:** Erst nach der Blüte erscheinende Grundblätter.
**Blüte:** Schalenförmig, 2–3 cm groß, viele Staubgefäße und Nektarien, intensiver Duft, goldgelb, II–III.
**Frucht:** Balgfrucht mit großen Samenkörnern.
**Standort:** Unter Bäumen, die sich erst später begrünen. Normalboden.
**Lebensbereiche:** G,1–2,so-hs: Gehölz; trocken bis frisch; sonnig bis halbschattig. Auch Gehölzrand.
**Verwendung:** In größerer Anzahl unter Laubgehölzen.
**Vermehrung:** Aussaat nach der Reife, häufig Verbreitung durch Selbsaussaat.

| | | |
|---|---|---|
| 10/ 10 cm | | 30/ 150 cm |
| II–III | | VI–VII |
| w | | **; D |
| II | | II |
| 25–100 | | 4 |

## Eremurus-Shelford-Gruppe
Shelford's Steppenkerze
Asphodelaceae, Junkerlilien-gewächse

**Heimat:** Züchtung.
**Wuchsform:** Horstig, Blütenstiel steif aufrecht. Wurzel seesternartig. Zieht nach der Blüte ein.
**Blatt:** Schmal-linealisch, graugrün.
**Blüte:** Sternförmige Einzelblüten an schmaler Blütenkerze, gelb–orange, VI–VII.
**Frucht:** Kugelig, 1 cm groß, enthält kantige Samen.
**Standort:** Nährstoffreiche, durchlässige, gut dränierte Böden in voller Sonne.
**Lebensbereiche:** FR,1,so,–b: Freifläche; trocken; sonnig; beetstaudenähnlich. Auch Felssteppe.
**Verwendung:** Einzeln oder in kleinen Gruppen, Schnittpflanze.
**Vermehrung:** Aussaat sofort nach der Ernte.
**Sorte:** 'Feuerfackel', orange.
**Hinweis:** Wurzeln in 3–5 cm starke Sandschicht legen.

## Erigeron-Sorten
Feinstrahlastern
Asteraceae, Asterngewächse

**Heimat:** Züchtung.
**Wuchsform:** Dichtbuschig, horstbildend.
**Blatt:** Lanzettlich, kahl, dunkelgrün, Blütenstiele beblättert.
**Blüte:** Köpfchen in lockeren Büscheln am Triebende, Scheibenblüten gelb, Zungenblüten weiß, rosa, rot oder blau, VI–VII.
**Fruchtstand/Frucht:** Körbchen, Samen mit Pappus.
**Standort:** Nährstoffreiche Gartenböden in voller Sonne.
**Lebensbereiche:** B,2,so: Beet; frisch; sonnig; auch Freifläche.
**Verwendung:** In kleinen Gruppen auf Beeten und Rabatten. Schnittpflanze.
**Vermehrung:** Teilung im Frühling.
**Sorte:** 'Dunkelste Aller', ***, dunkelviolett; 'Foersters Liebling', *, karminrosa (Bild); 'Sommerneuschnee', ***, weiß.
**Hinweis:** Auf Mehltau achten.

| Erigeron | Eryngium |
|---|---|
| 15/ 70 cm | 15/ 70 cm |
| VI–VII | VII–VIII |
| S | w; S |
| II | I–II |
| 6–11 | 4 |

## Eryngium alpinum
Alpen-Edeldistel
Apiaceae, Selleriegewächse

**Heimat:** Alpen, Jura, Jugoslawien.
**Wuchsform:** Buschig, horstbildend.
**Blatt:** Grundblätter lang gestielt, herzförmig, spitz, Stängelblätter rundlich, an der Spitze gelappt, blaugrün.
**Blüte:** Köpfe zylindrisch, umgeben von tief geteilten, stahlblauen Hüllblättern, VII–VIII.
**Frucht:** Köpfchenförmig, mit vielen Samen, zur Reife bräunlich.
**Standort:** Bergwiesen der Kalkalpen, selten.
**Lebensbereiche:** Fr,2,so: Freifläche; frisch; sonnig.
**Verwendung:** Einzeln oder in kleinen Gruppen in durchlässigen Böden. Schnittpflanze.
**Vermehrung:** Aussaat im Vorfrühling, Wurzelschnittlinge im Winter.
**Sorte:** 'Opal', **, silbrig-lila.
**Hinweis:** Vor Mäusen schütztten.
**Geschützte Wildpflanze.**

## Eryngium bourgatii
Spanische Edeldistel
Apiaceae, Selleriegewächse

**Heimat:** Mittelmeergebiete, Pyrenäen, Spanien.
**Wuchsform:** Buschig, horstbildend.
**Blatt:** Stark zerteilt, weiß geadert, spitz, stängelumfassend, blaugrün.
**Blüte:** Köpfe zylindrisch, umgeben von tief geteilten, mattblauen Hüllblättern, VII–VIII.
**Frucht:** Köpfchenförmig, mit vielen Samen, zur Reife bräunlich.
**Standort:** Bergwiesen der Pyrenäen, nährstoffreiche Böden.
**Lebensbereiche:** FS,1–2,so: Felssteppe; trocken bis frisch; sonnig.
**Verwendung:** Einzeln oder in kleinen Gruppen in Steingärten. Schnittpflanze.
**Vermehrung:** Aussaat im Vorfrühling, Wurzelschnittlinge im Winter.
**Hinweis:** Vor Mäusen schützen.

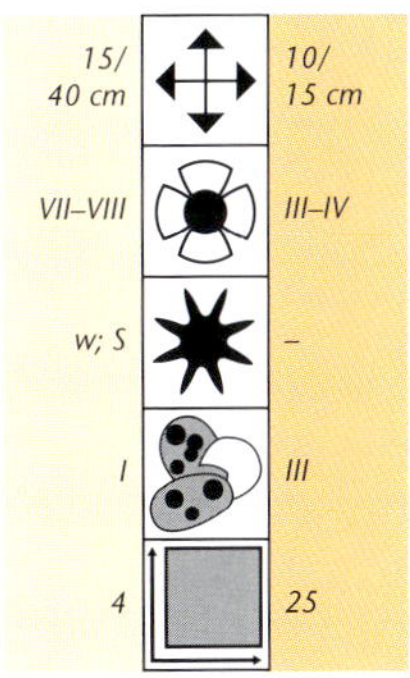


## Erythronium dens-canis
Hundszahn-Lilie
Liliaceae, Liliengewächse

**Heimat:** Mittel- und S-Europa, N-Asien.
**Wuchsform:** Aufrecht, horstige Zwiebelpflanze. Zieht nach der Blüte ein.
**Blatt:** Oval, nur 2 Blätter je Zwiebel, blaugrün, violett gefleckt.
**Blüte:** Lilienartige Blüte, zartrosa, III–IV.
**Frucht:** Kapsel, hellbraun.
**Standort:** Humose Wiesenböden in Gehölznähe.
**Lebensbereiche:** Gr,2,hs: Gehölzrand; frisch; halbschattig. Auch Gehölz.
**Verwendung:** In kleinen Gruppen unter Vorfrühlingsblühern.
**Vermehrung:** Aussaat nach der Samenreife und durch Brutzwiebelchen im Sommer.
**Sorte:** 'Niveum', weiß.
**Ähnliche Art:** *E. tuolumnense* aus Kalifornien blüht gelb, für feuchte Humusböden.
**Hinweis:** Die Zwiebeln sind dünnhäutig, dürfen nie austrocknen.

## Euphorbia myrsinites
Walzen-Wolfsmilch
Euphorbiaceae, Wolfsmilchgewächse

**Heimat:** Mittelmeergebiete, SO-Europa.
**Wuchsform:** Niederliegend, horstig. Rübenartige Wurzel.
**Blatt:** Bereift, fleischig, verkehrt-eiförmig, zugespitzt, blaugrün.
**Blüte:** Kopfiger Blütenstand am Triebende, Hochblätter gelbgrün, VI–VII.
**Frucht:** Kugelig, glatt.
**Standort:** Trockene und sonnige Hänge, auch im Kalkgeröll.
**Lebensbereiche:** FS,1–2,so: Felssteppe; trocken bis frisch; sonnig. Auch Mauerkronen, Steinfugen, Steinanlagen.
**Verwendung:** Einzeln oder in Gruppen auf warmen, durchlässigen Böden im Steingarten, für extensive Dachbegrünung.
**Vermehrung:** Aussaat im Frühling, oft Selbstaussaat.
**Hinweis:** Alle Wolfsmilcharten führen Milchsaft. Giftige Pflanze.

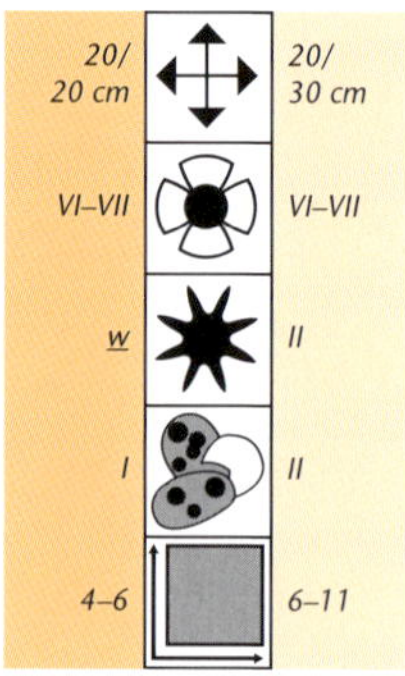


## Festuca cinerea
Blau-Schwingel
Poaceae, Süßgräser

**Heimat:** Mitteleuropa, Norditalien, Südostfrankreich.
**Wuchsform:** Polsterbildendes, horstiges Gras.
**Blatt:** Dünn, eingerollt, steif aufrecht, matt grau-blau, wintergrün.
**Blüte:** Rispe, gelbbraun, VI–VII.
**Fruchtstand/Frucht:** Rispe, Karyopse. Samen länglich.
**Standort:** An mageren Stellen, sonnig und trocken.
**Lebensbereiche:** SH,1,so: Steppenheide; trocken; sonnig. Auch Freifläche.
**Verwendung:** In kleineren Gruppen in Steingärten, Heidepartien, Gräber, Dachgärten. Extensive Dachbegrünung.
**Vermehrung:** Teilung, Aussaat im Frühling.
**Sorte:** 'Blauglut', 'Frühlingsblau'; 'Elijah Blue', besonders blausilbrig.

## Festuca gautieri

(Syn.: Festuca scoparia)
Bärenfell-Schwingel
Poaceae, Süßgräser

**Heimat:** Pyrenäen.
**Wuchsform:** Polsterartig, breithorstiges Gras, nach Jahren auch flächig.
**Blatt:** Fein, haarförmig, mattgrün, wintergrün.
**Blüte:** Rispe, gelblich, VII–VIII.
**Fruchtstand/Frucht:** Rispe, Karyopse. Samen länglich.
**Standort:** Geröllhänge, an mageren Stellen, in Sonne und Halbschatten.
**Lebensbereiche:** FS,1–2,so–abs: Felssteppe; trocken bis frisch; sonnig bis absonnig. Auch Steinfugen und Steinanlagen.
**Verwendung:** In kleineren Gruppen in Felssteppenpflanzungen. Als Bodendecker nicht optimal, wird von innen her braun. Für Grabstätten geeignet.
**Vermehrung:** Teilung, Aussaat im Frühling.
**Sorte:** 'Pic Carlit', w, gedrungener als die Art.

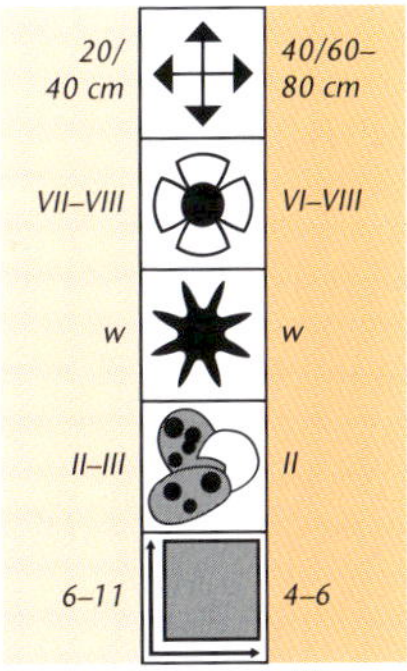


## Filipendula ulmaria

Echtes Mädesüß
Rosaceae, Rosengewächse

**Heimat:** Europa, Kleinasien, Nordsibirien.
**Wuchsform:** Aufrecht, locker.
**Blatt:** Gefiedert, Stängel beblättert.
**Blüte:** An Doldenrispen über dem Laub, klein, weißgelb, VI–VIII.
**Frucht:** Sammelfrucht, klein, braun.
**Standort:** Bach- und Teichränder, sonnig, aber feucht.
**Lebensbereiche:** Fr,3,so: Freifläche; feucht; sonnig. Auch Wasserrand.
**Verwendung:** An wassernahen Standorten großer Gärten, zum Verwildern. Heilpflanze.
**Vermehrung:** Teilung im Frühling.
**Sorte:** 'Aurea', gelbgeflecktes Laub.

## Fritillaria imperialis
Kaiserkrone
Liliaceae, Liliengewächse

**Heimat:** Afghanistan, Iran, Himalaja.
**Wuchsform:** Aufrecht, horstige Zwiebelpflanze. Zieht nach der Samenreife ein.
**Blatt:** Breit-lanzettlich, Stängel beblättert, oben mit einem Blattschopf, hellgrün.
**Blüte:** 5–8 Stück, glockenförmig, nickend, 6 cm lang, orange, rot oder gelb, IV.
**Frucht:** Aufrechte Kapseln mit vielen flachen Samen.
**Standort:** Nährstoffreiche, durchlässige Böden in Sonne und Halbschatten.
**Lebensbereiche:** B,2,so: Beet; frisch; sonnig. Auch Freifläche.
**Verwendung:** In Gruppen in tiefgründigem Boden.
**Vermehrung:** Aussaat gleich nach der Ernte oder im Winter. Gefäße mit Schnee bedecken.
**Sorte:** 'Aurora', orange; 'Lutea Maxima', gelb; 'Rubra Maxima', rot.
**Besonderes:** Zwiebeln duften unangenehm, vertreiben Wühlmäuse.

| Fritillaria imperialis | Fritillaria meleagris |
|---|---|
| *40/60–80 cm* | *15/20–30 cm* |
| *IV* | *IV–V* |
| – | – |
| *I* | *II* |
| *6* | *11* |

## Fritillaria meleagris
Schachblume, Kiebitzei
Liliaceae, Liliengewächse

**Heimat:** Europa, Kaukasus.
**Wuchsform:** Aufrecht, horstige Zwiebelpflanze. Zieht nach Samenreife ein.
**Blatt:** Lineal-lanzettlich, graugrün, Stängel beblättert.
**Blüte:** 1–2 hängende, große Glockenblüten, violett-braun, weiß, IV–V.
**Frucht:** Kapsel dreifächerig.
**Standort:** Feuchte Wiesen in voller Sonne.
**Lebensbereiche:** FR,2-3,so–abs: Freifläche; frisch bis feucht; sonnig bis absonnig. Auch Wasserrand, Gehölzrand.
**Verwendung:** In Gruppen in humosen, durchlässigen Böden.
**Vermehrung:** Aussaat nach der Samenreife.
**Sorte:** 'Aphrodite', reinweiß; 'Orion', matt rotviolett; 'Purple King', rotviolett.
**Besonderes:** Zwiebeln sind weichhäutig, dürfen nicht austrocknen.
**Hinweis: Geschützte Wildpflanze.**

## Gaillardia × grandiflora
Kokardenblume
Asteraceae, Asterngewächse

**Heimat:** Züchtung. Die Art *G. aristata* stammt aus dem westlichen N-Amerika.
**Wuchsform:** Dichtbuschig, horstbildend.
**Blatt:** Behaart, fiederspaltig, graugrün. Lange, blattlose Stiele.
**Blüte:** Meist zweifarbige Blütenkörbchen, gelb und rote Scheibenblüten, VI–X.
**Fruchtstand/Frucht:** Körbchen, Samen mit Pappus.
**Standort:** Sonnige Präriewiesen, nährstoffreiche Böden im Garten.
**Lebensbereiche:** B,2,so: Beet; frisch, sonnig.
**Verwendung:** Reich blühende, aber kurzlebige Schnittpflanze, für sonnige Beete.
**Vermehrung:** Aussaat im Frühling.
**Sorte:** 'Kobold', gelb mit rot, 30 cm (Bild); 'Burgunder', rot, 50 cm.
**Hinweis:** Blütenknospen im Herbst entfernen, sonst drohen Ausfälle im Winter.

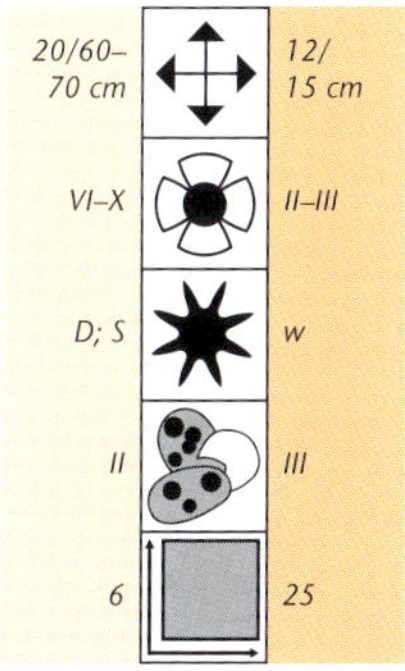


## Galanthus nivalis
Schneeglöckchen
Amaryllidaceae, Amaryllisgewächse

**Heimat:** Europa bis Südrussland.
**Wuchsform:** Aufrecht, bogig überhängend, horstbildende Zwiebelpflanze.
**Blatt:** Lineal-lanzettlich, graugrün, erscheint nach der Blüte.
**Blüte:** Mit 3 äußeren, bis 2,5 cm breiten Blütenblättern, weiß. Die 3 inneren Blütenblätter sind kürzer und grün gerandet, II–III.
**Frucht:** Grüne, später braune Beere.
**Standort:** Unter und vor Gehölzen, die später austreiben, humoser Boden.
**Lebensbereiche:** G,2,hs: Gehölz; frisch; halbschattig. Auch Freifläche.
**Verwendung:** Für Vorfrühlingsbeete, vor Laubgehölzen.
**Vermehrung:** Brutzwiebeln im Sommer. Aussaat im Mai.
**Sorte:** 'Atkinsii', großblumig; 'Samuel Arnott', riesige Blüten, 30 cm hoch.
**Hinweis: Geschützte Wildpflanze**.

## Gentiana acaulis
Stängelloser Enzian
Gentianaceae, Enziangewächse

**Heimat:** Alpen und Karpaten, auch weiter südlich bis Mittelitalien.
**Wuchsform:** Mattenbildend, rosettig, ausläufertreibend.
**Blatt:** Lanzettlich, gegenständig angeordnet, grün, wintergrün.
**Blüte:** Trichterblüte, 5–7 cm lang, innen grünfleckig, violettblau, V–VI. Kelchzähne rundlich.
**Frucht:** Längliche Kapsel, viele gelbe Samen.
**Standort:** Bergwiesen auf kalkfreien, durchlässigen Böden in voller Sonne.
**Lebensbereiche:** M,2,so–hs: Matten; frisch; sonnig bis halbschattig. Steinanlagen.
**Verwendung:** In kleinen Gruppen in Steingärten. Schnittpflanze.
**Vermehrung:** Teilung im Frühling; Aussaat im Winter (Kältereiz).
**Sorte:** 'Alba', weiß.
**Hinweis: Geschützte Pflanze.**

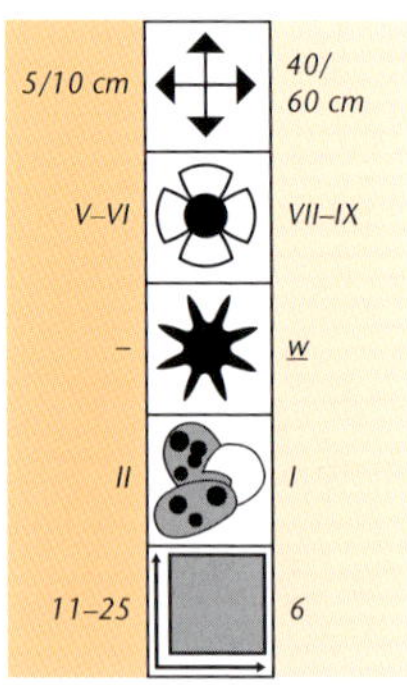

## Gentiana asclepiacea
Schwalbenwurz-Enzian
Gentianaceae, Enziangewächse

**Heimat:** Mitteleuropa, Kaukasus, Vorderasien.
**Wuchsform:** Überhängend, ausladend, horstig.
**Blatt:** Verkehrt-eiförmig, gegenständig angeordnet, Stiele beblättert.
**Blüte:** Glockig, in den oberen Blattachseln sitzend, blau oder weiß, VII–IX.
**Frucht:** Kapsel.
**Standort:** Schattige, feuchte Berghänge, humose Böden.
**Lebensbereiche:** GR,2,hs: Gehölzrand; frisch; halbschattig. Auch für Freiflächen.
**Verwendung:** Einzeln zu größeren Steinen und Sträuchern im Halbschatten. Der überhängende Wuchs sollte zur Geltung kommen.
**Vermehrung:** Teilung, Aussaat im Vorfrühling. Nur mit Topfballen verpflanzen.
**Sorte:** 'Alba', weiß.

## Gentiana lutea

Gelber Enzian
Gentianaceae, Enziangewächse

**Heimat:** Mittel- und S-Europa.
**Wuchsform:** Aufrecht, horstbildend, dicke, tiefgehende Wurzeln.
**Blatt:** Gegenständig, breit-elliptisch, blaugrün.
**Blüte:** Sternblüten in mehreren Etagen, gelb, VI–VII.
**Frucht:** Kapsel.
**Standort:** Nährstoffreiche Wiesen der Alpen und Pyrenäen, sonnig.
**Lebensbereiche:** Fr,2,so: Freifläche; frisch; sonnig; auch Matten.
**Verwendung:** Einzeln in größeren Anlagen. Heilpflanze.
**Vermehrung:** Aussaat im Vorfrühling.
**Besonderes:** Aus den Wurzeln werden die Bitterstoffe für den Enzianschnaps gewonnen.

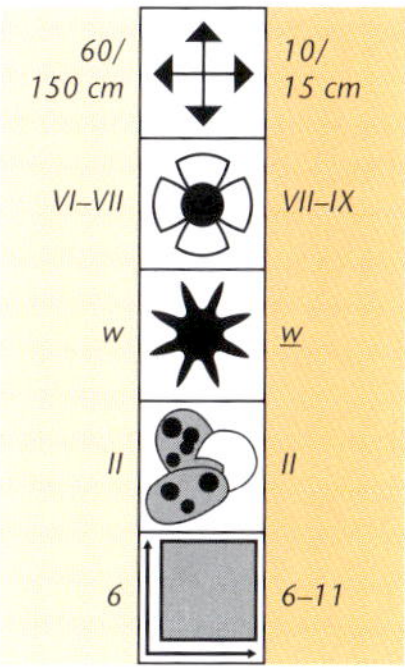


## Gentiana septemfida var. lagodechiana

Sommer-Enzian
Gentianaceae, Enziangewächse

**Heimat:** O-Kaukasus.
**Wuchsform:** Niederliegend, horstbildend.
**Blatt:** Gegenständig, oval, dunkelgrün.
**Blüte:** Trichterblüten, schopfartig am Ende gehäuft, leuchtend blauviolett, VII–IX.
**Frucht:** Kapsel.
**Standort:** Durchlässige, kalkreiche Böden in sonnigen Lagen.
**Lebensbereiche:** FS,2,so: Felssteppe; frisch, sonnig. Auch Matten und Steinanlagen.
**Verwendung:** Einzeln oder in kleinen Gruppen im Stein- und Naturgarten. Auch auf Grabstätten.
**Vermehrung:** Aussaat im Vorfrühling.
**Hinweis:** Reich blühende Art.

## Geranium cinereum 'Ballerina'

Grauer Storchschnabel
Geraniaceae, Storchschnabelgewächse

**Heimat:** Züchtung. Die Art stammt aus den Pyrenäen.
**Wuchsform:** Niederliegend bis aufrecht, lockerhorstig.
**Blatt:** Rund, stark gelappt, graugrün.
**Blüte:** Schalenförmig, silbrig lilarosa mit dunkler Zeichnung, VI–IX.
**Frucht:** Der Storchschnabel läuft gerade und spitz zu. Teilfrüchte an der Basis.
**Standort:** Durchlässige Böden in trockenen Lagen, sonnig.
**Lebensbereiche:** FS,1–2,so: Felssteppe; trocken bis frisch; sonnig. Auch für Steinfugen und Steinanlagen.
**Verwendung:** In kleinen Gruppen im Steingarten.
**Vermehrung:** Teilung, Wurzelschnittlinge und ausgereifte Triebstecklinge.

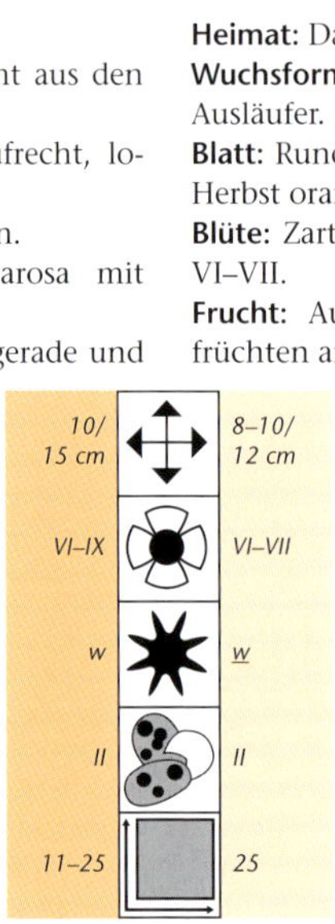


## Geranium dalmaticum

Dalmatiner Storchschnabel
Geraniaceae, Storchschnabelgewächse

**Heimat:** Dalmatien bis Albanien.
**Wuchsform:** Matten bildend, treibt kurze Ausläufer.
**Blatt:** Rundlich gelappt, 4 cm breit, grün, im Herbst orange-gelb, wintergrün.
**Blüte:** Zartrosa, 1- bis 2-blütig, 13 mm breit, VI–VII.
**Frucht:** Aufrecht, Storchschnabel mit Teilfrüchten an der Basis.
**Standort:** Trockene und sonnige Plätze. Auch kalkreiche Böden.
**Lebensbereiche:** SF,1–2,so: Steinfugen; trocken bis frisch; sonnig. Dazu: M,FS,MK.
**Verwendung:** Ideale Pflanze für Steingärten und Trockenmauern, Gräber, Tröge.
**Vermehrung:** Teilung im Frühling.
**Sorte:** 'Album', weiß; 'Bressingham Pink', sattrosa.
**Hinweis:** Verträgt Trockenheit.

## Geranium macrorrhizum
Balkan-Storchschnabel
Geraniaceae, Storchschnabelgewächse

**Heimat:** SO-Alpen, Balkan, Karpaten, Apennin.
**Wuchsform:** Bildet Matten, treibt Rhizome.
**Blatt:** Rundlich gelappt, 8 cm breit, drüsenhaarig, grün, im Herbst rotgelb.
**Blüte:** Mehrblütig, lange Staubgefäße, weiß bis rot, V–VII.
**Frucht:** Aufrecht, lang und schnabelartig. Teilfrüchte an der Basis mit welligen, horizontalen Rippen.
**Standort:** Trockene und sonnige Plätze, sogar Rohböden. Auch auf kalkreichen Böden.
**Lebensbereiche:** GR,1–2,so–hs: Gehölzrand; trocken bis frisch; sonnig bis halbschattig. Auch für Freiflächen.
**Verwendung:** Für größere Flächen, verdrängt Unkräuter.
**Vermehrung:** Teilung im Frühling.
**Sorte:** 'Spessart', weiß mit rosa Kelch. Rote Auslesen: 'Czakor' (Bild), 'Velebit'.

| G. macrorrhizum | G. × magnificum |
|---|---|
| 20–25/ 30 cm | 40–50/ 60 cm |
| V–VII | VI–VII |
| w | w |
| II–III | II |
| 11 | 4–11 |

## Geranium × magnificum
Pracht-Storchschnabel
Geraniaceae, Storchschnabelgewächse

**Heimat:** Züchtung (*G. ibericum* × *G. platypetalum*).
**Wuchsform:** Dichtbuschig, horstig.
**Blatt:** Rundlich gelappt, weich behaart, grün, im Herbst orange-gelb.
**Blüte:** In Doldentrauben, blauviolett, VI–VII.
**Frucht:** Schnabel mit Teilfrüchten, die oft nur teilweise entwickelt werden. Die Samen reifen nicht aus.
**Standort:** Trockene und sonnige Plätze, oft in Verbindung mit Steinen.
**Lebensbereiche:** GR, 2, so–hs: Gehölzrand; frisch; sonnig bis halbschattig. Auch Freiflächen.
**Verwendung:** In Staudenbeeten und Rabatten, herrlich zu Pfingstrosen
**Vermehrung:** Teilung im Frühling.
**Hinweis:** Verträgt Trockenheit, Wärme sowie kalkreiche Böden.

## Geranium renardii

Kaukasus-Storchschnabel
Geraniaceae, Storchschnabelgewächse

**Heimat:** Kaukasus.
**Wuchsform:** Kissen bildend, horstig.
**Blatt:** Nierenförmig gelappt, 4–5 cm breit, graugrün behaart.
**Blüte:** 1- bis 2-blütig, 25 mm breit, weiß, VI–VII.
**Frucht:** Aufrecht, an aufrechten Stielen. Schnabelförmige Frucht mit Teilfrüchten.
**Standort:** Trockene und sonnige Plätze, oft in Verbindung mit Steinen. Auch kalkreiche Böden.
**Lebensbereiche:** GR,1,so–hs: Gehölzrand; trocken; sonnig bis halbschattig. Auch auf Freiflächen und Felssteppen.
**Verwendung:** Vielseitig, aber immer trocken und sonnig.
**Vermehrung:** Teilung im Frühling. Oft Selbstaussaat.
**Hinweis:** Verträgt viel Trockenheit und Wärme.

| Geranium renardii | | Geum coccineum |
|---|---|---|
| 20–25/ 30 cm | | 20/ 30 cm |
| VI–VII | | V–VI |
| w | | – |
| II | | II |
| 11 | | 11–25 |

## Geum coccineum

Garten-Nelkenwurz
Rosaceae, Rosengewächse

**Heimat:** Balkan, Kaukasus. Züchtungen.
**Wuchsform:** Buschig, horstbildend.
**Blatt:** Gefiedert, die Endblättchen am größten, behaart.
**Blüte:** Schalenförmig, leuchtend orangerot je nach Sorte, V–VI.
**Fruchtstand/Frucht:** Schopfiger Fruchtstand, Samen gefedert.
**Standort:** Sonnige, nährstoffreiche Plätze auf Beeten und Rabatten.
**Lebensbereiche:** FR,2,so–abs,–b: Freifläche; frisch; sonnig bis absonnig; beetstaudenähnlich. Auch Gehölzrand.
**Verwendung:** Für Beete und Wildstaudenpflanzungen. Auch auf trockenen Standorten.
**Vermehrung:** Teilung im Frühling.
**Sorte:** 'Feuermeer', **, orangerot (Bild).
**Weitere Art:** *G.* × *heldreichii* 'Georgenberg', **, orangegelb

## Gypsophila repens 'Rosea'
Teppich-Schleierkraut
Caryophyllaceae, Nelkengewächse

**Heimat:** Züchtung. Die Art stammt aus den Kalkalpen und Pyrenäen.
**Wuchsform:** Niederliegend, horstbildend. Rübenförmige Wurzeln.
**Blatt:** Lineal-lanzettlich, blaugrün.
**Blüte:** Klein, zartrosa, in Mengen, V–VIII.
**Frucht:** Klein, unscheinbar.
**Standort:** Trockene durchlässige Kalkböden in voller Sonne.
**Lebensbereiche:** FS,1–2,so: Felssteppe; trocken bis frisch; sonnig. Auch SF, MK.
**Verwendung:** In und auf Mauern sowie sonnige Pflanzungen im Steingarten. Pflanze verträgt keine Staunässe.
**Vermehrung:** Aussaat.
**Sorte:** 'Rosenschleier', ***, hellrosa gefüllt, 30 cm.

| Gypsophila repens 'Rosea' | Helenium-Sorten |
|---|---|
| 15/20–25 cm | 20/60–150 cm |
| V–VIII | VII–IX |
| w | s |
| I | I |
| 11–25 | 1–3 |

## Helenium-Sorten
Sonnenbraut
Asteraceae, Asterngewächse

**Heimat:** Züchtung. Die Arten stammen aus den USA.
**Wuchsform:** Aufrecht, horstig.
**Blatt:** Lanzettlich, leicht gezähnt, wechselständig.
**Blüte:** Körbchenblüte in endständigen Doldentrauben, rot, gelb, braun, VII–IX.
**Fruchtstand/Frucht:** Körbchen, Samen mit Pappus.
**Standort:** Nährstoffreiche Plätze in voller Sonne.
**Lebensbereiche:** B,2,so: Beet; frisch; sonnig. Auch für Freiflächen.
**Verwendung:** Für Staudenbeete und Rabatten. Schnittpflanze.
**Vermehrung:** Teilung im Vorfrühling.
**Sorte:** 'Kupfersprudel', kupferbraun, 110 cm, mittelfrüh (Bild); 'Waltraud', ***, goldbraun, 90 cm, früh.
**Hinweis:** Ab Frühsommer kräftig wässern und düngen.

## Helianthemum-Sorten
Sonnenröschen
Cistaceae, Zistrosengewächse

**Heimat:** Züchtung.
**Wuchsform:** Aufrecht bis überliegend, horstig, zwergstrauchartig.
**Blatt:** Eiförmig, gegenständig, 2–3 cm lang, grau–grün, immergrün.
**Blüte:** Mit 5 Kronblättern, in traubenartigen Wickeln, gelb, weiß, braun, rot – je nach Sorte. Einzelblüte kurzlebig, aber in Mengen erscheinend, V–VII.
**Frucht:** Klein, nickend.
**Standort:** Durchlässige Böden in voller Sonne, meist in Steinnähe.
**Lebensbereiche:** FS,1–2,so: Felssteppe; trocken bis frisch; sonnig. Auch MK und St.
**Verwendung:** Für Steingärten, auf Mauern, ähnliche Standorte.
**Vermehrung:** Sommerstecklinge.
**Sorte:** 'Frau M. Bachthaler', *, weiß; 'Mandarin', orange (Bild).
**Hinweis:** Reich blühender Zwergstrauch.

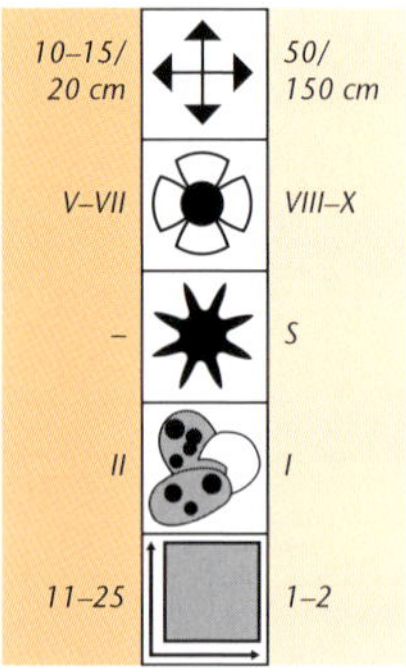


## Helianthus decapetalus
Stauden-Sonnenblume
Asteraceae, Asterngewächse

**Heimat:** N-Amerika.
**Wuchsform:** Dichtbuschig, horstbildend, dicke Rhizome.
**Blatt:** Eiförmig zugespitzt, lang gestielt, unterseits rau, Rand gezähnt.
**Blüte:** Körbchen in Doldentrauben, 12–14 Strahlenblüten, hellgelb, VIII–X.
**Fruchtstand/Frucht:** Körbchen, Samen mit Pappus.
**Standort:** Nährstoffreiche Böden in voller Sonne.
**Lebensbereiche:** Fr,1–2,so: Freifläche; trocken bis frisch; sonnig.
**Verwendung:** Einzeln oder in kleinen Gruppen in größeren Gärten und Parks. Schnittpflanze.
**Vermehrung:** Teilung im Frühling.
**Sorte:** 'Capenoch Star', ***, 180 cm, zitronengelb (Bild); 'Meteor', **, gelb, 150 cm.
**Hinweis:** Des Öfteren teilen.

## Helianthus salicifolius
Weidenblättrige Sonnenblume
Asteraceae, Asterngewächse

**Heimat:** USA.
**Wuchsform:** Aufrecht, locker bis bogig überhängend, ausläuferbildend.
**Blatt:** Lineal-lanzettlich, Stängel dicht beblättert, hellgrün.
**Blüte:** Körbchen, locker verzweigter Blütenstand, leuchtend gelb, IX–X.
**Fruchtstand:** Körbchen.
**Standort:** Durchlässige, kalkreiche Böden in voller Sonne.
**Lebensbereiche:** Fr,3,so, –b: Freifläche; feucht; sonnig; beetstaudenähnlich. Auch Beet.
**Verwendung:** Einzeln, am schönsten an Wasserflächen. Verträgt aber auch sehr gut Trockenheit, ist dann sogar standfester!
**Vermehrung:** Teilung im Frühling.

| Helianthus salicifolius | Helichrysum thianschanicum |
|---|---|
| 100/ 250 cm | 10/20–30 cm |
| IX–X | VI–VII |
| ** | – |
| I | II |
| 1 | 11–25 |

## Helichrysum thianschanicum
Turkestan-Strohblume
Asteraceae, Asterngewächse

**Heimat:** Turkestan.
**Wuchsform:** Lockerrasig, liegend bis aufrecht, lockerhorstig.
**Blatt:** Weißwollig behaart, lanzettlich, nach „Maggi“ duftend.
**Blüte:** In dichten Dodentrauben, leuchtend gelb, VI–VII.
**Fruchtstand/Frucht:** Körbchen, Samen mit Pappus.
**Standort:** Durchlässige und trockene Lagen in voller Sonne, nährstoffarm.
**Lebensbereiche:** FS,1,so: Felssteppe; trocken, sonnig. Auch Freifläche.
**Verwendung:** Gut in Verbindung mit Steinen, auf Mauern, kalkarme Böden. Für Beeteinfassungen. Trockenbinderei.
**Vermehrung:** Teilung im Vorfrühling.
**Sorte:** ‘Schwefellicht’, w, 25 cm, dichter (Bild).
**Hinweis:** Leidet bei Nässe und Bodenverdichtung.

## Helictotrichon sempervirens

(Syn.: Avena sempervirens)
Blaustrahlhafer
Poaceae, Süßgräser

**Heimat:** SW-Alpen.
**Wuchsform:** Aufrecht, bogig überhängend, horstbildend.
**Blatt:** Schmal, graublau.
**Blüte:** Rispe überhängend, blaugrün, VII–VIII.
**Fruchtstand/Frucht:** Rispe, Karyopse.
**Standort:** Durchlässige, magere, oft kalkarme Plätze in voller Sonne.
**Lebensbereiche:** Fr,1,so: Freifläche; trocken; sonnig. Auch Steppenheide und Felssteppe.
**Verwendung:** Einzeln oder in kleinen Gruppen, auch zum Schnitt, Dachbegrünung.
**Vermehrung:** Teilung im Vorfrühling, Aussaat.
**Sorte:** 'Pendula', w, stärker hängend.
**Hinweis:** In nassen Sommern anfällig gegen Rost.

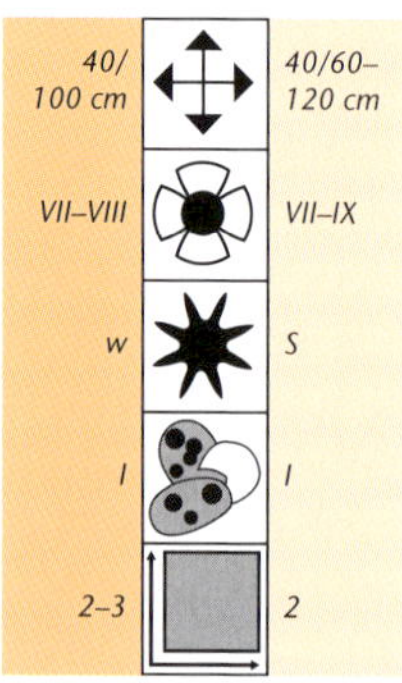


## Heliopsis helianthoides var. scabra

Sonnenauge
Asteraceae, Asterngewächse

**Heimat:** N-Amerika.
**Wuchsform:** Aufrecht, horstig.
**Blatt:** Eiförmig zugespitzt, rau, Rand gesägt, gegenständig, dunkelgrün.
**Blüte:** Körbchen, langgestielt, Blütenstand verzweigt, leuchtend gelb, VII–IX.
**Fruchtstand:** Körbchen.
**Standort:** Nährstoffreiche, kalkreiche Gartenböden in voller Sonne.
**Lebensbereiche:** B,2,so: Beet; frisch, sonnig. Auch Freifläche.
**Verwendung:** Wichtige, langblühende Beetstaude und wertvolle, lang haltbare Schnittpflanze.
**Vermehrung:** Teilung im Vorfrühling und Herbst, Stecklinge im Frühling.
**Sorte:** 'Benzinggold', gelb; 'Karat', **, wichtigste Schnittsorte; 'Sirius' (Bild), 'Spitzentänzerin', ***, halbgefüllt.
**Hinweis:** Rückschnitt nach der Blüte.

## Helleborus niger
Christrose
Ranunculaceae, Hahnenfußgewächse

**Heimat:** Alpen, Apenninen, Karpaten.
**Wuchsform:** Dichtbuschig, kurze Rhizome bildend, langlebig.
**Blatt:** Handförmig geteilt, dunkelgrün, immergrün.
**Blüte:** Schalenförmig, großblumig, 1- bis 2-blütig, weiß, später rosa, III–IV.
**Frucht:** Balgfrucht mit braun-schwarzen Samen.
**Standort:** Im Halbschatten humoser, kalkhaltiger Böden.
**Lebensbereiche:** GR,2,hs: Gehölzrand; frisch; halbschattig. Auch Steinanlagen.
**Verwendung:** In kleinen Trupps zu Gehölzen. Wichtige Schnittpflanze. Heilpflanze.
**Vermehrung:** Teilung im Herbst oder nach der Blüte, Aussaat sofort nach der Ernte.
**Sorte:** 'Praecox', Li, blüht ab XI (Bild); 'Van Keesen', Treibsorte.

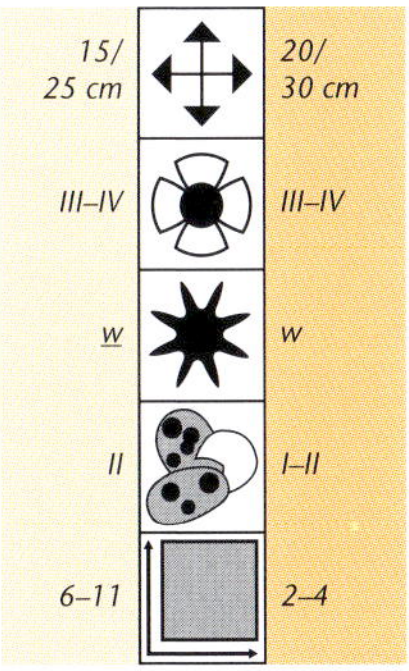


## Helleborus-Sorten
Christrose
Ranunculaceae, Hahnenfußgewächse

**Heimat:** Züchtung.
**Wuchsform:** Dichtbuschig, aufrecht, langlebig.
**Blatt:** Handförmig geteilt, dunkelgrün, immergrün.
**Blüte:** Schalenförmig, großblumig, 1- bis 2-blütig, rosa bis schwarzrot, III–IV.
**Frucht:** Balgfrucht mit braun-schwarzen Samen.
**Standort:** Im Halbschatten humoser, kalkhaltiger Böden.
**Lebensbereiche:** GR,2,so–hs: Gehölzrand; frisch; sonnig bis halbschattig. Auch Gehölz.
**Verwendung:** In kleinen Trupps zu Gehölzen. Schnittpflanze.
**Vermehrung:** Teilung im Herbst oder nach der Blüte, Aussaat sofort nach der Ernte.
**Sorte:** 'Atrorubens', rot (Bild).
**Hinweis:** Auf Pilzbefall achten.

## Hemerocallis-Sorten

Garten-Taglilie
Hemerocallidaceae, Taglilien-gewächse

**Heimat:** Züchtung.
**Wuchsform:** Überhängend, horstig, Wurzelstock fleischig.
**Blatt:** Linealisch, schmal.
**Blüte:** In gabelästig verzweigten Schäften, lilienartig, trichter-, trompeten- oder schalenförmig, klein oder groß, in allen möglichen Farben je nach Sorte. Einzelblüte hält nur einen Tag. Auch 2- oder 3-farbig! VI–VIII (–IX).
**Frucht:** 3-teilige Kapsel.
**Standort:** Vollsonnige, nährstoffreiche Böden.
**Lebensbereiche:** B,2,so: Beet; frisch, sonnig. Auch Freifläche.
**Verwendung:** (Schnitt) Beet.
**Vermehrung:** Teilung im Vorfrühling oder nach der Blüte. Aussaat im Frühling.
**Sorte:** 'Corky', gelb, kleinblumig, ab Mai; großblumige Sorten ab VI: 'Atlas', gelb; 'Bed of Roses', *, rosa; 'Crimson Glory', rot (Bild).

| | | |
|---|---|---|
| 40–50/ 60– 80 cm | | 10/ 12 cm |
| VI–VIII | | III–IV |
| S | | w; Li |
| I–II | | II |
| 2–4 | | 25 |

## Hepatica nobilis

(Syn.: Hepatica triloba)
Leberblümchen
Ranunculaceae, Hahnenfuß-gewächse

**Heimat:** Europa, O-Asien.
**Wuchsform:** Buschig, horstig.
**Blatt:** 3-lappig, ganzrandig meist, wintergrün. Neue Blätter nach der Blüte.
**Blüte:** Schalenförmig, mit 3 Kelchblättern (Unterschied zu Anemonen) 2 cm breit, blau, weiß oder rosa. Seltener sind gefülltblühende Sorten. III–IV.
**Frucht:** Balgfrucht.
**Standort:** Im Kalkbuchenwald im Laubhumusboden.
**Lebensbereiche:** G,2,hs: Gehölz; frisch; halbschattig. Auch Gehölzrand.
**Verwendung:** Einzeln oder in kleinen Gruppen im Vorfrühlingsgarten.
**Vermehrung:** Teilung im Vorfrühling, Aussaat im Winter (Kaltkeimer!)
**Sorte:** 'Plena', blau gefüllt (Bild); 'Rubra Plena', rot gefüllt.

## Heuchera-Sorten

Purpurglöckchen
Saxifragaceae, Steinbrech-
gewächse

**Heimat:** Züchtung. Arten aus Amerika.
**Wuchsform:** Buschig, horstig, verdickte Erdstämme.
**Blatt:** Herzförmig gelappt, langgestielt, grün oder rötlich, wintergrün.
**Blüte:** An fein verzweigten Rispen, glockenförmig, weiß, rosa, rot, V–VII.
**Frucht:** Kleine Kapsel.
**Standort:** Humose Böden im Halbschatten, nur gelegentlich austrocknend.
**Lebensbereiche:** GR,2,hs: Gehölzrand; frisch; halbschattig. Freifläche und Steinanlagen.
**Verwendung:** Als Gruppenpflanze in Steingärten und vor Gehölzen. Schnittpflanze.
**Vermehrung:** Teilung im Vorfrühling.
**Sorte:** 'Red Spangles', **, scharlach; 'Scintillation', **, leuchtend rosa; 'Silberregen', Li, weiß.
**Hinweis:** Auf Nematoden achten.

| Heuchera-Sorten | | Heuchera micrantha |
|---|---|---|
| 10–15/ 40– 50 cm | | 15–20/ 40– 80 cm |
| V–VII | | VI–VIII |
| S | | S |
| II | | II |
| 6–11 | | 6–11 |

## Heuchera micrantha

Purpurglöckchen
Saxifragaceae, Steinbrech-
gewächse

**Heimat:** N-Amerika.
**Wuchsform:** Buschig, horstig, verdickte Erdstämme.
**Blatt:** Herzförmig gelappt, langgestielt, graugrün, wintergrün.
**Blüte:** An fein verzweigten Rispen, glockenförmig, weiß-rosa, VI–VIII.
**Frucht:** Kleine Kapsel.
**Standort:** Humose Böden im Halbschatten, nur gelegentlich austrocknend.
**Lebensbereiche:** GR,2,hs: Gehölzrand; frisch; halbschattig. Auch Freifläche.
**Verwendung:** Als Gruppenpflanze vor Gehölzen. Schnittpflanze.
**Vermehrung:** Teilung im Vorfrühling.
**Sorte:** 'Palace Purple', bronzerotes Laub (Bild).
**Hinweis:** Auf Nematoden achten.

## Hippuris vulgaris
Tannenwedel
Hippuridaceae, Tannenwedelgewächse

**Heimat:** Europa, N-Amerika, N-Asien.
**Wuchsform:** Unter Wasser Ausläufer bildend, aufrecht. Höhe: 10–30 cm über Wasser.
**Blatt:** Nadelähnlich, waagerecht abstehend, quirlständig, 1–2 cm lang, grün.
**Blüte:** Unscheinbar in den Blattachseln, rosa, VII–VIII.
**Frucht:** Unscheinbare Steinfrucht.
**Standort:** In kalkhaltigen, meist stehenden Gewässern in voller Sonne.
**Lebensbereiche:** WR,5,so: Wasserrand; flaches Wasser; sonnig. Auch Wasser.
**Verwendung:** Zur Sauerstoffversorgung von Teichen. In Kübel pflanzen, die Pflanze breitet sich sonst sehr stark aus!
**Vermehrung:** Teilung der Rhizome im Frühling.

## Hosta 'Fortunei'
(Syn.: Hosta fortunei)
Graublatt-Funkie
Hostaceae, Funkiengewächse

**Heimat:** Japan.
**Wuchsform:** Horstbildend, halbkugelig.
**Blatt:** Herzförmig, lang gestielt, Blatt mit 8–10 Nervenpaaren, mattgrün bereift.
**Blüte:** Blütentrauben mit hellvioletten, lilienartigen Einzelblüten, VII–VIII.
**Frucht:** 3-teilige Kapseln, schwarze Samen. Wird selten gebildet.
**Standort:** Vor und unter Gehölzen in humosen, kalkarmen Böden.
**Lebensbereiche:** GR,2,hs: Gehölzrand; frisch; halbschattig. Auch Gehölz.
**Verwendung:** Einfassungen, Rabatten, unter Gehölzen aller Art.
**Vermehrung:** Teilung im Frühling.
**Sorte:** 'Stenantha', Schlankblütige Funkie, hellgrün, Blüten rötlichviolett (Bild).
**Hinweis:** Robust, aber durch Schnecken gefährdet. Hostas treiben spät aus.

## Hosta 'Lancifolia'

(Syn.: Hosta lancifolia)
Lanzen-Funkie
Hostaceae, Funkiengewächse

**Heimat:** Japan.
**Wuchsform:** Horstig, zierlich.
**Blatt:** Lanzettlich, mit 4 Nervenpaaren, dunkelgrün, glänzend.
**Blüte:** Hängend, trichterförmig, in einseitswendigen Blütentrauben, lila, VIII–IX.
**Frucht:** 3-teilige Kapseln, schwarze Samen.
**Standort:** Humose Böden im Halbschatten.
**Lebensbereiche:** GR,2,hs: Gehölzrand; frisch; halbschattig. Auch Gehölz.
**Verwendung:** In Gruppen unter Gehölzen, Rabatten und Wegeinfassungen.
**Vermehrung:** Teilung im Frühling.
**Hinweis:** Durch Schnecken gefährdet. Hostas treiben spät aus, daher Vergesellschaftung mit Frühlingsgeophyten.

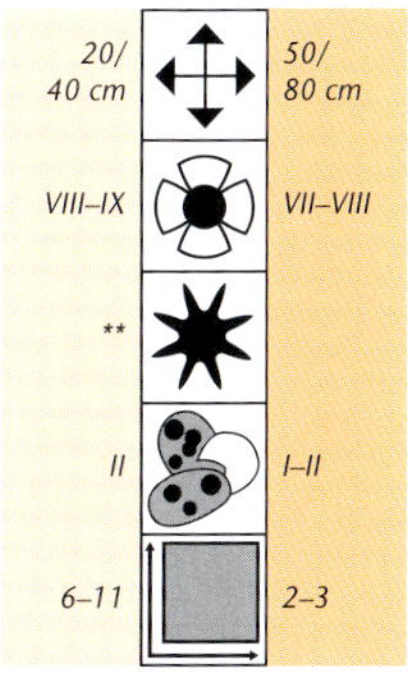


## Hosta 'Undulata'

(Syn.: Hosta undulata)
Wellblatt-Funkie
Hostaceae, Funkiengewächse

**Heimat:** Japan.
**Wuchsform:** Horstbildend, halbkugelig.
**Blatt:** Oval-lanzettlich, gewellt, lang gestielt, 5–9 cm breit. Blütenstiele beblättert.
**Blüte:** Blütentrauben mit hellvioletten, trichterförmigen Einzelblüten, VII–VIII.
**Frucht:** Bildet keine Früchte aus.
**Standort:** Vor und unter Gehölzen in humosen, kalkarmen Böden.
**Lebensbereiche:** GR,2,hs: Gehölzrand; frisch; halbschattig. Auch Gehölz.
**Verwendung:** Einfassungen, Rabatten, unter Gehölzen aller Art. Auch für Gefäßbepflanzung.
**Vermehrung:** Teilung im Frühling.
**Sorte:** 'Undulata Albomarginata', **, Weißrand-Wellblatt-Funkie, Laub grün mit weißem Rand (Bild). 'Undulata Univittata', **, Schneefeder-Funkie, Laub mit weißen Feldern. Blüten hellviolett.

## Hosta-Sorten
Funkien
Hostaceae, Funkiengewächse

**Heimat:** Züchtungen.
**Wuchsform:** Horstbildend, halbkugelig.
**Blatt:** Herzförmig, lang gestielt. Oft schöne gelbe Herbstfärbung.
**Blüte:** Blütentrauben mit hellvioletten, lilienartigen Einzelblüten, VII–VIII.
**Frucht:** Wird selten gebildet.
**Standort:** Vor und unter Gehölzen in humosen, kalkarmen Böden.
**Lebensbereiche:** GR,2,hs: Gehölzrand; frisch; halbschattig. Auch Gehölz.
**Verwendung:** Einfassungen, Rabatten, unter Gehölzen aller Art.
**Vermehrung:** Teilung im Frühling.
**Sorte:** 'Krossa Regal', 90–160 cm hoch, blaugraues Laub, trichterbildend; 'Patriot', 70 cm, Laub breit, dunkelgrün mit weißem Rand (Bild).
**Hinweis:** Robust, aber durch Schnecken gefährdet.

| Hosta-Sorten | | Hyacinthoides hispanica |
|---|---|---|
| 50/ 80 cm | | 20/ 30 cm |
| VII–VIII | | IV–V |
| – | | – |
| I | | II |
| 2–3 | | 100 |

## Hyacinthoides hispanica
(Syn.: Scilla hispanica)
Spanischer Blaustern
Hyacinthaceae, Hyazinthengewächse

**Heimat:** SW-Europa: Spanien, Portugal.
**Wuchsform:** Aufrecht, Laub überhängend, horstig, kugelige Zwiebel. Zieht nach der Blüte ein.
**Blatt:** Linelisch, glänzend, hellgrün.
**Blüte:** Nickende Glöckchen in pyramidalen Trauben, in Blau, Rosa, Weiß, IV–V.
**Frucht:** Rundliche Kapsel.
**Standort:** In lichten Laubwaldhainen, auch auf sauren Wiesen in voller Sonne.
**Lebensbereiche:** Fr,2,so: Freifläche; frisch; sonnig.
**Verwendung:** Einzeln oder in Gruppen zu Frühlingsblühern, auch unter Bäumen.
**Vermehrung:** Brutzwiebeln, Teilung der Zwiebelhorste vom Sommer bis Herbst.
**Sorte:** 'Excelsior', dunkelblau; 'Rosabella', rosa; 'White Triumphator', weiß.

## Hyacinthus orientalis
Hyazinthe
Hyacinthaceae, Hyazinthengewächse

**Heimat:** Östliches Mittelmeergebiet.
**Wuchsform:** Aufrechter Blütenstand, Laub abstehend, Zwiebel breitkugelig, groß.
**Blatt:** Steif abstehend, fleischig, glänzend grün.
**Blüte:** Sternartige Röhrenblüten in dichter Traube in weiß, gelb, rosa, rot, blau, IV– V. Intensiver Duft.
**Frucht:** Bildet kaum Früchte aus.
**Standort:** Durchlässige Gartenböden in voller Sonne.
**Lebensbereiche:** B,2,so: Beet, frisch; sonnig.
**Verwendung:** Meist als präparierte Zwiebel zur Topftreiberei.
**Vermehrung:** Brutzwiebeln. Bildung durch Kreuzschnitt am Zwiebelboden.
**Sorte:** 'Amethyst', blau; 'Carnegie', weiß; 'Jan Bos' rot.
**Hinweis:** Präparierte Zwiebeln blühen im Winter im Wasserglas.

## Hypericum calycinum
Teppich-Johanniskraut
Clusiaceae, Clusiagewächse

**Heimat:** O-Europa, S-Europa, Türkei.
**Wuchsform:** Flach ausgebreitet, Triebe aufrecht, wuchert durch Bodentriebe. Halbstrauch.
**Blatt:** Oval, gegenständig angeordnet, blaugrün, immergrün.
**Blüte:** Schalenförmig, mit vielen Staubfäden, 7 cm groß, goldgelb, VII–IX.
**Frucht:** Grüne Kapsel, selten.
**Standort:** Sonnige Magerwiesen und vor Gehölzen.
**Lebensbereiche:** GR,1–2,so–sch: Gehölzrand; trocken bis frisch; sonnig bis schattig.
**Verwendung:** In Gruppen oder großen Mengen als Flächenbegrüner.
**Vermehrung:** Teilung im Frühling, Stecklinge im Sommer.
**Hinweis:** Laub kann in strengen Wintern leiden.

| | | |
|---|---|---|
| 15/ 25 cm | | 20–25/ 30 cm |
| IV–V | | VII–IX |
| – | | w |
| II | | IV–V |
| 16–25 | | 8–11 |

## Iberis saxatilis
Felsen-Schleifenblume
Brassicaceae, Kohlgewächse

**Heimat:** S-Europa.
**Wuchsform:** Niederliegend, polsterbildend, horstig.
**Blatt:** Lineal, 2–3 cm lang, dunkelgrün, immergrün.
**Blüte:** In flachen, endständigen Trugdolden, Weiß. Einzelblüte mit je 2 kurzen und 2 langen Blütenblättern, bildet somit eine Schleife, III–IV.
**Frucht:** Schötchen eiförmig.
**Standort:** Durchlässige Kalkmagerwiesen in sonniger Lage.
**Lebensbereiche:** MK,1–2,so: Mauerkronen; trocken bis frisch; sonnig. Auch Steinanlagen.
**Verwendung:** In Steingärten und auf Mauern, Troggärten, Gräber.
**Vermehrung:** Stecklinge im Sommer.
**Sorte:** 'Pygmaea', Li, noch gedrungener.

| Iberis saxatilis | | Iberis sempervirens |
|---|---|---|
| 5–10/ 10 cm | | 25–30/ 35 cm |
| III–IV | | IV–V |
| w | | – |
| I–II | | I |
| 25 | | 11–25 |

## Iberis sempervirens
Schleifenblume
Brassicaceae, Kohlgewächse

**Heimat:** S-Europa, Kleinasien, Kreta.
**Wuchsform:** Niederliegend, kissenbildend, horstig.
**Blatt:** Spatelig, 2–3 cm lang, dunkelgrün, immergrün.
**Blüte:** In flachen, endständigen Trugdolden, Weiß. Einzelblüte mit je 2 kurzen und 2 langen Blütenblättern, bildet eine Schleife, IV–V.
**Frucht:** Schötchen eiförmig.
**Standort:** Durchlässige Kalkmagerwiesen in sonniger Lage.
**Lebensbereiche:** MK,1–2,so: Mauerkronen; trocken bis frisch; sonnig. Auch Steinanlagen.
**Verwendung:** In Steingärten und auf Mauern, Troggärten, Gräber.
**Vermehrung:** Stecklinge im Sommer.
**Sorte:** 'Nana', Li, noch gedrungener; 'Schneeflocke', ***, 25 cm.
**Hinweis:** Rückschnitt nach der Blüte.

## Incarvillea delavayi
Freilandgloxinie
Bignoniaceae, Bignoniengewächse

**Heimat:** Yunnan.
**Wuchsform:** Aufrecht, locker horstig. Rübenartiger Wurzelstock.
**Blatt:** Unpaarig gefiedert, Rand gezähnt, grün.
**Blüte:** Große Trichterblüte, 5-lappig, in 3- bis 12-blütiger Doldentraube, Rosa, VI–VII.
**Fruchtstand/Frucht:** 2-klappige Kapsel mit großen Samen.
**Standort:** Durchlässige Böden in sonniger Lage.
**Lebensbereiche:** Fr,1–2,so: Freifläche; trocken bis frisch; sonnig.
**Verwendung:** Einzeln in Rabatten oder Steingärten.
**Vermehrung:** Aussaat im Frühling.
**Hinweis:** Auf Nematoden achten. In strengen Wintern Schutz vor Nässe und Frost.

| Incarvillea delavayi | | Inula ensifolia |
|---|---|---|
| 30/50–60 cm | | 25/30 cm |
| VI–VII | | VII–VIII |
| – | | w |
| II | | II |
| 6–11 | | 11 |

## Inula ensifolia
Zwerg-Alant
Asteraceae, Asterngewächse

**Heimat:** O-Europa bis Kaukasus.
**Wuchsform:** Dichtbuschig, horstartig, aber mit kurzen Ausläufern.
**Blatt:** Lanzettlich, dunkelgrün.
**Blüte:** Gelbe Körbchenblüte, goldgelbe Zungenblüten, einzeln, VII–VIII.
**Frucht:** Körbchen, Samen mit Pappus.
**Standort:** Trockene Kalkmagerwiesen in voller Sonne.
**Lebensbereiche:** SH,1,so: Steppenheide; trocken; sonnig. Auch Felssteppe und Freifläche.
**Verwendung:** Einzeln und in Gruppen in Steingärten und sonnigen Plätzen. Extensive Dachbegrünung.
**Vermehrung:** Teilung im Frühling.
**Sorte:** 'Compacta', w, nur 20 cm hoch (Bild).

## Iris ensata
(Syn.: Iris kaempferi)
Japanische Schwertlilie
Iridaceae, Schwertliliengewächse

**Heimat:** China, Japan, Korea.
**Wuchsform:** Aufrecht, horstig.
**Blatt:** Lineal, ganzrandig, hellgrün.
**Blüte:** 3 breite Hängeblätter, 3 kurze oder breite Domblätter, rosa, weiß, blau, rot, VI–VII.
**Frucht:** 3-teilige, zugespitzte Kapsel.
**Standort:** Im Sommer im flachen Wasser in voller Sonne. Kalkfreier, im Winter auch trockener Standort.
**Lebensbereiche:** Fr, 2–3,so: Freifläche; frisch bis feucht; sonnig.
**Verwendung:** Einzeln oder in Gruppen in besonderen Beeten oder Gefäßen, die man im Sommer anstauen kann (Folienverwendung).
**Vermehrung:** Teilung im Frühling.
**Sorte:** 'Amazone', rotviolett, mittelfrüh, reich blühend.

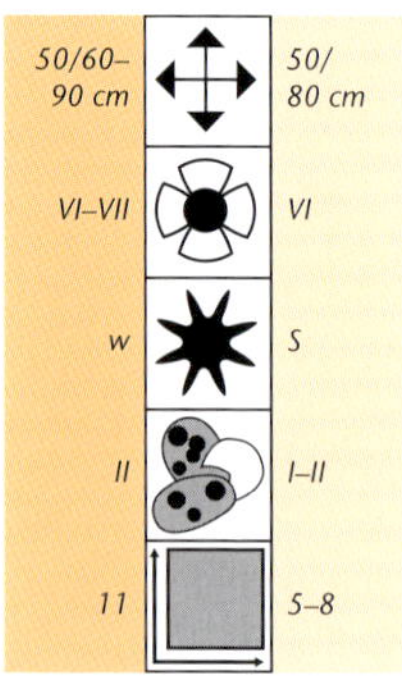


## Iris-Barbata-Elatior-Gruppe
Hohe Schwertlilie
Iridaceae, Schwertliliengewächse

**Heimat:** Züchtungen.
**Wuchsform:** Aufrecht, dicke Rhizome bildend, Stängel steif, verzweigt.
**Blatt:** Schwertförmig, ganzrandig, spitz, grün.
**Blüte:** Zu mehreren in scheidigen Hüllblättern, end- und achselständig. Blütenblätter in 2 Kreisen, je 3 Dom- und Hängeblätter, letztere mit Bart, 10–15 cm groß. In vielen Farbkombinationen, VI.
**Frucht:** 3-klappige Kapsel.
**Standort:** Durchlässige, nährstoffreiche Böden in voller Sonne, kalkliebend.
**Lebensbereiche:** B,1–2,so: Beet; trocken bis frisch; sonnig. Auch Freifläche.
**Verwendung:** Auf Beeten und Rabatten. Schnittpflanze.
**Vermehrung:** Teilung der Rhizome nach der Blüte im Sommer. Aussaat.
**Sorte:** Jährlich neue Sorten siehe Spezialkataloge.
**Hinweis:** Keine Winternässe.

## Iris-Barbata-Media-Gruppe
Mittelhohe Schwertlilie
Iridaceae, Schwertliliengewächse

**Heimat:** Züchtungen.
**Wuchsform:** Aufrecht, dicke Rhizome bildend, Stängel steif, verzweigt.
**Blatt:** Schwertförmig, ganzrandig, spitz, grün.
**Blüte:** Zu mehreren in scheidigen Hüllblättern, end- und achselständig. Blütenblätter in 2 Kreisen, je 3 Dom- und Hängeblätter, letztere mit Bart, 10–15 cm groß. In vielen Farbkombinationen, V–VI.
**Frucht:** 3-klappige Kapsel.
**Standort:** Durchlässige, nährstoffreiche Böden in voller Sonne, kalkliebend.
**Lebensbereiche:** B,1–2,so: Beet; trocken bis frisch; sonnig. Auch Freifläche.
**Verwendung:** Auf Beeten und Rabatten. Schnittpflanze.
**Vermehrung:** Teilung der Rhizome nach der Blüte im Sommer. Aussaat.
**Sorte:** Jährlich neue Sorten siehe Spezialkataloge.
**Hinweis:** Keine Winternässe.

| Media | Nana |
|---|---|
| 40/ 70 cm | 20/ 30 cm |
| V–VI | IV–V |
| S | – |
| I–II | II |
| 5–11 | 11–25 |

## Iris-Barbata-Nana-Gruppe
Niedere Schwertlilie
Iridaceae, Schwertliliengewächse

**Heimat:** Züchtungen.
**Wuchsform:** Aufrecht, dicke Rhizome bildend, Stängel steif, verzweigt.
**Blatt:** Schwertförmig, ganzrandig, grün, spitz.
**Blüte:** Zu mehreren in scheidigen Hüllblättern, end- und achselständig. Blütenblätter in 2 Kreisen, je 3 Dom- und Hängeblätter, letztere mit Bart, 10–15 cm groß. In vielen Farbkombinationen, IV–V.
**Frucht:** 3-klappige Kapsel.
**Standort:** Durchlässige, nährstoffreiche Böden in voller Sonne, kalkliebend.
**Lebensbereiche:** FS,1,so: Felssteppe; trocken; sonnig. Auch Steppenheide, Steinanlagen, Freifläche.
**Verwendung:** Als Einfassung für Rabatten, in kleinen Gruppen im Steingarten. Dachbegrünung.
**Vermehrung:** Teilung der Rhizome nach der Blüte im Sommer. Aussaat.
**Sorte:** Jährlich neue Sorten.

## Iris pseudacorus
Sumpf-Schwertlilie
Iridaceae, Schwertliliengewächse

**Heimat:** Europa, Vorderasien bis Sibirien, N-Afrika.
**Wuchsform:** Aufrecht, rhizombildend.
**Blatt:** Schwertförmig, spitz, hellgrün.
**Blüte:** Kleine Dom- und breite Hängeblätter, gelb, VI–VII.
**Fruchtstand/Frucht:** 3-fächrige Kapsel mit zahlreichen, braunen Samen.
**Standort:** Am Rand von Bächen und Teichen in ganz Europa, auch im Sumpf.
**Lebensbereiche:** WR,5,so–hs: Wasserrand, flaches Wasser; sonnig bis halbschattig. Freiflächen.
**Verwendung:** Am Rand von Naturteichen und großen Wasserbecken. Heilpflanze.
**Vermehrung:** Teilung der Rhizome im Frühling, Aussaat.
**Sorte:** 'Beuron', größere Blüten.
**Hinweis:** Selbstaussaat an geeigneten Standorten.

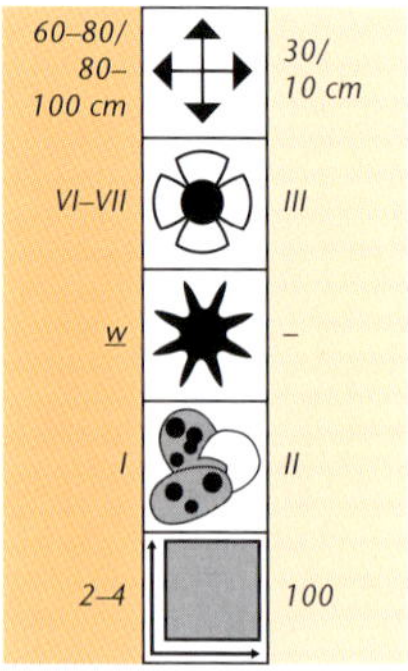


## Iris reticulata
Netz-Schwertlilie
Iridaceae, Schwertliliengewächse

**Heimat:** Kaukasus.
**Wuchsform:** Aufrechte Zwiebelpflanze, horstig, zieht im Sommer ein.
**Blatt:** Spitz, 4-kantig, erscheinen mit der Blüte und überragen sie später.
**Blüte:** Dunkelblaue Dom- und Hängeblätter, letztere mit orangenem Saftmal, III.
**Frucht:** Kapsel.
**Standort:** Durchlässige Böden in voller Sonne.
**Lebensbereiche:** St,1,so: Steinanlagen; trocken; sonnig. Auch Felssteppe.
**Verwendung:** In kleinen Gruppen in Steingärten und zu Vorfrühlingsblühern.
**Vermehrung:** Brutzwiebeln.
**Sorte:** 'Harmony', himmelblau (Bild: 'Cantab').
**Hinweis:** Pflanzung im Herbst. Attraktiv in Kombination mit gelben Wild-Krokussen.

## Iris sibirica

Sibirische Schwertlilie
Iridaceae, Schwertliliengewächse

**Heimat:** Europa, Kaukasus, Sibirien.
**Wuchsform:** Aufrecht, horstig. Stängel hohl.
**Blatt:** Grasartig, überhängend, hellgrün.
**Blüte:** Aufrechte Dom- und breite Hängeblätter, geadert, leuchtend blau, VI.
**Fruchtstand/Frucht:** 3-fächrige, schmale Kapsel mit zahlreichen, braunen Samen.
**Standort:** Am Rand von Gewässern in trockeneren Bereichen.
**Lebensbereiche:** Fr,3,so: Freifläche; feucht; sonnig.
**Verwendung:** In nährstoffreichen Böden.
**Vermehrung:** Teilung im Frühling, Aussaat.
**Sorte:** 'Caesars Brother', nachtblau; 'Cambridge', hellblau, großblumig (Bild); 'Schwan', weiß.
**Hinweis:** **Geschützte Wildpflanze.**

| Iris sibirica | | Iris variegata |
|---|---|---|
| 60–80/ 80–100 cm | | 20/ 40 cm |
| VI | | V–VI |
| – | | – |
| II | | II |
| 6 | | 6–11 |

## Iris variegata

Steppen-Schwertlilie
Iridaceae, Schwertliliengewächse

**Heimat:** Mitteleuropa, N-Balkan, Südrussland.
**Wuchsform:** Aufrecht, horstig. Stängel steif, verzweigt.
**Blatt:** Schwertförmig, ganzrandig, spitz, grün.
**Blüte:** Zu mehreren, end- und achselständig, Domblätter gelb, Hängeblätter gelbweiß mit roten Adern, V–VI.
**Frucht:** 3-klappige Kapsel.
**Standort:** Durchlässige, magere Böden in voller Sonne, kalkliebend.
**Lebensbereiche:** FS,1,so: Felssteppe; trocken; sonnig. Auch Steinanlagen.
**Verwendung:** Im Steingarten und sonnigen Wildstaudenbereich.
**Vermehrung:** Teilung nach der Blüte im Sommer. Aussaat.
**Hinweis:** Verträgt keine Winternässe. **Geschützte Wildpflanze.**

## Jovibarba heuffelii
Wirbel-Steinwurz
Crassulaceae, Dickblattgewächse

**Heimat:** SO-Europa.
**Wuchsform:** Rosettenpolster, rübenartige Wurzel.
**Blatt:** Dickfleischig, oval, zugespitzt, graugrün, immergrün.
**Blüte:** Röhrenblüten glockig, in dichtem Blütenschopf, gelb-weiß, VI–VIII.
**Frucht:** Mehrteilige kleine Kapseln, sternförmig, Samen winzig.
**Standort:** In Kalkfelsfugen der Berge.
**Lebensbereiche:** SF,1,so: Steinfugen; trocken, sonnig. Auch Mauerkronen und Steinanlagen.
**Verwendung:** Steingärten, Mauerfugen, extensive Dachbegrünung, Tröge.
**Vermehrung:** Aussaat im Winter, Teilung der älteren Rosetten schwierig.
**Sorte:** 'Bronze Ingot', 'Cameo', 'Beacon Hill', auch mehrere Lokalformen.
**Hinweis:** Staunässe vermeiden! **Geschützte Wildpflanze.**

| Jovibarba heuffelii | | Jovibarba sobolifera |
|---|---|---|
| 5/ 15 cm | | 5/10– 20 cm |
| VI–VIII | | VI–VII |
| – | | – |
| II | | II |
| 25–50 | | 25–50 |

## Jovibarba sobolifera
Kugelige Wirbel-Steinwurz, Jupiterbart
Crassulaceae, Dickblattgewächse

**Heimat:** Mitte bis O-Europa.
**Wuchsform:** Kugelige Rosette, Nebenrosetten an dünnen Stolonen, Polster bildend.
**Blatt:** Lanzettlich, in kugeligen Rosetten angeordnet, 2 cm hellgrün.
**Blüte:** Lockerer Blütenschopf, 6 gefranste Petale, Trichterblüten grüngelb, VI–VII.
**Frucht:** Mehrteilige kleine Kapseln, sternförmig, winzige Samen.
**Standort:** Magere, durchlässige Böden in voller Sonne, oft in Felsnischen.
**Lebensbereiche:** SF,1,so: Steinfugen; trocken, sonnig. Auch Mauerkronen und Steinanlagen.
**Verwendung:** Steingärten, Mauerfugen, extensive Dachbegrünung, Tröge. Begrünung von Kiesdächern.
**Vermehrung:** Tochterrosetten abnehmen, ganzjährig möglich.
**Hinweis: Geschützte Wildpflanze.**

## Kniphofia-Sorten

Garten-Fackellilie
Asphodelaceae, Junkerliliengewächse

**Heimat:** Züchtung, die Arten aus S-Afrika.
**Wuchsform:** Straff aufrecht, die Blätter überhängend, horstig.
**Blatt:** Schmal, gekielt, ausladend bis überhängend, wintergrün.
**Blüte:** Runder, blattloser Schaft endet in 15–30 cm langen Ähren, Einzelblüte röhrig, 2–4 cm lang, orange und gelb, VII–IX.
**Frucht:** Kugelig, wird bei uns selten ausgebildet.
**Standort:** Durchlässige Böden in voller Sonne. Gut vor Gebäuden.
**Lebensbereiche:** B,1–2,so: Beet; trocken bis frisch; sonnig. Auch Freifläche.
**Verwendung:** Einzeln in Staudenbeeten. Schnittpflanze.
**Vermehrung:** Teilung im April.
**Sorte:** 'Canary', goldgelb; 'Express Hybrids', orange; 'Prince Igor', orange (Bild); 'Royal Standard', gelb mit orangerot, beste Schnittsorte.

| Kniphofia | | Lamium |
|---|---|---|
| *50/ 120 cm* | | *20–30/ 30 cm* |
| *VII–IX* | | *V–VI* |
| *Li; S* | | *w* |
| *I–II* | | *III–IV* |
| *4–6* | | *6–11* |

## Lamium galeobdolon

Gold-Taubnessel
Lamiaceae, Taubnesselgewächse

**Heimat:** Europa, Kleinasien.
**Wuchsform:** Flach ausgebreitet, oberirdisch wuchernd, auch rankend.
**Blatt:** Oval zugespitzt, Rand gezähnt, gegenständig, grün, wintergrün.
**Blüte:** In Etagen quirlständig, Lippenblüte gelb, V–VI.
**Frucht:** Nüsschen.
**Standort:** Waldränder, auch im Schatten meist kalkarmer Böden.
**Lebensbereiche:** G,2,hs–sch: Gehölz; frisch; halbschattig bis schattig. Auch Gehölzrand.
**Verwendung:** Als Bodendecker unter und vor Gehölzen. Heilpflanze.
**Vermehrung:** Teilung, Abtrennen der bewurzelten Ranken.
**Sorte:** 'Florentinum', w, weiß gefleckt, stark wachsend (Bild); 'Silberteppich', schwacher Wuchs.
**Hinweis:** Kann Unkraut verdrängen.

## Lamium orvala
Großblütige Taubnessel
Lamiaceae, Taubnesselgewächse

**Heimat:** S- bis O-Europa.
**Wuchsform:** Aufrecht, lockerhorstig.
**Blatt:** Oval zugespitzt, gegenständig, Rand gezähnt, grün.
**Blüte:** Lippenblüte groß, in Etagen, quirlständig, braunrot, V–VI.
**Frucht:** Nüsschen.
**Standort:** Waldränder, auch im Schatten meist kalkarmer Böden. Hohe Luftfeuchtigkeit.
**Lebensbereiche:** GR,2,hs–sch: Gehölzrand; frisch; halbschattig bis schattig. Auch Gehölz.
**Verwendung:** Einzeln unter und vor Gehölzen.
**Vermehrung:** Teilung, Aussaat.
**Hinweis:** Selbstaussaat an geeigneten Standorten.

| Lamium orvala | Leontopodium alpinum |
|---|---|
| 40/ 60 cm | 10/ 15 cm |
| V–VI | VI–VIII |
| w | w |
| II–III | I |
| 4–6 | 25 |

## Leontopodium alpinum
Edelweiß
Asteraceae, Asterngewächse

**Heimat:** Alpen, Pyrenäen, Karpaten.
**Wuchsform:** Polsterartig, horstbildend.
**Blatt:** Lineal-lanzettlich, graugrün.
**Blüte:** Winzige, gelbe Röhrenblüten, auffällige, silberwollige Hochblätter, VI–VIII.
**Fruchtstand/Frucht:** Trugdolde, Samen mit Pappus.
**Standort:** Magere Bergwiesen, vorwiegend auf Kalk, sonnig.
**Lebensbereiche:** SF,2,so: Steinfugen; frisch; sonnig. Auch Matten, Alpinum.
**Verwendung:** Einzeln oder in kleinen Trupps im Steingarten.
**Vermehrung:** Teilung im Vorfrühling, Aussaat im Februar (Kaltkeimer).
**Sorte:** 'Mignon', nur 10 cm hoch, dicht.
**Ähnliche Art:** *L. souliei* aus Yunnan ist im Garten dankbarer, darf aber im Sommer nicht austrocknen.
**Hinweis:** Im Tiefland können die Blütensterne grau werden.

## Leucanthemum maximum

Sommer-Margerite
Asteraceae, Asterngewächse

**Heimat:** Züchtung. Die Art stammt aus den Pyrenäen.
**Wuchsform:** Aufrecht, lockerhorstig.
**Blatt:** Lanzettlich, am Rand gezähnt, bis 12 cm lang, dunkelgrün.
**Blüte:** Blütenköpfe bis 10 cm groß, weiße Zungenblüten um gelbe Mitte, VII–IX.
**Fruchtstand/Frucht:** Körbchen, Samen länglich.
**Standort:** Tiefgründige, nährstoffreiche Böden in voller Sonne.
**Lebensbereiche:** B,2,so: Beet; frisch; sonnig.
**Verwendung:** Beete, Rabatten. Schnittpflanze.
**Vermehrung:** Teilung im Vorfrühling.
**Sorte:** 'Beethoven', **; 'Christine Hagemann', **, gefüllt; 'Wirral Supreme', *, gefüllt (Bild).

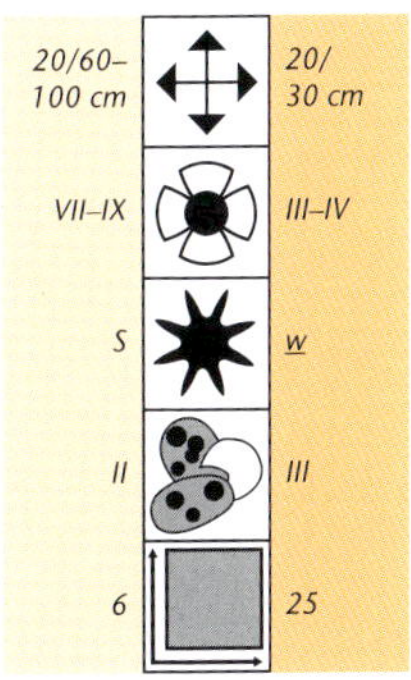


## Leucojum vernum

Märzenbecher, Frühlings-Knotenblume
Amaryllidaceae, Amaryllisgewächse

**Heimat:** Mitteleuropa, S-Europa.
**Wuchsform:** Blätter überhängend, Blüten aufrecht, horstige Zwiebelpflanze. Zieht nach der Blüte ein.
**Blatt:** Linealisch, glänzend, dunkelgrün.
**Blüte:** Glockig, 1- bis 2-blütig, hängend, weiß.
**Frucht:** Hängende Beere, selten.
**Standort:** Frische, feuchte, nährstoffreiche, lehmige Böden, die auch im Sommer nicht austrocknen.
**Lebensbereiche:** GR,2–3,so–hs: Gehölzrand; frisch bis feucht; sonnig bis halbschattig.
**Verwendung:** Offene oder nur locker mit Stauden und Gräsern bepflanzte Flächen. Flächig.
**Vermehrung:** Samen und Brutzwiebeln (Sommer).
**Hinweis:** Nach der Blüte verpflanzen. Zwiebeln nicht austrocknen lassen **Geschützte Wildpflanze**.

## Liatris spicata
Prachtscharte
Asteraceae, Asterngewächse

**Heimat:** Östliches und südliches N-Amerika.
**Wuchsform:** Straff aufrecht, horstig.
**Blatt:** Linealisch, grün, Stängel beblättert.
**Blüte:** Blütenkörbchen zu vielen an einem ährigen Blütenstand, lila, blüht von oben nach unten! VII–X.
**Fruchtstand:** Körbchen.
**Standort:** Feuchte Wiesen in voller Sonne.
**Lebensbereiche:** Fr,2,so, –b: Freifläche; frisch; sonnig; beetstaudenähnlich. Auch Beet.
**Verwendung:** Einzeln oder in kleinen Gruppen auf Staudenbeeten. Schnittpflanze. Bienenweide. Blüten ziehen Schmetterlinge an.
**Vermehrung:** Teilung des knollenartig verdickten Wurzelstocks im Frühling.
**Sorte:** 'Kobold', **, 40 cm, lila; 'Floristan Weiß', **, 90 cm (Bild), Samen fällt sortenecht.
**Hinweis:** Andere Arten eignen sich eher für trockene Plätze z.B. *L. pycnostachya.*

| Liatris spicata | Ligularia przewalskii |
|---|---|
| 30/60–120 cm | 60/80–130 cm |
| VII–X | VII–VIII |
| D; S | ** |
| II | I |
| 16 | 2 |

## Ligularia przewalskii
Kerzen-Goldkolben
Asteraceae, Asterngewächse

**Heimat:** Nordchina.
**Wuchsform:** Buschig, horstig.
**Blatt:** Tief handförmig gelappt, am Rand stark eingeschnitten.
**Blüte:** Körbchen mit gelben Zungenblüten, in ährigen Trugdolden über dem Laub, VII–VIII.
**Fruchtstand:** Körbchen.
**Standort:** Humose, auch feuchte Standorte im Halbschatten.
**Lebensbereiche:** GR,2–3,hs, –b: Gehölzrand; frisch bis feucht; halbschattig; beetstaudenähnlich. Auch Freifläche und Wasserrand.
**Verwendung:** Als ornamentale Solitärstaude an feuchteren Plätzen.
**Vermehrung:** Teilung im Frühling.
**Ähnliche Art:** *L. stenocephala,* **, bis 180 cm hoch, gelb.
**Hinweis:** Empfindlich gegen Hitze und Trockenheit. Blätter welken rasch bei Besonnung. Vor Schnecken schützen.

## Lilium bulbiferum
Feuer-Lilie
Liliaceae, Liliengewächse

**Heimat:** Alpen, Dolomiten, Pyrenäen, Balkan.
**Wuchsform:** Aufrechte, horstbildende Zwiebelpflanze.
**Blatt:** Lanzettlich, grün, Stängel beblättert.
**Blüte:** Große Trichterblüten am Stielende, leuchtend rot-orange, VI–VII.
**Frucht:** Kapsel.
**Standort:** Bergwiesen der Kalkalpen, sonnige, durchlässige Humusböden.
**Lebensbereiche:** Fr,2,so: Freifläche; frisch; sonnig. Auch Gehölzrand.
**Verwendung:** An sonnigen Plätzen im Garten und Park.
**Vermehrung:** Aussaat, Abtrennen der Zwiebelschuppen, Achselbulben.
**Unterarten**: *L. bulbiferum* subsp. *bulbiferum*, Oberbayern, Thüringen, Achselbulben, 120 cm; *L. b.* subsp. *croceum,* Alpen, Italien, Korsika, ohne Achselbulben, 80 cm. Anspruchsloser in der Gartenkultur. Alle sind **geschützte Wildpflanzen**.

| Lilium bulbiferum | | Lilium candidum |
|---|---|---|
| 60/80–100 cm | | 60/80–150 cm |
| VI–VII | | VI–VII |
| – | | – |
| I | | I |
| 2–4 | | 2–4 |

## Lilium candidum
Madonnen-Lilie
Liliaceae, Liliengewächse

**Heimat:** Östliches Mittelmeergebiet, SW-Asien.
**Wuchsform:** Aufrechte, horstbildende Zwiebelpflanze. Zieht nach der Blüte ein.
**Blatt:** Breitlanzettlich, grün, Stängel beblättert. Treibt im September aus, überdauert den Winter als Blattschopf.
**Blüte:** Große Trichterblüten am Stielende, bis 15 cm, weiß, stark duftend, VI–VII.
**Frucht:** Kapsel aufrecht.
**Standort:** Sonnige, durchlässige Humusböden, aber auch mittelschwere dränierte Lehmböden.
**Lebensbereiche:** B,2,so: Beet; frisch; sonnig. Auch Freifläche.
**Verwendung:** An sonnigen Plätzen im Garten und Park. Heilpflanze.
**Vermehrung:** Aussaat, Abtrennen der Zwiebelschuppen.
**Hinweis:** Vor Schnecken schützen. Zwiebel bis Ende August pflanzen.

## Lilium-Sorten
Garten-Lilien
Liliaceae, Liliengewächse

**Heimat:** Züchtung.
**Wuchsform:** Aufrechte, horstbildende Zwiebelpflanze.
**Blatt:** Breit-lanzettlich, grün.
**Blüte:** Große Trichterblüten am Stielende, in vielen Farben je nach Sorte, VI–VII.
**Frucht:** Kapsel.
**Standort:** Sonnige, meist saure, durchlässige Humusböden.
**Lebensbereiche:** B,2,so: Beet; frisch; sonnig. Auch Gehölzrand.
**Verwendung:** An sonnigen Plätzen im Garten und Park. Schnittpflanze.
**Vermehrung:** Aussaat, Abtrennen der Zwiebelschuppen.
**Sorte:** 'Cinnabar', 80 cm, dunkelrot; 'Enchantment, rot; 'Schellenbaum', (Bild), rot, 180 cm.
**Hinweis:** Vor Schnecken schützen.

| Lilium-Sorten | Lilium martagon |
|---|---|
| 60/80–100 cm | 60/80–100 cm |
| VI–VII | VI–VII |
| S | – |
| I-II | II |
| 2–4 | 2–4 |

## Lilium martagon
Türkenbund-Lilie
Liliaceae, Liliengewächse

**Heimat:** Europa, Sibirien.
**Wuchsform:** Aufrechte, horstbildende Zwiebelpflanze.
**Blatt:** Breit-lanzettlich, grün, Stängel beblättert, in Quirlen angeordnet.
**Blüte:** Trichterblüten am Stielende, Blumenblätter umgerollt, leuchtend weinrot bis dunkelviolett, gefleckt, VI–VII.
**Frucht:** Kapsel.
**Standort:** Durchlässige Kalk-Humusböden im Halbschatten.
**Lebensbereiche:** G,2,hs: Gehölz; frisch; halbschattig. Auch Gehölzrand.
**Verwendung:** An weniger sonnigen Plätzen im Garten und Park.
**Vermehrung:** Aussaat, Abtrennen der Zwiebelschuppen.
**Sorte:** 'Album', weiß, 80 cm (Bild); 'Cattaniae', weinrot.
**Hinweis:** Vor Schnecken schützen.

## Lilium pyrenaicum
Pyrenäen-Lilie
Liliaceae, Liliengewächse

**Heimat:** Pyrenäen.
**Wuchsform:** Aufrechte, horstbildende Zwiebelpflanze.
**Blatt:** Lanzettlich, grün mit hellem Rand, Stängel beblättert.
**Blüte:** Große Trichterblüten, Blumenblätter umgerollt, leuchtend gelb, V–VI.
**Frucht:** Kapsel.
**Standort:** Bergwiesen der Pyrenäen, sonnige, durchlässige Humusböden. Aber auch dränierte mittelschwere Lehmböden.
**Lebensbereiche:** Fr,2,so: Freifläche; frisch; sonnig. Auch Alpinum.
**Verwendung:** An sonnigen Plätzen im Steingarten.
**Vermehrung:** Aussaat, Abtrennen der Zwiebelschuppen.
**Hinweis:** Vor Schnecken schützen.

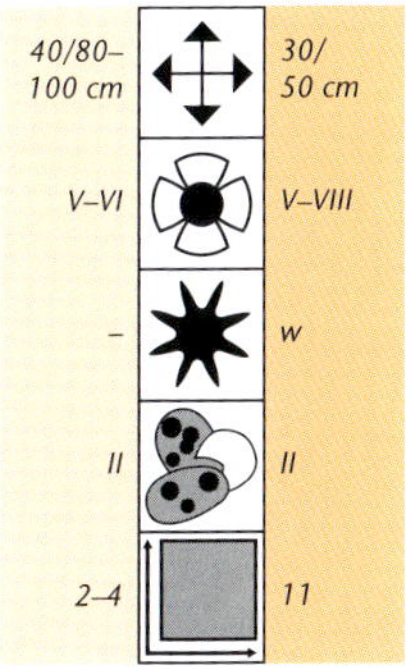


## Linum narbonense
Südfranzösischer Lein
Linaceae, Leingewächse

**Heimat:** Westlicher Mittelmeerraum.
**Wuchsform:** Aufrecht, locker überhängend, horstig.
**Blatt:** Lineal, kurz, grün, Stängel beblättert.
**Blüte:** Schalenförmig, in Doldentrauben, blau, V–VIII.
**Frucht:** Kugelige Kapsel.
**Standort:** Durchlässige Kalkböden in voller Sonne.
**Lebensbereiche:** SH,1,so: Steppenheide; trocken; sonnig.
**Verwendung:** Zur Auflockerung von Wildstaudenpflanzungen, Dachbegrünung.
**Vermehrung:** Aussaat im Frühling. Sorten nur durch Stecklinge vermehren.
**Sorte:** 'Heavenly Blue', w, niedriger, dunkelblau.
**Hinweis:** Einzelblüten halten auf den Beeten nur bis zum Nachmittag.

## Liriope muscari
Liriope, Lilientraube
Convallariaceae, Maiglöckchengewächse

**Heimat:** China, Japan.
**Wuchsform:** Lockerrasig, gebogen, horstig.
**Blatt:** Lineal-lanzettlich, grasartig, dunkelgrün, immergrün.
**Blüte:** Dichte Blütentraube mit kleinen, violetten Einzelblütchen, VIII–IX.
**Frucht:** Kleine Steinfrüchte.
**Standort:** Durchlässige, humusreiche, saure Böden im Halbschatten.
**Lebensbereiche:** GR,2,hs–sch: Gehölzrand; frisch; halbschattig bis schattig. Auch Steinanlagen.
**Verwendung:** Einzeln oder in kleinen Gruppen zu Gehölzen, auch zur Flächenbepflanzung.
**Vermehrung:** Teilung im Frühling. Auch Aussaat.
**Sorte:** 'Big Blue', 50 cm, blauviolett.
**Hinweis:** Wertvoller Sommerblüher für den Schattenbereich. In strengen Wintern Schutz durch Reisigdecke.

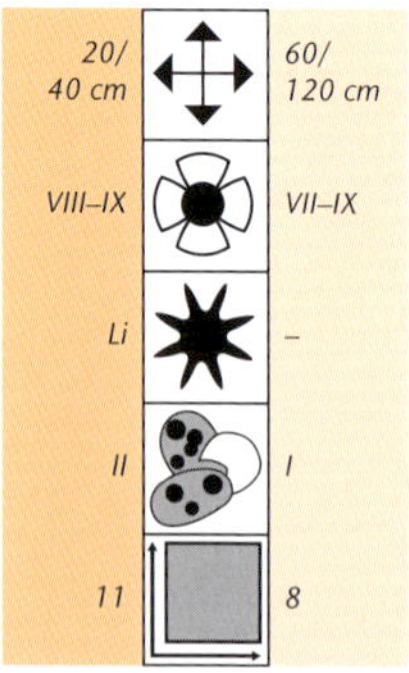


## Lobelia cardinalis
Kardinals-Lobelie, Leuchtende Lobelie
Campanulaceae, Glockenblumengewächse

**Heimat:** Östliches N-Amerika.
**Wuchsform:** Aufrecht, horstig.
**Blatt:** Verkehrt eiförmig, ganzrandig, grün.
**Blüte:** In Doldentrauben, 3-teilig gelappte Einzelblüte, leuchtend rot, VII–IX.
**Frucht:** Kapsel.
**Standort:** Durchlässige, humose, nährstoffreiche Böden, sonnig.
**Lebensbereiche:** Fr,3,so: Freifläche; feucht; sonnig. Auch Wasserrand, sumpfig.
**Verwendung:** Einzeln oder in kleinen Gruppen an feuchten Plätzen.
**Vermehrung:** Teilung, Aussaat im Frühling.
**Hinweis:** Spätblüher mit leuchtender, außergewöhnlicher Blütenfarbe.

## Lupinus polyphyllus
Garten-Lupine
Fabaceae, Schmetterlingsblütler

**Heimat:** Züchtung, Art aus N-Amerika.
**Wuchsform:** Aufrecht, horstig. An den Wurzeln Knöllchen (Knöllchenbakterien sammeln Stickstoff). Stiele hohl.
**Blatt:** Im Umriss rund, handförmig geteilt, lang gestielt, leicht behaart, hellgrün.
**Blüte:** Trauben bis 50 cm über dem Laub, Einzelblüten 2 cm, in vielen Farben, VI– VIII.
**Frucht:** Hülse 4–6 cm lang, Samen 3 mm groß, braun.
**Standort:** Durchlässige, humose, meist kalkarme Böden in voller Sonne.
**Lebensbereiche:** Fr,2,so: Freifläche; frisch, sonnig. Auch Gehölzrand.
**Verwendung:** Im Staudenbeet wichtiger Vorsommerblüher. Schnittpflanze.
**Vermehrung:** Aussaat, Stecklinge mit Wurzelansatz (Rübenartige Wurzel).
**Sorte:** 'Edelknabe', karminrot mit violett. Viele weitere Sorten.

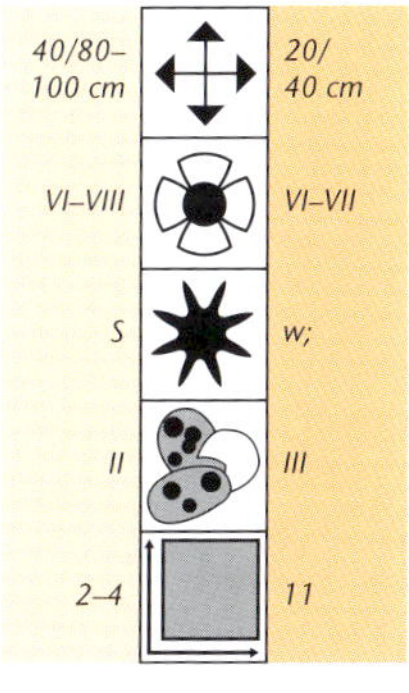


## Luzula nivea
Schnee-Marbel
Juncaceae, Binsengewächse

**Heimat:** Alpen, Apennin, Pyrenäen.
**Wuchsform:** Aufrecht, leicht überhängend, horstig.
**Blatt:** Schmal, am Rand behaart, immergrün.
**Blüte:** Gedrungene Rispe. Blüten in Büscheln am Ende der Stiele, weiß, VI–VII.
**Fruchtstand/Frucht:** Braune Büschel, Karyopse.
**Standort:** Durchlässige, humose, auch sandige Böden im Halbschatten.
**Lebensbereiche:** GR,2,hs–sch: Gehölzrand; frisch; halbschattig bis schattig. Auch Gehölz.
**Verwendung:** In grössern Gruppen, wirkt auch in der Fläche, vor Gehölzen. Schnittpflanze. Trockenbinderei.
**Vermehrung:** Teilung und Aussaat im Frühling.
**Sorte:** 'Schneehäschen', 'Silberglanz', kleinwüchsige Auslesen.
**Hinweis:** Selbstaussaat an geeigneten Stellen.

## Luzula sylvatica
Wald-Marbel
Juncaceae, Binsengewächse

**Heimat:** Europa, W-Kaukasus.
**Wuchsform:** Aufrecht, bogig ausladend, lockerhorstig.
**Blatt:** Schmal, dunkelgrün, wintergrün.
**Blüte:** Gedrungene Rispe, hellbraun, in lockeren Büscheln am Ende der Stiele, IV–VI.
**Fruchtstand/Frucht:** Braune Büschel, Karyopse.
**Standort:** Durchlässige, humose, auch sandige Böden im Halbschatten.
**Lebensbereiche:** G,2,hs–sch: Gehölz; frisch; halbschattig bis schattig. Auch Gehölzrand.
**Verwendung:** In grössern Gruppen, wirkt auch in der Fläche, unter Gehölzen. Bodendecker.
**Vermehrung:** Teilung und Aussaat im Frühling.
**Sorte:** 'Farnfreund', w, kompakt; 'Tauernpass', w, starke Bestockung, Flächendecker (Bild).
**Hinweis:** Selbstaussaat an geeignetem Standort.

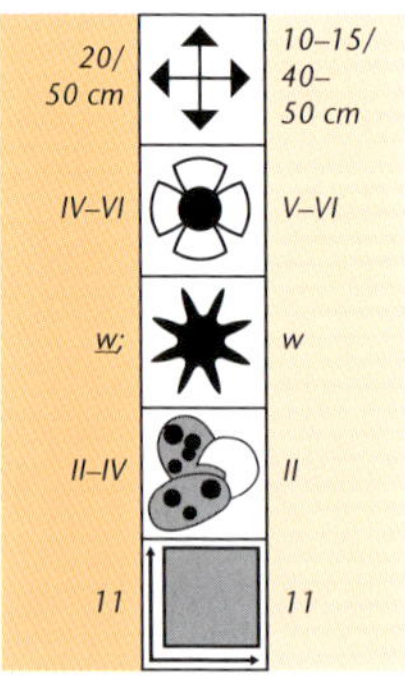


## Lychnis viscaria
Pechnelke
Caryophyllaceae, Nelkengewächse

**Heimat:** Europa, Kaukasus, W-Sibirien.
**Wuchsform:** Aufrecht, horstig. Stängel mit Knoten, dort klebrig.
**Blatt:** Lineal-lanzettlich, wintergrün.
**Blüte:** In Büscheln am Ende der Stiele, violettrosa, V–VI.
**Frucht:** Kapsel.
**Standort:** Humusarme, durchlässige, saure Heideböden in voller Sonne.
**Lebensbereiche:** Fr,1,so: Freifläche; trocken, sonnig. Auch Heide und Matten.
**Verwendung:** In kleinen Gruppen in Heidegärten, extensive Dachbegrünung.
**Vermehrung:** Teilung im Frühling. Aussaat.
**Sorte:** 'Plena', *, dunkelrosa, gefüllt (Bild). Schnittpflanze.
**Unterart:** *L. v.* subsp. *atropurpurea* 'Kugelblitz', violett, nur 20 cm hohes, dichtes Polster.

## Lysichiton americanus
Gelbe Scheinkalla
Araceae, Aronstabgewächse

**Heimat:** N-Amerika.
**Wuchsform:** Aufrecht, locker, rhizombildend.
**Blatt:** Verkehrt-eiförmig, riesig, 30 cm breit, erscheint nach der Blüte.
**Blüte:** Kolben mit gelber Spatha, 25 cm lang, 12 cm breit, IV–V.
**Frucht:** Kolben.
**Standort:** Schwere, humusreiche Böden, sumpfiges Gelände.
**Lebensbereiche:** WR,4,so–hs: Wasserrand; sumpfig; sonnig bis halbschattig.
**Verwendung:** Sumpf- und Wassergärten, zusammen mit Primelarten.
**Vermehrung:** Teilung der Rhizome im Frühling.
**Ähnliche Art:** *L. camtschatcensis,* weiße Spatha, Li.
**Hinweis:** Auffälliger Vorfrühlingsblüher, benötigt viel Platz!

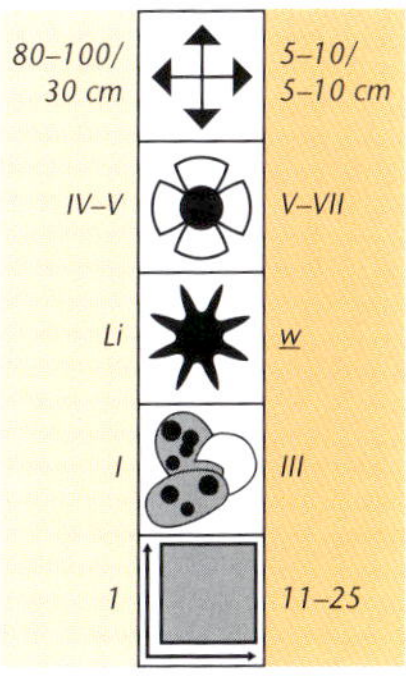


## Lysimachia nummularia
Pfennigkraut
Primulaceae, Primelgewächse

**Heimat:** Europa, Kaukasus.
**Wuchsform:** Teppichartig kriechend, oberirdische Ausläufer bildend.
**Blatt:** Rundlich, kreuzgegenständig angeordnet, dem Boden flach aufliegend, grün.
**Blüte:** Schalenblüte achselständig, gelb, V–VII.
**Frucht:** Kleine Kapseln.
**Standort:** Feuchte Wiesengräben, Bachränder, meist sonnig. Standorte dürfen nicht austrocknen.
**Lebensbereiche:** GR,2–3,so–hs: Gehölzrand; frisch bis feucht; sonnig bis halbschattig. Auch Freifläche und Wasserrand.
**Verwendung:** Wichtiger Bodendecker für Teich- und Bachränder, auch Grabstätten.
**Vermehrung:** Teilung der Triebe, bewurzelt sich an den Knoten.
**Sorte:** 'Aurea', Li, goldgelbes Laub.

## Lythrum salicaria
Blut-Weiderich
Lythraceae, Weiderichgewächse

**Heimat:** Asien, Europa, Mittelmeergebiete, N-Amerika.
**Wuchsform:** Straff aufrecht,horstig.
**Blatt:** Lanzettlich, ganzrandig, grün.
**Blüte:** In ährigem Blütenstand, achselständig, violettrosa, VI–VIII.
**Frucht:** Kleine Kapsel.
**Standort:** Wassernahe Plätze, an Gräben, kalkarmen Feuchtwiesen und Mooren.
**Lebensbereiche:** Fr,3,so: Freifläche; feucht, sonnig. Auch Wasserrand.
**Verwendung:** In kleinen Trupps an Teichen, Naturgärten und Bächen. Schnittpflanze. Trockenbinderei.
**Vermehrung:** Aussaat im Vorfrühling oder Stecklinge bei Sorten.
**Sorte:** 'Feuerkerze', *, rosarot; 'The Beacon', dunkelrot, 80 cm.
**Hinweis:** Breitet sich durch Selbstaussaat an geeigneten Standorten aus.

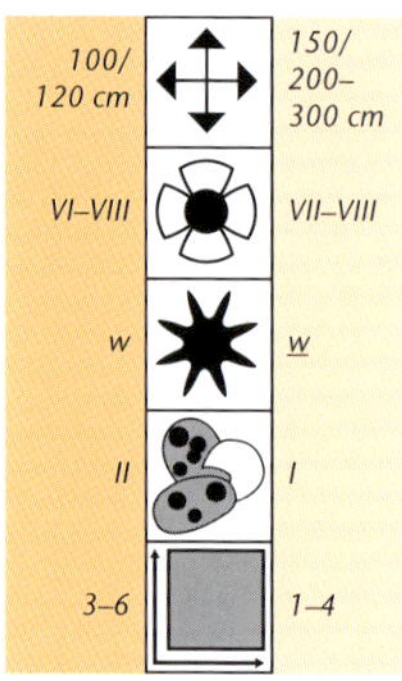


## Macleaya cordata
Federmohn
Papaveraceae, Mohngewächse

**Heimat:** China, Japan.
**Wuchsform:** Aufrecht, ausläufertreibend. Stiele mit bräunlichem Milchsaft.
**Blatt:** Rundlich-herzförmig, lappig ausgebuchtet, blaugrün, unterseits weiß.
**Blüte:** Doldenrispe, über dem Laub, blassgelb, ohne Kronblätter, daher keine Fernwirkung, VII–VIII.
**Frucht:** Winzige Kapseln.
**Standort:** Vor Gehölzen an meist trockenen Plätzen, normale Böden.
**Lebensbereiche:** Fr,1–2,so–abs: Freifläche; trocken bis frisch; sonnig bis absonnig. Auch Gehölzrand.
**Verwendung:** Vor Mauern und Gebäuden in Einzelstellung.
**Vermehrung:** Teilung und Wurzelschnittlinge.
**Hinweis:** Begrenzen des Wurzelwachstums durch Dachpappe, Betonring oder Folie.

## Matteuccia struthiopteris

Straußfarn, Trichterfarn
Woodsiaceae, Wimpernfarngewächse

**Heimat:** Europa bis China.
**Wuchsform:** Straff aufrecht, ausläuferbildend.
**Blatt:** Wedel steril, doppelt gefiedert, bilden einen Trichter, hellgrün, im Herbst gelbbraun. Fertile Wedel (Sporophylle) steif aufrecht, 80 cm lang, grün, später braun, zieren im Winter.
**Standort:** Humusreiche Waldböden, an Bächen der Mittelgebirge, alpine Schwemmlandböden.
**Lebensbereiche:** G,2–3,hs–sch: Gehölz; frisch bis feucht; halbschattig bis schattig. Gehölzrand.
**Verwendung:** Einzeln oder in Gruppen unter Laubbäumen oder in Teichnähe. Trockenbinderei.
**Vermehrung:** Abtrennen der Ausläufer und durch Sporen, die im Winter reifen.
**Hinweis:** Breitet sich stark aus, kann lästig werden.

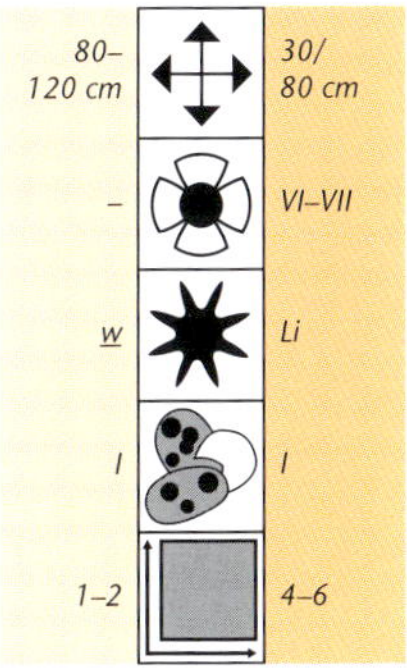

## Meconopsis betonicifolia

Tibet-Scheinmohn
Papaveraceae, Mohngewächse

**Heimat:** Oberburma, Tibet, Westchina, zwischen 3000 und 4000 m ü.d.M.
**Wuchsform:** Aufrecht, horstig.
**Blatt:** Verkehrt-eiförmig, gekerbt, bräunlich behaart, grün.
**Blüte:** In den oberen Blattachseln entspringend, 4-petalig, große Blüten himmelblau, gelbe Staubgefäße, VI–VII.
**Frucht:** Längliche Kapsel (Streufrucht).
**Standort:** Humusreiche, kalkarme Böden im Halbschatten.
**Lebensbereiche:** GR,2,so–hs: Gehölzrand; frisch; sonnig bis halbschattig. Auch Steinanlagen.
**Verwendung:** Einzeln oder in kleinen Gruppen zu Rhododendron, in größeren Steingärten.
**Vermehrung:** Aussaat im Frühling unter Glas.
**Ähnliche Art:** *M. cambrica,* Waldscheinmohn aus W-Europa blüht gelb, 40 cm, anspruchslos.
**Hinweis:** Abgeblühte Stängel bald abschneiden.

## Melica ciliata
Wimper-Perlgras
Poaceae, Süßgräser

**Heimat:** Europa, Kaukasus.
**Wuchsform:** Buschig, aufrecht, lockerhorstig.
**Blatt:** Schmal, matt grau-grün.
**Blüte:** Ährenrispe zylindrisch, bei der Reife gelbweiß, V–VII.
**Frucht:** Karyopse, stark bewimpert.
**Standort:** Sonnige Kalkfelsen und Berghänge, durchlässige Magerböden.
**Lebensbereiche:** FS,1,so: Felssteppe, trocken; sonnig. Auch Steppenheide und Steinanlagen.
**Verwendung:** Extensive Dachbegrünung, Geröllhänge und andere Steppenpflanzungen. Schnittpflanze. Trockenbinderei
**Vermehrung:** Aussaat problemlos, sät sich oft selbst aus.

| Melica ciliata | | Menyanthes trifoliata |
|---|---|---|
| 20/30–60 cm | | 20/30 cm |
| V–VII | | V–VI |
| w | | w |
| II | | I |
| 11 | | 11 |

## Menyanthes trifoliata
Fieberklee
Menyanthaceae, Fieberkleegewächse

**Heimat:** Kaukasus, Sibirien, Mittelasien.
**Wuchsform:** Niederliegend, meterlange Triebe liegen auf dem Wasser. Blütentriebe aufrecht.
**Blatt:** 3-teilig, gestielt, grün, eiförmige Fieder.
**Blüte:** 5-teilig, stark gefranst, an aufrechtem Blütenschaft traubig angeordnet, weiß, V–VI.
**Frucht:** Kugelig, erst grün, später braun.
**Standort:** Kalkarm. Flach- und Quellmoore, überschwemmte Böden.
**Lebensbereiche:** WR,4–5,so–hs: Wasserrand; sumpfig bis flaches Wasser; sonnig bis halbschattig. Auch Freifläche.
**Verwendung:** Für kleinere und größere Wasser- und Sumpfanlagen. Heilpflanze.
**Vermehrung:** Rhizomteilung.
**Hinweis: Geschützte Wildpflanze.**

## Miscanthus floridulus
(Syn.: M. japonicus)
Riesen-Japan-Schilf
Poaceae, Süßgräser

**Heimat:** Asien.
**Wuchsform:** Steif aufrechte Triebe, Blätter überhängend, horstig.
**Blatt:** Breit-lineal, 60 cm lang, grün, im Herbst gelbbraun, Triebe locker beblättert.
**Blüte:** Selten zu sehende Blütenrispen, erscheinen nach warmen Sommern, IX–X. Blütenstand endständig, über dem Laub, 30 cm lang.
**Frucht:** Karyopsen reifen bei uns nicht aus.
**Standort:** Nährstoffreiche, tiefgründige Böden in sonnigen Lagen.
**Lebensbereiche:** Fr,2,so: Freifläche; frisch; sonnig.
**Verwendung:** Einzeln vor Gebäuden in großen Gärten und Parks. Trockenbinderei.
**Vermehrung:** Teilung im Frühling.
**Hinweis:** Rückschnitt im Vorfrühling.

| Miscanthus floridulus | Miscanthus sinensis 'Gracillimus' |
|---|---|
| 250/ 300 cm | 130/ 150 cm |
| IX–X | IX–X |
| – | **; S |
| I | I |
| 1 | 1 |

## Miscanthus sinensis 'Gracillimus'
Feinhalm-Chinaschilf
Poaceae, Süßgräser

**Heimat:** Züchtung.
**Wuchsform:** Aufrecht, Spitzen überhängend, lockerhorstig.
**Blatt:** Schmal, bandartig, etwa 60 cm lang, rollt sich bei Trockenheit ein.
**Blüte:** Silbrige Blütenrispen, erscheinen nur nach warmen Sommern, selten, IX–X.
**Fruchtstand/Frucht:** Karyopsen reifen nur selten in unserem Klima.
**Standort:** Durchlässige, nährstoffreiche Böden in voller Sonne.
**Lebensbereiche:** Fr,2,so, –b: Freifläche; frisch; sonnig; beetstaudenähnlich. Auch Beet.
**Verwendung:** Einzeln oder in kleinen Gruppen vor Gebäuden, Staudenbeeten.
**Vermehrung:** Teilung im Vorfrühling.
**Hinweis:** Blüht nur nach warmen Sommern.

## Miscanthus sinensis 'Silberfeder'

Chinaschilf
Poaceae, Süßgräser

**Heimat:** Züchtung.
**Wuchsform:** Aufrecht bis überhängend, lockerhorstig.
**Blatt:** Schmal, bandartig, ca. 60 cm lang.
**Blüte:** Silbrige Blütenrispen, VIII–X, erscheinen regelmässig.
**Frucht:** Karyopse.
**Standort:** Durchlässige, nährstoffreiche Böden in voller Sonne.
**Lebensbereiche:** Fr,2,so, –b: Freifläche; frisch; sonnig; beetstaudenähnlich. Auch Beet.
**Verwendung:** Einzeln oder in kleinen Gruppen vor Gebäuden, Staudenbeeten.
**Vermehrung:** Teilung im Vorfrühling.
**Hinweis:** Blüht regelmäßig.

| Miscanthus sinensis 'Silberfeder' | | Molinia arundinacea |
|---|---|---|
| 130/ 200 cm | | 60/120– 180 cm |
| VIII–X | | VIII–X |
| ***; S | | – |
| I | | I |
| 1 | | 1 |

## Molinia arundinacea

Rohr-Pfeifengras
Poaceae, Süßgräser

**Heimat:** Europa.
**Wuchsform:** Aufrecht, horstig.
**Blatt:** Breit-lineal, grün, im Herbst goldgelb.
**Blüte:** Gelbgrün, an steifen, knotenlosen Halmen, Rispen verzweigt, VIII–X.
**Fruchtstand/Frucht:** Karyopsen an verzweigten Rispen.
**Standort:** Durchlässige Böden in voller Sonne.
**Lebensbereiche:** Fr,2–3,so–hs: Freifläche; frisch bis feucht; sonnig bis halbschattig. Gehölzrand.
**Verwendung:** Einzeln in größeren Gärten, am trockenen Teichrand. Schnittpflanze. Trockenbinderei.
**Vermehrung:** Teilung im Vorfrühling.
**Sorte:** 'Karl Foerster', w, 200 cm (Bild); 'Transparent', w, 180 cm.
**Hinweis:** Stattliches Gras.

## Molinia caerulea
Moor-Pfeifengras
Poaceae, Süßgräser

**Heimat:** Europa.
**Wuchsform:** Aufrecht, horstig.
**Blatt:** Lineal, grün, im Herbst goldgelb.
**Blüte:** Fast schwarz, an steifen, knotenlosen Halmen, Rispen anliegend verzweigt, VIII–X.
**Fruchtstand/Frucht:** Karyopsen an Rispen.
**Standort:** Durchlässige, kalkarme, humose Böden in voller Sonne. Charakterpflanze der Heiden.
**Lebensbereiche:** H,2–3,so–hs: Heide; frisch bis feucht; sonnig bis halbschattig. Freifläche, Gehölzrand.
**Verwendung:** Einzeln oder in kleinen Gruppen in Heidegärten, Teichrand. Schnittpflanze. Trockenbinderei.
**Vermehrung:** Teilung im Vorfrühling.
**Sorte:** 'Edith Dudszus', w, 90 cm; 'Moorhexe', w, 60 cm. (Bild: 'Strahlenquelle').
**Besonderes:** Halme dienten früher als Pfeifenreiniger.

| Molinia caerulea | | Monarda-Sorten |
|---|---|---|
| 40/60–90 cm | | 80–100/90–110 cm |
| VIII–X | | VII–IX |
| – | | D; S |
| II | | I |
| 11 | | 4–6 |

## Monarda-Sorten
Garten-Indianernessel
Lamiaceae, Taubnesselgewächse

**Heimat:** Züchtung.
**Wuchsform:** Aufrecht, ausläuferbildend.
**Blatt:** Eiförmig zugespitzt, kreuzgegenständig, flaumig behaart, grün.
**Blüte:** Quirlständige Köpfe in Etagen, Einzelblüte lippig, rosa, rot, weiß, VII–IX.
**Frucht:** Kleine Nüsschen.
**Standort:** Trockene Plätze in voller Sonne, normale, nährstoffreiche Gartenböden.
**Lebensbereiche:** B,2,so: Beet; frisch; sonnig. Auch für Freiflächen.
**Verwendung:** Einzeln oder in kleinen Gruppen in Staudenbeeten und Rabatten. Bienenweide. Schnittpflanze. Trockenbinderei (abgeblühte Stiele).
**Vermehrung:** Teilung im Vorfrühling.
**Sorte:** 'Adam', *, karminrot; 'Donnerwolke', **, weinrot'; 'Morgenröte', **, lachsrot.

## Muscari armeniacum
Armenische Traubenhyazinthe
Hyacinthaceae, Hyazinthengewächse

**Heimat:** Bulgarien, Jugoslawien, Kleinasien, Kaukasus.
**Wuchsform:** Aufrechte Blütentrauben, Blätter bogig, horstbildende Zwiebelpflanze.
**Blatt:** Lineal, dunkelgrün, erscheint schon im Herbst in einer Rosette (wintergrün). Blätter ziehen nach der Blüte ein.
**Blüte:** Dichte Blütentraube mit kleinen, krugförmigen Glöckchen, blau, III–IV.
**Frucht:** 3-klappige, kleine Kapsel, schwarze Samen.
**Standort:** Durchlässige Kalkböden in voller Sonne.
**Lebensbereiche:** Fr,1–2,so: Freifläche; trocken bis frisch; sonnig. Auch Steinanlagen.
**Verwendung:** In kleinen Gruppen in meist kalkreichen Böden. Steingärten. Schnittpflanze.
**Vermehrung:** Teilung im Juni.
**Sorte:** 'Cantab', himmelblau.
**Hinweis:** Kugelige Zwiebel.

| Muscari armeniacum | | Myosotis scorpioides |
|---|---|---|
| *20/15–25 cm* | | *30/40 cm* |
| *III–IV* | | *V–IX* |
| *–* | | *w* |
| *III* | | *II* |
| *25–200* | | *11* |

## Myosotis scorpioides
(Syn.: Myosotis palustris)
Gewöhnliches Sumpf-Vergissmeinnicht
Boraginaceae, Boretschgewächse

**Heimat:** Europa bis Sibirien, N-Amerika.
**Wuchsform:** Kissenförmig, kriechend durch Ausläufer.
**Blatt:** Lanzettlich, glänzend, frischgrün.
**Blüte:** In wickelartigen, lockeren Trauben, violettblau, V–IX.
**Frucht:** Kleine Nüsschen.
**Standort:** Feuchte Wiesen, am Rand von Gewässern, sonnige Lagen.
**Lebensbereiche:** WR,4,so–hs: Wasserrand; sumpfig; sonnig bis halbschattig. Auch Freifläche.
**Verwendung:** In kleinen Trupps an Teichrändern. Heilpflanze.
**Vermehrung:** Teilung im Frühling, Aussaat (große Variationsbreite bei Samenvermehrung).
**Sorte:** 'Graf Waldersee', tiefblau.

## Narcissus cyclamineus
Alpenveilchen-Narzisse
Amaryllidaceae, Amaryllisgewächse

**Heimat:** Spanien bis Portugal.
**Wuchsform:** Aufrecht, lockerhorstige Zwiebelpflanze. Zieht nach der Blüte ein.
**Blatt:** Schmal-lineal, gekielt, grün.
**Blüte:** Nickend, goldgelb, Krone schlank, röhrenförmig; Perianth zurückgeschlagen, II–III.
**Frucht:** Fleischige Kapsel, 3-teilig, wird selten ausgebildet.
**Standort:** Trockene Magerwiesen, sonnig.
**Lebensbereiche:** Fr,1–2,so: Freifläche; trocken bis frisch; sonnig. Auch Steinanlagen.
**Verwendung:** In kleinen Gruppen für den Steingarten, Vorfrühlingsecke unter Sträuchern. Topftreiberei.
**Vermehrung:** Brutzwiebeln, im Sommer aufnehmen, Pflanzung ab September.
**Sorte:** 'February Gold', gelb; 'Jumblie', orangegelbe Röhre, gelbes Perianth.

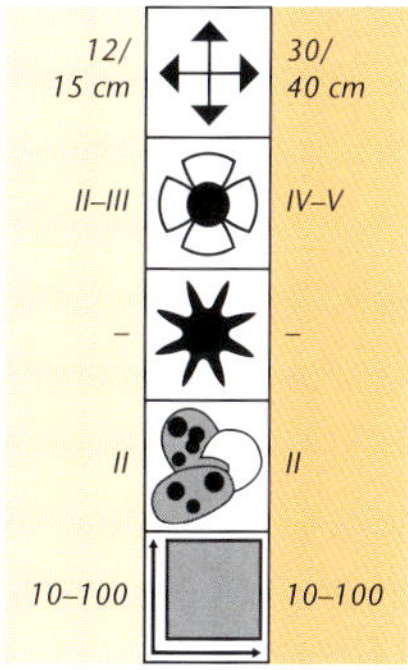


## Narcissus poeticus
Dichter-Narzisse
Amaryllidaceae, Amaryllisgewächse

**Heimat:** Spanien bis Griechenland.
**Wuchsform:** Aufrecht, lockerhorstige Zwiebelpflanze. Zieht nach der Blüte ein.
**Blatt:** Schmal-lineal, gekielt, grün.
**Blüte:** Nickend, weiß, Krönchen orange; Perianth weiß, IV–V.
**Frucht:** Fleischige Kapsel, 3-teilig, wird selten ausgebildet.
**Standort:** Montane, nährstoffreiche Wiesen, sonnig.
**Lebensbereiche:** Fr,1–2,so: Freifläche; trocken bis frisch; sonnig.
**Verwendung:** In kleinen Gruppen auf Beeten, Vorfrühlingsecke unter Sträuchern.
**Vermehrung:** Brutzwiebeln, im Sommer aufnehmen, Pflanzung ab September.
**Sorte:** 'Actaea', zuverlässig.
**Unterart:** *N. p.* var. *recurvus* blüht im Juni in den Bergen oberhalb von Montreux, 40 cm, weiß.

## Narcissus pseudonarcissus

Trompeten-Narzisse, Osterglocke
Amaryllidaceae, Amaryllisgewächse

**Heimat:** Italien, Schweiz, W-Europa.
**Wuchsform:** Aufrecht, lockerhorstig Zwiebelpflanze. Zieht nach der Blüte ein.
**Blatt:** Schmal-lineal, gekielt, grün.
**Blüte:** Groß, röhrig, goldgelb, Krone breit; Perianth ausgebreitet, III–IV.
**Frucht:** Fleischige Kapsel, 3-teilig, selten.
**Standort:** Nährstoffreiche, sonnige Wiesen.
**Lebensbereiche:** Fr,1–2,so: Freifläche; trocken bis frisch; sonnig.
**Verwendung:** In kleinen Gruppen für Beete, Vorfrühlingsecke. Schnittpflanze. Treiberei.
**Vermehrung:** Brutzwiebeln, Pflanzung ab September.
**Sorte:** Etwa 10.000 Narzissensorten sind registriert worden.
**Hinweis:** Die Stiele sondern nach dem Schnitt ein schleimiges Sekret ab, ungünstige Wirkung auf andere Blumen in der Vase.

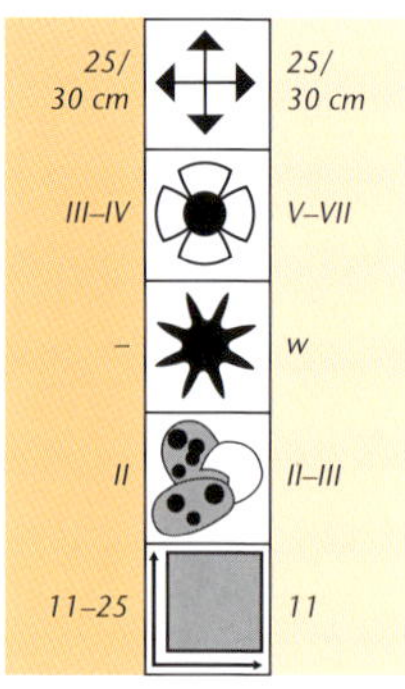


## Nepeta × faassenii

Katzenminze
Lamiaceae, Taubnesselgewächse

**Heimat:** Züchtung.
**Wuchsform:** Buschig, horstbildend.
**Blatt:** Eiförmig, gekerbter Blattrand, gegenständig, graugrün, Triebe dicht beblättert.
**Blüte:** Lippenblüten lavendelblau, in 15 cm langen Quirlen, V–VII, nach Rückschnitt IX.
**Frucht:** Nüsschen, unauffällig.
**Standort:** Durchlässige Böden in voller Sonne.
**Lebensbereiche:** FS,1,so: Felssteppe; trocken; sonnig. Auch Freifläche und Steinanlagen.
**Verwendung:** Vielseitige Pflanze, für Beeteinfassungen, zu Rosen oder in Steingärten.
**Vermehrung:** Teilung im Frühling und Stecklinge im Sommer.
**Sorte:** 'Blauknirps', 20 cm; 'Six Hills Giant', große Katzenminze, 60 cm.
**Besonderes:** Duftet intensiv, zieht Katzen an.

## Nuphar lutea
Teichrose, Mummel
Nymphaeaceae, Seerosengewächse

**Heimat:** Europa, Kleinasien, Sibirien.
**Wuchsform:** Schwimmblättrig, rhizombildende Wasserpflanze. Kräftiger Wurzelstock.
**Blütenhöhe:** 0–10/20 cm über dem Wasser, in 0,5–3 m tiefem Wasser.
**Blatt:** Herz-eiförmig, 30 cm groß, ganzrandig, glänzend grün, schwimmend bis aufrecht.
**Blüte:** Langgestielte Kugel, steht über dem Wasser, goldgelb, VI–VIII.
**Fruchtstand/Frucht:** Flach, goldgelbe Narbenscheibe.
**Standort:** Stehende oder schwach fließende Gewässer, 50–300 cm tief.
**Lebensbereiche:** W,6,so–hs: Wasser; Schwimmblattpflanzen; sonnig bis halbschattig.
**Verwendung:** Für größere Wasserflächen, einzeln. Heilpflanze.
**Vermehrung:** Teilung der Rhizome im Frühling.
**Hinweis:** Wächst üppig in kalkarmen, nährstoffreichen Seen.

| Nuphar lutea | | Nymphaea-Sorten |
|---|---|---|
| 0–10/20 cm | | 0/10 cm |
| VI–VIII | | V–X |
| w | | – |
| I | | I |
| 1 | | 0,3–0,5 |

## Nymphaea-Sorten
Seerose
Nymphaeaceae, Seerosengewächse

**Heimat:** Züchtung.
**Wuchsform:** Schwimmblättrige Wasserpflanze, armdicke Rhizome waagerecht.
**Blütenhöhe:** 0/10 cm über dem Wasser.
**Blatt:** Herzförmig, 20 cm groß, oft gefleckt, ganzrandig, glänzend grün, schwimmend.
**Blüte:** 10–20 cm Durchmesser, je nach Sorte weiß, gelb, rosa, rot, schließt sich am Nachmittag, schwimmt auf dem Wasser, V–X.
**Frucht:** Kugelig, Samen steril.
**Standort:** Stehende kalkarme Gewässer, 60–120 cm tief, sonnig.
**Lebensbereiche:** W,6,so: Wasser; Schwimmblattpflanzen; sonnig.
**Verwendung:** Für kleinere und größere Wasserflächen, einzeln. Schnittpflanze.
**Sorte:** 'James Brydon', kirschrot (Bild); 'Laydekeri Purpurata', karminrot; 'Rosennymphe', rosa.
**Vermehrung:** Teilung.
**Hinweis:** Pflanzung in kräftigem Lehmboden.

## Oenothera macrocarpa

Missouri-Nachtkerze
Onagraceae, Nachtkerzengewächse

**Heimat:** N-Amerika.
**Wuchsform:** Niederliegend bis aufrecht, Triebe auch herabhängend, horstig, Rübenwurzel.
**Blatt:** Lanzettlich, ganzrandig, hellgrün.
**Blüte:** 10 cm große Trichterblüten, achselständig, hellgelb, Nachtblüher. Einzelblüte kurzlebig, aber es erscheinen eine Menge Blüten von V–IX.
**Frucht:** Hellbraune Kapseln geflügelt, bis 10 cm lang, zahlreiche braune Samen.
**Standort:** Sonnige Plätze in Verbindung mit Steinen, durchlässige Böden.
**Lebensbereiche:** FS,1,so: Felssteppe; trocken; sonnig. Auch Mauerkronen, Steinanlagen.
**Verwendung:** Langblühende Steingartenpflanze. Benötigt Dränage. Bienenweide.
**Vermehrung:** Aussaat im Frühling. Stecklinge, IV.

| | | |
|---|---|---|
| *10–20/ 10–20 cm* | | *10/30–50 cm* |
| *V–IX* | | *VI–VIII* |
| *D; w* | | *D* |
| *I* | | *II* |
| *2–6* | | *11* |

## Oenothera tetragona

Hohe Nachtkerze, Bronzeblatt-Nachtkerze
Onagraceae, Nachtkerzengewächse

**Heimat:** N-Amerika.
**Wuchsform:** Aufrecht, horstig.
**Blatt:** Spatelförmig, ganzrandig, grundständige Blattrosette, mattgrün. Triebe beblättert. Kontrastreich zur Blüte.
**Blüte:** Achsel- und endständig, 3–5 cm große Trichterblüten, hellgelb, Dauerblüher, VI–VIII.
**Frucht:** Hellbraune Kapseln.
**Standort:** Sonnige Plätze, durchlässige Böden.
**Lebensbereiche:** Fr,2,so: Freifläche; frisch; sonnig.
**Verwendung:** Sonnige Wildstaudenflächen, die Sorten auch für Beete. Bienenweide.
**Sorte:** 'Fyrverkeri', **, 60 cm; 'Sonnenwende', ***, 60–80 cm, dunkles Laub (Bild).
**Vermehrung:** Teilung im Frühling.

## Omphalodes cappadocica
Kaukasus-Gedenkemein
Boraginaceae, Boretschgewächse

**Heimat:** Kleinasien, W-Kaukaus.
**Wuchsform:** Kissenförmig, horstig.
**Blatt:** Verkehrt-eiförmig, zugespitzt, ganzrandig mattgrün.
**Blüte:** In lockeren Trauben, himmelblau, IV–V.
**Frucht:** Kleine Nüsschen.
**Standort:** Kalkarme, humose Böden im Halbschatten.
**Lebensbereiche:** GR,2,so–hs: Gehölzrand; frisch; sonnig bis halbschattig. Auch Steinanlagen.
**Verwendung:** Steingärten, Frühlingsbeete, zu niederen Sträuchern.
**Vermehrung:** Teilung im Vorfrühling.
**Sorte:** 'Starry Eyes', blau-weiße Blüten.
**Hinweis:** In kalten Wintern Schutz erforderlich.

| Omphalodes cappadocica | | Omphalodes verna |
|---|---|---|
| *15/ 20 cm* | | *10/ 10 cm* |
| *IV–V* | | *IV–V* |
| *w* | | *–* |
| *II* | | *III–IV* |
| *25* | | *16* |

## Omphalodes verna
Gedenkemein
Boraginaceae, Boretschgewächse

**Heimat:** S-Europa.
**Wuchsform:** Flach, niederliegend, ausläuferbildend.
**Blatt:** Herz-eiförmig zugespitzt, gestielt, ganzrandig, 8 cm lang, wechselständig, grün.
**Blüte:** In lockeren Trauben, himmelblau mit weißem Auge, IV–V.
**Frucht:** Kleine Nüsschen.
**Standort:** Kalkarme, humose Böden im Halbschatten.
**Lebensbereiche:** GR,2,so–hs: Gehölzrand; frisch; sonnig bis halbschattig.
**Verwendung:** Frühlingsbeete, zu niederen Sträuchern, wichtiger Bodendecker.
**Vermehrung:** Teilung im Vorfrühling.
**Sorte:** 'Alba', weiße Blüten; 'Grandiflora', großblumiger als die Art.
**Hinweis:** Lange, oberirdische Ausläufer. Kann schwache Pflanzenpartner verdrängen.

## Onoclea sensibilis
Perlfarn
Woodsiaceae, Wimperfarngewächse

**Heimat:** N-Amerika, O-Asien.
**Wuchsform:** Aufrecht, locker, ausläuferbildend.
**Blatt:** Sterile Wedel gefiedert, hellgrün, im Herbst goldgelb, sterben nach dem ersten Frost ab. Fertile Wedel (Sporophylle) straff aufrecht, bis 50 cm hoch, mit perlschnurartigen Sporenträgern.
**Standort:** Feuchte, humose Plätze im Halbschatten.
**Lebensbereiche:** Fr,3,hs: Freifläche; feucht; halbschattig. Dazu Gehölzrand, Wasserrand.
**Verwendung:** Stark saure Humusböden, zu anderen Moorbeetpflanzen. Blattschmuck.
**Vermehrung:** Teilung im Frühling.

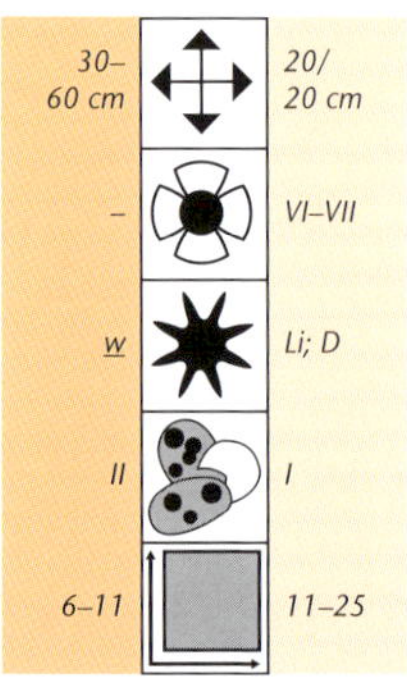


## Opuntia phaeacantha
Feigenkaktus
Cactaceae, Kakteengewächse

**Heimat:** N-Amerika.
**Wuchsform:** Niederliegend bis aufrecht, horstig. Sukkulente.
**Blatt:** Zu Dornen umgebildete, blattförmige Glieder, breitoval, dick, graugrün, mit gelben oder braunen Glochidien. Dornen bis 6 cm lang, abwärts gerichtet.
**Blüte:** 6–8 cm groß, gelb, mit orangefarbener Mitte, kurzlebig, VI–VII.
**Frucht:** Längliche Sammelfrucht, bedornt, rot, 4–5 cm lang. Samen flach.
**Standort:** Durchlässige, vollsonnige Plätze in Steinnähe.
**Lebensbereiche:** FS,1,so: Felssteppe, trocken, sonnig.
**Verwendung:** Für Geröllbeete und Steingärten.
**Vermehrung:** Glieder abtrennen und auf den Boden legen.
**Sorte:** 'Longispina', lange Dornen.
**Hinweis:** Winterschutz durch leichte Reisigdecke.

## Osmunda regalis
Königsfarn
Osmundaceae, Königsfarngewächse

**Heimat:** Kosmopolit.
**Wuchsform:** Locker aufrecht, horstig. Sie können sehr alt und mächtig werden.
**Blatt:** Doppelt gefiedert, Fiederchen oval, 4 cm lang, 1–2 cm breit, zart grün. Gelbe Herbstfärbung. Im oberen Teil fertiler Wedel (Sporophylle), braune Sporen ab VI.
**Standort:** Bruchwälder, feuchte Gräben, z.B. in Norddeutschland, meist absonnig.
**Lebensbereiche:** G,3,so–sch: Gehölz; feucht; sonnig bis schattig. Auch Gehölz- und Wasserrand.
**Verwendung:** Einzeln in Moorgärten, Bachrändern, Teichrand. Heilpflanze.
**Vermehrung:** Durch Sporen, Sporenreife Anfang VI.
**Sorte:** 'Gracilis', nur 75 cm hoch, für kleinere Gärten.
**Besonderes:** *Osmunda*-Versteinerungen aus Karbonzeitalter sind bekannt.

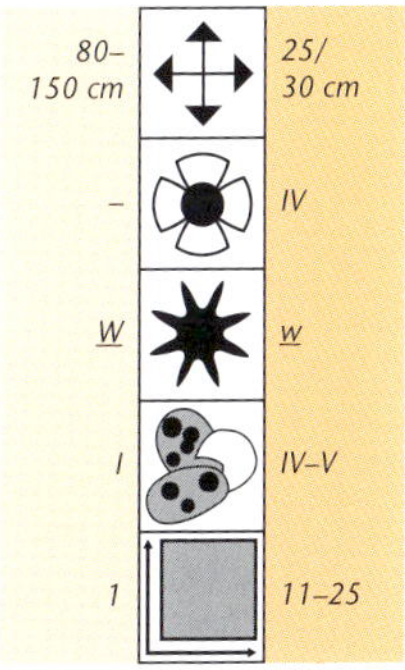


## Pachysandra terminalis
Ysander
Buxaceae, Buchsbaumgewächse

**Heimat:** Japan.
**Wuchsform:** Flach, Triebe aufstrebend, gelbgrün, verholzend. Bildet unterirdische Ausläufer.
**Blatt:** Rhombisch, grob gezähnt, 5–6 cm lang, gelbgrün, immergrün.
**Blüte:** Unscheinbar, über dem Laub, weißlich, IV.
**Standort:** Humusreiche, leicht saure Böden im Halbschatten.
**Lebensbereiche:** G,2,hs: Gehölz; frisch; halbschattig. Auch Gehölzrand.
**Verwendung:** In größeren Mengen als dichter Bodendecker in nicht zu schweren Böden. Blattschmuck.
**Vermehrung:** Teilung, Stecklinge, Wurzelschnittlinge im Winterhalbjahr.
**Sorte:** 'Green Carpet' (Bild), w, 15 cm; 'Variegata', Li, weißgrünes Laub.
**Hinweis:** Enthält Alkaloide.

## Paeonia lactiflora

Edel-Päonie, Chinesische Pfingstrose
Paeoniaceae, Pfingstrosengewächse

**Heimat:** Züchtung, Art aus O-Asien.
**Wuchsform:** Dichtbuschig, horstig. Braune, spindelförmige Wurzelknollen.
**Blatt:** Doppelt 3-zählig, glattrandig, glänzend, dunkelgrün. Austrieb rot.
**Blüte:** Am Stielende bis zu 20 cm Durchmesser. Je nach Sorte weiß, rosa, rot, einfach, halbgefüllt oder gefüllt blühend, VI.
**Frucht:** Balgfrucht mehrteilig, bis 5 cm lang. Samenkörner groß, schwarz, oft steril.
**Standort:** Rabatten in voller Sonne, gut in lehmig-humosen, nährstoffreichen Böden.
**Lebensbereiche:** B,2,so: Beet; frisch; sonnig.
**Verwendung:** Einzeln oder in kleinen Gruppen. Schnittpflanze.
**Vermehrung:** Teilung im Herbst.
**Sorte:** 'Festiva Maxima', weiß gefüllt; 'Sarah Bernhard', rosa gefüllt; 'Bowl of Beauty'(Bild).

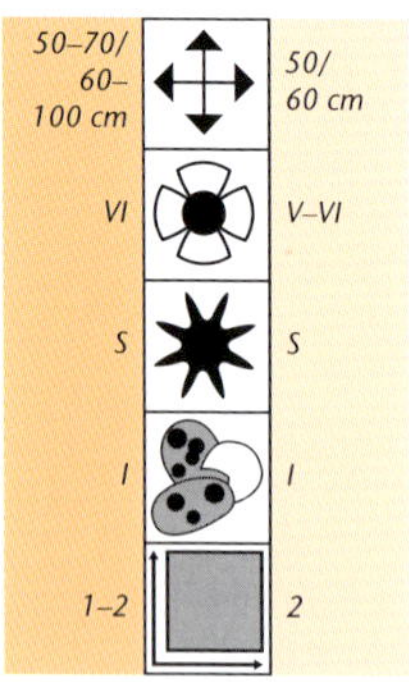


## Paeonia officinalis

Bauern-Pfingstrose
Paeoniaceae, Pfingstrosengewächse

**Heimat:** Frankreich, S-Alpen.
**Wuchsform:** Dichtbuschig, horstig. Braune, spindelförmige Wurzelknollen.
**Blatt:** Doppelt 3-zählig, glattrandig, matt dunkelgrün.
**Blüte:** Am Stielende bis zu 15 cm Durchmesser, einfach blühend, rosa mit gelben Staubgefäßen, V–VI.
**Frucht:** Balgfrucht mehrteilig, bis 5 cm lang. Samenkörner groß, schwarz, giftig!
**Standort:** Rabatten in voller Sonne, gut in lehmig-humosen, nährstoffreichen Böden.
**Lebensbereiche:** GR,2,so: Gehölzrand; frisch; sonnig. FR.
**Verwendung:** Einzeln oder in kleinen Gruppen auf Rabatten. Schnittpflanze.
**Vermehrung:** Teilung der Horste im Herbst.
**Sorte:** 'Alba Plena', **, weiß gefüllt; 'Rubra Plena', **, rot gefüllt.

## Paeonia tenuifolia
Netzblatt-Pfingstrose
Paeoniaceae, Pfingstrosengewächse

**Heimat:** SO-Europa, Kleinasien.
**Wuchsform:** Dichtbuschig, horstig bis ausläufertreibend. Braune, spindelförmige Wurzelknollen.
**Blatt:** Mehrfach 3-zählig, fein geschlitzt, dunkelgrün.
**Blüte:** Am Stielende bis zu 6 cm Durchmesser, rot, einfach blühend, V.
**Frucht:** Balgfrucht mehrteilig, bis 3 cm lang.
**Standort:** Durchlässige Böden, Trockenwiesen in voller Sonne.
**Lebensbereiche:** SH,1,so: Steppenheide, trocken; sonnig. Auch Felssteppe.
**Verwendung:** Einzeln oder in kleinen Gruppen
**Vermehrung:** Teilung der Horste im Herbst.
**Sorte:** 'Plena', Li, rot, gefüllt.
**Hinweis:** Pflanzung im Herbst, die Knospen sollen nur 3 cm mit Erde bedeckt sein.

| Paeonia tenuifolia | Panicum virgatum |
|---|---|
| 40/ 50 cm | 80/ 150 cm |
| V | VII–IX |
| w | – |
| I | I |
| 2–4 | 2–3 |

## Panicum virgatum
Rutenhirse
Poaceae, Süßgräser

**Heimat:** Mittleres und östliches N-Amerika.
**Wuchsform:** Aufrecht, bogig überhängend, horstig.
**Blatt:** Schmal, bandförmig, grün, im Herbst gelb.
**Blüte:** Lockere Rispe steif-aufrecht, VII–IX.
**Fruchtstand/Frucht:** Karyopsen klein, am Ende der Blütenrispen.
**Standort:** Trockenwiesen in voller Sonne, durchlässige Böden.
**Lebensbereiche:** Fr,1–2,so: Freifläche; frisch; sonnig.
**Verwendung:** Auflockerung von Wildstaudenpflanzungen, Schnittpflanze. Trockenbinderei
**Vermehrung:** Teilung im Vorfrühling.
**Sorte:** 'Hänse Herms', w, 80 cm; 'Rehbraun', 100 cm (Bild); 'Rotstrahlbusch', w, 80 cm; alle sind standfester als die Art, rotes Herbstlaub.
**Hinweis:** Wirkungsvoll mit Raureif.

## Papaver nudicaule
Island-Mohn
Papaveraceae, Mohngewächse

**Heimat:** Subarktische Gebiete Amerikas und Asiens.
**Wuchsform:** Blattschöpfe grundständig, horstbildend.
**Blatt:** Fiederspaltig, bläulich grün.
**Blüte:** Schalenförmig, an blattlosem, behaarten Stängel über dem Laub, weiß, gelb, rot, Knospe nickend, V–VIII.
**Frucht:** Kapsel aufrecht, Streufrucht.
**Standort:** Durchlässige kalkarme Böden in voller Sonne.
**Lebensbereiche:** Fr,2,so, –b: Freifläche; frisch; sonnig; beetstaudenähnlich. Steinanlagen.
**Verwendung:** Einzeln oder in kleinen Gruppen im Steingarten oder in der Rabatte.
**Vermehrung:** Aussaat im Vorfrühling.
**Sorte:** Eine Anzahl von Farbsorten für Schnitt, sind aber kurzlebig (meist 2-jährig). Große Variationsbreite.

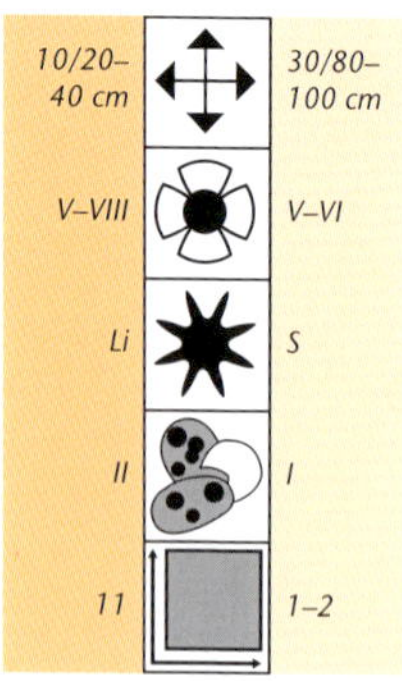


## Papaver orientale
Türkischer Mohn
Papaveraceae, Mohngewächse

**Heimat:** Kaukasus, Armenien, Nordiran.
**Wuchsform:** Aufrecht bis bogig, horstartig. Zieht nach der Blüte ein. Lange fleischige Wurzeln.
**Blatt:** Fiederteilig, stark behaart, bis 50 cm lang, grün, Milchsaft führend, nach der Blüte einziehend.
**Blüte:** Bis 18 cm groß, schalenförmig, weiß, orange, rosa, rot, V–VI.
**Frucht:** Kapseln aufrecht mit vielen feinen Samen.
**Standort:** Durchlässige, leichte und schwere Böden. Auch Beet.
**Lebensbereich:** Fr,2,so: Freifläche; frischer Boden; sonnig.
**Verwendung:** Einzeln auf Beeten und Wildstaudenpflanzungen in voller Sonne. Schnittpflanze (immer knospig schneiden).
**Vermehrung:** Wurzelschnittlinge im Winter. Teilung nach der Blüte.
**Sorte:** 'Catharina', **, lachs, 0,8 m; 'Sturmfackel', **, feuerrot (Bild).

## Pennisetum alopecuroides

(Syn.: Pennisetum compressum)
Australisches Lampenputzergras
Poaceae, Süßgräser

**Heimat:** Australien, O-Asien.
**Wuchsform:** Dichtbuschig, horstig.
**Blatt:** Schmal, bandförmig, im Herbst gelbbraun.
**Blüte:** Braune, borstige Ähren, 25 cm groß, an langen Stielen, VIII–IX.
**Frucht:** Borstige Karyopse, Samen werden bei uns selten reif.
**Standort:** Trocken und warme Plätze, nur durchlässige Böden.
**Lebensbereiche:** Fr,1–2,so,–b: Freifläche; trocken bis frisch; sonnig, beetstaudenähnlich.
**Verwendung:** Einzeln oder in kleinen Gruppen in Beeten, Rabatten, an der Terrasse, Stein- und Heidegärten.
**Vermehrung:** Teilung im April.
**Sorte:** 'Hameln', ***, nur 60 cm hoch (Bild).
**Hinweis:** Pflanzen teilen, (IV) sobald Blühwilligkeit nachlässt.

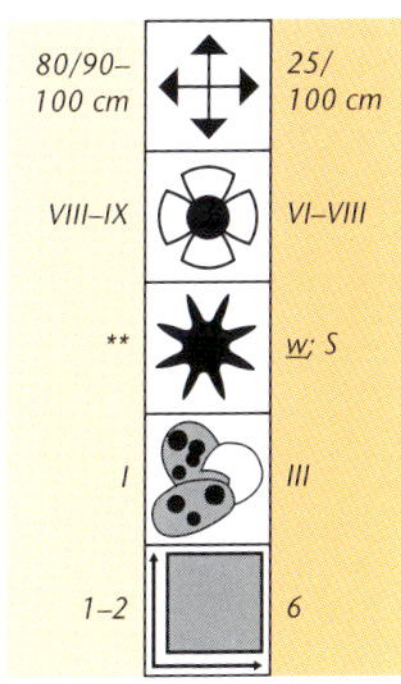


## Phlomis russeliana

(Syn.: Phlomis samia)
Brandkraut
Lamiaceae, Taubnesselgewächse

**Heimat:** Kleinasien, Griechenland
**Wuchsform:** Aufrecht, lockerhorstig, kurze Ausläufer treibend.
**Blatt:** Grundständig, eiförmig bis lanzettlich, gestielt, alle Teile drüsig behaart.
**Blüte:** Stiele 4-kantig, Blüten bis zu 20 in Quirlen, gelbe Lippenblüten, VI–VIII.
**Fruchtstand:** Etagenartig, braun.
**Standort:** Durchlässige, auch magere Böden in voller Sonne.
**Lebensbereiche:** Fr,1,so: Freifläche; trocken; sonnig. Auch Felssteppe, Gehölzrand.
**Verwendung:** Einzeln oder in Gruppen in Beeten, Rabatten und größeren Steingärten. Schnittpflanze. Trockenbinderei. Fruchtstand ziert im Winter.
**Vermehrung:** Teilung und Aussaat im Frühling.
**Hinweis:** Pflanze in strengen Wintern schützen.

## Phlox douglasii
Teppich-Phlox
Polemoniaceae, Sperrkrautgewächse

**Heimat:** N-Amerika.
**Wuchsform:** Dicht teppichartig, kriechend, teils wurzelnd.
**Blatt:** Nadelförmig, spitz, 2 cm lang, immergrün, Stiele dicht beblättert.
**Blüte:** 1–2 cm groß, 5-zählig, in dichten Doldentrauben; rosa oder rot – je nach Sorte; IV–V.
**Frucht:** Selten zu sehen.
**Standort:** Durchlässige, trockene Kalkböden in voller Sonne.
**Lebensbereiche:** MK, St,1–2,so: Mauerkronen, Steinanlagen; trocken bis frisch; sonnig.
**Verwendung:** Für Steingärten und Mauern, Dachgärten, Tröge.
**Vermehrung:** Stecklinge im Winter.
**Sorte:** ‘Cracker Jack’, **, karminrot (Bild); ‘Iceberg’, weiß.
**Hinweis:** Besonders dichte Polster, oft grelle Blütenfarben.

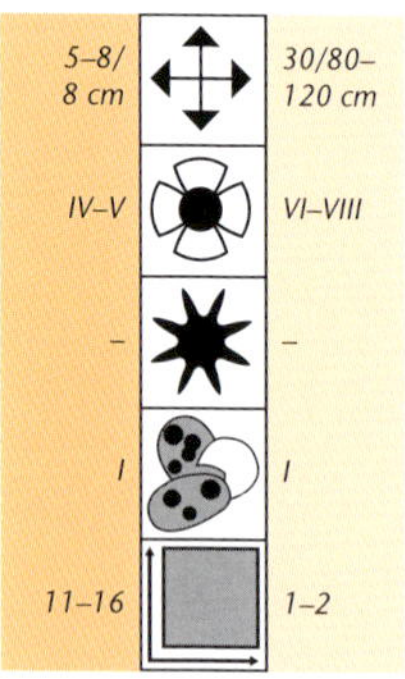


## Phlox paniculata
Hohe Flammenblume
Polemoniaceae, Sperrkrautgewächse

**Heimat:** Züchtung.
**Wuchsform:** Aufrecht, horstbildend.
**Blatt:** Gegenständig, breitlanzettlich, 8–10 cm lang, glattrandig, dunkelgrün.
**Blüte:** End- und achselständige Doldentrauben. Einzelblüte mit langer Blütenröhre, 2–3 cm groß, in vielen Farben von weiß, rosa, rot, VI–VIII.
**Frucht:** Kugelige Kapsel.
**Standort:** Tiefgründige, nährstoffreiche Böden, sonnig.
**Lebensbereiche:** B,2,so: Beet, frisch; sonnig.
**Verwendung:** Einzeln oder in Gruppen auf Beeten.
**Vermehrung:** Teilung im Frühling; Wurzelschnittlinge, I.
**Sorte:** ‘Aida’, **, rotviolett; ‘Landhochzeit’, ***, rosa, ‘Orange’, ***, orangerot; ‘Württembergia’, ***, rosa mit weiß (Bild).
**Hinweis:** Auf Mehltau und Nematoden achten.

## Phlox subulata
Polster-Phlox
Polemoniaceae, Sperrkrautgewächse

**Heimat:** Östliches N-Amerika.
**Wuchsform:** Polsterartig, kriechend, teils wurzelnd.
**Blatt:** Nadelförmig, spitz, 2 cm lang, immergrün, Stiele dicht beblättert.
**Blüte:** 1–2 cm groß, fünfzählig, in dichten Doldentrauben, rosa, rot – je nach Sorte, IV–V.
**Frucht:** Selten zu sehen.
**Standort:** Durchlässige, trockene Kalkböden in voller Sonne.
**Lebensbereiche:** MK,1–2,so: Mauerkronen; trocken bis frisch; sonnig. Auch Felssteppe, Steinanlagen.
**Verwendung:** Für Steingärten und Mauern, Dachgärten, Tröge.
**Vermehrung:** Stecklinge, I.
**Sorte:** 'Atropurpurea', *, violettrot; 'Lindental', karminrosa; 'Temiscaming', *, rot, 'White Delight', **, weiß.
**Hinweis:** Dichte Blütenpolster.

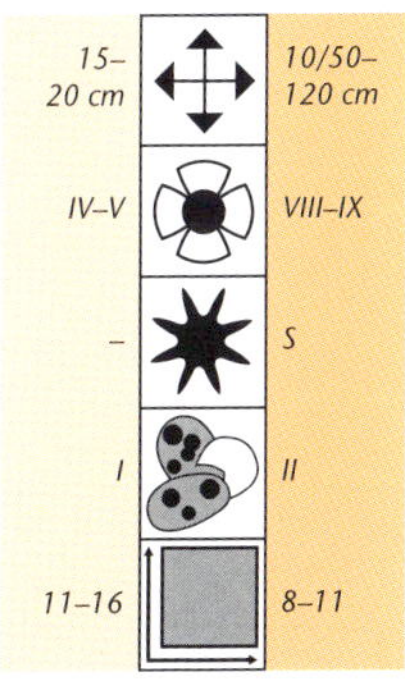


## Physostegia virginiana
Gelenkblume
Lamiaceae, Taubnesselgewächse

**Heimat:** N-Amerika.
**Wuchsform:** Aufrecht, rhizombildend.
**Blatt:** Lanzettlich, Rand gezähnt, an 4-kantigem Stängel, grün.
**Blüte:** Lippenblüte 2–3 cm lang, dunkelrosa, Einzelblüte lässt sich drehen. Blütenstand endständig, ährig, VIII–IX.
**Frucht:** Nüsschen.
**Standort:** Nicht zu trockene Plätze in voller Sonne, durchlässige Böden aller Art.
**Lebensbereiche:** Fr,2–3,so: Freifläche; frisch bis feucht; sonnig. Auch Beet.
**Verwendung:** In größeren Gruppen auf Rabatten. Schnittpflanze.
**Vermehrung:** Teilung, Stecklinge im Vorfrühling.
**Sorte:** 'Bouquet Rose', violettrot (Bild), 80 cm; 'Summer Snow', weiß, 90 cm; 'Vivid', weinrot, 60 cm.

## Platycodon grandiflorus
Ballonblume
Campanulaceae, Glockenblumengewächse

**Heimat:** China, Japan, Mandschurei.
**Wuchsform:** Aufrecht bis überhängend, horstig, Rübenwurzel.
**Blatt:** Eilanzettlich, gezähnt, bläulich grün, Stängel beblättert.
**Blüte:** Knospe ballonförmig, geöffnet breitglockig, bis 8 cm groß, tiefblau, VII–VIII.
**Frucht:** Kapsel braun, Samen schwarz.
**Standort:** Humose, durchlässige Böden im Halbschatten.
**Lebensbereiche:** Fr,2,so–hs: Freifläche; frisch; sonnig bis halbschattig. Auch Gehölzrand.
**Verwendung:** Einzeln oder in kleinen Gruppen, die niederen Sorten auch im Steingarten.
**Vermehrung:** Nur durch Samen vermehrbar. Aussaat im Frühling.
**Sorte:** 'Mariesii', w, 40 cm, tiefblau; 'Album', w, weiß; 'Perlmutterschale', w, rosa; 'Apoyama', 20 cm, violettblau.

| Platycodon grandiflorus | | Polemonium caeruleum |
|---|---|---|
| 30/40–60 cm | | 20/80 cm |
| VII–VIII | | VI–VII |
| – | | w |
| I | | I |
| 6–11 | | 4–6 |

## Polemonium caeruleum
Himmelsleiter, Jakobsleiter
Polemoniaceae, Sperrkrautgewächse

**Heimat:** Asien, Mitteleuropa.
**Wuchsform:** Aufrecht, horstig.
**Blatt:** 1-fach, seltener doppelt gefiedert, grün.
**Blüte:** Schalenblüte 1–2 cm breit, in kopfigen Blütenständen, himmelblau, VI–VII.
**Frucht:** Unscheinbar.
**Standort:** Nährstoffreiche Wiesenböden der Berge, Hochstaudenfluren, meist sonnig.
**Lebensbereiche:** Fr,3,so: Freifläche; feucht; sonnig. GR.
**Verwendung:** Wildstaudenpflanzungen, schön vor Sträuchern, auch in feuchten Lagen.
**Vermehrung:** Aussaat, auch Teilung im Frühling.
**Sorte:** 'Album', 80 cm, weiß; 'Azuro', 30 cm, blau.
**Weitere Art:** Weitere zwergige Arten für den Steingarten, u.a. *P. × richardsonii,* **, 40 cm.
**Hinweis: Geschützte Wildpflanze.**

## Polygonatum × hybridum 'Weihenstephan'
Salomonssiegel
Convallariaceae, Maiglöckchengewächse

**Heimat:** Züchtungen aus *P. multiflorum* × *P. odoratum.*
**Wuchsform:** Aufrecht bis übergebogen, rhizombildend.
**Blatt:** Elliptisch, ganzrandig, grün, im Herbst gelb, zieht dann ein.
**Blüte:** Röhrenförmig, aus den Blattachseln entspringend, hängend, weiß, V–VI.
**Fruchtstand/Frucht:** Kugelige Beere, blau.
**Standort:** Halbschattige Lagen in humosen Böden.
**Lebensbereiche:** GR,2,hs: Gehölzrand; frisch; halbschattig. Auch Gehölz.
**Verwendung:** Einzeln unter höheren Bäumen zwischen Bodendeckern.
**Vermehrung:** Teilung der dicken Rhizome im Frühling oder Herbst.

## Polystichum aculeatum
Glanz-Schildfarn
Dryopteridaceae, Wurmfarngewächse

**Heimat:** Europa, Asien.
**Wuchsform:** Bogig ausladend, horstig.
**Blatt:** 2- bis 3-fach gefiedert, 20 cm breit, lanzettlich, glänzend grün, wintergrün. Wedel bilden einen Trichter. Sori unterseits, 2-reihig.
**Standort:** Steinige Hänge der Berge, geht bis zur Baumgrenze hinauf, Schattenhänge.
**Lebensbereiche:** G,2,hs–abs: Gehölz; frisch; halbschattig bis absonnig. Auch Steinanlagen.
**Verwendung:** In humosen Böden zwischen immergrünen Gehölzen.
**Vermehrung:** Durch Sporen, diese reifen von VII–IX.
**Ähnliche Art:** *P. lonchitis,* Lanzenfarn, steif, 60 cm hoch.
**Hinweis:** Wichtiger heimischer Freilandfarn.

| Polygonatum | | Polystichum |
|---|---|---|
| 90/ 90 cm | | 50– 80 cm |
| V–VI | | – |
| w | | w |
| II | | I |
| 4–6 | | 3–6 |

## Polystichum setiferum
Weicher Schildfarn
Dryopteridaceae, Wurmfarngewächse

**Heimat:** Europa.
**Wuchsform:** Bogig ausladend, horstig.
**Blatt:** 2-fach gefiedert, 20 cm breit, schmallanzettlich, mattgrün, wintergrün. Unterseits dicht mit braunen Streuschuppen bedeckt. Wedel bilden einen Trichter, Sori klein, unterseits 2-reihig.
**Standort:** Schattenhänge der Berge, Urgesteinsböden der Laubmischwälder. Hohe Luftfeuchtigkei.
**Lebensbereiche:** G,2,hs: Gehölz; frisch; halbschattig. Gehölzrand.
**Verwendung:** In humosen Böden zwischen Gehölzen.
**Vermehrung:** Durch Sporen, diese reifen von VII–VIII.
**Sorte:** 'Proliferum', w, Schmaler Filigranfarn, Wedel 3-fach gefiedert, Brutknospen in den Fiederachseln (Bild).
**Hinweis:** Eine Laubdecke auf dem Boden schützt die Pflanze im Winter.

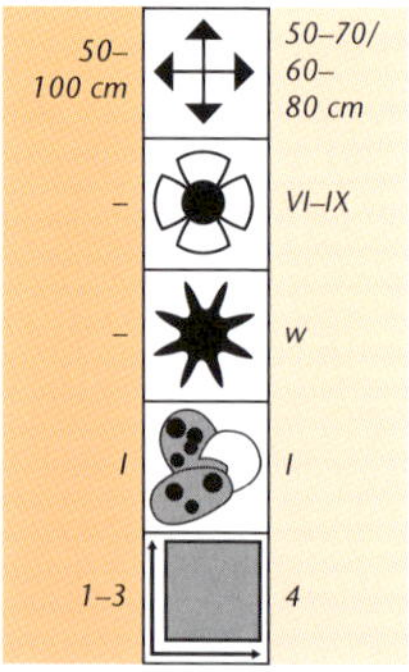


## Pontederia cordata
Hechtkraut
Pontederiaceae, Hechtkrautgewächse

**Heimat:** N-Amerika.
**Wuchsform:** Aufrecht, kriechender Wurzelstock im Wasser.
**Blatt:** Herz-eiförmig, groß, glänzend grün, ganzrandig.
**Blüte:** In 10 cm langen Scheinähren über dem Laub, hellblau, reich blühend, VI–IX.
**Frucht:** Nuss.
**Standort:** Stehende Gewässer in wärmeren Gebieten, sonnige Lagen, nährstoffreiche Böden.
**Lebensbereiche:** WR,5,so: Wasserrand; flaches Wasser; sonnig.
**Verwendung:** Einzeln oder in Gruppen am Rand von Teichen aller Art. Pflanztiefe bis –30 cm.
**Vermehrung:** Teilung der Rhizome im Frühling.

## Potentilla neumanniana

(Syn.: Potentilla verna)
Frühlings-Fingerkraut
Rosaceae, Rosengewächse

**Heimat:** Europa.
**Wuchsform:** Mattenartig, kriechend.
**Blatt:** 5- bis 7-teilig, am Rand gezähnt, frisches grün.
**Blüte:** Schalenförmig, 5-teilig, in Doldentrauben, goldgelb, IV–V.
**Fruchtstand:** Doldentraube.
**Standort:** Trockene, sonnig-warme Matten und Trockenrasen, felsige Plätze.
**Lebensbereiche:** Fr,1,so: Freifläche; trocken; sonnig. Dazu Felssteppe, Steppenheide, Steinanlagen.
**Verwendung:** Flächig auf durchlässigen Kalkböden in voller Sonne. Zur Dachbegrünung. Bienenweide.
**Vermehrung:** Teilung im Vorfrühling.
**Sorte:** 'Nana', nur 5 cm hoch, ideale Mattenpflanze, gelb (Bild).

| Potentilla neumanniana | | Primula auricula |
|---|---|---|
| 5/5–10 cm | | 10/15 cm |
| V–V | | IV–VI |
| D | | – |
| II | | II |
| 16–25 | | 16–25 |

## Primula auricula

Alpen-Aurikel
Primulaceae, Schlüsselblumengewächse

**Heimat:** Alpen, Karpaten.
**Wuchsform:** Rosettenartig, horstig.
**Blatt:** Oval, dickfleischig, bis 15 cm lang, ganzrandig, gezähnt, weiß bemehlt, immergrün.
**Blüte:** Trichterblüte mit bemehltem Schlund, in dichter Doldentraube, gelb, IV–VI.
**Frucht:** Kugelige Kapsel.
**Standort:** Kalkmagerrasen, in Felsspalten der Kalkalpen, durchlässige Böden in sonniger Lage.
**Lebensbereiche:** SF,2,so–hs: Steinfugen; frisch; sonnig bis halbschattig. Matten, Alpinum.
**Verwendung:** In Steingärten, Trockenmauern oder Trögen. Schnittpflanze.
**Vermehrung:** Teilung im Vorfrühling oder nach der Blüte.
**Weitere Art:** *Primula × hortensis,* Garten-Aurikel, großblumig, 25 cm.
**Hinweis: Geschützte Wildpflanze.**

## Primula × bullesiana
Terrakotta-Etagen-Primel
Primulaceae, Schlüsselblumengewächse

**Heimat:** Züchtung.
**Wuchsform:** Aufrecht, horstig.
**Blatt:** Spatelförmig, Rand doppelt gesägt, grün.
**Blüte:** Blütenstiel mit mehreren Etagen, quirlständig, Einzelblüte mit röhrigem Schlund, 5-teilig, verschiedene Pastelltöne: gelb bis rot und violett, VI–VIII.
**Frucht:** Kugelig.
**Standort:** Humose Gartenböden im Halbschatten, auch an Feuchtstellen.
**Lebensbereiche:** GR,2–3,hs: Gehölzrand; frisch bis feucht; halbschattig. Auch Freifläche, Wasserrand.
**Verwendung:** In Wassernähe, an sumpfigen Stellen. Schnittpflanze.
**Vermehrung:** Aussaat im Vorfrühling, auch Teilung.
**Sorte:** 'Ravenglass Vermilion', dunkelorangerot, dunkles Laub.

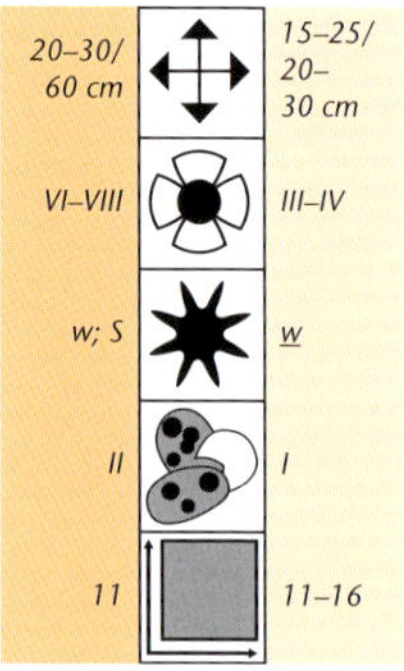


## Primula denticulata
Kugel-Primel
Primulaceae, Schlüsselblumengewächse

**Heimat:** Afghanistan bis China.
**Wuchsform:** Aufrecht, horstig. Wuchshöhe/Blütenhöhe: 15–25/20–30 (später auch 50 cm).
**Blatt:** Spatelförmig, Rand gezähnt, bis 50 cm lang und 10 cm breit.
**Blüte:** Trichterblüten in kugeligem Blütenstand, violettrosa, III–IV. Der Blütenstiel streckt sich (postflorales Wachstum).
**Fruchtstand/Frucht:** Kugelige Kapselfrüchte in halbkugeligem Fruchtstand, bis 50 cm hoch.
**Standort:** Humose, durchlässige Böden im lichten Schatten.
**Lebensbereiche:** GR,2,so–hs: Gehölzrand; frisch; sonnig bis halbschattig. Auch Freifläche.
**Verwendung:** Kleinen Trupps, zu Märzenbecher und Blaustern.
**Vermehrung:** Aussaat, Teilung, Wurzelschnittlinge.
**Sorte:** 'Alba', w, weiß; 'Rubin', w, rot.

## Primula elatior
Schlüsselblume
Primulaceae, Schlüsselblumengewächse

**Heimat:** Europa bis Zentralasien.
**Wuchsform:** Aufrecht, lockerhorstig.
**Blatt:** Eiförmig, gekerbt, grün.
**Blüte:** Trichterblüten in Doldentrauben, hellgelb, III–IV.
**Frucht:** Kugelige Kapsel in bleichen Hüllblättern.
**Standort:** Unter und zwischen Laubgehölzen in humosem Kalkboden.
**Lebensbereiche:** G,2–3,so–hs: Gehölz; frisch bis feucht; sonnig bis halbschattig. Gehölzrand.
**Verwendung:** Wildstaudenbereiche unter spät austreibenden Laubgehölzen. Schnittpflanze. Heilpflanze.
**Vermehrung:** Teilung, Aussaat im Vorfrühling.
**Sorte:** Zahlreiche Sorten wurden gezüchtet. Sie halten sich nur kurz im Garten.

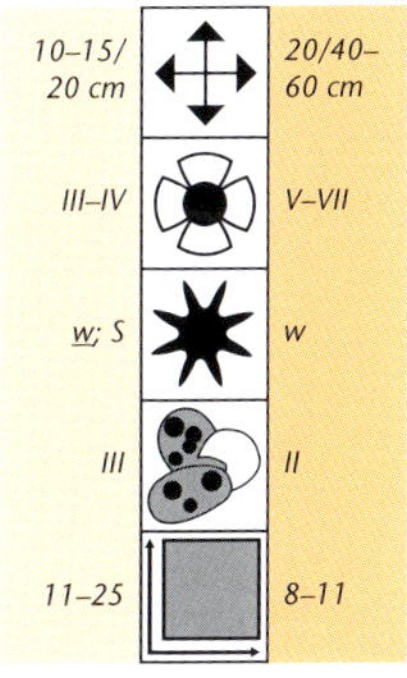


## Primula japonica
Japanische Etagen-Primel
Primulaceae, Schlüsselblumengewächse

**Heimat:** Japan.
**Wuchsform:** Aufrecht, horstig.
**Blatt:** Spatelförmig, Rand gezähnt, grün.
**Blüte:** Blütenstiel mit mehreren Etagen, quirlständig, Einzelblüte mit röhrigem Schlund, 5-teilig, rotviolett, V–VII.
**Frucht:** Kugelige Kapsel.
**Standort:** Humose Gartenböden im Halbschatten, auch an Feuchtstellen.
**Lebensbereiche:** GR,2–3,hs: Gehölzrand; frisch bis feucht; halbschattig. Auch Wasserrand.
**Verwendung:** In Wassernähe, an sumpfigen Stellen sowie vor Laubgehölzen.
**Vermehrung:** Aussaat im Vorfrühling, auch Teilung.
**Hinweis:** Kombination mit säureliebenden Stauden.

## Primula juliae

Teppich-Primel
Primulaceae, Schlüsselblumengewächse

**Heimat:** Züchtung.
**Wuchsform:** Teppichartig, kriechend.
**Blatt:** Rundlich, gezähnt, grün.
**Blüte:** Einzelblüte mit röhrigem Schlund, 5-teilig, in verschiedenen Farbtönen von weiß bis rot und violett, III–IV.
**Frucht:** Kugelige Kapsel.
**Standort:** Humose Gartenböden im Halbschatten.
**Lebensbereiche:** GR,2,hs: Gehölzrand; frisch; halbschattig. Auch Steinanlagen.
**Verwendung:** In größerer Anzahl unter lockeren Sträuchern, Steingärten. Bodendecker für nicht zu trockene Lagen.
**Vermehrung:** Aussaat im Vorfrühling, auch Teilung.
**Sorte:** 'Frühlingsfeuer', feuerrot; 'Helge', hellgelb; 'Schneewittchen', weiß, Li.

| | | |
|---|---|---|
| 8/ 12 cm | | 3–10/ 15– 20 cm |
| III–IV | | III–IV |
| – | | w; S |
| III | | II |
| 25 | | 25–35 |

## Primula rosea

Rosen-Primel
Primulaceae, Schlüsselblumengewächse

**Heimat:** Afghanistan, Himalaja, Kaschmir.
**Wuchsform:** Rosettig, horstig.
**Blatt:** Länglich-eiförmig, gezähnt, frischgrün.
**Blüte:** Vor dem Laub, am Ende einer vielblütigen Doldentraube. Einzelblüte mit röhrigem Schlund, 5-teilig, hellrot, III–IV.
**Frucht:** Kugelige Kapsel.
**Standort:** Feuchtstellen im Halbschatten, auch am Wasserrand von Teichen, humoser Boden.
**Lebensbereiche:** WR,4,so–hs: Wasserrand; sumpfig; sonnig bis halbschattig. Auch Freifläche.
**Verwendung:** In Wassernähe, an sumpfigen Stellen. Topftreiberei.
**Vermehrung:** Aussaat sofort nach der Samenreife, Teilung.
**Sorte:** 'Grandiflora', großblumig, violett, Schnittpflanze.
**Hinweis:** Kultur im Kasten mit humosem Boden. Folie zum Anstau von Wasser verwenden.

## Primula veris

(Syn.: Primula officinalis)
Echte Schlüsselblume
Primulaceae, Schlüsselblumengewächse

**Heimat:** Europa bis Zentralasien.
**Wuchsform:** Aufrecht, lockerhorstig.
**Blatt:** Eiförmig, gezähnt, grün.
**Blüte:** Röhrenblüten in Doldentrauben, goldgelbe, III–IV.
**Fruchtstand/Frucht:** Kugelige Kapsel in bleichen Hüllblättern.
**Standort:** Unter und zwischen Laubgehölzen auf humosem Kalkboden.
**Lebensbereiche:** Fr,1–2,so–abs: Freifläche; trocken bis frisch; sonnig bis absonnig. Gehölzrand.
**Verwendung:** Wildstaudenbereiche, unter spät austreibenden Laubgehölzen. Heilpflanze
**Vermehrung:** Teilung, Aussaat im Vorfrühling.
**Hinweis: Giftige Pflanze**. Höhepunkt vor der Laubentfaltung der Bäume in der Umgebung.

| Primula veris | | Primula vulgaris |
|---|---|---|
| 10–15/ 20 cm | | 5–8/ 10– 12 cm |
| III–IV | | III–IV |
| s | | w |
| III | | III |
| 11–25 | | 16–25 |

## Primula vulgaris

Kissen-Primel
Primulaceae, Schlüsselblumengewächse

**Heimat:** Europa, Kaukasus.
**Wuchsform:** Rosettig, lockerhorstig.
**Blatt:** Spatelig, gezähnt, grün.
**Blüte:** Trichterblüten in Doldentrauben, hellgelb, III–IV.
**Frucht:** Kugelige Kapsel in bleichen Hüllblättern.
**Standort:** Unter und zwischen Laubgehölzen in humosem Boden.
**Lebensbereiche:** GR,2,hs: Gehölzrand; frisch; halbschattig. Auch Gehölz und Freifläche.
**Verwendung:** Wildstaudenbereiche unter spät austreibenden Laubgehölzen.
**Vermehrung:** Teilung, Aussaat im Vorfrühling.
**Sorte:** Großblütige Sorten (Züchtungen) in vielen Farben, werden im Spätherbst angeboten. Für Schalen, Friedhof, Beete, Balkon und Zimmer eignen sie sich. Blütezeit XII–IV.

## Pseudofumaria lutea
(Syn.: Corydalis lutea)
Gelber Lerchensporn
Fumariaceae, Erdrauchgewächse

**Heimat:** S-Alpen bis zum Mittelmeer.
**Wuchsform:** Buschig, lockerhorstig, zierlich mit gelbfleischigen Trieben.
**Blatt:** 3-fach gefiedert, wechselständig, hellgrün, wintergrün.
**Blüte:** Lippenförmig, in Trauben über dem Laub, gelb, V–IX.
**Frucht:** Ballähnliche Frucht. Schwarze Samen werden bei der Reife ausgeschleudert und durch Ameisen verbreitet.
**Standort:** Anspruchslos an Boden und Klima, halbschattige Lagen ideal.
**Lebensbereiche:** SF,2–3,abs: Steinfugen; frisch bis feucht; absonnig. Auch Felssteppe und Gehölzrand.
**Verwendung:** Trockenmauern, Steingärten und pflegearme Standorte.
**Vermehrung:** Aussaat.
**Hinweis:** Herrlicher Dauerblüher.

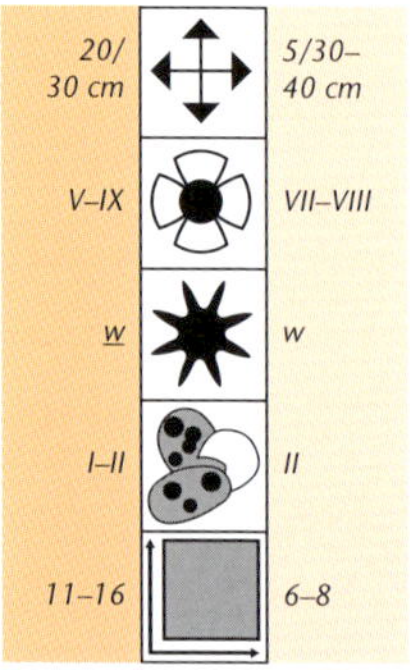


## Pseudolysimachion spicatum subsp. incanum
(Syn.: Veronica spicata subsp. incana)
Silberpolster-Ehrenpreis
Scrophulariaceae, Braunwurzgewächse

**Heimat:** SO-Europa.
**Wuchsform:** Niederliegend bis aufrecht, kriechend.
**Blatt:** Lanzettlich, graufilzig, gegenständig, bis 8 cm lang.
**Blüte:** In schmalen, dichten Ähren, leuchtend blau, VII–VIII.
**Frucht:** Kapsel.
**Standort:** Warme, trockene Lagen wie Trockenrasen, Schotterflächen und Dünen.
**Lebensbereiche:** FS,1,so: Felssteppe; trocken; sonnig. Auch Steppenheide und Freifläche.
**Verwendung:** In kleineren Gruppen oder großflächig als Bodendecker, gut zu Rosen.
**Vermehrung:** Teilung im April.
**Sorte:** 'Silberteppich', blau, 25 cm.

## Pulmonaria angustifolia

Schmalblättriges Lungenkraut
Boraginaceae, Boretschgewächse

**Heimat:** Mitteleuropa bis zum Kaukasus.
**Wuchsform:** Kissenartig, horstig, kurze Ausläufer treibend.
**Blatt:** Lanzettlich, rau behaart, dunkelgrün, nicht gefleckt
**Blüte:** Trichterförmig, in endständiger Wickeltraube, leuchtend blau, Knospe violett, IV–V.
**Frucht:** Kleine Nüsschen.
**Standort:** Humusreiche, auch feuchte Böden, in halbschattiger Lage.
**Lebensbereiche:** G,2–3,hs: Gehölz; frisch bis feucht; halbschattig. Auch Gehölzrand.
**Verwendung:** Vor frühblühenden Gehölzen und zu Zwiebelblumen wie Narzissen. Eignet sich zum Treiben.
**Vermehrung:** Teilung, Aussaat im Vorfrühling.
**Sorte:** 'Azurea', w, enzianblau. Munstead Blue: 30 cm, hellblau.

| | | |
|---|---|---|
| 20/ 30 cm | | 5/ 20 cm |
| IV–V | | III–IV |
| – | | w |
| III | | I–II |
| 16 | | 11 |

## Pulsatilla vulgaris

(Syn.: Anemone pulsatilla)
Kuhschelle
Ranunculaceae, Hahnenfußgewächse

**Heimat:** Europa.
**Wuchsform:** Buschig, Blüten locker überhängend, horstig.
**Blatt:** Grundständig, behaart, fiederschnittig.
**Blüte:** Glockenförmig, ohne Kelch, einzeln, aufrecht bis nickend, violett, gelbe Staubgefäße, III–IV.
**Fruchtstand/Frucht:** Nüsschen mit federigem Griffel, zu Büscheln vereint, sehr zierend.
**Standort:** Magere, sonnige Wiesen auf kalkhaltigen Böden.
**Lebensbereiche:** SH,1,so: Steppenheide; trocken; sonnig. Auch Felssteppe und Steinanlagen.
**Verwendung:** Für Steingärten und durchlässige Kalkböden.
**Vermehrung:** Aussaat im Februar. Wurzelschnittlinge in I.
**Sorte:** 'Röde Klokke', tiefrot; 'Weißer Schwan', weiß.
**Hinweis: Geschützte Wildpflanze.**

## Ramonda myconi
Felsenteller
Gesneriaceae, Gesneriengewächse

**Heimat:** Pyrenäen.
**Wuchsform:** Rosettenartig, horstig.
**Blatt:** Eiförmig, runzelig, unterseits dichtfilzig behaart, immergrün.
**Blüte:** 5-teilig, 1- bis 7-blütige Doldentraube hell violettblau, V–VI.
**Frucht:** Kleine Kapsel.
**Standort:** Absonnige Seiten von Kalkfelsen. Auch in humusreichen Felsspalten. Längere Trockenperioden werden toleriert.
**Lebensbereiche:** SF,2,abs: Steinfugen; frisch; absonnig.
**Verwendung:** Steingärten, aber nur auf der Schattenseite der Kalkfelsen.
**Vermehrung:** Aussaat im Vorfrühling, ferner durch Teilung und Blattstecklinge.
**Hinweis:** Ziert Felswände auch ohne Blüte durch die 20 cm breite Rosette. Selbstaussaat an geeignetem Standort.

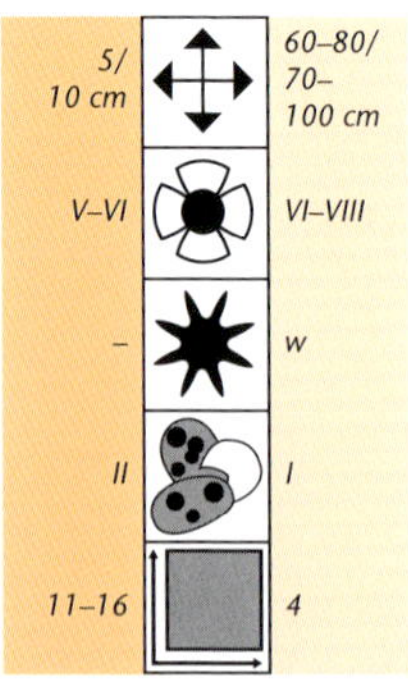


## Ranunculus lingua
Zungen-Hahnenfuß
Ranunculaceae, Hahnenfuß-gewächse

**Heimat:** Europa, Sibirien.
**Wuchsform:** Aufrecht, überhängend, ausläuferbildend.
**Blatt:** Lanzettlich, graugrün, kahl.
**Blüte:** Glänzend, bis 4 cm groß, goldgelb, VI–VIII.
**Frucht:** Sammel-Balgfrucht.
**Standort:** Am Rand von Wasserbecken, Teichen in voller Sonne.
**Lebensbereiche:** WR,4–5,so–hs: Wasserrand; sumpfig bis flaches Wasser; sonnig bis halbschattig.
**Verwendung:** In kleinen Gruppen am Wasserrand, Pflanztiefe –30 bis –5 cm.
**Vermehrung:** Abtrennen der Ausläufer.
**Hinweis:** Immer attraktiv.

## Rodgersia aesculifolia

Kastanienblättriges Schaublatt
Saxifragaceae, Steinbrechgewächse

**Heimat:** Zentralchina.
**Wuchsform:** Aufrecht, horstig, kurze Rhizome bildend.
**Blatt:** Bis 50 cm groß, im Umriss rund, aber 5- bis 7-teilig, ähnlich der Rosskastanie.
**Blüte:** Kleine Blütchen in dichter Rispe über dem Laub, weiß, VI–VII.
**Frucht:** Kleine Kapseln.
**Standort:** Humusreiche Waldböden im Halbschatten unter Bäumen.
**Lebensbereiche:** G,2–3,hs: Gehölz; frisch bis feucht; halbschattig. Auch Gehölzrand.
**Verwendung:** Einzeln zu Rhododendron und in Gesellschaft von Farnen. Blattschmuck.
**Vermehrung:** Teilung und Aussaat im Vorfrühling.
**Ähnliche Art:** *R. podophylla,* Japan, zackigere, glänzende Blätter.
**Hinweis:** Mächtige Blattschmuckstaude.

| Rodgersia aesculifolia | Rudbeckia fulgida |
|---|---|
| 70/ 100 cm | 10/50– 70 cm |
| VI–VII | VIII–X |
| w | ***; S |
| I | I–II |
| 1 | 3–6 |

## Rudbeckia fulgida var. sullivantii 'Goldsturm'

Prächtiger Sonnenhut
Asteraceae, Asterngewächse

**Heimat:** Die Art stammt aus N-Amerika. Züchtungen.
**Wuchsform:** Dichtbuschig aufrecht, horstig.
**Blatt:** Bis 20 cm, herzförmig zugespitzt, Grundblätter dunkelgrün, Stängelblätter schmaler.
**Blüte:** Bis 12 cm breit, schwarzbraunes Köpfchen mit goldgelben Strahlenblüten, VIII–X.
**Fruchtstand:** Kegelförmige Köpfchen. Nach der Blüte für Trockenbinderei verwenden.
**Standort:** Durchlässige, gute Gartenböden in voller Sonne.
**Lebensbereiche:** B,2,so: Beet; frisch; sonnig. Auch Freifläche und Gehölzrand.
**Verwendung:** Auch in größeren Gruppen auf Beeten und Rabatten. Schnittpflanze. Trockenbinderei (Fruchtstände)
**Vermehrung:** Teilung nach der Blüte oder im Vorfrühling.

## Rudbeckia laciniata
Geschlitztblättriger Sonnenhut
Asteraceae, Asterngewächse

**Heimat:** N-Amerika.
**Wuchsform:** Aufrecht, Ausläufer bildend.
**Blatt:** Grundblätter 3- bis 5-teilig, kahl, hellgrün, Stängelblätter 3-teilig.
**Blüte:** Hellgelbe Strahlenblüten mit grüner Scheibe, VII–IX. Die Art wird kaum kultiviert.
**Fruchtstand:** Kegelförmige Köpfchen.
**Standort:** Feuchte Plätze in voller Sonne, nährstoffreiche Böden.
**Lebensbereiche:** Fr,2–3,so: Freifläche; frisch bis feucht; sonnig.
**Verwendung:** Einzeln oder in kleinen Gruppen. Bienenweide.
**Vermehrung:** Teilung im Vorfrühling.
**Sorte:** 'Goldball', Li, goldgelb, gefüllt, wuchernd, 160 cm, reich blühend, häufig verwendet (Bild). 'Goldquelle', *, hellgelb, gefüllt, 70 cm, straff aufrecht.
**Hinweis:** Vor Schnecken schützen.

| Rudbeckia laciniata | | Rudbeckia nitida |
|---|---|---|
| 30/140–180 cm | | 30/100 cm |
| VII–IX | | VIII– IX |
| D; w | | D; S |
| I | | I |
| 1–2 | | 1 |

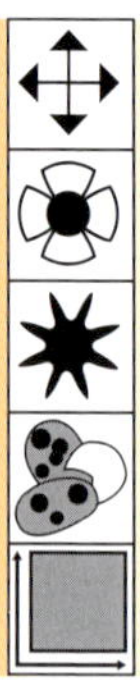

## Rudbeckia nitida
Fallschirm-Sonnenhut
Asteraceae, Asterngewächse

**Heimat:** N-Amerika.
**Wuchsform:** Aufrecht, horstig.
**Blatt:** Grundblätter, glänzend, nicht geschlitzt, sondern breit-lanzettlich, gezähnt, hellgrün.
**Blüte:** Hängende Strahlenblüten mit grüner Scheibe, hellgelb, VIII– IX.
**Fruchtstand:** Kegelförmige Köpfchen.
**Standort:** Feuchte Plätze in voller Sonne, nährstoffreiche Böden.
**Lebensbereiche:** B,2–,so: Beet; frisch; sonnig. Auch Freifläche und Wasserrand.
**Verwendung:** Einzeln oder in kleinen Gruppen. Bienenweide. Schnittpflanze. Trockenbinderei.
**Vermehrung:** Teilung im Vorfrühling.
**Sorte:** 'Herbstsonne', **, 180 cm, goldgelb, bis 12 cm groß, einfach, Zungenblüten hängend (Bild).
**Hinweis:** Vor Schnecken schützen.

## Sagittaria sagittifolia
Pfeilkraut
Alismataceae, Froschlöffelgewächse

**Heimat:** Skandinavien, Russland, Sibirien.
**Wuchsform:** Aufrecht, knolliger Wurzelstock, Ausläufer treibend.
**Blatt:** Pfeilförmig, lang gestielt, grün, im Herbst gelb. Grundblätter variieren in Form und Größe je nach Standort.
**Blüte:** 3 Kronblätter, weiß, gelbe Staubblätter, in etagenförmigen Quirlen, VI–VIII.
**Frucht:** Kugelig.
**Standort:** Am Teichrand in schweren Böden in meist sonnigen Lagen.
**Lebensbereiche:** WR,4–5,so–hs: Wasserrand; sumpfig bis flaches Wasser; sonnig bis halbschattig.
**Verwendung:** Wasserflächen aller Art, Pflanztiefe –40 bis –10 cm.
**Vermehrung:** Teilung, Abtrennen der Ausläufer.
**Sorte:** 'Plena', weiß gefüllte Blüten.
**Hinweis:** Selbstaussaat.

| Sagittaria sagittifolia | Salvia nemorosa |
|---|---|
| 30/40–50 cm | 20/40 cm |
| VI–VIII | VI–VII |
| w | – |
| II | II |
| 4–11 | 6–11 |

## Salvia nemorosa
Steppen-Salbei
Lamiaceae, Taubnesselgewächse

**Heimat:** Europa, Kleinasien, Iran.
**Wuchsform:** Straff aufrecht, horstig.
**Blatt:** Oval-lanzettlich, runzelig, kreuzgegenständig, mattgrün.
**Blüte:** Lippenblüten in dichten Ähren, violett, VI–VII.
**Frucht:** Nüsschen.
**Standort:** Magere, durchlässige Kalkböden in voller Sonne.
**Lebensbereiche:** Fr,2,so: Freifläche; frisch; sonnig. Auch Steppenheide.
**Verwendung:** In kleinen oder größeren Gruppen in Steppengärten und zu Rosen. Extensive Dachbegrünung.
**Vermehrung:** Aussaat, Teilung im Vorfrühling, Stecklinge im Sommer.
**Sorte:** Gartenwürdiger und kompakter als die Art: 'Blauhügel', 40 cm, lavendelblau; 'Ostfriesland', 40 cm, violett; 'Rügen', **, 40 cm, leuchtend blau (Bild).

## Salvia pratensis subsp. haematodes

Sommer-Salbei
Lamiaceae, Taubnesselgewächse

**Heimat:** S-Europa.

**Wuchsform:** Straff aufrecht, horstig.

**Blatt:** Ei-lanzettlich, runzelig, kreuzgegenständig, dunkelgrün, aromatisch duftend.

**Blüte:** Große Lippenblüten in dichten Ähren, hell lavendelblau, VI–VIII.

**Frucht:** Nüsschen.

**Standort:** Magere, durchlässige Kalkböden in voller Sonne.

**Lebensbereiche:** Fr,1,so: Freifläche; trocken; sonnig. Auch Steppenheide.

**Verwendung:** Einzeln in Steppengärten und zu Strauchrosen.

**Vermehrung:** Aussaat, Teilung im Vorfrühling.

**Sorte:** 'Mittsommer', Li, hell lavendelblau, dicht blühend (Bild).

**Hinweis:** Vor Schnecken schützen.

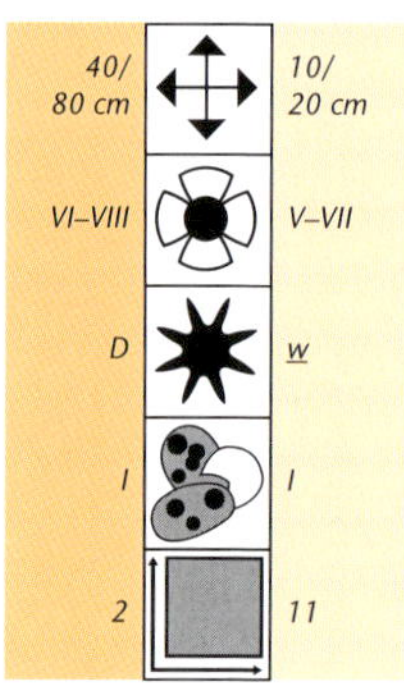


## Saponaria ocymoides

Rotes Seifenkraut
Caryophyllaceae, Nelkengewächse

**Heimat:** Gebirge SW-Europas.

**Wuchsform:** Niederliegend, horstig. Polster bis 60 cm breit.

**Blatt:** Spatelig, gegenständig, an dünnen, gabelig verzweigten Stielen, grün.

**Blüte:** Klein, 5-zählig, in lockeren Trugdolden, karminrot, V–VII.

**Frucht:** Klein, becherartig, oft Selbstaussaat.

**Standort:** Trockene Kalkhänge und Geröllflächen in voller Sonne.

**Lebensbereiche:** SF,1,so: Steinfugen; trocken; sonnig. Auch Mauerkronen, Steinanlagen.

**Verwendung:** Für Steingartenbereiche aller Art, Trockenmauern und Böschungen.

**Vermehrung:** Aussaat im Frühling, Sorten durch Stecklinge zur Blütezeit.

**Sorte:** 'Snow Tip', weiß; 'Rubra Compacta', rot.

**Hinweis: Geschützte Wildpflanze.**

## Saxifraga × arendsii

Moos-Steinbrech
Saxifragaceae, Steinbrechgewächse

**Heimat:** Züchtung, Arten aus N-Europa und Amerika.
**Wuchsform:** Kissenförmig, vieltriebige Rosettenpflanze, bildet moosartige Polster.
**Blatt:** Rosettenförmig angeordnet, fiederschnittig, immergrün.
**Blüte:** Schalenförmig, zu mehreren auf dünnen Stielen, karminrosa, IV–V.
**Frucht:** 2-fächrige Kapsel.
**Standort:** Humose, durchlässige Böden im Halbschatten.
**Lebensbereiche:** St,2,abs: Steinanlagen; frisch; absonnig. MK.
**Verwendung:** Für Steingärten aller Art, Trockenmauern, Dachgärten, Gefäße, vor Gehölzen.
**Vermehrung:** Teilung, III.
**Sorte:** Meist Züchtungen aus *S. decipiens* und *S. hypnoides*. 'Blütenteppich', *, rosa; 'Leuchtkäfer', *, rot; 'Schneeteppich', *, weiß; 'Schwefelblüte', gelb.
**Hinweis:** Nicht in der Sonne.

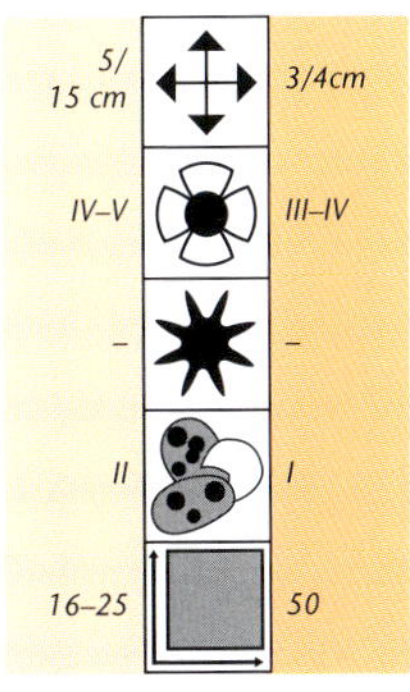


## Saxifraga × irvingii

Vorfrühlings-Steinbrech,
Kabschia-Steinbrech
Saxifragaceae, Steinbrechgewächse

**Heimat:** Züchtung: *S. burseriana* × *S. lilacina*.
**Wuchsform:** Kissenförmig, vieltriebige Rosettenpflanze, bildet moosartige Polster.
**Blatt:** Rosettenförmig angeordnet, nadelartig, graugrün, immergrün.
**Blüte:** Schalenförmig, fast sitzend, rosa, III–IV.
**Frucht:** 2-fächrige Kapsel.
**Standort:** Durchlässige Böden im Halbschatten. Ideal: Ostlagen.
**Lebensbereiche:** A,2,abs: Alpinum; frisch; absonnig. Steinfugen.
**Verwendung:** Für alpine Steingärten, in Tuffsteinen und Trockenmauern, Gefäße.
**Vermehrung:** Rosettenstecklinge im Oktober.
**Sorte:** 'Mother of Pearl', zartrosa; 'Walter Irving', rosa (Bild).
**Hinweis:** Mit Topfballen pflanzen.

## Saxifraga paniculata
Trauben-Steinbrech
Saxifragaceae, Steinbrechgewächse

**Heimat:** Arktisch-alpine Art, Alpen, Kaukasus, N-Amerika.
**Wuchsform:** Rosettenpolster, Nebenrosetten an kurzen Stolonen bildend.
**Blatt:** Zungenförmig bis spatelig, gezähnt, starr, bis 5 cm lang, graugrün, immergrün.
**Blüte:** Schalenblüte, 5-blättrig, an verzweigter Doldenrispe, weiß, V–VI.
**Frucht:** 2-fächrige Kapsel.
**Standort:** Sonnige Steinfugen oder im Geröll von Kalkfelsen.
**Lebensbereiche:** SF,2,so–abs: Steinfugen; frisch; sonnig bis absonnig. Steinanlagen, Alpinum.
**Verwendung:** Einzeln oder in kleinen Gruppen im Steingarten.
**Vermehrung:** Teilung der Rosettenpolster im Vorfrühling, Stecklinge im Herbst.
**Sorte:** 'Baldensis', kleinrosettig, weiß. Viele Unterarten.
**Hinweis:** Diese „Krustensteinbreche" bilden starre Polster.

| Saxifraga paniculata | Saxifraga umbrosa |
|---|---|
| 5/20–25 cm | 10/30 cm |
| V–VI | V–VI |
| – | – |
| I | I–II |
| 16–32 | 11–16 |

## Saxifraga umbrosa
Porzellanblümchen
Saxifragaceae, Steinbrechgewächse

**Heimat:** Pyrenäen.
**Wuchsform:** Rosettenartig, Nebenrosetten an kurzen Stolonen.
**Blatt:** Eiförmig, gekerbt, immergrün.
**Blüte:** Weiß mit roten Punkten an lockern Blütenrispen, V–VI.
**Frucht:** 2-fächrige Kapsel.
**Standort:** Schattige Wiesenhänge der Berge, meist auf Urgesteinsböden.
**Lebensbereiche:** GR,2,abs: Gehölzrand; frisch; absonnig. Auch Steinanlagen.
**Verwendung:** Als Bodendecker oder Einfassung für Schattenpartien. Reich blühend.
**Vermehrung:** Teilung der Polster.
**Weitere Art:** In den Gärten ist meist *S.* × *urbium* verbreitet, anspruchsloser, reicher blühend.
**Sorte:** 'Clarence Elliot', rosa, 20 cm, für Gräber und Steingärten.

## Scabiosa caucasica
Garten-Skabiose
Dipsacaceae, Kardengewächse

**Heimat:** Kaukasus. Züchtungen.
**Wuchsform:** Aufrecht bis bogig, horstig.
**Blatt:** Grundblätter lanzettlich, graugrün, Stängelblätter fiederspaltig.
**Blüte:** Schalenförmige, bis 5 cm große Blütenköpfe, lang gestielt, violett, VII–IX.
**Fruchtstand/Frucht:** Köpfchen, Samen mit trockenhäutigem Pappus.
**Standort:** Sonnige Wiesenflächen in durchlässigem, kalkhaltigen Boden.
**Lebensbereiche:** B,2,so: Beet; frisch; sonnig. Auch beetstaudenähnliche Freifläche.
**Verwendung:** Beet- und Rabattenstaude. Schnittpflanze.
**Vermehrung:** Teilung im Frühling, Stecklinge im Sommer.
**Sorte:** 'Blauer Atlas', **, violettblau; 'Miss Willmott, **, weiß; 'Nachtfalter', **, violettblau (Bild).
**Hinweis:** Rückschnitt nach der Blüte wichtig. Auf Mehltau und Spinnmilben achten.

| Scabiosa caucasica | | Scilla siberica |
|---|---|---|
| 20/50–80 cm | (Größe) | 15/10–15 cm |
| VII–IX | (Blüte) | III–IV |
| – | (Herbstfärbung) | – |
| I | (Frucht/Aussaat) | III |
| 6–8 | (Pflanzen/m²) | 50–200 |

## Scilla siberica
Blausternchen
Hyacinthaceae, Hyazinthengewächse

**Heimat:** Südrussland, Kaukasus, Vorderasien.
**Wuchsform:** Aufrecht, horstige Zwiebelpflanze.
**Blatt:** Breit-lineal mit kappenförmiger Spitze, grün, zieht nach der Blüte 1-, 2- bis 4-blättrig.
**Blüte:** Mehrblütig, nickend, über dem Laub, azurblau, III–IV.
**Frucht:** Kugelig, enthält viele Samen.
**Standort:** Humose, durchlässige Kalkböden, meist in sonnigen Lagen unter spätaustreibenden Gehölzen.
**Lebensbereiche:** Fr,2,so: Freifläche; frisch; sonnig. Auch im Halbschatten.
**Verwendung:** In größeren Gruppen in halbschattiger Lage unter Laubgehölzen. Attraktiv zu Seidelbast und Christrose.
**Vermehrung:** Aussaat.
**Sorte:** 'Spring Beauty', dunkelblau, steril.

## Sedum album
Weißer Mauerpfeffer
Crassulaceae, Dickblattgewächse

**Heimat:** Europa, Asien, N-Afrika.
**Wuchsform:** Teppichartig, lockerrasig, Triebe dicht beblättert.
**Blatt:** Lineal, walzlich, dick, dunkelgrün oder rötlich.
**Blüte:** In Doldenrispen, weiß, VI–VII.
**Frucht:** 5-teilige Kapsel.
**Standort:** Durchlässige, nährstoffarme Stellen auf Mauern, Dächern und Felsen.
**Lebensbereiche:** FS,1,so: Felssteppe; trocken, sonnig. Auch Matten und Mauerkronen.
**Verwendung:** Rasenersatz für sonnige Böschungen. Bodendecker für trockenste Lagen. Gräber. Extensive Dachbegrünung.
**Vermehrung:** Teilung, auch Sprossenteilung.
**Sorte:** 'Coral Carpet', w, rot im Winter, sonst grün; 'Laconicum', üppig grün; 'Micranthum Chloroticum', klein, grün: 'Murale', braunrot.

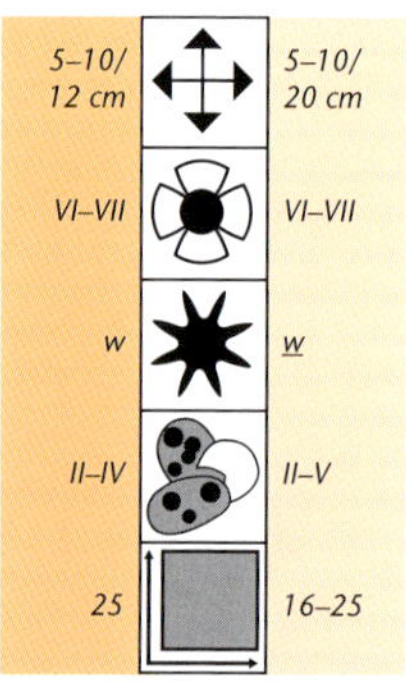


## Sedum floriferum 'Weihenstephaner Gold'
Gold-Fetthenne
Crassulaceae, Dickblattgewächse

**Heimat:** Die Art stammt aus Nordostchina. Züchtungen.
**Wuchsform:** Niederliegend, teppichbildend, lockerrasig, horstig, Triebe dicht beblättert.
**Blatt:** Spatelförmig bis lanzettlich, Rand gekerbt, verdickt, immergrün.
**Blüte:** In Doldenrispen, goldgelb, VI–VII.
**Frucht:** 5-teilige Kapsel.
**Standort:** Durchlässige, nährstoffarme Stellen aller Art, in voller Sonne.
**Lebensbereiche:** Fr,1–3,so: Freifläche; trocken bis feucht, sonnig. Auch Matten.
**Verwendung:** Rasenersatz und Bodendecker für sonnige Böschungen. Extensive Dachbegrünung. Gräber.
**Vermehrung:** Teilung, auch Stecklinge.

## Sedum spurium
Teppichfettblatt
Crassulaceae, Dickblattgewächse

**Heimat:** Armenien, Kaukasus, Iran.
**Wuchsform:** Kriechend bis aufstrebend, teils wurzelnd.
**Blatt:** Rundlich, am Rand gekerbt, gegenständig, dunkelgrün, wintergrün.
**Blüte:** In Doldenrispen, sternförmig, rosa, VI–VIII.
**Frucht:** 5-teilige Kapsel.
**Standort:** Durchlässige, nährstoffarme Plätze, besonders auf Sandböden.
**Lebensbereiche:** Fr,2,so: Freifläche; frisch, sonnig. Auch Gehölzrand.
**Verwendung:** Rasenersatz und Bodendecker für sonnige Böschungen. Extensive Dachbegrünung. Gräber.
**Vermehrung:** Teilung, auch Sprossenteilung.
**Sorte:** 'Album Superbum', weiß; 'Fuldaglut', w, Blätter und Blüten rot; 'Tricolor', rot-weiß-grüne Blättchen.

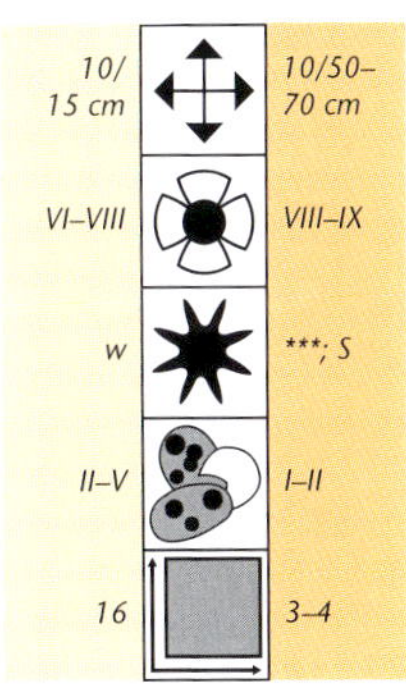


## Sedum telephium 'Herbstfreude'
Hohe Fetthenne
Crassulaceae, Dickblattgewächse

**Heimat:** Die Art ist von Europa bis W-Asien beheimatet. Züchtung.
**Wuchsform:** Aufrecht, horstig, Triebe dicht beblättert.
**Blatt:** Eiförmig, bläulich grün, im Herbst gelb.
**Blüte:** Sternförmig, 6–8 mm groß, in dichten Doldenrispen, rostrot, VIII–IX.
**Frucht:** 5-teilige Kapsel. Braune Fruchtstände halten den ganzen Winter. Hoher Zierwert
**Standort:** Durchlässige, nährstoffreiche Böden, Sonne.
**Lebensbereiche:** Fr,1,so, –b: Freifläche; trocken, sonnig, beetstaudenähnlich. Beet, Felssteppe.
**Verwendung:** Sonnige Beete an Gebäuden, Terrassen. Sukkulentengärten. Schnittpflanze. Trockenbinderei.
**Vermehrung:** Teilung im Frühling.
**Sorte:** 'Matrona', rosa, Laub dunkel.

## Sempervivum arachnoideum
Spinnweb-Hauswurz
Crassulaceae, Dickblattgewächse

**Heimat:** Alpen, Pyrenäen bis Karpaten.
**Wuchsform:** Rosetten polsterförmig, viele Nebenrosetten bildend. Nach der Samenreife stirbt die Rosette ab.
**Blatt:** Spitz-eiförmig, fleischig-sukkulent, in weißen, kugeligen Rosetten, 1 cm.
**Blüte:** Sternblüte in endständigen Trugdolden, karminrot, VI–VII.
**Frucht:** Sternartige Kapsel.
**Standort:** Urgesteinsfelsspalten in voller Sonne. Durchlässige, magere, saure Böden.
**Lebensbereiche:** SF,1,so: Steinfugen; trocken; sonnig. Auch Mauerkronen, Steinanlagen, Alpinum.
**Verwendung:** Für Steinfugen, vorwiegend Silikaktfelsen, Tröge.
**Vermehrung:** Teilung, Abtrennen der Tochterrosetten ganzjährig. Aussaat im Vorfrühling.
**Sorte:** 'Rheinkiesel', rot; 'Baby Boo', weiß.
**Hinweis: Geschützte Wildpflanze.**

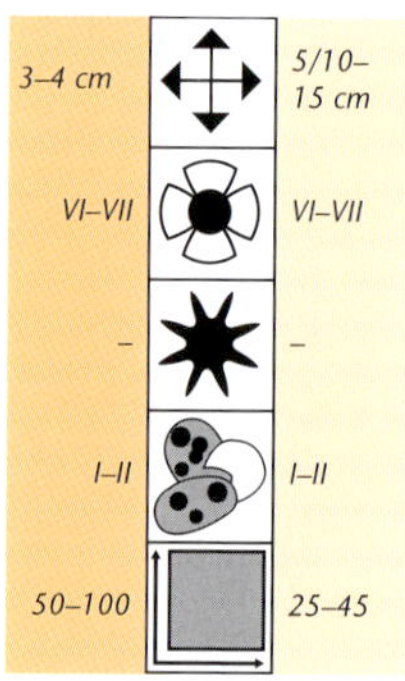


## Sempervivum calcareum
Rotspitz-Hauswurz
Crassulaceae, Dickblattgewächse

**Heimat:** Französiche See-Alpen.
**Wuchsform:** Rosetten polsterförmig, viele Nebenrosetten bildend. Nach der Samenreife stirbt die Rosette ab, Tochterrosetten füllen die Lücke rasch.
**Blatt:** Spitz-eiförmig, sukkulent, in kugeligen, blaugrünen Rosetten, rötliche Spitze, 4 cm.
**Blüte:** Sternblüte in endständigen Trugdolden, blassrosa, VI–VII. Blüht selten.
**Frucht:** Sternartige Kapsel.
**Standort:** Kalkfelsspalten in voller Sonne. Durchlässige, magere Böden.
**Lebensbereiche:** SF,1,so: Steinfugen; trocken; sonnig. Auch Mauerkronen, Steinanlagen, Alpinum.
**Verwendung:** Für Steinfugen, vorwiegend Kalkfelsen, Schalen, Tröge aller Art, Dächer.
**Vermehrung:** Teilung.
**Sorte:** 'Mrs. Giuseppi', kompakt (Bild); 'Sir William Lawrence'.
**Hinweis: Geschützte Wildpflanze.**

## Sempervivum tectorum
Dach-Hauswurz
Crassulaceae, Dickblattgewächse

**Heimat:** Von den Pyrenäen über die Alpen bis zum Balkan.
**Wuchsform:** Rosettenpolster, Nebenrosetten bildend. Nach der Samenreife stirbt die Rosette ab, Tochterrosetten füllen die Lücke.
**Blatt:** Spitz-eiförmig, sukkulent, in kugeligen, graugrünen Rosetten, 4–12 cm.
**Blüte:** Sternblüte in endständigen Trugdolden, rosa, VI–VII.
**Frucht:** Sternartige Kapsel, feine Samen.
**Standort:** Kalkfelsspalten in voller Sonne. Durchlässige, magere Böden.
**Lebensbereiche:** SF,1,so: Steinfugen; trocken; sonnig. Auch Mk, St, A.
**Verwendung:** Für Steinfugen, vorwiegend Kalkfelsen, Schalen, Tröge aller Art.
**Vermehrung:** Teilung.
**Sorte:** 'Atropurpureum', Rosetten trüb rot, groß; 'Triste', hechtgrau; 'Royanum', hellgrün.
**Hinweis: Geschützte Wildpflanze.**

| Sempervivum tectorum | | Sempervivum-Sorten |
|---|---|---|
| 5/20–40 cm | | 5/20–35 cm |
| VI–VII | | VI–VII |
| – | | – |
| I | | I–II |
| 25 | | 25 |

## Sempervivum-Sorten
Garten-Hauswurz, Steinrose
Crassulaceae, Dickblattgewächse

**Heimat:** Züchtung.
**Wuchsform:** Rosettenpolster, Nebenrosetten bildend. Rosetten sterben nach der Samenreife ab, Tochterrosetten füllen die Lücke.
**Blatt:** Spitz-eiförmig, fleischig-sukkulent, in breiten Rosetten, 4–15 cm. Größe und Farbe je nach Sorte, variiert auch je nach Jahreszeit.
**Blüte:** Sternblüte, rosa, VI–VII.
**Frucht:** Sternartige Kapsel.
**Standort:** Felsspalten in voller Sonne. Durchlässige, nährstoffreichere Böden.
**Lebensbereiche:** SF,1,so: Steinfugen; trocken; sonnig. Auch Mauerkronen, Steinanlagen.
**Verwendung:** Für Schalen und Tröge aller Art. Dachbegrünung.
**Vermehrung:** Teilung, Abtrennen der Tochterrosetten. Samen.
**Sorte:** 'Othello', violett; 'Mount Hood', im Winter dunkelrot; 'Reinhard', grün mit braunen Spitzen; 'Tambora', Rosette 2 cm, rot mit grün, sehr dicht.

## Solidago-Sorten
Garten-Goldrute
Asteraceae, Asterngewächse

**Heimat:** Die Arten stammen aus N-Amerika. Züchtungen.
**Wuchsform:** Aufrecht, horstig.
**Blatt:** Lanzettlich, gesägt, frischgrün.
**Blüte:** Klein, Körbchenblüten an dichten, endständigen Rispen, goldgelb, VII–VIII.
**Frucht:** Samen mit Pappus.
**Standort:** Sonnige, nährstoffreiche Gartenböden.
**Lebensbereiche:** B,2,so: Beet; frisch; sonnig. Auch Freifläche.
**Verwendung:** Beete und Rabatten. Schnittpflanze. Bienenweide.
**Vermehrung:** Teilung im Frühling.
**Sorte:** ‘Goldwedel’, locker, gelb, 60 cm; ‘Strahlenkrone’, ***, goldgelb, gedrungen, 70 cm.
**Hinweis:** Die Gartensorten sind anspruchsvoller als die Wildarten.

| Solidago-Sorten | | × Solidaster luteus |
|---|---|---|
| 10/50–70 cm | | 60–70 cm |
| VII–VIII | | VII–IX |
| S; D | | D; w |
| I–II | | I |
| 5 | | 6–8 |

## × Solidaster luteus
Goldrutenaster
Asteraceae, Asterngewächse

**Heimat:** Gattungsbastard zwischen *Aster ptarmicoides* und einer *Solidago*-Art.
**Wuchsform:** Aufrecht, bogig überhängend, horstig.
**Blatt:** Schmal-lineal, grün, Stiel beblättert.
**Blüte:** Kleine Körbchenblüten in reichverzweigten Sträußen, hellgelb, VII–IX.
**Fruchtstand/Frucht:** Kleine Körbchen. Samen mit Pappus.
**Standort:** Durchlässige Böden in voller Sonne.
**Lebensbereiche:** Fr,1,so: Freifläche; trocken; sonnig. Auch Steppenheide.
**Verwendung:** Schnittpflanze. Bienenweide.
**Vermehrung:** Teilung und Stecklinge.
**Hinweis:** Fällt auseinander, daher Stütze notwendig.

## Stachys byzantina
(Syn.: Stachys lanata)
Woll-Ziest
Lamiaceae, Taubnesselgewächse

**Heimat:** Krim, Kaukasus bis N-Iran.
**Wuchsform:** Flach, ausgebreitet, kriechend, Blütenstiele aufrecht.
**Blatt:** Eiförmig, gestielt, dicht graufilzig behaart, wintergrün.
**Blüte:** Kleine Lippenblüten, wenig auffällig, quirlständig, rosa, VII–IX.
**Frucht:** Kleine Nüsschen.
**Standort:** Durchlässige Böden in voller Sonne, verträgt keine Staunässe.
**Lebensbereiche:** FS,1,so: Felssteppe, trocken, sonnig. Auch Freifläche.
**Verwendung:** Wichtiger Bodendecker für trockene Lagen. Bienenweide.
**Vermehrung:** Teilung im Vorfrühling.
**Sorte:** 'Silver Carpet', w, blüht wenig, daher idealer Bodendecker für große Flächen.
**Hinweis:** Blütenstiele nicht standfest, Polster leiden.

| Stachys byzantina | | Stipa capillata |
|---|---|---|
| *15/30–40 cm* | | *20–30/80 cm* |
| *VII–IX* | | *VII–VIII* |
| *D; w* | | *w; S* |
| *III–V* | | *I* |
| *11* | | *11* |

## Stipa capillata
Büschelhaargras
Poaceae, Süßgräser

**Heimat:** S-Europa bis Sibirien.
**Wuchsform:** Aufrecht bis bogig, lockerhorstig.
**Blatt:** Grasartig, schmal, grau, immergrün.
**Blüte:** Unbehaarte, nur bis 20 cm lange Grannen, hellbraun, in Blütenrispen, VII– VIII.
**Fruchtstand/Frucht:** Karyopse klein, schmal, bleibt länger an der Rispe.
**Standort:** Durchlässige, magere Böden in voller Sonne.
**Lebensbereiche:** SH,1,so: Steppenheide; trocken; sonnig. Auch Felssteppe.
**Verwendung:** Einzeln oder in kleinen Gruppen in Böschungen, Dächer, Steingärten. Schnittpflanze. Trockenbinderei (vor der Reife schneiden).
**Vermehrung:** Aussaat nach der Samenreife oder im Frühling.
**Ähnliche Art:** *S. gigantea,* Riesenfedergras, 200 cm, prächtige Solitärstaude, goldene Grannen.

## Stipa pennata
Flausch-Federgras
Poaceae, Süßgräser

**Heimat:** Mittel- und S-Europa.
**Wuchsform:** Überhängend, horstig.
**Blatt:** Grasartig, grün, wintergrün, Unterseite glatt.
**Blüte:** Behaarte Grannen, 20 cm lang, im Wind waagerecht abstehend, VI–VII.
**Frucht:** Karyopse, 1 cm lang, mit nadelfeiner Spitze.
**Standort:** Durchlässige Böden in voller Sonne, Steppenpflanze.
**Lebensbereiche:** SH,1,so: Steppenheide; trocken; sonnig. Auch Felssteppe.
**Verwendung:** Einzeln oder in Gruppen in steppenartigen Pflanzungen, Böschungen. Schnittpflanze. Trockenbinderei (vor der Fruchtreife ernten).
**Vermehrung:** Aussaat im Frühling.

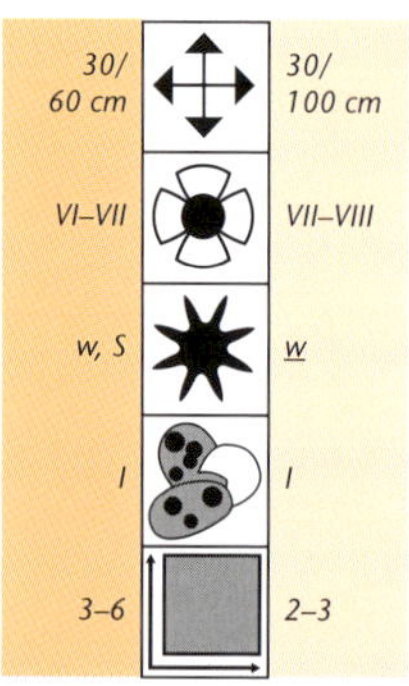


## Stipa barbata
Reiher-Federgras
Poaceae, Süßgräser

**Heimat:** Östliches Mitteleuropa.
**Wuchsform:** Überhängend, horstig.
**Blatt:** Grasartig, graugrün, wintergrün.
**Blüte:** Behaarte Grannen, 40 cm lang, im Wind waagerecht abstehend, VII–VIII.
**Frucht:** Karyopse, 2 cm lang, mit nadelfeiner Spitze.
**Standort:** Durchlässige Kalkböden in voller Sonne, wärmeliebende Steppenpflanze.
**Lebensbereiche:** SH,1,so: Steppenheide; trocken; sonnig. Auch Felssteppe.
**Verwendung:** Einzeln oder in kleinen Gruppen in steppenartigen Pflanzungen, Böschungen, Schnittpflanze. Trockenbinderei (vor der Fruchreife schneiden).
**Vermehrung:** Aussaat im Frühling oder nach der Fruchtreife. Samen bohrt sich in die Erde.

## Stratiodes aloides

Krebsschere
Hydrocharitaceae, Froschbissgewächse

**Heimat:** Mitteleuropa bis zum Kaukasus.
**Wuchsform:** Rosettige Schwimmpflanze, auch submers. Bildet Ausläufer.
**Blatt:** 15–45 cm lang, lineal-lanzettlich, steif, am Rand bestachelt, mattgrün. Trichterförmige Rosette im Winter untergetaucht, im Sommer halb aus dem Wasser ragend.
**Blüte:** Zweihäusig, 3 weiße Kronblätter, wenig auffällig, VI–VII.
**Frucht:** Selten, weil es meist eingeschlechtliche Bestände gibt.
**Standort:** Stehende oder schwach fließende, kalkfreie Gewässer in meist sonniger Lage.
**Lebensbereiche:** W,8,so–hs: Wasser; freischwimmende Pflanzen; sonnig bis halbschattig.
**Verwendung:** Für Teiche.
**Vermehrung:** Abtrennen der dünnen Ausläufer.
**Besonderes:** Die Rosette bildet im Wasser lange Wurzeln, mit Überwinterungsknospen.

| Stratiodes aloides | Tanacetum coccineum |
|---|---|
| *10–15 cm* | *20/40–60 cm* |
| *VI–VII* | *V–VI* |
| *w* | *s* |
| *l* | *l* |
| *5–8* | *6–11* |

## Tanacetum coccineum

(Syn.: Chrysanthemum coccineum, Pyrethrum roseum)
Bunte Margerite
Asteraceae, Asterngewächse

**Heimat:** Armenien, Iran, Kaukasus.
**Wuchsform:** Aufrecht, lockerhorstig.
**Blatt:** Doppelt fiederschnittig, grün.
**Blüte:** Körbchen mit rosafarbenen Zungenblüten an langem Stiel, bis 8 cm breit, V– VI.
**Fruchtstand:** Körbchen.
**Standort:** Bergwiesen in voller Sonne, nährstoffreiche, lehmig-humose Böden.
**Lebensbereiche:** Fr,2,so: Freifläche; frisch; sonnig.
**Verwendung:** Einzeln oder in kleinen Gruppen, auch auf Rabatten. Schnittpflanze.
**Vermehrung:** Teilung im Frühling, sonst kurzlebig.
**Sorte:** Anspruchsvoller als die Art sind: 'Alfred', Li, rot gefüllt; 'Eileen May Robinson', ***, rosa; 'Regent', **, rot.

## Teucrium chamaedrys

Edel-Gamander
Lamiaceae, Taubnesselgewächse

**Heimat** : Mittel- und S-Europa, Kaukasus.
**Wuchsform:** Flach, ausläufertreibender Halbstrauch, Blütenstiele aufrecht.
**Blatt:** Gegenständig, eirund, klein, Rand gekerbt, sommergrün, weich behaart.
**Blüte:** In einseitswendiger Scheintraube, rosa, VII–VIII.
**Frucht:** Nüsschen.
**Standort:** Durchlässige Kalkböden in sonniger Lage.
**Lebensbereiche:** SH,1–2,so: Steppenheide; trocken bis frisch; sonnig. Auch Steinfugen.
**Verwendung:** Vollsonnige Böschungen und Geröllhänge mit Steppenheidecharakter. Dachbegrünung. Heilpflanze.
**Vermehrung:** Teilung im Frühling.
**Sorte:** 'Nana', nur 10 cm hoch.
**Hinweis:** Sehr anspruchslos.

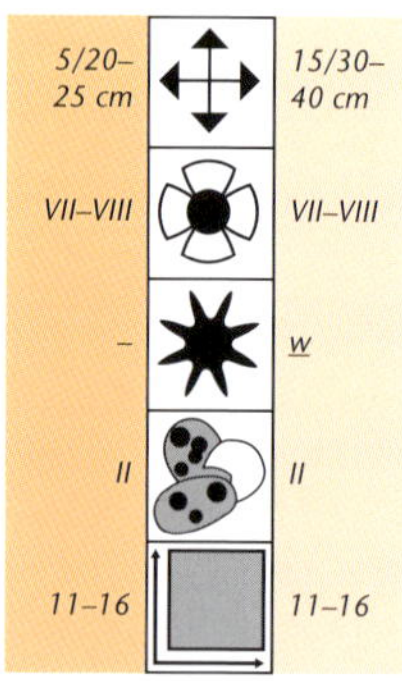


## Teucrium massiliense

Garten-Gamander
Lamiaceae, Taubnesselgewächse

**Heimat** : Westliches Mittelmeergebiet, Kreta.
**Wuchsform:** Buschig, Halbstrauch, horstig.
**Blatt:** Gegenständig, eirund, klein, Rand gekerbt, immmergrün.
**Blüte:** In einseitswendiger Scheintraube, violettrosa, VII–VIII.
**Frucht:** Nüsschen.
**Standort:** Durchlässige Kalkböden in sonniger Lage.
**Lebensbereiche:** FH,1–2,so: Felssteppe; trocken bis frisch; sonnig. Auch Steppenheide, Freifläche.
**Verwendung:** Vollsonnige Böschungen und Geröllhänge mit Steppenheidecharakter. Dachbegrünung. Grabstätten. Niedrige Einfassungen.
**Vermehrung:** Teilung im Frühling, Stecklinge im Sommer, Aussaat.
**Hinweis:** Laub kann in strengen Wintern leiden.

## Thalictrum aquilegifolium

Akeleiblättrige Wiesenraute, Amstelraute
Ranunculaceae, Hahnenfußgewächse

**Heimat:** Europa, Japan. Sibirien.
**Wuchsform:** Aufrecht, horstig.
**Blatt:** Zweifach 3-teilig gelappt, akeleiähnlich, grün.
**Blüte:** In endständiger Doldenrispe, Blütenblätter fehlen, Staubblätter lilarosa, stark entwickelt, daher in der Erscheinung flauschig.
**Frucht:** Kleine Balgfrucht.
**Standort:** Humose, durchlässige Böden in Bergwiesen, Waldrand, leicht beschattet.
**Lebensbereiche:** Fr,2–3,so–abs: Freifläche; frisch bis feucht; sonnig bis absonnig. Gehölzrand.
**Verwendung:** Einzeln am Gehölzrand in mehr sauren Böden. Schnittpflanze.
**Vermehrung:** Aussaat und Teilung im Frühling.
**Sorte:** 'Album' weiß, w; 'Atropurpureum', violett.

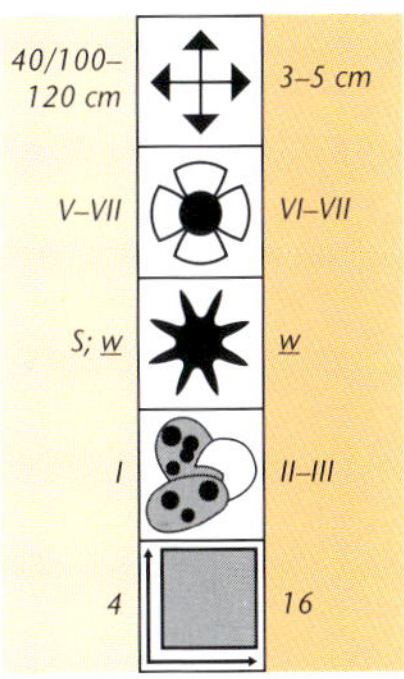


## Thymus praecox var. pseudolanuginosus

Woll-Thymian
Lamiaceae, Taubnesselgewächse

**Heimat:** W-Europa.
**Wuchsform:** Mattenartig kriechend und teilweise wurzelnd.
**Blatt:** Oval, 3 mm lang, dicht behaart, mattgrau, immergrün.
**Blüte:** Lippenblütchen, rosa, selten, VI–VII.
**Frucht:** Nüsschen, werden selten ausgebildet.
**Standort:** Leichte, durchlässige und humusarme Plätze in voller Sonne, wärmeliebend.
**Lebensbereiche:** FS,1,so: Felssteppe; trocken; sonnig. Auch Steppenheide und Steinanlagen.
**Verwendung:** Mattenbildner für sonnige Böschungen, Steingärten und Trockenmauern. Attraktiv zusammen mit kleinen Zwiebelgewächsen.
**Vermehrung:** Teilung des Polsters im Frühling.
**Hinweis:** Laub kann in strengen Wintern leiden.

## Thymus serpyllum
Feld-Thymian, Quendel
Lamiaceae, Lippenblütler

**Heimat:** Europa.
**Wuchsform:** Mattenartig kriechend, teilweise wurzelnd, am Grunde verholzt.
**Blatt:** Oval, 3–5 mm lang, dicht behaart, immergrün.
**Blüte:** Lippenblütchen in mehrblütigen Scheinquirlen, violettrosa, VI–IX.
**Frucht:** Nüsschen.
**Standort:** Leichte, durchlässige, humus- und kalkarme Plätze in voller Sonne.
**Lebensbereiche:** FS,1,so: Felssteppe; trocken; sonnig. Auch Matten, Heide und Steinanlagen.
**Verwendung:** Mattenbildner für sonnige Böschungen, Steingärten und Trockenmauern. Extensive Dachbegrünung. Attraktiv zusammen mit kleinen Zwiebelgewächsen.
**Sorte:** 'Albus', w, weiß; 'Coccineus', w, karmesinrot.
**Vermehrung:** Teilung der Polster im Frühling.

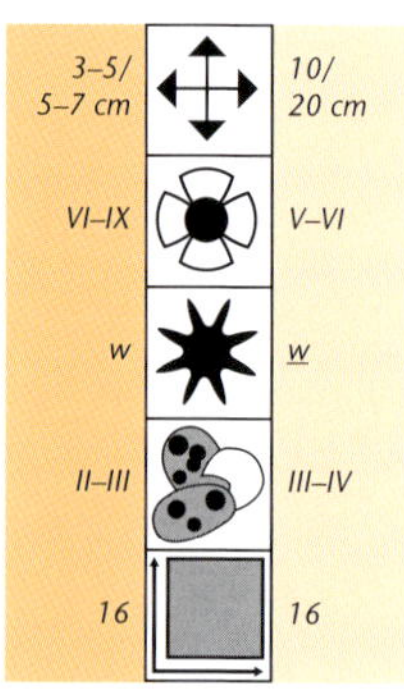


## Tiarella cordifolia
Schaumblüte
Saxifragaceae, Steinbrechgewächse

**Heimat:** Östliches N-Amerika.
**Wuchsform:** Flächig, kriechend, teilweise wurzelnd.
**Blatt:** Herzförmig, 5- bis 7-teilig gelappt, grün, behaart, braunrotes Herbstlaub.
**Blüte:** In aufrechten Trauben über dem Laub, Einzelblüte sternförmig, weiß, V–VI.
**Frucht:** 2-klappige Kapseln.
**Standort:** Humusreiche, kalkarme, lockere Böden im Halbschatten.
**Lebensbereiche:** G,2,hs–sch: Gehölz; frisch; halbschattig bis schattig. Auch Gehölzrand.
**Verwendung:** Als Flächendecker unter *Rhododendron* und Gehölzen mit ähnlichen Ansprüchen.
**Vermehrung:** Teilung im Vorfrühling.
**Sorte:** 'Moorgrün', w, grün; 'Purpurea', Laub violett.
**Ähnliche Art:** *T. wherryi*, w, ohne Ausläufer, Laub braun gefleckt.

## Trillium sessile
Waldlilie, Dreiblatt
Trilliaceae, Dreiblattgewächse

**Heimat:** Östliches N-Amerika.
**Wuchsform:** Aufrecht, horstig. Zieht nach der Blüte ein. Kurze Rhizome.
**Blatt:** Eiförmig zugespitzt, sitzend, immer 3 zusammen, grün mit braunen Flecken.
**Blüte:** 3 braunrote Petalen aufrecht, umgeben von 3 grünlichen Sepalen, IV–V.
**Frucht:** Rötliche Beere.
**Standort:** Humusreiche Laubwälder, frische, oft sogar feuchte, saure Böden.
**Lebensbereiche:** G,2,hs–sch: Gehölz; frisch; halbschattig bis schattig. Auch Gehölzrand.
**Verwendung:** Einzeln oder in kleinen Gruppen zu Moorbeetpflanzen.
**Vermehrung:** Teilung und Aussaat schwierig, Anzucht langwierig.
**Weitere Arten:** Angeboten werden auch andere Arten mit verschiedenen Blütenfarbe.
**Hinweis:** Rarität.

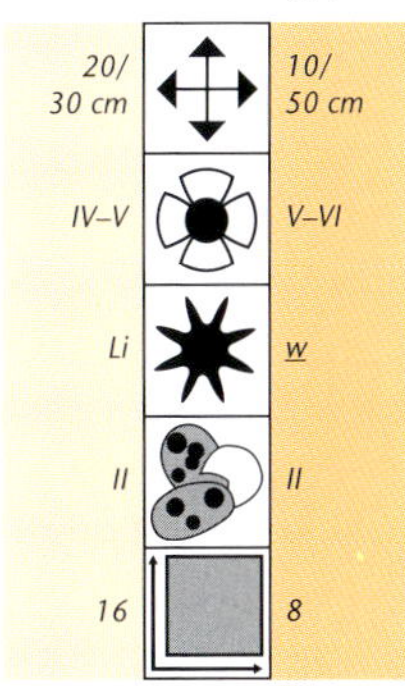


## Trollius europaeus
Trollblume
Ranunculaceae, Hahnenfußgewächse

**Heimat:** Europa, Kaukasus.
**Wuchsform:** Aufrecht, horstig.
**Blatt:** Grundständig, am Stängel handförmig geteilt, fiederartig eingeschnitten.
**Blüte:** Einzeln am Ende des Stieles, hellgelb, kugelig, gelbe Staub- und Honigblätter, V–VI.
**Frucht:** Vielsamige Balgkapseln.
**Standort:** Feuchte, kalkarme Wiesen der Berge, meist sonnig.
**Lebensbereiche:** Fr,3,so: Freifläche; feucht; sonnig. Auch Wasserrand, sumpfig.
**Verwendung:** Feuchte bis nasse Plätze in kleineren Gruppen.
**Vermehrung:** Teilung im Frühling, Aussaat sofort nach der Ernte (Schwerkeimer).
**Sorte:** 'Superbus', zitronengelb, 60 cm. Schnittpflanze. Bienenweide.
**Hinweis:** Giftige Pflanze. **Geschützte Wildpflanze.**

## Tulipa × greigii
Gestreifte Wild-Tulpe
Liliaceae, Liliengewächse

**Heimat:** Die Art stammt aus Zentralasien (Tien Shan-Gebirge). Züchtungen.
**Wuchsform:** Aufrechte, horstbildende Zwiebelpflanze. Zieht nach der Blüte ein.
**Blatt:** Breit-lanzettlich zugespitzt, ganzrandig, graugrün, stark braungefleckt.
**Blüte:** Leuchtend rot mit schwarzgelbem Schlundfleck, geöffnet bis 10 cm, IV–V.
**Frucht:** 3-klappige Kapsel.
**Standort:** Durchlässige Böden der Bergwiesenhänge.
**Lebensbereiche:** Fr,2,so: Freifläche; frisch; sonnig.
**Verwendung:** In kleinen Gruppen in Beeten und Rabatten sowie Steingärten.
**Vermehrung:** Brutzwiebeln.
**Sorte:** Züchtungen in vielen Farben (Bild: 'Rotkäppchen').
**Hinweis: Geschützte Wildpflanze.** Auf Mäuse und Schnecken achten.

## Tulipa gesneriana
Garten-Tulpe
Liliaceae, Liliengewächse

**Heimat:** SW-Asien, Zentralasien. Züchtungen.
**Wuchsform:** Aufrechte, horstbildende Zwiebelpflanze. Zieht nach der Blüte ein.
**Blatt:** Breit-lanzettlich zugespitzt, ganzrandig.
**Blüte:** Klassifizierung: 1. Einfache Frühe Tulpen; 2. Gefüllte Frühe Tulpen; 3. Triumph-Tulpen; 4. Darwin-Hybrid-Tulpen; 5. Einfache Späte Tulpen; 6. Lilienblütige Tulpen (Bild: 'Queen of Sheba'); 7. Gefranste Tulpen; 8. Viridiflora-Tulpen; 9. Rembrandt-Tulpen; 10. Papagei-Tulpen; 11. Gefüllte Späte Tulpen; 12. Kaufmanniana-Tulpen; 13. Fosteriana-Tulpen; 14. Greigii-Tulpen; 15. Wildtulpen.
**Frucht:** 3-klappige Kapsel.
**Standort:** Durchlässige Böden in sonnigen Lagen.
**Lebensbereiche:** B,2,so: Beet; frisch; sonnig.
**Verwendung:** In kleinen Gruppen in Beeten und Rabatten.
**Hinweis: Geschützte Wildpflanze.**

| Tulipa × greigii | | Tulipa gesneriana |
|---|---|---|
| 20/ 30 cm | | 30/ 50 cm |
| IV–V | | IV |
| D | | – |
| II | | II |
| 11 | | 11 |

## Tulipa tarda
Späte Wild-Tulpe
Liliaceae, Liliengewächse

**Heimat:** Zentralasien, Tien Shan-Gebirge.
**Wuchsform:** Aufrecht, horstige Zwiebelpflanze. Zieht nach der Blüte ein.
**Blatt:** Lineal, 2 cm breit, bläulich grün, zu mehreren eine Rosette bildend.
**Blüte:** Sternförmig, weiß mit gelber Mitte, mehrblütig, IV.
**Frucht:** 3-klappige Kapsel.
**Standort:** Warme Lagen in voller Sonne.
**Lebensbereiche:** St,2,so: Steinanlagen; frisch; sonnig.
**Verwendung:** Durchlässige Böden in Steingärten.
**Vermehrung:** Brutzwiebel.
**Hinweis:** Zwiebel nur 2–3 cm groß. **Geschützte Wildpflanze.**

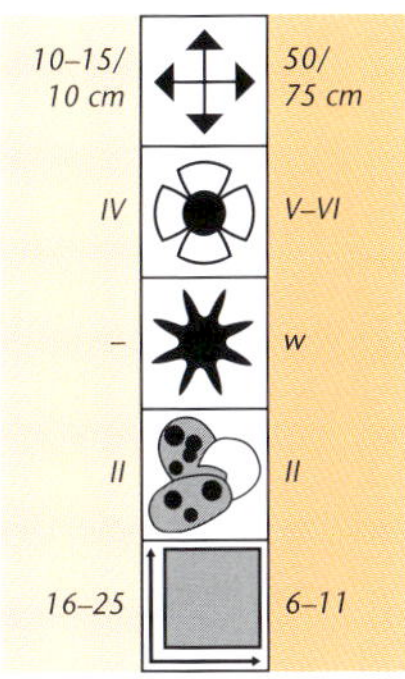


## Typha minima
Kleiner Rohrkolben
Typhaceae, Rohrkolbengewächse

**Heimat:** Europa, W-Asien bis zum Kaukasus.
**Wuchsform:** Aufrecht, locker, ausläufertreibende Sumpfpflanze.
**Blatt:** Sehr schmal, bandförmig, mattgrün.
**Blüte:** Weibliche Blütenkolben 3–4 cm lang, 1,5–2 cm dick, kastanienbraun. Oberhalb davon befinden sich die männlichen Blüten, grüngelb, unscheinbar, V–VI.
**Fruchtstand/Frucht:** Kolben, dunkelbraun, im Sommer in viele Samen mit langen Pappushaaren zerfallend.
**Standort:** Am Rande von stehenden Gewässern. Schwere Böden.
**Lebensbereiche:** WR,4,so: Wasserrand; sumpfig; sonnig. Auch Freifläche.
**Verwendung:** Kleinere Wasserflächen, bis –10 cm Tiefe. Auch für Tröge. Trockenbinderei.
**Vermehrung:** Abtrennen der Ausläufer im Frühling.

## Verbascum nigrum
Dunkle Königskerze
Scrophulariaceae, Braunwurzgewächse

**Heimat:** Europa, Sibirien.
**Wuchsform:** Straff aufrecht, horstig.
**Blatt:** Herzförmig, langgestielt, 20 cm lang, unterseits graufilzig.
**Blüte:** Dunkelgelb mit violetten Staubgefäßen, in Blattachseln der Blütenähren, VII–VIII.
**Frucht:** Rundliche Kapsel.
**Standort:** Durchlässige, nährstoffreiche Böden in voller Sonne.
**Lebensbereiche:** Fr,1,so: Freifläche; trocken; sonnig. Auch Steppenheide.
**Verwendung:** Größere Naturgärten, Wildstaudenpflanzungen an trockenen Plätzen.
**Vermehrung:** Aussaat im Frühling.
**Sorte:** 'Album', weiß.
**Hinweis:** Sehr vitale Staude, Elternteil vieler Sorten.

| Verbascum nigrum | | Veronica beccabunga |
|---|---|---|
| 30/ 100 cm | | 20–30/ 20– 30 cm |
| VII–VIII | | V–VIII |
| w | | w |
| I–II | | II |
| 3–4 | | 5–8 |

## Veronica beccabunga
Bachbunge, Bach-Ehrenpreis
Scrophulariaceae, Braunwurzgewächse

**Heimat:** Asien, Europa, N-Afrika.
**Wuchsform:** Niederliegend, kriechend, an den Knoten wurzelnd, Blütentriebe aufrecht.
**Blatt:** Elliptisch bis rund, gegenständig, 4 cm lang, glänzend grün, kerbig gezähnt.
**Blüte:** 10–30 Stück in den Blattachseln der Blütentrauben, dunkelblau, V–VIII.
**Frucht:** Nüsschen.
**Standort:** Bachränder, Quellfluren, humose Schlammböden, meist sonnig.
**Lebensbereiche:** WR,4,so–hs: Wasserrand; sumpfig; sonnig bis halbschattig. Auch Freifläche.
**Verwendung:** Uferzonen stehender und langsam fließender Gewässer, auch für Kaltwasser-Aquarien.
**Vermehrung:** Abtrennen der bewurzelten Ausläufer einfach.
**Besonderes:** Heilpflanze.

## Veronica teucrium

Großer Ehrenpreis
Scrophulariaceae, Braunwurzgewächse

**Heimat:** Europa bis Sibirien.
**Wuchsform:** Aufrecht, horstig.
**Blatt:** Eiförmig, gegenständig, am Rand gekerbt, 2–7 cm lang.
**Blüte:** An langen Blütentrauben, blau mit dunklen Nerven, V–VII.
**Frucht:** Kapsel.
**Standort:** Durchlässige, trockene Standorte auf kalkhaltigen Böden.
**Lebensbereiche:** Fr,2,so: Freifläche; frisch; sonnig. Auch Steppenheide, Felssteppe.
**Verwendung:** Einzeln oder in Gruppen im Naturgarten oder in Rabatten.
**Vermehrung:** Teilung im Frühling.
**Sorte:** 'Kapitän', w, enzianblau; 'Knallblau', 25 cm, tiefblau.

## Vinca minor

Kleines Immergrün
Apocynaceae, Hundsgiftgewächse

**Heimat:** Europa, Kaukasus.
**Wuchsform:** Niederliegend, kriechend, am Grunde verholzend.
**Blatt:** Breit-lanzettlich, glänzend grün, gegenständig, immergrün, 3–4 cm lang.
**Blüte:** Mit trichterförmiger Röhre, hellblau, IV–V.
**Frucht:** Früchte werden nicht ausgebildet.
**Standort:** Unter und vor Gehölzen in humosem Boden.
**Lebensbereiche:** G,2,hs–sch: Gehölz; frisch; halbschattig bis schattig. Auch Gehölzrand.
**Verwendung:** Als dichter, strapazierbarer Bodendecker, auch für trockenere Lagen. Grabstätten. Heilpflanze.
**Vermehrung:** Teilung im Frühling.
**Sorte:** 'Alba', w, weiß; 'Atropurpurea', Li, rot; 'Bowles', w, dunkelblau, 'Gertrude Jekyll', w, weiß.

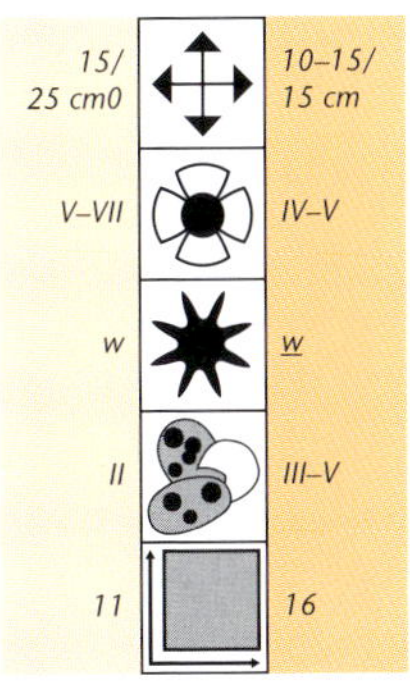

## Viola cornuta

Horn-Veilchen
Violaceae, Veilchengewächse

**Heimat:** Die Art stammt aus den Pyrenäen. Züchtung.
**Wuchsform:** Niederliegend bis aufrecht, kriechend.
**Blatt:** Oval, am Rand gekerbt, grün, wintergrün.
**Blüte:** Leuchtend blau-violett, 1- bis 2-blütig, stiefmütterchenartig, III–V.
**Frucht:** 3-teilige Kapsel, Samen mit Elaiosom.
**Standort:** Nährstoffreiche Gartenböden in sonniger Lage.
**Lebensbereiche:** GR,2,so, –b: Gehölzrand; frisch; sonnig; beetstaudenähnlich, Freifläche.
**Verwendung:** In kleineren Gruppen auf Beeten und Rabatten zu Vorfrühlingsblühern. Grabstätten.
**Vermehrung:** Aussaat, VII.
**Sorte:** 'Altona', *, hellgelb; 'Angerland', *, hellblau; 'Hansa', *, dunkelviolett; 'Martin', violett. (Bild: 'König Heinrich').

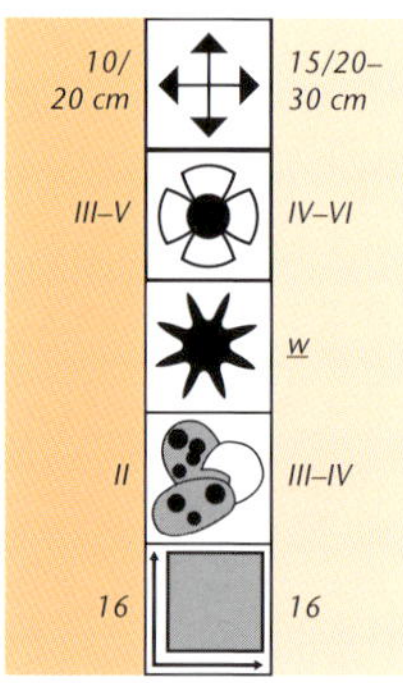


## Waldsteinia geoides

Ungarwurz
Rosaceae, Rosengewächse

**Heimat:** Östliches Mitteleuropa bis Ukraine.
**Wuchsform:** Kissenartig, horstig.
**Blatt:** Herz-nierenförmig, 3- bis 5-teilig, tief gezähnt, hellgrün, wintergrün.
**Blüte:** Zu 5 bis 9 an einem Stängel, 1,5 cm groß, gelb, IV–VI.
**Frucht:** Sammelfrucht, selten.
**Standort:** Frische, meist schattige Bereiche in Gehölznähe, humusreiche Böden.
**Lebensbereiche:** G,1–2,hs–sch: Gehölz; trocken bis frisch; halbschattig bis schattig. Gehölzrand.
**Verwendung:** Als Bodendecker für größere Flächen nicht ideal, weil horstig wachsend. Attraktiv zu *Brunnera* und anderen blaublütigen Stauden.
**Vermehrung:** Teilung im Vorfrühling.

## Waldsteinia ternata
Golderdbeere
Rosaceae, Rosengewächse

**Heimat:** Karpaten, Sibirien bis Sachalin, Japan.
**Wuchsform:** Flach ausgebreitet, kriechend, teils wurzelnd.
**Blatt:** 3-teilig, tief gezähnt, glänzend dunkelgrün, wintergrün.
**Blüte:** Schalenblüte 2 cm groß, in lockeren Trugdolden, goldgelb, IV–V.
**Frucht:** Sammelfrucht, selten.
**Standort:** Frische, meist schattige Bereiche in Gehölznähe, humusreiche Böden.
**Lebensbereiche:** G,2,hs–sch: Gehölz; frisch; halbschattig bis schattig. Gehölzrand.
**Verwendung:** Als Teppichbildner für größere Flächen ideal. Auch für Grabstätten.
**Vermehrung:** Teilung im Vorfrühling.
**Hinweis:** Kann unter starker Wintersonneneinstrahlung leiden.

| Waldsteinia ternata | | Yucca filamentosa |
|---|---|---|
| 10/ 15 cm | Höhe/Breite | 60/ 120 cm |
| IV–V | Blüte | VII–VIII |
| w | Winterhärte | ** |
| III–V | Pflanzzeit | I |
| 16 | Stück/m² | 1–2 |

## Yucca filamentosa
Palmlilie
Agavaceae, Agavengewächse

**Heimat:** Südliches und östliches N-Amerika.
**Wuchsform:** Aufrecht, horstig, fast stammlos, verholzter Grundstamm unterirdisch.
**Blatt:** Schmal, bandartig, matt blaugrün, immergrün, harte Spitze.
**Blüte:** Glockenförmig, hängend, an langer, verzweigter Rispe, weiß, VII–VIII.
**Fruchtstand/Frucht:** Kapsel, Samen wird bei uns nicht ausgebildet, weil der Bestäuber fehlt (Yuccamotte).
**Standort:** Warme, sonnige Plätze auf gut dränierten Böden. Staunässe vermeiden.
**Lebensbereiche:** FS,1,so,–b: Felssteppe; trocken; sonnig; beetstaudenähnlich. Freifläche.
**Verwendung:** Einzeln oder in kleinen Gruppen vor Südwänden, Kies- und Schotterbeete.
**Vermehrung:** Teilung langwierig, Samen vom Heimatstandort oder künstlicher Bestäubung.
**Sorte:** 'Glockenbusch', *, 60–80 cm.

# Lebensbereiche
# nach SIEBER (überarbeitet von H. GÖTZ)

**so:** **sonniger Standort**
**abs:** **absonniger Standort**
**hs:** **halbschattiger Standort**
**sch:** **schattiger Standort**

## Lebensbereich Beet/Rabatte – B

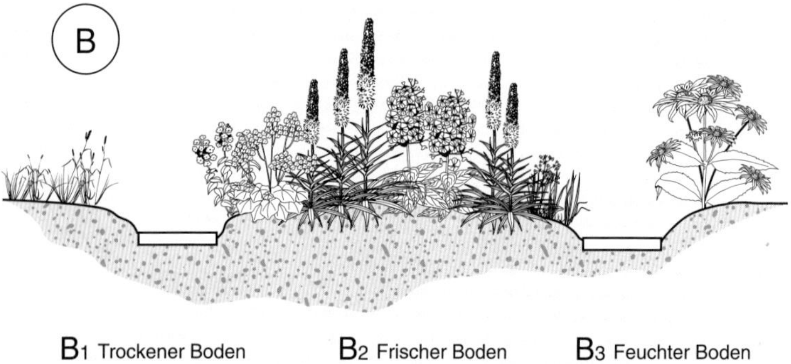


Für die am häufigsten anzutreffende Standortsituation im Garten, **dem Beet (B)**, gibt es eine große Zahl herrlicher Stauden mit stattlichem Habitus und prachtvollen Blüten. Sie benötigen einen **humosen, nährstoffreichen Boden, dessen Oberfläche regelmäßig gelockert wird**. Leitstauden übernehmen in diesem Lebensbereich eine dominierende Funktion, sie werden durch Begleitstauden ergänzt.

Beetstaudenähnliche Stauden aller Lebensbereiche, -b

In allen Lebensbereichen gibt es Stauden mit **beetstaudenähnlichem** Charakter, die meist durch ihre stattliche Erscheinung, den üppigen Wuchs und durch auffällige Blüten wirkungsvoller und anspruchsvoller sind. Um sie zu kennzeichnen, wird der Lebensbereichskennzeichnung **ein -b hinzugefügt**.

## Lebensbereich Gehölzrand – GR,1-3

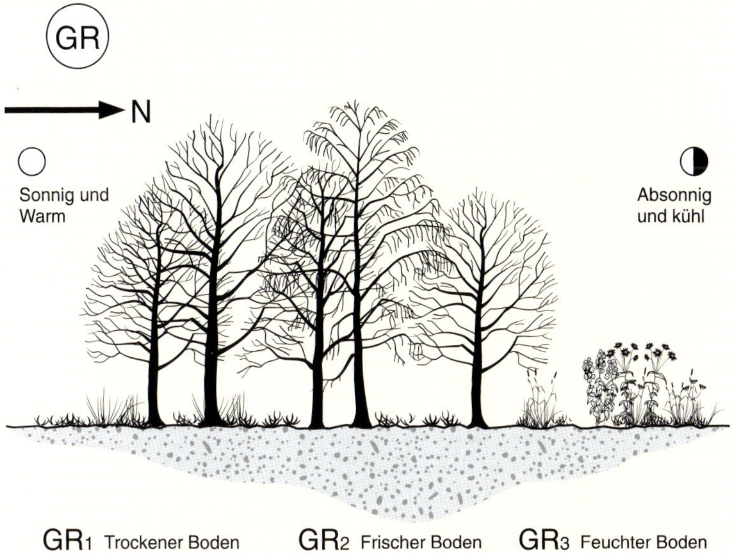


Am Rande von Baum- und Strauchgruppen, vielfach in gutem, humosem Boden, finden zahlreiche Stauden optimale Standortverhältnisse. Zu beachten ist, dass einige Arten mehr den offenen, sonnigen, warmen, südseitigen Gehölzrand bevorzugen und andere den kühlen, halbschattigen, nordseitigen oder den wechselschattigen Gehölzrand bevorzugen. Der Boden dieser Standorte ist **trocken (GR,1)**, **frisch (GR,2) oder feucht (GR,3).** Vergleichbare Standortverhältnisse findet man im Bereich von Mauern und Hauswänden. Dort entfällt die Wurzelwirkung konkurrierender Gehölze.

# Lebensbereich Gehölz – G,1-3

G1 Trockener Boden G2 Frischer Boden G3 Feuchter Boden

Im lichten Schatten oder Halbschatten meist unter locker aufgepflanzenten Bäumen, gedeihen viele Waldstauden sehr gut. Sie stehen in enger Beziehung zu den Gehölzen und beleben diesen Bereich durch ihre Wuchsformen und Blüten. Die verrottenden Blätter der Bäume sorgen für den erforderlichen humosen Boden und sollten nicht entfernt wrden. Je nach Standort der Gehölzgruppen unterscheidet man **Stauden für trockenen Boden (G,1), für frischen Boden (G,2) sowie für feuchten Boden (G,3).**

# Lebensbereich Freifläche – Fr, 1-3

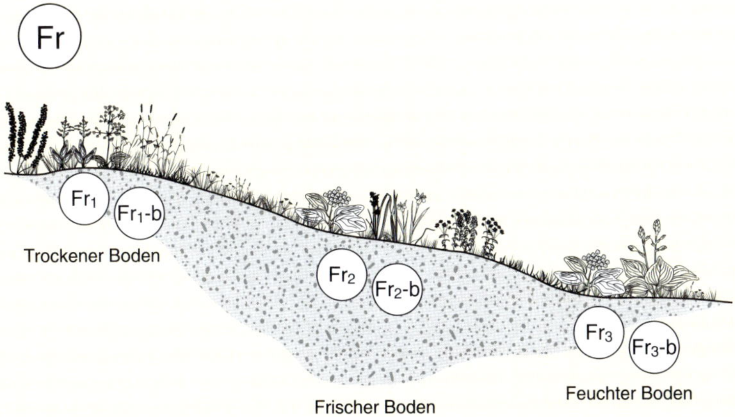


Außerhalb der Standorte von Bäumen und Sträuchern, auf freien, sonnigen Flächen gibt es vielfältige Situationen, in denen Stauden günstige Lebensbedingungen finden. Je nach Feuchtegehalt oder Wasserhaltekraft des Bodens werden unterschieden: **Stauden für trockene, durchlässige Böden – oft auch Hanglagen – (Fr,1), für normale, frische Böden (FR,2) oder für feuchte Böden (Fr,3).** Zu dem Lebensbereich Freifläche werden auch die Steppenheide und Heide gerechnet. **Die Steppenheide (SH)** zeichnet sich durch trockene, kalkhaltige Böden und warme, sonnenseits geneigte Standorte aus. Als **Heide (H)** werden nährstoffarme, bodensaure, sandige Flächen bezeichnet. Bei den Heiden werden trockene Böden (H,1), frische Böden (H,2) und feuchte Böden (H,3) unterschieden.

## Lebensbereich Freifläche, Steppenheide – SH

## Lebensbereich Freifläche, Heide – H

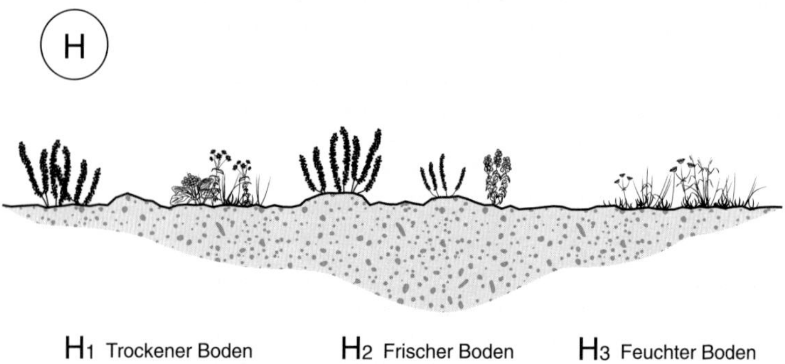

# Lebensbereich Steinanlagen, Tröge und Troggärten – St

## Lebensbereich Steinanlagen, Fels-Steppen – FS

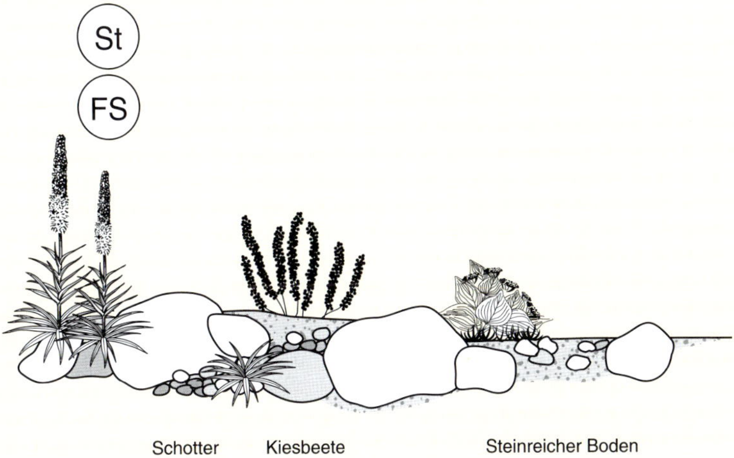


Viele Stauden fühlen sich im Bereich der Steine wohl. Manche sind nässeempfindlich und wachsen deshalb am besten in einem **von Kies bzw. Felsbrocken durchsetzten Boden, den Fels-Steppen (FS).** Andere gedeihen selbst in flachen Bodenschichten über Fels oder größeren Steinanlagen, den **Felsmatten (M).** Einige Pflanzen dieses Lebensbereichs eignen sich für **Mauerkronen (MK)** oder können in **Steinfugen (SF)** gepflanzt werden. **Bei Mauerkronen (MK) und Steinfugen (SF) werden trockene Böden (SF,1 bzw. MK,1), frische Böden (SF,2 bzw. MK2) und feuchte Böden (SF,3 bzw. MK,3) unterschieden.**

## Lebensbereich Steinanlagen, Felsmatten – M

## Lebensbereich Steinanlagen, Mauerkronen – MK

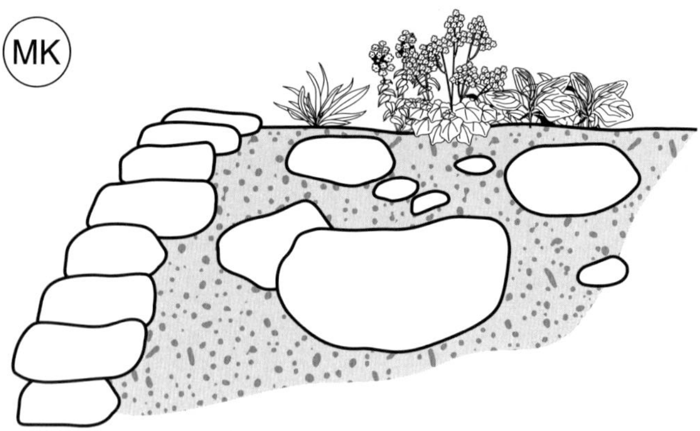

## Lebensbereich Steinanlagen, Steinfugen – SF

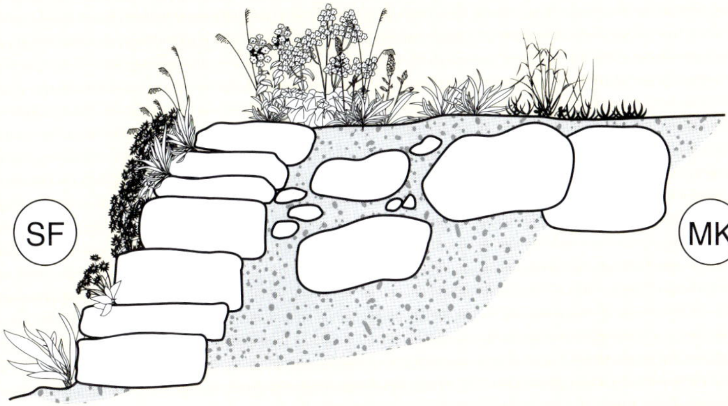


△ Sonnig     ◮ Absonnig

$SF_1$ Trockener Boden     $SF_2$ Frischer Boden     $SF_3$ Feuchter Boden
$MK_1$     $MK_2$     $MK_3$

# Lebensbereich Alpinum – A

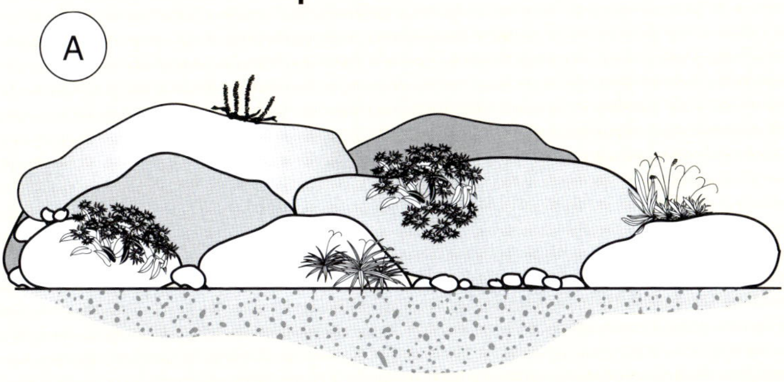


Einige herrliche, aber auch **anspruchsvolle, oft nicht sehr konkurrenzfähige** Stauden finden die besten Standorte in unterschiedlichen, meist kleinräumigen Flächen des **Alpinum (A).**

# Lebensbereich Wasserrand – WR,4 / WR,5

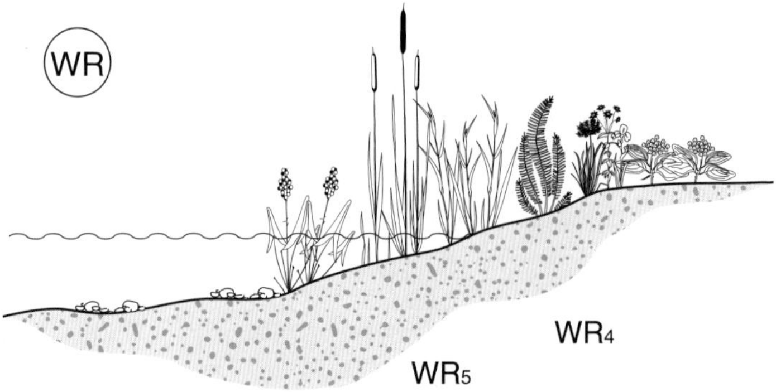


Dieser Lebensbereich wird durch große Bodenfeuchtigkeit gekennzeichnet. Es handelt sich um Standorte am Rand eines Teiches, Bachlaufs oder einer anderen Wasserfläche. Es handelt sich um feuchte bis nasse, **zeitweise abtrocknende Böden (WR,4) oder um Standorte, die dauernass sind beziehungsweise von flachem Wasser immer bedeckt sind (WR,5).** Röhrichtpflanzen fühlen sich an dem zuletzt beschriebenen Standort sehr wohl.

# Lebensbereich Wasser – W,6-8

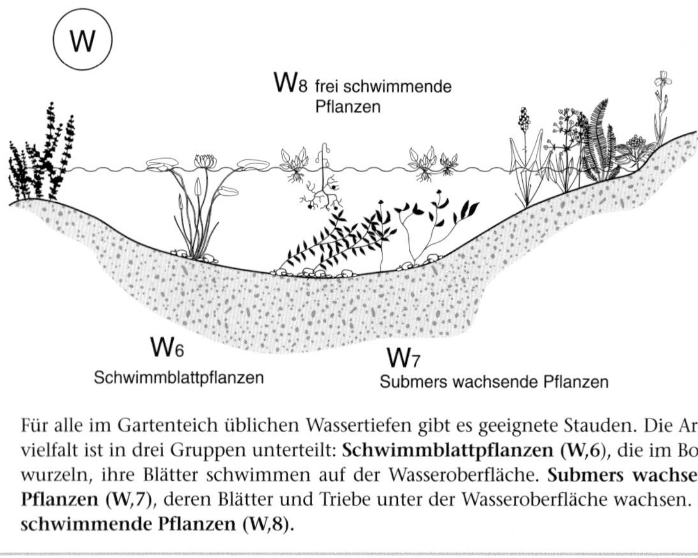


Für alle im Gartenteich üblichen Wassertiefen gibt es geeignete Stauden. Die Artenvielfalt ist in drei Gruppen unterteilt: **Schwimmblattpflanzen (W,6)**, die im Boden wurzeln, ihre Blätter schwimmen auf der Wasseroberfläche. **Submers wachsende Pflanzen (W,7)**, deren Blätter und Triebe unter der Wasseroberfläche wachsen. **Frei schwimmende Pflanzen (W,8).**

# Staudenzüchtung

Wer aufmerksam Pflanzen in der Natur betrachtet, der kann gelegentlich Abweichungen von der Art feststellen: eine andere Blütenfarbe, gefüllte Blüten oder eine andere Wuchsform. Pflanzenliebhaber und Züchter nutzen dies, um besondere Eigenschaften einer Pflanze durch gezielte züchterische Maßnahmen hervorzuheben und zu verbessern. Meist dauert es Jahre bis feststeht, ob die Pflanze mit den veränderten Eigenschaften tatsächlich eine Verbesserung gegenüber den Ausgangsindividuen darstellt. Jahr für Jahr könnten also "neue" Pflanzen in unglaublicher Anzahl den Markt überschwemmen und für Unübersichtlichkeit sorgen, wenn sich nicht ein Gremium gebildet hätte, das den Wert einer Neuheit für Kultivateur und Vewender ermittelt.

Das Gremium, der Arbeitskreis der Staudensichtung, beobachtet die ausgepflanzte Neuheit über Jahre und gibt dann anhand seiner Beobachtungen eine Empfehlung ab. Pflanzenanbieter nutzen diese Angaben, um dem Käufer eine Orientierung zu geben.

Um das Besondere zu besitzen, geben Pflanzenliebhaber bereitwillig viel Geld aus. Die Pflanzen, die sie über den Handel erwerben, wurden meist vegetativ vermehrt, sie wurden also über Stecklinge, Abrisslinge oder Veredelungen produziert und sind identisch mit der Mutterpflanze. Generativ kann eine begehrte Neupflanze nicht mehr vermehrt werden.

Weil echte Züchtungsarbeit viel Zeit, Arbeit und oft große Flächen erfordert, befassen sich kaum Staudengärtner, sondern eher Liebhaber damit. Doch Gärtner haben durch ihre Kenntnisse und ihre Arbeit in Massenbeständen eher die Möglichkeit, Abweichungen in ihren Kulturen festzustellen und deren Bedeutung abzuschätzen.

Die züchterisch vielversprechenden, ausgewählten Individuen müssen getrennt kultiviert, beobachtet und vegetativ vermehrt werden. Als Züchter gilt nach internationalem Recht derjenige, der die Eigenschaften der Neuheit erkennt und sie dann selektiert. Ein gutes Auge und hervorragende Pflanzenkenntnisse sind dafür eine wichtige Voraussetzung.

## Praxis der Staudenzüchtung

### Ausleseverfahren durch Massenanzucht

Bei Aussaaten treten immer wieder Abweichungen von der Art auf. Extrem deutlich wird dies bei der generativen Vermehrung von Pflanzen, die durch Insekten bestäubt werden: Im Saatbeet entstehen ganz unterschiedliche Jungpflanzen. Ein schönes Beispiel gibt hierfür die Gattung *Sempervivum,* die Hauswurz. Ernsthafte Sammler, unter ihnen der Autor, haben über 1000 verschiedene *Sempervivum*-Formen in ihrem Garten. Es ist kein Wunder, dass die unterschiedlichsten Kreuzungen entstehen können, da die bestäubenden Insekten, darunter Bienen, Wespen, Fliegen, wahllos eine Blüte nach der anderen besuchen. Wenn man nach der Keimung die Jungpflanzen längere Zeit beobachtet, entdeckt man immer wieder Formen, die man noch nicht in seiner Sammlung hat. Die schönsten Formen werden nun ausgelesen, weiter kultiviert, mit einem Sortennamen versehen und vegetativ vermehrt. Hybriden, die nur geringfügige Veränderungen gegenüber der Mutterpflanze zeigen, sollten keinen eigenen Sortennamen erhalten. Der Züchter muss deswegen immer wieder sein Ergebnis nach strengen Kriterien bewerten.

## Gezielte Kreuzungen

Wenn zwei ausgesuchte Elternpflanzen *einer* Art, die sich durch besonders attraktive Eigenschaften auszeichnen, miteinander gekreuzt werden sollen, überträgt man den Blütenstaub (Pollen) der Vaterpflanze auf die reife Narbe der Mutterpflanze. Nach dieser künstlichen Befruchtung bildet sich dort ein Pollenschlauch, der die männlichen Zellkerne enthält. Diese vereinigen sich im Fruchtknoten mit den Kernen der weiblichen Eizelle. Durch die Verschmelzung der Zellkerne wird die Bildung des Samens ausgelöst, er enthält die Eigenschaften beider Elternpflanzen.

Die Auswahl der Elternpflanzen kann gefühlsmäßig erfolgen oder entsprechend der wissenschaftlichen Methode bestimmt werden. Nach Gefühl arbeiten die meisten Züchter, sie hoffen auf das Zufallsprinzip, das sie meist auch nicht enttäuscht, wenn sie gute Elternpflanzen ausgewählt haben. Misserfolge muss man aber einkalkulieren – auch bei der wissenschaftlichen Methode.

Der Augustinermönch Gregor Mendel (1822 bis 1884) konnte dank seiner Kreuzungs-Experimente mit Erbsen herausfinden, nach welchen Gesetzmäßigkeiten Pflanzeneigenschaften der Eltern auf ihre Nachkommen übertragen werden. Mendel stelle fest, dass die Nachkommen der ersten Kreuzung (F1-Generation) in ihrem Erscheinungsbild einheitlicher als die Nachkommen der Folgegeneration (F2-Generation) sind. Sofort erkennbare Eigenschaften nennt man dominant. Andere, die zunächst verborgen bleiben, bezeichnet man als rezessiv, sie werden erst nach mehreren Generationen sichtbar.

Bei der gezielten Züchtung müssen die Elternpflanzen natürlich fruchtbar (fertil) sein. Immer wieder kommt es vor, dass manche Hybriden sich nicht mit anderen Arten kreuzen lassen, sie sind unfruchtbar (steril). Ein bekanntes Beispiel ist *Hosta* 'Undulata Univittata', eine alte Gartenpflanze japanischen Ursprungs. Sie ist vollkommen steril, Kreuzungen mit anderen Arten sind zwecklos. Auch bestimmte Schwertlilien-Arten lassen sich nicht miteinander kreuzen, obwohl sie zur selben Gattung gehören. Diese *Iris*-Arten sind zwar miteinander verwandt, aber ihre Verwandtschaft liegt schon zu weit auseinander. Andererseits gibt es Kreuzungen zwischen verschiedenen Gattungen einer Pflanzenfamilie. So ist × *Solidaster luteus* eine bekannte und als Schnittblume beliebte Kreuzung zwischen der Astern-Art *Aster ptarmicoides* und der Goldrute *Solidago.* Oft verhindert die unterschiedliche Anzahl der Chromosomen in den Zellkernen eine gezielte Kreuzung.

Durch verschiedene Verfahren (radioaktive Bestrahlung, Behandlung mit dem Herbst-Zeitlosen-Gift Colchizin) werden die natürlichen (diploiden) Chromosomensätze verdoppelt (tetraploid). So entstehen Hybriden, die verbesserte Eigenschaften eines Merkmals aufweisen, z.B. bei *Iris*- und *Hemerocallis*-Hybriden sind dies oftmals größere Blüten oder kräftigere Stängel und Blätter. Bei anderen Gattungen – z. B. *Hosta* – wurde diese Vorgehensweise ebenfalls erprobt, sie zeigte jedoch weniger Wirkung.

<u>Technik der Bestäubung:</u> Pollen sind langlebig, sie lassen sich sogar per Post weltweit versenden. Mit Hilfe eines Pinsels oder einem Pfeifenreiniger überträgt man am frühen Morgen den Pollen auf die reife Narbe der Mutterpflanze. Dazu öffnet man mit leichtem Druck die noch geschlossene Knospe und entfernt die vorhandenen Staubblätter der Blüte, um die Selbstbestäubung zu verhindern. Den Pollen platziert man auf der Narbe. Diese wird anschließend mit Stanniolpapier oder Gaze umhüllt, damit bestäubende Insekten die Blüte nicht mehr besuchen können. Möchte man die Blüten einer Pflanze mit verschiedenen Pollen bestäuben, so werden die Pinsel vor jeder Pollenübertragung ausgekocht. Jede bestäubte Blüte wird gekennzeichnet. Nach einigen Tagen vergrößert sich der Fruchtknoten, wenn die Befruchtung erfolgreich verlaufen ist. Die Kreuzungsversuche werden im Zuchtbuch vermerkt; Datum, Nummer der Kreuzung sowie der Name der Vater- und Mutterpflanze werden dazu dokumentiert. Man sollte sich bei der Züchtung von Pflanzen nicht auf sein Gedächtnis verlassen, das Züchtungsbuch schafft im Zweifelsfall Klarheit.

## Zufallskreuzungen

Manchmal entstehen durch äußere Einflüsse Mutationen, die sich positiv von der bewährten Art unterscheiden. Diese sollte man isolieren und weiter beobachten, wie sie sich verhalten. Ein gutes Beispiel hierfür ist *Luzula sylvatica,* die Waldmarbel. Auf einer Exkursion der ISU (Internationale Staudenunion) in die Tauern entdeckte ein Teilnehmer eine Mutation dieser Art, die sich durch einen besonders niedrigen Wuchs auszeichnete. Er entnahm dem Bestand ein Exemplar, vermehrte es zu Hause und nannte die neue Sorte 'Tauernpass'. Sie ist zu einem unverzichtbaren Bestandteil des Staudensortiments geworden. Es lohnt sich also immer, die Augen offen zu halten.

## Staudensichtung

Der Bund deutscher Staudengärtner hat sich unter anderem der Aufgabe verschrieben, Züchtungen zu bewerten. Karl Foerster, der Altmeister der Staudengärtner und Züchter, forderte schon 1920, in mehreren Regionen Deutschlands Schau- und Sichtungsgärten anzulegen. In ihnen sollten Neuzüchtungen aufgepflanzt, über Jahre hinweg beobachtet und nach verschiedenen Kriterien bewertet werden. Dies geschah dann auch so. Später beauftragte man das Institut für Stauden, Gehölze und angewandte Pflanzensoziologie an der Staatlichen Lehr- und Forschungsanstalt für Gartenbau in Weihenstephan (Freising) mit der Staudensichtung. Von dort aus wird die Sichtungsarbeit koordiniert; die Sichtungsergebnisse werden außerdem dort gesammelt und von einem Fachgremium diskutiert. Die Ergebnisse werden dann in Fachzeitschriften veröffentlicht.

## Kataloge von Staudengärtnereien:

Horst Gewiehs, Rotenburg/Wümme
Hans Götz, Schiltach
Gräfin von Zeppelin, Sulzburg-Laufen/Baden
Ewald Hügin, Freiburg /Breisgau
Christian Kreß, Ort/Innkreis, Österreich
Max Schleipfer, Neusäß/Augsburg

# Arbeitskalender
## für den Staudengarten

Die Planung und Pflanzung eines Staudenbeetes ist der schöpferisch wichtigste Akt. Doch es reicht nicht aus, nach der Pflanzung die Stauden sich selbst zu überlassen. Immer wieder muss man sich um seine Schützlinge im Garten kümmern, um zu sehen, was ihnen fehlt.

Im Laufe eines Jahres fallen die unterschiedlichsten Arbeiten der Pflege und Vermehrung an.

### Frühling

Vermehrung:

**Aussaat.** Im zeitigen Frühling werden die meisten Stauden im Kasten oder im Gewächshaus ausgesät. Wichtig ist, dass jede Art oder Sorte in einem eigenen Gefäß keimt, um sorten- bzw. artenreine Bestände zu gewährleisten. Die Erdschicht, die den Samen bedeckt, darf nicht stärker ausgebracht werden, als die Samenkorngröße. Zur Aussaat werden nährstoffarme Erdsubstrate verwendet. Die Saat in den Töpfen und Schalen wird vorsichtig angegossen und dann gleichmäßig feucht gehalten. Bei steigenden Temperaturen beginnen die Samen rasch zu keimen, bei entsprechender Größe werden die Keimlinge dann vereinzelt (pikiert). Dazu ist ein Pikiersubstrat erforderlich. Später können die jungen Pflanzen in größere Töpfe mit nährstoffreicherem Substrat umgetopft werden.

**Stecklinge.** Nach dem Austrieb können viele Stauden durch Stecklinge vermehrt werden. Rittersporntriebe sollten etwa 8–10 cm lang sein, wenn man Stecklinge daraus gewinnen möchte. Man schneidet hierfür die hohlen Triebe mit einem Stück des knolligen Wurzelstocks ab. Auf diese Weise kann bis zur Bewurzelung des Stecklings Fäulnis verhindert werden.

**Risslinge und Ausläufer.** An den von der Pflanze gewonnenen Trieben haben sich bereits Wurzeln gebildet. Sie können deswegen sofort eingetopft werden.

**Teilung.** Diese wichtigste Vermehrungsart bei Stauden wird entweder vor oder nach der Blüte angewandt. Gräser werden im Frühling geteilt.

Pflanzung

Bei frostfreiem, abgetrocknetem Boden kann gepflanzt werden. Die wichtigste Zeit hierfür sind die Frühlingsmonate März bis Mai. Man pflanzt grundsätzlich vor oder nach der Blüte der Pflanze. Stauden mit Topfballen können auch zu einem späteren Zeitpunkt und im blühenden Stadium ausgepflanzt werden.

Der Boden sollte vor der Pflanzung gründlich vorbereitet werden. Dazu gehört das tiefe Auflockern und eine Grunddüngung mit organischen Düngemitteln. Vor allem müssen Wurzelunkräuter sorgfältig entfernt werden. Sind alle Pflanzen im Boden, wird jede gründlich angegossen.

Wildkräuter

Samen- und Wurzelunkräuter müssen während der Vegetationsperiode immer wieder entfernt werden. Sie sollten möglichst schnell nach der Keimung sorgfältig entfernt werden, damit die Blüten- und Samenbildung unterbleibt.

Düngung

Im Vorfrühling wird der Kompost umgesetzt. Die dabei gewonnene 3-jährige, unkrautfreie Komposterde wird mit Torf und Sand gemischt und auf Staudenbeete 1–2 cm dick aufgetragen. Beim Austrieb im April ist für starkzehrende Staudenarten eine anorganische Düngung notwendig.

Für zierliche Felsfugenpflanzen im Steingarten verwendet man am besten einen Flüssigdünger mit geringem Stickstoffanteil. Diese Pflanzen sollten nur dann gedüngt werden, wenn es tatsächlich notwendig erscheint.

Schnitt

Im Vorfrühling werden die abgeblühten Stiele der Gräser und Stauden aus dem Vorjahr kurz über dem Boden abgeschnitten, damit die jungen Triebe wieder Platz bekommen.

Die Samenstände von sich leicht aussamenden Pflanzen (z.B. beim Steinkraut), sollten rechtzeitig entfernt werden.

Pflanzenschutz

Schnecken erscheinen schon in den ersten warmen Frühlingstagen. Sie müssen unverzüglich bekämpft werden. Man liest sie morgens und abends ab, nur in Notfällen sollte Schneckenkorn ausgelegt werden.

Da im Hausgarten keine giftigen Präparate verwendet werden dürfen, bekämpft man starken Blattlausbefall mit einer Brühe aus Neutralseife (1 $cm^3$ auf 1 Liter Wasser).

Unerwünschte Nager werden mit entsprechenden Fallen gefangen.

## Sommer

Vermehrung

**Aussaat.** Jetzt können kurzlebige Arten ausgesät werden (2-jährige Arten).

Samen für die Nachzucht von Wildarten können bei trockenem Wetter gesammelt, sorgfältig etikettiert und in trockenen Papiertüten aufbewahrt werden.

**Teilung.** Nach der Blüte können viele Stauden geteilt werden. Man nimmt etwa faustgroße Teilstücke und pflanzt diese in ein gut vorbereitetes Beet.

Wildkräuter

Samen- und Wurzelunkräuter müssen während der Vegetationsperiode immer wieder entfernt werden. Sie sollten möglichst schnell nach der Keimung sorgfältig entfernt werden, damit die Blüten- und Samenbildung unterbleibt.

Düngung

Nur noch bis Ende Juni ist eine Düngung angebracht. Wird später gedüngt, so kann die Pflanze bis zum Herbst nicht mehr ausreifen und ist so für Erkrankungen und witterungsbedingte Schädigungen anfälliger.

Gießen

In trockenen Perioden benötigen viele Stauden öfter eine kräftige Wassergabe. Stauden sollte man niemals in der Mittagszeit mit Wasser übersprühen, da ihnen dadurch eine feuchte Atmosphäre vorgegaukelt wird. Wird der Regner dann abgestellt, so erleiden sie durch die höhere Verdunstung einen Schock und welken rascher als zuvor. Beregnet man die Pflanzen am Abend, so können Blüten und Blätter nicht richtig abtrocknen. Es kommt leichter zu Pilzbefall. Am besten ist eine intensive Bewässerung am Morgen, ohne die Blätter zu benetzen.

Schnitt
Verblühtes wird jetzt regelmäßig entfernt. Bei Beetstauden wird dadurch der Samenansatz verhindert.

Pflanzenschutz
Regelmäßig wird der Befall durch Schnecken und Blattläuse kontrolliert und gegebenenfalls bekämpft. Sind Sommerphlox-Pflanzen mit Nematoden befallen, so gehören sie in die Mülltonne und nicht auf den Kompost. Dies gilt auch für Rittersporne, Astern und viele andere Stauden mit Pilzerkrankungen.

Aufbinden und Schneiden
Die meisten Beetstauden blühen im Sommer. Hohe Arten sollten vor dem Umfallen durch Anbinden und Stäben geschützt werden. Abgeblühtes wird sofort entfernt. Dies gilt besonders für Rittersporn. Wird er rechtzeitig zurückschnitten, blüht er im Herbst ein zweites Mal.

Pflanzung
Herbstblühende Zwiebel- und Knollenpflanzen werden jetzt gepflanzt, dazu gehören Herbst-Krokus und Herbst-Zeitlose.

## Herbst

Vermehrung
**Teilung**. Für Pfingstrosen ist dies die beste Zeit. Die Teilung des Wurzelstocks sollte vorsichtig erfolgen, um die rübenartigen Knollen nicht zu verletzen. Jede Teilpflanze muss eine Knospe am Trieb tragen, sonst ist sie wertlos.
**Stecklinge.** Manche Steingartengewächse mit Polsterwuchs können jetzt durch Rosettenstecklinge im Kasten vermehrt werden.

Pflanzung
Wer noch nicht sein Staudenbeet angelegt hat, kann nun bis zum Frosteintritt wieder pflanzen. Auch alle frühlingsblühenden Zwiebel- und Knollengewächse werden jetzt gesetzt.

Wildkräuter
Samen- und Wurzelunkräuter müssen während der Vegetationsperiode immer wieder entfernt werden. Sie sollten möglichst schnell nach der Keimung sorgfältig entfernt werden, damit die Blüten- und Samenbildung unterbleibt.

Schnitt
Gelegentlich werden die Beete kontrolliert, Abgeblühtes wird entfernt. Gräser und auffällige Fruchtstände bleiben aber stehen, damit der Garten im Winter bei Rauhreif und Schnee reizvoll wirkt.

## Winter

Vermehrung

**Aussaat.** Kaltkeimer werden in der kalten Jahreszeit ausgesät. Zu ihnen gehören viele alpine Stauden. Die Aussaatgefäße werden ins Freie gebracht, vor Vögeln geschützt und dann dem Frost und Schnee ausgesetzt, der die Keimruhe der Samen bricht.

**Wurzelschnittlinge**. Von verschiedenen Stauden können Wurzelschnittlinge gemacht werden (Mannstreu, Kugel-Primel, Türken-Mohn etc.). Die kräftigen Wurzeln schneidet man in 5 cm lange Stücke, legt sie in Schalen und bedeckt sie mit Vermehrungssubstrat. Die Gefäße werden frostsicher aufgestellt.

Winterschutz

Eine leichte Reisigabdeckung ist besonders bei Barfrösten zu empfehlen. Oft werden frisch gepflanzte Staudenballen durch den Frost angehoben, die Wurzeln liegen dann frei und die Pflanze vertrocknet langsam. Solche Pflanzen müssen im zeitigen Frühjahr, wenn kein Bodenfrost herrscht, wieder angedrückt werden.

Sonstiges

Jetzt bleibt Zeit für Dinge, die man während der Vegetationsperiode oft vernachlässigt: Werkzeuge werden geölt, geschärft und repariert. Ferner helfen Samen- und Pflanzenkataloge den Winter wenigstens gedanklich zu vertreiben und Planungen für das neue Gartenjahr zu beginnen. Pflanzenbestellungen sind ein netter, wenn auch oft teurer Zeitvertreib für lange Winterabende.

# Beet- und Balkonpflanzen

# Einführung

Die Pflanzen sind wie üblich in alphabetischer Reihenfolge der wissenschaftlichen Bezeichnungen nach Gattung und Art geordnet. Daneben sind die gebräuchlichen deutschen Namen sowie die Familienzugehörigkeit aufgeführt. Die wichtigsten Merkmale und Eigenschaften werden zudem übersichtlich mit Symbolen dargestellt.

## Systematische Übersicht

Die wissenschaftliche Benennung der Pflanzen mit Gattungs- und Artname, die so genannte binäre Nomenklatur, geht auf den schwedischen Naturforscher Carl von Linné zurück, der im Jahre 1753 sein wichtigstes Werk über die Klasssifizierung des Pflanzenreiches veröffentlichte. Seine Arbeiten sind heute noch wichtige Grundlage der Systematik.

Demnach wird das Pflanzenreich in 17 Abteilungen gegliedert. In diesem Band sind davon nur Pflanzen aus folgenden gärtnerisch wichtigen Abteilungen aufgeführt:

16. Abteilung: *Gymnospermae*, Nacktsamer (dazu zählen die Koniferen).

17. Abteilung: *Angiospermae*, Bedecktsamer.

Jede Abteilung ist weiterhin gegliedert in Klassen, Ordnungen und Familien. Innerhalb der Familie erfolgt die Gliederung nach Gattungen, Arten, Unterarten und Sorten, wobei die Sorten durch Züchtung oder Auslese in der Kultur entstanden sind. Die Sortennamen werden in einfache Anführungszeichen gesetzt, z.B. 'Dania'.

Weitere in diesem Buch verwendete Abkürzungen und Zeichen:

| | |
|---|---|
| subsp: | *Subspecies* = Unterart mit von der Art abweichenden Merkmalen |
| var.: | *Varietät* = Varietät mit abweichenden Merkmalen |
| Syn: | *Synonym* = überholter Nebenname |
| ×: | Kreuzung zweier naher verwandter Gattungen oder Arten. |

## Ein Überblick

**Einjährige Sommerblumen** stammen meist aus warmen Gegenden, wo sie teilweise auch ausdauernd wachsen können. In gemäßigten Klimabereichen entfalten sie in den Sommermonaten ihre ganze Pracht, sterben aber bei den ersten Frösten im Herbst ab. Sie müssen jedes Jahr neu ausgesät werden.

In der Regel werden sie im Vorfrühling ausgesät, wegen der Frostgefahr meist unter Glas, nach dem Keimen pikiert und einige Wochen später getopft. Anfang bis Mitte Mai sollten sie verkaufsfertig sein. Nach den Eisheiligen (Mitte Mai) dürfen sie ins Freie, wo sie auf Beeten, Gräbern und in Gefäßen während des ganzen Sommers blühen. Je nach Wuchstyp eignen sie sich hervorragend als Schnittblumen oder Farbgeber für Beet und Balkon. Die meisten Gattungen und Arten sind Sonnenliebhaber und für kräftige Wasser- und Nährstoffgaben während des Sommers dankbar.

**Zweijahresblumen** stammen meist aus gemäßigten Zonen. Sie werden im Sommer ausgesät und noch im gleichen Jahr entwickeln sie eine kräftige Blattrosette. Im Folgejahr erscheint dann der Blütenstand. Nach der Samenreife stirbt die Pflanze ab, nur wenige treiben nach einem kräftigen Rückschnitt wieder aus und blühen im nächsten Jahr erneut.

Sie eignen sich besonders gut für Beete und Rabatten, weil sie den ganzen Frühling über blühen. In öffentlichen Anlagen werden sie meist mit Blumenzwiebeln kombiniert, beide werden im Herbst gleichzeitig gepflanzt. Im Anschluss daran setzen dann die Einjahresblumen die Blütenpracht im Sommer fort. Sie werden spätestens Anfang Juni gepflanzt.

Viele kurzlebige Arten eignen sich auch als **Trockenblumen**. Diese werden bei Vollblüte oder Fruchtreife geschnitten und an trockenen Plätzen im Schatten getrocknet. Dann sind sie jahrelang haltbar.

**Sommerblühende Zwiebel- und Knollenpflanzen** sind ebenfalls in wärmeren Gebieten beheimatet. Da sie meist nicht frosthart sind, müssen ihre Speicherorgane im Spätherbst ausgegraben und frostfrei überwintert werden, am besten in einem trocknen, luftigen Raum. Im kommenden Frühling (Anfang Mai) dürfen sie wieder ausgepflanzt werden.

**Schling- und Kletterpflanzen** sind meist Waldpflanzen, die in der Natur an größeren Gehölzen hinaufklettern, bis sie für die Bildung von farbenprächtigen Blüten und Früchten genügend Licht erhalten. Neben einjährig gezogenen Gattungen und Arten gibt es auch zahlreiche, die wie mehrjährige Kübelpflanzen in Gefäßen kultiviert und gepflegt werden müssen.

**Kübelpflanzen:** Viele Arten stammen aus den Subtropen und besitzen meist immergrünes Laub. Sie sind langlebig, vertragen aber unsere strengen Winter nicht. Daher müssen sie von Oktober bis Mai in frostfreien, hellen Räumen überwintert werden. Dort sollten sie nur in Maßen gegossen werden, dürfen aber keinesfalls ganz austrocknen. Auch auf Schädlinge ist im Winterquartier zu achten. Ein kräftiger Rückschnitt vor dem Einräumen verringert die Verdunstung, außerdem benötigen die Pflanzen dann nicht so viel Platz. Nach den Eisheiligen (Mitte Mai) können sie dann wieder auf die Terrasse oder den Balkon und erfreuen uns den ganzen Sommer über dann mit prächtigen Blüten.

**Balkonpflanzen:** Zu dieser Gruppe gehören größtenteils ein- und zweijährige Pflanzen, die aufgrund ihrer Frostempfindlichkeit in der Regel erst nach Mitte Mai ins Freie gepflanzt werden. Sie blühen dann den ganzen Sommer über bis zum Frost, bei richtiger Pflege in verschwenderischer Fülle. Wichtig ist, dass man sie in frische Erde pflanzt. Ist nach einigen Wochen der Düngervorrat der Erde erschöpft, ist jede Woche eine Nachdüngung erforderlich. In der Regel gibt man dem Gießwasser Flüssigdünger bei, in geringer Dosierung kann dies auch täglich erfolgen. Pflanzen mit hohem Wasserbedarf, z.B. Brugmansia, müssen an warmen Tagen mehrmals gegossen werden, am besten morgens und abends. Einige Gattungen wie *Pelargonium* können in frostfreien Räumen überwintert werden, von anderen können nach der Blüte Samen geerntet oder im Frühjahr oder Herbst Stecklinge geschnitten werden.

**Handelszeitraum:** Die meisten Sommerblüher werden von Mai bis Juni angeboten, Kübelpflanzen auch noch später. Sie bieten sich als Geschenk zu besonderen Gelegenheiten, z.B. einem Geburtstag oder Grillfest im Sommer, an. Häufig werden Sommerblumen auch schon zeitig im April angeboten. Doch wenn sie sich vor bösen Überraschungen schützen wollen, warten Sie lieber die Zeit bis nach den Eisheiligen (12.–15. Mai) ab.

## Erläuterung wichtiger Begriffe

### Erde

Einheitserde: Erdmischung aus Hochmoortorf und krümelstabilem Ton mit Düngerzusatz.
EE -P: Pikiererde mit geringem Nährstoffgehalt zur Anzucht.
EE -T: Topferde mit höherem Nährstoffgehalt zur Weiterkultur.
EE -ED 73: Erdmischung mit Langzeitdünger, z.B. für Dachgärten und Container.

TKS = Torfkultursubstrat: Mischung aus strukturstabilem Hochmoortorf und Düngerzusatz.
TKS 1: Anzuchterde mit geringen Nährstoffanteilen.
TKS 2: Topferde für die Weiterkultur mit höherem Nährstoffanteil.

### Blüten

Radiäre Blüten, auch polysymmetrisch, haben eine gleichmäßig geformte Blüte. Diese lässt sich durch mehrere Symmetrieachsen spiegelbildlich betrachten.
Zygomorphe Blüten, auch monosymmetrisch oder dorsiventral, haben eine Blüte, die sich nur durch eine einzige Achse spiegelbildlich betrachten lässt.

Disymmetrische Blüten besitzen zwei im rechten Winkel stehende Symmetrieachsen. Typisch sind die Blüten der Kreuzblütler (Brassicaceae, früher Cruciferae).

**Gewächshaus**
Die verschiedenen Begriffe eines Gewächshauses können wie folgt erläutert werden:
Alpinhaus: Pflanzen sind nur vor Nässe geschützt. Es ist unbeheizt, es herrschen die gleichen Temperaturen wie im Freien. Die Seitenfenster sind immer geöffnet.

Überwinterungsraum: Beheiztes Haus oder Raum zur frostfreien Überwinterung, mindestens 5-10 °C; für manche Arten sind auch dunkle Kellerräume geeignet. (Zwiebel-, Knollen- und Rhizompflanzen).

Kalthaus: 10-14 °C, meist hell und luftig (die meisten Kübelpflanzen).

Temperiertes Haus: 14-18 °C, mäßig warm, hell (subtropische Gewächse).

Warmhaus: 18-24 °C, warm, für tropische Gewächse.

## Symbole

Folgende Symbole werden in den Pflanzenbeschreibungen verwendet:

Giftpflanze

Lebensform
- Ein- oder zweijährige Pflanzen
- Stauden
- Zwiebelpflanze
- Knollenpflanze
- Halbstrauch/Halbstr.
- Strauch
- Baum
- Sukkulente

Blütezeit

optimale Lichtverhältnisse
- Sonne
- Schatten
- Halbschatten
- absonnig

Angaben zur Überwinterung
- Reisigschutz
- Alpinhaus
- Überwinterungsraum
- Kalthaus
- temperiertes Haus/temperiert
- Warmhaus

Verwendungszweck
- Ampelpflanze
- Bodendecker
- Beetpflanze
- Rabatte
- Balkonpflanze
- Einfassungen
- Grabbepflanzung
- Kletterpflanze/klettert
- Kübelpflanze
- Schnittpflanze
- Sumpfpflanze
- Topfpflanze

In den Pflanzenbeschreibungen werden in einigen Fällen symbolerläuternde Begriffe in Klammern gestellt. Diese Hinweise beschreiben das Verhalten am Naturstandort.

# Beet- und Balkonpflanzen von A bis Z

## Acroclinium roseum
(Syn. *Helipterum roseum*)
Sonnenflügel
Asteraceae, Asterngewächse

**Heimat:** West-Australien; subtropisch.
**Wuchsform:** Buschig aufrecht. Einjährig.
**Blatt:** Wechselständig, lanzettlich, 2–4 cm, bläulich grün, Stängel beblättert.
**Blüte:** Körbchen, 3–4(–6) cm breit, Röhrenblüten gelb, Zungenblüten papierartig, weiß, rosa, rot.
**Wuchs-/Blütenhöhe:** 15/20–60
**Fruchtstand:** Körbchen, Samen mit Pappus.
**Standort:** Durchlässige Böden in voller Sonne, trockenheitsliebend.
**Verwendung:** Trockenschmuck.
**Vermehrung:** Aussaat unter Glas ab III, in Töpfe mit sandiger Humuserde; ab Ende IV ins Freie.
**Kultur:** Durchlässiger Boden, ab V auspflanzen.
**Sorte:** 'Goliath', rosa, 50 cm.
**Hinweise:** Zum Trocknen vor Vollreife langstielig schneiden, kopfüber aufhängen.

## Agapanthus praecox
Schmucklilie
Alliaceae, Lauchgewächse

**Heimat:** Süd-Afrika: Östliches Kapland; gemäßigt, mediterran.
**Wuchsform:** Aufrecht, Laub überhängend. Staude mit fleischigen Wurzeln.
**Blatt:** 2-zeilig, schmal, immergrün, bis 60 cm lang, 3 cm breit, glänzend grün.
**Blüte:** Trichterförmig, 3–4 cm, blau oder weiß, in zusammengesetzter Dolde.
**Wuchs-/Blütenhöhe:** 40–60/70–80 cm.
**Frucht:** Kapsel mit schwarzen Samen.
**Standort:** Volle Sonne und warm, auf durchlässigen Böden.
**Vermehrung:** Teilung, Aussaat mit Vorkultur im Frühling. Keimdauer 15–21 Tage.
**Kultur:** Nährstoffreiche Humuserde mit Lehmanteil. Reichlich gießen und düngen. Hell und kühl, bei 1–5 °C, überwintern; in Ruhezeit trocken halten, aber nicht austrocknen lassen. Im Freien Schutz mit Laubdecke.
**Sorte:** 'Headbourne Hybriden', 40–50 cm

| Acroclinium roseum | | Agapanthus praecox |
|---|---|---|
| *einjährig* | | *Staude* |
| *VII–X* | | *VII–VIII* |
| *Sonne* | | *Sonne* |
| *–* | | *Reisigschutz* |
| *Beet, Schnitt* | | *Beet, Kübel* |

## Agastache mexicana
Mexikonessel, Duftnessel,
Mexikanische Minze
Lamiaceae, Taubnesselgewächse

**Heimat:** Mexiko; submediterran bis subtropisch.
**Wuchsform:** Aufrecht, breitbuschig, krautig. Ausdauernde Staude, meist einjährig kultiviert.
**Blatt:** Gegenständig, herzförmig, 4–7 cm lang, stumpf grün.
**Blüte:** Zygomorph, lippenförmig, 6–8 mm, lilarosa, auch blau oder weiß, in Ähren, aromatisch duftend.
**Wuchs-/Blütenhöhe:** 40–60 cm.
**Frucht:** Nüsschen.
**Standort:** Sonnige Lagen, durchlässiger Boden.
**Verwendung:** Für Vorgärten und Terrassen, Bienenweide.
**Vermehrung:** Teilung im Frühling. Aussaat im Vorfrühling. Man rechnet 1200 Samenkörner für 1000 Pflanzen.
**Kultur:** Humose Böden oder Einheitserde. Hell bei 12–15 °C überwintern.
**Sorten:** 'Blue'; 'White'; je 25 cm hoch.

| Agastache mexicana | | Ageratum houstonianum |
|---|---|---|
| einjährig, Staude | | einjährig |
| I–X | | V–X |
| Sonne | | Sonne |
| Kalthaus | | – |
| Beet, Schnitt | | Beet, Schnitt |

## Ageratum houstonianum
Leberbalsam
Asteraceae, Asterngewächse

**Heimat:** Mittel- und Südamerika; subtropisch, tropisch.
**Wuchsform:** Aufrecht, breitbuschig. Einjährig.
**Blatt:** Gegenständig, herzförmig, flaumig behaart, 4–6 cm, grün.
**Wuchs-/Blütenhöhe:** 15–50/20–60 cm.
**Blüte:** Köpfchen, 3–5 mm, blau, rosa, weiß, in endständiger Doldentraube, 4–6 cm.
**Fruchtstand:** 1 cm große Köpfchen, kleine Samen mit Pappus.
**Standort:** Auf lehmigen Böden in sonniger, warmer Lage.
**Vermehrung:** Aussaat von I–III, Keimdauer 8–14 Tage. Stecklinge im III.
**Kultur:** Durchlässiger Boden. Ab Mitte V ins Freie pflanzen; gut wässern und düngen.
**Sorten:** 'Blaue Donau', blau, 15–20 cm; 'Schneeball', weiß, 15–20 cm.
**Hinweise:** Anfällig für Weiße Fliege und Spinnmilben.

## Alcea rosea

Chinesische Stockrose
Malvaceae, Malvengewächse

**Heimat:** Östliches Mittelmeergebiet; mediterran.
**Wuchsform:** Aufrecht, rasch wachsend. Einjährig bis ausdauernd (nach Rückschnitt), wird meist zweijährig kultiviert.
**Blatt:** Wechselständig, kreisrund bis herzförmig, 10–15 cm, matt grün.
**Blüte:** Schalenblüte 5-zählig, 6–10 cm groß, rosa, weiß oder gelb, einfach oder gefüllt, in Trauben.
**Wuchs-/Blütenhöhe:** 80–200 cm.
**Frucht:** Kugelige Spaltfrucht mit rundlichen, flachen Samen.
**Standort:** Sonnig bis halbschattig, nährstoffreich, durchlässig.
**Verwendung:** Einzeln oder in kleinen Gruppen, Bauerngartenpflanze.
**Vermehrung:** Aussaat im Vorfrühling, oft Selbstaussaat. Keimdauer 14–21 Tage.
**Kultur:** Humose, nährstoffreiche Erde.
**Hinweise:** Anfällig für Rostpilze, Malvenflohkäfer.

| Alcea rosea | | Alstroemeria aurea |
|---|---|---|
| *einjährig, Staude* | | *Staude* |
| *IV–X* | | *VII* |
| *Sonne bis Halbschatten* | | *Sonne* |
| *Reisigschutz* | | *Reisigschutz* |
| *Beet, Schnitt* | | *Beet, Schnitt* |

## Alstroemeria aurea

(Syn. *A. aurantiaca*)
Goldene Inkalilie, Alstroemeriaceae, Inkaliliengewächse

**Heimat:** Chile; subtropisch.
**Wuchsform:** Locker, aufrecht, horstbildend. Staude.
**Blatt:** Wechselständig, lanzettlich, 35–50 cm lang, 3 cm breit, grün.
**Blüte:** Trichterblüte bis 5 cm groß, orangerot mit gelb, in doldenähnlichem Blütenstand.
**Wuchs-/Blütenhöhe:** 50/100 cm.
**Frucht:** 3-klappige Kapsel.
**Standort:** Sonnige Lagen in durchlässigen, kalkarmen Böden.
**Verwendung:** Eher für Gebiete mit milden Wintern geeignet.
**Vermehrung:** Bei Sorten meist Teilung der Rhizomwurzeln im Frühling (erhält Farbechtheit). Ansonsten Aussaat. Keimdauer 14–21 Tage.
**Kultur:** Durchlässiger Boden.
**Sorten:** 'Orange King', orange, 50 cm.
**Hinweise:** Selten verpflanzen.

## Alternanthera bettzickiana
Papageienblatt
Amaranthaceae, Fuchsschwanzgewächse

**Heimat:** Tropisches Amerika; tropisch.
**Wuchsform:** Buschig, breit. Ein- bis zweijährig.
**Blatt:** Wechselständig, eiförmig, immergrün, 6–9 cm lang, grün mit gelber oder roter Maserung.
**Blüte:** Radiär, klein, 1–2 mm, weiß, in wenig auffälliger Ähre.
**Wuchs-/Blütenhöhe:** 10–30 cm.
**Frucht:** Unscheinbare Nüsschen.
**Standort:** Vollsonnig bis halbschattig mit durchlässigen Böden.
**Verwendung:** Zur Grabbepflanzung.
**Vermehrung:** Stecklinge im Herbst, von überwinterten Pflanzen im Frühling.
**Kultur:** Anzucht in Einheitserde, später humose Gartenböden. Frostempfindlich, ab Mitte V auspflanzen, deshalb meist einjährig.
**Sorten:** 'Aurea', niedrig, 10–30 cm, gelblaubig.
**Hinweise:** Entspitzen fördert die Verzweigung.

## Amaranthus caudatus
Garten-Fuchsschwanz
Amaranthaceae, Fuchsschwanzgewächse

**Heimat:** Tropisches Südamerika; subtropisch bis tropisch.
**Wuchsform:** Aufrecht, dichtbuschig, später überhängend. Einjährig.
**Blatt:** Wechselständig, eiförmig, immergrün, 5–25 cm lang, grün.
**Blüte:** Einzelblüten radiär, 1–2 mm, in hängenden Ähren, Blütenhüllen weiß, rot, grün, braun.
**Wuchs-/Blütenhöhe:** 50–100 cm.
**Fruchtstand/Frucht:** Ähren, unscheinbare Nüsschen.
**Standort:** Sonnig, humose Böden.
**Verwendung:** Einzeln oder in Gruppen für Hausgärten oder Parks, Schmetterlingsweide.
**Vermehrung:** Aussaat direkt ins Freie ab Ende IV.
**Kultur:** Durchlässiger Boden.
**Sorten:** 'Pony Tail', rote Blütenzöpfe, 75 cm.
**Hinweise:** Bei voller Entwicklung geerntet ist die Schnittpflanze besonders lange haltbar.

| | |
|---|---|
| *einjährig, zweijährig* | *einjährig* |
| *VII–IX* | *VII–X* |
| *Sonne bis Halbschatten* | *Sonne* |
| – | – |
| *Beet, Boden, Grab* | *Beet, Schnitt* |

## Amaryllis bella-donna
Ritterstern, Belladonnalilie
Amaryllidaceae, Amaryllisgewächse

**Heimat:** Süd-Afrika: Südwestliches Kapland; mediterran, subtropisch.
**Wuchsform:** Aufrecht, locker, horstbildend. Zwiebelpflanze.
**Blatt:** Wechselständig, lanzettlich, sommergrün, 30–50 cm lang, 3 cm breit, erscheinen nach Blüte.
**Blüte:** Glockenblüten rosafarben, 7–10 cm groß, in endständiger Dolde, 25–30 cm groß, Schaft bis 100 cm lang, duftend.
**Wuchs-/Blütenhöhe:** 50/70–100 cm.
**Frucht:** 3-fächerige Kapsel.
**Standort:** Vollsonnig bis halbschattig, mit nährstoffreichen, durchlässigen Böden. Wintermilde Lagen.
**Vermehrung:** Aussaat IV, Keimdauer 14–21 Tage. Oder Teilung im Frühling, Abnahme von Brutzwiebeln.
**Kultur:** Nach Keimung in humose Erde pikieren. Frostfrei, trocken und dunkel lagern.
**Sorten:** 'Parkeri Alba', mit weißen Blüten, 50–70 cm.
**Hinweise:** VII–X trocken halten.

| Amaryllis bella-donna | | Ammobium alatum |
|---|---|---|
| *Staude, Zwiebelpflanze* | | *einjährig* |
| *IX–XI* | | *VII–IX* |
| *Sonne bis Halbschatten* | | *Sonne* |
| *Überwinterungsraum* | | *–* |
| *Beet, Topf, Kübel* | | *Beet, Schnitt* |

## Ammobium alatum
Papierknöpfchen
Asteraceae, Asterngewächse

**Heimat:** Australien: Neusüdwales, Queensland; mediterran, subtropisch.
**Wuchsform:** Aufrecht, buschig, horstbildend. Einjährig.
**Blatt:** In Quirlen, lanzettlich, in der Heimat immergrün, 1–1,5 cm lang, grün. Blattstiel mit blattähnlichen Flügeln.
**Blüte:** Körbchen, 1–2 cm, gelbe Röhrenblüten und weiße Hüllblätter, papierartig, in Trugdolden.
**Wuchs-/Blütenhöhe:** 40–80 cm.
**Frucht:** Achäne.
**Standort:** Vollsonnig, mit durchlässigen Böden.
**Verwendung:** Trockenschmuck.
**Vermehrung:** Aussaat von II–V.
**Kultur:** In sandigem Substrat, nach 4 Wochen topfen.
**Sorten:** 'Bikini', weiß, kompakt, 45 cm; 'Grandiflorum', weiß, 50 cm.
**Hinweise:** Zum Trocknen vor der Vollblüte schneiden. Sträuße zum Trocknen kopfüber aufhängen.

## Anagallis monellii
Gauchheil
Primulaceae, Schlüsselblumengewächse

**Heimat:** Westliches Mittelmeer; mediterran.
**Wuchsform:** Niederliegend, breit. Einjährig.
**Blatt:** Gegenständig, eiförmig lanzettlich, 1–1,5 cm lang, hellgrün.
**Blüte:** Radiär, 5-zählig, 1–2 cm, meist blau, auch rot, rosa, weiß. Trugdolden.
**Wuchs-/Blütenhöhe:** 10–30 cm.
**Frucht:** Kugelige Kapsel.
**Standort:** Durchlässige Böden; sonnig.
**Verwendung:** Für Steingärten und Böschungen.
**Vermehrung:** Aussaat direkt ins Freiland ab IV, unter Glas ab III. Keimdauer 12–21 Tage. Grünstecklinge im Frühjahr oder Frühsommer. Stecklinge frostfrei überwintern.
**Kultur:** Durchlässige, humose Anzuchterde.
**Sorte:** 'Pacific Blue', blau, 10–30 cm, kompakter als die Art.
**Hinweise:** Blüten schließen sich abends.

| | | |
|---|---|---|
| *einjährig* | | *Staude* |
| *VI–IX* | | *V–VI* |
| *Sonne* | | *Sonne* |
| *–* | | *Reisigschutz* |
| *Beet, Boden, Einfassung* | | *Beet* |

## Anchusa azurea
(Syn. *A. italica*)
Italienische Ochsenzunge
Boraginaceae, Boretschgewächse

**Heimat:** Europa bis Himalaja, Nord-Afrika; mediterran.
**Wuchsform:** Aufrecht, im ersten Jahr Ausbildung einer Blattrosette. Kurzlebige Staude.
**Blatt:** Wechselständig, breit lanzettlich, 6–10 cm, rau behaart, grün.
**Blüte:** Einzelblüten radiär, bis 1,5 cm groß, enzianblau, in Wickeln.
**Wuchs-/Blütenhöhe:** 130/150 cm.
**Frucht:** Nüsschen.
**Standort:** Vollsonnig, mit durchlässigen Böden.
**Vermehrung:** Aussaat im Vorfrühling. Keimdauer 10–14 Tage. Teilung möglich. Im Winter Wurzelschnittlinge.
**Kultur:** Hell und sonnig, in durchlässiger Erdmischung.
**Sorte:** 'Loddon Royalist', enzianblau, 90 cm hoch.
**Hinweise:** Rückschnitt nach der Blüte fördert den Neuaustrieb.

## Anemone coronaria
Kronen-Anemone
Ranunculaceae, Hahnenfußgewächse

**Heimat:** Mittelmeergebiete, West-Asien; mediterran.
**Wuchsform:** Aufrecht, locker. Knollenbildende Staude.
**Blatt:** Wechselständig, fiederteilig, 6–8 mm, grün, zieht nach der Blüte ein.
**Blüte:** Endständige Schalenblüte, einzeln gestielt, 4–7 cm, blau, rosa, rot, lila, einfach und gefüllt.
**Wuchs-/Blütenhöhe:** 20/45 cm.
**Fruchtstand/Frucht:** Sammelfrucht mit Nüsschen.
**Standort:** Tiefgründige, durchlässige Böden im Halbschatten.
**Vermehrung:** Teilung im Vorfrühling. Aussaat II–IV, Keimdauer 21–28 Tage.
**Kultur:** Von der Aussaat bis zur Keimung bei 10–15 °C halten, anschließend kühl und luftig kultivieren. Für Schnittblumenkultur über Winter ab VII in humose, nährstoffreiche Erde ins Gewächshaus pflanzen.

| | | |
|---|---|---|
| *Staude* | | *Strauch* |
| *III–V* | | *IV–X (ganzjährig)* |
| *Halbschatten* | | *Sonne* |
| *Überwinterungsraum* | | *Kalthaus* |
| *Beet, Schnitt* | | *Beet, Kübel* |

## Anisodontea capensis
Scheinmalve
Malvaceae, Malvengewächse

**Heimat:** Südliches Afrika; subtropisch.
**Wuchsform:** Buschig, breit aufrecht, mit zierlichen Zweigen. Strauch, nicht frosthart.
**Blatt:** Wechselständig, 3-lappig, immergrün, 5 cm lang, grün.
**Blüte:** Schalenblüte, 5-zählig, 3 cm groß, rosa mit hellerem Rand, einzeln oder in endständiger Traube.
**Wuchs-/Blütenhöhe:** 100–150 cm.
**Frucht:** Kapsel, erscheint selten.
**Standort:** Durchlässige, nährstoffreiche Böden in voller Sonne.
**Verwendung:** Einzelstand in Beeten, Kübelpflanze, auch als Stämmchen.
**Vermehrung:** Kopf- und Triebstecklinge von Spätsommer bis III, bei 18–20 °C kultivieren.
**Kultur:** Nährstoffreiche, lockere Topferde mit Tonzusatz, mehrmals stutzen. Hell und kühl, bei 5–10 °C, überwintern.

## Antirrhinum majus
Garten-Löwenmaul,
Großes Löwenmaul
Scrophulariaceae, Braunwurzgewächse

**Heimat:** Mittelmeergebiet bis Nordwest-Afrika; mediterran.
**Wuchsform:** Aufrecht, horstbildend. In der Heimat ausdauernde Staude; da nicht frosthart, bei uns einjährig kultiviert.
**Blatt:** Gegenständig, länglich spitz, ganzrandig, immergrün, 1–7 cm, grün.
**Blüte:** Röhrenförmig, rachenähnlich, 2-lippig, 3–4 cm groß, in Weiß, Gelb, Rosa, Rot, mehrfarbig, in achsel- oder endständigen Trauben; auch Sorten mit radiären und gefüllten Blüten.
**Wuchs-/Blütenhöhe:** 20–80 cm.
**Frucht:** Kapsel, 1 cm groß.
**Standort:** Nährstoffreiche, durchlässige Böden, sonnig.
**Verwendung:** Hohe Sorten als Schnittpflanze.
**Vermehrung:** Aussaat I–III bei einjähriger Kultur. Bei Sorten Stecklinge.
**Kultur:** Hell und luftig in TKS.

| | | |
|---|---|---|
| *einjährig (Staude)* | | *Halbstrauch* |
| *VI–X* | | *VII–VIII* |
| *Sonne* | | *Sonne* |
| *Reisigschutz* | | *Kalthaus* |
| *Beet, Ampel, Schnitt* | | *Beet, Boden* |

## Aptenia cordifolia
Aptenie
Aizoaceae, Mittagsblumengewächse

**Heimat:** Kapland; subtropisch, mediterran.
**Wuchsform:** Niederliegend, mattenartig überhängend, rasch wachsend. Sukkulente, Halbstrauch.
**Blatt:** Gegenständig, eiförmig zugespitzt, sukkulent, dickfleischig, immergrün, 2–3 cm lang, grün.
**Blüte:** Radiäre Strahlenblüten, 1,5 cm, rosarot.
**Wuchs-/Blütenhöhe:** 5/5 cm.
**Frucht:** Kapsel.
**Standort:** Durchlässige Böden in vollsonnigen Lagen.
**Verwendung:** Für Tröge und Mauerkronen.
**Vermehrung:** Stecklinge im Frühsommer, Bewurzelung gelingt rasch.
**Kultur:** Nach Bewurzelung in sandige Humuserde topfen. Im Kalthaus hell, trocken überwintern.
**Sorten:** 'Variegata', mit gelben Blatträndern, 5/5 cm hoch.
**Hinweise:** Nässeempfindlich.

## Arctotis fastuosa

(Syn. *Venidium fastuosum*)
Bärenohr, Venidie
Asteraceae, Asterngewächse

**Heimat:** Süd-Afrika, Kap; mediterran, subtropisch.
**Wuchsform:** Buschig, reich verzweigt, langstielig. Einjährig.
**Blatt:** Wechselständig, lanzettlich, gezähnter Rand, 6–8 cm lang, grüngrau.
**Blüte:** Röhrenblüten braun, Zungenblüten orange in 2 Kreisen, in endständigem Körbchen, 6–8 cm breit.
**Wuchs-/Blütenhöhe:** 30/40–60 cm.
**Frucht:** Achäne.
**Standort:** Durchlässige, sandige Böden in voller Sonne.
**Verwendung:** Beetpflanze, Schnittpflanze.
**Vermehrung:** Aussaat mit Vorkultur unter Glas ab III. Keimdauer 14–21 Tage.
**Kultur:** Durchlässiger Boden, ab Mitte V ins Freie pflanzen.
**Hinweise:** Blüten sind im Freien nur bei Sonnenschein geöffnet. Sie halten etwa 1 Woche in der Vase.

| | | |
|---|---|---|
| *einjährig* | | *Halbstrauch* |
| *VI–VIII* | | *V–X (ganzjährig)* |
| *Sonne* | | *Sonne* |
| *–* | | *Kalthaus* |
| *Beet, Schnitt* | | *Beet, Kübel* |

## Argyranthemum frutescens

Strauchmargerite
Asteraceae, Asterngewächse

**Heimat:** Kanarische Inseln; mediterran.
**Wuchsform:** Aufrecht, vieltriebig. Halbstrauch, auch als Stämmchen zu ziehen, nicht frosthart.
**Blatt:** Wechselständig, fiederteilig, immergrün, 5 cm, blaugrün.
**Blüte:** Weiße Körbchenblüten mit gelber Mitte, je nach Sorte 3–5 cm groß, in Doldentrauben.
**Wuchs-/Blütenhöhe:** 60–100/80–120 cm.
**Fruchtstand:** Körbchen, Samen mit Pappus.
**Standort:** Vollsonnige Lage.
**Verwendung:** Für Terrasse, Balkon.
**Vermehrung:** Stecklinge von XII–IV von überwinterten Pflanzen.
**Kultur:** Nährstoffreiche, durchlässige Substrate; im Sommer viel, im Winter mäßig gießen. Überwinterung im Kalthaus, hell und luftig, bei 5–15 °C.
**Sorte:** 'Maja Bofinger', weiß, gelbe Mitte, 60–100 cm hoch.
**Hinweise:** Häufig entspitzen.

## Asarina barclaiana

(Syn. *Maurandya barclayana*)
Maurandie, Kletterlöwenmaul
Scrophulariaceae, Braunwurzgewächse

**Heimat:** Mexiko; subtropisch, mediteran.
**Wuchsform:** Aufrecht, locker rankend. Halbstrauch, nicht frosthart, meist einjährig gezogen.
**Blatt:** Gegenständig, herzförmig gelappt, 4–5 cm.
**Blüte:** Röhrenblüten, rachenförmig, 2–3 cm, violett, gelber Schlund, blühen in achselständigen Ähren.
**Wuchs-/Blütenhöhe:** 200–300 cm.
**Frucht:** Kapsel.
**Standort:** Durchlässige Böden in sonniger bis halbschattiger Lage.
**Verwendung:** Zierliche Kletterpflanze, in Sträuchern, an Zäunen und Rankgerüsten.
**Vermehrung:** Aussaat im Vorfrühling unter Glas.
**Kultur:** Humose Erden mit Sandzusatz, bald nach der Keimung stäben. Überwinterung im Kalthaus möglich, hell, bei 12–15 °C.
**Hinweise:** Sehr frostempfindlich.

| Asarina barclaiana | Asteriscus maritimus |
|---|---|
| *Halbstrauch* | *einjährig (Staude)* |
| *VII–IX (ganzjährig)* | *V–X (III–VI)* |
| *Sonne bis Halbschatten* | *Sonne* |
| *Kalthaus* | *Kalthaus* |
| *Kübel, klettert* | *Beet, Rabatte, Gefäße* |

## Asteriscus maritimus

Goldtaler
Asteraceae, Asterngewächse

**Heimat:** Mittelmeergebiete, Kanarische Inseln, Nord-Afrika bis Zentral-Asien; mediterran.
**Wuchsform:** Breit aufrecht, einjährig kultiviert.
**Blatt:** Wechselständig, spatelförmig, immergrün, 2–4 cm lang, grün.
**Blüte:** Strahlenblüten, radiär, 3–4 cm groß, dunkelgelb.
**Wuchs-/Blütenhöhe:** 20/25 cm.
**Fruchtstand:** Körbchen, Samen mit Pappus.
**Standort:** Vollsonnige Lagen, durchlässige Böden.
**Verwendung:** Beet- und Rabattenpflanze, für Felsspalten, Steingärten, Gefäße aller Art.
**Vermehrung:** Stecklinge im Spätsommer, von überwinterten Pflanzen im II.
**Kultur:** In Pikiererde mit Sandzusatz, unter Glas hell und kühl kultivieren. Überwinterung hell, bei 12–15 °C.
**Sorten:** 'Golddollar', goldgelb, 20 cm.

## Bassia scoparia
(Syn. *Kochia scoparia*)
Sommerzypresse
Chenopodiaceae, Gänsefußgewächse

**Heimat:** Russland bis Ost-Asien; mediterran.
**Wuchsform:** Breit aufrecht. Einjährig.
**Blatt:** Wechselständig, sehr schmal, 3–4 cm lang, hellgrün.
**Blüte:** Unscheinbar, radiär, winzig, 1 mm, grün.
**Wuchs-/Blütenhöhe:** 50–100 cm.
**Frucht:** Nüsschen, unscheinbar.
**Standort:** Durchlässige Böden in voller Sonne.
**Verwendung:** Niedrige Hecken.
**Vermehrung:** Aussaat von III–IV unter Glas. Lichtkeimer. Man braucht 5 g pro 1000 Pflanzen.
**Kultur:** Einheitserde.
**Sorten:** 'Childsii', grün bis zum Frost; 'Trichophylla', im Herbst rot.
**Hinweise:** Staunässe vermeiden.

## Begonia-Semperflorens-Gruppe
Eis-Begonie
Begoniaceae, Schiefblattgewächse

**Heimat:** Art aus Brasilien, mit vielen Hybriden; tropisch, subtropisch.
**Wuchsform:** Buschig, aufrecht, rasch wachsend.
**Blatt:** Wechselständig, eiförmig, 6–9 cm lang, lederig, glänzen wie lackiert, je nach Sorte grün, braun.
**Blüte:** Disymmetrisch, 4-zählig, 1–2 cm, viele Farben von Weiß, Rosa bis Rot, einfach oder gefüllt.
**Wuchs-/Blütenhöhe:** 15–40/20–50 cm.
**Frucht:** Geflügelte Kapsel, enthält staubfeine Samen. 1g enthält bis 70 000 Samenkörner.
**Standort:** Vorwiegend halbschattige Lagen, humose Erde.
**Verwendung:** Für Beete und Schalen. Prächtiger Dauerblüher für den Halbschatten.
**Vermehrung:** Aussaaat nur in Spezialbetrieben XII–II bei 22–24 °C.
**Kultur:** In humoser Erde, pH-Wert 5,5–6,5.
**Sorten:** 'Gin', rosa; 'Whisky', weiß; 'Wodka', rot.
**Hinweise:** Auf Mehltau achten.

| | | |
|---|---|---|
| *einjährig* | | *einjährig* |
| *VI–VIII* | | *IV–X* |
| *Sonne* | | *Halbschatten* |
| *–* | | *–* |
| *Beet, Rabatte* | | *Beet, Einfassung, Grab* |

## Begonia-Tuberhybrida-Gruppe
Knollen-Begonie
Begoniaceae, Schiefblattgewächse

**Heimat:** Art aus Südamerika, mit vielen Hybriden und Sorten; tropisch, subtropisch.
**Wuchsform:** Aufrecht, horstbildend, knollenbildend. Meist einjährig kultiviert.
**Blatt:** Wechselständig, handförmig, asymmetrisch, 12–18 cm lang, grün.
**Blüte:** Disymmetrisch, 5–15 cm groß, einfache Blüte 4-zählig, Sorten häufig gefüllt, viele Farben.
**Wuchs-/Blütenhöhe:** 20–25/30–40 cm.
**Frucht:** Kapsel, feine Samen.
**Standort:** Halbschattig, schattig, humose Böden.
**Vermehrung:** Aussaat im Vorfrühling. Keimdauer 10–14 Tage. Sorten im III durch Knollenteilung vermehren, Schnittstellen vorm Topfen mehrere Tage abtrocknen lassen.
**Kultur:** Knollen im III in humose Erde topfen und antreiben. Ab Mitte V ins Freie pflanzen.
**Sorten:** Gigantea-Grp., einfach, großblumig, Blüten 10–15 cm groß, Wuchshöhe 30–40 cm.

## Bellis perennis
Maßliebchen, Tausendschön, Gänseblümchen
Asteraceae, Asterngewächse

**Heimat:** Arten aus Europa und Kleinasien; mediterran, gemäßigt.
**Wuchsform:** Rosettenbildend. Zweijährig gezogen.
**Blatt:** Gegenständig, spatelförmig, 6–8 cm lang.
**Blüte:** Körbchen, die Art blüht weiß mit gelber Mitte, die Sorten sind großblumig, pomponartig gefüllt, mit vielen Farben von Weiß bis Dunkelrot.
**Wuchs-/Blütenhöhe:** 10–15/25 cm.
**Fruchtstand:** Körbchen.
**Standort:** Sonnig bis halbschattig, nährstoffreiche Gartenböden.
**Verwendung:** Unterpflanzung zu Tulpen.
**Vermehrung:** Aussaat von VI–VII an schattigen Stellen oder mit Beschattung. 1 g Saatgut reicht für 1000 Pflanzen.
**Kultur:** In humoser, durchlässiger Erde. Im IX auspflanzen. Winterschutz durch leichte Reisigdecke.
**Sorten:** 'Aetna', dunkelrot gefüllt.
**Hinweise:** Anfällig für Mehltau, Grauschimmel und Blattläuse.

| | | |
|---|---|---|
| *einjährig, Knollenpflanze* | | *zweijährig, Staude* |
| *VI–X* | | *IV–VI* |
| *Halbschatten, Schatten* | | *Sonne bis Halbschatten* |
| *Überwinterungsraum* | | *Reisigschutz* |
| *Beet, Gefäße, Grab* | | *Beet, Gefäße, Grab* |

## Bidens ferulifolia
Zweizahn
Asteraceae, Asterngewächse

**Heimat:** Mexiko, Arizona; mediterran, subtropisch.
**Wuchsform:** Buschig, überhängend, vieltriebig. Ein- bis zweijährige Pflanze.
**Blatt:** Wechselständig, fiederteilig, 3–5 cm lang.
**Blüte:** Strahlenblüten, goldgelb, in lang gestielten Körbchen, 1,5–2 cm.
**Wuchs-/Blütenhöhe:** 20–50 cm.
**Fruchtstand:** Körbchen, längliche Samen mit zwei Zähnchen.
**Standort:** Sonnig, durchlässiger Boden.
**Vermehrung:** Stecklinge und Aussaat ab II. Keimdauer 12–20 Tage.
**Kultur:** In durchlässiger, humoser Erde. Mehrmals stutzen. Überwinterung im Kalthaus möglich, hell, bei 12–15 °C, darf dabei nicht ganz austrocknen.
**Sorten:** 'Samsara', goldgelb, 3–4 cm große Blüten, Wuchshöhe 20–40 cm.
**Hinweise:** Ideale Ampelpflanze.

| | | |
|---|---|---|
| *einjährig, zweijährig* | | *einjährig* |
| *IV–X* | | *VII–IX* |
| *Sonne* | | *Sonne* |
| *Kalthaus* | | – |
| *Kübel, Balkon, Ampel* | | *Beet, Balkon, Ampel* |

## Brachyscome iberidifolia
Blaues Gänseblümchen
Asteraceae, Asterngewächse

**Heimat:** West- und Süd-Australien; subtropisch, tropisch.
**Wuchsform:** Buschig, überhängend, zierlich. Einjährig.
**Blatt:** Wechselständig, schmal, fein gefiedert, 2–3 cm, grün.
**Blüte:** Zungenblüten, 2 cm groß, blauviolett, in Körbchen, duftend.
**Wuchs-/Blütenhöhe:** 25/30 cm.
**Frucht:** Achäne.
**Standort:** Sonnige, nicht zu trockene Lagen.
**Verwendung:** Reich blühende Balkon- und Rabattenpflanze, für Ampeln und Schalen.
**Vermehrung:** Ausaat ab III unter Glas. Keimdauer 12–20 Tage.
**Kultur:** Nach der Keimung in humose Erde pikieren. Erde darf nicht austrocknen.
**Sorten:** 'Blausternchen', blau; 'Rotsternchen'; je 25 cm hoch.
**Hinweise:** Gleichmäßige Feuchtigkeit ist in Gefäßen wichtig.

## Briza maxima
Größtes Zittergras
Poaceae, Süßgräser

**Heimat:** Europa, Asien, Australien; mediterran.
**Wuchsform:** Aufrecht, horstbildend. Einjährig.
**Blatt:** 2-zeilig, linealisch, 10–15 cm lang, grün.
**Blüte:** Hängende Ähre in Zapfenform, 2–3 cm lang, grün, später gelblich.
**Wuchs-/Blütenhöhe:** 25–40/30–45 cm.
**Frucht:** Karyopse.
**Standort:** Durchlässige Böden in sonniger Lage.
**Verwendung:** Trockenschmuck.
**Vermehrung:** Aussaat Mitte III unter Glas, ab V direkt an Ort und Stelle. Keimdauer 12–20 Tage.
**Kultur:** Nach der Keimung gleich in Töpfe pikieren, ab V auspflanzen. Lockerer, durchlässiger Boden.
**Besonderes:** Bildet die größten Früchte der Gattung, daher der Name.
**Hinweise:** Sträuße zum Trocknen kopfüber an schattigen Plätzen aufhängen.

| Briza maxima | | Bromus macrostachys |
|---|---|---|
| *einjährig* | | *einjährig* |
| *VI–VII* | | *VI–VII* |
| *Sonne* | | *Sonne* |
| – | | – |
| *Beet, Rabatte, Schnitt* | | *Beet, Schnitt* |

## Bromus macrostachys
(Syn. *B. lanceolatus*)
Langgrannige Trespe
Poaceae, Süßgräser

**Heimat:** Mittelmeergebiet bis Zentral-Asien, Himalaja, Westsibirien, Nordamerika; mediterran.
**Wuchsform:** Aufrecht, leicht überhängend, horstbildend. Einjährig.
**Blatt:** 2-zeilig, linealisch, 4–8 cm, leicht behaart.
**Blüte:** Ähren an verzweigter Rispe, 4–8 cm, lange Grannen, grün, später braun.
**Wuchs-/Blütenhöhe:** 40/60 cm.
**Frucht:** Karyopse mit langer Granne.
**Standort:** Durchlässige Böden in sonniger Lage.
**Verwendung:** Trockenschmuck.
**Vermehrung:** Aussaat ab Mitte III unter Glas. Keimdauer 12–21 Tage.
**Kultur:** Sandige Humusböden. Einmalig pikieren, dann ab Mitte V ins Freie pflanzen.
**Hinweise:** In grünem Zustand schneiden. Sträuße zum Trocknen kopfüber an schattigen Plätzen aufhängen.

## Brugmansia arborea
Engelstrompete
Solanaceae, Nachtschattengewächse

**Heimat:** Südamerika: Mittlere Anden von Peru, Ecuador, Nordchile, Brasilien; subtropisch.
**Wuchsform:** Aufrecht, buschig, verholzt. Strauch, in der Heimat als Baum.
**Blatt:** Wechselständig, breit elliptisch, 25–30 cm, stumpf grün, samtig behaart.
**Blüte:** Hängend, trompetenförmig, 12–17 cm lang, weiß, duftend.
**Wuchs-/Blütenhöhe:** 200–300 cm.
**Frucht:** Eiförmige Kapsel.
**Standort:** Sonnige Lagen, nährstoffreicher Boden.
**Verwendung:** Terrasse, Wintergarten.
**Vermehrung:** Krautige Stecklinge von Frühling bis Sommer.
**Kultur:** Durchlässige Humuserde, hoher Wasser- und Düngerbedarf. Im Kalthaus bei 12–15 °C hell überwintern.
**Hinweise:** Im Herbst kräftig zurückschneiden.

| | |
|---|---|
| *Strauch (Baum)* | *Strauch* |
| *VI–X* | *I–III (ganzjährig)* |
| *Sonne* | *Sonne* |
| *Kalthaus* | *Kalthaus* |
| *Beet, Kübel* | *Beet, Kübel* |

## Brugmansia sanguinea
Engelstrompete
Solanaceae, Nachtschattengewächse

**Heimat:** Südamerika: Anden von Nordkolumbien bis Nordchile; substropisch, mediterran.
**Wuchsform:** Aufrecht, baumförmig, verholzt.
**Blatt:** Wechselständig, elliptisch, 12–16 cm lang, filzig behaart, grün.
**Blüte:** Trompetenförmige Röhrenblüte, 15–23 cm lang, orange-gelb.
**Wuchs-/Blütenhöhe:** 300 cm.
**Frucht:** Eiförmige Kapsel.
**Standort:** Sonnig, nährstoffreicher Boden.
**Verwendung:** Einzelstellung.
**Vermehrung:** Krautige Stecklinge von Frühling bis Sommer.
**Kultur:** Durchlässige Humuserde, hoher Wasser- und Nährstoffbedarf. Im Kalthaus bei 12–15 °C hell überwintern; nicht austrocknen lassen.
**Sorten:** 'Feuerwerk', Blüten grüngelb-rot, 300 cm hoch.
**Hinweise:** Vor dem Einräumen ins Kalthaus kräftig zurückschneiden.

## Brugmansia suaveolens
Engelstrompete
Solanaceae, Nachtschattengewächse

**Heimat:** Südostbrasilien; subtropisch.
**Wuchsform:** Aufrecht, reich verzweigt, verholzt.
**Blatt:** Wechselständig, elliptisch, immergrün, 20–30 cm lang, glänzend, grün.
**Blüte:** Trichterförmig, 25–30 cm lang, hängend, rosa-weiß.
**Wuchs-/Blütenhöhe:** 200–300 cm.
**Frucht:** Kapsel, walzenförmig.
**Standort:** Sonnig, nährstoffreicher Boden.
**Verwendung:** Einzeln.
**Vermehrung:** Krautige Stecklinge von Frühling bis zum Sommer.
**Kultur:** Durchlässige Humuserde, benötigt viel Wasser und Nährstoffe. Im Kalthaus bei 12–15 °C hell überwintern.
**Sorten:** 'Blanes', cremeweiß; 'Goldtraum', hellgelb; 'Guatemala', rosa.
**Hinweise:** Vor dem Einräumen im Herbst kräftig zurückschneiden. Auf Blattwanzen, Blattläuse und Schnecken achten.

| | | |
|---|---|---|
| *Strauch* | | *einjährig, (Halbstrauch)* |
| *VIII–X* | | *IV–VI* |
| *Sonne* | | *Sonne bis Halbschatten* |
| *Kalthaus* | | *Reisigschutz* |
| *Beet, Kübel* | | *Beet, Balkon, Grab* |

## Calceolaria integrifolia
Pantoffelblume
Scrophulariaceae, Braunwurzgewächse

**Heimat:** Chile; subtropisch.
**Wuchsform:** Buschig, aufrecht. In der Heimat als Halbstrauch, bei uns meist nur einjährig kultiviert.
**Blatt:** Gegenständig, eiförmig, 5–7 cm lang, rau.
**Blüte:** Pantoffelförmig, 1–2 cm, goldgelb, in Doldentrauben.
**Wuchs-/Blütenhöhe:** 40–50 cm.
**Frucht:** Kapsel, unscheinbar.
**Standort:** Sonnig bis halbschattig, humos, nährstoffarm.
**Verwendung:** In Gruppen.
**Vermehrung:** Stecklinge im Herbst. Aussaat von XI–II, sehr feine Samen. Keimdauer 15–20 Tage.
**Kultur:** Torfhaltige Substrate. Jungpflanzen kühl und hell überwintern. Schwachzehrer, nie austrocknen lassen.
**Sorten:** 'Goldbukett', goldgelb, reich blühend, 30–40 cm, kompakt.
**Hinweise:** Besonders auf Blattläuse achten.

## Calendula officinalis
Garten-Ringelblume
Asteraceae, Asterngewächse

**Heimat:** Mittelmeergebiete; mediterran.
**Wuchsform:** Aufrecht, vieltriebig. Einjährig.
**Blatt:** Wechselständig, breit lanzettlich, 3–15 cm, hellgrün.
**Blüte:** Körbchenblüte, margeritenähnlich, 4–8 cm, je nach Sorte gelb, orange oder braun, einfach oder gefüllt. Herbstaussaat: Blüte ab III.
**Wuchs-/Blütenhöhe:** 40–60 cm.
**Fruchtstand:** Körbchen mit Achäne.
**Standort:** Durchlässige Böden.
**Verwendung:** Heilpflanze.
**Vermehrung:** Aussaat ab Herbst (Selbstaussaat) oder ab III–IV, direkt an Ort und Stelle. Für 1000 Pflanzen benötigt man 15 g Saatgut.
**Kultur:** Einheitserde mit Sand.
**Sorten:** 'Kablouna', röhrenförmige Blüten, gelb und orange, Schnitt.
**Hinweise:** Mehltau vorbeugend bekämpfen.

## Callistemon citrinus
Zylinderputzer
Myrtaceae, Myrtengewächse

**Heimat:** Australien: Queensland, Neusüdwales, Victoria; subtropisch.
**Wuchsform:** Bogig überhängend. Strauch, nicht frosthart.
**Blatt:** Wechselständig, linealisch, spitz, immergrün, 3–7 cm lang, derb, hellgrün.
**Blüte:** Bürstenförmige Ähre, leuchtend rot, 5–15 cm lang, duftend.
**Wuchs-/Blütenhöhe:** 200–500 cm.
**Fruchtstand:** Ähre mit Kapseln.
**Standort:** Durchlässige Böden in voller Sonne.
**Verwendung:** Einzelstellung.
**Vermehrung:** Stecklinge im Sommer oder im Vorfrühling abreißen und leicht anschneiden. Wurzelhormone erleichtern das Anwachsen.
**Kultur:** Humose Böden mit Sandzusatz. Im Kalthaus überwintern, hell, bei 5–10 °C. Nicht austrocknen lassen.
**Sorten:** 'Splendens', rot, 200–500 cm.
**Hinweise:** Mit Regenwasser gießen.

| Calendula officinalis | Callistemon citrinus |
|---|---|
| *einjährig* | *Strauch* |
| *IV–X* | *V–IX* |
| *Sonne* | *Sonne* |
| *–* | *Kalthaus* |
| *Beet, Balkon, Schnitt* | *Kübel* |

## Callistephus chinensis
Sommeraster
Asteraceae, Asterngewächse

**Heimat:** China; gemäßigt.
**Wuchsform:** Aufrecht, buschig. Einjährig.
**Blatt:** Wechselständig, oval, 8–10 cm, lang gestielt.
**Blüte:** Köpfchen mit einfachen oder gefüllten Blüten, in fast allen Farben und Größen.
**Wuchs-/Blütenhöhe:** 30–40/60–100 cm.
**Fruchtstand:** Köpfchen, Samen mit Pappus.
**Standort:** Durchlässige, humose Böden.
**Verwendung:** In Gruppen.
**Vermehrung:** Aussaat II–V, unter Glas oder an Ort und Stelle, 4 g für 1000 Pflanzen.
**Kultur:** In durchlässigen, nährstoffreichen Böden, hell und luftig.
**Sorten:** 'Mylady', Zwerg-Aster, verschiedene Farben, 25 cm; 'Germania-Astern', hohe Schnitt-Aster, gefüllte Blüten, 100 cm; 'Prinzess-Astern', 60–75 cm, Zentrum mit Röhrenblüten, Schnittpflanze; 'Riesen-Strahlen-Astern', lange, nadelartig gedrehte Blütenblätter, 60 cm.
**Hinweise:** Welkeresistente Sorten. Auf Blattwanzen, Blattläuse und Raupen achten.

| | | |
|---|---|---|
| *einjährig* | | *zweijährig* |
| *VI–X* | | *VI–VII* |
| *Sonne* | | *Sonne bis Halbschatten* |
| *–* | | *Reisigschutz* |
| *Beet, Schnitt* | | *Beet, Rabatte, Schnitt* |

## Campanula medium
Marien-Glockenblume
Campanulaceae, Glockenblumengewächse

**Heimat:** Südostfrankreich, Norditalien; gemäßigt, submediterran.
**Wuchsform:** Aufrecht, horstbildend, grundständige Blattrosette. Zweijährig.
**Blatt:** Wechselständig, lanzettlich, 10–15 cm, grün.
**Blüte:** Glockenförmig, groß, 5–6 cm lang, weiß, rosa oder blau, in Trauben.
**Wuchs-/Blütenhöhe:** 50–80 cm.
**Frucht:** Kapsel.
**Standort:** Sonnig bis halbschattig; durchlässige, kalkhaltige Böden.
**Verwendung:** Beete und Rabatten.
**Vermehrung:** Aussaat im Freien von V–VII, bei einjähriger Kultur ab II im Haus.
**Kultur:** Durchlässige Böden, hell und luftig. Kurze Kulturzeit. Bei zweijähriger Kultur Reisigabdeckung.
**Sorten:** 'Champion', rosa und blau, 80 cm, Schnittsorte.
**Hinweise:** Auf Pilzkrankheiten achten.

## Canna indica
Indisches Blumenrohr
Cannaceae, Blumenrohrgewächse

**Heimat:** Art aus Mittel- und Südamerika; subtropisch bis tropisch.
**Wuchsform:** Aufrecht, kurze, dicke Rhizome. Staude, nicht frosthart.
**Blatt:** Wechselständig, stängelumfassend, breit lanzettlich, 30–60 cm lang, glatt, grün oder braun.
**Blüte:** Asymmetrisch, 3-zählig, 15 cm, rot, orange oder gelb, in Trauben oder Rispen.
**Wuchs-/Blütenhöhe:** 60/80–150 cm.
**Frucht:** 3-klappige Kapsel.
**Standort:** Tiefgründige, humose, auch feuchte Böden.
**Verwendung:** In Gruppen in Parks und großen Gärten.
**Vermehrung:** Teilung der Rhizome im Spätwinter. Wunden mit Holzkohle behandeln.
**Kultur:** Humoser Boden. Getopfte Rhizome im Warmhaus antreiben, Ende V ins Freie pflanzen. Rhizome im Oktober wieder ausgraben, frostfrei und trocken überwintern.
**Sorten:** 'Brillant', rot; 'Felix Ragout', gelb.

## Carthamus tinctorius
Färber-Distel, Färber-Saflor
Asteraceae, Asterngewächse

**Heimat:** Südwest-Asien; mediterran.
**Wuchsform:** Aufrecht, horstbildend. Einjährig.
**Blatt:** Gegenständig, lanzettlich, 6–8 cm, Rand gezähnt, grün.
**Blüte:** Köpfchen, endständig, mit gelben oder orangefarbenen Röhrenblüten, 4 cm breit.
**Wuchs-/Blütenhöhe:** 60/80–100 cm.
**Fruchtstand:** Köpfchen.
**Standort:** Warme, sonnige und trockene Lagen.
**Verwendung:** Trockenblume.
**Vermehrung:** Aussaat im III in Töpfe unter Glas. Man rechnet 50–70 g für 1000 Pflanzen. Ab IV direkt ins Freiland säen, Keimdauer 12–14 Tage.
**Kultur:** Durchlässige, nährstoffreiche Böden. Ab Ende V auspflanzen.
**Sorten:** 'Goldschnitt', gelb, 80 cm (Bild); 'Orangefeuer', orange, 60 cm, früh blühend.
**Besonderes:** Alte Kulturpflanze. Samen werden als „Distelöl" verwendet. Auch als Färbe- und Heilpflanze bekannt.

| Canna indica | | Carthamus tinctorius |
|---|---|---|
| *Staude* | | *einjährig* |
| *VI–X* | | *VII–VIII* |
| *Sonne* | | *Sonne* |
| *Überwinterungsraum* | | – |
| *Beet, Kübel* | | *Schnitt* |

## Catananche caerulea
Rasselblume
Asteraceae, Asterngewächse

**Heimat:** Westliche Mittelmeergebiete, Nordwest-Afrika, Libyen; mediterran.
**Wuchsform:** Aufrecht, locker, rosettenbildend. Nicht frostharte Staude, bei uns einjährig gezogen.
**Blatt:** In grundständiger Rosette, linealisch, 20–30 cm lang, gezähnt, grün.
**Blüte:** Köpfchen mit Röhren- und Zungenblüten, 3–4 cm groß, blauviolett.
**Wuchs-/Blütenhöhe:** 20/50–60 cm.
**Frucht:** Achäne.
**Standort:** Durchlässige Böden.
**Verwendung:** Trockenschmuck.
**Vermehrung:** Aussaat im Vorfrühling unter Glas, ab V ins Freiland pflanzen. Keimdauer 12–14 Tage. Wurzelschnittlinge im Winter.
**Kultur:** In durchlässigen, sandig lehmigen Böden, problemlos.
**Sorten:** 'Alba', weiß; 'Istra´', violett; je 20–50 cm hoch.
**Besonderes:** Die trockenen Hüllblätter rascheln im Wind, daher der Name „Rasselblume".
**Hinweise:** Kopfüber trocknen.

| | | |
|---|---|---|
| *einjährig (Staude)* | | *einjährig* |
| *VII–IX* | | *VI–IX* |
| *Sonne* | | *Sonne* |
| – | | – |
| *Beet, Schnitt* | | *Beet* |

## Celosia argentea-Cristata-Gruppe
Hahnenkamm-Celosie
Amaranthaceae, Fuchsschwanzgewächse

**Heimat:** Züchtung; subtropisch.
**Wuchsform:** Aufrecht, horstbildend. Einjährig.
**Blatt:** Wechselständig, lanzettlich, sommergrün, 15–20 cm, grün.
**Blüte:** Endständig, auffällige Hahnenkammform, 6–12 cm, je nach Sorte in Gelb, Orange oder Rot. Die eigenartigen Blütenformen sind Mutationen.
**Wuchs-/Blütenhöhe:** 30/40–60 cm.
**Fruchtstand:** Rispe.
**Standort:** Sonnige Lagen mit nährstoffreichen Gartenböden.
**Verwendung:** In Gruppen.
**Vermehrung:** Aussaat von II–IV unter Glas bei 25 °C, später kühler halten. 2 g ergeben 1000 Pflanzen.
**Kultur:** In durchlässigem, humusreichen Substrat, ab V ins Freie.
**Sorten:** 'Bombay', viele Farben, 60 cm; 'Feuerball', orangescharlach, 20 cm.
**Hinweise:** Mehltau und Grauschimmel vorbeugend bekämpfen.

## Celosia argentea-Plumosa-Gruppe

Federbusch-Celosie
Amaranthaceae, Fuchsschwanzgewächse

**Heimat:** Art aus dem tropischen Afrika.
**Wuchsform:** Aufrecht, horstbildend. Einjährig.
**Blatt:** Wechselständig, lanzettlich, sommergrün, 15–20 cm, grün.
**Blüte:** Einzelblüten unscheinbar, 1 mm groß, Blütenstand „federbuschartig", buschig, stark verzweigt, zierlich, in vielen Farbtönen.
**Wuchs-/Blütenhöhe:** 40/60–80 cm.
**Fruchtstand:** Rispe.
**Standort:** Durchlässige Böden.
**Verwendung:** Trockenschmuck.
**Vermehrung:** Aussaat von III–V unter Glas. 2 g ergeben 1000 Pflanzen.
**Kultur:** Warm, hell und feucht, durchlässiger Boden.
**Sorten:** 'Century', beste Serie für den Schnitt, in vielen Farben, 40–60 cm hoch.
**Hinweise:** Zum Trocknen Stiele entlauben und kopfüber aufhängen. Mehltau und Grauschimmel vorbeugend bekämpfen.

| Celosia | | Centaurea |
|---|---|---|
| *einjährig* | | *einjährig* |
| *VI–IX* | | *V–VIII* |
| *Sonne* | | *Sonne* |
| – | | – |
| *Beet, Schnitt* | | *Beet, Schnitt* |

## Centaurea cyanus

Kornblume
Asteraceae, Asterngewächse

**Heimat:** Mittelmeergebiete bis Nordamerika, Chile; mediterran.
**Wuchsform:** Aufrecht, horstbildend, Triebe filzig. Einjährig.
**Blatt:** Wechselständig, lanzettlich, fiederschnittig, 4–6 cm, graugrün.
**Blüte:** Körbchen, 3–5 cm, lang gestielt, je nach Sorte hellblau, lila, auch rot und weiß, einfach oder gefüllt.
**Wuchs-/Blütenhöhe:** 20/40–50 cm.
**Fruchtstand:** Köpfchen
**Standort:** Sonnig, nährstoffreiche Böden.
**Verwendung:** Beetpflanze.
**Vermehrung:** Aussaat schon ab Herbst möglich, besser III–IV an Ort und Stelle. 10 g Samen sind für 1000 Pflanzen erforderlich.
**Kultur:** Durchlässiger Boden.
**Sorten:** 'Rosa Schönheit', rosa, Wuchshöhe/Blütenhöhe 20/40–50 cm.
**Hinweise:** Befall durch Mehltau, Rostpilze und Spinnmilben möglich.

## Centaurea macrocephala
Riesen-Flockenblume
Asteraceae, Asterngewächse

**Heimat:** Kaukasus; gemäßigt.
**Wuchsform:** Kräftig wachsend, straff aufrecht, horstbildend. Frostharte Staude.
**Blatt:** Wechselständig, breit lanzettlich, 12–15 cm, grün.
**Blüte:** Gelbe, gefranste Röhrenblüten, Blütenköpfe bis 10 cm groß.
**Wuchs-/Blütenhöhe:** 30/80–100 cm.
**Fruchtstand:** Köpfchen.
**Standort:** Sonnig bis halbschattig, tiefgründige, durchlässige Böden.
**Verwendung:** Staudenbeet.
**Vermehrung:** Aussaat im Frühling unter Glas, Keimdauer 12–20 Tage. Oder Teilung nach der Blüte.
**Kultur:** Nach der Keimung auf gut gedüngte Beete auspflanzen.
**Weitere Arten:** *C. glastifolia* aus Südrussland, gelb, zierliche Schnittblume.
**Hinweise:** Befall durch Mehltau und Spinnmilben möglich.

## Chamelaucium uncinatum
Australische Wachsblume
Myrtaceae, Myrtengewächse

**Heimat:** West-Australien; subtropisch.
**Wuchsform:** Sparrig, ausladend, dicht verzweigt. Strauch, nicht frosthart.
**Blatt:** Wechselständig, nadelförmig, 2–3 cm, immergrün, graugrün.
**Blüte:** Radiär, 1–1,5 cm groß, weiß, rosa, lila, in Büscheln.
**Wuchs-/Blütenhöhe:** 100–150 cm.
**Frucht:** Kapsel.
**Standort:** Kalkarme, durchlässige Böden in sonniger Lage.
**Verwendung:** Schnittpflanze (Blütenzweige), Kübelpflanze zur Einzelstellung.
**Vermehrung:** Stecklinge im Sommer.
**Kultur:** Humusreicher Sandboden. Überwinterung im Kalthaus, hell, bei 12–15 °C.
**Hinweise:** Spinnmilbenbefall möglich.

| | | |
|---|---|---|
| *Staude* | | *Strauch* |
| *VII–VIII* | | *III–IV* |
| *Sonne bis Halbschatten* | | *Sonne* |
| *frosthart* | | *Kalthaus* |
| *Beet, Schnitt* | | *Kübel, Schnitt* |

## Chrysanthemum coronarium

Goldblume, Kronen-Wucherblume
Asteraceae, Asterngewächse

**Heimat:** Mittelmeergebiete bis Iran; mediterran.
**Wuchsform:** Aufrecht, buschig, horstbildend. Einjährig.
**Blatt:** Wechselständig, lanzettlich, doppelt fiederteilig, 4–6 cm lang, grün.
**Blüte:** Köpfchen mit gelben Röhren- und Zungenblüten, bis 8 cm.
**Wuchs-/Blütenhöhe:** 30/60–100 cm.
**Frucht:** Achäne.
**Standort:** Durchlässige Gartenböden.
**Verwendung:** Blumenwiesen.
**Vermehrung:** Aussaat ab II unter Glas oder ab IV ins Freie. 10 g für 1000 Pflanzen erforderlich.
**Kultur:** In sandigem Lehmboden mit guter Nährstoffversorgung.
**Sorten:** 'Goldblume', gelb, 60 cm; 'Tetra Comet', gelb, Blüten bis 8 cm groß, 80 cm hoch.
**Weitere Art:** *Ismelia carinata* (Syn. *Chrysanthemum carinatum*), Kiel-Wucherblume, mehrfarbig, 40–50 cm hoch.

## Chrysanthemum indicum

(Syn. *Dendranthema grandiflorum*)
Garten-Chrysantheme
Asteraceae, Asterngewächse

**Heimat:** Züchtung (Hybriden). Schon vor 2000 Jahren in China und Japan in Kultur; gemäßigt.
**Wuchsform:** Aufrecht, horstbildend, dichtbuschig, Stängel beblättert und verzweigt. Staude.
**Blatt:** Wechselständig, eiförmig, gelappt, 4–6 cm.
**Blüte:** Körbchen, je nach Sorte weiß, gelb, orange oder rot, einfach oder gefüllt.
**Wuchs-/Blütenhöhe:** 30/50–100 cm.
**Fruchtstand:** Körbchen, kleine Samen mit Pappus.
**Standort:** Nährstoffreiche Böden.
**Verwendung:** Spät blühende Staude.
**Vermehrung:** Kopfstecklinge nach der Blüte. Teilung im Vorfrühling.
**Kultur:** Bewurzelung in humosem Substrat mit Perlitezusatz. In mehreren Sätzen pflanzen. Steuerung der Blütezeit durch Verdunkelung.
**Sorten:** Unzählige Sorten. 'Schwabenstolz', rot gefüllt; 'Edelweiß', weiß, einfach; Wuchshöhe/Blütenhöhe je 30/50–80 cm.

| | | |
|---|---|---|
| *einjährig* | | *Staude* |
| *VI–IX* | | *IX–X, (ganzjährig)* |
| *Sonne* | | *Sonne* |
| – | | *Reisigschutz* |
| *Beet, Schnitt* | | *Beet, Schnitt* |

## Clarkia amoena
(Syn. *Godetia amoena*)
Atlasblume, Godetie
Onagraceae, Nachtkerzengewächse

**Heimat:** Kalifornien; subtropisch, mediterran.
**Wuchsform:** Breit aufrecht, horstbildend. Einjährig.
**Blatt:** Quirlständig, eiförmig lanzettlich, 3–5 cm lang, graugrün.
**Blüte:** Radiär, 4–5 cm groß, rot oder weiß, einfach oder gefüllt, endständig.
**Wuchs-/Blütenhöhe:** 30/40–65 cm.
**Frucht:** Kapsel.
**Standort:** Durchlässige Gartenböden.
**Verwendung:** Beetpflanze, Topfpflanze, Schnittpflanze.
**Vermehrung:** Aussaat von II–V unter Glas. Bei Aussaat im IX und frostfreier Überwinterung im Folientunnel blühen die Pflanzen ab V. Keimdauer 7–14 Tage.
**Kultur:** Je 1–3 Samenkörner direkt in Töpfe aussäen. Dauer bis zur Blüte 4–5 Monate. Humoser Boden.
**Sorten:** 'Satin', viele Farben, 25 cm; 'Schnittwunder', rot, 65 cm.

| Clarkia amoena | Cleome hassleriana |
|---|---|
| einjährig | einjährig |
| VII–X | VI–X |
| Sonne | Sonne |
| – | – |
| Beet, Topf, Schnitt | Beet, Rabatte |

## Cleome hassleriana
(Syn. *C. spinosa*)
Spinnenblume
Capparaceae, Kaperngewächse

**Heimat:** Südostbrasilien, Argentinien; subtropisch, tropisch.
**Wuchsform:** Säulenförmig, horstbildend. Bei uns einjährig.
**Blatt:** Wechselständig, handförmig geteilt, 12–20 cm, lang gestielt, Nebenblattdornen am Blattgrund, drüsig behaart, grüngrau.
**Blüte:** Zygomorph, 4–5 cm groß, rot, weiß oder rosa, Blütenblätter gestielt, werden vom Griffel überragt. In endständigen Trauben, die weiter wachsen.
**Wuchs-/Blütenhöhe:** 40/100–120 cm.
**Frucht:** Gestielte Kapsel, 8–10 cm.
**Standort:** Nährstoffreiche Böden.
**Verwendung:** Dauerblüher.
**Vermehrung:** Aussaat von III–IV mit Vorkultur unter Glas. Ab V ins Freie.
**Kultur:** Hell und luftig bei 18–24 °C, vor dem Auspflanzen bei 10 °C abhärten. Durchlässiger Boden.
**Sorten:** 'Helen Campbell', rein weiß; 'Kirschkönigin', hellrot; Wuchshöhe/Blütenhöhe je 40/100–120 cm.

## Cobaea scandens
Glockenrebe
Cobaeaceae, Glockenreben-gewächse

**Heimat:** Mexiko; tropisch.
**Wuchsform:** Schnell wachsender Ranker. In der Heimat als Strauch, bei uns wegen Frostempfindlichkeit meist einjährig kultiviert.
**Blatt:** Gegenständig, elliptisch, doppelt paarig gefiedert, 8–10 cm lang, grün. Mittelrippe als Blattranke umgebildet.
**Blüte:** Glockenblüten, 5-zählig, bis 5 cm lang, blaulila, lila oder weiß.
**Wuchs-/Blütenhöhe:** 400–600 cm.
**Frucht:** Kapsel, eiförmig.
**Standort:** Sonnig bis halbschattig, nährstoffreiche Humusböden.
**Verwendung:** An Klettergerüsten im Wintergarten.
**Vermehrung:** Aussaat im III mit Vorkultur unter Glas. Ab V ins Freie.
**Kultur:** Samen vorquellen, dann einzeln in Töpfe stecken, später umtopfen. Humoser Boden, z.B. TKS.
**Sorte:** 'Alba', weiß, 400–600 cm hoch.

| Cobaea scandens | | Consolida ajacis |
|---|---|---|
| *einjährig (Strauch)* | | *einjährig* |
| *V–X* | | *V–VIII* |
| *Sonne bis Halbschatten* | | *Sonne* |
| *Kalthaus* | | *Reisigschutz* |
| *Kübel, klettert* | | *Beet, Schnitt* |

## Consolida ajacis
(Syn. *Delphinium ajacis*)
Hyazinthenblütiger Sommerrittersporn
Ranunculaceae, Hahnenfuß-gewächse

**Heimat:** Mittelmeergebiete bis zum Kaukasus; mediterran.
**Wuchsform:** Aufrecht, horstbildend. Einjährig.
**Blatt:** Wechselständig, handförmig, mehrfach gefiedert, 3–5 cm, grün.
**Blüte:** Disymmetrisch, gespornt, einfach oder gefüllt in Violett, Blau, Rosa oder Weiß, 2–3 cm groß, dichte Ähren.
**Wuchs-/Blütenhöhe:** 30/80–150 cm.
**Frucht:** Balgfrucht
**Standort:** Durchlässige Böden in voller Sonne.
**Verwendung:** Beetpflanze, Schnitt.
**Vermehrung:** Aussaat im Herbst oder Vorfrühling, mit Vorkultur im Haus oder direkt an Ort und Stelle. 5 g ergeben 1000 Pflanzen.
**Kultur:** Bei Herbstaussaat im Freien leichter Reisigschutz.
**Sorten:** 'Blaue Wolke', blau; 'Weiße Wolke', weiß, beide 80 cm hoch.

## Convolvulus tricolor
Dreifarbige Winde
Convolvulaceae, Windengewächse

**Heimat:** Mittelmeergebiete; mediterran.
**Wuchsform:** Buschig, horstbildend, nicht windende Art. Einjährig.
**Blatt:** Wechselständig, elliptisch, 2–4 cm lang, ganzrandig, grün.
**Blüte:** Trichterblüte, radiär, 3–5 cm groß, blau mit gelb-weißem Schlund.
**Wuchs-/Blütenhöhe:** 25/30–40 cm.
**Frucht:** Kapsel.
**Standort:** Durchlässige Gartenböden in Sonne und Halbschatten.
**Verwendung:** Beet- und Rabattenpflanze, in Gruppen, Bodendecker.
**Vermehrung:** Aussaat im III an Ort und Stelle. Keimdauer 14–20 Tage.
**Kultur:** Kräftige Keimlinge vereinzeln. Humoser Boden.
**Hinweise:** Blüten erscheinen reichlich, halten aber nur einen Tag.

| Convolvulus tricolor | | Coreopsis tinctoria |
|---|---|---|
| *einjährig* | | *einjährig* |
| *VI–X* | | *VII–IX* |
| *Sonne bei Halbschatten* | | *Sonne* |
| – | | – |
| *Beet, Rabatte, Boden* | | *Beet, Rabatte* |

## Coreopsis tinctoria
Färber-Mädchenauge
Asteraceae, Asterngewächse

**Heimat:** Mexiko, südliche USA; subtropisch, mediterran.
**Wuchsform:** Buschig, vieltriebig, aufrecht, horstbildend. Einjährig.
**Blatt:** Wechselständig, nadelförmig, 2–3 cm, grün.
**Blüte:** Körbchenblüte auf dünnen Stängeln, radiär, 3–4 cm, meist gelb mit brauner Mitte.
**Wuchs-/Blütenhöhe:** 30/70–100 cm.
**Fruchtstand:** Körbchen.
**Standort:** Durchlässige Böden in voller Sonne.
**Verwendung:** Beet- und Rabattenpflanze.
**Vermehrung:** Aussaat im IV an Ort und Stelle. Keimdauer 12–20 Tage.
**Kultur:** Durchlässiger Boden. Zu dichte Keimlinge vereinzeln.
**Sorten:** 'Dazzler', rotgelb, 25 cm; 'Tetra Goldteppich', goldgelb, rotes Auge, 50 cm.
**Hinweise:** Reich blühende, kaum pflegebedürftige Sommerblume.

## Cosmos bipinnatus
Schmuckkörbchen, Kosmee
Asteraceae, Asterngewächse

**Heimat:** Tropisches Amerika, Mexiko; subtropisch.
**Wuchsform:** Straff aufrecht, zierlich. Einjährig.
**Blatt:** Gegenständig, doppelt fiederschnittig, sehr fein, grün.
**Blüte:** Körbchen, Zungenblüten bis 10 cm groß, in Weiß, Rosa, Rot, Röhrenblüten gelb.
**Wuchs-/Blütenhöhe:** 30/80–120 cm.
**Fruchtstand:** Körbchen mit 1 cm langen Samen.
**Standort:** Durchlässige Böden in voller Sonne.
**Verwendung:** Beet- und Rabattenpflanze, Schnittblume.
**Vermehrung:** Aussaat unter Glas ab II, an Ort und Stelle ab Ende IV. Keimdauer 8–14 Tage.
**Kultur:** Humose Erde. Pflanzen hell und luftig kultivieren, stickstoffarme Nachdüngung.
**Sorten:** 'Sonata', mehrere Farbtöne, gedrungen, 60 cm; 'Seashell', röhrenförmige Randblüten, 80–120 cm.
**Hinweise:** Sät sich leicht selbst aus.

## Cosmos sulphureus
Gelbes Schmuckkörbchen
Asteraceae, Asterngewächse

**Heimat:** Mexiko, tropisches Amerika; subtropisch, tropisch.
**Wuchsform:** Aufrecht, buschig. Einjährig kultiviert.
**Blatt:** Gegenständig, fiederschnittig, graugrün.
**Blüte:** Körbchen, goldgelb mit gelber Mitte, 5–7 cm groß.
**Wuchs-/Blütenhöhe:** 30/80–120 cm.
**Fruchtstand:** Körbchen.
**Standort:** Durchlässige Böden in voller Sonne.
**Verwendung:** Reich blühende Beet- und Rabattenpflanze, in Gruppen, Schnittpflanze.
**Vermehrung:** Aussaat im IV ins Freie.
**Kultur:** Durchlässiger Boden. Vorkultur in Töpfen möglich, ab Mitte V ins Freiland pflanzen.
**Sorten:** 'Diabolo', rot, 60 cm; 'Sunset', orangegelb, halb gefüllt, 60 cm.
**Hinweise:** Kann in milden Wintern mit Reisigabdeckung überdauern.

| Cosmos bipinnatus | | Cosmos sulphureus |
|---|---|---|
| einjährig | | einjährig |
| VII–X | | VIII–IX |
| Sonne | | Sonne |
| – | | Reisigschutz |
| Beet, Rabatte, Schnitt | | Beet, Rabatte, Schnitt |

## Crinum × powellii
Hakenlilie
Amaryllidaceae, Amaryllisgewächse

**Heimat:** Züchtung, die Eltern *C. bulbispermum* × *C. moorei* stammen aus Süd-Afrika; subtropisch, mediterran.
**Wuchsform:** Aufrecht, horstbildend. Mehrjährige Zwiebelpflanze.
**Blatt:** 2-zeilig, lanzettlich, 50–100 cm lang, immergrün, überhängend, grün.
**Blüte:** Trichterförmig, bis 15 cm groß, rosa, sitzen an meterlangen Blütenschäften.
**Wuchs-/Blütenhöhe:** 60/100 cm.
**Frucht:** 3-klappige Kapsel.
**Standort:** Vollsonnig bis halbschattig, in durchlässigen, humosen Böden.
**Verwendung:** In Gruppen.
**Vermehrung:** Teilung der Zwiebelhorste im Frühling.
**Kultur:** In nährstoffreichen Substraten, regelmäßig gießen und düngen. Im Kalthaus überwintern, hell.
**Sorten:** 'Alba', weiß, Blütenhöhe 60/100 cm.

## Crocosmia × crocosmiiflora
Garten-Montbretie
Iridaceae, Schwertliliengewächse

**Heimat:** Züchtung, die Eltern *C. aurea* × *C. pottsii* stammen aus Süd-Afrika; subtropisch, mediterran.
**Wuchsform:** Aufrecht bis überhängend, horstbildend. Mehrjährige Knollenpflanze.
**Blatt:** 2-zeilig, schwertförmig, gerippt, schmal, 60–80 cm lang, grün.
**Blüte:** Trichterförmig, 2,5–4 cm, orangerot, zahlreich an verzweigter Ähre,
**Wuchs-/Blütenhöhe:** 60–80 cm.
**Frucht:** 3-klappige Kapsel.
**Standort:** Vollsonnig bis halbschattig, trockene bis frische Böden.
**Verwendung:** Staudenflächen.
**Vermehrung:** Teilung oder Abtrennen der Brutknollen im Frühling.
**Kultur:** In humosen, durchlässigen Böden. Überwinterung im Freiland möglich, dann ist eine Laubabdeckung ab Herbst günstig. Knollen im Herbst ausgraben, trocken und frostfrei überwintern.
**Sorten:** 'Aurora', orange.

| | | |
|---|---|---|
| *Staude, Zwiebelpflanze* | | *Staude, Knollenpflanze* |
| *VII–IX* | | *VII–VIII* |
| *Sonne bis Halbschatten* | | *Sonne bis Halbschatten* |
| *Reisigschutz, Kalthaus* | | *Reisigschutz* |
| *Beet, Kübel* | | *Beet, Schnitt* |

## Crocosmia masoniorum
Montbretie
Iridaceae, Schwertliliengewächse.

**Heimat:** Süd-Afrika: Transkei; subtropisch.
**Wuchsform:** Aufrecht bis überhängend. Mehrjährige Knollenpflanze, nicht frosthart.
**Blatt:** 2-zeilig, schwertförmig, gerippt, 60–75 cm lang, grün.
**Blüte:** Trichterförmig, orangerot, 3–5 cm groß, verzweigte Ähre.
**Wuchs-/Blütenhöhe:** 70–100 cm.
**Frucht:** 3-klappige Kapsel.
**Standort:** Vollsonnige Lagen in nährstoffreichen Böden.
**Verwendung:** Beetpflanze.
**Vermehrung:** Abtrennen der Tochterknollen im Frühling.
**Kultur:** Humose Substrate. Knollen im Topf ab IV antreiben. Ohne Frostgefahr ab Ende IV in Freiland pflanzen. Knollen im Herbst ausgraben, frostfrei und trocken überwintern.
**Sorten:** 'Firebird', leuchtend orangerot, großblütig, Wuchshöhe/Blütenhöhe 60–70/70–100 cm.

| | | |
|---|---|---|
| *Staude, Knollenpflanze* | | *einjährig* |
| *VII–IX* | | *VII–IX* |
| *Sonne* | | *Sonne* |
| *Überwinterungsraum* | | – |
| *Beet, Schnitt* | | *klettert* |

## Cucurbita pepo var. ovifera
Zier-Kürbis
Cucurbitaceae, Kürbisgewächse

**Heimat:** Tropisches Amerika; tropisch.
**Wuchsform:** Kletternd durch Sprossranken. Einjährig.
**Blatt:** Wechselständig, herzförmig gelappt, 15–20 cm groß, rau, grün.
**Blüte:** Trichterblüte, gelb, meist unter den Blättern verborgen.
**Wuchs:** 20–30 cm (kriechend), 300 cm (kletternd).
**Frucht:** Hartschalige Beere, in vielen Formen und Farben.
**Standort:** Sonnig und warm, nährstoffreiche, humose Böden.
**Verwendung:** Begrünung von Klettergerüsten, Lauben, Pergolen.
**Vermehrung:** Aussaat in Töpfen unter Glas ab IV, im Freiland ab V. Keimdauer 12–14 Tage.
**Kultur:** In nährstoffreichen, frischen, humosen Böden.
**Sorten:** Viele verschiedene Fruchtformen, z. B. Kalebassen.
**Hinweise:** Früchte vor dem ersten Frost ernten.

## Cuphea ignea
Zigarettenblümchen
Lythraceae, Weiderichgewächse

**Heimat:** Mexiko; subtropisch, tropisch.
**Wuchsform:** Breitbuschig, stark verzeigt. Halbstrauch, meist einjährig gezogen.
**Blatt:** Gegenständig, breit lanzettlich, immergrün, 4–5 cm, grün.
**Blüte:** Langröhrig, dünn, am Ende schwarz und weiß, 2–3 cm lang.
**Wuchs-/Blütenhöhe:** 30–40/30–40 cm.
**Frucht:** Kapsel.
**Standort:** Humose Böden.
**Verwendung:** Reich blühende Beetpflanze, für Blumenampeln.
**Vermehrung:** Stecklinge im Herbst, im Vorfrühling von überwinterten Pflanzen.
**Kultur:** Humose Substrate (Einheitserde), Topfballen dürfen nicht austrocknen. Helle Überwinterung im Kalthaus möglich, bei 12–15 °C, sparsam gießen.
**Sorten:** 'Medaillon', granatrot, zierlich, 25 cm.
**Weitere Arten:** *C. hyssopifolia*, hellrot, 40 cm.

| Cuphea ignea | | Cynara scolymus |
|---|---|---|
| *einjährig, Halbstrauch* | | *Staude* |
| *V–X* | | *VII–IX* |
| *Sonne bis Halbschatten* | | *Sonne* |
| *Kalthaus* | | *Kalthaus, Reisigschutz* |
| *Beet, Ampel* | | *Beet, Schnitt* |

## Cynara scolymus
Artischocke
Asteraceae, Asterngewächse

**Heimat:** Mittelmeergebiete; mediterran.
**Wuchsform:** Breit aufrecht, Blätter überhängend, horstbildend. Staude.
**Blatt:** Wechselständig, Einzelblatt fiederteilig, eiförmig im Umriss, graugrün, bis 1m lang.
**Blüte:** Distelartiger Blütenkopf, stahlblaue Zungenblüten, Hüllblätter bedornt, 10–15 cm groß.
**Wuchs-/Blütenhöhe:** 60–80/120–140 cm.
**Fruchtstand:** Körbchen, Samen mit Pappus.
**Standort:** Warm und sonnig, nährstoffreiche, tiefgründige Böden.
**Verwendung:** Trockenschmuck.
**Vermehrung:** Aussaat von vorgequollenem Samen im XII–II. Keimdauer 14–20 Tage.
**Kultur:** Keimlinge in humose Erde pikieren, im V auspflanzen. Sie werden durch eine dicke, mit Folie überzogene Laubschicht vor starkem Frost geschützt.
**Sorten:** 'Violetta', große violette Knospen, 60–80/120–140 cm.
**Besonderes:** Die Knospen sind als Feingemüse geschätzt.

## Cynoglossum amabile

China-Hundszunge, Sommer-Vergissmeinnicht
Boraginaceae, Boretschgewächse

**Heimat:** Westchina, Tibet; gemäßigt, submediterran.

**Wuchsform:** Aufrecht, breitbuschig. Zweijährig, meist einjährig kultiviert.

**Blatt:** Wechselständig, lanzettlich, immergrün, 5–20 cm lang, stark behaart, graugrün.

**Blüte:** Sternförmig, 5 mm groß, leuchtend blau, rosa oder rot, in Wickeln.

**Wuchs-/Blütenhöhe:** 30/40–60 cm.

**Frucht:** Nüsschen.

**Standort:** Nährstoffarme Kalkböden.

**Verwendung:** Steingarten, zu Rosen.

**Vermehrung:** Direktaussaat ab IV oder Voranzucht unter Glas ab II. Keimdauer 12–20 Tage.

**Kultur:** Durchlässiger Boden. Nach der Keimung in Töpfe pikieren, ab Mitte V ins Freiland pflanzen.

**Sorten:** 'Blauer Vogel', 35 cm; 'Firmament', 40 cm; beide kompakt, tiefblau.

**Hinweise:** Rückschnitt nach der ersten Blüte fördert Nachblühen.

| Cynoglossum amabile | | Dahlia × hortensis |
|---|---|---|
| *einjährig, zweijährig* | | *Staude* |
| *VII–IX* | | *VII–X* |
| *Sonne bis Halbschatten* | | *Sonne* |
| *–* | | *Überwinterungsraum* |
| *Beet* | | *Beet, Rabatte, Schnitt* |

## Dahlia × hortensis

Dahlie, Georgine
Asteraceae, Asterngewächse

**Heimat:** Mexiko; tropisch.

**Wuchsform:** Straff aufrecht, knollenbildend. Staude, nicht frosthart.

**Blatt:** Gegenständig, meist 3-teilig, dunkelgrün, Blattrand gesägt.

**Blüte:** Köpfchen mit Röhren- und Zungenblüten, in vielen Farben und Formen.

**Wuchs-/Blütenhöhe:** 20/30–200 cm.

**Fruchtstand:** Köpfchen mit geflügelten Samen.

**Standort:** Sonnig, tiefgründige, nährstoffreiche Böden ohne Staunässe.

**Vermehrung:** Teilung der Knollen im Vorfrühling, jedes Teilstück muss ein Auge besitzen. Stecklinge mit Wurzelansatz. Aussaat möglich.

**Kultur:** Nährstoffreiche, durchlässige Böden. Knollen ab V ins Freiland pflanzen. Nach erstem Frost Knollen trocken und frostfrei überwintern.

**Sorten:** (Bild: 'Figaro'); 10 Klassen: Einfache, Anemonenblütige, Dekorative Dahlien, Halskrausen-, Seerosen-, Ball-, Pompon-, Cactus-, Semi-Cactus-Dahlien, Diverse.

## Datura metel

Stechapfel

Solanaceae, Nachtschatten-gewächse

**Heimat:** Tropisches Amerika; tropisch.
**Wuchsform:** Breit aufrecht, buschig. Einjährig.
**Blatt:** Wechselständig, elliptisch, gezähnt, 5–16 cm lang, matt grün.
**Blüte:** Trichterförmig, 5-zählig, 10–18 cm lang, weiß.
**Wuchs-/Blütenhöhe:** 30/30–100 cm.
**Frucht:** Kapsel, eiförmig, 5–6 cm, dornig.
**Standort:** Jeder Boden in sonniger Lage.
**Verwendung:** Rabattenpflanze.
**Vermehrung:** Aussaat im Vorfrühling unter Glas. Keimdauer 12–20 Tage.
**Kultur:** Durchlässiger Boden. Hell und luftig bei 18 °C, ab V ins Freiland pflanzen.
**Sorten:** 'Weiße Glocke', weiß, bis 150 cm hoch und breit.
**Weitere Arten:** *D. inoxia*, Blüten weiß, aufrecht, 100 cm.
*D. stramonium*, weiße Blüte, 100 cm, weltweit verbreitet, kurzlebig.

| | | |
|---|---|---|
| *einjährig* | | *zweijährig, Staude* |
| *V–VII* | | *VI–VIII* |
| *Sonne* | | *Sonne* |
| *–* | | *Reisigschutz* |
| *Beet, Rabatte, Kübel* | | *Beet, Schnitt* |

## Dianthus barbatus

Bart-Nelke

Caryophyllaceae, Nelkengewächse

**Heimat:** Europa, Asien; gemäßigt, montan.
**Wuchsform:** Buschig, aufrechte Blütenstängel. Zweijährig oder ausdauernde Staude.
**Blatt:** Gegenständig, lanzettlich, 5–7 cm lang, grün.
**Blüte:** Endständig, 2–3 cm, rot, rosa oder weiß, in dichten Trugdolden, duftend.
**Wuchs-/Blütenhöhe:** 20/30–60 cm.
**Frucht:** Kapsel.
**Standort:** Durchlässige Gartenböden.
**Verwendung:** Haltbare Schnittpflanze.
**Vermehrung:** Aussaat im Sommer direkt an Ort und Stelle, im Winter durch Laubabdeckung vor starken Frösten schützen. Bei einjähriger Kultur Aussaat von II–IV.
**Kultur:** Nährstoffreiche, humose Erde.
**Sorten:** 'Red Empress', scharlachrot, Wuchshöhe/Blütenhöhe 20/30–60 cm.
**Hinweise:** Pilzkrankheiten vorbeugend bekämpfen.

## Dianthus caryophyllus
Edel-Nelke, Garten-Nelke
Caryophyllaceae, Nelkengewächse

**Heimat:** Süd-Europa, Mittelmeergebiete, in Kultur vielfältige Rassen; mediterran.
**Wuchsform:** Aufrecht, horstbildend. Ein- bis mehrjährig.
**Blatt:** Gegenständig, schmal lanzettlich, 4–8 cm, blaugrün.
**Blüte:** Meist gefüllte Blütenköpfe, an langen Stängeln und in vielen Farben.
**Wuchs-/Blütenhöhe:** 30/50–90 cm.
**Frucht:** Kapsel.
**Standort:** Humose Böden.
**Verwendung:** Schnittpflanze.
**Vermehrung:** Aussaat ab II im Haus. Schnittsorten durch Stecklinge, sandig humoses Substrat, kühl und hell kultivieren.
**Kultur:** Für Schnittblumenkultur von I–V ins Haus pflanzen, Beete desinfizieren.
**Sorten:** Viele Sorten und Rassen, z.B. 'Liliput Rosa', rosa, 20 cm, einjährig; „Chabaud-Nelken-Prachtmischung", alle Farben, 40–50 cm.

| Dianthus caryophyllus | | Dianthus chinensis |
|---|---|---|
| einjährig, mehrjährig | | einjährig, zweijährig |
| V–VII | | VII–IX |
| Sonne | | Sonne |
| – | | Reisigschutz |
| Beet, Rabatte, Balkon | | Beet, Gefäße, Schnitt |

## Dianthus chinensis
Chineser-Nelke, Heddewigs-Nelke
Caryophyllaceae, Nelkengewächse

**Heimat:** Ost-Asien; gemäßigt.
**Wuchsform:** Buschig, kompakt. Ein- bis zweijährig.
**Blatt:** Gegenständig, linealisch, 3–7 cm lang, grün.
**Blüte:** Einzelblüte 2–3 cm, rosa, rot oder weiß, in endständigen Trugdolden.
**Wuchs-/Blütenhöhe:** 10/20–25 cm.
**Frucht:** Kapsel.
**Standort:** Durchlässige, kalkreiche Böden in voller Sonne.
**Verwendung:** Schnittpflanze.
**Vermehrung:** Aussaat von I–IV.
**Kultur:** Durchlässiger Boden. Nach der Keimung tuffweise in Töpfe pikieren, ab V ins Freie pflanzen.
**Sorten:** 'Telstar'-F1-Hybriden, reich blühend, mehrere Farbtöne, Wuchshöhe/Blütenhöhe 10/20–25 cm.
**Hinweise:** Rückschnitt nach dem ersten Flor fördert die Nachblüte. Anfällig gegenüber Pilzkrankheiten, Blattläusen, Spinnmilben.

## Dimorphotheca sinuata
Kapkörbchen, Kapringelblume
Asteraceae, Asterngewächse

**Heimat:** Süd-Afrika; subtropisch, mediterran.
**Wuchsform:** Buschig, Blütenstiele aufrecht. Einjährig.
**Blatt:** Wechselständig, lanzettlich, 4–7 cm lang, glänzend, mittelgrün.
**Blüte:** Körbchen mit langen Zungenblüten, 5–8 cm groß, orange.
**Wuchs-/Blütenhöhe:** 20/25–40 cm.
**Frucht:** Achäne.
**Standort:** Durchlässige Böden auf vollsonnigen, warmen Plätzen.
**Verwendung:** Steingarten, für Pflanzgefäße, Schnittpflanze.
**Vermehrung:** Aussaat II–III unter Glas.
**Kultur:** Durchlässiger Boden. Nach der Keimung tuffweise pikieren, ab V ins Freie pflanzen.
**Sorten:** 'Tetra Goliath', großblumig, orange, Schnittsorte, Blütenhöhe 25–40 cm.
**Hinweise:** Neben orange gibt es auch weiße, gelbe, rosa oder violette Sorten.

| Dimorphotheca sinuata | | Dorotheanthus bellidiformis |
|---|---|---|
| *einjährig* | | *einjährig, Sukkulente* |
| *VI–VIII* | | *VII–IX* |
| *Sonne* | | *Sonne* |
| – | | – |
| *Beet, Rabatte, Schnitt* | | *Rabatte, Boden* |

## Dorotheanthus bellidiformis
Mittagsblume
Aizoaceae, Mittagsblumengewächse

**Heimat:** Süd-Afrika: Kapland; subtropisch.
**Wuchsform:** Matten bildend, kriechend. Einjährige Sukkulente.
**Blatt:** Gegenständig, lanzettlich, dickfleischig, 3–8 cm lang, blaugrün.
**Blüte:** Körbchen mit vielen Strahlenblüten, bis 4 cm, weiß, rosa, rot.
**Wuchs-/Blütenhöhe:** 5/10 cm.
**Frucht:** Kapsel.
**Standort:** Trockene, auch sandige Böden in vollsonnigen Lagen, keine Staunässe.
**Verwendung:** Bodendecker in Sukkulentengärten, im Steingarten.
**Vermehrung:** Aussaat im V an Ort und Stelle. Keimdauer 12–20 Tage.
**Kultur:** Sandiger Boden. Nach den Eisheiligen ins Freie pflanzen.
**Sorten:** Nur Farbmischungen im Handel.
**Hinweise:** Blüten öffnen sich nur bei voller Sonne.

## Eccremocarpus scaber
Schönranke
Bignoniaceae, Trompetenblumengewächse

**Heimat:** Ecuador bis Chile; subtropisch, tropisch.
**Wuchsform:** Ranker, schnell wachsend. Meist einjährig kultiviert.
**Blatt:** Gegenständig, 10–15 cm, doppelt gefiedert, Spitze als Ranke umgebildet, hellgrün.
**Blüte:** Röhrenblüten, 3 cm, orangegelb, in einer Traube in den Blattachseln.
**Wuchs-/Blütenhöhe:** 200–300/200–300 cm.
**Frucht:** Kapsel.
**Standort:** Durchlässige, nährstoffreiche Böden in sonniger Lage.
**Verwendung:** Begrünung von Zäunen, Rankgerüsten, Mauern.
**Vermehrung:** Aussaat unter Glas von III–IV. Keimdauer 12–20 Tage.
**Kultur:** In Töpfen vorgezogene, aufgebundene Pflanzen ab V ins Freie pflanzen. Kübelpflanzen können hell, bei 12–15 °C im Kalthaus überwintert werden.
**Sorten:** 'Aureus', gelbe Blüten.
**Hinweise:** Außergewöhnliche Pflanze.

| | | |
|---|---|---|
| *einjährig* | | *zweijährig* |
| *VI–X* | | *V–VII* |
| *Sonne* | | *Sonne* |
| *Kalthaus* | | *Kalthaus* |
| *Kübel, klettert* | | *Beet, Kübel, Rabatte* |

## Echium wildpretii
Teide-Natternkopf
Boraginaceae, Boretschgewächse

**Heimat:** Kanarische Inseln; mediterran.
**Wuchsform:** Im 1. Jahr rosettenbildend, dann kegelförmig. Zweijährig kultiviert, in der Heimat kurzlebige Staude.
**Blatt:** Wechselständig, lanzettlich, 20 cm lang, graugrün behaart.
**Blüte:** Glockenförmig, 1 cm groß, rot, in Wickeln.
**Wuchs-/Blütenhöhe:** 50/200–250 cm.
**Frucht:** Nüsschen.
**Standort:** Durchlässige, steinige Böden.
**Verwendung:** Beet- und Rabattenpflanze für Einzelstand.
**Vermehrung:** Aussaat im Sommer.
**Kultur:** Einheitserde-Sand-Gemisch. Jungpflanzen frostfrei überwintern, ab V ins Freie pflanzen.
**Weitere Arten:** *E. pininana*, blau; *E. simplex*, weiß, beide 180–250 cm.
**Besonderes:** Pflanze stirbt nach der Blüte ab (monokarpisch).
**Hinweise:** Blüht von V–VI in den Cañadas auf Teneriffa in 2000 m Höhe.

## Eremurus × isabellinus 'Ruiter-Hybriden'

Ruiter's Steppenkerze
Asphodelaceae, Affodillgewächse

**Heimat:** Züchtung; gemäßigt.
**Wuchsform:** Horstbildend, Wurzeln seesternartig, Blütenstiel steif aufrecht. Staude.
**Blatt:** Rosettig, schmal, linealisch, 40–60 cm, graugrün, zieht nach der Blüte ein.
**Blüte:** Sternförmige Einzelblüten an schmaler Blütenkerze, 1–2 cm, gelb-orange.
**Wuchs-/Blütenhöhe:** 30/150 cm.
**Frucht:** Kugelig, 1 cm groß, enthält kantige Samen.
**Standort:** Nöhrstoffreiche, durchlässige Böden in voller Sonne.
**Verwendung:** Bienenweide.
**Vermehrung:** Aussaat sofort nach der Samenernte. 2–3 Samen je Topf legen. Keimdauer 14–20 Tage.
**Kultur:** In durchlässigem Substrat, sparsam gießen. Reisigabdeckung.
**Sorten:** 'Feuerfackel', orange; 'Moonlight', gelb; je 30/150 cm.
**Hinweise:** Wurzeln bei der Pflanzung in 3–5 cm starke Sandschicht legen.

| | |
|---|---|
| *Staude* | *Strauch* |
| *VI–VII* | *IX–XII* |
| *Sonne* | *Sonne* |
| *Reisigschutz* | *Kalthaus* |
| *Beet, Schnitt* | *Balkon, Grab* |

## Erica gracilis

Glocken-Heide
Ericaceae, Heidekrautgewächse

**Heimat:** Süd-Afrika; mediterran.
**Wuchsform:** Breitbuschig, aufrecht. Nicht frostharter Zwergstrauch.
**Blatt:** Quirlständig, nadelförmig, 2–3 mm lang, grün.
**Blüte:** Glöckchen, 3–4 mm lang, rot oder weiß, in 10–30 cm langen Rispen
**Wuchs-/Blütenhöhe:** 30/40–50 cm.
**Frucht:** Kapsel.
**Standort:** Sandig humose, saure Böden in voller Sonne.
**Verwendung:** Für Balkonkästen und Pflanzgefäße, zur Grabbepflanzung.
**Vermehrung:** Stecklinge im Februar, nur in Spezialbetrieben.
**Kultur:** In sauren Substraten; Gemisch aus Nadelerde, Torf und Sand. Um Verzweigung zu fördern, mehrmals stutzen. Im Kalthaus hell und frostfrei überwintern, bei 12–15 °C.
**Sorten:** 'Glasers Rote', rot, Wuchshöhe/Blütenhöhe 30/40–50 cm.
**Hinweise:** Auf Pilzkrankheiten achten.

## Erysimum × allionii
Schöterich
Brassicaceae, Kohlgewächse

**Heimat:** Eltern vermutlich *E. ochroleucum* × *E. perovskianum*, Mittelmeerraum; mediterran.
**Wuchsform:** Aufrecht, horstbildend. Zweijährig, auch einjährig kultiviert.
**Blatt:** Wechselständig, breit lanzettlich, 3–4 cm, grün.
**Blüte:** 4-zählige Kreuzblüten, 1,5 cm groß, orange, in Trauben.
**Wuchs-/Blütenhöhe:** 20/30–40 cm.
**Frucht:** Schote.
**Standort:** Nährstoffreiche Gartenböden in voller Sonne.
**Verwendung:** Reich blühend, für größere Flächen zusammen mit Vergissmeinnicht und Tulpen, für Pflanzgefäße.
**Vermehrung:** Für Herbstblüte Aussaat an Ort und Stelle von III–IV. Bei zweijähriger Kultur Aussaat VII–VIII.
**Kultur:** Durchlässiger Boden. Nach der Keimung vereinzeln.
**Sorten:** 'Gruppengold', goldgelb, 40 cm; 'Orangekönigin', orange, 45 cm.

| | | |
|---|---|---|
| *einjährig, zweijährig* | | *zweijährig* |
| *IV–VI* | | *IV–VI* |
| *Sonne* | | *Sonne* |
| *Reisigschutz* | | *Reisigschutz* |
| *Beet, Gefäße, Schnitt* | | *Beet, Schnitt* |

## Erysimum cheiri
(Syn. *Cheiranthus cheiri*)
Goldlack
Brassicaceae, Kohlgewächse

**Heimat:** Südöstliches Europa; mediterran.
**Wuchsform:** Aufrecht, buschig, Triebe verholzen am Grund. Zweijährig.
**Blatt:** Wechselständig, breit lanzettlich, immergrün, 7–8 cm, grüngrau.
**Blüte:** Kreuzförmig, 4-zählig, 2–3 cm groß, gelb, orange oder rotbraun, in Trauben, süß duftend.
**Wuchs-/Blütenhöhe:** 20/30–70 cm.
**Frucht:** Schote.
**Standort:** Durchlässige Kalkböden.
**Verwendung:** Beet- und Rabattenpflanze, für Einfassungen, Kübelpflanze, Schnittpflanze.
**Vermehrung:** Aussaat von V–VII (Dunkelkeimer), später vereinzeln. Keimdauer 7–14 Tage.
**Kultur:** Durchlässiger Boden. Im Freiland auspflanzen ab VIII.
**Sorten:** 'Goliath', dunkel braunrot, 50 cm; 'Vulkan', blutrot, 50 cm.
**Hinweise:** Auf Falschen Mehltau und Grauschimmel achten.

## Erythrina crista-galli
Korallenstrauch
Fabaceae, Hülsenfrüchtler

**Heimat:** Brasilien, Paraguay, Bolivien, Argentinien; tropisch, subtropisch.
**Wuchsform:** Aufrecht, buschig, Triebe oft bedornt, verholzend. Strauch.
**Blatt:** Wechselständig, 3-zählig gefingert, 12–15 cm lange Blattspreite, graugrün.
**Blüte:** Disymmetrisch, fleischig, 5 cm lang, kirschrot, in langer Traube.
**Wuchs-/Blütenhöhe:** 100/150 cm, in der Heimat bis 800 cm hoher Kleinbaum.
**Frucht:** Hülse, 12–15 cm lang.
**Standort:** Nährstoffreiche Böden.
**Verwendung:** Einzelstellung.
**Vermehrung:** Kopfstecklinge mit Stammansatz im Frühling.
**Kultur:** In nährstoffreicher, humoser Erde. Im Sommer wöchentlich düngen und reichlich wässern. Im Herbst Triebe dicht am Stamm abschneiden, Mutterpflanze bei 5–8 °C völlig trocken überwintern, in Ruhezeit auch dunkel. Frostempfindlich, erst ab V wieder ins Freie stellen.

| Erythrina crista-galli | | Eschscholzia californica |
|---|---|---|
| *Strauch* | | *einjährig* |
| *V–IX* | | *VI–X* |
| *Sonne* | | *Sonne* |
| *Überwinterungsraum* | | *–* |
| *Kübel* | | *Beet, Rabatte* |

## Eschscholzia californica
Kalifornischer Kappenmohn, Goldmohn, Schlafmützchen
Papaveraceae, Mohngewächse

**Heimat:** Östliches Nordamerika; subtropisch, mediterran.
**Wuchsform:** Buschig, vieltriebig. In der Heimat zweijährig bis ausdauernd, bei uns einjährig.
**Blatt:** Wechselständig, fein zerteilt, 6–8 cm, graugrün.
**Blüte:** Becherförmig, 6–8 cm groß, orange, weiß oder gelb, einfach oder gefüllt.
**Wuchs-/Blütenhöhe:** 20/30–50 cm.
**Frucht:** Langgezogene Kapsel, 6–8 cm lang.
**Standort:** Nährstoffarme, durchlässige Böden in voller Sonne, sehr wärmeliebend.
**Verwendung:** Rabattenpflanze, im Steingarten.
**Vermehrung:** Aussaat an Ort und Stelle von IV–VI, auch Selbstaussaat. Keimdauer 8–14 Tage.
**Kultur:** Durchlässiger Boden. Nach der Keimung vereinzeln.
**Sorten:** 'Dalli', orangerot 15–25 cm.

## Eucomis bicolor

Schopflilie, Ananaslilie
Hyacinthaceae, Hyazinthengewächse

**Heimat:** Süd-Afrika: Natal; subtropisch, mediterran.
**Wuchsform:** Aufrechter Blütentrieb mit auffälligem Blattschopf, ähnlich der Ananas. Mehrjährige Zwiebelpflanze. Zieht Blätter ein.
**Blatt:** Wechselständig, breit ovale Grundblätter, bis 40 cm lang, grün, braun punktiert.
**Blüte:** Am Blütenschaft sitzen viele Sternblüten, 1–2 cm groß, gelbgrün, brauner Rand.
**Wuchs-/Blütenhöhe:** 50–60 cm.
**Frucht:** Kapsel.
**Standort:** Lockere, tiefgründige Böden in voller Sonne.
**Verwendung:** Gruppenpflanze.
**Vermehrung:** Abtrennen der Brutzwiebeln im Frühling.
**Kultur:** Humoser Boden. Brutzwiebeln ab III eintopfen, ab V ins Freie pflanzen. Nach dem Einziehen im Herbst frostfrei und hell überwintern.
**Sorte:** 'Alba', cremeweiß.

## Euphorbia fulgens

Korallenranke
Euphorbiaceae, Wolfsmilchgewächse

**Heimat:** Mexiko; tropisch.
**Wuchsform:** Locker, aufrecht bis überhängend. Nicht frostharter Strauch.
**Blatt:** Wechselständig, elliptisch, 6–10 cm lang.
**Blüte:** Kleine 5-zählige Sternchen, 1–2 cm, rot, gelb oder weiß, sitzen in den Blattachseln.
**Wuchs-/Blütenhöhe:** 40–100 cm.
**Frucht:** Kapsel.
**Standort:** Unter Glas, hell und luftig, humose Böden, pH-Wert bei 6–6,5.
**Verwendung:** Schnittblume für die Wintermonate. Blüteninduzierung beginnt im X.
**Vermehrung:** Stecklinge im Frühling, meist in Spezialbetrieben.
**Kultur:** Humoser Boden. Kurztagsbehandlung durch Verdunkeln von Ende III bis Anfang X zwischen 17–8 Uhr. Kritische Tageslänge 12 Stunden. Bei 20–22 °C etwa 8–10 Wochen bis zur Blüte, salzempfindliche Pflanze.

| | | |
|---|---|---|
| *Staude, Zwiebelpflanze* | | *Strauch* |
| *VI–IX* | | *XII–II* |
| *Sonne* | | *Sonne* |
| *Überwinterungsraum* | | *Warmhaus* |
| *Beet, Kübel* | | *Schnitt* |

## Euryops abrotanifolius
Eberrauten-Kap-Margerite
Asteraceae, Asterngewächse

**Heimat:** Südliches Afrika; mediterran.
**Wuchsform:** Buschig, aufrecht. Strauch.
**Blatt:** Wechselständig, fein zerteilt, immergrün, 3–5 cm groß, matt grün.
**Blüte:** Körbchen mit goldgelben Röhren- und Zungenblüten, 4–5 cm groß.
**Wuchs-/Blütenhöhe:** 60/90 cm.
**Fruchtstand:** Körbchen, Achäne.
**Standort:** Durchlässige Böden in voller Sonne, trockene Standorte.
**Verwendung:** Beetpflanze für Einzelstand, Kübelpflanze für Terrasse und Wintergarten.
**Vermehrung:** Stecklinge im Sommer oder im Frühjahr von überwinterten Pflanzen.
**Kultur:** Nach der Bewurzelung in Einheitserde mit Perlitezusatz topfen, im Sommer viel gießen und düngen. Mehrmals entspitzen. Helle Überwinterung im Kalthaus bei 12–15 °C.
**Weitere Arten:** *E. pectinatus* (Bild).
**Hinweise:** Auf Blattläuse und Miniertfliegen achten.

| | |
|---|---|
| Strauch | zweijährig |
| V–IX | VII–VIII |
| Sonne | hell, absonnig |
| Kalthaus | temperiertes Haus |
| Beet, Kübel | Beet, Topf, Schnitt |

## Eustoma grandiflorum
(Syn. *Lisianthus russelianus)*
Prärieenzian, Schönkelch
Gentianaceae, Enziangewächse

**Heimat:** Südliche und mittlere USA; submediterran, subtropisch.
**Wuchsform:** Aufrecht, horstbildend. Zweijährig.
**Blatt:** Gegenständig, lanzettlich, 8–10 cm, bläulich bereift.
**Blüte:** Glockenförmig, 5–8 cm groß, weiß, blau, rötlich, auch gefüllte Sorten.
**Wuchs-/Blütenhöhe:** 30/40–60 cm.
**Frucht:** Kapsel.
**Standort:** Durchlässige Humusböden, nicht in vollsonniger Lage.
**Verwendung:** Topf- und Schnittpflanze für kühle Räume, ausgepflanzt in Sommerblumenbeete.
**Vermehrung:** Aussaat von X–III in lockere, nährstoffarme Erde, pH-Wert 6–6,5. Lichtkeimer.
**Kultur:** Humoser Boden. Zur besseren Verzweigung entspitzen.
**Sorten:** 'Spray' F1-Hybriden.
**Hinweise:** Gleichmäßig feucht halten.

## Felicia amelloides
Blaues Gänseblümchen, Kapaster
Asteraceae, Asterngewächse

**Heimat:** Süd-Afrika; subtropisch, mediterran.
**Wuchsform:** Buschig, vieltriebig, Nicht frostharte Staude bis Halbstrauch, meist einjährig gezogen.
**Blatt:** Wechselständig, lanzettlich, immergrün, 2–4 cm lang, grün.
**Blüte:** Körbchen mit gelben Röhren- und blauen Zungenblüten, 2–4 cm.
**Wuchs-/Blütenhöhe:** 15/35–60 cm.
**Fruchtstand:** Körbchen.
**Standort:** Durchlässige Böden.
**Verwendung:** Rabatten, Steingarten.
**Vermehrung:** Stecklinge von VIII–IX, seltener Aussaat von II–III.
**Kultur:** Durchlässiger Boden. Im Herbst eintopfen, frostfrei und hell überwintern bei 12–18 °C.
**Sorten:** 'Variegata', gelbweiß-grün. Wuchshöhe/Blütenhöhe 15/35–50 cm.
**Besonderes:** Im Kalthaus überwintern.

## Ficus carica
Echter Feigenbaum
Moraceae, Maulbeergewächse

**Heimat:** Mittelmeergebiete bis Indien, schon über 3000 Jahre in Kultur; mediterran, subtropisch.
**Wuchsform:** Breit ausladend, mehrstämmig. Baum oder großer Strauch.
**Blatt:** Wechselständig, handförmig, 3-bis 5-lappig, sommergrün, 15–25 cm lang und breit, behaart.
**Blüte:** Krugförmig, 1 mm, unscheinbar, winzig, Bestäubung durch Gallwespen.
**Wuchs-/Blütenhöhe:** 300–500 cm. In der Heimat 10–15 m.
**Frucht:** Essbare Feige, birnenförmig, 3–7 cm, aromatisch.
**Standort:** Vollsonnige, durchlässige Böden, milde Klimagebiete.
**Vermehrung:** Stecklinge im Sommer.
**Kultur:** Nährstoffreicher Boden. In frostgefährdeten Gebieten Kübel erst ab V ins Freie stellen, viel gießen und düngen. Ab X wieder ins Kalthaus, bei 12–15 °C hell überwintern.
**Hinweise:** Bei Kübelkultur besser nur selbstfruchtbare Sorten verwenden, weil hier der Bestäuber fehlt.

| Felicia amelloides | | Ficus carica |
|---|---|---|
| *einjährig (Staude, Halbstr.)* | | *Strauch (Baum)* |
| *V–X* | | *IV–IX* |
| *Sonne* | | *Sonne* |
| *Kalthaus, temperiert* | | *Reisigschutz, Kalthaus* |
| *Kübel, Rabatte, Balkon* | | *Kübel* |

## Freesia refracta
Freesie
Iridaceae, Schwertliliengewächse

**Heimat:** Süd-Afrika: Kapland; submediterran, subtropisch.
**Wuchsform:** Aufrecht, Triebe überhängend, horstbildend. Staude mit Rhizomknolle.
**Blatt:** Wechselständig, schwertförmig, schmal, bis 30 cm lang, grün.
**Blüte:** Trichterförmig, 5–7 cm lang, in verschiedenen Farbtönen von weiß bis rot, auch gefüllt, an einseitigen Wickeln, duftend.
**Wuchs-/Blütenhöhe:** 30/50–100 cm.
**Frucht:** Kapsel.
**Standort:** Durchlässige, warme Böden in sonniger Lage.
**Vermehrung:** Abtrennen von Brutknöllchen oder Aussaat von III–IV (Dunkelkeimer).
**Kultur:** Durchlässiger Boden. Knollen ab IV ins Freiland. Frostfrei und trocken überwintern.
**Sorten:** 'Aurora', gelb; 'Royal Blue', blau; 'White Swan', weiß. (Bild: 'Oberon').
**Hinweise:** Auf Pilzkrankheiten achten.

| | |
|---|---|
| *Staude, Knollenpflanze* | *Strauch* |
| *(ganzjährig)* | *V–X* |
| *Sonne* | *Halbschatten* |
| *Überwinterungsraum* | *Reisigschutz, Kalthaus* |
| *Beet, Kübel, Schnitt* | *Beet, Kübel* |

## Fuchsia magellanica
Scharlach-Fuchsie
Onagraceae, Nachtkerzengewächse

**Heimat:** Argentinien, Chile; mediterran.
**Wuchsform:** Breit aufrecht, feintriebig. Strauch.
**Blatt:** Zu dritt in Quirlen, lanzettlich, 3–5 cm lang, grün.
**Blüte:** Röhrenförmig, 4-zählig, 3–5 cm lang, Sepalen rot, Petalen purpurn, Staubgefäße ragen weit hervor, achselständig.
**Wuchs-/Blütenhöhe:** 100–200 cm. In der Heimat bis 500 cm hoch.
**Frucht:** Beere, 1 cm lang.
**Standort:** Humose Böden.
**Verwendung:** Einzelstand, Hecken.
**Vermehrung:** Stecklinge im Frühling.
**Kultur:** In Einheitserde, Substrat nicht austrocknen lassen. Dunkel und kühl, aber frostfrei (unter 10 °C) überwintern.
**Sorten:** 'Riccartonii', 200–300 cm hoch.
**Hinweise:** Blüht bei heller Überwinterung mit über 10 °C weiter.

## Fuchsia triphylla
Traubenblättrige Fuchsie
Onagraceae, Nachtkerzengewächse

**Heimat:** Hispaniola; tropisch, subtropisch.
**Wuchsform:** Aufrecht, Triebe überhängend, kleinwüchsig. Halbstrauch.
**Blatt:** Zu dritt in Quirlen, breit lanzettlich, 6–8 cm lang, dunkelgrün, unterseits rot.
**Blüte:** Langröhrig, 5–6 cm lang, rot, in endständiger Traube.
**Wuchs-/Blütenhöhe:** 50–60 cm.
**Frucht:** Beere.
**Standort:** Humose Böden.
**Verwendung:** Kübelpflanze.
**Vermehrung:** Stecklinge im Frühling oder Herbst, dabei Blütenknospen entfernen.
**Kultur:** Humoser Boden. Im Sommer reichlich gießen und düngen. Ab X ins Kalthaus einräumen, hell, bei 12–18 °C überwintern. Empfindlich gegen Spätfröste.
**Sorten:** 'Andenken an Heinrich Henkel' (Bild), rotorange, 50 cm hoch.

| Fuchsia triphylla | | Fuchsia-Hybriden |
|---|---|---|
| *Halbstrauch* | | *Strauch* |
| *V–X* | | *V–X* |
| *Halbschatten* | | *Halbschatten* |
| *Kalthaus, temperiert* | | *Kalthaus* |
| *Beet, Kübel* | | *Beet, Balkon, Grab* |

## Fuchsia-Hybriden
Fuchsie
Onagraceae, Nachtkerzengewächse

**Heimat:** Züchtung. Ausgangsarten stammen aus Mittel- und Südamerika sowie Neuseeland; tropisch, subtropisch.
**Wuchsform:** Aufrecht oder hängend, buschig oder als Stämmchen gezogen. Strauch.
**Blatt:** Gegenständig, breit lanzettlich, 6–8 cm.
**Blüte:** 4-teilig, je nach Sorte 4–10 cm groß, meist hängend, Sepalen und Petalen oft unterschiedlich gefärbt, Farben reichen von Weiß, Rot, Rosa bis Blau und Violett, Staubblätter ragen lang heraus.
**Wuchs-/Blütenhöhe:** 50–200 cm.
**Frucht:** Beere.
**Standort:** Humose Böden.
**Verwendung:** Balkonpflanze, für Pflanzgefäße aller Art.
**Vermehrung:** Stecklinge im Frühling.
**Kultur:** Durchlässiger Boden. Überwinterung im Kalthaus, hell, bei 12–15 °C.
**Sorten:** 'Deutsche Perle', weiß-hellrot (Bild: 'Schwabenland').

## Gaillardia pulchella
Kurzlebige Kokardenblume
Asteraceae, Asterngewächse

**Heimat:** Südöstliche USA; subtropisch.
**Wuchsform:** Aufrecht, buschig. Einjährig.
**Blatt:** Wechselständig, linealisch, 6–8 cm, gezähnter Rand, rau, grau.
**Blüte:** Körbchen, 6–8 cm groß, Zungenblüten gelb, weiß, rot oder orange, auch gefüllt, Röhrenblüten purpur.
**Wuchs-/Blütenhöhe:** 20/30–70 cm.
**Fruchtstand:** Körbchen, Samen mit Pappus.
**Standort:** Tiefgründige, durchlässige Böden in voller Sonne.
**Verwendung:** Beet- und Rabattenpflanze, Kübelpflanze, prächtige Schnittpflanze.
**Vermehrung:** Aussaat im III unter Glas, anschließend pikieren. Keimdauer 12–20 Tage.
**Kultur:** Ab Mitte V ins Freiland pflanzen, in nährstoffreiche Böden.
**Sorten:** 'Lorenziana', gefüllte Farbmischung; 'Tetra', blutrot, einfach; Wuchshöhe/Blütenhöhe: 30–50 cm.

| Gaillardia pulchella | | Galax urceolata |
|---|---|---|
| *einjährig* | | *Staude* |
| *VI–IX* | | *V–VI* |
| *Sonne* | | *Halbschatten, Schatten* |
| *–* | | *Reisigschutz* |
| *Beet, schnitt* | | *Boden, Schnitt* |

## Galax urceolata
(Syn. *G. aphylla*)
Bronzeblatt
Diapensiaceae, Diapensiengewächse

**Heimat:** Nordöstliche USA; gemäßigt.
**Wuchsform:** Breitbuschig, schmale langstielige Blütentriebe, Ausläufer bildend, immergrün.
**Blatt:** Wechselständig, herzförmig, 5–6 cm groß, lederartig, glänzend grün.
**Blüte:** Radiär, 5-zählig, 1 cm, weiß, in dichten Ähren.
**Wuchs-/Blütenhöhe:** 20/30 cm.
**Frucht:** 5-fächerige Kapsel.
**Standort:** Humose, saure Böden im Schatten und Halbschatten.
**Verwendung:** Bodendecker vor und unter Gehölzen, gut zu Rhododendron, im Steingarten, Schnittpflanze.
**Vermehrung:** Teilung der Ausläufer im Vorfrühling.
**Kultur:** Saure Substrate, z.B. TKS oder Rhodohum. In Winter vor Barfrösten schützen.
**Hinweise:** Die lang gestielten Blätter werden in der Floristik verwendet.

## Gaultheria shallon

Shallon-Scheinbeere,
Hohe Teppichbeere, Salal
Ericaceae, Heidekrautgewächse

**Heimat:** Westliches Nordamerika; gemäßigt.
**Wuchsform:** Kriechend, teppichartig, unterirdischer, sich ausbreitender Wurzelstock, aufrechte Zweige. Zwergstrauch.
**Blatt:** Wechselständig, eiförmig, bis 10 cm lang, glänzend dunkelgrün.
**Blüte:** Glockenförmig, 1–1,5 cm, cremeweiß, in Trauben.
**Wuchs-/Blütenhöhe:** 20–60/20–60 cm. In der Heimat bis 200 cm hoch.
**Frucht:** Beere, schwarz, 1 cm groß, werden von Bären geschätzt.
**Standort:** Saure Humusböden.
**Verwendung:** Mittelhoher Bodendecker, Schnittpflanze.
**Vermehrung:** Teilung der Horste im Vorfrühling.
**Kultur:** Jungpflanzen in Töpfen mit TKS vorkultivieren oder sofort an Ort und Stelle pflanzen.
**Hinweise:** Die Zweige werden in der Floristik geschätzt.

| | | |
|---|---|---|
| *Strauch* | | *einjährig* |
| *V–VI* | | *V–VIII* |
| *Halbschatten, Schatten* | | *Sonne* |
| *frosthart* | | *–* |
| *Boden, Schnitt* | | *Beet, Rabatte, Gefäße* |

## Gazania rigens

Gazanie, Mittagsgold
Asteraceae, Asterngewächse

**Heimat:** Südliches Afrika; mediterran.
**Wuchsform:** Horstbildend, aufrechte Blütenstiele, flache, bodennahe Blattrosette. Einjährig.
**Blatt:** Rosette, Einzelblatt linealisch, 15–20 cm lang, grün, unterseits silbrig.
**Blüte:** Körbchen, 3 cm groß, an langen Stielen, je nach Sorte goldgelb, gelb-orange, kupfer mit braun oder weiß.
**Wuchs-/Blütenhöhe:** 20/30 cm.
**Fruchtstand:** Körbchen.
**Standort:** Durchlässige Böden in voller Sonne.
**Verwendung:** Rabattenpflanze, für Pflanzgefäße, im Steingarten.
**Vermehrung:** Aussaat von II–IV unter Glas. Keimdauer 7–14 Tage.
Sorten auch durch Stecklinge im Spätsommer/Herbst.
**Kultur:** Durchlässiger Boden. Keimlinge in Töpfe pikieren, ab V ins Freiland pflanzen.
**Sorten:** 10 cm große Blüten. 'Morgensonne'. Orange mit schwarzem Ring.

## Gerbera jamesonii
Gerbera
Asteraceae, Asterngewächse

**Heimat:** Süd-Afrika; mediterran, subtropisch.
**Wuchsform:** Buschig, Blütenstiele aufrecht, Blätter geneigt. Staude, nicht frosthart.
**Blatt:** In Rosetten, Einzelblatt eiförmig zugespitzt, am Rand gebuchtet, 20 cm, grün.
**Blüte:** Köpfchen mit langen Zungenblüten, viele Farben, auch gefüllte Sorten.
**Wuchs-/Blütenhöhe:** 25–30/40–60 cm (Topfsorten), bis 90 cm (Schnittsorten).
**Frucht:** Achäne.
**Standort:** Sonnig, durchlässige, humose Substrate.
**Verwendung:** Topfpflanze.
**Vermehrung:** Aussaat im IX oder Frühling. Sorten durch Teilung und Stecklinge.
**Kultur:** Einheitserde mit Sandzusatz. Nur unter Glas bei 20 °C.
**Sorten:** Viele Rassen und Sorten, z.B. 'Festival Rot', rot. (Bild: 'Rotelli').
**Hinweise:** Blattläuse, Weiße Fliege, Minierfliegen und Mehltau rechtzeitig bekämpfen.

| Gerbera jamesonii | | Gladiolus callianthus 'Murielae' |
|---|---|---|
| *Staude* | | *Staude, Knollenpflanze* |
| *I–XII* | | *VII–VIII* |
| *Sonne* | | *Sonne* |
| *temperiertes Haus* | | *Überwinterungsraum* |
| *Balkon, Topf, Schnitt* | | *Beet, Rabatte, schnitt* |

## Gladiolus callianthus 'Murielae'
(Syn. *Acidanthera bicolor var. murielae*)
Stern-Gladiole
Iridaceae, Schwertliliengewächse

**Heimat:** Äthiopien; submediterran.
**Wuchsform:** Aufrecht. Knollenbildende Staude.
**Blatt:** 2-zeilig, schwertförmig, linealisch, bis 60 cm.
**Blüte:** Trichterförmig, disymmetrisch, 5 cm groß, cremeweiß mit purpurnen Schlundflecken, in Ähren, duftend.
**Wuchs-/Blütenhöhe:** 60/100 cm.
**Frucht:** 3-klappige Kapsel.
**Standort:** Durchlässige Böden.
**Verwendung:** In Gruppen.
**Vermehrung:** Brutknöllchen im Frühling in Töpfe stecken, Einheitserde.
**Kultur:** Im III in normalen Gartenboden pflanzen, mäßige Feuchte. Knollen frostfrei überwintern.
**Sorten:** 'Zwanenburg', weiß mit rotem Schlund.
**Hinweise:** 'Murielae' ist eleganter als viele andere Gladiolen-Sorten.

## Gladiolus-Hybriden
Gladiole
Iridaceae, Schwertliliengewächse

**Heimat:** 180 Arten, vorwiegend in Afrika, viele Kreuzungen; submediterran.
**Wuchsform:** Aufrecht. Knollenbildende Staude.
**Blatt:** 2-zeilig, schwertförmig, linealisch, bis 60 cm.
**Blüte:** Sehr große Trichterblüten, 5–10 cm groß, in allen Farben, Formen und Füllungsgraden.
**Wuchs-/Blütenhöhe:** 60/80–150 cm.
**Frucht:** 3-klappige Kapsel.
**Standort:** Durchlässige Böden.
**Verwendung:** In Gruppen.
**Vermehrung:** Brutknöllchen im Frühling auspflanzen, brauchen dann zwei Jahre bis zur Blüte.
**Kultur:** Im April 10 cm tief in normalen Gartenboden auspflanzen, mäßig feucht halten. Knollen im Herbst ausgraben, trocken und frostfrei überwintern.
**Sorten:** Butterfly-Gladiolen, Colvillei-Gladiolen, Grandiflorus-, Nanus- und Primulinus-Gruppe. (Bild: Sorte der Primulinus-Gruppe).
**Hinweis:** Schäden durch Blasenfuß.

## Gomphrena globosa
Kugelamarant
Amaranthaceae, Fuchsschwanzgewächse

**Heimat:** Indien, verbreitet im tropischen Amerika; subtropisch, tropisch.
**Wuchsform:** Aufrecht, buschig. Einjährig.
**Blatt:** Gegenständig, breit lanzettlich, 3–5 cm, rau.
**Blüte:** In kugeligen Köpfchen, 2–3 cm groß, rot, rosa oder weiß.
**Wuchs-/Blütenhöhe:** 10–20/30–50 cm.
**Fruchtstand:** Köpfchen.
**Standort:** Durchlässige Gartenböden.
**Verwendung:** Beet- und Rabattenpflanze, hohe Sorten als Schnittpflanze, Trockenschmuck.
**Vermehrung:** Aussaat von III–IV. Man rechnet 2–5 g Saatgut für 1000 Pflanzen.
**Kultur:** In humoser Erde, im V ins Freie pflanzen. Staunässe meiden.
**Sorten:** 'Orangerot', orange, 40 cm; 'Feuerrot', rot, 60 cm; 'Buddy', rot, 25 cm.
**Hinweise:** Anfällig für Pilzkrankheiten.

| Gladiolus-Hybriden | | Gomphrena globosa |
|---|---|---|
| Staude, Knollenpflanze | | einjährig |
| VII–VIII | | VII–X |
| Sonne | | Sonne |
| Überwinterungsraum | | – |
| Beet, Schnitt | | Beet, Rabatte, Schnitt |

## Goniolimon tataricum

Tataren-Blauschleier
Plumbaginaceae, Bleiwurzgewächse

**Heimat:** Südostrussland, Asien; subtropisch.
**Wuchsform:** Aufrecht, horstbildend, feintriebig. Frostharte Staude.
**Blatt:** In grundständiger Rosette angeordnet, Einzelblatt spatelförmig, 6–10 cm, graugrün.
**Blüte:** Radiär, 5 mm groß, weiß mit rotem Krönchen, in vielfach verzweigter Doldentraube.
**Wuchs-/Blütenhöhe:** 15/25–30 cm.
**Frucht:** Samen mit Pappus.
**Standort:** Durchlässige Böden in vollsonniger Lage. Für Gebiete mit trockenen Sommermonaten.
**Verwendung:** Trockenschmuck.
**Vermehrung:** Aussaat im Vorfrühling. Keimdauer 12–20 Tage. Wurzelschnittlinge im Winter.
**Kultur:** Durchlässiger Boden. Nach der Keimung in kleine Anzuchtgefäße, z.B. Jiffy-Pots, setzen, im VII auf Beete pflanzen.
**Hinweise:** Blütenstiele in voll aufgeblühtem Zustand ernten.

## Gypsophila elegans

Sommer-Schleierkraut
Caryophyllaceae, Nelkengewächse

**Heimat:** Kleinasien, Kaukasus; gemäßigt, submediteran.
**Wuchsform:** Buschig, vieltriebig, horstbildend. Einjährig.
**Blatt:** Gegenständig, lanzettlich, 2–5 cm lang.
**Blüte:** Sternförmig, 5-zählig, 1–1,5 cm, weiß oder rosa, in Doldentrauben.
**Wuchs-/Blütenhöhe:** 20/30–40 cm.
**Frucht:** Kapsel.
**Standort:** Durchlässige, kalkhaltige Böden in voller Sonne.
**Verwendung:** Rabatten, Steingarten.
**Vermehrung:** Aussaat III–VI ins Freiland. 2 g für 1000 Pflanzen.
**Kultur:** Durchlässiger Boden. Nach der Keimung, dauert etwa 2–3 Wochen, Keimlinge vereinzeln. Sparsam gießen, Staunässe vermeiden.
**Sorten:** 'Red Cloud', rosa, 30 cm.
**Hinweise:** Kurzlebig, Blütezeit lässt sich durch Folgesaaten verlängern.

| | | |
|---|---|---|
| *Staude* | | *einjährig* |
| *VII–VIII* | | *VII–VIII* |
| *Sonne* | | *Sonne* |
| *frosthart* | | *–* |
| *Beet, Schnitt* | | *Beet, Rabatte, Schnitt* |

## Hedychium gardnerianum
Kranzblume
Zingiberaceae, Ingwergewächse

**Heimat:** Östlicher Himalaja, Nepal; subtropisch.
**Wuchsform:** Aufrecht, rhizombildend. Staude.
**Blatt:** Wechselständig, bis 45 cm lang und 10 cm breit, glänzend grün.
**Blüte:** Disymmetrisch, 3 cm groß, goldgelb, mit langen roten Staubgefäßen, in dichten, bis 50 cm langen Blütenähren am Triebende, duftend.
**Wuchs-/Blütenhöhe:** 100/150–200 cm.
**Frucht:** Fleischige, 3-fächerige Kapsel.
**Standort:** Nährstoffreiche, tiefgründige Humusböden in voller Sonne.
**Verwendung:** Kübelpflanze.
**Vermehrung:** Teilung der Rhizome im Vorfrühling.
**Kultur:** Eintopfen in Einheitserde T, feucht und warm halten, Substrat nicht austrocknen lassen. Ab VI ins Freie, im Herbst ins Warmhaus einräumen. Dort hell, bei 18–20 °C überwintern.
**Hinweise:** Nicht schädlingsanfällig.

| Hedychium gardnerianum | Helianthus annuus |
|---|---|
| *Staude* | *einjährig* |
| *VIII–IX* | *VII–X* |
| *Sonne* | *Sonne* |
| *Warmhaus* | – |
| *Beet, Kübel* | *Beet, Kübel, Topf* |

## Helianthus annuus
Gewöhnliche Sonnenblume
Asteraceae, Asterngewächse

**Heimat:** Westliche USA, Nordmexiko; submediterran.
**Wuchsform:** Aufrecht, rasch wachsend. Einjährig.
**Blatt:** Wechselständig, herzförmig, 20–50 cm groß, rau, Rand gesägt, grün.
**Blüte:** Blütenköpfe bis 35 cm groß, endständig, Röhrenblüten braunschwarz, Randblüten je nach Sorte gelb, braun, rötlich, einfach oder gefüllt.
**Wuchs-/Blütenhöhe:** 30–400 cm.
**Fruchtstand:** Körbchen mit vielen ölhaltigen Samen, 1–1,5 cm groß.
**Standort:** Durchlässige, nährstoffreiche Böden in voller Sonne.
**Verwendung:** Schnittpflanze, Gründünger.
**Vermehrung:** Aussaat ab III mit Vorkultur unter Glas, ab IV ins Freie.
**Kultur:** Normaler Gartenboden. Reichlich wässern und düngen.
**Sorten:** 'Goldener Neger', goldgelb, braune Scheibe, 200 cm; 'Nanus Plenus', gelb, gefüllt, 100 cm.
**Hinweise:** Auf Mehltau und Grauschimmel achten.

## Helichrysum bracteatum
Garten-Strohblume
Asteraceae, Asterngewächse

**Heimat:** Australien, mit vielen Hybriden und Sorten; subtropisch.
**Wuchsform:** Aufrecht, horstbildend. In der Heimat ausdauernde Staude, bei uns einjährig kultiviert.
**Blatt:** Wechselständig, linealisch, 5–12 cm lang.
**Blüte:** Körbchen, 5–8 cm groß, Hüllblätter rot, gelb, orange oder weiß, einfach oder gefüllt, Röhrenblüten gelb, in Doldentrauben.
**Wuchs-/Blütenhöhe:** 20/50–100 cm.
**Fruchtstand:** Körbchen, Samen mit Pappus.
**Standort:** Durchlässige Böden.
**Verwendung:** Trockenblume.
**Vermehrung:** Aussaat ab III unter Glas, ab IV ins Freie.
**Kultur:** Durchlässiger Boden. 3–5 Samen je Topf auslegen.
**Sorten:** 'Album', weiß, 60–80 cm; 'Chico', 30–40 cm, kompakt, mehrere Farben.
**Hinweise:** Blüten zum Trocknen im halb geöffneten Knospenstadium ernten und mit den Stielen nach unten aufhängen.
Auf Mehltau und Blattläuse achten.

| | | |
|---|---|---|
| *einjährig (Staude)* | | *einjährig, Halbstrauch* |
| *VII–X* | | *V–IX* |
| *Sonne* | | *Sonne* |
| – | | *Kalthaus, temperiert* |
| *Beet, Gefäß, Schnitt* | | *Beet, Kübel, Balkon* |

## Heliotropium arborescens
Heliotrop, Sonnenwende
Boraginaceae, Boretschgewächse

**Heimat:** Südamerika: Peru; subtropisch.
**Wuchsform:** Breit aufrecht, dicht. Nicht frostharter Halbstrauch, meist einjährig kultiviert, als Kübelpflanze bei frostfreier Überwinterung mehrjährig.
**Blatt:** Wechselständig, elliptisch, 6–10 cm lang, runzelig, dunkelgrün.
**Blüte:** 5-zipfelig, radiär, 6 mm groß, dunkelviolett, in reichblütigen Doldentrauben, nach Vanille duftend.
**Wuchs-/Blütenhöhe:** 30/40–50 cm.
**Frucht:** Nüsschen.
**Standort:** Humose Böden.
**Verwendung:** Beet- und Rabattenpflanze, Kübel- und Balkonpflanze.
**Vermehrung:** Stecklinge im Herbst. Aussaat I–III im Warmhaus, Lichtkeimer.
**Kultur:** Durchlässige, nahrhafte Erde, Staunässe vermeiden. Ab V ins Freie. Helle Überwinterung bei 12–18 °C.
**Sorten:** 'Marine', blau, 50 cm; 'Blaues Wunder', tiefblau, 40 cm.

## Heracleum mantegazzianum
Herkulesstaude, Riesen-Bärenklau
Apiaceae, Doldenblütler.

**Heimat:** Kaukasus, inzwischen in Europa weit verbreitet; gemäßigt.
**Wuchsform:** Breit aufrecht, Blätter ausladend. Zweijährig, stirbt nach der Fruchtreife ab.
**Blatt:** Gefiedert, 100 cm lang, 60 cm breit, am Rand tief gesägt, grün.
**Blüte:** Radiär, klein, weiß, in bis 80 cm großen, schirmförmigen Dolden.
**Wuchs-/Blütenhöhe:** 80/250 cm.
**Fruchtstand:** Dolde mit geflügelten Samen.
**Standort:** Frische, auch feuchte Böden, sonnig bis halbschattig.
**Verwendung:** Einzeln in Parkanlagen, getrocknete Fruchtstände für Floristik.
**Vermehrung:** Aussaat direkt nach der Samenreife.
**Besonderes:** Giftpflanze. Bei Sonne Pflanze nicht berühren. Die Lichtempfindlichkeit der Haut wird durch Furano-Cumarine herabgesetzt. Deshalb Handschuhe tragen!

| Heracleum mantegazzianum | | Heterocentron elegans |
|---|---|---|
| zweijährig | | einjährig, Staude |
| VI–VIII | | V–X |
| Sonne bis Halbschatten | | Sonne bis Halbschatten |
| frosthart | | – |
| Beet, Schnitt | | Beet, Balkon, Ampel |

## Heterocentron elegans
Kaskadenblume
Melastomataceae, Schwarzmundgewächse

**Heimat:** Mexiko; tropisch.
**Wuchsform:** Mattenartig, breit aufrecht. Staude, meist einjährig gezogen.
**Blatt:** Gegenständig, eiförmig, 0,5–1,2 cm lang.
**Blüte:** 4-zählig, 2–3 cm breit, purpur, in dichten Trugdolden.
**Wuchs-/Blütenhöhe:** 20/30 cm.
**Frucht:** Beere.
**Standort:** Humose Böden.
**Verwendung:** Mattenbildende Beet- und Rabattenpflanze, im Steingärten, für Balkonkästen und Ampeln.
**Vermehrung:** Stecklinge im Vorfrühling oder im Spätsommer.
**Kultur:** In Sand-Torfgemisch bewurzeln lassen, ab V ins Freiland pflanzen. Empfindlich gegen Staunässe, für gute Dränage sorgen.
**Sorten:** 'Cascade', kräftig rosa.
**Hinweise:** In halbschattigen Lagen gute Alternative zu Fuchsien.

## Hibiscus moscheutos
Sumpf-Eibisch
Malvaceae, Malvengewächse

**Heimat:** Östliche USA; subtropisch, gemäßigt.
**Wuchsform:** Straff aufrecht, horstbildend. Kurzlebige Staude.
**Blatt:** Wechselständig, eiförmig, 10–15 cm lang.
**Blüte:** Schalenblüte, 15–25 cm groß, weiß mit rotem Schlundfleck.
**Wuchs-/Blütenhöhe:** 100–150 cm.
**Frucht:** Spaltfrucht.
**Standort:** Feuchte bis sumpfige Böden in Sonne und Halbschatten.
**Verwendung:** Einzeln in Teichnähe, am Bachrand, im Sumpfgarten.
**Vermehrung:** Aussaat mit Vorkultur unter Glas, ab V ins Freiland.
Oder Stecklinge im Herbst schneiden und frostfrei überwintern.
**Kultur:** In humose Erden topfen. Da frostempfindlich, im Herbst einräumen, hell überwintern.
**Sorten:** 'Disco Belle', bis 30 cm große Blüten in Rot, Rosa oder Weiß.
**Weitere Art:** *Hibiscus trionum.*

| Hibiscus moscheutos | | Hordeum jubatum |
|---|---|---|
| *Staude* | | *einjährig* |
| *VII–IX* | | *VI–VII* |
| *Sonne bis Halbschatten* | | *Sonne* |
| *temperiertes Haus* | | – |
| *Sumpf* | | *Beet* |

## Hordeum jubatum
Mähnen-Gerste
Poaceae, Süßgräser

**Heimat:** Nördliche und südliche USA; gemäßigt, subtropisch.
**Wuchsform:** Aufrecht, lockere Horste bildend.
**Blatt:** 2-zeilig, schmal lanzettlich, 5 mm breit, weich, grün.
**Blüte:** Endständige Ähre, überhängend, 5–12 cm lang, auffällig lange Grannen, erst grün, später gelb mit rötlichem Schimmer.
**Wuchs-/Blütenhöhe:** 30/50–60 cm.
**Frucht:** Karyopse.
**Standort:** Durchlässige Böden in voller Sonne.
**Verwendung:** Beetpflanze, Trockenschmuck.
**Vermehrung:** Aussaat im III unter Glas, ab Mitte IV direkt ins Freiland.
**Kultur:** In Einheitserde P mit Sandzusatz topfen, ab V ins Freie pflanzen.
**Hinweise:** Remontiert bei frühem Rückschnitt. Zum Trocknen frühzeitig ernten, denn reife Ähren zerfallen.

## Iberis umbellata
Doldige Schleifenblume
Brassicaceae, Kohlgewächse

**Heimat:** Mittelmeergebiete; mediterran.
**Wuchsform:** Breit aufrecht, horstbildend.
**Blatt:** Wechselständig, linealisch, 5–9 cm lang.
**Blüte:** Einzelblüte mit vier ungleich langen Blütenblättern, 5–8 mm groß, rosa, purpur, violett oder weiß, in dichter Doldentraube, duftend.
**Wuchs-/Blütenhöhe:** 20/40–50 cm.
**Frucht:** Schote.
**Standort:** Durchlässige Böden.
**Verwendung:** Beet- und Rabattenpflanze, Schnittpflanze, zur Grabbepflanzung.
**Vermehrung:** Aussaat im III unter Glas, ab IV–V im Freiland. Lichtkeimer.
**Kultur:** Durchlässiger Boden. Hell und luftig kultivieren, keine Staunässe. Bei Direktsaat nur Vereinzelung auf 15 cm notwendig.
**Sorten:** 'Märchenzauber', rot, rosa, weiß, 25 cm; 'Red Flash', rubinrot, 25 cm.

| | | |
|---|---|---|
| *einjährig* | | *einjährig* |
| *V–VIII* | | *VI–IX* |
| *Sonne* | | *Halbschatten* |
| – | | – |
| *Beet, Grab, Schnitt* | | *Beet, Rabatte, Schnitt* |

## Impatiens balsamina
Garten-Springkraut, Balsamine
Balsaminaceae, Balsaminengewächse

**Heimat:** Ostasien; subtropisch.
**Wuchsform:** Aufrecht, horstbildend, Triebe glasig durchscheinend. Einjährig.
**Blatt:** Wechselständig, lanzettlich zugespitzt, 6–8 cm, hellgrün.
**Blüte:** Becherförmig, 3–4 cm, rot, rosa oder weiß, meist gefüllt, in den Blattachseln.
**Wuchs-/Blütenhöhe:** 20/30–60 cm.
**Frucht:** Haarige Kapsel, die bei Berührung aufspringt und Samen wegschleudert.
**Standort:** Humose, durchlässige Gartenböden im Halbschatten.
**Verwendung:** Bauerngartenpflanze.
**Vermehrung:** Aussaat im Vorfrühling unter Glas, am besten gleich in Töpfe säen. Keimdauer 14–20 Tage.
**Kultur:** In Einheitserde P, ab Mitte V auspflanzen.
**Sorten:** Häufig Farbmischungen, z.B. 'Blütenbusch', 60 cm.
**Hinweise:** Sehr empfindlich gegenüber Spätfrösten.

## Impatiens glandulifera

Drüsiges Springkraut, Indisches Springkraut
Balsaminaceae, Balsaminengewächse

**Heimat:** Himalaja; tropisch.
**Wuchsform:** Breit aufrecht, Triebe glasig durchscheinend. Einjährig.
**Blatt:** Wechselständig, elliptisch zugespitzt, 6–10 cm, am Rand drüsig behaart, grün.
**Blüte:** Zygomorph, gespornt, 4–5 cm groß, rosa oder weiß, in Trauben, duftend.
**Blütenhöhe:** 100–150 cm.
**Frucht:** Glatte Kapsel, 5-teilig, springt bei Reife und Berührung auf.
**Standort:** Feuchter Boden.
**Verwendung:** An Bachrändern und Flussauen, in Bauerngärten, Parks, Bienenweide.
**Vermehrung:** Selbstaussaat, wobei die braunschwarzen Samen weit weggeschleudert werden. Oder Aussaat im IV direkt an Ort und Stelle.
**Kultur:** Lehmig humoser Boden.
**Hinweise:** Breitet sich stark aus.

| | | |
|---|---|---|
| einjährig | | einjährig |
| VI–X | | V–X (ganzjährig) |
| Halbschatten, sonnig | | Sonne bis Halbschatten |
| – | | temperiertes Haus |
| Beet | | Beet, Gefäße, Grab |

## Impatiens-Neuguinea-Gruppe

Edel-Lieschen
Balsaminaceae, Balsaminengewächse

**Heimat:** Kreuzungen aus *I. hawkeri* und anderen aus Neuguinea stammenden Arten; tropisch.
**Wuchsform:** Aufrecht, horstbildend.
**Blatt:** Wechselständig, lanzettlich, 8–12 cm, glänzend, je nach Sorte hell- bis dunkelgrün oder gelbbraun-grün gezeichnet.
**Blüte:** Tellerförmig, 3–5 cm groß, gespornt, in vielen Farbtönen.
**Wuchs-/Blütenhöhe:** 20/30–50 cm.
**Frucht:** Kapsel, 5-teilig.
**Standort:** Humusreiche Böden.
**Verwendung:** Beet- und Rabattenpflanze zur Grabbepflanzung.
**Vermehrung:** Stecklinge im Vorfrühling oder Sommer unter Glas. Aussaat von I–II unter Glas.
**Kultur:** Humose Erde. Überwinterung im Warmhaus bei 16–20 °C möglich. Substrat darf nie ganz austrocknen.
**Sorten:** 'Java' F1-Hybriden.

## Impatiens walleriana
Fleißiges Lieschen
Balsaminaceae, Balsaminengewächse

**Heimat:** Tropisches Ost-Afrika; tropisch.
**Wuchsform:** Polster- bis mattenförmig, mit fleischigen, stark verästelten Trieben. Einjährig.
**Blatt:** Wechselständig, elliptisch bis lanzettlich, gezähnt, 4–5 cm lang, grün.
**Blüte:** Tellerförmig, zygomorph, 5-teilig, flach, 3–4 cm breit, mit langem Sporn, in vielen Farben von Weiß, Rosa, Rot, Violett bis mehrfarbig.
**Wuchs-/Blütenhöhe:** 5–15/10–30 cm.
**Frucht:** Kapsel, springt auf.
**Standort:** Humose Böden.
**Verwendung:** Bodendecker, für Beete und Rabatten, zur Grabbepflanzung.
**Vermehrung:** Aussaat von II–III unter Glas. Man braucht 1 g Samen für 1000 Pflanzen. Von Sorten Stecklinge, im Sommer.
**Kultur:** Einheitserde. Da frostempfindlich, nicht vor Mitte V auspflanzen.
**Sorten:** 'Fortuna Compacta', in vielen Farben; 'Concorde Roter Stern', rot, 10–20 cm.

| | | |
|---|---|---|
| *einjährig* | | *einjährig (Staude)* |
| *V–IX* | | *VI–IX* |
| *Halbschatten* | | *Sonne* |
| – | | – |
| *Beet, Gefäße, Grab* | | *Kübel, klettert* |

## Ipomoea lobata
(Syn. *Quamoclit lobata*)
Sternwinde
Convolvulaceae, Windengewächse

**Heimat:** Südmexiko; tropisch, subtropisch.
**Wuchsform:** Rasch wachsende Schlingpflanze. In der Heimat ausdauernde Staude, in frostgefährdeten Gebieten einjährig gezogen.
**Blatt:** Wechselständig, 3-lappig, stark gebuchtet, 12–15 cm groß, grün.
**Blüte:** Röhrenförmig, 2 cm lang, erst rot, dann gelb-weiß verfärbend, in einseitswendigen Trauben.
**Wuchs-/Blütenhöhe:** 300–500 cm.
**Frucht:** Kapsel.
**Standort:** Durchlässige Böden.
**Verwendung:** Begrünung von Pergolen und Rankgerüsten aller Art.
**Vermehrung:** Aussaat Ende III–IV mit Vorkultur unter Glas. 3 Samen pro Topf auslegen.
**Kultur:** Humoser Boden. Nach der Keimung stäben, ab Ende V ins Freie pflanzen.
**Sorten:** 'Exotica', orange bis gelb.
**Hinweise:** Reich blühende, wärmeliebende Kletterpflanze.

## Ipomoea purpurea
(Syn. *Pharbitis purpurea*)
Bunte Gartenwinde, Purpur-Trichterwinde
Convolvulaceae, Windengewächse

**Heimat:** Tropisches Amerika; subtropisch.
**Wuchsform:** Rasch wachsender Schlinger.
**Blatt:** Wechselständig, herzförmig, 6–8 cm groß.
**Blüte:** Trichterförmig, 4–6 cm groß, rot, rosa, purpur oder weiß.
**Wuchs-/Blütenhöhe:** 300–400 cm.
**Frucht:** Kapsel mit großen, braunschwarzen Samen.
**Standort:** Durchlässige Humusböden in voller Sonne.
**Verwendung:** Begrünung von Pergolen und Rankgerüsten aller Art.
**Vermehrung:** Aussaat im IV direkt an Ort und Stelle.
**Kultur:** Einheitserde. Bei Vorkultur unter Glas direkt in Töpfe säen.
**Sorten:** Im Handel sind meist Mischungen erhältlich, z.B. 'Prachtmischung'.
**Hinweise:** Robust, aber frostempfindlich. Erfriert bei den ersten Minusgraden.

| Ipomoea purpurea | | Ipomoea quamoclit |
|---|---|---|
| *einjährig* | | *einjährig* |
| *VII–IX* | | *VII–X* |
| *Sonne* | | *Sonne* |
| – | | – |
| *Kübel, klettert* | | *Kübel, klettert* |

## Ipomoea quamoclit
(Syn. *Quamoclit vulgaris*)
Gefiederte Sternwinde
Convolvulaceae, Windengewächse

**Heimat:** Tropisches Amerika; subtropisch.
**Wuchsform:** Rasch wachsender Schlinger.
**Blatt:** Wechselständig, herzförmig, fiederschnittig, 3–4 cm, grün.
**Blüte:** Trichterförmig, rot, 3–4 cm, in Wickeln.
**Wuchs-/Blütenhöhe:** 200–300 cm.
**Frucht:** Kapsel.
**Standort:** Durchlässige Böden.
**Verwendung:** Begrünung von Pergolen, Zäunen und Rankgerüsten aller Art, Kübelpflanze.
**Vermehrung:** Aussaat ab III in Einheitserde unter Glas. 3 Samen je Topf auslegen.
**Kultur:** Humoser Boden. Nach der Keimung sofort an Stäbe aufbinden.
**Sorten:** 'Cardinal', kardinalrot.
**Weitere Arten:** *I.* × *multifida* (*I. coccinea* × *I. quamoclit*), Blüte rot mit weiß (Bild).
**Hinweise:** Reich blühender Schlinger mit auffälligem Laub, frostempfindlich.

## Ipomoea tricolor
(Syn. *Pharbitis tricolor*)
Prunkwinde
Convolvulaceae, Windengewächse

**Heimat:** Tropisches Amerika; tropisch.
**Wuchsform:** Schnell wachsender Schlinger.
**Blatt:** Wechselständig, herzförmig, 12–15 cm.
**Blüte:** Himmelblaue Trichterblüte, 8–10 cm.
**Wuchs-/Blütenhöhe:** 300–500 cm.
**Frucht:** Kapsel mit großen, schwarzen Samen.
**Standort:** Durchlässige, nährstoffreiche Böden in voller Sonne, warm.
**Verwendung:** Begrünung von Pergolen, Lauben und Rankgerüsten aller Art, Kübelpflanze.
**Vermehrung:** Aussaat mit Vorkultur unter Glas. 3 Samen pro Topf auslegen.
**Kultur:** Humose Erde, z.B. Einheitserde P. Nach der Keimung (2 Wochen bei 20 °C) sofort stäben. Ab V ins Freie pflanzen.
**Sorten:** 'Clarke's Himmelblau'.
**Hinweise:** Die Blüten öffnen sich morgens und schließen sich am Nachmittag.

## Iris × hollandica
Holländische Schwertlilie
Iridaceae, Schwertliliengewächse

**Heimat:** Kreuzung aus *I. latifolia* × *I. tingitana* × *I. xiphium*; gemäßigt.
**Wuchsform:** Aufrecht, horstbildend. Zwiebelpflanze, nicht ausreichend frosthart.
**Blatt:** Wechselständig, sehr schmal, aufrecht, vom Stängel abstehend, 20–30 cm lang, grün.
**Blüte:** Endständig, 10–12 cm groß, 3 schmale Domblätter, 3 breitere Hängeblätter, weiß, gelb oder blau, ohne Bart.
**Wuchs-/Blütenhöhe:** 30/50–80 cm.
**Frucht:** 3-klappige Kapsel.
**Standort:** Humose Böden.
**Verwendung:** Rabattenpflanze.
**Vermehrung:** Brutzwiebelchen abnehmen, im Frühling in sandigen Boden stecken.
**Kultur:** Pflanzung im Herbst in normalen Gartenboden. Präparierte Zwiebeln blühen unter Glas schon nach 3–4 Monaten.
**Sorten:** 'Golden Harvest', gelb; 'Prof. Blaauw', blau; 'White Excelsior', weiß.

| | | |
|---|---|---|
| *einjährig* | | *Staude, Zwiebelpflanze* |
| *VII–IX* | | *VI–VII* |
| *Sonne* | | *Sonne* |
| *–* | | *Reisigschutz* |
| *Kübel, klettert* | | *Beet, Rabatte, Schnitt* |

## Ixia campanulata
Klebschwertel
Iridaceae, Schwertliliengewächse

**Heimat:** Süd-Afrika: Kapland; mediterran.
**Wuchsform:** Aufrecht, locker, mit drahtigen Blütenstängeln. Nicht frostharte Knollenpflanze.
**Blatt:** 2-zeilig, schwertförmig, sehr schmal, grasartig, bis 50 cm lang, grün.
**Blüte:** Stern- bis becherförmig, 2–3 cm breit, rot, rosa, gelb oder weiß, vielfach mit dunkler Mitte, an 5- bis 12-blütigen Ähren. Die Blüten sind nur bei Sonnenschein geöffnet.
**Wuchs-/Blütenhöhe:** 15/40–60 cm.
**Frucht:** Kapsel.
**Standort:** Durchlässige Böden.
**Verwendung:** Schnittpflanze.
**Vermehrung:** Pflanzen im VII ausgraben und Brutknöllchen abnehmen.
**Kultur:** Pflanzung im Februar in sandigen Boden. Knollen in Töpfe pflanzen, frostfrei im Kalthaus überwintern.
**Sorten:** z.B. 'Prachtmischung'.
**Hinweise:** Anbaufläche jährlich wechseln.

| Ixia campanulata | | Lablab purpureus |
|---|---|---|
| Staude, Knollenpflanze | | einjährig |
| IV–VI | | VI–VIII |
| Sonne | | Sonne |
| Reisigschutz, Kalthaus | | – |
| Beet, Schnitt | | klettert |

## Lablab purpureus
(Syn. *Dolichos lablab*)
Faselbohne, Lablabbohne, Helmbohne
Fabaceae, Hülsenfrüchtler

**Heimat:** Tropisches Afrika; tropisch.
**Wuchsform:** Rasch wachsender Schlinger.
**Blatt:** Wechselständig, eiförmig, 3-zählig gefiedert, 7–15 cm lang, grün.
**Blüte:** Schmetterlingsblüte, zygomorph, blasslila-weiß, 2 cm, in einer Traube.
**Wuchs-/Blütenhöhe:** 300–400 cm.
**Frucht:** Hülse, breit, 5–10 cm lang, violett.
**Standort:** Nährstoffreiche Böden in sonnigen, warmen Lagen.
**Verwendung:** Begrünung von Pergolen, Lauben, Klettergerüsten.
**Vermehrung:** Aussaat im IV in Töpfe unter Glas, ab V ins Freiland.
**Kultur:** Nährstoffreiche Substrate, nicht austrocknen lassen.
**Besonderes:** In Afrika wichtige Nutzpflanze. Bohnen dienen als Nahrung.
**Hinweise:** Blüten und Früchte zieren gleichermaßen.

## Lagenaria siceraria

Gewöhnlicher Flaschenkürbis
Cucurbitaceae, Kürbisgewächse

**Heimat:** Tropisches Afrika; tropisch.
**Wuchsform:** Kletterpflanze, stark wachsend. Einjährig.
**Blatt:** Wechselständig, handfömig, 3- bis 5-lappig, grün.
**Blüte:** Glockenförmig, 5-zählig, 2–4 cm, weißgelb.
**Wuchs-/Blütenhöhe:** 300–800 cm.
**Frucht:** Beere mit harten Wänden, als Kalebasse bekannt.
**Standort:** Nährstoffreiche Humusböden in voller Sonne.
**Verwendung:** Begrünung von Lauben und Pergolen. Früchte für Schnitzereien.
**Vermehrung:** Aussaat in Töpfen unter Glas ab IV, ab Mitte V ins Freie pflanzen.
**Kultur:** In Einheitserde T oder ED 73, reichlich düngen und wässern.
**Hinweise:** Früchte nachreifen lassen. Trockenprozess dauert 1 Jahr.

| Lagenaria siceraria | | Lagurus ovatus |
|---|---|---|
| *einjährig* | | *einjährig* |
| *VI–IX* | | *VI–VIII* |
| *Sonne* | | *Sonne* |
| – | | – |
| *klettert* | | *Beet, Rabatte, Schnitt* |

## Lagurus ovatus

Hasenschwanzgras, Südliches Sammetgras
Poaceae, Süßgräser

**Heimat:** West-Europa, Mittelmeergebiet, Kleinasien; mediterran.
**Wuchsform:** Aufrecht, horstbildend. Einjährig.
**Blatt:** 2-zeilig, schmal linealisch, 2–4 cm, weich behaart, graugrün.
**Blüte:** Endständige Ähre, eiförmig, 2–3 cm, von weißen, langen Haaren umgeben.
**Wuchs-/Blütenhöhe:** 15/20–60 cm.
**Frucht:** Karyopse.
**Standort:** Durchlässige Böden in voller Sonne. Keine Staunässe.
**Verwendung:** Beet- und Rabattenpflanze, Schnittpflanze, Trockenschmuck.
**Vermehrung:** Aussaat im III unter Glas, ab IV direkt ins Freiland. Keimdauer 12–15 Tage.
**Kultur:** In Einheitserde mit Sandzusatz, ab Mitte V ins Freie pflanzen.
**Hinweise:** Blütenstände zum Trocknen köpfüber aufhängen.

## Lampranthus aurantiacus
Gold-Eiskraut
Aizoaceae, Mittagsblumengewächse

**Heimat:** Süd-Afrika: Kapland; mediterran.
**Wuchsform:** Niederliegend bis überhängend, ältere Pflanzen verholzen an der Basis. Sukkulente.
**Blatt:** Gegenständig, fleischig, 2–3 cm lang, graugrün.
**Blüte:** Strahlenförmig, 4–5 cm groß, leuchtend orange.
**Wuchs-/Blütenhöhe:** 30–40 cm.
**Frucht:** Kapsel.
**Standort:** Durchlässige Böden.
**Verwendung:** Beet- und Rabattenpflanze, Bodendecker, zur Grabbepflanzung, auch für Balkonkästen.
**Vermehrung:** Stecklinge im Sommer in Sand-Torfgemisch.
**Kultur:** Im Vorfrühling eintopfen, in Einheitserde-Sand-Gemisch. Da nicht frosthart, ab Oktober einräumen, hell, bei 12–15 °C überwintern.
**Sorten:** 'Pink', rosa, 20–25 cm.
**Weitere Arten:** *L. aureus,* orange, 25–30 cm (Bild).

| Lampranthus aurantiacus | | Lantana camara |
|---|---|---|
| *Sukkulente* | | *Strauch* |
| *V–IX* | | *VI–IX* |
| *Sonne* | | *Sonne bis Halbschatten* |
| *Kalthaus* | | *temperiertes Haus* |
| *Beet, Balkon, Grab* | | *Beet, Kübel* |

## Lantana camara
Wandelröschen
Verbenaceae, Eisenkrautgewächse

**Heimat:** Tropisches Amerika; tropisch, subtropisch.
**Wuchsform:** Buschig, vieltriebig, verholzend. Strauch, nicht frosthart.
**Blatt:** Gegenständig, eiförmig, Rand gezähnt, 4–7 cm lang, dunkelgrün genarbt.
**Blüte:** Röhrenförmig, 4–5 mm, in dichten Köpfchen, 3–5 cm groß, Farben rot, gelb, weiß bis zweifarbig. Besonderheit: Blütenfarben ändern sich im Lauf der Blütezeit.
**Wuchs-/Blütenhöhe:** 50–100 cm.
**Frucht:** Beere, schwarz und rund.
**Standort:** Humose Böden.
**Verwendung:** Beetpflanze, einzeln oder in Gruppen, Kübelpflanze.
**Vermehrung:** Triebstecklinge, im Sommer bewurzeln lassen.
**Kultur:** Humose Substrate. Jungpflanzen sowie Mutterpflanzen hell, bei 18–20 °C, überwintern; ab V ins Freiland stellen.
**Sorten:** 'Arlequin', blauviolett mit gelb (Bild); 'Prof. Raoux', rot-orange.
**Hinweise:** Im Frühling ist ein Rückschnitt notwendig.

## Lathyrus odoratus
Duft-Wicke, Duftende Platterbse
Fabaceae, Hülsenfrüchtler

**Heimat:** Süditalien, Sizilien; mediterran.
**Wuchsform:** Kletterpflanze mit Blattranken, geflügelte Triebe. Einjährig.
**Blatt:** Wechselständig, eiförmig, 2–4 cm lang.
**Blüte:** Schmetterlingsblüte, zygomorph, 2–3 cm groß, rot, rosa, weiß, blau oder violett, in gestielten Trauben aus den Blattachseln entspringend, duftend.
**Wuchs-/Blütenhöhe:** 100–300 cm.
**Frucht:** Hülse mit kugeligen, großen Samen.
**Standort:** Tiefgründige, kalkhaltige Böden in sonniger Lage.
**Verwendung:** Begrünung von Zäunen und Pergolen, Schnittpflanze.
**Vermehrung:** Aussaat unter Glas von X–IV. Samen vorher 2 Stunden quellen lassen.
**Kultur:** Lehmiger Boden. Im Freien ab IV aussäen, in Reihen, 2–3 cm tief.
**Sorten:** 'Anne Vestey', hellrot; 'Winston Churchill', weiß-rot; je 100–300 cm; 'Little Sweetheart', 20 cm hoch.

| Lathyrus odoratus | | Lavatera trimestris |
|---|---|---|
| *einjährig* | | *einjährig* |
| *VI–IX* | | *VII–X* |
| *Sonne* | | *Sonne* |
| *–* | | *–* |
| *klettert, Schnitt* | | *Beet, Kübel, Grab* |

## Lavatera trimestris
Bechermalve, Garten-Strauchpappel
Malvaceae, Malvengewächse

**Heimat:** Mittelmeergebiete, Süd-Europa bis Syrien; mediterran.
**Wuchsform:** Breit aufrecht, buschig. Einjährig.
**Blatt:** Wechselständig, handförmig, 3- bis 5-lappig, behaart, Rand gesägt, grün.
**Blüte:** Schalenförmig, 6–10 cm breit, rosa oder weiß, reich blühend.
**Wuchs-/Blütenhöhe:** 50–100/60–120 cm.
**Frucht:** Spaltfrucht, rund und flach.
**Standort:** Durchlässige Böden.
**Verwendung:** Einzeln in Rabatten, Schnittpflanze.
**Vermehrung:** Aussaat III–IV unter Glas, direkt in Töpfe. Ab IV auch Aussaat an Ort und Stelle möglich.
**Kultur:** Humose, durchlässige Böden, pH 5,5, stickstoffarm. Ab V ins Freiland pflanzen.
**Sorten:** 'Rosea', kräftig rosa; 'Montblanc', weiß; 'White Beauty, weiß; alle 60 cm hoch.
**Hinweise:** Auf Blattfleckenkrankheiten achten.

## Leonotis leonurus
Löwenohr
Lamiaceae, Lippenblütler

**Heimat:** Süd-Afrika; mediterran, subtropisch.
**Wuchsform:** Buschig aufrecht, horstbildend. Halbstrauch, nicht frosthart.
**Blatt:** Gegenständig, lanzettlich, 8–12 cm lang, gesägter Blattrand, behaart, graugrün.
**Blüte:** Langröhrige Lippenblüten, zygomorph, 3–5 cm lang, orange, in Quirlen.
**Wuchs-/Blütenhöhe:** 100–150/150–200 cm.
**Frucht:** Klausen (4 einsamige Teilfrüchte) in Quirlen.
**Standort:** Durchlässige Böden.
**Verwendung:** Beet- und Kübelpflanze, Schnitt- und Trockenblume.
**Vermehrung:** Aussaat von II–III unter Glas. Stecklinge im IV von überwinterten Pflanzen.
**Kultur:** Einheitserde mit Sand gemischt. Pflanzen mehrmals stutzen, von V–IX ins Freie stellen. Helle Überwinterung bei 14–18 °C, wenig gießen.
**Hinweise:** Wertvoll durch die späte Blüte.

| Leonotis leonurus | Leptospermum scoparium |
|---|---|
| Halbstrauch | Strauch |
| IX–XII | III–VI |
| Sonne | Sonne |
| temperiertes Haus | temperiertes Haus |
| Beet, Kübel, Schnitt | Kübel, Schnitt |

## Leptospermum scoparium
Leptospermum, Südseemyrte
Myrtaceae, Myrtengewächse

**Heimat:** Neuseeland, Australien; subtropisch, mediterran.
**Wuchsform:** Sparrig verzweigt, mit dünnen Trieben. Nicht frostharter Strauch.
**Blatt:** Wechselständig, linealisch lanzettlich, immergrün, 0,5–1,2 cm lang, graugrün, duftend.
**Blüte:** 5-zählig, klein, 1 cm groß, weiß, Sorten auch rosa und rot.
**Wuchs-/Blütenhöhe:** 100–200 cm.
**Frucht:** Kapsel mit feinen Samen.
**Standort:** Durchlässige, saure Böden.
**Verwendung:** Blütenzweige für Floristik.
**Vermehrung:** Stecklinge im Sommer.
**Kultur:** Humose, durchlässige Erde, Staunässe und Trockenheit vermeiden. Jungpflanzen mehrmals stutzen. Hell überwintern (14–18 °C).
**Sorten:** 'Autumn Glory', rosa; 'Ruby Glow', rot gefüllt.
**Besonderes:** Wichtige Teepflanze.
**Hinweise:** Enthält ätherische Öle, aromatischer Duft.

## Limnanthes douglasii

Sumpfblume
Limnanthaceae, Sumpfblumengewächse

**Heimat:** Westliche USA: Kalifornien, Oregon; mediterran.
**Wuchsform:** Dicht mattenförmig. Einjährig.
**Blatt:** Wechselständig, fiederschnittig, 2–3 cm, hellgrün.
**Blüte:** Schalenförmig, 2–3 cm groß, weiß mit gelber Mitte, duftend.
**Wuchs-/Blütenhöhe:** 20/30 cm.
**Frucht:** Spaltfrucht.
**Standort:** Feuchte Böden.
**Verwendung:** Steingärten.
**Vermehrung:** Aussaat von III–IV an Ort und Stelle. Sät sich auch selbst aus.
**Kultur:** Nach der Keimung tuffweise in TKS pikieren.
**Sorten:** 'Grandiflorum', weiß mit gelber Mitte, Blüten 3–4 cm groß, Wuchshöhe/Blütenhöhe 20/20 cm.
**Hinweise:** Kurzlebige, reich blühende Liebhaberpflanze.

## Limonium sinuatum

Statice, Meerlavendel
Plumbaginaceae, Bleiwurzgewächse

**Heimat:** Mittelmeergebiete, Kaukasus, Nord-Afrika; submediterran.
**Wuchsform:** Aufrecht, horstbildend.
**Blatt:** Am Grund rosettenbildend, Einzelblatt lanzettlich, 8–15 cm lang, fiederspaltig gelappt, grün.
**Blüte:** Röhrenförmig, 1–1,5 cm groß, papierartige Kelchblätter blau, lila oder rötlich, eigentliche Blüte weiß, Stiele geflügelt, in endständiger Ähre.
**Wuchs-/Blütenhöhe:** 15/50–90 cm
**Frucht:** Samen mit Pappus.
**Standort:** Sandige, durchlässige, auch salzhaltige Böden.
**Verwendung:** Trockenschmuck.
**Vermehrung:** Aussaat im III–IV unter Glas, 2–4 Samen pro Topf auslegen, Lichtkeimer. Direktsaat ab IV.
**Kultur:** Sandiger Boden. Ab V auspflanzen, wenig Stickstoff geben.
**Sorten:** 'Petit Bouquet', Topfsorte in mehreren Farben, 30 cm; 'Kampfs Verbesserte', dunkelblau, 90 cm.

| | | |
|---|---|---|
| *einjährig* | | *einjährig* |
| *VI–VIII* | | *VII–IX* |
| *Sonne bis Halbschatten* | | *Sonne* |
| – | | – |
| *Beet, Sumpf* | | *Beet, Schnitt* |

## Linaria maroccana
Leinkraut
Scrophulariaceae, Braunwurzgewächse

**Heimat:** Marokko; mediterran.
**Wuchsform:** Buschig, horstbildend. Einjährig.
**Blatt:** Wechselständig, linealisch, fein, 1–3 cm lang, blaugrün.
**Blüte:** Endständige, gespornte Blüten, 1–2 cm, lila, auch gelblich oder rötlich, in Trauben.
**Wuchs-/Blütenhöhe:** 15/20–30 cm.
**Frucht:** Kapsel.
**Standort:** Durchlässige Böden in voller Sonne.
**Verwendung:** Beet- und Balkonpflanze, im Steingarten.
**Vermehrung:** Aussaat im IV an Ort und Stelle, auch Selbstaussaat möglich. Keimdauer 14–20 Tage.
**Kultur:** Einheitserde. Tuffweise in Töpfe pikieren, ab V auspflanzen,
**Sorten:** 'Feenmischung', verschiedene Farbtöne, Wuchshöhe/Blütenhöhe 15/20–30 cm.
**Hinweise:** Zierlicher, anspruchsloser Sommerblüher, äußerst reich blühend.

## Linum grandiflorum
Roter Lein
Linaceae, Leingewächse

**Heimat:** Algerien; mediterran.
**Wuchsform:** Aufrecht, horstbildend. Einjährig.
**Blatt:** Wechselständig, lanzettlich, 4–5 cm lang, blaugrün.
**Blüte:** Schalenförmig, 2–3 cm groß, rot, in Trugdolden am Triebende.
**Wuchs-/Blütenhöhe:** 30–40/40–50 cm.
**Frucht:** Kugelige Kapsel.
**Standort:** Durchlässige Böden in voller Sonne.
**Verwendung:** Beet- und Rabattenpflanze, Kübelpflanze, Schnittpflanze.
**Vermehrung:** Aussaat im IV an Ort und Stelle, Reihensaat. Keimdauer 12–14 Tage.
**Kultur:** Einheitserde mit Sandzusatz. Vorkultur in Töpfen ab Anfang IV. Kann in milden Wintern auch überwintern.
**Sorten:** 'Rubrum', blutrot, Wuchshöhe/Blütenhöhe 30–40/40–50 cm.
**Hinweise:** Dauerblüher.

| Linaria maroccana | | Linum grandiflorum |
|---|---|---|
| *einjährig* | | *einjährig* |
| *VI–IX* | | *VI–IX* |
| *Sonne* | | *Sonne* |
| – | | *Reisigschutz* |
| *Beet, Balkon* | | *Beet, Kübel, Schnitt* |

## Lobelia cardinalis
Kardinals-Lobelie
Campanulaceae, Glockenblumengewächse

**Heimat:** Nordamerika; gemäßigt.
**Wuchsform:** Straff aufrecht, horstbildend. Kurzlebige Sumpfstaude.
**Blatt:** Wechselständig, lanzettlich bis elliptisch, 15–20 cm lang, grün bis rot.
**Blüte:** Zygomorph, scharlachrot, 2–3 cm groß, in endständigen Trauben.
**Wuchs-/Blütenhöhe:** 60–80 cm.
**Frucht:** Kapsel.
**Standort:** Nasse Böden in sonniger Lage.
**Verwendung:** Sumpfgärten, Beete in Wassernähe, Schnittpflanze.
**Vermehrung:** Aussaat im Frühling mit Vorkultur unter Glas.
**Kultur:** Einheitserde T. Immer feucht halten, ab V ins Freie. Pflanzen sind mit Schutz frosthart.
**Weitere Arten:** *L.* × *gerardii* und *L.* × *speciosa* sind dankbare Schnitt- und Beetpflanzen. Sie sind auch für trockenere Plätze geeignet. (Bild: *L.* × *speciosa*).

| Lobelia cardinalis | | Lobelia erinus |
|---|---|---|
| *Staude* | | *einjährig* |
| *VII–IX* | | *VI–IX* |
| *Sonne* | | *Sonne* |
| *Reisigschutz* | | *–* |
| *Sumpf, Schnitt* | | *Rabatte, Boden, Gefäße* |

## Lobelia erinus
Männertreu
Campanulaceae, Glockenblumengewächse

**Heimat:** Süd-Afrika: Kapland; mediterran.
**Wuchsform:** Niederliegend, buschig, feintriebig, aufrecht oder hängend. Einjährig.
**Blatt:** Wechselständig, lanzettlich, 2–3 cm lang, grün oder dunkel.
**Blüte:** Zygomorph, 1–1,5 cm breit, hell- oder dunkelblau, auch weiß oder rötlich, in großer Anzahl.
**Wuchs-/Blütenhöhe:** 15–30 cm.
**Frucht:** Kapsel.
**Standort:** Humose Böden.
**Verwendung:** Bodendecker, für Einfassungen und Rabatten.
**Vermehrung:** Aussaat mit Vorkultur unter Glas ab III. 0,5 g Saatgut für 1000 Pflanzen erforderlich.
**Kultur:** Tuffweise in Töpfe mit Einheitserde P pikieren, ab V ins Freie pflanzen. Gleichmäßig feucht halten.
**Sorten:** 'Kaiser Wilhelm', blau; 'Kristallpalast', blau mit dunklem Laub; 'Schneeball', weiß; je 15–20 cm.

## Lobelia erinus 'Richardii'

Männertreu
Campanulaceae, Glockenblumengewächse

**Heimat:** Züchtung.
**Wuchsform:** Niederliegend, buschig, feintriebig, hängend. Einjährig.
**Blatt:** Wechselständig, lanzettlich, 2–3 cm lang, grün oder dunkel.
**Blüte:** Zygomorph, 1–1,5 cm breit, hellblau, lang gestielt.
**Wuchs-/Blütenhöhe:** 25–35 cm.
**Frucht:** Kapsel.
**Standort:** Humose Böden.
**Vermehrung:** Aussaat mit Vorkultur unter Glas ab III. Keimdauer 7–14 Tage.
**Kultur:** Tuffweise in Töpfe mit Einheitserde P pikieren, ab V ins Freie pflanzen. Substrat nicht austrocknen lassen.
**Sorten:** 'Saphir', tiefblau mit weißem Auge, mit 20 cm kompakter; 'Richardii White Butterfly' weiß, frühblühend.
**Hinweise:** Auf Grauschimmel achten.

| Lobelia erinus 'Richardii' | | Lobularia maritima |
|---|---|---|
| *einjährig* | | *einjährig* |
| *VI–IX* | | *IV–IX* |
| *Sonne* | | *Sonne* |
| – | | – |
| *Balkon, Ampel* | | *Beet, Rabatte, Boden* |

## Lobularia maritima

(Syn. *Alyssum maritimum*)
Strand-Silberkraut, Duftsteinrich
Brassicaceae, Kohlgewächse

**Heimat:** Mittelmeergebiete, Azoren, Kanarische Inseln; mediterran.
**Wuchsform:** Flach ausgebreitet, polsterbildend.
**Blatt:** Wechselständig, länglich lanzettlich, 1–3 cm lang, graugrün,
**Blüte:** 4-zählig, 4–6 mm groß, weiß, in Trauben, stark duftend.
**Wuchs-/Blütenhöhe:** 5–15/10–20 cm.
**Frucht:** Schote.
**Standort:** Sonnig, nährstoffarme Böden, natürlich auf meernahen Plätzen in Felsen.
**Verwendung:** Beet- und Rabattenpflanze, Bodendecker, in Steinfugen und Steingärten.
**Vermehrung:** Aussaat ab II–IV unter Glas, ab IV direkt ins Freiland.
**Kultur:** Durchlässige Substrate, nur wenig düngen.
**Sorten:** 'Königsteppich', rotviolett; 'Snow Crystals', weiß, 10 cm.
**Hinweise:** Rückschnitt fördert Nachblüte.

## Lonas annua
Immortelle
Asteraceae, Asterngewächse

**Heimat:** Süditalien, Sizilien, Nord-Afrika; mediterran.
**Wuchsform:** Aufrecht, buschig. Einjährig.
**Blatt:** Wechselständig, schmal gelappt, 4–5 cm.
**Blüte:** Gelbe Körbchen mit Röhrenblüten, 5–6 cm groß, in dichten Trugdolden.
**Wuchs-/Blütenhöhe:** 20/30–40 cm.
**Fruchtstand:** Körbchen.
**Standort:** Durchlässige Böden.
**Verwendung:** Beet- und Rabattenpflanze, Trockenschmuck.
**Vermehrung:** Aussaat III–IV unter Glas. 1 g Saatgut für 1000 Pflanzen erforderlich.
**Kultur:** Pikieren in sandig humose Erde, ab Mitte V ins Freie pflanzen. Für Schnittblumenanbau auch Freilandaussaat in Reihen ab IV–V.
**Sorten:** 'Goldrush', goldgelb, 20 cm, kompakt, für Beete.
**Hinweise:** Voll erblüht ernten und Sträuße zum Trocknen kopfüber aufhängen.

| Lonas annua | | Lunaria annua |
|---|---|---|
| einjährig | | einjährig, zweijährig |
| VIII–X | | V–VIII |
| Sonne | | Sonne bis Halbschatten |
| – | | Reisigschutz |
| Beet, Rabatte, Schnitt | | Beet, Kübel |

## Lunaria annua
Einjähriges Silberblatt, Judassilberling, Mondviole
Brassicaceae, Kohlgewächse

**Heimat:** Süd-Europa bis Kleinasien; gemäßigt.
**Wuchsform:** Steif aufrecht, rosettenbildend.
**Blatt:** Wechselständig, herzförmig, 8–10 cm lang, am Rand gezähnt, grün.
**Blüte:** Kreuzförmige Blüten 1,5 cm groß, hellrot oder weiß, in endständiger Traube.
**Wuchs-/Blütenhöhe:** 20/60–100 cm.
**Frucht:** Ovale Schote, bis 5 cm lang. Samen linsenförmig, Scheidewände silbrig.
**Standort:** Humose, durchlässige Böden in halbschattigen Lagen.
**Verwendung:** Trockenschmuck.
**Vermehrung:** Aussaat von III–VII ins Freiland, dann an den gewünschten Standort pflanzen. Bei Vorkultur unter Glas ist schon eine Blüte im gleichen Jahr möglich, wenn auch schwächer.
**Kultur:** Lehmiger Boden. Rosette mit leichtem Schutz überwintern.

## Lycianthes rantonnettii
(Syn. *Solanum rantonnettii*)
Blauer Enzianstrauch
Solanaceae, Nachtschattengewächse

**Heimat:** Argentinien, Paraguay; subtropisch, tropisch.
**Wuchsform:** Buschig, aufrecht bis überhängend.
**Blatt:** Wechselständig, eiförmig zugespitzt, 6–10 cm lang, grün.
**Blüte:** Radiär, 5-zählig, 2–3 cm große Scheibe, blauviolett, gelbe Staubgefäße.
**Wuchs-/Blütenhöhe:** 150–200 cm.
**Frucht:** Rote Beere, 2 cm groß.
**Standort:** Durchlässige, humose Böden in sonniger Lage.
**Verwendung:** Kübelpflanze für Terrasse und Wintergarten.
**Vermehrung:** Triebstecklinge im Sommer. Jungpflanzen hell, bei 14–18 °C überwintern.
**Kultur:** Einheitserde ED 73. Im Sommer nachdüngen und wässern. Im Herbst einräumen, heller Platz.
**Sorten:** 'Königsrobe', dunkelblau; 'Variegata', weißbuntes Laub (Bild).

## Lysimachia congestiflora
Felberich, Sonnengold
Primulaceae, Schlüsselblumengewächse

**Heimat:** China; subtropisch.
**Wuchsform:** Breit, überhängend. Nicht frostharte Staude, häufig einjährig kultiviert.
**Blatt:** Gegenständig, eiförmig, zugespitzt, 5–6 cm lang, matt grün.
**Blüte:** Becherförmig, goldgelb, 1,5 cm, in endständigen Büscheln.
**Wuchs-/Blütenhöhe:** 30–40 cm (in gleicher Länge überhängend).
**Frucht:** Kapsel.
**Standort:** Humose Böden.
**Verwendung:** Ampeln.
**Vermehrung:** Stecklinge im Spätsommer bewurzeln lassen und frostfrei überwintern.
**Kultur:** In Einheitserde topfen, ab Februar hell bei 15–18 °C kultivieren, ab V ins Freie pflanzen. Ist dankbar für regelmäßige Düngergaben. Nicht frosthart, daher hell, bei 14–18 °C überwintern.
**Sorten:** 'Lyssi', gelb, kompakt wachsend.

| | | |
|---|---|---|
| *Strauch* | | *einjährig (Staude)* |
| *VII–X* | | *V–X* |
| *Sonne* | | *Sonne bis Halbschatten* |
| *temperiertes Haus* | | *temperiertes Haus* |
| *Beet, Kübel* | | *Beet, Ampel, Balkon* |

## Malope trifida
Trichtermalve
Malvaceae, Malvengewächse

**Heimat:** Marokko, Südwest-Europa; mediterran.
**Wuchsform:** Breit aufrecht, horstbildend.
**Blatt:** Wechselständig, eiförmig, 3- bis 5-lappig, Rand gekerbt, 8–10 cm lang, grün.
**Blüte:** Becherförmig, 5-zählig, 5–7 cm groß, hellrot mit dunkleren Adern.
**Wuchs-/Blütenhöhe:** 40/60–100 cm.
**Frucht:** Spaltfrucht.
**Standort:** Durchlässige Böden.
**Verwendung:** Beet- und Rabattenpflanze, haltbare Schnittpflanze.
**Vermehrung:** Aussaat III–IV unter Glas, später auch Direktsaat ins Freiland. Keimtemperatur 14–18 °C.
**Kultur:** Jungpflanzen in Einheitserde T topfen, ab Mitte V ins Freiland pflanzen.
**Sorten:** 'Alba', weiß; 'Brillantrosa', rosa; 'Tetra Roter Kaiser', rot; alle 100 cm.
**Hinweise:** Verträgt keine Trockenheit, daher gute Wasserversorgung notwendig.

| Malope trifida | | Malva sylvestris |
|---|---|---|
| einjährig | | einjährig, zweijährig |
| VII–X | | VI–X |
| Sonne | | Sonne bis Halbschatten |
| – | | – |
| Beet, Rabatte, Schnitt | | Beet |

## Malva sylvestris
Wilde Malve, Algier-Malve
Malvaceae, Malvengewächse

**Heimat:** Europa, Mittelmeergebiete, Nordwest-Afrika, Asien; gemäßigt, mediterran.
**Wuchsform:** Breit aufrecht, horstbildend.
**Blatt:** Wechselständig, 3- bis 7-lappig, gekerbter Rand, 5–8 cm lang.
**Blüte:** Schalenförmig, 5-zählig, 4–5 cm groß, purpurrote Streifen auf rotem Grund, auch rosa-weiße und violette Blüten möglich, äußerst reich blühend.
**Wuchs-/Blütenhöhe:** 60/80–150 cm.
**Frucht:** Spaltfrucht.
**Standort:** Durchlässige Böden in voller Sonne bis lichtem Schatten.
**Verwendung:** Beetpflanze für Einzelstand.
**Vermehrung:** Aussaat im IV direkt an Ort und Stelle. Keimdauer 10–14 Tage.
**Kultur:** Nährstoffreiche Substrate, benötigt viel Platz.
**Hinweise:** Wird nicht vom Malvenrost befallen.

## Matthiola incana
Garten-Levkoje
Brassicaceae, Kohlgewächse

**Heimat:** Süd-Europa, Nord-Afrika, Kleinasien; mediterran.
**Wuchsform:** Aufrecht, buschig, horstbildend.
**Blatt:** Gegenständig, lanzettlich, 6–8 cm, grau, graufilzig behaart.
**Blüte:** Kreuzförmig, 4-zählig, 2–3 cm groß, rosa, lila, weiß, oft gefüllt, in endständiger Traube, stark duftend.
**Wuchs-/Blütenhöhe:** 15/50–80 cm.
**Frucht:** Schote, 5–16 cm lang.
**Standort:** Durchlässige Lehmböden.
**Verwendung:** Beet- und Rabattenpflanze, Schnittpflanze.
**Vermehrung:** Aussaat von II–III unter Glas.
**Kultur:** In nährstoffreichen Böden mit hohem pH-Wert. Gleichmäßig wässern, Blätter dabei möglichst nicht benetzen.
**Sorten:** 'Excelsior-Riesen', viele Farben.
**Hinweise:** Hellblättrige Sämlinge blühen gefüllt.

| | | |
|---|---|---|
| *einjährig (Staude, Halbstr.)* | | *einjährig (Staude)* |
| *V–VIII* | | *VI–IX* |
| *Sonne* | | *Sonne* |
| *Reisigschutz* | | – |
| *Beet, Rabatte, Schnitt* | | *Beet, Kübel, Balkon* |

## Melampodium paludosum
Sterntaler
Asteraceae, Asterngewächse

**Heimat:** Südamerika; subtropisch.
**Wuchsform:** Buschig aufrecht. Wächst in der Heimat als Staude, bei uns einjährig gezogen.
**Blatt:** Wechselständig, eiförmig, 6–8 cm lang, Rand gezähnt, hellgrün, rau.
**Blüte:** Köpfchen, mit goldgelben Zungenblüten, 2–3 cm groß.
**Wuchs-/Blütenhöhe:** 20/30–40 cm.
**Fruchtstand:** Köpfchen.
**Standort:** Frische bis feuchte Böden.
**Verwendung:** Rabattenpflanze, für Balkonkästen.
**Vermehrung:** Aussaat II–III unter Glas bei 20–22 °C.
**Kultur:** Durchlässiger Boden. Pikieren, hoher Wärme- und Feuchtigkeitsbedarf, ab V ins Freie pflanzen. Erde darf nie austrocknen.
**Sorten:** 'Showstar', goldgelb, Blüte 4 cm breit, 25 cm hoch, kompakt. 'Goldmillion', goldgelb, früh und reich blühend, 30 cm.
**Hinweise:** Auf Weiße Fliege und Blattläuse achten.

## Mentzelia lindleyi
(Syn. *Bartonia aurea*)
Mentzelie
Loasaceae, Brennwindengewächse

**Heimat:** Kalifornien; subtropisch, mediterran.
**Wuchsform:** Buschig, aufrecht. Einjährig.
**Blatt:** Gegenständig, lanzettlich, fiederspaltig, 6–8 cm, grün, leicht behaart.
**Blüte:** Sternförmig, 5-zählig, 4–6 cm, tiefgelb, in Trugdolden.
**Wuchs-/Blütenhöhe:** 30/50–70 cm.
**Frucht:** Kapsel.
**Standort:** Durchlässige Böden in voller Sonne.
**Verwendung:** Beet- und Rabattenpflanze, im Steingarten, zwischen Pflasterfugen, Bienenweide.
**Vermehrung:** Aussaat im IV an Ort und Stelle. Keimdauer 14–20 Tage.
**Kultur:** In nährstoffarmen Böden, Abstand etwa 25 cm.
**Hinweise:** Späteres Verpflanzen wird schlecht vertragen.

## Mimulus × hybridus
Gauklerblume
Scrophulariaceae, Braunwurzgewächse

**Heimat:** Arten aus West-Amerika und Chile; mediterran.
**Wuchsform:** Buschig, horstbildend. Einjährig.
**Blatt:** Gegenständig, eiförmig, glänzend dunkelgrün, Rand gesägt, 3–5 cm lang.
**Blüte:** Trichterblüte, zygomorph, 4–5 cm groß, je nach Sorte orange, gelb oder mehrfarbig gefleckt, in endständigen Trauben.
**Wuchs-/Blütenhöhe:** 20/30 cm.
**Frucht:** Kapsel.
**Standort:** Tiefgründige, frische bis feuchte Böden im Halbschatten
**Verwendung:** Am Wasserrand, im Steingarten, für Pflanzgefäße.
**Vermehrung:** Aussaat von II–IV mit Vorkultur unter Glas. 1500 Samenkörner ergeben 1000 Pflanzen.
**Kultur:** TKS, Substrat nie austrocknen lassen, ab Mitte V ins Freie pflanzen.
**Sorten:** 'Malibu Orange', orangerot; 'Malibu Yellow', gelb (Bild).

| Mentzelia lindleyi | | Mimulus × hybridus |
|---|---|---|
| *einjährig* | | *einjährig* |
| *VII–VII* | | *VI–IX* |
| *Sonne* | | *Halbschatten* |
| – | | – |
| *Beet, Rabatte* | | *Beet, Balkon* |

## Mirabilis jalapa
Wunderblume
Nyctaginaceae, Wunderblumengewächse

**Heimat:** Peru, verbreitet im tropischen Amerika; subtropisch.
**Wuchsform:** Aufrecht, buschig. Staude mit knolligen Wurzeln, meist einjährig kultiviert.
**Blatt:** Wechselständig, herzförmig, 6–8 cm, Rand gewimpert, grün.
**Blüte:** Trichterförmig mit langer Röhre, 3–4 cm breit, in Rot, Rosa, Gelb, Weiß oder Farbmischungen, in endständigen Büscheln.
**Wuchs-/Blütenhöhe:** 40/60–100 cm.
**Frucht:** Schließfrucht.
**Standort:** Durchlässige, nährstoffreiche Böden in sonniger Lage.
**Verwendung:** Beete und Rabatten.
**Vermehrung:** Aussaat III–IV unter Glas. Keimdauer 8–14 Tage.
**Kultur:** Humose Substrate. Hoher Nährstoff- und Wasserbedarf.
**Sorten:** 'Prachtmischung'.
**Besonderes:** Die Art wurde von Mendel zu Vererbungsforschungen benutzt.

## Moluccella laevis
Muschelblume
Lamiaceae, Lippenblütler

**Heimat:** West-Asien; gemäßigt.
**Wuchsform:** Straff aufrecht. Einjährig.
**Blatt:** Gegenständig, kreisrund, lang gestielt, gekerbt, 2–3 cm , graugrün, glänzend.
**Blüte:** Weiße Lippenblüte, unscheinbar, 1 cm groß, eigentliche Zierde sind die grünen Kelchblätter („Muscheln“) von 2–3 cm Durchmesser, bis 30 cm lange Ähren.
**Wuchs-/Blütenhöhe:** 40/60–100 cm.
**Frucht:** Nüsschen.
**Standort:** Lockere Gartenböden in voller Sonne.
**Verwendung:** Beetpflanze, Schnittpflanze, Trockenschmuck.
**Vermehrung:** Aussaat unter Glas im IV. Keimdauer 14–30 Tage.
Blüht 15 Wochen nach der Aussaat.
**Kultur:** Humose, nährstoffreiche Erden. Regelmäßige Nachdüngung und Wassergaben sind wichtig.
**Hinweise:** Auf Grauschimmel, Blattläuse und Raupenbefall achten.

| | | |
|---|---|---|
| *einjährig, Staude* | | *einjährig* |
| *VI–X* | | *VII–VIII* |
| *Sonne* | | *Sonne* |
| – | | – |
| *Beet, Kübel, Rabatte* | | *Beet, Schnitt* |

## Myosotis sylvatica
Wald-Vergissmeinnicht
Boraginaceae, Boretschgewächse

**Heimat:** Europa bis Sibirien, mit vielen Hybriden; gemäßigt.
**Wuchsform:** Breit aufrecht, buschig. Staude. Die Sorten werden meist zweijährig kultiviert.
**Blatt:** Wechselständig, lanzettlich, 6–8 cm, graugrün, rau behaart.
**Blüte:** Radiär, 4–6 mm groß, blau mit gelbem Auge, in endständigen Wickeln.
**Wuchs-/Blütenhöhe:** 10–30/15–40 cm.
**Frucht:** Nüsschen.
**Standort:** Humose Böden.
**Verwendung:** Beetpflanze, als Unterpflanzung zu Tulpen, zur Grabbepflanzung, für Pflanzgefäße.
**Vermehrung:** Aussaat von VI–VII ins Freiland, Samen leicht abdecken. Aussaat unter Glas von II–III bei 18 °C ermöglicht einjährige Kultur.
**Kultur:** Sandig humoser Boden.
**Sorten:** 'Amethyst', indigoblau, 15 cm; 'Compindi', dunkelviolett, 15 cm (Bild); 'Wallufer Schnitt', bewährte Schnittsorte, himmelblau.

## Narcissus cyclamineus
Alpenveilchen-Narzisse
Amaryllidaceae, Amaryllisgewächse

**Heimat:** Spanien bis Portugal; gemäßigt.
**Wuchsform:** Aufrecht, locker horstbildend. Ausdauernde Zwiebelpflanze.
**Blatt:** Schopfig, schmal lineal, gekielt, 12–30 cm lang, grün, zieht nach der Blüte ein.
**Blüte:** Nickend, Krone schlank, röhrenförmig, Blütenhülle zurückgeschlagen, goldgelb, besonders früh blühend, meist einblütig.
**Wuchs-/Blütenhöhe:** 12/15–20 cm.
**Frucht:** Fleischige Kapsel, 3-teilig.
**Standort:** Sommertrockene, mäßig nährstoffreiche Böden, sonnig.
**Verwendung:** Kleine Gruppen im Steingarten unter Sträuchern, Topfpflanze (vorgetrieben).
**Vermehrung:** Brutzwiebeln, im Sommer abnehmen, ab IX pflanzen.
**Kultur:** Lehmig humoser Boden.
**Sorten:** 'February Gold', goldgelb, 30 cm; 'Tête-à-Tête', hellgelb, Trompete dunkelgelb, 30 cm, Hauptsorte.

| Myosotis sylvatica | | Narcissus cyclamineus |
|---|---|---|
| *Staude, zweijährig* | | *Staude, Zwiebelpflanze* |
| *III–V* | | *II–III* |
| *Sonne bis Halbschatten* | | *Sonne* |
| *Reisigschutz* | | *frosthart* |
| *Beet, Gefäß, Grab* | | *Beet, Topf* |

## Narcissus papyraceus
Weihnachts-Narzisse
Amaryllidaceae, Amaryllisgewächse

**Heimat:** Spanien bis Dalmatien; mediterran.
**Wuchsform:** Aufrecht, locker horstbildend. Nicht frostharte Zwiebelpflanze, einjährig kultiviert.
**Blatt:** Schopfig, schmal, 30–40 cm lang, glänzend, grün, zieht nach der Blüte ein.
**Blüte:** Krone tassenförmig, 2 bis 6 Blüten pro Stiel, rein weiß, duftend.
**Wuchs-/Blütenhöhe:** 40/50 cm.
**Frucht:** Fleischige Kapsel, 3-teilig.
**Standort:** Durchlässige, lehmige Böden in voller Sonne
**Verwendung:** Schnittpflanze, präparierte Zwiebeln zur Treiberei.
**Vermehrung:** Brutzwiebeln im Sommer abnehmen, ab IX pflanzen.
**Kultur:** Zur Treiberei Zwiebeln in Schalen auf Kies stellen, Wasser bis zum Zwiebelboden dazugeben. Blüte erscheint nach etwa 4 Wochen. Zwiebeln können nach der Blüte auf den Kompost.
**Sorten:** 'Totus Albus Grandiflorus', 35–50 cm, rein weiß, starker Duft.

## Narcissus poeticus
Dichter-Narzisse, Weiße Narzisse
Amaryllidaceae, Amaryllisgewächse

**Heimat:** Spanien bis Griechenland; gemäßigt.
**Wuchsform:** Aufrecht, locker horstbildend. Ausdauernde Zwiebelpflanze.
**Blatt:** Schopfig, schmal lineal, gekielt, 20–30 cm lang, grün, zieht nach der Blüte ein.
**Blüte:** Nickend, Krönchen orange; Blütenhülle weiß, duftend.
**Wuchs-/Blütenhöhe:** 30/40 cm.
**Frucht:** Fleischige Kapsel, 3-teilig, selten.
**Standort:** Nährstoffreiche Böden, sonnig, in der Natur auf Bergwiesen.
**Verwendung:** Beetpflanze, in kleinen Gruppen, im Vorfrühling sehr hübsch unter Sträuchern.
**Vermehrung:** Brutzwiebeln, im Sommer abnehmen, ab IX pflanzen.
**Kultur:** Lehmig humose Böden.
**Sorten:** 'Actaea', weiß, Krönchen orange, 40 cm, zuverlässig blühend, duftend.

| | |
|---|---|
| *einjährig, Zwiebelpflanze* | *Staude, Zwiebelpflanze* |
| *XII–I* | *IV–V* |
| *Sonne* | *Sonne* |
| *–* | *frosthart* |
| *Schnitt* | *Beet* |

## Nelumbo nucifera
Lotosblume
Nelumbonaceae, Lotosgewächse

**Heimat:** Östliches Europa bis Ost-Asien; subtropisch, tropisch.
**Wuchsform:** Aufrecht, Rhizome in über 10 cm Wassertiefe. Sumpfstaude.
**Blatt:** Wechselständig, rund, bis 50 cm groß, Stiele über 100 cm lang, blaugrün. Wasser perlt ab.
**Blüte:** Radiär, 15–30 cm groß, weiß bis rosa.
**Wuchs-/Blütenhöhe:** 50–100/80–150 cm.
**Frucht:** Kapsel, groß, sich konisch verjüngend; Samen groß, kugelig.
**Standort:** Vollsonnig, nährstoffreiche Böden, immer im Wasser.
**Verwendung:** Für Teiche und Kübel mit mindestens 30 cm Erd- und 10 cm Wassertiefe.
**Vermehrung:** Teilung der Rhizome.
**Kultur:** In große Gefäße und nährstoffreiche Erde pflanzen, wärmeliebend. Im Winter mit Reisig oder Laub abdecken, wenn Beckenwasser abgelassen ist.
**Sorten:** 'Alba Plena', weiß gefüllt.

| | |
|---|---|
| *Staude* | *einjährig* |
| *VII–IX* | *VI–X* |
| *Sonne* | *Sonne* |
| *Reisigschutz* | – |
| *Sumpf* | *Beet, Balkon, Gefäß* |

## Nemesia strumosa
Elfenspiegel
Scrophulariaceae, Braunwurzgewächse

**Heimat:** Südliches Afrika. Viele Hybriden; mediterran.
**Wuchsform:** Buschig, horstbildend. Einjährig.
**Blatt:** Gegenständig, lanzettlich, 4–5 cm, Rand leicht gesägt, grün.
**Blüte:** Rachenblüte zygomorph, 5-zählig, 1,5–2 cm, gelb, orange, rot, blau oder weiß, in Ähren.
**Wuchs-/Blütenhöhe:** 20–30 cm.
**Frucht:** Kapsel.
**Standort:** Durchlässige Böden.
**Verwendung:** Beet- und Rabattenpflanze, flächig zwischen Stauden.
**Vermehrung:** Aussaat unter Glas von II–IV.
**Kultur:** Nährstoffarmes Substrat. Keimtemperatur 12 °C bis maximal 16 °C, Keimdauer 10–20 Tage. In Tuffs pikieren, hell und luftig stellen, ab Mitte V ins Freiland pflanzen.
**Sorten:** 'Blauer Vogel', himmelblau; 'Feuerkönig', scharlachrot.
**Hinweise:** Zweite Blüte im August nach Rückschnitt im VI.

## Nemophila menziesii
Gefleckte Hainblume
Hydrophyllaceae, Wasserblattgewächse

**Heimat:** Westliche USA: Nevada, Kalifornien; mediterran, subtropisch.
**Wuchsform:** Breitbuschig, vieltriebig, polsterförmig. Einjährig.
**Blatt:** Gegenständig, fiederschnittig, 4–6 cm, grün, rau behaart.
**Blüte:** Schalenförmig, 5-zählig, 2–3 cm groß, hellblau mit weißer Mitte.
**Wuchs-/Blütenhöhe:** 10/15–20 cm.
**Frucht:** Kapsel.
**Standort:** Durchlässige Böden in halbschattiger Lage, eher für kühlere Plätze (Gebirgsregionen).
**Verwendung:** Beetpflanze, in kleinen Gruppen für Sommerblumenbeete, Stein- oder Naturgärten.
**Vermehrung:** Aussaat im Freiland von IV–VI. Keimdauer 14–20 Tage.
**Kultur:** Sandig humoser Boden. Reihensaat im Abstand von 15 cm, vereinzeln auf 10 cm. Anspruchslos.
**Sorten:** 'Grandiflora', hellblau.

| Nemophila menziesii | Nerine sarniensis |
|---|---|
| *einjährig* | *Staude, Zwiebelpflanze* |
| *VI–VIII* | *IX–X* |
| *Halbschatten* | *Sonne* |
| *–* | *temperiertes Haus* |
| *Beet* | *Beet, Topf, Schnitt* |

## Nerine sarniensis
Guernseylilie
Amaryllidaceae, Amaryllisgewächse

**Heimat:** Süd-Afrika: Kapland; mediterran.
**Wuchsform:** Aufrecht, Zwiebel 5 cm groß. Nicht frostharte Zwiebelpflanze.
**Blatt:** 2-zeilig, grundständig, lanzettlich, 40–70 cm lang, glänzend grün, erscheint nach der Blüte, zieht im Frühling ein.
**Blüte:** Trichterblüten 6-zählig (Perigon), hellrot, in endständigen Dolden. Blüte erscheint vor Laub.
**Wuchs-/Blütenhöhe:** 40–60 cm.
**Frucht:** Beere.
**Standort:** Durchlässige Böden.
**Verwendung:** Topfpflanze im Kalthaus.
**Vermehrung:** Brutzwiebeln. Aussaat.
**Kultur:** Humose Lehmerde, im VII–VIII auspflanzen. Bei Topfkultur sollen Zwiebeln bis zur Hälfte aus dem Boden ragen. Hell, bei 14–18 °C überwintern.
**Weitere Arten:** *N. bowdenii* 'Pink Triumph', rosa.
**Hinweise:** Ruhezeit nach der Blüte einhalten.

## Nicotiana × sanderae
Zier-Tabak
Solanaceae, Nachtschatten-gewächse

**Heimat:** Hybride aus *N. alata* × *N. forgetiana*, stammen aus Südamerika; subtropisch.
**Wuchsform:** Buschig, vieltriebig. Einjährig.
**Blatt:** Wechselständig, elliptisch, 8–15 cm lang, flaumig behaart, grün.
**Blüte:** Röhrenförmige Trichterblüten, 3–5 cm groß, weiß, gelb, rosa oder rot, in endständigen Doldentrauben.
**Wuchs-/Blütenhöhe:** 40–70 cm.
**Frucht:** Beere, selten.
**Standort:** Humose Böden.
**Verwendung:** Grabbepflanzung.
**Vermehrung:** Aussaat von II–III unter Glas. Lichtkeimer.
**Kultur:** In Einheitserde P pikieren, später topfen, ab Mitte V auspflanzen.
**Sorten:** 'Samba' F1-Hybriden, viele Farbtöne, 25–30 cm.
**Hinweise:** Auf Blattläuse achten.

| | | |
|---|---|---|
| einjährig | | einjährig |
| VI–IX | | VI–IX |
| Sonne | | Sonne |
| – | | – |
| Beet, Gefäß, Grab | | Beet, Rabatte |

## Nicotiana sylvestris
Berg-Tabak
Solanaceae, Nachtschatten-gewächse

**Heimat:** Südamerika: Argentinien; mediterran.
**Wuchsform:** Buschig, vieltriebig. Einjährig.
**Blatt:** Wechselständig, elliptisch, 15–30 cm lang, flaumig behaart, grün.
**Blüte:** Langröhrige Trichterblüten, 3–5 cm groß, weiß, in endständigen Doldentrauben.
**Wuchs-/Blütenhöhe:** 40–60/70–150 cm.
**Frucht:** Beere, selten.
**Standort:** Humose Böden.
**Verwendung:** Einzelstand.
**Vermehrung:** Aussaat von II–III unter Glas. 1/2 g Saatgut reicht für 1000 Pflanzen. Samen nicht abdecken (Lichtkeimer), Keimzeit 12–20 Tage bei 18 °C.
**Kultur:** In Einheitserde P pikieren, später topfen, ab Mitte V auspflanzen.
**Sorten:** 'Grandiflora', weiß, großblumig, sonst wie die Art.
**Hinweise:** Auf Schnecken achten.

## Nierembergia hippomanica
Nierembergie, Becherblume
Solanaceae, Nachtschattengewächse

**Heimat:** Südamerika: Argentinien; mediterran.
**Wuchsform:** Polsterförmig, dicht, flach.
**Blatt:** Gegenständig, linealisch, 1,5–2 cm lang, grün.
**Blüte:** Becherförmig, 2–3 cm, blau, lila oder weiß, in Trugdolden.
**Wuchs-/Blütenhöhe:** 20–30 cm.
**Frucht:** Kapsel (selten).
**Standort:** Durchlässige Böden.
**Verwendung:** Für Blumenampeln, zur Grabbepflanzung, im Steingarten.
**Vermehrung:** Aussaat unter Glas von I–III.
**Kultur:** In Töpfe mit humoser Erde pikieren, ab Mitte V ins Freie pflanzen. Nur in milden Wintern ausdauernd. Abdecken empfehlenswert, erfriert aber trotzdem häufig.
**Sorten:** 'Mont Blanc', weiß, dichtbuschig, 15–20 cm; 'Purple Robe', weinrot, 15 cm.

| | | |
|---|---|---|
| *einjährig, (Staude)* | | *einjährig* |
| *VII–IX* | | *VI–IX* |
| *Sonne bis Halbschatten* | | *Sonne* |
| *Reisigschutz* | | *–* |
| *Beet, Balkon, Ampel* | | *Beet, Rabatte, Schnitt* |

## Nigella damascena
Gretel im Busch, Jungfer im Grünen
Ranunculaceae, Hahnenfußgewächse

**Heimat:** Östliche Mittelmeergebiete; mediterran.
**Wuchsform:** Aufrecht, buschig. Einjährig.
**Blatt:** Wechselständig, 3-fach gefiedert, sehr fein, 3–5 cm lang, grün.
**Blüte:** Radiär, 3–4 cm groß, himmelblau, auch weiß und rosa, endständig.
**Wuchs-/Blütenhöhe:** 30/40–50 cm.
**Frucht:** Balgfrucht, eiförmig, dekorativ gehörnt, 5 cm.
**Standort:** Durchlässige Böden.
**Verwendung:** Trockenschmuck.
**Vermehrung:** Aussaat von III–IV ins Freie, in mehreren Sätzen.
**Kultur:** Durchlässiger Boden.
**Sorten:** 'Miss Jekyll', himmelblau, 45 cm.
**Weitere Arten:** *N. sativa*, Echter Schwarzkümmel, Samen dient als Küchengewürz.
**Hinweise:** Stiele mit Fruchtkapseln in grünem Zustand schneiden und kopfüber trocknen.

## Nolana paradoxa
Glockenwinde
Nolanaceae, Glockenwindengewächse

**Heimat:** Chile; subtropisch.
**Wuchsform:** Kriechend, flach. Einjährig.
**Blatt:** Gegenständig, gestielt, spatelförmig, 4–5 cm lang, grün.
**Blüte:** Breit trichterförmig, 4–5 cm groß, blau mit gelbem Schlund.
**Wuchs-/Blütenhöhe:** 10/10–15 cm.
**Frucht:** Nussartige Teilfrüchte.
**Standort:** Durchlässige Böden.
**Verwendung:** Für Ampeln, im Steingarten. Bodendecker.
**Vermehrung:** Aussaat unter Glas von II–III in nährstoffarme Substrate. Keimdauer 6–10 Tage.
**Kultur:** Humoser Boden. Nach der Keimung (etwa 2 Wochen bei 20 °C) in Töpfe pikieren, ab V ins Freie.
**Sorten:** 'Blauer Vogel', blau, 15–20 cm, kompakt.
**Weitere Arten:** *N. napiformis* ist ähnlich, blau blühend, hängender und kriechender Wuchs (Bild).

| Nolana paradoxa | | Oenothera biennis |
|---|---|---|
| *einjährig* | | *zweijährig* |
| *VI–IX* | | *VI–X* |
| *Sonne* | | *Sonne* |
| *–* | | *frosthart* |
| *Beet, Balkon, Ampel* | | *Beet* |

## Oenothera biennis
Gewöhnliche Nachtkerze
Onagraceae, Nachtkerzengewächse

**Heimat:** USA, Mexiko; submediterran.
**Wuchsform:** Aufrecht, horstbildend. Zweijährig.
**Blatt:** Grundständige Blattrosette, Einzelblatt lanzettlich, 10–15 cm lang, grün.
**Blüte:** Schalenblüten, 5–8 cm groß, reingelb, zahlreich in endständiger Traube. Blüten öffnen sich abends und schließen sich am nächsten Vormittag.
**Wuchs-/Blütenhöhe:** 20/150–200 cm.
**Frucht:** Längliche Kapsel.
**Standort:** Jede Bodenart.
**Verwendung:** Einzeln in Sommerblumen- oder Staudenbeeten.
**Vermehrung:** Aussaat im Sommer, direkt an Ort und Stelle. Keimdauer 7–14 Tage. Sät sich auch gerne selbst aus.
**Kultur:** Humoser, auch lehmiger Boden. Nach der Keimung vereinzeln. Überwintert ohne Schutz, blüht im darauf folgenden Jahr.
**Hinweise:** Der Duft und die Farben locken Nachtschmetterlinge an.

## Ornithogalum arabicum
Milchstern
Hyacinthaceae, Hyazinthengewächse

**Heimat:** Westliches Mittelmeergebiet; mediterran.
**Wuchsform:** Blätter überhängend, Blütenstiele aufrecht, Zwiebel 4 cm groß, zieht nach der Blüte ein. Mehrjährige Zwiebelpflanze, nicht frosthart.
**Blatt:** Grundständig, linealisch, 40–60 cm lang.
**Blüte:** Sternförmig, 3–5 cm groß, weiß mit schwarzer Mitte, 15–20 Einzelblüten in einer Doldentraube.
**Wuchs-/Blütenhöhe:** 30/40–60 cm.
**Frucht:** Kapsel.
**Standort:** Durchlässige Böden.
**Verwendung:** Beetpflanze, in Gruppen, Topf- und Schnittpflanze.
**Vermehrung:** Brutzwiebeln im Herbst abnehmen.
**Kultur:** Nährstoffreiche, aber sandige Substrate. Ab V auspflanzen, vor der Blüte gut düngen und gießen, nach der Blüte trockene Ruhezeit einhalten. Hell, bei 14–18 °C überwintern.
**Hinweise:** Verträgt viel Trockenheit und Wärme.

| | |
|---|---|
| *Staude, Zwiebelpflanze* | *Staude, Zwiebelpflanze* |
| *V–VI* | *VII–VIII* |
| *Sonne* | *Sonne* |
| *temperiertes Haus* | *temperiertes Haus* |
| *Beet, Topf, Schnitt* | *Beet, Topf, Schnitt* |

## Ornithogalum thyrsoides
Chincherinchee, Milchstern
Hyacinthaceae, Hyazinthengewächse

**Heimat:** Südliches Afrika; mediterran.
**Wuchsform:** Blätter überhängend, Blütenstiele aufrecht, Zwiebel 5 cm, zieht nach der Blüte ein. Mehrjährige Zwiebelpflanze, nicht frosthart.
**Blatt:** Grundständig, linealisch, fleischig, 40–60 cm lang, grün.
**Blüte:** Sternförmig, 3–5 cm groß, weiß mit grüner Mitte, 20–30 Einzelblüten in einer pyramidenförmigen Doldentraube.
**Wuchs-/Blütenhöhe:** 30/40–70 cm.
**Frucht:** Kapsel.
**Standort:** Durchlässige Böden.
**Vermehrung:** Brutzwiebeln im Herbst abnehmen.
**Kultur:** Nährstoffreiche, aber sandige Substrate. Ab V auspflanzen, vor der Blüte gut düngen und gießen, nach der Blüte trockene Ruhezeit einhalten. Hell, bei 14–18 °C, überwintern oder jährlich neu pflanzen.
**Hinweise:** Verträgt viel Trockenheit und Wärme. (Bild: 'Dubium').

## Osteospermum ecklonis
Kapkörbchen
Asteraceae, Asterngewächse

**Heimat:** Südliches Afrika; mediterran, subtropisch.
**Wuchsform:** Polsterförmig, dichtbuschig. Mehrjähriger Halbstrauch oder Strauch, meist einjährig kultiviert, da nicht frosthart.
**Blatt:** Wechselständig, lanzettlich, gezähnt, 8–10 cm lang, glänzend grün.
**Blüte:** Köpfchen, 5–8 cm groß, mit weißen, gelben oder roten sowie blauen Röhrenblüten.
**Wuchs-/Blütenhöhe:** 20/40–70 cm.
**Fruchtstand:** Körbchen.
**Standort:** Durchlässige Böden.
**Verwendung:** Pflanzgefäße.
**Vermehrung:** Aussaat von IX–II in Einheitserde (Torf-Ton-Gemisch). Keimdauer 7–10 Tage. Sorten werden durch Stecklinge im II vermehrt.
**Kultur:** Humoser Boden. Nach der Wurzelbildung eintopfen, mehrfach pinzieren, ab V ins Freie pflanzen. Helle Überwinterung bei 14–18 °C.
**Sorten:** 'Buttermilk', gelb; 'Whirligig', weiße, gedrehte Blütenblätter.

| | | |
|---|---|---|
| *einjährig, Halbstrauch* | | *Staude* |
| *V–X* | | *V–VIII* |
| *Sonne* | | *Sonne* |
| *temperiertes Haus* | | *Reisigschutz* |
| *Beet, Rabatte, Gefäß* | | *Rabatte, Schnitt* |

## Papaver nudicaule
Island-Mohn
Papaveraceae, Mohngewächse

**Heimat:** Subarktische Gebiete Amerikas und Asiens; gemäßigt, subarktisch.
**Wuchsform:** Horstbildend, mit grundständiger Blattrosette. Kurzlebige Staude.
**Blatt:** Rosettenbildend, Einzelblatt fiederspaltig, behaart, 6–10 cm lang, bläulich grün.
**Blüte:** Schalenförmig, 5–7 cm groß, weiß, gelb, rot oder orange, an blattlosem, behaarten Stängel, im Knospenstadium nickend.
**Wuchs-/Blütenhöhe:** 10/20–40 cm.
**Frucht:** Kapsel, Streufrucht.
**Standort:** Durchlässige, kalkarme Böden in voller Sonne.
**Verwendung:** Für Steingärten.
**Vermehrung:** Aussaat von XI–I unter Glas, Keimdauer 2–3 Wochen.
**Kultur:** Sandiger Boden. Nach der Keimung Sämlinge in Töpfe pikieren, ab V ins Freie pflanzen. Wird meist ein- oder zweijährig kultiviert.
**Sorten:** 'Giganteum Prachtmischung', großblumig, 50 cm; 'Wunderland', Mischung von Weiß, Gelb, Orange, Rot, 30 cm.

## Papaver rhoeas
Klatsch-Mohn (Wildart)
Papaveraceae, Mohngewächse

**Heimat:** Europa, West-Asien; gemäßigt, mediterran.
**Wuchsform:** Aufrecht. Einjährig.
**Blatt:** Wechselständig, spatelförmig, mehrfach gefiedert, Rand gezähnt, 6–10 cm lang, grün, wie die Stängel Milchsaft führend.
**Blüte:** Schalenförmig, 4–6 cm. Rot mit schwarzem Basalfleck, endständig, Stängel borstig behaart.
**Wuchs-/Blütenhöhe:** 20/30–80 cm.
**Frucht:** Kapsel, Streufrucht.
**Standort:** Durchlässige, auch lehmige Böden in voller Sonne.
**Verwendung:** Sorten als Beet- und Rabattenpflanzen, zum Schnitt; die Wildart für Naturgärten und Böschungen.
**Vermehrung:** Aussaat im Herbst unter Glas, ab III Direktsaat ins Freie. Keimdauer 14–20 Tage.
**Kultur:** Sandig lehmiger Boden. Im V auspflanzen.
**Sorten:** 'Shirley', Seiden-Mohn, in vielen Farben, oft gefüllte Blüten.

## Papaver somniferum
Schlaf-Mohn, Garten-Mohn
Papaveraceae, Mohngewächse

**Heimat:** Westliches Mittelmeergebiet, Kanarische Inseln; mediterran.
**Wuchsform:** Aufrecht, Stängel wenig verzweigt.
**Blatt:** Wechselständig, gewellt, 20–30 cm lang, hellgrün.
**Blüte:** Schalenförmig, 10–15 cm groß, rosa, rot oder weiß, jeweils mit dunklem Basalfleck, einfach oder gefüllt, endständig.
**Wuchs-/Blütenhöhe:** 30/80–100 cm.
**Frucht:** Runde Kapsel, Streufrucht.
**Standort:** Humose, auch durchlässige Böden in voller Sonne.
**Verwendung:** Einzeln oder in Gruppen, Samenkapseln als Trockenschmuck.
**Vermehrung:** Aussaat von III–IV an Ort und Stelle.
**Kultur:** Lehmiger Boden. Reihensaat, nach Auflaufen vereinzeln.
**Sorten:** 'Bombast', gefüllte Blüten in Rot oder Rosa; 'Danebrog', rot-weiß.
**Besonderes:** Samen für Backwaren..
**Hinweise:** Anbau genehmigungspflichtig.

| Papaver rhoeas | Papaver somniferum |
|---|---|
| einjährig | einjährig |
| V–VII | VI–VIII |
| Sonne | Sonne |
| – | – |
| Beet, Rabatte, Schnitt | Beet, Schnitt |

## Pelargonium peltatum
Efeu-Pelargonie, „Hänge-Geranie"
Geraniaceae, Storchschnabelgewächse

**Heimat:** Süd-Afrika, viele Züchtungen bekannt; mediterran, subtropisch.
**Wuchsform:** Niederliegend, hängend, brüchig.
**Blatt:** Wechselständig, handförmig, 5- bis 7-lappig, 4–5 cm lang und breit, fleischig, glänzend grün.
**Blüte:** Zygomorph, 2–3 cm groß, rosa, rot, weiß oder violett, einfach oder gefüllt, in end- und achselständigen Dolden.
**Wuchs-/Blütenhöhe:** 30–40/40–50 cm, bis 100 cm herabhängend.
**Frucht:** Storchschnabelartig.
**Standort:** Nährstoffreiche Böden.
**Verwendung:** Kübelpflanze.
**Vermehrung:** Stecklinge von VIII–IX, von überwinterten Pflanzen auch von II–IV. Aussaat mit Vorkultur von XI–II, Keimdauer 7–10 Tage.
**Kultur:** Bewurzelte Stecklinge topfen und kühl überwintern. Ab III flüssig nachdüngen. Ab X einräumen, hell, bei 14–18 °C überwintern.
**Sorten:** 'Balcon Imperial', rot, einfach.

| Pelargonium peltatum | | Pelargonium zonale |
|---|---|---|
| *Halbstrauch* | | *Halbstrauch* |
| *V–X* | | *IV–X* |
| *Sonne* | | *Sonne* |
| *temperiertes Haus* | | *temperiertes Haus* |
| *Beet, Kübel, Balkon* | | *Beet, Balkon, Grab* |

## Pelargonium zonale
Zonal-Pelargonie, Aufrechte Pelargonie, Gürtel-Pelargonie
Geraniaceae, Storchschnabelgewächse

**Heimat:** Süd-Afrika: Kapland; mediterran.
**Wuchsform:** Aufrecht, breitbuschig.
**Blatt:** Wechselständig, rund-herzförmig, gelappter Rand, 6–12 cm lang und breit, rau behaart, grün mit matt rotem Band.
**Blüte:** Zygomorph, 3–4 cm groß, weiß, rosa, rot, lila oder mehrfarbig, einfach oder gefüllt, in Dolden.
**Wuchs-/Blütenhöhe:** 40–60 cm.
**Frucht:** Storchschnabelartig.
**Standort:** Nährstoffreiche Böden.
**Verwendung:** Grabbepflanzung.
**Vermehrung:** Stecklinge von VIII–IX in Sand-Torfgemisch. Aussaat von XII–I unter Glas.
**Kultur:** Ab I in 10-cm-Töpfe topfen, Einheitserde ED 73. Junge Pflanzen stutzen. Ab X einräumen, hell, bei 14–18 °C überwintern.
**Sorten:** 'Agnes Bernauer', rot (Bild).

## Pennisetum setaceum

Lampenputzergras
Poaceae, Süßgräser

**Heimat:** Tropisches Afrika, Südwest-Asien; mediterran, subtropisch.
**Wuchsform:** Aufrecht, horstbildend. Je nach Klima einjährig bis ausdauernde Staude.
**Blatt:** 2-zeilig, linealisch, 30 cm lang, grün, im Herbst braun.
**Blüte:** Bis 25 cm lange, endständige Ähre, weiß, rosa überhaucht.
**Wuchs-/Blütenhöhe:** 30/90–120 cm.
**Frucht:** Karyopse.
**Standort:** Durchlässige Böden.
**Verwendung:** Beetpflanze, Schnittpflanze, Trockenschmuck.
**Vermehrung:** Aussaat im III unter Glas. Keimdauer 10–14 Tage.
**Kultur:** Sandiger Boden. Keimlinge in Töpfe pikieren, ab Mitte V ins Freie pflanzen. Wird in der Regel einjährig gezogen, kann aber in milden Wintern überdauern.
**Weitere Arten:** *P. villosum*, 60 cm hoch, walzenförmige, weiße Ähren, 12 cm lang.

## Penstemon gentianoides

(Syn. *P.* × *hybridus*)
Bartfaden
Scrophulariaceae, Braunwurzgewächse

**Heimat:** Westliches Nordamerika, Mittel-Amerika; subtropisch, gemäßigt.
**Wuchsform:** Aufrecht, buschig. Nicht frosthart.
**Blatt:** Gegenständig, eiförmig zugepitzt, 8–12 cm lang, grün.
**Blüte:** Glockenförmig, 4–5 cm lang, rosa, rot, lila oder weiß, in Trauben.
**Wuchs-/Blütenhöhe:** 30/60–80 cm.
**Frucht:** Kapsel.
**Standort:** Humose, durchlässige Gartenböden in sonnigen Lagen.
**Verwendung:** Beetpflanze, für Stauden- und Sommerblumenbeete, Schnittpflanze.
**Vermehrung:** Aussaat von II–III unter Glas, Keimzeit 15–20 Tage.
**Kultur:** Nährstoffreiche Humuserde, ab Mitte V auspflanzen. Sehr wärmebedürftig, bei uns nicht frosthart.
**Sorten:** 'Öschberg', rein weiß, 60 cm; 'Scharlachkönigin', rot, 75 cm.

| | | |
|---|---|---|
| *einjährig, Staude* | | *einjährig* |
| *VIII–X* | | *VI–IX* |
| *Sonne* | | *Sonne* |
| *Reisigschutz* | | – |
| *Beet, Schnitt* | | *Beet, Schnitt* |

## Persicaria capitata
(Syn. *Polygonum capitatum*)
Kriechender Knöterich
Polygonaceae, Knöterichgewächse

**Heimat:** Ost-Asien: Nordindien, Himalaja; subtropisch.
**Wuchsform:** Kriechend, rasch wachsend. Nicht frostharte Staude, daher meist einjährig kultiviert.
**Blatt:** Wechselständig, eiförmig, 3–4 cm lang, bräunlich grün.
**Blüte:** Glockenförmige, winzige Blüten, 2–3 mm, weißrosa, in dichten Trauben, 1–1,5 cm groß.
**Wuchs-/Blütenhöhe:** 10/15–20 cm.
**Frucht:** Nüsschen.
**Standort:** Humose Böden.
**Verwendung:** Bodendecker.
**Vermehrung:** Aussaat II–III unter Glas. Sät sich auch selbst aus.
**Kultur:** Jungpflanzen in TKS eintopfen, ab V ins Freie pflanzen.
**Sorten:** 'Afghan', weiß, blüht noch reichlicher als die Art, 15–20 cm.
**Weitere Arten:** *P. orientalis*, Östlicher Knöterich, bis 200 cm, rote Glockenblüten in hängenden Trauben.

| | | |
|---|---|---|
| *einjährig (Staude)* | | *einjährig* |
| *V–IX* | | *VI–X* |
| *Sonne bis Halbschatten* | | *Sonne* |
| – | | – |
| *Beet, Balkon, Boden* | | *Beet, Gefäß, Grab* |

## Petunia × atkinsiana
(Syn. *Petunia*-Hybriden)
Garten-Petunie
Solanaceae, Nachtschattengewächse

**Heimat:** Hybride aus *P. axillaris* × *P. integrifolia*, die Arten stammen aus Südamerika; tropisch, subtropisch.
**Wuchsform:** Buschig, je nach Sorte aufrecht bis überhängend. Einjährig kultiviert.
**Blatt:** Gegenständig, eiförmig, 3–4 cm lang, drüsig filzig behaart, grün.
**Blüte:** Trichterförmig, 3–5 cm groß, in vielen Farbtönen, auch mehrfarbig, in end- und achselständigen Trugdolden, duftend.
**Wuchs-/Blütenhöhe:** 20/20–30 cm.
**Frucht:** Kapsel.
**Standort:** Humose Böden.
**Verwendung:** Grabbepflanzung.
**Vermehrung:** Aussaat von I–III in TKS. Keimzeit 2–3 Wochen.
**Kultur:** Humoser Boden. Keimlinge direkt in Töpfe pikieren.
**Sorten:** Grandiflora-Gruppe: großblumig. 'Marathon Weinrot', weinrot, regenfest; (Bild: 'Astro').

## Petunia × atkinsiana

Hänge-Petunie
Solanaceae, Nachtschattengewächse

**Heimat:** Hybride aus *P. axillaris* × *P. integrifolia*; die Arten stammen aus Südamerika; tropisch.
**Wuchsform:** Buschig, hängend, kriechend.
**Blatt:** Gegenständig, eiförmig, 3–4 cm lang, drüsig filzig behaart, grün.
**Blüte:** Trichterförmig, 3–5 cm groß, in vielen Farbtönen, auch mehrfarbig, in end- und achselständigen Trugdolden, duftend.
**Wuchs-/Blütenhöhe:** 20/20–30 cm, oft bis 80 cm herabhängend.
**Frucht:** Kapsel.
**Standort:** Tiefgründige, humose Böden in sonnigen Lagen.
**Verwendung:** Schalen und Ampeln.
**Vermehrung:** Stecklinge von II–III.
**Kultur:** Ab III in humoses Substrat (pH 5) topfen, mehrmals nachdüngen, nicht austrocknen lassen.
**Sorten:** Surfinia: 'Blue Vein', sehr zartes Blasslila; 'Revolution', lilarot.

| | | |
|---|---|---|
| *einjährig* | | *einjährig, zweijährig* |
| *VI–X* | | *VI–X* |
| *Sonne* | | *Sonne* |
| – | | – |
| *Beet, Balkon, Ampel* | | *Balkon, Ampel, Grab* |

## Petunia integrifolia

(Syn. *P. violacea*)
Petunie
Solanaceae, Nachtschattengewächse

**Heimat:** Südamerika: Brasilien, Argentinien, Uruguay; tropisch, subtropisch.
**Wuchsform:** Buschig, aufrecht bis überhängend.
**Blatt:** Gegenständig, eiförmig, 3–4 cm lang, drüsig filzig behaart, grün.
**Blüte:** Trichterförmig, 2–3 cm groß, in vielen Farbtönen, besonders reich blühend, in end- und achselständigen Trugdolden.
**Wuchs-/Blütenhöhe:** 20/20–30 cm.
**Frucht:** Kapsel.
**Standort:** Tiefgründige, humose Böden in sonnigen Lagen.
**Verwendung:** Für Schalen, zur Grabbepflanzung.
**Vermehrung:** Aussaat von I–III in TKS, Keimzeit 2–3 Wochen bei 18 °C.
**Kultur:** Humoser Boden.
**Sorten:** 'Million Bells'-Serie: 'Terracotta', gelbbraun. 'Carillon Dark Red', dunkelrot, kompakt, reich blühend (Bild).

## Phacelia campanularia
Bienenfreund
Hydrophyllaceae, Wasserblattgewächse

**Heimat:** Colorado, Kalifornien; subtropisch.
**Wuchsform:** Aufrecht, buschig. Einjährig.
**Blatt:** Wechselständig, herzförmig, gezähnt, 3–5 cm lang, grün.
**Blüte:** Glockenförmig, 5-zählig, 2–3 cm breit, dunkelblau.
**Wuchs-/Blütenhöhe:** 15/15–30 cm.
**Frucht:** Kapsel.
**Standort:** Humose, durchlässige Böden in Sonne und Halbschatten.
**Verwendung:** Steingarten, Bienenweide.
**Vermehrung:** Aussaat im III unter Glas, ab IV ins Freiland. Keimdauer 7–14 Tage.
**Kultur:** Nach der Keimung direkt in Töpfe mit TKS pikieren. Blüten erscheinen nach 6 Wochen.
**Sorten:** 'Blaues Wunder', dunkelblau, 15–30 cm.
**Hinweise:** Zierliche, reich blühende Pflanze mit herrlicher Blütenfarbe.

| | | |
|---|---|---|
| *einjährig* | | *einjährig* |
| *VI–IX* | | *VI–X* |
| *Sonne bis Halbschatten* | | *Sonne* |
| – | | – |
| *Beet, Rabatte, Balkon* | | *Beet* |

## Phacelia congesta
(Syn. *P. tanacetifolia*)
Büschelschön, Rainfarn-Phacelie, Bienenfreund
Hydrophyllaceae, Wasserblattgewächse

**Heimat:** Arizona, Kalifornien, Texas, Nordmexiko; mediterran, subtropisch.
**Wuchsform:** Aufrecht, buschig. Einjährig.
**Blatt:** Wechselständig, doppelt gefiedert, 5–12 cm lang, grün.
**Blüte:** Sternförmig, 5-zählig, 1–2 cm breit, blasslila, lange Staubgefäße, reich blühend in end- und achselständigen Wickeln.
**Wuchs-/Blütenhöhe:** 25/30–70 cm.
**Frucht:** Fächerige Kapsel.
**Standort:** Durchlässige Böden in sonnigen Lagen.
**Verwendung:** Beet- und Rabattenpflanze, Gründüngerpflanze, Bienenweide.
**Vermehrung:** Aussaat ab IV direkt ins Freiland, breitwürfig oder in Reihen. Keimdauer 7–14 Tage.
**Kultur:** Auch für nährstoffarme Böden geeignet. Keimt rasch.
**Hinweis:** Hautentzündung möglich.

## Phaseolus coccineus
Feuer-Bohne
Fabaceae, Hülsenfrüchtler

**Heimat:** Mittel-Amerika, Mexiko; tropisch.
**Wuchsform:** Aufrechter, rasch wachsender Schlinger. Einjährig.
**Blatt:** Wechselständig, herzförmig, 3-zählig, 7–12 cm lang, grün.
**Blüte:** Schmetterlingsblüte, 2 cm, scharlachrot, in achselständigen Trauben.
**Wuchs-/Blütenhöhe:** 150–300 cm.
**Frucht:** Breite Hülse, 25–30 cm lang, Samen rötlich-weiß, 2 cm lang.
**Standort:** Lehmig humose Böden.
**Verwendung:** Begrünung von Rankgerüsten, Zäunen, Pergolen; in Kübeln; guter Sichtschutz.
**Vermehrung:** Aussaat ab Mitte V am Standort. Dabei 3–4 Bohnen in Horsten 3–4 cm tief auslegen.
**Kultur:** Lehmiger Boden. Pflanzen bald nach der Keimung aufbinden.
**Sorten:** 'Painted Lady', rot-weiß; 'Preisgewinner', scharlachrot; beide 150–300 cm hoch.
**Hinweise:** Früchte und Samen sind gekocht essbar.

| | | |
|---|---|---|
| einjährig | | einjährig |
| VI–X | | VII–X |
| Sonne | | Sonne |
| – | | – |
| Kübel, klettert | | Beet, Balkon, Schnitt |

## Phlox drummondii
Einjähriger Phlox, Sommer-Phlox
Polemoniaceae, Himmelsleitergewächse

**Heimat:** Mexiko, Texas; subtropisch.
**Wuchsform:** Buschig, aufrecht. Einjährig.
**Blatt:** Gegenständig, lanzettlich zugespitzt, 3–4 cm lang, grün.
**Blüte:** Sternförmig, 2 cm groß, rot, rosa, weiß oder auch mehrfarbig, in endständigen Trugdolden.
**Wuchs-/Blütenhöhe:** 20/25–60 cm.
**Frucht:** Kapsel.
**Standort:** Humose Böden.
**Verwendung:** Steingarten, hohe Sorten als Schnittpflanzen.
**Vermehrung:** Aussaat von III–IV unter Glas.
**Kultur:** Sandiger Boden. Sämlinge in Töpfe pikieren, ab V ins Freiland.
**Sorten:** 'Beauty', karminrot, 20 cm; 'Sternenzauber', in Rot-Weiß, Rot, Purpur, gezackte Blüten, 20 cm. Im Handel sind vorwiegend Farbmischungen.
**Hinweise:** Ein Rückschnitt nach der Blüte fördert eine weitere Blüte.

## Pilea microphylla
Kanonierblume
Urticaceae, Nesselgewächse

**Heimat:** Tropisches Amerika; tropisch.
**Wuchsform:** Breit, teppichbildend. Nicht frostharte Staude, meist einjährig kultiviert.
**Blatt:** Gegenständig, eiförmig, 1–5 mm groß, grün.
**Blüte:** 4-zählig, 2–3 mm groß, gelbgrün, unscheinbar.
**Wuchs-/Blütenhöhe:** 10–25/10–25 cm.
**Frucht:** Nüsschen.
**Standort:** Humose Böden in sonniger Lage.
**Verwendung:** Im Sommer ausgepflanzt als Beet- und Rabattenpflanze, Bodendecker; ganzjährig im Zimmer oder Wintergarten.
**Vermehrung:** Triebstecklinge von III–IV unter Glas.
**Kultur:** Einheitserde. Für teppichartige Verzweigung junge Pflanzen mehrmals entspitzen, ab V ins Freiland pflanzen oder stellen.
**Hinweise:** Der Pollen wird regelrecht weggeschleudert, daher der deutsche Name „Kanonierblume".

| Pilea microphylla | Plectranthus forsteri |
|---|---|
| *einjährig (Staude)* | *Staude* |
| *V–VII* | *VIII–IX* |
| *Sonne* | *Sonne bis Halbschatten* |
| *Kalthaus* | *Kalthaus* |
| *Beet, Boden, Topf* | *Gefäße* |

## Plectranthus forsteri
Harfenstrauch, Mottenkönig
Lamiaceae, Lippenblütler

**Heimat:** Südostindien; subtropisch.
**Wuchsform:** Niederliegend, lang herabhängende Triebe. Nicht frostharte Staude.
**Blatt:** Gegenständig, eiförmig, Rand gekerbt, 2–3 cm lang, grün.
**Blüte:** Lippenblüte, 2-lappig, weiß, 1,5 cm, in aufrechten Trauben.
**Wuchs-/Blütenhöhe:** 20/20 cm. Triebe über 100 cm herabhängend.
**Frucht:** Nüsschen.
**Standort:** Humose, durchlässige Böden in Sonne und Halbschatten.
**Verwendung:** Strukturpflanze, für Pflanzgefäße jeder Art.
**Vermehrung:** Stecklinge von II–IV.
**Kultur:** In Einheitserde topfen, bei 15–18 °C kultivieren. Junge Pflanzen stutzen, damit sie sich gut verzweigen. Ab V ins Freie pflanzen. Frostfrei im Kalthaus überwintern.
**Sorten:** 'Marginatus', weiß-grün panaschiertes, samtig behaartes Laub.

## Portulaca grandiflora
Portulakröschen
Portulacaceae, Portulakgewächse

**Heimat:** Südamerika: Argentinien, Brasilien, Uruguay; subtropisch, tropisch.
**Wuchsform:** Niederliegend, Triebe fleischig, saftig.
**Blatt:** Nadelförmig, 1–2,5 cm lang, sukkulent.
**Blüte:** Schalenförmig, 3–4 cm groß, rosa, rot, weiß, gelb und viele Zwischentöne, einfach oder gefüllt.
**Wuchs-/Blütenhöhe:** 10/15 cm.
**Frucht:** Kapsel.
**Standort:** Durchlässige Böden.
**Verwendung:** Für Steingarten und Sukkulentengärtchen.
**Vermehrung:** Aussaat mit Vorkultur unter Glas von III–V. Man rechnet 1–2 g Saatgut für 1000 Pflanzen. Das Auslegen von 3–5 Samenkörnern je Topf erspart das Pikieren.
**Kultur:** Einheitserde mit Sandzusatz. Keimdauer 1–2 Wochen bei 18–26 °C.
**Sorten:** 'Sunshine' F1-Hybriden, halb gefüllt, in vielen Farbtönen.
**Hinweise:** Blüten öffnen sich bei voller Sonne.

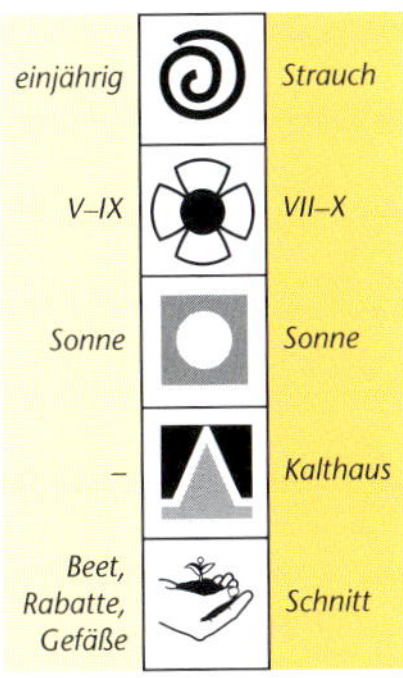


## Protea cynaroides
Königs-Protea
Proteaceae, Silberbaumgewächse

**Heimat:** Süd-Afrika: Kapland; mediterran.
**Wuchsform:** Breit aufrecht, nicht frosthart.
**Blatt:** Wechselständig, eiförmig, 6–10 cm lang, lederig, immergrün, gestielt, graugrün.
**Blüte:** Zygomorph, 2 cm lang, rosa-weiß, in einem bis 30 cm breiten, endständigen Korb mit rosafarbenen Hüllblättern.
**Wuchs-/Blütenhöhe:** 130–150 cm.
**Fruchtstand:** Körbchen, Samen mit Pappus.
**Standort:** Durchlässige, saure Böden in voller Sonne.
**Verwendung:** Lang haltbare Schnittpflanze.
**Vermehrung:** Stecklinge im Sommer.
**Kultur:** Saurer Boden. Kultur erfolgt meist in der Heimat, sehr selten bei uns. Wird im Kalthaus überwintert.
**Hinweise:** Diese *Protea*-Art hat die größten Blüten der gesamten Familie.

## Ranunculus asiaticus
Garten-Ranunkel, Asiatischer Hahnenfuß
Ranunculaceae, Hahnenfußgewächse

**Heimat:** Kreta, Vorderasien; mediterran.
**Wuchsform:** Buschig, horstbildend. Ausdauernde Knollenpflanze, nicht frosthart.
**Blatt:** Wechselständig, 3-zählig, gestielt, 10–12 cm lang, grün.
**Blüte:** Schalenförmig, 5–12 cm, rot, weiß, gelb oder rosa, die Sorten auch gefüllt, Kelchblätter abstehend, endständig.
**Wuchs-/Blütenhöhe:** 15–25/20–35 cm, Sorten bis 60 cm.
**Frucht:** Achäne.
**Standort:** Durchlässige Kalkböden.
**Verwendung:** Schnittpflanze
**Vermehrung:** Aussaat im X. Oder Teilung der klauenförmigen Knollen im III. Knollen vor der Pflanzung quellen lassen.
**Kultur:** In leicht saurem, durchlässigen Substrat.
**Sorten:** 'Bloomingdale' F1-Hybriden, 25 cm, Topfsorte; 'Victoria' F1- Hybriden, 60 cm, Schnittsorte.

| | | |
|---|---|---|
| *Staude, Knollenpflanze* | | *einjährig* |
| *II–VI* | | *VII–IX* |
| *Sonne* | | *Sonne* |
| *Kalthaus* | | *Reisigschutz* |
| *Beet, Schnitt* | | *Beet, Balkon, Schnitt* |

## Reseda odorata
Garten-Resede
Resedaceae, Resedengewächse

**Heimat:** Libyen, verbreitet im Mittelmeergebiet; mediterran.
**Wuchsform:** Aufrecht, horstbildend.
**Blatt:** Wechselständig, elliptisch, 6–8 cm lang, gestielt, grün.
**Blüte:** Zygomorph, Blütenblätter verkümmert, 1 cm, grün, auffällige rötliche Staubblätter, in endständigen Ähren, aromatisch duftend.
**Wuchs-/Blütenhöhe:** 40/50–60 cm.
**Frucht:** Kapsel.
**Standort:** Durchlässige Böden.
**Verwendung:** Schnittpflanze.
**Vermehrung:** Aussaat ab III unter Glas, ab IV ins Freiland. Keimzeit 2–3 Wochen.
**Kultur:** Nach der Keimung direkt in Töpfe pikieren, in TKS 1 oder ähnlichem Substrat.
**Sorten:** 'Grandiflora', gelbgrün, großblütig, 40 cm.
**Besonderes:** Im 18. und 19. Jahrhundert besonders begehrte Duftpflanze.
**Hinweise:** Auf Erdflöhe achten.

## Rhodochiton atrosanguineus

Purpurglocke, Rosenkelch
Scrophulariaceae, Braunwurzgewächse

**Heimat:** Mexiko; subtropisch.
**Wuchsform:** Zierlicher Schlinger. In der Heimat ausdauernd, bei uns einjährig kultiviert.
**Blatt:** Wechselständig, herzförmig, 5–8 cm lang, Rand gezähnt, grün.
**Blüte:** Glockenförmig, 5-zählig, 2–4 cm lang, äußerer Kelch rosa, innere Röhrenblüte purpurrot.
**Wuchs-/Blütenhöhe:** 150–200 cm. **Frucht:** Kapsel.
**Standort:** Humose Böden.
**Verwendung:** Herabhängend als Ampel- und Balkonpflanze, kletternd zur Begrünung von Rankgerüsten.
**Vermehrung:** Aussaat mit Vorkultur unter Glas XI–VI.
**Kultur:** Nährstoffarmes Substrat, z.B. TKS 1, später nachdüngen. Verträgt viel Wärme und auch Trockenheit. Frühzeitig aufbinden.
**Sorten:** 'Purple Bells', dunkelviolett.

| | | |
|---|---|---|
| *einjährig (Staude)* | | *einjährig (Halbstr. bis Baum)* |
| *VI–X* | | *VIII–X* |
| *Halbschatten* | | *Sonne* |
| *–* | | *Kalthaus* |
| *Balkon, Ampel, klettert* | | *Beet, Kübel* |

## Ricinus communis

Wunderbaum, Rizinus, Palma Christi
Euphorbiaceae, Wolfsmilchgewächse

**Heimat:** Tropisches Afrika; subtropisch.
**Wuchsform:** Aufrecht, breit wachsend.
**Blatt:** Wechselständig, handförmig gelappt, über 60 cm breit, grün oder rot.
**Blüte:** Einhäusig, weibliche Blüten bräunlich, mit auffälliger roter Narbe, männliche Blüten gelb, 2–3 mm groß.
**Wuchs-/Blütenhöhe:** 300–800 cm.
**Frucht:** Spaltfrucht, stachelig, rot, ähnlich der Esskastanie. Enthält große, gemaserte, giftige Samen.
**Standort:** Nährstoffreiche Böden.
**Verwendung:** Einzelstand.
**Vermehrung:** Aussaat mit Vorkultur unter Glas III–IV.
**Kultur:** TKS 2. 1 Samen pro Topf auslegen. Überwinterung im Kalthaus.
**Sorten:** 'Gibsonii Impala', rotlaubig; 'Sanguineus', grünes Laub, rote Stiele.
**Besonderes:** Anbau in den Tropen zur Rizinusölgewinnung.

## Rosmarinus officinalis
Rosmarin
Lamiaceae, Lippenblütler

**Heimat:** Süd-Europa; mediterran.
**Wuchsform:** Breit aufrecht. Nicht frosthart.
**Blatt:** Gegenständig, nadelförmig, immergrün, 2–4 cm lang, grün, unterseits heller, duftend.
**Blüte:** Lippenblüte,1–1,5 cm groß, hellblau, in achselständigen Trauben.
**Wuchs-/Blütenhöhe:** 60–150 cm.
**Frucht:** Nüsschen, selten.
**Standort:** Kalkhaltige Böden.
**Verwendung:** Gewürzpflanze.
**Vermehrung:** Halbreife Stecklinge im VIII–IX in Torf-Sandgemisch stecken.
**Kultur:** Sandiger Boden. Bewurzelte Stecklinge eintopfen, im Kalthaus frostfrei überwintern. Nur im Weinbauklima ausreichend frosthart.
**Sorten:** 'Albus', weiß, 60–150 cm; 'Prostratus', blaulila, kriechender Wuchs, 40–50 cm.
**Besonderes:** Wichtige Gewürz- und Heilpflanze.

| Rosmarinus officinalis | | Rudbeckia hirta |
|---|---|---|
| *Strauch* | | *einjährig, zweijährig* |
| *IV–VI* | | *VII–X* |
| *Sonne* | | *Sonne* |
| *Kalthaus* | | *Reisigschutz* |
| *Kübel, Topf* | | *Beet, Kübel, Schnitt* |

## Rudbeckia hirta
Rauer Sonnenhut
Asteraceae, Asterngewächse

**Heimat:** Östliche und Mittlere USA; gemäßigt.
**Wuchsform:** Breit aufrecht, rau behaart.
**Blatt:** Wechselständig, breit lanzettlich, 5–7 cm lang, rau behaart, grün.
**Blüte:** Köpfchen, 5–10 cm groß, gelbe Zungenblüten, braunschwarze Röhrenblüten.
**Wuchs-/Blütenhöhe:** 40–60/50–100 cm.
**Fruchtstand:** Köpfchen, Achäne.
**Standort:** Durchlässige Böden.
**Verwendung:** Schnittpflanze.
**Vermehrung:** Aussaat im III mit Vorkultur unter Glas. Keimdauer 2–3 Wochen bei 16–18 °C.
**Kultur:** Nährstoffreiches, lockeres Substrat. Sämlinge hell und luftig kultivieren, ab V ins Freie pflanzen.
**Sorten:** 'Goldilocks', gelb, gefüllt, 60 cm, 'Marmalade', goldgelb, 50 cm (Bild); 'Toto', goldgelb mit braunschwarzer Mitte, 25 cm, Topf- und Beetpflanze.

## Salvia farinacea
Mehl-Salbei, Blauähre
Lamiaceae, Lippenblütler

**Heimat:** Neumexiko, Texas; subtropisch.
**Wuchsform:** Aufrecht, buschig, Triebe vierkantig. In der Heimat ausdauernde Staude bis Strauch.
**Blatt:** Gegenständig, lanzettlich, 8–10 cm lang, graugrün filzig behaart.
**Blüte:** Lippenblüte, 1–2 cm, blau, in endständiger Ähre.
**Wuchs-/Blütenhöhe:** 30/40–80 cm.
**Frucht:** Nüsschen.
**Standort:** Durchlässige Böden in warmer, sonniger Lage.
**Verwendung:** Schön zu Rosen.
**Vermehrung:** Aussaat von II–IV, Vorkultur unter Glas. Keimzeit 1–2 Wochen bei 18– 24 °C. 5 g Saatgut für 1000 Pflanzen erforderlich.
**Kultur:** Pikieren in durchlässiges, kalkhaltiges Substrat, ab V ins Freie pflanzen.
**Sorten:** ‘Blauähre’, dunkelblau; ‘Silberweiß’, weiß, 50 cm; ‘Victoria’, blau; alle 50cm hoch.
**Hinweise:** Blüte verträgt Frost bis -5 °C.

| | |
|---|---|
| *einjährig, (Staude, Strauch)* | *Staude, Knollenpflanze* |
| *V–X* | *VI–IX* |
| *Sonne* | *Sonne* |
| *–* | *Kalthaus* |
| *Beet, Schnitt* | *Beet, Rabatte, Gefäße* |

## Salvia patens
Enzian-Salbei
Lamiaceae, Lippenblütler

**Heimat:** Mexiko; subtropisch.
**Wuchsform:** Aufrecht, buschig, Triebe vierkantig, knollenbildend. Staude, frostempfindlich.
**Blatt:** Gegenständig, breit lanzettlich, 6–8 cm lang.
**Blüte:** Lippenblüte, 3–6 cm, hellblau, in endständiger Ähre.
**Wuchs-/Blütenhöhe:** 30/40–80 cm.
**Frucht:** Nüsschen.
**Standort:** Durchlässige Böden.
**Verwendung:** Beet- und Rabattenpflanze, besonders schön zu Rosen, für Pflanzgefäße.
**Vermehrung:** Aussaat von III–IV, Vorkultur unter Glas. Keimzeit 1–2 Wochen bei 18–24 °C.
**Kultur:** Pikieren in durchlässiges, kalkhaltiges Substrat, ab V ins Freie pflanzen. Knollen im Herbst ausgraben, frostfrei und hell im Kalthaus bei etwa 14 °C überwintern.
**Sorten:** ‘Cambridge Blue’, himmelblau, 40–60 cm.

## Salvia splendens
Feuer-Salbei
Lamiaceae, Lippenblütler

**Heimat:** Brasilien; subtropisch, tropisch.
**Wuchsform:** Aufrecht, buschig, Triebe vierkantig.
**Blatt:** Gegenständig, herzförmig, 4–6 cm lang.
**Blüte:** Röhrenförmige Lippenblüte, 1–2 cm, scharlachrot, mit gleichfarbigem Kelch, in endständiger Ähre.
**Wuchs-/Blütenhöhe:** 20/40 cm.
**Frucht:** Nüsschen.
**Standort:** Durchlässige Böden.
**Verwendung:** Beetpflanze, gute Farbwirkung bei großflächiger Pflanzung.
**Vermehrung:** Aussaat von II–IV. Vorkultur unter Glas, Keimzeit 1–2 Wochen bei 18– 24 °C.
**Kultur:** Pikieren in durchlässiges, kalkhaltiges Substrat, ab V ins Freie pflanzen.
**Sorten:** 'Fury', 25 cm, früh blühend; 'Feuerzauber', 30 cm, beide rot. Neu sind Farbtöne wie lachs oder dunkellila (Bild: 'Red River').
**Hinweise:** Auf Schnecken achten.

| Salvia splendens | Salvia viridis |
|---|---|
| *einjährig* | *einjährig* |
| *V–X* | *VI–VIII* |
| *Sonne* | *Sonne* |
| *–* | *–* |
| *Beet* | *Beet, Schnitt* |

## Salvia viridis
(Syn. *S. horminum*)
Buntschopf-Salbei
Lamiaceae, Lippenblütler

**Heimat:** Mittelmeergebiete von Spanien bis Türkei und Iran; mediterran.
**Wuchsform:** Aufrecht, buschig, Triebe vierkantig.
**Blatt:** Gegenständig, länglich eiförmig, 5–8 cm lang, graugrün.
**Blüte:** Lippenblüte, 1–2 cm, violett, mit schopfartigen Hochblättern, je nach Sorte rosa, blau oder weiß, endständige Ähre.
**Wuchs-/Blütenhöhe:** 30/40–70 cm.
**Frucht:** Nüsschen.
**Standort:** Durchlässige Böden.
**Verwendung:** Trockenschmuck.
**Vermehrung:** Aussaat von II–IV, Vorkultur unter Glas. Keimzeit 1–3 Wochen bei 18– 24 °C.
**Kultur:** Pikieren in durchlässiges, kalkhaltiges Substrat, ab V ins Freie.
**Sorten:** 'Blauer Vogel', violettblaue Hochblätter; 'Rosazauber', rosa.
**Hinweise:** Die auffällig bunten Hochblätter sind die eigentliche Zierde.

## Santolina chamaecyparissus
Graue Heiligenblume
Asteraceae, Asterngewächse

**Heimat:** Westliches Mittelmeergebiet, Pyrenäen; mediterran.
**Wuchsform:** Breitbuschig, nicht frosthart.
**Blatt:** Gegenständig, mehrfach gefiedert, 2–5 cm lang, grauweiß filzig.
**Blüte:** Röhrenblüten, gelb, in endständigem Körbchen, duftend.
**Wuchs-/Blütenhöhe:** 30–40/40–50 cm.
**Fruchtstand:** Körbchen, Achäne.
**Standort:** Durchlässige Böden.
**Verwendung:** Einfassungen, Schnitthecken, im Steingarten, Trockenschmuck.
**Vermehrung:** Triebstecklinge von V–VII in Torf-Sandgemisch stecken.
**Kultur:** Sandiger Boden. Getopfte Jungpflanzen frostfrei überwintern, ab V ins Freie pflanzen. In strengen Wintern Beetpflanzen abdecken, Pflanzen in Gefäßen ins Kalthaus holen.
**Sorten:** 'Dwarf Form', gelb, 15 cm hoch; 'Primrose Gem', hellgelbe Blüten.

| Santolina chamaecyparissus | | Sanvitalia procumbens |
|---|---|---|
| *Halbstrauch* | | *einjährig* |
| *VI–VIII* | | *VI–X* |
| *Sonne* | | *Sonne* |
| *Reisigschutz, Kalthaus* | | *–* |
| *Beet, Gefäße* | | *Beet, Gefäße, Schnitt* |

## Sanvitalia procumbens
Husarenknopf, Zwergsonnenblume
Asteraceae, Asterngewächse

**Heimat:** Guatemala, Mexiko; subtropisch.
**Wuchsform:** Breit, mattenförmig, auch überhängend. Einjährig.
**Blatt:** Gegenständig, eilänglich, 3–5 cm lang, grün.
**Blüte:** Röhrenblüten schwarz, Zungenblüten gelb, in Körbchen, 2–3 cm breit.
**Wuchs-/Blütenhöhe:** 10/15–25 cm.
**Fruchtstand:** Körbchen, Achäne.
**Standort:** Durchlässige Böden.
**Verwendung:** Für flächige Verwendung, Einfassungen.
**Vermehrung:** Aussaat unter Glas ab III, ab IV auch direkt ins Freiland. Keimdauer 1–2 Wochen.
**Kultur:** TKS, Substrat nicht austrocknen lassen.
**Sorten:** 'Aztekengold', goldgelbe Sternblüten, für Ampeln und Balkonkästen. 'Goldteppich', goldgelb, früh blühend, kompakt; 'Mandarin', orange; 'Plena', gelb gefüllt.
**Hinweise:** In Balkonkästen an den Rand pflanzen.

## Scabiosa atropurpurea

Samt-Skabiose, Purpur-Skabiose, Witwenblume
Dipsacaceae, Kardengewächse

**Heimat:** Süd-Europa; mediterran.
**Wuchsform:** Aufrecht, horstbildend. Einjährig.
**Blatt:** Gegenständig, ungeteilt, 8–10 cm lang, Stängelblätter fiederspaltig, grün.
**Blüte:** Zygomorph, gefüllt, viele Rottöne, in Köpfchen am Stielende, 5 cm.
**Wuchs-/Blütenhöhe:** 30/60–90 cm.
**Fruchtstand/Frucht:** Bis 7 cm große Köpfchen. Nüsschen.
**Standort:** Durchlässige, humose Böden in voller Sonne.
**Verwendung:** Schmetterlingspflanze.
**Vermehrung:** Aussaat im IV unter Glas. Keimdauer 1–2 Wochen bei 18 °C.
**Kultur:** TKS 1. Sämlinge direkt in Töpfe pikieren, ab V ins Freie pflanzen.
**Sorten:** 'Grandiflora Plena', Prachtmischung in vielen Farben mit gefüllten Blüten.

| Scabiosa atropurpurea | | Scabiosa stellata |
|---|---|---|
| *einjährig* | | *einjährig* |
| *VII–X* | | *VI–VIII* |
| *Sonne* | | *Sonne* |
| – | | – |
| *Beet, Schnitt* | | *Beet, Schnitt* |

## Scabiosa stellata

Stern-Skabiose
Dipsacaceae, Kardengewächse

**Heimat:** Südwest-Europa, Libyen; mediterran.
**Wuchsform:** Aufrecht, horstbildend. Einjährig.
**Blatt:** Gegenständig, lanzettlich, 6–8 cm lang, mehrfach gefiedert, grün.
**Blüte:** Zygomorph, hellblau, in Köpfchen am Stielende, 3–4 cm. Die Kelche bilden einen häutigen, zunächst hellrosa, später hellbraunen Pappus.
**Wuchs-/Blütenhöhe:** 20/30–45 cm.
**Fruchtstand/Frucht:** Bis 7 cm große Köpfchen, sternkugelig. Nüsschen.
**Standort:** Durchlässige Böden.
**Verwendung:** Trockenschmuck.
**Vermehrung:** Aussaat im IV unter Glas. Keimdauer 1–2 Wochen bei 18 °C.
**Kultur:** TKS 1. Sämlinge direkt in Töpfe pikieren, ab V ins Freie.
**Sorten:** 'Sternkugel', weiße, weniger auffällige Blüte, ballförmiger Fruchtstand.
**Hinweise:** Blütenstände zum Trocknen kopfüber aufhängen.

## Scaevola saligna
(Syn. *S. aemula*)
Fächerblume
Goodeniaceae, Goodeniengewächse

**Heimat:** Neukaledonien; subtropisch, tropisch.
**Wuchsform:** Breit ausladend, hängend. In der Heimat Staude bis Halbstrauch, bei uns einjährig.
**Blatt:** Wechselständig, spatelelförmig, gezähnt, 4–10 cm lang, grün.
**Blüte:** Zygomorph, fächerartig, blau mit weißer Mitte, 2–4 cm groß, in Ähren.
**Wuchs-/Blütenhöhe:** 20–40/30–80 cm.
**Frucht:** Kapsel.
**Standort:** Feuchte bis frische Böden.
**Verwendung:** Bodendecker.
**Vermehrung:** Triebstecklinge von IX–VI unter Glas.
**Kultur:** Torf-Sand-Gemisch. Stecklinge frostfrei überwintern; feucht, aber nicht nass halten. Ab V ins Freie pflanzen.
**Sorten:** 'Blue Wonder', blau, reich blühend.
**Hinweise:** Auf Minierfliegenbefall achten.

## Schizanthus × wisetonensis
Spaltblume, Schmetterlingsblume
Solanaceae, Nachtschattengewächse

**Heimat:** Kreuzung aus *S. grahamii* × *S. pinnatus*. Die Arten stammen aus Chile; subtropisch.
**Wuchsform:** Buschig, aufrecht, horstbildend.
**Blatt:** Wechselständig, fiederteilig, 4–7 cm lang.
**Blüte:** Röhrenförmig, 3–4 cm groß, geschlitzt, je nach Sorte hellrosa bis dunkelrot, violett, gelb oder zweifarbig.
**Wuchs-/Blütenhöhe:** 30–60 cm.
**Frucht:** Kapsel.
**Standort:** Dränierte Humusböden.
**Verwendung:** Pflanzgefäße.
**Vermehrung:** Aussaat mit Vorkultur unter Glas: X–XII für die Topfpflanzenkultur, ab IV Direktaussaat ins Freiland. Keimdauer 2–3 Wochen. 3–4 Samen je Topf auslegen.
**Kultur:** Lehmig humose Substrate, pH 6. Nicht zu warm kultivieren (8–10 °C).
**Sorten:** 'Starparade', viele Farben, 15 cm.
**Hinweise:** Auf Grauschimmel, Nematoden achten.

| Scaevola saligna | | Schizanthus × wisetonensis |
|---|---|---|
| *einjährig (Staude)* | | *einjährig* |
| *V–XI* | | *VII–IX* |
| *Sonne bis Halbschatten* | | *Sonne* |
| – | | – |
| *Balkon, Ampel, Boden* | | *Beet, Balkon, Grab* |

## Senecio cineraria
(Syn. *Senecio bicolor, Cineraria maritima*)
Silber-Greiskraut
Asteraceae, Asterngewächse

**Heimat:** Süd-Europa; mediterran.
**Wuchsform:** Buschig, horstbildend. Nicht frostharter Halbstrauch, bei uns meist einjährig kultiviert.
**Blatt:** Wechselständig, im Umriss eiförmig, fiederteilig, silbergrau filzig behaart, 5–15 cm lang.
**Blüte:** Röhrenblüten, gelb, in endständigen Trugdolden, nur bei mehrjähriger Kultur.
**Wuchs-/Blütenhöhe:** 20–30/40–80 cm.
**Fruchtstand:** Körbchen.
**Standort:** Durchlässige Böden.
**Verwendung:** Einfassungen. Grabbepflanzung.
**Vermehrung:** Aussaat mit Vorkultur unter Glas von II–IV. Stecklinge im Herbst möglich, diese frostfrei überwintern.
**Kultur:** In Töpfe mit sandig humoser Erde pikieren.
**Sorten:** 'Cirrus', rundliches Blatt; 'Silberzwerg', fein gefiedertes Laub.
**Hinweise:** Auf Mehltau und Blattläuse achten.

| Senecio cineraria | | Sprekelia formosissima |
|---|---|---|
| *einjährig (Halbstrauch)* | | *Staude, Zwiebelpflanze* |
| *V–IX* | | *VII–VIII, IV–V im Haus* |
| *Sonne* | | *Sonne* |
| *Reisigschutz* | | *Überwinterungsraum* |
| *Beet, Gefäße, Grab* | | *Beet, Topf* |

## Sprekelia formosissima
Jakobslilie
Amaryllidaceae, Amaryllisgewächse

**Heimat:** Guatemala, Mexiko; tropisch.
**Wuchsform:** Aufrecht, Blätter übergeneigt. Mehrjährige, nicht frostharte Zwiebelpflanze, Zwiebel 5 cm groß.
**Blatt:** 2 grundständige Blätter, riemenförmig, bis 40 cm lang, grün.
**Blüte:** Kreuzförmig, bis 12 cm groß, dunkelrot, endständig.
**Wuchs-/Blütenhöhe:** 20–30/30–50 cm.
**Frucht:** Kapsel.
**Standort:** Durchlässige Böden.
**Verwendung:** Steingarten.
**Vermehrung:** Im frühen Herbst Brutzwiebeln abnehmen, in nährstoffreiche Erde topfen, ab V ins Freie.
**Kultur:** In der Wachstumszeit häufiger düngen. Pflanze zieht nach der Blüte ein. Während der Ruhezeit trocken und warm halten. Zwiebeln frostfrei überwintern, dunkel, bei 8–10 °C.
**Hinweise:** Entwickelte Pflanzen blühen im kommenden Jahr wieder.

## Sutera cordata

(Syn. *Sutera diffusa, Bacopa diffusa*)
Bacope, Schneeflockenblume
Scrophulariaceae, Braunwurzgewächse

**Heimat:** Süd-Afrika; subtropisch.
**Wuchsform:** Polsterbildend, hängend.
**Blatt:** Gegenständig, herzförmig, 1 cm lang, Rand gesägt, grün.
**Blüte:** Schalenförmig, 5-zählig, 1–1,5 cm breit, weiß mit gelbem Schlundfleck.
**Wuchs-/Blütenhöhe:** 15–20 cm.
**Frucht:** Kapsel.
**Standort:** Humose Böden.
**Verwendung:** Ampelpflanze.
**Vermehrung:** Stecklinge im II oder im Herbst von überwinterten Pflanzen.
**Kultur:** In Einheitserde topfen. Frostfrei überwintern, am besten hell bei 14–18 °C, Erde nicht ganz austrocknen lassen. Ab V ins Freie pflanzen.
**Sorten:** 'Snowflake', weiß; 'Flic-Flac', zartrosa (Bild); 'African Sunset', rot mit gelb.
**Hinweise:** Reich blühende Polsterpflanze mit hängendem Wuchs.

| Sutera cordata | | Tagetes erecta |
|---|---|---|
| *einjährig* | | *einjährig* |
| *IV–IX* | | *VII–IX* |
| *Sonne* | | *Sonne bis Halbschatten* |
| *temperiertes Haus* | | – |
| *Balkon, Ampel, Boden* | | *Beet, Balkon, Schnitt* |

## Tagetes erecta

Hohe Studentenblume
Asteraceae, Asterngewächse

**Heimat:** Mexiko; subtropisch, tropisch.
**Wuchsform:** Aufrecht, buschig. Einjährig.
**Blatt:** Meist gegenständig, unpaarig gefiedert, gezähnt, 10–15 cm lang, grün.
**Blüte:** Röhren- und Zungenblüten, gelb, orange oder cremefarben, meist gefüllt, in end- und achselständigen Köpfchen, bis 10 cm groß, duftend.
**Wuchs-/Blütenhöhe:** 40/80–100 cm, Topfsorten 20/30 cm.
**Fruchtstand:** Köpfchen, Achäne.
**Standort:** Durchlässige, nährstoffreiche Böden, sonnig bis halbschattig.
**Verwendung:** Schnittpflanze.
**Vermehrung:** Aussaat von II–IV unter Glas.
**Kultur:** TKS. Nach der Keimung (1–2 Wochen) pikieren, später topfen. Starkzehrer.
**Sorten:** 'Doubloon', zitronengelb, 100 cm; 'Orange', orangerot, 50 cm 'Vanilla', cremeweiß, 30–40 cm.
**Besonderes:** Zur Bekämpfung von Nematoden geeignet.

## Tagetes patula
Niedrige Studentenblume
Asteraceae, Asterngewächse

**Heimat:** Guatemala, Mexiko; subtropisch, tropisch.
**Wuchsform:** Aufrecht, buschig. Einjährig.
**Blatt:** Meist gegenständig, unpaarig gefiedert, gezähnt, 8–10 cm lang, grün.
**Blüte:** Röhren- und Zungenblüten, in end- und achselständigen Köpfchen, bis 5 cm groß, gelb, orange, braun oder mehrfarbig, einfach oder gefüllt, duftend.
**Wuchs-/Blütenhöhe:** 20/30 cm.
**Fruchtstand:** Köpfchen, Achäne.
**Standort:** Durchlässige, nährstoffreiche Böden, sonnig bis halbschattig.
**Vermehrung:** Aussaat von II–IV unter Glas.
**Kultur:** TKS. Nach der Keimung pikieren, später topfen. Starkzehrer.
**Sorten:** 'Carmen', braunrot; 'Königin Sophia', gelb-braunrot.
**Besonderes:** Zur Bekämpfung von Nematoden geeignet.
**Hinweise:** Niedrige *Tagetes* duften intensiver. Vor Blattläusen und Schnecken schützen.

| Tagetes patula | Tagetes tenuifolia |
|---|---|
| *einjährig* | *einjährig* |
| *VII–X* | *VII–IX* |
| *Sonne bis Halbschatten* | *Sonne* |
| – | – |
| *Beet, Gefäße, Grab* | *Beet, Gefäße* |

## Tagetes tenuifolia
Zierliche Studentenblume
Asteraceae, Asterngewächse

**Heimat:** Mexiko; subtropisch, tropisch.
**Wuchsform:** Aufrecht, buschig. Einjährig.
**Blatt:** Meist gegenständig, unpaarig gefiedert, gezähnt, 6–8 cm lang, grün. Sehr zierlich.
**Blüte:** Röhren- und Zungenblüten, gelb, in end- und achselständigen Köpfchen, 2,5 cm groß, angenehm duftend.
**Wuchs-/Blütenhöhe:** 20/30 cm.
**Fruchtstand:** Köpfchen, Achäne.
**Standort:** Durchlässige, nährstoffreiche Böden in voller Sonne.
**Verwendung:** Beetpflanze, für Einfassungen und Pflanzgefäße, Schmetterlingspflanze.
**Vermehrung:** Aussaat von II–IV unter Glas. Man rechnet 10 g Saatgut für 1000 Pflanzen.
**Kultur:** TKS. Nach der Keimung pikieren, später topfen.
**Sorten:** 'Gnom' goldgelb; 'Ornament', rotbraun.
**Hinweise:** Vor Blattläusen und Schnecken schützen.

## Tanacetum parthenium
(Syn. *Chrysanthemum parthenium*)
Mutterkraut, Goldkamille
Asteraceae, Asterngewächse

**Heimat:** Östliches Mittelmeer, Kaukasus; submediterran.
**Wuchsform:** Buschig aufrecht.
**Blatt:** Wechselständig, eiförmig, gefiedert oder gelappt, 5–8 cm lang, grün.
**Blüte:** Gelbe Röhren- und weiße Zungenblüten, in Köpfchen, 1–2 cm groß.
**Wuchs-/Blütenhöhe:** 30/50–70 cm.
**Frucht:** Achäne.
**Standort:** Durchlässige Gartenböden in sonnigen bis halbschattigen Lagen.
**Verwendung:** Heilpflanze.
**Vermehrung:** Aussaat mit Vorkultur unter Glas von II–IV.
**Kultur:** TKS 1. Sämlinge in Töpfe pikieren, ab Mitte V ins Freie pflanzen. Im Winter abdecken.
**Sorten:** 'Goldball', goldgelb, 25 cm; 'Selma Stern', cremeweiß, 60 cm.
**Hinweise:** Auf Mehltau und Blattläuse achten.

## Thunbergia alata
Schwarzäugige Susanne
Acanthaceae, Bärenklaugewächse

**Heimat:** Tropisches Südostafrika; tropisch.
**Wuchsform:** Mittelstark wachsender Schlinger.
**Blatt:** Wechselständig, herzförmig, Rand gekerbt, 5–7 cm lang, glänzend grün.
**Blüte:** Sternförmig, 5-lappig, 2–4 cm groß, dunkelgelb mit schwarzem Schlund.
**Wuchs-/Blütenhöhe:** 150–180 cm.
**Frucht:** Kapsel.
**Standort:** Durchlässig, humos.
**Verwendung:** Ampeln und Klettergerüste, als Topfpflanze für sonnige Blumenfenster.
**Vermehrung:** Aussaat mit Vorkultur unter Glas von II–III. 2–3 Samenkörner je Topf auslegen.
**Kultur:** Humoser Boden. Bald nach der Keimung (1–2 Wochen) stäben, ab V ins Freie pflanzen.
**Sorten:** 'Bakeri', rein weiß; 'Orange Wonder', orange; 'Susi Gelb', gelb; bei 150–180 cm hoch.
**Hinweise:** Auf Blattläuse und Spinnmilben achten.

| Tanacetum parthenium | | Thunbergia alata |
|---|---|---|
| *einjährig, Staude* | | *einjährig* |
| *VI–IX* | | *VI–X* |
| *Sonne bis Halbschatten* | | *Sonne* |
| *Reisigschutz* | | *–* |
| *Beet, Schnitt* | | *Beet, Kübel, Ampel* |

## Thymophylla tenuiloba
(Syn. *Dyssodia tenuiloba*)
Gelbes Gänseblümchen
Asteraceae, Asterngewächse

**Heimat:** Mexiko, Südliche USA; subtropisch.
**Wuchsform:** Polster, niederliegend. Einjährig.
**Blatt:** Wechselständig, zierlich, fein zerteilt, nadelförmig, 3–5 cm lang, hellgrün.
**Blüte:** Röhren- und Zungenblüten, goldgelb, in Köpfchen, 1 cm.
**Wuchs-/Blütenhöhe:** 15/20–30 cm.
**Frucht:** Achäne.
**Standort:** Durchlässige Böden.
**Verwendung:** Bodendecker, Ampeln.
**Vermehrung:** Aussaat von I–III unter Glas. 1–2 Wochen Keimdauer bei 12–18 °C.
**Kultur:** Einheitserde P. Tuffweise in Töpfe pikieren.
**Sorten:** 'Sternschnuppe', goldgelbe Blüten, breiter, gedrungener Wuchs.
**Hinweise:** Am Rand von Gefäßen gepflanzt, hängt sie leicht über.

| | |
|---|---|
| *einjährig* | *Staude, knollenpflanze* |
| *VII–IX* | *VII–VIII* |
| *Sonne* | *Sonne* |
| – | – |
| *Beet, Rabatte, Balkon* | *Beet* |

## Tigridia pavonia
Tigerblume, Pfauenblume
Iridaceae, Schwertliliengewächse

**Heimat:** Guatemala, Mexiko; subtropisch.
**Wuchsform:** Aufrecht, knollenbildend.
**Blatt:** Grundständig, schwertförmig, 30–45 cm lang, grün.
**Blüte:** Schalenförmig, 3-zählig, bis 15 cm breit, orangerot, rosa oder gelb, bis 4 Blüten je Stängel, endständig.
**Wuchs-/Blütenhöhe:** 30/40–60 cm.
**Frucht:** 3-klappige Kapsel.
**Standort:** Humose, durchlässige Gartenböden in sonnigen Lagen.
**Verwendung:** Beetpflanze, einzeln oder in kleinen Gruppen.
**Vermehrung:** Brutknöllchen im Herbst abnehmen und frostfrei überwintern. Knollen reifen in Mittel-Europa selten aus, besser jährlich zukaufen.
**Kultur:** Ab III in nährstoffreiches Substrat topfen, Pflanzen blühen noch im gleichen Jahr.
**Sorten:** 'Prachtmischung'.
**Hinweise:** Blüten halten nur einen Tag.

## Tithonia rotundifolia
Tithonie
Asteraceae, Asterngewächse

**Heimat:** Mexiko; tropisch.
**Wuchsform:** Straff aufrecht, breit wachsend.
**Blatt:** Wechselständig, herzförmig, 3-lappig, beidseitig raufilzig, 10–15 cm.
**Blüte:** Körbchen mit gelben Röhren- und orangeroten Zungenblüten, 5–8 cm breit.
**Wuchs-/Blütenhöhe:** 50/100–150 cm.
**Frucht:** Achäne.
**Standort:** Durchlässige, nährstoffreiche Böden in voller Sonne.
**Verwendung:** Beetpflanze, einzeln oder in kleinen Gruppen, Schnittpflanze.
**Vermehrung:** Aussaat mit Vorkultur unter Glas von III–IV. 2–3 Samenkörner je Topf auslegen.
**Kultur:** Lehmig humoser Boden. Mit Topfballen ab V ins Freie pflanzen, ist empfindlich gegenüber Spätfrösten. Hoher Nährstoffbedarf.
**Sorten:** 'Torch' (Syn. 'Fackel'), großblumig, feurig orangerot.
**Hinweise:** Blütentriebe knicken leicht um.

| | | |
|---|---|---|
| einjährig | | Staude |
| VIII–X | | V–IX |
| Sonne | | Sonne |
| – | | Reisigschutz |
| Beet, Schnitt | | Beet, Schnitt |

## Trachelium caeruleum
Trachelie, Blaues Halskraut
Campanulaceae, Glockenblumengewächse

**Heimat:** Südwest-Europa: Portugal, Spanien, Nordafrika; mediterran.
**Wuchsform:** Aufrecht, breitbuschig.
**Blatt:** Wechselständig, breit elliptisch, 5–7 cm lang, Rand gesägt, grün.
**Blüte:** Disymmetrisch, winzige lila Blütchen in 7–10 cm breiter Trugdolde.
**Wuchs-/Blütenhöhe:** 30/40–100 cm.
**Frucht:** Kapsel.
**Standort:** Humose Böden.
**Verwendung:** Bienenweide.
**Vermehrung:** Aussaat von XI–III unter Glas, Keimdauer 2–3 Wochen.
**Kultur:** Humoser Boden. Nach der Keimung tuffweise pikieren. Stutzen fördert die Verzweigung. Im Winter abdecken.
**Sorten:** 'Blaue Grotte', blau, 80–100 cm; 'Helios', weiß, 80–100 cm, beide Schnittsorten.
**Hinweise:** Blütenstiele nach dem Schnitt sofort ins Wasser stellen.

## Tropaeolum majus
Große Kapuzinerkresse
Tropaeolaceae, Kapuzinerkressengewächse

**Heimat:** Südamerika: Kolumbien, Ecuador, Peru; subtropisch.
**Wuchsform:** Niederliegend, rankend.
**Blatt:** Wechselständig, kreisrund, 6–8 cm groß, gestielt, glatt, bläulich grün.
**Blüte:** Rachenförmig, 5–6 cm groß, orange, in den Blattachseln.
**Wuchs-/Blütenhöhe:** 200–400 cm.
**Frucht:** Spaltfrucht.
**Standort:** Nährstoffreiche Böden.
**Verwendung:** Beetpflanze, Bodendecker, für Klettergerüste und Ampeln.
**Vermehrung:** Aussaat IV–V direkt in Töpfe. Ab Mitte V Aussaat direkt an Ort und Stelle.
**Kultur:** Einheitserde P.
**Sorten:** 'Whirlybird Mischung', weiß, gelb, orange oder rot, nicht rankend, 25–30 cm; 'Prachtmischung', rankend.
**Hinweise:** Angeboten werden meist Hybriden von *T. majus*, *T. minus*, *T. peltophorum*.

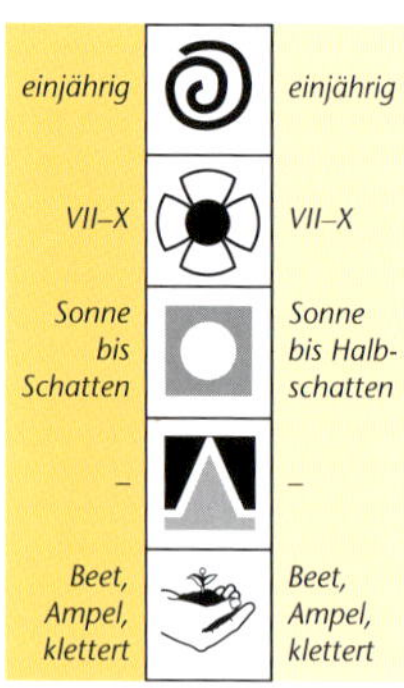


## Tropaeolum peregrinum
Kletternde Kapuzinerkresse
Tropaeolaceae, Kapuzinerkressengewächse

**Heimat:** Südamerika: Ecuador, Peru; subtropisch.
**Wuchsform:** Niederliegend oder rankend.
**Blatt:** Wechselständig, im Umriss rund, stark gelappt, 3–5 cm groß, gestielt, glatt, bläulich grün.
**Blüte:** Schmetterlingsförmig, 2–3 cm groß, gelb, mit langem Sporn, in den Blattachseln.
**Wuchs-/Blütenhöhe:** 200–300 cm.
**Frucht:** Spaltfrucht.
**Standort:** Humose, nährstoffreiche Böden in sonnigen bis halbschattigen Lagen.
**Verwendung:** Beetpflanze, Bodendecker, für Klettergerüste und Ampeln.
**Vermehrung:** Aussaat IV–V in Töpfe. 250 g Saatgut reichen für 1000 Pflanzen. Keimdauer 1–2 Wochen bei 20 °C. Ab Mitte V Aussaat direkt an Ort und Stelle.
**Kultur:** Einheitserde P. Ab V ins Freie pflanzen.
**Hinweise:** Zierlicher, reich blühender Ranker.

## Tulipa gesneriana
Garten-Tulpe
Liliaceae, Liliengewächse

**Heimat:** Asien; mediterran.
**Wuchsform:** Aufrechte Blütenstiele, Laub hängend. Ausdauernde Zwiebelpflanze.
**Blatt:** Grundständig, breit lanzettlich, 18–22 cm lang, blaugrün.
**Blüte:** Glockenförmig, 6-teilig (Perigon), 5–8 cm lang, geöffnet bis 18 cm breit.
**Wuchs-/Blütenhöhe:** 15–20/50–60 cm.
**Frucht:** 3-teilige Kapsel.
**Standort:** Durchlässige Böden.
**Verwendung:** Beet- und Rabattenpflanze, für Pflanzgefäße, zur Grabbepflanzung, Schnittpflanze, Topfpflanze (vorgetrieben).
**Vermehrung:** Brutzwiebeln im Sommer abnehmen, ab X wieder einpflanzen, in Töpfe oder auf Beete.
**Kultur:** Lehmiger Boden. Bis zur Blüte dauert es etwa 3 Jahre.
**Sorten:** 'Apeldoorn', magentarot, 55 cm; 'Hollands Glory', großblütige Darwin-Hybride, orange, 50 cm. Viele Klassen, Sorten, Farben.

| Tulipa gesneriana | | Ursinia anethoides |
|---|---|---|
| *Staude, Zwiebelpflanze* | | *einjährig* |
| *IV–VI* | | *VII–IX* |
| *Sonne* | | *Sonne* |
| *frosthart* | | *–* |
| *Beet, Gefäß, Schnitt* | | *Beet, Rabatte, Schnitt* |

## Ursinia anethoides
Bärenkamille
Asteraceae, Asterngewächse

**Heimat:** Süd-Afrika, Kap; mediterran, subtropisch.
**Wuchsform:** Buschig, strauchartig, feingliedrig.
**Blatt:** Wechselständig, fiederteilig, im Umriss eiförmig, 3–5 cm, grün.
**Blüte:** Röhren- und Zungenblüten, orange, in Köpfchen, 2–5 cm breit.
**Wuchs-/Blütenhöhe:** 20/25–35 cm.
**Frucht:** Achäne.
**Standort:** Sandige Böden.
**Verwendung:** Rabattenpflanze.
**Vermehrung:** Aussaat mit Vorkultur unter Glas ab III, Direktsaat ins Freie ab IV. Keimdauer 14–18 Tage.
**Kultur:** Einheitserde. Bei Vorkultur Sämlinge in Töpfe pikieren, ab V ins Freie pflanzen. Hoher Wärmebedarf.
**Weitere Arten:** *U. anthemoides*, ebenfalls einjährig, mit gelborangenen Randblüten und purpurfarbenem Zentrum.
**Hinweise:** Die Blüten sind nur bei Sonnenschein geöffnet.

## Verbascum bombyciferum
Seidenhaar-Königskerze
Scrophulariaceae, Braunwurzgewächse

**Heimat:** Kleinasien: Bithynischer Olymp; mediterran.
**Wuchsform:** Im ersten Jahr Ausbildung einer weißwollig behaarten Blattrosette, im zweiten Jahr folgt ein beblätterter, aufrecht verzweigter Blütentrieb. Zweijährig, selten ausdauernd.
**Blatt:** Eilänglich, 40–60 cm lang, 10–12 cm breit, dicht weißwollig behaart.
**Blüte:** Rachenförmig, 2–3 cm breit, goldgelb, in Ähren.
**Wuchs-/Blütenhöhe:** 30/180 cm.
**Frucht:** Kapsel.
**Standort:** Durchlässige Böden.
**Verwendung:** Trockenschmuck.
**Vermehrung:** Aussaat ab I unter Glas, im Freien von V–VI.
**Kultur:** Einheitserde P mit Sandzusatz. Bei Vorkultur Sämlinge nach der Keimung in Töpfe pikieren.
**Sorten:** 'Polarsommer', hellgelb, 160 cm.
**Hinweise:** Rückschnitt sinnvoll.

| | |
|---|---|
| *zweijährig* | *einjährig* |
| *VI–VIII* | *VII–X* |
| *Sonne* | *Sonne* |
| *Reisigschutz* | *–* |
| *Beet, Schnitt* | *Beet, Rabatte, Schnitt* |

## Verbena bonariensis
Eisenkraut
Verbenaceae, Eisenkrautgewächse

**Heimat:** Argentinien, Südbrasilien; subtropisch.
**Wuchsform:** Aufrecht, locker, sparrig verzweigt. Einjährig.
**Blatt:** Gegenständig, breit lanzettlich, 5–8 cm lang, behaart, Rand gesägt, grün.
**Blüte:** Zygomorph, 5-teilig, 3 mm, lila, in langstieligen Doldentrauben.
**Wuchs-/Blütenhöhe:** 30/60–120 cm.
**Frucht:** Steinfrucht.
**Standort:** Durchlässige Böden in voller Sonne.
**Verwendung:** Beet- und Rabattenpflanze, in Gruppen, Schnittpflanze.
**Vermehrung:** Aussaat I–II unter Glas bei 18–20 °C. Wechseltemperaturen von 18 °C auf 4 °C fördern die Keimung. 5–10 g Saatgut pro 1000 Pflanzen erforderlich.
**Kultur:** TKS 1. Sämlinge in Töpfe pikieren. Ab V ins Freie pflanzen und nachdüngen.
**Hinweise:** Anspruchslos.

## Verbena rigida

(Syn. *V. venosa*)
Eisenkraut, Verbene
Verbenaceae, Eisenkrautgewächse

**Heimat:** Argentinien, Südbrasilien; subtropisch.
**Wuchsform:** Aufrecht, buschig, locker, knollenbildend. Nicht frostharte Staude, einjährig kultiviert.
**Blatt:** Gegenständig, breit lanzettlich, 5–8 cm lang, behaart, Rand gesägt, grün.
**Blüte:** Zygomorph, 5-teilig, 0,5–1 cm, blaulila, in Doldentrauben, duftend.
**Wuchs-/Blütenhöhe:** 30/40–60 cm.
**Frucht:** Steinfrucht.
**Standort:** Durchlässige Böden.
**Verwendung:** Schnittpflanze.
**Vermehrung:** Aussaat I–II unter Glas bei 18–20 °C. Wechseltemperaturen von 18 °C auf 8 °C fördern die Keimung.
**Kultur:** TKS 1. Sämlinge in Töpfe pikieren. Ab V ins Freie pflanzen und nachdüngen. Knollen können frostfrei überwintert werden, am besten hell bei 14–18 °C.
**Sorten:** 'Polaris', rosa (Bild).

| | | |
|---|---|---|
| *einjährig, Staude* | | *einjährig* |
| *VI–X* | | *VII–X* |
| *Sonne* | | *Sonne* |
| *temperiertes Haus* | | – |
| *Beet, Gefäße, Schnitt* | | *Beet, Rabatte, Schnitt* |

## Verbena-Hybriden

Garten-Verbenen, Eisenkraut
Verbenaceae, Eisenkrautgewächse

**Heimat:** Züchtung. Die Arten stammen aus Argentinien und Südbrasilien; subtropisch.
**Wuchsform:** Aufrecht, locker. Einjährig.
**Blatt:** Gegenständig, breit lanzettlich, 5–8 cm lang, behaart, Rand gesägt, grün.
**Blüte:** Zygomorph, 5-teilig, 1–2 cm, viele Farbtöne, in Doldentrauben.
**Wuchs-/Blütenhöhe:** 30/40–50 cm.
**Frucht:** Steinfrucht.
**Standort:** Durchlässige Böden.
**Verwendung:** Rabattenpflanze.
**Vermehrung:** Aussaat II–III unter Glas bei 18–20 °C. Saatgut vorquellen, dann 2–3 Tage bei 4 °C in den Kühlschrank legen. Wechseltemperaturen von 18 °C auf 4 °C fördern die Keimung.
**Kultur:** TKS 1. Sämlinge in Töpfe pikieren.
**Sorten:** 'Amethyst', blau; 'Blaze', rot; 'Kristall', weiß, Teppich-Verbenen 'Tapien'.
**Weitere Arten:** *V. tenera* 'Kleopatra', rosa.

## Viola odorata

Wohlriechendes Veilchen, März-Veilchen, Duft-Veilchen
Violaceae, Veilchengewächse

**Heimat:** Mittel-Europa, Kaukasus, Mittelmeergebiete; gemäßigt.
**Wuchsform:** Flach ausgebreitet, Ausläufer bildend.
**Blatt:** Wechselständig, rundlich, herzförmige Basis, am Rand gezähnt, 3–4 cm, grün.
**Blüte:** Veilchenblüte, tiefviolett, sitzen meist einzeln, duftend.
**Wuchs-/Blütenhöhe:** 5–8/10–15 cm.
**Frucht:** 3-teilige Kapsel, Samen mit Elaiosom, Ameisenverbreitung.
**Standort:** Lehmig humose Böden.
**Verwendung:** Flächig zu Stauden- oder Gehölzgruppen.
**Vermehrung:** Teilung im Frühling. Aussaat von X–XI bei 18 °C.
**Kultur:** Lehmiger Boden. Von III–V oder IX–X direkt an Ort und Stelle pflanzen.
**Sorten:** 'Heidi', blau gefüllt; 'Königin Charlotte', hell violettblau, auch zum Schnitt.

## Viola × wittrockiana

Garten-Stiefmütterchen
Violaceae, Veilchengewächse

**Heimat:** Züchtung aus *V. cornuta, V. tricolor, V. lutea* und anderen europäischen Arten; gemäßigt.
**Wuchsform:** Buschig. Zweijährig.
**Blatt:** Wechselständig, breit oval, 4–5 cm lang.
**Blüte:** Veilchenähnlich, 5–10 cm groß.
**Wuchs-/Blütenhöhe:** 10/15–30 cm.
**Frucht:** Kapsel, 3-klappig.
**Standort:** Lehmig humose Böden.
**Verwendung:** Flächige Pflanzung, Grabbepflanzung.
**Vermehrung:** Aussaat von VI–IX bei 15–18 °C. Keimdauer 2–3 Wochen, Dunkelkeimer.
**Kultur:** Nährstoffreiche, krankheitsfreie Gartenböden, desinfizieren.
**Sorten:** 'Alpenglühen', kardinalrot; 'Mönch', gelb; 'Thuner See', blau (Roggli); 'Omega' F1-Hybriden, großblumig, in vielen Farben, 20 cm (Florensis); 'Joker' F2-Hybriden, mehrfarbig. Unzählige Rassen und Sorten.

| | |
|---|---|
| *Staude* | *zweijährig* |
| *III–IV* | *X–V* |
| *Halbschatten* | *Sonne* |
| *frosthart* | *frosthart* |
| *Beet, Schnitt* | *Beet, Gefäße, Grab* |

## Zantedeschia aethiopica
Zimmerkalla
Araceae, Aronstabgewächse

**Heimat:** Süd-Afrika; mediterran, subtropisch.
**Wuchsform:** Aufrecht, knolliger Erdstamm, zieht ab VI ein. Nicht frostharte Staude.
**Blatt:** Wechselständig, pfeilförmig, lang gestielt, 40–60 cm lang, grün.
**Blüte:** Trichterförmiges, weißes Hochblatt (Spatha) mit gelbem Kolben, 15 cm.
**Wuchs-/Blütenhöhe:** 50/60–80 cm.
**Fruchtstand/Frucht:** Kolben mit Beeren.
**Standort:** Feuchter Boden, sonnig, in der Heimat auf Sumpfwiesen.
**Verwendung:** Topfpflanze, im Sommer auch im Sumpfbeet.
**Vermehrung:** Teilung der Wurzelstöcke im Sommer.
**Kultur:** In lehmig humosem Boden, der nur in der Ruhezeit von VI–VIII austrocknen darf. Wachsen im Winter im Kalthaus bei 10–12 °C.
**Sorten:** 'Perle von Stuttgart', 50 cm; 'Weißer Herkules', 80 cm, Schnittsorte, beide weiß. Farbmischungen mit gelben, rötlichen und grünlichen Hochblättern.

## Zea mays
Japanischer Zier-Mais
Poaceae, Süßgräser

**Heimat:** Mittel-Amerika; tropisch, subtropisch.
**Wuchsform:** Aufrecht, rasch wachsend. Einjährig.
**Blatt:** Wechselständig, linealisch, gewellt, überhängend, bis 60 cm lang, grün bis gelb.
**Blüte:** Winzig, einhäusig, männliche Blüten in Büscheln am Triebende, weibliche sitzen darunter in einem Kolben, je nach Sorte 6–15 cm groß.
**Wuchs-/Blütenhöhe:** 80/120–150 cm.
**Fruchtstand/Frucht:** Kolben aufrecht, bis 30 cm lang, vielfarbige Samenkörner.
**Standort:** Nährstoffreiche Böden.
**Verwendung:** Trockenschmuck.
**Vermehrung:** Aussaat ab IV unter Glas, ab V direkt ins Freiland. Samen vorher quellen lassen. Keimzeit 1–2 Wochen bei 15 °C.
**Kultur:** Sandig lehmiger Boden.
**Sorten:** 'Amero'-Hybriden, 200 cm, 'Symphonie', 150 cm; Samen beider Sorten gelb, rot, schwarz, orange.

| Zantedeschia aethiopica | | Zea mays |
|---|---|---|
| *Staude* | | *einjährig* |
| *I–V* | | *VI–VII* |
| *Sonne* | | *Sonne* |
| *Kalthaus* | | – |
| *Kübel, Schnitt* | | *Beet, Schnitt* |

## Zinnia angustifolia
Schmalblättrige Zinnie
Asteraceae, Asterngewächse

**Heimat:** Tropisches Amerika: Mexiko; subtropisch, tropisch.
**Wuchsform:** Aufrecht, sparrig verzweigt. Einjährig.
**Blatt:** Gegenständig, lanzettlich, 4–7 cm lang, matt.
**Blüte:** Röhrenblüten gelb, Zungenblüten rot, orange, gelb oder weiß, einfach oder gefüllt, in Köpfchen, 4 cm.
**Wuchs-/Blütenhöhe:** 15/20–30 cm.
**Frucht:** Achäne.
**Standort:** Durchlässige Böden.
**Verwendung:** Schnittpflanze.
**Vermehrung:** Aussaat unter Glas von II–IV bei 20–24 °C, Keimdauer 7–10 Tage.
**Kultur:** Lehmiger Boden. Sämlinge in Töpfe pikieren, ab Ende V ins Freie pflanzen.
**Sorten:** 'Classic', goldorange, einfach; 'Perserteppich', orange, halb gefüllt (Bild); beide 20–30 cm hoch.
**Hinweise:** Auf Pilzkrankheiten, Schnecken und Blattläuse achten.

| | | |
|---|---|---|
| *einjährig* | | *einjährig* |
| *V–X* | | *V–X* |
| *Sonne* | | *Sonne* |
| – | | – |
| *Beet, Gefäße, Schnitt* | | *Beet, Rabatte, Schnitt* |

## Zinnia elegans
Zinnie
Asteraceae, Asterngewächse

**Heimat:** Tropisches Amerika: Mexiko; subtropisch, tropisch.
**Wuchsform:** Aufrecht, sparrig verzweigt. Einjährig.
**Blatt:** Gegenständig, eiförmig zugespitzt, 6 cm lang, matt grün, rau.
**Blüte:** Röhrenblüten gelb, Zungenblüten in vielen Farben, einfach oder gefüllt, Köpfchen 15 cm.
**Wuchs-/Blütenhöhe:** 35/50–70 cm.
**Frucht:** Achäne.
**Standort:** Durchlässige Böden.
**Verwendung:** Rabattenpflanze.
**Vermehrung:** Aussaat unter Glas von II–IV bei 20–26 °C, Keimdauer 7–10 Tage.
**Kultur:** Lehmiger Boden. Sämlinge in Töpfe pikieren.
**Sorten:** 'Kalifornische Riesen', Farben gelb, orange, rot oder pink, 90 cm. 'Ruffles' $F_1$-Hybriden, in vielen Farben, nur 35 cm hoch, für Topfkultur.
**Hinweise:** Vor Pilzkrankheiten, Schnecken und Blattläusen schützen.

# Pflanzen für Wohnraum und Wintergarten

# Einführung

Die Gewächse in diesem Werk sind in alphabetischer Reihenfolge nach Gattungen und Arten geordnet.

In der gärtnerischen Praxis ist der Gebrauch der botanischen Namen üblich. Daneben sind auch die gebräuchlichen deutschen Namen aufgeführt. Die Familienzugehörigkeit ist jeweils angegeben.

Für die wichtigen Aspekte der Unterscheidungsmerkmale wurde eine Anzahl von besonderen Zeichen entwickelt, die in einem übersichtlichenen Datenblock zusammengefasst wurden.

## Systematische Übersicht

Die wissenschaftliche Benennung der Pflanzen mit mindestens zwei Namen, also Gattungs- und Artnamen (binäre Nomenklatur), geht auf den schwedischen Naturforscher Carl von Linné zurück, der im Jahre 1753 sein wichtigstes Werk über die Klassifizierung des Pflanzenreiches veröffentlichte. Seine Arbeiten sind heute noch Grundlagen der wissenschaftlichen Systematik.

Demnach wird das Pflanzenreich in 17 Abteilungen gegliedert. In diesem Farbatlas sind davon nur Pflanzen aus der 16. Abteilung, *Gymnospermae,* Nacktsamer (dazu zählen die Koniferen), und der 17. Abteilung, *Angiospermae,* Bedecktsamer.

Jede Abteilung ist weiterhin gegliedert in Klassen, Ordnungen und Familien. Innerhalb der Familie erfolgt die Gliederung nach Gattungen, Arten, Unterarten und Sorten. Die Sorten entstanden durch Züchtung oder Auslese in der Kultur. Die Sortennamen werden in einfache Anführungszeichen gesetzt, z. B. 'Dania'.

Weitere in diesem Buch verwendete Abkürzungen und Zeichen:

subsp.: *Subspecies* =Unterart mit von der Art abweichenden Merkmalen

var.: *Varietät* = Varietät mit abweichenden Merkmalen

syn.: *Synonym* = überholter Nebenname

×: Kreuzung zweier naher verwandter Gattungen oder Arten.

## Zimmerpflanzen im Überblick

Ohne Pflanzen kann man sich unsere Wohnungen heute nicht mehr vorstellen. Sie verbessern das Raumklima und schaffen eine gemütliche, lebenswerte Umgebung. Selbst in Büros, Hotels, Restaurants und öffentlichen Gebäuden werden immer mehr Pflanzen zur Innenraumbegrünung eingesetzt, zumal die meisten Pflanzen der hier genannten Gruppen ganzjährig angeboten werden.

Die Verwendungsmöglichkeiten sind unerschöpflich, sei es als Raumbildner, als Ampelpflanze oder im einfachen Gefäß. Weiter auf dem Vormarsch sind Gewächse in Hydrokultur. Diese benötigen eine besondere technische Ausstattung, sind aber später wesentlich weniger pflegebedürftig.

Die meisten Pflanzenarten stammen aus den Tropen und Subtropen. Sie benötigen also Wärme und Licht, vertragen aber keinen Frost. Viele sind ideale Gewächse für das Fensterbrett oder das Blumenfenster. Noch bessere Bedingungen können im Wintergarten oder gar im Kleingewächshaus herrschen.

In kühleren Räumen fühlen sich Alpenveilchen und Zimmerazalee wohl, die meisten anderen Arten sind aber für mehr Wärme und Licht dankbar. Bei trockener Luft erscheinen häufig Blattläuse und Spinnmilben. Daher ist das Befeuchten der Zimmerluft, regelmäßiges Gießen und Düngen besonders wichtig. Nach der Blüte ist ein kräftiger Rückschnitt bei vielen Pflanzen günstig. Sie bilden dann wieder neue Triebe und später auch Blüten. Kurzlebige Arten wie Elatiorbegonien und Cinerarien lohnen keine Weiterkultur.

**Blühende Topfpflanzen** benötigen mehr Licht als Grünpflanzen. Man kann sie daher an hellen, aber nie an vollsonnigen Plätzen

verwenden. Sie bringen bei richtiger Pflege herrliche Blüten hervor.

**Grünpflanzen** sind mit weniger Licht zufrieden und daher für Schattenplätze geeignet. Nur selten kann man bei ihnen Blüten beobachten; sie zieren durch Laub und Wuchsform.

**Buntblättrige Grünpflanzen** haben auffällig gefärbte Blätter. Sie besitzen weniger Blattgrün, benötigen daher einen hellen Platz.

**Schling- und Kletterpflanzen** haben eine besondere Beachtung verdient. Sie klettern an größeren Gehölzen hinauf, bis sie genügend Licht erhalten, das für die Bildung von farbenprächtigen Blüten und Früchten ausreicht. In unseren Räumen können wir ihnen nur selten die dafür notwendigen Bedingungen geben, müssen daher meist auf Blüten verzichten. Schwachwachsende Arten eignen sich gut für Ampeln und Raumteiler.

Zu den **Kübelpflanzen** zählen viele Arten aus den Subtropen, die meist immergrüne Blätter besitzen. Sie sind langlebig, vertragen aber unsere strengen Winter nicht. Sie müssen daher von Oktober bis Mai in kühlen, hellen Räumen überwintert werden. Dort dürfen sie keinesfalls ganz austrocknen, auch auf Schädlinge ist im Winterquartier zu achten. Ein kräftiger Rückschnitt vor dem Einräumen verringert die Verdunstung, außerdem benötigen die Pflanzen dann nicht so viel Platz. Nach den Eisheiligen (Mitte Mai) kommen sie dann auf die Terrasse oder den Balkon. Den ganzen Sommer über erfreuen sie uns dann mit prächtigen Blüten.

**Kakteen und Sukkulenten** haben besondere Ansprüche. Sie können in Blättern und Sprossen Wasser speichern, bevorzugen einen besonders hellen Standort und meist ein lockeres, durchlässiges Erdsubstrat. Bei Wassergaben sei man hier sparsam.

**Zimmerfarne und Gräser** dagegen benötigen schattige Plätze und einen humusreichen Boden.

Im Gegensatz zu den Kakteen darf hier die Erde nie austrocknen.

Die meisten **Orchideen** sind dankbar für eine hohe Luftfeuchtigkeit. Sie brauchen ein besonderes Pflanzensubstrat aus Torfmoos, Borke und Farnwurzeln. Orchideen sind empfindlich gegen hohe Düngergaben, sie dürfen daher nur mit geringen Salzkonzentrationen gedüngt werden.

**Schnittblumen** sind besonders beliebt. Spezielle Kulturtechniken ermöglichen das ganzjährige Angebot vieler Arten. Die Haltbarkeit der Blumen in der Vase kann man verlängern, wenn das Wasser täglich erneuert und die Stielenden frisch angeschnitten werden.

## Wachstumsfaktoren der Pflanzen

Für alle Pflanzen sind folgende Wachstumsfaktoren unentbehrlich, um optimal gedeihen zu können. Dazu gehören Licht, Luft, Wärme, Wasser und Nährstoffe. Nur wenn alle Faktoren ausreichend vorhanden sind, kann sich die Pflanze gut entwickeln.

### 1. Licht

Alle Pflanzen mit grünen Blättern und Trieben benötigen Licht, um assimilieren zu können: Sie können aus Wasser und Kohlendioxid Kohlenhydrate (Zucker und Stärke) herstellen. Das Wasser stammt vom Boden, wo es über die Wurzeln in die Leitungsbahnen der Pflanze gelangt. Das Kohlendioxid ist in ganz geringer Menge (0,03 %) in unserer Atemluft enthalten, es wird vom Blatt durch seine Spaltöffnungen aufgenommen. Wasser verbindet sich dabei mit dem Kohlendioxid, Sauerstoff wird freigesetzt und über die Spaltöffnungen ausgeschieden.

Als Katalysator ist dazu Blattgrün (Chlorophyll) notwendig, die Energie stammt vom Sonnenlicht, daher spricht man auch von Photosynthese. Dieser Vorgang kann aber nur bei ausreichender Helligkeit stattfinden. Daher ist es gerade bei Zimmerpflanzen ungemein wichtig, dass sie möglichst nah am Fenster stehen. Die Helligkeit, gemessen in Lux, nimmt drastisch ab, je weiter man vom Fenster weggeht. Mit einem ganz normalen Fotobelichtungsmesser kann man dies nachprüfen. Besser ist es, dafür ein Luxmeter zu benützen.

Zimmerpflanzen haben aber sehr unterschiedliche Lichtbedürfnisse.

Schattenpflanzen, meist erkennbar an großen, grünen Blättern, können mit wenig Licht auskommen. Sie gedeihen in der Natur im Dämmerlicht unter großen Bäumen, vertragen oder benötigen kein direktes Sonnenlicht. In der Tiefe des Büroraumes oder am Nordfenster stehen diese Gewächse richtig.

Gewächse mit panaschiertem oder mehrfarbigem Laub benötigen mehr Licht. Das sind dann Pflanzen für den Halbschattenbereich. Darunter gibt es auch eine Anzahl Arten, welche direktes Sonnenlicht nur am Morgen oder Abend vertragen. Im Zimmer sollte man diese an Ost- oder Westfenster stellen oder bei direkter Sonne schattieren. Geschieht das nicht, so verbrennen vor allem die empfindlichen jungen Blätter.

Pflanzen, die volle Sonne verlangen oder ertragen, gehören an das Südfenster oder im Sommer auf die Sonnenterrasse. Sie haben meist besondere Verdunstungsschutzeinrichtungen. Dazu zählen Dornen, Stacheln, Behaarung, Kleinblättrigkeit und natürlich Sukkulenz. Dies bedeutet, dass Pflanzen in Trieben, Sprossen und Blättern Wasser speichern können. Man denke dabei vor allem an Kakteen, die meist ihre Blätter total reduziert haben und praktisch nur aus einem verdickten, grünen Spross bestehen. Die Dornen (viele Kakteenfreunde nennen sie fälschlich Stacheln) sind dabei umgewandelte Blätter, dienen aber auch dem Schutz vor Tierfrass.

Pflanzen wachsen immer dem Licht entgegen. Wenn diese am Fenster stehen, wenden sie ihre „Schokoladenseite“ vom Betrachter ab. Wenn das Licht allerdings von 2 Seiten kommen kann, etwa im Gewächshaus, so wächst die Pflanze gerade. Wer auf die Idee kommen sollte, Gewächse am Fensterbrett ab und zu umzudrehen, damit sie gleichmäßiger wachsen, kann dabei eine böse Überraschung erleben. Einige Arten reagieren darauf mit dem Abwurf der Blüten oder Blütenknospen (z. B. Gardenien, Hibiskus, Kamelien, Wachsblumen und Weihnachtskakteen). Sicherheitshalber verändert man die Stellung der Pflanze am Fenster nicht, wenn sie gut gedeiht.

Neben dem Sonnenlicht wird im Gartenbau auch Kunstlicht zur Pflanzenbestrahlung eingesetzt. Besonders gut haben sich dafür Mischlichtlampen bewährt. Es ist auch möglich, Pflanzen nur mit Kunstlicht zu ziehen, doch dies hat seinen Preis. Besser ist es, Lampen zur Ergänzung (und Dekoration) einzusetzen.

Bei „Langtagspflanzen“ setzt die Blütenbildung ein, wenn die Belichtung über 12 Stunden am Tag beträgt. Durch Zusatzbelichtung kann man Sommerblüher auch in den von Natur aus lichtarmen Jahreszeiten zur Blüte bringen.

„Kurztagspflanzen“ dagegen setzen Blüten an, wenn die Tageslichtlänge unter 12 Stunden liegt. Der Gärtner benutzt diese Erkenntnis dafür, Chrysanthemen und Weihnachtssterne zu früheren oder späteren Terminen als üblich auf den Markt zu bringen. Voraussetzung ist es, dass man die Pflanzen zum richtigen Zeitpunkt verdunkelt, sie also vom Tageslicht abschirmt. Die Pflanzen werden im Sommer 8–10 Wochen lang 14 Stunden mit schwarzer Folie beschattet werden. Sie erhalten also nur 10 Stunden Licht am Tag. Erst dann setzen sie Knospen an und erblühen nach weiteren 10 Wochen.

**2. Luft**

Pflanzen leben auch von Luft. Sie nehmen unsere Atemluft auf und geben tagsüber Sauerstoff ab, wie wir bei der Photosynthese festgestellt haben. Andererseits atmet die Pflanze aber genauso wie wir, sie nimmt Sauerstoff auf und gibt Kohlendioxid wieder ab. Dieser Vorgang der Atmung erfolgt Tag und Nacht. Weil in der Zimmerluft nachts das für uns schädliche Kohlendioxid noch stärker angereichert wird, sollten im Schlafzimmer keine Pflanzen gehalten werden.

Immer wieder sollte man Zimmer und Wintergärten, Anzuchtkästen und Gewächshäuser lüften. Gerade bei Sonneneinstrahlung erhitzt sich die Luft im Glashaus sehr stark. Pflanzen in geschlossenen Frühbeetkästen, die nur wenige Stunden volles Sonnenlicht erhalten, können regelrecht „verbrennen“, denn das Sonnenlicht wird beim Auftreffen auf den Boden und die Pflanzen in Wärme umgewandelt. Rasch entstehen Temperaturen weit über 45 °C, das Eiweiß der

Pflanzen gerinnt und die kostbaren Gewächse sind reif für den Kompost. Nur eine ausreichende Lüftung, verbunden mit Beschattung, verhindert größere Schäden.

**3.Temperatur**

Unsere Zimmerpflanzen sind in den unterschiedlichsten Klimazonen unserer Erde heimisch. Die Wachstumsbedingungen der jeweiligen Zone im Haus nachzuahmen ist gar nicht einfach.

Selten hat man im Wohnhaus die Möglichkeiten, Tropenpflanzen aus dem Regenwald optimale Bedingungen zu geben. Diese möchten es nämlich durchgehend warm und feucht, so um die 20 °C am Tage, nachts etwas weniger. Bei diesen Bedingungen gedeihen Schimmelpilze vorzüglich. Wer möchte diese im Haus haben? Nur in einer geschlossenen Vitrine oder in einem Kleingewächshaus ist es möglich, tropische Pflanzen auf Dauer erfolgreich zu kultivieren. Bevor man also solche Gewächse erwirbt, sollte man sich über ihren zukünftigen Standort im Klaren sein, sonst leben diese schönen Arten nur eine kurze Zeit.

Andere Arten lieben es mehr kühler, etwa Alpenveilchen, Primeln oder Azaleen.

Für die Vermehrung und viele Tropenpflanzen ist auch die Bodentemperatur von großer Bedeutung. Bei einem Heizkörper unter einem Fensterbrett können Pflanzen oft besser wachsen, sie trocknen allerdings auch rascher aus.

**4. Wasser**

Ohne Wasser gäbe es kein Leben. Dieser Satz hat immer wieder seine volle Berechtigung.

Das Wasser bringt den Kreislauf der Pflanze in Schwung, mit dem Bodenwasser werden auch darin gelöste Mineralsalze aufgenommen, die im Stoffwechsel oder im Wachstum benötigt werden. Zur Assimilation ist Wasser unentbehrlich, ebenso für viele weitere Vorgänge in der Pflanze.

Überflüssiges Wasser wird von den Blättern verdunstet, dies hält den Nährstoffstrom in Gang und erzeugt auch Kühlung. Immer sollte ein gewisses Gleichgewicht zwischen Wasserzufuhr und Verdunstung vorhanden sein. Gießen wir zu wenig, wird die Wasserzufuhr unterbrochen, die Pflanze welkt, kann sogar vertrocknen.

Besonders interessant ist der Vorgang der Guttation. Nach windstillen, feuchtwarmen Nächten oder im Gewächshaus kann man gelegentlich an manchen Blatträndern große Wassertropfen feststellen. Weil die Luftfeuchtigkeit zu hoch ist, kann die Pflanze kein Wasser verdunsten, daher wird hier überflüssiges Wasser aus besonderen Wasserspalten abgegeben. Der Wasserkreislauf wird dadurch in Gang gehalten.

Wenn die Pflanze aber zu viel Wasser erhält, nützen alle Vorrichtungen nichts mehr, dann faulen die Wurzeln und die Blätter werden gelb. Schließlich stirbt die Pflanze ab.

## Richtiges Gießen

Im Allgemeinen wird das Substrat gegossen. Wasser gehört normalerweise nicht auf die Blätter, denn sonst können sich Pilzkrankheiten ausbreiten. Viele Gewächse kann man aber hin und wieder abduschen, wenn man sie im Sommer im Freien hat oder über ein Gewächshaus verfügt. Am Fensterbrett geht das natürlich nicht. Eine Markierung am Topf hilft aber, die in der Dusche behandelten Pflanzen wieder richtig ausgerichtet aufzustellen.

Viele Tropenpflanzen lieben eine gleichmäßige Feuchtigkeit. Sie müssen täglich gegossen werden, die Erde darf nicht oder nur kurzzeitig trocken werden. Zusätzlich sorgt man durch Benebeln aus besonderen Nebeldüsen für eine hohe Luftfeuchtigkeit. Besonders im Winter sollte das Gießwaser leicht erwärmt werden.

Manche Arten dürfen nur mittels eines wasserdichten Untersetzers, in welchen Wasser gegeben wird, gegossen werden, sonst bekommen die Blätter unschöne Flecken. Dazu zählen viele Arten mit feinen Haaren, etwa die Gesneriengewächse. Sie sollten täglich sogar mehrmals gegossen werden, vor allem im Sommer, wenn sie im Freien stehen.

Bromelien gießt man vornehmlich in die Blattzisternen.

Mäßig gießen bedeutet, dass die Erde zwischendurch ein wenig trocken werden kann, aber nicht völlig austrocknen darf. Torfhaltige Substrate sind problematisch (Einheitserde, TKS usw.). Sie bestehen vorwiegend aus Weißtorf, dies ist wenig verrottetes Torfmoos (Sphagnum). Es kann Wasser bis zu seinem 9fachen Volumen aufnehmen. Ist dieses Substrat einmal völlig ausgetrocknet, nimmt es kaum wieder Wasser auf. Die Pflanze muss dann für längere Zeit getaucht werden, damit sie noch zu retten ist.

Sukkulenten und Kakteen werden ziemlich trocken gehalten, weil sie zwischen jedem Giessvorgang eine Ruhepause benötigen, um Fäulniserkrankungen vorzubeugen. Kakteen nehmen das Wasser über ihre oberflächennahen Feinwurzeln auf und speichern es in ihrem fleischigen Körper. Dabei handelt es sich oft um Tau oder schwache Regen, die den Boden kaum befeuchten. Viele Kakteen wachsen gut, wenn sie besonders im Sommer abends besprüht werden. Der Zeitpunkt ist wichtig, da bei morgendlichem Sprühen leicht Verbrennungen auftreten können. Gegossen werden muss trotzdem, da nur wenigen Arten (z. B. *Copiapoa*-Arten) das Sprühen allein zur Wasseraufnahme ausreicht.

Stecklinge und Aussaaten sollten täglich mehrmals fein übersprüht werden. Eine mit Wasserdampf gesättigte Luft und hohe Temperaturen fördern die Wurzelbildung.

Die Qualität des Giesswassers ist auch nicht überall gleich. So genanntes hartes Wasser enthält zu viel Kalzium und Magnesium in Verbindung mit Kohlensäure, den Karbonaten. Dabei entspricht 1°dH (Deutscher Härte) 10 mg Kalciumoxid in 1 Liter destillierten Wasser. Weiches Wasser hat 3°dH, über 15°dH ist das Wasser hart, und darf für manche Gewächse nicht mehr verwendet werden. Über die Qualität des Leitungswassers erkundige man sich beim jeweiligen Wasserwerk.

Einige Arten sind für kalkfreies Wasser dankbar. Enthärtetes Wasser oder auch Regenwasser ist hier angebracht. Dazu zählen Kamelien, Rhododendron, Orchideen und viele andere. Diese bekommen gelbe Blätter (Chlorose), wenn sie zu hartes Wasser erhalten.

### 5. Nährstoffe

Pflanzen benötigen zum Wachstum eine Vielzahl von Nährstoffen. Beim Kauf sind diese schon in den Substraten enthalten. Nach einer gewisssen Zeit sind die Nährstoffe aufgezehrt, es muss nachgedüngt werden. Der aufmerksame Pflanzenfreund beobachtet bei seinen Lieblingen einen nachlassenden Wuchs und eine gelbliche Verfärbung der Blätter. Was fehlt nun?

Stickstoff ist für das Wachstum und die Grünfärbung wichtig, Phosphor braucht die Pflanze zur Ausbildung von Blüten und Früchten, Kalium zur Stabilität. Dazu sind noch eine Anzahl von einzelnen Spurenelementen notwendig, besonders wichtig sind Eisen und Magnesium.

Im Handel sind eine Fülle von verschiedenen Düngern mit unterschiedlicher Wirkung. Mineralische Dünger wirken unmittelbar, können aber bei zu hoher Konzentration Verbrennungen verursachen, organische Dünger dagegen wirken langsam.

In der Regel wird man Mehrnährstoffdünger verwenden, entweder stickstoffbetonte für das Wachstum oder phosphorbetonte für die Blütenbildung. Auch Langzeitdünger sind im Einsatz. Sie werden aber zumeist schon in die Grundversorgung vom Gärtner beigemischt.

Für Hydrokulturen gibt es so genannte Ionenaustauscher, diese halten meist sechs Monate vor.

Aufgenommen werden die in Wasser gelösten Nährstoffe vorwiegend über die Wurzeln. Wer aber kurzfristige Wirkungen erzielen möchte, der wird die Blattdüngung bevorzugen. Hier darf allerdings nur mit ganz geringen Konzentrationen auf die Blätter gesprüht werden. Dies ist meist Sache des Fachmanns.

Dünger verabreicht man in der Wachstumsphase vom Frühling bis zum Sommer. Im Winter ist dies nur bei Pflanzen notwendig, die auch in dieser Zeit weiterwachsen.

## Pflanzenstandorte im Zimmer

Der wichtigste Platz für eine Zimmerpflanze ist stets direkt am Fenster, weil sie dort das meiste Licht erhält. Allerdings vertragen nur wenige Gewächse die volle Sonneneinstrahlung eines Südfensters, das schaffen meist nur Sukkulenten in ihren vielen Erscheinungsformen.

Besser sind dagegen Ost- oder Westfenster. Meist ist in modernen Wohnungen unter dem Fensterbrett die Heizung installiert, dies bedeutet in der Regel, dass dieser Platz warm, trocken und hell ist. Besonders im Winter ist dies für viele Pflanzen ungünstig, daher muss die Luftfeuchtigkeit erhöht werden.

Schmale Fensterbänke aus Holz oder Stein sind am ungünstigsten, hier müssen die Töpfe stets in einem wasserundurchlässigen Untersetzer stehen, damit sich keine Giessringe auf der Fensterbank bilden können.

Besser gedeihen viele Pflanzen in einem wasserundurchlässigen Trog, der auf das Fensterbrett gestellt wird und in welchem die Töpfe in einer Kiesschicht stehen. Dann kann man das Wasser einfach in den Trog gießen, durch die Kiesschicht steht der Topf nicht ständig im Wasser und die Wurzeln können Wasser nach Bedarf aufnehmen. Außerdem wird die Luftfeuchtigkeit erhöht.

Noch besser ist es, wenn man eine Pflanzwanne am Fenster installiert. Vor allem bei Neubauten sollte man dies einplanen. Unten muss man auf alle Fälle eine Dränageschicht einbringen, damit keine Staunässe auftritt. Darauf kommt eine Lage Vlies als Trennschicht, darauf kommt das Substrat. Bei Kakteen und Sukkulenten nehme man Sand, bei anderen Pflanzen ist Torf oder auch Seramis günstig. Die Wanne sollte so tief sein, dass man Pflanzen mit dem Topf in das Substrat einsenken kann, so dass die Töpfe nicht mehr zu sehen sind. Bei Tontöpfen kann Wasser durch die porösen Wände an die Wurzeln gelangen, sie trocknen auch nicht so rasch aus. Bei dieser Methode ist man so mobil, dass man die Töpfe immer wieder bei Bedarf herausnehmen kann.

Ein noch besseres Wachstum findet statt, wenn die Pflanzen direkt in das Substrat ausgepflanzt werden. Ab und zu muss Erde nachgefüllt werden, das kann ganzjährig geschehen. Die Gießarbeit wird bei Wannen vereinfacht, dennoch ist eine tägliche Kontrolle notwendig.

Weniger Gießaufwand erfordert die Hydrokultur, nur dass hier die Pflanzen nicht in Erdsubstrat kultiviert wurden, sondern in Blähton. Die Anzuchttöpfe sind gitterförmig, die Wurzeln stehen in feinem Granulat. Nun stellt man die Anzuchttöpfe in das wasserdichte Hydrogefäß und füllt die Zwischenräume mit gröberem Blähton auf. Jedes Gefäß hat einen Wasserstandsanzeiger, der stets anzeigt, wie hoch das Wasser im Gefäß steht. Die Gießarbeit wird dadurch wesentlich vereinfacht, weil man Wasser nur alle 2–3 Wochen nachfüllen muss. Als Dünger wird Lewatit verwendet, ein so genannter Ionenaustauscher, welcher keine Verbrennungsschäden verursacht.

Nach sechs Monaten sollte die Düngerbatterie ausgetauscht werden.

Das Blumenfenster ist auf allen Seiten von Glasfenstern umgeben, das Außenfenster besitzt eine Scheibe aus Isolierglas. Die Gewächse sitzen in einer Pflanzwanne. Dadurch entsteht ein besonders günstiges Klima für tropische Gewächse. Auch die Anbringung von Lampen zur Beleuchtung ist möglich. Wegen erforderlicher Pflegemaßnahmen sollte die Tiefe des Blumenfensters nicht mehr als 80 cm betragen. Schließlich muss man gelegentlich die Fenster reinigen.

Als Vitrine bezeichnet man eine Pflanzwanne, die von Glasscheiben umgeben ist. Sie kann im Raum einen festen Platz haben oder sogar mit Rädern versehen sein. In die Deckplatte kann auch die Beleuchtung integriert sein. Man kann sie in verschiedenen Größen und Formen kaufen. Auch mit Terrarien oder Aquarien lassen sie sich kombinieren.

## Erläuterungen

Zusätzliche Angaben und Erläuterungen, die im Text auftauchen:

**a) Erde**

Einheitserde: Erdmischung aus Hochmoortorf und krümelfester Ton und Düngerzusatz
EE–P: Pikiererde mit wenig Nährstoffgehalt zur Anzucht

EE–T: Topferde mit höherem Nährstoffgehalt zur Weiterkultur
EE–ED 73: Erdmischung mit Dauerdüngerzusatz für z. B. Dachgärten und Container
TKS: Torfkultursubstrat: Mischung aus strukturstabilem Hochmoortorf und Düngerzusatz
TKS 1: Anzuchterde mit wenig Nährstoffanteilen
TKS 2: Topferde für die Weiterkultur mit höherem Nährstoffanteil

**b) Blüten**
Radiäre Blüten, auch polysymmetrisch, haben eine gleichmäßig geformte Blüte. Diese lässt sich durch mehrere Symmetrieachsen spiegelbildlich betrachten
Zygomorphe Blüten, auch disymmetrisch, haben eine Blüte, die sich nur durch eine einzige Achse spiegelbildlich betrachten lassen kann.

## Erläuterung der verwendeten Symbole

**Giftpflanze:** Pflanze, die in einigen oder in allen Teilen reizend oder toxisch wirkt.

**Wuchshöhe:** Angaben in Meter. Steht der Blütenstand über dem Laub, wird zunächst die Blütenhöhe angegeben, nach einem Querstrich folgt dann die Angabe zur Wuchshöhe.

Angaben in Klammern beschreiben die Wuchshöhe am natürlichen Standort ihrer heimischen Areale. Weitere Hinweise zum Wuchsverhalten finden Sie unter dem Stichwort Wuchsform.

**Blütezeit:** Monatsangaben in römischen Ziffern. Keine Angabe wird gemacht, wenn die Pflanze auch am natürlichen Standort ausgesprochen selten oder besonders unscheinbar blüht. Der Hinweis „unterschiedlich" wird dann gegeben, wenn die Sorten der beschriebenen Art im Handel dominieren und die Blütezeit über das ganze Jahr verteilt ist. Angaben in Klammern verweisen auf das Blühverhalten am Naturstandort. Diese Angaben können leider nicht zu allen vorgestellten Pflanzen angeboten werden.

**Verwendung:** Beschrieben wird in welchem Teil des Hauses oder des Gartens die Pflanze verwendet wird. Nur die häufigste Verwendungsweise der Pflanze wird genannt.

Profi-Glashaus – geräumiges, heizbares Glashaus mit hoher technischer Ausstattung.
Hobby-Glashaus – kleines Glashaus für den Hobbybedarf.
Wintergarten – kleines, heizbares Glashaus, das sich an den Wohnbereich anschließt.
Zimmerpflanze – für bewohnte Räume, mit unterschiedlichem Pflegeaufwand.
Vitrine – mobiles Schaugewächshaus, geschlossen, teuer.
Blumenfenster – helle Standorte, geschlossen, mit hoher Luftfeuchtigkeit.
Fensterbrett – kleinräumiger Pflanzenstandort.
Kübelpflanze/Kübel- und Beetpflanze – starkwüchsige Pflanzen für Wintergarten, Terrasse und Garten.
Balkonpflanze, Terrasse – für Töpfe, Tröge und Kübel; Pflanzen vertragen Wind und stärkere Temperaturwechsel.
Beetpflanze – Pflanze zur Verwendung in Freilandbeeten.
Zimmer- und Beetpflanze – Pflanze, die sommers im Freiland verwendet werden könnte. Die kühlere Jahreszeit überdauert sie jedoch in beheizten Räumen.
Ampelpflanze – kriechende oder hängende Pflanze.
Bodendecker – überzieht flächig den Boden.
Kletterpflanze – höher wachsende Pflanze, die Boden und Wände flächig überziehen kann.

**Winterschutz:** Beschreibt, wie die Pflanze den Winter in gemäßigten, winterkalten Klimaten überdauern kann.

Laubdecke
kühle Räume – mind. 5 bis 10 °C
Kalthaus – mind. 10 bis 14 °C
Wintergarten/temperiertes Haus – mind. 14 bis 18 °C
Warmhaus – mind. 18 bis 24 °C, Pflanzen stehen ganzjährig im Warmhaus

# Pflanzen für Wohnraum und Wintergarten von A bis Z

## Abutilon 'Feuerglocke'
Schönmalve
Malvaceae, Malvengewächse

**Heimat:** Züchtung. Tropisch.
**Wuchsform:** Breit aufrechter, raschwüchsiger Strauch.
**Blatt:** Wechselständig, immergrün, 3- bis 7-lappig, handförmig, 8–12 cm.
**Blüte:** Glockig, 3-5 cm, 5-zählig, orangefarben mit roten Streifen, in Trauben.
**Frucht:** Spaltfrucht, selten ausgebildet.
**Standort:** Sonnige, warme Lagen, auch auf Beeten, meist im Kübel.
**Verwendung:** Im Sommer auf der Terrasse, im Winter im Kalthaus.
**Vermehrung:** Aussaat im März in nährstoffarmem Substrat.
**Kultur:** In humosem Substrat bei gleichmäßiger, geringer Feuchte. Vor Staunässe und Ballentrockenheit schützen.
**Hinweise:** Wuchsregulierung in der Jugend ergibt gedrungenere Pflanzen.
**Weitere Art:** *A. pictum*, Gefleckte Schönmalve, Brasilien, blassrote Blüten.

| | | |
|---|---|---|
| 1,5-2 m | | 1,5–2 m |
| I–XII | | I–XII |
| Kübelpflanze | | Kübelpflanze |
| Kalthaus | | Kalthaus |

## Abutilon megapotamicum
Schönmalve
Malvaceae, Malvengewächse

**Heimat:** Südostbrasilien. Tropisch.
**Wuchsform:** Breiter Strauch mit zierlichen, dünnen, bogig überhängender Trieben.
**Blatt:** Wechselständig, 3-lappig, eiförmig, immergrün, 4–8cm.
**Blüte:** Radiär, hängende Glocke, 3–5 cm, 5-zählig, gelb, Kelchblätter orangefarben.
**Frucht:** Spaltfrucht, selten ausgebildet.
**Standort:** Sonnige, warme Lagen.
**Verwendung:** Im Sommer auf der Terrasse, auch als Stämmchen im Freiland, im Winter im Kalthaus, Ampelpflanze.
**Vermehrung:** Aussaat im März in nährstoffarmem Substrat.
**Kultur:** In humosem Substrat bei gleichmäßiger, geringer Feuchte, vor Staunässe und Ballentrockenheit schützen.
**Sorte:** 'Aureum', Blätter grün mit gelben Blattflecken.
**Hinweise:** Wuchsregulierung in der Jugend ergibt gedrungenere Pflanzen.

## Acacia dealbata
Silber-Akazie, Mimose
Mimosaceae, Mimosengewächse

**Heimat:** Südost-Australien, in Süd-Europa eingebürgert. Tropisch, subtropisch.

**Wuchsform:** Breitkronig, raschwachsender Baum, nicht winterhart. In Süd-Europa 6 m (bis 20 m hoch).

**Blatt:** Wechselständig, doppelt paarig gefiedert, immergrün, silbrig, 7–12 cm lang. Nachts in Schlafstellung.

**Blüte:** Köpfchen 5–6 mm groß, hellgelb, in großen Rispen, duftend.

**Frucht:** Hülse flach, 4–10 cm lang, wenig eingeschnürt.

**Standort:** Durchlässige Böden in sonniger Lage.

**Verwendung:** Einzeln für Wintergärten, wichtig als Schnittblume im Vorfrühling.

**Vermehrung:** Stecklinge im Sommer, auch Aussaat.

**Kultur:** In kalkfreiem Substrat, pH 5–5,5; Moorerde, Heideerde, Sand. Im Sommer im Freien, im Winter im Kalthaus (bis –5 °C).

**Sorte:** 'Rustica', reichblühend im II .

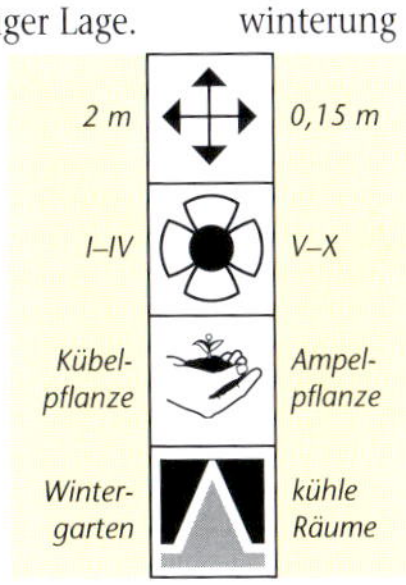


## Acalypha hispaniolae
Hängender Fuchsschwanz
Euphorbiaceae, Wolfsmilchgewächse

**Heimat:** Hispaniola. Subtropisch bis tropisch.

**Wuchsform:** Breite, lockere Hängepflanze für Ampeln.

**Blatt:** Wechselständig, herzförmig, grün, 2–4 cm lang.

**Blüte:** Rote Ähren (Blütenschwänze) bis 10 cm lang.

**Frucht:** Kapseln, unscheinbar.

**Standort:** Regengeschützte Plätze in sonnigen Lagen.

**Verwendung:** Ampelpflanze im Einzelstand. Überwinterung in hellen, kühlen Räumen bei etwa 10 °C.

**Vermehrung:** Stecklinge im Sommer.

**Kultur:** Empfindlich gegen Staunässe und Ballentrockenheit.

**Hinweise:** Gelegentlicher Befall durch Spinnmilben und Weiße Fliege.

## Acalypha hispida

Fuchsschwanz, Nesselblatt
Euphorbiaceae, Wolfsmilchgewächse

**Heimat:** Indonesischer Archipel, Neuguinea. Subtropisch bis tropisch.
**Wuchsform:** Breit buschiger, locker aufrechter Strauch.
**Blatt:** Wechselständig, herzförmig, gesägt, glänzend grün, 12–15 cm lang.
**Blüte:** Rote Ähren (Blütenschwänze) bis 0,5 m lang.
**Frucht:** Kapseln, unscheinbar.
**Standort:** Hell, aber keine direkte Sonnenbestrahlung.
**Verwendung:** Einzeln im Wintergarten, Kalthauspflanze. Überwinterung in hellen, kühlen Räumen bei etwa 10 °C.
**Vermehrung:** Stecklinge im Frühling. Einheitserde, pH etwa 6,5.
**Kultur:** Empfindlich gegen Staunässe und Ballentrockenheit.
**Hinweise:** Gelegentlicher Befall durch Spinnmilben und Weiße Fliege

| | |
|---|---|
| *2–3 m* | *2–3 m* |
| *VI–VIII* | *V–X* |
| *Kübelpflanze* | *Kübelpflanze* |
| *Kalthaus* | *Kalthaus* |

## Acalypha wilkesiana

Fuchsschwanz, Nesselblatt
Euphorbiaceae, Wolfsmilchgewächse

**Heimat:** Südseeinseln. Subtropisch bis tropisch.
**Wuchsform:** Breit buschiger, dichter Strauch.
**Blatt:** Wechselständig, eiförmig, 15–25 cm lang, bronze-rot, Rand gesägt.
**Blüte:** Ähren blassrosa, bis 20 cm lang.
**Frucht:** Kapseln, unscheinbar.
**Standort:** Humose Böden in sonnigen Lagen.
**Verwendung:** Solitär, Hecke in milden Gebieten. Im Sommer ins Freie bringen. Überwinterung in hellen, kühlen Räumen bei etwa 10 °C.
**Vermehrung:** Stecklinge im Sommer.
**Kultur:** Empfindlich gegen Staunässe und Ballentrockenheit.
**Sorte:** 'Macrophylla', großblättrig, Laub rot-bronze-kupfer panaschiert.
**Hinweise:** Gelegentlicher Befall durch Spinnmilben und Weiße Fliege.

## Acca sellowiana
(Syn.: Feijoa sellowiana)
Ananasguave
Myrtaceae, Myrtengewächse

**Heimat:** Argentinien, Südbrasilien, Uruguay. Subtropisch.
**Wuchsform:** Aufrechter, mehrstämmiger Strauch. In der Heimat bis 7 m hoch wachsend.
**Blatt:** Gegenständig, elliptisch, immergrün, dunkelgrün, unterseits weißfilzig, 8 cm lang.
**Blüte:** Radiär, 4–6 cm, 4-zählig, weiß, Staubfäden
**Blütezeit:** Nachblüte bis zum Winter.
**Frucht:** Graugrüne Beere, 4–6 cm lang, säuerlichsüß, essbar.
**Standort:** Geschützte Lagen, warm und sonnig, helle Überwinterung.
**Verwendung:** Einzeln in Kübeln, im Sommer auch im Freien. Nutzpflanze.
**Vermehrung:** Stecklinge im Frühling bei etwa 20 °C.
**Kultur:** In durchlässigen, humosen Substraten, hoher Wasserbedarf. Möglichst mit Regenwasser gießen.
**Sorte:** 'Triumph', rosa, blüht reichlich.
**Hinweise:** Regelmäßiger Rückschnitt im Spätwinter.

| | | |
|---|---|---|
| *2–4 m* | | *0,4/ 0,5 m* |
| *V–VII* | | *VII–IX* |
| *Kübelpflanzen* | | *Zimmerpflanze* |
| *Kalthaus* | | *Warmhaus* |

## Achimenes erecta
Aufrechter Schiefteller
Gesneriaceae, Gesneriengewächse

**Heimat:** Mexiko bis Kolumbien. Tropisch.
**Wuchsform:** Dicht buschige, weichtriebige Staude mit kleinen, zapfenartig-beschuppten Erdsprossen.
**Blatt:** Gegenständig, breit lanzettlich, grün, unterseits rötlich, 5–6 cm lang.
**Blüte:** Zygomorphe Röhrenblüte, 1,5 cm, 5-zählig, rot, in Blattachseln.
**Frucht:** Kapsel.
**Standort:** Hell, aber keine direkte Sonne, 20–25 °C.
**Verwendung:** Reichblühende Zimmerpflanze, Warmhaus.
**Vermehrung:** Aussaat von I–III bei 22 °C; Kopfstecklinge von III–VI; Rhizomteilung.
**Kultur:** Triebe ziehen im Herbst ein, Topfballen trocken überwintern. Im Vorfrühling Rhizome frisch topfen in TKS, warm und feucht halten, Blätter nicht mit Wasser benetzen.
**Sorte:** 'Mexican Dwarf', 0,3–0,5 m.
**Besonderes:** Im Handel meist großblumige Hybriden, 4–7 cm große, tellerförmig Blüten. (Bild: Hybride rot)

## Adenium obesum
Wüstenrose
Apocynaceae, Hundsgiftgewächse

**Heimat:** Ägypten, Sudan, Äthiopien, Ost-Afrika, Arabien. Subtropisch, tropisch.
**Wuchsform:** Sparriger, stammsukkulenter Strauch, Triebe mit Milchsaft. In der Heimat bis 4 m hoch wachsend.
**Blatt:** Wechselständig, meist wirtelig am Triebende, breit lanzettlich, fleischig, dunkelgrün, 7–10 cm lang.
**Blüte:** Radiär, trompetenförmig, 4–5 cm, 5-zählig, hellrot, in Trauben.
**Frucht:** Trockene Schließfrucht.
**Standort:** Vollsonnige Lagen.
**Verwendung:** Zimmerpflanze für Einzelstellung, Sukkulentensammlung. Nicht winterhart.
**Vermehrung:** Stecklinge oder Aussaat im Frühling.
**Kultur:** In durchlässigem Kakteensubstrat, während der Vegetationszeit regelmäßig gießen, in der winterlichen Ruhezeit kaum gießen.
**Sorte:** Mehrere Farbsorten bekannt, auch in weiß.
**Hinweise:** Im Winter oft blattlos.

| | | |
|---|---|---|
| *1 m* | | *0,3–0,45 m* |
| *IV–VII* | | *–* |
| *Zimmerpflanze* | | *Zimmerpflanze* |
| *Warmhaus* | | *Warmhaus* |

## Adiantum raddianum
Frauenhaarfarn
Adiantaceae, Frauenhaarfarngewächse

**Heimat:** Mittelamerika, Südamerika. Tropisch.
**Wuchsform:** Zierliche Horste mit leicht überhängenden Trieben.
**Blatt:** Wechselständig, mehrfach gefiedert, Stiel schwarzbraun.
**Standort:** Halbschattig bis schattig bei hoher Luftfeuchtigkeit.
**Verwendung:** Zimmerpflanze. Als Unterpflanzung im Warmhaus, Schnittgrün.
**Vermehrung:** Teilung im Frühling einfach. Auch Sporenvermehrung möglich.
**Kultur:** In humosem Substrat, nur Regenwasser verwenden, Topfballen darf nicht austrocknen.
**Sorte:** 'Fragrantissimum', lockerer Wuchs.
**Hinweise:** Trockene Blätter entfernen, empfindlich gegen hohe Düngergaben.
**Ähnliche Art:** *A. tenerum*, Fächer-Frauenhaarfarn, tropisches Amerika.

## Aechmea fasciata
Lanzenrosette
Bromeliaceae, Ananasgewächse

**Heimat:** Brasilien. Tropisch.
**Wuchsform:** Aufrechter Epiphyt mit trichterförmigen Blattrosetten.
**Blatt:** Schraubig gestellt, linealisch, gezähnt, mit graugrüner Bänderung, 30–50 cm lang.
**Blüte:** Einzelblüte blau, wenig auffällig. Ähriger Blütenstand erscheint aus dem Trichter mit rosafarbenen, gezähnten Hochblättern, diese sind lange haltbar.
**Frucht:** Beere.
**Standort:** Hell, warm und trocken.
**Verwendung:** Fensterbank, Blumenfenster.
**Vermehrung:** Abtrennen der bewurzelten Kindel, auch durch Samen möglich.
**Kultur:** In durchlässiger, humoser Erde mit Sphagnum-Zusatz oder TKS, Regenwasser auch in die Trichter gießen.
**Hinweise:** Schildläuse bekämpfen, wenn erforderlich.

| Aechmea fasciata | | Aeonium arboreum |
|---|---|---|
| 0,3–0,5 m | | 0,6–1 m |
| VII–IX | | I–II |
| Zimmerpflanze | | Zimmerpflanze |
| Warmhaus | | Kalthaus |

## Aeonium arboreum
Aeonium
Crassulaceae, Dickblattgewächse

**Heimat:** Marokko. Mediterran.
**Wuchsform:** Breit aufrechte, verzweigte Stämmchen mit Blattrosetten am Triebende.
**Blatt:** Schraubig, spatelförmig, 5–15 cm lang.
**Blüte:** Radiär, 2 cm, gelbe Blütchen an endständiger Rispe, diese 10 cm lang.
**Frucht:** Mehrfächerige Balgfrüchte.
**Standort:** Hell, aber nicht zu sonnig, Fensterbank, im Sommer im Freien.
**Verwendung:** Einzeln in größeren Tontöpfen, im Sommer auch im Sukkulentenbeet.
**Vermehrung:** Triebstecklinge oder Aussaat der feinen Samen im Frühling.
**Kultur:** In Kakteenerde, mäßig gießen und düngen, im Frühling umtopfen.
**Sorte:** 'Schwarzkopf', dunkel-braunrote Blätter.
**Besonderes:** Nach der Blüte stirbt der ganze Zweig ab.
**Hinweise:** Ruhezeit im Winter einhalten, wenig gießen.

## Aeonium tabuliforme
Teller-Aeonium
Crassulaceae, Dickblattgewächse

**Heimat:** Teneriffa. Mediterran, subtropisch.
**Wuchsform:** Flache, bis 25 cm breite Blattrosette.
**Blatt:** Spatelig, hellgrün, 5–15 cm lang.
**Blüte:** Radiär, 2 cm, gelbe Blütchen an endständiger Rispe, diese 10–25 cm lang. Monocarp.
**Frucht:** Mehrfächerige Balgfrüchte.
**Standort:** Absonnig, in Mauerfugen im Gewächshaus oder Wintergarten. Nicht winterhart
**Verwendung:** Einzeln in größeren Töpfen, Sukkulentenbeeten, gut für Steinanlagen.
**Vermehrung:** Aussaat der feinen Samen im Frühling.
**Kultur:** In Kakteenerde, mäßig gießen und düngen. Im Frühling umtopfen. Ruhezeit im Winter einhalten.
**Hinweise:** Nach der Samenreife stirbt die ganze Rosette ab.

## Aeschynanthus radicans
Schamblume
Gesneriaceae, Gesneriengewächse

**Heimat:** Java. Tropisch.
**Wuchsform:** Staude bis Halbstrauch mit 0,5–0,8 m lang herabhängenden Trieben.
**Blatt:** Gegenständig angeordnet, eiförmig zugespitzt, 4–6 cm lang, dunkelgrün.
**Blüte:** Zygomorphe Röhrenblüte, 5–6 cm lang, 5-zipfelig, scharlachrot mit schwarzrotem, behaarten Kelch, in end- und achselständigen Büscheln.
**Frucht:** Längliche Kapsel.
**Standort:** Halbschattig, Temperatur zwischen 20 und 25 °C, im Winter niedriger.
**Verwendung:** Ampelpflanze oder als Epiphyt.
**Vermehrung:** Kopfstecklinge im Frühling.
**Kultur:** In TKS mit Zusatz von Sphagnum oder Styromull. Erde gleichmäßig feucht halten, verträgt aber keine Staunässe.
**Hinweise:** Auf Blattläuse achten. Bild: *A. radicans* 'Purple Star'.
**Ähnliche Art:** *A. speciosus* mit gelborangefarbenen Blüten.

| | |
|---|---|
| *0,1/0,2–0,35 m* | *0,1–0,2 m* |
| *VII–IX* | *V–VIII* |
| *Zimmerpflanze* | *Ampelpflanze* |
| *Kalthaus* | *Warmhaus* |

## Agapanthus praecox
Schmucklilie
Alliaceae, Lauchgewächse

**Heimat:** Südafrika: Östliches Kap. Gemäßigt, mediterran.
**Wuchsform:** Aufrechte, Staude mit fleischigen Wurzeln. Laub überhängend.
**Blatt:** Schmal, immergrün, bis 60 cm lang, 3 cm breit, glänzend grün
**Blüte:** Trichterförmig, 3–4 cm, blau oder weiß in zusammengesetzter Dolde.
**Frucht:** Kapsel mit schwarzen Samen.
**Standort:** Volle Sonne in warmen Lagen in durchlässigen Böden.
**Verwendung:** In großen Kübeln oder auf Beeten. Ruhezeit im Winter hell und kühl, Kalthauspflanze.
**Vermehrung:** Teilung im Frühling, Aussaat mit Vorkultur.
**Kultur:** Kräftige Humuserde mit Lehmanteil, Reichlich gießen und düngen. Im Winter weniger, aber nicht ganz austrocknen lassen.
**Sorte:** 'Headbourne Hybriden' sind weitgehend winterhart.

| Agapanthus praecox | Agave americana |
|---|---|
| *0,4–0,6/ 0,7–0,8 m* | *1/3–8 m* |
| *VII–VIII* | *VI–IX* |
| *Kübelpflanze* | *Kübelpflanze* |
| *Kalthaus* | *Kalthaus* |

## Agave americana
Amerikanische Agave
Agavaceae, Agavengewächse

**Heimat:** Mexiko. Subtropisch, mediterran.
**Wuchsform:** Breit aufrechte, Rosetten bildende Sukkulente.
**Blatt:** Dickfleischig, bis über 1 m lang, blaugrün; Rand- und spitze Enddornen.
**Blüte:** Becherförmig, 8 cm lang, gelb, in bis 8 m hoher Blütenrispe, monocarp, selten.
**Frucht:** Kapsel.
**Standort:** Vollsonnig, auch steinig, in warmen, geschützten Lagen. Nicht winterhart.
**Verwendung:** Einzeln auf großen Terrassen, öffentliche Anlagen. Überwinterung im Kalthaus.
**Vermehrung:** Abtrennen der Ausläufer im Frühling. Aussaat im März unter Glas.
**Kultur:** Sandige Lehmerde mit 40 % Lauberdeanteil. Kann als Sukkulente viel Trockenheit vertragen.
**Sorte:** 'Marginata Aurea', gelb gestreifte Blätter (Bild).
**Hinweise:** Rosette stirbt nach der Blüte ab. Flaschenkorken auf gefährliche Enddornen beim Überwintern stecken.

## Agave victoriae-reginae
Zwerg-Agave
Agavaceae, Agavengewächse

**Heimat:** Mexiko. Subtropisch, mediterran.
**Wuchsform:** Breit aufrechte, dichte Rosetten bildende Sukkulente.
**Blatt:** Fleischig, lineal, grün mit weißem Rand und Enddornen, bis 60 cm lang.
**Blüte:** Becherförmig, 4–6 cm lang, gelbgrün, in bis 3 m hoher Blütenrispe, monocarp, sehr selten.
**Frucht:** Kapsel.
**Standort:** Vollsonnig, auch steinig, in warmen, geschützten Lagen.
**Verwendung:** Einzeln auf Terrassen, Steingärten, aber dort im Topf einsenken. Nicht winterhart, daher ins Kalthaus einräumen.
**Vermehrung:** Aussaat im März unter Glas.
**Kultur:** Sandige Lehmerde mit 40 % Lauberdeanteil. Kann als Sukkulente viel Trockenheit vertragen.
**Hinweise:** Rosette stirbt nach der Blüte ab.

| | | |
|---|---|---|
| 0,6/2–3 m | | 0,3–0,45 m |
| VI–IX | | VI–IX |
| Kübelpflanze | | Zimmerpflanze |
| Kalthaus | | Warmhaus |

## Aglaonema commutatum
Kolbenfaden
Araceae, Aronstabgewächse

**Heimat:** Philippinen, Sulawesi. Tropisch.
**Wuchsform:** Buschiger, horstbildender Halbstrauch.
**Blatt:** Wechselständig, breit lanzettlich, meist weiß gefleckt, bis 30 cm lang.
**Blüte:** Kolbenförmig, 5–8 cm, weiß, umgeben von hellgrüner Spatha.
**Frucht:** Kolben mit roten Beeren, selten.
**Standort:** Warmhaus, halbschattig bis schattig, hohe Luftfeuchtigkkeit.
**Verwendung:** Vitrinen, Badezimmer, Wintergärten.
**Vermehrung:** Kopfstecklinge und Stammstücke, ganzjährig möglich.
**Kultur:** In Einheitserde, gleichmäßig feucht halten, alle 2 Jahre umtopfen. Besprühen mit kalkfreiem Wasser verhindert Kalkflecken.
**Sorte:** 'Silver Queen', silberweiß gefleckte Blätter.
**Hinweise:** Hydrokultur möglich.
**Ähnliche Art:** *A. crispum,* stärker wachsend, in der Heimat Java bis 1 m hoch.

## Albizia julibrissin
Seidenbaum, Seidenakazie
Mimosaceae, Mimosengewächse

**Heimat:** Vom Iran bis China und Japan. Mediterran, subtropisch.
**Wuchsform:** Mehrstämmiger, breitkroniger Baum. In milderen Gebieten auch bis 10 m hoch wachsend.
**Blatt:** Wechselständig, doppelt gefiedert, sichelförmig, Einzelblättchen 1 cm lang.
**Blüte:** Einzelblüte winzig, Blütenköpfchen kugelig, 4 cm, hellrosa, mit vielen langen Staubgefäßen.
**Frucht:** Hülse, flach, 10–15 cm lang.
**Standort:** Sonnig bis halbschattig.
**Verwendung:** In Kübeln auf Terrassen, sommers auch ausgepflanzt. Ab Herbst ins Kalthaus einräumen. Nicht winterhart.
**Vermehrung:** Aussaat im Frühling.
**Kultur:** Kalkfreie Substrate wie Rhododohum, jährlich im Frühling umtopfen. Regelmäßig im Winter schneiden, mit Regenwasser gießen.
**Sorte:** 'Rosea', kräftig rosa, gedrungender Wuchs, härter als die Art.
**Hinweise:** Blätter nachts zusammengefaltet (Schlafstellung).
**Ähnliche Art:** *A. lophantha*, gelb.

| | | |
|---|---|---|
| *2–5 m* | | *6–10 m* |
| *VI–VIII* | | *IV–XI* |
| *Kübelpflanze* | | *Wintergarten* |
| *Kalthaus* | | *Warmhaus* |

## Allamanda cathartica
Goldtrompete
Apocynaceae, Hundsgiftgewächse

**Heimat:** Nördliches Südamerika. Tropisch.
**Wuchsform:** Rasch wachsender, 6–10 m hoher Schlinger.
**Blatt:** Quirlständig, eiförmig, ganzrandig, immergrün, glänzend, 10–14 cm lang.
**Blüte:** Trichterförmig, 5 cm, leuchtend gelb, zu mehreren am Triebende.
**Frucht:** Eiförmige Kapsel.
**Standort:** Hell bis halbschattig, warm, hohe Luftfeuchtigkeit.
**Verwendung:** Wintergärten, Rankgerüste. Hell überwintern, sonst Blattfall möglich.
**Vermehrung:** Triebstecklinge im Warmhaus.
**Kultur:** In Einheitserde, benötigt viele Nährstoffe und Wassergaben, darf im Winter nicht austrocknen.
**Sorte:** 'Williamsii', gelb-weiße Blüten, 1–2 m hoch.
**Hinweise:** Im Februar zurückschneiden. Bei der Anzucht werden Wuchshemmstoffe eingesetzt, deren Wirkung später nachlässt.

## Alocasia lowii
Alokasie, Tropenwurz
Araceae, Aronstabgewächse

**Heimat:** Kalimantan (Borneo), Malaiische Halbinsel. Tropisch.
**Wuchsform:** Lockere Horste bildende Staude mit knolligen Rhizome.
**Blatt:** Oval bis pfeilförmig, grundständig, langgestielt, immergrün mit weißer Zeichnung, unten violett, glänzend, 20–30 cm lang, über 10 cm breit.
**Blüte:** Einzelblüten auf Kolben, Spatha grün-weiß, wenig auffallend, selten.
**Frucht:** Beere.
**Standort:** Halbschattig bis schattig, bei 22 °C, winters bei 18 °C.
**Verwendung:** Warmhaus, Wintergärten mit hoher Luftfeuchtigkeit.
**Vermehrung:** Teilung der knollenartigen Rhizome.
**Kultur:** In humoser Erde mit Zusatz von Sphagnum, Hygromull und Sand. Erde nicht austrocknen lassen, von IV–IX alle 2 Wochen düngen.
**Besonderes:** Rhizome von anderen Arten werden in der Heimat gegessen. (Bild: *A.* × *amazonica*)

| Alocasia lowii | | Aloe arborescens |
|---|---|---|
| *0,6–1/ 0,5 m* | | *1–4 m* |
| *unterschiedlich* | | *I–IV* |
| *Warmhaus* | | *Kübelpflanze* |
| *Warmhaus* | | *Kalthaus* |

## Aloe arborescens
Baumartige Aloe
Aloaceae, Aloengewächse

**Heimat:** Südafrika: Natal. Subtropisch, mediterran.
**Wuchsform:** Breit aufrechter sukkulenter Strauch.
**Blatt:** Schraubig, linealisch, gezähnt, graugrün, 40–60 cm lang.
**Blüte:** Röhrenblüten bis 4 cm lang, orangefarben, endständige Trauben 60 cm lang.
**Frucht:** Kapsel.
**Standort:** Vollsonnig, im Sommer auch im Freien.
**Verwendung:** Einzeln in Gefäßen auf Terrassen und Balkon im Sommer. Ab Herbst frostfrei, aber kühl und trocken überwintern. Kalthauspflanze.
**Vermehrung:** Aussaat im Vorfrühling, Abtrennen von Seitensprossen.
**Kultur:** In durchlässigem, sandigen Substrat.
**Sorte:** 'Variegata', Blätter grün mit rosafarbener Zeichnung.
**Besonderes:** Heilpflanze, schleimiger Saft kann gegen Verbrennungen helfen.

## Aloe variegata
Brand-Aloe, Tiger-Aloe
Aloaceae, Aloengewächse

**Heimat:** Süd-Afrika: Botswana, Kap. Subtropisch, mediterran.

**Wuchsform:** Aufrechter sukkulenter Halbstrauch mit Blattrosetten an den Triebenden.

**Blatt:** Linealisch, dreieckig im Querschnitt, graugrün mit weißen Querbändern, Blattrand mit weißen Zähnen, 15 cm lang.

**Blüte:** Röhrenblüten bis 4 cm lang, orangerot, endständige Trauben 30 cm lang.

**Frucht:** Kapsel.

**Standort:** Vollsonnig, im Sommer auch im Freien.

**Verwendung:** Einzeln in Töpfen, Fensterbrett, Sukkulentensammlung. Ab Herbst frostfrei, aber kühl und trocken überwintern. Kalthauspflanze.

**Vermehrung:** Aussaat im Vorfrühling, Abtrennen von Seitensprossen.

**Kultur:** In durchlässigem, sandigen Substrat.

**Besonderes:** *A. vera,* Echte Aloe: wichtige Heilpflanze zur Hautpflege.

**Hinweise:** Viele weitere Arten bekannt.

| Aloe variegata | | Alpinia zerumbet |
|---|---|---|
| 0,2–0,3/ 0,3–0,4 m | | 3–4 m |
| VI–VII | | IV–VI |
| Zimmerpflanze | | Blumenfenster |
| Kalthaus | | Warmhaus |

## Alpinia zerumbet
Alpinie, Galgant
Zingiberaceae, Ingwergewächse

**Heimat:** Ost-Asien. Tropisch.

**Wuchsform:** Rhizombildende, aufrecht-übergeneigt wachsende Staude.

**Blatt:** 2-zeilig, elliptisch, immergrün, dunkelgrün, 60 cm lang, 12 cm breit.

**Blüte:** Disymmetrisch, muschelförmig, 4 cm, weiß mit gelb und rot, in 30 cm langen, endständigen Rispen.

**Frucht:** Kapsel.

**Standort:** Halbschattig, warm.

**Verwendung:** Blumenfenster, Wintergärten, Warmhauspflanze.

**Vermehrung:** Teilung der knolligen Rhizome im Frühling.

**Kultur:** In Einheitserde, dauernd feucht halten.

**Hinweise:** Aromatischer Duft. Bildet Dickichte.

## Ananas comosus

Ananas
Bromeliaceae, Ananasgewächse

**Heimat:** Brasilien. Tropisch.
**Wuchsform:** Krautige, mehrjährige, leicht sukkulente Rosettenpflanze.
**Blatt:** Schraubig, linealisch, gezähnt ohne Stachelspitzen, grau 80–150 cm lang.
**Blüte:** Blüten im Fruchtfleisch versteckt, Blütenschaft mit großem Blütenkolben, endet mit einem Blattschopf.
**Frucht:** Beere, essbar, wird bei uns selten gebildet.
**Standort:** Hell. aber nicht sonnig, für große Wintergärten, Warmhauspflanze.
**Verwendung:** Zimmerpflanze. In Hydro-Gefäßen im Einzelstand.
**Vermehrung:** Kindel abnehmen, Blattschopf der Frucht abschneiden, im Wasserglas bewurzeln lassen.
**Kultur:** In TKS oder Einheitserde bei 18 °C, pH 5, im Sommer kräftig düngen.
**Sorte:** 'Variegatus', gelb gestreifte Blätter, etwas kleiner (Bild).
**Besonderes:** Weit verbreitete Nutzpflanze
**Hinweise:** Großer Platzbedarf.

| | | |
|---|---|---|
| *0,6–0,8/ 1 m* | | *0,7–0,9/ 1–1,2 m* |
| *VII–I* | | *V–VI* |
| *Zimmerpflanze* | | *Kübelpflanze* |
| *Warmhaus* | | *Kalthaus* |

## Anigozanthus flavidus

Kängurublume
Haemodoraceae, Haemodoragewächse

**Heimat:** West-Australien. Subtropisch.
**Wuchsform:** Grundständige Rosette mit aufrechten Blütenständen, horstiger Wuchs.
**Blatt:** Wechselständig, lanzettlich, immergrün, 70–90 cm lang.
**Blüte:** Grüngelb mit roter Spitze, 3–4 cm lang, 3-zählig, klauenförmig mit kurzen Härchen bedeckt. Eigenartige Blütenform.
**Frucht:** Kapsel.
**Standort:** Hell und sonnig, im Sommer auch im Freien. Im Herbst einräumen.
**Verwendung:** Pflegeleichte Kübelpflanze.
**Vermehrung:** Aussaat ganzjährig oder Teilung.
**Kultur:** Nach der Keimung in Töpfe pikieren, später umtopfen, sandige Erde. Benötigt geringe Düngergaben.
**Sorte:** 'Bush Noon', hellrosa.

## Anthurium andraeanum
Große Flamingoblume
Araceae, Aronstabgewächse

**Heimat:** Kolumbien. Tropisch.
**Wuchsform:** Horstbildende, verholzende Pflanze.
**Blatt:** Grundständig, länglich-herzförmig, lang gestielt, immergrün, 30–40 cm.
**Blüte:** Weißgelber, gerader Kolben mit auffälliger, bis 20 cm großer Spatha (Hochblatt), rot, rosa, weiß. Oft auch ganzjährig.
**Frucht:** Kolben mit fleischigen Beeren.
**Standort:** Helle, aber nicht besonnte, feuchtwarme Plätze.
**Verwendung:** Wichtige Schnittblume, Topfsorten auch für den Wintergarten. Im Winter kühler und trockener halten. Nicht winterhart.
**Vermehrung:** Frischen Samen sofort aussäen, nicht bedecken. Teilung.
**Kultur:** In TKS oder Einheitserde bei hoher Luft- und Bodenfeuchtigkeit.
**Sorte:** 'Guatemala', gedrungen wachsende Topfpflanze.
**Hinweise:** Läuse bekämpfen. Viele Hybriden im Sortiment.

## Anthurium scherzerianum
Kleine Flamingoblume
Araceae, Aronstabgewächse

**Heimat:** Guatemala, Costa Rica. Tropisch.
**Wuchsform:** Horstbildende, leicht verholzende Pflanze.
**Blatt:** Grundständig, länglich-herzförmig, lang gestielt, immergrün, 15–20 cm.
**Blüte:** Rötlicher, spiraliger Kolben mit auffälliger Spatha, rot, rosa, weiß.
**Frucht:** Kolben mit roten Beeren.
**Standort:** Helle, aber nicht besonnte, feuchtwarme Plätze.
**Verwendung:** Wichtige Topfpflanze, auch für den Wintergarten. Im Winter kühler und trockener halten.
**Vermehrung:** Frischen Samen sofort aussäen, nicht bedecken. Teilung.
**Kultur:** In TKS oder Einheitserde bei hoher Luft- und Bodenfeuchtigkeit.
**Sorten:** 'Renata' und 'Amazone', klein wachsende Topfpflanze.
**Besonderes:** Spatha (Hochblatt) ist bis zu 12 cm groß.
**Hinweise:** Schildläuse bekämpfen, auf Pilzkrankheiten, Spinnmilben und Nacktschnecken achten..

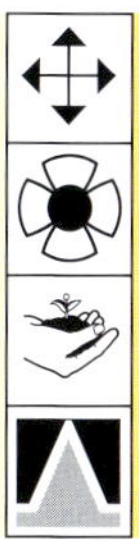

| A. andraeanum | | A. scherzerianum |
|---|---|---|
| *0,4–1 m* | | *0,3–0,6/ 0,4–0,7 m* |
| *II–VII* | | *I–V* |
| *Zimmerpflanze* | | *Zimmerpflanze* |
| *Warmhaus* | | *Warmhaus* |

## Aphelandra squarrosa
Glanzkölbchen
Acanthaceae, Akanthusgewächse

**Heimat:** Südost-Brasilien. Tropisch.
**Wuchsform:** Aufrechte Staude.
**Blatt:** Kreuzweise gegenständig, eiförmig, dunkelgrün mit weißen Adern, bis 30 cm lang
**Blüte:** Gelb, erscheinen aus gelben Deckblättern, Blütenstand unverzweigt.
**Frucht:** Kapsel.
**Standort:** Hell, aber nicht sonnig, Verbrennungsgefahr.
**Verwendung:** Dekorative Warmhauspflanze, Fensterbrett. Überwinterung bei 15 °C.
**Vermehrung:** Grünstecklinge von Frühling bis Sommer, Bodenwärme bei 25 °C.
**Kultur:** Torfreiche Erdsubstrate, gleichmäßig gießen und düngen.
**Sorten:** 'Fritz Prinsler', 'Dania', gedrungener Wuchs.
**Hinweise:** Starker Rückschnitt im Frühjahr. Auf Blattläuse, Schildläuse und Wurzelfäule achten.

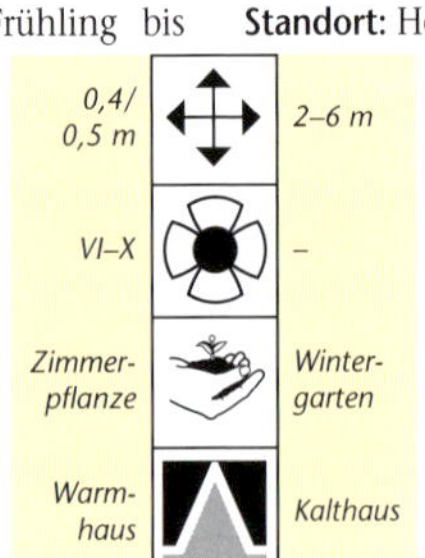


## Araucaria heterophylla
(Syn.: *A. excelsa*)
Norfolktanne, Zimmertanne
Araucariaceae, Araukariengewächse

**Heimat:** Norfolk-Inseln (zwischen Australien und Neuguinea). Subtropisch, oft in mediterranen Gärten verbreitet.
**Wuchsform:** Straff aufrecht mit quirlartig abstehenden Zweigen in Etagen. In der Heimat 30–60 m hoch wachsend.
**Blatt:** Spiralig, nadelförmig, dunkelgrün, 1–1,5 cm lang.
**Blüte:** Unscheinbar, zweihäusig.
**Frucht:** Zapfen 7–12 cm.
**Standort:** Hell, aber nicht sonnig, kühle Zimmer.
**Verwendung:** Kalthauspflanze für den Wintergarten, benötigt viel Platz.
**Vermehrung:** Kopfstecklinge mit einer Etage, pudern mit Wurzelfix erforderlich.
**Kultur:** In humosem Substrat mit Sandzusatz, öfters düngen.
**Hinweise:** Leidet bei warmer und trockener Zimmerluft (Zentralheizung).

## Arbutus andrachne
Östlicher Erdbeerbaum
Ericaceae, Heidekrautgewächse

**Heimat:** Östliches Mittelmeergebiet. Mediterran.
**Wuchsform:** Mehrstämmiger Strauch mit rotbrauner Rinde.
**Blatt:** Wechselständig, elliptisch, dunkelgrün, unterseits heller, immergrün, 5–10 cm lang.
**Blüte:** Weiße Glöckchen, 8–10 mm groß, in endständigen Rispen.
**Frucht:** Beere, gelb bis orangerot, essbar, 1 cm groß, rund.
**Standort:** Volle Sonne, saure Böden.
**Verwendung:** Wintergärten, Kübelbepflanzung. Überwinterung im kühlen Wintergarten. In milden Gebieten winterhart. Kalthauspflanze.
**Vermehrung:** Stecklinge im Spätsommer, Aussaat im Frühling.
**Kultur:** In saurem Humussubstrat.
**Besonderes:** Früchte essbar, aber ohne Geschmack.
**Andere Art:** *Arbutus unedo* aus Südwest-Europa ist ähnlich, aber etwas niedriger.

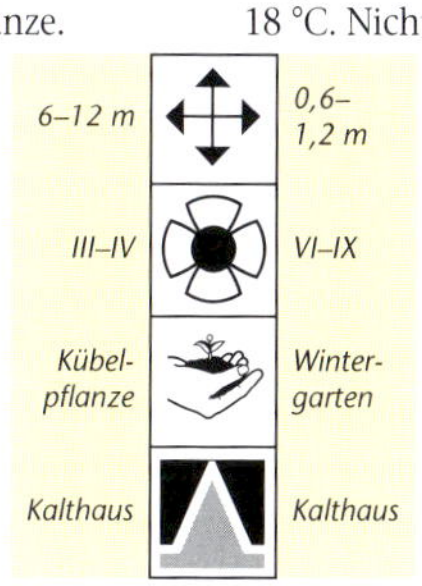


## Ardisia crenata
Spitzblume, Ardisie
Myrsinaceae, Myrsinengewächse

**Heimat:** Japan bis Süd-Asien. Subtropisch.
**Wuchsform:** Locker buschiger Strauch mit abstehenden Zweigen.
**Blatt:** Wechselständig, elliptisch, am Rand gekerbt, immergrün, 5–10 cm.
**Blüte:** Weiße Schalenblütchen bis 1 cm, 5-zählig, in Rispen.
**Frucht:** Rote Beeren bis 1 cm groß, rund, lange zierend.
**Standort:** Hell, aber Morgensonne günstig.
**Verwendung:** Für Wintergärten und Fensterbrett, lang haltbare Topfpflanze. Im Winter kühler als 18 °C. Nicht frosthart.
**Vermehrung:** Kopfstecklinge im Sommer oder Aussaat im Frühling.
**Kultur:** In mäßig saurer Humuserde, Einheitserde bei 18–20 °C, Erde gleichmäßig feucht halten, wöchentlich düngen.
**Hinweise:** Reicher Beerenansatz durch Bestäubungshilfe mit Pinselchen.

## Argyroderma delaetii
Silberhaut
Aizoaceae, Mittagsblumengewächse

**Heimat:** Südafrika: Namaqualand. Subtropisch.
**Wuchsform:** Gedrungen, sukkulent, langsamwachsend.
**Blatt:** Gegenständig, eiförmig, immergrün, dickfleischig, von silberner Haut überzogen, 6–8 cm lang.
**Blüte:** Radiär, vielstrahlig, 4–5 cm breit, weiß, gelblich oder rosa.
**Frucht:** Kapsel mit 14–18 Fächern.
**Standort:** Vollsonnig, geschützt.
**Verwendung:** Sukkulentensammlung, Topfpflanze. Kalthauspflanze.
**Vermehrung:** Aussaat im Frühling.
**Kultur:** Lehmig-mineralisches Substrat (wächst in der Heimat in Quarzkiesfeldern), ohne Torf, dafür mit Perlite. Nässeempfindlich. Während des Wachstums im Sommer gießen, Ruhezeit von I–IV.
**Hinweise:** Der ganze Körper besteht nur aus 2 dickfleischigen Blättern.

| Argyroderma delaetii | | Asclepias curassavica |
|---|---|---|
| 0,06–0,08 m | | 0,7–1/0,8–1,2 m |
| VIII–IX | | V–IX |
| Fensterbrett | | Kübel- und Beetpflanze |
| Kalthaus | | Laubdecke |

## Asclepias curassavica
Curaçao-Seidenpflanze
Asclepiadaceae, Seidenpflanzengewächse

**Heimat:** Südamerika. Tropisch.
**Wuchsform:** Buschiger Halbstrauch.
**Blatt:** Gegenständig, lanzettlich, 5–15 cm lang, dunkelgrün, immergrün.
**Blüte:** Radiär, 1,5 cm groß, orangefarben und gelb, in endständigen Trugdolden.
**Frucht:** Lange Balgfrucht mit flugfähigen Samen.
**Standort:** Vollsonnig, warm.
**Verwendung:** Kübelpflanze, Schnittpflanze, Früchte für Trockensträuße. Bei Winterschutz (Laubabdeckung) im Freien ausdauernd.
**Vermehrung:** Aussaat II–IV unter Glas bei 12–15 °C.
**Kultur:** Nach der Keimung Pikieren, später entspitzen. Ab V ins Freie.
**Sorte:** 'Indianerin', rot mit gelb.
**Hinweise:** Stängelenden bluten nach dem Schnitt, daher 1 Minute in heisses Wasser tauchen. Wichtige Schmetterlingsfutterpflanze.
**Ähnliche Arten:** *A. fruticosa*, weiß, längliche Früchte; *A. physocarpa*, Frucht kugelig.

## Asparagus densiflorus
Zierspargel
Asparagaceae, Spargelgewächse

**Heimat:** Südafrika: Natal. Subtropisch.
**Wuchsform:** Aufrecht bis überhängender, leicht bedornter Spreizklimmer.
**Blatt:** Schraubig angeordnete, nadelfömige Scheinblättchen, grün, 1–3 cm lang.
**Blüte:** Radiär, 3-zählig, klein, weiß, duftend.
**Frucht:** Rote, kugelige Beere.
**Standort:** Hell bis sonnig. Dankbar für hohe Luftfeuchtigkeit.
**Verwendung:** Helle Badezimmer, Dielen, Wintergärten oder helles Kalthaus.
**Vermehrung:** Aussaat ab Februar im Warmhaus, Dunkelkeimer; Teilung möglich.
**Kultur:** Einheitserde, gleichmäßig gießen und düngen. Im Winter kühler und trockener halten.
**Sorte:** 'Sprengeri', wichtig als Schnittgrün; 'Myersii', dichte Wedel aufrecht.
**Hinweise:** Auf Blattläuse und Spinnmilben achten.

## Asparagus falcatus
Sicheldorn-Zierspargel
Asparagaceae, Spargelgewächse

**Heimat:** Sri Lanka, tropisches Afrika. Subtropisch, tropisch.
**Wuchsform:** Aufrechter bis überhängender, leicht bedornter Spreizklimmer.
**Blatt:** Schraubig angeordnete, sichelförmige Phyllocladien, grün, 5–8 cm lang.
**Blüte:** Radiär, 3-zählig, klein, weiß, duftend.
**Frucht:** Braune, kugelige Beere.
**Standort:** Hell bis sonnig. Dankbar für hohe Luftfeuchtigkeit.
**Verwendung:** Helle Wintergärten, Warm- bis Kalthaus.
**Vermehrung:** Aussaat ab Februar im Warmhaus, Dunkelkeimer; Teilung möglich.
**Kultur:** Einheitserde, gleichmäßig gießen und düngen. Im Winter kühler und trockener halten.
**Hinweise:** Auf Blattläuse und Spinnmilben achten.

| | |
|---|---|
| *0,6–2 m* | *2–6 m* |
| *VIII–X* | *VIII–X* |
| *Zimmerpflanze* | *Wintergarten* |
| *Kalthaus* | *Kalthaus* |

## Asparagus setaceus
Federiger Zierspargel
Asparagaceae, Spargelgewächse

**Heimat:** Süd-Afrika. Subtropisch, mediterran.
**Wuchsform:** Aufrechter bis überhängender, leicht bedornter Spreizklimmer. In der Heimat 1–6 m hoch wachsend.
**Blatt:** Wechselständig, feinnadelige Scheinblättchen, grün, 1 cm lang.
**Blüte:** Radiär, 3-zählig, klein, weiß, selten zu sehen.
**Frucht:** Rote, kugelige Beere, selten.
**Standort:** Hell, aber absonnig, dankbar für hohe Luftfeuchtigkeit.
**Verwendung:** Helle Badezimmer, Dielen, Wintergärten, Kalthaus.
**Vermehrung:** Aussaat ab Februar im Warmhaus, Dunkelkeimer; Teilung möglich.
**Kultur:** Einheitserde P, gleichmäßig gießen und düngen.
**Sorte:** 'Plumosus', (Bild), gedrungen, wichtige Schnittgrünsorte.
**Besonderes:** Im Winter kühler und trockener halten.
**Hinweise:** Auf Blattläuse und Spinnmilben achten.

| Asparagus setaceus | | Aspidistra elatior |
|---|---|---|
| 0,5 m | | 0,5–0,7/ 0–1 m |
| VIII–X | | II–IV |
| Zimmer-pflanze | | Zimmer-pflanze |
| Kalthaus | | Kalthaus |

## Aspidistra elatior
Metzgerpalme, Schusterpalme
Convallariaceae, Maiglöckchengewächse

**Heimat:** China. Subtropisch.
**Wuchsform:** Horstbildende, aufrechte Staude mit kurzen Ausläufern.
**Blatt:** Grundständig, breit lanzettlich, gestielt, dunkel- und immergrün.
**Blüte:** Radiär, 1–2 cm groß, trübviolett, wenig über dem Boden sitzend.
**Frucht:** Kapsel.
**Standort:** Besonders anspruchslos, hell bis schattig, kühl.
**Verwendung:** Für schattigste Stellen im Haus verwendbar.
**Vermehrung:** Teilung.
**Kultur:** In lehmig-humoser Erde, alle 2–3 Jahre umtopfen.
**Sorte:** 'Variegata', weiß gestreifte Blätter.
**Hinweise:** Blüten werden von Bodentieren bestäubt.

## Asplenium nidus

Nestfarn

Aspleniaceae, Streifenfarngewächse

**Heimat:** Afrika, Asien, Australien. Tropisch.

**Wuchsform:** Trichterförmige, teils ausladende Rosetten.

**Blatt:** Grundständig, lanzettlich in Rosetten, immergrün, 30–90 cm lang.

**Frucht:** Strichförmige Sori auf der Blattunterseite, beiderseits der Mittelrippe.

**Standort:** Halbschattig bis schattig, hohe Luftfeuchtigkeit wichtig.

**Verwendung:** In Wintergärten, auf Epiphytenstämmen.

**Vermehrung:** Sporenanzucht auf sterilisierten Torfsoden im Frühling.

**Kultur:** Einheitserde mit Sphagnum, Lauberde und Torfbrocken vermischt, pH 5, Substrat immer gut feucht halten. In den Blatttrichtern kann Wasser stehen bleiben.

**Hinweise:** Oft als Epiphyt auf alten Bäumen.

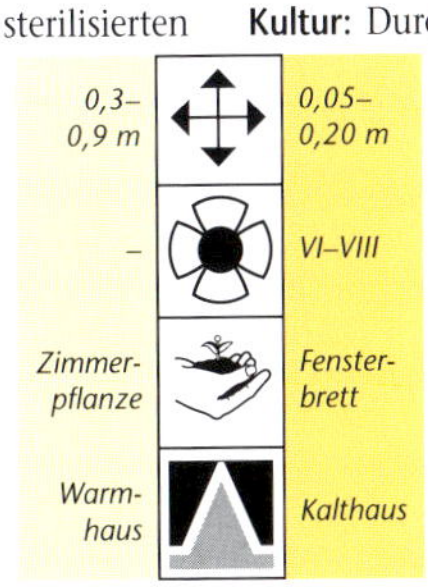

## Astrophytum myriostigma

Bischofsmütze

Cactaceae, Kakteengewächse

**Heimat:** Nordostmexiko. Subtropisch.

**Wuchsform:** Kugelige, dornlose Sukkulente, mit 5 breiten, grau beflockten Rippen.

**Blüte:** Radiär, 5–6 cm, gelb, erscheint am Vegetationspunkt.

**Frucht:** Beere.

**Standort:** Vollsonnig, warm und trocken.

**Verwendung:** Im Einzelstand in Töpfen, auch Sammlungen.

**Vermehrung:** Aussaat im Frühling schwierig, feine Samen nicht abdecken.

**Kultur:** Durchlässige Erde, Kakteenmischung, wenig gießen und düngen.

**Besonderes:** Formen mit 3 und 4 Rippen sind begehrte Liebhaberstücke.

**Hinweise:** Braune, wollige Areolen, Blüten schließen sich abends, halten 1 Woche. Blätter völlig reduziert. Pflanze assimiliert mit dem Spross.

**Weitere Art:** *A. asterias*, Seeigelkaktus, 4–5 cm hoch, flachkugelig, gelbe Blüten

## Aucuba japonica
Aukube
Cornaceae, Hartriegelgewächse

**Heimat:** Ost-Asien. Gemäßigt.
**Wuchsform:** Mehrtriebiger Strauch.
**Blatt:** Gegenständig, elliptisch, immergrün, lederig grün, 8–20 cm lang.
**Blüte:** Zweihäusig, 3–4 mm, weibliche Blüten 4-zählig, purpur, unscheinbar.
**Frucht:** Steinfrucht, 1 cm, länglich, rot.
**Standort:** Sonnig bis halbschattig.
**Verwendung:** Als Kübelpflanze in Einzelstellung, für Innenhöfe, Terrassen. In milden Gebieten winterhart, verträgt bis zu -10 °C.
**Vermehrung:** Stecklinge im Sommer.
**Kultur:** Lehmig-humose Böden, alle paar Jahre umtopfen, öfters düngen.
**Sorte:** 'Crotonifolia', Blätter mit gelben Flecken.
**Hinweise:** In voller Sonne Blattschäden möglich, auf Schildläuse achten.

| Aucuba japonica | Bauhinia variegata |
|---|---|
| *2–2,5 m* | *4–8 m* |
| *III–IV* | *I–IV* |
| *Kübel- und Beetpflanze* | *Kübelpflanze* |
| *Laubdecke* | *Kalthaus* |

## Bauhinia variegata
Bauhinie, Orchideenbaum
Caesalpiniaceae, Caesalpiniengewächse

**Heimat:** China, Indien. Subtropisch.
**Wuchsform:** Mehrstämmiger Kleinbaum.
**Blatt:** Wechselständig, eiförmig, 2-lappig, halbimmergrün, 8–10 cm lang.
**Blüte:** Zygomorph, 5–6 cm groß, rosa, auch weiß und gelb, in Büscheln.
**Frucht:** Hülse.
**Standort:** Sonnig und warm.
**Verwendung:** Einzelstellung im Kübel, in wärmeren Ländern oft als Straßenbaum. Nicht winterhart, daher im Herbst einräumen.
**Vermehrung:** Aussaat, Stecklinge im Sommer.
**Kultur:** Nahrhafte, humose Substrate wie Einheitserde, nicht austrocknen lassen.
**Sorte:** 'Candida', weiße Blüten.
**Hinweise:** Bei Trockenheit und Wind können die Blätter abgeworfen werden. Wegen der Blütenform als Orchideenbaum bezeichnet.

## Beaucarnea recurvata

(Syn.: *Nolina recurvata*)
Flaschenbaum, Elefantenfuß
Dracaenaceae, Drachenbaumgewächse

**Heimat:** Mexiko. Subtropisch, tropisch.
**Wuchsform:** Aufrechter, kleiner Schopfbaum mit keulenförmig verdickter Stammbasis. Im Freien bis 9 m hoch wachsend.
**Blatt:** Schraubig-schopfartig angeordnet, lanzettlich, grün, überhängend, 1–2 m lang, 2 cm breit.
**Blüte:** Glockenförmig, weiß, in endständigen Rispen über dem Laub, selten.
**Frucht:** Kapsel.
**Standort:** Volle Sonne, wärmeliebend.
**Verwendung:** Einzelstand im Gefäß im Blumenfenster, Wintergarten, sommers auf der Terrasse. Nicht frosthart, daher im Winter ins Kalthaus räumen.
**Vermehrung:** Aussaat ganzjährig möglich.
**Kultur:** Durchlässige Substrate oder Kakteenerde.
**Hinweise:** Im verdickten Stamm wird Wasser gespeichert. Anspruchslos.

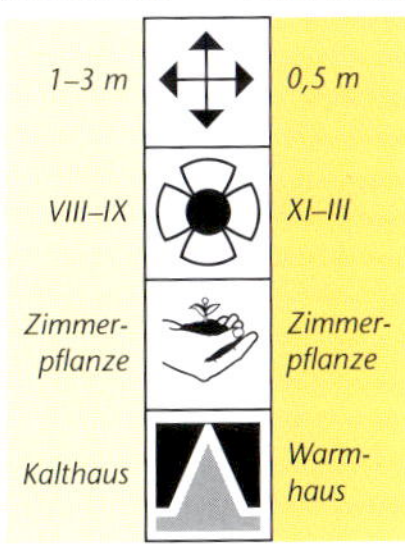


## Begonia bowerae

Bewimperte Begonie, Schiefblatt
Begoniaceae, Schiefblattgewächse

**Heimat:** Südmexiko. Subtropisch, tropisch.
**Wuchsform:** Breit buschige Staude.
**Blatt:** Wechselständig, rundlich mit schiefer Spitze, grünbraun gefleckt, gestielt, Randwimpern, 6–8 cm groß.
**Blüte:** Zygomorph, 1 cm, weiß-rosa, in Blütentrauben über dem Laub.
**Frucht:** Geflügelte Kapsel mit feinen Samen.
**Standort:** Halbschattig und warm, für hohe Luftfeuchtigkeit dankbar.
**Verwendung:** Blumenfenster, Ampeln, Fensterbrett.
**Vermehrung:** Trieb- und Blattstecklinge.
**Kultur:** In humosen Substraten, diese nicht austrocknen lassen. 18–22 °C. Staunässe vermeiden.
**Sorte:** 'Tiger', braungrün mit hellen Randflecken.
**Hinweise:** Blätter rollen sich bei Trockenheit und hoher Temperatur ein.

## Begonia corallina

Strauch-Begonie, Schiefblatt
Begoniaceae, Schiefblattgewächse

**Heimat:** Brasilien. Subtropisch, tropisch.
**Wuchsform:** Breit buschiger Halbstrauch.
**Blatt:** Wechselständig, breit lanzettlich mit schiefer Spitze, dunkelgrün mit weißen Punkten, 10–30 cm lang.
**Blüte:** Zygomorph, 1–2 cm, dunkelrosa, in Blütentrauben über dem Laub.
**Frucht:** Geflügelte Kapsel mit feinen Samen.
**Standort:** Halbschattig und warm, für hohe Luftfeuchtigkeit dankbar.
**Verwendung:** Blumenfenster, Wintergärten.
**Vermehrung:** Trieb- und Blattstecklinge.
**Kultur:** In humosen Substraten, diese nicht austrocknen lassen. Staunässe vermeiden. 18–22 °C.
**Sorte:** 'Lucerna', dunkelgrün mit weißen Flecken, hängend.
**Hinweise:** Auch als Stämmchen gezogen. Blätter rollen sich bei Trockenheit und hoher Temperatur ein.

| | | |
|---|---|---|
| 1 m | | 0,2–0,4 m |
| I–XII | | I–XII |
| Zimmerpflanze | | Zimmerpflanze |
| temp. Haus, Warmhaus | | – |

## Begonia-Elatior-Gruppe

Elatior-Begonie, Blütenbegonie
Begoniaceae, Schiefblattgewächse

**Heimat:** Züchtung, durch viele Kreuzungen entstanden. Subtropisch, tropisch.
**Wuchsform:** Breit buschige Staude.
**Blatt:** Wechselständig, rundlich, gestielt, mit schiefer Spitze, 6–8 cm groß.
**Blüte:** Zygomorph, 2–5 cm, in Blütentrauben über dem Laub. In allen Farbtönen, einfach und gefüllt. Überreiche Blüte.
**Frucht:** Geflügelte Kapsel mit feinen Samen.
**Standort:** Halbschattig und warm, für hohe Luftfeuchtigkeit dankbar.
**Verwendung:** Blumenfenster, Schalen, Fensterbrett.
**Vermehrung:** Trieb- und Blattstecklinge.
**Kultur:** In humosen Substraten, diese nicht austrocknen lassen. Staunässe vermeiden. 18–22 °C.
**Sorten:** 'Nixe', karminrot gefüllt; 'Riegers Schwabenland', rot (Bild).
**Hinweise:** Blätter rollen sich bei Trockenheit und hoher Temperatur ein. Auf Mehltau und Blattläuse achten. Nach der Blütezeit wegwerfen.

## Begonia-Rex-Cultorum-Gruppe
Königs-Begonie
Begoniaceae, Schiefblattgewächse

**Heimat:** Züchtung. Subtropisch, tropisch.
**Wuchsform:** Breit buschige Staude.
**Blatt:** Wechselständig, herzförmig zugespitzt, gestielt, mehrfarbig gefleckt oder gebändert; viele Rottöne, über 20 cm groß.
**Blüte:** Zygomorph, 1 cm, rosa, unauffällig, werden selten gebildet.
**Frucht:** Geflügelte Kapsel mit feinen Samen.
**Standort:** Halbschattig und warm, für hohe Luftfeuchtigkeit dankbar.
**Verwendung:** Blumenfenster, Ampeln, Schalen, Fensterbrett.
**Vermehrung:** Trieb- und Blattstecklinge, auch Blattteilstecklinge möglich.
**Kultur:** In humosen Substraten, diese nicht austrocknen lassen. Staunässe vermeiden. 18–22 °C.
**Sorte:** 'Reiga', rot mit silber, grüner Rand.
**Hinweise:** Blätter rollen sich bei Trockenheit und hoher Temperatur ein. Auf Blattläuse achten.

| Begonia | | Billbergia |
|---|---|---|
| *0,2–0,4 m* | | *0,5/0,6 m* |
| *IV–IX* | | *VI–VIII* |
| *Zimmerpflanze* | | *Zimmerpflanze* |
| *Warmhaus* | | *Warmhaus, Kalthaus* |

## Billbergia nutans
Zimmerhafer
Bromeliaceae, Bromeliengewächse

**Heimat:** Argentinien, Brasilien, Paraguay. Tropisch.
**Wuchsform:** Trichterförmige Rosette, Blüte überhängend.
**Blatt:** Schraubig gestellt, linealisch, am Rand gezähnt, grün, bis 50 cm lang.
**Blüte:** Röhrig, 4–5 cm lang, rosa-grün-blau, in langer Ähre über der Rosete.
**Frucht:** Beere, bildet sich bei uns nur bei künstlicher Bestäubung.
**Standort:** Hell bis halbschattig, warm, im Winter kühler halten.
**Verwendung:** Einzeln in Töpfen, für Wintergärten, Epiphytenstämme.
**Vermehrung:** Einfach durch Abtrennen der Seitensprosse (Kindel genannt).
**Kultur:** Humose Erde, pH 5, Einheitserde. Abgeblühtes entfernen.
**Hinweise:** Anspruchslose Art. Kaum Schädlingsbefall

## Blechnum gibbum
Rippenfarn
Blechnaceae, Rippenfarngewächse

**Heimat:** Neukaledonien, Vanuatu. Tropisch.
**Wuchsform:** Trichterförmige Rosette, stammbildend.
**Blatt:** Schraubig gestellte Rosettenblätter, unpaarig gefiedert, immergrün, glänzend, bis 70 cm lang.
**Frucht:** Sporen auf der Unterseite der Wedel, unscheinbar.
**Standort:** Hell bis halbschattig, im Sommer bis 25 °C.
**Verwendung:** Einzeln im warmen Wintergarten, Zimmer und Blumenfenster. Im Winter hell und kühl stellen (12–18 °C).
**Vermehrung:** Sporen, Aussaat im Frühling.
**Kultur:** Torfsubstrat mit Lauberde mischen, pH 5, gleichmäßig feucht halten. Mäßig düngen im Sommerhalbjahr

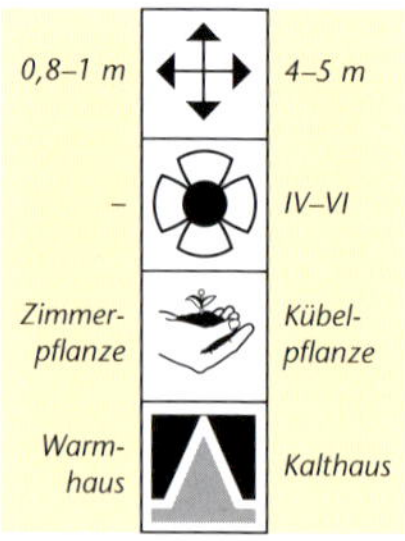


## Bougainvillea glabra
Kahle Drillingsblume, Bougainvillie
Nyctaginacaeae, Wunderblumengewächse

**Heimat:** Brasilien. Tropisch, subtropisch.
**Wuchsform:** Stark wachsender, bedornter Spreizklimmer.
**Blatt:** Wechselständig, elliptisch, glänzend, kahl, immergrün 5–13 cm lang.
**Blüte:** Röhrenförmig, 1 cm, jeweils zu dritt, weiß. Hochblätter in rosa, rot, lachs, weiß.
**Blütezeit:** Hochblätter wirken ganzjährig.
**Frucht:** Schließfrucht länglich.
**Standort:** Warm und sonnig.
**Verwendung:** Kübelpflanze für den Wintergarten, im Sommer auf die Terrasse.
**Vermehrung:** Stecklinge im Frühling, Wurzelfix verwenden, 25 °C Bodentemperatur.
**Kultur:** In sandig-humosem Substrat, benötigt viel Wasser und Nährstoffe.
**Sorten:** 'California Gold', gelb; 'Marie', rot; 'Sensation', orangefarben.
**Hinweise:** Pflanzen bei Anzucht mit Wuchshemmstoffen behandeln.
**Weitere Hybride:** *B. × buttiana (B. glabra × B. peruviana),* rote Hochblätter.

## Bougainvillea spectabilis
Drillingsblume, Bougainvillie
Nyctaginacaeae, Wunderblumengewächse

**Heimat:** Brasilien. Tropisch, subtropisch.
**Wuchsform:** Sehr stark wachsender, bedornter Spreizklimmer.
**Blatt:** Wechselständig, elliptisch, glänzend, behaart, immergrün, 5–11 cm lang.
**Blüte:** Röhrenförmig, 1 cm, jeweils zu dritt, weiß. Hochblätter in rosa, rot, lachs, weiß.
**Blütezeit:** Hochblätter wirken ganzjährig.
**Frucht:** Schließfrucht länglich.
**Standort:** Warm und sonnig.
**Verwendung:** Kübelpflanze für den Wintergarten, im Sommer auf die Terrasse. Nicht winterhart.
**Vermehrung:** Stecklinge im Frühling, Wurzelfix verwenden, 25 °C Bodentemperatur.
**Kultur:** In sandig-humosem Substrat, benötigt viel Wasser und Nährstoffe.
**Sorten:** 'Alba', weiß; 'Don Mario', dunkelrot.
**Hinweise:** Pflanzen bei der Anzucht mit Wuchshemmstoffen behandeln.

| Bougainvillea spectabilis | Brachychiton rupestris |
|---|---|
| 4–9 m | 10–15 m |
| IV–VI | V–VII |
| Kübelpflanze | Kübelpflanze |
| Kalthaus | Kalthaus |

## Brachychiton rupestris
Flaschenbaum
Sterculiaceae, Stinkbaumgewächse

**Heimat:** Australien: Queensland. Mediterran, subtropisch.
**Wuchsform:** Kegelförmiger Baum mit flaschenförmigem Stamm.
**Blatt:** Wechselständig, handförmig, 3- bis 7-lappig, glänzend, halbimmergrün, sehr variabel.
**Blüte:** Radiär, glockig, 1–1,5 cm, hellgelb, in Rispen angeordnet.
**Frucht:** Balgfrucht.
**Standort:** Sonnig und warm.
**Verwendung:** Einzeln in größeren Gefäßen, Wintergärten, Bonsaipflanze. Nicht winterhart. Im Winter ins Kalthaus.
**Vermehrung:** Aussaat.
**Kultur:** Einheitserde, mit Lehm und Sand vermischt, im Winter ins Kalthaus.
**Hinweise:** Wasserspeicherung im Stamm, daher wenig gießen.
**Andere Art:** *B. populneus*, Ost-Australien, Blüten cremefarben mit dunklen Punkten.

## Browallia speciosa
Browallie
Solanaceae, Nachtschatten-gewächse

**Heimat:** Kolumbien, Peru. Tropisch.

**Wuchsform:** Mehrtriebig buschige, krautige Pflanze.

**Blatt:** Wechselständig, breit lanzettlich, immergrün, 6–8 cm.

**Blüte:** Radiär, 5-teilige Schalenblüte, 3–4 cm, lila mit weißem Schlund, in großer Zahl über dem Laub stehend.

**Frucht:** Beere.

**Standort:** Hell, aber nicht vollsonnig, warm.

**Verwendung:** Fensterbrett, reich- und langblühende Zimmerpflanze.

**Vermehrung:** Aussaat ganzjährig im Kalthaus; Stecklinge im Sommer schneiden.

**Kultur:** In Einheitserde, gleichmäßig feucht halten, bei 25 °C, im Winter kühler.

**Sorte:** 'Luna Mittelblau', blau; 'Luna Weiß', weiß.

**Hinweise:** Auf Pilzkrankheiten achten, mäßige Düngung. Überwinterung lohnt nicht.

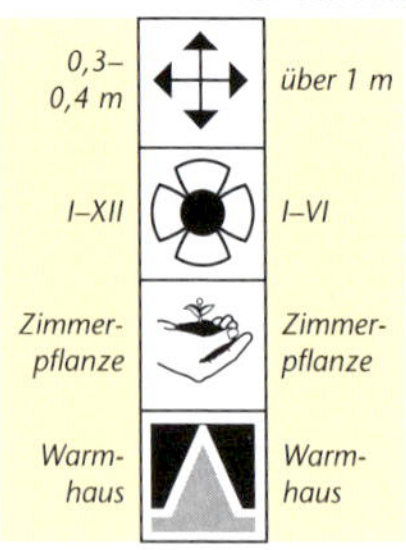


## Brunfelsia pauciflora var. calycina
Brunfelsie
Solanaceae, Nachtschatten-gewächse

**Heimat:** Brasilien. Tropisch.

**Wuchsform:** Breit aufrechter Kleinstrauch. In der Heimat 1,5–3 m hoch wachsend.

**Blatt:** Wechselständig, elliptisch, immergrün, unterseits hellgrün, 8–10 cm lang.

**Blüte:** Radiär, tellerförmig, 4–5 cm breit, 5-zählig, violett, in Trugdolden.

**Frucht:** Kapsel.

**Standort:** Hell, aber absonnig, Warmhaus-Temperaturen von 20–22 °C ideal.

**Verwendung:** Blumenfenster, Wintergarten.

**Vermehrung:** Kopfstecklinge im Sommer, sollten leicht verholzt sein.

**Kultur:** In Einheitserde, Substrat nicht austrocknen lassen, alle 14 Tage düngen, Staunässe unbedingt vermeiden, Rückschnitt nach der Blüte.

**Sorte:** 'Macrantha', größere Blüten.

**Hinweise:** Blütenbildung fördern durch Ruhezeit ab X/XI für 8 Wochen bei 9–14 °C.

## Caladium bicolor
Buntwurz, Buntblatt, Kaladie
Araceae, Aronstabgewächse

**Heimat:** Ekuador. Tropisch.
**Wuchsform:** Horstartig wachsende Staude mit knolligen Wurzeln.
**Blatt:** Grundständig, pfeilförmig, lang gestielt, 20–30 cm lang, über 10 cm breit, in vielen Farbtönen von grün, weiß, rosa, rot.
**Blüte:** Winzige Blüten auf Kolben, wenig auffälliges Hochblatt (Spatha) weiß, selten.
**Frucht:** Beere.
**Standort:** Sehr hell, aber nur Morgen- oder Abendsonne günstig, Warmhaus.
**Verwendung:** Ausdrucksvolle Blattpflanze für Wintergärten und Gewächshäuser. Nur in Warmhäusern mit hoher Luftfeuchtigkeit ideale Kultur möglich. (70 % LF)
**Vermehrung:** Knollen bei 15 °C trocken aufbewahren und im Frühling wieder eintopfen. Knollenteilung von II–III, bei 20 °C und hoher Luftfeuchtigkeit antreiben.
**Kultur:** Einheitserde oder TKS, nicht austrocknen lassen.
**Hinweise:** Ruhezeit (IX–II) beachten, Blätter ziehen im Winter ein.

| Caladium bicolor | | Calathea makoyana |
|---|---|---|
| 0,5–1,2 m | | 0,2–0,5 m |
| III–IV | | I–II |
| Wintergarten | | Wintergarten |
| Warmhaus | | Warmhaus |

## Calathea makoyana
Korbmarante
Marantaceae, Marantengewächse

**Heimat:** Südbrasilien. Tropisch.
**Wuchsform:** Niedrige, breit buschige Staude mit Rhizomen.
**Blatt:** 2-zeilig, eiförmig, oliv-rosa mit grüner Musterung, 15–20 cm lang.
**Blüte:** zygomorph, 2 cm, goldgelb, in aufrechten Ähren, selten.
**Frucht:** Kapsel.
**Standort:** Schattig, hohe Luftfeuchtigkeit, Warmhauspflanze, 22–30 °C! Hohe Bodentemperaturen günstig.
**Verwendung:** Gewächshaus, Wintergarten.
**Vermehrung:** Teilung der Rhizome im Frühling beim Umpflanzen.
**Kultur:** In Einheitserde, gleichmäßig feucht halten, alle 2 Wochen düngen.
**Besonderes:** Wichtige Unterwuchspflanze im Regenwald.
**Hinweise:** Auf Spinnmilben und Schildläuse achten.
**Ähnliche Art:** *C. lancifolia*, Brasilien.

## Calceolaria-Herbeohybrida-Gruppe

Pantoffelblume
Scrophulariaceae, Rachenblütler, Braunwurzgewächse

**Heimat:** Züchtung, Ursprungsart aus Chile. Subtropisch, gemäßigt.
**Wuchsform:** Aufrechte, horstig. Einjährig.
**Blatt:** Gegenständig, eiförmig, Rand gekerbt, 6–8 cm lang.
**Blüte:** Zygomorph, Unterlippe pantoffelförmig, 3–5 cm, vorwiegend gelb bis braunrot, getupft oder getigert.
**Frucht:** Kapsel.
**Standort:** Hell bis sonnig.
**Verwendung:** Reich blühende Topfpflanze fürs Fensterbrett, kurzlebig.
**Vermehrung:** Aussaat im Juli und August im Kalthaus in TKS 1, Lichtkeimer.
**Kultur:** In Einheitserde, wenig düngen, weil salzempfindlich, Erde nicht austrocknen lassen, aber auch Staunässe vermeiden. Im Winter 8–10 °C.
**Sorten:** `Konfetti'; 'Bunter Bikini'.
**Besonderes:** Anzucht ist Gärtnersache, 4 Wochen Kühlphase bei 8 °C.

| Calceolaria | | Calliandra |
|---|---|---|
| 0,25–0,4 m | Wuchshöhe | 2–4 m |
| IV–VI | Blütezeit | II–X |
| Zimmerpflanze | Verwendung | Terrasse |
| – | Überwinterung | Kalthaus |

## Calliandra tweedii

Quastenstrauch
Mimosaceae, Mimosengewächse

**Heimat:** Brasilien. Tropisch, subtropisch.
**Wuchsform:** Breitkroniger, oft mehrstämmiger Strauch.
**Blatt:** Wechselständig, linealisch, doppelt paarig gefiedert, behaart, immergrün, Einzelblättchen 0,6–0,8 cm lang.
**Blüte:** Kleine Einzelblütchen, dichte Blütenköpfe kugelig, mit 5 cm langen, roten Staubblättern.
**Frucht:** Hülse, lang und flach.
**Standort:** Sonnig, geschützt, im Winter im Kalthaus hell und kühl. Nicht winterhart.
**Verwendung:** Wintergarten, sommers auch im Freien.
**Vermehrung:** Aussaat; Kopfstecklinge unter Glas bei 20–25 °C.
**Kultur:** Einheitserde mit Sandzusatz, mäßig feucht halten.
**Hinweise:** Rückschnitt im Frühling erforderlich. Auf Blattläuse achten.

## Callisia elegans
Dreimasterblume
Commelinaceae, Callisie

**Heimat:** Nordmexiko. Subtropisch, tropisch.
**Wuchsform:** Kriechende, niederliegende oder hängende Krautige mit langen Trieben.
**Blatt:** Wechselständig, lanzettlich, 3–8 cm lang, gelbgrün gestreift, immergrün.
**Blüte:** Radiär, 1 cm, 3-zählig, weiß, unscheinbar.
**Frucht:** Kapsel.
**Standort:** Hell bis halbschattig, warm.
**Verwendung:** Anspruchsloser Bodendecker und Ampelpflanze für Wintergärten.
**Vermehrung:** Trieb- und Kopfstecklinge ganzjährig.
**Kultur:** In Einheitserde, laufend gießen und mäßig düngen.
**Hinweise:** Auf Blasenfuß (Thrips) und Rote Spinne achten.

| Callisia elegans | Callistemon citrinus |
|---|---|
| 0,1–0,2 m | 2–5 m |
| I–XII | V–IX |
| Ampelpflanze | Wintergarten |
| Wintergarten | Kalthaus |

## Callistemon citrinus
Zylinderputzer
Myrtaceae, Myrtengewächse

**Heimat:** Südost-Australien. Subtropisch.
**Wuchsform:** Mehrstämmiger, aufrechter Strauch mit bogig überhängenden Trieben.
**Blatt:** Wechselständig, linealisch-lanzettlich, immergrün, 3–7 cm lang.
**Blüte:** Radiär, klein, rot, lange Staubblätter, in bis 15 cm langer Ähre mit fortwachsendem Spross.
**Frucht:** Kapsel.
**Standort:** Sonnig, windgeschützt, kühl überwintern.
**Verwendung:** Wintergarten; im Sommer auf der Terrasse, im Winter im Kalthaus.
**Vermehrung:** Aussaat im Winter, Stecklinge im Sommer.
**Kultur:** Kalkfreie Erdmischung, humose Erde mit Sandzusatz. Mit Regenwasser regelmäßig gießen, im Winter weniger (Ruhezeit), alle 2 Wochen düngen. Verträgt keine Staunässe.
**Sorten:** 'Burgundy', gedrungen, Blüte purpur; 'White Anzac', weiß
**Hinweise:** Jungpflanzen einige Male stutzen. Auf Schildläuse achten.

## Camellia japonica
Kamelie
Theaceae, Teegewächse

**Heimat:** Ost-Asien: Japan, Korea, Taiwan. Subtropisch.
**Wuchsform:** Breit buschiger, mehrstämmiger, aufrechter Strauch.
**Blatt:** Wechselständig, elliptisch, immergrün, lederig, glänzend, dunkelgrün, unterseits heller, 5–8 cm lang.
**Blüte:** Radiär, 4–8 cm, auch gefüllt, weiß, rosa; rot, auch mehrfarbig, end- und achselständig.
**Blütezeit:** Je nach Sorte verschieden.
**Frucht:** Kapsel.
**Standort:** Hell bis halbschattig, luftig, kühl.
**Verwendung:** Schöne Zimmer- und Kübelpflanze, Kalthausgewächs.
**Vermehrung:** Sommerstecklinge oder Risslinge mit Ansatz vom alten Holz, bei 25 °C Bodentemperatur in Torf-Sandgemisch stecken.
**Kultur:** Saure Humuserde, pH 4,5–5,5, Torf und Moorerde mit Quarzsandzusatz, nur mit Regenwasser gießen (kalkfrei), nie austrocknen lassen.
**Sorten:** 'Chandleri Elegans', rosa gefüllt, 'Eleanor Hagood', rot gefüllt.

## Campanula isophylla
Zimmer-Glockenblume
Campanulaceae, Glockenblumengewächse

**Heimat:** Norditalien: Ligurische Alpen. Montan, mediterran.
**Wuchsform:** Niedrige, liegend-überhängende Krautige mit langen Trieben.
**Blatt:** Wechselständig, herzförmig, 3–3,5 cm lang.
**Blüte:** Radiär, sternblütig, 3–4 cm groß, blauviolett, in den Blattachseln.
**Frucht:** Kapsel.
**Standort:** Hell, sonnig, leidet aber unter Mittagssonne, mäßig warm.
**Verwendung:** Ampeln, Fensterbrett, reichblühende Topfpflanze. Im Winter kühl und fast trocken halten.
**Vermehrung:** Aussaat von I–III im Kalthaus, Kopfstecklinge vor der Blüte.
**Kultur:** Einheitserde, kühl und luftig, mäßig feucht halten, gelegentlich stutzen.
**Sorte:** 'Alba', weiß; 'Mayi', hellblau.
**Hinweise:** Nicht ganz winterhart, wird daher nur einjährig gezogen.

| | |
|---|---|
| 2–3 m | 0,1–0,2 m |
| XII–IV | VII–VIII |
| Kübelpflanze | Ampelpflanze |
| Kalthaus | Kalthaus |

## Capsicum annuum
Zierpaprika
Solanaceae, Nachtschattengewächse

**Heimat:** Mexiko. Tropisch.
**Wuchsform:** Aufrecht buschige, ein- bis mehrjährige Pflanze.
**Blatt:** Wechselständig, breit lanzettlich, hellgrün, 4–6 cm lang.
**Blüte:** Radiär, sternförmig, 1–1,5 cm, 5-zählig, weiß.
**Frucht:** Beere, länglich, von VIII–XII, erst grün, dann rot, essbar (scharf).
**Standort:** Hell und luftig.
**Verwendung:** Fensterbrett, Zimmer, im Winter kühler. Als Schnittpflanze haltbar.
**Vermehrung:** Aussaat I–III unter Glas.
**Kultur:** Keimlinge pikieren in Einheitserde, stets feucht halten.
**Sorte:** 'Feuerwerk', 0,15–0,2 m hoch, Früchte rot oder gelb, 2 cm lang
**Besonderes:** Getrocknete Früchte (Peperoni) sind ein sehr scharfes Gewürz.
**Hinweise:** Wird jährlich neu herangezogen.

| Capsicum annuum | | Carex brunnea |
|---|---|---|
| 0,3–0,45 m | | 0,2–0,3 m |
| VI–IX | | – |
| Zimmerpflanze | | Wintergarten |
| temperiertes Haus | | Warmhaus, Kalthaus |

## Carex brunnea
Segge
Cyperaceae, Riedgrasgewächse

**Heimat:** Süd-Asien, Nordost-Australien. Tropisch.
**Wuchsform:** Aufrechtes Sauergras mit Ausläufern.
**Blatt:** Grundständig, linealisch, immergrün, elegant überhängend, 20–30 cm lang, 0,4 cm breit.
**Blüte:** Unscheinbahre Ähre mit braunen Einzelblütchen, selten zu sehen.
**Frucht:** Karyopse.
**Standort:** Sonnig bis absonnig, im Winter bei nur 8–10 °C.
**Verwendung:** Für den kühlen Wintergarten.
**Vermehrung:** Teilung im Frühling.
**Kultur:** Einheitserde, gleichmäßig feucht halten, alle 4 Wochen düngen. Bei gleichmäßiger Feuchtigkeit anspruchslos.
**Sorte:** 'Variegata', Laub gelb-grün längs gestreift, eher im Handel als die Art.

## Caryota mitis
Fischschwanzpalme
Arecaceae, Betelpalmengewächse

**Heimat:** Südost-Asien. Tropisch.
**Wuchsform:** Stamm glatt, Schopf schirmförmig, locker überhängend.
**Blatt:** Schraubig, immergrün, fächerförmig, Wedel doppelt gefiedert, bis 3 m lang. Das keilförmige Fiederblatt hat Ähnlichkeit mit einer Fischflosse.
**Blüte:** In Ähren, klein, ganzjährig.
**Frucht:** Rot, Samen schwarz.
**Standort:** Hell, aber Schutz vor Mittagssonne, hohe Luftfeuchtigkeit.
**Verwendung:** Warmer Platz im Wintergarten oder Zimmer.
**Vermehrung:** Teilung im Frühling.
**Kultur:** In lehmhaltiger Humuserde, warm und feucht halten. Regelmäßig düngen, beim Umtopfen hohe Töpfe verwenden.
**Besonderes:** In den Tropen wichtige Nutzpflanze.
**Hinweise:** Blüten und Früchte erscheinen meist nur am Naturstandort, Stämme sterben anschließend ab, auf Schildläuse achten.

| Caryota mitis | | Casuarina equisetifolia |
|---|---|---|
| *4–8 m* | | *10–30 m* |
| *I–XII* | | *I–II* |
| *Zimmerpflanze* | | *Kübelpflanze* |
| *Warmhaus* | | *temperiertes Haus* |

## Casuarina equisetifolia
Kasuarine, Kängurubaum
Casuarinaceae, Kasuarinengewächse

**Heimat:** Australien, Südost-Asien. Subtropisch, tropisch.
**Wuchsform:** Aufrechter, locker überhängender Baum.
**Blatt:** Quirlständig, immergrün, schuppenförmig, sehr fein.
**Blüte:** Unscheinbar, männliche Blüten in Ähren, weibliche in kleinen Zapfen.
**Frucht:** Braune Zäpfchen, 2 cm lang.
**Standort:** Vollsonnige, auch karge Böden.
**Verwendung:** Kübelpflanze für große Wintergärten.
**Vermehrung:** Aussaat.
**Kultur:** In lockerer Erde, bei der Anzucht stets feucht halten, später resistent gegen Trockenheit.
**Besonderes:** Wird in den Tropen für Windschutzhecken und als Pionierpflanze verwendet. Holz zur Herstellung von Möbeln.
**Hinweise:** Keine Schädlinge.

## Catharanthus roseus
Madagaskarimmergrün
Apocynaceae, Hundsgiftgewächse

**Heimat:** Madagaskar. Subtropisch, tropisch.
**Wuchsform:** Aufrechte, dicht buschige, horstbildende Art.
**Blatt:** Kreuzgegenständig, eiförmig, immergrün, glänzend, 5–8 cm lang.
**Blüte:** Radiär, schalenförmig, 5-teilig, 3–4 cm groß, hellrosa mit roter Mitte. Blütezeit in den Subtropen ganzjährig.
**Frucht:** Kapsel.
**Standort:** Hell, auch volle Sonne, warm.
**Verwendung:** Zimmer, Fensterbrett, Wintergarten, im Sommer auch im Freien. In kühlen, hellen Räumen überwintern.
**Vermehrung:** Aussaat ab Februar, Stecklinge im Frühling oder August schneiden.
**Kultur:** Einheitserde, wärmeliebend, 20–25 °C, im Winter kühler (mind. 12 °C).
**Hinweise:** Alle Pflanzenteile sind **sehr giftig**!

| Catharanthus roseus | | Cattleya trianae |
|---|---|---|
| *0,3–0,6 m* | | *0,15–0,25/0,2–0,35 m* |
| *IV–X* | | *X–IV* |
| *Zimmerpflanze* | | *Blumenfenster* |
| *Warmhaus, Kalthaus* | | *Warmhaus* |

## Cattleya trianae
Cattleya
Orchidacaeae, Orchideengewächse

**Heimat:** Kolumbien. Tropisch.
**Wuchsform:** Locker aufrecht mit Haftwurzeln.
**Blatt:** Immergrün, linealisch, je 1 Blatt entwickelt sich aus einer Pseudobulbe.
**Blüte:** Zygomorph, 16–18 cm, weiß, große Unterlippe hellrot, 3-blütig.
**Frucht:** Kapsel mit vielen sehr feinen Samen.
**Standort:** Hell, aber nicht sonnig bei hoher Luftfeuchtigkeit.
**Verwendung:** Geschlossenes Blumenfenster.
**Vermehrung:** Teilung.
**Kultur:** In einer Mischung aus Rindenstücken, Farnwurzeln und Sphagnum. In der Ruhezeit im Winter mehrere Wochen trocken halten, im Sommer ausreichend gießen mit kalkfreiem Wasser.
**Sorte:** Viele Sorten und Hybriden mit sehr großen Blüten.
**Hinweise:** Als Epiphyt auf hohen Bäumen. Schäden durch Thripse, Spinnmilben und Schildläuse möglich.

## Cephalocereus senilis
Greisenhaupt
Cactaceae, Kakteengewächse

**Heimat:** Mexiko. Subtropisch.
**Wuchsform:** Aufrechte, unverzweigte Säulensukkulente mit langen, weißen Haaren. In der Heimat bis 15 m Höhe.
**Blatt:** Zu Dornen umgebildet. Reich bedornt
**Blüte:** Radiär, trompetenförmig, bis 5 cm lang, rosa, in Kultur selten zu sehen (über 3 m Höhe).
**Frucht:** Rote Beere, selten, weil der Bestäuber fehlt (Fledermäuse).
**Standort:** Vollsonnig, warm, verträgt keinen Frost.
**Verwendung:** Fensterbrett, größere Kakteensammlung im Gewächshaus.
**Vermehrung:** Aussaat im Frühling, langwierig.
**Kultur:** In mineralischer Kakteenerde, mäßig gießen und düngen. Im Winter nicht unter 15 °C halten. Wöchentlich fein mit Wasser einnebeln.
**Hinweise:** Blätter völlig reduziert. Pflanze assimiliert mit dem Spross. Auf Woll- und Wurzelläuse achten.

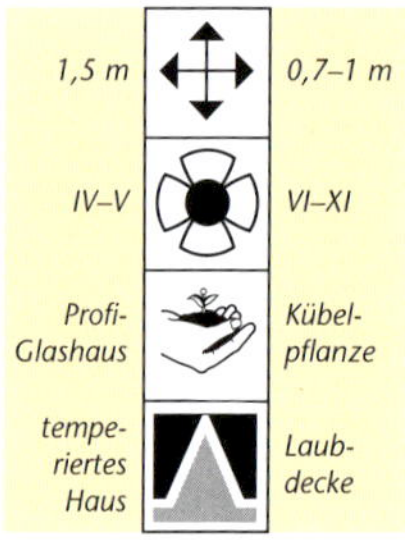


## Ceratostigma willmottianum
Bleiwurz, Hornnarbe
Plumbaginaceae, Bleiwurzgewächse

**Heimat:** China, Tibet. Submediterran.
**Wuchsform:** Ausläufertreibender Halbstrauch, der rundliche Dickichte bildet.
**Blatt:** Wechselständig, eiförmig, beidseitig behaart, graugrün, 4–5 cm lang. Im Herbst gelbe bis leuchtend rote Färbung.
**Blüte:** Radiär, 1–2 cm breit, 5-zählig, flach, leuchtend blau, Röhre rosarot.
**Frucht:** Nussfrucht.
**Standort:** Sonnig und warm, bis zu -10 °C frosthart.
**Verwendung:** Steingarten, Kübelpflanze für Terrasse und Balkon. Winterschutz aus Laubdecke geben. Besser im Kalthaus überwintern.
**Vermehrung:** Triebstecklinge im Frühling, sollen noch weich sein.
**Kultur:** Durchlässiges Substrat, Einheitserde mit Sand mischen.
**Hinweise:** Rückschnitt im Frühling.

## Cereus peruvianus 'Monstrosus'

Felsenkaktus
Cactaceae, Kakteengewächse

**Heimat:** Züchtung, Ursprungsart aus Südbrasilien, Uruguay. Subtropisch.
**Wuchsform:** Unregelmäßige Säulenform, nur schwach bedornt. Die Art wird bis 4 m hoch.
**Blatt:** Umgebildet zu Dornen.
**Blüte:** Radiär, trichterförmig, bis 16 cm lang, äußerst selten.
**Frucht:** Beere wird selten ausgebildet.
**Standort:** Volle Sonne, warm.
**Verwendung:** Einzeln am Fensterbrett, in milden Gebieten auch im Freien. Vor dem ersten Frost einräumen. Überwinterung im Kalthaus.
**Vermehrung:** Stecklinge, Schnittfläche vor dem Stecken mehrere Tage trocknen lassen.
**Kultur:** In mineralischer Kakteenerde, selten gießen.
**Hinweise:** Blätter völlig reduziert. Pflanze assimiliert mit dem Spross.

| | | |
|---|---|---|
| *1–2 m* | | *0,1 m* |
| *IV–V* | | *II–XII.* |
| *Zimmerpflanze* | | *Ampelpflanze* |
| *Kalthaus* | | *Warmhaus, Kalthaus* |

## Ceropegia linearis subsp. woodii

Leuchterpflanze
Asclepiadaceae, Seidenpflanzengewächse

**Heimat:** Kap, Simbabwe. Subtropisch.
**Wuchsform:** Kriechende bis 1 m herabhängende Krautige mit langen, dünnen, bewurzelnden Trieben, knollenbildend.
**Blatt:** Gegenständig, fleischig, herzförmig, weiße Nervatur, 0,5–1,5 cm breit.
**Blüte:** Bauchige Blütenröhre, 2–2,5 cm groß, fleischfarben mit schwarzem Kopf, leuchterartig, achselständig.
**Frucht:** Längliche Kapsel, selten.
**Standort:** Sonnig und warm bei 15–20 °C.
**Verwendung:** Ampelpflanze, im Topf mit Klettergerüst.
**Vermehrung:** Knöllchen in Erde legen, ganzjährig möglich.
**Kultur:** Durchlässige Humuserde mit Sand gemischt, sparsam gießen. Verträgt keine Staunässe.
**Hinweise:** Fäulnisgefahr der Knöllchen. Viele weitere, meist sukkulente Arten, Liebhaberpflanze.

## Cestrum elegans
Roter Hammerstrauch
Solanaceae, Nachtschattengewächse

**Heimat:** Mexiko. Tropisch, subtropisch.
**Wuchsform:** Aufrechter, überhängender Strauch.
**Blatt:** Wechselständig, elliptisch, immergrün, behaart, 7–12 cm lang.
**Blüte:** Radiär, röhrenförmig, 2–3 cm lang, leuchtend rot, in 10 cm langer Rispe.
**Frucht:** Rote Beere, 1,5 cm.
**Standort:** Vollsonnig, geschützt.
**Verwendung:** Kübelpflanze, für Wintergärten. Kalthauspflanze.
**Vermehrung:** Stecklinge im Frühling.
**Kultur:** In nährstoffreicher, lehmiger Erde, im Sommer oft gießen und düngen.
**Hinweise:** Wichtiger Dauerblüher. Auf Grauschimmel achten.

| | | |
|---|---|---|
| 3–4 m | | 0,8–1 m |
| IV–IX | | IV–V |
| Wintergarten | | Zimmerpflanze |
| Kalthaus | | Kalthaus |

## Chamaedorea elegans
Bergpalme
Arecaceae, Betelpalmengewächse

**Heimat:** Guatemala, Mexiko. Tropisch.
**Wuchsform:** Stamm rohrartig mit schirmförmigem, locker überhängendem Schopf. In den Tropen bis 3 m hoch wachsend.
**Blatt:** Schraubig, lanzettlich, unpaarig gefiedert, immergrün.
**Blüte:** Zweihäusig, gelb, in lockerer Rispe, aber wenig auffällig.
**Frucht:** Beere, 0,5 cm, hellgelb, später schwarz.
**Standort:** Hell bis halbschattige Plätze im Zimmer, hohe Luftfeuchtigkeit.
**Verwendung:** Blumenfenster, helle Büros, Wintergarten. Überwinterung kühl.
**Vermehrung:** Aussaat im Frühling, Samen erst 2 Tage in Wasser quellen lassen.
**Kultur:** In Einheitserde, pH 5–6,5, Erde nicht völlig austrocknen lassen.
**Hinweise:** Auf Schildläuse und Spinnmilben achten.

## Chamaerops humilis
Zwergpalme
Arecaceae, Betelpalmengewächse

**Heimat:** Westliches Mittelmeer. Mediterran.
**Wuchsform:** Mehrstämmige, buschige, niedrige Palmenart. In der Heimat bis 5 m hoch wachsend.
**Blatt:** Schraubig, handförmig gestielt, fiederspaltig, immergrün, bedornte Stiele, blaugrün.
**Blüte:** Auffällige gelbe Rispe, 15–20 cm lang, endständig.
**Frucht:** Steinfrucht, 1–3 cm, orangefarben bis rot.
**Standort:** Hell bis halbschattige Plätze im Zimmer, hohe Luftfeuchtigkeit.
**Verwendung:** Blumenfenster, helle Büros, Wintergarten, im Sommer auch im Freien. Überwinterung frostfrei und kühl.
**Vermehrung:** Aussaat im Frühling, Abtrennen der Seitensprosse.
**Kultur:** In Einheitserde, pH 5–6,5, Erde nicht völlig austrocknen lassen.
**Hinweise:** Auf Schildläuse und Spinnmilben achten.

| Chamaerops humilis | | Chlorophytum comosum |
|---|---|---|
| 0,8–1 m | | 0,4–0,5/ 0,5–1 m |
| IV–VI | | III–IV |
| Zimmerpflanze | | Ampelpflanze |
| Kalthaus | | Warmhaus, Kalthaus |

## Chlorophytum comosum
Grünlilie
Anthericaceae, Grasliliengewächse

**Heimat:** Südafrika. Subtropisch, mediterran.
**Wuchsform:** Buschige Krautige mit knollig-verdickten Wurzeln. Lange überhängende Blütentriebe mit Kindeln.
**Blatt:** Schraubig, linealisch, immergrün, 30–40 cm.
**Blüte:** Radiär, sternförmig, 1–2 cm groß, weiß, in Trauben.
**Frucht:** Kapsel.
**Standort:** Hell bis halbschattig, anspruchslos.
**Verwendung:** Ampelpflanze auch für dunklere Zimmerecken, pflegeleicht.
**Vermehrung:** Abtrennen der Kindel, in Erde oder im Wasserglas bewurzeln lassen.
**Kultur:** Einheitserde, Substrat wenig gießen und düngen.
**Sorte:** 'Variegata', weiß-grün gestreiftes Laub (Bild).
**Besonderes:** Pflanze kann schädliches Formaldehyd aus der Luft aufnehmen.
**Hinweise:** Braune Blattspitzen deuten auf zu trockene Luft, auf Schildläuse achten.

## Choisya ternata
Orangenblume
Rutaceae, Rautengewächse

**Heimat:** Mexiko. Subtropisch.
**Wuchsform:** Buschiger, dichter, aufrechter Strauch.
**Blatt:** Gegenständig, lanzettlich, 3-zählig gefingert, immergrün, glänzend, 5–8 cm lang.
**Blüte:** Radiär, sternförmig, 2–3 cm breit, 5-zählig, weiß, in Trugdolden, duftend.
**Frucht:** Bei uns keine Früchte (Beeren) bildend.
**Standort:** Sonnig bis halbschattig.
**Verwendung:** Topf- und Kübelpflanze, in warmen Gebieten als Heckenpflanze. Kalthauspflanze.
**Vermehrung:** Stecklinge im Sommer.
**Kultur:** In kalkfreien Substraten, nährstoffreich, lehmig-humose Böden. Mit Regenwasser gießen.
**Sorte:** 'Sundance', gelbes Laub.
**Hinweise:** Auffälliger, aromatischer Duft.

## Chrysalidocarpus lutescens
Goldfruchtpalme, Goldblattpalme
Arecaceae, Betelpalmengewächse

**Heimat:** Madagaskar. Tropisch.
**Wuchsform:** Mehrstämmig, aufrecht mit locker schirmförmigem Schopf. In der Heimat bis 10 m hoch wachsend.
**Blatt:** Schraubig, linealisch bis schwertförmig, gefiedert, immergrün.
**Blüte:** In der Kultur selten, einhäusig.
**Frucht:** Steinfrucht, ledrig-faserig, violett.
**Standort:** Hell bis halbschattig, im Zimmer nicht unter 18 °C.
**Verwendung:** Blumenfenster, Wintergarten, im Sommer auch im Freien. Im Warmhaus überwintern.
**Vermehrung:** Abtrennen der Bodentriebe, Aussaat bei 25 °C Bodenwärme ganzjährig
**Kultur:** In Einheitserde, Substrat und Luft gleichmäßig feucht halten. Häufig übersprühen mit kalkfreiem Wasser.
**Hinweise:** Auf Schildläuse achten.

| | |
|---|---|
| *2–2,5 m* | *2–3 m* |
| *IV–VI* | – |
| *Kübelpflanze* | *Kübelpflanze* |
| *Kalthaus* | *Warmhaus* |

## Chrysanthem um indicum
(syn.: Dendranthema indicum)
Gärtner-Chrysantheme
Asteraceae, Asterngewächse

**Heimat:** China. Gemäßigt, mediterran.
**Wuchsform:** Aufrecht buschige Staude.
**Blatt:** Wechselständig, fiederteilig, 8–10 cm lang.
**Blüte:** Einzelblüten in Körbchen, 4–20 cm je nach Sorte, einfach oder gefüllt.
**Blütezeit:** Durch Verdunkeln zu jeder Jahreszeit Blüten möglich.
**Frucht:** Samen mit Pappus.
**Standort:** Hell, ab IX kühl bei 16 °C lange haltbar.
**Verwendung:** Topfpflanze, Schnittblume, Kranzbinderei. Nicht winterhart. Ab X trocken überwintern, Kalthauspflanze.
**Vermehrung:** Stecklinge (Spezialbetriebe), auch Teilung nach der Blüte.
**Kultur:** In durchlässigem, humosem Substrat, nicht austrocknen lassen.
**Gruppen und Sorten:** 'Multiflora', kugeliger Wuchs; Mikrosanthen: kleinblumig, viele Farben. Viele Züchtungen in allen Formen und Farben.
**Hinweise:** Rückschnitt nach der Blüte. Schäden durch Pilzkrankheiten, Blattläuse und Minierfliegen möglich.

| Chrysanthemum indicum | | Cissus antarctica |
|---|---|---|
| *0,3–0,4/ 0,8–1 m* | | *1–3 m* |
| *IX–X* | | *–* |
| *Zimmerpflanze* | | *Ampelpflanze* |
| *Kalthaus* | | *Kalthaus* |

## Cissus antarctica
Känguruklimme, Russischer Wein
Vitaceae, Weinrebengewächse

**Heimat:** Australien. Subtropisch, tropisch.
**Wuchsform:** Kletternder Halbstrauch mit rostfarben behaarten Trieben.
**Blatt:** Wechselständig, immergrün, eiförmig, gezähnt, bis 12 cm lang, grün, Blattstiele behaart.
**Blüte:** Grünlich, klein, in Kultur selten zu sehen.
**Frucht:** Beere, selten in Kultur.
**Standort:** Hell bis halbschattig, ganzjährig im Zimmer bei 5–20 °C.
**Verwendung:** Ampelpflanze, Klettergerüste, Treppenhäuser, Kalthausgewächs. Nicht winterhart.
**Vermehrung:** Stecklinge von Mai bis Juni, nach der Bewurzelung stutzen.
**Kultur:** Humose Erde nicht austrocknen lassen, alle 2 Wochen düngen.
**Besonderes:** Gut für Hydrokultur in großen Gefäßen.
**Hinweise:** Auf Spinnmilben und Blattläuse achten.

## Cissus rhombifolia
Rautenblättrige Klimme
Vitaceae, Weinrebengewächse

**Heimat:** Amerika. Subtropisch, tropisch.
**Wuchsform:** Kletternder Halbstrauch mit rostfarben behaarten Trieben.
**Blatt:** Wechselständig, rhombisch, gezähnt, 3-zählig, immergrün, Stiele und Blattunterseiten rötlich behaart, 3–10 cm lang.
**Blüte:** Grünlich, klein, in Kultur selten zu sehen.
**Frucht:** Beere, in Kultur selten zu sehen.
**Standort:** Hell bis halbschattig, ganzjährig im Zimmer bei 5–20 °C.
**Verwendung:** Ampelpflanze, Klettergerüste, Treppenhäuser, Kalthausgewächs. Nicht winterhart.
**Vermehrung:** Stecklinge von Mai bis Juni, nach der Bewurzelung stutzen.
**Kultur:** Humose Erde nicht austrocknen lassen, jede Woche düngen.
**Sorte:** 'Ellen Danica', stärker gezähnte Blätter, gedrungener Wuchs (Bild).
**Hinweise:** Gut für Hydrokultur in großen Gefäßen. Auf Spinnmilben und Blattläuse achten, dann Luftfeuchtigkeit erhöhen.

| Cissus rhombifolia | | Cissus striata |
|---|---|---|
| 1–6 m | | 1–5 m |
| – | | – |
| Ampelpflanze | | Ampelpflanze |
| Warmhaus, Kalthaus | | Warmhaus, Kalthaus |

## Cissus striata
Gestreifte Klimme
Vitaceae, Weinrebengewächse

**Heimat:** Chile, Südbrasilien. Subtropisch, tropisch.
**Wuchsform:** Kletternder Halbstrauch.
**Blatt:** Wechselständig, eiförmig, 3- bis 5-zählig, lederig, immergrün, 3–8 cm lang.
**Blüte:** Grünlich, klein, in Kultur selten zu sehen.
**Frucht:** Beere, in Kultur selten zu sehen.
**Standort:** Hell bis halbschattig, ganzjährig im Zimmer bei 10–20 °C.
**Verwendung:** Ampelpflanze, Klettergerüste, Treppenhäuser, Kalthausgewächs. Nicht winterhart.
**Vermehrung:** Stecklinge von Mai bis Juni, nach der Bewurzelung stutzen.
**Kultur:** Humose Erde nicht austrocknen lassen, alle 2 Wochen düngen. Im Winter trockener und kühler halten.
**Hinweise:** Auf Spinnmilben und Blattläuse achten. (Bild: *Cissus henryana*).

## × Citrofortunella microcarpa
Zwerg-Orange, Calamondine
Rutaceae, Rautengewächse

**Heimat:** Cultivar, Hybride aus *Citrus reticulata* × *Fortunella margarita*. Subtropisch.

**Wuchsform:** Aufrechtes, buschiges Laubgehölz.

**Blatt:** Wechselständig, elliptisch, immergrün, glänzend dunkelgrün, 4–6 cm.

**Blüte:** Radiär, 4–5-strahlig, 1–1,3 cm groß, weiß, Staubgefäße gelb, duftend.

**Frucht:** Beere eiförmig, dunkelorangefarben, 3–5 cm groß, Reife X–I, sauer, essbar.

**Standort:** Hell bis sonnig, luftig, im Sommer im Garten.

**Verwendung:** Zierbäumchen für Zimmer, Wintergarten, Orangerien. Kalthaus.

**Vermehrung:** Veredelung auf *Poncirus trifoliata*, Bitterorange.

**Kultur:** Einheitserde oder TKS, kalkarmes Substrat (pH 4,5–5,5), sparsam mit kalkfreiem Wasser gießen, aber nicht austrocknen lassen, alle 2 Wochen düngen.

**Hinweise:** Oft als Stämmchen gezogen. Wurzelhalsveredlung von Fachleuten ausführen lassen. Auf Schildläuse achten.

| × Citrofortunella microcarpa | | Citrus limon |
|---|---|---|
| *0,8 m (seltener bis 2 m)* | Höhe | *3–7 m* |
| *II–V* | Blüte | *I–XII* |
| *Kübelpflanze* | Verwendung | *Kübelpflanze* |
| *Kalthaus* | Überwinterung | *Kalthaus* |

## Citrus limon
Zitrone, Limone
Rutaceae, Rautengewächse

**Heimat:** Nordmyanmar (Birma), Südchina. Subtropisch.

**Wuchsform:** Breitkroniger Kleinbaum mit lockerem, aufrechten Wuchs, Triebe dornig.

**Blatt:** Wechselständig, eiförmig, immergrün, glänzend, 5–10 cm lang.

**Blüte:** Radiär, 1–2 cm, 4- bis 5-zählig, weiß, duftend.

**Frucht:** Beere, gelb, 7–10 cm lang, sehr saftig, sauer, fruchtet ganzjährig.

**Standort:** Hell bis sonnig, luftig.

**Verwendung:** Kübelpflanze für Orangerien, Wintergärten, sommers im Freien, im Winter im Kalthaus.

**Vermehrung:** Veredelung, meist auf *Poncirus trifoliata,* Bitterorange.

**Kultur:** In Einheitserde, niedriger pH-Wert, mit kalkarmem Wasser gießen.

**Sorte:** 'Oscar', niedriger und kompakter.

**Hinweise:** Gelbe Blätter mit Eisenchelat behandeln (in Citrus-Dünger enthalten). Auf Spinnmilben und Schildläuse achten.

## Citrus reticulata
Mandarine, Santaro-Orange
Rutaceae, Rautengewächse

**Heimat:** Südost-Asien. Subtropisch.
**Wuchsform:** Breitkroniger Kleinbaum mit dichtem, aufrechten Wuchs.
**Blatt:** Wechselständig, elliptisch, immergrün, glänzend, 4–5 cm lang.
**Blüte:** Radiär, 1–2 cm, 4- bis 5-zählig, weiß, duftend, in Doldentrauben, Selbstbefruchter.
**Frucht:** Beere, orangefarben, 5–6 cm lang, sehr saftig, süß.
**Standort:** Hell bis sonnig, luftig.
**Verwendung:** Kübelpflanze für Orangerien, Wintergärten. Sommers im Freien. Im Winter im Kalthaus.
**Vermehrung:** Veredelung, meist auf *Poncirus trifoliata,* Bitterorange.
**Kultur:** In Einheitserde, niedriger pH-Wert, mit kalkarmem Wasser gießen. Verträgt keine Staunässe.
**Sorte:** 'Honey', niedriger und kompakter.
**Hinweise:** Gelbe Blätter mit Eisenchelat behandeln (in Zitrus-Dünger enthalten). Auf Spinnmilben und Schildläuse achten.

| Citrus reticulata | Citrus sinensis |
|---|---|
| 3–4 m | 8–13 m |
| III–V | II–IV |
| Kübelpflanze | Kübelpflanze |
| Kalthaus | Kalthaus |

## Citrus sinensis
Apfelsine, Orange
Rutaceae, Rautengewächse

**Heimat:** China. Subtropisch.
**Wuchsform:** Breitkroniger Kleinbaum mit dichtem, aufrechten Wuchs.
**Blatt:** Wechselständig, eiförmig, immergrün, glänzend, 7–10 cm lang.
**Blüte:** Radiär, 2–3 cm, 4- bis 5-zählig, weiß, duftend, Doldentraube.
**Frucht:** Beere, orangerot, 7–12 cm lang, sehr saftig, süß, fruchtet ganzjährig.
**Standort:** Hell bis sonnig, luftig.
**Verwendung:** Kübelpflanze für Orangerien, Wintergärten, im Sommer ins Freie stellen. Nicht winterhart. Im Winter im Kalthaus.
**Vermehrung:** Veredelung, meist auf *Poncirus trifoliata,* Bitterorange.
**Kultur:** In Einheitserde, niedriger pH-Wert, mit kalkarmem Wasser gießen. Verträgt keine Staunässe.
**Sorte:** 'Moro', Blutorange, niedriger und kompakter, rotes Fruchtfleisch
**Hinweise:** Gelbe Blätter mit Eisenchelat behandeln (in Zitrus-Dünger enthalten). Auf Spinnmilben und Schildläuse achten.

## Clerodendrum thomsoniae
Kletternder Losbaum
Verbenaceae, Eisenkrautgewächse

**Heimat:** West-Afrika. Tropisch.
**Wuchsform:** Raschwachsender Schlinger. Ohne Hemmstoff 2–5 m hoch wachsend.
**Blatt:** Gegenständig, eiförmig, immergrün, filzig behaart 12–17 cm lang.
**Blüte:** Radiär, 2 cm, rot mit weißen Kelchblättern, endständige Doldentraube bis 15 cm groß.
**Frucht:** Beere, rund.
**Standort:** Hell, aber keine Mittagssonne, immer bei mindestens 18 °C.
**Verwendung:** Geschlossenes Blumenfenster, Wintergarten, Kleingewächshaus.
**Vermehrung:** Stecklinge im II–III, nach der Bewurzelung stutzen.
**Kultur:** Einheitserde, mäßig feucht halten, 1-mal wöchentlich düngen. Ruhezeit von XII–I beachten, dann weniger gießen und kühler halten.
**Sorte:** 'Variegata', gelbgrünes Laub.
**Hinweise:** Im Winter kann das Laub abfallen, dann Rückschnitt sinnvoll. Blütenwirkung der weißen Kelche hält mehrere Monate an.

| Clerodendrum thomsoniae | | Clivia miniata |
|---|---|---|
| *0,5 cm* | | *0,4–0,5/ 0,6–0,8 m* |
| *III–VII* | | *II–V* |
| *Blumenfenster* | | *Kübelpflanze* |
| *Warmhaus* | | *Kalthaus* |

## Clivia miniata
Klivie, Riemenblatt
Amaryllidaceae, Amaryllisgewächse

**Heimat:** Südafrika: Natal. Subtropisch.
**Wuchsform:** Horstig wachsende, aufrechte bis überhängende Staude mit fleischigen Wurzeln.
**Blatt:** 2-zeilig gestellt, linealisch, immergrün, dunkelgrün, 40–50 cm lang.
**Blüte:** Radiär, glockenförmig, 6–8 cm, orangerot, in endständiger, auffälliger, bis 20 cm langer Dolde auf langem Schaft.
**Frucht:** Kapsel, rund, bei Reife rot.
**Standort:** Hell, luftig, im Sommer auch im Freien. Ruhezeit im Winter: 2 Monate bei 10–15 °C trocken halten (Anlage der Blütenknospen).
**Verwendung:** Von V–IX im Zimmer, Kalthauspflanze, Im Sommer als Kübelpflanze im Freien, halbschattig.
**Vermehrung:** Teilung im Frühling, bewurzelte Seitentriebe abtrennen.
**Kultur:** Humose Erde mit Lehmzusatz, Erde nicht austrocknen lassen, im Sommer alle 2 Wochen düngen. Umtopfen nach der Blüte im April.
**Hinweise:** Fleischige Wurzeln nicht verletzen, auf Wollläuse achten.

## Coccoloba uvifera
Meertraube
Polygonaceae, Knöterichgewächse

**Heimat:** Amerika. Tropisch.

**Wuchsform:** Mehrstämmiger Kleinbaum mit dichter Krone. In der Heimat 5–8 m hoch wachsend.

**Blatt:** Wechselständig, immergrün, rundlich, 15–20 cm, grün, Mittelrippe rot.

**Blüte:** Blassgelbe unscheinbare Einzelblüten in 15 cm langen Ähren. Nur in warmen Ländern erscheinend.

**Frucht:** Beeren, traubenähnlich, essbar, 1 cm groß, in unserem Klima nicht ausgebildet.

**Standort:** Hell und luftig, im Winter nicht unter 15 °C.

**Verwendung:** Kübelpflanze für Wintergärten, benötigt viel Platz.

**Vermehrung:** Kopfstecklinge im Frühling.

**Kultur:** Erdmischung aus Komposterde, Torf und grobem Sand. Mäßig gießen.

**Besonderes:** Nutzpflanze in den Tropen, Früchte essbar.

**Hinweise:** Rückschnitt im Frühling günstig.

| Coccoloba uvifera | Cocos nucifera |
|---|---|
| *0,8–1 m* | *3–5 m* |
| *keine Angaben* | *I–XII* |
| *Kübelpflanze* | *Kübelpflanze* |
| *temperiertes Haus* | *Warmhaus* |

## Cocos nucifera
Kokospalme
Arecaceae, Betelpalmengewächse

**Heimat:** Melanesien. Tropisch.

**Wuchsform:** Durchgehender, aufrechter Stamm mit schirmförmigem Schopf. In der Heimat 10–30 m hoch wachsend.

**Blatt:** Schraubig, linealisch, unpaarig gefiedert, immergrün, 4–6 m lang, Einzelblatt 60–90 cm.

**Blüte:** Radiär, 0,3 cm, 3-zählig, weiß, in Rispen. Nur in warmen Ländern erscheinend.

**Frucht:** Steinfrucht mit lederig-faseriger Hülle, hellgrün, bekannte Kokosnuss.

**Standort:** Warm, luftig, im Winter 15–20°, sonst wärmer, mind. 60 % Luftfeuchte.

**Verwendung:** Kübelpflanze für warme Räume, Kleingewächshaus.

**Vermehrung:** Importierte Samen (Kokosnuss) keimen bei 25 °C, in feuchten Torf legen.

**Kultur:** Einheitserde immer stets feucht halten. Wöchentlich düngen.

**Besonderes:** Wichtiges Nahrungsmittel in den Tropen, enthält Fett und Eiweiß.

**Hinweise:** Auf Spinnmilben und Schildläuse achten.

## Codiaeum variegatum var. pictum

Wunderstrauch
Euphorbiaceae, Wolfsmilchgewächse

**Heimat:** Molukken (Indonesien). Tropisch.
**Wuchsform:** Breit aufrechter, lockerwüchsiger Strauch.
**Blatt:** Wechselständig, eiförmig, 3- bis 5-lappig, immergrün, grün mit rot-gelber Maserung, 10–30 cm lang.
**Blüte:** Radiär, 0,5 cm, 3-zählig, weiß, unscheinbar, in achselständigen Trauben. In Kultur selten.
**Frucht:** Kapsel.
**Standort:** Halbschattig bis hell, nicht unter 18 °C, hohe Luftfeuchtigkeit.
**Verwendung:** Warmhauspflanze für Wintergärten und Gewächshäuser.
**Vermehrung:** Stecklinge von I–III bei 25–30 °C bewurzeln lassen.
**Kultur:** In Torfkultursubstraten, mit weichem Wasser gießen.
**Sorte:** 'Goldfinger', grünes Laub mit roten Adern.
**Hinweise:** Hell und warm überwintern. Befall durch Bodenpilze und Schildläuse möglich.

| Codiaeum | Coelogyne |
|---|---|
| *0,5–2,5 m* | *0,3–0,4 m* |
| *I–XII* | *I–III* |
| *Wintergarten* | *Blumenfenster* |
| *Warmhaus* | *Kalthaus* |

## Coelogyne cristata

Coelogyne
Orchidaceae, Orchideengewächse

**Heimat:** Osthimalaja. Subtropisch, tropisch.
**Wuchsform:** Aufrechter, überhängender Epiphyt, bildet Pseudobulben.
**Blatt:** Grundständig, linealisch, aus Pseudobulben entstehend, immergrün, 15–20 cm lang.
**Blüte:** Disymmetrisch, 4–5 cm, 3-zählig, weiß mit gelber Zeichnung, in Trauben.
**Frucht:** Kapsel.
**Standort:** Hell, aber nicht vollsonnig, Morgensonne.
**Verwendung:** Ostseitiges Blumenfenster, Vitrine, Ampel, Epiphytenstamm.
**Vermehrung:** Teilung der Pseudobulben im Frühling.
**Kultur:** In Farnwurzeln und Rindensubstrat. Mit Regenwasser gießen. Von XI–IV trocken halten.
**Hinweise:** Blüten hängen lang herab. Neutriebe nie überspritzen, sonst droht Fäulnis.

## Coffea arabica
Kaffeestrauch
Rubiaceae, Rötegewächse

**Heimat:** Äthiopien, Sudan. Tropisch.
**Wuchsform:** Aufrechter Strauch mit etagenförmiger Verzweigung.
**Blatt:** Gegenständig, breit lanzettlich, immergrün, dunkelgrün, 10–15 cm lang.
**Blüte:** Radiär, strahlenförmig, 2–2,5 cm breit, 4-zählig, weiß, duftend, in achselständigen Doldentrauben.
**Frucht:** Beerenartige Steinfrucht, 1–1,5 cm lang, dunkelrot, enthält 2 Kerne (die Kaffeebohnen).
**Standort:** Sonnig bis halbschattig, warm.
**Verwendung:** Einzeln im Topf oder Kübel als Zimmerpflanze. Im Winter nicht unter 15 °C.
**Vermehrung:** Fruchtfleisch von frisch geerntete Bohnen entfernen und sofort aussäen.
**Kultur:** Kalkfreie Substrate, Einheitserde; Erde nie austrocknen lassen, 16–20 °C,
**Besonderes:** Wichtige weltweite Nutzpflanze: Geröstete Kerne werden als Kaffeebohnen gehandelt.
**Hinweise:** Auf Schildlausbefall achten.

| Coffea arabica | | Columnea gloriosa |
|---|---|---|
| *2–6 m* | | *0,2 m* |
| *IV–V* | | *IX–V* |
| *Zimmerpflanze* | | *Ampelpflanze* |
| *Warmhaus* | | *Warmhaus* |

## Columnea gloriosa
Pracht-Rachenrebe
Gesneriaceae, Gesneriengewächse

**Heimat:** Costa Rica. Tropisch.
**Wuchsform:** Kriechende oder hängende Triebe. 0,4–0,5 m lang herabhängend.
**Blatt:** Gegenständig, eiförmig, immergrün, behaart, 2–3 cm lang.
**Blüte:** Disymmetrisch, röhrenförmig, 6–8 cm lang, leuchtend rot mit gelbem Schlundfleck, in Blattachseln und Triebenden.
**Frucht:** Beere.
**Standort:** Lichter Schatten, warm, 20–30 °C im Sommer, im Winter mindestens 20 °C.
**Verwendung:** Ampelpflanze für Blumenfenster und Kleingewächshaus.
**Vermehrung:** Stecklinge ganzjährig, bei 25 °C in Torf-Sandgemisch stecken.
**Kultur:** In durchlässiger Humuserde, Einheitserde; nicht austrocknen lassen.
**Sorte:** 'Purpurea', Blätter bronzerot
**Hinweise:** Ruhepause von 6 Wochen im Winter bei 15 °C fördert die Blütenbildung. Auf Blattläuse achten.

## Columnea hirta

Rachenrebe

Gesneriaceae, Gesneriengewächse

**Heimat:** Costa Rica. Tropisch.

**Wuchsform:** Kriechend oder hängende Triebe. 0,4–0,5 m lang herabhängend.

**Blatt:** Gegenständig, eiförmig, immergrün, behaart, 3–5 cm lang.

**Blüte:** Disymmetrisch, röhrenförmig, 8–10 cm lang, leuchtend rot mit gelbem Schlundfleck, in Blattachseln und Triebenden.

**Frucht:** Beere

**Standort:** Lichter Schatten, warm, 20–30 °C im Sommer, im Winter mindestens 20 °C.

**Verwendung:** Ampelpflanze für Blumenfenster und Kleingewächshaus.

**Vermehrung:** Stecklinge ganzjährig, bei 25 °C in Torf-Sandgemisch stecken.

**Kultur:** In durchlässiger Humuserde, Einheitserde; nicht austrocknen lassen.

**Sorte:** 'Sonne', Blätter weich behaart, leuchtend orangefarbene Blüten.

**Hinweise:** Ruhepause von 6 Wochen im Winter bei 15 °C fördert die Blütenbildung. Auf Blattläuse achten.

| | | |
|---|---|---|
| 0,2 m | | 0,2 m |
| III–IV | | III–VIII |
| Ampelpflanze | | Ampelpflanze |
| Warmhaus | | Warmhaus |

## Columnea microphylla

Kleinblättrige Rachenrebe

Gesneriaceae, Gesneriengewächse

**Heimat:** Costa Rica. Tropisch.

**Wuchsform:** Kriechend oder hängende Triebe. 0,2 m, aber 0,5–1 m lang herabhängend.

**Blatt:** Gegenständig, eiförmig, immergrün, stark behaart, 1 cm lang.

**Blüte:** Disymmetrisch, röhrenförmig, 6–8 cm lang, leuchtend rot mit gelbem Schlundfleck, in Blattachseln und Triebenden.

**Frucht:** Beere.

**Standort:** Lichter Schatten, warm, 20–30 °C im Sommer, im Winter mindestens 20 °C.

**Verwendung:** Ampelpflanze für Blumenfenster und Kleingewächshaus.

**Vermehrung:** Stecklinge ganzjährig, bei 25 °C in Torf-Sandgemisch stecken.

**Kultur:** In durchlässiger Humuserde, Einheitserde; nicht austrocknen lassen.

**Sorte:** 'Variegata', Blätter weiß-grün.

**Hinweise:** Ruhepause von 4 Wochen im Winter bei 15 °C fördert die Blütenbildung. Auf Blattläuse achten.

## Cordyline australis

Keulenlilie
Agavaceae, Agavengewächse

**Heimat:** Neuseeland. Subtropisch.
**Wuchsform:** Aufrechter Kleinbaum mit verzweigtem Stamm und hängenden Blättern. In der Heimat auch über 10 m hoch.
**Blatt:** Schraubig, lanzettlich, immergrün, 0,6–1 m lang, 6–8 cm breit.
**Blüte:** Radiär, sternförmig, 0,5–1 cm, weiß, in bis 30 cm langen Rispen. Duftpflanze.
**Frucht:** Beere, 6 mm groß, bläulich.
**Standort:** Hell und warm, nicht unter 18 °C.
**Verwendung:** Wintergarten, im Sommer auch im Kübel im Freien. Im Winter im Kalthaus.
**Vermehrung:** Aussaat der importierten Samen von I–II bei 25 °C, Kopfstecklinge im Sommer möglich.
**Kultur:** Durchlässige, humose Erde, Jungpflanzen bei 20–25 °C, hell.
**Sorte:** 'Purpurea', Blätter rötlich grün.
**Hinweise:** Nach der Blüte verzweigt sich der Haupttrieb. Schildlausbefall möglich. Vermehrung aus Samen den Fachleuten überlassen.

| Cordyline australis | | Cordyline indivisa |
|---|---|---|
| *2–3/2,5 –3,5 m* | | *2–3/2,5 –3,5 m* |
| *V–VII* | | *V–VI* |
| *Kübelpflanze* | | *Kübelpflanze* |
| *Kalthaus* | | *Kalthaus* |

## Cordyline indivisa

Keulenlilie
Agavaceae, Agavengewächse

**Heimat:** Neuseeland. Subtropisch.
**Wuchsform:** Aufrechter, einstämmiger Kleinbaum mit hängenden Blättern. In der Heimat bis 15 m hoch wachsend.
**Blatt:** Schraubig, lanzettlich, lederig, immergrün, unterseits mattblau, 70–150 cm lang, 12–18 cm breit.
**Blüte:** Radiär, sternförmig, 0,5–1 cm, weiß, lila schimmernd, in bis 1,2 m langen, hängenden Rispen.
**Frucht:** Beere, kugelig, 8 mm groß.
**Standort:** Hell und warm, nicht unter 18 °C.
**Verwendung:** Wintergarten, im Sommer auch im Kübel im Freien. Im Winter im Kalthaus.
**Vermehrung:** Aussaat der importierten Samen von I–II bei 25 °C, Kopfstecklinge im Sommer möglich.
**Kultur:** Durchlässige, humose Erde, 20–25 °C, hell.
**Hinweise:** Art ist selten in Kultur. Schildlausbefall möglich. Langwierige Vermehrung aus Samen ist Gärtnersache.

## Cordyline stricta
Keulenlilie
Agavaceae, Agavengewächse

**Heimat:** Australien: Neusüdwales, Queensland. Subtropisch.
**Wuchsform:** Aufrechter Strauch mit zierlichem Wuchs.
**Blatt:** Schraubig, lanzettlich, immergrün, 30–60 cm lang, 2–3 cm breit.
**Blüte:** Radiär, sternförmig, 0,5–1 cm, lila, in bis 30 cm langen Rispen.
**Frucht:** Beere, sehr selten.
**Standort:** Hell und warm, nicht unter 18 °C.
**Verwendung:** Wintergarten, im Sommer auch im Kübel im Freien. Im Winter im Kalthaus.
**Vermehrung:** Aussaat der importierten Samen von I–II bei 25 °C, Kopfstecklinge im Sommer möglich.
**Kultur:** Durchlässige, humose Erde, 20–25 °C, hell.
**Besonderes:** Vermehrung aus Samen den Fachleuten überlassen.
**Hinweise:** Schildlausbefall möglich.

| Cordyline stricta | | Cordyline terminalis |
|---|---|---|
| *1–3/1,5 –3,5 m* | | *2–4/2,5 –4,5 m* |
| *IV–V* | | *I–XII* |
| *Kübelpflanze* | | *Blumenfenster* |
| *Kalthaus* | | *Warmhaus* |

## Cordyline terminalis
(Syn.: *C. fruticosa*)
Keulenlilie
Agavaceae, Agavengewächse

**Heimat:** Neuseeland, Nordost-Australien, Asien. Tropisch.
**Wuchsform:** Aufrechter Strauch mit hängenden Blättern.
**Blatt:** Schraubig, lanzettlich, gestielt, immergrün, 30–50 cm lang, 6–8 cm breit, auch rötlich oder gelblich gestreift, je nach Sorte.
**Blüte:** Radiär, sternförmig, 0,5–1 cm, weiß, in bis 30 cm langen Rispen.
**Frucht:** Beere.
**Standort:** Hell und warm, nicht unter 18 °C.
**Verwendung:** Blumenfenster, Kleingewächshaus. Im Winter im Warmhaus.
**Vermehrung:** Aussaat der importierten Samen von I–II bei 25 °C, Kopfstecklinge im Sommer möglich.
**Kultur:** Durchlässige, humose Erde, ständig feucht halten, 20–25 °C, hell.
**Sorte:** 'Red Edge', Blätter rötlich grün.
**Hinweise:** Schildlausbefall möglich, hohe Luftfeuchtigkeit wichtig. Vermehrung aus Samen den Fachleuten überlassen.

## Corokia cotoneaster
Zickzackstrauch
Escalloniaceae, Escalloniengewächse

**Heimat:** Neuseeland. Subtropisch, mediterran.
**Wuchsform:** Sparriger Zwergstrauch mit zickzackartig geformten Zweigen. In der Heimat bis 2 m hoch wachsend.
**Blatt:** Wechselständig, eirund, immergrün, dunkelgrün, unterseits filzig behaart, 1–2 cm lang.
**Blüte:** Radiär, sternförmig, 1 cm, 5-zählig, gelb.
**Frucht:** Steinfrucht, orangerot, 6–8 mm groß.
**Standort:** Hell, im Sommer auch im Freien im Halbschatten, humose Böden.
**Verwendung:** Einzeln für den Wintergarten, auch als Bonsai verwendbar.
**Vermehrung:** Kopfstecklinge im Sommer.
**Kultur:** Einheitserde, mäßig feucht halten, im Winter hell und kühl.
**Sorte:** 'Erecta', aufrechter Wuchs
**Hinweise:** Robust, kaum Befall von Schädlingen und Krankheiten. Für den Liebhaber eigenartiger Wuchsformen.

| Corokia cotoneaster | | Corynocarpus laevigatus |
|---|---|---|
| *1 m* | Wuchshöhe | *5 m* |
| *II–III* | Blüte | *IX–X* |
| *Wintergarten* | Verwendung | *Kübelpflanze* |
| *Kalthaus* | Überwinterung | *Kalthaus* |

## Corynocarpus laevigatus
Karakabaum
Corynocarpaceae, Karakabaumgewächse

**Heimat:** Neuseeland. Subtropisch.
**Wuchsform:** Baum mit kegelförmiger Krone. In der Heimat bis 20 m hoch wachsend.
**Blatt:** Wechselständig, eiförmig, fleischig-lederig, immergrün, 15–18 cm lang, grün.
**Blüte:** Radiär, 0,4 cm, weiß, in Rispen, bei uns in Kultur noch nicht beobachtet.
**Frucht:** Orangefarbene Steinfrucht, 3–4 cm lang, enthält einen giftigen Samen.
**Standort:** Volle Sonne bis Halbschatten, humose Böden.
**Verwendung:** Kübelpflanze, im Sommer im Freien, im Winter im Kalthaus.
**Vermehrung:** Kopfstecklinge im VIII.
**Kultur:** Jungpflanzen mehrmals stutzen, Einheitserde T.
**Sorte:** 'Alba Variegata', weiß gerandete Blätter.
**Besonderes:** Samen werden von den Maoris geröstet und gegessen.
**Hinweise:** Auf Schildläuse achten.

## Crassula coccinea
Dickblatt
Crassulaceae, Dickblattgewächse

**Heimat:** Süd-Afrika. Subtropisch.
**Wuchsform:** Niedriger, sukkulenter Halbstrauch mit aufrechten Trieben.
**Blatt:** Gegenständig, dachziegelartig überlappend angeordnet, oval zugespitzt, dickfleischig, immergrün, 1,5–3 cm lang.
**Blüte:** Radiär, röhrenförmige Sternblüten, 1–1,5 cm groß, 5-zählig, leuchtend rot in endständigen Trugdolden, 4–5 cm breit.
**Frucht:** Kapsel mit sehr feinen Samen.
**Standort:** Vollsonnige Lagen in durchlässigen Böden.
**Verwendung:** Unempfindliche Zimmerpflanze, im Winter hell und kühl halten (4–8 °C). Kalthauspflanze.
**Vermehrung:** Kopfstecklinge einige Tage trocknen lassen, dann stecken.
**Kultur:** In sandig-humosem Substrat, verträgt viel Trockenheit, wenig düngen. Empfindlich bei zu viel Nässe.
**Hinweise:** Nach der Blüte etwa 10 cm zurückschneiden. Blüht überreich.

| | | |
|---|---|---|
| *0,2–0,3/ 0,25– 0,4 m* | | *0,4– 0,6 m* |
| *VI–VIII* | | *IV–VII* |
| *Zimmerpflanze* | | *Zimmerpflanze* |
| *Kalthaus* | | *Kalthaus* |

## Crassula ovata
Dickblatt
Crassulaceae, Dickblattgewächse

**Heimat:** Südafrika: Kap, Natal. Subtropisch.
**Wuchsform:** Kugelförmiger, sukkulenter Busch. In der Heimat bis 3 m hoch wachsend.
**Blatt:** Gegenständig, oval, dickfleischig, immergrün, grüngrau, 3–4 cm lang.
**Blüte:** Radiär, sternförmig, 1–1,5 cm groß, 5-zählig, weiß-rosa, in endständigen Trugdolden, 4–5 cm breit.
**Frucht:** Kapsel mit sehr feinen Samen.
**Standort:** Vollsonnige Lagen in durchlässigen Böden.
**Verwendung:** Unempfindliche Zimmerpflanze, im Winter hell und kühl halten.
**Vermehrung:** Blattstecklinge einige Tage trocknen lassen, dann stecken.
**Kultur:** In sandig-humosem Substrat, verträgt viel Trockenheit. Empfindlich bei zu viel Nässe.
**Hinweise:** Wird auch wegen seiner Blätter 'Geldbaum' genannt.

## Crassula perfoliata var. falcata
(Syn.: *Rochea falcata*)
Sichel-Dickblatt
Crassulaceae, Dickblattgewächse

**Heimat:** Südafrika: Kap, Natal. Subtropisch.
**Wuchsform:** Niedriger, sukkulenter Busch.
**Blatt:** Gegenständig, oval, dickfleischig, sichelförmig gebogen, immergrün, grau, 8–14 cm lang.
**Blüte:** Radiär, sternförmig, 1–1,5 cm groß, 5-zählig, leuchtend rot, in endständigen Trugdolden, 10–15 cm breit.
**Frucht:** Kapsel mit sehr feinen Samen.
**Standort:** Vollsonnige Lagen in durchlässigen Böden
**Verwendung:** Unempfindliche Zimmerpflanze, im Winter hell und kühl halten (mind. 7 °C).
**Vermehrung:** Triebstecklinge einige Tage trocknen lassen, dann stecken.
**Kultur:** In sandig-humosem Substrat, verträgt viel Trockenheit. Empfindlich bei zu viel Nässe.
**Hinweise:** Auf Wollläuse achten.

| Crassula perfoliata var. falcata | Crossandra infundibuliformis |
|---|---|
| 0,3–0,5/ 0,4–0,6 m | 0,3–0,4/ 0,4–0,5 m |
| XII–IV | V–IX |
| Zimmerpflanze | Zimmerpflanze |
| Kalthaus | Warmhaus |

## Crossandra infundibuliformis
Krossandra
Acanthaceae, Akanthusgewächse

**Heimat:** Pakistan, Indien, Sri Lanka, Südost-Asien. Tropisch.
**Wuchsform:** Buschiger, aufrechter, mehrtriebiger Halbstrauch.
**Blatt:** Gegenständig, breit lanzettlich, immergrün, glänzend dunkelgrün, 7–10 cm lang.
**Blüte:** Disymmetrisch, 1,5–2 cm groß, hellorangefarben, an endständigen Ähren.
**Frucht:** Kapsel.
**Standort:** Halbschattige Lagen in humosen Böden, Warmhauspflanze.
**Verwendung:** Zimmerpflanze mit langer Blütezeit.
**Vermehrung:** Kopfstecklinge im Frühling.
**Kultur:** In Einheitserde bei hohen Temperaturen, Ballen darf nicht austrocknen.
**Sorte:** 'Mona Wallhed', kompakt wachsend, 40 cm hoch, lachsfarbene Blüten.
**Hinweise:** Winterliche Ruhezeit fördert den Blütenansatz. Rückschnitt nach der Blüte. Auf Mottenschildläuse (Weiße Fliege) und Blattläuse achten.

## Cryptanthus zonatus
Versteckblüte, Cryptanthus
Bromeliaceae, Ananasgewächse

**Heimat:** Brasilien. Tropisch.
**Wuchsform:** Trichterförmige Rosette.
**Blatt:** Schraubig, linealisch, am Rand bestachelt, gewellt, immergrün, braungrün gefärbt mit hellen oder rosafarbenen Querstreifen, 15–20 cm lang.
**Blüte:** Radiär, 2 cm, 3-zählig, unscheinbar, in Ähren im Blatttrichter.
**Frucht:** Beere.
**Standort:** Schwach sonnig bis halbschattig, hohe Luftfeuchtigkeit.
**Verwendung:** Bodendecker in Vitrinen, Schalen, Trögen. Warmhauspflanze. Nicht winterhart.
**Vermehrung:** Abtrennen der Kindel ganzjährig möglich.
**Kultur:** In Einheitserde mit Zusatz von Sphagnum, Substrat immer feucht halten.
**Sorte:** 'Zebrinus`, schokoladenbraun mit hellen Bändern.
**Weitere Art:** *C. bivittatus*, grün mit helleren Längsstreifen.
**Hinweise:** Anspruchslose Gewächse für viele Verwendungsmöglichkeiten. Auf Schildläuse achten.

| | | |
|---|---|---|
| 0,05–0,08 m | | 0,2-0,4 m |
| I–XII | | keine Angaben |
| Zimmerpflanze | | Blumenfenster |
| Warmhaus | | Warmhaus |

## Ctenanthe lubbersiana
Ctenanthe
Marantaceae, Marantagewächse

**Heimat:** Brasilien. Tropisch.
**Wuchsform:** Aufrechte bis übergeneigte, Horste bildende Staude.
**Blatt:** 2-zeilig, elliptisch, immergrün, grün mit heller Zeichnung, bis 20 cm lang.
**Blüte:** Disymmetrisch, klein, weiß, unscheinbar (selten in Kultur).
**Standort:** Hell, aber nicht vollsonnig.
**Verwendung:** Geschlossene Vitrinen und Blumenfenster. Auch im Winter im Warmhaus.
**Vermehrung:** Stecklinge, Teilung im Frühling.
**Kultur:** In Einheitserde, stets auf hohe Luftfeuchtigkeit achten. Oft besprühen.
**Sorte:** 'Variegata', weißgrünes Laub.
**Hinweise:** Warm und feucht, aber nicht nass halten.

## Cupressus macrocarpa

Zimmer-Zypresse, Monterey-Zypresse
Cupressaceae, Zypressengewächse

**Heimat:** Kalifornien, Halbinsel Monterey. Mediterran.
**Wuchsform:** Aufrechter Nadelbaum. In der Heimat 10–15 m hoch wachsend.
**Blatt:** Schuppenförmig, immergrün, 0,1–0,2 cm.
**Blüte:** In der Zimmerkultur nicht blühend, am Heimatstandort blassgelb, einhäusig, aber getrennt geschlechtlich.
**Frucht:** Zapfen, eiförmig, 2–3,5 cm lang.
**Standort:** Sonnig bis halbschattig in humosem Boden.
**Verwendung:** Für mäßig warme Zimmer, Wintergärten. Ab Herbst im Kalthaus frostfrei überwintern.
**Vermehrung:** Kopfstecklinge im Frühling bei 20–25 °C unter Folie.
**Kultur:** In humosen Substraten, Erde nicht austrocknen lassen, auch zu viel Wasser (Staunässe) ist ungünstig.
**Sorte:** 'Goldcrest', gelbe Schuppenblätter.
**Hinweise:** Raschwachsend. Befall durch Rote Spinne möglich.

| Cupressus macrocarpa | | Cycas revoluta |
|---|---|---|
| 1–2 m | (Wuchshöhe) | 0,6–1 m |
| III–V | (Blüte) | – |
| Zimmerpflanze | (Verwendung) | Zimmerpflanze |
| Kalthaus | (Überwinterung) | temperiertes Haus |

## Cycas revoluta

Palmfarn
Cycadaceae, Palmfarngewächse

**Heimat:** Japan, Südost-Asien. Subtropisch.
**Wuchsform:** Stammbildend steif abstehend, Wedel. In der Heimat 2–3 m hoch wachsend.
**Blatt:** Quirlständig, am Ende des walzenförmigen Stammes. Wedel 0,5–2 m lang, Fiederblättchen nadelförmig, lederig, immergrün, bis 6 cm lang.
**Blüte:** Zweihäusig, männliche Blüten erscheinen im Zentrum des Blatttrichters, gelblich, die weiblichen in den Blattachseln, im Zimmer selten.
**Frucht:** Sehr selten zu sehen, eiförmig, hart.
**Standort:** Hell, aber vor direkter Sonne geschützt, mindestens 15 °C, auch winters.
**Verwendung:** Einzeln in großen, hellen Räumen, im Wintergarten.
**Vermehrung:** Aussaat von importierten Samen, Keimzeit oft mehrere Monate (30 °C).
**Kultur:** Durchlässige Humuserden mit Sand oder Seramis vermischt. Mäßig gießen und wenig düngen, aber organische Dünger verwenden.
**Hinweise:** Palmfarne gehören zu den ältesten Gewächsen der Erde.

## Cyclamen persicum
Alpenveilchen
Primulaceae, Primelgewächse

**Heimat:** Östliches Mittelmeergebiet. Mediterran.
**Wuchsform:** Staude mit flachrunder Knolle.
**Blatt:** Grundständig, herzförmig, lang gestielt, grün mit weißer Maserung, 4–6 cm lang.
**Blüte:** Radiär, 3–5 cm, 5-teilig, Kronblätter zurückgeschlagen, weiß, rosa, rot, einzeln an langen Stielen.
**Blütezeit:** Wildart von IV–V.
**Frucht:** Kugelige Kapsel, Stiele uhrfederartig gerollt.
**Standort:** Hell und kühl.
**Verwendung:** Wichtige Zimmerpflanze im Topf, auch Schnittpflanze. Nicht winterhart.
**Vermehrung:** Aussaat XII–II, Samen 2–3 cm hoch abdecken (Dunkelkeimer), Keimzeit 3–6 Wochen bei 16–18 °C.
**Kultur:** 3–4 Monate nach der Keimung in Töpfe pikieren, Einheitserde P, warm und bei hoher Luftfeuchtigkeit kultivieren. Ältere Pflanzen ziehen im Sommer nach der Blüte ein. Mäßig gießen und düngen.
**Sortengruppen:** Minicyclamen klein-, aber reichblühend, duftend; Vielfalt von Klassen und Sorten.
**Hinweise:** Achtung Dickmaulrüssler!

| Cyclamen persicum | | Cymbidium lowianum |
|---|---|---|
| *0,3-0,4/0,4-0,5 m* | | *0,5–0,7/0,7–1 m* |
| *XII–V* | | *I–VI* |
| *Zimmerpflanze* | | *Zimmerpflanze* |
| *Kalthaus* | | *Kalthaus* |

## Cymbidium lowianum
Cymbidie
Orchidaceae, Orchideengewächse

**Heimat:** Nordostindien, Myanmar. Tropisch.
**Wuchsform:** Aufrechte, locker. Erdorchidee.
**Blatt:** Aus Pseudobulben, linealisch, immergrün, 50–75 cm lang.
**Blüte:** Disymmetrisch, 8–10 cm groß, hellgrün, weiß oder rötlich, langblühend. In langer Blütentraube die Blätter überragend.
**Blütezeit:** Je nach Sorte variierend.
**Frucht:** Kapsel mit vielen sehr feinen Samen.
**Standort:** Hell und luftig, im Sommer sogar im Freien möglich. Hohe Luftfeuchtigkeit, auch im Winter bei 50–60 %.
**Verwendung:** Als Topfpflanze langblühend, auch Schnittpflanze. Kleinbleibende Sorten blühen im Zimmer bei 18–22 °C.
**Vermehrung:** Teilung in größere Teilpflanzen mit je 4–5 Pseudobulben.
**Kultur:** In Torfsubstraten mit Zusatz von Styromull und Rindenschrot. Mäßig düngen und mit kalkfreiem Wasser gießen.
**Sorte:** 'Flirtation', rosa.
**Hinweise:** Auf Schildläuse achten.

## Cyperus involucratus
(Syn.: *Cyperus alternifolius hort.*)
Zypergras
Cyperaceae, Riedgräser

**Heimat:** Tropisches Afrika, Süd-Afrika. Mediterran, tropisch.
**Wuchsform:** Aufrechtes, horstbildendes Gras.
**Blatt:** Grundständig, aber an der Triebspitze schirmartig angeordnet. Schmal linealisch, immergrün, 25–40 cm lang.
**Blüte:** Kleine Blütchen in rosettenförmigen Ähren am Triebende, gelb, 0,5 cm.
**Frucht:** Karyopse
**Standort:** Hell und warm, im Winter kühler, stets feucht halten.
**Verwendung:** Sumpfgärtchen, am Fensterbrett in wasserdichtem Übertopf.
**Vermehrung:** Blattschopf-Stecklinge in Wasser legen, Teilung im Frühling.
**Kultur:** Nach der Bewurzelung in humoses Substrat eintopfen. Im Untersetzer muss immer Wasser stehen.
**Sorte:** 'Variegatus', weiß gestreifte Blätter.
**Hinweise:** Befall durch Rote Spinne möglich. Braune Blattspitzen entstehen bei trockener Zimmerluft.

| | | |
|---|---|---|
| *0,6–0,8 m* | | *1,5–2 m* |
| *I–XII* | | *VI–X* |
| *Zimmerpflanze* | | *Zimmerpflanze* |
| *Warmhaus, Kalthaus* | | *Warmhaus* |

## Cyperus papyrus
Papyrusstaude
Cyperaceae, Riedgräser

**Heimat:** Nordost-Afrika, Zentral-Afrika, auch in Sizilien vorkommend. Mediterran, tropisch.
**Wuchsform:** Aufrechtes, rhizombildendes Gras.
**Blatt:** Am Ende der blattlosen Triebe in Büscheln, linealisch, immergrün, 25–30 cm lang.
**Blüte:** Kleine Blütchen in büschelförmigen Ähren am Triebende, gelb, 0,5 cm.
**Frucht:** Karyopse.
**Standort:** Hell und warm, im Winter etwas kühler, stets feucht halten.
**Verwendung:** Sumpfgarten, im Sommer auch im Freien, Kleingewächshaus. Nicht winterhart. Warmhauspflanze.
**Vermehrung:** Teilung im Frühling.
**Kultur:** In lehmig-humosem Substrat.
**Besonderes:** Im Untersetzer sollte immer etwas Wasser stehen. Aus den gepressten Halmen wurde im alten Ägypten Papier hergestellt.
**Hinweise:** Befall durch Rote Spinne möglich.
**Ähnliche Art:** *C. haspan*, Südosten der USA, nur 30–50 cm hoch.

## Davallia mariesii
Davallie
Davalliaceae, Davalliengewächse

**Heimat:** Ost-Asien. Tropisch.
**Wuchsform:** Kriechend und kletternd durch oberirdische, etwa 6–8 mm dicke Rhizome.
**Blatt:** Doppelt gefiedert, im Umriss dreieckig, langgestielt, immergrün, 10–15 cm lang.
**Standort:** Halbschattig, immer auf hohe Luftfeuchtigkeit achten.
**Verwendung:** Ampelpflanze, für Epiphytenstämme. Warmhauspflanze.
**Vermehrung:** Teilung der Rhizome ganzjährig möglich, unter Folie bei 22 °C in Torf-Sandgemisch bewurzeln lassen. Nur schwache Düngergaben im Sommer.
**Kultur:** In TKS, Substrat immer feucht halten.
**Hinweise:** Blätter sprießen aus den Rhizomen end- oder achselständig. Auf Schildläuse achten. Empfindlich gegen chemische Spritzmittel.
**Ähnliche Art:** *D. canariensis*, Kanaren, Rhizome etwa 1 cm dick.

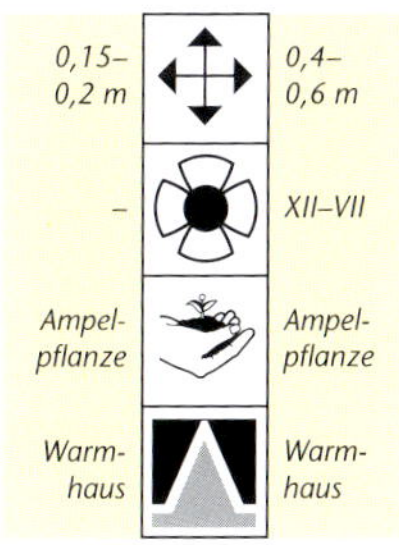


## Dendrobium densiflorum
Dendrobium
Orchidaceae, Orchideen

**Heimat:** Ost-Asien. Tropisch.
**Wuchsform:** Locker aufrecht bis überhängend.
**Blatt:** Grundständig, elliptisch, immergrün, aus Pseudobulben entstehend, 12–16 cm lang.
**Blüte:** Disymmetrisch, 3–4 cm lang, gelb, in hängenden Trauben.
**Frucht:** Kapsel mit vielen staubfeinen Samen
**Standort:** hell, luftig, bei hoher Luftfeuchtigkeit, Warmhauspflanze
**Verwendung:** In Körbchen als Ampelpflanze, aufgebunden an Korkrinde.
**Vermehrung:** Teilung beim Verpflanzen, wenn neue Triebe gebildet werden.
**Kultur:** In Rindensubstrat von Kiefern, mit Regenwasser reichlich gießen. Im Sommer warm, im Winter bei 18–22 °C halten.
**Hinweise:** Im Spätherbst beginnt die Ruhezeit zur Förderung der Blütenknospen. Rote Spinne und Schildläuse rechtzeitig bekämpfen.
Bild zeigt *D. densiflorum* var. *albo-lutea* (Syn.: *D. thyrsiflorum*).

## Dieffenbachia maculata
Dieffenbachie
Araceae, Aronstabgewächse

**Heimat:** Tropisches Südamerika. Tropisch.
**Wuchsform:** Aufrechte, locker buschige Krautige.
**Blatt:** Wechselständig, breit eiförmig, immergrün, grün mit weißen oder gelben Flecken, je nach Sorte, oft über 30 cm lang.
**Blüte:** Winzige Einzelblütchen auf Kolben, 15–20 cm lang, von weißer Spatha umhüllt, einzeln stehend. Blüten selten, oft unter den Blättern verborgen.
**Frucht:** Kolben.
**Standort:** Hell und luftig, im Winter etwas kühler bei mindestens 20 °C.
**Verwendung:** Zimmerpflanze, in Hydrokultur.
**Vermehrung:** Kopf- oder Stammstecklinge bei 25 °C unter Folie bewurzeln lassen.
**Kultur:** In Einheitserde, hoher Luftfeuchtigkeit, Ballen nie austrocknen lassen.
**Sorte:** 'Amoena', schwach gefleckt; 'Tropic Snow', gelbgrün gefleckt.
**Hinweise:** Alle Teile sind giftig, bei der Arbeit Handschuhe tragen! Befall durch Spinnmilben möglich.

| Dieffenbachia maculata | | Dionaea muscipula |
|---|---|---|
| *1,2–1,8 m* | | *0,1–0,2 m* |
| *IV–V* | | *V–VII* |
| *Zimmerpflanze* | | *Zimmerpflanze* |
| *Warmhaus* | | *Kalthaus* |

## Dionaea muscipula
Venusfliegenfalle
Droseraceae, Sonnentaugewächse

**Heimat:** USA: Carolina. Gemäßigt, subtropisch.
**Wuchsform:** Grundständige Rosette mit auffallenden Blattformen.
**Blatt:** Grundständig, Blattstiel verbreitert, am Ende ist die Blattspreite zu einer 2-klappigen Falle mit steifen Borsten umgebildet, immergrün, 15–20 cm lang.
**Blüte:** Radiär, 1 cm, 5-zählig, weiß.
**Frucht:** Kapsel.
**Standort:** Hell, aber keine volle Sonne, immer feuchte und saure Böden.
**Verwendung:** Fensterbrett, Pflanzenvitrinen, Schalen, Kalthauspflanze.
**Vermehrung:** Aussaat im Frühling in Torf-Sphagnum-Mischung; Blattstecklinge.
**Kultur:** In dauernd feuchtem Torfsubstrat (pH 5,5), wenig düngen.
**Besonderes:** Fängt Insekten durch blitzschnelles Zuklappen der Fangblätter. Auf der Blattinnenseite befinden sich je 3 steife Borsten. Bei Berührung von 2 Borsten klappt die Falle zu.

## Dischidia pectenoides
Urnenpflanze
Asclepiadaceae, Schwalbenwurzgewächse

**Heimat:** Philippinen. Tropisch.
**Wuchsform:** Langsamwachsender Schlinger mit aufgeblasenen Blättern.
**Blatt:** Gegenständig, eiförmig, immergrün, hellgrün, oft ballonartig aufgeblasen, 8–10 cm lang.
**Blüte:** Radiär, röhrig, 2–3 cm, 5-zählig, hellrot, achselständig.
**Frucht:** Balgfrucht 2-teilig.
**Standort:** Halbschattig, hohe Luftfeuchtigkeit, saurer Boden.
**Verwendung:** Liebhaberpflanze für Pflanzenvitrinen, Epiphytenstämme, Warmhaus.
**Vermehrung:** Aussaat in Torfsubstrat.
**Kultur:** Nährstoffarmes, saures Substrat nicht austrocknen lassen. Stets mit Regenwasser gießen. Häufig mit kalkfreiem Wasser besprühen.
**Hinweise:** Manche der urnenförmigen Blätter werden von Ameisen bewohnt.
**Ähnliche Art:** *D. major*, ähnlich, aber mit gelben Blüten.

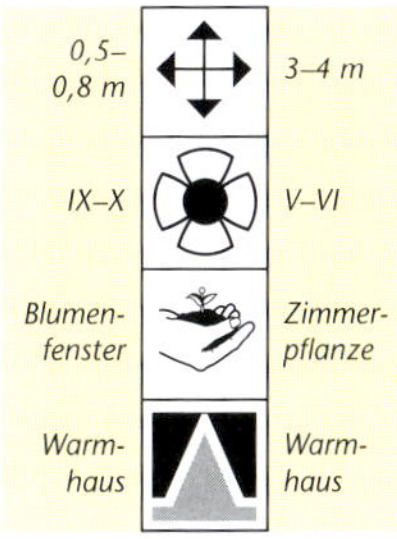


## Dracaena deremensis
Drachenbaum
Dracaenaceae, Drachenbaumgewächse

**Heimat:** Afrika. Tropisch.
**Wuchsform:** Baumartig, leicht überhängende Blattschöpfe an blattlosem Stamm.
**Blatt:** Schraubig gestellt, lanzettlich, immergrün, glänzend, 50–60 cm lang, 4–5 cm breit.
**Blüte:** Radiär, glockenförmig, 1–2 cm, 6-zählig, weiß, in endständiger Rispe. In Kultur selten.
**Frucht:** Kapsel.
**Standort:** Halbschattig, hohe Luftfeuchtigkeit.
**Verwendung:** Einzeln in größeren Räumen, auch gut in Hydrogefäßen.
**Vermehrung:** Stammstecklinge eintopfen, im warmen Zimmer bewurzeln lassen, mehrere seitliche Austriebe möglich.
**Kultur:** In feuchtwarmer Umgebung, Erdsubstrat sandig-humos.
**Sorte:** 'Bausei', grün mit breiten, weißen Streifen.
**Hinweise:** Wird gerne von Schildläusen befallen. Stammstecklinge werden aus Mittelamerika als Ti-plants importiert.

## Dracaena draco

Drachenbaum
Dracaenaceae, Drachenbaumgewächse

**Heimat:** Kanaren. Tropisch.
**Wuchsform:** Baumartig, leicht überhängende Blattschöpfe an blattlosem Stamm. In der Heimat bis 18 m hoch und 12 m breit wachsend.
**Blatt:** Schraubig gestellt, schwertförmig, immergrün, hellgraugrün, 50–60 cm lang, 3–4 cm breit.
**Blüte:** Radiär, sternförmig, 1–2 cm, 6-zählig, weißgelb, in endständiger Rispe. In Kultur aber sehr selten.
**Frucht:** Kapsel fleischig, gelb-orangefarben.
**Standort:** Hell bis vollsonnig, Kalthauspflanze
**Verwendung:** Einzeln in größeren Räumen, auch gut in Hydrogefäßen, Kübelpflanze. Im Sommer auch auf der Terrasse. Im Winter ins Kalthaus bringen.
**Vermehrung:** Aussaat im warmen Zimmer im Frühling einfach.
**Kultur:** Erdsubstrat sandig-humos.
**Hinweise:** Auf den Kanaren verzweigt sich der Stamm alle 8–10 Jahre gabelig. Wird gerne von Schildläusen befallen.

| Dracaena draco | | Dracaena fragrans |
|---|---|---|
| 3–5/ 3,5–5,5 m | | 3–5 m |
| V–VI | | V–VI |
| Kübelpflanze | | Zimmerpflanze |
| Kalthaus | | Warmhaus |

## Dracaena fragrans

Drachenbaum
Dracaenaceae, Drachenbaumgewächse

**Heimat:** Tropisches Afrika. Tropisch.
**Wuchsform:** Baumartig, leicht überhängende Blattschöpfe an blattlosem Stamm.
**Blatt:** Schraubig gestellt, lanzettlich, immergrün, glänzend grün, die Sorten mit Streifen, 50–90 cm lang, 5–8 cm breit.
**Blüte:** Radiär, glockenförmig, 1–2 cm, 6-zählig, weiß, duftend, in endständiger Rispe. In Kultur aber sehr selten.
**Frucht:** Kapsel.
**Standort:** Halbschattig, hohe Luftfeuchtigkeit, Warmhauspflanze.
**Verwendung:** Einzeln in größeren Räumen, auch gut in Hydrogefäßen.
**Vermehrung:** Stammstecklinge eintopfen, im warmen Zimmer bewurzeln lassen, mehrere seitliche Austriebe möglich.
**Kultur:** In feuchtwarmer Umgebung, Erdsubstrat sandig-humos.
**Sorte:** 'Viktoria', gelbgrüne Streifen.
**Hinweise:** Wird gerne von Schildläusen befallen.

## Dracaena marginata

Drachenbaum
Dracaenaceae, Drachenbaumgewächse

**Heimat:** Reunion. Tropisch.
**Wuchsform:** Baumartig, leicht überhängende Blattschöpfe an blattlosem, dünnen Stamm. In den Tropen 3–4 m hoch wachsend.
**Blatt:** Schraubig gestellt, lanzettlich, immergrün, glänzend grün, brauner Rand, unterseits rot, 30–40 cm lang, 1–2 cm breit.
**Blüte:** Radiär, glockenförmig, 1–2 cm, 6-zählig, weiß, in endständiger Rispe. Selten in Kultur.
**Frucht:** Kapsel.
**Standort:** Halbschattig, hohe Luftfeuchtigkeit.
**Verwendung:** Einzeln in größeren Räumen, auch gut in Hydrogefäßen.
**Vermehrung:** Stammstecklinge eintopfen, im warmen Zimmer bewurzeln lassen, mehrere seitliche Austriebe möglich.
**Kultur:** In feuchtwarmer Umgebung, Erdsubstrat sandig-humos.
**Sorte:** 'Tricolor', 0,4–1 m, rotweißgrüne Streifen. Ganzjährig an hellem Standort halten.
**Hinweise:** Auf Schildläuse achten.

| Dracaena marginata | | Dracaena reflexa |
|---|---|---|
| *1 m* | | *3–4 m* |
| *V–VI* | | *V–VI* |
| *Zimmerpflanze* | | *Zimmerpflanze* |
| *Warmhaus* | | *Warmhaus* |

## Dracaena reflexa

Drachenbaum
Dracaenaceae, Drachenbaumgewächse

**Heimat:** Mauritius. Tropisch.
**Wuchsform:** Baumartig mit leicht abstehenden Blattschöpfen. In der Heimat bis 18 m hoch werdend.
**Blatt:** Schraubig gestellt, lanzettlich, immergrün, glänzend grün, 30–40 cm lang, 4–5 cm breit.
**Blüte:** Radiär, glockenförmig, 1–2 cm, 6-zählig, weiß, in endständiger Rispe. Selten in Kultur.
**Frucht:** Kapsel.
**Standort:** Hell und luftig, hohe Luftfeuchtigkeit.
**Verwendung:** Einzeln in größeren Räumen, auch gut in Hydrogefäßen.
**Vermehrung:** Stamm- oder Kopfstecklinge eintopfen, im warmen Zimmer bewurzeln lassen, mehrere seitliche Austriebe möglich.
**Kultur:** In feuchtwarmer Umgebung, Erdsubstrat sandig-humos.
**Sorte:** 'Song of India', grün mit breiten, gelben Streifen (Bild).
**Hinweise:** Auf Schildläuse achten.
**Ähnliche Art:** *D. sanderiana*, Blätter 20–25 cm lang, gelb-grün gestreift.

## Drosera spathulata

Sonnentau

Droseraceae, Sonnentaugewächse

**Heimat:** Japan, China, Taiwan, Australien, Neuseeland. Subtropisch, tropisch.

**Wuchsform:** Krautige, flache Rosetten bildende Staude mit aufrechter Blüte.

**Blatt:** Grundständig, spatelförmig, grün-rot, mit vielen Drüsenhaaren, die klebrige Tröpfchen abscheiden, sommergrün, 2 cm lang.

**Blüte:** Radiär, Schalenform, 2 cm, 5-zählig, weiß-rosa, in Wickeln.

**Frucht:** Kapsel.

**Standort:** Sonnig bis absonnig, feucht, nährstoffarm.

**Verwendung:** Karnivoren-Sammlungen, Flaschenbepflanzung. Winters im Kalthaus.

**Vermehrung:** Aussaat auf sterilem Feintorf, nicht abdecken.

**Kultur:** In Sphagnum (Torfmoos) oder Weißtorf (ohne Dünger), stets feucht halten, kalkfreies Wasser verwenden.

**Hinweise:** Blätter können Insekten fangen, Tröpfchen sind Verdauungssäfte. Hohe Luftfeuchtigkeit und wenig Dünger erforderlich.

| Drosera spathulata | | Echeveria derenbergii |
|---|---|---|
| *0,05/ 0,15–0,2 m* | | *0,1/ 0,2 m* |
| *V–VIII* | | *IV–VI* |
| *Hobby-Glashaus* | | *Zimmer- und Beetpflanze* |
| *Kalthaus* | | *Kalthaus* |

## Echeveria derenbergii

Echeverie

Crassulaceae, Dickblattgewächse

**Heimat:** Mexiko. Subtropisch.

**Wuchsform:** Dichte, sukkulente Rosettenpflanze.

**Blatt:** Schraubig gestellt, verkehrt eiförmig, immergrün, hellgrün, 3–4 cm lang.

**Blüte:** Radiär, glockig, 1–1,5 cm, 5-zählig, hellorangefarben, an endständigem Wickel.

**Frucht:** Kapsel.

**Standort:** Vollsonnige Lage in durchlässigen Böden, im Sommer im Freien.

**Verwendung:** Schalen, Friedhof, Grabeinfassungen, Sukkulentensammlungen. Nicht winterhart.

**Vermehrung:** Blattstecklinge, Ableger, Aussaat im Frühling in sandigem Substrat.

**Kultur:** In humusarmer Kakteenerde, im Herbst ins Kalthaus bringen, Ruhezeit, sonst anspruchslos.

**Hinweise:** Wurzelläuse sind schwer zu bekämpfen.

**Weitere Arten:** Die Gattung umfasst rund 150 Arten, man kennt viele Hybriden.

## Echinocactus grusonii
Goldkugelkaktus
Cactaceae, Kakteengewächse

**Heimat:** Mexiko. Subtropisch.
**Wuchsform:** Breit kugelig, bis 75 cm breit, mit bis zu 30 Rippen.
**Blatt:** Umgebildet zu gelben Dornen, bis zu 5 cm lang.
**Blüte:** Glockig, radiär, 3–5 cm, gelb; erscheint erst ab einer Größe von 30 cm Durchmesser, erscheint im wolligen Scheitel.
**Frucht:** Beere, 2 cm lang, in weiße Wolle gehüllt.
**Standort:** Vollsonnige Lage in durchlässigen Böden.
**Verwendung:** Einzeln oder in Gruppen in Sammlungen, Wintergärten, Fensterbrett. Im Winter im Kalthaus.
**Vermehrung:** Aussaat von IV–VI, später mehrfach pikieren und umtopfen.
**Kultur:** In Kakteenerde bei hohen Temperaturen, nachts nicht unter 10 °C. Im Sommer öfters gießen und düngen.
**Hinweise:** Pflanze assimiliert mit dem Spross. Befall von Spinnmilben und Wollläusen möglich.

| Echinocactus grusonii | Echinocereus reichenbachii var. fitchii |
|---|---|
| 0,5–1,2 m | 0,2/0,25 m |
| IV–V | IV–V |
| Wintergarten | Wintergarten |
| Kalthaus | Kalthaus |

## Echinocereus reichenbachii var. fitchii
Igelsäulenkaktus
Cactaceae, Kakteengewächse

**Heimat:** Südtexas bis Nordmexiko. Subtropisch.
**Wuchsform:** Aufrechte, säulenförmige, langsamwachsende Sukkulente bis 9 cm Durchmesser.
**Blatt:** Umgebildet zu kammförmigen Dornen, weiß bis bräunlich.
**Blüte:** Strahlig, radiär, 6–7 cm, dunkelrosa.
**Frucht:** Beere.
**Standort:** Vollsonnige Lage in durchlässigen Böden.
**Verwendung:** Einzeln oder in Gruppen in Sammlungen, Wintergärten, Fensterbrett. Im Winter ins Kalthaus.
**Vermehrung:** Aussaat von IV–VI, später mehrfach pikieren und umtopfen.
**Kultur:** In Kakteenerde bei hohen Temperaturen, nachts nicht unter 10 °C. Im Sommer häufig gießen und düngen. Ab IX trockener halten.
**Besonderes:** Früh- und großblütig.
**Hinweise:** Befall von Spinnmilben und Wollläusen möglich.

## Echinopsis obrepanda
Seeigelkaktus
Cactaceae, Kakteengewächse

**Heimat:** Bolivien. Subtropisch.
**Wuchsform:** Kugelförmige, langsam wachsende Sukkulente.
**Blatt:** Umgebildet zu Dornen.
**Blüte:** Radiär, trichterförmig, bis 8 cm lang und breit, weiß (auch rosa bis rot). Stets einzeln an langen Stielen. Öffnet sich nachts, schließt morgens.
**Frucht:** Beere.
**Standort:** Vollsonnig, im Winter (Ruhezeit) hell und kühl.
**Verwendung:** Topfpflanze, Fensterbrett, Sammlungen.
**Vermehrung:** Aussaat im Frühling, Ableger abnehmen und topfen.
**Kultur:** In Kakteenerde, wenig gießen, im Winter trocken und kühl halten.
**Sorte:** Viele, auch namenlose Hybriden in allen möglichen Farben.
**Hinweise:** Bekannt als Bauernkaktus, fälschlich als "Königin der Nacht" bezeichnet. Prächtige Blütenpflanze.

| Echinopsis obrepanda | | Elettaria cardamomum |
|---|---|---|
| *0,1/0,15 –0,2 m* | | *0,5–0,7 m* |
| *VII* | | *–* |
| *Zimmerpflanze* | | *Zimmerpflanze* |
| *Kalthaus* | | *Warmhaus* |

## Elettaria cardamomum
Kardamom
Zingiberaceae, Ingwergewächse

**Heimat:** Sri Lanka, Südost-Asien. Tropisch, subtropisch.
**Wuchsform:** Locker aufrechte, horstige Staude mit kurzen Ausläufern. In der Heimat bis 2 m (hoch wachsend).
**Blatt:** Wechselständig, lanzettlich, immergrün, dunkelgrün, 10–12 cm lang.
**Blüte:** Zygomorphe Lippenblüte, 2 cm, weiß, erscheint sehr selten in Kultur, Ähren erscheinen direkt aus dem Rhizom, 60 cm lang.
**Frucht:** Kapsel 1 cm lang, 3-fächerig.
**Standort:** Schattig bis halbschattig, Warmhaus.
**Verwendung:** Am Fensterbrett auch an schattigen Plätzen, Nutzpflanze, Schnittpflanze.
**Vermehrung:** Teilung im Frühling.
**Kultur:** In humoser Erde, Torfkultursubstrat. Ballen nicht austrocknen lassen.
**Besonderes:** Samen sind süßlich, sie werden für Pfefferkuchen und Curry verwendet.
**Hinweise:** Angenehm duftendes Laub.

## Ensete ventricosum
(Syn.: *Musa ensete*)
Zierbanane
Musaceae, Bananengewächse

**Heimat:** Tropisches Afrika: Äthiopien. Subtropisch, tropisch.
**Wuchsform:** Horstige, aufrechte Staude mit schirmförmig-überhängendem Laub.
**Blatt:** Stängelumfassend, immergrün, glänzend, auch braunrot, 1–2 m lang (bis 6 m lang!), 40–50 cm breit.
**Blüte:** Zygomorph, weiß, in Ähren. In Kultur selten, Blühfähigkeit erst nach 6–8 Jahren.
**Frucht:** Beere, Samen schwarz. Sehr selten.
**Standort:** Nährstoffreiche Böden in sonniger Lage.
**Verwendung:** Öffentliche Anlagen, Wintergärten, Terrassen. Ab X im Kalthaus hell und trocken überwintern.
**Vermehrung:** Nur Aussaat, Keimung bei 20–25 °C in 3–4 Wochen.
**Kultur:** Aussaat Anfang II, bis Mai 1 m hoch, dann ins Freiland bringen. Im Sommer oft wässern und wöchentlich düngen.
**Sorte:** 'Maurelii', rotblättrig, robust.
**Hinweise:** In Drahtkörbe pflanzen. Auffällige Kübelpflanze.

| | | |
|---|---|---|
| *2–3 m* | | *0,8–1 m* |
| *V–VIII* | | *V–VII* |
| *Kübelpflanze* | | *Wintergarten* |
| *Kalthaus* | | *Kalthaus* |

## Epiphyllum anguligerum
Sägeblatt-Kaktus
Cactaceae, Kakteengewächse

**Heimat:** Mexiko. Tropisch.
**Wuchsform:** Buschiger Epiphyt mit fleischigen, blattartigen, tief gezähnten Zweigen. Triebe grün, gesägt, immergrün, 30–60 cm lang.
**Blüte:** Radiär, trichterförmig, bis 8 cm lang, gelbweiß-rosa, achselständig. Nachtblüher.
**Frucht:** Beere rot, Fruchtfleisch klebrig.
**Standort:** Hell bis sonnig, warm, im Winter Ruhezeit bei 8 °C einhalten.
**Verwendung:** Epiphytenstämme, Kleingewächshaus, Wintergarten. Kalthaus.
**Vermehrung:** Stecklinge, auch Aussaat im Frühling.
**Kultur:** In humosem Substrat, pH 4,5–5,5, mäßig feucht halten.
**Hinweise:** Ganzjährig auffällig durch die gesägten Triebe. Hohe Luftfeuchtigkeit günstig.

## Epipremnum pinnatum

(Syn.: *Scindapsus aureus*)
Efeutute
Araceae, Aronstabgewächse

**Heimat:** Ostindien, Süd-Asien. Tropisch.

**Wuchsform:** Kletternde oder hängende Staude.

**Blatt:** Wechselständig, herz-eiförmig zugespitzt, immergrün glänzend, dunkelgrün mit gelben Flecken, 6–10 cm lang.

**Blüte:** Kolben mit gelblicher Spatha, in Kultur kaum zu sehen.

**Frucht:** Beere, sehr selten; nur an der Altersform zu finden.

**Standort:** Hell bis schattig, keine direkte Sonne, wärmeliebend.

**Verwendung:** Anspruchslose Ampel- und Kletterpflanze. Nicht winterhart.

**Vermehrung:** Stecklinge von Frühling bis Sommer, unter Folie bewurzeln lassen.

**Kultur:** In Einheitserde oder TKS, Substrat nicht austrocknen lassen

**Sorte:** 'Aureum', wichtigste Form mit gelb geschecktem Laub.

**Hinweise:** Schildläuse bei Befall bekämpfen.

| Epipremnum pinnatum | | Episcia reptans |
|---|---|---|
| 2–3 m. | | 0,05–0,15 m |
| V–VIII | | VI–IX |
| Ampelpflanze | | Zimmerpflanze |
| Warmhaus | | Warmhaus |

## Episcia reptans

Episcie, Schattenröhre
Gesneriaceae, Gesneriengewächse

**Heimat:** Kolumbien, Surinam, Brasilien. Tropisch.

**Wuchsform:** Kriechend bis hängend. Krautig.

**Blatt:** Gegenständig, elliptisch, braun-rot, genarbt, behaart, 5–12 cm lang, 3–6 cm breit.

**Blüte:** Disymmetrisch, röhrig mit flachem Teller, 2 cm, rot.

**Frucht:** Kapsel.

**Standort:** Halbschattig bis schattig, feucht und warm.

**Verwendung:** Topfpflanze am absonnigen Fensterbrett, Vitrinen, Ampeln

**Vermehrung:** Stecklinge und Ausläufer, im Frühling.

**Kultur:** In humosem Substrat (Einheitserde), hohe Luftfeuchtigkeit, mäßig düngen. Nie die Erde austrocknen lassen.

**Hinweise:** Sollte stets immer wieder verjüngt werden, auf Blattläuse achten.

**Ähnliche Art:** *E. cupreata* aus Kolumbien, mehrere Sorten mit buntem Laub.

## Erica × willmorei
Pracht-Heide, Glocken-Heide
Ericaceae, Heidekrautgewächse

**Heimat:** Züchtung, Ursprungsart aus Süd-Afrika. mediterran.

**Wuchsform:** Breit buschiger, aufrechter Zwergstrauch.

**Blatt:** Quirlständig, nadelförmig, immergrün, dunkelgrün, 1 cm lang.

**Blüte:** Radiär, röhrig, 3–4 cm lang, rosa mit weißem Rand, reichblühend.

**Frucht:** Kapsel.

**Standort:** Hell bis sonnig, im Winter kühl halten (5–10 °C).

**Verwendung:** Fensterbrett, Wintergarten, Topfpflanze, Schalen für Gräber usw. Im Herbst ins Kalthaus bringen.

**Vermehrung:** Stecklinge im Sommer

**Kultur:** In sauren Sand-Humus-Substraten (pH 4–5), nur mit kalkfreiem Wasser gießen, alle 2 Wochen 0,1 %ig düngen.

**Hinweise:** Nach der Blüte zurückschneiden. Im Kapland sind rund 620 *Erica*-Arten bekannt.

| Erica × willmorei | Eriobotrya japonica |
|---|---|
| 0,3–0,5 m | 3–5 m |
| IV–V | IX–X |
| Zimmerpflanze | Wintergarten |
| Kalthaus | Kalthaus |

## Eriobotrya japonica
Japanische Mispel, Wollmispel
Rosaceae, Rosengewächse

**Heimat:** China, Südjapan. Mediterran, subtropisch.

**Wuchsform:** Breit aufrechter Baum. In der Heimat bis 10 m hoch wachsend.

**Blatt:** Wechselständig, elliptisch, immergrün, dunkelgrün, unterseits hellbraun filzig, derblederig, 15–30 cm lang.

**Blüte:** Radiär, schalenförmig, 1 cm, duftend, in bis 30 cm langen, endständigen Rispen.

**Frucht:** Kernfrucht oval, 3–4 cm lang, gelb-orangefarben, säuerlich, wohlschmeckend, Kerne 2–3 cm lang, braun.

**Standort:** Hell bis halbschattig.

**Verwendung:** Solitärpflanze in größeren Wintergärten, Fruchtnutzung. Im Winter im Kalthaus bei 5–10 °C überwintern.

**Vermehrung:** Aussaat im Frühling, 1 Kern pro Topf stecken.

**Kultur:** Einheitserde stets feucht halten, alle 2 Jahre umtopfen, Kübelpflanze.

**Hinweise:** Früchte sind druckempfindlich, bei uns kaum im Handel.

## Eucalyptus camaldulensis
Eukalyptus
Myrtaceae, Myrtengewächse

**Heimat:** Australien. Subtropisch.
**Wuchsform:** Raschwüchsiger, aufrechter Baum mit lockerer Krone. Borke glatt, weiß, grau, hellrosa, schält sich im Sommer ab. In der Heimat bis 30 m hoch wachsend.
**Blatt:** Gegenständig, elliptisch, immergrün, blassgrün, 7–20 cm lang.
**Blüte:** Radiär, ohne Kronblätter, 1–1,5 cm, viele lange weiße Staubgefäße. In Trauben.
**Frucht:** Kapsel, 1 cm groß.
**Standort:** Hell und sonnig.
**Verwendung:** In Kübeln, im Sommer auf der Terrasse. Kalthauspflanze.
**Vermehrung:** Aussaat im Frühling.
**Kultur:** In humosen Substraten mit Sand-Lehm-Zusatz. Alle 2 Wochen 0,2 %ig düngen. Im Winter kühl halten, nicht austrocknen lassen.
**Hinweise:** Viele weitere Arten bekannt.

| Eucalyptus camaldulensis | | Eucalyptus globulus |
|---|---|---|
| *3–5 m* | | *3–5 m* |
| *I–II* | | *I–III* |
| *Kübelpflanze* | | *Kübelpflanzen* |
| *Kalthaus* | | *Kalthaus* |

## Eucalyptus globulus
Eukalyptus, Blaugummibaum
Myrtaceae, Myrtengewächse

**Heimat:** Australien: Victoria, Tasmanien. Subtropisch, mediterran.
**Wuchsform:** Raschwüchsiger, aufrechter Baum mit lockerer Krone. Borke gräulich, schält sich in langen Streifen ab. Holz ist sehr brüchig. In der Heimat bis 60 m hoch wachsend.
**Blatt:** Wechselständig, sichelförmig, immergrün, dunkelgrün, 15–50 cm lang.
**Blüte:** Radiär, ohne Kronblätter, 1–1,5 cm, viele lange weißgelbe Staubgefäße. In Trauben.
**Frucht:** Kapsel, 2 cm groß (Bild).
**Standort:** Hell und sonnig.
**Verwendung:** In Kübeln, im Sommer auf der Terrasse. Kalthauspflanze.
**Vermehrung:** Aussaat im Frühling.
**Kultur:** In humosen Substraten mit Sand-Lehm-Zusatz. Alle 2 Wochen 0,2 %ig düngen. Im Winter kühl halten, nicht austrocknen lassen.
**Besonderes:** Verträgt feuchte Standorte.
**Hinweise:** In der Jugend sind die Blätter oval und silbrig weiß.

## Eucalyptus gunnii
Eukalyptus
Myrtaceae, Myrtengewächse

**Heimat:** Australien: Tasmanien. Mediterran.
**Wuchsform:** Raschwüchsiger, aufrechter Baum mit lockerer Krone. Borke Grau in vielen Variationen, neue Borke weißlich gelb. In der Heimat bis 25 m hoch wachsend.
**Blatt:** Gegenständig, rundlich, immergrün, blassgrün, 7–13 cm lang.
**Blüte:** Radiär, ohne Kronblätter, 1–1,5 cm, viele cremeweiße Staubgefäße. In Trauben.
**Frucht:** Kapsel, 1,5 cm groß.
**Standort:** Hell und sonnig.
**Verwendung:** In Kübeln, im Sommer auf der Terrasse. Härteste Art, verträgt bis -10 °C. Kalthauspflanze.
**Vermehrung:** Aussaat im Frühling.
**Kultur:** In humosen Substraten mit Sand-Lehm-Zusatz. Alle 2 Wochen 0,2 %ig düngen. Im Winter kühl halten, nicht austrocknen lassen.
**Hinweise:** Schnittpflanze. Viele weitere Arten bekannt.

| Eucalyptus gunnii | | Euonymus japonicus |
|---|---|---|
| *3–5 m* | | *0,6–0,8 m* |
| *I–II* | | *VI–VII* |
| *Kübelpflanze* | | *Kübelpflanze* |
| *Kalthaus* | | *Kalthaus* |

## Euonymus japonicus
Japanischer Spindelstrauch
Celastraceae, Spindelbaumgewächse

**Heimat:** Japan, Korea, Riukiu-Inseln. Mediterran.
**Wuchsform:** Breit buschiger, aufrechter Strauch. Triebe dunkelgrün, leicht 4-kantig. In der Heimat 5–8 m hoch wachsend.
**Blatt:** Gegenständig, elliptisch, immergrün, glänzend, 3–7 cm lang.
**Blüte:** Radiär, 0,5 cm, 4-teilig, unscheinbar gelbgrün, in Trugdolden.
**Frucht:** Kapsel, orangefarben mit rosa, selten.
**Standort:** Halbschattig bis schattig,
**Verwendung:** Dichter Strauch für Dekorationen, Kübelpflanze. Kalthaus, im Winter frostfrei halten.
**Vermehrung:** Kopfstecklinge von VIII–X.
**Kultur:** In lehmig-humosen Substraten, nicht austrocknen lassen.
**Sorte:** 'Albomarginatus', weißgerandete Blätter; 'Aureus', gelbgrünes Laub (Bild).
**Hinweise:** Buntblättrige Sorten heller stellen. Auf Blasenfüße (Thrips) achten.

## Euphorbia caput-medusae
Medusenhaupt-Wolfsmilch
Euphorbiaceae, Wolfsmilchgewächse

**Heimat:** Südafrika: Kap. Mediterran, subtropisch.
**Wuchsform:** Niederliegend-aufsteigend, Sukkulente. Triebe dunkelgrün, fleischig, 30–50 cm lang, übernehmen die Assimilation.
**Blatt:** Elliptisch, hellgrün, kurzlebig, 0,5–2 cm.
**Blüte:** Radiär, 1–2 cm, grünweiß, endständig,
**Frucht:** Kapsel 3-klappig.
**Standort:** Sonnig bis halbschattig, warm. Ganzjährig als Zimmerpflanze. Nicht frosthart.
**Verwendung:** Sukkulentensammlung.
**Vermehrung:** Aussaat im Frühling; Kopfstecklinge in warmes Wasser tauchen, abtrocknen lassen, nach 3–4 Wochen in Sand stecken.
**Kultur:** Nach Wurzelbildung (kräftige Rübenwurzel), eintopfen in sandiges Substrat oder Kakteenerde. Im Winter nicht austrocknen lassen.
**Hinweise:** Milchsaft ist giftig, bei der Arbeit Handschuhe tragen und den Saft nicht in die Augen bringen!
**Ähnliche Art:** *E. esculenta*, dicke, liegende Triebe.

| Euphorbia caput-medusae | | Euphorbia × lomii |
|---|---|---|
| *0,3–0,5 m* | Größe | *0,5–1 m* |
| *VIII–IX* | Blüte | *I–XII* |
| *Fensterbrett* | Verwendung | *Zimmerpflanze* |
| *Warmhaus* | Standort | *Warmhaus* |

## Euphorbia × lomii
Hybrid-Wolfsmilch
Euphorbiaceae, Wolfsmilchgewächse

**Heimat:** Madagaskar. Subtropisch.
**Wuchsform:** Sparriger, aufrechter Halbstrauch mit dicken, stark bedornten Trieben.
**Blatt:** Wechselständig, eiförmig, halbimmergrün, dunkelgrün, 5–15 cm lang. Milchsaft ist giftig!
**Blüte:** Radiär, 1–2 cm breit, klein und gelb, von 2 leuchtend roten Hochblättern (Cyathien) umgeben, in endständigen Trugdolden.
**Frucht:** Spaltfrucht.
**Standort:** Sonnig bis halbschattig, im Winter nicht ganz austrocknen lassen.
**Verwendung:** Fensterbrett, Wintergarten. Im Winter frostfrei halten.
**Vermehrung:** Stecklinge im Vorfrühling in warmes Wasser tauchen (35 °C), dann längere Zeit trocknen lassen, stecken in sandiges Substrat.
**Kultur:** Saure Torfsubstrate, hell und luftig stellen.
**Sorte:** 'Bianca', weiße Hochblätter.
**Besonderes:** Naturhybride aus *E. milii* und *E. lophogona*.
**Hinweise:** Keine Kurztagpflanze!

## Euphorbia milii
Christusdorn
Euphorbiaceae, Wolfsmilchgewächse

**Heimat:** Madagaskar. Subtropisch.
**Wuchsform:** Sparriger, aufrechter Halbstrauch mit dicken, stark bedornten Trieben.
**Blatt:** Wechselständig, eiförmig, halbimmergrün, 3–7 cm lang. Milchsaft ist giftig!
**Blüte:** Radiär, 1–2 cm breit, klein und gelb, von 2 leuchtend roten Hochblättern (Cyathien) umgeben, in endständigen Trugdolden.
**Frucht:** Spaltfrucht.
**Standort:** Sonnig bis halbschattig, im Winter nicht ganz austrocknen lassen.
**Verwendung:** Fensterbrett, Wintergarten. Im Winter frostfrei halten.
**Vermehrung:** Stecklinge im Vorfrühling in warmes Wasser tauchen (35 °C), dann längere Zeit trocknen lassen, in sandiges Substrat stecken.
**Kultur:** Kakteenerde, hell und luftig stellen.
**Sorte:** Mehrere Sorten mit weißen oder lachsfarbenen Cyathien.
**Hinweise:** Kurztagpflanze! Ab September ins Zimmer bringen.

| Euphorbia milii | | Euphorbia obesa |
|---|---|---|
| 0,5–1 m | Wuchshöhe | 0,1–0,16 m |
| X–III | Blütezeit | VI–VII |
| Zimmerpflanze | | Fensterbrett |
| Warmhaus | | temperiertes Haus |

## Euphorbia obesa
Apfelförmige Wolfsmilch
Euphorbiaceae, Wolfsmilchgewächse

**Heimat:** Südafrika: Kap. Mediterran, subtropisch.
**Wuchsform:** Kugelförmig, 8- bis 10-rippige Sukkulente.
**Blatt:** Total reduziert.
**Blüte:** Radiär, winzig klein, 3-zählig, gelb, erscheinen im Scheitel.
**Frucht:** Kapsel.
**Standort:** Vollsonnige Lage, im Winter nicht unter 15 °C.
**Verwendung:** Topfpflanze, für Sukkulentensammlungen.
**Vermehrung:** Aussaat im Frühling.
**Kultur:** In Kakteenerde, durchlässig, sehr mäßig feucht halten.
**Hinweise:** Gutes Beispiel für Konvergenz, sieht einem Kaktus sehr ähnlich. Im Winter warm und trocken halten.

## Euphorbia pulcherrima
Weihnachtsstern, Poinsettie
Euphorbiaceae, Wolfsmilchgewächse

**Heimat:** Südmexiko, Mittelamerika. Subtropisch, tropisch.
**Wuchsform:** Aufrechter, lockerwüchsiger Strauch. In wärmeren Gebieten bis 3 m hoch.
**Blatt:** Gegenständig, am Triebende rosettig, eiförmig zugespitzt, halbimmergrün, bläulich grün, 10–30 cm lang. Milchsaft ist giftig.
**Blüte:** Unscheinbar, klein, gelb, endständig, Blütenhülle fehlt. Auffällige sternförmigen Hochblätter (Brakteen) in rot, lachs, weiß, 10–15 cm.
**Frucht:** 3-fächerige Spaltfrucht.
**Standort:** Hell, aber nicht sonnig. Ganzjährig über 18 °C, aber nicht zu warm halten.
**Verwendung:** Topfpflanze im Winter, für Schalen; Schnittpflanze.
**Vermehrung:** Kopfstecklinge, vor dem Stecken in lauwarmes Wasser tauchen.
**Kultur:** In Einheitserde, ganzjährig feucht halten, keine Staunässe!
**Sorten:** 'Annette Hegg', rote Brakteen; 'Regina', weiß.
**Hinweise:** Kurztagspflanze.

| | |
|---|---|
| 0,5–1 m | 1–2,5 m |
| X–III | VI–VIII |
| Zimmerpflanze | Kübelpflanze |
| Warmhaus | Kalthaus |

## Euphorbia tetragona
Wolfsmilch
Euphorbiaceae, Wolfsmilchgewächse

**Heimat:** Südafrika: Kap. Subtropisch.
**Wuchsform:** Breit aufrechter, sukkulenter Strauch oder Baum mit meist 4-kantigen Trieben. In der Heimat bis 15 m hoch wachsend.
**Blatt:** In paarige Blattdornen umgebildet.
**Blüte:** Einzelblüten klein, Blütenstand (Cyathium) gelbgrün, unscheinbar, 1 cm, selten zu sehen.
**Frucht:** Spaltfrucht.
**Standort:** Vollsonnig, warm.
**Verwendung:** Sukkulentensammlungen, im Sommer auch im Freien im Kübel. Ab September im Kalthaus überwintern.
**Vermehrung:** Seitentriebe abtrennen, in Wasser ausbluten lassen, 3 Wochen trocknen lassen, dann in Sandsubstrat stecken.
**Kultur:** Anspruchslos, mineralische Kakteenerde, sparsam gießen. Im Winter trocken halten.
**Hinweise:** Die Assimilation übernehmen die grünen, 4–6 cm dicken Triebe.

## Euphorbia tirucalli
Bleistiftpflanze
Euphorbiaceae, Wolfsmilchgewächse

**Heimat:** Madagaskar, Süd-Afrika, Ost-Afrika. Subtropisch.
**Wuchsform:** Buschiger, aufrechter, feintriebiger Strauch.
**Blatt:** Wechselständig, linealisch, grün, meist bald abfallend, 1–2 cm lang.
**Blüte:** Einzelblüten klein, Blütenstand (Cyathium) blassgrün, in Kultur ganz selten.
**Frucht:** Spaltfrucht.
**Standort:** Volle Sonne, warm, im Winter mindestens 12 °C.
**Verwendung:** Einzeln für Großraumbüros, Wintergarten, auch in Hydrogefäßen.
**Vermehrung:** Seitentriebe abtrennen, einige Tage trocknen lassen, in Sand stecken.
**Kultur:** In stark sandiger Humuserde, Wasserbedarf gering, auch im Winter nicht völlig austrocknen lassen, anspruchslos.
**Hinweise:** Die Assimilation übernehmen die zierlichen Triebe.

| | | |
|---|---|---|
| *4–8 m* | | *0,25–0,3 m* |
| *VI–VIII* | | *VI–IX* |
| *Kübelpflanze* | | *Zimmerpflanze* |
| *Kalthaus* | | *Kalthaus* |

## Exacum affine
Blaues Lieschen, Bitterblatt
Gentianaceae, Enziangewächse

**Heimat:** Insel Sokotra (Golf von Aden). Subtropisch.
**Wuchsform:** Buschige, feintriebige Einjährige mit fleischigem Stängel.
**Blatt:** Gegenständig, eiförmig, gestielt, immergrün, glänzend, 3–4 cm lang.
**Blüte:** Radiär, schalenförmig, 2–3 cm, enzianblau mit gelben Staubgefäßen, end- und achselständig.
**Frucht:** Kapsel.
**Standort:** Hell, aber nicht zu warm.
**Verwendung:** Zimmerpflanze, halbschattige Blumenfenster. Kalthauspflanze.
**Vermehrung:** Aussaat XI–V, Temperatur um 20–22 °C, Lichtkeimer, Keimdauer 4–6 Monate! Auch Stecklinge ab III möglich.
**Kultur:** In Einheitserde, mäßig gießen, wöchentlich düngen.
**Sorte:** 'Royal Dane Weiß', weiß, kompakt, 25 cm.
**Hinweise:** Reichblühend, wird nach der Blüte nicht weiterkultiviert. auf Blattläuse achten.

## × Fatshedera lizei
Efeuaralie
Araliaceae, Araliengewächse

**Heimat:** Züchtung. Gemäßigt, mediterran.
**Wuchsform:** Aufrechter, rasch wachsender Spreizklimmer.
**Blatt:** Wechselständig, 3- bis 5-lappig, immergrün, 10–12 cm breit.
**Blüte:** unscheinbar, gelblich, in Dolden. Nur bei sehr alten Pflanzen zu sehen.
**Frucht:** Beere, sehr selten.
**Standort:** Halbschattig bis schattig, kühl.
**Verwendung:** Schattenecken im Zimmer. Im Sommer auch im Freien möglich, im Herbst ins Kalthaus.
**Vermehrung:** Trieb- und Kopfstecklinge, einfach.
**Kultur:** In humosem Substrat, Einheitserde, kühl halten, gleichmäßig gießen.
**Sorte:** 'Variegata', ähnlich, aber mit weiß gefleckten Blättern.
**Hinweise:** Anspruchslose Gattungskreuzung aus Frankreich (1912) aus *Fatsia japonica* und *Hedera helix*. Schildläuse rechtzeitig bekämpfen.

| × Fatshedera lizei | | Fatsia japonica |
|---|---|---|
| 1–4 m | | 1,5–2,5 m |
| IX–XI | | IX–XI |
| Kübelpflanze | | Kübelpflanze |
| Kalthaus | | Kalthaus |

## Fatsia japonica
Zimmeraralie
Araliaceae, Araliengewächse

**Heimat:** Japan, Südkorea. Subtropisch.
**Wuchsform:** Aufrechter, meist mehrstämmiger Strauch. In der Heimat bis 5 m hoch wachsend.
**Blatt:** Wechselständig, handförmig, 5- bis 7-lappig, immergrün, glänzend, 20–30 cm breit.
**Blüte:** Radiär, 1 cm, grün-weiß, in endständigen Dolden.
**Frucht:** Beere schwarz.
**Standort:** Hell bis schattig, keine direkte Sonne.
**Verwendung:** Genügsame Zimmerpflanze, im Sommer auch als Kübelpflanze draußen. In wintermilden Gebieten auch frosthart bis –10 °C.
**Vermehrung:** Aussaat sofort nach der Ernte, Keimzeit 3–4 Wochen, Kopfstecklinge.
**Kultur:** In Einheitserde, braucht als ältere Pflanze viel Wasser. Von X–II etwas trockener und kühl halten.
**Sorte:** 'Variegata', gelbbuntes Laub, 1 m hoch, lichtbedürftiger.
**Hinweise:** Schutz vor Sonne! Schild- und Blattläuse rechtzeitig bekämpfen.

## Fenestraria rhopalophylla
Fensterblatt
Aizoaceae, Mittagsblumengewächse

**Heimat:** Namibia, Südafrika. Subtropisch.
**Wuchsform:** Aufrechte, polsterbildende Art mit hochsukkulenten Blättern.
**Blatt:** Gegenständig, keulenförmig, oben mit fensterartigen Zellen, immergrün, 3–4 cm lang, bis 1 cm dick.
**Blüte:** Radiär, vielstrahlig, gelb.
**Frucht:** Kapsel.
**Standort:** Vollsonnig, von Sand und Kies umgeben.
**Verwendung:** Topfpflanze, für Sukkulentensammlungen.
**Vermehrung:** Aussaat im Frühling, Teilung der Polster.
**Kultur:** In Kakteenerde mit Kieszusatz. Im Winter ganz trocken halten.
**Hinweise:** Am Naturstandort (Südafrika: Oranjegebiet) ist die Pflanze oft total von Sand bedeckt. Die Fensterzellen lassen Licht zu dem Assimilationsgewebe durchdringen.

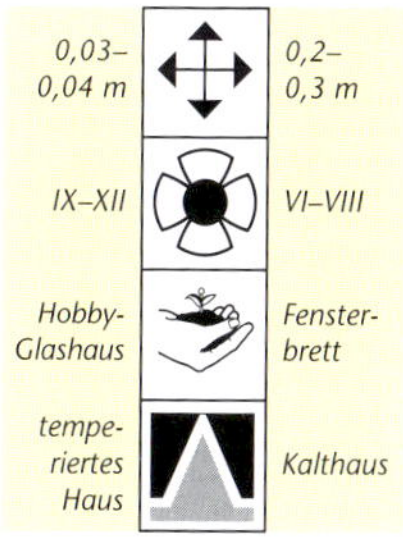


## Ferocactus latispinus
Teufelszunge
Cactaceae, Kakteengewächse

**Heimat:** Mexiko. Tropisch.
**Wuchsform:** Erst kugelförmiger, später zylindrischer Körper mit vielen kräftigen, spitzen Dornen.
**Blatt:** Umgebildet zu roten und gelben, meist gebogenen Dornen.
**Blüte:** Radiär, röhrig, 4–6 cm lang, gelb. Erst bei alten Pflanzen zu sehen.
**Frucht:** Beere.
**Standort:** Vollsonnig, trocken.
**Verwendung:** Einzeln als Topfpflanze, Sammlungen. Im Winter kühl und trocken halten.
**Vermehrung:** Aussaat im Frühling.
**Kultur:** In Kakteenerde, von V–IX monatlich einmal düngen. Wenig gießen. Nässeempfindlich.
**Hinweise:** Blätter völlig reduziert. Pflanze assimiliert mit dem Spross. Die breiten Dornen sind starr und sehr gefährlich.

## Ficus benjamina
Birken-Feige
Moraceae, Maulbeerbaumgewächse

**Heimat:** Ost-Asien: Indien bis Malaysia, Nord-Australien. Subtropisch, tropisch.

**Wuchsform:** Elegant wirkender, oft mehrstämmiger, breiter Kleinbaum mit überhängender Krone. In der Heimat über 10 m hoch.

**Blatt:** Wechselständig, immergrün, eiförmig zugespitzt, glänzend, gestielt, dunkelgrün, führt Milchsaft, 8–12 cm lang.

**Blüte:** Feigenartig, unscheinbar, selten in Kultur.

**Frucht:** Rötliche Feige, 1 cm lang, sehr selten.

**Standort:** Hell, aber keine direkte Sonne, humose, durchlässige Böden.

**Verwendung:** Einzeln in Kübeln oder Hydrogefäßen für Wintergärten.

**Vermehrung:** Kopfstecklinge, Enden kurz in warmes Wasser stellen, dann stecken.

**Kultur:** In humosen Substraten (Einheitserde), gleichmäßig feucht halten und regelmäßig düngen.

**Sorte:** 'Hawaii' (Bild), grünweiß.

**Hinweise:** Schildläuse, Rote Spinne rechtzeitig bekämpfen.

| Ficus benjamina | | Ficus cyathistipula |
|---|---|---|
| 2–4 m | 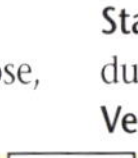 | 3–5 m |
| keine Angaben |  | keine Angaben |
| Kübelpflanze |  | Kübelpflanze |
| Warmhaus |  | Warmhaus |

## Ficus cyathistipula
Gummibaum
Moraceae, Maulbeerbaumgewächse

**Heimat:** Afrika. Tropisch.

**Wuchsform:** Breiter Baum mit ausladender Krone. In der Heimat über 15 m hoch.

**Blatt:** Wechselständig, immergrün, eiförmig, glänzend, lederig, dunkelgrün, 12–25 cm lang.

**Blüte:** Feigenartig, unscheinbar, 0,5 cm, grünlich, in den Blattachseln.

**Frucht:** Grünliche Feige, 1 cm lang, kugelig, wird reichlich gebildet.

**Standort:** Hell, aber keine direkte Sonne; humose, durchlässige Böden.

**Verwendung:** Einzeln in Kübeln oder Hydrogefäßen für Büros, Wintergärten. Nicht frosthart.

**Vermehrung:** Kopfstecklinge, Enden kurz in warmes Wasser stellen, dann stecken.

**Kultur:** In humosen Substraten (Einheitserde), gleichmäßig feucht halten und regelmäßig düngen.

**Hinweise:** Scharfer Rückschnitt wird gut vertragen. Schildläuse rechtzeitig bekämpfen.

## Ficus deltoidea

Mistel-Feige

Moraceae, Maulbeerbaumgewächse

**Heimat:** Ost-Asien: Malaysia. Tropisch.
**Wuchsform:** Breiter Baum mit ausladender Krone.
**Blatt:** Wechselständig, rundlich bis dreieckig, gestielt, immergrün, dunkelgrün, glänzend, 4–5 cm lang.
**Blüte:** Feigenartig, unscheinbar, selten in Kultur zu sehen.
**Frucht:** Gelbliche Feige, birnenförmig, 1 cm lang, in den Blattachseln.
**Standort:** Hell, aber keine direkte Sonne, humose, durchlässige Böden.
**Verwendung:** Einzeln in Hydrogefäßen im Zimmer, Wintergärten. Nicht frosthart.
**Vermehrung:** Kopfstecklinge in sandig-humoses Substrat stecken.
**Kultur:** In humosen Substraten (Einheitserde), gleichmäßig feucht halten und regelmäßig düngen.
**Hinweise:** Bei geringerer Wassergabe werden eher Früchte gebildet. Schildläuse und Rote Spinne rechtzeitig bekämpfen.

| | | |
|---|---|---|
| *0,8–3 m* | | *6–8 m* |
| *keine Angaben* | | *keine Angaben* |
| *Kübelpflanze* | | *Kübelpflanze* |
| *Warmhaus* | | *Warmhaus* |

## Ficus elastica

Gummibaum

Moraceae, Maulbeerbaumgewächse

**Heimat:** Südost-Asien. Tropisch.
**Wuchsform:** Wuchtiger breiter Kleinbaum mit geschlossener Krone, selten mit Luftwurzeln. In der Heimat über 30 m hoch.
**Blatt:** Wechselständig, eiförmig, gestielt, immergrün, dunkelgrün, glänzend, führt Milchsaft, 15–30 cm lang.
**Blüte:** Feigenartig, unscheinbar, selten in Kultur.
**Frucht:** Grünliche Feige, 1–2 cm lang, sehr selten.
**Standort:** Hell, aber keine direkte Sonne, humose, durchlässige Böden.
**Verwendung:** Einzeln in Kübeln oder Hydrogefäßen für Büros, Wintergärten usw.
**Vermehrung:** Kopf- und Stammstecklinge. Enden kurz in warmes Wasser stellen, dann stecken.
**Kultur:** In humosen Substraten (Einheitserde), gleichmäßig feucht halten. Verträgt trockene Zimmerluft.
**Sorte:** 'Decora', breitere Blätter; 'Doescheri', grün-weiß gefleckte Blätter.
**Hinweise:** Schildläuse und Rote Spinne rechtzeitig bekämpfen.

## Ficus lyrata

Geigen-Feige
Moraceae, Maulbeerbaumgewächse

**Heimat:** Tropisches West-Afrika. Tropisch.
**Wuchsform:** Breiter Baum mit ausladender Krone. In der Heimat über 12 m hoch.
**Blatt:** Wechselständig, leierförmig, immergrün, dunkelgrün glänzend, 30–50 cm lang, über 20 cm breit.
**Blüte:** Feigenartig, unscheinbar, selten in Kultur.
**Frucht:** Grünliche Feige, 3–4 cm groß, kugelig.
**Standort:** Hell, keine direkte Sonne, humose, durchlässige Böden. Hohe Luftfeuchtigkeit
**Verwendung:** Einzeln in Kübeln oder Hydrogefäßen für Büros, Wintergärten. Dankbar für warme Plätze.
**Vermehrung:** Kopfstecklinge, Enden kurz in warmes Wasser stellen, dann stecken.
**Kultur:** In humosen Substraten (Einheitserde) mit Sandzusatz, gleichmäßig feucht halten und regelmäßig düngen.
**Hinweise:** Schildläuse, Rote Spinne rechtzeitig bekämpfen.

## Ficus pumila

Kletter-Feige
Moraceae, Maulbeerbaumgewächse

**Heimat:** Ost-Asien. Subtropisch.
**Wuchsform:** Kriechend und mit Haftwurzeln kletternd. In der Heimat über 10 m hoch kletternd.
**Blatt:** Wechselständig, immergrün, eiförmig, mattgrün, 2–3 cm lang, Altersform gestielt, dunkelgrün, glänzend, 6–8 cm lang.
**Blüte:** Feigenartig, 1–2 cm lang, grün, nur bei der Altersform zu sehen.
**Frucht:** Grünliche Feige, 4–5 cm lang, birnenförmig, sehr selten.
**Standort:** Hell, aber keine direkte Sonne, humose, durchlässige Böden.
**Verwendung:** Einzeln in Kübeln oder Hydrogefäßen, Wintergärten.
**Vermehrung:** Kopf- und Triebstecklinge in Sand-Torfgemisch stecken.
**Kultur:** In humosen Substraten (Einheitserde), gleichmäßig feucht halten, Erde nicht austrocknen lassen.
**Sorte:** 'Sonny', grünweißes Laub.
**Hinweise:** Kann ganze Wände überziehen.

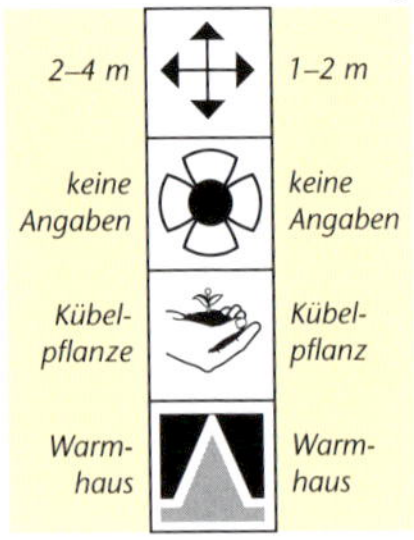

## Ficus rubiginosa

Gummibaum
Moraceae, Maulbeerbaumgewächse

**Heimat:** Australien. Subtropisch, tropisch.
**Wuchsform:** Breiter Strauch mit geschlossener Krone. In der Heimat über 15 m hoch.
**Blatt:** Wechselständig, eiförmig, gestielt, immergrün, dunkelgrün, unterseits bräunlich behaart, glänzend, 8–12 cm lang,
**Blüte:** Feigenartig, unscheinbar, selten in Kultur.
**Frucht:** Grünliche Feige, 1 cm lang, sehr selten.
**Standort:** Hell, aber keine direkte Sonne, humose, durchlässige Böden.
**Verwendung:** Einzeln in Töpfen oder Hydrogefäßen für kühlere Zimmer und Wintergärten.
**Vermehrung:** Kopfstecklinge, Enden kurz in warmes Wasser stellen, dann stecken.
**Kultur:** In humosen Substraten (Einheitserde), gleichmäßig feucht halten und regelmäßig düngen.
**Sorte:** 'Variegata', gelbweißes Laub, 2–3 m (Bild).
**Hinweise:** Auf Schildläuse achten.

| | | |
|---|---|---|
| *2–4 m* | | *2–4 m* |
| *keine Angaben* | | *keine Angaben* |
| *Kübelpflanze* | | *Ampelpflanze* |
| *Kalthaus* | | *Warmhaus, Kalthaus* |

## Ficus sagittata

Pfeilförmige Feige
Moraceae, Maulbeerbaumgewächse

**Heimat:** Ost-Asien: Himalaya, Philippinen. Subtropisch, tropisch.
**Wuchsform:** Flacher Strauch mit überhängendem Wuchs. In der Heimat über 10 m hoch.
**Blatt:** Wechselständig, pfeilförmig zugespitzt, gestielt, immergrün, dunkelgrün, 4–5 cm lang.
**Blüte:** Feigenartig, unscheinbar, selten in Kultur.
**Frucht:** Grünliche Feige, 1 cm lang, sehr selten.
**Standort:** Hell, aber keine direkte Sonne, humose, durchlässige Böden.
**Verwendung:** Als Ampelpflanze für Zimmer und als Bodendecker für Wintergärten. Nicht frosthart.
**Vermehrung:** Kopfstecklinge.
**Kultur:** In humosen Substraten (Einheitserde), gleichmäßig feucht halten und regelmäßig düngen. Verträgt Wärme und hohe Luftfeuchtigkeit.
**Sorte:** 'Variegata', grünweißes Laub, 2–3 m (Bild).
**Hinweise:** Schildläuse, Rote Spinne rechtzeitig bekämpfen.

## Fittonia verschaffeltii
Fittonie, Silbernetzpflanze
Acanthaceae, Akanthusgewächse

**Heimat:** Bolivien, Ekuador, Kolumbien, Peru. Tropisch.
**Wuchsform:** Niederliegende, kriechende Staude.
**Blatt:** Gegenständig, elliptisch, immergrün, dunkelgrün mit silbrigen Adern, 7–10 cm lang.
**Blüte:** Zygomorph, rachenförmig, gelb, 1 cm, in Ähren, aber wenig auffallend.
**Frucht:** Kapsel.
**Standort:** Halbschattig bis schattig, Warmhauspflanze.
**Verwendung:** Große Vitrinen und Wintergärten, als Bodendecker ideal.
**Vermehrung:** Kopfstecklinge in Torf-Sandsubstrat stecken (V–VII).
**Kultur:** In Einheitserde, gleichmäßig feucht halten. Staunässe vermeiden.
**Sorte:** 'Argyroneura', weiße Adern (Bild); 'Pearcei', rote Adern.
**Hinweise:** Durch Staunässe entsteht Wurzelfäule.

| | | |
|---|---|---|
| *0,1–0,2 m* | | *0,3–1,5 m* |
| *V–VI* | | *VII–X* |
| *Bodendecker* | | *Zimmerpflanze* |
| *Warmhaus* | | *Warmhaus* |

## Gardenia augusta
(Syn.: *Gardenia jasminoides*)
Gardenie
Rubiaceae, Rötegewächse

**Heimat:** Ost-Asien. Subtropisch, tropisch.
**Wuchsform:** Breit buschig, halbkugeliger Strauch.
**Blatt:** Gegenständig, elliptisch, immergün, glänzend, 6–7 cm lang.
**Blüte:** Radiär, schalenförmig, 10–12 cm, milchweiß, angenehm duftend, meist gefüllt, einzeln über dem Laub stehend.
**Frucht:** Gelbe Beere.
**Standort:** Hell und sonnig; saure Böden.
**Verwendung:** Anspruchsvolle Zimmerpflanze für Blumenfenster, Wintergärten. Warmhauspflanze.
**Vermehrung:** Kopfstecklinge bei 25 °C Bodenwärme in Torf-Sand-Gemisch stecken.
**Kultur:** In kalkfreien Substraten, Torf-Moorerde, mit Regenwasser gießen.
**Sorte:** 'Radicans', nur 30 cm hoch, aber breit wachsend, kleinblumig.
**Besonderes:** Bei Chlorose (Gelbfärbung der Blätter) mit Eisenchelatzusatz gießen (Citrusdünger).
**Hinweise:** Bei Trockenheit werden Knospen abgeworfen.

## Gasteria pillansii
Hirschzunge, Gasterie
Aloeaceae, Aloengewächse

**Heimat:** Süd-Afrika. Mediterran, subtropisch.
**Wuchsform:** Dichte rosettig wachsende Sukkulente.
**Blatt:** Dickfleischig, lanzettlich, steif, 2-zeilig, immergrün, hellbraun mit vielen hellen Punkten, 8–10 cm lang, 3–4 cm breit.
**Blüte:** Radiär, röhrig, 2–3 cm lang, 3-zählig, hellrosa, in Rispen.
**Frucht:** Kapsel.
**Standort:** Vollsonnig, warm.
**Verwendung:** Fensterbrett, Sukkulentensammlung. Kalthaus.
**Vermehrung:** Teilung im Frühling, auch Aussaat möglich.
**Kultur:** In Kakteenerde, mäßig gießen und düngen, im Winter trocken halten.
**Hinweise:** Sehr anspruchslose Pflanze.
**Ähnliche Arten:** *G. liliputana*, grün; *G. verrucosa* (Bild), mit weißen Warzen.

| Gasteria pillansii | | Gerbera jamesonii |
|---|---|---|
| 0,1–0,15 /0,2–0,25 m | Wuchshöhe/-breite | 0,25–0,3/ 0,4–0,6 (– 0,9) m |
| VII–VIII | Blütezeit | I–XII |
| Fensterbrett | Verwendung | Balkonpflanze |
| Kalthaus | Haus | Kalthaus |

## Gerbera jamesonii
Gerbera
Asteraceae, Asterngewächse

**Heimat:** Süd-Afrika. Mediterran, subtropisch.
**Wuchsform:** Buschige Staude, Blütenstiele aufrecht, Blätter geneigt.
**Blatt:** In Rosetten, eiförmig zugespitzt, gebuchtet, 20 cm.
**Blüte:** Zungen- und Röhrenblüten, klein, Köpfchen mit langen Zungenblüten, oft gefüllte Sorten.
**Frucht:** Achäne.
**Standort:** Durchlässige Humusböden in sonnigen Lagen.
**Verwendung:** Niedere Sorten als Topfpflanze, Balkon; höhere zum Schnitt.
**Vermehrung:** Aussaat im IX oder Frühling, Sorten durch Teilung und Stecklinge.
**Kultur:** Einheitserde mit Sandzusatz unter Glas.
**Sorte:** Viele Rassen und Sorten, (Bild: 'Rotelli'.)
**Hinweise:** Blütenköpfe müssen meist mit Bindedraht gestützt werden. Blattläuse, Weiße Fliege, Minierfliegen und Mehltau bekämpfen.

## Globba winitii
Globba
Zingiberaceae, Ingwergewächse

**Heimat:** Thailand. Tropisch.
**Wuchsform:** Aufrechte, horstbildende Staude mit Wurzelknollen, Triebe übergeneigt.
**Blatt:** Schraubig gestellt, breit lanzettlich, sommergrün, 10–50 cm lang.
**Blüte:** Disymmetrisch, Sonderform, 4–5 cm lang, Tragblätter rosa mit gelben Staubgefäßen, in lockeren Ähren.
**Frucht:** Kapsel.
**Standort:** Hell und warm, verträgt keine pralle Sonne. Warmhauspflanze.
**Verwendung:** Topfpflanze für Wintergärten und warme Zimmer. Nicht frosthart.
**Vermehrung:** Brutknöllchen oder Teilung des Wurzelstocks im Frühling.
**Kultur:** Im Februar Knollen in frische Einheitserde topfen und warm antreiben. Erde nie austrocknen lassen.
**Hinweise:** Pflanze zieht im Herbst ein, Knollen frostfrei überwintern.

| | | |
|---|---|---|
| *0,6–1 m* | | *1–2 m* |
| *VII–IX* | | *VI–VIII* |
| *Wintergarten* | | *Kletterpflanze* |
| *Warmhaus* | | *Warmhaus* |

## Gloriosa superba
(Syn.: *Gloriosa rothschildiana*)
Ruhmeskrone
Colchicaceae, Zeitlosengewächse

**Heimat:** Afrika, Asien. Tropisch.
**Wuchsform:** Lockerer Spreizklimmer mit rhizomartigen Wurzelknollen.
**Blatt:** Wechselständig, lanzettlich, sommergrün, glänzend, 12–15 cm lang.
**Blüte:** Radiär, Lilienblüte mit zurückgeschlagenen Kronblättern, 10–15 cm, rot mit gelb, auffallend, langgestielte Einzelblüten.
**Frucht:** Kapsel.
**Standort:** Sonnig warm, keine Mittagssonne.
**Verwendung:** Schnittpflanze, Topfpflanze.
**Vermehrung:** Rhizomknollen teilen, jedes Teil hat nur einen Vegetationspunkt!
**Kultur:** In lehmig-humosem Substrat im Warmhaus. Knollen nach dem Kauf im Frühling in 12–15 cm große Töpfe legen und unter Glas antreiben. Im Herbst zieht die Pflanze ein, trocken und frostfrei (17 °C) überwintern.
**Sorte:** 'Aurea', gelbe Blüten.
**Hinweise:** Auf Blattläuse achten.

## Goethea strictiflora
(Syn.: *Goethea cauliflora*)
Goetheblume
Malvaceae, Malvengewächse

**Heimat:** Brasilien. Tropisch.
**Wuchsform:** Aufrechter, locker buschiger Strauch.
**Blatt:** Wechselständig, schmal-eiförmig, immergrün, grün mit rot, 15–25 cm lang.
**Blüte:** Radiär, 1 cm, 5-teilig, rot-weiß, einzeln am Stamm (Kauliflorie), roter, 4-zähliger Hüllkelch 2–3 cm groß, auffällig.
**Frucht:** Spaltfrucht.
**Standort:** Hell, ohne direkte Sonne, hohe Luftfeuchtigkeit.
**Verwendung:** Topfpflanze, Schnittpflanze, Warmhausgewächs. Im Winter kühler und trockener halten. Nicht winterhart.
**Vermehrung:** Stecklinge von III–VIII, später stutzen.
**Kultur:** In humosem Substrat, dauernd feucht, aber nie nass halten.
**Hinweise:** Die Stammblütigkeit (Kauliflorie) ist im Pflanzenreich wenig verbreitet.

| Goethea strictiflora | | Graptopetalum bellum |
|---|---|---|
| *2–4 m* | | *0,1/ 0,15 m* |
| *VII–IX* | | *V–VII* |
| *Zimmerpflanze* | | *Fensterbrett* |
| *temperiertes Haus* | | *Kalthaus* |

## Graptopetalum bellum
(Syn.: *Tacitus bellus*)
Stern von Mexiko
Crassulaceae, Dickblattgewächse

**Heimat:** Mexiko: Chihuahua. Subtropisch.
**Wuchsform:** Dichte Rosetten bildende Blattsukkulente.
**Blatt:** Schraubig, breit, zugespitzt, immergrün, grau, 2–3 cm lang.
**Blüte:** Radiär, sternförmig, 2–3 cm breit, 5-zählig, rosa, in Trugdolden.
**Frucht:** Sternförmige Kapsel.
**Standort:** Vollsonnige Lagen in sandigen Böden.
**Verwendung:** Fensterbrett, Sukkulentensammlung, im Sommer auch im Freien. Im Herbst in Kalthaus einräumen.
**Vermehrung:** Samen, ganzjährige Aussaat möglich, sandiges Substrat. Auch Blattstecklinge möglich.
**Kultur:** In Kakteenerde, mehrfach pikieren, wenig gießen, im Winter kühl halten, aber frostfrei.
**Hinweise:** Anspruchslose Zimmerpflanze mit hübschen Blüten. Erinnert sehr an eine Hauswurz, stirbt aber nach der Blüte nicht ab.

## Grevillea robusta

Silbereiche
Proteaceae, Silberbaumgewächse

**Heimat:** Australien: Neusüdwales, Queensland. Subtropisch.
**Wuchsform:** Aufrechter Baum mit kegelförmiger Krone. In der Heimat bis 50 m hoch.
**Blatt:** Wechselständig, doppelt gefiedert, immergrün, dunkelgrün, unterseits hellgrau, 15–20 cm lang.
**Blüte:** Disymmetrisch, 2–3 cm, schmal, orangegelb, gekrümmter Griffel, in 10 cm langen Ähren.
**Frucht:** Balgfrucht.
**Standort:** Helle, aber keine vollsonnige Lagen in durchlässigen Böden.
**Verwendung:** Robuste Zimmerpflanze, für Wintergärten, sommers auf der Terrasse. Verträgt im Winter bis zu -5 °C, Kalthauspflanze.
**Vermehrung:** Frische Samen im II aussäen, 20 °C Bodentemperatur.
**Kultur:** Jungpflanzen in sandig-humose Erde topfen.
**Hinweise:** Wird gelegentlich von Spinnmilben befallen.

## Guzmania lingulata

Guzmanie
Bromeliaceae, Ananasgewächse

**Heimat:** Mittelamerika, Südamerika. Tropisch.
**Wuchsform:** Trichterförmige Rosetten bildender Epiphyt.
**Blatt:** Schraubig gestellt, linealisch, immergrün, dunkelgrün, im Zentrum rote Hochblätter, 25–35 cm lang.
**Blüte:** Radiär, 3–4 cm, gelb, Ähre im Rosetten-Zentrum. Die eigentliche Zierde sind die leuchtend roten Hochblätter.
**Frucht:** Kapsel.
**Standort:** Hell, aber Schutz vor Sonne.
**Verwendung:** Topfpflanze, Epiphytenstamm, Vitrine.
**Vermehrung:** Abtrennen der Kindel, in Sphagnum bewurzeln lassen.
**Kultur:** Durchlässiges Substrat aus Sphagnum, Nadelstreu und Sand. Immer auf hohe Luftfeuchtigkeit
**Weitere Unterart:** *G. lingulata* var. *minor*, ähnlich, aber kleiner in allen Teilen.
**Hinweise:** Auf Wurzelläuse und Schildläuse achten. Viele weitere Arten und Hybriden im Sortiment.

| Grevillea robusta | | Guzmania lingulata |
|---|---|---|
| 1–2 m | | 0,25–0,4/ 0,5–0,7 m |
| III–V | | XI–I |
| Zimmerpflanze | | Zimmerpflanze |
| Kalthaus | | Warmhaus |

## Gymnocalycium mihanovichii
Spinnenkaktus, Erdbeerkaktus
Cactaceae, Kakteengewächse

**Heimat:** Nordparaguay. Tropisch.
**Wuchsform:** Flachkugelige, wenig bedornt, Sprosssukkulenz.
**Blatt:** Umgebildet zu Dornen, 1 cm lang, gebogen.
**Blüte:** Radiär, glockig, 3–4 cm breit, gelbgrün bis weiß, einzeln.
**Frucht:** Längliche Beere.
**Standort:** Vollsonnige Lage in durchlässiger Erde.
**Verwendung:** Fenster oder Kakteensammlung. Kalthaus.
**Vermehrung:** Aussaat und Ableger.
**Kultur:** In Kakteenerde, warm und trocken, im Winter trocken.
**Sorte:** *G. m.* var. *friedrichii* 'Rubra', Erdbeerkaktus, roter Korpus, besitzt kein Chlorophyll, muss daher auf *Trichocereus* veredelt werden (Bild).
**Hinweise:** Blätter völlig reduziert. Pflanze assimiliert mit dem Spross. Ähnliche Sorten mit gelben oder braunem Korpus. Wurzelläuse regelmäßig bekämpfen.

## Gynura aurantiaca
Samtpflanze
Asteraceae, Asterngewächse

**Heimat:** Java, Sulawesi. Tropisch.
**Wuchsform:** Kriechende, hängend oder kletternde, krautige Pflanze.
**Blatt:** Wechselständig, eiförmig, am Rand gezähnt, immergrün, dunkelgrün mit violetter Behaarung 8–12 cm lang.
**Blüte:** Radiär, klein, Köpfchen 1–1,5 cm breit, orangerot, duften unangenehm.
**Frucht:** Achäne.
**Standort:** Hell, auch sonnig, aber Schutz vor Mittagssonne, Warmhauspflanze.
**Verwendung:** Kletter- und Ampelpflanze.
**Vermehrung:** Stecklinge von V–VIII.
**Kultur:** In Einheitserde, diese stets feucht halten. Im Winter trockener und kühler stellen.
**Sorte:** 'Purple Passion', stärkere violette Behaarung als die Art.
**Hinweise:** Ältere Pflanzen sehen nicht mehr so schön aus, daher stets Jungpflanzen nachziehen. Auf Rote Spinne achten.

| | | |
|---|---|---|
| *0,03–0,06/ 0,06–0,1 m* | | *0,5–1 m* |
| *VI–VII* | | *IX–X* |
| *Fensterbrett* | | *Ampelpflanze* |
| *Kalthaus* | | *temperiertes Haus* |

## Hatiora salicornioides
(Syn.: *Rhipsalis salicornioides*)
Hatiora
Cactaceae, Kakteengewächse

**Heimat:** Südbrasilien. Tropisch.
**Wuchsform:** Aufrecht-überhängende Sukkulente mit keulig verdickten Trieben. Triebglieder dünn, keulenförmig, 2–3 cm lang. Areolen winzig mit kurzen Borsten. In der Heimat bis 1,8 m hoch. Assimiliert mit den Trieben.
**Blüte:** Radiär, glockig, 1 cm lang, gelb, orange- bis lachsfarben, an den Triebenden.
**Frucht:** Beere, weiß.
**Standort:** Hell, aber keine volle Sonne, stets warm.
**Verwendung:** Einzeln am Fensterbrett, Wintergarten, Ampelpflanze. Nicht frosthart. Warmhauspflanze.
**Vermehrung:** Triebstecklinge im Frühling in Sand-Torfgemisch stecken.
**Kultur:** In TKS 2.
**Hinweise:** Ruhezeit im Winter etwa 3 Monate einhalten. Sehr genügsam.

| | | |
|---|---|---|
| *0,2–0,6 m* | | *0,04–0,05/ 0,3–0,4 m* |
| *II–III* | | *II–III* |
| *Ampelpflanze* | | *Fensterbrett* |
| *Warmhaus* | | *Kalthaus* |

## Haworthia attenuata
(Syn.: *Haworthia fasciata*)
Haworthie
Aloaceae, Aloengewächse

**Heimat:** Südafrika: Kap. Subtropisch.
**Wuchsform:** Rosettige Sukkulente, 5–10 cm Durchmesser.
**Blatt:** Schraubig, lanzettlich dreieckig, immergrün, oliv mit weißen Flecken auf der Unterseite, 3–4 cm lang.
**Blüte:** Disymmetrisch, röhrig, 3-zählig, weiß, an 40 cm langen Ähren.
**Frucht:** Kapsel.
**Standort:** Hell, nicht in der prallen Sonne, im Sommer im Freien.
**Verwendung:** Fensterbrett, Sukkulentensammlung.
**Vermehrung:** Teilung der Horste im Frühling.
**Kultur:** In sandig-humosem Substrat, im Winter im Kalthaus frostfrei halten.
**Hinweise:** Anspruchslose Sukkulente. Viele weitere Arten für Sukkulentensammlungen geeignet.

## Hebe × andersonii
Strauchveronika
Scrophulariaceae, Braunwurzgewächse

**Heimat:** Züchtung, Ursprungsarten aus Neuseeland. Mediterran, subtropisch.
**Wuchsform:** Breit aufrechter, kugeliger Strauch. In der Heimat 1,2–1,8 m hoch.
**Blatt:** Gegenständig, elliptisch, immergrün, dunkelgrün, glänzend, 3–4 cm lang.
**Blüte:** Disymmetrisch, röhrig geschlitzt, 0,8 cm lang, rosa. 7–15 cm lange, endständige Ähren.
**Frucht:** Kapsel.
**Standort:** Halbschattig, kühl. Im Winter im Kalthaus, im Sommer hell.
**Verwendung:** Schalen, Balkonkasten, Kübel. Kalthaus.
**Vermehrung:** Kopfstecklinge im Frühling, in Sand-Torfgemisch stecken, 20 °C.
**Kultur:** In Einheitserde topfen, öfters stutzen, Substrat gleichmäßig feucht halten.
**Sorte:** 'Catherine', rosa, später weiß, 'Dineke', blau.
**Hinweise:** Schöner Herbstblüher.
**Ähnliche Art:** *Hebe pinguifolia*, grau.

| | |
|---|---|
| 0,3–0,6 m | 3–4 m |
| VIII–IX | – |
| Balkonpflanze | Kletterpflanze, Bodendecker |
| Kalthaus | Kalthaus |

## Hedera canariensis
Kanarischer Efeu
Araliaceae, Araliengewächse

**Heimat:** Kanaren, Madeira, Nordwest-Afrika. Mediterran.
**Wuchsform:** Immergrüner Bodendecker und kräftiger Kletterer, Haftwurzler. In der Heimat bis 30 m hoch.
**Blatt:** Wechselständig, herzförmig, 3- bis 5-lappig, immergrün, 12–20 cm lang. Im Alter eiförmig zugespitzt, gestielt, dunkelgrün, 10–20 cm lang.
**Blüte:** Gelbgrün, in Dolden im Herbst an älteren Trieben.
**Frucht:** Kugelige, beerenförmige Steinfrüchte, schwarz; giftig!
**Standort:** Kräftige, humose, kalkhaltige Böden im Schatten.
**Verwendung:** Sehr guter anspruchsloser Bodendecker, zur Begrünung von Wänden, Kübelpflanze.
**Vermehrung:** Triebstecklinge im Frühherbst, etwa 20 cm lang.
**Kultur:** Einheitserde mit Sand vermagern, im Winter im Kalthaus.
**Sorte:** 'Gloire de Marengo', grün mit weiß', schwächer wachsend.
**Ähnliche Art:** *Hedera helix*.

## Hibiscus rosa-sinensis
Chinesischer Roseneibisch
Malvaceae, Malvengewächse

**Heimat:** Asien. Tropisch.
**Wuchsform:** Breit aufrechter, buschiger Strauch. In der Heimat bis 5 m hoch wachsend.
**Blatt:** Wechselständig, eiförmig, immergrün, glänzend, 6–10 cm lang.
**Blüte:** Radiär, schalenförmig, 9–12 cm groß, rot.
**Frucht:** Spaltfrucht.
**Standort:** Hell bis halbschattig, direkte Sonne vermeiden, warm, im Winter nicht unter 14 °C.
**Verwendung:** Kübelpflanze, im Sommer auch im Freien, Wintergärten. Nicht frosthart.
**Vermehrung:** Kopfstecklinge (mit Bewurzelungshormon) im Frühsommer.
**Kultur:** In TKS 2 oder Einheitserde T, Staunässe und Ballentrockenheit vermeiden.
**Sorte:** 'Cherie', gelb mit rotbrauner Mitte; 'Hamburg', rot.
**Hinweise:** Standortveränderungen können zum Abwurf der Blütenknospen führen, Blattläuse, Schildläuse und Spinnmilben bei Bedarf bekämpfen.

| | | |
|---|---|---|
| 2–3 m | | 0,4–0,5/ 0,5–0,6 m |
| III–X | | I–IV |
| Kübelpflanze | | Zimmerpflanze |
| Kalthaus | | Warmhaus |

## Hippeastrum vittatum
Ritterstern, Amaryllis
Amaryllidaceae, Amaryllisgewächse

**Heimat:** Peru. Subtropisch.
**Wuchsform:** Horstbildendes, aufrechtes Zwiebelgewächs, Laub übergeneigt.
**Blatt:** 2-zeilig, riemenförmig, 30–50 cm lang, 2–3 cm breit. Zieht im Herbst ein.
**Blüte:** Radiär, trichterförmig, 8–12 cm, rosa-rot, 2–6 Blüten erscheinen am Ende des hohlen Schaftes. Hybriden bis 25 cm große Blüten.
**Frucht:** Kapsel.
**Standort:** Hell, aber nicht vollsonnig.
**Verwendung:** Fensterbrett, Zimmerpflanze, Wintergarten. Im Sommer auch im Freien.
**Vermehrung:** Brutzwiebeln.
**Kultur:** Große Zwiebel (bis 15 cm) im Herbst in Einheitserde pflanzen und ins Zimmer stellen. Nach der Blüte den Schaft abschneiden, regelmäßig wässern und düngen. Verträgt keine Staunässe. Ab Herbst Laub einziehen lassen, 2 Mon. Ruhezeit.
**Sorten:** 'Fire Dance', rot (Bild).
**Hinweise:** Auf Roten Brenner (Pilzkrankheit) achten.

## Howea belmoreana

(Syn.: *Howeia belmoreana; Kentia belmoreana*)
Kleine Kentiapalme
Arecaceae, Betelpalmengewächse

**Heimat:** Lord-Howe-Inseln (Australien). Tropisch.
**Wuchsform:** Aufrechter Baum mit schirmförmiger Krone, Stammbasis verdickt. In der Heimat bis 10 m hoch.
**Blatt:** Schraubig gestellt, linealisch, unpaarig gefiedert, immergrün, 2 m lang.
**Blüte:** Radiär, einhäusig, klein, 3-zählig, ist im Haus kaum anzutreffen.
**Frucht:** Steinfrucht 3–4 cm groß, oliv.
**Standort:** Hell, aber nicht sonnig, durchlässige Böden.
**Verwendung:** Zimmerpflanze, Wintergarten, Warm- bis Kalthauspflanze (mind. 14 °C im Winter).
**Vermehrung:** Aussaat von frischem Saatgut, Keimdauer kann 3–8 Monate betragen.
**Kultur:** In Einheitserde mit Sandzusatz, 20 °C warm.
**Hinweise:** Blätter hängen stark über. Auf Spinnmilben und Schildläuse achten.

## Howea forsteriana

(Syn.: *Howeia forsteriana; Kentia forsteriana*)
Kentiapalme
Arecaceae, Betelpalmengewächse

**Heimat:** Lord-Howe-Inseln (Australien). Tropisch.
**Wuchsform:** Aufrechter Baum mit schirmförmiger Krone, Stamm kräftig. In der Heimat bis 20 m hoch.
**Blatt:** Schraubig gestellt, linealisch, unpaarig gefiedert, immergrün, 3–4 m lang.
**Blüte:** Radiär, einhäusig, klein, 3-zählig. Wird selten bei uns ausgebildet.
**Frucht:** Steinfrucht 2–3 cm groß, orangerot.
**Standort:** Hell, nicht sonnig, durchlässige Böden.
**Verwendung:** Zimmerpflanze, Wintergarten, Kübelpflanze.
**Vermehrung:** Aussaat von frischem Saatgut, Keimdauer kann 3–8 Monate betragen.
**Kultur:** In Einheitserde mit Sandzusatz, 20 °C warm, im Winter mindestens 14 °C.
**Besonderes:** Blätter hängen nicht über. Vertragen keine trockene Luft.
**Hinweise:** Auf Spinnmilben und Schildläuse achten.

| Howea belmoreana | | Howea forsteriana |
|---|---|---|
| *1–2 m* | | *1–2 m* |
| *keine Angaben* | | *keine Angaben* |
| *Zimmerpflanze* | | *Zimmerpflanze* |
| *temperiertes Haus* | | *temperiertes Haus* |

## Hoya bella
Wachsblume
Asclepiadaceae, Seidenpflanzengewächse

**Heimat:** Myanmar (Birma). Tropisch, subtropisch.
**Wuchsform:** Überhängender oder kletternder Strauch.
**Blatt:** Gegenständig, elliptisch zugespitzt, 2–3 cm lang, immergrün, grün.
**Blüte:** Radiär, sternförmig, 1–1,5 cm breit, zartrosa und weiß, in Scheindolden.
**Frucht:** Balgfrucht.
**Standort:** Hell, aber nicht sonnig, in durchlässigen Böden.
**Verwendung:** Kleine Kletterpflanze, meist als Ampelpflanze im Zimmer. Nicht frosthart.
**Vermehrung:** Stecklinge bei 20–25 °C bewurzeln lassen, auch Veredelung (Unterlage: *H. carnosa*).
**Kultur:** Einheitserde mit Sand- und Lehmzusatz, gleichmäßig gießen und düngen. Liebt hohe Luftfeuchtigkeit.
**Hinweise:** Veredelte Pflanzen blühen reicher. Auf Schild- und Wollläuse achten.

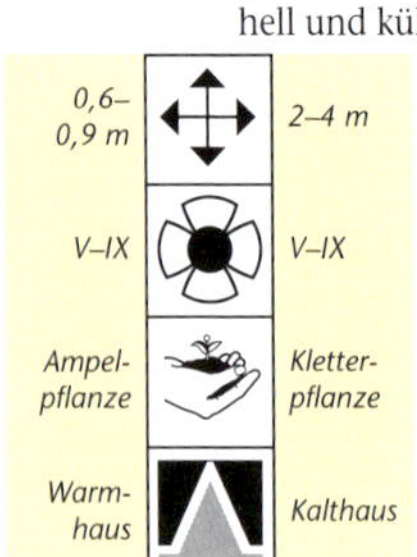

## Hoya carnosa
Wachsblume
Asclepiadaceae, Seidenpflanzengewächse

**Heimat:** China, Australien. Tropisch, subtropisch.
**Wuchsform:** Schlingender, sukkulenter Strauch.
**Blatt:** Gegenständig, elliptisch, immergrün, glänzend, 4–8 cm lang.
**Blüte:** Radiär, sternförmig, 1,2–1,8 cm breit, 5-zählig, zartrosa und weiß, in Scheindolden.
**Frucht:** Balgfrucht.
**Standort:** Hell, aber nicht sonnig, in durchlässigen Böden.
**Verwendung:** Kletterpflanze, auch als Ampelpflanze im Zimmer und Wintergarten. Im Winter hell und kühl halten. Nicht frosthart.
**Vermehrung:** Stecklinge bei 20–25 °C bewurzeln lassen, auch Veredelung der Sorten auf *H. carnosa*.
**Kultur:** Einheitserde mit Sand- und Lehmzusatz, gleichmäßig gießen und düngen.
**Sorte:** 'Variegata', gelb-grüne Blätter; 'Compacta', gedrehtes Laub.
**Hinweise:** Verträgt trockene Luft besser als *H. bella*. Auf Schild- und Wollläuse achten.

## Hyacinthus orientalis
Hyazinthe
Hyacinthaceae, Hyazinthengewächse

**Heimat:** Türkei, Syrien. Mediterran.
**Wuchsform:** Straff aufrechte Zwiebelpflanze.
**Blatt:** Linealisch, sommergrün, 4–6 Blätter pro Zwiebel, 20–30 cm lang.
**Blüte:** Radiär, röhrig, sternförmig, 2–2,5 cm, 6-teilig, weiß, rosa, rot, blau, gelb, je nach Sorte, in dichter Traube an kräftigem Stängel, süß duftend.
**Blütezeit:** Getriebene Zwiebeln im Haus von XII–IV.
**Frucht:** Kapsel.
**Standort:** Sonnig bis leicht beschattet.
**Verwendung:** Beete, Einfassungen, Topfpflanze .
**Kultur:** Treibsorten im Herbst topfen, 8–9 Wochen bei 4 °C dunkel halten und bewurzeln lassen, dann wärmer und heller stellen. Einheitserde stets feucht halten.
**Sorten:** 'Blue Jacket', blau; 'Jan Bos', rot, 'Pink Pearl', rosa.
**Hinweise:** Präparierte Zwiebeln kann man im Winter auf dem Glas zur Blüte bringen.

| Hyacinthus orientalis | | Hydrangea macrophylla |
|---|---|---|
| *0,2–0,3 m* | | *0,6–0,8 (–2) m* |
| *IV–V* | | *VI–VII* |
| *Beetpflanze* | | *Zimmerpflanze* |
| – | | *Kalthaus, Laubdecke* |

## Hydrangea macrophylla
Garten-Hortensie
Hydrangeaceae, Hortensiengewächse

**Heimat:** Japan. Gemäßigt, submediterran.
**Wuchsform:** Breit buschiger, aufrechter Strauch.
**Blatt:** Gegenständig, eiförmig zugespitzt, glänzend, 8–12 cm lang.
**Blüte:** Unscheinbar, 2–3 cm breit, weiß, rosa oder blau. Auffällige Scheinblüten am Rand.
**Frucht:** Wenig auffällige Kapseln.
**Standort:** Halbschattig bis schattig, kühl, Boden sauer und humos.
**Verwendung:** Topfpflanze, Schalen, Kübel. Nach der Blüte in den Garten pflanzen, Winterschutz.
**Vermehrung:** Kopfstecklinge im Sommer.
**Kultur:** Einheitserde, mit Regenwasser gießen, im Sommer laufend düngen. Hell und kühl (Kalthaus) überwintern, ab II wärmer stellen, antreiben.
**Sorten:** 'Adria', blau; 'Merkur', rot; 'Schwan', weiß; 'Rotkehlchen', rot.
**Hinweise:** Rosablühende Sorten mit Aluminiumsulfat oder Alaun blau färben (5 g je Liter Erdsubstrat).

## Hypocyrta glabra
Kussmäulchen
Gesneriaceae, Gesneriengewächse

**Heimat:** Brasilien. Tropisch.
**Wuchsform:** Buschiger, vieltriebiger, auch kriechend-überhängender Halbstrauch.
**Blatt:** Gegenständig, eiförmig, immergrün, glänzend, lederig, 2–3 cm lang.
**Blüte:** Disymmetrisch, bauchförmig, 2–3 cm groß, orangefarben, in den Blattachseln.
**Frucht:** Kapsel.
**Standort:** Schattig bis halbschattig, hohe Luftfeuchtigkeit.
**Verwendung:** Zimmerpflanze für warme Standorte, Vitrinen, Epiphytenstamm, Warmhauspflanze.
**Vermehrung:** Stecklinge von Frühling bis Sommer in Torf-Sand-Gemisch stecken.
**Kultur:** Einheitserde stets feucht halten, stutzen. Die Regenwaldpflanze braucht stets hohe Luft- und Bodenfeuchtigkeit.
**Hinweise:** Pflegeleicht.

## Hypoestes phyllostachya
Punktblume
Acanthaceae, Akanthusgewächse

**Heimat:** Madagaskar. Tropisch.
**Wuchsform:** Buschiger Halbstrauch.
**Blatt:** Gegenständig, elliptisch, immergrün, rosa, grün gefleckt, 5–7 cm lang.
**Blüte:** Disymmetrisch, Rachenblüte, klein, 4-zählig, unscheinbar, in Ähren.
**Frucht:** Kapsel.
**Standort:** Hell bis halbschattig, keine direkte Sonne, Warmhauspflanze. Nicht frosthart.
**Verwendung:** Geschlossene Blumenfenster, Vitrinen, Tröge, Schalen.
**Vermehrung:** Kopfstecklinge, auch Aussaat möglich.
**Kultur:** In Einheitserde, Substrat gleichmäßig feucht halten, wöchentlich düngen. Hohe Luftfeuchtigkeit erwünscht.
**Sorte:** 'Pink Splash', Laub rosa mit grün; 'White Splash', weiß mit grün.
**Hinweise:** Rückschnitt im Frühling nach dem Umtopfen.

| | | |
|---|---|---|
| *0,2–0,3 m* | | *0,2–0,6 m* |
| *I–XII* | | *VI–VIII* |
| *Zimmerpflanze* | | *Blumenfenster* |
| *Warmhaus* | | *Warmhaus* |

## Impatiens Cultivar
Neuguinea-Gruppe, Edellieschen
Balsaminaceae, Balsaminengewächse

**Heimat:** Züchtung, Ursprungsart *I. hawkeri* aus Neuguinea. Tropisch.
**Wuchsform:** Aufrechte, horstige Staude. Meist einjährig gezogen.
**Blatt:** Wechselständig, lanzettlich, glänzend, oft gelb-braun-grün gezeichnet.
**Blüte:** Tellerförmig, 3–5 cm groß, gespornt, in vielen Farbtönen.
**Blütezeit:** Im Freiland von V–X.
**Frucht:** Kapsel, 5-teilig, springt bei Reife auf.
**Standort:** Humusreiche Böden in sonnigen bis halbschattigen Lagen.
**Verwendung:** Beete, Rabatten, Gräber, Balkon, Schalen.
**Vermehrung:** Stecklinge in Vorfrühling unter Glas oder im Sommer. Aussaat von I–II unter Glas bei 20–22 °C, humose Erde.
**Kultur:** Überwinterung im temperierten Haus, Erde darf nie ganz austrocknen.
**Sorte:** Viele Klassen, z. B. Java F1 und Sorten.

| | |
|---|---|
| *0,2/0,3–0,5 m* | *0,3–0,5 m* |
| *I–XII* | *I–XII* |
| *Beetpflanze* | *Blumenfenster* |
| *temperiertes Haus* | *Warmhaus* |

## Impatiens niamniamensis
Papageienschnabel
Balsaminaceae, Balsaminengewächse

**Heimat:** Ost-Afrika. Tropisch.
**Wuchsform:** Breit horstige Krautige mit knotigen, fleischigen Trieben.
**Blatt:** Wechselständig, elliptisch, gezähnt, immergrün, 7–12 cm lang.
**Blüte:** Disymmetrisch, 2–3 cm, rot-gelb, gekrümmter Sporn ähnelt einem Papageienschnabel, in Doldentrauben.
**Frucht:** Kapsel, platzt bei Reife und Berührung auf.
**Standort:** Hell bis halbschattig, Warmhauspflanze.
**Verwendung:** Auffällige Zimmerpflanze für geschlossene Blumenfenster, Vitrinen.
**Vermehrung:** Kopfstecklinge, bei 25 °C Bodentemperatur bewurzeln lassen.
**Kultur:** In Humuserde wie TKS oder Einheitserde, stets feucht halten. Liebt hohe Luftfeuchtigkeit.
**Hinweise:** Auf rote Spinne achten, frühzeitig bekämpfen.

## Iresine herbstii

Iresine
Amaranthaceae, Fuchsschwanzgewächse

**Heimat:** Brasilien. Tropisch.
**Wuchsform:** Aufrecht buschige, vieltriebige, nur kurzlebige Pflanze.
**Blatt:** Gegenständig, rundlich, lang gestielt, 3–5 cm lang, grün oder rot mit auffallenden Blattadern.
**Blüte:** Unscheinbar, sehr selten in Kultur zu sehen.
**Frucht:** Nüsschen, in Kultur selten.
**Standort:** Hell, auch sonnig, in humosen Substraten.
**Verwendung:** Zimmerpflanze, für das Warmhaus. Im Sommer auch im Freien als Beetpflanze.
**Vermehrung:** Kopfstecklinge von Frühling bis Herbst.
**Kultur:** In Einheitserde, Substrat regelmäßig gießen und düngen.
**Sorte:** 'Aureo-Reticulata', Blatt grün, Adern gelb, Stiele rot.
**Hinweise:** Anspruchslos
**Ähnliche Art:** *I. lindenii* aus Ekuador, rotes Laub.

| Iresine herbstii | | Ixora coccinea |
|---|---|---|
| 0,3–0,6 m | | 0,6–1,1 m |
| keine Angaben | | IV–VIII |
| Zimmerpflanze | | Blumenfenster |
| Warmhaus | | Warmhaus |

## Ixora coccinea

Ixore
Rubiaceae, Rötegewächse

**Heimat:** Indien. Tropisch.
**Wuchsform:** Aufrecht buschiger Strauch. In der Heimat bis 6 m hoch.
**Blatt:** Gegenständig, elliptisch, immergrün, glänzend, 7–10 cm lang.
**Blüte:** Radiär, röhrig, 3–4 cm lang, 4-zählig, leuchtend rot, in endständigen, bis 10 cm breiten Doldentrauben.
**Frucht:** Beere.
**Standort:** Hell und warm, hohe Luftfeuchtigkeit.
**Verwendung:** Geschlossene Blumenfenster, Vitrinen, Wintergarten, Warmhauspflanze.
**Vermehrung:** Stecklinge im Frühling.
**Kultur:** In Einheitserde, gleichmäßig feucht halten und düngen, keine Staunässe.
**Sorte:** 'Orange King', orangefarben, 0,8–1 m hoch.
**Hinweise:** Bei sparrigem Wuchs stutzen (pinzieren). Es gibt noch viele weitere Hybriden in vielen Blütenfarben.

## Jacaranda mimosifolia
Jacaranda, Falscher Palisander
Bignoniaceae, Bignoniengewächse

**Heimat:** Argentinien, Brasilien. Tropisch, subtropisch, mediterran.
**Wuchsform:** Aufrechter Baum mit schirmförmiger Krone.
**Blatt:** Gegenständig, doppelt unpaarig gefiedert, farnähnlich, sommergrün, hellgrün, 30–45 cm lang. Einzelblättchen 1 cm lang.
**Blüte:** Disymmetrisch, glockenförmig, 4–5 cm, hellblau, in endständigen, bis 20 cm langen Rispen. Blüht nur in wintermilden Gebieten.
**Frucht:** Flache Kapsel braun, 5–6 cm groß.
**Standort:** Hell, auch sonnig, Warmhauspflanze.
**Verwendung:** Topfpflanze für warme Wintergärten, im Kübel auch sommers im Freien. Überwinterung im Kalthaus nicht unter 12 °C.
**Vermehrung:** Aussaat bei 25 °C bald nach der Ernte.
**Kultur:** In Einheitserde, bei gleichmäßiger Feuchtigkeit, regelmäßiger Düngung.
**Hinweise:** Das echte Palisanderholz stammt von Bäumen der Gattung *Dalbergia*. Auf Rote Spinne achten.

| Jacaranda mimosifolia | | Jasminum polyanthum |
|---|---|---|
| 12–20 m | | 4–7 m |
| V–VII | | II–IX |
| Kübelpflanze | | Wintergarten |
| Kalthaus | | Kalthaus |

## Jasminum polyanthum
Jasmin
Oleaceae, Ölbaumgewächse

**Heimat:** Westchina. Mediterran.
**Wuchsform:** Spreizklimmer.
**Blatt:** Gegenständig, unpaarig gefiedert, eiförmig, immergrün, 1–7 cm lang.
**Blüte:** Radiär, sternförmig, röhrig, 1–2 cm breit, weiß mit rosafarbenem Rand, in Rispen, reichblühend und duftend.
**Frucht:** Beere, selten zu sehen.
**Standort:** Sonnig bis halbschattig, in humosen Böden.
**Verwendung:** Sehr gute Schlingpflanze im Topf (Gitter), Terrasse. Wintergarten. Kalthauspflanze. Übersteht Fröste bis -5 °C.
**Vermehrung:** Stecklinge im Frühling, nach dem Austrieb stutzen.
**Kultur:** In Einheitserde T, Substrat gleichmäßig feucht halten.
**Ähnliche Art:** *J. officinale* aus Iran und China mit weißen, aber kleineren Blüten.

## Jatropha podagrica
Flaschenpflanze
Euphorbiaceae, Wolfsmilchgewächse

**Heimat:** Mittelamerika. Tropisch, subtropisch.
**Wuchsform:** Aufrechter, sparriger Halbstrauch mit flaschenförmigen Stammverdickungen.
**Blatt:** Wechselständig, schildförmig, lang gestielt, gebuchtet, glänzend dunkelgrün, 10–20 cm lang.
**Blüte:** Radiär, klein, 5-zählig, hellrot, in endständiger, langstieliger Trugdolde.
**Frucht:** Kapsel.
**Standort:** Hell und sonnig, warm.
**Verwendung:** Zimmerpflanze, Wintergarten.
**Vermehrung:** Aussaat von frischen Samen, der gelegentlich gebildet wird.
**Kultur:** In Kakteenerde, nährstoffarm, durchlässig. Mit Wasser sparen. Ruhezeit im Winter einhalten, erst nach Austrieb gießen.
**Hinweise:** Temperatur stets über 18 °C halten.

## Justicia brandegeana
(Syn.: *Beloperone guttata*)
Spornbüchschen
Acanthaceae, Akanthusgewächse

**Heimat:** Mexiko. Tropisch.
**Wuchsform:** Aufrecht-überhängender, vieltriebiger Strauch.
**Blatt:** Gegenständig, eiförmig, weichhaarig, immergrün, 5–7 cm lang.
**Blüte:** Disymmetrisch, 1–2 cm, weiß, unscheinbar. In hängenden, 10 cm langen Ähren mit braunroten Deckblättern.
**Frucht:** Kapsel.
**Standort:** Hell und luftig, keine volle Sonne im Sommer.
**Verwendung:** Zimmerpflanze, Wintergärten, Warmhauspflanze. Nicht frosthart.
**Vermehrung:** Kopfstecklinge im Frühling, nach der Bewurzelung pinzieren.
**Kultur:** In Einheitserde, im Sommer gleichmäßig gießen, sparsam im Winter.
**Sorte:** 'Yellow Queen', leuchtend gelb.
**Hinweise:** Alle 2 Jahre umtopfen. Blattläuse rechtzeitig bekämpfen.

| | | |
|---|---|---|
| *0,5–0,6/ 0,6–0,7 m* | | *0,9–1,2 m* |
| *I–XII* | | *I–XII* |
| *Zimmerpflanze* | | *Zimmerpflanze* |
| *Warmhaus* | | *Warmhaus* |

## Justicia carnea,
(Syn.: *Jacobinia carnea*)
Jakobinie
Acanthaceae, Akanthusgewächse

**Heimat:** Brasilien. Tropisch.
**Wuchsform:** Aufrechter, etwas steif wirkender Strauch. In der Heimat bis 2 m hoch.
**Blatt:** Gegenständig, breit lanzettlich, immergrün, flaumig behaart, dunkelgrün, bis 20 cm lang.
**Blüte:** Disymmetrisch, rachenförmig, 3–5 cm, fleischfarben, klebrig, in dichten, bis 12 cm langen, endständigen Ähren.
**Frucht:** Kapsel.
**Standort:** Hell, aber ohne direkte Sonne, hohe Luftfeuchtigkeit.
**Verwendung:** Reich-, aber kurzblütige Zimmerpflanze, Warmhausgewächs. Nicht frosthart.
**Vermehrung:** Kopfstecklinge von II–III, bei 22 °C Bodentemperatur bewurzeln lassen.
**Kultur:** In Einheitserde, nach dem Austrieb pinzieren. Substrat stets feucht halten, wöchentlich düngen.
**Hinweise:** Nach der Ruheperiode im Winter zurückschneiden.

| | | |
|---|---|---|
| *0,6–0,8/ 0,7– 0,9 m* | | *0,4– 0,6 m* |
| *IV–IX* | | *I–II* |
| *Zimmer-pflanze* | | *Zimmer-pflanze* |
| *Warm-haus* | | *Kalthaus* |

## Justicia rizzinii
(Syn.: *Jacobinia pauciflora*)
Jakobinie
Acanthaceae, Akanthusgewächse

**Heimat:** Brasilien. Tropisch.
**Wuchsform:** Dichter, überhängender Strauch.
**Blatt:** Gegenständig, breit lanzettlich, immergrün, dunkelgrün, 2–3 cm lang.
**Blüte:** Disymmetrisch, röhrenförmig, 2–3 cm lang, gelb-orangefarben in reichblühenden, lockeren, end- und achselständigen Ähren.
**Frucht:** Kapsel.
**Standort:** Hell, aber ohne direkte Sonne.
**Verwendung:** Reichblütige Zimmerpflanze, Kalthausgewächs. Nicht frosthart.
**Vermehrung:** Kopfstecklinge von II–III, bei 22 °C Bodentemperatur bewurzeln lassen.
**Kultur:** In Einheitserde, nach dem Austrieb pinzieren. Substrat stets feucht halten, wöchentlich düngen.
**Hinweise:** Nach der Blütezeit im Winter zurückschneiden. Auf Blattläuse achten.

## Kalanchoë beharensis
Elefantenohr, Napoleons Hut
Crassulaceae, Dickblattgewächse

**Heimat:** Madagaskar. Tropisch, subtropisch.
**Wuchsform:** Breit aufrechte, locker strauchförmige Sukkulente.
**Blatt:** Gegenständig, dreieckig, graufilzig behaart, immergrün, 10–30 cm lang.
**Blüte:** Radiär, glockig, bis 1 cm groß, wachsgelb, in Trugdolden, wenig auffällig, nur an älteren Pflanzen zu sehen.
**Frucht:** Kapsel.
**Standort:** Vollsonnig, magere und trockene Plätze.
**Verwendung:** Kübelpflanze, Sukkulentensammlung.
**Vermehrung:** Aussaat im Frühling, auch Kopf- und Blattstecklinge.
**Kultur:** In Kakteenerde, sonnig und trocken halten.
**Hinweise:** Die filzigen Blätter nicht besprühen, sonst Fleckenbildung. Auf Weichhautmilben und Blattläuse achten.

## Kalanchoë blossfeldiana
Flammendes Käthchen
Crassulaceae, Dickblattgewächse

**Heimat:** Madagaskar. Tropisch, subtropisch.
**Wuchsform:** Breit gedrungener, sukkulenter Halbstrauch.
**Blatt:** Gegenständig, eiförmig, gekerbt, dickfleischig, immergrün, dunkelgrün, 2–7 cm lang.
**Blüte:** Radiär, röhrig, 4–6 mm breit, 4-zählig, in endständigen Trugdolden, reichblühend. Farben rot, rosa, auch gelb. Bei Verdunkelungsmaßnahmen auch ganzjährig.
**Frucht:** Kapsel.
**Standort:** Vollsonnig, trocken und warm.
**Verwendung:** Lang- und reichblühende Zimmerpflanze, Schalen, Beete. Frostfrei überwintern.

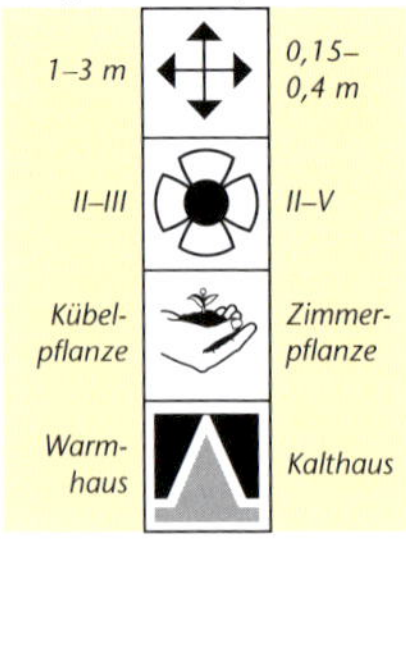


**Vermehrung:** Kopfstecklinge in sandiges Substrat (20–25 °C).
**Kultur:** Kakteenerde oder Ähnliches, durchlässiges Substrat, ganzjährig sparsam gießen (Ruhezeit von I–V einhalten), im Sommer ab Mai düngen (P-reich).
**Sorten:** 'Beta', gelb; 'Hurricane', leuchtend rot; 'Mistral', rosa.
**Hinweise:** Auf Läuse und Echten Mehltau achten.

## Kalanchoë daigremontiana

(Syn.: *Bryophyllum daigremontiana*)
Brutblatt
Crassulaceae, Dickblattgewächse

**Heimat:** Madagaskar. Tropisch, subtropisch.
**Wuchsform:** Aufrechter, sukkulenter Halbstrauch.
**Blatt:** Gegenständig, dreieckig, gekerbt, dickfleischig, immergrün, dunkel- bis graugrün mit purpurnen Flecken, 10–20 cm lang.
**Blüte:** Radiär, Röhrenblüte, 2–5 cm, 5-zählige in endständigen Trugdolden, purpur.
**Frucht:** Kapsel.
**Standort:** Vollsonnig, trocken und warm.
**Verwendung:** Zimmerpflanze.
**Vermehrung:** Tochterpflänzchen abnehmen, bei 20–25 °C in sandigem Substrat bewurzeln lassen.
**Kultur:** Kakteenerde oder Ähnliches, durchlässiges Substrat, ganzjährig gießen.
**Besonderes:** Auch als „Goethepflanze" bekannt.
**Hinweise:** Jungpflanzen bilden sich am Blattrand.
**Ähnliche Art:** *K. tubiflora* (Bild) zierlicher, Brutpflänzchen am Blattende.

| K. daigremontiana | | K. manginii |
|---|---|---|
| 0,3–0,9 m | | 0,15–0,35 m |
| II | | II–III |
| Zimmerpflanze | | Zimmerpflanze |
| Kalthaus | | Kalthaus |

## Kalanchoë manginii

Kalanchoe
Crassulaceae, Dickblattgewächse

**Heimat:** Südmadagaskar. Tropisch, subtropisch.
**Wuchsform:** Breit gedrungener, später hängender, sukkulenter Halbstrauch.
**Blatt:** Gegenständig, eiförmig, am Rand gekerbt, dickfleischig, immergrün, dunkelgrün, 2–5 cm lang.
**Blüte:** Radiär, Röhrenblüte, 3–4 cm, 5-zählig, hängende Trugdolden rosarot mit gelbem Rand.
**Frucht:** Kapsel.
**Standort:** Vollsonnig, trocken und warm.
**Verwendung:** Zimmer- und Ampelpflanze. Frostfrei überwintern.
**Vermehrung:** Kopfstecklinge bei 20–25 °C in sandigem Substrat bewurzeln lassen.
**Kultur:** Kakteenerde oder Ähnliches, durchlässiges Substrat, ganzjährig sparsam gießen. Ruhezeit von I–V einhalten.
**Hinweise:** Auf Läuse und Echten Mehltau achten.

## Kalanchoë tomentosa
Filzige Kalanchoë
Crassulaceae, Dickblattgewächse

**Heimat:** Madagaskar. Tropisch, subtropisch.
**Wuchsform:** Aufrechter, sukkulenter Halbstrauch.
**Blatt:** Gegenständig, elliptisch, graufilzig, immergrün, hellgrau mit braunen Rändern, dickfleischig, 5–7 cm lang.
**Blüte:** Radiär, Röhrenblüte, 2–3 cm, 5-zählig, gelbgrün, blüht in Kultur fast nie.
**Frucht:** Kapsel.
**Standort:** Vollsonnig, trocken und warm.
**Verwendung:** Zimmerpflanze, Sammlungen. Frostfrei überwintern.
**Vermehrung:** Blattstecklinge bei 20–25 °C in sandigem Substrat bewurzeln lassen.
**Kultur:** Kakteenerde oder Ähnliches, durchlässiges Substrat, ganzjährig sparsam gießen. Ruhezeit von I–V einhalten.
**Hinweise:** Anspruchslose, auffällige Art.

| Kalanchoë tomentosa | | Kohleria amabilis |
|---|---|---|
| 0,2–0,8 m | | 0,2/0,3–0,35 m |
| II | | IV–X |
| Zimmerpflanze | | Zimmerpflanze |
| Kalthaus | | temperiertes Haus |

## Kohleria amabilis
Kohlerie
Gesneriaceae, Gesneriengewächse

**Heimat:** Kolumbien. Tropisch.
**Wuchsform:** Aufrechter, dicht buschiger, krautiger Rhizombildner.
**Blatt:** Gegenständig, eiförmig, weich behaart, grün 12–18 cm lang.
**Blüte:** Disymmetrisch, röhrig, 2–3 cm, 5-zählig, rot mit weißen Flecken, in endständigen Trauben.
**Frucht:** Kapsel (selten).
**Standort:** Halbschattig, keine direkte Sonne, feuchtwarm, im Winter kühler und trockener.
**Verwendung:** Zimmerpflanze mit leuchtenden Blüten, Vitrine.
**Vermehrung:** Teilung der schuppenförmigen Rhizome im Frühling beim Umtopfen.
**Kultur:** In Einheitserde, Zusatz von Perlite günstig, Substrat stets feucht halten. Mit weichem Wasser gießen.
**Hinweise:** Großblumige Hybriden entstanden aus mehreren Arten.

## Lagerstroemia indica
Kreppmyrte
Lythraceae, Weiderichgewächse

**Heimat:** China, Korea. Subtropisch.
**Wuchsform:** Breit aufrechter Kleinbaum. In der Heimat bis 8 m hoch wachsend.
**Blatt:** Gegenständig, oval, grün, im Herbst gelb bis rot, 3–6 cm lang.
**Blüte:** Radiär, gestielt, 5-zählig, rot-rosa, gekräuselt in endständigen Rispen.
**Frucht:** Kapsel.
**Standort:** Sonnige, geschützte Lagen.
**Verwendung:** In Kübeln auf der sonnigen Terrasse. Vor dem Frost ins Kalthaus bringen.
**Vermehrung:** Krautige Stecklinge im Sommer. Aussaat im Frühling.
**Kultur:** In nährstoffreichen Erden, öfters gießen und düngen.
**Sorten:** 'Catawba', purpur; 'Seminole', violett.
**Hinweise:** Im März kräftiger Rückschnitt erforderlich. Auf Mehltau achten.

| Lagerstroemia indica | Laurus nobilis |
|---|---|
| *3–4 m* | *7–10 m* |
| *VI–X* | *IV–V* |
| *Kübelpflanze* | *Kübelpflanze* |
| *Kalthaus* | *kühle Räume* |

## Laurus nobilis
Lorbeer
Lauraceae, Lorbeergewächse

**Heimat:** Mittelmeergebiet. Mediterran.
**Wuchsform:** Breit aufrechter Baum.
**Blatt:** Wechselständig, dunkelgrün, elliptisch, glänzend, immergrün, aromatisch duftend, 5–10 cm lang.
**Blüte:** Radiär, 1 cm, 4-zählig, mattgelb, zweihäusig, in Büscheln.
**Frucht:** Beere mit Steinkern, blauschwarz, 1–2 cm.
**Standort:** Halbschattig, auch sonnig, im Sommer im Freien. Im Winter bei 1–6 °C überwintern.
**Verwendung:** Kübelpflanze für Dekoration, Wintergärten, Formschnitt.
**Vermehrung:** Kopfstecklinge im Herbst, bei 20 °C bewurzeln lassen, kühl überwintern.
**Kultur:** Humose Erden mit Sand vermagern, mäßig feucht halten, hell und luftig, Düngung im Frühling.
**Sorte:** 'Aurea', Blatt goldgelb.
**Besonderes:** Heil- und Gewürzpflanze
**Hinweise:** Oft geschnitten als Kugel oder Säule. Auf Schildläuse achten; wärmeliebend.

## Leea sambucina
Leea
Leeaceae, Leeagewächse

**Heimat:** Ost-Asien bis Australien. Tropisch.
**Wuchsform:** Aufrechter Strauch.
**Blatt:** Wechselständig, elliptisch, mehrfach gefiedert, immergrün, glänzend grün, 30–40 cm lang, Einzelblättchen 5–7 cm lang.
**Blüte:** Einzelblüten klein, gelbgrün schirmförmige Dolde ähnlich *Vitis,* in Kultur sehr selten.
**Frucht:** Beere.
**Standort:** Absonnig bis halbschattig, Warmhauspflanze, liebt Feuchtigkeit.
**Verwendung:** Hübsche, aber seltene Pflanze für das geschlossene Blumenfenster. Nicht frosthart.
**Vermehrung:** Kopfstecklinge, auch Aussaat bei 25 °C.
**Kultur:** Humose, durchlässige Erde, z. B. Einheitserde. Ballen nicht austrocknen lassen, verträgt keine Staunässe.
**Hinweise:** Empfindlich gegen krasse Temperaturunterschiede. Im Winter bei mindestens 16 °C hell überwintern (Bild: *Leea coccinea*).

| | | |
|---|---|---|
| *2–3 m* | | *0,02–0,04 m* |
| *VI–VIII* | | *IX* |
| *Blumenfenster* | | *Fensterbrett* |
| *Warmhaus* | | *Kalthaus* |

## Lithops meyeri
Lebende Steine
Aizoaceae, Eiskrautgewächse

**Heimat:** Südafrika: Nördliches Kap. subtropisch.
**Wuchsform:** Flache, gedrungen und langsam wachsende Sukkulente. In der Heimat den Boden selten überragend.
**Blatt:** Gegenständig, Pflanzenkörper besteht aus nur 2 verdickten Blättern, oben abgeflacht, graugrün mit brauner Zeichnung, 2–3 cm groß.
**Blüte:** Radiär, 1–2 cm, mit vielen schmalen Blütenblättern, hellgelb. Erscheint zwischen den beiden Blättern. Im südlichen Afrika Blütezeit im III.
**Frucht:** Runde Kapsel.
**Standort:** Volle Sonne in durchlässigem, steinigen Substrat (Quarz).
**Verwendung:** Sukkulentensammlung, spezielle Liebhaberpflanze.
**Vermehrung:** Aussaat, die feinen Samen nicht abdecken.
**Kultur:** Nach der Keimung in mineralische Kakteenerde pikieren, selten gießen. Nie überbrausen, daher Wasser im Frühling vorsichtig nur von unten zuführen. Keine Düngung.
**Hinweise:** Ruhezeit beachten.

## Livistona australis
Australische Fächerpalme
Arecaceae, Betelpalmengewächse

**Heimat:** Australien: Neusüdwales, Queensland, Victoria. Tropisch, subtropisch.
**Wuchsform:** Aufrechter, durchgehender Stamm mit breiter Krone.
**Blatt:** Schraubig gestellt, immergrün, fächerförmig, tief geschlitzt, glänzend, Enden hängen herab. Blatt mit gelben Mittelnerven, 1–1,5 m breit. Blattstiel 2–3 m lang, gezähnt.
**Blüte:** Radiär, 3-zählig, in langer, gelber Rispe, anfangs wollig eingehüllt.
**Frucht:** Steinfrucht, 1–2 cm lang, rund, rotschwarz.
**Standort:** Sonnig und warm, im Winter im Warmhaus hell und luftig.
**Verwendung:** Bei uns als Kübelpflanze sommers im Freien. Verträgt Frost bis zu -6 °C.
**Vermehrung:** Aussaat der gequollenen Samen im Frühling.
**Kultur:** In lehmig-humosen Böden, viel Wasser und Nährstoffe günstig.
**Ähnliche Art:** *L. chinensis*, Stamm später glatt, Blätter hängen noch weiter herab.

| Livistona australis | Lobivia famatimensis |
|---|---|
| 10–25 m | 0,03–0,07 m |
| VI–VIII | VI–VII |
| Kübelpflanze | Zimmerpflanze |
| Warmhaus | Kalthaus |

## Lobivia famatimensis
Lobivie
Cactaceae, Kakteengewächse

**Heimat:** Argentinien. Subtropisch.
**Wuchsform:** Kugeliger Körper mit Rübenwurzeln.
**Blatt:** Umgebildet zu Dornen.
**Blüte:** Radiär, röhrenförmig mit Blütenschale, 3–5 cm, gelb.
**Frucht:** Beere.
**Standort:** Vollsonnig, warm und trocken.
**Verwendung:** Fensterbrett, Sammlungen. Im Sommer im Freien.
**Vermehrung:** Aussaat im Frühling, Abtrennen der Seitensprosse.
**Kultur:** In Kakteenerde, Staunässe vermeiden. Tiefe Töpfe verwenden (Rübenwurzeln).
**Hinweise:** Blätter völlig reduziert. Pflanze assimiliert mit dem Spross. Die Temperaturunterschiede zwischen Tag und Nacht sind günstig für die Blütenbildung.

## Lotus berthelotii
Hornklee
Fabaceae, Hülsenfrüchtler

**Heimat:** Kanaren: Teneriffa. Submediterran.
**Wuchsform:** Horstbildende Krautige, liegend bis überhängend. Triebe können bis 1 m lang werden.
**Blatt:** Wechselständig, sommergrün, nadelförmig, graugrün, 1–2 cm lang.
**Blüte:** Disymmetrisch, Schmetterlingsblüte mit schnabelförmigem Schiffchen, 3–4 cm, rot, in achselständigen Büscheln. Nachblüte im Herbst möglich.
**Frucht:** Hülse. Werden selten ausgebildet.
**Standort:** Sonnig und warm, trocken.
**Verwendung:** Ampelpflanze, für Kübel. Im Winter ins Kalthaus bringen.
**Vermehrung:** Stecklinge von Frühling bis Sommer, auch Aussaat.
**Kultur:** Einheitserde nie austrocknen lassen.
**Hinweise:** Relativ empfindliche Art, Blüten werden bei Ballentrockenheit abgeworfen. Auf Blattläuse achten.
**Ähnliche Art:** *L. maculatus,* Kanaren, gelbe Blüten, robuster und blühwilliger.

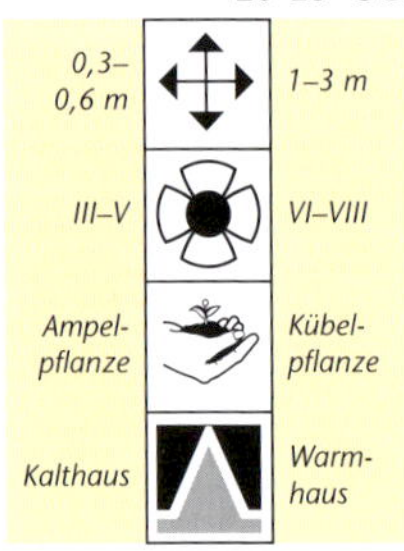

## Lytocaryum weddellianum
(Syn.: *Microcoelum weddellianum*)
Kokospälmchen
Arecaceae, Betelpalmengewächse

**Heimat:** Brasilien. Tropisch.
**Wuchsform:** Säulenförmig mit schirmförmiger Krone.
**Blatt:** Schraubig gestellt, linealisch, unpaarig gefiedert, fein, immergrün.
**Blüte:** Radiär, 3-zählig, unscheinbar, gelb.
**Frucht:** Steinfrucht, gelborange, 2–3 cm.
**Standort:** Hell und warm, keine direkte Sonne.
**Verwendung:** Topf- und Kübelpflanze, gut im Schatten.
**Vermehrung:** Aussaat der gequollenen Samen bei 20–25 °C Bodenwärme.
**Kultur:** In Einheitserde mit Sandbeigabe, immer gut feucht halten. Gelegentlich mit kalkfreiem Wasser übersprühen.
**Hinweise:** Zierliche und schwachwachsende Art, Schildlausbefall möglich.

## Malvaviscus arboreus
Bechermalve
Malvaceae, Malvengewächse

**Heimat:** Südamerika. Tropisch.
**Wuchsform:** Breiter, aufrecht buschiger Strauch.
**Blatt:** Wechselständig, eiförmig-lanzettlich, 3- bis 5-lappig, immergrün, 6–12 cm lang.
**Blüte:** Radiär, röhrig, 3–5 cm, 5-zählig, hängend, rot, Griffel herausragend.
**Frucht:** Spaltfrucht.
**Standort:** Hell bis sonnig.
**Verwendung:** Kübelpflanze, Gewächshaus, Wintergarten. Im Sommer im Freien, im Winter im Kalthaus.
**Vermehrung:** Kopfstecklinge oder Aussaat im Frühling.
**Kultur:** Einheitserde mit Sand vermagern, stets feucht halten. In der Ruhezeit trockener und kühler stellen.
**Hinweise:** Im Frühling Triebe zurückschneiden.

| Malvaviscus arboreus | | Mammillaria zeilmanniana |
|---|---|---|
| 2–3 (–5) m | | 0,05–0,07 m |
| XII–II | | V |
| Kübelpflanze | | Fensterbrett |
| Kalthaus | | Kalthaus |

## Mammillaria zeilmanniana
Warzenkaktus, Muttertags-Mammillarie
Cactaceae, Kakteengewächse

**Heimat:** Mexiko. Subtropisch.
**Wuchsform:** Kugelförmige langsam wachsende Sukkulente mit warzenartigen Areolen (1 gekrümmten, braunen und 11–23 weiße, gerade Dornen).
**Blüte:** Radiär, röhrig, 2 cm, violettrot, reichblühend.
**Frucht:** Beere.
**Standort:** Vollsonnig, warm.
**Verwendung:** Fensterbrett, Kakteensammlung.
**Vermehrung:** Aussaat im Frühling oder Abtrennen der Ableger.
**Kultur:** In mineralischer Kakteenerde, wenig gießen und düngen.
**Hinweise:** Wurzelläuse und Spinnmilben gelegentlich bekämpfen. Viele weitere Arten und Sorten bekannt.

## Mandevilla sanderi
(Syn.: *Dipladenia sanderi*)
Dipladenie
Apocynaceae, Hundsgiftgewächse

**Heimat:** Brasilien. Tropisch.
**Wuchsform:** Kräftig wachsender Schlinger.
**Blatt:** Gegenständig, eiförmig, immergrün, dunkelgrün glänzend, 8–14 cm lang.
**Blüte:** Radiär, trichterförmig, 5–7 cm, 5-zählig, rosa, Schlund gelb, in Trauben.
**Frucht:** Kapsel.
**Standort:** Sonnig bis halbschattig.
**Verwendung:** Sehr schöner Schlinger für geschlossene Blumenfenster, Gewächshaus. Warmhaus.
**Vermehrung:** Kopfstecklinge im Frühling, Milchsaft vor dem Stecken stoppen (Wasserbad), Bewurzelungshormon verwenden.
**Kultur:** Saure Substrate wie TKS 2, regelmäßig wässern und düngen.
**Sorten:** 'Rosea', rosa; 'Rubiniana', rot, noch größere Blüten.
**Hinweise:** Der Gärtner verwendet Wuchshemmstoffe zur Kultur, daher Pflanzen zunächst gedrungen, die Wirkung hält etwa 6 Monate an. Milchsaft ist giftig.

| | | |
|---|---|---|
| *6–9 m* | | *1–2 (–4) m* |
| *VI–X* | | *IV–IX* |
| *Blumenfenster* | | *Wintergarten* |
| *Kalthaus* | | *temperiertes Haus* |

## Manettia luteorubra
(Syn.: *Manettia bicolor, Manettia inflata*)
Manettie
Rubiaceae, Krappgewächse

**Heimat:** Brasilien, Paraguay, Uruguay. Subtropisch, tropisch.
**Wuchsform:** Schlingend bis 4 m.
**Blatt:** Gegenständig, breit lanzettlich, immergrün, 5–8 cm lang.
**Blüte:** Radiär, röhrig-bauchig, 2 cm lang, gelb-rot, achselständig.
**Frucht:** Kapsel.
**Standort:** Hell und warm, keine pralle Sonne.
**Verwendung:** Kletterpflanze für Gerüste im Wintergarten, Kübel mit Kletterhilfe. Im Winter im temperierten Haus halten.
**Vermehrung:** Kopfstecklinge unter Glas bei 20 °C Bodenwärme bewurzeln lassen.
**Kultur:** In Einheitserde, mäßig feucht halten.
**Hinweise:** Rückschnitt im Frühling vornehmen. Selten angebotene Art, blüht nicht auffällig.

## Maranta leuconeura
Pfeilwurz
Marantaceae, Marantengewächse

**Heimat:** Nordbrasilien. Tropisch.
**Wuchsform:** Aufrecht-übergeneigte, horstbildende Staude.
**Blatt:** Wechselständig, eiförmig, lang gestielt, immergrün, grün mit roten Adern oder braunen Flecken, 10–15 cm lang.
**Blüte:** Disymmetrisch, 1 cm, unscheinbar, weiß, selten.
**Frucht:** Kapsel.
**Standort:** Absonnig bis schattig.
**Verwendung:** Schalen, als Unterwuchs im Blumenfenster. Warmhauspflanze.
**Vermehrung:** Teilung und Kopfstecklinge.
**Kultur:** In Einheitserde P oder TKS 1 (Anzuchterden), hohe Luftfeuchtigkeit, Erde nicht austrocknen lassen, auch nicht im Winter. Nur mit weichem Wasser gießen.
**Sorte:** 'Erythroneura' (Bild), rote Blattadern; 'Kerchoviana', blaugrün mit braunen Flecken.
**Hinweise:** Nie in voller Sonne kultivieren (Blattflecken).

| Maranta leuconeura | | Medinilla magnifica |
|---|---|---|
| *0,2–0,3 m* | | *1–1,5 m* |
| *IV–V* | | *II–VIII* |
| *Blumenfenster* | | *Blumenfenster* |
| *Warmhaus* | | *Warmhaus* |

## Medinilla magnifica
Medinille
Melastomataceae, Schwarzmundgewächse

**Heimat:** Philippinen. Tropisch.
**Wuchsform:** Aufrechter, später überhängender Epiphyt.
**Blatt:** Gegenständig, herz-eiförmig, immergrün, lederig, 15–30 cm lang, grün.
**Blüte:** Radiär, 0,5 cm, rosa, in dichten, hängenden, bis 30 cm langen Rispen; rosa Tragblätter auffällig.
**Frucht:** Beere.
**Standort:** Hell, aber keine direkte Sonne.
**Verwendung:** Große, auffallende Topfpflanze für geschlossene Blumenfenster und warme Wintergärten.
**Vermehrung:** Kopfstecklinge von Frühling bis Sommer bei 30–35 °C Bodenwärme.
**Kultur:** In humosen Substraten oder Einheitserde, stets feucht halten, im Winter mäßig gießen.
**Hinweise:** Rückschnitt und Umtopfen im Frühling. Auf Rote Spinne achten.

## Melia azedarach

Zedrachbaum, Paternosterbaum
Meliaceae, Zedrachgewächse

**Heimat:** Südwest-Asien. Mediterran, subtropisch, tropisch.
**Wuchsform:** Breit ausladender, mehrstämmiger Baum. In der Heimat bis 17 m hoch.
**Blatt:** Wechselständig, eiförmig, doppelt unpaarig gefiedert, sommergrün, im Herbst gelb, 30–50 cm lang, Einzelblatt 3–5 cm lang.
**Blüte:** Radiär, sternförmig, 1,5 cm, rosa-lila, in bis 25 cm langer Rispe.
**Frucht:** Beere, gelb, 1 cm groß, mit hartem Kern.
**Standort:** Vollsonnig und warm, hell.
**Verwendung:** Kübelpflanze, sommers im Freien, im Winter im Kalthaus. Nicht winterhart.
**Vermehrung:** Aussaat im Frühling.
**Kultur:** Lehmig-sandiger Boden, stets feucht halten
**Sorte:** 'Umbraculifera', flache Krone.
**Besonderes:** Samen wurden zu Rosenkränzen verarbeitet, sie haften lange am Baum.
**Hinweise:** In Südeuropa wichtiger Straßenbaum, laubabwerfend.

## Metrosideros excelsa

Eisenholzbaum
Myrtaceae, Myrtengewächse

**Heimat:** Neuseeland. Subtropisch, mediterran.
**Wuchsform:** Breit aufrechter, oft mehrstämmiger Baum. In der Heimat bis 20 m hoch.
**Blatt:** Wechselständig, elliptisch, immergrün, derb, grün, unterseits weißfilzig, 6–8 cm lang.
**Blüte:** Radiär, 2 cm, lange rote Staubgefäße in Büscheln.
**Frucht:** Kapsel.
**Standort:** Sonnig bis halbschattig.
**Verwendung:** Kübelpflanze für das Kalthaus. Im Sommer im Freien.
**Vermehrung:** Kopfstecklinge im Sommer bei 20–25 °C Bodentemperatur, Bewurzelungshormone verwenden.
**Kultur:** In kalkfreiem, humosem Substrat, auch Einheitserde, mit Regenwasser gießen und im Sommer regelmäßig düngen. Nicht austrocknen lassen.
**Hinweise:** Auf Schildläuse achten, frei von Krankheiten.

| Melia azedarach | | Metrosideros excelsa |
|---|---|---|
| *2–3 m* | | *1,5–5 m* |
| *V–VIII* | | *V–VII*<br>*XII–I* |
| *Kübelpflanze* | | *Kübelpflanze* |
| *Kalthaus* | | *Kalthaus* |

## Miltonia 'Strawberry Joy'
Miltonie
Orchidaceae, Orchideengewächse

**Heimat:** Züchtung, Ursprungsarten aus Südamerika. Tropisch.
**Wuchsform:** Epiphytisch, kurze, flache Pseudobulben.
**Blatt:** Aus Pseudobulben entstehend, meist je 3 Blätter je Bulbe immergrün, linealisch, 10–15 cm lang.
**Blüte:** Disymmetrisch, breit und flach, 5–8 cm, rot mit weißer Mitte.
**Frucht:** Kapsel.
**Standort:** Hell bis halbschattig, verträgt keine direkte Sonne.
**Verwendung:** Topfpflanze, Vitrinen, Blumenfenster.
**Vermehrung:** Teilung der Horste.
**Kultur:** In durchlässigem Orchideensubstrat aus Farnwurzeln, Rindenschrot, Styromull. Hohe Luftfeuchtigkeit, Warmhauspflanze, nicht über 25 °C. Nur mit kalkfreiem Wasser gießen. Keine Ruhezeit.
**Sorte:** 'Alger', rot mit weiß.
**Hinweise:** Die Züchtungen haben viel größere Blüten als die Arten.

| Miltonia | | Mimosa |
|---|---|---|
| 0,25–0,35 m | | 0,3–0,5 m |
| IV–VII | | IV–X |
| Blumenfenster | | Zimmerpflanze |
| Warmhaus | | Warmhaus |

## Mimosa pudica
Mimose, Sinnpflanze
Mimosaceae, Mimosengewächse

**Heimat:** Brasilien. Tropisch.
**Wuchsform:** Zierlicher, lockerer, breit ausladender Halbstrauch, Stängel mit wenigen Stacheln, einjährige Kultur.
**Blatt:** Wechselständig, immergrün, linealisch, paarig gefiedert.
**Blüte:** Radiär, klein, Köpfchen mit vielen feinen Strahlen, 1–1,5 cm, hellrosa.
**Frucht:** Hülse.
**Standort:** Hell, Temperatur stets über 20 °C, hohe Luftfeuchtigkeit.
**Verwendung:** Topfpflanze für Zimmer, Vitrinen.
**Vermehrung:** Aussaat im Frühling, mehrere Sämlinge in einen Topf pflanzen.
**Kultur:** Einheitserde ganzjährig feucht, aber nicht nass halten, wöchentlich düngen. Wird meist einjährig kultiviert, also keine Überwinterung nötig. Mit Regenwasser gießen.
**Hinweise:** Die Blätter falten sich bei der geringsten Berührung zusammen, richten sich aber nach einiger Zeit wieder auf.

## Monstera deliciosa
Fensterblatt
Araceae, Aronstabgewächse

**Heimat:** Mexiko, Mittelamerika. Tropisch.
**Wuchsform:** Lockerwüchsiger raschwachsender Kletterer mit vielen Luftwurzeln.
**Blatt:** Wechselständig, in der Jugend herzförmig, später durchlöchert und fiederig gelappt, immergrün, dunkelgrün 0,4–1 m lang.
**Blüte:** Blütenkolben von weißer Spatha umgeben, 25 cm lang.
**Frucht:** Violette Beeren an rotem Kolben, essbar, in Kultur selten.
**Standort:** Hell bis halbschattig, benötigt hohe Luftfeuchtigkeit.
**Verwendung:** Zimmerpflanze für große Räume, Wintergarten, Büros.
**Vermehrung:** Kopf- und Stammstecklinge, auch Abmoosen möglich.
**Kultur:** In Einheitserde, benötigt viel Wasser und Nährstoffe. Im Winter weniger.
**Sorte:** 'Variegata', weiß-grün geflecktes Laub, wächst schwächer.
**Hinweise:** Luftwurzeln tragen zur Ernährung bei. Auf Schildläuse und Rote Spinne achten.

| Monstera deliciosa | | Muehlenbeckia complexa |
|---|---|---|
| 2–5 m | | 0,5–1 m |
| VI–VIII | | VII |
| Zimmerpflanzen | | Ampelpflanze |
| Warmhaus, Kalthaus | | Kalthaus |

## Muehlenbeckia complexa
Mühlenbeckie
Polygonaceae, Knöterichgewächse

**Heimat:** Neuseeland. Subtropisch.
**Wuchsform:** Feintriebiges, kriechend-rankendes, auch überhängendes Gehölz. In der Heimat bis 5 m weit kletternd.
**Blatt:** Wechselständig, halbimmergrün, eirund, 1,5–2 cm groß.
**Blüte:** Radiär, sternförmig, 3–5 mm, grünweiß, in bis zu 3 cm großen Ähren.
**Frucht:** Weiße Beerenfrucht mit schwarzem Nüsschen.
**Standort:** Hell, aber nicht sonnig, Kalthauspflanze.
**Verwendung:** Bodendecker oder Ampelpflanze für Wintergärten. Kühl und hell überwintern.
**Vermehrung:** Stecklinge im Sommer, auch Aussaat im Frühling.
**Kultur:** In humosem, durchlässigen Substrat mit Sandzusatz.
**Hinweise:** Lässt sich auch durch Schnitt formen. Kalthauspflanze mit zierlichen Trieben

## Musa acuminata
Zwerg-Banane, Zierbanane
Musaceae, Bananengewächse

**Heimat:** Südost-Asien. Subtropisch, tropisch.
**Wuchsform:** Aufrechte, raschwüchsige Staude.
**Blatt:** Stängelumfassend, immergrün, elliptisch, bläulich grün, 1,2–1,5 m lang.
**Blüte:** Zygomorph, röhrenförmig, 3 cm, gelb, in Büscheln unter einem rotbraunen Deckblatt.
**Frucht:** Beerenartig, 9–15 cm lang, grün, bei der Reife gelb, essbar, wohlschmeckend.
**Standort:** Hell bis sonnig, aber windgeschützt.
**Verwendung:** Für große Wintergärten, Kübel, sommers im Freien. Hell und kühl überwintern.
**Vermehrung:** Schösslinge nach der Fruchtbildung abtrennen und eintopfen.
**Kultur:** In nährstoffreichen Humusböden, benötigt viel Wasser und Nährstoffe.
**Sorte:** 'Dwarf Cavendish', ähnlich der Kulturbanane, aber kürzere Früchte.
**Hinweise:** Wegen der niedrigen Höhe als Zimmerpflanze geeignet, wärmeliebend.
**Ähnliche Art:** *M. basjoo,* härter.

## Myrtus communis
Braut-Myrte
Myrtaceae, Myrtengewächse

**Heimat:** Mittelmeergebiete, Kanaren. Mediterran.
**Wuchsform:** Breit buschiger, feinverzweigter Strauch. In der Heimat bis 5 m hoch wachsend.
**Blatt:** Gegenständig, lanzettlich, immergrün, glänzend, 1–5 cm lang.
**Blüte:** Radiär, 5-zählige Schalenblüte, 2–3 cm, weiß, mit langen Staubgefäßen.
**Frucht:** Beere, blauschwarz, 1 cm, rund.
**Standort:** Sonnig bis halbschattig, warm, luftig.
**Verwendung:** Zimmer- und Kübelpflanze, Gewürz- und Arzneipflanze (Myrtenöl). Im Winter bei 5–10 °C halten.
**Vermehrung:** Aussaat und Stecklinge im Sommer.
**Kultur:** Saure, humose Substrate mit Sand vermischen, Ballentrockenheit vermeiden.
**Sorten:** Vielzahl von Varietäten und Sorten mit verschieden gefärbten Blättern und Früchten.
**Hinweise:** Formschnitt möglich, Rückschnitt ergibt buschigere Pflanzen. Auf Schildläuse achten..

| Musa acuminata | | Myrtus communis |
|---|---|---|
| *1,5–2 m* | | *1–3 m* |
| *I–XII* | | *V–VIII* |
| *Kübelpflanze* | | *Kübelpflanze* |
| *temperiertes Haus* | | *Kalthaus* |

## Nandina domestica
Himmelsbambus, Nandine
Berberidaceae, Berberitzengewächse

**Heimat:** Ost-Asien. Submediterran, subtropisch.
**Wuchsform:** Horstbildender aufrechter Strauch.
**Blatt:** Gegenständig, lanzettlich, 2–3fach gefiedert, halbimmergrün, grün, im Frühling und Herbst rosa, 30–60 cm lang, Einzelblättchen 3–6 cm lang.
**Blüte:** Radiär, 5 mm, in lockeren, bis 35 cm langen Rispen, reichblühend.
**Frucht:** Beere, glänzend rot, 6–8 mm groß, lange haftend.
**Standort:** Sonnig bis halbschattig.
**Verwendung:** Zimmer- und Kübelpflanze für helle, ungeheizte Räume. (Im Winter im Kalthaus hell stellen.)
**Vermehrung:** Stecklinge, Bewurzelungshormon verwenden.
**Kultur:** In Einheitserde, reichlich gießen und mäßig düngen.
**Sorte:** 'Alba', Früchte weiß.
**Hinweise:** In Japan werden die Zweige als Schmuck für Altäre verwendet.

| | | |
|---|---|---|
| 2–3 m | | 0,2–0,3 m |
| VI–VII | | VI–XI |
| Kübelpflanze | | Blumenfenster |
| Kalthaus | | Warmhaus |

## Neoregelia carolinae
Neoregelie
Bromeliaceae, Bromeliengewächse

**Heimat:** Südostbrasilien. Tropisch.
**Wuchsform:** Trichterförmige Rosette.
**Blatt:** Schraubig gestellt, linealisch, immergrün, glänzend, grün, übergeneigt, 30–40 cm lang. Mit weißen Streifen, in der Rosettenmitte oft rot gefärbt.
**Blüte:** Radiär, Sternblüte im Trichter, 1 cm, 3-zählige, violett.
**Frucht:** Beeren, erscheinen sehr selten bei uns, weil der Bestäuber fehlt.
**Standort:** Hell, feucht-warm.
**Verwendung:** Geschlossenes Blumenfenster, auf Epiphytenstämmen, Warmhaus.
**Vermehrung:** Abtrennen der Kindel (Seitentriebe).
**Kultur:** Torfsubstrat mit Styromull vermischen, wenig düngen. In den Blatttrichtern sollte stets Wasser stehen. Substrat stets feucht, aber nicht nass halten.
**Sorte:** 'Tricolor' (Bild), 3-farbiges Blatt (grün-weiß-rot).
**Hinweise:** Als Epiphyt auf anderen Pflanzen aufsitzend.

## Nepenthes mirabilis

Kannenstrauch
Nepenthaceae, Kannenstrauchgewächse

**Heimat:** Südost-Asien, Nordost-Australien. Tropisch.
**Wuchsform:** Spreizklimmer mit aufrechten Trieben und überhängenden Kannen.
**Blatt:** Wechselständig, breit lanzettlich, immergrün, am Ende zu einer Kanne mit Deckel umgebildet. Darin ist eine Flüssigkeit, die Eiweiß auflöst, 40–50 cm lang. Fleisch fressende Pflanze.
**Blüte:** Radiär, sternförmig, 1 cm, braunrot, in 40–50 cm langen Rispen, selten.
**Frucht:** Lederige, 4-teilige Kapsel.
**Standort:** Hell, aber keine direkte Sonne, hohe Wärme und Luftfeuchtigkeit.
**Verwendung:** Ampelpflanze für Vitrinen, Epiphytenstämme.
**Vermehrung:** Aussaat, Keimdauer allerdings 2–3 Monate, Kopfstecklinge im I stecken.
**Kultur:** In Orchideensubstrat aus Wurzeln von Königsfarn, Torfmoos, Lauberde. Substrat stets mit kalkarmem Wasser feucht halten, hohe Luftfeuchtigkeit. Bild: *N. alata*.

| | |
|---|---|
| *0,3–0,4 m* | *0,5–0,8 m* |
| *VI–VIII* | *–* |
| *Ampelpflanze* | *Zimmerpflanze* |
| *Warmhaus* | *Warmhaus* |

## Nephrolepis exaltata

Schwertfarn, Nierenschuppenfarn
Nephrolepidaceae, Schwertfarngewächse

**Heimat:** Amerika. Tropisch.
**Wuchsform:** Aufrecht, ausläuferbildende Staude.
**Blatt:** Grundständig, lanzettlich gefiedert, immergrün, hellgrün 0,7–1 m lang.
**Standort:** Hell, halbschattig bis schattig
**Verwendung:** Zimmerfarn für mäßig warme Räume, Blumenfenster, als Raumteiler. Nicht frosthart.
**Vermehrung:** Durch fadenförmige, lange Ausläufer, Teilung, auch Sporenaussaat im Frühling.
**Kultur:** In Einheitserde im Halbschatten bei etwa 20 °C, mäßige Düngung im Sommer, dauernde Luftfeuchtigkeit.
**Sorten:** 'Rooseveltii', groß; 'Teddy Junior', klein.
**Hinweise:** Auch in Hydrokultur möglich. Auf Schildläuse achten

## Nerium oleander
Oleander
Apocynaceae, Hundsgiftgewächse

**Heimat:** Mittelmeergebiete. Mediterran.
**Wuchsform:** Breit aufrechter, oft mehrstämmiger Strauch oder Baum.
**Blatt:** Quirlständig, lanzettlich, immergrün, dunkelgrün, 15–30 cm lang.
**Blüte:** Radiär, trichterförmig, 3–5 cm, 5-zipfelig, rosa, in endständigen Doldentrauben, duftend.
**Frucht:** Balgfrucht braun, mit vielen behaarten Samen
**Standort:** Vollsonnig, warm. **Verwendung:** Kübelpflanze, in der
Heimat als Straßenbaum. Im Winter hell und frostfrei bei 5–8 °C.
**Vermehrung:** Stecklinge im Sommer bewurzeln sich leicht.
**Kultur:** In nährstoffreichen, durchlässigen Substraten, hoher Wasserbedarf.
**Sorten:** Unzählige Sorten in vielen Farben (weiß, gelb, rosa, rot; mit einfachen und gefüllten Blüten). 'Alassio', purpur; 'Isle of Capri', hellgelb.
**Hinweise:** Alle Pflanzenteile sind stark **giftig**! Auf Schildläuse achten.

| Nerium oleander | | Nertera granadensis |
|---|---|---|
| *2–7 m* | | *0,15–0,25 m* |
| *V–IX* | | *V–VII* |
| *Zimmerpflanze* | | *Bodendecker* |
| *Kalthaus* | | *Warmhaus* |

## Nertera granadensis
Korallenbeere
Rubiaceae, Rötegewächse

**Heimat:** Mittel- und Südamerika, Neuseeland, Australien. Subtropisch, mediterran.
**Wuchsform:** Mattenförmige, Polster bildende Krautige.
**Blatt:** Gegenständig, rund, hellgrün, 3–4 mm groß.
**Blüte:** Unscheinbar, 3 mm, grünlich, an endständigen Trieben.
**Frucht:** Beere leuchtend orangefarben, 7–8 mm groß.
**Standort:** Halbschatten bis Schatten.
**Verwendung:** Bodendecker im geschlossenen Blumenfenster, einzeln in Schalen. Im Winter frostfrei.
**Vermehrung:** Teilung ganzjährig möglich.
**Kultur:** In Einheitserde oder sandiger Torferde, stets feucht halten.
**Hinweise:** Wird nur wegen der auffallenden Früchte kultiviert. Auf Blattläuse achten, möglichst von unten gießen.

## Nidularium billbergioides
Nestrosette
Bromeliaceae, Ananasgewächse

**Heimat:** Brasilien. Tropisch.
**Wuchsform:** Trichter bildende Rosette.
**Blatt:** Schraubig, breit lanzettlich, 20–30 cm lang, 3–4 cm breit, hellgrün.
**Blüte:** Radiär, röhrig, 1–2 cm, weiß, von grün-orangefarbenen Hochblättern umgeben.
**Frucht:** Beere.
**Standort:** Hell, aber nicht sonnig.
**Verwendung:** In geschlossenen Blumenfenstern, auf Epiphytenstämmen. Warmhauspflanze.
**Vermehrung:** Durch Seitensprosse (Kindel), diese werden abgetrennt und eingetopft.
**Kultur:** In Nadelerde-Torf-Sandgemisch, stets feucht halten (Wasser kalkfrei!). Liebt Wärme und hohe Luftfeuchtigkeit. Wenig düngen, in der Rosette soll immer Wasser stehen.
**Hinweise:** In der Heimat als Epiphyt anderen Pflanzen aufsitzend.

| | | |
|---|---|---|
| 0,3–0,4/ 0,5– 0,6 m | | 0,25– 0,30 m |
| VI–VIII | | VI–VIII |
| Blumenfenster | | Blumenfenster |
| Warmhaus | | Warmhaus |

## Nidularium fulgens
Nestrosette
Bromeliaceae, Ananasgewächse

**Heimat:** Ostbrasilien. Tropisch.
**Wuchsform:** Trichter bildende Rosette.
**Blatt:** Schraubig, breit lanzettlich, blaugrün gefleckt, mit starker Randzahnung, 20–30 cm lang, 4–5 cm breit.
**Blüte:** Radiär, röhrig, 1–2 cm, weiß, von leuchtend roten Hochblättern umgeben.
**Frucht:** Beere blauviolett.
**Standort:** Hell, aber nicht sonnig, Warmhauspflanze.
**Verwendung:** In geschlossenen Blumenfenstern, auf Epiphytenstämmen. Im Winter nicht unter 18 °C.
**Vermehrung:** Durch Seitensprosse (Kindel), diese werden abgetrennt und eingetopft.
**Kultur:** In Nadelerde-Torf-Sandgemisch, stets feucht halten (Wasser kalkfrei). Liebt Wärme und hohe Luftfeuchtigkeit. Wenig düngen, in der Rosette soll immer Wasser stehen.
**Hinweise:** In der Heimat als Epiphyt, anderen Pflanzen aufsitzend.

## Nopalxochia phyllanthoides
Blattkaktus, Phyllokaktus
Cactaceae, Kakteen

**Heimat:** Mexiko. Tropisch.
**Wuchsform:** Aufrechte bis überhängende Sukkulente, klettert mit Haftwurzeln. Triebe blattartig abgeflacht, wenig bedornt, dunkelgrün.
**Blüte:** Radiär, schalenförmig, 8–10 cm breit, rosa, rot, gelb.
**Frucht:** Beere, erscheint selten.
**Standort:** Halbschattig, hohe Luftfeuchtigkeit erforderlich.
**Verwendung:** Als Epiphyt an Stämmen oder in großen Kübeln.
**Vermehrung:** Stecklingsvermehrung durch Abtrennen der Triebe, Schnittwunden 2–3 Wochen trocknen lassen.
**Kultur:** In Einheitserde mit Sandzusatz. Ruhezeit im Winter einhalten.
**Sorten:** 'Ackermannii', rot; 'Dante', gelb.
**Hinweise:** Rückschnitt der über 3-jährigen Triebe im Frühling sinnvoll. Auf Wollläuse achten.

| Nopalxochia phyllanthoides | | Notocactus ottonis |
|---|---|---|
| 0,5–0,8 m | | 0,2–0,3 m |
| V–VI | | III–IV |
| Kübelpflanze | | Fensterbrett |
| temperiertes Haus | | Kalthaus |

## Notocactus ottonis
Buckelkaktus
Cactaceae, Kakteengewächse

**Heimat:** Nordostargentinien, Südparaguay. Subtropisch, tropisch.
**Wuchsform:** Kugelförmig bis zylindrische, langsamwüchsige Sukkulente mit 6–13 Rippen.
**Blatt:** Umgebildet zu wenigen Dornen.
**Blüte:** Radiär, strahlenförmig, 4–6 cm, tiefgelb.
**Frucht:** Beere.
**Standort:** Hell,verträgt volle Sonne.
**Verwendung:** Topfpflanze für das Fensterbrett, Kakteensammlungen.
**Vermehrung:** Aussaat im Frühling, Saatgut nicht abdecken.
**Kultur:** In Kakteenerde mit Lehmzusatz, nie ganz austrocknen lassen, auch nicht im Winter. Mit Regenwasser gießen.
**Hinweise:** Blätter völlig reduziert. Pflanze assimiliert mit dem Spross. Auf Woll- und Wurzelläuse achten.
**Weitere Art:** *N. uebelmannianus,* hellrote Blüten. In der Abbildung wird eine Hybride gezeigt.

## Notocactus scopa
Buckelkaktus
Cactaceae, Kakteengewächse

**Heimat:** Südbrasilien. Subtropisch, tropisch.
**Wuchsform:** Kugelförmige bis zylindrische, langsamwüchsige Sukkulente.
**Blatt:** Umgebildet zu weichen Dornen.
**Blüte:** Radiär, strahlenförmig, 3–4 cm, hellgelb.
**Frucht:** Beere.
**Standort:** Hell bis sonnig, aber keine Mittagssonne vertragend.
**Verwendung:** Topfpflanze für das Fensterbrett, Kakteensammlungen.
**Vermehrung:** Aussaat im Frühling, Saatgut nicht abdecken.
**Kultur:** In Kakteenerde mit Lehmzusatz, nie ganz austrocknen lassen, auch nicht im Winter. Mit Regenwasser gießen.
**Hinweise:** Blätter völlig reduziert. Pflanze assimiliert mit dem Spross. Einfach zu pflegende Art. Auf Woll- und Wurzelläuse achten.
**Weitere Arten:** *N. haselbergii,* orangerote Blüten.

| | | |
|---|---|---|
| 0,2–0,3 m | | 0,3–0,5/0,6–0,9 m |
| III–IV | | III–VII |
| Fensterbrett | | Blumenfenster |
| Kalthaus | | temperiertes Haus |

## Odontoglossum triumphans
Odontoglossum
Orchidaceae, Orchideengewächse

**Heimat:** Gebirge Kolumbiens. Tropisch.
**Wuchsform:** Lockerhorstige Epiphyte mit Pseudobulben.
**Blatt:** Aus 10 cm langen Pseudobulben entspringend, linealisch, immergrün, 30–45 cm lang.
**Blüte:** Disymmetrisch, 4–5 cm, 6-teilig, gelb mit braun-roten Flecken, an langer Traube. Reichblühend.
**Frucht:** Kapsel.
**Standort:** Hell, aber nicht vollsonnig.
**Verwendung:** Vitrine, Epiphytenstamm
**Vermehrung:** Abtrennen der Bulben beim Verpflanzen.
**Kultur:** In Orchideensubstrat aus Farnwurzeln und Rindenstücken, hohe Luftfeuchtigkeit, Wurzeln dürfen nicht austrocknen. Temperatur tags 20 °C, nachts deutlich kühler, winters nicht unter 12 °C. Stets mit Regenwasser gießen
**Sorte:** 'Paradiese', gelb-braun gefleckt (Bild).
**Hinweise:** Auf Blatt- und Schildläuse achten.

## Olea europaea
Ölbaum, Olive
Oleaceae, Ölbaumgewächse

**Heimat:** Mittelmeergebiet. Mediterran.
**Wuchsform:** Breiter, dichtkroniger Baum mit unregelmäßigem Wuchs.
**Blatt:** Gegenständig, immergrün, schmal elliptisch, blaugrün, glänzend, unterseits silbern beschuppt, 3–8 cm lang.
**Blüte:** Radiär, 3–4 mm, 4-zählig, gelbweiß, in Trauben.
**Frucht:** Steinfrucht, oliv bis schwarz, 2–3 cm lang, liefert Olivenöl.
**Standort:** Sonnig und warm.
**Verwendung:** Kübelpflanze für das Kalthaus, im Sommer im Freien, winters +5 °C.
**Vermehrung:** Stecklinge im Sommer, Aussaat im Frühling.
**Kultur:** In durchlässigem, lehmigem Substrat, im Sommer regelmäßig düngen.
**Sorte:** 'Bonita', Kultursorte mit höheren Ansprüchen.
**Besonderes:** Der Ölbaum ist seit Jahrtausenden die wichtigste Nutzpflanze im Mittelmeergebiet. Er liefert Holz, Öl und Früchte.

## Oncidium ornithorhynchum
Vogelschnabel-Oncidie
Orchidaceae, Orchideen

**Heimat:** Mittelamerika. Tropisch, subtropisch.
**Wuchsform:** Aufrechte, locker wachsende Epiphyte.
**Blatt:** Linealisch, immergrün, 25 cm lang, aus 6 cm langen Pseudobulben.
**Blüte:** Disymmetrisch, 2 cm, rosafarben, zu vielen an langer, verzweigter Rispe, überhängend.
**Frucht:** Kapsel.
**Standort:** Hell und kühl bis temperiert, stammt aus Regenwäldern in 1500 m Höhe.
**Verwendung:** Ampelpflanze oder am Epiphytenstamm.
**Vermehrung:** Teilung der Pseudobulben im Frühling.
**Kultur:** Durchlässiges Rindenmaterial oder Orchideensubstrat hell und kühl. Benötigt viel Luftfeuchtigkeit,
**Hinweise:** Ruhezeit nach der Blüte einhalten. Auf Blattläuse achten.

| | | |
|---|---|---|
| *6–9 m* | | *0,25/0,5 –0,6 m* |
| *IV–VI* | | *XI–III* |
| *Kübelpflanze* | | *Ampelpflanze* |
| *Kalthaus* | | *Kalthaus* |

## Ophiopogon jaburan
Schlangenbart
Convallariaceae, Maiglöckchengewächse

**Heimat:** Japan, Riukiu-Inseln. Gemäßigt, subtropisch.
**Wuchsform:** Aufrecht bis überhängende, zierliche, grasähnliche Staude.
**Blatt:** Grundständig, linealisch, immergrün, 40–80 cm lang, 1 cm breit.
**Blüte:** Radiär, glöckchenförmig, 6–8 mm, weiß bis lila, an langem Blütenstand.
**Frucht:** Beere, lila.
**Standort:** Hell bis schattig, keine direkte Sonne.
**Verwendung:** Bodendecker für Wintergärten, anspruchslose Topfpflanze. Im Sommer auch draußen.
**Vermehrung:** Teilung im Frühling.
**Kultur:** Einheitserde, stets mäßig feucht halten, im Sommer um 20 °C, im Winter nicht über 15 °C.
**Sorte:** 'Variegatus', Laub weiß gestreift.
**Hinweise:** Blüten werden oft von den Blättern verdeckt. Auf Luftfeuchtigkeit achten, besonders im Winter.

## Ophiopogon japonicus
Schlangenbart
Convallariaceae, Maiglöckchengewächse

**Heimat:** Ost-Asien. Subtropisch, gemäßigt.
**Wuchsform:** Horstige, aufrechte, leicht übergeneigte Staude.
**Blatt:** Grundständig, linealisch, immergrün, 15–20 cm lang.
**Blüte:** Radiär, sternförmig, 5 mm, blasslila, in Blütentrauben, selten.
**Frucht:** Beere.
**Standort:** Halbschattig, kühl.
**Verwendung:** Unterpflanzung in Vitrinen, Anspruchslose Topfpflanze. Nicht frosthart. Im Winter Temperatur mindestens 10 °C.
**Vermehrung:** Teilung im Frühling.
**Kultur:** Einheitserde stets mäßig feucht halten.
**Sorte:** 'Minor', nur 15 cm hoch.
**Hinweise:** Auf Blasenfüße (Thrips) und Rote Spinne achten.

| Ophiopogon jaburan | | Ophiopogon japonicus |
|---|---|---|
| 0,4–0,8 m | | 0,15–0,25 m |
| VII–VIII | | VII–VIII |
| Bodendecker | | Bodendecker |
| Kalthaus | | Kalthaus |

## Opuntia microdasys

Hasenohr-Feigenkaktus, Gold-Opuntie
Cactaceae, Kakteen

**Heimat:** Nordmexiko. Subtropisch, tropisch.
**Wuchsform:** Breit aufrechte Sukkulente mit kleinen blattartigen Gliedern ohne große Dornen, Glochiden gelb oder weiß.
**Blatt:** Umgebildet zu Glochiden, das sind Borsten mit Widerhaken.
**Blüte:** Radiär, röhrig, 4–5 cm breit, blassgelb, nur bei älteren Pflanzen.
**Frucht:** Fleischige Beere, selten.
**Standort:** Vollsonnige Lagen in mageren Böden.
**Verwendung:** Einzeln als Topfpflanze am Fensterbrett oder in Sammlungen.
**Vermehrung:** Abtrennen der Blattglieder, erst nach einigen Tagen in Substrat stecken.
**Kultur:** In Kakteenerde mit etwas Lehmzusatz, mäßig gießen und düngen.
**Sorte:** 'Albispina', weiße Glochiden.
**Hinweise:** Ruhezeit im Winter einhalten. Befall durch Spinnmilben, Woll- und Wurzelläuse möglich.

## Oreopanax nymphaeifolius

Bergaralie
Araliaceae, Araliengewächse

**Heimat:** Guatemala. Tropisch.
**Wuchsform:** Aufrechter Strauch mit etagenförmiger Krone.
**Blatt:** Wechselständig, breit oval, lang gestielt, immergrün, glänzend 10–12 cm lang.
**Blüte:** Radiär, 5-zählig, klein, weiß, in Dolden, selten zu sehen.
**Frucht:** Beere.
**Standort:** Benötigt viel Licht, aber keine volle Sonne.
**Verwendung:** Zimmerpflanze mit mäßigen Temperaturansprüchen, auch im Winter.
**Vermehrung:** Kopfstecklinge bei hoher Bodenwärme stecken.
**Kultur:** In lehmig-humoser Erde oder Einheitserde.
**Hinweise:** Widerstandsfähige Grünpflanze, Bewurzelungshormone für die Stecklinge verwenden.

| | | |
|---|---|---|
| 0,4–0,6 m | | 0,6–0,8 m |
| VI–VIII | | II–III |
| Profi-Glashaus | | Zimmerpflanze |
| Kalthaus | | temperiertes Haus |

## Oxalis tetraphylla

(Syn.: *Oxalis deppei*)
Glücksklee
Oxalidaceae, Sauerkleegewächse

**Heimat:** Mexiko. Subtropisch, mediterran.
**Wuchsform:** Büschelig wachsende krautige Pflanze mit Wurzelknollen.
**Blatt:** Herzförmig, 4-teilig, grün mit braunrotem Fleck, 4–6 cm groß.
**Blüte:** Radiär, trichterförmig, 1,5–2 cm, 5-zählig, rosarot, in doldenartigen Büscheln an langen Stielen über dem Laub.
**Frucht:** Kapsel, schleudert reife Samen aus.
**Standort:** Hell, aber nicht vollsonnig.
**Verwendung:** Topfpflanze für das Fensterbrett, im Sommer auch im Freien. Pflanze ist sehr frostempfindlich.
**Vermehrung:** Durch Brutknollen im Herbst.
**Kultur:** Knollen ab X für Neujahr eintopfen und 6–8 °C warm stellen, später bei 12–14 °C halten, für Freilandbeete ab Mai auspflanzen. Substrat durchlässig und humos, Einheitserde mit Sandzusatz.
**Sorte:** 'Iron Cross', Flecken auf den Blättern noch dunkler.

| Oxalis tetraphylla | | Pachypodium lamerei |
|---|---|---|
| 0,1–0,15 /0,15–0,2 m | Größe | 1–2 m |
| VII–IX | Blütezeit | VI–VIII |
| Zimmerpflanze | Verwendung | Wintergarten |
| temperiertes Haus | Haus | temperiertes Haus |

## Pachypodium lamerei

Dickfuß, Madagaskarpalme
Apocynaceae, Hundsgiftgewächse

**Heimat:** Madagaskar. Subtropisch.
**Wuchsform:** Aufrecht-sparriger, stark bedornter Baum mit keulenartig verdicktem Stammfuß. In der Heimat bis 8 m hoch.
**Blatt:** Wechselständig, linealisch, schopfartig am Triebende, dunkelgrün, 25–40 cm lang
**Blüte:** Radiär, schalenförmig, 3–4 cm, 5-zählig, weiß, in Trugdolden, Duft.
**Frucht:** Kapsel, Samen mit Flughaaren.
**Standort:** Sonnig bis vollsonnig, warm und trocken.
**Verwendung:** Solitär in Sukkulentenecken im Wintergarten, Zimmerpflanze.
**Vermehrung:** Aussaat im Frühling.
**Kultur:** In durchlässigem Substrat, nur mäßig gießen, wenn Blätter vorhanden; in der Ruhe kaum gießen.
**Hinweise:** Blätter werden im Herbst abgeworfen, dann Ruhezeit einhalten. Die ganze Pflanze ist **stark giftig**, Milchsaft nicht in die Augen bringen!!

## Pachystachys lutea
Gelbe Dickähre
Acanthaceae, Akanthusgewächse

**Heimat:** Peru. Tropisch.
**Wuchsform:** Aufrecht, steifer Halbstrauch.
**Blatt:** Gegenständig, breit lanzettlich, immergrün, mattgrün, 9–12 cm lang.
**Blüte:** Disymmetrisch, 2 cm, Lippenblüte weiß, erscheint zwischen den gelben Deckblättern in Ähren über dem Laub.
**Frucht:** Kapsel.
**Standort:** Hell und luftig, liebt hohe Luftfeuchtigkeit.
**Verwendung:** Reichblühende Zimmerpflanze mit langer Wirkung durch die gelben Ähren. Warmhauspflanze.
**Vermehrung:** Kopfstecklinge im Frühling.
**Kultur:** In TKS 2 oder Einheitserde T, stets mäßig feucht halten, im Winter trockener halten. Nach Austrieb Triebe stutzen.
**Hinweise:** Im Vorfrühling Rückschnitt sinnvoll. Mottenschildläuse rechtzeitig bekämpfen.

| | | |
|---|---|---|
| 0,25–0,4 m | | 3–4 m |
| III–X | | VI–VIII |
| Zimmerpflanze | | Wintergarten |
| Warmhaus | | temperiertes Haus |

## Pandanus utilis
Schraubenbaum
Pandanaceae, Schraubenbaumgewächse

**Heimat:** Madagaskar. Tropisch.
**Wuchsform:** Aufrechter Baum. Im Alter bildet der Stamm Stelzwurzeln. In der Heimat bis 10 m hoch.
**Blatt:** Schraubig am Stamm angeordnet, linealisch, immergrün, olivgrün, am Rande rot bestachelt, 1–2 m lang, 5–10 cm breit.
**Blüte:** Blüten- und Kelchblätter fehlen, männliche Blüte mit weißem Hochblatt (Spatha), weibliche Blüten in ananasähnlichen Blütenständen.
**Frucht:** Mehrsamige Beere in Kugelform.
**Standort:** Hell bis halbschattig, feucht.
**Verwendung:** Einzelstand als Topfpflanze, besser im Wintergarten auspflanzen.
**Vermehrung:** Kopfstecklinge in Sand-Torfgemisch stecken, Samen 24 Stunden einweichen.
**Kultur:** In humosem Substrat, Einheitserde stets feucht halten. Im Sommer mäßig düngen.
**Hinweise:** Ältere Pflanzen zieren durch die Stelzwurzeln.

## Pandanus veitchii
Schraubenbaum
Pandanaceae, Schraubenbaumgewächse

**Heimat:** Polynesien. Tropisch.
**Wuchsform:** Aufrechter Baum. Im Alter bildet der Stamm Stelzwurzeln. In der Heimat bis 20 m hoch.
**Blatt:** Schraubig am Stamm angeordnet, linealisch, immergrün, dunkelgrün mit weißen Streifen, am Rande bestachelt, 60 cm lang, 5–8 cm breit.
**Blüte:** Blüten- und Kelchblätter fehlen, männliche Blüte mit weißem Hochblatt (Spatha), weibliche Blüten in ananasähnlichen Blütenständen.
**Frucht:** Mehrsamige Beere in Kugelform.
**Standort:** Hell bis halbschattig, feucht.
**Verwendung:** Einzelstand als Topfpflanze, besser im Wintergarten auspflanzen.
**Vermehrung:** Abtrennen von bewurzelten Seitensprossen; Samenaussaat sofort nach der Ernte bei mindestens 25 °C Bodentemperatur.
**Kultur:** In humosem Substrat, Einheitserde stets feucht halten. Im Sommer mäßig düngen.

| | | |
|---|---|---|
| *0,8–1 m* | | *0,25–0,3 /0,4–0,45 m* |
| *VI–VIII* | | *II–III* |
| *Wintergarten* | | *Blumenfenster* |
| *temperiertes Haus* | | *Warmhaus* |

## Paphiopedilum callosum
Venusschuh
Orchidaceae, Orchideengewächse

**Heimat:** Kambodscha, Laos, Thailand. Tropisch.
**Wuchsform:** Aufrechte erdbewohnende Orchidee ohne Speicherorgane.
**Blatt:** 2-zeilig angeordnet, linealisch, immergrün, hellgrün mit dunkler Marmorierung, leicht übergeneigt, bis 25 cm lang, 5 cm breit.
**Blüte:** Disymmetrisch, Lippe pantoffelförmig, 5 cm lang, bis 10 cm breit, grün-weiß mit braunen Streifen, Stiel über 40 cm lang.
**Frucht:** Kapsel mit vielen staubfeinen Samen.
**Standort:** Halbschattig, keine direkte Sonne.
**Verwendung:** Blumenfenster, auch Schnitt.
**Vermehrung:** Teilung beim Umpflanzen.
**Kultur:** In Substrat aus Rindenstücken, Farnwurzeln und Sphagnum. Immer mit Regenwasser feucht halten, schwach düngen, Temperatur mindestens 18 °C, im Sommer auch höher. Ganzjährig hohe Luftfeuchtigkeit, keine Ruhezeit.
**Hinweise:** Hybriden in vielerlei Farben und Formen, Blüten bis 20 cm. Auf Spinnmilben und Schildläuse achten.

## Passiflora caerulea
Blaue Passionsblume
Passifloraceae, Passionsblumengewächse

**Heimat:** Südamerika: Südbrasilien, Argentinien, Paraguay. Subtropisch, tropisch.
**Wuchsform:** Sprossranker mit dünnen Trieben. In der Heimat bis 7 m hoch.
**Blatt:** Wechselständig, 5- bis 7-lappig, grün, 10–15 cm breit.
**Blüte:** Radiär, Schalenblüte mit Strahlenkranz, 8–9 cm, 3-teilige Narbe, blau mit weiß, achselständig.
**Frucht:** Beere orangefarben, 5–6 cm, eiförmig.
**Standort:** Hell, auch sonnig, luftig, warm.
**Verwendung:** Reichblühende Zimmerpflanze für Wintergärten. Im Winter bei 8–15 °C kultivieren.
**Vermehrung:** Stecklinge von III–IV, 25 °C Bodentemperatur.
**Kultur:** Einheitserde nicht austrocknen lassen, jährlich umpflanzen, oft düngen.
**Sorte:** 'Kaiserin Eugenie', Blüten violett und größer.
**Hinweise:** Auf Spinnmilben, Schildläuse achten.

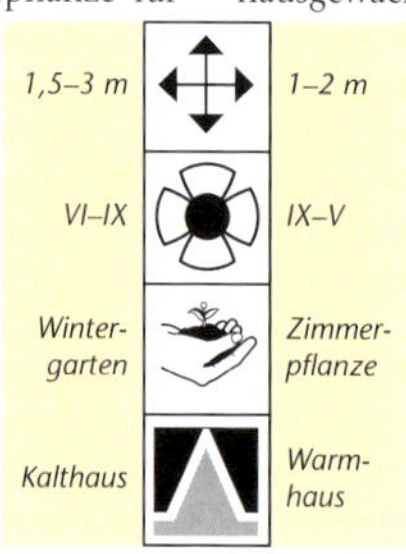


## Pavonia multiflora
Pavonie
Malvaceae, Malvengewächse

**Heimat:** Brasilien. Tropisch.
**Wuchsform:** Aufrechter, locker buschiger Strauch.
**Blatt:** Wechselständig, lanzettlich, immergrün, 15–25 cm lang, grün, glänzend.
**Blüte:** Radiär, knospenförmig, 1–2 cm, purpur, umgeben von hellrotem Hüllkelch, korbförmig, vielteilig, 2–3 cm groß, endständig, auffällig.
**Frucht:** Spaltfrucht 5-fächerig.
**Standort:** Hell, ohne direkte Sonne, hohe Luftfeuchtigkeit.
**Verwendung:** Topfpflanze, Schnittpflanze, Warmhausgewächs.
**Vermehrung:** Stecklinge von III–VIII, später stutzen. Bei Stecklingen Bewurzelungshormon verwenden.
**Kultur:** In humosem Substrat, dauernd feucht, nie nass. Im Winter kühler und trockener halten.

## Pelargonium grandiflorum
Edel-Pelargonie
Geraniaceae, Storchschnabelgewächse

**Heimat:** Süd-Afrika: Kap, Namibia. Mediterran, subtropisch.

**Wuchsform:** Aufrecht buschiger Strauch mit fleischigem Stängel.

**Blatt:** Wechselständig, handförmig, am Rand gezähnt, grün, 6–10 cm breit.

**Blüte:** Disymmetrisch, 4–5 cm, 5-zählig, rot, rosa, weiß, mit dunklen Flecken, in Dolden.

**Frucht:** Spaltfrucht.

**Standort:** Sonnig, im Sommer luftig, im Winter bei 10–12 °C.

**Verwendung:** Auffällige Zimmerpflanze mit großen Blüten. Im Sommer ins Freie. Kalthauspflanze.

**Vermehrung:** Kopfstecklinge im Sommer, auch Aussaat möglich.

**Kultur:** Einheitserde im Sommer gleichmäßig feucht halten, wöchentlich düngen, Staunässe vermeiden.

**Hinweise:** Viele Hybriden in unterschiedlichen Farbtönen bekannt. Im Winter 6 Wochen bei 10 °C kühl und trocken halten (Blütenbildung).

## Pelargonium × graveolens
Rosen-Geranie
Geraniaceae, Storchschnabelgewächse

**Heimat:** Südafrika: Kap. Mediterran, subtropisch.

**Wuchsform:** Aufrecht buschiger Strauch.

**Blatt:** Wechselständig, handförmig, fiederteilig gezähnt, behaart, grün, duftet nach Zitrone, 8–10 cm lang.

**Blüte:** Disymmetrisch, 1–2 cm, zartlila, in langstieligen Dolden. Blüte remontiert.

**Frucht:** Spaltfrucht.

**Standort:** Hell und sonnig, ganzjährig im Zimmer halten.

**Verwendung:** Dankbare Zimmerpflanze, im Winter kühl halten (Kalthaus)

**Vermehrung:** Kopfstecklinge im Sommer.

**Kultur:** In mit Sand vermischter Einheitserde, Rückschnitt der Triebe im Frühling, bei Bedarf umtopfen.

**Sorte:** 'Variegatum', Laub mit weißgelbem Blattrand.

**Hinweise:** Widerstandsfähige Zimmerpflanze. Auf Weiße Fliege achten.

| Pelargonium grandiflorum | | Pelargonium × graveolens |
|---|---|---|
| 0,4–0,7/ 0,5–0,8 m | | 0,4–1 m |
| IV–VI | | VI–VIII |
| Zimmerpflanze | | Zimmerpflanze |
| Kalthaus | | Kalthaus |

## Pellaea rotundifolia
Rundblättriger Zwergfarn
Adiantaceae, Frauenhaarfarngewächse

**Heimat:** Neuseeland, Norfolkinseln. Subtropisch.
**Wuchsform:** Buschig überhängende, horstbildende Staude.
**Blatt:** Wechselständig, immergrün, Wedel 20–30 cm lang, Einzelblättchen rundlich, grün, 1–2 cm lang.
**Standort:** Halbschattig bis schattig, hohe Luftfeuchtigkeit.
**Verwendung:** Kalthausgewächs für Vitrinen, Blumenfenster und Schalen.
**Vermehrung:** Sporenaussaat im Frühling auf sterilen Weißtorfsoden. Auch Teilung.
**Kultur:** Substrat aus Heide-, Lauberde und Torf, oder Einheitserde. Substrat stets mäßig feucht halten, wenig düngen. Im Winter hell und trockener stellen.
**Hinweise:** Empfindlich gegen zu trockene Luft.

| | | |
|---|---|---|
| *0,2–0,3 m* | | *0,3–0,6/0,5–0,7 m* |
| – | | *IX–I* |
| *Blumenfenster* | | *Zimmerpflanze* |
| *Kalthaus* | | *Warmhaus* |

## Pentas lanceolata
Pente
Rubiaceae, Krappgewächse

**Heimat:** Afrika, Arabische Halbinsel. Tropisch.
**Wuchsform:** Aufrechter Halbstrauch.
**Blatt:** Gegenständig, elliptisch, immergrün, behaart, dunkelgrün, 5–15 cm lang.
**Blüte:** Radiär, röhrenförmig, 3 cm, 5-zählig, rot, auch weiß und rosa, in endständigen Trugdolden. Ganzjährig möglich.
**Frucht:** Kapsel.
**Standort:** Hell, sonnig bis halbschattig.
**Verwendung:** Reichblühende Zimmerpflanze, Schnittpflanze. Warmhauspflanze. Nicht winterhart.
**Vermehrung:** Stecklinge im Frühling, öfters stutzen; auch Aussaat möglich.
**Kultur:** In Einheitserde, stets mäßig feucht halten, im Winter nicht austrocknen lassen. Regenwasser verwenden. Im Sommer um 20 °C, im Winter bei 10–15 °C halten.
**Sorte:** 'New Look', rosa.
**Hinweise:** Wird mit Hemmstoffen behandelt, daher so niedrig.

## Peperomia caperata
Zwergpfeffer
Piperaceae, Pfeffergewächse

**Heimat:** Brasilien. Tropisch.
**Wuchsform:** Dichte, gedrungene, horstbildende Staude.
**Blatt:** Grundständig, herzförmig, lang gestielt, immergrün, runzelig, fleischig, Blattstiel rötlich, 2–4 cm lang.
**Blüte:** Klein, ohne Kelch- und Blütenblätter, cremeweiß, in Ähren über dem Laub.
**Frucht:** Beere.
**Standort:** Absonnig bis halbschattig, warm.
**Verwendung:** Schalen, als Bodendecker für Vitrinen.
**Vermehrung:** Stecklinge von IV–VIII in Sand-Torf-Mischung.
**Kultur:** Einheitserde stets mäßig feucht halten, im Frühling umtopfen.
**Sorte:** 'Variegata', panaschiertes Laub.
**Besonderes:** Robuste Zimmerpflanze.
**Hinweise:** Es treten kaum Schädlinge auf.

## Peperomia obtusifolia
Zwergpfeffer
Piperaceae, Pfeffergewächse

**Heimat:** Südamerika. Tropisch.
**Wuchsform:** Dichte, gedrungene, horstbildende Staude.
**Blatt:** Grundständig, eiförmig, immergrün, fleischig, glänzend, 5–8 cm lang.
**Blüte:** Klein, ohne Kelch- und Blütenblätter, blassgrün, in Ähren.
**Frucht:** Beere.
**Standort:** Hell, aber nicht vollsonnig, warm.
**Verwendung:** Schalen, als Bodendecker für Vitrinen.
**Vermehrung:** Stecklinge von IV–VIII in Sand-Torf-Mischung.
**Kultur:** Einheitserde stets mäßig feucht halten, im Frühling umtopfen.
**Sorte:** 'USA', kräftig gelbgrünes; 'Variegata' (Bild), hellgelbgrün panaschiertes Laub.
**Hinweise:** Robuste Zimmerpflanze. Auf Rote Spinne achten.

| Peperomia caperata | | Peperomia obtusifolia |
|---|---|---|
| 0,15/ 0,25 m | | 0,15– 0,3 m |
| IV–XII | | IV–XII |
| Bodendecker | | Bodendecker |
| Warmhaus | | Warmhaus |

## Pereskia aculeata
Pereskie
Cactaceae, Kakteengewächse

**Heimat:** Amerika. Subtropisch, tropisch.
**Wuchsform:** Spreizklimmer mit Klammerdornen in den Blattachseln. In warmen Gebieten bis 10 m hoch kletternd.
**Blatt:** Wechselständig, breit lanzettlich, sommergrün, gelbgrün gefleckt, dickfleischig, 6–9 cm lang.
**Blüte:** Radiär, sternförmig, 4–5 cm, hellrosa, duftet nach Zitronen.
**Frucht:** Beere, gelb, 2 cm groß, essbar.
**Standort:** Hell bis vollsonnig, im Winter Ruhezeit, Kalthauspflanze.
**Verwendung:** Zimmer- und Kübelpflanze, für Wintergärten als Kletterer.
**Vermehrung:** Grünstecklinge nicht abtrocknen lassen, in Sand-Torfgemisch stecken.
**Kultur:** In Kakteenerde mit Humuszusatz, mäßig gießen, kaum düngen.
**Hinweise:** Wenig empfindliche Pflanze. Veredelungsunterlage für Weihnachtskakteen.

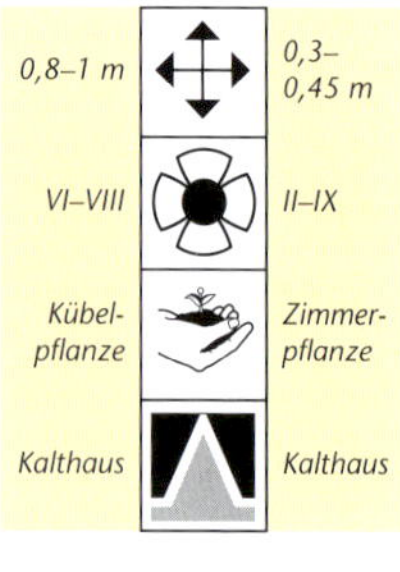


## Pericallis × hybrida
(Syn.: *Senecio-Cruentus-Hybriden, Cineraria hybrida*)
Gartencinerarie
Asteraceae, Asterngewächse

**Heimat:** Kanaren. Mediterran.
**Wuchsform:** Aufrechte, buschige Staude.
**Blatt:** Wechselständig, herz-eiförmig, Rand gezähnt, sattgrün, 8–12 cm lang.
**Blüte:** Radiär und zungenförmig, klein, weiß, rosa, purpur, lila, blau, Köpfchen 2–3 cm breit, in Doldentrauben über dem Laub.
**Frucht:** Achäne.
**Standort:** Sonnig und luftig bei 16–18 °C.
**Verwendung:** Topfpflanze mit reicher Blüte für kühlere Plätze, im Winter 10–14 °C.
**Vermehrung:** Aussaat VIII–X im Kalthaus, Keimzeit 2 Wochen.
**Kultur:** Einheitserde stets feucht halten, wöchentliche Düngung, im Winter weniger.
**Hinweise:** Abgeblühte Pflanzen kommen auf den Kompost. Auf Blattläuse achten. Viele Sorten in allen möglichen Farben außer Gelb im Sortiment.

## Phalaenopsis amabilis
Nachtfalterorchidee
Orchidaceae, Orchideengewächse

**Heimat:** Malayischer Archipel, Neuguinea, Australien: Queensland. Tropisch.

**Wuchsform:** Epiphytische, locker wachsende Orchidee mit fleischigen Haftwurzeln.

**Blatt:** 2-teilig gestellt, elliptisch, immergrün, 20–30 cm lang.

**Blüte:** Disymmetrisch, spornlos, bis zu 10 cm breit, rosa, Sorten von weiß bis rot, an bis zu 70 cm langer Rispe.

**Frucht:** Kapsel mit staubfeinen Samen.

**Standort:** Hell bis halbschattig, aber keine direkte Sonne.

**Verwendung:** Blumenfenster und Wintergärten.

**Vermehrung:** Kindel an den Blütenrispen abtrennen; Aussaat und Gewebekulturen.

**Kultur:** Rindenreiches Orchideensubstrat, hohe Luftfeuchtigkeit, gießen mit kalkfreiem Wasser, öfters mäßig düngen, nicht unter 15 °C. Im Winter für 3–4 Wochen Nachttemperatur auf 13–15 °C absenken.

**Hinweise:** Auf Schildläuse und Spinnmilben achten. Viele Sorten.

| Phalaenopsis amabilis | | Phlebodium aureum |
|---|---|---|
| *0,15–0,2 /0,4–0,7 m* | | *0,6–1 m* |
| *X–IV* | | – |
| *Zimmerpflanze* | | *Zimmerpflanze* |
| *Warmhaus* | | *Warmhaus* |

## Phlebodium aureum
(Syn.: *Polypodium aureum*)
Tüpfelfarn
Polypodiaceae, Tüpfelfarngewächse

**Heimat:** Tropisches Amerika. Tropisch.

**Wuchsform:** Mit hellbraunen Rhizomen kriechende Staude mit überhängenden Wedel.

**Blatt:** Grundständig, fiederspaltig, immergrün, glänzend bläulich grün 0,6–1 m lang, bis 50 cm breit.

**Frucht:** Runde Sporenhäufchen (Sori) auf der Blattunterseite, gelb, rund.

**Standort:** Halbschattig bis schattig, mäßig feucht.

**Verwendung:** Zimmerpflanze, Wintergärten, Blumenfenster, Warmhauspflanze.

**Vermehrung:** Teilung der Rhizome, Aussaat der Sporen im Frühling.

**Kultur:** Humose Substrate (Einheitserde) gleichmäßig feucht halten. Rhizome mit gelbbraunen Haaren möglichst nicht bedecken.

**Sorte:** 'Mandaianum', krause Blattspitzen, niedriger.

**Hinweise:** Verträgt auch Zimmertrockenheit.

## Philodendron erubescens
Rotwerdender Baumfreund
Araceae, Aronstabgewächse

**Heimat:** Kolumbien. Tropisch.
**Wuchsform:** Kletterpflanze mit grünrotem Stamm.
**Blatt:** Wechselständig, immergrün, pfeilförmig, glänzend grün, unterseits rötlich, Deckblätter und junge Blätter rot gefärbt, 25–40 cm lang.
**Blüte:** Winzige Blüten an Kolben, weiße Spatha, selten.
**Frucht:** Kolben.
**Standort:** Hell bis halbschattig, warm, hohe Luftfeuchtigkeit.
**Verwendung:** Warmhauspflanze für Vitrinen, Wintergärten.
**Vermehrung:** Kopfstecklinge, benötigt hohe Bodenwärme.
**Kultur:** In Einheitserde, gleichmäßig feucht halten und düngen.
**Sorte:** 'Red Emerald', rötliche Stiele.
**Hinweise:** Auf Schildläuse achten.

| | | |
|---|---|---|
| *2–4 m* | | *0,8–1,2 m* |
| *VI–VIII* | | *VI–VIII* |
| *Wintergarten* | | *Wintergarten* |
| *Warmhaus* | | *Warmhaus* |

## Philodendron pedatum
Baumfreund
Araceae, Aronstabgewächse

**Heimat:** Venezuela, Guayana, Nordbrasilien. Tropisch.
**Wuchsform:** Kletterpflanze mit zierlichem Stamm.
**Blatt:** Wechselständig, immergrün, 3-teilige Blattspreite mehrfach eingeschnitten, glänzend grün, unterschiedliche Blattformen, 25–30 cm lang.
**Blüte:** Winzige Blüten an Kolben, weiße Spatha, selten.
**Frucht:** Kolben.
**Standort:** Hell bis halbschattig, warm, hohe Luftfeuchtigkeit.
**Verwendung:** Warmhauspflanze für Vitrinen, Wintergärten.
**Vermehrung:** Kopfstecklinge, benötigt hohe Bodenwärme.
**Kultur:** In Einheitserde, gleichmäßig feucht halten und düngen.
**Hinweise:** Klettertriebe stets aufbinden. Auf Schildläuse achten.

## Philodendron scandens
Kletternder Baumfreund
Araceae, Aronstabgewächse

**Heimat:** Mexiko. Tropisch.
**Wuchsform:** Kletterpflanze mit dünnen Trieben und Haftwurzeln.
**Blatt:** Wechselständig, immergrün, herzförmig, glänzend grün, 8–14 cm lang, 5–9 cm breit, ältere Blätter können noch größer werden.
**Blüte:** Wird nur in den Tropen ausgebildet.
**Frucht:** Wird nur in den Tropen ausgebildet.
**Standort:** Hell bis halbschattig, warm, hohe Luftfeuchtigkeit.
**Verwendung:** Warmhauspflanze für Vitrinen und Ampeln.
**Vermehrung:** Kopfstecklinge, hohe Bodenwärme günstig zur Bewurzelung.
**Kultur:** In Einheitserde, gleichmäßig feucht halten und düngen.
**Hinweise:** Benötigt Kletterhilfe wie Moosstäbe. Auf Schildläuse achten.

## Phoenix canariensis
Kanarische Dattelpalme
Arecaceae, Betelpalmengewächse

**Heimat:** Kanaren. Mediterran.
**Wuchsform:** Baum mit durchgehenden Stamm und schirmförmiger Krone. In der Heimat bis 18 m hoch.
**Blatt:** Schraubig gestellt, schwertförmige Blattspreite, unpaarig gefiedert, immergrün, bis 3 m lang. Einzelblatt graugrün, 20–30 cm lang.
**Blüte:** Radiär, 3-zählig, in bis zu 1 m langer, gelber Rispe.
**Frucht:** Fleischige Steinfrucht, orangefarben, eiförmig, 2 cm lang.
**Standort:** Hell und sonnig.
**Verwendung:** Einzeln im Kübel, für Wintergärten oder große Büros. Im Sommer auch im Freien, im Winter kühl halten.
**Vermehrung:** Samen vor der Aussaat im Wasser quellen lassen.
**Kultur:** Einheitserde mit Sandzusatz, viel gießen und wenig düngen. Ballen nicht austrocknen lassen.
**Hinweise:** Auf Schildläuse und Spinnmilben achten.

| Philodendron scandens | | Phoenix canariensis |
|---|---|---|
| 1–2 m | | 3–4 m |
| keine Angaben | | II–VI |
| Ampelpflanze | | Kübelpflanze |
| Warmhaus | | kühle Räume |

## Phoenix dactylifera
Echte Dattelpalme
Arecaceae, Betelpalmengewächse

**Heimat:** Nord-Afrika. Subtropisch.
**Wuchsform:** Sparriger Baum mit durchgehendem Stamm und schirmförmiger Krone. In der Heimat bis 30 m hoch.
**Blatt:** Schraubig gestellt, schwertförmige Blattspreite bis 4 m lang, unpaarig gefiedert, immergrün, Einzelblatt grau, 30–40 cm lang.
**Blüte:** Radiär, 3-zählig, in bis zu 1 m langer, gelber Rispe
**Frucht:** Fleischige Steinfrucht, orangefarben, eiförmig, 2–7 cm lang, süß, essbar.
**Standort:** Hell und sonnig.
**Verwendung:** Einzeln im Kübel, für Wintergärten. Im Sommer auch im Freien, im Winter kühl halten.
**Vermehrung:** Samen vor der Aussaat im Wasser quellen lassen.
**Kultur:** Einheitserde mit Sandzusatz, viel gießen und wenig düngen. Ballen nicht austrocknen lassen.
**Hinweise:** Auf Schildläuse und Spinnmilben achten.

| | | |
|---|---|---|
| *3–4 m* | | *1–2 m* |
| *II–VI* | | *II–VI* |
| *Kübelpflanze* | | *Kübelpflanze* |
| *kühle Räume* | | *Warmhaus* |

## Phoenix roebelenii
Zwerg-Dattelpalme
Arecaceae, Betelpalmengewächse

**Heimat:** Laos. Tropisch.
**Wuchsform:** Mehrstämmiger Kleinbaum mit schirmförmiger, steifer Krone.
**Blatt:** Schraubig gestellt, schwertförmige Blattspreite, unpaarig gefiedert, immergrün, bis 150 cm lang. Einzelblatt grün, 15–20 cm lang, weich.
**Blüte:** Radiär, 3-zählig, in bis zu 1 m langer, gelber Rispe.
**Frucht:** Lederige Steinfrucht, schwarz, eiförmig, 1–2 cm lang.
**Standort:** Hell und sonnig.
**Verwendung:** Einzeln im Kübel, für Wintergärten. Im Sommer auch im Freien. Im Winter warm halten.
**Vermehrung:** Samen vor der Aussaat (Frühling) im Wasser quellen lassen.
**Kultur:** Einheitserde mit Sandzusatz, viel gießen und wenig düngen. Ballen nicht austrocknen lassen. Hohe Luftfeuchtigkeit.
**Hinweise:** Auf Schildläuse und Spinnmilben achten.

## Phormium tenax
Neuseeländischer Flachs
Phormiaceae, Neuseelandflachsgewächse

**Heimat:** Neuseeland, Norfolkinseln. Submediterran.
**Wuchsform:** Breit aufrechte, raschwüchsige, Ausläufer treibende Staude.
**Blatt:** 2-zeilig, schwertförmig, immergrün, dunkelgrün, 1–3 m lang, 5–12 cm breit.
**Blüte:** Disymmetrisch, röhrig, 3–4 cm lang, gelbrötlich, an langen Rispen.
**Frucht:** Kapsel.
**Standort:** Sonnig und warm.
**Verwendung:** Als Kübelpflanze auf sonnigen Terrassen, Innenhöfe. Im Winter im Kalthaus.
**Vermehrung:** Teilung im Frühling beim Umtopfen.
**Kultur:** In Einheitserde mit Sandzusatz, jährlich umtopfen, viel gießen und düngen, im Winter sparsamer.
**Sorte:** 'Atropurpureum', wie die Art, aber mit rötlichen Blättern.
**Besonderes:** Aus den Blättern werden haltbare Fasern gewonnen.
**Hinweise:** Auf Blasenfuß (Thrips) achten.

| | | |
|---|---|---|
| 1,5–3/ 2–3,5 m | | 3–5 m |
| VII–VIII | | VI–VIII |
| Kübelpflanze | | Kübelpflanze |
| Kalthaus | | Kalthaus |

## Phyllostachys aurea
(Syn.: *Bambusa aurea*)
Knotenbambus
Poaceae, Rispengrasgewächse

**Heimat:** Ost-Asien. Gemäßigt, submediterran, subtropisch.
**Wuchsform:** Aufrecht bis übergeneigtes, Ausläufer bildendes Gras, Stamm 2–5 cm dick.
**Blatt:** 2-zeilig, lanzettlich, immergrün, gelb-grün, bis 10 cm lang.
**Blüte:** Unscheinbar, in endständiger Ähre, gelblich. Sehr selten ausgebildet. Einzelpflanze stirbt nach der Blüte ab.
**Frucht:** Karyopse.
**Standort:** Sonnig, warm, geschützt.
**Verwendung:** Wintergärten, Kübelpflanze, warme Plätze im Sommer im Freien. Überwinterung im Kalthaus.
**Vermehrung:** Abtrennen der bewurzelten Ausläufer, Teilung.
**Kultur:** In lockeren Gartenböden, benötigt viel Feuchtigkeit.
**Hinweise:** Stets für hohe Luftfeuchtigkeit sorgen, sonst Laubfall.

## Pilea cardierei
Kanonierblume
Urticaceae, Nesselgewächse

**Heimat:** Nordvietnam. Tropisch.
**Wuchsform:** Aufrechte, dichte Horste bildende Staude.
**Blatt:** Gegenständig, eiförmig, immergrün, dunkelgrün mit silberweißen Flecken in 4 Reihen 6–10 cm lang.
**Blüte:** Radiär, 3 mm, 4-zählig, weißgrün, unscheinbar.
**Frucht:** Nüsschen.
**Standort:** Hell bis halbschattig, warm.
**Verwendung:** Topf- und Schalenpflanze, Vitrinen. Nicht frosthart.
**Vermehrung:** Kopfstecklinge im Frühling, jährlich neu vermehren.
**Kultur:** Einheitserde mit Sandzusatz stets feucht halten, öfters düngen.
**Hinweise:** Der Pollen wird bei Reife explosionsartig weggeschleudert (Name!) Windbestäubung. Bei hoher Luftfeuchtigkeit und Wärme bestes Wachstum. Befall durch Rote Spinne möglich.
**Weitere Art:** *P. microphylla,* zierliche Einfassungspflanze, 10–15 cm.

## Piper ornatum
Pfeffer
Piperaceae, Pfeffergewächse

**Heimat:** Sulawesi. Tropisch.
**Wuchsform:** Kriechende oder hängend Art, kletternd mit Haftwurzeln.
**Blatt:** Wechselständig, eiförmig zugespitzt, immergrün, grün mit rosa-weißer Maserung, glänzend, unterseits purpur, 8–10 cm lang.
**Blüte:** Winzig klein in Ähren, unscheinbar.
**Frucht:** Steinfrucht.
**Standort:** Hell bis halbschattig, keine direkte Sonne.
**Verwendung:** Kletterpflanze an Gerüsten oder höheren Sträuchern im Gewächshaus. Warmhauspflanze.
**Vermehrung:** Stecklinge ab Frühling in Torf-Sandsubstrat stecken.
**Kultur:** In Einheitserde mit Sandzusatz, stets warm und feucht halten.
**Besonderes:** *Piper nigrum* ist der Lieferant des Pfeffers, grünes Laub.
**Hinweise:** Schöner sind die buntblättrigen Arten.
**Ähnliche Art:** *P. crocatum* aus Peru wächst zierlicher.

| | | |
|---|---|---|
| *0,15–0,2 m* | | *3–4 m* |
| *VI–VIII* | | *VI–VIII* |
| *Zimmerpflanze* | | *Profi-Glashaus* |
| *Warmhaus, Kalthaus* | | *Warmhaus* |

## Pittosporum tenuifolium
Dünnblättriger Klebsame
Pittosporaceae, Klebsamengewächse

**Heimat:** Neuseeland. Subtropisch.
**Wuchsform:** Dichter aufrecht-ausladender, übergeneigter Strauch. In der Heimat bis 9 m hoch.
**Blatt:** Wechselständig, elliptisch, immergrün, glänzend 3–7 cm lang.
**Blüte:** Radiär, 1–1,5 cm, 5-zählig, rot-orangefarben, in endständigen Büscheln.
**Frucht:** Kapsel mit klebrigen Samen.
**Standort:** Hell, aber nicht sonnig.
**Verwendung:** Topfpflanze, in milden Gebieten als Formgehölz verwendet. Im Kalthaus bei mindestens 5 °C überwintern.
**Vermehrung:** Kopfstecklinge im VIII/IX unter Glas.
**Kultur:** Humusreiches Substrat mit Sand vermischen, mäßig warm halten.
**Sorten:** 'Silver Queen', Blätter silbrig, 2–5 m; 'Sunburst', Blätter gelblich, 2–5 m; (Bild: 'Variegatum').
**Hinweise:** Auf Schildläuse achten.

| | |
|---|---|
| 1–2 m | 1–1,5 m |
| III–V | III–V |
| Zimmerpflanze | Kübelpflanze |
| Kalthaus | Kalthaus |

## Pittosporum tobira
Klebsame
Pittosporaceae, Klebsamengewächse

**Heimat:** China, Japan, Korea. Subtropisch.
**Wuchsform:** Dichter, aufrecht ausladender, übergeneigter Strauch. In der Heimat bis 5 m hoch.
**Blatt:** Wechselständig, elliptisch, immergrün, glänzend 10–12 cm lang.
**Blüte:** Radiär, 1,5–2,5 cm, 4- bis 5-zählig, blassgelb, in endständigen Trugdolden
**Frucht:** Runde Kapsel mit klebrigen, schwarzen Samen.
**Standort:** Hell, aber nicht sonnig.
**Verwendung:** Kübelpflanze, in milden Gebieten für Hecken verwendet. Im Kalthaus bei mindestens 5 °C überwintern.
**Vermehrung:** Kopfstecklinge im VIII/IX unter Glas.
**Kultur:** Humusreiches Substrat mit Sand vermischen, mäßig warm halten.
**Sorten:** 'Nanum', nur 60 cm hoch; 'Variegatum', Blätter grünweiß, 1–2 m.
**Hinweise:** Auf Schildläuse achten.

## Platycerium bifurcatum
Geweihfarn
Polypodiaceae, Tüpfelfarngewächse

**Heimat:** Neuguinea, Australien: Queensland. Tropisch.
**Wuchsform:** Bogig überhängend, epiphytisch an Bäumen wachsend.
**Blatt:** Grundständig, geweihförmig gefingert, immergrün, graugrün, fertil 40–90 cm lang, an der Basis hellgrüne, später braune Nischenblätter.
**Standort:** Absonnig, warm, liebt hohe Luftfeuchtigkeit.
**Verwendung:** Ampelpflanze in Orchideenkörbchen, Epiphytenstamm im Wintergarten.
**Vermehrung:** Abtrennen von Jungpflanzen oder Aussaat der Sporen.
**Kultur:** In grober Lauberde und Torf, dazu grobe Rindenstücke, benötigt viel Wärme, Substrat und Luft ständig feucht halten.
**Hinweise:** Braune Nischenblätter nicht entfernen, diese bilden Humus. Gelegentlich Befall durch Schildläuse möglich.

| Platycerium bifurcatum | Pleioblastus variegatus |
|---|---|
| 0,5–1 m | 0,3–1,5 m |
| – | VI–VIII |
| Ampelpflanze | Wintergarten |
| Warmhaus | Kalthaus |

## Pleioblastus variegatus
(Syn.: *Arundinaria variegata*)
Zwergbambus
Poaceae, Rispengrasgewächse

**Heimat:** Japan. Mediterran, tropisch.
**Wuchsform:** Dicht buschiger Strauch, Ausläufer bildend, Stämme weiß gestreift.
**Blatt:** 2-zeilig, lanzettlich, immergrün, dunkelgrün, cremefarbene Streifen, 10–20 cm lang.
**Blüte:** Unscheinbar, in endständiger Ähre, gelblich. Sehr selten, Pflanze stirbt nach der Blüte ab.
**Frucht:** Karyopse.
**Standort:** Sonnig, warm, geschützt, Winterschutz erforderlich.
**Verwendung:** Wintergärten, Kübelpflanze, warme Plätze im Sommer im Freien. Überwinterung im Kalthaus.
**Vermehrung:** Abtrennen der bewurzelten Ausläufer, Teilung.
**Kultur:** In lockeren Gartenböden, benötigt viel Feuchtigkeit.
**Hinweise:** Stets für hohe Luftfeuchtigkeit sorgen, sonst Laubfall (Bild: *P. viridistriatus*).

## Plumbago auriculata
Bleiwurz
Plumbaginaceae, Bleiwurzgewächse

**Heimat:** Süd-Afrika. Mediterran, subtropisch.
**Wuchsform:** Sparrig, bogig überhängend, auch Spreizklimmer. In milden Lagen bis 4 m hoch und breit wachsend.
**Blatt:** Wechselständig, elliptisch, immergrün, hellgrün, 5–6 cm lang.
**Blüte:** Radiär, scheibenförmige Röhrenblüte, 2 cm, hellblau, in Ähren.
**Frucht:** Nuss.
**Standort:** Hell und sonnig, warm.
**Verwendung:** Zimmerpflanze, im Sommer Kübelpflanze im Freien. Überwinterung im Kalthaus.
**Vermehrung:** Kopfstecklinge im Sommer in Torf-Sandgemisch stecken.
**Kultur:** Einheitserde mit Sand vermischen, mäßig gießen und düngen.
**Sorte:** 'Alba', weiße Blüten.
**Hinweise:** Im Herbst scharf zurückschneiden. Verträgt Hitze und Trockenheit, ist aber frostempfindlich.

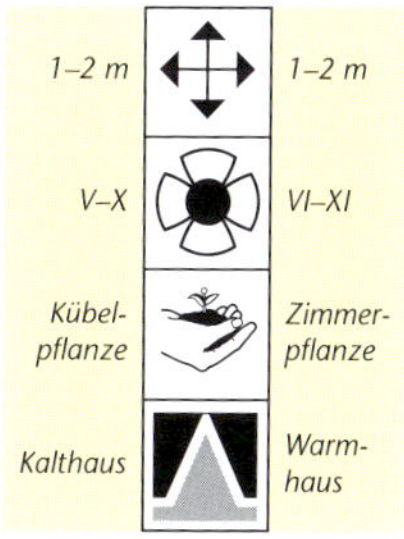


## Plumbago indica
Indischer Bleiwurz
Plumbaginaceae, Bleiwurzgewächse

**Heimat:** Indien, Südost-Asien. Tropsich, subtropisch.
**Wuchsform:** Sparrig, bogig überhängend, auch Spreizklimmer.
**Blatt:** Wechselständig, elliptisch, immergrün, hellgrün, 6–10 cm lang.
**Blüte:** Radiär, scheibenförmige Röhrenblüte, 2 cm, rot, in Ähren.
**Frucht:** Nuss.
**Standort:** Hell und sonnig, warm und feucht.
**Verwendung:** Empfindliche Zimmerpflanze, benötigt mehr Wärme und Feuchtigkeit. Überwinterung im Warmhaus.
**Vermehrung:** Kopfstecklinge im Sommer in Torf-Sandgemisch stecken.
**Kultur:** Einheitserde mit Sand vermischen, mäßig gießen und düngen.
**Hinweise:** Im Herbst stark zurückschneiden. Selten zu sehende Art, für botanische Sammlungen wichtig.

## Podocarpus macrophyllus
Großblättrige Steineibe
Podocarpaceae, Steineibengewächse

**Heimat:** Südchina, Südjapan. Subtropisch.
**Wuchsform:** Dichter, aufrechter Strauch, nicht frosthartes Nadelgehölz. In der Heimat bis 15 m hoch wachsend.
**Blatt:** Schraubig, nadelförmig, immergrün, dunkelgrün, 12–18 cm lang.
**Blüte:** Unscheinbar, zweihäusig, gelb. In Kultur bei uns nicht zu sehen.
**Frucht:** Beerenartige Steinfrucht mit schwarzem Arillus.
**Standort:** Hell bis halbschattig, im Sommer auch im Freien.
**Verwendung:** Kübelpflanze, im Winter ins Kalthaus bringen. Kann leichte Fröste vertragen.
**Vermehrung:** Stecklinge im Sommer.
**Kultur:** Einheitserde, stets mäßig feucht halten, im Winter trockener.
**Hinweise:** Steineiben kommen nur auf der Südhalbkugel vor.

## Pogonatherum paniceum
Zimmerbambus, Katzengras
Poaceae, Rispengrasgewächse

**Heimat:** Nordost-Australien, Südost-Asien. Tropisch, subtropisch.
**Wuchsform:** Dicht buschiges, aufrechtes Gras.
**Blatt:** Wechselständig, linealisch, immergrün, 4–7 cm lang.
**Blüte:** Unscheinbar, gelblich, in Ähren, selten.
**Frucht:** Karyopse.
**Standort:** Hell, sonnig, warm.
**Verwendung:** Zierliche Topfpflanze für das Fensterbrett, Wintergarten.
**Vermehrung:** Teilung im Frühling.
**Kultur:** Einheitserde mäßig feucht halten, im Frühling umtopfen. Nicht austrocknen lassen. Alle 3 Wochen leichte Düngergaben ins Gießwasser geben.

| | | |
|---|---|---|
| 1–2 m | Wuchshöhe | 0,2–0,4 m |
| keine Angaben | Blütezeit | VI–VIII |
| Kübelpflanze | Verwendung | Zimmerpflanze |
| Kalthaus | Überwinterung | Warmhaus |

## Polyscias scutellaria
(Syn.: *Polyscias balfouriana*)
Fiederaralie
Araliaceae, Araliengewächse

**Heimat:** Neukaledonien. Tropisch.
**Wuchsform:** Sparrig, locker, oft mehrstämmiger Strauch. In der Heimat bis 5 m hoch.
**Blatt:** Wechselständig, rundlich, immergrün, glänzend, 6–12 cm lang und breit.
**Blüte:** Radiär, klein, weiß, in bis 60 cm langen Rispen
**Frucht:** Beere.
**Standort:** Halbschattig, keine direkte Sonne, aber warm.
**Verwendung:** Zimmerpflanze, in der Heimat als Heckengehölz. Warm und etwas trockener überwintern.
**Vermehrung:** Aussaat im Frühling, Stecklinge im Sommer.
**Kultur:** Humusreiches Substrat wie Einheitserde, stets feucht halten.
**Sorte:** 'Pennockii', Blatt mit weißen Adern (Bild).
**Hinweise:** Auf Schildäuse achten.

## Polystichum falcatum
(Syn.: *Cyrtomium falcatum*)
Schildfarn
Dryopteridaceae, Wurmfarngewächse

**Heimat:** Indien, China, Japan, Malaiischer Archipel, auch Süd-Afrika. Tropisch.
**Wuchsform:** Aufrecht-übergeneigter, horstbildender Farn.
**Blatt:** Grundständig, einfach gefiedert, immergrün, lederig derb, glänzend dunkelgrün, 0,7–1 m lang.
**Standort:** Schattig, keine direkte Sonne.
**Verwendung:** Wintergärten, Kalthauspflanze, im Winter bei 10–15 °C halten.
**Vermehrung:** Teilung der Rhizomwurzeln im Frühling, auch Sporenaussaat möglich.
**Kultur:** Humoses Torfsubstrat, auch Einheitserde, stets feucht halten. Im Sommer alle 3–4 Wochen düngen.
**Hinweise:** Hohe Luftfeuchtigkeit ist ideal.

| | | |
|---|---|---|
| 1–2 m | (Wuchshöhe) | 0,7–1 m |
| VII–VIII | (Blüte) | – |
| Zimmerpflanze | (Verwendung) | Wintergarten |
| Warmhaus | (Haus) | Kalthaus |

## Portulacaria afra
Speckbaum
Portulacaceae, Portulakgewächse

**Heimat:** Süd-Afrika. Subtropisch.
**Wuchsform:** Aufrechte, sparrige, strauchförmige Sukkulente. In der Heimat bis 4 m hoch wachsend.
**Blatt:** Gegenständig, oval, immergrün, fleischig, 1–2 cm lang.
**Blüte:** Radiär, 5 mm, hellrosa, wenig auffällig, in Rispen.
**Frucht:** Kapsel.
**Standort:** Vollsonnig.
**Verwendung:** Robuste Topfpflanze für das Zimmer, sommers im Freien.
**Vermehrung:** Stecklinge im Frühling, Schnittstellen einige Wochen abtrocknen lassen.
**Kultur:** In Lehm-Sand-Substrat, humusarm, wenig gießen.
**Besonderes:** In Afrika Futterpflanze für Elefanten, auch Heckenpflanze.
**Hinweise:** Rückschnitt im Frühling möglich, anspruchslos.
**Weitere Art:** *P. pygmaea,* 10 cm hohe Zwergart mit Caudexbildung (Bild).

| Portulacaria afra | | Primula malacoides |
|---|---|---|
| 1–2 m | | 0,15–0,25/ 0,25– 0,4 m |
| VI–VIII | | XII–III |
| Zimmerpflanze | | Zimmerpflanze |
| Kalthaus | | Kalthaus |

## Primula malacoides
Flieder-Primel, Braut-Primel
Primulaceae, Primelgewächse

**Heimat:** Südwestchina. Subtropisch.
**Wuchsform:** Rosette mit aufrechtem Blütenstand.
**Blatt:** Grundständig, verkehrt eiförmig, beidseitig behaart, hellgrün, 4–7 cm lang.
**Blüte:** Radiär, 1,5–2 cm, 5-zählig, weiß, rosa, rot, in Quirlen über dem Laub, reichblühend.
**Frucht:** Kapsel.
**Standort:** Hell, aber kühl.
**Verwendung:** Reichblühende Zimmerpflanze.
**Vermehrung:** Aussaat im VI–VII, feine Samen nicht abdecken. Keimdauer 20–30 Tage.
**Kultur:** Einheitserde P mit wenig Nährstoffen, stets feucht halten, Keimtemperatur um 16 °C, pikieren und kühl bei 10 °C überwintern. Keine Düngung erforderlich.
**Sorte:** Viele Sorten in zarten Farbtönen, 'Helena Karmin', karminrot.
**Hinweise:** Blütenflor hält etwa 6 Wochen, auf Blattläuse achten.

## Primula obconica
Becher-Primel
Primulaceae, Primelgewächse

**Heimat:** China. Subtropisch.

**Wuchsform:** Rosette mit aufrechtem Blütenstand, kurzlebige, krautige Art.

**Blatt:** Grundständig, rund-herzförmig, beidseitig behaart, Rand gewellt, hellgrün, 6–10 cm lang, Blattstiel 20–30 cm lang. Allergieauslösende Pflanze.

**Blüte:** Radiär, 3–5 cm, 5-zählig, weiß, rosa, rot, in endständigen Dolden reichblühend.

**Frucht:** Kapsel.

**Standort:** Hell, aber kühl.

**Verwendung:** Zimmerpflanze für Töpfe und Schalen. Im Sommer nie über 20 °C.

**Vermehrung:** Aussaat im VII–VIII, feine Samen nicht abdecken. Keimdauer 20 Tage, Keimtemperatur um 16 °C, pikieren, kühl , überwintern.

**Kultur:** Einheitserde P mit wenig Nährstoffen, stets feucht halten.

**Sorte:** Priminarme Sorten wählen, z. B. 'Mayers Nonprimina Bayernblut', karminrot. Weitere Sorte: 'Königssee', dunkelblau.

**Hinweise:** Auf Blattläuse achten.

| Primula obconica | | Primula vulgaris |
|---|---|---|
| 0,15–0,3 m | (Höhe) | 0,05–0,1 m |
| I–XII | (Blüte) | III–IV |
| Zimmerpflanze | (Verwendung) | Zimmer- und Beetpflanze |
| Kalthaus | (Überwinterung) | – |

## Primula vulgaris
Kissen-Primel
Primulaceae, Schlüsselblumengewächse

**Heimat:** Europa, Kaukasus. Gemäßigt.

**Wuchsform:** Lockerhorstige Rosette mit aufrechtem Blütenstand.

**Blatt:** Grundständig, spatelig, am Rand gezähnt, grün, 10–12 cm lang.

**Blüte:** Radiär, trichterförmig, 3–4 cm, 5-zählig, weiß, rosa, rot.

**Frucht:** Kugelige Kapsel in bleichen Hüllblättern.

**Standort:** Hell und kühl, Halbschatten.

**Verwendung:** Zimmerpflanze, Schalen, Friedhof, Balkon.

**Vermehrung:** Teilung, Aussaat im Vorfrühling.

**Kultur:** In humosem Substrat, Einheitserde P, stets feucht halten.

**Hinweise:** Nach der Blüte in den Garten verpflanzen. Durch Züchtung entstanden großblütige Hybriden in vielen Farbtönen, die im Spätherbst angeboten werden; auf Blattläuse achten.

## Psidium guajava
Guave
Myrtaceae, Myrtengewächse

**Heimat:** Amerika. Subtropisch, tropisch.
**Wuchsform:** Aufrechter Kleinbaum oder Strauch.
**Blatt:** Gegenständig, immergrün, elliptisch, lederig, unterseits behaart, 15 cm lang.
**Blüte:** Radiär, weiß, groß, lange Staubfäden, in den Blattachseln.
**Frucht:** Rundliche Beere, 8 cm groß, grün, später gelb, essbar.
**Standort:** Sehr sonnig und warm.
**Verwendung:** Große Kübelpflanze für das Warmhaus. Nicht frosthart.
**Vermehrung:** Stecklinge im Sommer.
**Kultur:** In lehmig-humosen, nährstoffreichen Substraten.
**Besonderes:** Frucht ist wohlschmeckend und vitaminreich, rosa Fruchtfleisch. Wird in subtropischen Ländern auch zu Fruchtsaft verarbeitet.
**Hinweise:** In vielen Tropenländern eingebürgert.
**Ähnliche Art:** *P. littorale* var. *longipes*, Erdbeerguave, gelbe, essbare Früchte, 6 m.

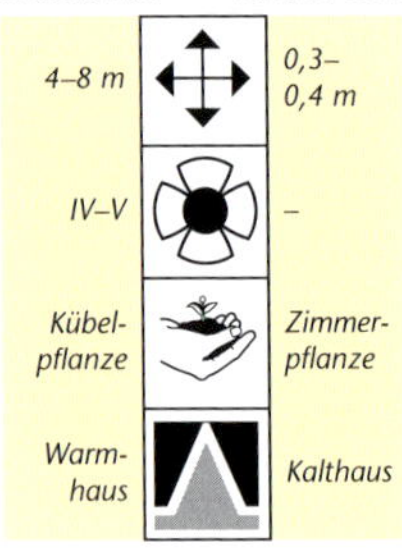


## Pteris cretica
Kretischer Saumfarn
Pteridaceae, Saumfarngewächse

**Heimat:** Weltweit. Subtropisch, tropisch.
**Wuchsform:** Aufrechte bis überhängende, horstbildende Staude.
**Blatt:** Grundständig, immergrün, unpaarig gefiedert, grün, 30 cm lang. Sori an der Unterseite des Blattrandes, saumartig, braun.
**Standort:** Halbschattig bis schattig bei hoher Luftfeuchtigkeit
**Verwendung:** Unterwuchs in Vitrinen, Schalenbepflanzung, Bodendecker. Nicht frosthart.
**Vermehrung:** Sporen keimen bei 20–22 °C auf sterilem Torf.
**Kultur:** In Einheitserde P bei hoher Luft- und Bodenfeuchtigkeit, im Frühling umpflanzen. Staunässe vermeiden. Verträgt nur schwache Düngergaben.
**Sorte:** 'Albolineata', weiß gestreift; 'Wimsettii' (Bild), stark gefiedert.
**Hinweise:** Auf Schild- und Blattläuse achten.
**Ähnliche Art:** *P. ensiformis*, Saumfarn aus den Tropen Asiens und Australiens.

## Punica granatum
Granatapfel
Punicaceae, Granatapfelgewächse

**Heimat:** Südwest-Asien. Mediterran.
**Wuchsform:** Dichter, mehrtriebiger, leicht bedornter Strauch oder Kleinbaum.
**Blatt:** Gegenständig, elliptisch, grün, im Austrieb rotorange, im Herbst gelb, 2–8 cm lang.
**Blüte:** Radiär, 3–4 cm, rot, fleischiger Kelch, einfach oder gefüllt.
**Frucht:** Beeren kugelig, rötlichbraune Schale, 5–8 cm groß, sehr saftig und süß, Granatapfel, reift im Winter, Kerne eckig.
**Standort:** Sonnig und warm.
**Verwendung:** Kübelpflanze, im Mittelmeergebiet wichtige Obstart. Im Herbst ins Kalthaus bringen.
**Vermehrung:** Aussaat, Sorten durch Kopfstecklinge bei 25 °C Bodentemperatur.
**Kultur:** In Einheitserde, benötigt viel Wasser und Nährstoffe.
**Sorte:** 'Nanum', Zwergform, 70 cm hoch, rot.
**Hinweise:** Spinnmilben und Schildläuse bei Befall bekämpfen.

## Radermachera sinica
Zimmeresche
Bignoniaceae, Bignoniengewächse

**Heimat:** Südostchina. Subtropisch.
**Wuchsform:** Aufrechter Baum mit etagenförmiger Krone.
**Blatt:** Gegenständig, elliptisch, doppelt unpaaarig gefiedert, immergrün, glänzend, bis 1 m lang, Einzelblättchen bis 5 cm lang.
**Blüte:** Disymmetrische Rachenblüte, hellgelb, an langer Rispe bei älteren Pflanzen.
**Frucht:** Kapsel bis zu 40 cm lang.
**Standort:** Hell und nicht zu warm, Jungpflanzen schattig kultivieren.
**Verwendung:** Zimmerpflanze, im Sommer auch in Kübeln auf der Terrasse. Im Winter ins Kalthaus bringen.
**Vermehrung:** Stecklinge oder aus frischem, eingeführten Samen.
**Kultur:** Einheitserde stets feucht halten, alle 2 Wochen im Sommer düngen.
**Hinweise:** Erde nie ganz austrocknen lassen, sonst Laubabwurf.

| | | |
|---|---|---|
| 2–7 m | | 1–1,5 m |
| V–IX | | VI–VIII |
| Kübelpflanze | | Kübelpflanze |
| Kalthaus | | Kalthaus |

## Rebutia minuscula
Rebutie
Cactaceae, Kakteengewächse

**Heimat:** Nordargentinien: Salta, Tucuman. Subtropisch, montan.

**Wuchsform:** Flachkugelige Sukkulente mit vielen Seitensprossen.

**Blatt:** Umgebildet zu Dornen, 20–30 pro Warze, je 1 cm lang.

**Blüte:** Radiär, strahlig, 3–4 cm breit, hellrot.

**Frucht:** Beere.

**Standort:** Vollsonnig und luftig.

**Verwendung:** Topfpflanze, besonders gut für Anfänger. Im Winter frostfrei.

**Vermehrung:** Abtrennen der Seitensprosse, mehrere Tage trocknen lassen, dann eintopfen. Auch Aussaat im Frühling. Sämlinge können schon im ersten Jahr blühen.

**Kultur:** In durchlässigem Substrat, z. B. Kakteenerde, hell.

**Hinweise:** Blätter völlig reduziert. Pflanze assimiliert mit dem Spross. Im Herbst einräumen, frostfrei halten, nicht zu warm überwintern.

## Rhapis excelsa
Steckenpalme
Arecaceae, Betelpalmengwächse

**Heimat:** Südchina. Subtropisch.

**Wuchsform:** Aufrechter, Ausläufer bildender Stamm mit lockerem Schopf. In der Heimat bis 4 m hoch.

**Blatt:** Schraubig, fächerförmig, tief eingeschnitten, immergrün, glänzend, 25–30 cm breit, grün.

**Blüte:** Radiär, klein, 3-zählig, mattgelb, selten in Kultur zu sehen.

**Standort:** Hell, keine direkte Sonne.

**Verwendung:** Zimmerpflanze, Wintergarten. Kalthauspflanze, kann im Sommer ins Freie.

**Vermehrung:** Teilung im Frühling, abtrennen der Ausläufer.

**Kultur:** In Einheitserde, stets warm und feucht, im Winter bei 5–10 °C halten.

**Hinweise:** Auf Rote Spinne und Schildläuse achten.

| Rebutia minuscula | Rhapis excelsa |
|---|---|
| 0,05–0,08 m | 1–1,5 m |
| V–VI | VI–VIII |
| Fensterbrett | Zimmerpflanze |
| Kalthaus | Kalthaus |

## Rhipsalidopsis gaertneri
(Syn.: *Hatiora gaertneri*)
Osterkaktus
Cactaceae, Kakteengewächse

**Heimat:** Südbrasilien: Minas Gerais. Tropisch.
**Wuchsform:** Epiphytisch wachsender, aufrecht bis überhängender Blattkaktus.
**Blatt:** Umgebildet zu kleinen Borsten, Sprossglieder abgerundet, sie übernehmen die Assimilation.
**Blüte:** Radiär, röhrig, 4–5 cm, kurzkronig, scharlachrot.
**Frucht:** Beere
**Standort:** Hell bis halbschattig, 10 °C im Winter.
**Verwendung:** Reichblühende Zimmerpflanze für Ampeln.
**Vermehrung:** Sprossglieder nach der Blüte im Mai abtrennen und stecken.
**Kultur:** Mischung aus grobfaserigem Torf und Einheitserde, gleichmäßig feucht halten, besonders wenn Knospen angesetzt wurden. Im Winter trockener.
**Hinweise:** Nicht drehen, Gefahr des Knospenabwurfs möglich. Auf Wollläuse achten.
**Weitere Art:** *R. rosea,* Blüten rosa; Kreuzung *R.* × *graeseri,* rot.

## Rhipsalis baccifera
Korallenkaktus
Cactaceae, Kakteengewächse

**Heimat:** Afrika, Sri Lanka. Tropisch.
**Wuchsform:** Epiphytische Sukkulente mit dünnen, überhängenden Trieben. Triebe grün, bis 90 cm lang herabhängend.
**Blüte:** Radiär, strahlig, 0,5 cm, mattgelb.
**Frucht:** Beere, rund, weiß.
**Standort:** Hell und feuchtwarm.
**Verwendung:** Ampelpflanze, Epiphytenstamm in Vitrinen. Im Winter Ruhezeit einhalten.
**Vermehrung:** Abtrennen der Seitentriebe, Teilung.
**Kultur:** In humusreichem Substrat mit Sandzusatz, hohe Luftfeuchtigkeit und Wärme, im Winter kühler. Feucht, aber nicht nass halten.
**Hinweise:** Auf Schildläuse achten.

| | |
|---|---|
| *0,3–0,5 m* | *0,1 m* |
| *III–V* | *XII–I* |
| *Ampelpflanze* | *Ampelpflanze* |
| *Warmhaus* | *temperiertes Haus* |

## Rhododendron simsii
Indische Azalee, Zimmerazalee
Ericaceae, Heidekrautgewächse

**Heimat:** China, Taiwan. Subtropisch.

**Wuchsform:** Breit aufrechter, buschiger Strauch. In der Heimat bis 1,8 m hoch.

**Blatt:** Quirlständig, elliptisch, halbimmergrün, dunkelgrün, 3–5 cm lang.

**Blüte:** Disymmetrisch, trichterförmig, 5–6 cm, 5-zählig, dunkelrot, Doldentrauben über dem Laub.

**Frucht:** Kapsel.

**Standort:** Hell, verträgt aber keine direkte Sonne.

**Verwendung:** Zimmerpflanze für kühle Räume. Nicht ausreichend frosthart.

**Vermehrung:** Durch Spezialbetriebe. Kopfstecklinge und Veredelungen (Kopulation).

**Kultur:** Nur in reinem Weißtorf mit wenig Volldüngerzusatz. Nur mit Regenwasser gießen. Die Hybriden blühen bei Behandlung von XII–III.

**Sorten:** Sehr zahlreich; 'Ambrosiana', rot; 'Aline', weiß; 'Bertina', rosa.

**Hinweise:** Nach der Blüte immer Samenstände entfernen. Larven des Dickmaulrüssler und Blattläuse bekämpfen.

| Rhododendron simsii | | Rhoicissus capensis |
|---|---|---|
| 0,5–0,8 m | Höhe | 1–2 m |
| V–VI | Blütezeit | VI–VIII |
| Zimmerpflanze | Verwendung | Ampelpflanze |
| Kalthaus | Haus | Kalthaus |

## Rhoicissus capensis
Kapwein, Sumachwein
Vitaceae, Weingewächse

**Heimat:** Süd-Afrika. Subtropisch, tropisch.

**Wuchsform:** Stark wachsender Ranker, bildet knollenförmige Wurzeln aus.

**Blatt:** Wechselständig, immergrün, herzförmig, unterseits rötlich behaart, glänzend, bis 20 cm lang und breit.

**Blüte:** Radiär, unscheinbar grünlich, in Rispen.

**Blütezeit:** Sommer

**Frucht:** Rote Beere selten in Kultur.

**Standort:** Hell und warm, im Winter kühler

**Verwendung:** Für Klettergerüste (Raumteiler) und Ampeln im Zimmer und Wintergarten.

**Vermehrung:** Stecklinge ab Frühling, bewurzeln bei 20 °C Bodentemperatur.

**Kultur:** In kräftiger, lehmig-humoser Erde, auch Einheitserde.

**Hinweise:** Benötigt viel Wasser in der Vegetationszeit, im Winter wenig gießen. Kommt auch mit wenig Licht aus.

## Rosa chinensis
China-Rose, Zwerg-Rose
Rosaceae, Rosengewächse

**Heimat:** China. Mediterran, subtropisch.
**Wuchsform:** Locker buschiger Halbstrauch.
**Blatt:** Wechselständig, oval, unpaarig gefiedert, sommergrün, glänzend 3–4 cm lang.
**Blüte:** Radiär, schalenförmig, 4–5 cm, rosa, in endständigen Trugdolden.
**Frucht:** Kernfrucht (Hagebutte), eiförmig, 2 cm.
**Standort:** Hell und sonnig.
**Verwendung:** Zimmerpflanze, im Sommer besser ins Freie bringen. Nicht ausreichend frosthart.
**Vermehrung:** Stecklinge mit Bewurzelungshormonen behandeln, auch Vermehrung durch Samen möglich, aber langwierig (Spezialbetriebe).
**Kultur:** In Einheitserde, Substrat stets feucht halten, im Winter trockener.
**Sorte:** 'Viridiflora', Grüne Rose, grün gefüllte Blüten, bis 80 cm, für Liebhaber. Für Topfkultur: 'Muttertag', rot gefüllt, 40 cm; 'Vatertag', orangerot, halb gefüllt, 40 cm.
**Hinweise:** Veredelung durch Okulation im Sommer. Auf Mehltau, Läuse und Rote Spinne achten.

| Rosa chinensis | Russelia equisetiformis |
| --- | --- |
| 0,2–0,3 m | 0,7–1 m |
| VI–IX | V–X |
| Zimmerpflanze | Ampelpflanze |
| Kalthaus | Kalthaus |

## Russelia equisetiformis
Russelia
Scrophulariaceae, Rachenblütler

**Heimat:** Mexiko, Peru, Kolumbien. Subtropisch.
**Wuchsform:** Lockere, stark überhängende rutenförmige Triebe.
**Blatt:** Quirlständig, schuppenförmig, sehr klein, immergrün.
**Blüte:** Disymmetrisch, röhrenförmig, 2–3 cm, leuchtend rot, in Trauben.
**Frucht:** Kapsel.
**Standort:** Vollsonnig bis halbschattig, warm und geschützt.
**Verwendung:** Ampelpflanze, reichblühende Kübelpflanze.
**Vermehrung:** Stecklinge, mehrere in Töpfe stecken.
**Kultur:** In lehmig-humosem Substrat oder Einheitserde, ständig feucht halten.
**Hinweise:** Pflanze erhöht aufstellen, sehr reichblühend. Blüten erscheinen an jungen Trieben (Bild: 'Albiflora').

## Saintpaulia ionantha
Usambaraveilchen
Gesneriaceae, Gesneriengewächse

**Heimat:** Tansania. Tropisch.
**Wuchsform:** Krautige Rosettenpflanze.
**Blatt:** Grundständig, rundlich, gestielt, immergrün, samtig weich behaart, dunkelgrün. Unterseite heller, auch rötlich, 5–8 cm lang.
**Blüte:** Disymmetrisch, tellerförmig, 2–3 cm, blau, in Trugdolden über dem Laub.
**Frucht:** Kapsel.
**Standort:** Schattig.
**Verwendung:** Zimmerpflanze für schattige Fensterpartien, Schalen, Wintergärten.
**Vermehrung:** Blattstecklinge in sandig-humosem Substrat bewurzeln lassen.
**Kultur:** In Einheitserde oder TKS 2, stets feucht halten, hohe Luftfeuchtigkeit. Verträgt keine Staunässe, auch keine Wassergaben von oben (Flecken).
**Sorte:** Viele Farbsorten mit größeren, auch gefüllten Blüten in Weiß, Rosa, Lila, Rot, Blau. Auch Miniformen.
**Hinweise:** Befall durch Woll- und Blattläuse, sowie Weichhautmilben möglich.

| Saintpaulia ionantha | | Sansevieria trifasciata |
|---|---|---|
| *0,1/ 0,15 m* | | *0,4-1 m* |
| *I–XII* | | *V–VI* |
| *Zimmer-pflanze* | | *Zimmer-pflanze* |
| *tempe-riertes Haus* | | *tempe-riertes Haus* |

## Sansevieria trifasciata
Bogenhanf
Dracaenaceae, Drachenbaum-gewächse

**Heimat:** West-Afrika. Tropisch.
**Wuchsform:** Rhizombildende, aufrechte Blattsukkulente.
**Blatt:** Grundständig, schwertförmig, ledrig, hellgrün 0,4–1 m lang, 3–8 cm breit.
**Blüte:** Radiär, glockig, 2 cm, grünlichweiß, duftend, in langen Trauben. Nur bei älteren Pflanzen.
**Frucht:** Beere.
**Standort:** Vollsonnig, warm und trocken.
**Verwendung:** Widerstandsfähige Zimmerpflanze, Sukkulentensammlungen. Nicht unter 15 °C überwintern.
**Vermehrung:** Teilung der Rhizome, auch Blattstückteilung bei grünen Formen möglich.
**Kultur:** Sandig-humoses Substrat, wenig Wasser und Dünger geben.
**Sorten:** 'Laurentii' (Bild), gelbgrüne Längsstreifen, 80 cm; 'Golden Hahnii', gelbgrüne Rosette, nur 30 cm hoch; 'Hahnii', grünrosettig, 30 cm.
**Hinweise:** Korkflecken und Wurzelfäulnis entstehen durch Gießen.

## Sarracenia flava
Schlauchpflanze
Sarraceniaceae, Schlauchpflanzengewächse

**Heimat:** Östliche USA. Subtropisch.
**Wuchsform:** Aufrechte Schläuche aus dem kriechenden Wurzelstock.
**Blatt:** Grundständig, schlauchartige Fangblätter mit Deckel, grün mit roten Adern, 40–70 cm lang.
**Blüte:** Radiär, lampionartig, 6–8 cm breit, gelb, lang gestielt.
**Frucht:** Kapsel.
**Standort:** Hell bis sonnig, aber feucht bis nass.
**Verwendung:** Topfpflanze, besser in speziellen Vitrinen für Karnivoren. Im Winter 0–12 °C, Kalthauspflanze.
**Vermehrung:** Teilung im Frühling.
**Kultur:** In Sphagnum mit Lehm- und Sandzusatz. Feucht und kühl halten.
**Hinweise:** Kommt in der Heimat in Mooren vor. Fängt Insekten im Schlauch, der Drüsensäfte enthält. Auf Grauschimmel achten.

## Saxifraga stolonifera
Hängender Steinbrech, Judenbart
Saxifragaceae, Steinbrechgewächse

**Heimat:** China, Japan. Subtropisch.
**Wuchsform:** Ausläuferbildende Staude. Herabhängende Triebe.
**Blatt:** Schraubig, nierenförmig, lang gestielt, behaart, grün, unterseits violettrot, 4–8 cm.
**Blüte:** Disymmetrisch, 2 cm, weiß, mit verschieden langen Blütenblättern, an langen Rispen.
**Frucht:** Kapsel 2-klappig.
**Standort:** Halbschattig, kühl und luftig.
**Verwendung:** Bodendecker, besser als Ampelpflanze. Nicht ausreichend frosthart. Im Sommer auch im Freien.
**Vermehrung:** Abtrennen der Ausläufer, ganzjährig möglich.
**Kultur:** In Einheitserde, nicht austrocknen lassen, keine Staunässe.
**Sorte:** 'Tricolor', weißer Blattrand, also 3-farbig, braucht mehr Wärme.
**Hinweise:** An den fadenförmigen Ausläufern bilden sich junge Pflänzchen. Blattläuse bei Bedarf entfernen.

| Sarracenia flava | | Saxifraga stolonifera |
|---|---|---|
| *0,4–0,7 m* | | *0,2–0,4 m* |
| *V–VII* | | *V–VIII* |
| *Hobby-Glashaus, Vitrine* | | *Ampelpflanze* |
| *Kalthaus* | | *Kalthaus* |

## Scadoxus multiflorus subsp. **katherinae**

(Syn.: *Haemanthus katherinae*)
Blutblume
Amaryllidaceae, Amaryllisgewächse

**Heimat:** Süd-Afrika. Subtropisch.
**Wuchsform:** Aufrechte, lockere Zwiebelpflanze.
**Blatt:** 2-zeilig, lanzettlich, glänzend, 35–45 cm lang, 10 cm breit.
**Blüte:** Radiär, sternförmig, 2–3 cm, 6-zählig, orangerot, in bis 20 cm großer Dolde über dem Laub.
**Frucht:** Beere, orangerot.
**Standort:** Hell, aber nicht vollsonnig.
**Verwendung:** Zimmerpflanze mit hohem Platzbedarf, Wintergärten. Ruhezeit erforderlich. Nicht frosthart.
**Vermehrung:** Teilung der Zwiebelhorste im Frühling.
**Kultur:** In Einheitserde mit Sandzusatz, braucht viel Wärme und mäßig Wasser.
**Sorte:** 'König Albert', ähnlich.
**Hinweise:** Im Winter Laub einziehen lassen. Alle 2–3 Jahre im Frühling umtopfen.

| Scadoxus multiflorus subsp. katherinae | Schefflera actinophylla |
|---|---|
| *0,4–0,5/ 0,5–0,6 m* | *1–2 m* |
| *VII–VIII (II)* | *VII–VIII* |
| *Zimmerpflanze* | *Zimmerpflanze* |
| *Kalthaus* | *Warmhaus* |

## Schefflera actinophylla

(Syn.: *Brassaia actinophylla*)
Bergaralie
Araliaceae, Araliengewächse

**Heimat:** Neuguinea, Nordost-Australien. Tropisch.
**Wuchsform:** Aufrechter, sparriger, etagenförmig wachsender Strauch oder Baum. In der Heimat bis 40 m hoch.
**Blatt:** Wechselständig, immergrün, handförmig, 3- bis 7-, später 16fach gefingert, glänzend, 15–30 cm groß.
**Blüte:** Radiär, sternförmig, 1 cm, weißgelb, in bis 10 cm langen Rispen, selten!
**Frucht:** Beere, rot.
**Standort:** Hell bis halbschattig, keine direkte Sonne.
**Verwendung:** Zimmerpflanze, Wintergärten, Innenraumbegrünung. Warmhauspflanze.
**Vermehrung:** Stecklinge, Aussaat ganzjährig, Keimzeit 2–3 Wochen bei 22 °C.
**Kultur:** In Einheitserde, mäßig feucht halten, alle 2 Wochen düngen, alle Jahre umtopfen.
**Hinweise:** Liebt hohe Luftfeuchtigkeit. Auf Schildläuse achten.

## Schefflera arboricola

Strahlenaralie
Araliaceae, Araliengewächse

**Heimat:** Taiwan. Tropisch.
**Wuchsform:** Aufrechter, sparriger, etagenförmig wachsender Strauch oder Baum. In der Heimat bis 40 m hoch.
**Blatt:** Wechselständig, immergrün, handförmig, 9- bis 15-zählig gefingert, glänzend, 15–25 cm groß, Einzelblatt bis 13 cm lang.
**Blüte:** Radiär, sternförmig, 1 cm, grüngelb, in Rispen, selten.
**Frucht:** Beere, rot.
**Standort:** Hell bis halbschattig, keine direkte Sonne. Warmhauspflanze
**Verwendung:** Zimmerpflanze, Wintergärten, Innenraumbegrünung.
**Vermehrung:** Stecklinge, Aussaat ganzjährig, Keimzeit 2–3 Wochen bei 22 °C
**Kultur:** In Einheitserde, mäßig feucht halten, alle 2 Wochen düngen, alle Jahre umtopfen.
**Sorte:** 'Trinette', Blätter gelbgrün, 1–2 m, wächst schwächer (Bild).
**Hinweise:** Liebt hohe Luftfeuchtigkeit. Auf Schildläuse achten.

| | | |
|---|---|---|
| 1–2 m | | 1–2 m |
| VII–VIII | | VII–VIII |
| Zimmerpflanze | | Zimmerpflanze |
| Warmhaus | | Warmhaus |

## Schefflera elegantissima

(Syn.: *Dizygotheca elegantissima*)
Fingeraralie
Araliaceae, Araliengewächse

**Heimat:** Neukaledonien. Tropisch.
**Wuchsform:** Aufrechter, sparriger, etagenförmig wachsender, oft mehrstämmiger Strauch. In der Heimat bis 8 m hoch.
**Blatt:** Wechselständig, immergrün, handförmig, 7- bis 11-zählig gefingert, feingeschlitzt, olivgrün mit rotem Mittelnerv, 15–30 cm groß.
**Blüte:** Radiär, sternförmig, 1 cm, weißgelb, in Rispen, in Kultur selten.
**Frucht:** Beere, rot.
**Standort:** Hell bis halbschattig, keine direkte Sonne, hohe Luftfeuchtigkeit.
**Verwendung:** Zimmerpflanze, Wintergärten, Vitrinen, Hydrokultur. Im Winter nicht unter 18 °C halten.
**Vermehrung:** Stecklinge, Aussaat, Keimzeit 3–4 Wochen bei 22 °C, Spezialbetriebe.
**Kultur:** In Einheitserde, mäßig feucht halten, alle 2 Wochen düngen, kalkfreies Gießwasser.
**Hinweise:** Auf Schildläuse und Spinnmilben achten.

## Schinus molle
Peruanischer Pfefferbaum
Anacardiaceae, Sumachgewächse

**Heimat:** Mittel- und Südamerika. Tropisch.
**Wuchsform:** Aufrechter Baum mit lockerer Krone und stark überhängenden Zweigen.
**Blatt:** Wechselständig, immergrün, eiförmig, aber unpaarig gefiedert, 15–20 cm lang, Einzelblättchen lanzettlich, glänzend hellgrün 3–4 cm lang.
**Blüte:** Radiär, sternförmig, 4–5 mm, hellgelb, in bis 15 cm langen Rispen.
**Frucht:** Beerenartige Steinfrucht, hellrot, 5 mm groß, kugelig.
**Standort:** Hell, sonnig, benötigt viel Wärme, im Winter im Kalthaus.
**Verwendung:** Mächtige Kübelpflanze, in warmen Ländern als Straßenbaum. Vor den ersten Frösten ins Kalthaus bringen.
**Vermehrung:** Kopfstecklinge bei 25 °C bewurzeln lassen, Aussaat möglich.
**Kultur:** In mit Sand vergemagerte Einheitserde, mäßig feucht halten. Blätter dürfen nicht abfallen.
**Hinweise:** Schildlausbefall möglich.

| | | |
|---|---|---|
| 6–10 m | | 0,15–0,3 m |
| IV–V | | XII–II |
| Kübelpflanze | | Topfpflanze |
| Kalthaus | | temperiertes Haus |

## Schlumbergera × buckleyi
Weihnachtskaktus
Cactaceae, Kakteengewächse

**Heimat:** Züchtung (*S. russelliana* × *S. truncata*), die Eltern aus Brasilien. Tropisch.
**Wuchsform:** Erst aufrechte, dann überhängende Sukkulente. Triebe mit blattartigen Sprossgliedern, gezähnt, 5–6 cm lang, dunkelgrün.
**Blüte:** Disymmetrisch, langröhrig, 5–6 cm, hellrot.
**Frucht:** Runde Beere.
**Standort:** Halbschattig, Temperaturen stets 17–20 °C, nachts 10–13 °C
**Verwendung:** Reichblühende Topfpflanze für kühle Räume.
**Vermehrung:** Abtrennen der Blattglieder im Frühling.
**Kultur:** In humosen Torfsubstraten, kalkfreies Wasser verwenden, alle 4 Wochen düngen. Verträgt keine Staunässe. Die Blüten erscheinen nur, wenn die Pflanze von September an 3 Monate lang kühl und trockener gehalten wird und täglich nur 8–9 Stunden Licht erhält. Nach der Knospenbildung etwas Wasser geben.
**Hinweise:** Wollläuse bekämpfen.

## Scindapsus pictus
Herzblatt
Araceae, Aronstabgewächse

**Heimat:** Malaysia. Tropisch.
**Wuchsform:** Kriechende, kletternde oder hängende Kletterpflanze mit Haftwurzeln.
**Blatt:** Wechselständig, immergrün, herzfömig, dunkelgrün mit bläulichen Punkten, 10–15 cm lang, 5–8 cm breit. Altersform der Blätter geschlitzt, bis 60 cm lang.
**Blüte:** Kolben mit hellgrüner Spatha, sehr selten zu beobachten.
**Frucht:** Kolben mit Beeren, in Kultur selten.
**Standort:** Halbschattig, keine direkte Sonne.
**Verwendung:** Kletterpflanze an Gerüsten, z. B. Moosstab, Ampelpflanze. Warmhauspflanze.
**Vermehrung:** Stecklinge von IV–X bei 25 °C und hoher Luftfeuchtigkeit.
**Kultur:** In TKS oder Einheitserde, stets mäßig feucht halten, alle 2 Wochen düngen.
**Sorte:** 'Argyraeus', Buntes Herzblatt, grün mit silbernen Flecken.
**Hinweise:** Schildläuse bei Bedarf bekämpfen.

| Scindapsus pictus | | Scirpus cernuus |
|---|---|---|
| *0,6–2 m* | | *0,2–0,25 m* |
| *keine Angaben* | | *VI–VIII* |
| *Ampelpflanze* | | *Ampelpflanze* |
| *Warmhaus* | | *Warmhaus* |

## Scirpus cernuus
Frauenhaar
Cyperaceae, Riedgräser

**Heimat:** Weltweit. Tropisch, subtropisch, mediterran.
**Wuchsform:** Aufrechtes, später bogig überhängendes, zierliches Gras in Horsten.
**Blatt:** Immergrüne, fadendünne Halme, hellgrün, rund, 20–30 cm lang.
**Blüte:** Unscheinbare Ährchen am Ende der Halme, weißlich.
**Frucht:** Nüsschen
**Standort:** Halbschattig, stets feucht
**Verwendung:** Sumpfpflanze für Vitrinen, Hängepflanze für Ampeln
**Vermehrung:** Teilung der Horste im Frühling
**Kultur:** In Einheitserde mit Sandzusatz, stets warm und feucht halten. Im Untersetzer sollte immer Wasser stehen.
**Hinweise:** Verträgt auf Dauer keine trockene Luft. Auf Blattläuse achten.

## Sedum morganianum
Affenschwanz, Ampel-Fetthenne
Crassulaceae, Dickblattgewächse

**Heimat:** Mexiko. Subtropisch.
**Wuchsform:** Vieltriebige, kriechende oder bis 0,9 m hängende Sukkulente.
**Blatt:** Gegenständig, stielrund, sukkulent, immergrün, grau 1–1,5 cm lang.
**Blüte:** Radiär, sternförmig, 5–8 mm, 5-zählig, rosarot.
**Frucht:** Sammelbalgfrucht.
**Standort:** Hell bis vollsonnig, warm.
**Verwendung:** Ampelpflanze für Zimmer, Wintergärten, Sukkulentenhäuser. Frostfrei halten.
**Vermehrung:** Ganzjährig durch Abtrennen der Triebe und Blättchen. Triebe und Blättchen nach dem Abtrennen einige Tage trocknen lassen.
**Kultur:** In Kakteenerde, im Sommer mäßig feucht halten, im Winter trockener.
**Hinweise:** Verträgt viel Sonne und Trockenheit. Viele andere *Sedum*-Arten sind dankbare, frostharte Bodendecker für trockenste Lagen.

| Sedum morganianum | | Selaginella kraussiana |
|---|---|---|
| 0,10 m | ✥ | 0,15–0,2 m |
| VIII–IX | ✿ | – |
| Ampelpflanze | ✋ | Wintergarten |
| Kalthaus | ⌂ | Warmhaus, Kalthaus |

## Selaginella kraussiana
Moosfarn, Mooskraut
Selaginellaceae, Mooskrautgewächse

**Heimat:** Süd-Afrika, naturalisiert in Süd- und West-Europa, Azoren. Tropisch.
**Wuchsform:** Aufrechte, mattenbildende Kriechpflanze.
**Blatt:** Unregelmäßig verzweigt, immergrün, schuppenförmig.
**Standort:** Schattig und kühl.
**Verwendung:** Als Mattenbildner unter Gehölzen im Wintergarten, Kalt- und Warmhausgewächs, für Vitrinen. Nicht frosthart.
**Vermehrung:** Teilung der Wurzelausläufer, bei viel Wärme und Feuchtigkeit halten. Vermehrt sich auch generativ durch Sporen.
**Kultur:** In sandig-humosem Substrat, auch Einheitserde mit Sandzusatz, auf hohe Luftfeuchtigkeit achten.
**Hinweise:** Kalkhaltiges Wasser vermeiden, nicht von oben gießen.
**Weitere Art:** *S. lepidophylla,* Rose von Jericho aus Mittelamerika, 10 cm braune Kugel (Wüstenroller) öffnet sich, ergrünt, wenn man sie befeuchtet, bildet dann neue Wurzeln.

## Selenicereus grandiflorus
Königin der Nacht
Cactaceae, Kakteengewächse

**Heimat:** Ostmexiko, Kuba, Hispaniola, Jamaika. Tropisch.
**Wuchsform:** Mit Luftwurzeln an langen, dünnen Trieben kletternde Sukkulente. Triebe immergrün, 2–3 cm dick, 5- bis 7-rippig, bläulich grün.
**Blatt:** Umgebildet zu gelblichen Dornen.
**Blüte:** Radiär, becherförmig, 25–30 cm, weiß, mit gelblichen Hüllblättern, öffnet sich am Abend, Vollblüte um Mitternacht, um 3.00 Uhr schließt sich die Blüte wieder. Starker Duft nach Vanille.
**Frucht:** Rote Beere, essbar.
**Standort:** Hell, aber nicht vollsonnig.
**Verwendung:** Einzeln im großen Topf; im Wintergarten, Kletterhilfe!
**Vermehrung:** Abtrennen von ausgereiften, 20 cm langen Trieben, 4 Wochen trocknen lassen, dann eintopfen. Samenvermehrung möglich.
**Kultur:** In sandig-humosem Substrat, stets feucht halten, Luft befeuchten. Benötigt viel Wärme. Im Winter trockener und kühler halten.
**Hinweise:** Blüten nur an älteren Pflanzen.

| | | |
|---|---|---|
| *1–3 m* | | *1–3 m* |
| *VII–VIII* | | *VII–X* |
| *Kübelpflanze* | | *Kübelpflanze* |
| *Kalthaus* | | *Kalthaus* |

## Senna corymbosa
(Syn.: *Cassia corymbosa*)
Kassie
Caesalpiniaceae, Caesalpiniengewächse

**Heimat:** Argentinien, Südbrasilien, Uruguay. Subtropisch, tropisch.
**Wuchsform:** Breit aufrechter Strauch.
**Blatt:** Wechselständig, elliptisch, paarig gefiedert, immergrün, glänzend, 15–35 cm lang, Einzelblatt lanzettlich, 2–4 cm lang.
**Blüte:** Disymmetrisch, kelchförmig, 2–3 cm breit, 5-zählig, goldgelb, in achselständigen Doldentrauben.
**Frucht:** Hülse, länglich.
**Standort:** Sonnig und warm.
**Verwendung:** Topf- und Kübelpflanze für Wintergärten, im Sommer auch im Freien. Kalthauspflanze. Nicht frosthart.
**Vermehrung:** Aussaat oder Stecklinge im Sommer.
**Kultur:** In Einheitserde oder lehmighumose Substrate, stets warm halten.
**Weitere Varietät:** *S. c.* var. *plurijuga*, größere Blüten.
**Hinweise:** Auf Blattläuse achten.

## Senna didymobotrya
(Syn.: *Cassia didymobotrya*)
Kerzenstrauch
Caesalpiniaceae, Caesalpiniengewächse

**Heimat:** Afrika. Subtropisch, tropisch.
**Wuchsform:** Breit aufrechter Strauch.
**Blatt:** Wechselständig, elliptisch, paarig gefiedert, immergrün, dunkelgrün, filzig behaart, 15–35 cm lang, Einzelblatt lanzettlich, 4–6 cm lang.
**Blüte:** Disymmetrisch, kelchförmig, 3–4 cm breit, 5-zählig, goldgelb, in endständigen Trauben.
**Frucht:** Hülse, länglich.
**Standort:** Sonnig und warm, verträgt keine Fröste.
**Verwendung:** Topf- und Kübelpflanze für Wintergärten, im Sommer auch im Freien. Kalthauspflanze. Nicht frosthart.
**Vermehrung:** Aussaat oder Stecklinge im Sommer.
**Kultur:** In Einheitserde oder lehmig-humose Substrate, stets warm halten.
**Hinweise:** Reichblühender Strauch für Terrassen. Auf Blattläuse achten.

| Senna didymobotrya | Sinningia speciosa |
|---|---|
| 2–3 m | 0,2–0,3 m |
| VII–X | VI–VIII |
| Kübelpflanze | Zimmerpflanze |
| Kalthaus | Warmhaus |

## Sinningia speciosa
Gloxinie
Gesneriaceae, Gesneriengewächse

**Heimat:** Brasilien. Tropisch.
**Wuchsform:** Buschige, Knollen bildende Rosettenpflanze.
**Blatt:** Grundständig, sommergrün, eiförmig, 15–20 cm lang, weichhaarig-filzig, grün, unterseits hellgrün.
**Blüte:** Disymmetrisch, trichterförmig, 4–6 cm, 5-zählig, lila.
**Frucht:** Kapsel.
**Standort:** Hell und warm, keine direkte Sonne.
**Verwendung:** Topfpflanze für das warme Zimmer, Vitrine, Wintergarten.
**Vermehrung:** Aussaat von X–II, am besten durch Spezialgärtnereien.
**Kultur:** In Torfsubstrat aus Heide- oder Lauberde, auch Einheitserde. Stets mäßig feucht halten, aber nicht von oben gießen. Mit weichem Wasser gießen.
**Sorte:** Großblumige Hybriden in vielen Farben: 'Gloriosa Scharlachrot', rot.
**Hinweise:** Hybriden bilden oft keine Knollen mehr aus, sind kurzlebiger. Blattläuse entfernen.

## Solanum pseudocapsicum
Korallenstrauch
Solanaceae, Nachtschatten-gewächse

**Heimat:** Madeira. Mediterran, subtropisch, tropisch.
**Wuchsform:** Aufrechter, sparriger Kleinstrauch.
**Blatt:** Wechselständig, eiförmig, grün, 4–7 cm lang.
**Blüte:** Radiär, sternfömig, 1 cm, 5-zählig, weiß.
**Frucht:** Beere, hellrot, 1,5–2 cm, kugelig, lange haftend.
**Standort:** Hell, keine Mittagssonne.
**Verwendung:** Topfpflanze mäßig warme Räume, im Sommer auch im Freien. Nicht frosthart.
**Vermehrung:** Aussaat im Vorfrühling unter Glas bei hoher Bodenwärme.
**Kultur:** In Einheitserde, stets feucht halten, also nicht austrocknen lassen.
**Sorte:** 'Goldball', gelbe Früchte; 'New Patterson', Früchte orangefarben.
**Hinweise:** Jungpflanzen 2-mal stutzen, auf Blattläuse und Schildläuse achten.

| | | |
|---|---|---|
| 0,5–0,6 m | | 0,03–0,1 m |
| X–XII | | VI–VIII |
| Zimmer-pflanze | | Boden-decker |
| Kalthaus | | Warmhaus, Kalthaus |

## Soleirolia soleirolii
Bubiköpfchen
Urticaceae, Brennesselgewächse

**Heimat:** Balearen, Korsika, Sardinien. Mediterran.
**Wuchsform:** Dichter Mattenbildner, auch hängend.
**Blatt:** Wechselständig, herz bis nierenförmig, immergrün, hellgrün, 4–6 mm groß.
**Blüte:** Radiär, sternförmig, 2–3 mm, 4-zählig, unscheinbar weißgrün.
**Frucht:** Nüsschen.
**Standort:** Halbschattig, warm.
**Verwendung:** Bodendecker in Vitrinen, hübsch in Töpfchen.
**Vermehrung:** Teilung ganzjährig.
**Kultur:** In Einheitserde, Substrat immer mäßig feucht halten, wenig düngen. Nie ganz austrocknen lassen.
**Hinweise:** Kommt kurzfristig auch mit kühleren Temperaturen zurecht.

## Solenostemon scutellarioides
(Syn.: *Coleus blumei*)
Buntnessel
Lamiaceae, Lippenblütler

**Heimat:** Philippinen. Tropisch.
**Wuchsform:** Aufrecht buschiger, horstbildender Halbstrauch.
**Blatt:** Kreuzgegenständig, herzförmig, immergrün, dunkelrot mit heller Zeichnung 8–15 cm lang.
**Blüte:** Disymmetrisch, lippenförmig, 1,5–2 cm, blassblau.
**Frucht:** Nüsschen.
**Standort:** Hell, aber nicht vollsonnig, erträgt auch Schatten.
**Verwendung:** Zimmer- und Balkonpflanze, im Sommer auch ausgepflanzt im Garten.
**Vermehrung:** Kopfstecklinge im Sommer.
**Kultur:** In humosem Substrat, keine besonderen Ansprüche.
**Sorte:** 'Britannia', weinrot; 'Heidegruss', gelb-braun-grün.
**Hinweise:** Der Schmuckwert der Pflanze sind die Blätter. Blattläuse bekämpfen, wenn erforderlich.

| Solenostemon scutellarioides | | Sparmannia africana |
|---|---|---|
| *0,2–0,4/ 0,3–0,6 m* | | *2–3 m* |
| *VI–IX* | | *I–III* |
| *Zimmerpflanze* | | *Kübelpflanze* |
| *Kalthaus* | | *Kalthaus* |

## Sparmannia africana
Zimmerlinde
Tiliaceae, Lindengewächse

**Heimat:** Süd-Afrika. Mediterran, Subtropisch.
**Wuchsform:** Breit aufrechter Strauch. In der Heimat bis 6 m hoch.
**Blatt:** Wechselständig, herzförmig, immergrün, weich behaart, hellgrün 10–35 cm lang.
**Blüte:** Radiär, 2–3 cm, 4-zählig, weiße Blütenblätter oft nach hinten geschlagen, viele gelbe Staubblätter.
**Frucht:** Kapsel.
**Standort:** Hell bis sonnig, aber keine direkte Sonne, luftig.
**Verwendung:** Helle Zimmer, Treppenhäuser, Büros, im Sommer auch im Freien. Nicht frosthart.
**Vermehrung:** Stecklinge von Seitentrieben im Sommer.
**Kultur:** Einheitserde stets feucht, aber nicht nass halten, im Kalthaus überwintern.
**Hinweise:** Staubblätter spreizen sich bei Berührung auseinander. Triebe im Frühling oder Herbst zurückschneiden.

## Spathiphyllum wallisii
Einblatt
Araceae, Aronstabgewächse

**Heimat:** Kolumbien, Venezuela. Tropisch.
**Wuchsform:** Aufrechte, horstbildende Staude mit überhängenden Blättern.
**Blatt:** Grundständig, immergrün, lang gestielt, breit lanzettlich, 10–15 cm lang, dunkelgrün.
**Blüte:** Winzige Einzelblüten an Kolben, monosymmetrisch, Spatha (Hochblatt) 8–15 cm lang, weiß.
**Frucht:** Kolbenartig.
**Standort:** Hell bis schattig, keine direkte Sonne, warm, nicht unter 18 °C.
**Verwendung:** Anspruchslose Zimmerpflanze für feuchtwarme Räume, Bad. Warmhauspflanze. Im Winter kühler und etwas trockener halten.
**Vermehrung:** Teilung der Erdsprosse im Frühling. Aussaat möglich.
**Kultur:** Einheitserde mit Sand vermischen.
**Sorte:** 'Mauna Loa', weiße, große Spatha.
**Hinweise:** Auf Blattläuse achten, liebt hohe Luftfeuchtigkeit.
**Ähnliche Art:** *S. floribundum* aus Kolumbien, grün-weiße Spatha.

| | | |
|---|---|---|
| *0,4–0,6/ 0,5– 0,7 m* | | *0,2– 0,3 m* |
| *VI–IX* | | *VIII–X* |
| *Zimmer-pflanze* | | *Hobby-Glashaus* |
| *Warm-haus* | | *Kalthaus* |

## Stapelia grandiflora
Aasblume, Ordensstern
Asclepiadaceae, Schwalbenwurzgewächse

**Heimat:** Süd-Afrika. Subtropisch.
**Wuchsform:** Aufrechte, rasenbildende Sukkulente. Triebe 20–30 cm lang, fingerförmig, 4-rippig, grün, übernehmen die Assimilation.
**Blüte:** Radiär, sternfömig, 15–17 cm, 5-zählig, mattrot mit heller Aderung und weißen Haaren, riecht übel nach Aas.
**Frucht:** Zugespitzte Balgfrüchte.
**Standort:** Hell und trocken.
**Verwendung:** Topfpflanze, für Sukkulentensammlungen. Im Winter kälter und trockener halten.
**Vermehrung:** Teilung der Horste, abtrennen von Trieben, diese 1 Woche lang trocknen lassen.
**Kultur:** In durchlässigen, sandigen Lehmböden. Selten gießen wegen Fäulnisgefahr.
**Hinweise:** Wird von Aasfliegen besucht und bestäubt, die dort ihre Eier ablegen.
**Weitere Art:** *Orbea variegata,* (Syn.: Stapelia variegata), seesternartige Blüte, gelblich.

## Stephanotis floribunda
Kranzschlinge
Asclepiadaceae, Seidenpflanzengewächse

**Heimat:** Madagaskar. Subtropisch, tropisch.
**Wuchsform:** Kräftig wachsender Schlinger.
**Blatt:** Gegenständig, eiförmig, immergrün, dunkelgrün glänzend 7–9 cm lang.
**Blüte:** Radiär, sternförmig, 2–3 cm lange Röhre, weiß, duftend, in Scheindolden in den Blattachseln.
**Frucht:** 2-teilige Balgfrucht, selten zu sehen.
**Standort:** Hell, aber nicht sonnig, warm.
**Verwendung:** Fensterbrett, Wintergarten.
**Vermehrung:** Stecklinge im Frühsommer, mit Bewurzelungshormon behandeln.
**Kultur:** In Einheitserde, diese nicht austrocknen lassen, mit weichem Wasser gießen. Alle 2 Wochen düngen.
**Besonderes:** Benötigt eine Kletterhilfe (Gerüst, Spalier).
**Hinweise:** Auf Blattläuse und Spinnmilben achten.

| Stephanotis floribunda | | Strelitzia reginae |
|---|---|---|
| *2–5 m* | | *0,8–1/ 1–1,5 m* |
| *VI–IX* | | *II–VIII* |
| *Zimmerpflanze* | | *Kübelpflanze* |
| *Warmhaus* | | *Warmhaus* |

## Strelitzia reginae
Paradiesvogelblume
Strelitziaceae, Strelitziengewächse

**Heimat:** Südafrika: Kap. Subtropisch, mediterran.
**Wuchsform:** Aufrechte, horstige, mehrjährige Rhizompflanze.
**Blatt:** Grundständig, langgestielt, blaugrün, bis 30 cm breit und 1 m lang.
**Blüte:** Zygomorph, 15 cm, himmelblau mit orangefarbenen Hüllblättern, am Ende eines meterlangen Stieles.
**Frucht:** Kapsel 3-klappig, verholzt, Samen mit Arillus.
**Standort:** Warme, sonnige Terrassen.
**Verwendung:** Ganzjährig im Kübel oder ausgepflanzt im Gewächshaus. Überwinterung im Warmhaus. Wichtige Schnittblume.
**Vermehrung:** Teilung der Rhizome im Frühling. Aussaat möglich, aber langwierig.
**Kultur:** Einheitserde ED 73 mit Sand, viel Wasser und Dünger im Sommer.
**Hinweise:** Auf Schildläuse achten.
**Weitere Art:** *S. nicolai,* Natal-Strelitzie, 6–8 m hoch, Blüten weiß.

## Streptocarpus × hybridus
Drehfrucht
Gesneriaceae, Gesneriengewächse

**Heimat:** Züchtung. Ursprungsarten aus Südafrika. Subtropisch.
**Wuchsform:** Rosettenbildende Staude mit überhängendem Laub.
**Blatt:** Grundständig, immergrün, breit lanzettlich, rau behaart, grün, bis 30 cm lang, 10 cm breit.
**Blüte:** Disymmetrisch, trichterförmig, 3–5 cm breit, blau, weiß, rosa, rot (je nach Sorte), an langen Stielen über dem Laub in Trugdolden.
**Frucht:** Kapsel.
**Standort:** Halbschattig bis hell, warm, hohe Luftfeuchtigkeit.
**Verwendung:** Topfpflanze für helle Räume, Wintergarten, Blumenfenster.
**Vermehrung:** Aussaat im Winterhalbjahr, Lichtkeimer; Teilung der Blätter entlang der Blattrippe.
**Kultur:** In humosen Substraten, auch Einheitserde, diese stets feucht halten bei 20–25 °C. Im Winter kühler und trockener halten.
**Sorten:** 'Aladin', blauviolett; 'Heidi', hellblau; 'Ruby', rot alle 15 cm.

| | |
|---|---|
| 0,2–0,3/ 0,3–0,4 m | 1–3 m |
| IV–IX | keine Angaben |
| Zimmerpflanze | Ampelpflanze |
| temperiertes Haus | Warmhaus |

## Syngonium podophyllum
Eselskopf, Purpurtute
Araceae, Aronstabgewächse

**Heimat:** Mittelamerika. Tropisch.
**Wuchsform:** Locker aufrechter, mit Haftwurzeln kletternder Strauch.
**Blatt:** Wechselständig, immergrün, pfeilförmig, grün, 15–30 cm lang. Im Alter variabel, groß und gefingert.
**Blüte:** Winzige Blüten an Kolben, monosymmetrisch (Spatha), in Kultur sehr selten.
**Frucht:** Beeren an kolbenartigem Fruchtstand (sehr selten).
**Standort:** Hell, aber keine direkte Sonne, stets feucht und warm.
**Verwendung:** Kletter- oder Ampelpflanze für warme Räume.
**Vermehrung:** Stecklinge von V–VIII.
**Kultur:** In humosem Substrat, Einheitserde, bei hoher luft- und Bodenfeuchtigkeit, alle 2 Wochen düngen.
**Sorte:** 'Green Gold', Laub grün mit weißen Adern.
**Hinweise:** Schildläuse bei Bedarf entfernen.

## Tetrastigma voinierianum
Kastanienwein
Vitaceae, Weinrebengewächse

**Heimat:** Nordvietnam: Tongking. Tropisch.
**Wuchsform:** Raschwachsender, verholzender Ranker. Jahrestriebe bis 5 m Länge möglich.
**Blatt:** Wechselständig, immergrün, handförmig gelappt, 5-teilig, am Rand gezähnt, dunkelgrün 20–30 cm breit.
**Blüte:** Radiär, klein, grün, 4-teilige Narbe (Name), unscheinbar und selten.
**Frucht:** Beere sehr selten.
**Standort:** Hell bis halbschattig, feucht-warm.
**Verwendung:** Nur für Gewächshäuser oder große Wintergärten an stabilem Gerüst.
**Vermehrung:** Stecklinge von V–IX, dürfen noch nicht verholzt sein.
**Kultur:** In lehmig-humosem Substrat, auch Einheitserde ED 73, stets feucht halten, benötigt viel Wasser und Dünger.
**Hinweise:** Hoher Platzbedarf, schafft rasch eine Dschungelatmosphäre. Im Grundbeet auspflanzen, frei von Schädlingen und Krankheiten.

## Thunbergia grandiflora
Großblütige Thunbergie
Acanthaceae, Akanthusgewächse

**Heimat:** Indien. Tropisch, subtropisch.
**Wuchsform:** Wüchsiger, schlingender Kletterstrauch.
**Blatt:** Kreuzgegenständig, immergrün, eiförmig, 10–20 cm lang, grün.
**Blüte:** Disymmetrisch, Trichterförmig, 4–7 cm, hellblau mit gelbem Schlund, in leicht hängenden Büscheln.
**Frucht:** Kapsel.
**Standort:** Hell, auch vollsonnig, warm.
**Verwendung:** Kletterpflanze für größere Gefäße im Wintergarten. Warmhauspflanze, frostempfindlich.
**Vermehrung:** Krautige Stecklinge im Frühsommer stecken.
**Kultur:** In humosen Substraten bei feuchtwarmer Umgebung. Erde im Winter nicht austrocknen lassen.

| | | |
|---|---|---|
| *6–20 m* | | *2–6 m* |
| *keine Angaben* | | *VIII–X* |
| *Profi-Glashaus* | | *Kübelpflanze* |
| *Warmhaus* | | *Warmhaus* |

## Tibouchina urvilleana
Veilchenbaum, Prinzessinnenblume
Melastomataceae, Schwarzmundgewächse

**Heimat:** Brasilien. Tropisch.
**Wuchsform:** Breit aufrechter Strauch. In der Heimat bis 8 m hoch wachsend.
**Blatt:** Gegenständig, eiförmig, behaart, immergrün, grün 9–15 cm lang.
**Blüte:** Disymmetrisch, schalenförmig, 6–8 cm breit, blauviolett, end- und achselständig.
**Frucht:** Kapsel.
**Standort:** Hell, sonnig und luftig, warm.
**Verwendung:** Für helle Räume, im Sommer als Kübelpflanze im Freien. Nicht frosthart.
**Vermehrung:** Halbweiche Stecklinge im Frühsommer, liebt hohe Luftfeuchtigkeit.
**Kultur:** In kalkarmen, humosen Substraten, Einheitserde. Erde auch im Winter nicht austrocknen lassen.
**Hinweise:** Blüten fallen leicht ab, blüht auch im Winter bei geeignetem Standort.

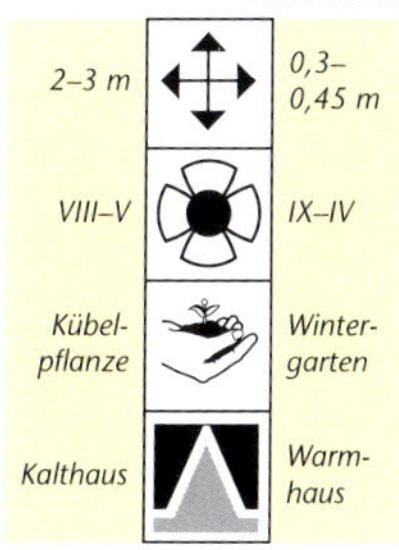


## Tillandsia cyanea
Tillandsie, Luftnelke
Bromeliaceae, Ananasgewächse

**Heimat:** Ekuador. Tropisch.
**Wuchsform:** Aufrecht bis übergeneigte epiphytische Rosettenpflanze.
**Blatt:** Schraubig, linealisch, immergrün, 30–35 cm lang.
**Blüte:** Radiär, 2–3 cm, 3-zählig, dunkelblau, erscheint an schwertförmigem, 2-zeiligen Blütenstand zwischen rötlichen Deckblättern.
**Frucht:** Kapsel.
**Standort:** Hell, keine volle Sonne.
**Verwendung:** Am Epiphytenstamm im Wintergarten oder der Vitrine.
**Vermehrung:** Kindel von Frühling bis Sommer abnehmen und in Torf-Sandgemisch topfen.
**Kultur:** In Mischung aus Nadelstreu und Sphagnum, nie austrocknen lassen. Mit kalkfreiem Wasser besprühen.
**Hinweise:** Braucht höhere Wärme als viele andere Arten. Wasseraufnahme erfolgt durch Schuppenblätter.

## Tillandsia usneoides
Louisianamoos
Bromeliaceae, Ananasgewächse

**Heimat:** Amerika. Tropisch.

**Wuchsform:** Dichte, 2–3 m lang herabhängende „Bärte" bildende, wurzellose Art.

**Blatt:** Schraubig, immergrün, nadelförmig, silbergrau beschuppt, 4–5 cm lang.

**Blüte:** Radiär, 3–5 mm, 3-zählig, mattgelb, völlig unscheinbar.

**Frucht:** Kapsel.

**Standort:** Hell und sonnig.

**Verwendung:** Auf Epiphytenstämmen in Vitrinen und Wintergärten.

**Vermehrung:** Büschel ganzjährig teilen.

**Kultur:** Wurzellos, daher auf Drähte oder Stämme hängen, oft mit kalkfreiem Wasser besprühen.

**Hinweise:** In der Heimat auf Bäumen, Telefondrähten. Nährstoffe und Wasser werden durch Blattschuppen aufgenommen.

## Tolmiea menziesii
Lebendblatt, Henne und Küken
Saxifragaceae, Steinbrechgewächse

**Heimat:** Nordamerika. Gemäßigt.

**Wuchsform:** Bodendeckende, Ausfläufer bildende Staude.

**Blatt:** Grundständig, herzförmig, lang gestielt, Rand gezähnt, weich behaart, grün mit gelben Flecken, 6–10 cm lang.

**Blüte:** Disymmetrisch, glockenförmig, 5 mm, unscheinbar, grün, in Trauben.

**Frucht:** 2-klappige Kapsel.

**Standort:** Halbschattig bis schattig.

**Verwendung:** Ampelpflanze, Bodendecker in Wintergärten und Vitrinen. Fast winterhart.

**Vermehrung:** Abtrennen der Brutknospen der Blätter, diese einpflanzen.

**Kultur:** In Einheitserde, stets feucht halten, gelegentlich düngen.

**Hinweise:** In den Blattbuchten entwickeln sich aus Brutknospen kleine Pflänzchen.

| Tillandsia usneoides | | Tolmiea menziesii |
|---|---|---|
| *0,1 m* | | *0,2–0,3 m* |
| *IX–IV* | | *VI–VII* |
| *Wintergarten* | | *Bodendecker* |
| *Warmhaus* | | *Kalthaus* |

## Trachelospermum jasminoides
Sternjasmin
Apocynaceae, Hundsgiftgewächse

**Heimat:** China, Japan, Korea. Subtropisch, mediterran.
**Wuchsform:** Aufrechter oder hängender Schlingstrauch.
**Blatt:** Gegenständig, eiförmig, immergrün, glänzend dunkelgrün, 5–7 cm lang.
**Blüte:** Radiär, sternförmig, 1,5–2,5 cm, weiß, in Trugdolden, Duft!
**Frucht:** Schließfrucht, 2-teilig
**Standort:** Hell, nicht vollsonnig, warm.
**Verwendung:** Kletterpflanze für Kübel und Wintergärten, Kalthauspflanze.
**Vermehrung:** Stecklinge im Frühsommer.
**Kultur:** In lehmig-humosen Substraten, Erde nicht austrocknen lassen.
**Sorte:** 'Variegata', weißbuntes Laub, schwächerer Wuchs.
**Hinweise:** Alle Pflanzenteile führen weißen Milchsaft. Auf Weiße Fliege und Spinnmilben achten.

## Trachycarpus fortunei
(Syn.: *Chamaerops fortunei*)
Hanfpalme
Arecaceae, Betelpalmengewächse

**Heimat:** Myanmar (Birma), China, Südjapan. Mediterran.
**Wuchsform:** Aufrechter, durchgehender Stamm mit schirmförmigem Schopf.
**Blatt:** Schraubig, immergrün, handförmig geteilt, dunkelgrün, 50–90 cm breit. Stiele am Rand mit kleinen Dornen.
**Blüte:** Radiär, sternförmig, klein, 3-zählig, gelb, in über 30 cm langen Rispen.
**Frucht:** Beere, 1 cm groß, bläulich.
**Standort:** Sonnig und warm, im Sommer auch im Freien.
**Verwendung:** Kübelpflanze für die Terrasse, im Winter frostfrei.
**Vermehrung:** Aussaat bei 25 °C Bodenwärme.
**Kultur:** In lehmig-humosem Substrat, auch Einheitserde mit Sandzusatz. Gleichmäßige Wasserzufuhr, im Winter nicht austrocknen lassen.
**Besonderes:** In China macht man aus den Fasern Taue und Matten.
**Hinweise:** Schildläuse bekämpfen.

| Trachelospermum jasminoides | Trachycarpus fortunei |
|---|---|
| *3–6 m* | *3–12 m* |
| *V–VII* | *V–VI* |
| *Kübelpflanze* | *Kübelpflanze* |
| *Kalthaus* | *Kalthaus* |

## Tradescantia fluminensis

(Syn.: *Tradescantia albiflora*)
Dreimasterblume
Commelinaceae, Commelinengewächse

**Heimat:** Südamerika. Tropisch, subtropisch.

**Wuchsform:** Kriechende oder bis 0,5 m hängende krautige Pflanze.

**Blatt:** Wechselständig, eiförmig, immergrün, hellgrün 4–6 cm lang.

**Blüte:** Radiär, sternförmig, 1 cm, 3-teilig, weiß, in Trugdolden.

**Frucht:** Kapsel.

**Standort:** Hell bis absonnig, keine volle Sonne, warm.

**Verwendung:** Anspruchsloser Bodendecker für Wintergärten, Ampelpflanze.

**Vermehrung:** Stecklinge ganzjährig, wurzeln problemlos an.

**Kultur:** In sandig-humosem Substrat, stets feucht halten, im Winter trockener.

**Sorte:** 'Rochford Silver', weißgrün gestreifte Blätter (Bild).

**Hinweise:** Auf Rote Spinne achten.

## Tradescantia spathacea

(Syn.: *Rochea spathacea*)
Dreimasterblume
Commelinaceae, Commelinengewächse

**Heimat:** Mittelamerika. Tropisch, subtropisch.

**Wuchsform:** Krautige, rosettenbildende Pflanze mit aufrechten Trieben.

**Blatt:** Rosettig, lanzettlich, immergrün, dunkelgrün. Unterseite violett, 20–30 cm lang.

**Blüte:** Radiär, 3-teilig, sternförmig, 1 cm, weiß, erscheint aus muschelfömigen Hochblättern.

**Frucht:** Kapsel.

**Standort:** Hell bis absonnig, keine volle Sonne, warm.

**Verwendung:** Wintergärten, Vitrinen, anspruchslose Topfpflanze für warme Räume.

**Vermehrung:** Stecklinge wurzeln gut an, auch Selbstaussaat möglich.

**Kultur:** In sandig-humosem Substrat, stets feucht halten, im Winter trockener.

**Sorte:** 'Variegata', gelbgrün längsgestreifte Blätter.

**Hinweise:** Auf Rote Spinne achten.

| | |
|---|---|
| *0,1–0,2 m* | *0,3–0,4 m* |
| *I–XII* | *VI–VIII* |
| *Bodendecker* | *Wintergarten* |
| *Warmhaus, Kalthaus* | *Warmhaus* |

## Tradescantia zebrina

(Syn.: *Zebrina pendula*)
Dreimasterblume
Commelinaceae, Commelinengewächse

**Heimat:** Mexiko. Tropisch, subtropisch.
**Wuchsform:** Kriechende oder bis 0,5 m hängende krautige Pflanze.
**Blatt:** Wechselständig, eiförmig, immergrün, grün mit 2 silbernen Längsstreifen, unterseits rot, 4–8 cm lang.
**Blüte:** Radiär, 3-teilig, sternförmig, 1 cm, rosa, in Trugdolden.
**Frucht:** Kapsel.
**Standort:** Hell bis absonnig, keine volle Sonne, warm.
**Verwendung:** Anspruchsloser Bodendecker für Wintergärten, Ampelpflanze
**Vermehrung:** Stecklinge ganzjährig, wurzeln problemlos an.
**Kultur:** In sandig-humosem Substrat, stets feucht halten, im Winter trockener.
**Sorte:** 'Quadricolor', 4-farbig.
**Hinweise:** Jährlich neu heranziehen. Auf Rote Spinne achten.

| | | |
|---|---|---|
| *0,1–0,2 m* | | *0,2–0,35/0,4–0,6 m* |
| *I–XII* | | *VIII–XII* |
| *Bodendecker* | | *Blumenfenster* |
| *Warmhaus* | | *Warmhaus* |

## Vanda coerulea

Blaue Vanda
Orchidaceae, Orchideengewächse

**Heimat:** Assam, Myanmar (Birma), Thailand. Tropisch.
**Wuchsform:** Lockere Pflanze ohne Pseudobulben, aber mit Luftwurzeln.
**Blatt:** 2-zeilig, linealisch, immergrün, 20–35 cm lang.
**Blüte:** Disymmetrisch, 5–10 cm breit, hellblau, in langen, aufrechten Rispen.
**Frucht:** Kapsel mit unzähligen feinen Samen.
**Standort:** Sehr hell, sonnig und warm, hohe Luftfeuchtigkeit erforderlich.
**Verwendung:** Blumenvitrine, Warmhaus in Lattenkörbchen.
**Vermehrung:** Abtrennen von bewurzelten Seitensprossen.
**Kultur:** In luftigem Substrat aus Baumrinde und Farnwurzeln, feucht und warm. Regenwasser oder kalkfreies Wasser zum Gießen und Sprühen verwenden.
**Sorte:** Viele Hybriden blühen lila oder rosa.
**Hinweise:** Keine Wachstumsruhe, im Winter Wassergaben reduzieren.

## Viburnum tinus
Lorbeer-Schneeball, Laurustinus
Caprifoliaceae, Geißblattgewächse

**Heimat:** Mittelmeergebiete, Vorderasien. Mediterran, subtropisch.
**Wuchsform:** Dicht buschiger Strauch. In der Heimat auch bis 7 m hoch.
**Blatt:** Gegenständig, eiförmig, immergrün, glänzend 3–10 cm.
**Blüte:** Radiär, röhrenförmig, 5–9 mm groß, weiß, in Trugdolden, 5–10 cm breit, duftend.
**Frucht:** Beere, eiförmig, dunkelblau, 8 mm groß.
**Standort:** Hell bis absonnig, luftig, im Sommer auch im Freiland im Kübel.
**Verwendung:** Kübelpflanze für Wintergärten, Terrassen, Kalthauspflanze. Kann auch tiefere Temperaturen kurzzeitig ertragen, nicht ganz frosthart.
**Vermehrung:** Grünstecklinge im Mai-Juni schneiden und in Torf-Sand-Substrat stecken.
**Kultur:** Lehmig-humoses Substrat mit Sand vermagern, nicht austrocknen lassen.
**Sorte:** 'Dwarf', 1–1,5 m, in allen Teilen kleiner.
**Hinweise:** Alle 3 Jahre umpflanzen.

| Viburnum tinus | | Vriesea splendens |
|---|---|---|
| *2–2,5 m* | | *0,3–0,4/ 0,5–0,7 m* |
| *XI–IV* | | *III–V* |
| *Kübelpflanzen* | | *Zimmerpflanze* |
| *Kalthaus* | | *Warmhaus* |

## Vriesea splendens
Flammendes Schwert
Bromeliaceae, Ananasgewächse

**Heimat:** Guayana, Venezuela. Tropisch.
**Wuchsform:** Trichterförmige Rosetten bildender Epiphyt.
**Blatt:** Schraubig gestellt, immergrün, grün mit roter Zeichnung, 30–60 cm lang.
**Blüte:** Radiär, röhrenförmig, 2–3 cm lang, gelb, aus schwertförmigem, roten Blütenstand entspringend. Durch spezielle Behandlung auch zu anderen Jahreszeiten.
**Frucht:** Kapsel.
**Standort:** Hell, luftig, viel Wärme und hohe Luftfeuchtigkeit.
**Verwendung:** Zimmerpflanze im Topf, aber auch für den Epiphytenstamm.
**Vermehrung:** Abtrennen der Kindel in Frühling, bei 25 °C Bodentemperatur bewurzeln lassen.
**Kultur:** Einheitserde mit Styromull und Sphagnum vermischen, warm und feucht. Kalkfreies Wasser in die Trichter gießen.
**Sorte:** 'Favorite', kontrastreiches Blattmuster.
**Hinweise:** Viele weitere Arten.

## Washingtonia filifera
Fächerpalme
Arecaceae, Betelpalmengewächse

**Heimat:** Südkalifornien, Arizona. Subtropisch.
**Wuchsform:** Aufrechter, durchgehender Stamm mit lockerem Schopf. In der Heimat bis 15 m hoch.
**Blatt:** Schraubig gestellt, fächerartig, immergrün, 0,5–1 m breit. Viele auffällige Fäden an den Blättern. Blattstiel 0,8–1 m lang, bestachelt, grau, mit vielen Bastfäden.
**Blüte:** Radiär, 3-zählig, sternförmig, gelbweiß, an langer Rispe.
**Frucht:** Beere 1 cm, braunschwarz.
**Standort:** Hell und sonnig, warm, sommers im Freien.
**Verwendung:** Mächtige Kübelpflanze für Wintergärten, große Büros, Innenhöfe. Im Winter kühl und trockener stellen, Kalthauspflanze.
**Vermehrung:** Nur durch Aussaat, Keimdauer 3–4 Wochen.
**Kultur:** In lehmig-humosem Substrat, auch Einheitserde, benötigt viel Wasser und Nährstoffe.
**Hinweise:** Auf Schildläuse achten.

| Washingtonia filifera | | Yucca aloifolia |
|---|---|---|
| 2–3 m | | 1–1,5/ 1,5–2 m |
| VI–VIII | | VII–VIII |
| Kübelpflanze | | Kübelpflanze |
| Kalthaus | | Kalthaus |

## Yucca aloifolia
Palmlilie, Spanisches Bajonett
Agavaceae, Agavengewächse

**Heimat:** Südliche USA, Mexiko, Westindische Inseln. Subtropisch.
**Wuchsform:** Straff aufrechte Rosette. In der Heimat bis 6 m hoch wachsend.
**Blatt:** Schraubig gestellt, lanzettlich, immergrün, grün und spitz, 30–60 cm lang.
**Blüte:** Radiär, glockig, 4–5 cm breit, hängend, weiß, in langen Rispen über dem Laub.
**Frucht:** Kapsel, 3–5 cm groß.
**Standort:** Vollsonnig und warm.
**Verwendung:** Kübelpflanze für Wintergärten, im Sommer auf Terrassen.
**Vermehrung:** Stamm in 30 cm lange Stücke schneiden, abtrocknen lassen und in Vermehrungssubstrat stecken, bei 25 °C bewurzeln lassen.
**Kultur:** In Einheitserde, im Sommer öfters gießen und düngen. Im Winter längere Ruhezeit einhalten, alle 4–5 Wochen etwas gießen.
**Sorte:** 'Yewel', cremeweiße Längsstreifen.
**Hinweise:** Vorsicht Verletzungsgefahr an den Blattenden!

## Yucca elephantipes
Riesen-Palmlilie
Agavaceae, Agavengewächse

**Heimat:** Guatemala, Mexiko. Subtropisch.
**Wuchsform:** Straff aufrecht Rosette, später überhängend. In der Heimat bis 15 m hoch wachsend.
**Blatt:** Schraubig gestellt, lanzettlich, immergrün, weich, 6–120 cm lang.
**Blüte:** Radiär, glockig, 5–7 cm breit, hängend, gelbweiß, in langen Rispen über dem Laub.
**Frucht:** Kapsel, 3–5 cm groß, schwarz.
**Standort:** Vollsonnig und warm.
**Verwendung:** Kübelpflanze für Wintergärten, im Sommer auf Terrassen. Im Winter frostfrei halten. Kalthauspflanze.
**Vermehrung:** Stamm in 30 cm lange Stücke schneiden, abtrocknen lassen und in Vermehrungssubstrat stecken, bei 25 °C bewurzeln lassen.
**Kultur:** In Einheitserde, im Sommer öfters gießen und düngen. Im Winter längere Ruhezeit einhalten, alle 4–5 Wochen etwas gießen.
**Sorte:** 'Variegata', grün-weiße Streifen.
**Hinweise:** Hydrokultur möglich.

| Yucca elephantipes | | Zamia pumila |
|---|---|---|
| 3–4 m | | 0,8-1 m |
| VII–VIII | | VI–VIII |
| Kübelpflanzen | | Wintergarten |
| Kalthaus | | Warmhaus |

## Zamia pumila
Palmfarn
Zamiaceae, Palmfarngewächse

**Heimat:** Florida, Westindische Inseln. Tropisch.
**Wuchsform:** Breit aufrechter Strauch, unterirdische Stämme bildend.
**Blatt:** Quirlständig, elliptisch, unpaarig gefiedert, immergrün, Unterseite hellbraun, lederig, 60–120 cm lang. Einzelblatt 10–20 cm lang.
**Blüte:** Zweihäusig. Unscheinbar gelblich, aber in Zapfen zusammengefasst. Männliche Zapfen sind länglich, weibliche eiförmig, beide rotbraun.
**Frucht:** Zapfen.
**Standort:** Hell und sonnig, warm.
**Verwendung:** Für Wintergärten, in warmen Sommern auch im Freien.
**Vermehrung:** Aussaat bei 30–35 °C Bodenwärme.
**Kultur:** In lehmig-humosen Substraten, sonnig und warm. Im Winter kühler stellen und Wassergaben einschränken.

# Verzeichnisse

# Verzeichnis der Synonyme

| Synonym | Gültige Schreibweise |
|---|---|
| Abies nobilis | *Abies procera* |
| Acer ginnala | *Acer tataricum* subsp. *ginnala* |
| Acidanthera bicolor var. murielae | *Gladiolus callianthus* 'Murielae' |
| Allium ostrowskianum | *Allium oreophilum* |
| Alstroemeria aurantiaca | *Alstroemeria aurea* |
| Alyssum maritimum | *Lobularia maritima* |
| Alyssum saxatile | *Aurinia saxatilis* |
| Anchusa italica | *Anchusa azurea* |
| Anemone pulsatilla | *Pulsatilla vulgaris* |
| Aralia mandshurica | *Aralia elata* |
| Araucaria excelsa | *Araucaria heterophylla* |
| Arundinaria variegata | *Pleioblastus aureus* |
| Avena sempervirens | *Helictotrichon sempervirens* |
| Bacopa diffusa | *Sutera cordata* |
| Bambusa aurea | *Phyllostachys aurea* |
| Bartonia aurea | *Mentzelia lindleyi* |
| Beloperone guttata | *Justicia brandegeana* |
| Brassaia actinophylla | *Schefflera actinophylla* |
| Bryophyllum daigremontiana | *Kalanchoë daigremontiana* |
| Cassia corymbosa | *Senna corymbosa* |
| Cassia didymobotrya | *Senna didymobotrya* |
| Chamaerops fortunei | *Trachycarpus fortunei* |
| Cheiranthus cheiri | *Erysimum cheiri* |
| Chrysanthemum carinatum | *Ismelia carinata* |
| Chrysanthemum coccineum | *Tanacetum coccineum* |
| Chrysanthemum parthenium | *Tanacetum parthenium* |
| Cineraria maritima | *Senecio cineraria* |
| Cineraria-Hybriden | *Pericallis x hybrida* |
| Cleome spinosa (Sorten) | *Cleome hassleriana* |

| Synonym | Gültige Schreibweise |
|---|---|
| Coleus blumei | *Solenostemon scutellarioides* |
| Cordyline fruticosa | *Cordyline terminalis* |
| Cornus stolonifera | *Cornus sericea* 'Flaviramea' |
| Corydalis lutea | *Pseudofumaria lutea* |
| Crataegus prunifolia | *Crataegus persimilis* 'MacLeod' |
| Cyperus alternifolius | *Cyperus involucratus* |
| Cyrtomium falcatum | *Polystichum falcatum* |
| Cytisus purpureus | *Chamaeacytisus purpureus* |
| Datura arborea | *Brugmansia arborea* |
| Datura sanguinea | *Brugmansia sanguinea* |
| Datura suaveolens | *Brugmansia suaveolens* |
| Delphinium ajacis | *Consolida ajacis* |
| Dendranthema x grandiflorum | *Chrysanthemum indicum* |
| Dendranthema indicum | *Chrysanthemum indicum* |
| Dendranthema weyrichii | *Chrysanthemum weyrichii* |
| Dipladenia sanderi | *Mandevilla sanderi* |
| Dizygotheca elegantissima | *Schefflera elegantissima* |
| Dolichos lablab | *Lablab purpureus* |
| Dryopteris borreri | *Dryopteris affinis* |
| Dyssodia tenuifolia | *Thymophylla tenuiloba* |
| Fallopia aubertii | *Fallopia baldschuanica* |
| Fargesia spathacea | *Fargesia murieliae* |
| Feijoa sellowiana | *Acca sellowiana* |
| Festuca scoparia | *Festuca gautieri* |
| Galax aphylla | *Galax urceolata* |
| Gardenia jasminoides | *Gardenia augusta* |
| Genista sagittalis | *Chamaespartium sagittale* |
| Gloriosa rothschildiana | *Gloriosa superba* |
| Godetia amoena | *Clarkia amoena* |

| Synonym | Gültige Schreibweise |
|---|---|
| Goethea cauliflora | *Goethea strictiflora* |
| Haemanthus katherinae | *Scadoxus multiflorus* subsp. *katherinae* |
| Hatiora gaertneri | *Rhipsalidopsis gaertneri* |
| Haworthia fasciata | *Haworthia attenuata* |
| Hepatica triloba | *Hepatica nobilis* |
| Hosta fortunei | *Hosta* 'Fortunei' |
| Hosta lancifolia | *Hosta* 'Lancifolia' |
| Hosta undulata | *Hosta* 'Undulata' |
| Howeia belmoreana | *Howea belmoreana* |
| Howeia forsteriana | *Howea forsteriana* |
| Iris kaempferi | *Iris ensata* |
| Jacobinia carnea | *Justicia carnea* |
| Jacobinia pauciflora | *Justicia rizzinii* |
| Kentia belmoreana | *Howea belmoreana* |
| Kochia scoparia | *Bassia scoparia* |
| Lisianthus russelianus | *Eustoma grandiflorum* |
| Lithospermum purpureocaerulea | *Buglossoides purpureocaerulea* |
| Manettia bicolor | *Manettia luteorubra* |
| Manettia inflata | *Manettia luteorubra* |
| Maurandia barclayana | *Asarina barclaiana* |
| Microcoelum weddellianum | *Lytocaryum weddellianum* |
| Miscanthus japonicus | *Miscanthus floridulus* |
| Musa ensete | *Ensete ventricosa* |
| Nolina recurvata | *Beaucarnea recurvata* |
| Oxalis deppei | *Oxalis tetraphylla* |
| Peltiphyllum peltatum | *Darmera peltata* |
| Pennisetum compressum | *Pennisetum alopecuroides* |
| Penstemon-Hybriden | *Penstemon gentianoides* |
| Pernettya mucronata | *Gaultheria mucronata* |

| Synonym | Gültige Schreibweise |
|---|---|
| Petunia-Hybriden | *Petunia x atkinsiana* |
| Petunia violacea | *Petunia integrifolia* |
| Phacelia tanacetifolia | *Phacelia congesta* |
| Pharbitis purpurea | *Ipomoea purpurea* |
| Pharbitis rubrocaerulea | *Ipomoea tricolor* |
| Phlomis samia | *Phlomis russeliana* |
| Phyllitis scolopendrium | *Asplenium scolopendrium* |
| Platanus x acerifolia | *Platanus x hispanica* |
| Platanus x hybrida | *Platanus x hispanica* |
| Polygonum affine | *Bistorta affinis* |
| Polygonum aubertii | *Fallopia baldschuanica* |
| Polygonum capitatum | *Persicaria capitata* |
| Polypodium aureum | *Phlebodium aureum* |
| Polyscias balfouriana | *Polyscias scutellaria* |
| Potentilla verna | *Potentilla neumanniana* |
| Primula officinalis | *Primula veris* |
| Pyrethrum roseum | *Tanacetum coccineum* |
| Quamoclit lobata | *Ipomoea lobata* |
| Quamoclit vulgaris | *Ipomoea quamoclit* |
| Rhamnus frangula | *Frangula alnus* |
| Rhipsalis salicornioides | *Hatiora salicornioides* |
| Rhododendron yakushimanum | *Rhododendron degronianum subsp. yakushimanum* |
| Rhus typhina | *Rhus hirta* |
| Rochea falcata | *Crassula perfoliata var. falcata* |
| Rochea spathacea | *Tradescantia spathacea* |
| Rosa pimpinellifolia | *Rosa spinosissima* |
| Salvia horminum | *Salvia viridis* |
| Scaevola aemula | *Scaevola saligna* |
| Scindapsus aureus | *Epipremnum pinnatum* |

| **Synonym** | **Gültige Schreibweise** |
|---|---|
| Senecio bicolor | *Senecio cineraria* |
| Senecio Cruentus-Hybriden | *Pericallis x hybrida* |
| Solanum rantonnettii | *Lycianthes rantonnettii* |
| Stranvaesia davidiana | *Photinia davidiana* |
| Sutera diffusa | *Sutera cordata* |
| Tacitus bellus | *Graptopetalum bellum* |
| Thamnocalamus spathaceus | *Fargesia murielae* |
| Tradescantia albiflora | *Tradescantia fluminensis* |
| Ulmus campestris | *Ulmus minor* |
| Venidium fastuosum | *Arctotis fastuosa* |
| Verbena venosa | *Verbena rigida* |
| Veronica spicata subsp. incana | *Pseudolysimachion spicatum* subsp. *incana* |
| Viburnum fragrans | *Viburnum farreri* |
| Zebrina pendula | *Tradescantia pendula* |

# Literatur


AAS, G.: Bäume. Gräfe und Unzer, München 1987.

AMANN, G.: Bäume und Sträucher des Waldes. Neumann, Melsungen 1976.

BAENSCH, U.: Blühende Bromelien. Tetra Verlag, Melle 1994.

BÄRTELS, A.: Endzyklopädie der Gartengehölze. Verlag Eugen Ulmer, Stuttgart 2001.

– Gartengehölze. Verlag Eugen Ulmer, Stuttgart 1981.

– Gehölzvermehrung. Verlag Eugen Ulmer, Stuttgart 1989.

– Farbatlas Tropenpflanzen. Verlag Eugen Ulmer, Stuttgart 1993.

BDB-HANDBUCH I: Laubgehölze. Grün ist Leben, Pinneberg 1990.

– II, Nadelgehölze, Rhododendron und Heidepflanzen. Grün ist Leben, Pinneberg 1990.

– II, Stauden. Grün ist Leben, Pinneberg 1988.

– V, Gehölzsortimente. Grün ist Leben, Pinneberg 1984.

– VII, Wildstauden. Grün ist Leben, Pinneberg 1987.

BECHTEL, H.; Cribb, P.; Launert, E.: Orchideenatlas, Verlag Eugen Ulmer, Stuttgart 1980.

BOERNER, F.: Blütengehölze für Garten und Park. Verlag Eugen Ulmer, Stuttgart 1985.

BOLLIGER, M. et al.: Strauchgehölze. Mosaikverlag, München 1985.

BUFF, W., DUNK, K.: Giftpflanzen in Natur und Garten. Paul Parey, Berlin 1988.

CHEERS, G. (Hrsg.): Botanica, Das ABC der Pflanzen. Könemann Verlag, Köln 1998.

CULLMANN, W.; GÖTZ, E.; GRÖNER, G.: Kakteen. 5. Auflage. Verlag Eugen Ulmer, Stuttgart 1984.

DEISER, E.: Balkon und Terrasse. Franckh-Kosmos-Verlag, Stuttgart 1994.

EGGLI, U.: Sukkulenten-Lexikon. Band 1. Einkeimblättrige Pflanzen. Verlag Eugen Ulmer, Stuttgart 2001.

ENCKE, F.: Kalt- und Warmhauspflanzen. Verlag Eugen Ulmer, Stuttgart 1987.

ERHARD, W.; GÖTZ, E.; SEYBOLD, S.; BÖDEKER, N.: Zander. Handwörterbuch der Pflanzennamen, 17. Auflage. Verlag Eugen Ulmer, Stuttgart 2002.

ESCHER, F.: Schnittblumenkulturen, 4. Auflage. Verlag Eugen Ulmer, Stuttgart 1983.

FEẞLER, A., KÖHLEIN, F.: Kulturpraxis der Freiland-Schmuckstauden. Verlag Eugen Ulmer, Stuttgart 1997.

FOERSTER, K.: Einzug der Gräser und Farne in die Gärten. Verlag Eugen Ulmer, Stuttgart, 1987.

FRANK, R.: Zwiebel- und Knollengewächse. Verlag Eugen Ulmer, Stuttgart, 1986.

GANSLMEIER, H.: Beet- und Balkonpflanzen. Verlag Eugen Ulmer, Stuttgart 1987.

GELDEREN, D. M.; HOEY-SMITH: Das große Buch der Koniferen. Paul Parey, Berlin 1986.

GÖTZ, E.; GRÖNER, G.: Kakteen. 6. Auflage. Verlag Eugen Ulmer, Stuttgart 1996.

GÖTZ, H.; Häussermann, M.; Sieber, J.: Die Stauden-CD. Verlag Eugen Ulmer, Stuttgart 1999.

HABERER, M.: Kletterpflanzen. Falken, Niedernhausen 1984.

HABERER, M.: Farbatlas Zierpflanzen, 2. Auflage. Verlag Eugen Ulmer, Stuttgart 1996.

HERWIG, R.: Zimmerpflanzen. BLV, München 1987.

HEYWOOD, V. H. (Hrsg.): Blütenpflanzen der Welt. Birkhäuser Verlag, Basel 1982.

JELITTO, L.; Schacht, W.; Feßler, A.: Die Freilandschmuckstauden. 3. Auflage. Verlag Eugen Ulmer, Stuttgart 1985.

– SIMON, H.: Die Freilandschmuckstauden. 5. Auflage. Verlag Eugen Ulmer, Stuttgart 2002.

KAWOLLEK, W.: Kübelpflanzen. Verlag Eugen Ulmer, Stuttgart 1995.

KÖHLEIN, F.; MENZEL, P.; BÄRTELS, A.: Das große Ulmer-Buch der Gartenpflanzen. Verlag Eugen Ulmer, Stuttgart 2000.

– Freilandsukkulenten. 2. Auflage. Verlag Eugen Ulmer, Stuttgart 1984.

– Primeln. Verlag Eugen Ulmer, Stuttgart 1984.

– Saxifragen. 2. Auflage. Verlag Eugen Ulmer, Stuttgart 1995.

Kreuzers Gartenpflanzen-Lexikon I. Thalacker Medien, Braunschweig 1995.

– II. Thalacker Medien, Braunschweig 1995.

– IV. Sommerblumen, Zwiebelpflanzen. Thalacker Medien, Braunschweig 1993.

– V. Zimmerpflanzen, Kübelpflanzen. Thalacker Medien, Braunschweig 1994.
– VI. Thalacker Medien, Braunschweig 1995.
KRÜSSMANN, G.: Handbuch der Nadelgehölze. Paul Parey, Berlin 1983.
– Laubgehölze. Parey, Berlin 1965.
LAUBER, K.; WAGNER, G.: Flora Helvetica. Verlag Haupt, Bern 1996.
MENZEL, I. u. P.: Das Kletterpflanzenbuch. Verlag Eugen Ulmer, Stuttgart 1988.
OLBRICH, G.: Bäume und Großsträucher. Patzer Verlag, Berlin 1960.
– Zier- und Blütensträucher. Patzer Verlag, Berlin o. Jahr.
RAUH, W.: Kakteen an ihren Standorten. Parey Verlag, Berlin 1979.
ROLOFF, A., BÄRTELS, A.: Gehölze. Verlag Eugen Ulmer, Stuttgart 1996.
SCHMIDT, W.: Gehölze für mediterrane Gärten. Verlag Eugen Ulmer, Stuttgart 1999.
SLACK, A: Karnivoren. Verlag Eugen Ulmer, Stuttgart 1985.
WACHTER, K.: Der Wassergarten. Verlag Eugen Ulmer, Stuttgart 1986.
WIESCHUS, C.; BÖDEKER, N.: Plantus-Süd. Pflanzendatenbank. Verlag Eugen Ulmer, Stuttgart 2000.
WISSKIRCHEN, R.; HAEUPLER, H.: Standardliste der Farn- und Blütenpflanzen Deutschlands. Verlag Eugen Ulmer, Stuttgart 1998.
WOESSNER, D.: Das praktische Rosenbuch. 3. Auflage. Verlag Eugen Ulmer, Stuttgart 1996.

## Bildquellen

Titelfoto: Josef Biecker, Dortmund

**Im Buch wurden folgende Bilder verwendet:**
BÄRTELS, Andreas, Waake: Seite 8/9; 15 r; 16 l; 33 r; 40 r; 49 r; 54 r; 57 l; 63 l; 64 l; 68 l; 71 r; 76 l; 80 l; 83 l; 94 r; 97 l; 103 r; 104 r; 105 l; 111 r; 115 r; 119 l; 125 r; 126 r; 131 r; 137 l; 137 r; 140 r; 141 l; 142 l; 146 r; 148 l; 152 r; 154 r; 157 r; 160 r; 162 l; 162 r.
BARTHLOTT, Wilhelm; Bonn: Seite 582 l.
BKN Strobel, Pinneberg: Seite: 643 l.
FUCHS, Hermann; Hof: Seite 417 r.
GÖTZ, Hans, Schiltach: Seite 243 l; 270 r.
HAUGG, Erich; Altmühldorf: Seite 560 l, 612 r, 614 r, 663 r.
HEISSEL, Kaspar; Göppingen: Seite 387 r; 424 r; 453 r; 462 r; 472 r, 558 r, 585 l, 611 l, 615 l, 622 l.
KÖHLEIN, Fritz; Bindlach: Seite 194 r; 196 l; 212 l; 221 l; 228 l; 261 r; 263 l; 267 l; 268 r; 269 r; 280 l; 285 r; 288 r; 290 r; 292 r; 296 l; 297 r; 300 r; 312 r; 313 l; 375 l; 385 l; 394 l; 398 l; 403 l; 426 i; 431 l; 442 l; 444 l; 445 l; 447 l; 450 l und r; 453 l; 464 r; 465 l; 469 l; 479 l; 483 l, 647 r.
MORELL, Eberhard, Dreieich: Seite 5; 12 l; 14 r; 22 l; 32 l; 34/35; 56 r; 59 r; 61 l; 69 r; 80 r; 81 r; 87 r; 94 l; 96 r; 99 r; 100 r; 103 l; 105 r; 106 l; 112 r; 114 r; 116 r; 118 l; 120 l; 121 l; 122 r; 123 l; 123 r; 124 r; 127 l; 135 r; 140 l; 141 r; 145 l; 148 r; 149 l; 150 l; 154 l; 155 l; 156 r; 157 l; 168 r; 170 r.
MORELL, Eberhard; Kronberg: Seite 380 l; 388 r; 395 r; 404 r; 406 l; 425 l; 451 r; 465 r; 466 l; 468 r; 475 r, 504 l, 511 r, 520 l, 532 r, 539 r, 548 r, 549 r, 551 l, 565 l, 578 r, 588 l, 590 r, 602 l, 618 l, 629 r, 631 l, 633 r, 635 r, 636 r, 638 l, 638 r, 642 l, 646 r, 655 l, 660 r, 664 r, 666 l
MUER, Thomas, Telgte: Seite 207 r; 222 l; 313 r; 344 l; 344 r.
PASCHE, Erich, Velbert: Seite 232 l.
PIRC, Dr., Helmut, A-Wien: Seite 10 l; 17 r; 18 l; 21 l; 23 r; 37 l; 39 l; 41 l; 49 l; 51 l; 57 r; 58 l; 65 r; 70 l; 70 r; 71 l; 78 l; 85 r; 86 r; 90 r; 91 l; 92 l; 93 l; 97 r ; 101 r; 107 l; 107 r; 109 r; 110 r (auch Seite 3); 111 l; 112 l; 116 l; 117 l; 119 r; 122 l; 125 l; 126 l; 127 r; 128 l; 132 r; 133 r; 151 l; 153 r; 155 r; 159 r; 160 l; 165 r; 166 l; 167 l; 168 l; 171 l.
REINHARD, Hans, Heiligkreuzsteinach: Seite 147 r, 426 r; 439 l.
REINHARD, Nils, Heiligkreuzsteinach: Seite 55 r.
RÜCKER, Karlheinz; Stuttgart: Seite 517 r, 541 r, 576 r, 581 r, 598 l, 599 l, 609 r.
SCHREMP, Heinz; Breisach: Seite 470 l.
SEIDL, Sebastian; Altdorf-Eugendorf: Seite 501 r, 503 r, 509 l, 519 r, 523 r, 525 l, 527 l, 533 r, 546 l, 548 l, 591 l, 595 r, 596 l, 605 r, 608 r, 621 l, 623 r, 634 l, 641 l, 644 r, 648 r, 649 l, 658 r, 663 l, 665 l.
SMIT, Daan; Haarlem, NL: Seite 404 l; 431 r, 496 l, 498 l, 499 r, 502 r, 504 r, 505 r, 507 r, 513 r, 514 l, 522 r, 526 r, 527 r, 529 l, 529 r, 530 l, 530 r, 542 r, 543 l, 544 r, 545 l, 545 r, 546 r, 552 l, 553 l, 555 r, 556 r, 557 l, 559 r, 560 r, 565 r, 566 r, 568 l, 568 r, 569 l, 570 l, 573 l, 575 r, 582 r, 585 r, 587 l, 590 l, 592 l, 601 l, 605 l, 606 l, 613 r, 617 l, 624 r, 625 r, 627 l, 633 l, 637 l, 637 r, 639 l, 639 r, 640 l, 640 r, 641 r, 642 r, 645 r, 647 l, 654 r, 659 l, 662 r.

Alle übrigen Fotos stammen vom Autor. Alle Zeichnungen wurden von Helmuth Flubacher nach Vorlagen des Bund deutscher Staudengärtner gefertigt.

## Dank

Wir danken dem Bund deutscher Staudengärtner für die freundliche Genehmigung, die Abbildungen und Texte zu den Lebensraumbeschreibungen nach Sieber, geändert durch Götz, verwenden zu dürfen.

# Verzeichnis der deutschen Pflanzennamen

Im folgenden Register werden nur die gebräuchlichsten deutschen Pflanzennamen aufgelistet. Pflanzen, die im Text nicht ausführlich vorgestellt werden, die aber in einer Pflanzenbeschreibung erwähnt werden, sind mit Sternchen* versehen.

# Impressum

**Bibliografische Information der Deutschen Bibliothek**
Die Deutsche Bibliothek verzeichnet diese Publikation in der Deutschen Nationalbibliografie; detaillierte bibliografische Daten sind im Internet über http://dnb.ddb.de abrufbar.



ISBN-13 978-3-8001-4906-3
ISBN-10 3-8001-4906-0


Wollgrasweg 41,
70599 Stuttgart (Hohenheim)
Internet: www.ulmer.de
Lektorat: Hermine Tasche
Herstellung: Thomas Eisele
Druck und Bindung: Printer, Trento
XML-Datenbearbeitung und Satz: EasyBrowse, Schwerin

# Hier erfahren Sie mehr ...

Die Leiterin der weltweit größten Rosensammlung stellt in hervorragender Qualität die wichtigsten 320 Arten und Sorten vor. Die Beschreibungen sind **übersichtlich**, einprägsam und durch das praktische Format leicht zur Hand.

*Taschenatlas Rosen. 320 Rosen für den Garten. H. Brumme, P. Dietze. 2003. 189 S., 273 Farbf., 5 Zeichn. ISBN 3-8001-4256-2.*

Das Nachschlagewerk der Pflanzennamen zu den wichtigsten Wildpflanzen Mitteleuropas, bedeutensten Nutzpflanzen und wichtigsten Zierpflanzen mit Kurzangaben zu Lebensform, Blütezeit, Winterhärte und Nutzungshinweisen.

*Zander – Handwörterbuch der Pflanzennamen. Dictionary of plant names/Dictionnaire des noms des plantes. W. Erhardt, E. Götz, S. Seybold, N. Bödeker. 17. Auflage 2002. 990 Seiten. ISBN 3-8001-3573-6.*

Lösungen für die häufigsten Probleme im oder am Gartenteich – **ausführlich**, gut verständlich und **sehr übersichtlich**.

*Teichpflege. P. Hagen. 2002. 127 Seiten, 63 Farbfotos, 20 Zeichnungen. ISBN 3-8001-3860-3.*

Wissenschaftliche Bezeichnung der wichtigsten Wildpflanzen, Nutz- und Zierpflanzen.

*Die wissenschaftlichen Namen der Pflanzen und was sie bedeuten. S. Seybold. 2002. 189 S. ISBN 3-8001-3983-9.*